卢嘉锡 总主编

中国科学技术史

医学卷

廖育群 傅 芳 郑金生 著

科学出版社

1998

内 容 简 介

本书站在科技史与社会文化史并重的立场，在详细论述中国古代医学构成、发展演变的同时，注重医学思想、治疗技术与哲学、宗教、政治等社会背景的内在联系。全书基本按时间顺序安排；分为先秦、秦汉两晋、南北朝隋唐、宋金元、明清及中外医学交流六部分共二十六章。书中以确凿的史料为基础，深刻论述了医学的起源及发展，全面评价了历代的医学流派及典籍，生动记载了著名医学家的业绩和学术思想。这是我国医学史方面的一部总结性著作。作者发掘了不少新材料，提出了一些新观点，形成具有特色的完整体系。可供医学界、科技史界和教育界人士参考。凡对中国传统医学感兴趣的读者，都将从中受到启发。

图书在版编目(CIP）数据

中国科学技术史：医学卷/卢嘉锡总主编；廖育群等著.-北京：科学出版社，1998.8

ISBN 978-7-03-006160-7

Ⅰ.中… Ⅱ.①卢…②廖… Ⅲ.①技术史-中国 ②医学史-中国 Ⅳ.N092

中国版本图书馆 CIP 数据核字（97）第15737号

科学出版社出版
北京东黄城根北街16号
邮政编码：100717
http://www.sciencep.com
北京厚诚则铭印刷科技有限公司印刷
科学出版社发行 各地新华书店经销
*
1998年8月第 一 版 开本：787×1092 1/16
2025年4月第七次印刷 印张：33 1/4
字数：826 000

定价：245.00元

《中国科学技术史》的组织机构和人员

顾　问（以姓氏笔画为序）

王大珩　王佛松　王振铎　王绶琯　白寿彝　孙　枢　孙鸿烈　师昌绪
吴文俊　汪德昭　严东生　杜石然　余志华　张存浩　张含英　武　衡
周光召　柯　俊　胡启恒　胡道静　侯仁之　俞伟超　席泽宗　涂光炽
袁翰青　徐苹芳　徐冠仁　钱三强　钱文藻　钱伟长　钱临照　梁家勉
黄汲清　章　综　曾世英　蒋顺学　路甬祥　谭其骧

总主编　卢嘉锡

编委会委员（以姓氏笔画为序）

马素卿　王兆春　王渝生　艾素珍　丘光明　刘　钝　华觉明　汪子春
汪前进　宋正海　陈美东　杜石然　杨文衡　杨　熺　李家治　李家明
吴瑰琦　陆敬严　周魁一　周嘉华　金秋鹏　范楚玉　姚平录　柯　俊
赵匡华　赵承泽　姜丽蓉　席龙飞　席泽宗　郭书春　郭湖生　谈德颜
唐锡仁　唐寰澄　梅汝莉　韩　琦　董恺忱　廖育群　潘吉星　薄树人
戴念祖

常务编委会

主　　任　陈美东

委　　员（以姓氏笔画为序）

华觉明　杜石然　金秋鹏　赵匡华　唐锡仁　潘吉星　薄树人　戴念祖

编撰办公室

主　　任　金秋鹏

副 主 任　周嘉华　杨文衡　廖育群

工作人员（以姓氏笔画为序）

王扬宗　陈　晖　郑俊祥　徐凤先　康小青　曾雄生

总　　序

中国有悠久的历史和灿烂的文化，是世界文明不可或缺的组成部分，为世界文明做出了重要的贡献，这已是世所公认的事实。

科学技术是人类文明的重要组成部分，是支撑文明大厦的主要基干，是推动文明发展的重要动力，古今中外莫不如此。如果说中国古代文明是一棵根深叶茂的参天大树，中国古代的科学技术便是缀满枝头的奇花异果，为中国古代文明增添斑斓的色彩和浓郁的芳香，又为世界科学技术园地增添了盎然生机。这是自上世纪末、本世纪初以来，中外许多学者用现代科学方法进行认真的研究之后，为我们描绘的一幅真切可信的景象。

中国古代科学技术蕴藏在汗牛充栋的典籍之中，凝聚于物化了的、丰富多姿的文物之中，融化在至今仍具有生命力的诸多科学技术活动之中，需要下一番发掘、整理、研究的功夫，才能揭示它的博大精深的真实面貌。为此，中国学者已经发表了数百种专著和万篇以上的论文，从不同学科领域和审视角度，对中国科学技术史作了大量的、精到的阐述。国外学者亦有佳作问世，其中英国李约瑟(J. Needham)博士穷毕生精力编著的《中国科学技术史》(拟出 7 卷 34 册)，日本薮内清教授主编的一套中国科学技术史著作，均为宏篇巨著。关于中国科学技术史的研究，已是硕果累累，成为世界瞩目的研究领域。

中国科学技术史的研究，包涵一系列层面：科学技术的辉煌成就及其弱点；科学家、发明家的聪明才智、优秀品德及其局限性；科学技术的内部结构与体系特征；科学思想、科学方法以及科学技术政策、教育与管理的优劣成败；中外科学技术的接触、交流与融合；中外科学技术的比较；科学技术发生、发展的历史过程；科学技术与社会政治、经济、思想、文化之间的有机联系和相互作用；科学技术发展的规律性以及经验与教训，等等。总之，要回答下列一些问题：中国古代有过什么样的科学技术？其价值、作用与影响如何？又走过怎样的发展道路？在世界科学技术史中占有怎样的地位？为什么会这样，以及给我们什么样的启示？还要论述中国科学技术的来龙去脉，前因后果，展示一幅真实可靠、有血有肉、发人深思的历史画卷。

据我所知，编著一部系统、完整的中国科学技术史的大型著作，从本世纪 50 年代开始，就是中国科学技术史工作者的愿望与努力目标，但由于各种原因，未能如愿，以致在这一方面显然落后于国外同行。不过，中国学者对祖国科学技术史的研究不仅具有极大的热情与兴趣，而且是作为一项事业与无可推卸的社会责任，代代相承地进行着不懈的工作。他们从业余到专业，从少数人发展到数百人，从分散研究到有组织的活动，从个别学科到科学技术的各领域，逐次发展，日臻成熟，在资料积累、研究准备、人才培养和队伍建设等方面，奠定了深厚而又广大的基础。

本世纪 80 年代末，中国科学院自然科学史研究所审时度势，正式提出了由中国学者编著《中国科学技术史》的宏大计划，随即得到众多中国著名科学家的热情支持和大力推动，得到中国科学院领导的高度重视。经过充分的论证和筹划，1991 年这项计划被正式列为中国科学院“八五”计划的重点课题，遂使中国学者的宿愿变为现实，指日可待。作为一名科技工作者，我对此感到由衷的高兴，并能为此尽绵薄之力，感到十分荣幸。

《中国科学技术史》计分 30 卷，每卷 60 至 100 万字不等，包括以下三类：

通史类(5 卷)：

《通史卷》、《科学思想史卷》、《中外科学技术交流史卷》、《人物卷》、《科学技术教育、机构与管理卷》。

分科专史类(19 卷)：

《数学卷》、《物理学卷》、《化学卷》、《天文学卷》、《地学卷》、《生物学卷》、《农学卷》、《医学卷》、《水利卷》、《机械卷》、《建筑卷》、《桥梁技术卷》、《矿冶卷》、《纺织卷》、《陶瓷卷》、《造纸与印刷卷》、《交通卷》、《军事科学技术卷》、《计量科学卷》。

工具书类(6 卷)：

《科学技术史词典卷》、《科学技术史典籍概要卷》(一)、(二)、《科学技术史图录卷》、《科学技术年表卷》、《科学技术史论著索引卷》。

这是一项全面系统的、结构合理的重大学术工程。各卷分可独立成书，合可成为一个有机的整体。其中有综合概括的整体论述，有分门别类的纵深描写，有可供检索的基本素材，经纬交错，斐然成章。这是一项基础性的文化建设工程，可以弥补中国文化史研究的不足，具有重要的现实意义。

诚如李约瑟博士在 1988 年所说："关于中国和中国文化在古代和中世纪科学、技术和医学史上的作用，在过去 30 年间，经历过一场名副其实的新知识和新理解的爆炸"(中译本李约瑟《中国科学技术史》作者序)，而 1988 年至今的情形更是如此。在 20 世纪行将结束的时候，对所有这些知识和理解作一次新的归纳、总结与提高，理应是中国科学技术史工作者义不容辞的责任。应该说，我们在启动这项重大学术工程时，是处在很高的起点上，这既是十分有利的基础条件，同时也自然面对更高的社会期望，所以这是一项充满了机遇与挑战的工作。这是中国科学界的一大盛事，有著名科学家组成的顾问团为之出谋献策，有中国科学院自然科学史研究所和全国相关单位的专家通力合作，共襄盛举，同构华章，当不会辜负社会的期望。

中国古代科学技术是祖先留给我们的一份丰厚的科学遗产，它已经表明中国人在研究自然并用于造福人类方面，很早而且在相当长的时间内就已雄居于世界先进民族之林，这当然是值得我们自豪的巨大源泉，而近三百年来，中国科学技术落后于世界科学技术发展的潮流，这也是不可否认的事实，自然是值得我们深省的重大问题。理性地认识这部兴盛与衰落、成功与失败、精华与糟粕共存的中国科学技术发展史，引以为鉴，温故知新，既不陶醉于古代的辉煌，又不沉沦于近代的落伍，克服民族沙文主义和虚无主义，清醒地、满怀热情地弘扬我国优秀的科学技术传统，自觉地和主动地缩短同国际先进科学技术的差距，攀登世界科学技术的高峰，这些就是我们从中国科学技术史全面深入的回顾与反思中引出的正确结论。

许多人曾经预言说，即将来临的 21 世纪是太平洋的世纪。中国是太平洋区域的一个国家，为迎接未来世纪的挑战，中国人应该也有能力再创辉煌，包括在科学技术领域做出更大的贡献。我们真诚地希望这一预言成真，并为此贡献我们的力量。圆满地完成这部《中国科学技术史》的编著任务，正是我们为之尽心尽力的具体工作。

卢嘉锡

1996 年 10 月 20 日

目　录

总　序……………………………………………………………… 卢嘉锡　(i)

第一篇　先秦时期

第一章　医学的起源………………………………………………… (3)
第一节　本能的作用 ………………………………………………… (3)
第二节　巫医与巫术 ………………………………………………… (6)
一　“医源于巫”的观点 ………………………………………………… (6)
二　原始宗教与医学 ………………………………………………… (8)
三　巫术的结构 ………………………………………………… (10)
四　巫术的作用力与转移方式 ………………………………………………… (13)
五　巫术在医学中的地位 ………………………………………………… (18)
第三节　理论起源的多种途径 ………………………………………………… (19)
一　经验的积累与总结 ………………………………………………… (19)
二　经络理论的特殊性 ………………………………………………… (20)
三　与古代哲学的关系 ………………………………………………… (21)
第四节　卫生保健的起源 ………………………………………………… (22)
一　火的使用 ………………………………………………… (22)
二　居住条件的改善 ………………………………………………… (23)
三　饮水卫生 ………………………………………………… (23)
四　服装 ………………………………………………… (25)
第二章　早期的医药知识积累 ………………………………………………… (27)
第一节　以汉文化为核心的医药知识体系 ………………………………………………… (27)
第二节　对疾病的认识 ………………………………………………… (29)
一　疾病的概念 ………………………………………………… (29)
二　疾病的名称与种类 ………………………………………………… (29)
三　疾病的原因 ………………………………………………… (31)
第三节　药物知识 ………………………………………………… (33)
一　药的概念 ………………………………………………… (33)
二　《山海经》中的药物知识 ………………………………………………… (34)
三　酒与医、药 ………………………………………………… (39)
第四节　外治法 ………………………………………………… (41)
一　按摩术 ………………………………………………… (41)
二　灸熨 ………………………………………………… (44)
三　针砭 ………………………………………………… (47)
第三章　医学体系的形成 ………………………………………………… (50)

一　医事制度 …… (51)
二　医学分科 …… (52)
三　医学知识的传承 …… (53)
四　医学的构成 …… (54)
第二节　医学理论 …… (55)
一　经脉学说 …… (55)
二　脏腑学说 …… (57)
三　阴阳学说的运用 …… (59)
四　五行学说的运用 …… (65)
第三节　养生学 …… (69)
一　养生的概念 …… (69)
二　养形之术 …… (71)
三　养性之论 …… (72)
第四节　著名医家 …… (74)
一　俞跗 …… (74)
二　医缓与医和 …… (75)
三　扁鹊与秦越人 …… (76)
四　文挚 …… (82)

第二篇　秦汉两晋时期

第四章　秦与西汉的医学 …… (85)
第一节　医学著作与重要人物 …… (85)
一　马王堆出土医籍 …… (85)
二　张家山汉简《脉书》与《引书》 …… (86)
三　阜阳汉简《万物》 …… (88)
四　淳于意及其“诊籍” …… (89)
五　今本《黄帝内经》——《素问》与《灵枢》 …… (91)
第二节　医学基础理论的确立 …… (101)
一　经脉学说体系的形成 …… (101)
二　解剖知识与医学理论 …… (109)
三　对疾病的认识 …… (114)
第三节　诊断技术 …… (118)
一　望色 …… (118)
二　切脉 …… (119)
第四节　治疗技术 …… (124)
一　针灸疗法 …… (124)
二　药物疗法 …… (126)
第五节　本草之学的成立 …… (129)
一　“本草”的概念 …… (129)
二　本草之名的出现 …… (130)
第六节　养生之道与房中术 …… (131)
一　神仙方术与养生 …… (131)
二　养生方法 …… (132)

三 “房中”之术 …… (135)
第七节 医事制度 …… (136)
第五章 东汉、三国的医学 …… (138)
第一节 医学著作与著名医家 …… (138)
一 《黄帝明堂经》 …… (138)
二 《黄帝八十一难经》 …… (140)
三 《神农本草经》 …… (146)
四 张仲景与《伤寒杂病论》 …… (149)
五 华佗 …… (154)
六 吴普与《吴普本草》 …… (158)
七 郭玉、吕广、董奉 …… (159)
第二节 药物学与方剂学 …… (162)
一 本草学的发展 …… (162)
二 药物剂型的转变 …… (165)
三 炼丹术与矿物药 …… (166)
四 方剂学 …… (168)
第三节 医学发展的时代特征 …… (171)
一 “伤寒”之学的成立 …… (171)
二 运气学说 …… (173)
三 阴阳、五行与医学的进一步结合 …… (178)
四 性、命双修的养生学 …… (182)
第四节 医事制度 …… (184)
第六章 两晋医学 …… (186)
第一节 重要的医学人物与著作 …… (186)
一 王叔和与《脉经》 …… (186)
二 皇甫谧与《针灸甲乙经》 …… (189)
三 葛洪与《肘后备急方》 …… (193)
第二节 医学发展的时代特征 …… (197)
一 方书盛世的开始 …… (197)
二 佛道两教与医学 …… (198)
三 服石之风 …… (202)
四 灸法的独立发展 …… (204)
第三节 医事制度 …… (206)

第三篇 南北朝隋唐时期

第七章 南北朝的医学 …… (209)
第一节 医学发展及其特征 …… (209)
第二节 道教佛教对医学发展的影响 …… (210)
一 炼丹术和炼丹家 …… (210)
二 道教及其著作对医学理论的影响 …… (212)
三 僧医及佛教医学对传统医学的影响 …… (215)

第三节　著名医家与医籍 …………………………………… (217)
一　陈延之和《小品方》 …………………………………… (217)
二　刘涓子和《刘涓子鬼遗方》 …………………………………… (221)
三　褚澄和《褚澄遗书》 …………………………………… (222)
四　姚僧垣和《集验方》 …………………………………… (223)
五　东海徐氏世家 …………………………………… (224)
六　馆陶李氏世家 …………………………………… (226)
七　高阳许氏世家 …………………………………… (227)
八　清河崔氏世家 …………………………………… (227)
九　释深师等僧医 …………………………………… (227)
十　全元起 …………………………………… (228)
十一　王　显 …………………………………… (228)
十二　褚　该 …………………………………… (228)
十三　周　澹 …………………………………… (229)
十四　羊　欣 …………………………………… (229)
十五　秦承祖 …………………………………… (229)
十六　王　微 …………………………………… (229)
第四节　药物学的发展 …………………………………… (229)
一　《本草经集注》 …………………………………… (229)
二　专科类本草 …………………………………… (231)
三　图谱类本草 …………………………………… (231)
四　采药和种植类本草 …………………………………… (231)
五　炮制类本草 …………………………………… (231)
六　本草音义及其他 …………………………………… (232)
第五节　病因学和诊断学的发展 …………………………………… (232)
一　病因学的发展 …………………………………… (232)
二　诊断技术的发展 …………………………………… (233)
第六节　针灸学的发展 …………………………………… (233)
第七节　临床医学的发展 …………………………………… (234)
一　内科 …………………………………… (234)
二　外科 …………………………………… (235)
三　妇产科 …………………………………… (236)
四　儿科 …………………………………… (237)
五　五官科 …………………………………… (238)
第八节　医事制度 …………………………………… (239)
第八章　隋唐医学 …………………………………… (240)
第一节　隋唐医学发展的基本特征 …………………………………… (241)
一　佛教医学的渗入 …………………………………… (241)
二　大型医书的编撰 …………………………………… (241)
三　医学经典的注释 …………………………………… (242)
四　注意专病的研究 …………………………………… (242)
五　兴办医学教育 …………………………………… (243)
第二节　著名医家与著作 …………………………………… (243)

一　巢元方与《诸病源候论》…… (243)
二　孙思邈与《千金方》…… (246)
三　王焘与《外台秘要》…… (250)
四　昝殷与《产宝》…… (252)
五　甄权与《明堂人形图》…… (253)
六　杨上善与《黄帝内经太素》…… (254)
七　王冰与《黄帝内经素问》…… (255)
八　蔺道人与《仙授理伤续断秘方》…… (257)
九　张文仲…… (258)
第三节　本草学的发展…… (259)
一　官修本草…… (259)
二　图谱的编撰…… (260)
三　食疗类本草…… (260)
四　海外药物专著…… (260)
五　《本草拾遗》…… (261)
第四节　医学理论和诊断技术的发展…… (261)
一　医学理论…… (261)
二　诊断技术…… (263)
第五节　针灸学的发展…… (264)
一　针灸图谱…… (264)
二　针灸专著…… (265)
三　针灸临床…… (266)
第六节　临床医学的发展…… (267)
一　内科…… (267)
二　外伤科…… (270)
三　妇产科…… (272)
四　儿科…… (274)
五　五官科及口腔科…… (276)
六　按摩科…… (279)
第七节　医事制度…… (280)
一　尚药局…… (281)
二　药藏局…… (281)
三　太医署…… (282)
四　地方医事机构…… (283)
第九章　藏医学的形成和发展…… (284)
第一节　藏医学的理论…… (285)
一　生理学说…… (286)
二　解剖和胚胎学说…… (286)
三　人体类型学说…… (287)
四　病因学说…… (287)
五　藏医学的诊断治疗方法…… (288)
第二节　月王药诊…… (289)
第三节　宇陀·宁玛元丹贡布与《四部医典》…… (290)

一　生平简述 …… (290)
二　《四部医典》 …… (290)

第四篇　宋金元时期

第十章　国家与医学 …… (295)
第一节　历史背景与医学发展总脉络 …… (295)
一　宋金元时期的历史背景 …… (295)
二　宋金元医学发展的总脉络 …… (295)
第二节　北宋时医书的搜集整理与校勘出版 …… (297)
一　政府对医籍的搜求与整理 …… (297)
二　官修医方书的编辑与颁行 …… (298)
三　校正医书局的业绩 …… (300)
第三节　医事制度与医学教育 …… (302)
一　医事制度与官方医药机构 …… (302)
二　医学人才的选拔 …… (304)
三　医学校与医学教育 …… (305)
第四节　司法检验 …… (308)
一　检验的源流与特点 …… (308)
二　宋慈与《洗冤集录》 …… (309)
第十一章　理论研究与临床诊治技术的发展 …… (312)
第一节　《伤寒论》研究与运气学说的兴起 …… (312)
一　张仲景医书的校定 …… (312)
二　北宋时《伤寒论》的早期研究者 …… (313)
三　宋金元《伤寒论》研究大家述要 …… (314)
第二节　运气学说的兴盛 …… (317)
一　运气学说的源起 …… (317)
二　北宋后期运气的倡行 …… (318)
三　《素问》运气七篇对金元医学的影响 …… (319)
第三节　诊断学 …… (321)
一　《脉诀》的流行与批判 …… (321)
二　西原脉派的形成及其影响 …… (326)
三　舌诊的首次总结 …… (328)
第四节　临床医学的主要进展 …… (329)
一　儿科与《小儿药证直诀》 …… (329)
二　妇产科与《妇人大全良方》 …… (331)
三　外科与骨伤科 …… (333)
第十二章　本草学的总结与发展 …… (336)
第一节　《开宝本草》的出版及其意义 …… (336)
第二节　《嘉祐本草》与《本草图经》的功绩 …… (337)
第三节　《证类本草》的编纂及其影响 …… (339)
第十三章　学风的变迁与学派的建立 …… (342)
第一节　南宋时的医学“易简”之风与局方医学 …… (342)

一　南宋医学“易简”之风面面观 …… (342)
二　《和剂局方》与局方医学 …… (346)
第二节　金元之际北方医学的门户之争 …… (348)
一　医学争鸣的社会背景 …… (348)
二　河间学派与易水学派 …… (349)
第三节　元代医理探讨之风的扩展 …… (353)
一　宋、金元对峙时南北医学的隔绝 …… (353)
二　中原医学南渐的进程 …… (354)
三　朱丹溪滋阴论及其影响 …… (355)
第十五章　民族医学的发展与交流 …… (358)
第一节　辽金元时期民族医学发展简况 …… (358)
第二节　《饮膳正要》 …… (359)
第三节　《回回药方》 …… (360)

第五篇　明清时期

第十四章　医学发展的时代特征 …… (365)
第一节　历史背景与医学发展总脉络 …… (265)
一　历史背景 …… (365)
二　医学发展的总脉络 …… (366)
第二节　学派的传承、论争与影响 …… (368)
一　丹溪之学的盛行与滥用苦寒之风 …… (368)
二　明代温补学派的兴起与影响 …… (369)
三　温病学的兴盛与发展 …… (378)
第三节　经典医籍的研究和阐发 …… (383)
一　尊经复古之风的兴起 …… (383)
二　《内经》等经典的注释与研究 …… (384)
三　《伤寒论》的注释与研究 …… (386)
第四节　医药文献的编纂 …… (390)
一　类书、全书与丛书的编纂 …… (390)
二　普及性书籍的流布 …… (393)
三　医案的兴盛与杂志的滥觞 …… (395)
第十六章　本草学 …… (398)
第一节　明代本草书的主要类型与成就 …… (398)
一　明代前中期的主要本草著作 …… (398)
二　《本草纲目》及明代后期本草著作 …… (400)
第二节　《本草纲目》的后续性本草著作 …… (405)
一　节纂改编类 …… (405)
二　拾遗补缺类 …… (406)
第三节　清代临床药学中的尊经思潮 …… (407)
第十七章　临床医学 …… (411)
第一节　内科名称的确立及有关的医家 …… (411)

第一节 内科名称的确立及有关的医家 …………………………………… (411)
第二节 外科的治疗技术与理论 …………………………………… (412)
第三节 骨伤科 …………………………………… (414)
第四节 《理瀹骈文》与外治法 …………………………………… (414)
第五节 儿科与人痘接种 …………………………………… (415)
一 儿科的发展简况 …………………………………… (415)
二 人痘接种术的发展 …………………………………… (416)
第六节 妇产科 …………………………………… (418)
第七节 针灸科 …………………………………… (419)
第八节 眼科、喉及口齿科 …………………………………… (420)
第十八章 西洋医学传入及其影响…………………………………… (423)
第一节 明末清初的西洋医学传入 …………………………………… (423)
第二节 清末传教士的医疗活动 …………………………………… (424)
第三节 西洋医书的译述 …………………………………… (425)
第四节 清末的西医教育与早期西医人才 …………………………………… (426)
第五节 西洋医学传入对国人的影响 …………………………………… (427)

第六篇 中外医学交流

第十九章 中朝医学交流 …………………………………… (433)
第二十章 中越医学交流 …………………………………… (439)
第二十一章 中国和东南亚各国的医药交流 …………………………………… (442)
第一节 唐代及以前 …………………………………… (442)
第二节 宋元时期 …………………………………… (443)
第三节 明代 …………………………………… (444)
第四节 清代至20世纪中期 …………………………………… (445)
第二十二章 中日医学交流 …………………………………… (447)
第一节 中国医学传日 …………………………………… (447)
第二节 日本的汉方医学 …………………………………… (449)
第三节 日本医学对中国的影响 …………………………………… (450)
第二十三章 中印医学交流 …………………………………… (452)
第一节 印医理论对中医的影响 …………………………………… (453)
第二节 印医方药在中国的传播 …………………………………… (455)
第三节 眼科的传播 …………………………………… (457)
第四节 佛教文化的种种潜在影响 …………………………………… (458)
第五节 对印度医学的影响 …………………………………… (460)
第二十四章 中国与阿拉伯国家之医学交流 …………………………………… (461)
第二十五章 中国与欧美国家和地区的医学交流…………………………………… (469)
第一节 元代以前中欧医学交流 …………………………………… (469)
第二节 明末至清代中期西洋医学在中国立足 …………………………………… (472)
一 明代来华传教士及其介绍的医药知识 …………………………………… (472)
二 清代中期（1840）以前来华的传教医生及其医疗活动 …………………………………… (475)
三 牛痘术的传华及迅速传播 …………………………………… (477)

四　早期西洋医学机构的介绍和建立 …………………………………………………………（478）
五　中医学文献中反映的西方医学知识 ………………………………………………………（478）
第三节　近代西洋医学的大量传入与在中国的发展 ……………………………………………（480）
一　欧美传教士医生医疗活动的广泛开展 ……………………………………………………（480）
二　西医教育的建立和发展 ……………………………………………………………………（483）
三　编译西医学著作，加速西医学传播 ………………………………………………………（487）
第二十六章　中国传统医学外传欧美 ……………………………………………………………（490）
索　引 ………………………………………………………………………………………………（498）
后　记 ………………………………………………………………………………………………（513）
总　跋 ………………………………………………………………………………………………（514）

第一篇

先 秦 时 期

第一章　医学的起源

疾病，是生命体固有的自然现象。然而唯有万物之灵的人类能够通过各种手段，达到预防、减轻、治疗疾病的目的；不断改善自身的生活环境，以利于身心的健康；并对疾病现象本身及其原因进行不懈的研究与解释，由此逐步构筑起富含各种相关理论与治疗技术的知识体系。这就是人类文化的重要组成部分——医学①。

研究医学发展的历史，自然应该从“医学的起源”开始，但史料匮乏或者说简直无史可考乃是研究者的共同感受。在以往的研究中，有着眼于动物界存在着某些医治行为，而认为医学起源于动物本能者；有采用神话传说为发足点的方式；亦有根据早期社会医巫职能相混而形成的“医源于巫”之说，但都遭到了批判②。其实，这些所谓的“错误观点”中均包含有医学发展形成的某些要素。如果我们想到人类文明曙光的出现，并不像东方破晓那样有一道天边的地平线可以突破，形体的进化、智慧的发展伴随着行为的改变与实践活动的日益丰富，一切都是沿着渐进的轨迹运动，因此试图用简单的一句话、一个观点来阐明医学的起源问题，显然是十分困难的。本能行为、实践经验的积累、理论性解释等是不同层次的问题，他们之间既有密不可分的联系，又存在着质的差异，由此构成了文明发展的漫长里程。

第一节　本能的作用

地球上最原始的生命大约诞生在数十亿年之前，当时可能只是些与基因类似的自我增殖分子。经过漫长的进化历程，逐渐趋于复杂与丰富，终于在二三百万年前演化成为人类。从进化的角度看，人类在整个生物界独居魁首，是地球上生物进化的最高层次。然而正如达尔文所说：“要在这其间认定具体的一个点，而说从这一点而上我们应该用‘人’这个名词来称呼，那将是不可能的。”③ 尽管将人与亲缘关系最为接近的其他灵长类，如黑猩猩、大猩猩等进行比较，不难发现无论是在形体上还是在智力方面均存在着极为明显的差异，但“人与猿猴之间的这一空白或间断也不是真正的空白或间断，而只是由于许多中间形态已经灭绝了的缘故。”④ 在非洲地层发现的化石中，确实存在着介于猩猩与人类之间的种类。因而从生物学的角度讲，至尊的人类，不过“是以受精卵核中DNA的碱基作文字，撰写出来的一篇文章。当然，这篇（文章）是在40亿年的进化历程中写成的。”⑤

---

① 现代人为医学所下的定义是：“研究如何维持健康及预防、减轻、治疗疾病的科学，亦常指为上述目的而采用的技术。”见《简明不列颠百科全书》，中国大百科全书出版社，1986年，第9册，第63页。

② 参见北京中医学院主编《中国医学史》（上海科学技术出版社，1978年，第3～5页）第一章之第二节“对几种错误观点的批判”；马伯英，试论祖国医学基础理论奠定时期的认识论与方法论特征，中华医史杂志，1982，(4)：196。

③ 〔英〕达尔文，人类的由来，中译本，商务印书馆，1983年，第280、230页。

④ 〔英〕达尔文，人类的由来，中译本，商务印书馆，1983年，第280、230页。

⑤ 〔日〕木村资生，从遗传学看人类的未来·序，中译本，科学出版社，1985年。

既然人类起源在形态方面表现出无间断的渐进，那么，在行为上亦不可能有跳跃式的突变。由此决定了属于医学史研究范畴的治疗行为同样是只能随着形态的进化而逐渐复杂化。据说南美的某些野兽会用一种称为“秘鲁香膏”的树脂涂治外伤；当一只初生的黑猩猩幼仔停止呼吸时，它的母亲居然熟练地采用了与人类“口对口人工呼吸”几乎相似的抢救措施，成功地救活了这只幼仔。法国德累斯顿动物园里的黑猩猩也有过相同表现①。长年与黑猩猩生活在一起的动物学家观察到下雨时黑猩猩不仅竭力寻找避雨的地方，而且进行激烈的活动以暖和身体；一只名叫菲菲的黑猩猩因伤口红肿流血，而长时间地在伤口上盖着一把树叶②。黑猩猩用树枝做成牙签为伙伴剔去牙缝中的积垢固然与现代牙医有天壤之别，无法同日而语，但其目的是一致的。上述这些现象不仅说明动物确有医治伤病的表现，还标志着医生的行为与作用已然存在于较高级的动物之间。

关于药物如何进入人类生活的问题，中国自古就有“神农尝百草，一日而遇七十毒”以识药物的传说③。现代医史著作在论述这一问题时，以为不应将药物知识归于“圣人”，故去掉了神农之名。但在解释认识药物的途径时，实际上仍旧是沿袭这一传说的内容，即“氏族成员由长时期采集逐渐转化为种植的过程中，对植物的咀咽尝试已多，积累了一些用植物治病的经验”④；“在此过程中，他们曾发生过不少的中毒遭遇，但从中也积累了不少药物知识”⑤；“由于饥不择食，人们经常误食某些有毒的植物，因而发生呕吐、腹泻、昏迷甚至死亡等情况。经过无数次的尝试，人们逐渐认识某些植物对人体有益，某些植物对人体有害，某些植物可以治病。这样便初步积累了一些关于植物药的知识。”⑥ 这种改造“神农尝百草”而成的“中毒识药说”存在着许多难以解释的问题：首先，“饥不择食”虽然确属客观现象，但“食”的内涵是指可食之物，其外延包括人或动物平时爱吃与不爱吃的食物。“饥不择食”仅仅是形容人或动物在饥饿时，不再挑剔而已，并没有包括进各种有毒之物。自然界普遍存在的客观现象是因食物资源匮乏导致群体灭绝，或自相残杀。似乎看不到在这种情况下乱食有毒物品的例证。其次，经过中毒而将其作为药物使用，需以人类对于有毒物的特殊性质与治疗效用间的特定联系已有一定的理性认识为前提。对于早期人类来说，从“中毒”得到的经验知识首先应该是“此物不可食”!

当人类文明发展到一定程度时，药物品种的扩充可以根据有目的的实践或取类比象的思维方式，但在最初阶段应是以“食药同源”为主要途径。即在可食之物的范围内，认识其除填腹充饥的作用外，尚具有某种治疗效果。以相对于“起源”来说已属“晚期”的记载——《山海经》(约成书于春秋战国至秦代）中的药物知识为例，7 种有毒之物只是言及可以毒鱼、毒鼠、杀人，并无治疗疾病之用；而其他 100 余种可以治疗各种疾病或具有强壮作用的药物均未言有毒。

许多动物会根据身体的需要定期饮用含盐之水；人在生理改变（例如妊娠期）或病理改

---

① 唐民皓，人类起源与医学起源问题，医学与哲学，1982，(7)：40。

② 〔英〕珍尼·古多尔，黑猩猩在召唤，中译本，科学出版社，1980 年，第 62、150 页。

③ 需要注意的是《淮南子》言此之意在于说明对于可食之物的鉴别，而非定医药，即神农之所以称“农”的原因。其后才渐变为“识药”。

④ 孔健民，中国医学史纲，人民卫生出版社，1988 年，第 10 页。

⑤ 俞慎初，中国医学简史，福建科学技术出版社，1983 年，第 6 页。

⑥ 北京中医学院主编，中国医学史，上海科学技术出版社，1978 年，第 2 页。

变的条件下，口味会发生不同于平时的偏嗜与好恶。这些现象说明动物有时之所以会违背一般的进食习惯，选择某些被我们人类称为药物的东西，恐怕也是因特殊生理、病理的影响，而对特殊的“气”、“味”产生了需求。例如酸物醒酒的常识众人皆知，但如果认为今人来自耳闻，古人出于偶然经验，则无法解释动物的行为表现。达尔文观察到“好多种的猿猴对茶、咖啡和各种烧酒有强烈的爱好。……酒后的第二天早上，它们脾气很不好，怏怏不乐，两手支着大概是正在作痛的脑袋，再给他们喝酒时，它们掉头不顾，并且表现出厌恶神情，但对柠檬汁却很欢迎，可以喝上不少。一只美洲产的蛛猴属的猴子，在一次喝白兰地醉酒之后，对它从此不再沾唇。”① 这些事例说明药物——对于机体功能具有调整作用的物品，进入人类生活，与本能的需求具有一定的关系。而且就连这些经验的记忆，也并非人类头脑所独有。

一般动物的医治行为不可能发展成为医学的原因，在于这些物种的形态进化业已完成，不存在功能方面的潜力。而对于人来说则完全不同，其特别发达的大脑无论是体积还是沟回数量，均为野生兽类所不能比及。由此决定了人与其他动物在行为能力方面的根本差异。强调动物具有医治行为的目的，不过是要说明形态进化的连续性必须伴随着行为进化的连续性，因此在讨论医治行为的起源时，必须由此开始。

然而尽管从行为能力的连续性方面讲，不容忽视本能的潜在作用，但对于医疗行为的发展而言，本能的影响确是极小的。首先，“本能”行为的重要性主要是表现在关系到这一物种的种群生存与繁殖②，而本能性的医治行为并不具有如此重要的作用。早期人类与其他物种一样，在维系生存与繁衍上都是遵循优存劣汰的自然选择法则，不断地淘汰掉劣弱疾病者，从而维持了自身的素质水平。例如各种传染病在早期人类中的蔓延与控制，主要是受制于群体数量的变化，当每群不超过50人时，只有那些适于小范围社会聚落中传播的疾病才可能存在；但当人群数量不断上升时，许多传染性疾患便获得了存在与蔓延的条件；而当这类疾患造成人口死亡、人群数量下降后，疾病的蔓延也就自然而然地得到了控制③。同时，在自然选择起重要作用的早期人类社会，某些家族或群体中所具有的自然抗病基因也是十分重要的。例如对于五百年前的西欧人来说，抗天花与鼠疫的基因是“最重要的基因”④，可以使某些人自然地不受这些烈性传染病的危害。甚至于“对于有助于忍耐原始恶劣环境的基因，也可以说属于同一类型。”⑤ 与自然选择作用紧密相关的一个问题，是原始人群如何调整血缘婚配的反思。由于人们头脑中有一个错误的成见，即认为凡是近亲婚配就必然出现劣质后代或遗传性疾病，所以不得不设想人类最初采用了某种形式限制血缘内婚配。而实际情况是近亲繁殖只不过为不健康基因相遇而成为显性遗传提供了更多的机会，如果父本和母本均系健康基因，则没有这种问题。氏族内的婚配关系使原始人类像其他动物一样，不自觉地遵循了优生学的法则，凡是不健康的家族就可能在艰苦的生活或疾病之灾中被自然淘汰掉，不健康的基因也因此断绝了隐性传递的可能。这种婚配关系造成人类在数量上受到限制，但在人口质量方面如果撇开

---

① 〔英〕达尔文，人类的由来，中译本，商务印书馆，1983年，第10页。

② 季达明、涂长晟，动物行为学，辽宁教育出版社，1989年，第69页。

③ 陈国阶，人类疾病与人类生态，大自然探索，1986，(2)：82。

④ J.F. 克洛，突变·自然选择·人类的未来，载〔日〕木村资生编《从遗传学看人类的未来》中译本，科学出版社，1985年，第42页。

⑤ J.F. 克洛，突变·自然选择·人类的未来，载〔日〕木村资生编《从遗传学看人类的未来》中译本，科学出版社，1985年，第42页。

杂交优势不谈，并没有导致直接的危害。否则，人类早就应该衰亡于近亲繁殖的阶段，而不可能有从族内婚向族外婚的过渡。

伴随着文明发达、自然选择减弱两者此消彼长的漫长历史进程，自然抗病能力的重要性减弱到微不足道的地步，疾病的预防与治疗完全由医学来承担。但体质性疾病、虚弱、各种有害基因隐性遗传比例上升等一系列因自然选择减弱而产生的后果，乃是人类文明、医学发达的必然产物，成为当代与未来医学需要设法解决的问题。

总之，当人类完成了形态的进化后，特别发达的大脑机能使人类不仅能够进行内容丰富的生产实践活动，而且能够根据经验去学习、思考、记忆、推理、创造；特别发达的语言中枢，又赋予人类特有的语言能力，由此与一般动物彻底脱离。其“文化进化”的步伐呈现出越走越快的趋势。人类所有非学习的本能行为，从几百万年以前到现在，恐怕没有多大的变化，但医治行为与技术却是在不断地发展进步。在最初的年代里，有益的本能行为逐渐变成生活经验被保存与利用，可以根据客观需要随时重复这些经验，并向后人传授，完成了“本能的”向“意识的”行为转化，形成了人类医学文化向前发展的基础。随着文化的进步，本能与自然选择对人类的作用逐渐减弱，而科技文化的影响与作用却越来越大，占据了主导的地位。因此从总体上讲，当人类达成了自身独有的尊严身分以后，医学既是人类文明的产物，也是构成人类文明的重要组成部分。

第二节　巫医与巫术

一　“医源于巫”的观点

1914 年 7 月 20 日，法国图卢兹（Toulouse）大学古代史教授伯高恩（C. H. Begouen）与他的三个儿子旅行经过阿列日省（Ariege）。闷热的天气使得他们在农夫的指引下来到一个地下洞穴纳凉小憩，意外地发现了大量的古代岩画。在这个后来被命名为“三兄弟岩洞”的洞穴中，有一幅可以说是已知最古老的关于医人的代表性岩画：一个冰河时期戴有动物面具的巫医，面具上有大而圆的眼睛，尖尖的胡子，像是带角的美洲野牛头。不过，这个“牛人”的姿势是直立的人，他的脚也与人脚一样。

考古发现远古时代已有良好的骨折愈合，看来是在休息状态或用夹板进行治疗的。但最令人惊奇的是大量史前时期带有钻孔的颅骨在许多国家新石器时代洞穴中被发现。新近较多有关这种手术的研究表明：只要用一件适当加工的石器工具，即可在五六分钟内于颅骨上钻出一个洞。无疑，许多人会因此而丧生；但相当可观的、愈合正常的带有钻孔的头颅骨，乃是这些人经历了这种生命攸关的手术仍得以生存下来的充分证据。考古学家对此的解释是，颅骨损伤以后骨碎片压迫大脑引起痉挛；或史前时期的“医人”在病人癫狂发作时，假定那是一种邪恶的精灵楼身于颅骨之内，并认为在那里打一个洞，将可为之提供一条逸出的通路。另外，也有一些人认为这种钻颅术仅仅是为了执行一种宗教仪式。在其他一些洞穴中，还发现过截除手指的岩画，医学界的意见倾向于认为这种切除并非是出于医疗的目的，而仅仅是出于宗教仪式的需要。总之，各种观点均可归纳为一个共同的思考体系：就是认为在最早的时候，医疗艺术浸染着巫术的气味并且控制在巫师的手中①。

中国学者亦有相似的论述："古代文明中，医学皆肇于巫医，"并列举巴比伦、埃及、希腊等古代文明体系中"巫医治病，既用礼拜、祈祷、念咒、歌赞，并有从动植矿搜集之药物，制成药剂以为治疗"之事为例②。因而认为中国医学的产生亦由此道："各民族之医，多出于巫，吾族亦如此。"③

就文献记载而言，古代巫、医常连属并称。如管子曰："上恃龟筮，好用巫医"④；孔子亦有："南人有言曰：人而无恒，不可以作巫医"⑤之语。《山海经》中有"巫"与"药"密切相关的记载："大荒之中，有山名曰丰沮玉门，日月所入。有灵山，巫咸、巫即、巫肦、巫彭、巫真、巫礼、巫抵、巫谢、巫罗十巫，从此升降，百药爰在"⑥；"开明东有巫彭、巫抵、巫阳、巫履、巫凡、巫相，夹窫窳之尸，皆操不死之药以距之。"⑦

然而当代中国医史研究者在很长一段时期中的普遍看法则是将巫术与自然科学知识置于绝对对立的位置上，认为："巫代表氏族显贵的利益行事，把人们幻想中的'神'加以人格化，并利用自己的地位窃取了一定的医药经验和知识，以和鬼神相通的姿态，用迷信、魔术的方法替人治病，给原始朴素的医疗活动披上了神秘的外衣，造成了医巫相混淆的现象，并阻碍了医学的发展。"⑧这种观点的可取之处在于认识到了"巫"，毕竟是人类历史发展到一定阶段时的产物。因而如果没有对于巫术思想、巫术结构，以及巫、医关系的深入论述，即简单地称"医源于巫"，显然是割断了人类进化发展的历史，并且是选择了一个相对较晚的点作为医学知识的起源之处。然而就医学发展本身的客观规律与实际而言，在医学理论化以前的漫长岁月中，经验医学早已存在于民众的生活之中。例如"有人调查过本世纪尚存的一些原始部落，他们并无任何宗教观念，但都有一定的世代相传的卫生习俗。非洲一些部落，他们把疾病看作是'自然的'，对所患疾病采用世代相传的药方和疗法进行治疗，无需作出任何超自然的解释。""民族学的调查表明，就是在巫术盛行的一些原始部落，也存在着与巫术丝毫无关的卫生习俗，拥有治疗各种疾病的丰富经验，以及并不求助于巫术的草医。"⑨因此，如果将医学发展的规律简单地概括为从低级的经验医学逐步向高级的理论医学发展，那么，医学当然不可能起源于巫。不能因为某一历史时期，由某些人同时承担着双重角色就将其混为一谈，历史仅仅告诉人们生活中确实存在着这样一些事，而研究者必须探究这些现象间存在着怎样的内在联系。因此，对于巫、医关系的研究，必须注意以下一些问题。

首先，在人类早期社会中，对于疾病及多种自然现象开始寻解之时，出现了将病因归于神灵鬼怪、祖先惩罚、触犯禁忌等；利用卜、筮诸法寻找征兆指示；利用包含超自然力量的各种方法以治疗疾病等一系列相互关联的现象，但这些被后世称之为"巫术"的理论与方法，

---

① 详见〔德〕G. 文士麦《世界医学五千年史》中译本，人民卫生出版社，1985年，第1～3页。

② 详见刘伯骥《中国医学史》，华冈出版部（台湾），1974年，第2～3页。

③ 余云岫，医学论文集，引自北京中医学院主编，中国医学史，上海科学技术出版社，1978年，第4页。

④ 《管子·权修第三》卷一，浙江人民出版社，1984年百子全书本，第3册。

⑤ 《论语·子路第十三》卷七，中华书局，1980年影印版十三经注疏本。

⑥ 《山海经·大荒西位》卷十六，浙江人民出版社，1984年百子全书本，第7册。

⑦ 《山海经·海内西经》卷十一。

⑧ 北京中医学院主编，中国医学史，上海科学技术出版社，1978年，第4页。

⑨ 邱仁宗，医学巫源说和医学起源问题，中华医史杂志，1981，(1)：6。

在当时却代表着人们对于客观事物原因、规律、变化等开始进行理性思维、做出理论性解释的进步倾向。这实际上就是较早的一种文化表现，“是人类在精神王国中所收获的第一批果实。”① 与“无知”的前辈比较，实在是最大的进步，并不存在任何意义上的欺骗。近年来，许多研究者已然不再是以“科学”或“迷信”、谬误或正确，这种非此即彼的简单是非标准去评价古人，所以能够注意到自然宗教是原始人对人和自然关系的一种认识和探索，是原始人的哲学和科学，尽管它幼稚甚至荒谬，但它毕竟是人类最初的理性思维成果。

其次，在早期的人类社会中，巫的身份亦不像文化相对发达时期那样明确、职能专一。“史”与“医”均曾涵括在“巫”的范畴之中②。巫师有较多的历史、文化知识，甚至最先掌握文字记事，是各种文化活动的核心人物。因此，从某种意义上讲，巫师是知识分子的前身，是原始文化科学知识的保存和传播者③。先秦的“医”字，曾经有过“毉”的写法，可以看做是医者职能、身份的一种表述。另外，还应该注意到巫术的思维方式与古代医学的相通之处。由此构成了巫术、宗教、科学间的复杂关系与不确定性。

二　原始宗教与医学

“巫术”与“宗教”之间很难划清界限，这一点在人类早期的历史中表现得尤为突出。在原始宗教中，精神信仰、心理需求的色彩并不明显，主要是表现为一系列涉及超自然对象物的宗教性礼仪行为。例如，原始墓葬出现在早期智人时期，留下了古人围绕着死亡之后的各种问题有所思考的确切标志，因而被认为是人类最早的堪称精神文化的产物。有关死亡的礼仪，大概是最早的宗教观念和宗教礼仪，“这一文化成果高高屹立在人类与动物的分界线上。”④ 伴随着人世间至尊君主的产生与礼仪行为的发展，对于超自然对象体的精神性崇拜与礼仪行为亦相应地发展，逐渐产生出各种宗教的“理论性因素”⑤，但宗教仪式的构成仍然脱离不开巫术的操作性特征。不管这些礼仪的宗教性质与巫术性质如何，这些现象毕竟是当时人类社会中极为重要的文化活动与生活方式，含有属于那个时代医学活动的内容，或是间接地对医学的发展具有某种影响。

（一）过渡礼仪

过渡礼仪亦称通过礼仪或生命礼仪。这些仪式大多设在人生道路的转折点，例如出生、成年、结婚、疾病、死亡等。马林诺夫斯基（B. Malinowski）指出：综观世界上所有民族，“许多仪式与信仰底核心都是人生底生理时期，特别是转变时期”⑥。这些礼仪的设置，说明了当

① 陈荣富，宗教礼仪与文化，新华出版社，1992年，第12页。

② 例如《礼记·礼运》言：“祝嘏辞说，藏于宗祝巫史”；《汉书·郊祀志》亦有“家为巫史”之说。前引《山海经》诸巫之名中，巫彭、巫咸二人亦确系为医者。见于《吕氏春秋·勿躬》、《世本》等古籍之记载。参见张紫晨《中国巫术》，上海三联书店，1990年，第5～10页。

③ 宋兆麟等，中国原始社会史，文物出版社，1983年，第498页。

④ 陈荣富，宗教礼仪与文化，新华出版社，1992年，第13页。

⑤ W.C. 丹皮尔《科学史》（商务印书馆，1975年中译本，第478页）称：“宗教总是包含两个因素：第一，理论的因素，即人对不可见者的看法——他的神学或神话；第二，人对于不可见者的行为——他的宗教仪式。”

⑥ 〔英〕马林诺夫斯基，巫术科学宗教与神话，中国民间文学出版社，1986年中译本，第21页。

时人类对于生命现象本身的关心；以及出于生产、再生产的需要，而力图用各种方法来改变自然。所以诞生礼仪实际上可以追溯到求子礼仪、妊娠礼仪。由于人的再生产、种的延续关系到氏族的存亡，生产力的强弱，因而有对于女性生殖器及繁殖力强的动物的崇拜。这或许较富原始宗教的色彩，但食用某些繁殖能力很强的动物以提高人的生育能力就显然是交感巫术的思维方式，而且也是医学的理论与内容构成①。

成年礼仪起源于氏族公社的初期，通过这一礼仪的成员由此担负起生产（包括生存生产与繁殖生产两方面）与战争的职责。客观上起到了对于性关系有所规范的效果，因为只有通过成年礼仪的人，才取得参加性关系交往的资格。

成年礼仪对于性关系的规范，并不等于婚姻辈份的划分，但这一规范实际上防止了两代人之间的性交关系。因为考古发现已经证明，原始社会人的寿命很短，一般只有三四十岁，40岁以上的已属少见，这样就使年龄相近的青年形成了一个互相通婚的集团。客观上起到了提高人口素质的效果。而当疾病发生时，各种在今天看来纯属巫术、宗教性质的活动，亦属改变（通过）这一生命危机的措施、对策。这些仪式不能说不是那个时代的医学活动内容。

（二）礼仪活动与知识的传递

带有巫术、宗教色彩的集会、献祭、祈祷等是早期人类最重要的文化活动。这些活动对于音乐、舞蹈、符号使用、模拟法术与禁忌等理性知识的传递起到了重要的作用。具有文化教育的功能。巫术、宗教的仪式活动不仅与具有社会管理功能的“人间礼”具有极为密切的渊源关系，而且与医学知识的发展、理论的形成亦有极为重要的联系。例如，中国传统医学的脏腑理论，以及脏腑的配属关系，就与祭祀活动密切关系。赵洪钧《内经时代》(1985 自刊本)，指出：“《内经》的五脏说，最初并非出自医家，而是从古礼中来。”

古礼最重祭祀，常常要用牲。但对于牲身部位的选择有所不同，如：“有虞氏祭首，夏后氏祭心，殷祭肝，周祭肺”②；“凡为俎者，以骨为主。骨有贵贱。殷人贵髀，周人贵肩”③。至“月令”类著作④成书时，可见规范化的用“脏”记载，即春“祭先脾”、夏“祭先肺”、秋“祭先肝”、冬“祭先肾”；五行之“土”与“四时”配属方式虽有不同，但均用“心”为祭。在祭祀的礼仪中逐渐发展形成的“五脏”概念，渗入到医学体系中，构成了古代生理学的理论内容。而且因为“木-东方-左-肝”这种配属关系的影响，使得医学理论中亦相应地出现了左肝右肺之说。可见脏腑学说与形态学知识的关系，反不如与祭祀礼仪的关系密切。

（三）驱逐疫鬼的“傩”

“傩”(nuó) 是一种历史久远的“逐疫”仪式。《后汉书·礼仪志》称：“先腊一日，大傩，谓之逐疫。”傩的历史十分久远，《论语·乡党》中言：“乡人傩，朝服而立于阼阶”；《周礼·夏官》：“方相氏掌蒙熊皮，黄金四目，玄衣朱裳，执戈扬盾，帅百隶而事难（傩），以索室驱疫。”

---

① 马王堆出土医书《养生方》、《杂疗方》中常以鸡卵或雀卵为主，组成“益内利中”的方剂。

② 《礼记·明堂位》卷三十一，中华书局，1980年影印版十三经注疏本，第1491页。

③ 《礼记·祭统》卷四十九，第1605页。

④ 如《礼记·月令》、《吕氏春秋·十二纪》、《淮南子·时则训》等。

这种仪式至今仍然流传于民间，引起了许多研究者的兴趣。分别从宗教、戏剧等不同角度考察这一活动的内涵与形式，而将其称之为“傩祭”或“傩戏”。又有试图将“傩”之各方面的文化意义加以概括以避免片面者，则使用了“傩文化”这一概念，并指出：“人们似乎已习惯把中国的文化传统归结为儒家，为儒、释、道三家合一。这其实是一种只注重主流不注重支流，只关注‘精英’不关注民俗的倾向，而且也缺乏一种把文化传统看作是动态发展的连续过程的眼光”；“傩在中原受到了朝廷天子的高度重视，一度成为国家性的大礼，在先秦时代几乎是压倒一切的主流文化。”① 并从官民相分（宫廷傩与民间傩），周汉相分（汉以前傩为主流，汉代儒学独尊后傩的地位下降），汉夷相分（中原以傩为主，北方以“萨满”为主，南方以“巫”为主）等方面对“傩文化”进行论说。

就医学史研究而言，以驱逐疫鬼为目的之“傩”是当时社会中卫生保健活动的内容之一。这种活动之所以能够存留民间、某些不发达地区，正说明这是一种初级文化的思想、行为表现。另外，在先秦文献记载中，可以看到这种仪式并非仅仅用于驱除疫鬼，而且还具有“傩”除阴阳之气的作用。《礼记·月令》中说：“季春之月……命国难（傩）……以毕春气”，注云：“此傩，傩阴气也。阴寒至此不止，害将及人”；“仲秋之月……天子乃傩，以达秋气”，注云：“此傩，傩阳气也，阳暑至此不衰，害亦将及人。”② 反映了当时人们对于阴阳二气、自然循环的认识，而阴阳二气循环的理性观念同样是此后医学理论的重要组成内容。

三　巫术的结构

著名的巫术研究家弗雷泽（J. G. Frazer）对于巫术结构的分析如下图所示③：

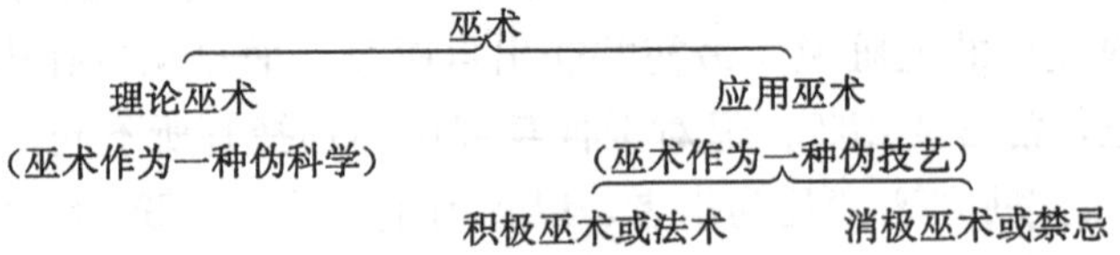

图 1-1　巫术的结构

这一研究体系的特征是将形形色色的巫术活动的结构概括为“理论巫术”（伪科学）与“法术”（伪技艺）两部分。

在深入了解巫术活动的基础上，则不难看出其思维方式——巫术的理论，有如人们对于事物的科学认识一样具有自身的体系，只不过这个认识体系与思维方式未能正确地反映客观世界的“真”，故而只能构成“伪科学”。其次，由于构成巫术的各种具体法术，均是由其发明者运用自己的智慧创造而成，因而被称之为“伪技艺”。巫术的理论并不是创造法术者所必须遵循的指导法则，而是研究者通过探索各种法术的共性，归纳总结出的抽象原理。由于这些理论的本质是人类某些思维方式的概括总结，所以，这些理论也就不可能仅仅是法术（伪技艺）的思维原则，而且同样是某些被今人称之为古代科学、技术文明赖以创立的抽象原理。因而研究巫术的目的并不在于批判其“不真”的本质，而是要在分析各种法术的具体结构、弄清其中各种行为的意义与思维方式的基础上，进一步研究巫术在人类文化发展史上的地位与

① 陈跃红等，中国傩文化，新华出版社，1991 年，第 3，32 页。

② 引自《礼记正义》（中华书局，1980 年影印版十三经注疏本）卷十五，第 1364 页；卷十六，第 1374 页。

③ J. G. 弗雷泽，金枝，中译本，中国民间文化出版社，1987 年，第 32 页。

作用、不同文化区域各自特征及普遍共性。

各种巫术活动的基本思维方式可以概括为两条，即“相似律”与“接触律”。所谓“相似律”是指认为凡进行类似的活动，即可产生相互影响的作用，例如，毁坏敌人的偶像，或以针刺写有某人姓名、生辰的偶人，就会令对方失败或遭厄难；在天旱求雨时，暴晒流汗、哭泣，则可因人体上出现汗液、眼泪而引起天雨降落等等。而“接触律”的基本概念则是认为凡事物一旦相互接触过，他们之间将始终保持着某种联系，即便他们早已相互远离。这两条法则的内涵，表现出人类智慧发达之后，较早出现的理性思维方式——联想或类比。理性思维运用于医疗活动，在促进经验医学向理论医学发展方面起到了至关重要的作用；同时，也造就了各种巫术疗法。

1. 相似律的表现

在巫术治疗疟疾的方法中，有“发日执一石于水滨，一气咒云：‘智智圆圆，行路非难，捉取疟鬼，送与河官，急急如律令。’投于水，不得回顾。”① 这种方法的原理即是相似律。以圆形之石命为“疟鬼”，并希望其易于滚动的性质能够带来疾病亦迅速离去的结果；“投于水”中，乃是比拟了疾病（疟鬼）的去处；“不得回顾”是这一法术过程中的“禁忌”，以免疾病返回。在现存最早的医学文献——马王堆出土医书中，有许多巫术疗法的记载，其中有关“婴儿瘛”的治疗方法十分清楚地表明了相似律的思维方式，原文如下：

> 婴儿瘛者，目繲䀩然，胁痛，息瘿瘿然，屎不化而青。取屋荣蔡，薪燔之而□匕焉。为湮汲三浑，盛以桮。因唾匕，祝之曰：“喷者虞喷，上如彗星，下如衃血，取若门左，斩若门右，如若不已，磔薄若市。”因以匕周揞婴儿瘛所，而洒之桮水中，候之，有血如蝇羽者，而弃之于垣。更取水，复唾匕彖以揞，如前。毋征，数复之，征尽而止。令②。

日本学者山田庆儿先生对此有一篇2万余字的专文考证③，详细地论述了其中的文字意义与巫术操作原理。简述如下。首先，治疗过程的译文大致是这样的：

> 取房顶边缘之杂草，以柴烧之，盛于匙中。搅拌泥水再使其沉淀，如此重复操作三次，最后取上清液装满杯子。然后向匙中唾道：“呼气的我使劲地呼，比作上（天）则如彗星之尾，比作下（地）则如从切口喷出之血。在门之左侧将你抓住，在门之右侧将你杀掉。如果你不罢休，则将你在市场处以分尸之刑。”然后用匙在小儿的痉挛部位的周围抚之，在杯子里的水中洗匙。仔细观察，如见水面有如蝇翅那样的血浮起，则将水弃于墙根。再将杯中注水，复如前唾匙、抚按。如无血，反复操作。直到血尽为止。这是很好的方法。

关于这个操作过程的用意，概约如下（引用文献与考证均略）：

> 屋顶生长的杂草，具有与屋顶相同的性质。……屋顶乃是魂的通路。……燔薪者何也？……目的大概是使被飞于空中之疫鬼夺去之小儿的魂，闻到上升之烟中的杂草气味，而知道返回之通路的所在。盛杂草灰的匙，获得了“魂之通路”这样的性质。

---

① 晋·葛洪，《肘后方》卷三，人民卫生出版社，1963年排印版，第60页。

② 《五十二病方》，见《马王堆汉墓帛书》[肆]，第32～33页。

③ 〔日〕山田庆儿，夜鸣之鸟。译文载《日本学者研究中国史论著选译》第十卷，中华书局1992年，第231～269页。

搅拌浊水，复使其澄清，如此重复三度，然后取上清之液置杯中。这是为构成咒术行为之“场”，一种宇宙论性质的行为。“清轻也者上为天，浊重也者下为地”。从混沌未分到天地开辟，这种源于远古神话之宇宙生成论的图式，通过表现前者的搅拌和表现后者的沉淀，反复三次，象征性地得到了再现。上澄为天，即空中所飞疫鬼的领域，下沉者为地，即躺卧之小儿的领域。在“天-地”轴上，被“上-下”地极性化之二元对立化的空间，无疑是咒术节目上演的舞台。……

将上清液汲入杯中。杯中之“天”，是违背了自然秩序而来到地上，居于小儿体内之疫鬼本来应该占据的场所。……备下杯中之“天”，预告着其后将出现的行为，当是把疫鬼送入其中。……唾均伴有咒文。可以认为这是增强咒文之效果，或使其确切化的行为。……咒术进行至最后的阶段。将疫鬼引出，或赶出体外的行为，简单到无需释说的程度。用匙抚按在小儿痉挛之处，也就是疫鬼之作用表现得最强烈的地方。小儿之魂归来之路，亦是疫鬼归去之途。通过匙，将疫鬼一点一点地赶出体外，魂则逐渐进入体内。随着时间的推移，所出之疫鬼与所入之魂，在量的方面总是相等的。这是因为本该由魂占踞的空间恰恰是被疫鬼侵占了。这也是咒术之法则（等量置换的法则）。被赶出体外之疫鬼，必须回到本该置身的天上去。在象征自然状态之杯中的天里洗涤匙子，水面中浮起薄如蝇羽的血迹，这是回归到天上之疫鬼的征象。为要使其不再越境侵入人的领域，故将杯中之水弃于作为内外之分界的墙根处。一连串相同的动作，重复至疫鬼之征完全出尽。

2. 接触律

“在全世界许多地方我们都可看到，脐带尤其是胞衣被当成一个活物……在那里住着这个孩子的守护神或他灵魂的一部分。此外还普遍认为：采用什么方式来处理孩子的脐带或胞衣，也将影响他或她未来的身份或事业。”① 马王堆帛书中有《胎产书》（图1-2），画着如何埋胞衣的方位图；解释文字见马王堆帛书《杂疗方·禹藏埋胞图法》②，大意是说：埋胞衣要“避小时、大时所在，以产月，视数多者貍（埋）包（胞）□”；产后，即以清水洗净胞衣，盛于瓦甗之中，“令虫无能入”；埋于“清地阳处久见日所”；如此则能“使婴儿良心智、好色、少病”。另外，《灵枢·癫狂》有取患者之血以候其病发之例：“置其血于瓠壶之中，至其发时，血独动矣。”亦是建筑在原本接触过的东西，即便相互远离亦仍保持有某种联系的思考方式之上。类似的治疗方法可举《肘后备急方》治狂犬咬伤之法为例，但由于研究者对于古人的思维方式不甚了解，故多以现代医学的理论比附其事。如有人评价说：“在狂犬病的治疗上该书首次记载了用狂犬脑组织治疗狂犬咬伤。这种‘乃杀所咬犬，取脑傅之，后不复发’的记载……姑且不论其治疗效果如何，至少可以认为这一发明与现代医学的免疫思想原则符合。”③ 但是如果我们知道“人们曾普遍相信：在受伤者和致伤物之间存在着某种联系，因而在事件发生后，无论对该致伤物做出什么或用该致伤物做什么事情都会相应地给予受伤者或好或坏

① J.G. 弗雷泽，金枝，中译本，中国民间文艺出版社，1987年，第32页。

② 《马王堆汉墓帛书》[肆]，第126页。

③ 朱仁康主编，中医外科学，人民卫生出版社，1987年，第5页。

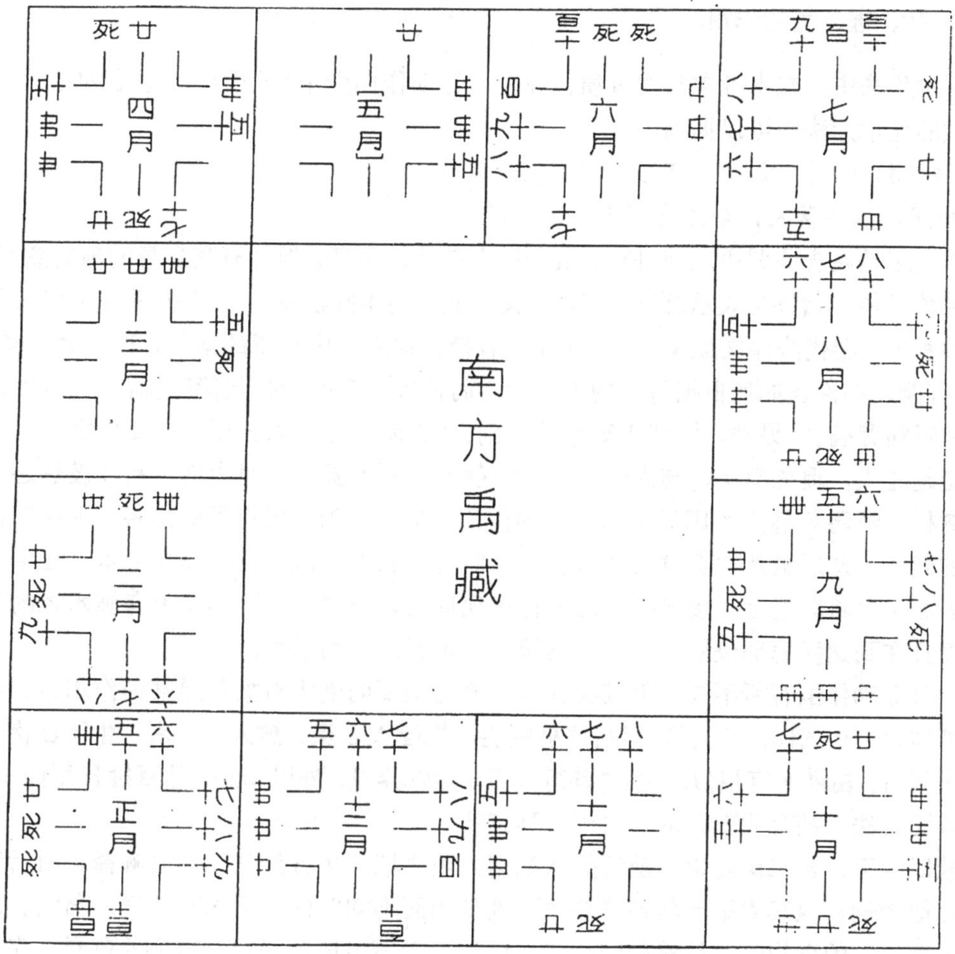

图 1-2　埋胞衣方位图①

的结果”①②，则不难知道这一治疗方法“发明”的依据何在。

四　巫术的作用力与转移方式

任何一种治疗方法均包含有两方面的要素，即作用力与作用途径。只有当这两种因素均是“实在”的，才能构成一种“科学”的治疗方法。倘若其中任何一方面属于“虚幻”的，即只能构成“超自然”的“伪技艺”——巫术疗法。现在就来看看巫术疗法中常见的几种作用力与转移途径：

① 本图在帛书中名《禹臧（藏）》，图上“南方”系标记方位（以上为南，与同墓古地图同）。禹字原加有硃点。见《马王堆汉幕帛书》[肆]，第 134 页。

② J.G. 弗雷泽，金枝，中译本，中国民间文艺出版社，1987 年，第 63 页。

（一）喷、唾、气的作用

在巫术疗法中，施术者常常通过喷、唾、吹等动作向受术者施加影响。例如在马王堆帛书所记载的巫术疗法中可以见到：

涶（唾）之，贲（喷）：兄父产大山，而居□谷下……①

吹②：漄年蓳人，今兹有（又）复之。③

这种动作大多是在念诵咒语之前进行，虽少见有单独使用者，但却有其自身的独立意义。唾，在中国传统习俗中始终是表示鄙弃、侮辱之意。但在巫术疗法中，"唾"似乎并不仅仅是为了表示这种意思。秦代法律文献《封诊式》中，有控告他人口中有毒的案例，称之为"言毒"④；《灵枢、官能》在论述如何根据各人的不同特点而传授适宜的治疗技能时说："疾毒言语轻人者，可使唾痈咒病。"另外，汉代王充亦曾谈到："太阳之地，人民促急；促急之人，口舌为毒。故楚越之人，促急捷疾，与人谈言，口唾射人，则人脉胎肿而为创；南郡极热之地，其人祝树树枯，唾鸟鸟坠。"⑤ 因而巫术疗法中使用"唾"行为，极有可能是将"唾沫"视为口舌之毒的载体。此后虽然"毒言"、"口舌为毒"的说法不复流行，但唾在巫术疗法中却始终保留。因而又可将此视为"接触律"的一种表现形式，即"唾沫"不仅带有施术者的意图与力量，而且在到达疾病部位后，仍将继续接受施术者的一切信息。

唾、喷等动作虽有所不同，但其共性与本质均是要向受术对象传递某种作用力。差别只在一是液体，一是气体。王充解释说："巫咸能以祝延人之疾，愈人之祸者，生于江南，含烈气也。"⑥ 其后，葛洪亦有相似之论："善行气者，内以养身，外以却恶。然百姓日用而不知焉。吴越有禁咒之法，甚有明效，多炁（气）耳。"⑦

比较以上王、葛二氏之论，前者是从江南太阳之域"多含烈气"加以解释，而后者虽亦举吴越之地为例，但其立论已然转移到"百姓日用而不知"的人身固有之气。葛洪在解释能够"以炁禁之"的事物时，虽然范围颇广，但从中看不出任何宗教、神灵的色彩，完全是建立在以"炁"的能量制约他物的基础之上，例如"以炁禁白刃，则可蹈之不伤、刺之不入"，颇似现今屡见不鲜的"硬气功"。另一方面，葛洪的解释代表着巫术逐渐理论化的趋势。换句话说，巫术的治疗方法与行为，对于中国古代传统文化中极为重要的"气"概念，也是有所影响的。在唐代的有关文献中，可以看到"气"的应用更加医学化，形成了咒禁"六法"之一的"气道禁"——"谓吹、呼、呵、嘘、嘻、呬"。其具体应用如："若唾热病，以冷气吹之二七，然后禁之；若唾冷病，以热气呵之二七，然后禁之。"⑧"吹"与"呵"在人体皮肤上产生的凉、热不同之感是不言而喻的，不管这种方式有无治疗价值，但其医学意义（以寒治热，以热治寒）却是极为明显的。另一方面，由于施术者首先要经过"受禁"的程序，通过

---

① 《马王堆汉墓帛书》[肆]，第 36 页。

② 吹《玉篇》释为"呼气"。

③ 《马王堆汉墓帛书》[肆]，第 38 页。

④ 《睡虎地秦墓竹简．封诊式》，文物出版社，1978 年，第 276 页。

⑤ 汉·王充，《论衡·言毒篇》。浙江人民出版社，1984 年影印版百子全书本，第 6 册。

⑥ 汉·王充，《论衡·言毒篇》。

⑦ 晋·葛洪，《抱朴子·内篇、至理》，浙江人民出版社，1984 年影印版百子全书本，第 8 册。

⑧ 唐·孙思邈《千金翼方·禁位上·禁经大例第四》卷二十九，人民卫生出版社，1955 年影印版，第 345 页。

各种手段乞求神灵的帮助、借助到神灵的力量，然后再通过“唾”的方式将“神力”转移到受术者身上，因而“唾”行为的意义也就发生了一定的转变。

（二）语言的作用

念诵咒语，是巫术疗法的重要组成部分。对这一行为最常见的解释是认为：咒禁疗法为精神疗法之一种①。这种观点仅仅是看到巫术与心理疗法在形式上均使用语言作为治疗手段的表面现象，而没有深入研究两者间的本质不同。

现代精神病学之所以使用“语言”等方式进行心理治疗，是因为“有许多病，如神经症各类疾病，社会心理因素是致病因素，它对疾病的发生和发展起重要作用。这类心理因素的去除，又非药物及物理治疗所能奏效，必须借助于心理治疗。心理治疗系利用医生的言语影响患者的精神活动，使患者认识到发病原因，临床表现和疾病的过程。指导患者发挥主动性，去除病因和病后的焦虑，树立战胜疾病的信心，促使患者身心健康，达到治疗目的。”② 咒禁之术中虽然有“语言”行为，但其与心理疗法的本质不同在于：①咒语的对象并不是患者本身，而是能够接受语言信息的对象，例如寓居人体之内而致病的动物、鬼怪，及外部神灵等；②咒语的作用方式不是要影响患者的精神活动，亦不考虑任何“社会心理因素”，而是要求神赐力、威慑受禁对象，达到“禁”的目的（治疗疾病仅是其中的一部分）；③咒术作为一种治疗方法，其适用范围不仅不限定在精神疾患的范围，而且主要是针对各种躯体疾患。因此可以说，咒禁之术，特别是“语言”在其中的作用，是不含任何现代医学所言“心理治疗”成分的。

在纠正了所谓“科学评价”咒术的心理治疗价值后，还必须纠正另一种同样是未经深入研究，即简单地评说咒术为宗教迷信欺骗手段的看法：“巫术认为，神授的语句具有法力。这些语句据说只有巫觋才听得懂，才能使用。”③ 事实上，祝咒之文大多是由意思极为明确的普通语言组成，不仅任何人都能看懂听懂，且还可以习而用之。在施术者与受术者，甚至整个社会都承认神灵、鬼怪存在的时代，运用语言与这些能够接受语言信息的“物”进行沟通乃是十分自然的事，并不存在“欺骗”与“被骗”。只有在真正理解咒语的含义后，才能弄清当时的人是如何看待世界、认识事物的。

另外，由于语言本身并不是一种力，而只是传递信息，因此语言的使用必须是以能够理解者为对象。又因为在不同的历史时期，人们对于这个对象范围的认识有所不同，所以巫术语言的应用范围亦相应不同。从马王堆医籍所保存的资料看，当时咒禁疗法的适用病种远不如后世广泛，其原因正是由于当时在“作用力来源”与“致病物”两方面能够接受语言信息的对象均不如后世多。例如对于经今人考证以为是蝎伤的“蠆”病，只是威吓说，“凤鸟”将“贯而（尔）心”④。这“凤鸟”或许是指“凤凰”，但并非神灵，其思维方式大概只是类比鸡

---

① 河北医学院，灵枢经校释，人民卫生出版社，1982年，下册，第313页。又如刘伯骥《中国医学史》（台湾，华冈出版部，1974年，第1页）说：“此等巫医，除使用药物外，并根据灵魂学、心理学为人治病，故其祷祝、念咒、歌唱或舞蹈，云替病者驱邪逐魔，照现代术语言，不过为一种催眠术与心理治疗而已。”近又有袁玮“中国古代祝由疗法初探”（《自然科学史研究》，1992，(1)：48）亦从“心理疗法”的角度肯定祝由疗法的科学价值。

② 沈渔邨主编，精神病学，人民卫生出版社，1990年，第195页。

③ 朱越利，道经总论，辽宁教育出版社，1991年，第21页。

④ 《五十二病方》第84行。见《马王堆汉墓帛书》[肆]，第36页。

可啄食虫类动物的观察基础之上。纵观《五十二病方》中所存近30条巫术疗法，其中作为威慑力来源的神灵之名不过以下几种：

天甸（电）、东方之王、西方□□□主冥冥人星（第66行）；

凤鸟（第82，84行）；

天神、神女（第204行）；

黄神（第308，427行）；

啻有五兵（第381行）；

巫妇（第443行）。

而且施术者并未与这些“神灵”通话，只是作为“威慑力”的来源。其他则全部是依靠施术者本身的力量，即喷、唾、气的作用。语言本身的威慑作用来源于告知致病物将受到现实而具体的惩罚，如：“斩”、“磔薄”（碎尸）、“石击”、“斧斩”、“刀割”、“刖若肉”、“涂若以豕（猪）矢（屎）”、“□若四体、编若十指、投若□水”等。

《五十二病方》中应用巫术治疗的疾病，可以归纳为以下几种病因：

（1）虫类：“巢”[①]；“蠆”（蝎，2条）；“蚖”（蛇，3条）；“痈”（2条）；“身疕”（浸燏虫）。

（2）狐：包括各种外阴部位的病变，如“痒”（癃）、“穨”等（共7条）。

（3）鬼：“魃”（小儿鬼）；“髼”（漆，病因为漆王，3条）；“婴儿瘛”。

（4）“伤者血出”（血中有“魂”）；“尤”（疣，6条，以其附赘之形而被认为是外“物”附体）。

从这些资料中可以看出其共性恰恰在于病因基本上都与“有生命之物”相关，因此能够接受语言信息。这就是当时咒语治病的适用范围，显然与“心理疗法”风马牛不相及。

（三）“名”的意义与使用

呼唤“名”（姓名、名称），虽然也可看作是语言行为的一部分，但与一般的威吓语言不同，具有一定的特殊意义。巫术研究者注意到世界各地普遍存在着“姓名”的禁忌。即不随便将姓名告知他人，或不允许随便呼唤人的姓名。一般认为这是因为“名”亦被视为是该人的一部分[②]。中国古代在姓名方面有种种“避讳”规定，及以“字”代“名”的称呼方式，均是这种观念的表现形式。姓名不仅有消极禁忌的一面，相应地也可作为积极的法术使用。如马王堆帛书《杂疗方》的咒语即为十分典型的例证：

> 即不幸为蜮、虫、蛇、蜂射者，祝，唾之三，以其射者名名之，曰：“某，汝弟兄五人，某索知名，而处水者为鲑，而处土者为蚑，栖木者为蜂，蠭斯，蜚而之荆南者为蜮。而晋□未□，尔教为宗孙。某贼，尔不使某之病已，且复□。”[③]

这条咒术因后半段缺字致使断句有些困难，且含义亦有难明之处，但其中要表达施术者知道为害者之“名”的意思却极为明确。有时，施术者说不出为害者姓名，则只能推诿有神灵知

① 巢：《马王堆汉墓帛书》［肆］释为“指体臭”，不确。该书第261行有“未有巢者，……其虫出”，意为“虫巢”，故病因为虫。

② S. 弗洛伊德《图腾与禁忌》（中国民间文艺出版社，1986年，第75页）说：“如果我们能够深记住野蛮民族将名字认为是人格不可少的一部分和个人重要的所有物，那么对于加在名字上的禁忌就比较容易瞭解了。”

③ 《马王堆汉墓帛书》［肆］，第128页。

道："六丙六丁，知鬼姓名。"① 明确解释此种咒术语言作用的是晋代葛洪。他说："但知其物名，则不能为害也。"② 故入山林遇邪物或夜闻人声大语，"知而呼之，即不敢犯人也"；"见之，皆以名呼之，即不敢为害也。"②何以不需附加任何威胁语言，但呼其名即可实现"禁"之目的？汉人董仲舒在《春秋繁露·深察名号》中谈到了"名"的重要作用："名者，大理之首章也。……其机通于天地矣。"李志超对于"机"的概念及其在古代中国思想文化中的地位，曾有专门论述，指出"机"发展成为抽象概念"导致古人对信息和控制的了解，首先阐发了意识和语言作为机的作用"；"这一点非常重要，是研究中国传统文化、自然观、科学思想史等不可忽视的东西"③。葛洪作为道教代表人物与古代杰出的思想家，不仅了解巫术的一般法则与应用，而且有从哲理方面解释其"所以然"的追求。"名"与"机"的深层关系，或许正是葛洪将此种方法视为一种原则的依据。

（四）作用力的转移

巫术使用的作用力，有时并不一定是虚幻的。例如前面所谈到的许多以"相似律"、"接触律"为基础的具体法术，对于关联偶像或关联物所施加的力，往往是实实在在的"自然之力"，但由于其转移途径并非实实在在，因此不可能发生确实的作用。例如"取艾叶拭手，使汁受手中。七日勿洗手，持斋过七日以外，即成禁。……咒：'愿我此手一切痈肿，一切诸毒，乃至一切病，手著即差。'……若治病时作想此手作热铁叉，想前人病如雪，手著病即散。"④虽然"艾"确实是一种药物，并广泛用于外治法，但上述治疗方法的"转移途径"不能确实有效地将这种外力转移到对象体上，故只能形成"伪技艺"的治疗方法。巫术的力量转移有时需借助他物，如"候初电时举目看电，右手把刀以左手摩之，咒曰：'助我行禁，振声如雷吼，万毒伏闭气。'待雷声尽讫。"⑤ 又如："候燕初来时，以纸一张，浓点笔于纸上，望燕与点，燕没乃止。"⑥ 此后，这刀、纸等物即成为具有神力的治疗用具。伴随着文化的发展，虚幻的神灵越来越多，力量越来越大，所以施术者的行为亦不再局限于将自身之力转移到受术对象体上，而是力图用各种办法转移神力以达到治疗的目的。但由于他们的思维方式与行为都不是"代传天意"，不是转达神灵旨意的"中介"（medium），而是充当"神力"到"疾病"间力量转移的媒介载体，由此构成了宗教与巫术的根本区别。在这种情况下，可以看到施术者的语言对象已然不再局限在"可以接受语言信息"的致病物身上，而是能够理解语言的一切神灵，希望以此种方式得到能够治疗疾病的"力"："弟子某乙愿持禁法，禁断邪恶鬼毒之气，救理人民，伏愿降真气流布臣身，令臣所行符禁应声除差，应手除愈。"⑦ 施术者以包括语言在内的种种方式"取得"各种外力之后，通过刀、水、唾等方式转移到受术对象身上，实现治疗目的。因此，在这种情况下，巫术的治疗范围可以无限地扩大，失去了各种"伪技艺"的明确针对性。

---

① 唐·孙思邈，《千金翼方·禁经上·禁温疫时行第七·禁疫鬼文》。
② 晋·葛洪，《抱朴子·内篇·登涉》。
③ 李志超，机发论——有为的科学观，自然科学史研究，1990，(1)：1。
④ 唐·孙思邈，《千金翼方·禁经上·受禁肿法》卷二十九。
⑤ 唐·孙思邈，《千金翼方·禁经上·受禁法第二，同力受禁法》卷二十九。
⑥ 唐·孙思邈，《千金翼方·禁经上·杂受禁法第三·受禁疟法》卷二十九。
⑦ 唐·孙思邈，《千金翼方·禁经上·受禁法第二·七星受禁法》卷二十九。

五　巫术在医学中的地位

尽管在现代西方医学与中医学中均无巫术疗法的立锥之地，但在古代（不论中外），巫术疗法乃是医学构成的组成部分。唐代医家孙思邈释医学之构成时说："故有汤救焉，有针灸焉，有禁咒焉，有符印焉，有导引焉。斯之五法，皆救急之术也。"① 一般认为，在医学发达之前，由于人们对于自然的科学认识不足，抗争手段又十分有限，因而对于各种疾患只能乞求神灵的帮助，因此是巫医占统治地位与巫术盛行的历史阶段。当医学体系形成以后，巫术疗法则逐渐衰退。其实，就中国古代的医学构成而言，自隋代开始太医署中才初置"祝禁博士"②；唐代医生分为四类，"咒禁师"为其一③；宋代太医局医学九科含"金镞兼书禁科"④；元、明两代的太医院亦皆有"祝由科"⑤。结合前述法术内容与思维方式的种种转变、复杂化，可以看出巫术亦有其自身发展的历史。至少从先秦到唐代，医学体系中的科学内容（物理与化学的治疗方法及相关理论）与巫术是呈并行发展之趋势的；在此后的运用中，虽然具体法术有所更新、繁衍（如宋代的《圣济总录》"符禁门"的文字长达6万余，有符300余道），但其所依据的准则基本上都是一致的。尽管历代不乏对于巫术疗法的指责，如汉代司马迁认为"信巫不信医"属于患病之后"六不治"之一⑥；宋徽宗曾"诏禁巫觋"⑦ 等等，但均不能改变这种治疗方法乃至其他巫术继续存在的状况。其原因就在于对于古人来说，根本不存在自然与超自然间的概念差异，所以当法术失败时，被否定的仅仅是"无验"⑧ 的具体法术本身，而不是整个认识体系。

讨论巫术在医学构成与发展中的地位与作用时，还应注意到除表现形式明确的巫术治疗法术外，其基本的思维方式实际上也是中国古代医学理论体系中许多所谓"科学内容"赖以建立的基础。由此不仅构成了某种思维方式即可产生巫术，也可产生科学的不同效果，而且还形成了巫术与科学分界的不确定性。

例如认为"兔唇"是"由妇人妊娠时见兔，及食兔肉使然"⑨，显然是基于"相似律"或"接触律"而来的巫术"禁忌"，但整个被认为富含许多科学内容的古代"胎教"，实际上都是建立在同样的思维基础之上的。在药物学方面，许多药物功能的解释，亦是由此而生，即所谓"取类比象"之法。钟乳石的形态引出了"下乳汁"的功用⑩；食用动物的某一器官可以补养人体的相应器官。李时珍以为"铳楔"可以治"难产"（击发的作用，引出分娩的效用）；梳

---

① 唐·孙思邈《千金翼方·禁经上》卷二十九。

② 《隋书·百官志》卷二十八，中华书局点校本，1973年，第776页。

③ 《旧唐书·职官三》卷四十四，中华书局点校本，1975年，第1875～1876页。

④ 《宋会要辑稿·职官三十二之三十六》，中华书局，1957年，第2878页。

⑤ 元·陶宗仪，《南村辍耕录》，中华书局，1959年，第188页。《明史·职官三》卷七十四，中华书局点校本，1974年，第1812页。

⑥ 《史记·扁鹊仓公列传》卷一百五，中华书局点校本，1982年，第2794页。

⑦ 《宋史·徽宗纪三》卷二十一，中华书局点校本，1977年，第398页。

⑧ 例如五代唐庄宗"重赂召募能破贼舰者，于是献技者数十，或言能吐火焚舟，或言能禁兵刃，悉命试之，无验。"见《旧五代史·庄宗纪第三》卷二十九，中华书局点校本，1976年，第395页。

⑨ 随·巢元方，《诸病源候论·唇口病诸候·兔缺候》卷三十，第158页。

⑩ 《神农本草经·石钟乳》，引自《重修政和经史证类备用本草》，第83页。

子能治“乳汁不行”（通的作用转移）①。前者显然毫无效用；但后者“梳乳周回百余遍”，却能因其物理效用而成立。诸如此类，或正确、或谬误，但也都是建立在相同的思维原理之上的。

在传统医学领域中，与接触律有关、最值得注意的“成功事例”是人痘接种法的发明。即令未患过天花的小儿穿着病愈患儿之衣，或取病愈者的疮痂移植到未患过天花者身上，以实现“引胎毒外出”的目的。作为一种治疗方法，而未患天花者又肯于接受这种“移植”，显然不能用“转移疾病”去解释这种行为的动机。发明者的意图不过是要借助患者身上之物（衣服、痘痂或脓汁）引导未患病者身上潜藏的“胎毒”外出。这种病因与治疗方法的理论性解释一直延续到牛痘接种法传入中国以后，最重要的牛痘接种法著作即名之曰《引痘略》。人痘接种法之所以能够在没有任何病毒学、免疫学理论作基础的条件下产生，成为造福于人类的一大发明，恰恰是由于简单的“接触律”思维方式。

实际上，许多著名学者都曾论述过“科学与方术在早期是分不开的”②。“科学比巫术有更清晰的洞察力，它谦卑地学习自然的法则，通过服从这些法则而取得控制自然的能力，这正是巫术误以为自己已经获得了的能力。无论这三者（巫术、宗教、科学）的实在关系如何，巫术好像终归是宗教与科学的摇篮。”③

第三节　理论起源的多种途径

一　经验的积累与总结

中国传统医学不仅包含丰富的治疗方法与经验，而且具有复杂的理论体系。因而能够依据自身的理论处理那些未曾经验过的新病种，由此构成了与属于低级阶段之经验医学的本质差异。经验的总结与抽象，是理论产生的途径之一。例如早期的生活实践只能提供某物可治某病的具体经验，这在先秦古籍《山海经》中表现得就很突出，其中记载动物、植物、矿物药 100 余种，有“食之不饥”、“食之已劳”、“食者利于人”、“食之多力”、“食之无卧”等等具体效用的记载，却没有“补益”、“强身”之类的抽象概念。理论医学不仅承接了由经验获得的直接认识，还从各种药物的具体效用（主治）中归纳出抽象的功能。这就使得药物的使用变得灵活多了，只要药效的抽象概念（功能）与病症的抽象概念（证）相对应，即可使用。例如人参具有“补气”之功，故凡属“气虚”的病证均可用此进行治疗。

然而尽管经验可以抽象成为理论，但理论却不是经验的必然产物。许多尚存的土著部落、民族虽然具有大量治疗经验与药物知识，但在经历了漫长的历史时期后仍然没有出现理论化的发展迹象，即充分说明了理论的产生并不全凭经验的数量堆积。在医学发展史的研究中，由于没有注意到这种富含人类创造发明智慧成果的自然科学知识体系，与顺应历史发展必然规律之社会科学间的差异，而机械地套用某些政治学理论，忽视了个人的重要作用。这并不是

---

① 明·李时珍，《本草纲目·服器部》卷三十八，第 1269，1270 页。

② J. 李约瑟，中国科学技术史，中译本，第二卷，科学出版社·上海古籍出版社，1990 年，第 36 页。

③ W.C. 丹皮尔，科学史，中译本，商务印书馆，1975 年，第 479 页。

历史唯物主义的表现，因为不管个人的成就如何需要客观的因素，但任何一种划时代的创见、从实践经验向理论的飞跃，终究要通过个人来完成，这种工作并不是一般人所能办到的。如果说经验医学的成立有赖于人类的普遍智慧，那么，理论体系的形成就非需要“杰出人物”不可了。这就是医学理论起源问题中，无数不知名的古代“科学家”所起到的重要作用与应该得到承认的特殊历史地位。尤其是原始医药知识从建立在相同生活基础上的“同”，向各民族建立在不同文化基础上的“异”转变之时，英雄人物起到了举足轻重的作用。否则，在世界范围内就应看到始终一致的发展模式。因而当着眼于考察中国传统医学的理论特点起源问题时，这一因素就显得格外重要了。可以说，从经验积累到上升成为理论，体现的是不同民族各自的智慧水平；而如何总结则反映出不同民族思维方式与文化体系的特征。

当然，理论的产生并不意味着经验医学的终结。经验，始终是第一性的，并不断地在医学发展的不同阶段，以不同形式出现，成为医学中必不可少的组成部分。当理论体系建立起来之后，各种理论还必须接受经验的检验，许多经不起实践检验的理论渐而销声匿迹；另一方面，新的经验积累又促使智者将其总结归纳上升成为理论。医学，恰是在这种错综复杂的运动中逐渐发展起来。

二　经络理论的特殊性

经络体系是一种迄今尚未被现代科学完全证实的人体联络系统。过去一般解释为“源于临床实践观察”；“经络的发现，和针刺术的发展相关联。”然而“临床实践观察”乃是世界医学所共通的，原始的针刺放血、按摩热熨等治疗手段也同样广泛地应用于东西方诸国，如果上述理由能够导致经络的发现，这一学说就应普遍出现于世界各地，而实际情况却是唯有在中国。另外，湖南马王堆汉墓医书的出土，也显示了针刺疗法并不是产生于经脉学说之前。因此，只有认为经络的发现导致了针刺术的发展，才能解释为什么原始的针刺技术唯独在中国能够得到发展，成为一门独特的治疗技术。

其次，经脉体系的发展历史颇不符合医学其他分支乃至自然科学其他领域中，沿着经验积累、逐步上升成为理论，并在不断修改否定中臻于完备的一般发展规律。这一点只要看一下经络学说与本草学的发展对比就可清楚。

本草学的发展，可以清楚地看到从经验到理论，从简单到复杂，从少到多的过程。从数量上讲，现存最早的本草学专著《神农本草经》记载药物不过300余种，六朝时陶弘景《本草集注》则两倍其数，此后经唐《新修本草》、宋《证类本草》，到明李时珍《本草纲目》所载药物已达1800余种，此后仍有各种本草著作不断拾遗补缺。而经络学说的发展历史却完全不同于此，在与《神农本草经》时代基本相同的《灵枢》中，已能看到成熟的经脉学说体系。此后的两千年中，唯见使用与印证。历代名医可谓不乏，临床经验也绝不会比古人少，但为什么没有新的发现补充？没有对旧体系的修改呢？可见沿用经验积累的一般规律去解释经脉学说的起源与形成是行不通的。

经脉学说的体系确也不是一次完成的。但从马王堆汉墓出土的较原始的经脉著作《足臂十一脉灸经》、《阴阳十一脉灸经》到经典的《灵枢·经脉》，其间只有一个极短的历史时期。因此，虽然不能确指当时出现了一些怎样的人物，以何种方式发现了经络体系，但这一学说的产生具有极大的特殊性却是十分明显的。经脉学说原本并不是一种纯粹的理论体系，而是对一种生命现象的记述。但这一学说产生之后，对于整个中国传统医学的基本特征、发展方向等均起到了至关重要的作用。若没有这一学说的出现，针灸学、病理学等都不可能发展得如此系统，以此为基础的治疗方法也会受到极大的限制。

三　与古代哲学的关系

中国古代很早就有相当发达的哲学性思维。“阴阳”的对立统一、相互消长；“四时”的变化顺序与各自的属性概念（如风、热、燥、寒，生、长、收、藏等）；五行的分类性质与相生、相克的转化规律，以及“同声相应、同气相求”等都是富含哲学意义的基本概念。虽然这些理论性的概念原本都不是医学的固有内容，但是当这些哲学性的理论融入医学知识之中后，一方面促进了医学的理论化进程；另一方面也在一定程度上规定了中国传统医学理论体系的基本面貌。

然而值得强调的是，这种“融入”的看法，实际上必须以将哲学与医学视为两个不同范畴的知识体系为基础。实际上，在很长的一段历史时期内，哲学与科学处于无法明确区分的状态，这一点在中国古代及其传统的科学技术体系中表现得尤为突出。原因在于无论是天地自然，还是人类万物，在中国古代始终都是被作为一个有机的整体来看待的。因此一切相关的研究与思考，就既包含有认识自然、社会和人类自身之最基本规律的哲学性意义，而且也是当时对于这些客观事物的科学性认识。

在中国古代文化中，思想家们经常会以人的生老病死、气血循行等为例，来揭示天地宇宙的变化规律，构成了大、小宇宙相互类比的一般思维模式。同时，“人”本身也是思想家的主要研究对象之一，因此，许多在今天看来显然是属于医学理论范畴的内容，在古代却并不具有如此明确的专有性。例如《庄子·达生》中齐士名皇子告敖者说：“公则自伤，鬼恶能伤公！夫忿滀之气，散而不反，则为不足；上而不下，则使人善怒；下而不上，则使人善忘；不上不下，中身当心，则为病。”① 其中将疾病视为生命体的自然现象并非鬼物作祟的观点，以及用“气”的“散”、“上而不下”、“下而不上”、“不上不下”等来解释虚证（不足）、善怒、善忘、郁积等病症，虽非出自医家之口，但均是中国传统医学理论体系的重要组成部分。

又如以天地间“六气”不和、“四时”变化来解释疾病的发生，是中国古代病因学的基本理论之一，但“天气不和，地气郁结，六气不调，四时不节”② 同样也是解释社会、人事变异的依据。甚至人体耳目、脏腑的功能，亦并非只有医学家才去考虑。不同流派的思想家，基于形神关系的思考，大多早对这些问题有所论述。医学理论体系的逐渐形成，恰是在广泛吸收这些要素的基础上总结而成。

---

① 《庄子集释》，中华书局，1961 年排印版，第 650 页。
② 《庄子集释》，中华书局，1961 年排印版，第 386 页。

第四节 卫生保健的起源

一 火的使用

元谋人是我国目前发现的最早期的远古人类，据今已有170万年左右。他们已经有了文化，能够制造石器工具，并且知道用火。在含元谋人牙齿化石的地层中，发现有很多的炭屑，小者如芝麻，大者如黄豆，含炭层厚达3米左右。贾兰坡根据元谋人遗址出现的炭屑综合近年来世界各地资料比较分析，提出了170万年前的元谋人已经知道用火的看法。这样就把人类用火的历史，从北京人提前了100多万年①。

人类用火，确是一大发明，是人类历史上一件具有划时代意义的大事。人类与火的关系，大体经历了三个过程：从不知道用火到有目的地利用火；然后是能够保管火种；最后才是人工取火。

火是人类改造自然的一种强有力的手段。火的使用，使得人类改变了以往的饮食习惯。熟食，扩大了食物的种类与范围；缩短了咀嚼与消化过程，从而减轻了人体消化系统的负担；使许多食物变得柔软，甚至是更富有营养；在一定程度上减少了胃肠道疾患，因而大大有利于健康。

火能够带来温暖与光明，使人类能够克服自然气候的制约，定居在冷暖变化明显的地域，扩大了人类在地球上的活动范围。“研究者们认为，人类最初起源于亚、非广大的热带、亚热带地区”，“在有火保暖之后，才能迁移到寒冷地区生活的。现在知道，晚期直立人已经分布到亚、非、欧三洲的广大地区了。”② 洞居与用火亦有一定的联系，因为洞内一般均较为阴冷潮湿，而用火可以取暖除潮。“根据现有的化石证据，无论是腊玛古猿、南猿还是能人，都不是洞居的。到了元谋人和北京人，才开始居住在山洞里。北京人是目前已发现的最有确凿证据的最早居住在山洞里的原始人，因此，原始人可能是在开始用火以后才住进山洞里的。”②

火还可以用于采石、制陶、烧制石灰等等，而这些都与人类生活的改变、卫生保健的发展具有密不可分的联系；灸、熨等治疗方法的形成更是要以用火为前提。

然而必须注意到，人类能够利用火和管理火，出现了从生食到熟食等一系列生活习惯上的改变，所有这些都是进化的结果，而不是原因。如果人类天性需要火，那么，在使用火之前就必然会因不能抵御寒冷和消化生肉野果而被淘汰了。只有人类才能用火，说明人类进化的根本原因在于自身生理条件所具备的潜在能力——发达的大脑，使人学会了用火、管火和取火。这是最重要、最基本的内在因素，而种种行为上与动物的不同，都是这种潜在能力的外在表现。人类用火的意义，在于改变了人类的生活，提高了卫生保健的水平，并由此引出了一系列文化的发展与进步。

---

① 林耀华主编，原始社会史，中华书局，1984，第58～59页。

② 林耀华主编，原始社会史，中华书局，1984年，第82页。

二　居住条件的改善

筑巢，是许多动物的本能行为，关系到生存与繁殖的需要。利用天然洞穴，或依黄土层为壁体建造简单的穴居，是原始人类留下的最早居住遗迹。正如古代文献所记载的一样："上古穴居而野处"①；"昔者先王未有宫室，冬则居营窟，夏则居橧巢。"②

中国的古代居室建筑，是以木结构建筑为主发展起来的。由于土地广阔，气候、物产、地理环境等条件不同，各地区木结构建筑的发展情况也不一致。大体情况是：北方地区因气候寒冷，"掘地为穴"建筑居室的方法曾被广泛采用，居室的发展是由天然岩洞到穴居、半穴居、上升到地面的简单原始木构建筑物。时代愈晚，深度越浅。在南方，则由于地下水位高，气候潮湿，建筑的发展是由"构木为巢"逐渐下降到地面③。

半坡仰韶文化的住房有两种形式，一种是方形，一种是圆形。房屋内部地面上挖有弧形浅坑作火塘，供炊煮食物和取暖之用。它的位置接近门口，使流入的冷空气得到加热。有的火塘位于室中央，而门内两侧设短墙，看来有引导并限制气流以保证室内温暖的作用（图1-3，1-4）。④ 在早期遗址中，大多可见卧寝部分的居住面高起，并出现"灸地"的防潮、防寒措施。在仰韶文化的建筑遗址中，地面普遍经过烧烤，穴底多形成一个青灰色、白灰色或赭红色的低度陶质地面，显然是一种防潮处理。至仰韶文化晚期，豫西地区已出现"白灰面"的作法，一般厚度为0.1～0.3厘米，不仅坚固、卫生、美观，而且可以防潮。到了龙山文化时期，"白灰面"得到很大的推广，且厚度明显增加，这是由于当时已能烧制石灰，所以材料来源充裕，居住面的处理也自然由灰浆粉刷改进为灰膏涂抹⑤。晚期龙山文化遗址中，半地穴式住屋已属少数，大多为地面上建筑；地面处理有白灰面、烧土面、硬土面三种，多为白灰面⑥。

建筑的发展，在满足人类生存、繁殖的需要之后，越来越具有艺术、等级观念、财富象征等精神文化的特征。但在早期，显然是以生存需求为主要特征，因而这一时期的居室建筑也就最具有卫生保健方面的意义。与居住环境直接相关的另一件事，是排水系统的设置。"越来越多的考古发掘表明：我国最早使用的陶质建筑材料，既非砖，也非瓦（屋瓦），而是陶水管，即瓦管。今所见最早者，当数河南淮阳平粮台属龙山文化时期古城遗址的陶质排水管道，管端有榫口以承插套接，可称世界上最早的城市（城邑）排污设施。"⑦

三　饮 水 卫 生

饮水与卫生保健关系极为密切，因此，掘井取水被视为是古代文明的重要发明。《世本》

---

① 《易·系辞》，中华书局，1980年影印版十三经注疏本。

② 《礼记·礼运》，中华书局，1980年影印版十三经注疏本。

③ 祁英涛，中国早期木结构建筑的时代特征，文物，1983，(4)：60。

④ 刘敦桢主编，中国古代建筑史，中国建筑工业出版社，1984年，第24～25页。

⑤ 中科院自然科学史研究所编，中国古代建筑技术史，科学出版社，1985年，第11～26页。

⑥ 安阳地区文管会，河南汤阴白营龙山文化遗址，考古，1980，(3)：193。

⑦ 黄金贵，"甓"义考，考古，1993，(5)：444。

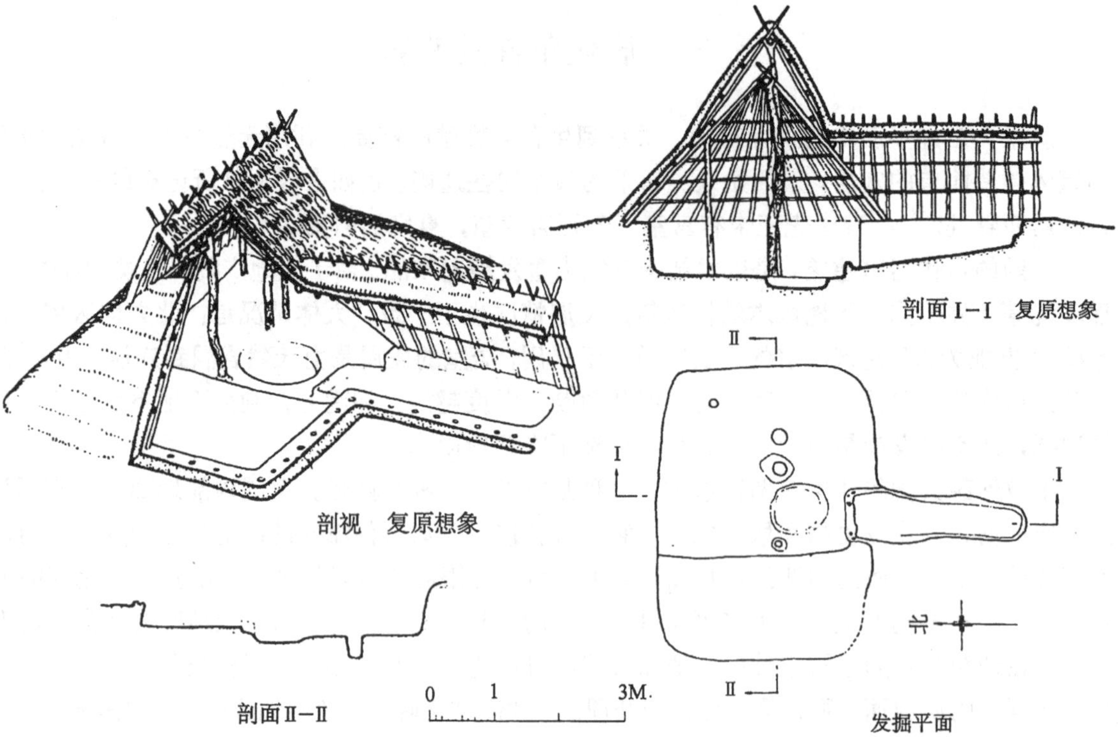

图 1-3　陕西西安市半坡村原始社会方形住房

称："黄帝见百物，始穿井。"① 据考古发掘，上海松江县汤庙村遗址有直筒形水井 4 座，井壁留有芦苇印痕，井中出土有竹片、草木灰等，推测是以芦苇和竹片等物圈成箍状支撑井壁。反映了崧泽文化时期（前 5000 年左右）人们已经依靠掘井来改善饮水条件了。另外在良渚文化时期的木井遗迹中，发现井底垫有 10 厘米厚的河蚬贝壳，可能是为了起过滤、净化的作用。各地遗址中大量水井遗迹的存在，反映了居民日常生活普遍依赖较干净之井水的生活习俗。1977 年登封战国阳城遗址内出土了陶质输水管道，且有贮水池等配套设施，其结构很像现代城市中的"自来水"设施②。综观古代水井，亦经历了几个不同的发展阶段：从新石器时代至西周，以木构井、土井、石砌井为主；东周至西汉以瓦井为主；东汉以后则多为砖井。井壁的改进与置放能起到过滤作用，对改善水质，提高饮水卫生水平有极大的作用。另外，由于井底温度低，人们还知道利用深井保存食物，以免腐坏③。

另外，古人还有浚井改水之习：

当春三月，钻燧易火，杼井易水，所以去兹毒也（《管子·禁藏》）。冬尽而春始，教民樵室、钻燧、墐灶、泄井，所以寿民也（《管子·轻重己》）。

浚井改水（《后汉书·礼仪志中》）。

（夏）无举土功，更火浚井（《春秋繁露·求雨》）。

---

① 《世本·作篇》，商务印书馆，1937 年，丛书集成初编本。

② 傅芳，考古发掘中出土的医学文物，中国科技史料，1990，(4)：67。

③ 湖北省博物馆，楚纪南故城，文物，1980，(10)：76；马世之，略论韩都新郑的地下建筑及冷藏井，考古与文物，1983，(1)：80。

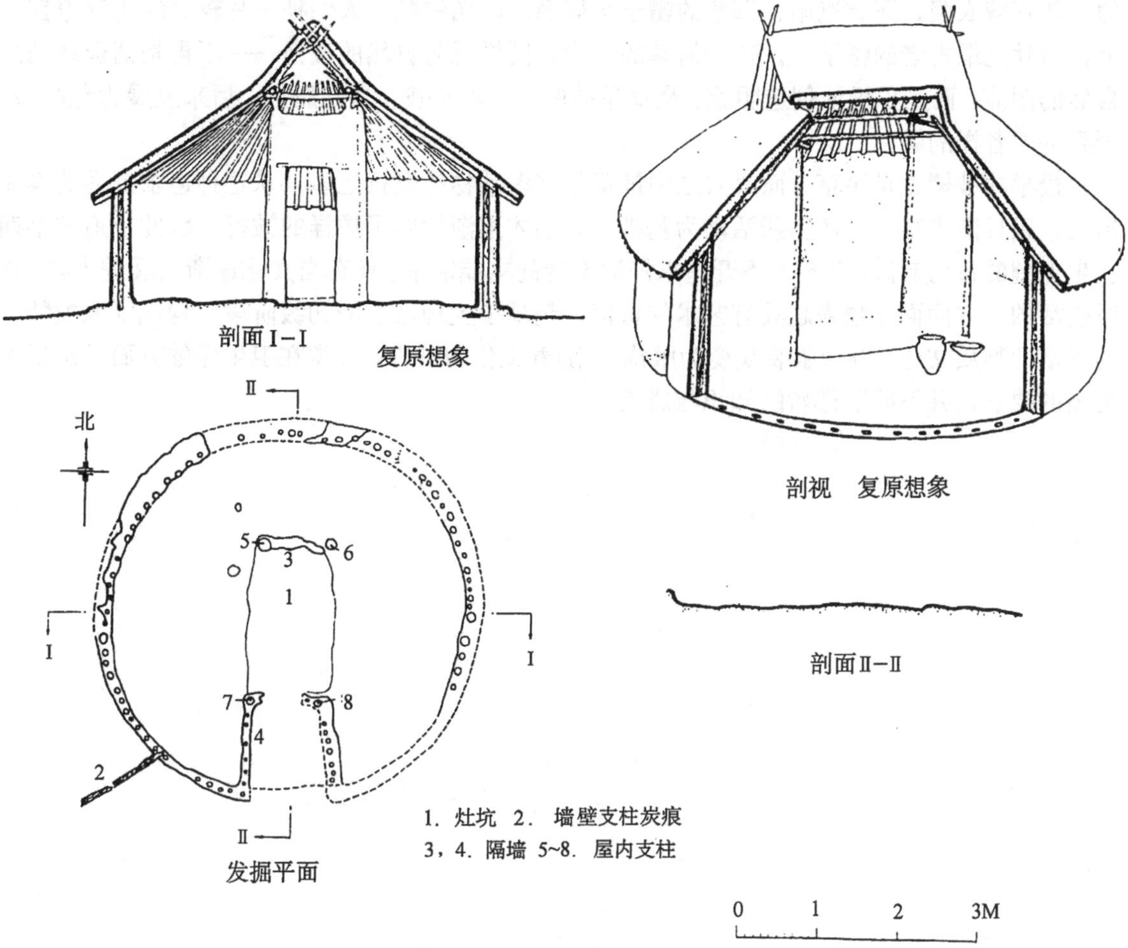

图 1-4 陕西西安市半坡村原始社会圆形住房

改水常与改火并言。改火之法是灭尽所有旧火种，重新钻燧取新火；改水之法是掏尽井中旧水及杂物，重新蓄积新水。浚井改水或基于直观的井水污浊（及杂物蓄积），但与改火并提，则或与除旧布新的民俗、思想有关。但客观上这种风俗能够起到净化水源之功，是一种有益于卫生的民俗活动。

四 服 装

衣服的起源，是一个复杂的问题。有人说是为了御寒，但在热带地区这一因素的影响并不大；因而有人认为热带人最初用树叶、畜皮遮在腰间是受羞耻观念的支配；但亦有人认为这是出于直立行走后，保护生殖器的一种需要。在这几方面的因素中，羞耻观念显然不是早期人类最初就会具有的心理活动与思维观念，而御寒与保护这两种因素均与卫生保健具有直接的联系。因此，可以认为衣服的起源，其根本原因是出于实用。在寒冷的刺激下，人们开始披兽皮树叶；山顶洞遗址中已经出现了骨针，说明人类开始了缝制工作；到了新石器时代，骨针、骨锥大量使用，纺轮也很流行，在河姆渡遗址还发现了原始织机的零件。吴县草鞋山遗址有葛布出土，说明当时除穿着兽皮之外，已经开始穿戴葛麻衣服。衣料来源是多种多样的。伴随着衣服，还有遮阳、御寒的帽子与御寒、防伤的鞋。人们把一片较大的树叶盖在头上，这就是最古老的帽子了。这一简单的行为，同样是对自然的改造——不再是消极地利用自然的阴凉，而是积极地创造阴凉。最简单的鞋是一块兽皮，裹在脚上，后来发展为包脚布，再到各式各样的鞋。

最早的被褥就是茅草。而巢穴之中铺草是许多动物的惯行之事。从这种追求舒适的本能出发，以日渐丰富的生产实践活动为基础，人们才逐渐发明了像样的被褥。因此，追溯早期卫生保健的行为起源，大多离不开追求舒适安逸的本能需求。只有当文化逐渐发展进步时，物质生活的方方面面才越来越具有艺术的价值，超越了生理需求的初级阶段，构成了人类特有的丰富的物质文化（例如服装演变为服饰）。随着文化的进步，人类在卫生保健方面又出现了更高的要求，并不断取得新的知识与成就。

第二章　早期的医药知识积累

第一节　以汉文化为核心的医药知识体系

长期的考古发掘工作证明，中华文明之早期发展轨迹大致可以概括为：首先，从发生时间到文化内涵均无法区分早晚优劣的几支考古学文化在各自区域内独立并存、平行发展；此后，东部沿海等地几支考古学文化曾发达到超过三代文明直系祖先——河南龙山文化的水平；但不久以后迅猛发展起来的中原国家文明终成主流①。参照古籍所录早期传说的历史，这个中原国家文明主流的形成过程，大致是这样的②：

氏族林立的原始社会，较早时可概分为华夏、东夷、苗蛮三个主要集团。属华夏族的黄帝氏族与炎帝氏族沿黄河两岸向东发展，经自身融合及与蚩尤领导的东夷大战获胜后，逐渐趋于同化。黄帝之后，有融合华夏、东夷两文化的高阳氏出现，其领导者颛顼帝"使南正重司天以属神，命火正黎司地以属民"③，说明此时已有了劳力者与劳心者的分工。这种脑体分工，是人类文明发展的重要一步。不知又经过多少岁月，才到了尧、舜、禹的时代，出现了"大禹治水"之事。另外，在与南方苗蛮的接触与冲突中，又逐渐实现了南、北文化的融合与同化。三集团的分辨亦渐趋泯灭，不易识别了。

夏王在当时大约还只能说是群王中的一位。但到了商代武丁时，局面已大不相同，他在位的时间很长，武力亦强，勤劳国事，被认为是与汉武帝同一类型的人物。商王国从那时起，对于其他王国已经具备了压倒的优势，国家的政治、文化思想已相当发达。此后虽被西来的周人取而代之，但周文化无疑是以继承、吸收殷人成就为基础而发展起来的。

春秋战国乃至秦汉的史学家、思想家大多相信在黄帝以前，我国的历史已经经历了巢居、火食、畜牧、农业等几个发展阶段，因而采用了"有巢氏"、"燧人氏"、"神农氏"等一些名称来表述其意。徐旭生认为："在农业开始发展的时候把土神叫做神农也许是此词最初的意思，此后才用它表明时代，或把农业特别发达的氏族，叫做神农氏"；又说："神农一词就是要指黄帝以前这一个时代。可是他们有时候注意到当日的氏族，就叫他为神农氏"④。住居、用火等在医药卫生方面的意义，第一章中已经谈到，此下主要是就商代出现文字记载之后的医药知识发展进行论述。但对于早期文字、典籍所记之事必须注意以下两点：这些记述大多是以中原国家之所谓三代文明为主体，并不能全面地体现中国境内当时相对独立的"周邻文化"。例如周初位于山东东南部，后南迁至淮水附近的徐国，本有很高的文化，其偃王（春秋时代的徐国君主）尤好搜集自然品物，这对药物知识的积累显然是有一定关系的。"徐国史料的贫

---

① 蒋乐平，文明起源研究略说，考古与文物，1993，(5)：36。

② 关于氏族集团的融合，主要依据徐旭生《中国古史的传说时代》（文物出版社，1985 年）的考述。

③ 《国语·楚语下》，商务印书馆，四部丛刊初编缩本，第 130 页。

④ 徐旭生，中国古史的传说时代，文物出版社，1985 年，第 224、226 页。

乏，并不是由于它的文化低落”，可是“由于它同中原的正统文化，华夏的文化系统不同，所以由正统文化方面写出来的历史，对于它的事迹知道不清，就记载得异常简略”①。可以想见，这类现象一定不少。

另一方面，又要看到伴随着氏族间的交往所带来的文化传播与融合。例如《淮南子·览冥训》及先秦的卜筮书《归藏》中均记有“羿请不死之药于西王母”之说，清代学者已经指出：“世以西王母为女仙之宗，出《列子》及《汲冢周书》，……按《尔雅》觚竹、北户、西王母、日下，谓之四荒，是西王母乃地名而非人名。”② 当代研究中外医学交流的学者进一步指出：“在我国本源的医药创始神话传说中，殊少涉及长生不死之药，此药必得外来方可。……最早的不死之药传说，均来自域外，至少是昆仑山一带。……《山海经》中的‘不死国’、‘不死树’、‘不死山’、‘不死民’等，都在《海外经》、《大荒经》中，即是证明。其中尤其说到：（昆仑）‘开明东有巫彭、巫抵、巫阳、巫履、巫凡、巫相，夹窫窳之尸，皆操不死之药以拒之。’十巫所操不死之药，有起死回生之效，又出在昆仑山一带，大约也是西王母所统辖的所在。”③ 因而认为这是公元前四世纪以前医药交流的蛛丝马迹。这一传说与构成今本《黄帝内经》的《素问·异法方宜论》阐述不同治疗方法的来源似有相合之处。即：“西方者，金玉之域，沙石之处，天地之所收引也。其民陵居而多风，水土刚强，其民不衣而褐荐，其民华食而脂肥；故邪不能伤其形体，其病生于内，其治宜毒药；故毒药者，亦从西方来。”

另外，在下面将讨论的外治法问题中，还将涉及到“九针”来自南方，与来自东方的“砭石”并存一事。均说明中原文明体系中的医药知识，亦包含有兼收并蓄的特点。至平王东迁，进入春秋战国时代之后，伴随着周室地位的下降，原本“在野”的周邻文化涌现于文化表层领域，形成了“诸子蜂出”的局面。实际上，这些文化因素必然早已存在，只不过由于占据支配地位的周文化的强大势力而得不到表现与发展，故形成了长期在野、处于下层、被排弃于周文化势力范围之外的历史局面。研究这一时期文化融合与变异的学者指出：过去只注意了“王道既微”导致“诸子蜂出”的历史因果关系，没有看到两者各是内陆文化崩坏、海滨-边区文化崛起的征象和表现，其本质则是不同观念系统的冲突与斗争④。冲突的结果，带来了思想、文化的发展。例如在以三代文明为代表的中原文化的早期文献中实难找到阴阳、五行学说的确切证据，因而推论“阴阳五行观念必定来源于非周文化”。由于这些观念与周文化不同，“因此它们既不可能生自周文化内部，也不可能在周文化还具有强大生命力的时候，崭露头角”④。总而言之，由于早期史料的匮乏，很难深究三代文明时期中原文化、思想，包括医药知识的具体源流；至春秋战国乃至秦汉以降，各种文化因素经冲突走向融合，形成了中国传统文化的主体，但仍旧不足以涵括中国疆土的全部文化要素。因而根据这些史料来研究中国医学史，实质上所讨论的主要是以汉文化为核心的医药知识体系，不可能全面地囊括许多少数民族相对独立的医药知识体系。

---

① 徐旭生，中国古史的传说时代，文物出版社，1985 年，第 195 页。

② 清·赵翼，《陔余丛考·西王母》卷三十四，上海文瑞书局，石印本。

③ 马伯英、高晞、洪中立，中外医学文化交流史，文汇出版社，1993 年，第 5～6 页。

④ 分见谢松龄《天人象：阴阳五行学说史导论》，山东文艺出版社，1989 年，第 34～35，22 页。

第二节　对疾病的认识

一　疾病的概念

作为生命体的固有现象，疾病伴随着人类的整个历史。但原始人类最初如何看待这些现象，何时开始认识到各种具体的疾病现象中的某种共性，从而建立起“疾病”这样一个抽象概念，均无从详考。

根据我国已发现之最早的文献资料——殷代的甲骨卜辞，可知这时已然具有了“疾病”这一抽象概念。在甲骨文中，疾病称之为“疒”。其字形的演变过程如图 2-1 所示：

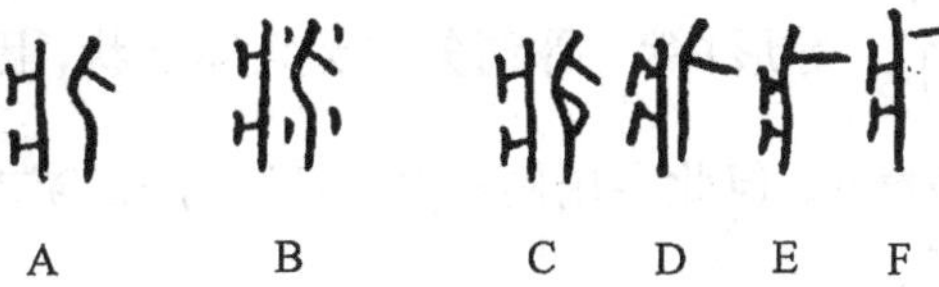

图 2-1　“疒”的字形演变

图 2-1 中的（A）字形，像人生病卧于床上。(B)字附加的点滴，一般认为是象征人汗淋漓之貌。(C）形从身不从人，当指身腹的疾患。金文早期的写法（D）与甲骨文基本相同；中期以后的写法（E）人形与床形合并，即小篆字形（F）的来源。《说文解字》：“疒，倚也。人有疾病，象倚著之形。”音“女厄切”。“疒”与“疾”同义，但两者读音并不相同①。

在甲骨文中，记述各种疾病之最常见的方式是在“疒”字后加上表示躯体某一部位、或某种功能的字，如“疒足”、“疒言”、“疒尿”等。这种表述方式说明当时的人似乎并没有经历过将各种疾病首先作为一种独立现象进行思考的过程，因而少见表示某种疾病现象的专用术语，亦没有从某一疾病现象当有一特定原因的角度去认识（无论是自然的因素，如后世惯见的伤寒、热病、中风等；还是超自然的，即特定为某一鬼怪精灵作祟而引起某一特定疾病现象）。而是着眼于各种疾患的共性——引起不适、功能障碍，故以象征活动受限、遭受卧床之苦的“疒”来表示“疾病”这一抽象概念。

此后虽有“疾”、“病”并用，或以“病”代“疾”的倾向，但就作为抽象概念而言，并无本质的差别。至于说这一概念内涵如何转变，外延的范围如何，则因时代不同而异。随着医学知识体系的发展与进步，人们对躯体自身变化的认识渐趋丰富，不仅不认为疾病概由鬼物作祟引发，而且认为自然界其他客观因素的影响亦只是病因之一端。机体自身功能的衰退、平衡的紊乱等均属“疾病”之范畴。如此则与近代医学对于疾病现象的认识十分接近了。

二　疾病的名称与种类

在最早的文字——甲骨文中，直接以躯体部位来表述疾病现象的名称与种类是最常见的方式。称之为疒首、疒目、疒耳、疒口、疒齿、疒项、疒手、疒膝、疒舌、疒鼻、疒身、疒足、疒趾、疒骨等。这类病名大约有二十几种，还有若干因位于“疒”后之字不识而无法确

① 此字经郭沫若厘定为“㾕”、吴其昌释其义为“病”、丁山释“疾”，至于省吾、杨树达均释为“疒”后，文字学界的看法基本统一。字形演变的过程参见詹鄞鑫《卜辞殷代医药卫生考》，中华医史杂志，1986，(1)：15。

定为何病。而像“疒言”、“疒尿”这种表达方式，则既有可能是指具有“言”、“尿”功能之器官的疾患，也可能是就这些功能障碍而言。

另外，亦可见“子疒”、“疒年”之类并未明言所苦为何的表达方式。胡厚宣认为是特指小儿病与传染病①。总之，由于许多以全身症状为主的内科疾患是不可能确指不适部位的，因而采用这种表达方式亦是十分自然之事。关于传染病的问题，另有人认为甲骨文中已有“疒疫”，是传染病的最早记载②。但由于甲骨文字的辨识毕竟存在着极大的猜测性，因而不宜断然加以肯定或否定。同样，对于“雨疾”之辞，亦有人认为“意即如雨一般大量地自天降下疾病，同时有许多人患同种疾病，或且从甲（人或地区）可传到乙，这显然是指传染病或流行病而言。”但也有人认为此处之“疾”是形容雨势迅急，与疾病无关③。

又如关于甲骨文时代是否有内、外科分类的问题：因甲骨文中另有一（或作、等形）字，像箭矢中于人体之状，因而被认为是专指“受兵伤之疾”，总之是属外伤科病范畴④。但此字用例不多，且又可与“疒”通用，从而使得所谓内外科的分类亦变得模糊不清了。

以躯体部位为主记述疾病的表达方式，是以对躯体结构自身的认识为基础的。从甲骨文看，当时对于人体构造的认识以及相应而生的疾病名称与分类，均是以体表器官与部位分析为基础的。后世应用最多的体表部位与器官名称，如首、面、耳、目、口、鼻、项、身、手、腹、足、膝、趾等均已见之于甲骨文（参见图 2-2）。但关于人体内部的器官，除了心以外，其他脏器的名称至今尚未在甲骨文中发现⑤。当然这并不等于说殷人对内脏器官无所了解，只不过是未记入卜辞，或未被识解而已。

在西周文献中，特指某种疾患的汉字已十分丰富。如有人归纳整理《诗》中言及的疾病名称多至数十种，并概分为五类：惮、痡、劬、劳、邛、瘵、瘁、瘉、瘏等困苦之病；痗、盱、瘇、疚、痗、噎、瘼等忧思之病；微、尰、坏等伤痛之病；痨、瘥等疫痨之病以及癫、狂、矇、瞍、瞽等其他疾病⑥。春秋战国时期的经、传文献中，疾病的名称亦不少见⑦，如痢、疟、鼽嚏、风欬、疕、疡、瘴疽、痒疥等均属后世常用的疾病名称。专释经文字义的辞书《尔雅》云：

> 痡、瘏、虺、颓、玄、黄、劬、劳、咎、顇、瘽、瘉、鳏、戮、癙、癵、瘇、痒、疷、疵、闵、逐、疚、痗、瘥、痱、瘇、瘵、瘼、瘠，病也。

从甲骨文以“疒”后附加躯体部位的疾病名称，到各种疾病渐有专名，反映出人们对疾病这一现象认识的深化。没有“疒”的抽象，则不能产生“疾病”的概念；同样，如果没有对各种疾病特征的认识，也就不可能产生对每一种疾病之病因、病症的具体认识，当然也就谈不上针对某一疾病确定相应的治则。各种疾病名称的术语化，显然与人们对疾病现象的分析性

---

① 胡厚宣，殷人疾病考，民国丛书，第一编，第 82 册，上海书店，1989 年。

② 温少峰等，殷墟卜辞研究——科学技术篇，四川省社会科学院出版社，1983 年，第 324 页。

③ 详见林乾良，医学文字源流论（一）——论疾病，中华医史杂志，1984，(4)：197。

④ 考古研究所，甲骨文编·第七，中华书局，1965 年，第 24 页。

⑤ 詹鄞鑫，卜辞殷代医药卫生考，中华医史杂志，1986，(1)：15。

⑥ 郑洪新，《诗》病拾零五则，中华医史杂志，1984，(1)：12。

⑦ 详见陈邦贤《中国医学史》，商务印书馆，1957 年，第 32～36 页。

认识、实际治疗经验的积累，均有着密不可分的内在联系。只不过由于文献的匮乏，甚至当时对这些医疗活动、认识根本就没有过记录，才导致无法探寻这一发展过程的细节。另外，对于疾病现象的分析性认识——疾病名称的术语化，还标志着人们对于疾病现象本身的理解——对于病因的思考，逐渐脱离了殷商时代鬼物作祟一统的阶段，一种疾病，就是一种相对独立的现象，需要寻找处理、解决的具体办法。这对医学发展来说更具不可估量的重要意义。

图 2-2　与人体有关的甲骨文字例①

三　疾病的原因

尽管最初的疾病概念“疒”，所反映的是因躯体不适、功能障碍，乃至遭受损伤等而引起困苦的自然之状，但对于何以会导致这些现象之原因的认识，却不是立足于机体本身。一切疾病现象，必然要有某种外因使然，这乃是当时最基本的思维方式。这也就是说，在早期的病因认识中，尚不具备对于“内因”的思考，仅仅是限于“外因”。而在“外因”之中，则包含有当时尚不能加以区分的“自然”与“超自然”两大方面。而且在人们对于各种“自然”致病因素尚乏认识时，除非采取对疾病的原因不加任何解释，仅仅是作为一种客观现象来处理的态度，否则一旦加以理性思维而求因果解释时，则唯有归之于“超自然”的因素。病因学理论，即是经历了从“无解”到“有解”；从“超自然”到“自然”；从纯“外因”到内、外并举诸方面的变化而逐步发展起来的。

（一）超自然的病因思考

在甲骨卜辞中有大量将病因归结为上帝降灾和鬼物作祟的记载，例如：

贞：惟帝肇王疒（《小屯·殷虚文字乙编》7304）

帝指天神地祇。肇，始也。这句话是说，是帝使商王开始患病吧？

贞：惟多妣肇王疒（同上，6524）

“多妣”指历代先妣（之鬼）。

贞：疒惟父乙害（同上，3402）

□午卜，殻贞：有疒，惟黄尹害（《甲骨续存》2，384）

“黄尹”即指先大臣伊尹（之鬼）。

这种病因的思考，不宜看作是纯心理的、因果报应式的无形因果解释。因为在古人心目中，鬼、魂并不是一个抽象的、无形的，而是十分具体的、有形的“物”。就后来战国秦汉发

① 詹鄞鑫，卜辞殷代医药卫生考，中华医史杂志，1986，(1)：15。

展起来的哲学理论而言，魂也是一种“气”的存在与表现形式，因而鬼、魂致病说也是一种有形病因的认识表现。

（二）虫病

“龋”字在甲骨文中写作 ，像牙齿生虫之形。把龋齿之因归于“虫吃牙”，至今仍存。要之，这种病因解释表现了对疾病现象进行思考时，力图寻找一个实实在在的“因”，以作为“果”的解释，乃是一种最基本、最原始的思考方法。尽管“虫”与“魂”在今天看来有一虚一实的区别，但在古代并不存在这种区别。

（三）蛊病

蛊字在甲骨文中写作 、，像器皿中之虫。这也是一种致病之因。

有疒齿，惟蛊虐（《小屯·殷虚文字乙编》7310）

不惟蛊虐（《铁云藏龟拾遗》13，10）

……〔有〕疒，不〔惟〕蛊（《战后京津新获甲骨集》1657）

“蛊”虽然也是“虫病”之一种，但却有某种特殊性。《说文解字》曰：“蛊，腹中虫也。《春秋传》曰：‘皿虫为蛊’，晦淫之所生也。枭磔死之鬼亦为蛊。”胡厚宣认为：“按字从虫从皿会意，言皿中之虫，即造蓄蛊毒之法。王筠《句读》曰：‘苗人行蛊者，聚诸毒虫于一器中，互相啖食，所余一虫，即蛊矣。许引皿虫为蛊，乃蛊字正义。’《隋志》：‘江南之地多蛊，以五月五日取百虫，大者至蛇，小者至虱，合置器中，令自相啖，余一种存之，欲以杀人，因入人腹中。’此即许氏腹中虫之说也。《周礼·秋官》郑注引《汉贼律》：‘敢蛊人及教令者弃市’。《汉书》公孙敖传、赵破奴传，皆坐巫蛊族。是汉时此风最盛。……《易》有蛊卦，知其来已久。”①。有些研究者以为“腹中虫”是蛊的本质，由此导出各种符合现代医学的病因学解释，是不足信的。实如胡氏所云：“皿中之虫，即造蓄蛊毒之法。”故“皿虫为蛊”才是本义。而上引王筠言“苗人”、《隋志》言“江南”，似乎提示了造蓄蛊毒之法的来源。此亦本章第一节中所述中原与南方苗蛮两种文化经接触而同化的事实之一。

然而又当注意的是，历史的本貌、文字的使用，或许并不如此简单。汉代所行巫蛊之事，大多是造做偶像以害人的法术。蓄养毒虫、造做蛊害之法的记载多见于隋唐之期。且《大藏经》中有避蛊毒的咒语②。这就提示着以虫物为蛊之事或许与文化的交流传播有着某种联系。殷商时代所使用的蛊字，既有可能是指此事而言，亦有可能是会意无形之虫何以会产生于食物（器皿）之中——从无到有的变化，不知会使不识其原因的古人感到多么神奇、产生多少思考。而这一会意性的造字，又恰与蓄蛊的表现形式相吻合——皆是“皿中之虫”，由此产生了蓄蛊远溯殷商的史学性解释。

---

① 胡厚宣，殷人疾病考，民国丛书，第一编，第 82 册，上海书店，1989 年。

② 元代释继洪纂修《岭南卫生方》（中医古籍出版社，1983 年影印版，第 139 页）录此咒语云：“佛说解蛊毒神咒，出《大藏经》，凡在旅中饮食，先默念七遍，其毒不行。咒曰：姑苏啄、摩邪啄、吾知蛊毒生四角、父是穹窿穷、母是舍邪女、春属百万十、吾今悉知汝、摩诃萨摩诃。”

伴随着文化的进步，对于病因的思考逐渐趋于多元化。鬼物作祟、灵魂离体等超自然因素所占的比例逐步减少。医和诊晋侯之疾时说："天有六气，降生五味，发为五色，征为五声，淫生六疾。六气曰阴、阳、风、雨、晦、明也。分为四时，序其五节，过则为灾。阴淫寒疾，阳淫热疾，风淫末疾，雨淫腹疾，晦淫惑疾，明淫心疾。"① 这是以自然解释疾病现象的较早记载。晋荀寅言于范献子曰："水潦方降，疾疟方起"②，亦属同类。但这种"自然"的含意，并不是现今人们所思考的"气候变化"、"冷暖不适"等，而是将阴、阳、风、雨、晦、明，视之为不同的外界客观之"气"，能够侵袭人体，导致疾病现象的产生。战国时期墨子回答弟子问病的一段话颇能说明非医界人士对于疾病原因的认识：

虽使我有病，鬼神何遽不明？人之得病者多方，有得之寒暑，有得之劳苦，百门而闭一门焉，则盗何遽无从入？（《墨子·公孟》）

"意思是，信仰和祭祀鬼神，只能堵塞导致人生病的一个漏洞。这实质上等于只给有神论留下了百分之一的地盘，而把剩下的百分之九十九的地盘让位给了无神论，即从世界的本来面目来解释世界。如得病有气候冷热、劳累过度等多方面的原因"③。

对于疾病原因认识的进步，与医生、医疗技术的职业化、专门化具有互为因果的关系。没有医疗实践活动的日趋发展，人们不可能对疾病现象及其原因产生逐渐深入的认识；反之，这种认识也是促使巫、医分化，医疗成为一项专门技术的重要推动力。"今王公大人，有一疲马不能治，必索良医"④；"能已民疾病者，置之黄金一斤、直食八石"⑤；"良医之门多病人"⑥ 等均反映出医生职业化、医疗技术专门化的客观现象。

第三节 药物知识

一 药的概念

"药"，同样是一个十分抽象的概念⑦，是在人们广泛地利用各种物质治疗、预防疾病之后，对于这种行为中被加以利用之各种物质所具共性的认识。因此使用药物治疗疾病与建立起抽象的"药物"概念，显然不会位于同一时间坐标上。

一般认为在甲骨文中尚没有"药"字⑧。尽管在卜辞中可以看到：

丙戌卜，贞：疒，用鱼？（《库方二氏藏甲骨卜辞》1212）

即卜问患身腹疾（疒）时，是否"用鱼"？但这样的记述毕竟极少，且无从确认"用鱼"的目

---

① 《左传·昭公元年》卷四十一，中华书局十三经注疏本，1980年影印版。

② 《左传·定公四年》卷十九，中华书局十三经注疏本，1980年影印版。

③ 孙中厚，墨学通论，辽宁教育出版社，1993年，第54页。

④ 《墨子·尚贤下》，浙江人民出版社，1984年影印版百子全书本，第5册。

⑤ 《管子·山权数》，浙江人民出版社，1984年影印版百子全书本，第3册。

⑥ 《荀子·法行篇》，浙江人民出版社，1984年影印版百子全书本，第1册。

⑦ 现代人对"药物"所下的定义是：用以诊断、治疗、预防疾病及恢复、矫正、改变器官功能的物质。见《简明不列颠百科全书》，中国大百科全书出版社，1986年，中译本，第8册，第854页。

⑧ 唯温少峰等《殷墟卜辞研究——科学技术篇》（四川省社会科学院出版社，1983年，第339页）释甲骨文中的"𠂤水"为药字。

的与方式。因此迄今的甲骨学知识，尚不足为研究商代药物问题提供帮助。

另外，1973 年在河北藁城县台西村商代遗址中发现了植物种子 30 余枚，以桃仁为主。有研究者据后世本草学著作中有关桃仁等的药性记载，认为这些植物种子皆属药用[①]。但这种推断的论据显然是不充分的，无法排除这些植物种实在当时只不过是作为食物的可能性。又如出现在早期墓葬及甲骨上的赤色矿物——丹砂，虽然在后世本草著作中多有记载，但同样不能说明那时已将丹砂作为药物使用。

在本书第一章中，已然谈到“食药同源”应该是药物进入早期人类生活的重要途径之一。无论是甲骨文中的“用鱼”，还是商代遗址中出土的桃仁、李仁，均首先是以食物的身分进入人类生活的。颇能说明这一点的，还有我国历史上的第一部诗歌总集——《诗》。在这部收集西周初年至春秋中叶之民间诗歌的著作中，涉及到大量植物名称，例如主治风寒感冒的苍耳、利水消肿的车前、活血止痛的芍药、滋阴补肾的枸杞等等，尽管这些植物在今天均只作为药物使用，但在当时却恰恰相反，都是作为食物加以采集的。因此《诗》中虽然出现了许多可做药用的植物名称，但却不宜直接作为反映当时用药知识的史料。

金文中已有“药”字[②]；《诗·大雅·板》有“不可救药”之语；《尚书·说命上》可见众所周知的“若药弗瞑眩，厥疾弗瘳”[③] 之语。由于从具体药物的使用，到建立起抽象的“药物”概念，再至创造出“药”的文字，必然要经历一个漫长的岁月，因而可知“药”之抽象概念或在周代以前即已产生。至迟在西周时期“以药治病”已然在一定程度上取代了祝祷之法。

二　《山海经》中的药物知识

明确指出各种自然物产之预防、治疗疾病功效的早期文献，是《山海经》。

《山海经》大约成书于春秋末年到汉代初年这一长时期中，作者非一人，作地是以楚为中心，西及巴，东及齐。这是近半个世纪以来对该书进行研究所得出的大致结论[④]。《山海经》由《五臧山经》、《海外经》、《海内经》以及《荒经》几部分组成。《五臧山经》约占全书三分之二以上的篇幅，内容皆属记述山川地理、动植矿产，以及祀神仪式、山川形貌等；而《海内经》、《海外经》、《荒经》等则主要是记述诸邦异人、异物、传说史事等。有关各种药物的记述，主要是集中在《五臧山经》中。

对于《山海经》一书中所记药物的统计，各家有所差异，最少者 119 种，最多者 132 种。造成这种差异的原因与所用版本不同、或对文字的理解有异等诸方面因素有关。本书采薛愚主编《中国药学史料》的统计与分类，将这些药物分列于下，计：动物药 66 种，植物药 51 种，矿物药 2 种，水类 1 种，土类 1 种，未详者 3 种，共 124 种[⑤]。

---

① 耿鉴庭、刘亮，藁城商代遗址中出土的桃仁和郁李仁，文物，1974，(8)：54；薛愚主编，中国药学史料，人民卫生出版社，1984 年，第 17 页。

② 见容庚《金文编》，科学出版社，1959 年，第 30 页。

③ 《说命》是殷高宗武丁任命傅说为相的命辞。今文无，古文有，故成文时代亦有疑问。但此语已见于《孟子·滕文公上》，称：《书》云。

④ 详见袁珂《山海经全译·前言》，贵州人民出版社，1991 年，第 1 页。

⑤ 薛愚主编，中国药学史料，人民卫生出版社，1984 年，第 35～42 页。

矿石类（2 种）：

礜石　可以毒鼠。

帝台之棋　五色而文，其状如鹑卵，服之不蛊。

土类（1 种）：

流赭　涂马牛无病。

水类（1 种）：

帝台之浆，甚寒而清，食之者不心痛。

草类（29 种）：

祝馀　其状如韭而青华，食之不饥。

萆荔　状如乌韭而生石上，亦缘木而生，食之已心痛。

条草　有两种：其一状如葵，而赤华黄实，如婴儿舌，食之使人不惑；其二状如韭，而白华黑实，食之已疥。

黄雚　其状如樗，其叶如麻，白华而赤实，浴之已疥，又可以已胕。

薰草　麻叶而方茎，赤华而黑实，臭如蘼芜，佩之已疠。

萮蓉　其叶如蕙，其本如桔梗，黑华而不实，食之使人无子。

杜衡　其状如葵，其臭如蘼芜，可以走马，食之已瘿。

无条　其状如藁茇，其叶如葵而赤背，可以毒鼠。

蘴草　其状如葵，其叶如葱，食之已劳。

鬼草　其叶如葵而赤茎，其秀如禾，服之不忧。

植楮　其状如葵叶，而赤华荚实，实如棕荚，可以已癙，食之不眯。

彫棠　其叶如榆叶而方，其实如赤菽，食之已聋。

荣草　其叶如柳，其本如鸡卵，食之已风。

荀草　其状如葌而方茎，黄华赤实，其本如藁本，服之美人色。

葶苧　其状如苏而赤华，可以毒鱼。

苦辛　其状如棣，其实如瓜，其味酸甘，食之已疟。

䔄草　有两种：其一女尸化为䔄草，其叶胥成，其华黄，其实如菟丘，服之媚于人；其二状如茉，白华黑实，泽如蘡薁，服之不昧。

焉酸　方茎而黄华，圆叶而三成，可以为毒。

冈草　其状如葵，而赤茎白华，实如蘡薁，食之不愚。

无条　叶圆而无茎，赤华而不实，服之不瘿。

牛伤　其状叶如榆，方茎而苍伤，其根苍文，服之不厥，可以御火。

嘉荣　生而秀，其高丈馀，赤叶赤华，华而不实，食之不霆。

梨　其叶状如荻而赤华，可以已疽。

蓑　其状如蓍而毛，青华而白实，服之不夭。

白柎　其状如葵而赤华荚实，可以走马。

莽草　可以毒鱼。

鸡谷　其本如鸡卵，其味酸甘，食之利于人。

木类（22 种）：

迷谷　其状如谷而黑理，其华四照，佩之不迷。

白蓉　其状如谷而赤理，其汗如漆，其味如饴，食之不饥，可以释劳。

无名木　有两种：其一叶圆而白柎，赤华而黑理，其实如枳，食之宜子孙。其二状如杨，赤华，其实如枣，而无核，其味酸甘，食之无疮，食之不疟。

嘉果　其实如桃，其叶如枣，黄华而赤柎，食之不劳。

丹木　有两种：其一叶圆而赤茎，黄华而赤实，其叶如李而无核，可以御水，食之使人不溺。其二叶如谷，其实大如瓜，赤符而黑理，食之已瘅。

櫰木　其状如裳，而圆叶赤实，实大如木瓜，食之多力。

文茎　其实如枣，可以已聋。

枥木　方茎而圆叶，黄华而毛，其实如楝，服之不忘。

芒草　其状如棠而赤叶，可以毒鱼。

茇　其状如樗，其叶如桐，而荚实，可以毒鱼。

黄棘　黄华而圆叶，其实如兰，服之不字。

天楄　方茎而葵，服者不㖶。

蒙木　其叶如槐，黄华而不实，服之不惑。

帝休　其状如杨，其枝五衢，黄华黑实，服者不怒。

栯木　其状如梨，而赤理，服者不妬。

亢木　叶状如樗而赤实，食之不蛊。

荆柏　其状如荆，白华而赤实，服者不寒。

芑　其状如杨而赤理，其汁如血，不实，可以服马。

葎　葵本而杏叶，黄华而荚实，可以已瞢。

羊桃　状如桃而方茎，可以为皮。

禽类（21 种）：

鵸䳜　其状如鸡而三首、六目、六足、三翼，食之无卧。

灌灌　其状如鸠，其音若呵，佩之不惑。

䲃渠　其状如山鸡，黑身赤足，可以已㬥。

肥遗　其状如鹑，食之已疠，可以杀虫。

橐䨼　其状如枭，人面而一足，冬见夏蛰，服之不畏雷。

栎　其状如鹑，黑文而赤翁，食之已痔。

䴅䳜　一云：服之使人不厌，又可御凶。一云：其状如乌，五彩而赤文，自为牝牡，食之不疽。

鵁　其鸣自呼，食之已风。

数斯　其状如鸱，而人足，食之已瘿。

当扈　其状如雉，以其髯飞，食之不眴目。

白鵺　其状如雉，而文首，白翼黄足，食之已嗌痛，可以已痸。

鸄鹃　宵飞而昼伏，食之已暍。

嚣　其状如夸父，其音如鹊，食之已腹痛，可以止衕。

鶌鶋　其状如乌，首白而身青，足黄，其鸣自詨，食之不饥，可以已寓。

䳋鹨　其状如乌而白文，食之不灂。

黄鸟　其状如枭而白首，其鸣自詨，食之不妬。

鵸　其状如凫，青身而朱目、赤尾，食之宜子。
䳋鸟　其状如枭，其音如録，食之已垫。
鴒䴈　其状如山鸡，而长尾赤如丹火，而青喙，其鸣自呼，食之不眯。
青耕　其状如鹊，青身、白喙、白目、白尾，可以御疫。
兽类（14 种）：
狌狌　其状如禺而白耳，伏行人走，食之善走。
鹿蜀　其状如马而白首，其文如虎，而赤尾，其音如谣，佩之宜子孙。
类　其状如狸，而有髦，自为牝牡，食之不妒。
猼訑　其状如羊，九尾而四耳，其目在背，佩之不畏。
九尾狐　其状如狐而九尾，其音如婴儿，能食人，食者不蛊。
羬羊　其状如羊，而马尾，其脂可以腊，今人以羊脂疗皴。
谿边　其状如狗，席其皮者不蛊。
讙　其状如狸，其音如夺百声，可以御凶，服之已瘅。
耳鼠　其状如鼠而菟首麋身，其音如獆犬，以其尾飞，食之不脎，又可御百毒。
领胡　其状如牛而赤尾，其颈腎，其状如勾瞿，食之已狂。
䑏䑏　其状如鼣鼠而文题，食之已瘿。
朏朏　其状如狸而白尾，有鬣，养之已忧。
蚩蚳　其状如彘而有角，其音如号，食之不眯。
狫　其状如犬，虎爪有甲，善驶犁，食者不风。
鳞类（28 种）：
鯥　其状如牛，陵居蛇尾，有翼，其羽在魼下，其音如留牛，冬死而夏生，食之无肿疾。
虎蛟　其状鱼身而蛇尾，其音如鸳鸯。食者不肿，可以已痔。
赤鱬　其状如鱼而人面，其音如鸳鸯，食之不疥。
文鳐鱼　状如鲤鱼，鱼身而鸟翼，苍文而白首，赤喙，其味酸甘，食之已狂。
冉遗之鱼，鱼身蛇首，六足，其目如马耳，食之使人不眯，可以御凶。
滑鱼　其状如鳝，赤背，其音如梧，食之已疣。
儵鱼　其状如鸡而赤毛，三尾、六足、四首，其音如鹊，食之可以已忧。
何罗　一首而十身，其音如吠犬，食之已痈。
鳛鳛　其状如鹊而十翼，鳞皆在羽端，其音如鹊，可以御火，食之不瘅。
鲋鲋　食之杀人。
鳠鱼　其状如鲤，而鸡足，食之已疣。
䱻鱼　鱼身而犬首，其音如婴儿，食之已狂。
鯈鱼　其状如儵而赤鳞，其音如叱，食之不骄。
人鱼　其状如鳑鱼，其音如婴儿，食之无癡疾。
䲃父　其状如鲋鱼，鱼首而彘身，食之已呕。
师鱼　食之杀人。
鱤鱼　其状如儵，其喙如箴，食之无疫疾。
珠蟞鱼　其状如胏而有目，六足有珠，其味酸甘，食之无疠。
鳣鱼　其状如鲤，而大首，食者不疣。

茈鱼　其状如鲋，其臭如麋芜，食之不糟。

豪鱼　状如鲔，赤喙，尾赤羽，可以已白癣。

飞鱼　一云：其状如鲋，食之已痔衕。一云：其状如豚而赤文，食之不畏雷。

倏辟鱼　状如黾而白喙，其音如鸱，食之已白癣。

鲐鱼　黑文，其状如鲋，食者不睡。

鰧鱼　状如鳜居逵，苍文赤尾，食者不痈，可以为瘘。

鲼鱼　状如蟄蜼而长距，足白而对，食者无蛊疾，可以御兵。

巴蛇　巴蛇食象，三岁而出其骨，君子服之无心腹之疾。

介类（3种）：

旋龟　其状如龟，而鸟首虺尾，其音如判木，佩之不聋，可以为底。

三足龟　食者无大疾，可以已肿。

三足鳖　枝尾，食之无蛊疾。

不详（3种）：

育沛　佩之无瘕疾。

器酸　在条管中，三岁一成，食之已厉。

天婴　其状如龙骨，可以已痤。

根据这些资料，可对当时药物知识的发展有以下一些分析：

（1）首先需要指出的是，《山海经》并非医药著作，因而不可能以“疾病-药物”为立足点，而是广泛地从“物产-效用”的角度对自然品物加以记述。所以其中对于各种自然物产功用的记述并不局限在“药物”、“治病功用”这样一些概念的范围之中，而纯粹是一种各地物产、用途知识的记述。其中屡见的“可以辟火”、“可以御凶”、“可以御兵”等固然可以十分容易地排斥于“疾病-药物-医学”的知识体系之外，但像“食者不妒”、“服之不忧”、“服之不惑”、“食之不愚”之类涉及心理、情感问题，以及“食之无蛊疾”、“席其皮者不蛊”、“食之善走”、“服者不寒”等，则不易严格确定其是否应该归属于“疾病-药物”的范畴。由此反映出早期疾病、药物概念的模糊性，因而医学也只能是“方技”的组成部分，而且与法术等其他组成部分间尚无清晰的界线可言。可以说药物知识正是在对于各种法术的探寻中逐渐发展起来，并逐步走向专门化。

（2）《山海经》中的药效记载，反映了最初级的、最基本的药物知识。在《山海经》中，只能看到某一种自然品物可以治疗（或预防）某种疾病的记载，没有任何经过归纳总结而产生的用药原则。例如其中屡见“食之多力”、“食者不饥”、“可以释劳”、“食之宜子孙”等具体的效用记载，却没有补虚、强身之类抽象的功能概念。这种最直接的经验，可以说是早期药物知识赖以成立的最基本方式。因而尽管《山海经》的成书下限可能要晚到汉初，但正如其中所记史事传说由来遐远一样，其中所载药物知识亦可说是古来长期实践经验的记录。

医家的活动，不仅为非医学文献记载物产的效用提供了治疗方面的知识，同时也逐渐从中总结出药物功效的共性。因此在药物知识中产生出“功能”与“主治”的不同。前者属抽象概念，如补气、清热、发汗、活血等等；后者针对各种临床证状，含有许多实际治疗经验。两者的密切结合，促进了药物知识逐渐超越某药专治某病的经验医学水平。

（3）类比的方法，或者说巫术中“相似律”的思维规律，亦是言说药物功效的途径之一。例如，昆仑之丘的沙棠，身体轻浮，可以御水，食之可以不溺；䔄草是上帝女儿化身，所以食之就可以为人所爱，服之媚于人；萆荔“黑华而不实”，故食之使人无子等等。又如生长在身体外部的赘疣，在古人的头脑中并不认为是源出体内的皮肤疾患，而被看成是外物所附，因而食用皮肤光滑的鰌鱼（泥鳅）可以达到“食者不疣”的效果。由于原始文献的记述极为简单，要逐一推敲每种药物功效建立过程中的思维过程与理论依据是不可能的，但诸如此类的线索确实说明除实践经验外，类比方式可以说是古代建立药效理论的最重要途径之一。

（4）从《山海经》的有关记述中可以看出，当时对于药物的记述，已然涉及到产地、形态、气味的描述、主要效用以及使用方法等几大方面，这些均是传统药物学知识体系的主要内容构成。其中形态描述与效用是最主要的；气味记载相对较少；而使用方法则主要是内服、外用两大方面。值得注意的是，《山海经》中所载药物的“外用”之法有些是“佩带”，与后世所谓“外用药”的含义并不完全相同。

《山海经》在记述药物的使用方法时，除指明“食之”如何外，还常见有“服之”如何。有人认为两种方法均是指内服：“内用分为‘服’（即用水服）和‘食’（即一般的食用）”①。但是“服”字的意义实在是多方面的，包括使用、穿着、食用等多种含义。如《西山经》中说：“有鸟焉……服之不畏雷”，郭璞注云：“著其毛羽，令人不畏天雷也。”因此，“服”未必全是“食用”；即便是作为“食”解，也没有“水服”的特定含义。明确指出系外用的，有以下几种：

（1）佩：如薰草佩之已疠，灌灌佩之不惑等。

（2）坐卧：席“豨边”之皮者不蛊。

（3）洗浴：黄雚浴之已疥。

（4）豢养：养“朏朏”可以已忧。

（5）涂抹：此种方法虽无明确记载，但像言羬羊“其脂可以已腊”，则显然是指以羊脂涂抹皮肤。

其中的“佩”法，不可全从药物气味作用加以解释。正像“服”某种鸟兽的羽毛或皮毛一样，其中当含有某些交感巫术的思维方式。

三　酒与医、药

我国谷物酿酒的历史悠久。对此，古代文献中有不少传说式的记载。考古发掘证实“我国新石器时代早期人类日常生活中使用的各种器皿，其中就包括饮酒的器皿”；“从现代一些后进民族的酿酒技术看，用谷物酿酒的方法并不困难，他们也并非粮食有很多剩余才酿制水酒。古代人类进入原始农业时期，即有条件进行谷物酿酒，并且已掌握了酿酒的简单技能”②。自殷商起，酒不仅作为一种饮料，而且在祭祀中扮演着重要角色，这些皆属无庸赘述之事。几乎每一本医学史著作都注意到了“醫”（医）字从“酉”，表明酒在早期医疗活动中的重要性，但真正能够提示当时如何以酒治病的文献资料却少得可怜。范行准从“媚药”的角度解释早期用酒的目的：“自有酒后，香药在媚药中，遂降落其位次，盖酒不仅有兴奋之催淫作用，且有悦口之味，扑鼻之香，遂为媚药中之将帅矣。酒色二字成为连类之词，亦职是故也。自有

---

① 薛愚主编，中国药学史料，人民卫生出版社，1984年，第43页。

② 李仰松，我国谷物酿酒起源新论，考古，1993，(6)：534。

底野迦（鸦片）出，则酒又退居亚军。”[①] 这与早期文献中所言“酒者所以养老也，所以养病也”[②]；“酒，百药之长”[③] 等不尽相合。又有学者据现代化学知识加以解释，认为：“酒的性质是多方面的，它是液体，有挥发性，有溶媒的性能，可作溶剂。有兴奋性而作强壮剂，有麻醉性，有杀菌性能而作消毒剂。因此历代医籍和本草都认为酒是治病不可缺少的物质，有用不同谷物为原料而制酒的记载，并使用各种方法炮制成各类药酒。”[④] 然而这些用法毕竟是在历代医药学中逐渐发展起来之事，且这些功能也并非早期含有大量酿制原料的低度“水酒”所能完全胜任。

“醫”（医）字不仅从“酉”——与酒有关系，而且原本就是饮品之一种的名称。《周礼》云酒正之职：“辨四饮之物：一曰清，二曰醫，三曰浆，四曰酏。”注云：“醫，《内则》所谓或以酏为醴，凡醴浊，酿酏为之则少清矣。”疏云：“醫者，谓酿粥为醴则为醫。”[⑤] 醴，亦指酿制过程继发酵开始时发生二氧化碳气体，把部分谷物冲到液面上来之第一阶段“泛齐”之后，逐渐有薄薄酒味的第二阶段，称之为“醴齐”[⑥]。《周礼》“五齐之名”郑注云：“醴犹体也，成而汁滓相将，如今恬酒矣。”[⑦] 即今所称甜酒、米酒、醪糟等。《礼记·内则》专讲“男女居室，事父母舅姑之法”，以“醴”等饮食之物侍奉长辈，且遵循“唯所欲”[⑧] 的原则，正是“酒者所以养老也”之义。而以“醴”这种有“薄薄酒味”的饮品治病，则见之于今本《黄帝内经》的记载之中：

> 上古圣人作汤液醪醴，为而不用，何也？岐伯曰：自古圣人之作汤液醪醴者，以为备耳，夫上古作汤液，故为而弗服也。中古之世，道德稍衰，邪气时至，服之万全。（《素问·汤液醪醴论》）
>
> 容色见上下左右，各在其要。其色见浅者，汤液主治，十日已；其见深者，必齐主治，二十一日已；其见大深者，醪酒主治，百日已。（《素问·玉版论要篇》）

两条文字均是指用未经酿制的“汤液”与经过酿制的醪醴治疗疾病。

又如《史记·扁鹊传》载扁鹊诊齐桓侯之疾事，亦提到酒醪之功能：

> 疾之居腠理也，汤熨之所及也；在血脉，针石之所及也；其在肠胃，酒醪之所及也。”

《扁鹊传》中又载虢之中庶子对扁鹊说：“臣闻上古之时，医有俞跗，治病不以汤液醴灑……”而是采用手术疗法，亦可反证一般医家以“醴”治病。

根据这些记载不难看出早期确有以酒治病之事，但所用之酒以及对其性质的认识并不同于后世。在古人眼中，“药”是有毒之物[⑨]，故孔子有疾，“康子馈药，拜而受之，曰：丘未达，

① 范行准，中华医学史，医史杂志，1947，(1)：37。
② 《礼记·射义》，中华书局，1980年影印版十三经注疏本。
③ 《汉书·食货志》，中华书局点校本，1962年。
④ 薛愚主编，中国药学史料，人民卫生出版社，1984年，第10页。
⑤ 引自《周礼注疏》卷五，中华书局，1980年影印版十三经注疏本，第669页。
⑥ 杜石然等，中国科学技术史稿，科学出版社，1982年，第65页。
⑦ 《周礼注疏》卷五，第668页。
⑧ 《礼记注疏》卷二十七，中华书局，1980年影印版十三经注疏本，第1461页。
⑨ 如《周礼·天官冢宰·医师》：“聚毒药以供医事”；《史记·范睢传》：“毒药苦于口，利于病”；《素问》：“其治宜毒药”，“毒药治其内”，“毒药无治”等等。

不敢尝”[①]。“君有疾，饮药，臣先尝之。父有疾，饮药，子先尝之。”[②] 但可以作为饮品的谷物薄酒（醫、醷醴）则不然，所以不仅用于“养老”，且可以“养病”。取其安全无害（无毒）、强身爽体之性，或许才是“酒为百药之长”的本义。

《说文解字》释“醫”字曰：

> 治病工也。殹，恶姿也，医之性；然得酒而使从酉。王育说：一曰殹，病声。酒，所以治病也，《周礼》有醫酒。

其中，指出酒与医、药的密切关系是可信的。结合前引《汉书》、《素问》之语，正说明这种治疗方法在汉代仍然使用。但以“殹”为恶姿或病声则未必然。《说文》中释“殹”为“击中声也，从殳医声”；而“医”又是指“盛弓弩矢器也”。甲骨文的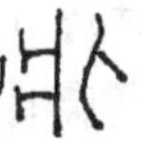（疒）才是像生病时的“恶姿”。马王堆汉墓出土的《脉法》中，句末的文言虚字“也”皆写作“殹”，可知“殹”当属示音声之部，而非病声或恶姿。

四饮之中的“醫”与“酏”同为形声字，皆发 yi 音，且两者关系又最为密切（酿酏则为“醫”）。看来造字源出这两种饮品原发“殹”音，加“酉”以示其形的可能性不小。如此似可推测，医者、医治之“医”的概念是由取义“醫”（醴）的养老、养病之功，以及原本尚未具备“医”这一专用身份（或称谓）者，在治疗行为中广泛采用“醫”这种起源最早、略含酒之成分、安全无毒、气香味美的酒类饮品而成，而未必是“用患者的病痛声音和治病不可缺少的‘酒’，二者会意组成”[③]。

第四节　外治法

凡采用某种作用于人体外表的手段，以期达到治疗疾病之目的的方法，皆可称之为外治法。概括地讲，中国传统医学早期最常用的外治法包括按摩、针砭、热熨、药物，以及骨伤的整复几大类。

一　按摩术

甲骨文中有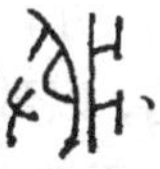、等字，其中的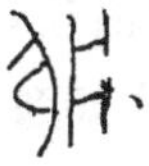、部分，一般认为是“疒身”二字的繁文；而所加“”形，既可隶化为“又”，亦可隶化为“寸”。“大凡人身腹有疾，多要用手去按摩揉搓，所以书写者就在这两个字的人腹上加上手形，表示按摩”，因而“可以从这两个字的构形中看出，用按摩法治疗身腹疾病的办法，早在殷代就已经有了”[④]。然而这还只是就文字记载而言，从医疗技术由易向难自然发展的客观规律讲，“不少医史学者认为：按摩是一种带有

① 《论语·乡党》，中华书局，1980 年影印版十三经注疏本。
② 《礼记·曲礼》，中华书局，1980 年影印版十三经注疏本。
③ 赵璞珊：中国古代医学，中华书局，1983 年，第 12～13 页。此说实际即《说文解字》之意。
④ 詹鄞鑫，卜辞殷代医药卫生考，中华医史杂志，1986，(1)：15。

本能性质的治疗方法，应当比针灸、药治发明更早，因而成熟也更早。”① 这种推论应该说是正确的。

有人对字进行研究后指出：“夏渌《学习古文字随笔·释抚摩》：‘像手抚摩腹部之形，是抚、摸字的初文’。字义不误，但字形则不合。、可以通用，故可隶化为‘付’，即‘拊’字初文”②。卜辞中有：

贞：疛付（拊），龙（宠）？（《小屯·殷虚文字乙编》2340）

弜（勿）疛付（拊）？（同上，8075）

其意大致是卜问在患腹疾时，以按摩治疗能否得到宠祐而愈；或是否需采用按摩之法进行治疗。这两例卜辞，都是疛、拊连文，说明“拊”确是作为一种治疗方法，尤其是用来治疗腹疾。又如卜辞中见有“疛（骨）”（《小屯·殷虚文字乙编》4714），是以“疛”作动词，表“拊”之义，卜问是否采用按摩之法治疗骨疾。均表明按摩——这种直接以手进行治疗之方法的广泛运用。《素问·异法方宜论》称“导引按跻”出自中央之地。殷商处中央之地，卜辞中又可见此类记述，故按摩之术或确系殷人擅长的治疗方法。因而有研究者认为：“中医各种治疗方法的大融合，是在晚于殷商的春秋战国，殷人虽然可能已懂得从异域传来的针砭、灸焫、药治之法，但毕竟不如按摩那样广泛使用”③。

另外，有关甲骨文中“殷”字的解释，亦涉及到按摩术的问题。甲骨文中的“殷”字，写做“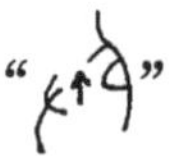”形，一种看法认为此字“象人手执↑形锐器刺一袒腹人之状”④；而另一种解释则认为：“古文殷字像人内脏有疾病，用按摩器以治之”⑤，这就不仅与按摩术有关，而且涉及到“按摩器”的问题。倾向于第一种解释的学者认为：“其实，古人按摩都用手，未闻有‘按摩器’。字形中手所持的‘个’形物与其说是‘按摩器’，不如认为像针刺之形”⑥。然而就文献记载与考古发掘两方面的资料观之，以某种钝形器物施加于人体外表的治疗方法确实是存在的。问题只不过在于如何界定这种治疗方法的归类，即或视其为按摩，或称之为针刺的问题。

就文献而言，今本《黄帝内经》中有此类称之为“针”，而实属钝形“按摩器”的记载。《灵枢·九针十二原》述“九针”形制与用法时说：员针——“长一寸六分，针如卵形，揩摩分间，不得伤肌肉，以泻分气”；鍉针——“锋如黍粟之锐，主按脉勿陷，以致其气”。《素问·调经论》曰：“神不足，视其虚络，按而致之，刺而利之，无出其血，无泄其气，以通其经，神气乃平。”吴崑注曰：“以按摩致气于其虚络。”似即指员针或鍉针之用。又如《灵枢·九针论》亦称：“鍉针，主按脉取气”；“大其身而员其末，令可以按脉勿陷，以致其气，令邪气独出。”均说明古代“针”、“刺”的概念与方法，与后世不尽相同。其中包含有虽名之为“针”、

---

① 彭坚，殷代按摩术管窥，中华医史杂志，1989，(3)：144。

② 温少峰等，殷墟卜辞研究——科学技术篇，四川省社会科学院出版社，1983年，第336页。

③ 彭坚，殷代按摩术管窥，中华医史杂志，1989，(3)：144。

④ 康殷，文字源流浅说，荣宝斋，1979年，第559页。

⑤ 于省吾，甲骨文字释林，中华书局，1979年，第322页。

⑥ 詹鄞鑫，卜辞殷代医药卫生考，中华医史杂志，1986，(1)：15。

称之为“刺”，但实际上所用并非锐利之器，亦不穿透肌肤的治疗器具与方法。因此，如果将“按摩”之法界定在徒手操作的范围之内，而将一切利用器具施加的治疗统归于“刺”，那么，这种利用钝形器物的按压之法当然应该属于“针”的范畴，这或许即是古人头脑中对“针”这一概念所下的定义。所以在“九针”中，不仅包含有用于符合现今所说“针刺疗法”固有定义之治疗方法的锋针（三棱针，用于浅刺放血）、毫针（极细之针，深刺于腧穴），亦包括实为手术刀的铍针（“末如剑锋，以取大脓”），及不伤皮肉的员针、鍉针——“按摩器”。

在外治工具发展的早期阶段，存在着一个针、石并行的时代。除尖如蚊虻喙、用于深刺的毫针非金属制品莫属外，其他各种金属针具的功能均为石器制具所共有。因而有研究者认为石质的医疗用具——砭石，同样被用于热熨、按摩、切割痈脓或泻血、叩击体表。马继兴、周世荣两人据砭道人（年代不详）《砭经》所云“摩即按也，摩其周而不必振其骨”等，认为考古发掘中虽极少有关砭石的报道，但是因为：①出土石器中多有尚未确定名称和用途的，有待进一步研究考察；②有些石器虽已确定名称，但事实上用途并不单一。因此，“有理由认为，在已出土的小型石器工具中，包括了一定数量的砭石。”例如：“1964 年湖南益阳桃博战国墓（M5）出土一件凹面圆石，直径 3.2 厘米，内外两面都有明显的摩痕，凹槽中能容纳一手指指腹，应是用于按摩体表的。又如 1955 年长沙燕子嘴汉墓（M5）填土中发现的一件由河卵石磨制成的圆柱形石器，长约 9.5 厘米，，末端窄细而圆钝，颇与‘九针’中的员针相似。”（参见图 2-3）①。

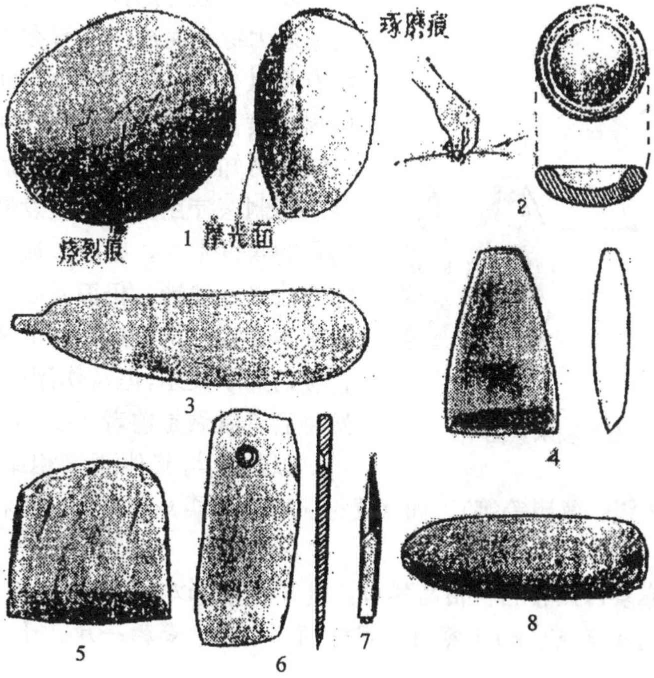

图 2-3 可作医疗之用的小型石器

① 详见马继兴、周世荣《考古发掘中所见砭石的初步探讨》，文物，1978，（11）：80。

总之，由于利用器具施行的按摩术与针、石之法在形式上更为接近，理论上亦有相通之处，故在古典医籍中被归入“九针”或“针石”治疗技术的系统。在临床治疗中，虽仍可见“按之则血气散，故按之痛止”①；肝痹、脾风、疝瘕之时，“可按、可药、可浴”② 之类的记载，但这种治疗手段的刺激量显然不能与针、石相比，故在许多疾病的处理中逐步让位于刺激量大、效果更加明显的针石之术。直接以手作用于躯体，虽然始终不失为一种常用的治疗手段，但其发展趋势，一方面是演化成以养生保健为主要目的的按摩术；另一方面则专门化为骨伤类疾患治疗中的手法整复技术。

二　灸　熨

所谓灸熨之法，乃是泛指各种在躯体外表施加热能的治疗方法。前引马继兴、周世荣的研究文章，据唐代杨上善注《黄帝内经太素》时所云“气血未盛，未为脓者，可以石熨，写其盛气也”；及《砭经》“温石于水，以保其热也”，“煨于灰，以传其热也”等，认为“热熨”亦是砭石的用途之一。“水热的砭石，如1956年江西上高县战国墓出土一件放在鼎内的磨光穿孔石器，可以用绳穿系放进鼎内水中，煮热应用。火热的砭石，如1964年长沙下麻战国墓（M14）中出土的一种扁圆形石器，长6厘米，两端有琢磨痕和火烧裂痕，一面光滑如镜，显然是经过煨热用于熨烫的。”（参见图2-3，4）③。

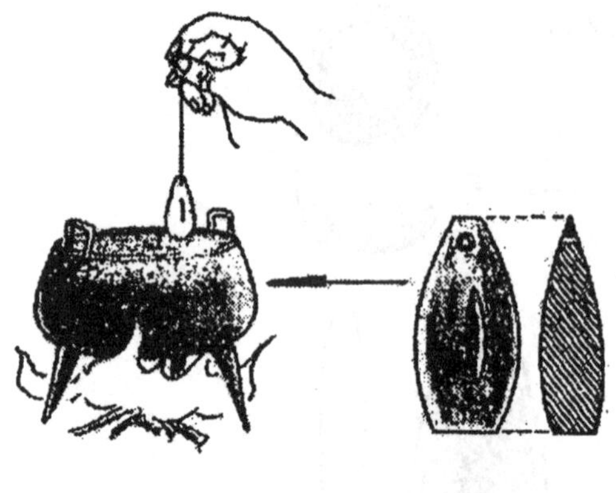

图2-4　水热砭石用法示意图

以砭石进行热熨，其治疗作用是由热能与按摩之力综合而成。尽管在大量的医学文献中没有将其作为一种重要的治疗手段加以论述，但据《黄帝内经太素》杨氏注文与《砭经》的记载，可知这种治疗方法在后世仍被使用。如果从石制医疗用具随历史发展逐渐让位于金属制具的角度考虑，则对金属针具进行加热的治疗方法——燔针，仍旧具备砭石热熨治疗作用的基本要素。尽管这两种方法间似乎并不存在直接的启承关系，但从作用原理的角度观之，不妨将后者看做是前者的变形与发展。

以热能与其他要素相结合而成的治疗方法，还有药熨（包括酒熨、葱熨等等）。如《灵枢·寿夭刚柔》载有刺、熨相结合以治寒痹之法：

> 黄帝曰：刺寒痹内热奈何？伯高答曰：刺布衣者，以火焠之④；刺大人者，以药熨之。黄帝曰：药熨奈何？伯高答曰：用淳酒二十斤，蜀椒一斤，干姜一斤，桂心

---

① 《素问·举痛论》。

② 《素问·玉机真藏论》。

③ 详见马继兴、周世荣《考古发掘中所见砭石的初步探讨》，文物，1978，(11)：80。

④ 焠：即火针法。将针烧热再刺入肌肤。

一斤，凡四种，皆㕮咀[①]，渍酒中，用绵絮一斤，细白布四丈，并内酒中，置酒马矢煴中，盖封涂，勿使泄。五日五夜，出布绵絮曝干之，干复渍，以尽其汁。每渍必晬其日，乃出干。干，并用滓与绵絮，复布为复巾，长六七尺，为六七巾，则用之生桑炭炙巾，以熨寒痹所刺之处，令热入至于病所，寒复炙巾以熨之，三十遍而止。汗出以巾拭身，亦三十遍而止。起步内中，无见风。每刺必熨，如此病已矣。此所谓内热也。

又如《灵枢·经筋》载治足阳明筋病，引缺盆及颊、卒口僻（口眼歪邪）之法：

治之以马膏，膏其急者；以白酒和桂以涂其缓者，以桑钩钩之，即以生桑炭置之坎中，高下以坐等。以膏熨急颊，且饮美酒，噉美炙肉，不饮酒者，自强也，为之三拊而已。

然而不难看出，在这两例已十分复杂的热熨治疗法中，其他要素的治疗价值已渐趋主导地位，热能往往只是处于辅助或增强这些要素（例如药物）的地位。真正以热能为主要治疗要素的方法，应该说是灸法的逐渐成立。

《素问·异法方宜论》称“灸焫”[②] 之法来自北方：“北方者，天地所闭藏之域也。其地高陵居，风寒冰冽。其民乐野处而乳食，脏寒生满病，其治宜灸焫；故灸焫者，亦从北方来。”但据现有史料尚难知晓这种解说所依据的事实源流究竟如何。

一般认为甲骨文中尚未见到以“灸焫”治病的确切记载。但古文字学家对新出的《小屯南地甲骨》(2219) 中“”字之义有以下考虑：“字象手执束扎的草炷灸燕人的腹身形。它的六书结构应该是从勹从热会意，热亦声。所以，这个字正是《黄帝内经》‘灸焫’的‘焫’字。‘焫’是后起形声字”；“甲骨文的‘焫’字，手所持的草束火炷虽不能肯定是否艾草，但无疑是用以治病的草炷。实际上，古人发明用‘灸焫’治病，起初只取其温热而驱寒，并不限于什么特定的草，后来才知道选用艾草。至于专取艾茸来制造草炷，则是很迟的事了。”[③]

推想“灸焫”治病起源于“取其温热而驱寒”，必须限定是指火逐步进入人类生活，发挥了驱寒、熟食等功能后，始渐被用于治疗。但如果是指这一治疗方法的产生，则不免过于简单机械，或不如说是根据现代人特有的纯唯物之思维方式而生。因为将“寒”视为病因显然不是十分原始的认识，所以对于“灸焫”之法的产生不能单纯用热能——物理学式的思维方式来解释。范行准指出：“火是鬼神所畏，用火灸焫含有驱逐鬼神之意”[④]，是极为重要的。此外还应注意到以火进行治疗，必然会有烟产生，而在古人的头脑中，对烟的作用更有不容忽视的思考——灵魂、鬼物等一切不可见之“物”的通路。这也就是说，以火接近人体进行治疗，含有令致病之“物”循人为制造的通路——烟，离去的意思[⑤]。当灸法逐渐演变到以艾草为燃烧物时，则不仅是由于这种植物具有良好的暗火生烟性质，而且还有强烈的气味，自然

① 㕮咀：弄碎之义。

② 焫：音ruò，本作“热”。烧，点燃。

③ 詹鄞鑫，卜辞殷代医药卫生考，中华医史杂志，1986，(1)：15。

④ 范行准，中国医学史略，中医古籍出版社，1986年，第15页。

⑤ 参见本书第一章第二节之三“巫术的结构”，有关“婴儿瘛”的巫术疗法中焚草之意义的解释。另外，《周礼》中掌祭祀之职的春官大宗伯行“禋祀”时，均要积柴薪，烧奉献给神之物，使烟上升而行祭，唯载于薪上的被烧之物因事不同而有所区别而已。

更具通神的效果”①。

在现存最早的医学文献——马王堆汉墓出土的医学著作中，灸法表现为两种形式。其一，在《五十二病方》所载各种疾病的治疗方法中，杂见各种灸法。如：

尤（疣）：取敝蒲席若籍之弱（蒻），绳之，即燔其末，以久（灸）尤末，热，即拔尤去之。

（痒）：干葱□盐隋炙尻。

痒，燔陈刍若陈薪，令病者北（背）火炙之，两人为靡（磨）其尻，痒已②。

等等。概言之，大多是直接在疾患部位施以灸法，与经脉学说关系不大③。其二则是以《足臂十一脉灸经》为代表的，依经脉胪列病候、进行灸治的方法。这种方法虽然沿用至今，在形式上与具备“针灸疗法”之固有定义的取穴方法没有什么原则区别，但就治疗原理而论，古人所想未必与现代中医学对针灸疗法作用机理的解释相同。即并非着眼于热能对经脉系统的物理性刺激作用，以求调整阴阳平衡、实现治疗之目的。认为灸法能够直接去除掉病邪，是古人对其治疗原理的一种思考，所不同之处只不过在于早期所要去除的或多属致病鬼物，其后逐渐演变为外邪之气。例如，《素问·骨空论》中有：“犬所啮之处灸之三壮，即以犬伤病法灸之”的记述，这可能是治疗或预防狂犬病的一种对策。其思维过程显然是认为犬啮之处留下了某种有害之物，故会令人出现狂犬病的种种症状。灸的目的，自然就是要去除这种有害之物。这种思考虽不“科学”，但却是“合理”的。其合理性就在于古人认为火、烟、气味所构成的灸法为有害之物的离去构筑了通道。又如该篇所述“灸寒热之法”，是在全身广泛施灸，看不出按经脉取穴或辨证施治的理论医学色彩：

灸寒热之法，先灸项大椎，以年为壮数；次灸橛骨，以年为壮数；视背俞陷者灸之；举臂肩上陷者灸之；两季胁之间灸之；外踝上绝骨之端灸之；足小指次指间灸之；腨下陷脉灸之；外踝后灸之；缺盆骨上切之坚痛如筋者灸之；膺中陷骨间灸之；掌束骨下灸之；齐下关元三寸灸之；毛际动脉灸之；膝下三寸分间灸之；足阳明跗上动脉灸之；巅上一灸之。凡当灸二十九处。

这种灸法似乎可以看做是早期灸法的记录，反映出要想通过“灸”，直接去除侵入人体之致病外邪的意图。值得注意的是，至少到唐代仍能看到类似的表现，例如，唐代著名医家孙思邈在灸法的运用中即包含有认为病邪自腧穴进入人体，灸其进入之处则病邪可除的思考：“初觉即灸所觉处三二十壮，因此即愈，不复发也。”④ 由于认为外感疾患是由某种虽然看不见，但却有形的病邪侵入人体所造成，例如“凡风多从背五脏输，入诸脏受病”，故“依输穴灸之”⑤则风邪可除。

当理论医学逐渐发达起来之后，灸、刺两种治疗方法因均与经脉学说体系紧密相关，而被视为类似的治疗方法，其区别主要在于阴、阳属性之不同。灸法用火，因而属阳，故有助

---

① 《礼记·郊特牲》云：“周人尚臭。灌用鬯臭，郁合鬯。臭阴达天渊泉……阳达于墙屋”；又云：“凡祭慎诸此。魂气归于天，形魄归于地，故祭求诸阴阳之义也。”《说文解字》：“鬯，以秬酿郁草，芬芳攸服以降神也。”郑玄释《周礼·春官宗伯》之“禋祀”云：“烟，气之臭闻者，……所以报阳也。”凡此皆是古人对臭味与神魂鬼物关系的思考与解释。

② 以上分见《马王堆汉墓帛书》[肆]，第39，44，47页。

③ 痒病治疗法中亦见“灸左足中指”之法，但这与经脉学说体系并无关系。

④ 孙思邈，《千金要方》卷七，人民卫生出版社，1955年影印版，第139页。

⑤ 孙思邈，《千金要方》卷八，第153页。

阳的性质，如《素问·腹中论》说："灸之则阳气入阴"；《素问·通评虚实论》："络满经虚，灸阴刺阳；经满络虚，刺阴灸阳"等，由此才使得灸法的治疗原理解释出现了理论上的转变。但在经脉学说未与脏腑学说体系形成紧密联系之前，灸法仍主要是被作为一种"治外"的手段，即："形乐志苦，病生于脉，治之以灸刺"①；"鑱石针艾治其外也"②。其后，由于经脉系统与脏腑融为一体，各经脉分隶不同的脏腑，或者说各脏腑均有了相关的经脉，灸法才得以用于治疗脏器的疾患。

三　针　砭

针砭，亦称针石。从广义言，"针砭"或"针石"是金属和石器两种外治工具的总称。故前述按摩、灸熨之法中，亦可见针砭之具的踪迹。但就治疗机理而言，针砭之术则主要是指以具有锋、刃的器具，通过刺、割肌肤，来治疗疾患的方法。由于针、石两种医疗用具虽然质地不同，但均具有刺、割等相同的功能；且两者因产生时代之早晚不同、来源有异，又经历了一段共存并用的历史时期等因素，构成了难以明确区分的复杂关系，故在研究外治法中的刺、割之术时，一并论之。

早期各种工具的产生与发展，莫不是先石器，后青铜，再铁器。用于医疗目的的刺、割之具亦是如此。文献中有关以石治病的较早记载，是《春秋左传》中所言："美疢不如恶石。"③汉以后的一些注释家认为此乃指外治法所用砭石而言。侍郎全元起欲注《素问》，访以砭石，僧孺答曰："古人当以石为针，必不用铁。《说文》有此砭字，许慎云：'以石刺病也。'《东山经》：'高氏之山多针石。'郭璞云：'可以为砭针。'《春秋》：'美疢不如恶石。'服子慎注云：'石，砭石也。'季世无复佳石，故以铁代之尔。"④ 如果嫌汉以后人注释有误将矿物药之"石"释为砭石的可能，那么马王堆出土医书《脉法》⑤ 中有关砭石的记载则是可以确信无疑的：

> 用碧（砭）启脤（脉）者必如式，瘫（痈）穜（肿）有膿（脓），则称其小大而□□之。□□有四〔害〕：膿深碧輚（浅），谓上不遝，一害；膿輚而碧深，胃（谓）之过，二害；膿大〔而碧小〕，□□而大□□□，三〔害；膿〕小而碧大，胃之碧□，碧□者，石食肉殹（也），四害。

其内容主要是讲要根据脓肿的情况，决定手术的大小浅深。

就考古发掘而言，"1963年在内蒙古多伦县头道洼新石器时代遗址出土的一枚砭石，长4.5厘米，一端为四棱锥形，可用来放血；一边为扁平的刃，可用来切开脓疡"（见插页图）⑥。又如"1965年湖南华容县长岗庙新石器时代遗址中，也出土三件磨制精细的类似锛状的石器。……三件都是单面斜刃，刃口锐利，作为砭石用，可以容易地切开皮肉。"⑦ 出土的石质刃具

---

① 《素问·血气形志》。
② 《素问·汤液醪醴论》。
③ 《春秋左传·襄公二十年》，卷三十五，中华书局，1980年影印版十三经注疏本，第1977页。
④ 《南史·王僧孺传》，卷五十九，中华书局点校本，1975年，第1461页。
⑤ 《马王堆汉墓帛书》〔肆〕，第17页。
⑥ 王雪苔主编，针灸史图录，中国医药科技出版社，1987年，第6～7页。
⑦ 马继兴、周世荣，考古发掘中所见砭石的初步探讨，文物，1978，(11)：80。

虽然并不鲜见，但究竟有哪些曾被作为医疗用具，则难以详考。

插页中的图，“是春秋战国时期的一枚砭石，出土于河南省新郑县郑韩故城遗址。一端卵圆，可用以按摩，另一端呈三棱锥形，可用以放血，很像《黄帝内经》所说的圆针和锋针。”①

在中国医史博物馆藏有西周时期的青铜针具（见插页图）。从其中完整的一件观之，青铜针分为柄、器身两部分。“据有关专家鉴定，是用于放血、排脓的外科手术器械。”②

1968 年河北满城中山靖王墓出土了金针 4 枚，银针 6 枚，以及一件刻有“医工”字样的铜盆，因而被认为是早期针灸专用针的可靠实物。银针残缺，无法辨认；4 枚完整的金针，与《灵枢·九针十二原》所载鍉针、锋针及毫针的形制相似（见插页图）③。

关于针、石两种医疗用具的早期应用状况，有以下几点需要加以讨论：首先，针灸疗法是中国传统医学所独具的一种治疗方法，沿用至今仍为民众所普遍相信且渐传海外。追溯其起源则自然要涉及到石器时代即已出现的刺、割之具。但无论如何早期的治疗机理与现代中医学为针灸疗法所下的定义是有极大区别的。现代中医学解释针灸疗法的作用机理是：“应用针刺艾灸的方法，通过经络输穴，以调整脏腑气血的功能，从而达到治疗疾病的目的。”④ 这也就是前面亦曾提到过的针灸疗法的“固有定义”。而在古代，不要说是在医学理论尚且十分不发达的原始、奴隶社会，就是到了汉代乃至其后，针和灸这两种治疗手段亦没有单纯被作为调整机体功能（阴阳平衡）以治疗各种内部疾患的方法。而往往是被作为直接触及病灶的“外治”手段，因而才会形成“火齐毒药功其中，鑱石针艾治其外”⑤ 的普遍看法，并在刺法上规定了皮、肉、脉、筋、骨等浅深次第⑥。

以刃具式的砭石切割痈肿、排脓，固然可以看做是手术刀的滥觞，但以尖锐砭石放血同样是源于去除病邪的思考。只不过从后世渐趋明显的医学分科观之，前者被归入外科治疗术，后者则成为针刺疗法的起源。受石质材料自身性质的制约，砭石只能具有切割与浅刺的功能，不可能制成像金属针具那样足以深入肌肤的医疗用具⑦。而金属针具则不仅可以承担切割与浅刺的功用，而且可以制成较细的毫针，以深入肌肤去除疾患。在今本《黄帝内经》中，刺法的治疗范围实际上包含许多在今天看来应该归入外科范畴的疾患与治疗方法。例如各种痈疽、疮疡、淋巴结核造成的瘘管、阴囊水肿、关节腔积液、肠道蛔虫、腹部的脓肿、腹水⑧ 等；并且规定了腹腔内的某些疾患“不可灸刺”、“不可动之”，动之必造成不良后果，甚至死亡⑨，可见亦是经实践而获得的经验教训。同样，由于当时人们尚没有严格地将“经脉”从人体可见组织中区别出来，始终是被视为人体组织结构的一部分，因此“经脉之病”亦只是隶属于从体表向内脏逐渐深入的一个层次而已。尽管从治疗用具、治疗方式上看，针砭之术可以说

---

① 王雪苔主编，针灸史图录，中国医药科技出版社，1978 年，第 14～15 页。

② 李经纬主编，中国古代医史图录，人民卫生出版社，1992 年，第 10 页。

③ 李经纬 主编，中国古代医史图录，人民卫生出版社，1992 年，第 26～27 页。

④ 南京中医学院主编，针灸学讲义·绪言，上海科学技术出版社，1964 年。

⑤ 见于《素问·汤液醪醴论》。原文中写作“必齐”，许多注家已指出“必”字系“火”字之误，从之。

⑥ 《素问·刺齐论》、《素问·刺要论》。

⑦ 汪企张，针和砭治病工具的唯物辩证，新中医药，1955，(2)：27。

⑧ 依次见于《灵枢》痈疽、四时气、寒热、刺节真邪、九针十二原、厥病、上膈、四时气各篇。

⑨ 《素问·奇病论》、《素问·腹中论》。

是针刺疗法的早期表现，但也必须注意到两者间的差异。从本质上讲，早期的针砭之术，乃至灸法，都还只是一种外治方法。

其二，尽管工具发展的历史必然是先石器，后金属，但针、石两种医疗用具的历史并不简单到用“以铁代石”一句话即可概括的程度。当被称之为“九针”的系列金属针具出现后，医学著作虽然常将“针”与“石”一并论之，笼统地称之为“针石”[①]，但在具体叙述其功能时却往往是分而述之[②]。“九针”中包含有与砭石具同样功用的“铍针”[③]，但当时有人对痈肿之疾既可使用砭石治疗，亦可使用针（金属器具）治疗还要加以论说[④]，说明这两种医疗用具必定同时存在，且体系有所不同。这或许正是《素问·异法方宜论》称砭石“从东方来”；九针“从南方来”的原因所在。在文化、技术严守“家法”授受的时代，这两种治疗方法尽管功用相通，但在一定历史时期保持着相对独立的传承体系，乃是十分自然的事情。《灵枢》卷一开篇即言：“勿使被毒药，无用砭石”，而欲独用“九针”，亦可窥针、砭体系之不同。砭石，很可能最先在齐鲁之邦使用；而“九针”的体系则出于南方文化。

其三，是针砭之术在早期的应用程度问题。一般认为由于针灸之法的起源既然可以追溯到石器时代，那么在此后的一段历史时期内必然已经应用十分普遍，如推测《左传·成公十年》医缓奉命为晋侯治病时说：“疾在肓之上、膏之下，攻之不可，达之不及”是指艾灸（攻）与针刺（达）[⑤]；或认为“春秋时代，灸法在治疗疾病，预防保健等方面的临床运用已相当普遍了”[⑥]。但这都纯属推测，即便是常被人们加以引用、作为灸法治疗确切证据的《孟子·离娄》：“七年之病，求三年之艾”，亦有问题。许多人因针灸医师认为艾以陈者为佳，就将孟子此语释为三年的陈艾尚不足以疗七年的痼疾。实际上，“艾”字并非仅指植物名称，亦用为动词，训作“养”[⑦]。也就是说，七年之久的痼疾老病，是不可能在短期内治好的，以此比喻政事。在现存最早的医学著作——马王堆汉墓出土的医书中，经脉著作中尚只言及灸法而没有针法，因此这一重要的考古发现使人们普遍承认针刺疗法的产生并不如想象得那样早。其次，在同属马王堆出土医书的《五十二病方》中，于各病的治疗方法中杂记药物、汤液、祝由、灸法等诸种治疗之策，显然是汇抄多种古医方著作而成，但比较而言，其中不仅没有针法，且灸法的运用频度亦远不如药物、汤液、祝由等其他治疗方法。马王堆汉墓出土医籍的成立时代早于今本《黄帝内经》，从中可以看出经脉学说已然成立，并与灸法发生了直接的联系；但在经脉著作之外的医方著作——《五十二病方》中却未将灸法作为一种普遍应用的治疗方法；针刺之法更是难觅。凡此种种，均说明针灸疗法应是在经脉学说体系成立之后，才得以迅速发展起来的。这一点对于认识经脉学说体系并非产生于针灸治疗经验，是十分重要的。而且原始的针砭、灸焫之法所以能够在本质上逐渐形成从“外治”法向具自身固有定义之针灸疗法的转变，亦恰恰是以经脉学说成立为基础的。

---

① 《素问·五脏别论》：“恶于针石者，不可与言至巧。”又《素问·移精变气论》：“毒药治其内，针石治其外”等。

② 《素问·异法方宜论》：“其病皆为痈疡，其治宜砭石”；“其病挛痹，其治宜微针”。

③ 《灵枢·九针十二原》：“铍针者，末如剑锋，以取大脓。”《灵枢·官针》：“病为大脓者，取以铍针。”

④ 《素问·病能论》：“有病颈痈者，或石治之，或针灸治之，而皆已，其真安在？”

⑤ 李鼎，针灸学释难，上海中医学院出版社，1986 年，第 1 页。又见《汤用彤学术论文集》，中华书局，1983 年，第 320 页。

⑥ 李正安，秦汉时期灸疗学成就初探，中华医史杂志，1989，(1)：4。

⑦ 《尔雅·释诂》：“艾，养也。”《诗·小雅·南山有台》：“保艾尔后”，传：“养也”。

第三章　医学体系的形成

医学，在中国传统文化的自然科学领域中，属发达较早、发展较好的一门学科。先秦时期不仅已有许多职业化的医生和相当杰出的医学人物，而且在社会组织中可以看到初具规模的医疗机构与管理制度。

医学在任何时候都不会成为一门纯粹的自然科学。即或是在当今，医学虽然包含有大量对于生命现象、疾病本质、药理作用等的实验与理论研究，但也仍旧是一门实用科学，不具数学、物理等学科那样的纯科学性质。再者，医学的非纯科学性质还因其与“民生”的密切关系，涉及到社会福利等许多社会问题。在古代，医学往往被视为“仁政”之一端而受到治世者的重视。因而医疗机构的建立，要以国家组织形态的发展为基础，虽然反映出社会对于医学的需要与重视，但重视的原因往往并不在于医学自然科学的性质本身。这或许才是包括医学在内的一些“实用”科学在中国古代能够发达较早、发展较好的重要原因之一。而另一方面，医疗机构的建立又说明医学自身发展的水平，没有一定程度的知识水平与广泛的医疗活动，是不可能出现专门机构的。设立机构这一事件本身，在客观上又具有推动医学发展的作用。

医学的根基在于实用的治疗技术，但技术并非医学的全部。即便是在“科学”未见昌盛的古代中国，医药疗病的知识体系中亦包含丰富的理论性内容。如果我们承认“科学可以说是关于自然现象的有条理的认识，可以说是对于表达自然现象的各种概念之间的关系的理性研究”[①]，那么就应该承认古代也同样存在着科学。因为“科学”一词，“就其最广泛的意义来说，是学问或知识的意思”；“包括一切有系统的学问”。因此，对于中国古代医学的研究，不仅应该注意到其中蕴含的丰富实践经验、处理各种疾病的具体方法，而且要深入了解这一知识体系的理论结构。

在中国古代，有关性命、生死、意识、情志、气血、官能（内脏与体表器官的功能）等的讨论，是作为对于自然总体认知的一个重要方面。几乎所有关心自然、力图探索自然本质与变化规律、以及人和人性的思想家均要涉及，进而将治病与治国、自然与人事加以类比，因而所谓生理、病理、医理、药理的知识并非仅限于医学内部。诸如气、阴阳、四时之序、五行生克，乃至虚实、逆顺、郁达等既是思想家、哲学家、政治家惯用的说理依据，同时也是医学理论的构成要素。医学理论与整个社会的哲学思想实无什么明确的界限可言。就这一点而言，中国古代医学之所以发达较早、发展较好，能够形成完整的体系——构成一门科学，亦并不完全取决于丰富的实际治疗经验。而中国古代医学之理论的发达与特点，恰恰是中国人

---

①　，②W.C. 丹皮尔，科学史，商务印书馆，1975 年中译本，第 9 页。

民族特性的反映[①]，即首先是对于“人生”的关注[②]；其次则是长于综合、类比，短于分析的思维方式。李约瑟（J. Needham）在对比中西思维特征时说：“中国人的思想总是关注着关系，……西方的头脑问的是：‘它本质上是什么？’而中国人的头脑则问：‘它在其开始、活动和终结的各阶段与其他各种事物的关系是怎样的，我们应该怎样对它做出反映’？”[③]这种思维方式上的特点，不仅造就了中国传统医学“整体观”的基本理论特点，而且规定了医学理论与社会哲学必然会有千丝万缕、密不可分的联系。

第一节 医疗体制的建立

一 医事制度

据现存史料的记载，我国古代医政组织及有关制度的建立可以追溯到周代。当时的医疗工作在行政上统归于“医师”管理。这个行政管理机构由“上士二人、下士四人、府二人、史二人、徒二十人”[④] 组成，统领各科医生。其职责范围是：

（1）“掌医之政令”；

（2）向各处派遣各科医生：“凡邦之有疾病者，疕疡者造焉，则使医分而治之”；

（3）管理和提供药物：“聚毒药以供医事”；

（4）档案管理：“凡民之有疾病者，分而治之，死终则各书其所以，而入于医师”；

（5）业绩考核：“岁终则稽其医事以制其食”，“十全为上，十失一次之，十失二次之，十失三次之，十失四为下”；对于兽医也同样要根据其治疗效果以论短长：“死则计其数以进退之。”[⑤]

由于《周礼》的撰著年代未能确定，因而对其所记制度究属西周还是东周，甚或出自汉人伪造，亦多有不同看法。大致说来，史学界认为该书既不成于西周初年，亦非汉代刘歆之流所伪，而是成于战国时期[⑥]。尽管该书可能属于春秋战国之际为复兴周制，实现大一统之理想而提出的一份完备计划，但其中必然含有大量真实可信的周代礼制。晋代出土的《汲冢周书》有“以国为邑，以邑为乡……乡之巫医，具百药以备疾灾，畜五味以备百草”之说，或为《周礼》医官之制的雏形，亦说明周代确实建立了一定的医疗制度。从春秋时代的王室渐衰，经战国诸侯独立，到秦汉以后不断地改朝换代，虽有种种政治改革、职官改易，但在礼

---

① 参见刘吉《民族性格：一个可供思考的因素》，载向仍旦编《中国古代文化史论》，北京大学出版社，1986年，第117页。

② 如汤用彤《评近人之文化研究》（载《汤用彤学术论文集》，中华书局，1983年，第183页）云：“华人立身讲学，原专主人生，趋重实际，于政法、商业至为擅长，于数理、名学极为欠缺。”高旭东《生命之树与知识之树》（河北人民出版社，1989年，第7页）：“大体说来，中国哲学就是生命哲学，中国的道教就是生命宗教，中国文化就是以生命为本的文化。”

③ 李约瑟，中国科学技术史，科学出版社·上海古籍出版社，1990年中译本，第2卷，第221页。

④ 《周礼·天官冢宰·医师》，十三经注疏本，中华书局，1980年影印版，第641页。

⑤ 引文均见《周礼·天官冢宰》。

⑥ 清代学者皮锡瑞《经学通论》（中华书局，1954年，第三之四十九页）言：“尊《周官》者以为周公手订，似出书太早；抑之者以为刘歆伪作，似出书太迟。何休以为出于六国时人，当得其实。……此与《仪礼》、《礼记》皆同时杂出于周秦之间。”

制方面存在着基本的沿续性。因循前朝旧制设官立职为基本原则，故《周礼》的医官制度实为后世医事制度的基础。如战国时期的秦国有太医令、侍医等职，其太医令即相当于周制医官中的上士①。

当然，官医的服务对象主要是王室，但也往往要承担灾疫之时派医给药的任务。另外在医籍的编纂整理、兴办学校式的医学教育等方面均发挥了极大的作用。从医官之职的设立，又反映出巫祝之事与医药体系的分化，标志着医学专门的形成。

二　医学分科

《周礼》记载，当时的官医分为食医、疾医、疡医、兽医等四科。

食医："掌和王之六食、六饮、六膳、百羞、百酱、八珍之齐"；

疾医："掌养万民之疾病"；

疡医："掌肿疡、溃疡、金疡、折疡之祝药劀杀之齐"；

兽医：专掌治疗家畜之疾病。

从中可以看出，最初的医学四科，原则地将人与兽、内科与外科、食疗与药物划分开，有利于每一分科的独立发展。战国时期，医学分科有更为具体化的趋向。如名医扁鹊"过邯郸，闻贵妇人，即为带下医；过雒阳，闻周人爱老人，即为耳目痹医；来入咸阳，闻秦人爱小儿，即为小儿医"②。说明妇科、五官科、儿科已有渐成专门之势。这种分科方式是由疾病与治疗技术自身之特点逐渐促成的。成书于汉代的第一部目录学专著在胪列记载各类疾患具体治疗方法的医方类著作时，表现出内科、外科、妇科、儿科及食医已形成分门别类的知识系统③。

然而无论是《周礼》的医学分科，还是扁鹊兼治各科，都只能代表当时医学发展状况之一面。以一技之长跻身医林、谋食天下者在任何时候都不鲜见，而在医学发展的早期，这种现象当更为普遍。陈直据山东、河南等地出土的战国古玺，认为战国时期，每一医人只治一病，是发挥个人的专长，也是分工的细密。略引其考证数则如下④：

行瘖：行字盖从事于医的解释。至今俗语称医生为人治病曰行医，或曰行道。《说文》："瘖，不能言也。"玺文行瘖二字，即是专治音哑的病医人所用。

事疡：事字当作治字解释，谓专治疡病的。《说文》："疡，头创也。"创即后来的疮字。

事瘠：瘠字不见于《说文》，只见于《广韵》，音骨，膝病。玺文当作专治膝病的解释。

事痈：《说文》："痈，肿也。"玺文当作专治外症痈肿病的解释。

事瘢：《广韵》："居忍切，音紧，唇疡也。"玺文当作专治唇疗病的解释。

王瘖：上标明医人的姓，下标明医人所专治的病。

郭痤：《说文》："痤，小肿也。"

赵瘐：《尔雅·释训》："瘐，病也。"郭注："贤人失志怀忧病也。"玺文是专治犹郁病的。

牛疡：玺文是专治牛病的牛医用的。《周礼·天官》有兽医。盖古代兽医中，注重马医与

---

① 清·黄本骥，《历代职官表》卷三，上海古籍出版社，1980年，第167页。

② 《史记·扁鹊传》卷一百五，中华书局点校本，1982年，第2794页。

③ 见《汉书·艺文志》的"经方"类目录。

④ 引自陈直《玺印木简中发现的古代医学史料》，载《文史考古论丛》，天津古籍出版社，1988年，第284页。

牛医。《史记·货殖传》云："马医贱方，张里击钟。"《后汉书·黄宪传》云："世贫贱，父为牛医。"皆其明证。

以上一玺，属于兽医。

该文所列有41玺；不同的病名有28种。并考虑到未见之玺与难识之字的因素，故认为："古之所谓技之精者，不能两工，这是战国人医学的特色。秦汉人也未提及，不是从玺文上找到这一些线索，是不容易看出来的。又玺文上标姓氏，下标治病的名称，沿至汉代，此风仍不改。从史痒、贾瘕、李痤、魏痈、苏瘐、陈疒、其母瘛等汉印中皆可以见到。盖太医令等是汉代的官府医生，此则是私人医业。"

对于战国医人玺印所提示的"每一医人只治一病"现象，当有以下一些思考不容忽视。首先，这一现象未必只是战国医学的特征。从医疗技艺发展的必然规律言之，自然是先有经验医学，逐渐发展方能形成理论体系。因此，具体治疗某一种疾病，应该是早期医学的普遍现象。这也就是说，战国医人玺印的出现，不过是这种状况在该时期的表现，其由来必久。其次，这种现象未必只限于民间，周官医者的构成中亦应含有此类人物，官府百工之流中含有以一技之长世代相承者，亦属惯见。其三，这种现象形成的本质，在于技艺独到本身，而不是由医事分工的详细所决定。不同于古代埃及的专科医师制度①。如《庄子》所述"不龟(皲)手药"事之例：

> 宋人有善为不龟手之药者，世世以洴澼絖为事。客闻之，请买其方百金。聚族而谋曰："我世世为洴澼絖，不过数金；今一朝而鬻技百金，请与之。"客得之，以说吴王。越有难，吴王使之将，冬与越人水战，大败越人，裂地而封之（《庄子·逍遥游》）。

说明技术之成立为因，被官府所用只是果。

另外，"一人专事一技"在文献中亦属有迹可寻："秦法，不得兼方，不验，辄死"。《正义》注曰："令民之有方伎不得兼两齐，试不验，辄赐死。"② 这固然是秦始皇时代的酷法，但可反映百工各专一技的传统。

三 医学知识的传承

我国自南北朝时期，始有学校式的医学教育。在此之前，主要依赖父子相传、师徒相授的传统方式。如战国时期的秦越人，师承于长桑君，又有弟子子阳、子豹诸人。不要说是在"结绳记事"的远古时代，就是在私家著书立说出现以前，医疗技术的继承亦只能是依靠口传身授。大约自战国时代始有简帛医籍流传，但书籍的传抄仍与师徒关系有着极为密切的关系。盖因这些著作在当时被称之为"禁方"③，非得其人，不可轻授。弟子需在德、才两方面得到为师者的信任与赏识，方能得其真传。

先秦的医学著作，现今未见有直接保存下来者。唯可从文献记载与出土的汉代文物中间

---

① 希腊史家Herodofos（约484～452B.C.）曾记载过埃及的专科医师制度："医疗业务的划分十分严格，每名医师负责一种疾病。"甚至国王的左右眼竟然要由两名医师分别负责医疗保护。见李师郑编译《世界医学史话》，民生报社（台湾），1980年，第4页。

② 《史记·秦始皇本纪》卷六，中华书局点校本，1982年，第258页。

③ 如《史记·扁鹊传》云："我有禁方，年老，欲传与公，公毋泄。"

接了解。秦始皇统一中国后，曾有“焚书坑儒”之举，但“所不去者，医药卜筮种树之书”[①]。由此可知先秦确已有医药著作存在，是没有问题的。正因如此，才可见西汉名医淳于意自其师公乘阳庆处受得“古先道遗传黄帝、扁鹊之脉书，五色诊病，知人生死，决嫌疑，定可治，及药论书，甚精”[②]。此后汉成帝求遗书于天下，命侍医李柱国校方技。见有《黄帝内经》、《黄帝外经》、《扁鹊内经》、《扁鹊外经》等医经七种，以及经方、神仙、房中等四类著作，计868卷。其中当有一些内容是来自先秦。

1973年湖南长沙马王堆汉墓出土了一些简帛医籍。研究者据其字体分析，认为字体近篆的《足臂十一脉灸经》“抄写年代大约在秦汉之际”；《胎产书》字体“接近云梦睡虎地秦简，估计写成较早”[③]。而一部著作的撰作时代与抄写显然又当有一定距离，故这些著作无疑保存了许多先秦的医学知识。

可以说在整个先秦时期，医学知识的继承当以私人间的传授为主要方式。虽然有了医学著作，但因文字记述简略需加讲解，以及抄写方式的制约，并未广泛传播。只有当学校式的教育兴起后，抄写才能扩大到较大范围；当医籍进入版刻印刷时代后，方能在更大范围间传播。这时，在学术上遥承某人衣钵——依靠书籍学习某人医学学术的“私淑弟子”才有可能大量出现。因此在早期虽亦可见治疗技术、医学理论的各家不同见解，但这与金元时期兴起的医学流派尚有许多不同。早期大多是受知识传播的制约，对于各种理论、方法不可能有广泛的了解，因而形成了相对独立的知识体系。这一点在以汇编形式写成的今本《黄帝内经》——《素问》、《灵枢》中，均表现得十分充分。

四 医学的构成

汉代刘向、刘歆父子禀承汉成帝旨意领导校书工作，书其概要而成《七略》(见《汉书·艺文志》所存内容)，其“方技略”的总括曰：

> 方技者，皆生生之具，王官之一守也。太古有岐伯、俞拊，中世有扁鹊、秦和，盖论病以及国，原诊以知政。汉兴有仓公。今其技术晻昧，故论其书，以序方技为四种。

“方技”的概念虽应广于医学，但此处所言方技，实乃指医学而言，并未包含其他许多“法术”的内容。其所谓“方技四种”，即医经、经方、神仙、房中四种——“皆生生之具”，故可看成是当时之人对于医学所含内容的认识。

“医经”，主要是指讲述医学理论的著作：

> 医经者，原人血脉经络骨髓阴阳表里，以起百病之本，死生之分，而用度箴石汤火所施，调百药齐和之所宜。至齐之得，犹慈石取铁，以物相使。拙者失理，以瘉为剧，以生为死。

“经方”是指治疗各种疾病的效验之方：

> 经方者，本草石之寒温，量疾病之浅深，假药味之滋，因气感之宜，辨五苦六

---

① 《史记·秦始皇本纪》卷六，第255页。

② 《史记·仓公传》卷一百五，第2796页。

③ 见马王堆帛书小组为《马王堆汉墓帛书》[肆]所写的“出版说明”。

辛，致水火之齐，以通闭解结，反之于平。及失其宜者，以热益热，以寒增寒，精气内伤，不见于外，是所独失也。故谚曰："有病不治，常得中医。"

"房中"主要是讲男女交接之道，可称之为古代的"性科学"或"性艺术"：

房中者，情性之极，至道之际，是以圣王制外乐以禁内情，而为之节文。《传》曰："先王之作乐，所以节百事也。"乐而有节，则和平寿考。及迷者弗顾，以生疾而陨性命。

"神仙"者，乃求寿之术，今称"养生学"：

神仙者，所以保性命之真，而游求于其外者也。聊以盪意平心，同死生之域，而无怵惕于胸中。然而或者专以为务，则诞欺怪迂之文弥以益多，非圣王之所以教也。孔子曰："索隐行怪，后世有述焉，吾不为之矣。"①

值得注意的是，如果将马王堆出土的十几种医学著作据其内容稍加分类，则正与上述四种之旨意相合。而这些内容又皆属先秦已有。其具体内容将在后面逐一谈到，于此不赘。由此又可知，"一人专治一病"并非战国医学之全貌，至多只能说是"经方"构成的基础或要素。经脉理论等构成"医经"类著作的内容在先秦即已产生，不同于以一技之长鸣世的"治病之工"。另外，"祝由"之法虽未被单独列出，但亦是当时医学构成的一部分。即本书第一章中所谈到的咒禁之法。由于咒术的非科学本质，而于医学史的研究中将其置于医学构成的范围之外，显然是不符合历史本貌的。

第二节 医学理论

考察先秦医学在理论方面究竟达到何等水平时，所遇到的最棘手问题莫过于如何使用今本《黄帝内经》的丰富资料。较早的医学史家大多认为该书成于战国甚或更早，因而其内容自然就代表着先秦医学理论所达到的水平。但近年来的研究逐渐倾向于认为今本《黄帝内经》的最终成立是在西汉后期，故直接将其内容视为先秦医学显然不妥。又常见以今本《黄帝内经》属汇集众多相对独立之医学论文而成——各篇成于不同作者之手、撰于不同时代，作为该书内容与先秦医学关系密切的理由，但由于根本无法认定有哪一篇成文于先秦，故这一理由对于说明两者间的关系并无价值。实际上，最能说明今本《黄帝内经》之内容在研究先秦医学时可资利用的理由，在于该书各篇对于一些理论问题的论述不仅观点各异，且有浅深不等之层次；许多基本概念尚未统一，各具禀承之渊源。参之于不同时代的其他文献，则不难看出其中的一些概念与理论性解释具有先秦医学的时代共性，而另一些则与汉代文化背景相一致，显然形成时间较晚。这样，即可从中找到一些研究先秦医学理论发展水平的重要线索。

一 经脉学说

经脉学说是中国传统医学理论体系所独具的内容，其实质可以说是对人体神经系统以外的一种传导现象的描述。这个无法由形态解剖加以证实，但又被众多客观现象证明确实存在

① 引文均见《汉书·艺文志》卷三十，第1776～1780页。

的传导系统——经脉学说，“现已成为全世界医学、生理学、生物学以及边缘科学工作者所共同关心和研究的一个课题。”大量的研究报道一方面是证实人体经脉传导现象确属客观存在，如“日本的一些文献中曾多次报道有关针刺穴位能产生一种特殊的感觉沿着古典经络循行路线传导的现象”；以及沿经脉循行出现皮下硬结、丘疹或皮肤病、红白之线、出汗、过敏等现象；另一方面则是借助红外线热像图摄影、液晶热像图、超声波、辐射场、经脉与腧穴的电阻与电位测定等现代科学研究手段，对经脉本质的探索，并提出了种种假说。尽管现有的研究方法尚未能真正说清经脉传导现象的生理机制，但“由于在临床中对经穴检查的客观指标的建立，已有可能产生某种能被普遍接受的、公认的常规‘经络诊断’方法。例如，在1983年第8届世界针灸大会上，瓦伦丁（G. Valentin）等便提出，把对经穴电学参数的测定，作为针灸临床诊断、预后和治疗中的一种常规而加以应用。索平斯基（J. Szopinski）通过对经穴的生物电参数的测定与常规诊断学方法，采用双盲法对比观察的结果，认为两者有90%的符合率，因而亦提出经穴电针诊断的问题。”①

在现知最早对这种传导系统进行记述的文献——马王堆出土医书中，仅仅是称之为“脉”，且其内容亦只有后世称之为“经脉”的“主干”部分。至今本《黄帝内经》成书时，这个传导系统的内容已大为丰富，出现了构成经与经、经脉与器官间广泛联系的“络脉”，因而“经络”一词才成为这一学说体系的通用名称。但其概念的实质仍旧是“脉”字。

众所周知，经脉是不能直接看到的。但在《黄帝内经》成书及其以前的时代，医家尚未认识到这一点。《灵枢·经脉》说：“经脉十二者，伏行分肉之间，深而不见。诸脉之浮而常见者，皆络脉也。”还说：“脉色青，则寒，且痛；赤则有热。”有关这种经脉可见性的描述见于该书许多篇节中，如“经脉败漏”②；“血脉者，盛坚横以赤，上下无常处，小者如针，大者如筋”③；“用针者，必察其经络之虚实，切而循之，按而弹之，视其应动者，乃后取之而下之”④等。可见在中医理论中认为“脉”是可见的，而且上引各句指的都是血管。

此外，在《灵枢·寒热》中又说：“寒热瘰疬在于颈腋者……浮于脉中，而未内著于肌肉，外为脓血者，易去也。”这里的“脉”应是指淋巴管而言。

所以，尽管经脉循行描述的是一种不可见的传导系统，但是人们对“脉”的理解却是将其等同于可见的脉管系。在这些管道中运行着气血，这就是“脉”的功能：“壅遏营气，令无所避，是谓脉”⑤。《汉书·王莽传》称：“使太医尚方与巧屠共刳剥之，量度五脏，以竹筳导其脉知所终始”，实实在在地说明当时对于感觉到的经脉感传现象与解剖可见的脉管系统未能加以区分。由于对动脉、静脉、淋巴管的形态与功能缺乏真正的了解，所以统称为“脉”。将刺络时“血出而射”（刺中小动脉），释为“血气俱盛而阴气多”；将“血少黑而浊”（刺中小静脉），释为“阳气蓄积，久留而不泻”⑥。同时因为当时的解剖技术尚未达到剥离脉管系的水平，所以不可能全面认识到人体脉管系（血管系统与淋巴管系统）的真实面貌。在初步的解

---

① 以上详见王本显编译《国外对经络问题的研究》，人民卫生出版社，1984年。引文分见该书“前言”，第1，481～482页。

② 《灵枢·痈疽》。

③ 《灵枢·血络论》。

④ 《灵枢·刺节真邪》。

⑤ 《灵枢·决气》。

⑥ 《灵枢·血络论》。

剖水平基础上，将所看到的和感觉到的揉和在一起加以论述，误以为这些管道的干支及其连续就是深而不见的“十二正经”。所以才说大的经脉是“伏行分肉之间，深而不见”，而不是没有可见之物。

这种错误的概念持续达千年之久，直至西方医学传入中国，人们对解剖可见的脉管系有了真正的了解，才认识到血管与经脉体系不是一回事。脉、经脉、经络等中国传统医学的概念定义才被重新规定。然而这些定义所代表的乃是当代中医学，并非古代中医学。

考察经脉学说起源于何时，以及在整个先秦时期的发展状况是十分困难的。但根据现有的文献资料，大致可以认为在战国中期这种学说已经出现。首先，马王堆汉墓发现的经脉著作虽墓葬年代已是公元前168年，但毕竟属西汉早期，且这些著作的撰作年代无疑要向上推移；另外，《史记·仓公传》所言得公乘阳庆传黄帝、扁鹊之《脉书》之事等，均提示秦火不焚的先秦医学著作中很可能包含有经脉类的著作。《管子·水地篇》中有：“水者，地之血气，如筋脉之通流者也”之语；《吕氏春秋·达郁》言：“血脉欲其通也”，亦可旁证战国时期人们对人体之“经脉”有所论述。最为重要的是先秦医家扁鹊（秦越人）在脉学诊断方面的成就，以及有关“脉气”循行的论述。这些内容在成书于汉代的医学著作，如今本《黄帝内经》、《难经》及晋代王叔和所撰《脉经》中均有所保存，可以推知先秦医家对于经脉的认识（详见本章第三节中有关扁鹊、秦越人的介绍）。

然而由于经脉学说产生的特殊性——无法用经验积累的一般规律加以解释，以及早期文献在涉及医学问题时几乎均未说到经脉的问题，可知这种学说不会产生在战国以前的较早时期。例如虽然有人在研究《周礼》所载医学知识的时代特征时指出：“具有春秋战国的时代特征，其中战国时的特征更为浓厚”①，但该书中尚未言及“经脉”的问题。由于经脉学说的产生难于以针刺疗法中的偶然发现为由加以解释（马王堆出土的经脉著作中只有经脉循行、主病与灸法的记载，未见言及腧穴与针法），因而当代的研究者推测经脉传导现象的发现可能与“气功”等反观内视的实践活动有关②。结合《史记·扁鹊传》所言：“视见垣一方人，以此视病，尽见五脏症结”，以及“至今天下言脉者，由扁鹊也”观之，经脉学说的产生，与扁鹊（秦越人）这一早期医学流派应具密切的关系，但在先秦时期流传尚不广泛。进入汉代以后，经淳于意等人的传播，特别是在今本《黄帝内经》成书之后，始形成一个完整的学说体系。不仅对于针灸疗法的发展具有深刻的意义，而且是医家赖以了解人体各部分间的相互联系、区分成若干系统，并据此认识疾病性质、制订相应治疗方案的理论依据。

二 脏腑学说

脏腑学说的实质是对内脏功能的认识。对于内脏功能的思考，普遍存在于世界各地的早期文化中。例如古埃及在制作木乃伊时，要将肝、胃、肠等内脏取出放在石罐中加以保存；“古巴比伦人相信肝脏是生命和灵魂的所在地”，因而“对这个器官的研究是极为精细的”，并以此作为一种占卜与诊断疾病的手段③。

---

① 徐西雁、郭政凯，《周礼》所载医官与医学的时代特征，中华医史杂志，1987，(4)：204。

② 韦以宗，中国骨科技术史，上海科学技术文献出版社，1983年，第33页。

③ G. 文士麦，世界医学五千年，人民卫生出版社，1985年中译本，第8页。

在中国早期社会的祭祀活动中逐渐形成一套如何使用脏器的制度，并最终形成了祭祀用脏与五行说的相互配合①。“脏”字原本写作“藏”，其概念内涵亦是取“藏”字之义。祭祀用脏含有重视精神魂魄寓藏之所的思考，而医学化了的脏腑学说同样含有这部分内容：“心藏神、肺藏魄、肝藏魂、脾藏意、肾藏志，是谓五脏所藏”。② 这就是早期对于内脏功能的基本认识。

脏、腑之分，在于脏为藏“精气”之处，都是实体性的器官；腑取“府”字之义，为存贮之所，主要是指胃、大肠、小肠、膀胱、三焦、胆等存贮食物、尿液、精汁（胆汁）、气与水（三焦的功能）的空腔性器官。如果与现代医学比较，古人在形态学方面对于胸腹腔中的脏器基本均已认识；但在功能方面，只有由胃、小肠、大肠组成的消化道因其直观性而知道清楚。在没有必要的生理、生化知识时，对于心、肝、脾、肺、肾、胆等器官的功能认识自然与现代医学相距甚远。但对于各脏、腑功能的认识，都体现着古人在人、生命、器官、功能（精神活动与新陈代谢）等方面的知识水平与思维方式。由于对营养物质的吸收途径和从肾循环到尿液生成的水液代谢机理不知，才认为是经“三焦”腑——腹腔脏器外的空间部位完成。五脏藏精气、与神魂魄意志的关系，虽不能正确反映精神活动的本质与这些脏器的真正功能，但也是当时生理学知识的一部分，而且即便是在今天，这些理论仍然具有指导治疗精神、情志类疾患的实用价值。

先秦时期的脏腑学说的主要特点，在于认述不一。如《庄子·齐物论》中说：“百骸、九窍、六藏”；《骈拇》中言“五藏”；《在宥》亦称“五藏”。《周礼·天官冢宰·医师》称“九藏”。可见对于哪些器官属“脏”，人有几“脏”等问题尚未有统一的说法。至今本《黄帝内经》成书时，虽然五脏六腑已成定说，但书中仍可见一些旧论之遗存。如《素问·灵兰秘典论》说：“愿闻十二藏之相使，贵贱何如?”这实际上是指五脏六腑再加上“膻中”。又《六节藏象论》说：“九野为九藏，故形藏四，神藏五，合为九藏以应之也。”这是先秦“九藏”说的延续。

最能说明脏腑学说早期发展状况的是《素问·五藏别论》中所记：

> 余闻方士，或以脑髓为藏，或以肠胃为藏，或以为府，敢问更相反，皆自谓是，不知其道，愿闻其说。

在有关这一问题的解答中，引出了“奇恒之府”的概念，即：

> 脑、髓、骨、脉、胆、女子胞，此六者，地气之所生也，皆藏于阴而象于地，故藏而不泻，名曰奇恒之府。夫胃、大肠、小肠、三焦、膀胱，此五者，天气之所生也，其气象天，故泻而不藏。此受五藏浊气，名曰传化之府。此不能久留，输泻者也。

此篇后面又讲到五脏“藏精气而不泻也，故满而不能实。六府者，传化物而不藏，故实而不能满也。”因而后世讲脏腑学说者，认为中医的脏腑系统是由五脏、六腑与奇恒之腑三部分组成。其实，此篇内容应该看成是两个不同体系拼合而成。因为其中讲“腑”的时候，已然是一天、一地、一五、一六，形成了阴阳相互对立的体系。后面讲五脏六腑，又是一个阴阳对立的体系。若将后面的“六府”——传化物而不藏，比照前面的“六”——藏而不泻的奇恒之府则功能不合；比照传化之府，则数字、阴阳属性不合（奇偶代表阴阳）。

---

① 参见《礼记·月令》。

② 《素问·宣明五气》。

细读《素问》，还能见到脏腑不分的“十一藏”，“脾为孤藏”、“肾为孤藏”，“头为精明之府、背为胸中之府、腰为肾之府、膝为筋之府、骨为髓之府”，以及将脾归入六腑种种说法。说明脏腑学说的规范化，经历了一段相当长的时间。大抵直到西汉前期，仍属方士各以己说闻于世的阶段。

脏腑学说中，虽然有关“腑”之功能的认识与客观的生理功能较为接近，但这一学说的核心与理论价值却恰恰是在与客观相距较远的“脏”。借助五脏与五行的配属关系，形成了相生相克的复杂制约关系，以及“象”学的系统，即五脏虽在体内，但其形象、功能却可征之于外。换言之，一切外在表现与变化均隶属于五脏的形态与功能。因而有“藏象”之说。基于对这一理论体系的理解，当代中医学总是强调：脏腑在中医学里不单纯是一个解剖学概念，更重要的是一个生理或病理学方面的概念。

三 阴阳学说的运用

“阴阳”二字，纵贯中国古代数千年的历史，横系诸子百家之学，在浩如烟海的文献著述中比比皆是。以“阴阳”之消息，言说天地万物的生成与变化，是中国古代先哲思维活动中最富哲学味道的理论构想[①]。阴阳与五行、气等学说相互结合，形成了中国古代的哲学思想体系，而这些观念同时也是中国传统科学思想的基本要素。因而有关这些观念的起源、发展及具体运用，历来就是研究中国古代哲学史、思想史、科学史者所关心的焦点之一。阴阳与五行，在早期各自为说。就对医学发展的影响而言，阴阳学说要早于五行学说。

（一）阴阳学说渗入医学

以“阴阳”为说，起源甚早[②]。汉人总结先秦学术之源流，称其为“阴阳家”[③]：

> 阴阳家者流，盖出于羲和之官，敬顺昊天，历象日月星辰，敬授民时，此其所长也。及拘者为之，则牵于禁忌，泥于小数，舍人事而任鬼神（《汉书·艺文志》）。

其中谈到“阴阳家”之学的两种表现形式，似乎等同于天文历法，而没有任何“哲学”性的色彩。这是由于阴阳学说的哲学含义并非形成于一日；而且当其具有了一定的哲学含义时，也往往是隐含在天人关系的论说之中。因此阴阳家之学中虽然包含有天文星历等内容，但这只是表面现象，其目的并不在观象、授时、制历；而是要通过这些现象来说明阴阳变化的规律，以及顺乎阴阳的重要：“四时、八位、十二度、二十四节各有教令，顺之者昌，逆之者不死则亡。”[④] 再者，由于阴阳观念的产生，最初即建立在阳光之有无、向日或背日这些直接作用于人类感官的最基本的规律性变化之上，因此“四时”的变化受到了格外的强调：“序四时之大顺，不可失也。”[⑤]所谓四时之序，即春生夏长，秋收冬藏，阴阳家强调这是“天道之大经也，弗顺则无以为天下纲纪”[⑥]。这一原则不仅适用于农业，而且被类比于政事，形成了《礼记·

---

① 李约瑟称“阴阳”是“古代中国人能够构想的最终原理”。见李约瑟《中国科学技术史》，科学出版社，上海古籍出版社，1990年中译本，第2卷，第254页。

② 如《后汉书·方术传》（卷八十二上，第2703页）云：“若夫阴阳推步之学，往往见于坟记矣。”

③ 司马谈“论六家之要旨”的第一家，即为“阴阳”。见《史记·太史公自序》卷一百三十，第3288页。

④ ，⑤《史记·太史公自序》卷一百三十，第3290，3289页。

⑥ 《史记·太史公自序》卷一百三十，第3290页。

月令》中所记载的种种相关制度。政令违悖四时之序，则必发疾病，《礼记·月令》有以下一些记载：

孟春之月：行秋令，则其民大疫。

季春之月：行夏令，则民多疾疫。

仲夏之月：行秋令，民殃于疫。

季夏之月：行春令，国多风咳。

孟秋之月：行夏令，则国多火灾，寒热不节，民多疟疾。

季秋之月：行夏令，民多鼽嚏。

仲冬之月：行春令，民多疥疠。

季冬之月：行春令则胎夭多伤，国多固疾。

《周礼·天官冢宰·医师》中言：

疾医掌养万民之疾病。四时皆有疠疾。春时有痟首疾，夏时有痒疥疾，秋时有疟寒疾，冬时有漱上气疾。

至今本《黄帝内经》中，对于顺应“四时之序”更有详细的说明：

中古之时，有至人者，淳德全道，和于阴阳，调于四时，……此盖益其寿命而强者也，亦归于真人（《素问·上古天真论》）。

夫四时阴阳者，万物之根本也。所以圣人春夏养阳，秋冬养阴，以从其根，故与万物沉浮于生长之门。逆其根，则伐其本，坏其真矣。故阴阳四时者，万物之终始也，死生之本也。逆之则灾害生，从之则苛疾不起，是谓得道（《素问·四气调神大论》）。

春者，天气始开，地气始泄，冻解冰释，水行经通，故人气在脉。夏者，经满气溢，入孙络受血，皮肤充实。长夏者，经络皆盛，内溢肌中。秋者，天气始收，腠理闭塞，皮肤引急。冬者，盖藏血气在中，内着骨髓，通于五脏。是故邪气者，常随四时之气血而入客也，至其变化，不可为度（《素问·四时刺逆从论》）。

受四时之序、阴阳轮转观念的影响，在针刺疗法、诊脉之法中逐渐形成了“四时脉法”和以“四时”为理论依据的针刺方法。另外，春生夏长、秋收冬藏的原则，对养生学的发展亦有一定的影响。

至于其“使人拘而多畏”①；“牵于禁忌，泥于小数”② 之弊，当然在医学领域中亦有所体现，例如：

正月、二月，天气始方，地气始发，人气在肝；三月、四月，天气正方，地气定发，人气在脾；五月、六月，天气盛，地气高，人气在头；七月、八月，阴气始杀，人气在肺；九月、十月，阴气始冰，地气始闭，人气在心；十一月、十二月，冰复，地气合，人气在肾（《素问·诊要经终论》）。

相应地，在针刺方法上自然要有所规定：

春夏秋冬，各有所刺，法其所在。春刺夏分，脉乱气微，入淫骨髓，病不能愈，令人不嗜食，又且少气；春刺秋分，筋挛逆气，环为咳嗽，病不愈，令人时惊，又

---

① 《史记·太史公自序》卷一百三十，第3290页。

② 《汉书·艺文志》卷三十，第1735页。

且哭；春刺冬分，邪气著藏，令人胀，病不愈，又且欲言语（《素问·诊要经终论》）。

以下还有夏、秋、冬三季的详述，略而不录。这些规则在针灸治疗学中并无实际意义，故现代注家只能笼统地说："这一节申述了违反治疗法度，如春刺夏分、夏刺春分等，不应刺而刺之，非但原来的病没有治愈，反使病势更加深入或恶化了。所以治病必须及于病所，不可太过或不及，恰如分际，是临症上最宜注意的事。"[①] 如果结合前面一段不同月份"人气所在"的论述，则不难看出"牵于禁忌"的本质。

《汉书·艺文志》著录有"神农黄帝食禁七卷"，虽不可详考其全貌，但后世一些医学著作中保存有这方面的内容。如日人丹波康赖集我国唐以前医籍而成的《医心方》（成书于公元984年），以"四时食禁"、"月食禁"等为题，收录许多这方面的论述。如："本草食禁云二月寅日食不吉"；"又云二月九日食鱼鳖伤人寿"[②] 等等。当然，这些"禁忌"之说与顺应"四时之序"的"天道之大经"相比，只不过是些附赘悬疣，属"拘者为之"而至歧路，并不重要。需要注意的是，力倡顺应"四时"、"阴阳"变化之序的阴阳家之学，其思维模式的要点在于阴阳交替、轮转的循环，而不在阴阳的对立。其阴阳消长的实质，不是此消彼长，而是阴、阳各自在一定时限内的自身消长。即春夏为"阳生至盛极"的阶段；秋冬为"阴生至盛极"的阶段。在这两个阶段中，阴或阳分别经历了由初生到盛极而衰的过程："阳至而阴，阴至而阳"；"因阴阳之恒，顺天地之常"[③]。《吕氏春秋》中以"圜道"为题，列举了日夜一周；月躔二十八宿；精行四时；物动则萌—生—长—大—成—衰—杀—藏；云气西行，水泉东流，日夜不休，上不竭，下不满等等现象来说明"天地车轮，终则复始，极则复反"的循环规律，与阴阳家顺应四时阴阳的思维方式乃属一致。因此，在"气"分阴阳，阴阳又复分太、少（太阴、太阳，少阴、少阳），分属四时的理论体系中，所要强调的并不是一分为二、阴阳对立。

如果舍弃掉四时、昼夜循环轮转的时间因素，那么阴阳相互对立的属性就自然而然地显露出来了。例如山南、水北为阳，山北、水南为阴；日为阳、月为阴；昼为阳、夜为阴；天为阳、地为阴，乃至男女、水火、风雨、雌雄等等，无不具有相互对立之两面。具有哲学内涵的阴阳学说正是沿着这样一种思维方式逐渐发展起来的。这种观念对于医学理论发展的影响，在早期或不如讲究顺应"四时之序"的阴阳家学大，但逐渐成为主流——在医学理论中的作用，远大于"四时之序"的阴阳循环观念。

关于阴阳概念的发展，还有一点需加注意：即早期的阴阳概念并不是万物属性的抽象，而是专指阴阳二气。在周宣王即位时（约公元前827年），已有了"阳气"的提法；到西周末年，伯阳父以阳气与阴气的运动解释地震的成因[④]。《吕氏春秋·古乐》云："昔古朱襄氏之治天下也，多风而阳气畜积，万物散解，果实不成，故士达作为五弦琴，以来阴气，以定群生。"视"乐"可通天地间的阴阳之气，这是古今对音乐理解不同的重要区别。《国语·周语》论乐甚详，与此相似："如是而铸之金，磨之石，系之丝木，越之匏竹，节之鼓，而行之，以遂八风。于是乎气无滞阴，亦无散阳，阴阳序次，风雨时至，嘉生繁祉，人民和利，物备而乐成，上

① 南京中医学院医经教研组，黄帝内经素问译释，上海科学技术出版社，1959年第113页。

② 丹波康赖，《医心方》卷二十九，人民卫生出版社，1955年影印版，第663页。

③ 《国语·越语下》卷二十一，四部丛刊初编缩本，第149页。

④ 《国语·周语上》卷一，四部丛刊初编缩本，第6，8页。

下不罢，故曰乐正。”声音的传导，被认为是与天地间的阴阳之气直接相通，并能产生影响。有形的阴阳之气发生偏盛，也是致病的因素之一。《左传·昭公元年》载医和云：“天有六气，降生五味，发为五色，征为五声，淫生六疾。六气曰阴、阳、风、雨、晦、明也。分为四时，序为五节，过则为灾。阴淫寒疾，阳淫热疾。”即是说阴、阳之气的过盛（淫）则致病。但是在以后的思维发展中，阴、阳几乎成为一对抽象的概念，不一定要寻其形质了：

> 阴阳者，天地之道也，万物之纲纪，变化之父母，生杀之本始，神明之府也。……积阳为天，积阴为地；阴静阳躁，阳生阴长，阳杀阴藏。阳化气，阴成形。寒极生热，热极生寒。寒气生浊，热气生清。
>
> 水为阴，火为阳。阳为气，阴为味。……味厚者为阴，薄为阴之阳；气厚者为阳，薄为阳之阴。……气味辛甘发散为阳，酸苦涌泄为阴（《素问·阴阳应象大论》）。

类似的论述在今本《黄帝内经》中比比皆是，这时的阴阳概念，已然构成了一种“象”。而且有“阴之阳”、“阳之阴”这种阴阳中复含阴阳的思想。总之，阴阳的概念中既包含有以阴阳之气的融合构成宇宙万物之本体的一面，亦有注重阴阳不同属性特征之“象”学的一面。前者在医学理论中表现为对于生命形成、性格禀赋、情志形体等的解说；后者则可具体地指导诊断与治疗——阴阳的辨识是“辨证施治”的基础。

（二）医学与《易》学

“不知《易》，不足以言大医”，语出明代医学家张景岳，并说这是唐代名医孙思邈之垂训[1]。然检之孙思邈的著作，其中有关医者当知《易》的原话却是这样说的：

> 凡欲为大医，必须谙《素问》、《甲乙》、《黄帝针经》、《明堂流注》、十二经脉、三部九候、五脏六腑、表里孔穴、本草药对，张仲景、王叔和、阮河南、范东阳、张苗、靳邵等诸部经方；又须妙解阴阳禄命、诸家相法；及灼龟五兆、周易六壬，并须精熟，如此乃得为大医（《千金要方·大医习业》）。

在孙氏原论中，《易》不过是作为医家博学多识的一个侧面，并未与医家著作、医学理论相提并论。要在强调医者当通“命”——阴阳禄命、相法、灼龟、《易》等。而且在孙氏的著作中亦看不到医学与《易》有何联系。大体说来，在宋以前的医学著作中，均很少提到《易》。特别是在《素问》、《灵枢》、《伤寒论》等划时代的医学代表作中，根本看不到《易》的影响，更找不出基础理论中有什么内容是直接来源于《易》。在《易》的爻辞中虽可见若干文字涉及到躯体、疾病，但无医理，均为卜问外伤、孕、眼病等等。

由于中国古代医家多有兼通经史之言，或弃儒习医者，故其论述生理、病理、医理、药理时，往往喜借卦象为喻。如《左传·昭公元年》载晋平公请医和诊疾，谓其病为“蛊”。有人问“何谓蛊?”对曰；“淫溺惑乱之所生也。于文，皿虫为蛊；谷之飞亦为蛊；在《周易》，女惑男、风落山谓之蛊。”其中举《周易》、文字为据，都是一种“象”的说明。

然而这种比喻，在宋以前的医学文献中并不多见，只是自宋代开始，才骤见增多。这与宋明理学昌盛的文化背景是一致的。例如以卦象比喻人之器官：“观卦者（䷓），视之理也。视者目之用也，目之上纲则眨，下纲则不眨，故观卦上巽而下坤。颐卦者䷚，养之理也。养者

---

① 明·张介宾，《类经附翼·医易》卷一，人民卫生出版社，1965年排印版，第390页。

口之用也，口之下颌则嚼，上颌则不嚼，故颐卦上艮而下震。”①

又如喻药理者：“荷叶之物中央空，象震卦之体。震者，动也，人感之生足少阳。”②

著名方剂“交泰丸”最初并无方名，只是作为黄连这味苦寒药的配伍使用而出现：“火分之病，黄连为主……生用为君，佐官桂少许，煎百沸，入蜜，空心服，能使心肾交于顷刻。”③此方以黄连清在上之心火，肉桂温补下元，逆转上阳下阴、上火下水之象，犹如“否”（☷☰，上天下地，即上阳下阴之象）至“泰”（☰☷）的转变，故被名之曰“交泰丸”。

作为卜筮之书的《易》，何以被后人认为与医学理论有密不可分的渊源关系，实因视《易》为阴阳之源的看法自古及今屡见不鲜。其中最早的、且广为人知的，大概要数《庄子·天下》所说：“《易》以道阴阳”。其后人们大多是将爻的画法“—”、“--”，作为阴阳的代表。但许多研究者早已指出“《易》本无阴阳观念，‘《易》以道阴阳’是战国时思想，是说《易》者通过以阴阳观念解《易》之方法，将阴阳观念赋予了《周易》，从而把《易》纳入了阴阳体系。”④在《易》学的发展过程中，《易经》的本来面目变得越来越模糊，越来越成为一种供思想家发挥个人学说的工具。《易经》与那些同属儒家经典的著作相比，后者内容与形式的统一规定了解说的发展不得随意发挥；而前者却有内容与形式可以相互分离，多途发展的特点。义理，是《易》的内容；象数，是《易》的形式。故说《易》者尽可各执一端，正如《后汉书·方术传》所说；“仲尼称《易》有君子之道四焉”，即《易·系辞》所言：“以言者尚共其辞，以动者尚其变，以制器者尚其象，以卜筮者尚其占。”

“易学的发展史，是《易经》的形式与内容割裂分离的历史，也是它不断走向形式化和抽象化的历史”；“而取象于事物矛盾关系的卦象说，则开辟了我国古代辩证法思想发展的一条重要途径。”⑤一般认为，大讲阴阳的《易传》形成于战国中晚期之间，至迟也在战国末期。以此作为时间的座标，可以了解先秦阴阳思想的发展状况。医学与《易》学，大致均是在这一历史时期接受了阴阳学说，但两者间却无直接的启承关系。最能说明这一点的，是《易》学体系采用的数字奇偶是“阳奇阴偶”：“天一地二、天三地四、天五地六、天七地八、天九地十”⑥，尤特以九、六为阴阳的代表，凡阳爻皆称为九，阴爻皆称为六。而医学中却是沿着“天六地五，数之常也”⑦的阳偶阴奇关系发展，故有五脏（阴）、六腑（阳），“天以六六为节，地以九九制会”，阳脉为六、阴脉仅五（马王堆出土帛书）等具体表现。古代中医学接受《易》学阳奇阴偶之说者，唯有一例，即认为妇女月经尽后六日内可以受孕成胎，一、三、五日为男，二、四、六日为女。有关此说的较早记载是《医心方》中所引用的《洞玄子》，后世引此说时，多称“道藏经云”⑧，并称道家“戒六日之淫，为此也。过此皆不能为孕”⑨。此说

---

① 金·张从正，《儒门事亲》卷二，上海科学技术出版社，1959年排印版，第63页。

② 金·李杲《兰室秘藏》卷上，人民卫生出版社，1957年排印版，第12页。

③ 明·韩悉，《韩氏医通》，江苏科学技术出版社，1985年排印版，第22页。

④ 谢松龄，天人象：阴阳五行学说史导论，山东文艺出版社，1989年，第26～27页。在维佳《阴阳、五行、气观念的形成及其意义——先秦科学思想体系试探》（自然科学史研究，1993，(1)：(6)一文在讨论“阴阳观念起源”时亦列举了大量反对源出《周易》的文献。

⑤ 徐子宏译注，周易全译·前言，贵州人民出版社，1991年，第2，6页。

⑥ 《易·系辞上》，十三经注疏本，中华书局，1980年影印版，第81页。

⑦ 《国语·周语下》，四部丛刊初编缩本，第23页。

⑧ 明·朱橚，《普济方·妊娠诸疾门》卷三三七，人民卫生出版社，1959年排印版。

⑨ 《墨娥小录·房中秘药·求嗣法》卷十，中国书店影印明隆庆五年吴氏聚好堂刻本。

虽属荒谬，却一直占有统治地位，唐、宋、元、明、清历代医家大多宗此说。张介宾虽然相信“《易》之为书，一言一字，皆藏医学之指南”[①]，但于此处却有不同见解：“道藏经以一日、三日、五日得者为男等说，总属臆度，渺茫非有确见也，余不敢遵信”，这是因为他知道“有十日半月及二十日之后受胎者”[②]。总之，历史上研究医、《易》关系最著名、力倡其说者虽属张介宾，但归根结底，他所得到的实质性结论亦不过是“欲该医易，理只阴阳”[③]，《易》只是阴阳学说的一个载体而已。

（三）“三阴三阳”的问题

阴阳之说在古代医学领域中有一种特殊的表现形式，即三分阴阳而成太阴、少阴、厥阴和太阳、少阳、阳明。这六个名词在医学中是极为重要的概念术语：经脉学说的主体即是以此为名——手、足各有三阴、三阳之脉，合为“十二正经”；《素问·热论》在论述外感热病时，亦是以此为名，而将热病进程划分为太阳、少阳、阳明、太阴、少阴、厥阴六个阶段。东汉的重要医学著作《伤寒杂病论》乃以此为纲，发挥而成，故后人称之为“六经辨证”体系。三分阴阳，较阴阳分太、少，多出阳明与厥阴之两名，而此种分法在古代自然科学的其他领域中基本上是看不到的。日人丹波元简论“三阴三阳”时说：

> 太少阴阳，原是四时之称。……而后世说《易》者，专用此论蓍策之数矣。以阳明、厥阴，合称三阴三阳者，医家之言也（《医賸》卷上）。

正因“三阴三阳”为医家之言，故历来研究阴阳学说的哲学家、史学家极少谈到这一问题。即或是在传统医学领域内部，亦大多是只能言“三阴三阳”之用，却避而不谈其源由。然对这一问题的探究，大概早在汉代就已经开始了，《素问·阴阳离合论》开篇的设问即是：“今三阴三阳，不应阴阳，其故何也？”回答则是：“阴阳者，数之可十，推之可百；数之可千，推之可万；万之大，不可胜数，然其要一也。”似乎不属明确的对答，其后则是有关十二经脉的解说。赵洪钧在其《内经时代》（1985年自刊本，石家庄红旗印刷厂）中对以上问对的评论是：“岐伯的答话不讲经脉分布处均是搪塞，直讲经脉则答非所问。张景岳之医理可谓精深，岂知他也不能正面回答这一问题。《类经·会通类》‘阴阳五行’中抄下这段话，没作任何说明。接着照抄大量经文，毫无心得。《类经附翼·医易义》大讲《易理》，仍说不清三阴三阳。看来回答这个问题实在不容易。”而赵氏认为：“比较可靠的原始三阴三阳说，就是三男三女说。”即易传《说卦》中所言：

> 乾，天也，故称乎父。坤，地也，故称乎母。震一索而得男，故谓之长男。巽一索而得女，故谓之长女。坎再索而得男，故谓之中男。离再索而得女，故谓之中女。艮三索而得男，故谓之少男。兑三索而得女，故谓之少女。

按照赵氏的解释，当是在《易》学中先产生了三阴三阳的概念，而后再被医学理论所吸收。但在《易》学发展的漫长历史中，除了要解说八卦的形成是由乾坤生六子外，基本上是没有三阴三阳内容的。因此前引《素问》问对中以经脉分布为答，不应视为答非所问，而是正解。这也就是说，三阴三阳的提法，确属医学领域中运用阴阳之说的一种特殊表现形式。在西晋王

---

① 明·张介宾，《类经附翼·医易》卷一，人民卫生出版社，1965年排印版，第400页。
② 明·张介宾，《景岳全书》卷三十八·妇人规上，卷三十九·子嗣下，上海科技出版社，1959年影印本。
③ 明·张介宾，《类经附翼·医易》卷一，人民卫生出版社，1965年排印版，第399页。

叔和所著《脉经》中，保存有若干先秦医家扁鹊论脉的内容，其中有两处涉及到三阴三阳的问题，其一是：

扁鹊曰：脉一出一入曰平，再出一入少阴，三出一入太阴，四出一入厥阴；再入一出少阳，三入一出阳明，四入一出太阳。脉出者为阳，入者为阴。

这大致是讲诊脉时阴阳盛衰比量的变化。另外一处是：

脉平旦曰太阳，日中曰阳明，晡时曰少阳；黄昏曰少阴，夜半曰太阴，鸡鸣曰厥阴，是三阴三阳时也。少阳之脉，乍小乍大，乍长乍短，动摇六分，王十一月甲子夜半，正月二月甲子王……动摇至六分以上，病头痛、胁下满，呕可治，扰即死。刺两季肋端，足少阳也，入七分。

其他五脉亦有如上引少阳之脉的叙述，从略。《脉经》中保存的扁鹊脉法，亦可见于《灵枢》、《素问》、《难经》之中，但无扁鹊之名。对这一现象只能认为是王叔和编撰《脉经》时仍能见到扁鹊著作之遗存，而这些内容亦被收入今本《黄帝内经》中。否则，王叔和是不可能节录今本《黄帝内经》的内容冠以扁鹊之名的。从这些内容中不难看出，在先秦时期诊脉与经脉紧密相关，是一同发展起来的。而三阴三阳的概念既用于诊脉法中阴阳盛衰的定量表示，又是经脉的名称，而且有将一昼夜划分为六段的时间表示法等等。

《灵枢·阴阳系日月》讲述经脉时，足部为三阴、三阳，双侧合十二条经脉；手部则只有二阴、三阳，双侧合十条经脉，没有手厥阴之脉。而这与马王堆出土医书中经脉记载相合，说明是早期经脉学说的延续。其解释为："腰以上为天，腰以下为地，故天为阳，地为阴，故足之十二经脉，以应十二月；手之十指，以应十日，日主火，故在上者为阳。"其后对手足经脉的定名，及厥阴、阳明的含义均有解释：

寅者，正月之生阳也，主左足之少阳；未者，六月，主右足之少阳。卯者，二月，主左足之太阳；午者，五月，主右足之太阳。辰者，三月，主左足之阳明；巳者，四月，主右足之阳明。此两阳合于前，故曰阳明。申者，七月之生阴也，主右足之少阴；丑者，十二月，主左足之少阴。酉者，八月，主右足之太阴；子者，十一月，主左足之太阴。戌者，九月，主右足之厥阴；亥者，十月，主左足之厥阴，此两阴交尽，故曰厥阴。

将其中月份与三阴三阳之配合的内容摘出，即成图3-1，阴阳循环、由弱到强再到弱的变化规律即可一目了然。

有意思的是，其下紧接的又是类似《素问·阴阳离合论》的问题："今乃以甲为左手之少阳，不合于数，何也?"回答亦颇相似："此天地之阴阳也，非四时五行之以次行也。且夫阴阳者，有名而无形，故数之可十，离之可百；数之可千，推之可万，此之谓也。"说明了三阴三阳配经脉的独特用法，与四时阴阳、《易》学体系等不可强合。

由于今本《黄帝内经》属医学论著之汇编，这一基本性质决定了对一些理论性问题的盾法与解释不可能一致。因而对于三阴三阳的理解亦有仁智所见之不同，例如《素问·脉解》中三阴三阳与十二月的配合就是另一种方式，属阴阳相间，没有阴、阳各司半载的意思。

四　五行学说的运用

如果去掉阴阳学说的时间概念——四时之序、往复循环，那么阴阳也可看做是一种横向

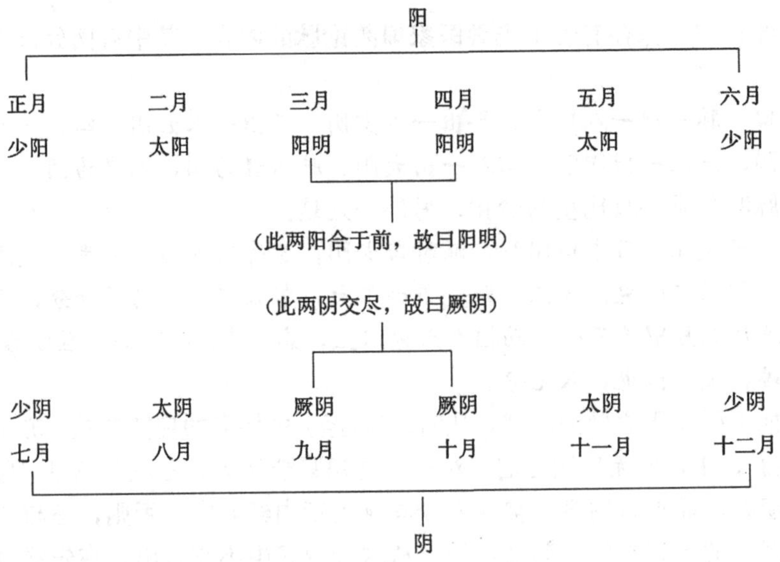

图3-1　三阴三阳与十二月的配合

的分类。“但阴阳只能说明事物的两面，而不能贯穿庶物的品类，只有五行，才有此种条件”[①]。

五行学说，即以木、火、土、金、水五者为名，类分自然万物；以五者属性的相生、相克关系言说自然与人事政治的制约、变异规律。郭沫若认为：“这一思想在它初发生的时候，我们倒应当说它是反迷信的，更近乎科学的。在神权思想动摇了的时代，学者不满足于万物为神所造的那种陈腐的观念，故尔有无神论出现，有太一阴阳等新的观念产生。对这新的观念犹嫌其笼统，还要更分析入微，还要更具体化一点，于是便有这原始原子说的金木水火土的五行出现。万物的构成求之于这些实质的五个大原素，这思想应该算是一大进步。”[②] 郭氏的解说不仅指出了五行学说在早期思维活动发展中的进步意义，而且对“五行”概念本身赋予了类似西方“原子论”的性质解释。但许多学者在对中国传统文化深入研究时，并不满意这一解释，认为“中国古人正好沿着和古希腊人、古印度人相反的方向去寻找关于世界的统一解释”；是“将事物分类的意识引导出认为事物之间有普遍联系的观念”[③]。

在考察五行学说的起源时，学者注意到早期文献中首先出现的是“尚五”的观念，表现为五方、五材、五声、五色、五味、五常等具体观念的运用。因而有五行学说起源于“五方”、“五材”、感官经验——声、色、味等种种思考。但若指某一以“五”为划分方式的具体概念是五行学说的起源，则难免有“本末倒置”之疑，因为某一具体概念很可能是五行体系的表现形式与组成部分；而且这种思考方法不足以体现五行学说在理性思维发展过程中的创造性意义。尚五的意识与五行说的根本联系在于“五”这一数字上，即由于尚五观念的引导，古人自觉或不自觉地将某一类经验分为五种，故在具体事物的划分时多表现为“五”，而在抽象概念的建立中仍采用“五”。但“行”则是思维发展到一定水平时的创意。五行之“行”的本质具有两层含义，一是“性”——对事物属性的抽象；二是“行”——对于事物的分类。正如日本学者山田慶儿指出的：“将事物进行分类，使事物之间规定关系，制定认识框架的范畴，

① 范行准，中国医学史略，中医古籍出版社，1986年，第21～22页。

② 《郭沫若全集》历史编第二卷，人民出版社，1982年，第408页。原作撰于1943年。

③ 胡维佳，阴阳、五行、气观念的形成及其意义——先秦科学思想体系试探，自然科学史研究，1993，(1)：16。

从而构成体系性的认识，就是一种科学性的思考。阴阳五行说便是这种科学思考的产物。”①

关于五行学说起源的时间问题，刘节《洪范疏证》一文认为“阴阳五行之说起于战国，盛于两汉。《洪范》与《五行传》本出一派之手”。梁启超对这一观点的评价是：“《洪范》问题之提出，则自刘君此文始。……凡此皆经科学方法研究之结果，令反驳者极难容喙，其余诸条，亦多妙解，可谓空前一大发明。”② 故研究阴阳五行学说发展史的学者，往往将此“定论”作为论说五行说成于战国中后期的有力论据③。但反对者亦持有许多不容忽视的分析，例如李学勤综合前人言论及春秋战国时期作品引用《洪范》词句的情况，认为：《左传》等引《洪范》时称“商书”，唐孔颖达释“此篇箕子所作，箕子商人，故记传引此篇者皆云‘商书’，是箕子自作明矣”，是“很合理的解释”。李氏的研究结论是：“《洪范》绝不是晚出的作品，其年代应早到西周。”进而又说：

> 很多人觉得《洪范》晚出，是由于篇中首列五行，而近人的一项成见，是以为五行的出现很迟。这种论证的方式，在逻辑上是颠倒的。《洪范》如早，可作五行说早已存在的证据，却不能倒过来说五行说晚，《洪范》就不能早。五行说晚，要以《洪范》的晚出为前提，而《洪范》是否晚出，必须有其他坚强的理由来说明，否则便陷入循环论证了。④

如此看来，认为西周时期已有五行观念的观点，亦是不能轻易否定的。那么是否可以说构成中国传统文化骨架的阴阳五行理论体系，在西周时期即已完成了呢？在讨论这一问题时，又必须注意到这些观念自身内涵与运用方式在不同历史时期的逐步发展。庞朴《阴阳五行探源》一文指出：“阴阳五行之作为中国文化的骨架，是从战国后期到西汉中期陆续形成的。在此之前，阴阳自阴阳，五行自五行，各有分畛；这一点，前人早已明白指出过不止一次了。”⑤李学勤言《洪范》五行时亦强调：“《洪范》五行的次序，是水、火、木、金、土。这是由于当时数说五行尚未按照相生相克的次第，同当时数说方向的习惯有关。这是西周人讲五行的习惯。到春秋时，如《左传》昭公二十九年蔡墨讲五行，就是以木、火、金、水为序，是循环数了”⑥。

陈梦家以诸种月令所受五行的影响，略定其年代先后。认为在楚帛书与《玄宫图》之间五行说渐具萌芽，而《十二纪》加以固定（参见表 3-1）。

表 3-1 “五行”形成年代参照表

内容	书别	成书年代
四方，四时，四色	楚帛书	战国中期
五方，四时，五色	玄宫图	战国中晚期
五方，四时，五色，五行	十二纪	秦王政八年
五方，五时，五色，五行	时则	西汉景帝末

---

① 山田慶儿，空间·分类·范畴，载《日本学者论中国哲学史》，中华书局，1986 年，第 90 页。

② 刘节之文与梁启超跋语皆撰于 1927 年。收入刘节《古史考存》，人民出版社，1958 年，第 3，15 页。

③ 如谢松龄《天人象：阴阳五行学说史导论》（山东文艺出版社，1989 年，第 16 页）言：“《书经》中另一篇书《洪范》，是详细论述‘五行’的著作。……近人刘节先生在其《洪范疏证》中已考定，此书出于战国末人之手。这一论断已得公认。”

④ 以上所引李学勤之论说，均见其所著《周易经传溯源》，长春出版社，1992 年，第 16～21 页。

⑤ 载向仍旦编《中国古代文化史论》，北京大学出版社，1986 年，第 78 页。

⑥ 李学勤，周易经传溯源，长春出版社，1992 年，第 21～22 页。

这又为研究五行说的形成年代提供了参考：

> 由此判断，《管子》的《四时》、《五行》的年代更在战国中晚期之后了。因此，由阴阳学说、气的学说与五行说的关系，以及上面的年代讨论来看，把五行说的大致完成定在战国末年当是合理的。[①]

初看起来，认为帛书与《玄宫图》之间五行说始露萌芽的观点，与力陈《洪范》、西周时期已有五行观念的看法，实在是相距甚远。但只要不忘前述阴阳、五行原本各自单行的要点，则不仅对这一时间距离不会奇怪，而且更可资把握讲究顺应四时之序的阴阳家学与五行说融合的时代与方式。要之，阴阳家学原本以循环观念为主，而当阴阳对立的属性观念逐渐受到重视后，其循环的思想反不太受人重视，或被研究者所忽略；五行学说原本注重的是“性”、“类”观念，但在“循环”这一基本思维方式的影响下，反而以相生、相克的循环模式为用，成为这一理论体系的突出特点。

在为数可怜的先秦医学史料遗存中，很难找到医家如何利用五行学说言说医理、病理的证据。但《管子·四时》中已能见到阴阳五行、天人一体化的类比：

> 东方……春……风，风生木与骨。
> 南方……夏……阳，阳生火与气。
> 中央……辅四时……风，节土益力。
> 西方……秋……阴，阴生金与甲。
> 北方……冬……寒，寒生水与血。

这些涉及人体的理论，显然不必采自医家言论。这也就是中国传统文化“天人合一”这一基本特征的具体表现形式之一。因而很难分清许多在今天看来纯属生理、病理性解释的医学知识，或理论，在古代究竟是由思想家首先提出，还是产生于医学理论内部。又如声、色、味，这些作用于人体感官的“外物”，并非只有医家才去考虑其对于人体的生理作用。在古代，对于声、色、味的辨识能力被视为智慧的表现，故聪明一词的本意乃是指耳目之官能，而官能是思想家往往要加以考虑的问题[②] 从史料遗存的先后顺序看，首先关注这些问题，以及将人体器官、官能、情志等依五行加以类分的，显然不是以某些治疗经验为基点的一般医家，而是思想家。这也就是说，医学理论体系的逐渐形成，特别是在五行化这一问题上，乃是在广泛吸收这些要素的基础上，逐渐发展起来的。

在《周礼·天官冢宰·医师》中，有视五气、五声、五色、九窍、九脏之变的记载。说明先秦时期的医学理论中确已包含了五行学说的内容。但详细的运用方法则只能通过今本《黄帝内经》看到。由于五行学说在西汉中期有许多发展，故很难分清今本《黄帝内经》中有五行学说有哪些属先秦旧论，哪些属汉代之说。从五行学说自身的发展规律而笼统地讲，依五行进行类比、划分的内容肯定形成较早[③]，而注意其相生、相克循环转变规律的论说应该较晚。

---

① 以上论述及表 3-1 均引自胡维佳《阴阳、五行、气观念的形成及其意义——先秦科学思想体系试探》，自然科学史研究，1993，(1)：16。

② 参见《庄子·骈拇》。

③ 例如在《周礼》中已有酸养骨、苦养气、辛养筋、咸养脉、甘养肉、滑养窍的记载。

第三节 养 生 学

养生学是研究保养身体以使人类健康长寿的一门学科。虽然在先秦时期尚未形成系统的养生学理论，但一些基本的养生方法均已产生。

一 养生的概念

“养生”一词原本并不是一个具有特定含义的医学专用术语。如常言“养生、送死”，不过是指事养父母。而特别需要弄清与注意的是：“养生”开始作为一个概念性术语使用时，其本义乃是政治性的。在先秦儒、道论说中，言“养生”，犹如言“治生”——治人、治世。

以从俗为善，以货财为宝，以养生为己至道，是民德也（《荀子·儒效》）。

又因先秦道家经典之作《庄子》中屡言“养生”，致使后世形成溯养生学之源于老庄之学的看法①。但先后三次出现在《庄子》之中的“养生”一词，基本上都不具备后世使用这一语词时所要表达的概念定义——保养身体、促进健康长寿。

首先，在内篇《养生主》中，以“吾生也有涯，而知也无涯。以有涯随无涯，殆已”的问题，引出一段“庖丁解牛”的故事。文惠君在听完庖丁讲解何以“臣之刀十九年矣，所解数千牛矣，而刀刃若新发于硎”的道理后说：“吾闻庖丁之言，得养生焉。”意即领悟到如何才能轻松自如地治理天下，而不必像尧舜那样“股无胈，胫无毛，以养天下之形，愁其五藏以为仁义，矜其血气以规法度”②。

其次，在外篇《达生》中再次提到“养生”的问题：“善养生者，若牧羊然，视其后者而鞭之。”这里，“养生”几乎可以看作是“驭民”的同义词。其下以单豹（养其内而虎食其外）和张毅（养其外而病攻其内）二人皆死的故事来说明治世者不可偏执一端的道理：“此二子者，皆不鞭其后者也。”

最后，在杂篇《让王》中亦涉及到“养生”二字：“道之真以治身，其绪余以为国家，其土苴以治天下。由此观之，帝王之功，圣人之余事也，非所以完身养生也。今世俗之君子，多危身弃生以殉物，岂不悲哉！”道家虽然主张“保身”，但这一概念并不等于追求长寿。《庄子·让王》中以舜让天下于子州支伯，而子州支伯却以“予适有幽忧之病，方且治之，未暇治天下也”却之，和子华子以“两臂重于天下”劝昭僖侯莫争邻国之地等事例来说明“此有道者之所以异乎俗者也”；“能尊生者，虽贵富不以养伤身，虽贫贱不以利累形”；不可“见利轻亡其身”的价值观念。

若参之以《韩非子·显学》中有关“身”与“寿”的议论，则更能清楚地看到这两个概念的差别：

今或谓人曰：使子必智而寿，则世必以为狂。夫智，性也；寿，命也。性命者，非所学于人也。而以人之所不能为说人，此世之所以谓之为狂也。

---

① 如侯外庐《中国思想通史》（人民出版社，1957年，第一卷，第347页）论杨朱后学受道家影响时说：“由贵生而取养生之道，几近于庄子之徒。”

② 《庄子·外篇·在宥》。

今有人于此，义不入危城，不处军旅，不以天下大利易其胫一毛，世主必从而礼之，以为轻物重生之士也。今上尊贵轻物重生之士，而索民之出死而重殉上事，不可得也。

因此无论是道家的“保身”，还是杨朱的“贵身”，原本均是有关人生价值观的阐发。虽然表达了生命重于名利的思想，但仍然没有后世所用“养生”一词的固有定义。如果能够注意到在《庄子》一书中，对于与肉体寿限有关之事，多以“养形”名之，则不难体会“养生”的“生”字，主要是指民众、指人类的社会秩序；即便是指生命形体而言时，所要强调的也是价值观念，而不是对于长寿的追求。

一般认为道家思想的特征之一，是幻想通过各种养生修炼而臻于长寿不死，“因而开创了中医的养生学”①；或从考察养生学源流的角度言：“寿命的无限延长说，即源自哲学特别是老庄学说。”② 著名的中国科学史家李经瑟在论述道家思想的内涵及其文化意义时强调指出：“道家思想乃是中国科学和技术的根本”，研究道家思想体系“对于了解全部中国科学技术是极其重要的”。但他也同样认为：“道家思想从一开始就迷恋于这样一个观念，即认为达到长生不老是可能的”；“道家迷恋于肌肉坚实、肤色丰美的青春，他们相信可以找到能够用以遏止衰老过程或返老还童的技术”③。如此，李约瑟乃至许多医学史家均自然而然地将追求不死成仙的思想和服食、导引、房中、行气等各种具体养方法的起源归之于道家和道家思想体系。

然而如果认真考察一下先秦道家对于“寿命生死”问题的看法，就不难发现相信或追求长生不死并非道家宗旨。《老子》中说；“飘风不终朝，骤雨不终日”；“天地尚不能久，而况于人乎？”成书于其后的《庄子》对于生死乃自然规律这一点，更有明确的说明，例如：

终其天年而不中道夭者，是知之盛也。……死生，命也（《庄子·内篇·大宗师》）。

生之来不能却，其去不能止（《庄子·外篇·达生》）。

在《庄子》借寓言、故事阐发思想的表现形式中，虽然提到寿限“上及有虞，下及五伯”的彭祖④；在南伯子葵与女偊的对话中有“子之年长矣，而色若孺子，何也？”1) 肩吾闻于接舆言：“藐姑射之山，有神人居焉，肌肤若冰雪，淖约若处子”⑤ 等等，但只有采用断章取义的方式才能将这些描述作为道家追求长生不死的证据。因为道家引用这些故事传闻，目的在于说明凡事不可刻意追求：“悲夫！世之人以为养形足以存生；而养形果不足以存生，则世奚足为哉！”⑥ “彭祖乃今以久特闻，众人匹之，不亦悲乎？”⑦

另外，在一段以封人与尧之名写成的对话中，更加明确地表达了道家“不知说（悦）生，不知恶死”，方为“真人”⑧ 的思想：

封人曰：“寿、富、多男子，人之所欲也。女独不欲，何邪？”尧曰：“多男子则

---

① 车离，中医的发展与哲学思想，载《中国医学百科全书·医学史卷》，上海科技出版社，1987年，第33页。
② 孔令诩，养生，载《中国大百科全书·中国传统医学卷》，中国大百科全书出版社，1992年，第558页。
③ 李约瑟，中国科学技术史，科学出版社。上海古籍出版社，1990年中译本，第2卷，第145，35，154～155页。
④ 《庄子·内篇·大宗师》。
⑤ 《庄子·内篇·逍遥游》。
⑥ 《庄子·外篇·达生》。
⑦ 《庄子·内篇·逍遥游》。
⑧ 《庄子·内篇·大宗师》。

多惧，富则多事，寿则多辱。是三者，非所以养德也，故辞”（《庄子·外篇·天地》）。

诸如此类的言词，还有许多，但均说明了一个事实，即先秦道家作为一种富含哲学内容的思想体系，不仅原本并不存在追求长生不老、得道成仙的思想，而且是相互对立的。道家有关养形不足以存生的见解，或“方生方死，方死方生”① 等有关生命运动规律的阐说，要在借助“死生”这一最能反映自然规律无法抗拒的事实，去说明自然规律本身和“道法自然”的思想宗旨。

那么，当依照后世所言“养生学”之固有定义去考察其渊源时，情况又是如何呢？实际上，这一概念所能包容的事情仍是广泛的。例如早期人类为改善生活状况而创造的衣、食、住文明，无疑均有保健延年的“养生”意义；又如全部医药学知识体系亦可说是以“健康”二字为基本目标，故汉代名医张仲景有“怪当今居世之士，曾不留神医药，精究方术，上以疗君亲之疾，下以救贫贱之厄，中以保身长全，以养其生”② 的感慨。广而言之，社会治理、抚老慈幼、清静安民等为政之策中同样含有能够普遍改善民众健康水平的成分。

因此，作为医学构成之一面的“养生学”，主要是指在未发生疾病时，有目的地采用一些特殊的方法手段，以其达到增进健康、延年益寿之效果的知识范畴。在这个知识体系中包含有形体保养与精神修养两大方面的内容，由分到合，方始形成了完整的“养生学”。

二 养形之术

正如前引《庄子·外篇·天地》中所言：“寿、富、多男子，人之所欲也。”对于死亡的恐惧和长寿的希求，乃是人类本能的一种表现，而当人们力图通过某些手段与方法去有目的地实现这一愿望时，就出现了所谓养生之术。如同文化与文明的任何其他表现形式一样，养生之术也是人类智慧的产物，是构成文化与文明的组成部分。从这一角度出发，则不必也不可能深究养生之术究竟起源于何时，而且十分容易地即可意识到养生思想与行为的产生该是多么自然，完全不需依赖任何思想体系或睿智哲人的启发。

追求长生久视的方法虽然与道家没有直接的启承关系，但通过道家的论说却可知道这些方法如何客观地存在于该时期的社会之中。《庄子·外篇·刻意》称：“吹呴呼吸，吐故纳新，熊经鸟申，为寿而已矣；此道引之士，养形之人，彭祖寿考者之所好也。”这段话足以说明两个问题：首先，庄子将其与“山谷之士、非世之人”，“平世之士、教诲之人”、“朝廷之士、尊主强国之人”，“江海之士、避世之人”等四者相提并论，皆属“刻意尚行”的无道之士，是不为道家所提倡的。只有达到“不刻意而高”、“不道引而寿”——顺乎自然的境界，才是“天地之道，圣人之德”。这就十分清楚地表明先秦道家对养形之术的态度如何了。

其次，这段话足以说明习练养形之术的“道引之士，养形之人”已是当时社会的客观存在，是追求“寿考”者的行为。就养生之术的具体方法而言，“吹呴呼吸，吐故纳新”是行气之法；“熊经鸟申”是导引之术。另外在内篇《逍遥游》中还提到有“不食五谷，吸风饮露”的神人，可见辟谷之术在当时已有流传。

---

① 《庄子·内篇·齐物论》。

② 引自宋·成无已《注解伤寒论》，商务印书馆，1955年排印版，第7页。

天津历史博物馆藏有一件属战国时期的“玉佩”。器身作十二面圆柱体，高5.3厘米，径3.5厘米。每面刻三字，并有重文符合八个，共45字。其铭文为（见插页图“行气玉佩铭”）

行气，实则適，適则神，神则下，下则定，定则固，固则明，明则长，长则退，退则天，天其沓在上，地其沓在下，巡则生，逆则死。”[①]

毛良依郭沫若对铭文的解释，稍加修改，将铭文解释如下：

行气。吸气深则多其量，使它往下伸，往下伸则定而固；然后呼气，如草木之萌芽，往上长，与深入时经路相反而退进，退则气腾于天。在上之天几（气）朝下降，在下之地几（气）朝上升。顺比行气则生，逆之则死[②]。

这件文物是研究先秦养生之术的唯一原始资料。尽管研究者对铭文的具体解释稍有出入，但均认为其内容是描述呼吸行气的过程。除这件文物外，则只能利用马王堆汉墓出土的医学著作，其中对行气、导引、辟谷、接阴等方法均有较详细的记载。但因严格地讲，在利用这批汉墓资料时既要考虑到其内容的成立年代上限无法确定，故肯定与先秦文化具有密切的传承关系，但也要考虑到其墓葬年代为公元前168年这一事实决定了这些材料不可能不包含西汉前期的文化，所以应该放在后面再详加说明。然而即便如此，在有关“养生”的种种方法中仍然看不到任何精神修养的内容。道家名其为“养形之士”，确实是恰如其分地把握住了这些养生方法的实质。其理论核心是以取外界之物质充实自身为着眼点，因而只能说这时的养生学尚处于以“命”为主体的初级阶段。那么，一种包含“性”（精神）、“命”（肉体）双修两方面旨趣、高层次的养生学又是从何处汲取到所需要的“养性”要素的呢？”

三　养性之论

“宋尹学派”的存在，对考察与理解先秦道家学术思想的演变，是十分重要的。所谓“宋尹学派”，乃战国道家学派的一支，代表人物为齐国稷下学宫的两位学者——宋钘、尹文。由于稷下学宫为各派学士济于一堂、“讲集议论”之所，久而久之，自然会互相影响，冲淡各自的固有特点，出现兼收并蓄与折衷的倾向。所以宋尹学派虽以“道”为主干，但其学术思想实杂糅儒、墨，趋于名、法。以本体化的道、精、气、神等概念解释天地万物和精神活动是这一学派的特点之一。例如：

夫道者，所以充形也（《管子·内业》）。

气者，身之充也（《管子·心术下》）。

因而对于他们所说的“虚而无形谓之道”[③]，必须注意从“虚而无形”乃是“没有固定形状”的角度去理解。对于心理、思维这类生命现象中的复杂表现形式，他们以“精气”说来加以解释：“人之生也，天出其精，地出其形。合此以为人，和乃生，不和不生。”[④] 而本体化的“心”，乃是这种禀受于天之“精”的寓存之所——“精舍”[2)]。所以“心”的重要也就不言而喻了：“心之在体，君之位也。九窍之有职，官之分也。”[⑤] 循此而进，则是“修心”的作用与重要：

---

① 图与铭文均引自李经纬主编《中国古代医史图录》，人民卫生出版社，1992年，第12页。

② 毛良，《行气玉佩铭》及其释文的讨论，中华医史杂志，1982，(2)：121。

③ 《管子·心术上》。

④ 《管子·内业》。

⑤ 《管子·心术上》。

> 定心在中，耳目聪明，四枝坚固，可以为精舍（《管子·内业》）。
>
> 修心静音，道乃可得（同上）。
>
> 我心治，官乃治；我心安，官乃安（同上）。
>
> 四体既正，血气既静，一意抟心，耳目不淫，虽远若近。思索生知，慢易生忧，暴怒生怨，忧郁生病，疾困乃死。思之而不舍，内困外薄，不蚤为图，生将巽舍（同上）。

宋尹学派的立论主旨是以道、精气、心的本体化为基础的，即只有“虚”才能够得“道”；要虚，就必须去“欲”、去“知”；“动则失位，静乃自得”[①]。以此实现道之本体的自我存养。

然而在宋尹后学手中，“得道”的含认则被解释成“爱身”、“命乃长久”，并将此称之为“养生”：

> 故曰欲爱吾身，先知吾情。君亲六合，以考内身。以此知象，乃知行情。既知行情，乃知养生……无迁无衍，命乃长久。……形性相葆，一以无二，是谓知道（《管子·白心》）。

强调此乃宋尹后学之语的目的，在于不明此则无从窥见道家学术思想如何一步步地发生着不易察觉的内在变化。若将此处所言“养生”与《庄子》中喻以“庖丁解牛”、“牧羊者鞭其后”之例的“养生”视若一等，则深自误矣。

其后，荀子批判地吸收了宋尹学派的许多观点，提出“形具而神生，好恶喜怒哀乐臧（藏）焉，夫是之谓天情”[②] 的“形神观”，对于形成讲究性、命双修之养生学的理论，以及对“养形”之意义与目的的理解，无疑是有积极影响的。而在庄子后学笔下，不仅直接记载了宋钘、尹文之学[③]，而且亦可见到引用以“静”修身存形的故事，并称此为“至道”：

> 无视无听，抱神以静，形将自正。必静必清，无劳女形，无摇女精，乃可以长生。目无所见，耳无所闻，心无所知，女神将守形，形乃长生。……故我修身千二百岁矣，吾形未常衰（《庄子·外篇·在宥》）

因此可以说先秦道家是在较晚时期才构造起讲究形神关系、追求长生的理论学说。这种学说是原本独立于道家思想体系之外的“养形”之术向性命双修发展的理论基础。

另外，道家“保身”的价值观念与杨朱学派“贵生”的主张颇为相近。侯外庐在论说“二派思想在相互影响之下，其后学便电离而合”之关系时说，庄子“后学则稍取为我之旨，几近乎杨朱之徒”。并指出“《庄子》外、杂篇（特别是《让王篇》）均以赞赏态度记载他们言行”[④]。说明道家讲“保身”与吸收杨朱学派的思想有关。较之于《老子》、《庄子·内篇》所倡道法自然、无为而治等思想宗旨，这已经可以看做是道家自身学术思想发展演变的一种表现。然而更值得注意的是，这种与墨家功利、儒家伦理相对立的价值观进一步演变出主张通过去除嗜欲，追求“长生”的味道：

> 肥肉厚酒，务以自强，命之曰烂肠之食；靡曼皓齿，郑、卫之音，务以自乐，命之曰伐性之斧（《吕氏春秋·本生》）。

---

① 《管子·心术上》。

② 《荀子·天论》。

③ 《庄子·杂篇·天下》。

④ 侯外庐，中国思想通史，人民出版社，1957年，第1卷，第347～348页。

焯热则理塞，理塞则气不达，味众珍则胃充，胃充则中大鞔，中大鞔而气不达，以此长生，可得乎？（《吕氏春秋·重己》）

俗主亏情，故每动为亡败。耳不可赡，目不可厌，口不可满，身尽府种，筋骨沉滞，血脉壅塞，九窍寥寥，曲失其宜，虽有彭祖，犹不能为也（《吕氏春秋·情欲》）。

一般认为上引《吕氏春秋》诸篇内容系出自杨朱后学之手，反映了“杨朱后学由贵生而取养生之道，几近于庄子之徒”① 的特点。然而根据前面的辨析，可知《庄子》所言“养生”并非长生久视之义。所以不如将此看做是“贵身轻物”之价值观与道家彻底否定“欲”的主张相结合，而转向“治身”之道发展。所以“贵生”才变成了“长生”；不再是拿“物”或“天下”来和人身相比，论其轻重，而是与以长寿著名的养形之士“彭祖”相比。

由于形神关系、道德修养、适欲或节欲等涉及“养性”的问题，在先秦诸子、不同思想流派中均有所表现，因而有人认为：“无论是属于道家的老、庄，儒家的孔、荀，还是法家的韩非，他们在养精神，护形体，节嗜欲，和情志，调饮食等方面的观点，则是基本一致的。……总之，这些学说，对祖国医学养生学基础的奠定起有重要的作用。”②

第四节　著名医家

先秦医家之生平，除司马迁《史记》曾为扁鹊立传而使后人对其事迹有较多了解外，均无个人传记流传。因此只能通过一些零散的史料，略知几位医家之姓名与治疗技艺的特点。

一　俞　跗

《鹖冠子·世贤》载赵悼襄王（前244～前236年在位）与庞煖论政，“庞煖曰：王独不闻俞跗之为医乎？已成必治，鬼神避之。楚王临朝，为随兵故，若尧之任人也，不用亲戚，而必使能；其治病也，不任所爱，必使旧医。楚王闻傅暮𪐁③ 在身，必待俞跗”。据孔健民考证，楚对随用兵，始于楚武王三十五年（前706），终于楚武王之死（前690），故此文所称楚王，即楚武王。俞跗为其时的著名医官，深得楚武王之信任，有病必待他去医治④。

司马迁《史记·扁鹊传》和刘向《说苑·辨物》引扁鹊与中庶子对话，均见中庶子称述俞跗医技高超的内容。所不同在于《说苑》引语中以行咒术的苗父为上古名医之代表，而以俞跗为中古名医的代表；《史记》所引则为“臣闻上古之时，医有俞跗”云云。孔健民认为：“自《史记》偶有脱话，后世述史者以讹传讹，加以附会，无意或有意地弄错了俞跗的时代，是应当校正的。”⑤依《鹖冠子》之述，俞跗作为春秋时代的一名官医，列于“中古时代”显然是合理的。亦可说明俞跗之人的存在，并非出自上古传闻。《说苑·辨物》对俞跗之医技的引述是：

---

① 侯外庐，中国思想通史，人民出版社，1957年，第1卷，第347～348页。

② 参见严世芸主编《中医学术史》，上海中医学院出版社，1989年，第44～45页。

③ 宋·陆佃解《鹖冠子》：“𪐁，盖病也。”引自浙江人民出版社影印版百子全书，第5册，1984年。

④，⑤孔健民，中国医学史纲，人民卫生出版社，1988年，第26页。

搦脑髓，束肓莫，炊灼九窍，而定经络，死人复为生人。

《史记·扁鹊传》引中庶子之语的描述为：

医有俞跗，治病不以汤液醴丽，鑱石挢引，案扤毒熨，一拨见病之应，因五脏之输，乃割皮解肌，诀脉结筋，搦髓脑，揲荒爪幕，湔浣肠胃，漱涤五脏，练精易形。

两者文字虽不相同，但均反映其治疗技术，似乎是高超的外科手术专家，一些医史论著亦大多是从这一角度加以评说。然而这无论如何是难于做到的。因此，下述观点是不容忽视的：

俞跗之治病似非指外科手术。分析“炼精易形”等语，当为先设木偶，然后察病者所患，对木偶“施术”或祷告。待考①。

然“施术”——复杂的外科手术的对象未必一定是木偶，很可能是真有脑髓五脏的动物替身。这种方式在以外科神技闻名的三国名医华佗医案中仍有表现②。

二 医缓与医和

医缓、医和皆属春秋时期秦国的医官。因缓、和二字音义相近，故古代亦有疑其为一人之说③。

医缓之事，见于《左传 ·成公十年》：

公（晋景公）疾病，求医于秦，秦伯使医缓为之。未至，公梦疾为二竖子，曰：“彼良医也，惧伤我焉，逃之。”其一曰：“居肓之上、膏之下，若我何?”医至，曰：“疾不可为也，在肓之上、膏之下，攻之不可，达之不及，药不至焉，不可为也。”公曰：“良医也。”厚为之礼而归之。

“成公十年”为公元前581年。过了40年，晋国君主有疾，又求医于秦。此次受秦景公之命出使晋国的医官是医和：

晋侯求医于秦，秦伯使医和视之。曰：“疾不可为也。是谓近女室，疾如蛊。非鬼非食，惑以丧志。良臣将死，天命不祐”（《左传 ·昭公元年》)。

其后因晋国君臣之间，医和对疾病原因做了一些解释，指出“近女室”要有节制，即所谓四时阴阳、五声、五色“过则为灾”之说。

值得注意的是，晋景公在求医于秦之前，曾有先“召桑田巫”之事；晋平公之疾亦是先经本国卜人诊视，以为是“实沈、台骀为祟”，此后才求医于秦。比较而言，秦、晋两国当时医学发展的差距就显露出来了。此后秦国又有名“竘”之良医，他曾“为宣王割痤，为惠王疗痔，皆愈。张子之背肿，命竘治之”，亦愈④。“秦医”，往往被作为良医的代称：“弱子有疾，

---

① 李云主编，中医人名辞典，国际文化出版公司，1988年，第652页。

② 《三国志·魏书·华佗传》(卷二十九，第803页）注引《华佗别传》所载医案中有：“女年几二十，左脚膝里上有疮，痒而不痛。疮愈数十日复发，如此七八年，迎佗使视，……因取大刀断大腹近后脚之前，以所断之处向疮口，令去二三寸。”然后由疮口处取出“一蛇”等。日本学者山田庆儿敏锐地指出这种治疗方法属模仿巫术。详见山田庆儿所著《夜鸣人鸟》，岩波书店，1990年，第270页。

③ 刘伯骥《中国医学史》(台湾华冈出版部，1974年，第33页）云：“《通志》列传云：‘或曰缓即和也，恐音讹耳’，大抵为臆测之词也。”

④ 《尸子》卷下，浙江人民出版社影印版百子全书，第3册，1984年。

慈母之见秦医也，不争礼貌”[①]；“巫咸虽善祝，不能自祓也；秦医虽善除，不能自弹也”[②]。

三　扁鹊与秦越人

应该说：扁鹊与秦越人是我国先秦时期的两位著名医家。扁鹊，是春秋时代的一位官医；秦越人，乃战国时期的一位民间医。汉司马迁撰《史记》时，采撷诸说为扁鹊立传，合二人之事为一谈而未加区别；又径言“扁鹊姓秦，名越人”。后世宗之，多以为扁鹊即秦越人。如此便留下了一个扁鹊活动于春秋至战国、长达数百年的难解之疑，成为医史研究中的一大问题。

（一）生平事迹

司马迁《扁鹊传》的生平记述，大致如下：[③]

扁鹊姓秦，名越人。勃海郡郑[④]人。少年时“为人舍长”，舍客中有位隐士名叫长桑君，颇得扁鹊之敬重，“出入十余年”，乃将自己的医疗技能传授给了扁鹊：

> 呼扁鹊私坐，闲与语曰：“我有禁方，年老，欲传与公，公毋泄。”乃出其怀中药予扁鹊：“饮是以上池之水，三十日当知物矣。”乃悉取其禁方书尽与扁鹊。……扁鹊以其言饮药三十日，视见垣一方人。以此视病，尽见五脏症结，特以诊脉为名耳。

从此扁鹊即开始在各地行医治病。其中的典型事案，《史记》录有三则。其一，诊赵简子疾。晋国大夫赵简子专国事，忽疾不识人。大夫皆惧，召扁鹊入视病，诊断为：“血脉治也。……不出三日必闲。”二日半后，简子寤。众人以扁鹊之语告简子，赐田四万亩。

其二，诊虢太子“尸厥”。扁鹊过虢，闻太子死，即问中庶子喜方药者，得知太子死尚不到半日。扁鹊认为太子并非真死，便主动要求为其治病。众人皆讥笑之，但扁鹊却说：“子以吾言为不诚，试入诊太子，当闻其耳鸣而鼻张，循其两股以至于阴，当尚温也。”中庶子大惊，方请扁鹊入诊太子。“扁鹊乃使弟子子阳厉针砥石，以取外三阳五会。有间，太子苏。乃使子豹为五分之熨，以八减之齐和煮之，以更熨两胁下。太子起坐。更适阴阳，但服汤二旬而复故”。

其三，望齐侯之色。扁鹊过齐，受到齐桓侯的召见。他见齐桓侯面色不好就说：“君有疾在腠理，不治将深。”桓侯认为这是“医之好利也，欲以不疾者为功”。五日后，扁鹊复见，曰：“君有疾在血脉，不治恐深”，仍不以为然。五日后扁鹊又对桓侯说：“君有疾在肠胃间，不治将深。”桓侯厌烦而不悦。过了几天，扁鹊再次见到桓侯时避而退走，桓侯使人问其故，扁鹊曰：“疾之居腠理也，汤熨之所及也；在血脉，针石之所及也；其在肠胃，酒醪之所及也；其在骨髓，虽司命无奈之何。今在骨髓，臣是以无请也。”不久，桓侯果病发，不治而死。

扁鹊游历各地，“随俗为度”。在邯郸时，闻当地以妇人为贵，即为“带下医”（妇科）；过

---

① 《尸子·治天下》卷上，浙江人民出版社影印版百子全书，第3册，1984年。

② 《韩非子·说林下》卷八，浙江人民出版社影印版百子全书，第3册，1984年。

③ 《史记·扁鹊传》卷一百五，第2785～2794页。以下凡未注出处者，皆据此。

④ 《集解》引徐广曰：“郑当为鄚。鄚，县名，今属河间。”《索引》案：“勃海无郑县，当作鄚县，音莫，今属河间。”

洛阳，见当地敬爱老者，则以治“耳目痹”为主；后来到了咸阳，知道秦人最重小儿，便以治小儿病为主。扁鹊的名声与才能召来了秦太医令李醯的嫉妒，“使人刺杀之”，一代名医遂死于非命。

然而将这些史料及其他有关文献的记载稍加排列（表3-2），则不难发现扁鹊的生活时代长达数百年，显然存在着问题。根据这些资料，研究者仁智不同地产生了以下几种观点：

表3-2 史书中扁鹊活动的记载

文献	记事	年代
《韩非子·喻老》	诊蔡桓侯之疾（内容与《史记》“望齐侯之色”事同）	蔡桓侯卒于公元前695年
《史记·赵世家》《史记·扁鹊传》	诊赵简子疾	赵简子卒于公元前458年
《韩诗外传》《史记·扁鹊传》	诊虢太子尸厥	
《史记·扁鹊传》	望齐侯之色	田齐桓公在位于公元前375～前357年
《史记·扁鹊传》	来入咸阳	公元前350年，秦迁都于此
《战国策·秦二》	诊秦武王之疾	秦武王在位于公元前310～前307年

（1）认为扁鹊是公元前7世纪的人，即“春秋初期说”；

（2）认为扁鹊与赵简子同时，即“春秋末期说”；

（3）认为扁鹊与秦武王大抵同时，即“战国中期说”；

（4）认为周秦间良医都叫扁鹊，即“良医通称说”；

（5）认为上述记载均属“寓言”、“传闻”，并无实际人物存在，可以称之为“寓言说”；

（6）个别人认为扁鹊的医术来自印度，凡学西医（印度医学）者皆为扁鹊①。

对于以上这些说法，首先应该承认“春秋末期说”是言而有据的。因为扁鹊为赵简子诊病的史事首先是由当时赵家的史臣董安于记录下来的②，是确实可信的“赵家历史”。其后才被司马迁作为编写《扁鹊传》的素材，而且是作为扁鹊医疗活动中的第一件大事加以记述。

其次，则应该承认“战国中期说”的有理性。这一方面是由于《战国策》与《史记》的两条相关记载可以互证，古今学者大都相信“来入咸阳”之语乃是直采秦人记述而入传。另一方面，如将扁鹊的医学理论与春秋时期医缓、医和等人的言论相比较，则不难看出其间存在的明显差距（春秋之扁鹊诊赵简子疾时亦属有说而无治）；再者，扁鹊内、外经等多种医学著作的成立与流传，亦不可能发生在春秋之世，因而这些医学理论与著作均应视作战国时期的产物。

虽然“良医通称说”与“寓言说”均存在着极大的片面性，但也各有一定的合理内容。前者的可取成分在于，春秋的扁鹊与战国的扁鹊确实不可能为一人；后者的合理性则在于有关扁鹊的记载中确实有寓言。例如韩非子所记诊蔡桓侯之事中的医学理论水平已明显地超越了春秋早期的时代特征，应该说是战国人根据当时的医学理论或医家言论编造的。司马迁将其

① 详见李伯聪《扁鹊和扁鹊学派研究》，陕西科学技术出版社，1990年，第24～25页。

② 《史记·赵世家》卷四十三，第1787页。

加以修改后，置于诊赵简子疾之后，已十分清楚地表明司马迁对这条材料性质的看法。

回过头来再读司马迁的《扁鹊传》，即可寻到两个“扁鹊”的不同：

（1）“为医或在齐，或在赵，在赵者名扁鹊”（注意：不是“在赵时”）。这位在赵者，即是春秋时期为赵简子诊疾的扁鹊。根据《史记·赵世家》“大夫皆惧，医扁鹊视之”的原始记载看，“扁鹊”无疑即是此人之名，而其身份乃是服务于赵府之中的官医（或称医官），因而才能在赵简子有疾时马上应召入视。如果将这位扁鹊视为云游四方的“民间医生”，则如此及时的巧合，恐怕只能发生在虚构的故事中。那么，“在齐”者的姓名是什么呢？

（2）在“诊虢太子尸厥”一段中，扁鹊言：“臣齐勃海秦越人也，家在于郑”（《韩诗外传》作“扁鹊曰；‘入言郑医秦越人能活之。’”），从中至少可以窥见“为医或在齐，或在赵”中的“在齐”者，本名应该是秦越人。而以勃海无“郑”，臆改作“鄚”，看来是不妥的。

至于秦越人何以会被称之为“扁鹊”，实在不可详考。有人说周秦间凡称良医皆谓之扁鹊，未免武断，但在战国后期至东汉的许多论述中确实相当普遍地以“扁鹊”作为最高水平医家的代称[①]，因此，在扁鹊与秦越人之间亦有可能确实存在着衣钵的传承关系

秦越人之名出现在诊虢太子尸厥一事的记述中，但因东虢亡于西周末、西虢亡于公元前687年、北虢在公元前655年为晋献公所灭，战国时已无其国存在，故研究者对此又费尽苦心，提出了几种不同的见解[②]：

（1）信此为史实者，将其作为扁鹊为春秋初期人物说的论据；

（2）以为其事不当在春秋，而应是在战国者，提出了事件地点是在亡国而未绝祀之“虢”；

（3）改虢为“赵”，始自汉刘向《说苑·辨物》，近人亦有持此说者；

（4）认为是一个民间故事，而不是足资凭信的信史。

又有人认为：西虢东迁上阳（今河南陕县），为南虢。“当战国时，荥泽（东虢）、平陆（北虢）、宝鸡（西虢，东迁后留岐者曰小虢，为秦所灭）均已无虢，唯陕县的虢，历春秋战国，未闻灭之，自系与东周共始终。扁鹊去洛阳赴咸阳，行程必经陕县。《韩诗外传》与《史记》所记‘过虢’当好指此”[③]。但南北两虢相距甚近，北虢既亡，南虢是否得以独存，亦属疑问[④] 总之，这段史料的基本价值在于给出了战国扁鹊的姓名——秦越人，原本是齐或郑的一位民间医生；治疗过程的描述，反映出战国中期医学发展所达到的水平。这位后起之秀极有可能才是接受长桑君传授、率领弟子游历诸国行医治病、著书立说，最终在“来入咸阳”后被杀等《扁鹊传》中所记之事的真实“载体”。在医学发展史上，他的成就与贡献当然要大于春秋时期的扁鹊。

（二）著作流传

《史记·仓公传》载西汉名医淳于意曾于其师处受得“黄帝、扁鹊之脉书、五色诊病”。《汉书·艺文志》著录有《扁鹊内经》9卷、《扁鹊外经》12卷、《泰始黄帝扁鹊俞拊方》

---

① 李伯聪《扁鹊和扁鹊学派研究》（陕西科学技术出版社，1990年，第157～160页）所举之例多达20。

② 详见李伯聪《扁鹊和扁鹊学派研究》，陕西科学技术出版社，1990年，第52页。

③ 孔健民，中国医学史纲，人民卫生出版社，1988年，第42～43页。

④ 臧励龢等《中国古今地名大辞典》（商务印书馆香港分馆，1931年，第1197页）云南虢“春秋时灭于晋”。

23 卷，今并不传。

另外，成书于东汉的《难经》，旧题秦越人撰，但不可信。然该书中确实保存有扁鹊旧论，这一点可以通过与西晋王叔和《脉经》中保存的“扁鹊脉法”比照而知。王叔和撰《脉经》时说：“今撰集岐伯以来，逮于华佗，经论要诀，合为十卷”①，相信此话是符合客观事实的。以其卷三为例，论各部经脉时分别记有：“右新撰”、“右《四时经》”、“右《素问》、《针经》、张仲景”。而卷五的细目则为：

张仲景论脉第一
扁鹊阴阳脉法第二
扁鹊脉法第三
扁鹊华佗察声色要诀第四
扁鹊诊诸反逆死脉要诀第五

这就是说，王叔和著书时还能看到扁鹊的脉学著作，至少是可以从其他著作中区别出哪些文字是来源于扁鹊的。而根据《脉经》的记载，反求之于今本《黄帝内经》，发现扁鹊脉学的内容已收入其中。如果此说不成立，那么在王叔和著书时，是不可能将这些见于今本《黄帝内经》的文字剔出，而冠以扁鹊之名的。

《素问》、《灵枢》、《难经》采摘“扁鹊脉法”的痕迹表列于下（参见表 3-3）。称其为“痕迹”，是因为无法判断还有哪些其他内容是来源于扁鹊脉法。在这些“痕迹”中，最为典型的是《素问·大奇论》，全文见于《脉经》所载“扁鹊诊诸反逆死脉要诀第五”之中；而且《素问》这一篇自首至尾不见黄帝君臣问答字样，与全书体例明显有别。

表 3-3　扁鹊脉法之遗存

扁鹊脉法	今本《黄帝内经》	《难经》
少阳之脉、乍小乍大、乍长乍短…… 太阳之脉、洪大以长、其来浮于筋上…… 阳明之脉、浮大以短…… 少阴之脉紧细…… 太阴之脉紧细以长…… 厥阴之脉沉短以紧……	《素问·平人气象论》	《难经·七难》（删节号为各脉“王”相月、日。《素问》无，《难经》有）
病人面黄目青者不死，青如草滋死 病人面黄目赤者不死，赤如衃血死 病人面黄目白者不死，白如枯骨死 病人面黄目黑者不死，黑如炲死 病人面目俱等者，不死 病人面黑目青者，不死 病人面青目白者死 病人面黑目白者不死 病人面赤目青者六日死 ……	《素问·五脏生成》文字有出入	

① 晋·王叔和，《脉经·自序》，人民卫生出版社，1962 年。

续表

扁鹊脉法	今本《黄帝内经》	《难经》
青欲如苍璧之泽，不欲如蓝 赤欲如帛裹朱，不欲如赭 白欲如鹅羽，不欲如盐 黑欲如重漆，不欲如炭 黄欲如罗裹雄黄，不欲如黄土	《素问·脉要精微论》 《素问·平人气象论》	
肝病皮白肺之日庚辛死 心病目黑肾之日壬癸死 脾病唇青肝之日甲乙死 肺病颊赤目肿之心日丙丁死 肾病面肿唇黄脾之日戊己死	肝见庚辛死 心见壬癸死 脾见甲乙死 肺见丙丁死 肾见戊己死	
诊寒热瘰疬，目中有赤脉从上下至瞳子，见一脉一岁死，见一脉半，一岁半死，见二脉二岁死，见二脉半，二岁半死，见三脉，三岁死。	《灵枢·寒热篇》又见《灵枢·论疾诊尺篇》，均无“瘰疬”字	
经曰，病或有死，或有不治自愈，或有连年月而不已，其死生存亡，可切脉而知之耶？……病若大腹而泄，脉当细微而涩，反得紧大而滑者死		《难经·十七难》（十七难全文即此段）
人病脉不病者生，脉病人不病者死 肝满、肾满、肺满皆实，则为肿 心脉满大痫制筋挛 肝脉小急痫制筋挛 …… 心脉搏滑急为心疝 肺肺沉搏为肺疝 …… (共32条)	《素问·大奇论》(按：大奇论全篇672字全见于此)	《难经·廿五难》
人一呼而脉再动，气行三寸…… 脉三至者离经，…… 脉一损一乘者，人一呼而脉一动，……	《灵枢·五十营》(按：人一呼脉再动，气行三寸……水下百刻……一万三千五百息等即“五十营”全文，其他文字无)	《难经·一难》 《难经·十四难》(内容较《灵枢》多，基本概括了扁鹊脉法的内容，并有解释)

（三）学术思想

扁鹊对医学的贡献与学术成就，突出地表现在经脉学说与以脉学为核心的诊断技术上。诚如司马迁《扁鹊传》所称颂：“至今天下言脉者，由扁鹊也。”根据《脉经》所存扁鹊脉学的内容看，中医学基础理论的脉气循行概念、色脉诊病方法等应该是来源于扁鹊的。

1. 脉气循行

扁鹊曰：人一呼而脉再动，气行三寸；一吸而脉再动，气行三寸；呼吸定息，脉五动。一呼一吸为一息，气行六寸。……昼夜漏水下百刻，一刻百三十五息，百刻万三千五百息。二刻为一度，气行一周身，昼夜五十度。脉再动为一至，脉三至者离经……四至则夺精……五至者死。……脉一损一乘者，人一呼而脉一动，人一息而脉再动，气行三寸，……再损者，人一息而脉一动，……三损者人一息复一呼而脉一动，……四损者再息而脉一动……五损者，人再息复一呼而脉一动（《脉经·诊损至脉第五》卷四）。

归纳这段文字的要点是：

（1）人一呼或一吸，气行三寸；一昼夜行周身50度。

（2）概念标准：如一呼一吸为“一息”；脉动两次为“一至”，以此作为时间与脉率的单位。

（3）政党与异常脉率：即根据医生的平稳呼吸来计算病人的脉率。每次呼吸脉动5次为“平脉”；若增加至6，8，10次则标志着阳盛阴衰的不同程度；相应地，若每呼吸一次病人只有2，1，$\frac{2}{3}$，$\frac{1}{2}$，$\frac{2}{5}$次脉搏则标志着阴盛阳衰的若干阶段。

这段文字的基本精神被冠之以黄帝、岐伯问答，即成为《灵枢·五十营》全篇和《素问·平人气象论》第一段的主要内容。一息五动的“平脉”标准一直沿用至今，基本符合临床实际情况。

由于这段文字中给出了“一息脉行六寸”、“昼夜五十度”和一昼夜13500息等数据，所以很容易就可以计算出脉的每周长度。即：

总长度：0.6（尺）×13500＝810（丈）

每周长度：810（丈）÷50＝16.2（丈）

这两个数据不仅出现在《灵枢·五十营》中，紧接其后的《营气》篇，又具体地叙述了循行的路线，即沿着从“手太阴”到“足厥阴”的十二正经和督脉、任脉两条“奇经”运行，周而复始。紧接此篇之后，又有《脉度》一篇，给出了各条经脉的具体长度。各脉长度相加，正好是16.2丈。显而易见，各脉的长度不是依据测量，而是由推算产生。这些内容或为扁鹊脉学所原有，或是逐渐发展而成。

2. 五色诊病

根据患者皮肤、结膜等处颜色的变化诊断疾病，是望诊的重要组成部分。区分某种颜色属正常还是病态，十分重要。例如健康人黝黑的皮肤与肝肾病变的黑晦无光，虽然均是黑色，但却有根本的区别。表3-3中引有此类内容，如“黑欲如重漆，不欲如炭”等。

其次则是各种颜色在诊断上的意义，如“目赤者病在心，白在肺，黑在肾，黄在脾，青在肝。黄色不可名者病胸中”；“诊血脉者，多赤多热，多青多痛，多黑为久痹；多赤多黑多青皆见者，寒热身痛；面色微黄、齿垢黄、爪甲一上黄，黄疸也”等。

这些色病关系基本符合临床实际，有极大的实用性。但这种配合关系，又明显地表现出五行学说的味道。自然科学知识是否为五行学说的体系化提供了依据与帮助，这始终是耐人寻味的问题。

3. 决死生

病程转归、疾病预后的正确与否，自古以来就受到医家的重视。马王堆出土的帛书中有《阴阳脉死候》，专论此事；医缓、医和断言“疾不可为”而不施治疗，亦享名医之誉；淳于意、华佗的医案中均有知其生死，言之果验而为夸的验例数则。扁鹊脉学中有相当一部分内容属于“决生死”类，其中某些条文至今看来仍属危重病人。例如脑组织、血管病变时出现的肢体不自主运动（循衣摸床、掇空捻线等）；水肿病人“手掌肿无纹”、“脐肿反出”、“阴囊茎俱肿”，无疑均属病情危重的表现；“病人足趺肿，呕吐头重者死”，这可见之于肾病出现尿毒症时。

4. 经脉问题

经脉学说产生的特殊性，在第一章和本章第二节中均已言及。由于《扁鹊传》中称扁鹊能“视见垣一方人”，因此在学术刊物上已有人明言扁鹊是“具有特异功能的古代医生”①。在没有充分的实验科学证据以前，对此不宜轻下断语。然而尽管高度发达的现代科学已使“尽见五脏症结”变成了现实——X光透视、超声诊断与内窥镜等，但仍不能窥破经脉现象的本质。因此，经脉学说的产生很可能与此类特殊人物有着直接的联系。

许多地方均有扁鹊故里、扁鹊村、扁鹊墓，以及扁鹊采药、隐居处等遗迹②，一方面体现了历代医家对他的崇敬，另一方面则是因为扁鹊在人们心目中早已成为神医的偶像，期望能够得到他的庇护，免除疾患之苦。

四　文　挚

文挚是宋国的医生。《吕氏春秋·至忠》载“齐王疾痏，使人之宋迎文挚”。高诱注云：“齐王，湣王也”（公元前301～前284年在位），但唐人殷敬顺纂《列子释文》云：“文挚，六国时人，尝医齐威王（公元前356～前302年在位）。或云：春秋时宋国良医也，曾治齐文王。”③推测文挚的生活时代亦当在战国中期。其为齐王治病的过程是：

> 文挚至，视王之疾，谓太子曰：“王之疾必可已也。虽然，王之疾已，则必杀挚也。”太子曰：“何故？”文挚对曰：“非怒王则疾不可治，怒王则挚必死。”……与太子期，而将往不当者三，齐王固已怒矣。文挚至，不解屦登床，履王衣，问王之疾，王怒而不与言。文挚因出辞以重怒王，王叱而起，疾乃遂已。王大怒不说，将生烹文挚。……爨之三日三夜，颜色不变。文挚曰：“诚欲杀我，则胡不覆之，以绝阴阳之气。”王使覆之，文挚乃死（《吕氏春秋·至忠》卷十一）。

文挚为医的记载，还见于《列子·仲尼》。医史著作多引此作为精神疗法的滥觞。但其思维原理仍本于五行之说，即认为情志亦可分属五行，而利用其相生、相克之规律以达到制约的效果。烹之不死等固不可信，但“覆之，以绝阴阳之气”却反映了阴阳、气观念的生理学意义。

---

① 苏礼，扁鹊名实考略，中华医史杂志，1987，(1)：50。

② 详见丁鉴塘《扁鹊遗迹辑略》，中华医史杂志，1981，(4)：228。其中谈到“扁鹊故里”有三处：(1) 河北任邱鄚州扁鹊故里，(2) 河北南宫扁鹊村，(3) 河南南郑扁鹊城；“扁鹊墓”有9处，分布在河南汤阴、陕西临潼、河南开封、山东长清、山东鹊山等地。

③ 引自杨伯峻《列子集释》卷四，中华书局，1979年，第129页。

第二篇

秦汉两晋时期

第四章　秦与西汉的医学

第一节　医学著作与重要人物

一　马王堆出土医籍

1973年底，湖南长沙马王堆三号汉墓出土了大量帛书与竹木简，是我国近年文物考古工作中的重大收获。其中有很多古医书，整理小组依各书内容，分别定名为：

《足臂十一脉灸经》

《阴阳十一脉灸经》甲本

《脉法》

《阴阳脉死候》

《五十二病方》（以上5种合为一卷帛书）

《却谷食气》

《阴阳十一脉灸经》乙本

《导引图》（以上3种合为一卷帛书）

《养生方》

《杂疗方》

《胎产书》（以上3种合为一卷帛书）

以上11种，因两种《阴阳十一脉灸经》的文字基本相同，故实际为10种。此外，该墓出土的竹木简中，计有医书4种，分别定名为：

《十问》（竹简）

《合阴阳》（竹简）

《杂禁方》（木简）

《天下至道谈》（竹简）

写录《足臂十一脉灸经》等5种医学著作的帛书，字体近篆，（参见插页图）在马王堆帛书中属字体较早的一种，抄写年代大约在秦汉之际。《足臂十一脉灸经》与《阴阳十一脉灸经》的内容都是论述人体11条经脉的循行、主病与治则，与《灵枢·经脉》中论十二经脉的部分极多相同之处；但均只记述了11条经脉，缺少“手厥阴脉”；所述各脉循行方向与径路，以及所主病症，不仅比《灵枢·经脉》简略，甚至有相悖之处；经脉与脏腑间的联系、经脉间的相互联系尚属缺如。因此，公认这两种经脉著作不仅著作年代肯定要早于《灵枢·经脉》，而且可以看作是《灵枢·经脉》的祖本。

《脉法》概括地论述依据脉来诊断疾病的重要：“以脈法明教下，脈亦聽（圣）人之所贵殹（也）”；“脈之玄，书而熟学之。季子忠谨，学□□□□见于为人□□□□□□□言不可不察殴”。并提到了灸法与砭石的具体应用法则，从中可以清楚地看到：灸法与经脉学说紧密相关；而砭石的用法主要是割痈排脓，故有“瘫腫有脓，则称其大小而□□之”，以及大小浅深不当之害等说。

《阴阳脉死候》可以看作是古代的诊断学著作。要点是具有阴阳、五行理论的色彩：“凡三阳，天气殴，其病唯折骨裂肤一死。凡三阴，地气殴，死脈殴，□病而乱，则过十日而死。三阴貿脏烂肠而主杀，□□五死：唇反人盈，则肉〔先死〕；□□□□，〔则〕骨先死；面黑，目環视袤，则气先死；汗出如丝，傅而不流，则血先死；舌陷橐卷，〔则筋〕先死”。

《五十二病方》是我国现已发现的最古医方。书首有目录，正文每种疾病前亦有标题，共计52题。每种疾病题下分别记载各种方剂或其他疗法，少则一二，多则二三十不等。疾病种类包括内科、外科、妇产科、儿科、五官科等，但以外科病名为多。治疗方法主要是用药物，兼及各种外治方法与咒术。书中药名多达240余种，许多不见于现存古本草学著作。

录绘《却谷食气》和《导引图》的一卷帛书，据字体考察，当为汉代早期的写本。《却谷食气》讲“辟谷”与“食气”之法，是目前所能见到有关所谓“气功”的最早文献之一。而《导引图》则为现存时代最早的导引图谱。

《胎产书》专论有关胎产的宜忌，字体接近云梦睡虎地秦简，估计写成较早（参见图4-1）。

《杂禁方》与《养生方》、《杂疗方》的一部分，是咒禁方术，这当然也是古代医学构成中的一部分。

《养生方》、《杂疗方》的主体，以及《十问》、《合阴阳》、《天下至道谈》，属于后世称为“神仙”与“房中”类的著作。与传世的该类著作也有渊源关系①。

关于马王堆医书的著作年代，有人将其上溯到春秋战国之际，甚至更早。但据可靠的证据——墓葬年代为公元前168年，则只能断定其成书当在此以前，而没有判断其上限的充分证据。因出土帛书系抄本，故其撰著年代当然要向前推移，如果认为这批简帛医学著作的成立时代是在战国中后期是不过分的。马王堆出土医书的有趣之处，在于这些著作的总体恰恰涵括了西汉末年刘向、刘歆父子整理古籍所成之《七略》中“方技略”的全部内容，即医经、经方、房中、神仙四种。这种吻合，说明马王堆医书在西汉前、中期并非过时的古物遗存，因此只能将其视为先秦至西汉初期医学发展实际水平的客观表现。毫无疑问，马王堆医书对研究中国传统医学从经验医学向理论医学的过渡、早期经脉学说体系的建立、灸法与刺法的使用、药物治疗法的演变、养生学的发展等均有至关重要的价值，提供了最为宝贵的文献资料。一位研究中国科学史的外国学者说：“马王堆医书的发现真可以比喻为在漆黑房间的墙壁上突然打开了明亮的小窗户，直接射入的不过是一小束光，但当眼睛习惯后，就能逐渐看清屋内散乱的东西，并可以进行整理。同样，借助马王堆医书之光，可以一点一点地看清中医学的起源及其形成过程”②。

二　张家山汉简《脉书》与《引书》

继马王堆医书出土之后，1984年在湖北江陵张家山西汉前期墓葬中，又发现了题名《脉

① 以上参见马王堆汉墓帛书整理小组编《马王堆汉墓帛书》〔肆〕，文物出版社，1985年。

② 〔日〕山田庆儿，中医学的历史与理论。译文载吴之静主编《科学：中国与世界》，科学普及出版社，1992年，第113页。

书》与《引书》的两部古代医学著作。根据墓葬年代的推断，两部著作的抄写年代不会晚于西汉吕后二年（前186年）。但原作始于何时，尚无从查考。

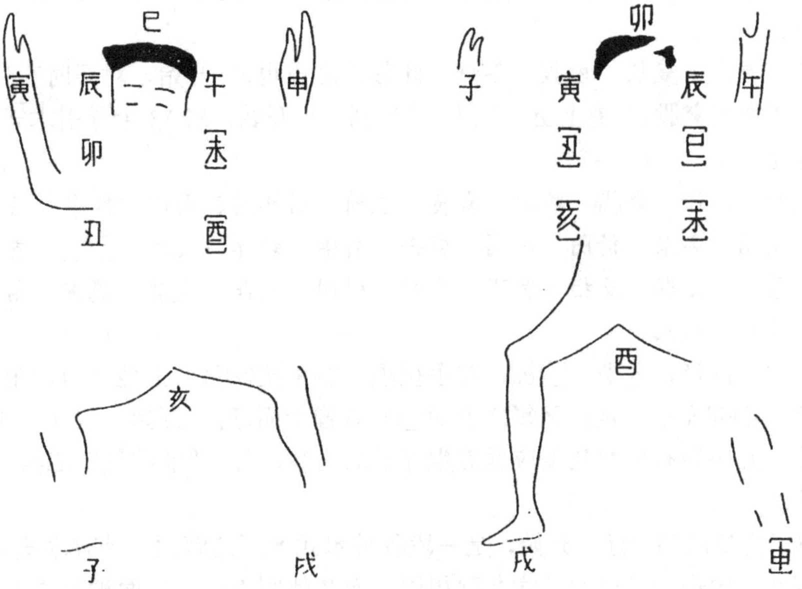

图4-1　《胎产书》图①

马王堆与张家山两处汉墓的墓葬年代相距不远，而两处出土的医学著作在内容上亦有许多相同之处。由此再次说明，这些医学著作的成立虽有可能追溯到先秦的某一时期，但其内容在西汉前期仍属被实际应用着的、流行于社会的医学知识。可以作为考察西汉前期医学发展水平的依据。

《脉书》共计65支简。首先叙述人体各种疾病的名称，约有60余种。排列顺序为从头至足，包括体表肌肤的疮痈、脏器功能的失常、五官乳房等器官的病症，及温、疟等以全身症状为主的疾患。例如②：

病在头，农为𩊠；疕为秃，养为鬠。在目，泣出为侵，脉蔽童子为脉浸。在目际，靡，为赧。

身、面、足、胻尽盈，为庐张。腹盈，身、面、足、胻尽肖，为水。身痛，面盈，为风。头身痛，汗不出而渴，为温。身寒热，渴，四节痛，为疟。

其后的内容基本上同于马王堆医书中的《阴阳十一脉灸经》、《脉法》、《阴阳脉死候》三种。帛书《脉法》残损严重，无法通读，而竹简《脉书》的保存情况则较好，基本上补足了帛书的

① 《胎产书》有二图，另一为埋胎衣的方位图。帛书整理小组对此图的说明是："本图在帛书右上部，原系彩绘，图右标题仅余末字残笔。同类的图见《睡虎地秦墓竹简》中的《日书》甲种，标题为《人字》，说明为：'人字，其日在首，富难胜殴（也），夹颈者贵，在奎者富，在掖者爱，在手者巧盗，在足下者贱，在外者奔亡。'是依胎儿产日预卜命运的迷信方法。简上相当本图右方人形的注为春夏所用，相当左方人形的注为秋冬所用。"

② 《脉书》的全文见江陵张家山汉简整理小组《江陵张家山汉简〈脉书〉释文》。载于《文物》，1989，(7)：72。

缺文。

《引书》原文抄写在113枚竹简上，书名题写于首简的背面。每一独立段落之首简上端都有墨书圆点，无小标题①。《引书》出土时，竹简的编线已经朽烂，失去原编连次序。整理时，依照简文文义，参考竹简出土时的位置，重新编连。根据整理后的顺序，《引书》大致由以下几部分构成：

（1）从“春产、夏长、秋收、冬藏，此彭祖之道也。”开始，对四时养生要点加以介绍。

（2）从“举胻交股，”更上更下三十，曰交股。”开始，对38个导引术式进行解说。这些术式的名称是：

交股 尺汙 佥指 埤埦 纍童 袭前 引阳筋、引肞 阳见 穷视 则比 凫沃 旋信 枭栗 折阴 回周 龍兴 引腜 蛇垔 大决 □□ 支落 受据 参倍 悬前 摇弘 反指 其下 虎引 引阴 引阳 复鹿 虎匽 甬莫 复车 鼻胃 度狼 武指

（3）自“引内瘅，危坐，□尻，左手抚项，右手抚左手，上扼（?），俯极，因徐纵而精昫（呴）之，端仰而已，定；又复之五而□左右皆十而已。”开始，记述了40余种疾患的导引治疗方法。其中杂有少数几条应属养生保健的内容，如：“益阴气”之法；“觉以涿齿，令人不龋”等。

（4）自“闭息以利交筋”开始，是一段各种术式效用的解说，计有术式名称24种。其中有6个与第2段中进行解说的术式名称相同，而其他则不同。这两种解说中，术式名称的差异如此明显，说明《引书》内容的构成，很可能是融汇不同的原始著作而成。

（5）从“人之所以得病者，必于暑湿风寒雨露，腠理启合、食饮不和，起居不能与寒暑相应，故得病焉。”开始，重又回到了与第一段内容相似的理论性解说。强调四时养生之道，阐明导引为“利身之道”。

《引书》所记术式名称与治病名目中，有几个与帛书《导引图》的题记相同，如折阴、熊经、引膝痛、引聋和引颓。《引书》记“折阴”的动作要点是：“前一足，错手，俯而反钩之。”《导引图》描绘为一足在前，一足在后，右手高举，左手下垂。相当于《引书》说的“前一足，错手”。《引书》载“引膝痛”之法是：“右膝痛，左手据权，内挥右足，千而已；左膝痛，右手据权，而力挥左足，千而已。左手勾左足指，后引之，十而已；右以左手据权，右手引右足指，十而已。”《导引图》的“引膝痛”图象作左手据腰，足后弯之状，两者可以相互发明。但《导引图》中的“引聋”之态“与《引书》所记的任何一个动作都不符”②，足见汉代的导引之术是沿多途径传承发展的。

三 阜阳汉简《万物》

1977年在安徽阜阳出土的汉简，初以《杂方》名之，后整理者取001号简文“□（天?）下之道不可不闻也，万物之本不可不察也，阴阳之化不可不知也”之意，定名为《万物》。

从现代自然科学分科的角度看，《万物》的内容大体上可以归为两类，一是物理、物性的

① 《引书》全文见张家山汉简整理组《张家山汉简〈引书〉释文》。载于《文物》，1990，（10）：82。

② 参见彭浩《张家山汉简〈引书〉初探》，《文物》，1990，（10）：90。

内容；一是医药卫生方面的内容，这是《万物》的主体。而所谓医药卫生内容，则主要是讲各种自然品物的治疗效用，与前述《山海经》对自然物产的药效记述有相似之处。依传统药物分类法，可以分为：

（1）玉石部：理石、黄土、圀土、盐、鼠壤。

（2）草部：石韦、石番、贝母、乌喙、茈蕿、莎根、乌韭、商陆、蒿、陈蒲、龙须、半夏、甾、兰、葵、药、艾叶、细辛、蘁叶、兰实、菟丝、甑带、芒草。

（3）木部：茱萸、蜀椒、梓根 梓荚、芫根。

（4）兽部：犀、鼫、彘膏、貑膏、貑膏、鼠脑 牛胆、彀中膏、羊、久膏、羖羊。

（5）禽部：宿鸟、雉鸟、燕矢、石鼠矢。

（6）虫鱼部：鱼、牡蛎、蚕卵、蜱蛸、蜜、蟆、土蝼、蜘蛛、龟、蚍蜉、鲍鱼。

（7）果部：腹爨、梅实、杏核、陵。

（8）米谷部：菽、醯、糟、黍。

（9）菜部：瓜实、藩偲、苦瓠、蓝。

另外还有一些待考的药名，如“莫盗”、“大发”等等。《万物》所记各种药物治疗的疾病，计有30余种，包括内科、外科、五官等各科疾患。[1] 其中“轻体以越山之云”、“蜘蛛令人疾行”、“事到高悬大镜”等，虽不属疾病治疗，但仍在“方技”范畴之中。其他少量讲物理、自然现象，养殖、捕获知识，以及讲某物在日常生活中致某用（如“兔白可以为裘”）的内容，亦均应归于“方术”、“方技”范畴。

《万物》出自汝阴侯夏侯灶之墓，其抄成时间在西汉初，而撰写时间或内容来源又自当向前追溯。研究者指出，《万物》中出现的“越”、“符离”等春秋时期才有的地名，似乎指示了此书的上限。而在其成书之后，在传抄中会添加某些内容或更改某些文句。以《山海经》中言自然品物之效用多称“使人……”，《淮南万毕术》与《神农本草经》则绝大多数用“令人……”句式，而在《万物》中两种句式各占一半为线索，推测《万物》成书当在《山海经》之后，《淮南万毕术》、《神农本草经》等书之前。并认为《万物》为后代的本草经成书的漫长道路上的原始形态[2]。

四 淳于意及其“诊籍”

淳于意，齐临菑（山东临淄）人，曾任齐“太仓长”之职，故人称“太仓公”或“仓公”。生于公元前3世纪初，卒年不详。关于淳于意的具体生年，有公元前215年或205年两种意见。所据史料均是《史记·仓公传》[3] 中所载淳于意回答圣上垂问“皆安受学？受学几何岁？”等问题时的自述，即“至高后八年（前180），得见师临菑元里公乘阳庆……今庆已死十年所，臣意年尽三年，年三十九岁也”。以为此段文意是“从学三年阳庆去世，庆死十年之时，淳于意年在三十九岁”者，则推算淳于意生于公元前205年[4]。但因“高后八年”下，有宋裴

---

① 胡平生、韩自强，《万物》略说，文物，1988，（4）：48。

② 胡平生、韩自强，《万物》略说，文物，1988，（4）：53。

③ 《史记·仓公传》卷一百五，中华书局点校本，1982年，第2版，第2794～2817页。以下未注出处者，均据此。

④ 林培真，淳于意生卒年和职任考辨，中华医史杂志，1984，（2）：78。

骃《集解》引徐广曰："意年三十六"之注，故亦有人认为此引淳于意所述的文意当是指庆死之时，年39岁。

淳于意自幼喜好医药方术，"闻菑川唐里公孙光善为古传方"，"即往谒之，得见事之，受方化阴阳及传语法"。后又经公孙光之推荐，于高后八年（前180）受业于同郡元里的公乘阳庆。阳庆当时年已70有余，不愿将所学传授子孙，曾对淳于意言："慎毋令我子孙知若学我方也。"而将"古先道遗传黄帝、扁鹊之脉书，五色诊病"等书传授给了淳于意，令其取代旧学之方书，以此"知人生死、决嫌疑、定可治"。据淳于意之述，他从阳庆处得到的医籍有"脉书上下经、五色诊、奇咳术、揆度阴阳外变、药论、石神、接阴阳禁书"[①]。他精心研读，运用于临床，历时三年后，始自觉"诊病决死生，有验，精良"。其后，淳于意又周游各地，曾"见事数师，悉受其要事，尽其方书意，及解论之"。成为一名综合多家之长的良医。

据《史记·孝文本纪》的记载，汉文帝十三年（前167）[②]，淳于意因"左右行游诸侯，不以家为家，或不为人治病，病家多怨之者"而受人弹劾，被解送长安治罪。其少女缇萦随父西行，上书朝廷言："妾父为吏，齐中称其廉平，今坐法当刑。妾切痛死者不可复生而刑者不可复续，虽欲改过自新，其道莫由，终不可得。妾愿入身为官婢，以赎父刑罪，使得改行自新也。"孝文帝深受感动，免其刑，并免除肉刑法。圣上诏问淳于意："方使所长，及所能治病者，有其书无有？皆安受学？受学几何岁？尝有所验，何县里人也？何病？医药已，其病之状皆何如？具悉而对。"淳于意详述自己学医之经历，并说："臣意所诊者，皆有'诊籍'。"这就是被称之为最早的病案记录的淳于意"诊籍"，计有病例25则。据此可知，淳于意诊断疾病以切脉为主："意治病人，必先切其脉，乃治之。败逆者不可治，其顺者乃治之。"在25则医案中，依靠脉诊作出诊断者有18例；诊"尺肤"（观察前臂内侧皮肤的色泽等）者1例；望色者3例。在论述诊脉原理时，引用最多的是《脉法》，此外亦见引用"《论》曰"、"《诊法》曰"，以及"师曰"等为据。但这些直接引语极少见于传世的医学著作中，形容脉象的用语亦有相当一部分不同于后世的脉象名称。

25则医案中，有10例属"不可治"者。其余15例分别运用了针刺、灸法、内服药、坐药等进行治疗，均收治愈之功（参见表4-1）。

不论是判断疾病的"可治"或"不可治"，还是确定具体的治疗方法，基本上都是立足于中医基础理论体系之上以经脉、脏腑为基础。既看不到该时代理应存在的咒禁之术等超自然疗法的痕迹，亦不是滞留在经验医学的低级水平。可以说，这就是淳于意医学思想与治疗体系最突出的特点。

追随淳于意学医的，有宋邑、高期、王禹、冯信、杜信、唐安等人。宋邑为临菑人，随仓公学"五诊"之法；高期、王禹乃济北王之太医，受遣而来，得授经脉、腧穴、针灸之法；冯信是淄川王之太仓马长，以学习药物治疗法为主；杜信为高永侯家丞，喜脉，随淳于意学经脉、五诊之法两年余；唐安亦为临菑人，所学最多，未竟之时即被除为齐王侍医。

---

① 因古书本无标点，故对这些书名的划分自当有多种方法。此据中华书局点校本《史记》，而龙伯坚《黄帝内经概论》（上海科学技术出版社，1980年，第3～5页）则将其断为10种：《黄帝扁鹊之脉书》、《上下经》、《五色诊》、《奇咳术》、《揆度》、《阴阳外变》、《药论》、《石神》、《接阴阳禁书》（《素问》中提到过《上经》、《下经》，故计为两种）。

② 见《史记》卷十，第427页。而在《仓公传》中此事作"文帝四年"（公元前176年）距高后八年才4年，显然有误。

表 4-1　淳于意诊籍一览

序号	患者	主症	诊法	诊断	病因	治疗
1	齐侍御史成	头痛	诊脉	病疽，内发肠胃之间	饮酒且内	不治（如期死）
2	齐王子	食不下，时呕沫	切脉	气鬲病	心忧	下气汤（愈）
3	齐郎中令循	不得前后溲三日	切脉	涌疝	病得之内	火齐汤（愈）
4	齐中御府长信	发热，恶寒	诊脉	热病气	浴流水寒甚	液汤火齐（愈）
5	齐王太后	难于大小溲，尿赤	诊脉	风瘅客脬	去衣而汗晞	火齐汤（愈）
6	齐章武里曹山跗		诊脉	肺消瘅，加以寒热	盛怒而以接内	不治
7	齐中尉潘满如	少腹痛	诊脉	遗积瘕	酒且内	不治（如期死）
8	阳虚侯相赵章	饮食下嗌而辄出不留	诊脉	迵风	病得之酒	不治（过期死）
9	济北王	胸满	诊脉	风蹶胸满	汗出伏地	药酒（愈）
10	齐北宫司空命妇出于	难于前后溲，尿赤，见寒则遗	诊脉	气疝	欲尿不得，因以接内	灸足厥阴火齐汤（愈）
11	济北王阿母	足热而懑		热蹶	饮酒大醉	刺足心（愈）
12	济北王侍女竖	无不适	诊脉	伤脾，当春呕血死	病得之流汗	不治（如期死）
13	齐中大夫	龋齿			得之风，及卧开口，食而不嗽	灸左太阳明脉苦参汤嗽（愈）
14	甾川王美人	怀子而不乳	诊脉			饮以莨菪药一撮，消石一齐（愈）
15	齐丞相舍人奴		望色	伤脾，夏泄血死	流汗数出炙于火而以出见大风	不治（如期死）
16	菑川王	蹶上为重，头痛身热，烦满	诊脉		沐发未干而卧	寒水拊头，刺足阳明脉（愈）
17	齐王后弟宋建	腰脊痛	望色	肾痺	好持重	柔汤（愈）
18	济北王侍者韩女	腰背痛、寒热	诊脉	内寒，月事不下	欲男子而不可得	窜以药（愈）
19	临菑氾里女子薄吾		诊脉循尺	蛲瘕	寒湿气宛笃不发，化为虫	饮以芫花（愈）
20	齐淳于司马	饮食下嗌辄后之	切脉	迵风	饱食而疾走	火齐汤（愈）
21	齐中郎破石		诊脉	肺伤，丁亥日溲血死	堕马僵石上	不治（过期死）
22	齐王侍医遂			色将发臃	自练五石服之	发疽而死
23	齐王	喘，逆气不能食	诊脉	痹，根在右胁下	病得之内	火齐粥、丸药（愈）
24	安阳武都里成开方	自言不病	诊脉	沓风	饮酒以见大风	不治（四肢不用）
25	安陵阪里公乘项处		诊脉	牡疝	病得之内	不治（如期死）

五　今本《黄帝内经》——《素问》与《灵枢》

《黄帝内经》这一书名，首见于《七略》。西汉成帝（前 32～前 6 年在位）时，“以书颇散亡，使谒者陈农求遗书于天下，诏光禄大夫刘向校经传诸子诗赋，……侍医李柱国校方技。每一书已，向辄条其篇目，撮其旨意，录而奏之。会向卒，哀帝复使向子侍中奉车都尉歆卒父业。歆于是总群书而奏其《七略》"①。这就是中国第一部图书分类目录《七略》成书的大致情况。

在《七略》中，著录了包括《黄帝内经》在内的"医经"类著作"七家，二百一十六卷"，即：

《黄帝内经》18 卷；

《外经》37 卷。

《扁鹊内经》9 卷；

《外经》12 卷。

《白氏内经》38 卷；

《外经》36 卷。

《旁篇》25 卷。

这些医经典籍大都早已不存，但传世的医学著作中却可见《黄帝内经》。其权威性，犹如孔孟之书于儒者，老子《五千言》于道家，历代均奉之为圭臬。由于《黄帝内经》之名，已著录于《七略》之中，故对其成书年代的看法虽有战国、战国末至秦汉之际、西汉前期等不同，但下限均在《七略》之前。然而问题在于传世的《黄帝内经》是否即《七略》所著录的"《黄帝内经》十八卷"？

（一）《黄帝内经》与今本《黄帝内经》

今本《黄帝内经》，是由《素问》与《灵枢》两部分组成，二者或分或合，版本不一。但常见的情况是以《黄帝内经素问》、《黄帝内经灵枢经》之名各自单行。对其源流之发展演变过程，现代人的权威性概括是："《内经》原为 18 卷。其中 9 卷名《素问》，另外 9 卷无书名，故汉、晋时的医家即取'九卷'作为书名（见张仲景《伤寒杂病论 · 序》、皇甫谧《针灸甲乙经 · 序》等）。由于《九卷》一书开始即记有'先立《针经》'之语，故也被称为《针经》。……在它传抄流布过程中，也掺入了一些后人补撰的内容，并出现了不同传本。《素问》和《九卷》各自成书，故逐渐分别衍化成《内经》的两个早期传本。《九卷》在唐代王冰时称为《灵枢》"②。

以上是对《黄帝内经》一书最常见，但也是最正统和较为典型的介绍方式。长期以来，医学史界基本上都是遵此说为定论。但如略加思考，即可发现其中的问题：汉、晋医家所言书名乃《素问》、《九卷》（或《针经》），何以见得此两书是由《黄帝内经》分别衍化而成呢？追溯此说之源，乃是因晋代文学家、史学家兼医学家皇甫谧在其所著《针灸甲乙经》的序文中有这样一段话："按《七略》、《艺文志》，《黄帝内经》十八卷，今有《针经》九卷、《素问》九卷，二九十八卷，即《内经》也。"后人信之从之，直至今日。但根据以下一些事实，此说却未必正确；

（1）《汉书 · 艺文志》所载医经、经方、房中、神仙等 4 类医籍"凡三十六家，八百六十八卷"，除今人所称《黄帝内经》18 卷外，全部荡然无存。其亡佚之彻底，致使千载以来医界对其中一些重要名词术语均无考证之线索可寻，何独此书能够流传至今，且保存得如是完好？

（2）《汉书 · 艺文志》载书，"篇"、"卷"计算相等，无"积篇为卷"之事。如"形法六家，百二十二卷"中的"山海经十三篇"即计为 13 卷；"礼"555 篇中有"礼古经五十六卷"，亦计为 56 篇之数等等，皆为明证。《黄帝内经》仅 18 卷，亦即 18 篇之份量，不可能容纳今本《黄帝内经》如此之

① 《汉书 · 艺文志》卷三十，中华书局点校本，1962 年，第 1701 页。

② 详见《中国医学百科全书 · 医学史卷》，上海科学技术出版社，1987 年，第 165 页。

多的内容——162 篇。

复与《汉书·艺文志》所载其他医籍比较:《五藏六府痹十二病方》有 30 卷、《五藏六府疝十六病方》有 40 卷,其下《五藏六府瘅十二病方》亦为 40 卷,均大大超过《黄帝内经》的卷数。这些记载“痹”、“疝”、“瘅”之某一类具体病症的方书是不可能达到超过今本《黄帝内经》两倍以上篇幅之长的。

又如,马王堆出土医书中的《十问》,国内外学者均认为其中“尧问于舜”、“帝盘庚问于耇老”两节,分别与《尧舜阴道》、《汤盘庚阴道》有些关系①。但“ 尧问于舜”一节才 151 个字,“帝盘庚问于耇老”之节亦仅 136 个字。而在《汉书·艺文志》中,《尧舜阴道》为 23 卷;《汤盘庚阴道》为 20 卷,均多于《黄帝内经》的卷数。这些房中术的内涵,不论如何发展,也不可能超过今本《黄帝内经》的文字份量。显然,当时的《黄帝内经》18 卷,其文字份量是非常有限的,约与 18 篇相等。也就是说,只能是今本《黄帝内经》的九分之一左右。

(3)《素问》与《灵枢》各由 9 卷、81 篇构成。这两个代表“完满”、“最大”的数字亦可旁证性地说明两书原本即应属互不相关的独立著作。在《汉书·艺文志》中似看不到由两部独立著作合为一书的现象。

(4)《素问》、《灵枢》(包括《九卷》、《针经》之称)两书名一直分别使用,见于历代书志(参见表 4-2)。即便是猜测其为《汉书·艺文志》所著录的《黄帝内经》的皇甫谧,在言说《针灸甲乙经》的编撰取材之源时,亦是将《素问》、《灵枢》计为两书。细看历代书志的著录情况,虽均冠有“黄帝”之名,但大多并未使用“内经”二字。唯自唐代王冰注本才强称其为《黄帝内经素问》。再由后世医家口笔传播,逐渐成为影响广远的谬见。

根据这些考察,可以认为《素问》和《灵枢》必定不是《汉书·艺文志》所著录的《黄帝内经》18 卷。实际上早在清代姚际恒的《古今伪书考》中,对此就已有论说:“《隋志》始有《黄帝素问》九卷,唐王冰为之注。冰以《汉志》有《内经》十八卷,以《素问》九卷、《灵枢》九卷,当《内经》十八卷,实附会也。”其后亦有一些学者持同样观点②,只是未加系统论说,所以影响不大。

表 4-2 《黄帝内经》的著录情况

有关书目	所著录或引用的书名		
《汉书·艺文志》	《黄帝内经》十八卷		
《伤寒杂病论》		《素问》	《九卷》
《脉经》		《素问》	《针经》
《甲乙经》		《素问》	《针经》
《隋书·经籍志》		《黄帝素问》	《黄帝针经》
《旧唐书·经籍志》		《黄帝素问》	《黄帝针经》
《新唐书·艺文志》		《黄帝素问》	《黄帝针经》
《通志·艺文略》		《黄帝素问》	《黄帝针经》 《内经灵枢经》
《宋史·艺文志》		《素问》 《黄帝内经素问》①	《黄帝针经》 《黄帝灵枢经》
《日本国见在书目录》		《黄帝素问》	《黄帝针经》

①为唐王冰注本。

① 参见《马王堆汉幕帛书》[肆],文物出版社,1985 年,第 148～149 页。

② 吴考槃,《黄帝内经》·《素问》·《灵枢》考,中华医史杂志,1983,(2):85。又见:范行准,中国医学史略,中医古籍出版社,1986 年,第 27 页。

（二）今本《黄帝内经》的成书时代

前人对于今本《黄帝内经》成书时代的辨析，首先指出其非三坟旧典，成书当在战国诸子蜂出之时。其后，因见书中有“黔首”、“正月太阳寅”等秦、西汉时期方才出现的事物，故将其成书年代又向后推迟了一些，即战国秦汉之际[①]。除唐代王冰注《素问》时始披露于世的《素问》“七篇大论”及第 72，73 篇确知为后世补入者外，对于今本《黄帝内经》总体成书的时代估定，未见超出西汉末年者，这无疑是受到《汉书·艺文志》已有著录的束缚。关于《灵枢》，有人认为晚于《素问》，但也有人根据《素问》中可见引用《灵枢》词句，则认为《灵枢》在先[②]。

突破《素问》、《灵枢》两书就是《汉书·艺文志》所载《黄帝内经》18 卷的禁锢之后，即打破了今本《黄帝内经》成书下限不会晚于刘歆《七略》的限制，使得我们需要重新考虑《素问》与《灵枢》作为两部独立的著作，其成书的上、下限究竟在何时。根据确切的文字记载，只能将这两部著作的成书下限定在东汉末年张仲景《伤寒杂病论》成书之前。而其上限则应该定在刘歆《七略》之后。这是因为在当时的历史条件下，能够汇集各种早期医学知识，进行大规模的撰写、汇编工作，恐怕只有官府才能办到。如果在《七略》成书之前就完成了这样两部大型医书的整理加工，而不加著录是不可能的。而且还应考虑到《七略》之前的许多其他医学文献，即或漏而未录，其命运也理应与《七略》所录之书的情况一样，难于单独完好地保存流传下来。

但是尽管《七略》和《汉书·艺文志》中均未著录《素问》、《针经》之书名，却不可断言直至西汉末年均无此书。这是因为班固在编写“艺文志”时主要是依据刘歆的《七略》，未收王莽时期的著作，例如刘歆的著作及王莽本人的著作均未见收录，班固所行增删处，均有说明。王莽曾于元始四年（公元 4 年）“网罗天下异能之士，至者前后千数，皆令记说廷中，将令正乖缪、壹异说”[③]，这与元始五年（公元 5 年）“征天下通知逸经、古记、天文、历算、钟律、小学、史篇、方术、本草及以五经、论语、孝经、尔雅教授者……至者数千人”[④]，当属紧密相关的。王莽曾让太医进行人体解剖，量度五脏及脉道长度，专供医学之用，在此之前从未见有类似记载。今本《黄帝内经》中不但有人体消化系统长度的数据记载，并敢于明言：“其死可解剖而视之”[⑤]。这不能不使人考虑今本《黄帝内经》中涉及解剖知识的一些篇节，极有可能是在这种环境下才产生出来的。因此，对于王莽时代可能出现的科技著作，尤当特别注意。

另外，在《素问》、《灵枢》中一再提到《针经》、《九针》这样一部著作，并涉及到篇数（参见表 4-3）。因而如果认为在《素问》、《灵枢》成书之前应该已有一部称之为《针经》的著作，当不属无稽。考之正史，《后汉书》中确有记载：

> 初，有老父不知何出，常渔钓于涪水，因号涪翁。乞食人间，见有疾者，时下针石，辄应时而效，乃著《针经》、《诊脉法》传于世。弟子程高寻求积年，翁乃授之。高亦隐迹不仕。玉（指郭玉）少师事高，学方诊六微之技，阴阳隐侧之术。和帝时，为太医丞（《后

---

① 参见〔日〕冈西为人《宋以前医籍考》，人民卫生出版社，1958 年，第 1～10 页，32～37 页，228 页；龙伯坚《黄帝内经的著作时代》，医学史与保健组织，1957，(2)：106。各种中国医学史著作，亦多持此说。唯范行准《中国医学史略》认为其成书当在西汉末年。

② 魏尧西，《灵枢》成书时代，中华医史杂志，1983，(2)：88。

③ 《汉书·王莽传》卷九十九上，中华书局点校本，第 4069 页。

④ 《汉书·平帝纪》卷十二，中华书局点校本，第 359 页。

⑤ 《灵枢·经水》。

汉书·郭玉传》)。

据年代估算可知,和帝时(89～105)作太医丞的郭玉是涪翁的再传弟子,故涪翁的著作约当成于西汉末年至东汉初年,当然不会见之于《七略》。范晔《后汉书》成于公元5世纪,记载医家史事甚少,但他独强调涪翁的《针经》、《诊脉法》"行于世"[①],故当引起足够的重视。今本《黄帝内经》一再提到的《针经》、《九针》很可能就是涪翁的著作。《灵枢》原无书名,只称《九卷》,后才有《针经》之名。其内容很可能是在大量继承涪翁《针经》的基础上发展而成,当然也不可能著录于《七略》。切不可因其中某一内容出现较早,例如,《九宫八风篇》与西汉汝阴侯夏侯婴墓出土的六壬栻盘相一致,就断言《灵枢》早出[②]。

表4-3 《素问》、《灵枢》引用《针经》(或《九针》)举隅

书名	篇名	引用内容
《素问》	"三部九侯论"	"余闻《九针》于夫子"
	"八正神明论"	"三部九侯为之原,《九针》之论不必存也";"法往古者,先知《针经》也"
	"离合真邪论"	"余闻《九针》九篇,夫子乃因而九之,九九八十一篇"
	"针解"	"愿闻《九针》之解"
《灵枢》	"九针十二原"	"先立《针经》"
	"口问"	"余已闻《九针》之经,论阴阳逆顺"
	"病传"	"余受《九针》于夫子"
	"外揣"	"余闻《九针》九篇"
	"禁服"	"通于《九针》六十篇"
	"五禁"	"明知《九针》之论"
	"行针"	"余闻《九针》于夫子"
	"官能"	"余闻《九针》于夫子"
	"九针论"	"余闻《九针》于夫子"
	"官能"	"雷公问于黄帝曰:《针论》曰……"

一般认为《灵枢》文字较《素问》浅易,应成于《素问》之后,但又可见《素问》引用《灵枢》文字的现象,这实际是因两书均参阅吸收了一些相同原始文献的内容。涪翁《针经》及两书中均可见的扁鹊脉学内容均属这类例子。表4-4以《素问·针解篇》和《灵枢·小针解》为例,说明两书如何分别注释同一原始文献,从中可以看出,两种解释是完全不同的。而这两篇中所注原始文献的内容,又以无注释的形式出现在称"先立《针经》"的《灵枢》第一篇《九针十二原》中。说明《素问》、《灵枢》各篇内容的成立时间有先后之别。

从表4-4中可以看出,作为原文而被注释的经文,其理论水平已在马王堆出土医书之上,且明确地指出是针刺法,故其成文时代不会很早。而后才可能出现对此经文的不同解释,形成《小针解》与《针解篇》这样的医学论著;再后才可能有人将其汇编成书。实际上,西汉以前的医学著作并无整部保存下来的例子,后世所见者均是东汉之书,如《难经》、《明堂经》、《神农本草经》、《伤寒论》等。而现在则应该再加上《素问》、《灵枢》这样两部大约成于西汉末至东汉前期的

① 《后汉书·郭玉传》卷八十二,中华书局点校本,1965年,第2735页。

② 安徽文物工作队等,阜阳双古堆西汉汝阴侯墓发掘简报,文物,1978,(8):12。

著作。日本学者山田庆儿认为:“现存《黄帝内经》)《素问》、《灵枢》之中,西汉时期写成的不超过20篇,其余为王莽新朝至东汉初期所写”[①],这是他的最新看法。

表 4-4　《素问》、《灵枢》对原始经文的不同解释

原　文	《灵枢·小针解》	《素问·针解篇》
凡用针者		
虚则实之	所谓虚则实之者,气口虚而当补之也	刺虚则实之者,针下热也,气实乃热也
满则泄之	满则泄之者,气口盛而当泻之也	满而泄之者,针下寒也,气虚乃寒也
菀陈则除之	宛陈则除之者,去血脉也	菀陈则除之者,出恶血也
邪胜则虚之	邪胜则虚之者,言诸经有盛者,皆泻其邪也	邪胜则虚之者,出针勿按
……	……	……
言实与虚,若有若无	言实与虚若有若无者,言实者有气,虚者无气也	言实与虚者,寒温气多少也;若有若无者,疾不知也
察先与后,若存若亡	察后与先若亡若存者,言气之虚实,补泻之先后也,察其气之已下与常存也	察后与先者,知病先后也
……	……	……

(三)《素问》、《灵枢》内容的古近之分

由于《素问》、《灵枢》均属汇编而成,故各篇的成立时间会存在着早晚之不同。然而更为重要的是因为大部分篇节都是在继承自古以来的医学理论的基础上,进行加工与提高而成,所以与其刻意于考察哪一篇较早、哪一篇较晚,倒不如从医学各个方面的发展规律,去分析其具体内容的远近关系。尽管两书的最终成立时代大约要迟到西汉末年至东汉前期,但其内容实有较为古远者。例如,从文字角度言之,甚至可在其中看到“曰病无他”[②] 这种类似甲骨卜辞用语的痕迹。在经脉理论方面既有以《灵枢·经脉》为代表的全面总结、系统化的“经典方式”,也有许多以部位定脉名、杂乱无章的脉学知识。在“脏腑”理论方面,虽是以五脏六腑之说最为多见,但亦可见九脏、十一脏、十二脏等不同说法,正如书中所云:“方士或以脑髓为脏,或以肠胃为脏,或以为腑,敢问更相反,皆自谓是。”[③]

在治疗技术方面,两书均以针灸疗法为主。自马王堆医书出土后,人们普遍注意到,中国针灸学在早期首先使用的是灸法,其后才逐渐出现了性质不同于割痈破脓的针刺疗法。像今本《黄帝内经》中一再谈到的“九针”,显然是汉代的产物。在今本《黄帝内经》中,可以清楚地看到针灸疗法逐步发展的一些环节,有些方法在汉代或许就早已被淘汰。例如治疗水肿时的灸法是:“尻上五行,行五;伏菟上两行,行五;踝上各一行,行六”[④],这就是“风losing肤胀,为五十七痏”[⑤] 的具体部位。这种不按脏腑经脉取穴、辨证的治疗方法,只能认为是较原始的治疗方法。

① 见吴之静主编《科学:中国与世界》,科学普及出版社,1992 年,第 114 页。
② 《素问·平人气象论》。
③ 《素问·五脏别论》。
④ 《素问·骨空论》。
⑤ 《灵枢·四时气》。

同样，早期治疗寒热病时也是在全身泛泛地施以针、灸之术：

> 先灸项大椎，以年为壮数。次灸橛骨，以年为壮数。视背俞陷者灸之，举臂骨上陷者灸之，两季胁之间灸之，外踝上绝骨之端灸之，足小指次指间灸之，腨下陷者灸之，外踝后灸之，缺盆骨上切之坚痛如筋者灸之，膺中陷骨间灸之，掌束骨下灸之，齐下关元三寸灸之，毛际动脉灸之，膝下三寸分间灸之，足阳明跗上动脉灸之，颠上一灸之（《素问·骨空论》）。

这种治疗方法的使用时代，大约是在连“足三里”这样最普通、常用的穴位名称都未出现之前。与《素问·热论》等篇以“六经辨证”为理论核心，在疾病不同阶段使用不同方法相比较，显然有古近之分。总之，如果笼统地将今本《黄帝内经》视作中医基础理论的经典著作，对于不同时代医学发展所能达到的水平不加区分，将两书全部内容视为一个整体来研究理论构想、治疗方法，是无论如何也无法解释篇与篇、节与节之间无数说法不一，甚至是自相矛盾之原因的。

另外，书中各篇、各派的文章是否以五行学说为理论依据，也是区分成文先后的重要线索之一。今本《黄帝内经》中，虽然五行学说充斥，但也有只涉阴阳、不言五行的派别。这与西汉初期一方面儒学渐向正统之路发展，另一方面先秦诸子的传统尚有余绪，尤其是道、法、阴阳等家，尚相对显于郡国之间的历史背景相吻合[①]。从书中有关四时（四季）的记载，可以看出医学理论在总体上从非五行向五行化的演变。简单地说，就是为要符合五行规范，而在四时中又添入了一个“长夏”之季，以求五行、四时、五脏等能够配合完璧。故凡使用“五时”的，必定晚于“四时”说。而“五行学说”本身，又有从“相克”到“相生”的发展阶段性特征，因此，凡大谈五行相生的篇节，理应形成较晚。

（四）《素问》、《灵枢》的基本结构

《素问》、《灵枢》虽是两部独立著作，但因成书时代十分接近，故在内容方面多有相同、重合之处。而在行文结构上，又都是以黄帝与诸臣论对（问答）的方式写成，这些或许是促使人们接受皇甫谧之说的一些客观因素。

《素问》中的问答关系涉及岐伯、鬼臾区、雷公三臣。由于出现鬼臾区之名的第 66 至 71，及第 74 篇，即所谓专讲“运气”的“大论七篇”，是汉以后补其所缺时始融入《素问》之中的，故实际上《素问》中仅有岐伯、雷公两人与黄帝论对。《灵枢》涉及岐伯、伯高、少俞、少师、雷公五人。这些黄帝之臣姓名的依托源流难于详考，但有两点不容忽视：(1)黄帝与诸臣问对中，唯有雷公—黄帝的问答关系是由雷公提问，黄帝教诲医道，其余均属黄帝设问，诸臣作答；(2)诸臣所述医学原理有原则的不同。另外，《素问》与《灵枢》中还有一些未设问答形式的篇节，这些篇节从内容到行文方式上均表现出较为原始的简文医籍的特点。例如《灵枢》第 20 至 26 篇即是如此，这些篇节基本上是以“某病，刺某处”的方式写成，因此很可能是《灵枢》成书时直接收入的某种原始医籍。又如，《素问》中未设问答形式的第 48 篇《大奇论》，全篇来源于战国时扁鹊的医学著作。

需要稍加说明的是，唐代王冰在注释《素问》一书时，曾就“君臣请问，礼仪乖失者”，进行“考校尊卑，增益以光其意”的加工；并对各篇内容有所整理“错简碎文，前后重叠者，详其指趣，

---

① 参见侯外庐等《中国思想通史》第二卷，人民出版社，1956 年，第 56～61 页。

削去繁杂，以存其要”[①]。这实在有碍考察《素问》一书的本貌，但在这种情况下，仍能从现实所见的问答关系中发现一些宝贵的线索（各篇问答关系，详见表 4-5）。

表 4-5　《素问》与《灵枢》各篇的问答关系

《素问》	(1)岐伯 (2)—— (3)岐伯 (4)岐伯 (5)岐伯 (6)岐伯 (7)岐伯 (8)岐伯 (9)岐伯 (10)—— (11)岐伯 (12)——	(13)岐伯 (14)岐伯 (15)岐伯 (16)岐伯 (17)岐伯 (18)岐伯 (19)岐伯 (20)岐伯 (21)岐伯 (22)岐伯 (23)—— (24)——	(25)岐伯 (26)岐伯 (27)岐伯 (28)岐伯 (29)岐伯 (30)岐伯 (31)岐伯 (32)—— (33)岐伯 (34)岐伯 (35)岐伯 (36)——	(37)岐伯 (38)岐伯 (39)岐伯 (40)岐伯 (41)—— (43)岐伯 (43)岐伯 (44)岐伯 (45)岐伯 (46)岐伯 (47)岐伯 (48)——	(49)—— (50)岐伯 (51)岐伯 (52)岐伯 (53)岐伯 (54)岐伯 (55)—— (56)岐伯 (57)岐伯 (58)岐伯 (59)—— (60)岐伯	(61)岐伯 (62)岐伯 (63)岐伯 (64)岐伯 (65)岐伯 (66)鬼臾区 (67)鬼臾区 (68)岐伯 (69)岐伯 (70)岐伯	(71)岐伯 (72)岐伯 (73)岐伯 (74)岐伯 (75)雷公 (76)雷公 (77)雷公 (78)雷公 (79)雷公 (80)雷公 (81)雷公
《灵枢》	(1)岐伯 (2)岐伯 (3)—— (4)岐伯 (5)岐伯 (6)少师、伯高 (7)—— (8)岐伯 (9)—— (10)雷公 (11)岐伯 (12)岐伯	(13)—— (14)伯高 (15)岐伯 (16)黄帝自述 (17)岐伯 (18)岐伯 (19)岐伯 (20)—— (21)—— (22)—— (23)—— (24)——	(25)—— (26)—— (27)岐伯 (28)岐伯 (29)岐伯 (30)岐伯 (31)伯高 (32)伯高 (33)岐伯 (34)岐伯 (35)岐伯 (36)岐伯 (37)岐伯	(38)岐伯 (39)岐伯 (40)岐伯 (41)岐伯 (42)岐伯 (43)岐伯 (44)岐伯 (45)岐伯 (46)少俞 (47)岐伯 (48)雷公 (49)雷公 (50)少俞	(51)岐伯 (52)岐伯 (53)少俞 (54)岐伯 (55)伯高 (56)伯高 (57)岐伯 (58)岐伯 (59)伯高 (60)岐伯 (61)岐伯 (62)岐伯 (63)少俞	(64)伯高 (65)岐伯 (66)岐伯 (67)岐伯 (68)岐伯 (69)少师 (70)岐伯 (71)伯高 (72)少师 (73)岐伯雷公 (74)岐伯 (75)岐伯	(76)岐伯 (77)—— (78)岐伯 (79)岐伯少师 (80)岐伯 (81)岐伯

注：括号内数字为篇号。划横线者无问答形式。

1.“雷公-黄帝”问对（见于《素问》第 75～81 篇，《灵枢》第 10，48，49 篇及第 73 篇之一段）

凡雷公问、黄帝答各篇，在行文用语上与全书其他篇节有明显的差异。如称雷公为“细子”，“黄帝坐明堂”、“妇女”、“谚言曰”、“览观杂学”、“树天之度”、“神农”、“二皇”等等，均不见于其他篇节中。在其他篇节中，基本上是以“黄帝曰”、“岐伯曰”等直接行文，言及女性时皆为“女子”。说明这些篇节或出自与其他篇节不同的作者之手，或另有所本。

在内容方面，“雷公—黄帝”各篇的第一个特点是讲“人迎—寸口”脉法。即以“人迎”（颈动脉）与“寸口”（手桡侧动脉）的大小对比来确定三阴三阳之病。这是不同于现今所见中医诊脉法的一种古代诊脉法。如果将君臣问答等修饰之词去掉，即可看到其原貌是类似口诀式的简短文句，颇具早期简帛医书之特征。《灵枢》第 48，49 两篇所保存的“人迎—寸口”脉法较完整，而其他各篇凡涉及此种脉法，特别是“关格”的含义时，显然都是以此为依据的（参见表 4-6）。

第二，关于“经脉”。《灵枢》第 10 篇是著名的《经脉》篇，今世所行之经脉范本、挂图等对经脉走行、主病的描述，均本于此。公认这篇著作是在马王堆出土帛书《阴阳十一脉灸经》的基础上发展而成，而更值得注意的是此篇亦属雷公与黄帝问答形式。这就不能不使人联想到《史记

① 见《黄帝内经素问》王冰序文。

·仓公传》中所言，淳于意曾从公乘阳庆处受得“黄帝扁鹊之脉书”之事。据马王堆和张家山出土的经脉著作看，这些著作原本并无黄帝或扁鹊之名，显然是在汉代流传中才加入了这些人名。而到《七略》成书时，又分出了黄帝内、外经，扁鹊内、外经之不同，足见这类著作在西汉时期经历了不断改写、充实内容的过程。然而即便如此，在《素问》、《灵枢》中仍能看到其他各篇在言说经脉问题时与此多有不同，说明雷公、黄帝问对的篇节，原本应属一派之学，在《素问》、《灵枢》成书时被收入其中。同样，黄帝与其他臣子问答各篇也是一样，均应视为不同流派的著作。但是，何以其他各派均是黄帝问，诸臣答，而唯有此处是由黄帝讲述医理？结合这些篇节的中心内容是“经脉”学说，及较古老的一种诊脉方法——“人迎—寸口”脉法，可以称得上“自成体系”，那么是否可以设想这些篇节与《汉书·艺文志》所载冠有黄帝之名的医经著作关系或许更为直接、密切呢？

表 4-6　“人迎—寸口”脉法，及其引用情况

《灵枢》“禁服篇”与“五色篇”	《灵枢》与《素问》的其他篇节
寸口主中，人迎主外，两者相应，俱往俱来，若引绳大小齐等 春夏人迎微大，秋冬寸口微大，如是者，名曰平人 脉之浮沉及人迎与寸口气小大等者，病难已	《灵枢·四时气》：“气口候阴，人迎候阳也。” 《灵枢·论疾诊尺》：“人病，其寸口之脉与人迎之脉大小等，及其浮沉等者，病难已也。”
人迎大一倍于寸口，病在足少阳；一倍而躁，在手少阳 人迎二倍，病在足太阳；二倍而躁，病在手太阳 人迎三倍，病在足阳明；三倍而躁，病在手阳明 寸口大于人迎一倍，病在足厥阴；一倍而躁，在手心主 寸口二倍，病在足少阴；二倍而躁，在手少阴 寸口三倍，病在足太阴，三倍而躁，在手太阴	《素问·六节藏象论》：“故人迎一盛，病在少阳，二盛病在太阳，三盛病在阳明，四盛以上为格阳。 寸口一盛病在厥阴，二盛病在少阴，三盛病在太阴，四盛以上为关阴。 人迎与寸口俱盛四倍以上为关格。关格之脉赢，不能极于天地之精气，则死矣。”
人迎四倍者，且大且数，名曰溢阳，溢阳为外格，死不治 寸口四倍者，名曰内关，内关者，且大且数，死不治	《素问·脉要精微论》：“阴阳不相应，病名曰关格。” 《灵枢·脉度》：“阴气太盛则阳气不能荣也，故曰关。阳气太盛，则阴气弗能荣也，故曰格。阴阳俱盛，不能相荣，故曰关格。关格者，不得尽期而死也。” 《素问·六节藏象论》：“人迎四盛，名曰溢阳，溢阳为外格。脉口四盛，且大且数者，名曰溢阴。溢阴为内关，内关不通，死不治。……俱盛四倍以上，名曰关格。关格者，与之短期。”

2.“黄帝-伯高”问对（见于《灵枢》第6，14，31，32，55，56，59，64，71，77等10篇）

“伯高答”的篇节，用语特征不如“雷公”诸篇明显，但仍能看到好用“与其……与其”、“及……及”连接句子的特点。在内容方面，伯高所论的突出特点是“肠胃”。

在第31篇《肠胃》中记述了食道、胃、大小肠的长度，与近代解剖实测略等。第32篇《平人绝谷》再次重复这些数据，并由此引伸出一系列有关肠胃的理论问题：根据胃肠道的容积与每日排泄量，计算人不食水谷的死期；根据胃肠道的解剖形态，描绘出饮食营养物的吸收途径——营、卫之行；各种食物与治疗的配合，即五谷、五菜、五果、五畜的“宜”、“禁”。另外，伯高论病时所涉及的诊断方法、肌肉系统的属性等均不同于其他各篇，有着显著的差异。

3."黄帝-少师"问对(见于《灵枢》第6,69,72,79等4篇)

其最大特点是以阴阳学说为理论核心。但又不同《素问》、《灵枢》其他篇节中惯见的三阴三阳理论。只有"阴阳"和"阴中阴、阴中阳,阳中阴、阳中阳"的二分阴阳法。具体表现如:

阴中有阴,阳中有阳,审知阴阳,刺之有方;

在内者,五脏为阴,六腑为阳;在外者,筋骨为阴,皮肤为阳;

病在阴之阴者,刺阴之荥俞;

病在阳之阳者,刺阳之合;

病在阳之阴者,刺阴之经;

病在阴之阳者,刺络脉。

病在阳者,名曰风;病在阴者,名曰痹;阴阳俱病,名曰风痹。

病有形而不痛者,阳之类也;无形而痛者,阴之类也①。

对于人格的划分,与伯高用五行类分不同。② 少师乃本之于阴阳学说,将人划分为"太阴之人、少阴之人、太阳之人、少阳之人、阴阳和平之人"五种。从表面上看,两者均为五类,但从本质上看,则一为五行学说,一为阴阳学说。可以说在少师的理论体系中基本上看不到五行学说的影子。

4."黄帝-少俞"问对(见于《灵枢》第46,50,53,64等4篇之中)

其理论体系中最突出的特点是"五味论",但与伯高所论不同。在《灵枢》81篇中,有两篇名之曰"五味",一是伯高的"五味第五十六",一是少俞的"五味论第六十三"。这两篇的不同在于,伯高所论"五味"是依据五行学说的配合方式,即酸入肝、苦入心、甘入脾、辛入肺、咸入肾。而少俞论"五味"则不合五行说,如"咸走血,多食之,令人渴;苦走骨,多食之,令人变呕"③ 等。

另外,少俞在论各种疾病之因时,多归结为先天禀赋。例如:"小骨弱肉者,善病寒热;肉不坚,腠理疏则善病风;五脏皆柔弱者,善病消瘅"④。又如:"黄色薄皮弱肉者,不胜春之虚风;白色薄皮弱肉者,不胜夏之虚风;青色薄皮弱肉,不胜秋之虚风;赤色薄皮弱肉,不胜冬之虚风。"⑤

除这几家之外,《素问》、《灵枢》中的大部分篇章均属以"黄帝—岐伯"论对方式写成。清代学者姚振宗曾考证古代伯、白相同,而疑《汉书·艺文志》所著录"白氏内、外经"即岐伯之论。其书大抵亦本黄帝、扁鹊内、外经而申说之,故其卷数倍于前⑥。这种推测是否能够成立,由于缺乏直接的证据,故颇难断言。但岐伯之论已有博采诸家之学的味道,则是十分明显的。通过对于这些问答关系中所涉内容的考察,要在说明他们在论述医学问题时,各自有不同的立足点。也就是说,《素问》、《灵枢》并不存在统一的、贯彻全书的理论核心。不过是由一些不同观点、不同派别的不同论著汇集而成。

---

① 《灵枢·寿夭刚柔》。

② 伯高所论中将人划分为木、火、土、金、水五类。每类之中又借音律名称再划分为五类。参见《灵枢·阴阳二十五人》。

③ 《灵枢.五味论》。

④ 《灵枢·五变》

⑤ 《灵枢·论勇》。

⑥ 详见清·姚振宗《师石山房丛书·汉书艺文志条理》,开明书店,1936年,第166页。

第二节　医学基础理论的确立

一　经脉学说体系的形成

将马王堆帛书《足臂十一脉灸经》、《阴阳十一脉灸经》及张家山汉简《脉书》与今本《黄帝内经》进行比较，可以看到经脉学说在西汉时期的发展——形成了一个足以解释全身各部分之间的相互联系，并含有类似现代医学循环生理内容的理论体系。从而使得经脉学说不仅直接用于指导针灸治疗，而且亦可说是中国古代医学的生理、病理学的基础理论与重要组成部分。

（一）经脉循环圈的完成

在《足臂十一脉灸经》与《阴阳十一脉灸经》中，分别记述了人体的 11 条经脉，尽管经脉的名称与记述方式有所不同（参见表 4-7），但不仅可以两相对应，而且与《灵枢·经脉》亦可相互对应。与《灵枢·经脉》的最主要区别在于早期的经脉循行未及脏腑器官、没有络脉内容，而且走向均是由肢端向心行走。说明其时尚无经脉相互衔接，构成经脉气血循环的思想。至《灵枢·经脉》，增加了手厥阴之脉，构成了三阴三阳的均衡配置，而且改变了经脉走向，形成了阴阳脉相互衔接的循环圈（参见表 4-8）。

表 4-7　早期的经脉名称与记述顺序[1]

文献 顺序	《足臂十一脉灸经》		《阴阳十一脉灸经》
足脉	足泰阳温（膀胱足太阳之脉） 足少阳温（胆足少阳之脉） 足阳明温（胃足阳明之脉） 足少阴温（肾足少阴之脉） 足泰阴温（脾足太阴之脉） 足帣阴温（肝足厥阴之脉）	阳脉	钜阳眽（膀胱足太阳之脉） 少阳眽（胆足少阳之脉） 阳明眽（胃足阳明之脉） 肩眽（小肠手太阳之脉） 耳眽（三焦手少阳之脉） 齿眽（大肠手阳明之脉）
手脉	臂泰阴温（肺手太阴之脉） 臂少阴温（心手少阴之脉） 臂泰阳温（小肠手太阳之脉） 臂少阳温（三焦手少阳之脉） 臂阳明温（大肠手阳明之脉）	阴脉	大阴眽（脾足太阴之脉） 厥阴眽（肝足厥阴之脉） 少阴眽（肾足少阴之脉） 臂钜阴眽（肺手太阴之脉） 臂少阴眽（心手少阴之脉）

（二）经脉学说体系的基本内容

《灵枢·经脉》有关十二经脉循行的描述，一直延用至今，成为中医经脉学说的经典文献。但整个经脉学说的构成，实际上是后人综合今本《黄帝内经》中若干篇节的有关内容，以及《难经》（成书于东汉时期）中有关“奇经八脉”的记述，总结而成。这个学说体系大致包括以下一些内容：

① 括号内为《灵枢·经脉》的相应脉名。

(1)十二经脉：由于在经脉学说的发展过程中，有关各种“络脉”的内容逐渐出现，故将形如主干的主要之“脉”称之为“经”。包括左右同名、对称的24条经脉。十二经脉在躯体的分布位置是阴经行于四肢内侧面及胸腹部，阳经行于四肢外侧面和背部、头部。从四肢的横截面看，阳明与太阴居前，少阳和厥阴居中，太阳和少阴居后。自《灵枢·经脉》始，十二经脉的走行分别与某一脏腑相连系，并且相互衔接，构成了气血运行的循环通道。

表4-8　经脉走向的演变

走向＼文献		《足臂十一脉灸经》	《阴阳十一脉灸经》	《灵枢·经脉》
手(臂)部	阴脉	手→胸	手→胸	胸→手
	阳脉	手→头	手→头 (唯肩脉相反：头→手)	手→头
足部	阳脉	足→头	足→头	头→足
	阴脉	足→腹	足→腹 (唯足太阴脉相反：腹→足)	足→胸

(2)十二经别：是十二正经离合出入的别行之路，起到了加强脏、腑间联系的作用。

(3)十二经筋：是十二经脉之气结、聚、散、络于筋肉关节的体系。亦即将全身的肌肉分别隶属于十二经脉。

(4)十二皮部：即将人体外表依各经脉循行的径路分为十二部分。

(5)十五络脉：十二正经各有一“络”，加上任脉之络、督脉之络，及“脾之大络”，合称“十五络脉”。由此构成经脉间的相互联系。除这些具有名称的主要络脉外，周身布满了众多细小的络脉，一般称之为浮络或孙络。

(6)奇经八脉：是任、督、冲、带、阴维、阳维、阴跻、阳跻八脉的总称。与十二正经不同，奇经八脉不直接与脏腑相关连，故称之为“奇经”。这些脉名虽已见之于今本《黄帝内经》之中，但系统地提出这一概念的却是《难经》。

由于经脉学说中包含了“经”和“络”两大部分内容，故后世多称“经络”。通过经络的联系，形成了人体外表(皮部)、肌肉(经筋)、内脏之间密不可分的紧密联系和各部分之间的特定联系，故可作为诊断疾病归属的依据并确定相应的治疗方法。

(三) 经脉主病数量的增加

在《足臂十一脉灸经》和《阴阳十一脉灸经》中，各脉均载有一些主治病症。换句话说，即各脉如有异常，即会导致这些疾病的发生。

在记述病症较多的《阴阳十一脉灸经》中，以“是动则病”和“其所产病”的形式，在各经脉之下分两项记述该经脉“所致”与“所治”的病症，合计137种。至《灵枢·经脉》中仍保留了这种分为两项的记述形式，病症总数达到207种。这亦可视为经脉学说体系的一种发展表现。但需要稍加说明的是，一经之病何以要分为两项。在马王堆医书出土之前，“是动”与“所生(产)病”最初见于《灵枢·经脉》，一直被认为是一种病症的分类方法：即将每一经脉的各种病症分为经病(是动)与府病(所生病)；或因于外(是动)与因于内(所生病)两大类。此说是否可靠，因为对这两术语没有更合适的解释，故后世学者姑且从之。然而实际上从《灵枢·经脉》的文字中很难看出每一经脉的条文中，分属在“是动”与“所生病”之下的诸多症状有什么本质的区别，在临床应用中，这种划分对于治疗实际亦无任何价值可言。当马王堆医书出土后，在《阴阳十一脉灸经》的条文中，同样见到了这两个术语。由于人们头脑中已有了一个先入的解释，故仍将此释为症状的分类法则。但由于两者间的差异，较之《灵枢·经脉》更加含混，所以亦无人深究其划分标准与意义。但弄清这两个术语区别的契机，也就在这含混不清之中。《灵枢·经脉》对“是动”与“所生病”项下的记载有以下一些加工改造：①两者间的重复大幅度减少；②大量补充了“所生病”的内容；③将“治则”移至“所生病”之后[①]；④在理论水平不断提高的基础上，在“所生病”中加入了“是主×所生病”[②]的理论性文字。这就自然要使得后人揣度其为一种病症的分类方法，并做出划分标准的种种猜测。但从马王堆帛书看，“是动”与“所生病”两项记载的病症多有重复，其典型的例子如表4-9所示。

从这几个例子及其他各脉略可看出，《阴阳十一脉灸经》与《灵枢·经脉》、“是动”与“所生病”之间，存在着这样一些关系：①《灵枢·经脉》的“是动”多是照搬《阴阳十一脉灸经》。许多经脉中，文字基本雷同。②《灵枢·经脉》的所生病是在《阴阳十一脉灸经》的基础上加以发挥。③《阴阳十一脉灸经》“所生病”记载的病症，有与“是动”完全相同的(手太阳脉)；有包括“是动”再予补充的(手阳明脉)；也有完全不同的(手少阴脉)。这就提示“是动”与“所生病”不是症候属性的划分。再结合书写格式是将“所生病”一项置于“是××脉主治”的文字之后，往往会令人考虑到整个“所生病”均是出自注释、研究原本之人；或是抄写时综合不同原始文献而成。所以两项病症既有重复又有不同。

表4-9　“是动”与“所生病”之比较

		《阴阳十一脉灸经》	《灵枢·经脉》
手太阳(肩脉)	是动	嗌痛、颔肿、不可以顾、肩似脱、臑似折	嗌痛、颔肿、不可以顾、肩似拔、臑似折
	所生病	颔痛、喉痹、臂痛、肘痛	耳聋、目黄、颊肿，颈、颔、肩、臑、肘、臂后外廉痛
手阳明(齿脉)	是动	齿痛、朏肿	齿痛、颈肿
	所生病	齿痛、朏肿、目黄、口干、臑痛	目黄、口干、鼽衄、喉痹、肩前臑痛、大指次指痛不用。气有余则当脉所过者热肿，虚则寒栗不复
手少阴	是动	悑悑如喘，坐而起则目膜如毋见。心如悬、病饥、气不足、善怒、心肠恐人将捕之，不欲食，面黭如灺色。咳则有血	嗌干、心痛、渴而欲饮
	所生病	□□□□□□，舌柝、嗌干、上气、饐，嗌中痛、瘅、耆卧、咳、音	目黄、胁痛、臑臂内后廉痛厥，掌中热痛

① 《阴阳十一脉灸经》的行文顺序是：脉名、循行径路、是动病、“是××脉主治”(即该脉之名)。然后才是所产病一项。

② 各脉主病中，明确言及五脏，即：手太阴，“是主肺所生病”；足太阴，“是主脾所生病”；手少阴，“是主心所生病”；足少阴，“是主肾所生病”；足厥阴，“是主肝所生病”。但没有提到六腑，其他各脉的主病分别为：手阳明，“是主津液所生病”；足阳明，“是主血所生病”；手太阳，“是主液所生病”；足太阳，“是主筋所生病”；手厥阴，“是主脉所生病”；手少阳，“是主气所生病”；足少阳，“是主骨所生病”。

《灵枢·经脉》的作者对"是动"项基本上采取照搬的态度，而对"所生病"却大加修改，说明他对两项文字价值的看法不同。所谓《灵枢·经脉》在经脉病症方面有较多补充，实际上主要是体现在"所生病"项下(参见表4-10)。"是动"病所增不过6种，每条经脉平均不到一种；而在"所生病"方面却增加了近一倍，一经所增最多达12种。如此明显的差异，自然不可忽视。

表4-10　"是动"与"所生病"数量的变化

	"是动"病		所生(产)病	
	《阴阳》	《灵枢·经脉》	《阴阳》	《灵枢·经脉》
手太阴	4	5	5	13
手阳明	2	2	5	9
足阳明	10	11	10	24
足太阴	5	7	10	15
手少阴	4	4	1	5
手太阳	4	4	4	10
足太阳	10	9	12	17
足少阴	9	9	10	14
手少阳	2	3	3	10
足少阳	5	7	12	17
足厥阴	5	5	5	7
合　计	60	66	77	141

有关"是动"、"所生病"关系的辨析，对于研究工作的最大启示在于：马王堆帛书虽属现今所见最古老的医学文献，但业已不是一次完成的著作了。就《足臂十一脉灸经》与《阴阳十一脉灸经》相较，其间已可见发展之迹象；而从"是动"到"所生病"则又是一次病症的发展与补充；如再与《灵枢·经脉》比较，则又可看到更高层次的跃进。

(四)循环生理的构想

由于经脉系统"如环无端"，气血运行其中，因此许多医史研究者均认为这是说明古人对呼吸、血液循环生理早已有所认识的证据。例如在评价《黄帝内经》的医学理论成就时，经常可以见到"《内经》对血液循环已有明确肯定的认识"，"对肺的呼吸作用及其与血液循环的关系，似乎已有模糊的认识"①；其"血液循环理论也和近代生理相近"②；或"和现代生理学说无异"③ 等等。国外学者褒誉这是"血液循环系统的第一次提示"，是"颇为惊人的预言"④。当然也有持"皮里春秋"的态度，而不加评述者。但在总体上基本看不到明确的否定性评价或深入的分析。

为要说明中国古代医学在呼吸、循环生理机能方面乃是循着一条与西方医学完全不同的认识途径，因而必然不可能形成相同的认识，有必要先复习一下西方医学以实证科学为基础，逐步完成对于呼吸、循环生理机制的认识过程，方能与中国古代医学进行比较。

1. 对于血液循环的认识

在血液循环发现之前，盖伦(Galen，129～200)提出潮汐说，认为血液经同一条道路再流回

① 贾得道，中国医学史略，山西人民出版社，1979年，第53页。
② 范行准，中国医学史略，中医古籍出版社，1986年，第28页。
③ 俞慎初，中国医学简史，福建科学技术出版社，1983年，第35页。
④ 〔德〕文士麦，世界医学五千年，中译本，人民卫生出版社，1985年，第16～17页。

心脏，像潮汐那样涨落不已，该理论一直盛行不衰。尽管这种理论并不正确，但“他在活的动物身上进行实验，由此考察了心脏的作用”，“是古代最值得注意的两个实验之一”①。其后，达·芬奇、维萨留斯通过尸体解剖，对心室中隔存在有小孔提出怀疑与否定；塞尔维特(M. Servetus，1509～1553)与柯伦波(M. R. Columbus，1516～1559)描述过肺循环；切萨宾诺(A. Cesalpino，1519～1603)对大循环作过推测；1603年法布里修(Fabricius，ab A. 1537～1619)又报道了静脉瓣，这些科学成就为哈维的发现奠定了基础。1628年，哈维(W. Harvey，1578～1657)的《心血运动论》(Movement of the heart and blood)出版，对于血液的循环过程作出了正确的描述②。哈维的正确认识不是靠思辨或先验的推理，据他自己所说，是根据“反复的活体解剖”③。

2. 对于呼吸的认识

在生理学中，呼吸与血液循环是密不可分的，只有弄清气体交换的机制，才能揭示肺循环的生理意义。

1617年，弗拉德(Fludd)把一个玻璃器皿倒立在水面上，在器皿里燃烧一些物体，结果器皿内的空气体积有了一定的缩小，接着火焰就熄灭了。胡克(R. Hooke，1635～1703)等人的研究证明空气中含有一种活跃的成分为燃烧与呼吸所必需，这显然就是现代人所说的氧气。胡克还证明，如果把一股气流不断地吹到肺上，胸壁的运动对于维持生命就不是必要的。洛厄(R. Lower，1631～1691)利用胡克的人工呼吸实验，弄清血液颜色的转变完全是由于血液在肺中与空气接触，吸收了一些空气的缘故，马约(J. Mayow，)在1669年阐明：“空气中含有生命所绝对必需的某种成分，这种成分在呼吸时进入血液里去。”然而“这一切健全的研究成果后来被人遗忘了，直到一百年以后方由拉瓦锡重新发现”④。

从上述的简略回顾中不难看到，阐明呼吸、循环的生理机制离不开实证的研究方法。而那些“中间环节”的作用尤为不可忽视，它们不但是最终达成完整的正确认识的必要基础，而且东西方医学体系的差异，恰恰是伴随着每一个“中间环节”的出现而逐渐加大的。例如盖伦的心血运动潮汐说固然不对，但他揭示了心脏的运动，对于后来正确认识的发展却是颇为重要的。而中国古代医学，始终没有认识到心跳这一最基本的生理现象与生命指征！从这一基点开始，即决定了中国古代医学的血液循环理论要与西方医学有本质的不同。

今本《黄帝内经》中有关心脏功能的典型论述是“心者，君主之官也，神明出焉”；“心者，生之本，神之变也”。虽然一再提到“心主身之血脉”，但这是建立在五行学说基础之上的一种划分方法，如同“肺主身之皮毛、肝主身之筋膜、脾主身之肌肉、肾主身之骨髓”一样，并不具有现代生理学的意义。

对于心脏及其他脏腑疾患的描述亦同样是根据五行配属关系进行划分的。作为一个实质性的器官，“心痛”是其主要病变之一。严重时可导致“旦发夕死，夕发旦死”⑤，与现代所说心肌梗死基本吻合。《灵枢·本脏》对各脏腑的疾患有较详细的描述，有关心脏的一节如下：

心小则安，邪弗能伤，易伤以忧；心大，则忧不能伤，易伤于邪。心高，则满于肺中，

① 〔英〕丹皮尔，科学史，中译本，商务印书馆，1979年，第103～104页。

② 详见《中国医学百科全书·医学史·心血运动论》，上海科技出版社，1987年，第252～253页。

③ 〔英〕丹皮尔，科学史，中译本，商务印书馆，1979年，第183页。

④ 〔英〕丹皮尔，科学史，中译本，商务印书馆，1979年，第185～186页。

⑤ 《灵枢·厥病》。

> 悗而善忘，难开以言；心下，则藏外易伤于寒，易恐以言。心坚，则藏安守固；心脆，则善病消瘅热中。心端正，则和利难伤，心偏倾则操持不一，无守司也。

总之，在所有关于心脏功能与疾患的描述中，未见有言及“心脏跳动”者，亦未涉及“脉律”与“脉率”的改变。

正是由于古人不知心脏跳动这一基本生理现象与生命指征，因而在言及猝死急救时，只知观察“呼吸”和体温。例如著名的先秦医家扁鹊诊虢太子“尸厥”之例，论其病属昏厥的根据是“子以吾言为不诚，试人诊太子，当闻其耳鸣而鼻张，循其两股以至于阴，当尚温也”①。

成书于东汉末年的《伤寒杂病论》救治自缢者时，所注意的生命体征之恢复亦是如此，“一人以手按揉胸上，数动之……如此一炊顷，气从口出，呼吸，眼开”。宋代《洗冤集录》的“救死方”中所依据的生命指征依旧不外呼吸与体温：“若心下温，一日以上犹可救”；“口噤，有微气者”；“但须心头温暖，虽经日亦可救”；或“若肉未冷”等。

推测古人未能认识“心脏跳动”的原因可能有二：一是中国古代虽然确有基于医学研究目的而进行人体解剖活动的记载，但这种尸体解剖是观察不到心脏跳动的；其二则是由于“心之官则思”这种对于心脏“官能”的普遍认识，使人不可能想象这个“君主之官”会昼夜无休止的跳动。而只有当险危临身时，才会出现征兆性的“心动”。例如《战国策·赵一》：“襄子如厕，心动，执问涂者，则豫让也”；《史记·高祖纪》：“高祖之东垣，过柏人，赵相贯高等谋弑高祖，高祖心动，因不留”。其中所言“心动”，显然与心跳之节律性运动不是一回事。同样，医家亦认为，“悲哀愁忧则心动，心动则五脏六腑皆摇”。然而人们不禁要问：对于每一个人均伸手可触，甚至可以观察到的左胸前的心脏跳动，难道古人就不知道吗？的确，古人知道心前区的跳动现象，但却没有认识到这是心脏的跳动：

> 胃之大络，名曰虚里，贯膈络肺，出于左乳下，其动应衣，脉宗气也。盛喘数绝者，则病在中；结而横，有积矣；绝不至曰死。乳之下，其动应衣，宗气泄也（《素问·平人气象论》）。

位于“左乳下”、“其动应衣”的心尖搏动，被解释成为“胃之大络”的跳动。尽管知道其重要性，“绝不至”者预示死亡即将来临；并将其称之为“脉宗气”，但其理论构想却是设想动力的来源在胃，在于胃靠消化吸收功能获得了力。对于不知自律神经控制心动的古人来说，这是一种十分自然，而且“合理”的解释。

在中国古代医学的理论体系中，虽然没有认识到以心脏为动力所构成的血液循环系统，但这并不等于说没有“循环”的思想。需要弄清的只不过是中国古代医学有关气血运行之理论构想的本来面目究竟是怎样的。

在中国古代医学与文化思想中，心脏“君主之官”的作用，实际上只能用于解释人类的精神活动，而气血生成与运行等生理活动的中心是“胃”：

> 五脏者，皆禀气于胃，胃者五脏之本也；人以水谷为本，故人绝水谷则死，脉无胃气亦死（《素问·玉机真脏论》）。
>
> 人之所受气者，谷也。谷之所注者，胃也。胃者，水谷气血之海也。胃之所出气血者，经隧也（《灵枢·玉版》）。
>
> 谷始入于胃，其精微者，先出于胃之两焦，以溉五脏；别出两行，营卫之道（《灵枢

① 《史记·扁鹊传》卷一百五，中华书局，点校本，1959年，第2788页。

·五味》)。

正是基于这种胃为气血之源头的生理学认识,因而构筑起以胃为中心的循环体系。即中医经络学说体系的循环模式:气血的运行起始于手太阴肺之脉,而手太阴之脉并不起始于肺,而是“起于中焦”。经过五脏六腑十二经脉相互衔接所构成的循环圈后,复归之于肺①。十二经脉,在马王堆出土帛书中原本是各自独立、互不相连的;至《灵枢·经脉》,通过调整经脉走向和增加支脉内容,方使十二经脉构成了“如环无端”的循环圈。这一发展,显然是为了构筑这个可以解释人身气血运行的循环图而加入的。

误将中医所说“经脉流行不止,环周不休”解释为现代医学所说的血液循环者,大多是由于没有深入考察两种医学体系不同的理论构造模式,盲目推断:“在大体解剖上已了解到心脏与脉管相通,血液是循环不息并受到心脏支配的”②。而没有考虑到就大体解剖之所见而言,实可谓无处不与脉管相通,而且这也不足以使人认识到血液循环是由心脏支配的。《灵枢·动输》有关足背动脉为何会跳动的解释,清楚地表明了这一点:“足之阳明,何因而动?岐伯曰:胃气上注于肺……此胃气别走于阳明者也。”因而虽然在五行配属上为“心主血脉”,但在实际的病理学解释上常可看到与胃的密切关联:“胃不实则诸脉虚”;“胃中空则宗脉虚”等。这种以胃为中心的循环思想,在医学理论中概括为“营”、“卫”两气的运行。即:

> 人受气于谷,谷入于胃,以传与肺,五脏六腑,皆以受气。其清者为营,浊者为卫。营在脉中,卫在脉外,营周不休,五十而复大会(《素问·痹论》)。

有关“营气”运行的解释较为明确,其源头始自胃,然后传之于肺,依十二经脉手足、阴阳相互配属的关系依次运行。但在到达最后一条经脉“足厥阴肝经”后,没有像《灵枢·经脉》所构造的那样,通过“支脉”与肺相接,而是构造了另一种循环方式,即通过任脉与督脉相成总数为十四条经脉的“循环圈”(图 4-3)。

“卫气”虽然亦产生于胃,但属“水谷之悍气也,其气慓疾滑利,不能入于脉也,故循皮肤之中,分肉之间,熏于肓膜,散于胸腹”③。有关其循行的描述较为杂乱,概括地讲是“一日一夜五十周于身,昼日行于阳二十五周,夜行于阴二十五周,周于五脏”④。因其与“血液循环”关系不大,故可略而不论。

呼吸与心跳的不同在于这一现象是如此明确地关联到躯体的表面,乃至毫无疑义地会被每一个正常的人所感知,并十分容易地即可了解到呼吸与生命的必然联系。然而要想正确地解释呼吸生理,则必须对肺循环及气体交换有所认识。否则,就不可能设想呼吸过程仅仅是在肺部完成的。如果气体仅仅是被吸入肺中遂即呼出。呼吸的意义又何在呢?对于中国古代医学来说,其认识水平恰恰是处于这样的阶段,那么他们对与生共存的呼吸现象是如何解释的呢?

《灵枢·五味》说:“五脏六腑,皆禀气于胃,……其大气之精而不行者,积于胸中,命曰气海,出于肺,循咽喉,故呼则出,吸则入。”使人感觉到其对呼吸的理解是气从肺呼出,但气体的循环路径似乎是:

---

① 详见《灵枢·经脉》。

② 韦以宗,中国骨科技术史,上海科学技术出版社,1983 年,第 20 页。

③ 《灵枢·营卫生会》。

④ 《灵枢·卫气行》。

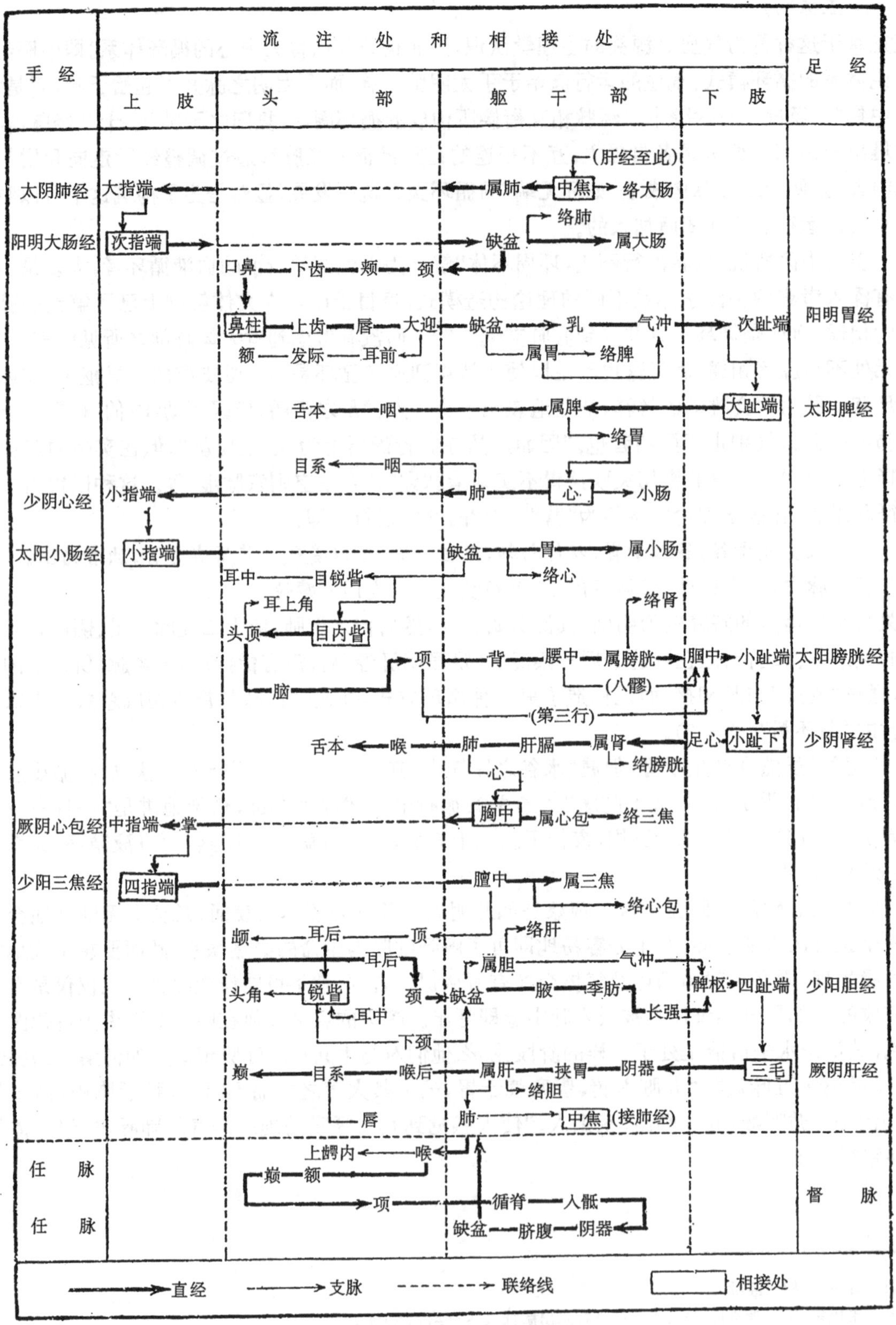
手经
流注处和相接处
上肢
头部
躯干部
下肢
足经
太阴肺经
(肝经至此)
大指端
属肺
中焦
络大肠
阳明大肠经
次指端
缺盆
络肺
属大肠
口鼻
下齿
頞
颈
鼻柱
上齿
唇
大迎
缺盆
乳
气冲
次趾端
阳明胃经
额
发际
耳前
属胃
络脾
舌本
咽
属脾
大趾端
太阴脾经
络胃
目系
咽
少阴心经
小指端
肺
心
小肠
太阳小肠经
小指端
缺盆
胃
属小肠
耳中
目锐眥
络心
耳上角
络肾
头顶
目内眥
项
背
腰中
属膀胱
腘中
小趾端
太阳膀胱经
脑
(八髎)
(第三行)
舌本
喉
肺
肝膈
属肾
足心
小趾下
少阴肾经
络膀胱
心
胸中
属心包
络三焦
厥阴心包经
中指端
掌
少阳三焦经
四指端
膻中
属三焦
络心包
络肝
顱
耳后
项
耳后
属胆
气冲
头角
锐眥
颈
缺盆
腋
季肋
髀枢
四趾端
少阳胆经
耳中
长强
下颈
巅
目系
喉后
属肝
挟胃
阴器
三毛
厥阴肝经
络胆
唇
肺
中焦
(接肺经)
任脉
上齶内
喉
巅
额
项
循脊
入骶
督脉
任脉
缺盆
脐腹
阴器
直经
支脉
联络线
相接处

图 4-3　营气流注示意图

气→入胃 →“精而不行者”→ 积于胸中 → 肺→循咽喉而出

　　　　 →部分循经脉(或在经脉之外) 运行周身

另外，在《素问·经脉别论》中有这样一段颇值得研究的话：

> 食气入胃，散精于肝，淫气于筋；食气入胃，浊气归心，淫精于脉，脉气流经，经气归于肺，肺朝百脉，输于皮毛。毛脉合精，行气于府，府精神明，留于四脏，气归于权衡，权衡以平，气口成寸，以决死生。

几乎所有的注释均将此段文字说成是“食物”入胃的消化吸收过程。但在整个今本《黄帝内经》中，凡言及消化吸收时，一般均称“谷入于胃”[①]，且自然要涉及血的生成，而在此段文字中不仅根本没有涉及到血的生成，而且先后 9 次提到“气”字。显然，将“食气”二字释为“食物”是欠妥的。“食”字用作动词为“受纳”之义。马王堆帛书《十问》将吸气称之为“食气”，《淮南子·地形训》与《论衡·道虚篇》称养生家行呼吸吐纳之术亦为“食气”。如果这个解释能够成立，则不仅可以看作是当时对呼吸生理的解释，从而领悟诸如前引“胃者，水谷气血之海。胃之所出气血者，经遂也”等许多经文的含意，而且还能有助于理解当时所行随呼吸进针之补泻方法的立意。即呼吸之气随人身经脉而遍布全身，故“候呼引针，呼尽乃去；大气皆出，故命曰泻”；反之“候吸引针，气不得出”，并要用左手按压针孔“推阖其门，令神气存，大气留止，故命曰补”。

至东汉《难经》成书时，对于气体在体内的循环提出了新的构想：“呼出心与肺，吸入肾与肝，呼吸之间，脾受谷味也。”三国吕广的注释是：“心肺在膈上，脏中之阳，故呼其气出；肾肝在膈下，脏中之阴，故吸其气入。”

在《难经》解释“脉不满五十动而一止，一脏无气”时，再次重复了同样的观点：“今吸不能至肾，至肝而还，故知一脏无气者，肾气先尽也。”

《难经》还构想了一个“生气之原”，即人体三维空间的中心点。称：“十二经脉者，皆系于生气之原。所谓生气之原者，谓十二经之根本也，谓肾间动气也，此五脏六腑之本，十二经脉之根，呼吸之门。”以呼吸释脉动、释气血运行之力的来源，亦是古人的一种理论构想。《灵枢·五十营》言：“一呼脉再动，气行三寸；一吸脉亦再动，气行三寸。(一昼夜)一万三千五百息，气行五十营于身……凡行八百一十丈也。”其后，《伤寒论·平脉法》中亦谈到“呼吸者，脉之头也”。宋代陈言则称：“凡诊脉，须先识脉息两字，脉者血也，息者气也。脉不自动，为气使然。”

总之，由于不知道心脏搏动的生理，则自然要以“气”作为血液运动的动力之源；由于不知道气体交换的机理，则必然要想到气在周身运行。而在这些气血的运动过程中，经脉体系则成为必然的通道。这也就是经脉学说何以在基础理论体系中占据如此重要地位的根本原因。

二　解剖知识与医学理论

(一) 解剖与度量

自明末清初西方医学逐渐传入之后，解剖学作为一种新的医学知识，对传统中医的思想产

① 如《灵枢》“经脉”言：“谷入于胃，脉道以通，血气乃行”；“口问”言：“谷入于胃，上注于肺”；“营卫生会”言：“谷入于胃……其清者为营，浊者为卫”等。

生了一定的影响。如生活于乾嘉之朝的王学权认为西方解剖学知识“足补华人所未逮”；其孙王升亦云：“若非泰西之书入于中国，则脏腑真形，虽饮上池水者，亦未曾洞见也。”[①] 此后，常见有人以解剖学知识的有无，来论说东西方医学体系的区别。如民国时期的医家杨则民(1893～1948)在《对于中央国医馆统一病名建议书提出之意见》中说：“国医不习解剖，未谙内景，于起解剖病变之疾患，未能灼然若西医，此诚事实也。”[②] 基于认为中医本无解剖、或不重形质这样一种观念，故对清代医家王清任所行脏腑形态考察之举，多以为具有划时代的“革新”意义。

然而如前所述，在中国历史上，明确出于医学研究之目的的解剖活动，可以上溯到西汉末期王莽令太医与巧屠刳剥人体、量度五脏、以竹筳导其脉之事。《灵枢·经水》说：

> 若夫八尺之士，皮肉在此，外可度量切循而得之；其死可解剖而视之。其脏之坚脆；腑之大小，谷之多少；脉之长短，血之清浊，气之多少；十二经之多血少气，与其少血多气，与其皆多血气，与其皆少血气，皆有大数。

作为“解剖”与“度量”的具体表现，在今本《黄帝内经》中可见“骨度”、“脉度”，以及各经脉气血多少的详细记载。《素问·骨空论》对各骨之上的“孔”均有说明。其中尤以消化道的长度与容积测量最为突出：

> 唇至齿长九分，口广二寸半；齿以后至会厌，深三寸半，大容五合。舌重十两，长七寸，广二寸半。咽门重十两，广一寸半，至胃长一尺六寸。胃纡曲屈，伸之，长二尺六寸，大一尺五寸，径五寸，大容三斗五升。小肠后附脊，左环回迭积，其注于回肠者，外附于脐上，回运环十六曲，大二寸半，径八分分之少半，长三丈二尺。回肠当脐左环，回周叶积而下，回运环反十六曲，大四寸，径一寸寸之少半，长二丈一尺。广肠传脊，以受回肠，左环叶脊，上下辟，大八寸，径二寸寸之大半，长二尺八寸。肠胃所入至所出，长六丈四寸四分，回曲环反，三十二曲也(《灵枢·肠胃》)。

虽然古今尺度不一，但研究者据大、小肠长度的比例计算，知其所载是符合客观实测的。因而早在50年代学术界就已指出，中国古代也曾具有一定水平的人体解剖知识[③]。但对于这些解剖知识与中医学理论体系的建立间有何联系，则未见足够的重视。以为“古代医学无论从思想上还是方法上都紧紧依赖于哲学，甚至用哲学的语言和规律来解释人体的生理、病理现象。……理论可以不受解剖形态学发展的束缚而独立发展”，[④] 乃是极为普遍的观点。然而实际上，就解剖知识与医学理论的关系而言，中国医学的特点恰恰是在于将可能有的解剖知识与理论的建立紧密结合在一起，没有形成像西方那样的独立的解剖学体系——正如黑格尔所说：“解剖学是就身体各部分之为僵死的存在物而取得的知识。……在这样一种不配被称之为科学的知识堆积里，……通常也就是叙述内容本身如神经、肌肉等等……”[⑤]

简单地说，中医学之所以将胃肠等称之为“府”，正是依据其“传化物而不藏，实而不能满”的形态与功能。而一些令现代人难于理解的生理学论说，同样也是建立在形态学知识基础之上的。

---

① 清·王学权，《重庆堂随笔》，中医古籍出版社，1987年排印版，第12，84页。

② 引自董汉良《杨则民生平事略与其对中医统一病名的见解》，中华医史杂志，1986，(1)：37。

③ 参见黄胜白《二千年前中国人的人体解剖学》，中医杂志，1955年4期；又侯宝璋《中国解剖史》，医学史与保健组织，1957年2期，等。

④ 任旭，中医学术思想对手术疗法的影响，中华医史杂志，1986，(2)：102。

⑤ 黑格尔，精神现象学，中译本，商务印书馆，1962年，上卷，第1页。

（二）"奇恒之腑"胆

古代虽能通过解剖实践直观地看到各个内脏器官，但因没有必要的生理、生化知识而不能对其功能作出完全正确的解释。例如肝、胆、胰有管道与胃肠相通，当时的医家出于主观推理，以为这些管道是饮食精微的吸收途径，"胃之所出气血者，经隧也"[①]。这些通道应该属于胃之"五窍"[②]的构成内容。认为胆囊中的"精汁"[③]应该充盈饱满，藏而不泻。如果胆囊松弛、精汁不满，则为"怯士"[④]，"胆汁泻，则口苦"[⑤]。由此可知古人尚未认识到胆汁来源于肝，向肠道分泌的正常流向，而是反过来，以为其来源于胃肠。这种看法一直到清代的解剖名人王清任时仍然如是，在他所画的脏腑图中，明确画出了胆总管的开口，并称其为"津门"。这正说明古代解剖知识虽然是十分初级的、有限的，但却为中医理论的建立提供了依据。

胆虽属六腑之一，但这仅是就其空腔性脏器的形态而言。《素问·六节脏象论》仅是将胆之外的五个"腑"称之为"器"，言其功能为"能化糟粕，转味而入出"。而在《素问·五脏别论》中，则更加明确地将胆与脑、髓、骨、脉、女子胞并列，合称"奇恒之腑"，功能为"藏而不泻"。

脏腑学说的建立，是以形态与功能两方面的认识为基础。认识形态依靠解剖，解释功能则含有推理的成分。由于胃肠道的直观连续，所以当时能得出较正确的形态、功能认识。而对那些有赖生理、生化知识方能真正了解的生理机制，则不可能产生与现代医学相一致的看法。可以说，如果中国古代没有一定的解剖形态知识，或不以这些知识服务于理论的建立，则不会有"奇恒之腑"这一名称；而苟若不以历史的眼光看问题，也就难以从功能认识方面弄清古人与今人究竟有何不同。

（三）"六腑"中的"三焦"

"三焦"一词首见于今本《黄帝内经》，书中明确指出三焦为人体脏器之一，与胆、胃、大肠、小肠、膀胱五者并称为"六腑"。三焦的焦字，原本作"膲"，这在《灵枢》、《脉经》、《针灸甲乙经》等书中均可见到。"膲"字的意思是不实之肉，高诱注《淮南子·天文训》之"膲"字为"肉不满"；《灵枢·根结》有"毛腠夭膲"之语，意思均大致接近。这就是三焦腑的具体形态，亦即腹腔内除有名可指之脏器以外所余的全部。

《素问·灵兰秘典论》说："三焦者，决渎之官，水道出焉"；《灵枢·本输》则谓："三焦者，中渎之腑也，水道出焉。属膀胱，是孤之腑也，是六腑之所与合者。"渎，《说文》云："沟也"；段注："凡水行之孔曰渎，大小皆得称渎。"在《灵枢·根结》中还能找到一个自注："渎者，皮肉宛膲而弱也。"此处以膲释渎，又以"中渎之腑"释"三膲"，两字互训可知三焦一腑实乃腹腔中的腹膜脏层包裹脏器所形成，包括大、小网膜等一切"不实之肉"。因其覆盖在脏器之外，并将其连为一体，所以才有"外腑"、"六腑之所与合者"等各种解释。

古代一些注家对此没有正确的理解，因而或以为三焦当包括胸、腹腔之全部；或推而广之，

---

① 《灵枢·玉版》。
② 《灵枢·胀论》。
③ 《难经·四十二难》。
④ 《灵枢·论勇》。
⑤ 《灵枢·四时气》。

以为三焦是将人体划分为上、中、下三部；或局限在胃部、油膜等等①。这只要看一下《灵枢·经脉》的记载即可明确解决："三焦手少阳之脉，起于小指次指之端……入缺盆，布膻中，散落心包，下膈，循属三焦。"同篇在叙述与其相表里的心包络之脉时说："心主手厥阴心包络之脉，起于胸中，出属心包络，下膈，历络三焦"。这两条与三焦腑有直接连系的经脉，均在"下膈"之后与三焦腑相通，其本经称为"属"，表里经称为"络"。这就说明三焦腑的定位只能是在膈下，与膈上并无干系。另外还应注意到《灵枢》在记述十二经脉时，独在这两条经脉中提"循属"与"历络"，其他十条经脉至其本脏（或腑）时但言"属"，至表里相关之器官时只言"络"。可知三焦腑的范围较一般脏腑的范围大得多。此与腹腔内大量"膲"的分布情况正相一致。

那么，三焦腑的"水道"功能是什么意思呢？

从饮食入口至排出，整个过程通过一条由口至肛的管腔而完成，古人对此有正确的描述，乃是得益于形态学解剖的基本知识。但其中的精华物质如何被吸收？液体物质入胃后，在没有直接的管腔联系胃肠道与膀胱的情况下，又不知道肾循环的尿生成原理，水液如何从胃肠中"泌别清浊"而至膀胱？这两点实际是古代医学在代谢生理方面集中阐述的问题，其中包含着有关三焦腑功能的解释。

（四）代谢理论

近代医学虽已明确营养吸收主要是在小肠内进行，但古典医籍中却以为这一过程是在胃部进行的。"谷始入于胃，其精微者，先出于胃之两焦，以溉五脏；别出两行，营卫之道。"② 有关属于胃的上、中二焦的功能有这样一些解释："上焦开发，宣五谷味，熏肤、充身、泽毛，若雾露之溉，是谓气"；"中焦受气，取汁变化而赤，是谓血"③。"中焦亦并胃中，出上焦之后，此所受气者，泌糟粕，蒸津液，化其精微，上注于肺脉，乃化而为血，以奉生身，莫贵于此。"④ 因此，在《灵枢·经脉》中胃的"所主"被定为"是主血所生病者"。类似文字颇多，大都与此同义，说明当时的确认为吸收功能是在胃部，并且明确指出是通过"胃之两焦"进行的。当时何以会产生这样的吸收理论呢？这是因为在人或动物腹腔中，可以看到与胃联系密切的腹膜脏层形成了大小网膜，特别是在小网膜左部形成的肝胃韧带中，包裹着胃左右动脉、静脉、胃上淋巴结和神经等；右部形成的肝十二指肠韧带中，包裹着胆总管、肝固有动脉、门静脉三个重要结构，以及淋巴和神经等，二者皆具备"膲"、"渎"之性质。综合《素问》有关"胃之所出气血者，经隧也"和"食气入胃，散精于肝，淫气于筋"⑤ 的说法，可以推知古人确将这些管道视为重要的吸收途径。这与古代医学家认为胆藏精汁，藏而不泻，故称"奇恒之腑"的思考是一致的。

在《素问》的另一篇中，谈到"四肢各禀气于胃，而不得至经，必因于脾，乃得禀也。"这是因为"脾与胃，以膜相连耳，而能为之行其津液"⑥。在人体内可以看到脾与胃同属腹膜内器官，均被腹膜脏层包裹而连为一体，正如上文所说"以膜相连"。在不同的篇节中出现不同的吸收途径，这或许与早期学说传承不一有关，但其相同之处在于均是以客观形态为基础，来推衍解释

---

① 详见任应秋《中医各家学说》，上海科学技术出版社，1980年，第186～190页。

② 《灵枢·五味》。

③ 《灵枢·决气》。

④ 《灵枢·营卫生会》。

⑤ 《素问·经脉别论》。

⑥ 《素问·太阴阳明论》。

人体的吸收生体、构筑理论体系。

在中医基础理论中,水液的代谢与肾脏是无直接关系的。这是因为在那个时代,人们对肾循环、尿生成的生理、生化尚一无所知。有时提到水病与肾相联系,实际上是基于五行配属中“肾主水”的说法。直到19世纪的王清任,也只是说:“两肾凹处有气管两根,通卫总管,两傍肾体坚实,内无孔窍,绝不能藏精。”① 他又认为“膀胱有下口,无上口”,这就无怪当时中外医学都只能认为水液是渗入膀胱的了。再看今本《黄帝内经》的解释:

足太阳(膀胱)通水道;手太阳(小肠)……水道出焉(《灵枢·经水》)。

下焦者,别回肠,注入膀胱,而渗入焉;俱下于大肠而成下焦,渗而俱下,济泌别汁,循下焦而渗入膀胱焉(《灵枢·营卫生会》)。

从这些记载可以看出,水液代谢是通过小肠和大肠到达膀胱完成的。既然是从大、小肠通过“膲”(下焦)到达膀胱,其物质形态舍腹膜下部所形成的各部分则别无可指了。当水液“别于回肠,留于下焦,不得渗膀胱”时,“则下焦胀,水溢则为水胀”②。这当然是指腹水症,而此症的积水正是停滞于腹膜腔内。

人体除自饮食物中取得“造血”的物质外,还要吸收津与液。所谓津液,即人体内存在的有益的液态物质。浓度较低的称为津;浓度较高的称为液,如脑脊液、关节腔内的液体等。津液的吸收途径在《素问》和《灵枢》中观点又不一致。前者认为“膀胱者州都之官,津液藏焉,气化则能出焉”③。其意是津、液与水自三焦水道一并进入膀胱后,再由膀胱腑取其精华。如果膀胱腑的“官能”失司,则与尿液一齐丢失,即当表现为尿液混浊的膏淋之疾。而后者认为:“水谷皆入于口,其味有五,各注其海,津液各走其道。故三焦出气以温肌肉;充皮肤,为其津;其流而不行者为液。”④其意乃是在渗入膀胱之前已由三焦腑取其津液,直接“内渗入于骨空,补益脑髓”⑤了。这种理论解释的产生,亦当与在形态上可以看到包裹着小肠的整个肠系膜植根于脊骨内侧有关,直到清代王清任仍旧保持这种观点。又是在这种形态学知识的基础上,《灵枢·经脉》将大肠的主病定为“是主津液所生病”;小肠的主病为“是主液所生病”。这比《素问》认为依靠膀胱的气化功能吸收“津液”无疑是进了一步。自饮食入口,到营养吸收、水液代谢之后,糟粕自“魄门”(肛门)排出,在今本《黄帝内经》中已各有交代,构成了古代的代谢理论体系。

一般认为中国古代医学对于人体内部的形态构造、解剖知识并不重视。应该说这种现象的产生,主要是在东汉以后,即以《难经》为代表之医学时代之来临。故其中元气、命门等学说成为理论的核心,此后的医学理论发展沿袭着这条道路,又出现了子午流注、五运六气、以《易》释医等内容。使人误以为传统医学之本貌即是如此,而对于古典医籍的解释亦不免有南辕北辙之处。

---

① 清·王清任,《医林改错·亲见改正脏腑图》卷上,上海科学技术出版社,1966年版,第7页。

② 《灵枢·五癃津液别》。

③ 《素问·灵兰秘典论》。

④ 《素问·灵兰秘典论》。

⑤ 《灵枢·五癃津液别》。

三　对疾病的认识

(一)疾病的名称

在本书第二章中业已谈到，最早见于殷商甲骨文中的疾病名称，大多是以"疒"加躯体部位的方式作为疾病的名称；其后逐渐出现了记述各种疾病的专用文字。特指某一疾病现象之名称术语的不断增加，从一个侧面反映出医学知识的发展与进步。

马王堆出土的医学著作中，《五十二病方》是以不同疾患的名称为题，计有 52 种；加上其他著作所涉病证名称，大约已有百余种。至今本《黄帝内经》中，所论病证的名称则更为繁多，大致可以归纳为经脉之病、脏腑之病、阴阳气血津液之病、情志之病、风寒暑湿燥火等外感"六淫"之病，以及按病症部位和特点命名的各种疾病。从这些病证名称中，虽然可以看到有依经脉、脏腑、外感、内伤等不同系统进行归纳整理的迹象，但从总体上讲，病名的确定并无统一的标准。这一方面是由于今本《黄帝内经》属汇集不同医家的论著而成所决定，另一方面也反映出中国传统医学的一个基本特点：即在认识疾病性质时，往往并不是简单地将某一具体的临床症状或有形的病变视为一个独立的疾病，而是要将病人临床表现出的各种症状(例如头痛、发热、腹泻)及各种相关因素(如体质的虚实、贫富之殊、鳏寡孤独等)加以综合分析，探求其病理变化的实质所在。由此得出的一些抽象概念(如虚、实、寒、热、表、里、瘀、痰)等，既可看作是对病因的剖析，亦可看作是诊断的术语——疾病的名称。这些抽象概念所反映的乃是疾病的本质，据此方能进一步确定相应的具体治疗方案。由于这一基本特点的存在，因而人们认为中国传统医学的治疗法则是"辨证施治"，而不是针对某一临床表现——"症"。然而实际上对于"辨证"的强调，乃是在近代西方医学传入之后，人们思考与比较两种不同医学体系之异同时才出现的。一般民众在切身亲验两种医学后，只是认为西医西药治"标"，见效快而不治病；中医治"本"，见效慢却能"断根"。学术研究者则注意到中医的疾病名称往往只是一个抽象的概念，无法与近代医学的疾病名称相合，如此才形成了有关"辨证"与"辨病"不同的解说。但在中国古代文字中，"症"与"证"的用法并不存在如此明确的界定；"症"，古皆作"证"。更由于根本不存在西方医学体系的比照，所以亦不可能促使医家逻辑地思考"症"、"证"之间确实存在着概念的差异。细观中国古代几千年的医学发展历史，其中"对症下药"、以症为病的记述并不鲜见；本草书中均载有各药或单行、或组方，可以具体治疗某症或某病的用法；方书类著作亦如此。属于经验医学性质的"对症下药"，不仅是早期医学的主体，而且始终是医药知识、治疗行为的组成部分，一直延续至今。辨证论治作为理论医学的重要特征，乃是伴随着文化与医学的逐渐进步才开始出现并不断发展的，而可以称之为"证"的抽象病名的成立，则与传统医学的病因、病机认识有着密切的关系。

(二)病因的解释

自春秋战国以来，在病因的解释中，已能看到从"超自然"到"自然"的明显转变。至秦汉时期，从躯体自身的变化及受外界客观因素影响而致病的角度解释疾病的成因，已成为理论医学的主体。《吕氏春秋·达郁》中有一段以人体生理与疾病为例言说政事的论述，极好地反映出社会的一般看法：

凡人三百六十节，九窍五脏六腑，肌肤欲其比也，血脉欲其通也，筋骨欲其固也，心志欲其和也，精气欲其行也，若此则病无所居而恶无由生矣。病之留、恶之生也，精气郁也。故水郁则为污，树郁则为蠹，草郁则为蒉。

又说：

郁处头则为肿为风，处耳则为挶为聋，处目则为瞒为盲，处鼻则为鼽为窒，处腹则为张为府，处足则为痿为蹶(《吕氏春秋·尽数》)。

这种解释虽然看起来很像中医学理论中调整气机的思想原则与治疗方法，但必须注意到其中所强调的“精气”。可以说在秦汉时期，病因学的解释仍旧认为许多疾病的本质均是由有形之外物的侵入所致，如：

夫病之始生也，极微极精，必先入结于皮肤(《素问·汤液醪醴论》)。

(邪气)中人也，方乘虚时及新用力，若饮食汗出，腠理开而中于邪。中于面，则下阳明；中于项，则下太阳；中于颊，则下少阳。

邪入于阴经，则其脏气实，邪气入而不能容，故还之于腑。故中阳则溜于经，中阴则溜于腑。

虚邪之中身也，洒淅动形；正邪之中人也，微，先见于色，不知于身，若有若无，若亡若存，有形无形，莫知其情(《灵枢·邪气脏腑病形》)。

从中可以看出，在病因方面的认识进步，首先表现为从鬼物作祟过渡到非特指的、虽不可见但却属有形的“精气”致病。中国传统医学始终极为重视的“外感六淫之气”，在今人的思考中多是从自然界气候、温度变化可导致疾病发生的角度去理解，但在当时，所谓“六淫”之邪，乃是实实在在的有形之“气”侵入人体。故“上古圣人之教下也，皆谓之虚邪贼风，避之有时”①。对于风、寒、暑、湿、燥、火等致病因素，秦汉之时最重“风邪”，认为“风”是“百病之长”。“风寒客于人，使人毫毛毕直，皮肤闭而为热”，这与发热是临床最常见病症的客观状况相吻合；“当是之时，可汗而发也；或痹不仁、肿痛，当是之时，可汤熨及火灸刺而去之”，这又说明灸、刺等外治之法原本均含有直接驱除外邪的意思(参见本书第二章中有关外治法起源的解说)。“弗治，病入舍于肺，名曰肺痹。”② 其后，侵入人体的风寒之邪还可传之于肝、脾、肾、心，引发各种脏腑疾患。可见，古代对于“风”这一病因的思考，与今人是完全不同的。

饮食所伤，亦是当时十分注重强调的病因之一，但其内涵与今人所思考的饮食不节、损伤脾胃，致使营养不良等同样存在着许多不同。由于“平人之常气禀于胃，胃者平人之常气也”③，所以饮食之气味与各脏腑的病变有着直接的关系，“阴之五宫，伤在五味”④：

是故多食咸，则脉凝泣而变色；多食苦，则皮槁而毛拔；多食辛，则筋急而爪枯；多食酸，则肉胝䐢而唇揭；多食甘，则骨痛而发落，此五味之所伤也。故心欲苦，肺欲辛，肝欲酸，脾欲甘，肾欲咸，此五味之所合也(《素问·五脏生成》)。

从表面上看，饮食五味之说似乎只是五行类分的一种表现形式，但其中实含有饮食外物进入人体，如何影响脏腑功能、产生疾病等生理、病理学性质的内容。

---

① 《素问·上古天真论》。
② 以上所引均见《素问·玉机真脏论》。
③ 《素问·平人气象论》。
④ 《素问·生气通天论》。

情志刺激致病，是病因学的一大组成部分。喜、怒、忧、思、悲、恐、惊等情志变化引发的疾病，称之为七情所伤。由于形神一元论观念的影响，在医学理论中强调的是伤神最终导致伤形：

心，怵惕思虑则伤神，神伤则恐惧自失，破䐃脱肉，毛悴色夭，死于冬。

脾，愁忧而不解则伤意，意伤则悗乱，四肢不举，毛悴色夭，死于春。

肝，悲哀动中则伤魂，魂伤则狂忘不精，不精则不正，当人阴缩而挛筋，两胁骨不举，毛悴色夭，死于秋。

肺，喜乐无极则伤魄，魄伤则狂，狂者意不存人，皮革焦，毛悴色夭，死于夏。

肾，盛怒而不止则伤志，志伤则喜忘其前言，腰脊不可以俛仰屈伸，毛悴色夭，死于季夏。

恐惧不解则伤精，精伤则骨痠痿厥，精时自下。是故五脏主藏精者也，不可伤，伤则失守而阴虚；阴虚则无气，无气则死矣（《灵枢·本神》）。

从哲学意义上讲，这种五脏藏神、魂、魄、意、志的理论，属于"气"的一元论。人的魂、魄，即所谓"灵魂"的本质，也是一种气，或称之为"精气"。所以精神疾患与肉体疾患没有本质的区别，这就决定了在中国传统医学中不可能产生像近代西方医学那样独立的精神医学专科，亦不会像西方古代将精神病患者视为"巫"而加以种种虐待。种种精神、情志的异常表现，均依五行配属、五脏藏神的理论被归属于脏腑病变之中。在中国古代，虽有占梦术的存在，而且在占星术昌盛之前，占梦对于言说国家大事起着决定性的主导作用，但在医学理论中，梦仅仅是被视为邪气客于躯体各部的一种表现形式。例如：

阴气盛，则梦涉大水而恐惧；阳气盛，则梦大火而燔焫；阴阳俱盛，则梦相杀。上盛则梦飞，下盛则梦堕；甚饥则梦取，甚饱则梦予；肝气盛，则梦怒；肺气盛，则梦恐惧、哭泣、飞扬；心气盛，则梦善笑恐畏；脾气盛，则梦歌乐，身体重不举；肾气盛，则梦腰脊两解不属。凡此十二盛者，至而泻之，立已（《灵枢·淫邪发梦》）。

与外邪侵入、客于人体而致病紧密相关的病因学理论，是对于"虚"的思考。"其有不从毫毛而生，五脏阳以竭也。"[①] "虚"证的内涵，亦有从"有形"到"无形"的逐渐演变过程。当人们对于疾病的认识处于以为病邪属有形之实体的时期，必然要考虑病邪的侵入要以躯体内存在着一定的实质性空间为条件。故有"邪之所凑，其气必虚"[②]；"邪气盛则实，精气夺则虚"[③]等论说。又如淳于意医案中有许多例均以"接内"为病因；养生之道中强调房事中不要漏泻阴精，均与防止阴气虚损的思考有关。但从总体上讲，在今本《黄帝内经》的许多篇节中，虚、实的概念已然相当抽象，经常是指阴阳平衡的失调；虚，往往是泛指人体气、血、阴、阳某一方面的不足。这一病因概念，对于中国传统文化中滋补药物倍受医家与广大民众青睐的历史与现状，有着直接的联系。

（三）病机的阐发

"病机"一词的成立，大约要迟至《素问》七篇大论的撰作时代。即如《至真要大论》中所说：

---

① 《素问·汤液醪醴论》。
② 《素问·评热病论》。
③ 《素问·通评虚实论》。

“谨候气宜，无失病机”；“审察病机，无失气宜”。并将“病机”归纳为19条：

诸风掉眩，皆属于肝；

诸寒收引；皆属于肾；

诸气膹郁，皆属于肺；

诸湿肿满，皆属于脾；

诸热瞀瘛，皆属于火；

诸痛痒疮，皆属于心；

诸厥固泄，皆属于下；

诸痿喘呕，皆属于上；

诸禁鼓慄，如丧神守，皆属于火；

诸痉项强，皆属于湿；

诸逆冲上，皆属于火；

诸胀腹大，皆属于热；

诸燥狂越，皆属于火；

诸暴强直，皆属于风；

诸病有声，鼓之如鼓，皆属于热；

诸病胕肿，疼酸惊骇，皆属于火；

诸转反戾，水液浑浊，皆属于热；

诸病水液，澄澈清冷，皆属于寒；

诸呕吐酸，暴注下迫，皆属于热。

故大要曰：谨守病机，各司其属。

以上“病机十九条”，虽不能概括病机学说的全部内容，但将临床常见的一些病证，从五脏、六气、上下等方面进行概括，确有执简驭繁的作用，并含有对疾病本质进行阐发的性质。据此，后世认为所谓病机的实质，乃是对于病理的阐发。从这个角度讲，今本《黄帝内经》中对于各种疾病发生、发展规律、机理的解释，均可称之为“病机”学说。概括地讲，在今本《黄帝内经》中，对于“病机”的阐发主要包括以下一些方面：

(1)外感热病主要是依从表入里，按太阳、阳明、少阳、太阴、少阴、厥阴分为六个阶段，各有不同的症状特点；或表现为表里同病，即一日太阳与少阴俱病，二日阳明与太阴俱病，三日少阳与厥阴俱病。

(2)脏腑病变，可依五行生克的规律相互传变，转变为另一种疾病。

(3)经脉病变有上下虚实、左右相互影响等种种解说。

(4)阴阳虚实是阐述病机时最常用的概念术语，几乎无处不在。故概言之：“阴阳者，天地之道也，万物之纲纪，变化之父母，生杀之本始，神明之府也，治病必求于本”①，这个“本”就是阴阳的盛衰变化。

由于疾病本身的复杂性，故病机的解说亦是多种多样的，不可能详加叙述。这些知识的总和，就是中国古代的病理学说。而其理论基础则不离阴阳五行、脏腑经脉。

---

① 《素问·阴阳应象大论》。

第三节　诊断技术

“四诊”，即通过望、闻、问、切四种方法了解病史、搜集体征，是中医学的基本诊断方法。

> 善诊者，察色按脉，先别阴阳；审清浊而知部分；视喘息、听音声而知所苦；观权衡规矩而知病所主；按尺寸观浮沉滑濇而知病所生。以治无过，以诊则不失矣（《素问·阴阳应象大论》）。

四诊本无贵贱之分，但在今本《黄帝内经》中只有《灵枢·师传》明确地提到问诊：“入国问俗，入家问讳，上堂问礼，临病人问所便”；“夫中热消瘅，则便寒；寒中之属，则便热”等等。然而这并不等于说问诊被忽略，因为有关各病症状的描述中，有许多属患者的主诉，而不是客观体征。例如全身各部位的疼痛、胀满，饮食、二便情况，梦中所见，等等。因此对“见其色，知其病，命曰明；按其脉，知其病，命曰神；问其病，知其处，命曰工”[①] 这种排列四诊贵贱的看法，岐伯的教诲是：“知一则为工，知二则为神，知三则神且明矣”[①]。

然而尽管在临床治疗中，医家必然是四诊合参，但在医学著作中突出强调的还是望色、察脉两大方法。“能合脉色，可以万全”[②]；“治之要极，无失色脉，用之不惑，治之大则”[③]。诊法的理论与技术性，亦主要是表现在望、切两法之中，由此构成了中国传统医学诊断方法的自身特点。

一　望　　色

望色诊病之法，可以追溯到先秦。《史记·扁鹊仓公列传》中所载扁鹊望齐侯之色而知病在腠理、血脉、骨髓等浅深层次之不同的故事，一直为医家称颂。其后，汉代名医淳于意受得《五色诊》，并有望色知病的验案记载。望色之法大致包括察目色、望皮肤之色、诊血络之色等几大方面，今本《黄帝内经》的一些篇节，分别有所记述。例如：

(1)察目色：“目赤色者病在心，白在肺，青在肝，黄在脾，黑在肾。”[④]

(2)诊血络之色：“凡诊络脉，脉色青，则寒且痛；赤则有热。胃中寒，手鱼之络多青矣；胃中有热，鱼际络赤；其暴黑者，留久痹也。其有赤、有黑、有青者，寒热气也。其青短者，少气也。”[⑤]

(3)望皮肤之色：“色见青如草兹者死，黄如枳实者死，黑如炲者死，赤如衃血者死，白如枯骨者死，此五色之见死也；青如翠羽者生，赤如鸡冠者生，黄如蟹腹者生，白如豕膏者生，黑如乌羽者生，此五色之见生也。”[⑥]

(4)察明堂之色：“明堂者，鼻也”；“沉浊为内，浮泽为外，黄赤为风，青黑为痛，白为寒，黄而膏润为脓，赤甚者为血痛，甚为挛，寒甚为皮不仁。五色各见其部，察其浮沉，以知浅沉；察其泽

---

① 《灵枢·邪气脏腑病形》。
② 《素问·五脏生成》。
③ 《素问·移精变气论》。
④ 《灵枢·论疾诊尺》。
⑤ 《灵枢·经脉》。
⑥ 《素问·五脏生成》。

夭，以观成败；察其散抟，以知远近；视色上下，以知病处。”①

望色的理论要点有二：其一是依五行配属及其生克关系，判断疾病属性及预后转归。其二是将面部视作人体的缩影，依某一局部的颜色判断疾病的部位。例如：“肝热病者，左颊先赤；心热病者，颜先赤；脾热病者，鼻先赤；肺热病者，右颊先赤；肾热病者，颐先赤”②，这种划分方法实质上仍未脱离五行方位配属，但在“五色独决于明堂”的论述中则基本上脱离了五行配属之说的框架，而是将鼻四周的面部区分为“五脏六腑肢节之部：

> 庭者，首面也；阙上者，咽喉也；阙中者，肺也；下极者，心也；直下者，肝也；肝左者，胆也；下者，脾也；方上者，胃也；中央者，大肠也；挟大肠者，肾也；当肾者，脐也；面王以上者，小肠也；面王以下者，膀胱子处也；颧者，肩也；颧后者，臂也；臂下者，手也；目内眥上者，膺乳也；挟绳而上者，背也，循牙车以下者，股也；中央者，膝也；膝以下者，胫也；当胫以下者，足也；巨分者，股里也；巨屈者，膝膑也。此五脏六腑肢节之部也（《灵枢·五色》）。

局部是全局的缩影，在一定程度上可以再现整体之像，这是许多领域中普遍存在的一种客观规律。这种学说，在现代被称之为“全息理论”。在生物学领域中，有人通过研究动植物及人类的“局部—整体”关系，提出了一个名之为“生物全息律”的理论学说③。其含义是说生物体很像一幅全息照片，每一局部都是整体的缩影，并能在一定程度上反映全局的情况。本世纪50年代以来，针灸学领域中曾经出现过形形色色的所谓“局部针法”，最为人知的当属“耳针疗法”，此外还有头皮针、鼻针、舌针、手针、足针等等，其相同之处均是在某一局部可以找到人体全局的缩小投影。前引“决明堂”、“望面”之论，可以说是这种学说的最早记述。此后，当眼科学形成一个独立分枝后，又形成了将眼部划分成“五轮八廓”的理论学说，其思想基础与此亦相同。从总体上讲，中国传统医学虽有许多从局部观全局的具体方法，但大多是依五行方位划分具体部位。这就是古今“全息”观念的异同之处。

望色固然是望诊的最主要内容，但望诊实际上还包含有许多其他方面的知识。例如对于形体的观望：“头倾视深，精神将夺矣；转摇不能，肾将惫矣”④ 等等。

二 切 脉

（一）早期的诊脉方法

《难经·十六难》在谈到诊脉方法时说：“脉有三部九候、有阴阳、有轻重、有六十首、一脉变为四时，离圣久远，各自是其法，何以别之？”足见早期的诊脉方法与理论是多种多样的，而且在东汉《难经》成书时，对于这些诊脉方法已不甚了解。《难经》对于这些早期的诊脉方法虽然有所解释，但却未能如实反映其本貌，因为《难经》“是藉《内经》之名，将古代传来各种脉法，并入两

---

① 《灵枢·五色》。

② 《素问·刺热》。

③ “生物全息律”由张颖清于1981年提出。详见其所著《生物体结构的三定律》，内蒙古人民出版社，1982年。参见孙祥燮等译《医学中的全息术》，世界科学，1983，(4)：30。

④ 《素问·脉要精微论》。

手寸关尺中，以成他的一家学说”①。站在今本《黄帝内经》是不同医家、不同时期医学论著之汇集这一基本点上，分析其中有关诊脉方法的记述，大致可将早期诊脉方法归纳为以下几种：

1. 三部九候法

“三部九候”的基本诊法是在人体上(头)、中(手)、下(足)三部各取动脉三处诊之，比较其大小变化等来判断疾病之所在。此法具有以下一些特点：

(1)有关此法的记载，仅见于《素问》，而不见于《灵枢》。在《素问》中，除有《三部九候论》之专篇介绍此法外，言及“三部九候”者，尚有《八正神明论》、《离合真邪论》、《调经论》。造成这种差异的原因，应考虑到“三部九候”在传统医学中虽然是一句颇具代表性和相当常用的术语，用以形容医家诊脉之细致，但在早期，这种脉法显然只是某一学派的诊脉方法，所以才会在《素问》与《灵枢》这两部重要的汇编性著作中出现上述差异。

(2)三部九候论者对寸口脉法持轻视态度。认为诊察寸口脉只能知道是否有病：“其至寸口中手也，时大时小，大则邪至，小则平”，但不足以判断具体病位，“在阴与阳，不可为度”，因而必须“从而察之，三部九候”；“不知三部者，阴阳不别，天地不分”。“故曰：刺不知三部九候病脉之处，虽有大过且至，工不能禁也。诛罚无过，命曰大惑……不知三部九候，故不能久长。”② 此派论者将三部九候法奉为至高，认为据此可知病之将发而调之，不必待病成而治之，“故曰上工”；甚至认为：“三部九候为之原，九针之论不必存也。”③ 故其与将“九针”奉为至高的《灵枢》作者有很大区别，学术间的分歧显而易见，这或许是此法不见于《灵枢》的因素之一。

(3)三部九候论者在建立自己的理论框架时，并非依据十二经脉、五脏六腑，而是引入了“天地之至数，始于一，终于九焉。一者天，二者地，三者人。因而三之，三三者九，以应九野。故人有三部，部有三候，以决死生，以处百病，以调虚实，而除邪疾”。后世注家对这种观念未予足够的重视，而将“上部天，两额之动脉；上部地，两颊之动脉；上部人，耳前之动脉”分别附会于足少阴脉、足阳明脉和手少阳脉，是不可取的。因为原文中只谈到：“(上部)天以候头角之气，地以候口齿之气，人以候耳目之气。”再者，三部九候论者出于“三三为九”的需要，不得不在只有心、肺的“中部”，添入一个“胸中之气”以凑足“三”。其理论基础并非建立在脏腑、经脉之上的本质就表现得更为清楚了。这一特点与西汉时期崇尚“九”字，有很大关系；特别是与王莽、刘歆时代制定的“三统历”，以及用一、三、九等数术观念统一度、量、衡、音律等多有相似之处。或可从中推测这种脉法出现的时间不会太早，大概应在西汉中后期。

以数术观念为基础的三部九候法，由于其本质是脱离客观实际的，因此不可能具有实用价值，故流传亦十分有限。此法在诊脉形式上表现为多处分诊，因而极易与“分经候脉法”相混淆，但两者的本质却完全不同。

2. 人迎、寸口法

此法即比较“人迎”(颈动脉)与“寸口”(桡侧动脉)之大小来判断疾病归属某一经脉的诊脉方法。此法集中表现在《灵枢》中，见于《终始》、《经脉》、《脉度》、《热病》、《论疾诊尺》、《四时气》、《禁服》、《五色》、《阴阳二十五人》等多篇之中，而在《素问》中，则仅《六节藏象论》、《腹中论》两篇略见言及。其要点如下：

① 尚启东，切脉考，中华医史杂志，1955(2)：95。

② 《素问·离合真邪论》。

③ 《素问·八正神明论》。

表4-11　三部九候诊脉法

三部九候		脉位	主候
上	天	两额之动脉	头角之气
	地	两颊之动脉	口齿之气
	人	耳前之动脉	耳目之气
中	天	手太阴	肺
	地	手阳明	胸中之气
	人	手少阴	心
下	天	足厥阴	肝
	地	足少阴	肾
	人	足太阴	脾胃

(1)“寸口主中，人迎主外”：由于人体内为阴，外为阳，所以实际上亦认为“气口候阴，人迎候阳”①。同时，由于《灵枢》中一再强调据人迎、寸口脉以察阴阳盛衰之关系，是否可以考虑前述《难经·十六难》中提到的“阴阳”脉法，即是指此而言。这样，也比较容易理解《难经》在罗列各种早期脉法时，为何唯独没有提到颇为重要的人迎、寸口脉法。

(2)平脉：“两者相应，俱往俱来，若引绳大小齐等，春夏人迎微大，秋冬寸口微大，如是者名曰平人。”② 人迎寸口脉法的“平脉”与三部九候法有相似之处，两者均是以“平衡”的基本观念为立足点，来看待人体是否健康。而人迎寸口脉法的抽象性、概括性较三部九候法更高。其原因正是由于两种脉法的基础不同，三部九候法以数术观念之“九”字为基础，故必须“九候若一”；而人迎寸口脉法以阴阳为基础，故只需“两者相应”。

(3)十二经病脉：

人迎大一倍于寸口，病在足少阳；一倍而躁，在手少阳。

人迎二倍，病在足太阳；二倍而躁，病在手太阳。

人迎三倍，病在足阳明；三倍而躁，病在手阳明。

寸口大于人迎一倍，病在足厥阴；一倍而躁，在手心主。

寸口二倍，病在足少阴；二倍而躁，在手少阴。

寸口三倍，病在足太阴；三倍而躁，在手太阴③。

同样文字还见于《灵枢·终始》，只是将“倍”字换成了“盛”字。这种脉法的理论基础，纯粹是建立在阴阳学说之上。以阴、阳为基础，进而从“量”的角度划分出一倍、二倍、三倍等阶段，这样不仅适应了三阴、三阳之说，也合于十二经脉。然而在实际应用中，这种高度概括的阴阳理论，并不足以区分辨别十二经脉的具体病变，因此当哲学思想、概念与自然科学知识产生联系后，自然科学知识既有向理论跃进、升华的一面，也有被引向脱离实际、牵强附会的一面。

(4)脉象变化：人迎寸口脉法中提到的脉象名称及其诊断意义虽然较少，但却是对单凭比较两处动脉大小变化之不足的重要补充，而且可以看作是各种脉法互相吸收趋于归一的迹象。

① 《灵枢·禁服》。
② 《灵枢·禁服》。
③ 《灵枢·禁服》。

人迎：
- 盛则为热；
- 虚则为寒；
- 紧则为痛痹；
- 代则乍甚乍间。

寸口：
- 盛则胀满，寒中食不化；
- 虚则热中，出糜、少气、尿色变；
- 紧则痛痹；
- 代则乍痛乍止。

(5)关格："人迎四倍者，且大且数，名曰溢阳，溢阳为外格，死不治"；"寸口四倍者，名曰内关，内关者，且大且数，死不治。"

"关格"是人迎寸口脉法的重要名词，分别用于人迎、寸口两处脉象盛衰之极的状况，表明阴阳失衡达到极端时，必然死不治。《难经》成书时，已不知其本义，遂将"关格"释为寸口脉"上鱼(即鱼际)为溢，为外关内格。"

《灵枢·经脉》在各经脉病症之后，均载有相应的人迎寸口脉诊法，而这些文字内容并不见于其祖本《阴阳十一脉灸经》之中，故大致可以推测此种脉法应出现于马王堆帛书之后。

3."四时"脉法

四时脉法是以脉象为基础，将四时与脉象相配属，认为四季各有一常脉(春弦、夏钩、秋毛、冬石)，太过、不及均为病。在四季与五行的配属中，尚未引入"长夏"作为一季，故五脏中的脾无相应季节可以匹配。从这一特点看，这种脉法产生应该较早。四时脉法在《素问·玉机真脏论》中有较为详细的描述(表4-12)，且与《难经·十五难》有关"四时脉"的记载，及西晋王叔和《脉经》中所引《四时经》基本一致，故可知"四时脉法"概貌若此。

表4-12　"四时"脉法

季节	常脉	脉　　象	病　　脉	主　　病
春	弦	耎弱轻虚而滑，端直以长	太过：其气来实而强	病在外。令人善忘，忽忽眩冒而巅疾
			不及：其气来不实而微	病在中。令人胸痛引背，下则两胁胠满
夏	钩	其气来盛去衰	太过：其气来盛去亦盛	病在外。令人身热而肤痛，为浸淫
			不及：其气来不盛去反盛	病在中。令人烦心，上见咳唾，下为气泄
秋	浮	其气来轻虚以浮，来急去散	太过：其气来毛而中央坚，两旁虚	病在外。令人逆气，而背痛愠愠然
			不及：其气来毛而微	病在中。令人喘，呼吸少气而咳，上气见血，下闻病音
冬	营	其气来沉以搏	太过：其气来如弹石	病在外。令人解㑊，脊脉痛而少气，不欲言
			不及：其去如数	病在中。令人心悬如病饥，眇中清，脊中痛，少腹满，小便变
脾		善者不可得见，恶者可见	太过：其来如水之流	病在外。令人四支不举
			不及：如鸟之喙者	病在中。令人九窍不通，名曰重强

4."轻重"脉法

《难经·五难》载有此法，简言之：即持脉时由轻至重，分别候肺、心、脾、肝、肾之病变。《素问·脉要精微论》中所言："春日浮，如鱼之游在波；夏日在肤，泛泛乎万物有余；秋日下肤，蛰虫将去；冬日在骨，蛰虫周密，君子居室"，虽然文字涉及四季，但其诊脉方法亦应属于"轻重"脉法。

以上所言各种诊脉方法的共同特点在于与经脉学说的关系并不密切，而是与阴阳、五行、四时等紧密相联。这些脉诊之法又均是以指触动脉之处，且不同程度地涉及到了脉象的变化，但与后世定形化的"脉象法"还有相当距离。大约在东汉中期即已弃而不用，故《难经》才说"去圣久远"，不得其详。

（二）脉象法

脉象法是指根据脉搏之频率、节律、形态之变化等来判断疾病之性质、轻重、预后转归。有关脉象的记载，在张家山汉简《脉书》中有盈、虚、滑、衔、静、动、疾。另外，根据《脉经》等书中所存"扁鹊脉法"的内容看，其法亦主要是依脉象变化来判断疾病。这种诊脉方法在《素问》中占据了较前述其他各法更为重要的地位，后世医学所使用的许多脉象名称均已见于其中。

分析《素问》与《灵枢》中的脉象法，可以看出两书存在着很大的差别。《灵枢》中约有17篇涉及到脉象名称，但其中有相当大一部分仅仅限于人迎寸口脉法，所以用于比较人迎、寸口两脉之大、小、盛的脉象名称出现最多。例如《动输》中言及脉象时，只是说："阳病而阳脉小者为逆，阴病而阴脉大者为逆"；《寒热》篇中只有"盛泻虚补"一句。纵观《灵枢》全书，只有《邪气脏腑病形》一篇含有可以真正称之为讲述脉象法的专节。其中结合五脏，充分论述了大、小、缓、急、滑、涩（各有微、甚之别）等6种脉象所主之病；及弦、钩、代、毛、石与五色相配以诊脏腑之病。除此之外，在《灵枢》中不仅看不到讲述脉象内容的专篇，甚至连一段有关脉象的较长文字也找不到。而在《素问》中，不仅在疾病诊断中有关脉象的描述远远多于《灵枢》，而且出现了《脉要精微论》、《平人气象论》、《玉机真藏论》、《大奇论》等许多主要讲述脉象法的专篇。其中《平人气象种论》涉及脉象名称30余种。《素问》中使用脉象名称超过10种以上的计有9篇，而《灵枢》中仅有1篇（11种）。这种差别的根本原因仍在于两书系分别独立成书，所收文章著作涉及的医学流派有所不同所致。《素问》一书较多地吸收了扁鹊脉法的内容，故其脉象法的内容较为丰富。

有关脉象的描述，无论是《素问》，还是《灵枢》都极不统一，使用的名称多达50种以上。这并不能说明脉象本身的复杂，只能说明早期医学以各自立说、发挥为特点，故缺乏统一规范的术语。直到西晋王叔和《脉经》成立，始能看到较为规范化的名称，及各种脉象的描述（定义）。

脉象法的发展，基本上可分三个阶段：

（1）分经候脉：即在不同的经脉循行路线上选取动脉诊之，以脉象变化决定诊断。马王堆帛书言各脉之主病时，皆称"是动"则如何如何，又称："它脉盈，此独虚，则主病；它脉滑，此独衔，则主病；它脉静，此独动，则主病"等等，即应属此种诊候方法。《素问·病能论》言："阳明者常动，巨阳、少阴不动，不动而动大疾，此其候也"，亦是同义。这种诊脉方法与经脉学说的关系最为密切，至东汉张仲景的《伤寒杂病论》中仍保留有足背"趺阳脉"诊候胃气的具体方法，至今仍被少数医家使用。

（2）独取寸口：只取手桡侧动脉的诊脉方法。当脉诊方法发展到这一步时，已然十分接近现今仍在使用的诊脉方法了。而且这种诊脉法亦从本质上脱离了经脉理论，成为一种独立的诊断方法。

（3）寸口脉法：所谓寸口脉法，是指将"寸口"脉分为寸、关、尺三部，以诊五脏六腑之病变的方法。《素问》与《灵枢》中虽可见到“尺寸”这样的表述方式，但其“尺”为诊尺肤，并非尺脉。可以认为脉象法在今本《黄帝内经》成书的时代尚只发展到第二阶段——独取寸口。

综上所述，不难看出从脉诊方法出现，到寸口脉法形成，经历了相当长的历史阶段。各种不切实际的诊脉方法被逐渐淘汰，而通过实践所获得的正确经验，即各种脉象变化与疾病之关系，被不断补充到诊脉方法之中，最终形成了一种独立的诊断方法。“寸口脉法”作为脉诊之法最成熟的表现形式，与经脉理论的联系已然相当模糊，更多的是小宇宙（寸口脉）中含有大宇宙（人体）的思维方式。

第四节　治疗技术

“神农尝百草，伏羲制九针”是古人对医学起源的解说。传说所言之事虽不可全信，但在史学研究中却可据其内容与创作时间考察该时代的思想、文化。《孟子》、《淮南子》、陆贾《新语》言神农及“尝百草”之事，皆是明其为农业鼻祖，并不言医药；伏羲之名在战国前期仍未见到，大显最早在战国末期[①]，且“九针”的创制亦不会太早，故推测这个有关医药起源传说的创作时代大约当在西汉。透过这个传说，可以看出早期治疗技术的要点不外针、药两途。正如有人将中国古代医学的源流概之为：一是“神农—草药”的药物治疗学体系，一是“伏羲、黄帝—针砭”的针灸治疗体系[②]。

一　针灸疗法

刺、灸两种治疗方法向理论医学迈进，形成中国传统医学所独具的一种治疗方法的关键一步，是与经脉学说结合起来。这一过程大抵肇始于战国，完成于西汉。现存最早的脉学专著《足臂十一脉灸经》与《阴阳十一脉灸经》在记述各经脉的病症方面，以各经脉循行部位的疼痛为主；经脉循行的记载中尚很少见与内脏器官发生联系，故相应地内脏器官的疾患描述亦较少。这种不足在以《阴阳十一脉灸经》为祖本的《灵枢·经脉》中得到了补充完善，各经脉分别配属于一定的脏器，并厘定补充了70余种症候，从而使得针灸疗法的适用范围大幅度地扩展，几乎囊括了各种内科疾患。这是一个极为重要的转折点，由于这一转变才使得刺、灸疗法从本质上与外科治疗技术相分离，形成了自身的固有定义，就像我们今天所看到、所认识的针灸疗法一样。

针灸疗法与经脉学说联系的紧密程度高于药物疗法的原因在于：对于针灸疗法来说，只要确定了某一病症归属某一经脉，即可施以直接的治疗；而当时药物理论尚无“归经”之说，或药一病直接对应，或赖五行、性味之说与脏腑联系，来确定相应的用药原则及组方。

经脉学说的本质是对人体传导系统的描述，所以当这一学说出现时，是不可能带有任何哲学性思想之属性的。尽管最早脉学著作的各经脉名称已然具备了阴阳的不同属性，但这无疑是

---

① 据日人丹波元简考证，“云神农定百药者，昉见《世本》”。但《世本》的著作年代不详。参见其所著《医賸》卷上，人民卫生出版社，1955年版，第1页。有关伏羲的考证，详见徐旭生《中国古史的传说时代》，文物出版社，1985年版，第238页。

② 如刘复序《神农本草经》说：“尝考医学源流，古分二派，一曰炎帝神农，二曰黄帝轩辕。神农传本草，黄帝传针灸。家法不同，学派遂异”（据中国古医学会，民国31年刊本）。

在经脉学说产生后，又经过一段发展才完成的[①]。这一转变，使得针灸疗法在理论化的道路上又前进了一步。在“凡刺之理，经脉为始”[②] 的基础上，又提出了“用针之要，在于知调阴与阳”[③]的指导性原则，以及诸如“胀取三阳，飧泄取三阴”[④] 这种在经脉学说基础上再行归纳总结的治疗原则。

由于阴阳学说的合理内核乃是对客观世界运动规律最基本、却又是最高度的概括与说明，所以在古代医学的各个领域中均有所渗透，本身并不具备什么特殊性。在针灸学方面最突出的表现是使得针刺手法[⑤] 和施灸方法[⑥]均分别演变出“补”与“泄”两种方法，以适应治疗各种疾患时“调其阴阳，不足则补，有余则泄”[⑦] 的需要。

“四时”理论，是先秦阴阳家学的表现形式。将医学内容与“四时”（四季）联系起来加以发挥，亦可称得上是一个小小的流派。在诊断、养生、病因及针灸疗法等各方面均能看到这种理论的影响。对于四时理论的研究，似可以“长夏”一季的有无作为时间坐标：一般来说，西汉五行学说昌盛之前，多采用四季说；当五行学说昌盛之后，为了寻求与五行的更严密配合，四季中插入“长夏”一季，以附会五行之“中央土”。

今本《黄帝内经》中与四时理论有关的针灸内容计见于 10 篇[⑧]，其中既包括只言四季的早期文献，亦可见插入“长夏”的较晚作品，但这些篇节与五行的配合仍不够准确[⑨]。直到成书于东汉的《难经》中，才能见到与五行配合完璧的“四时”理论[⑩]。但这时的“四时”说实际上已演变成五行说的一部分，没有原来的意义了。四时与针灸疗法相结合的根本立足点在于，四时之气各有所在[⑪]，故“皆视其所在，为施针石”[⑫]。但由于疾病的复杂性，这种理论是不可能成立的。完全不同于养生学、病因学等方面应用四时理论那样，乃是抓住了自然界气候变化与人体生理变化之间的客观联系。可以说四时理论在针灸学的理论发展与临床治疗中均无重要意义，只是作为先秦至两汉时期的一种普遍文化思想而被牵强运用于针灸理论之中。

另外，四时理论的表现形式中还可见与肢端的一些常用俞穴相联系，即后世称之为“五俞穴”的特定穴。但虽然可见五时、五俞的配合，却未明言五行属性，直到东汉的《明堂经》中才明确地规定了阴阳各经脉五俞穴的不同五行属性。可以说，五行学说虽然在中国传统医学基础理论中占据着重要地位，但在西汉以前的针灸治疗学中尚绝少影响。马王堆出土医书中基本没有五行学说；《素问》的针灸内容只涉及五脏；《灵枢》中亦只能见到“经脉十二者，别为五行”，“凡

---

① 马王堆帛书中有肩脉、耳脉和齿脉之名，似可视为原始经脉名称的残留迹象。

② 《灵枢·经脉》。

③ 《灵枢·根结》。

④ 《灵枢·九针十二原》。

⑤ 补泻手法有多种，例如《灵枢》中有：“深刺为泄、浅刺为补”；“泻者迎之、补者随之”；“徐内而疾出”为泻，“疾内而徐出”为补等。在《素问》中有：“呼则内针、吸尽乃去”为泻，“呼尽内针、候吸引针”为补；“左手开针空”为泻，“左手闭针空”为补，等各种手法。

⑥ 《灵枢·背腧》：“以火补者，毋吹其火，须自灭也；以火泻者，疾吹其火。”

⑦ 《素问·骨空论》。

⑧ 见于《素问》的“诊要经终论”、“通评虚实论”、“四时刺逆从论、“水热穴论””；《灵枢》的“本输”、“四时气”、“阴阳系日月”、“寒热病”、“官针”、“顺气一日分为四时”。

⑨ 例如，春应配属木的“筋”，而在含有长夏一季的《素问·四时刺逆从论》中却配的是属火的“脉”。

⑩ 见于《难经·七十四难》，但其文以“经言”起句，可见是引自其他医学著作，时间应早于《难经》。

⑪ 《素问·四时刺逆从论》：“春气在经脉，夏气在络脉，长夏气在肌肉，秋气在皮肤，冬气在骨髓中。”

⑫ 《素问·金匮真言论》。

刺有五，以应五脏”等极少数附会之言。

关于针刺用具，今本《黄帝内经》中多次提到“九针”的系列用具，并对其形制与用途有所介绍：

九针之名，各不同形：一曰镵针，长一寸六分；二曰员针，长一寸六分；三曰鍉针，长三寸半；四曰锋针，长一寸六分；五曰铍针，长四寸，广二分半；六曰员利针，长一寸六分；七曰毫针，长三寸六分；八曰长针，长七寸；九曰大针，长四寸。

镵针者，头大末锐，主泻阳气；员针者，针如卵形，揩摩分间，不得伤肌肉，以泻分气；鍉针者，锋如黍粟之锐，主按脉勿陷，以致其气；锋针者，刃三隅，以发痼疾；铍针者，末如剑锋，以取大脓，员利针者，尖如氂，且员且锐，中身微大，以取暴气；毫针者，尖如蚊虻喙，静以徐往，微以久留，正气因之，真邪俱往，出针而养，以取痛痹；长针者，锋利身薄，可以取远痹；大针者，尖如梃，其锋微员，以泻机关之水也(《灵枢·九针十二原》)。

根据“九针”的形制与用途可以看出，其中既包含有具外科手术器械性质的“铍针”，也有并不刺入皮肤的按摩工具“员针”。因此严格地讲，汉代针灸学与现代所说的针灸学仍不能完全符合，但其中已然包含了“尖如蚊虻喙”可以深刺久留(行针)的“毫针”。这种针具的出现，使得针刺深度有可能不断增加，可供使用的俞穴亦逐渐从肢端向躯干部发展。例如后世的针灸学著作记载足阳明胃经计有俞穴 45 个(东汉的《明堂经》已载有 42 个)，但在《灵枢》中只见使用膝关节以下的 10 个穴位和颈部以上的 6 个穴位，未见使用躯干及大腿部的俞穴。这种迹象表明毫针的制造年代不会太早，很可能要到西汉后期才得到普遍应用。

二　药物疗法

“方”字在中国古代泛指各种法术、技艺，因而有方术、方技、方士等派生名词。医疗技艺、治病方法只是其中的一部分。《汉书·艺文志》将记载各种疾病之药物治疗方法的著作，归纳为“经方”类[①]，且医学著作在胪列各种治疗方药时大多称某某“方”[②]，因而在医学领域中，“方”字的含义，逐渐从抽象的“方法”之义，转变成“药方”的略称。当然，这只是就其普遍性而言，不等于说“方”字完全是指药方，历代以“方”为名的医学著作中，始终包含有各种非药物疗法。

《汉书·艺文志》称其为“经方”，含有“经验之方”的意思。《五十二病方》的一些方药末尾记有“令”字，注家认为即“良、善”之意，《武威汉代医简》方末多注有“良”、“甚良”、“良甚”、“大良”等，与此同义[③]。而在汉代以后，因尊崇张仲景之方为“众方之祖”，故称张仲景之方为“经方”。此时“经方”的含义已转变为“经典之方”，这是中医学“经方”概念的古今不同。

西汉时期大量的“经方”以及“经方”类著作的出现，标志着药物治疗方法的一大发展。即从以《山海经》所载各种自然物产治疗效用为代表的单种药物治疗方法，向多种药物组成一个药方的转变。同时，在药物剂型与服药方法上亦呈现出大为丰富的趋势。

---

① 《汉书·艺文志》曰：“经方者，本草石之寒温，量疾病之浅深，假药味之滋，因气感之宜，辨五苦六辛，致水火之齐，以通闭解结，反之于平。”故虽这些著作已不得见，但据此可知其内容当以药物治疗法为主体。

② 如《五十二病方》中称“令金伤毋痛方”、“婴儿病痫方”、“白处方”、“烂者方”等；《武威汉代医简》则全部是以治某某病“方”为题，如“治久咳上气喉中如百虫鸣状三十岁以上方”、“治久咳逆上气汤方”等。

③ 参见《马王堆汉墓帛书》[肆](文物出版社，1985 年)第 29 页，“令”字之注。

马王堆出土的《五十二病方》，是我国现已发现的最古医方，其中所使用的药物有247种，医方283首。这些医方大多是由多种药物组成，并已可见因病症特点调整配伍比例的记述：

> 睢（疽）病：冶白莶、黄蓍、芍药、桂、姜、椒、朱臾，凡七物。骨睢倍白莶，肉睢倍黄蓍，肾睢倍芍药，其余各一。并以三指大撮一入杯酒中，日五六饮之①。

研究者早已注意到，这是“随症施治观念的萌芽”②。根据患者的具体情况，灵活调整治疗方药，对于后世医家来说并非难事，但在早期医学中，这种表现并不多见。能够视病症特点，调整用药剂量，对于后世方剂学、辨证施治思想的发展，确实是十分重要的。

就药物剂型而言，《五十二病方》已可见丸、饼、曲（籼）、酒、油膏、药浆、汤、散、灸、熨、熏、胶、煎、浸洗、水溶、丹等多种剂型与不同的用药方法；制药与服药时，可见以水、油脂、酒、醋、溺（尿）、胆汁、米汤、乳、蜜等为赋形剂或送服药物之法③。这些均是后世制药与方剂赖以形成独立的知识体系的基础。

值得注意的是，《五十二病方》中虽然汤、散两大剂型并见，但在具体使用方法上却能看到明显的不同。即一般药物大多采用“冶末吞服”的方法，而煎煮饮汁之法则多运用于食物类的药物（参见表4-13，14）。

表4-13　《五十二病方》汤、散用法分类④

		药　物　类	食　物　类
冶为末，以酒醋等送服		(1)，(5)，(8)，(23)，(25)，(41)，(60)，(72)，(87)，(90)，(100)，(114)，(115)，(172)，(203)，(215)，(223)，(236)，(237)，(248)，(271)，(275)，(283)，(441)	(438)鸡、蛇
饮汁法	水煮		(3)红豆、(19)李实、(92)青粱米、(94)鸡、五谷、兔□肉、(99)鹿肉或野猪、(100)羊肉、(168)(170)(171)(192)葵、(173)枣种、葵、蜜、(181)米、(182)蜗牛、蘼、(187)藿、(201)肉、(270)米、(286)叔、(295)□□半斗
	酒煮	(176)景天、(185)石韦	(43)蘼、(410)菱角、(189)黍、稷
	醋煮		(161)黑叔、(202)卵
不详		(28)，(36)，(74)，(149)，(156)，(158)，(186)，(225)，(248)，(459)	

表4-14　《养生方》汤、散用法分类②

	药　物　类	食　物　类
吞服法	(18)，(33)，(34)，(37)，(70)，(74)，(103)，(105)，(107)，(112)，(121)，(124)，(126)，(131)，(148)，(152)，(172)	(39)鸟卵、(51)猪、(65)天冬、鸡、(108)牛肉、(169)肉脯
饮汁法		(3)天冬、秫米、(11)黍米、稻米、(13)粥、(28)麦、(32)黄蜂骀、(35)鸡卵、(162)黍、稻、鞠、姜等
不详	(1)，(9)，(21)，(24)，(26)，(30)，(40)，(42)，(57)，(96)，(98)，(102)，(111)，(113)，(115)，(116)，(117)，(120)，(133～147)，(154)，(159)，(175)，(178～188)	

① 《五十二病方》第271～272行。见《马王堆汉墓帛书》[肆]，文物出版社，1985年，第57页。
② 孙启明，《五十二病方》医方流长选探，中华医史杂志，1989，(2)：121。
③ 谈宇文，《五十二病方》制剂琐谈，中华医史杂志，1985，(4)：248。
④ 括号中数字为帛书行目。表中仅标出“食物类”的主要成分，“药物类”因组方药味复杂，故请参阅原文。

在中医学中，将水煮饮汁的用药方法，称之为“汤剂”。而在早期文献中，虽无“汤剂”之名，却有一个十分近似的名词“汤液”，见于《汉书·艺文志》所载经方类著作中《汤液经法》之书名之中，以及今本《黄帝内经》的《素问·汤液醪醴论》等篇之中。由于史书中有殷商时代的“伊尹创汤液”的传说，“汤液”与“汤剂”又十分相似，因而形成了一种伊尹发明“汤剂”之用药剂型的解释①。这种解释有其合理的一面，但“汤剂”的发生、发展过程并非如此简单；“汤液”与“汤剂”间既有相通之处，亦有不同之点，不能不辨。

史书中记载伊尹“负鼎俎，以滋味说汤”②，只是言其长于烹调之术。即如《吕氏春秋》所言：“（伊尹）说汤以至味”；“凡味之本，水最为始。五味三材，九沸九变，火为之纪，时疾时徐”③ 等，其中的“三材”乃是有关“水、火、木”④ 的讲究，其本质是有关食物选材与加工方法的知识与技术。伊尹虽言“滋味”，但不涉养生治病，所以题名伊尹的著作在《汉书·艺文志》中不入方技略，而是归入道家与小说家中。最早将伊尹与《汤液》书名联系在一起的，当首推西晋文史学家兼医学家的皇甫谧，由于他说：“伊尹以亚圣之才，撰用《神农本草》以为《汤液》……仲景论广《伊尹汤液》为数十卷”⑤，所以才出现了伊尹创“汤液”，或撰著《汤液》的种种说法。⑥然而从这一传说的创制要素中可以看出：“汤液”与食物关系密切，因而才会与以烹调闻名的伊尹发生联系；“汤液”与“汤剂”在形式上有相同之处，所以才会产生“仲景论广《伊尹汤液》为数十卷”的解说。

《素问》中有关“汤液”的记述有以下一些：

> 上古作汤液，故为而弗服也。中古之世，道德稍衰，邪气时至，服之万全。……当今之世，必齐毒药攻其中，镵石针艾治其外也（《汤液醪醴论》）。
>
> 中古之治病，至而治之，汤液十日，以去八风五痹之病；十日不已，治以草苏草荄之枝，本末为助，标本已得，邪气乃服（《移精变气论》）。
>
> 其色见浅者，汤液主治，十日已；其见深者，必齐主治，二十一日已；其见大深者，醪酒主治，百日已（《玉版论要》）。

从中可以看出，“汤液”与一般药物——草苏草荄，或药物的组方——齐（剂）不同。“汤液”仅仅适用于疾病的初起阶段，而且在《素问》有关篇节撰写的“当今之世”已属失去治疗效用的过时之法，因此将“汤液”直接释为“汤剂”显然是不正确的。再者，“汤液”与“醪醴”虽均系以谷类等食物⑦ 为原料，但两者又非属一物，其区别在于“醪醴”是指经过酿造过程的酒类药物，而“汤液”却未经此过程。

各种“汤液”的药用原理与共性，至少有以下两点：第一，由于原料是以食物为主，所以普遍具有滋补强壮作用。《素问》认为“汤液”适用于疾病初起阶段，若此法不效之时，才使用各种药物，或许正是着眼于这一点。《养生方》中大量使用这类方药治疗阳痿、性功能低下等疾病，并作为补益强身之用，其理论渊源可以上溯到《周礼》中有关以“五味、五谷、五药养其病”的记载。然

---

① 北京中医学院主编《中国医学史》（上海科技出版社，1978年，第8页）：“传说伊尹创始汤液，他是精于烹调技术的人，这说明汤液的发明与食物加工有密切的关系”。但书中直接将汤液释为“汤剂”却嫌不妥。

② 《史记·殷本纪》卷三，中华书局点校本，1982年，第94页。

③ 《吕氏春秋·本味》卷十四，引自浙江人民出版社百子全书本，第5册，1984年版。

④ 据陈奇猷《吕氏春秋校释》，上海学林出版社，1984年，第739～767页。

⑤ 晋·皇甫谧，《针灸甲乙经·序》，商务印书馆，1955年。

⑥ 薛愚主编《中国药学史料》（人民卫生出版社，1984年，第20页）：“《汤液经法》又名《伊尹汤液》。”

⑦ 这一点可通过《素问·汤液醪醴论》所云：“为五谷汤液及醪醴，必以稻米，炊之稻薪”等得到证明。

而食物类药物所具有的这种滋补强壮作用，并不仅仅限于煎煮服用法，若以其他方式食之亦同样具有滋补强壮之作用。所以，“汤液”的特殊性在于第二点：可以制成粘滑状的液态汤汁。

在《周礼·天官冢宰·医师》所言药物理论中，与“酸养胃、辛养筋、咸养脉、苦养气、甘养肉”相并列的用药原则还有一条“以滑养窍”。正是根据这条原则，使得在今天看来仅属一般食物汤汁的东西，在当时却成为一种特殊的治疗方法。例如《灵枢．邪客》中的“半夏汤”就是一个典型例子：“其汤方以流水千里以外者八升，扬之万遍，取其清五升，煮之，炊以苇薪火，沸置秫米一升、冶半夏五合，徐炊，令竭为一升半，去其滓，饮汁一小杯。”其原理乃是因当时的医学理论认为失眠是由于阴阳、脉道不通所引起，故选用能够制成粘滑汤汁的秫米与半夏，以中空的苇薪为火，并要取具有流动性质的千里之外的流水，综合而成“以通其道”的汤药。服药之后，“阴阳已通，其卧立至”。如果离开了“以滑养窍”的理论，则无法理解这一方剂的立意。又如在《五十二病方》中有许多用谷类汤汁治“痒”(癃)病、肛门瘙痒，即“阴窍”之病的方药，以及病涉毛窍的“疽病”、“漆疮”的方药，在这些病中使用谷类汤汁，显然不是着眼于谷类“补中、健脾胃”的性质，而关键乃是在于这类汤汁粘滑利窍的理论构想。另外，在《史记·仓公传》所载淳于意的 25 则医案中，有 6 例使用了“火齐汤”(或称“火齐粥”、“火齐米汁”)。其病症则多属窍病，如第 3 例的“涌疝，不得前后溲”；第 5 例的“风瘅客脬，难于大小溲”；第 10 例的“气疝，难于前后溲而尿赤”等。其理论基础亦当是根据“以滑养窍”的思想。

在《五十二病方》中，对于制造这些食物汤汁时的“木”(燃料)和火候，用水比例，制做过程等多有详细说明与特殊要求。不管这些炮制过程有无科学依据，但在当时看来一定是要遵守的，因为当时的医生认为治疗作用并不单纯由药物本身所决定，一切与制药有关的外部因素都将起到或影响治疗作用。这些必须遵守的特殊炮制过程，与其用料主要是以食物类为主的事实，则构成了单独成为一法或一书的条件。因此，《汉书·艺文志》所载《汤液经法》32 卷，极有可能就是一部这样的专著，故其位置才会被置于临床各科专著之后，与《神农黄帝食禁》相邻。而以食物为主要原料和加工方法特殊这两个特点，又是造成“汤液”与伊尹之烹调之术相混淆的直接原因。

从《五十二病方》中还可以看出，当时的药物大多是采用冶末吞服法。这一特点大约一直延续到东汉前期，至张仲景的《伤寒杂病论》才见到广泛采用煎煮服用之法。这时，具有上述特定含义的“汤液”已废弃不用，进入了煎煮药物的“汤剂”时代。

第五节　本草之学的成立

一　“本草”的概念

中国古代的药物学著作，多称“本草”，因而可以说“本草”之学，亦即中国古代的药物学。其内容为记述各种药物之名称、性状、功能、主治、产地，以及采集、保存、加工等各方面的知识。换言之，在中国传统医学中，凡与单个药物有关的学问，大多可以归属于本草学之范畴。

关于药物学著作何以称之为“本草”的问题，一般认为是由于药物的总体构成中，以植物药居多，故称之为“本草”。但这一现象乃是在药物的使用、发展过程中逐渐形成的。“我国最早记录有医药的古籍《山海经》一书，其中所用的药物也以动物较多，内外科病多用动物药医治”①。此后，植物药不断增加，形成了药物构成的主体。《墨子·贵义》中可见：“草之本，天子食之以顺其疾，岂曰一草之本而不食哉？”《说文》中则出现了释“药”为“治病草也”这样以草为药之代表的看法。

然而“本草”之名的出现与药物起源及应用自然不是相同的概念。“本草”一词的出现，客观上标志着中国传统医学之药物学独立分枝的成立，这自然是在药物已广泛应用、对其已具有一定理性认识的基础之上才出现的。

二　本草之名的出现

“本草”一词，首见于《汉书·郊祀志》。云汉成帝建始二年（前31），“候神方士使者副佐、本草待诏七十余人皆归家”②。其后，汉平帝元始五年（公元5年）“征天下通知逸经、古记、天文、历算、钟律、小学、史篇、方术、本草及以五经、论语、尔雅教授者……至者数千人”③。《汉书·游侠传》中又有名楼护者，“少随父为医长安，出入贵戚家。护诵医经、本草、方书数十万言”④。

以上3条记载中，第1条中的“本草待诏”为职名，颜师古注曰：“谓以方药本草而待诏者。”成帝建始二年罢省高祖以来所设祭祀之所数百处，因而有“候神方士使者副佐、本草待诏”归家事，但此职名始设于何时，不可详考。第2条中的“本草”，既可视为抽象名词，也可视为是如同《论语》、《孝经》、《尔雅》一样确有所指的书名⑤。然而第3条中与医经、方术相并称的“本草”，则确切无疑地是作为一个抽象名词使用的。

在西汉末期这个历史阶段中，颇值得注意的是王莽参政后的活动。他正式登上皇位虽然是在公元9年，但在此之前却早已活跃于政治舞台。正如《汉书·平帝纪》所云：“孝平之世，政自莽出”⑥。《汉书·艺文志》本于刘歆《七略》，其成书在汉哀帝之时，未见任何药物学之专著或本草之名，说明《七略》之前在医学领域中尚未形成独立的药物学分枝。然《七略》与《汉书·艺文志》均不足以反映西汉末年医药学发展的状况，王莽于汉平帝元始四年（公元4年）网罗天下异能之士数千人，皆令记说廷中，紧接其后又于元始五年征天下通知“本草”之人，不难想见这些人的撰述中，必定出现了“本草”著作。而能够“诵医经、本草、方书数十万言”的楼护亦恰与王莽为同期人物。因而可以推论“本草”一词的固有定义，及以“本草”为名的药物学著作，基本形成于公元纪年的第一个10年中，即西汉末期平帝登基后，至王莽称帝前的短短几年中。从这时起，中国传统医学中的药物学具有了自身独立的地位，无论是在医家眼中，还是在社会文化层的普遍认识中，“本草”乃是医学中的一个独立专门。因而在《素问》、《灵枢》，以至《难经》等具有与《七略》中“医经类”著作不同定义的、新的“医经”形成时，其中几乎看不到具体的药物学内容

---

① 薛愚主编，中国药学史料，人民卫生出版社，1984年，第4页。
② 《汉书·郊祀志》卷二十五，中华书局点校本，1962年，第1258页。
③ 《汉书·平帝纪》卷十二，第359页。
④ 《汉书·楼护传》卷九十二，第3706页。
⑤ 例如中华书局点校本《汉书》即在其上均加有书名号。
⑥ 《汉书·平帝纪》卷十二，第360页。

了。

毫无疑问，在早期医药知识的积累过程中，医家必定有许多关于药物知识的论述，例如西汉名医淳于意得于其师公乘阳庆处之《药论》，又据说扁鹊的弟子子仪曾撰有"本草一卷"①等等。至三国时吴普的著作中所引前人之论，则有神农、黄帝、扁鹊、医和、岐伯、桐君、雷公、李氏等八家。然而在刘向、刘歆父子整理古籍、编著目录时，却未载任何药物学著作，那么在药物学尚未形成一个独立分枝时，这些知识应寓存何处呢？

据《汉书·艺文志》所保存的《七略》内容看，其方技类著作分为4种，后两种（神仙、房中）书目后的解说中没有提到药物问题，但在前两种，即医经与经方两类书目后的解说中分别提到：

> 医经者，……调百药齐和之所宜；经方者，本草石之寒温，……辨五苦六辛，致水火之齐……。

"调百药齐和之所宜"的内容，在今本《黄帝内经》中是看不到的，这不仅可以看作是本章前面所谈到的"今本《黄帝内经》并非《汉书·艺文志》所著录者"这一重要论点的旁证，而且可以说明原始的"医经"中包含有药物知识方面的内容。而"经方"类著作含有"辨五苦六辛"的内容，应是对药物性味的解说，亦属后世"本草学"的范畴。这又说明早期的医方著作亦不同于后世的方书，并非只是记载治疗各种疾病的药方，而是包含了药物学知识，亦即本草学的内容。由此推论，吴普著《本草》时所引诸家之说中，一些属较早文献者，如黄帝、岐伯、医和、扁鹊等，很可能就是取材于《汉书·艺文志》所著录的这些医学古籍。只不过在《七略》成书时，这些药物学知识并未单独成书，而是存在于冠有黄帝、扁鹊、神农等姓名之医经、经方类著作中。因此才可以说，至《七略》成书时，在医学界，乃至整个社会文化层中，尚没有将药物学视为一个独立的医学分枝。因此有人认为"本草学是从古经方家中分析出来的"②。

另外，虽说"药物"必然会在医学发展的进程中形成一个独立的分枝，但就中国古代思想文化的背景而言，对于每一种药物名实的考证、功效的解说，亦与当时循名责实的名学家的影响有一定联系③。

第六节　养生之道与房中术

一　神仙方术与养生

秦汉之时，神仙方术大兴于朝野，史书中对此多有记载。在治国安邦方面卓有建树的秦皇汉武，亦是神仙方术的热衷之士。

> 卢生说始皇曰："真人者，入水不濡，入火不爇，陵云气，与天地久长。今上治天下，未能恬倓。愿上所居宫毋令人知，然后不死之药殆可得也。"于是始皇曰："吾慕真人，自谓'真人'，不称'朕'"（《史记·秦始皇本纪》）。

---

① 《周礼·天官冢宰·疾医》郑玄注："五药，草、木、虫、石、谷也，其治合之剂，则存乎神农、子仪之术云。"贾公彦疏："《中经簿》云：'子义本草经一卷'，仪与义一人也。"

② 孔健民，中国医学史纲，人民卫生出版社，1988年，第64页。

③ 这一点，在范行准所著《中国医学史略》（中医古籍出版社，1986年，第74页）中业已指出。

始皇一生曾多次兴师动众，使人渡海寻求长生不死之仙药，“费以巨万计，终不得药”①。汉武帝亦曰：

嗟乎！吾诚得如黄帝，吾视去妻子如脱躧耳(《史记·孝武本纪》)。

当其时，有李少君以祠灶、谷道、却老方见上，上尊之。“于是天子始亲祠灶，而遣方士入海求蓬莱安期生之属，而事化丹沙诸药齐为黄金矣”；“海上燕齐怪迂之方士多相效，更言神仙事矣”；“莫不搤捥而自言有禁方，能神仙矣”②。武帝东巡海上时，“齐人之上疏言神怪奇方者以万数”②。此外如成帝末年亦颇好鬼神，“以无继嗣故，多上书言祭祀方术者，皆得待诏”③。王莽篡位后，亦同样大兴神仙事，并与“方士涿郡昭君等于后宫考验方术”④。淮南王刘安，“招致宾客方术之士数千人”；“有中篇八卷，言神仙黄白之术，亦二十余万言”⑤。足见神仙方术之兴盛之况。

虽然神仙之术与养生之道间有许多不同，追求“不死”与希望“长生”亦非一事，但两者间又实无明确的界限划分。特别是在一些方法手段方面，更难以区分其目的究竟是为了保健养生，还是期望能够长生不死。两者间唯一值得注意的本质性区别在于，神仙方术中含有“降神”的内容，如始皇“令咸阳之旁二百里内宫观二百七十复道甬道相连，帷帐钟鼓美人充之，各案署不移徙。行所幸，有言其处者，罪死”⑥ 的目的，乃是为了迎接真人降至。在东汉以后形成的道教之中，“降神术”极大地发展⑦。而养生之道、长生之术，即或流于追求长生不死之无稽，亦主要是着眼于自身躯体的保养，没有“接神”、“降神”的内容。

二　养生方法

马王堆出土帛书，是现存最早的养生类文献之一。其中记载了各种后人称之为“养生”，而在先秦道家眼中尚只能看作是“养形”的具体方法。

(1)“辟谷”：马王堆出土的《却谷食气篇》及“绝谷”后出现不适反应的调整方法有所介绍。其法为“与月进退”，即自朔日起“去谷食石韦”，日增其量；至月圆后逐日减少。当感到“首重足轻体轸”时，“则昫(呴)炊(吹)之，视利止”⑧。《史记·留侯列传》载张良因体弱多病，“乃学辟谷，道引轻身”。由于此法在“辟谷”之后，仍食用某些特定植物，兼行“呴吹”，故亦有“食气”、“服食”诸法的内容。

(2)“食气”：是指依照一定的方法进行呼吸，以达到养生的目的。其理论基础是认为“天地之至精，生于无征，长于无形，成于无体，得者寿长，失者夭死”⑨。具体操作的要点是强调深呼吸，“翕(吸)气之道，必致之末……息必探(深)而久”；在时间上有朝暮之别，“宿气夜散，新气朝

① 《史记·秦始皇本纪》卷六，中华书局点校本，1982年，第2版，第258页。

② 《史记·孝武本纪》卷十二，第453～474页。

③ 《汉书·郊祀志》卷二十五下，中华书局点校本。1962年，第1260页。

④ 《汉书·王莽传》卷九十九下，第4180页。

⑤ 《汉书·淮南王传》卷四十四，第2145页。

⑥ 《史记·秦始皇本纪》卷六，第257页。

⑦ 详参南朝陶弘景等道教徒所著《真诰》(神人之语)、《周氏冥通记》(白日之梦——即接神、降神的记录)等书。

⑧ 见《却谷食气篇》。以下所引马王堆文献均据文物出版社出版的《马王堆汉墓帛书》[肆]。

⑨ 《十问》第4节，“黄帝问于容成”。

聚，以彻九窍而实六府"；四季各有避忌，"食气有禁，春避浊阳，夏避汤风，秋避霜雾，冬避凌阴"①。另外，在本书第三章中对战国文物《行气玉佩铭》的文字内容已有介绍，亦属行深呼吸之法以达养生目的。在今人的思想中，对食气、行气之法的理解多以为是一种属于"气功"的修练方法。但只要弄清古人对于呼吸的生理机制、肺部的气体交换尚无所知，则不难理解"吸气之道，必致之末，息必深"的原因乃是古人认为含有"天地之至精"，无形、无体的空气可以周流全身而荣养内脏与肌肤。

(3)"服食"：此法内容最多，在马王堆帛书中可见诸如"食松柏，饮走兽泉英，可以却老复壮、宁泽有光"；"夏三月去火，以日爨烹，则神慧而聪明"②；"春三月食之(指蕹)，苛疾不昌、筋骨益强，此谓百草之王"；卧时饮淳酒，以其为"五谷之精气"；以蕹与鸡卵食之，因"鸡者，阳兽也，发明声聪，伸头羽张者也……故道者食之"③ 等。

(4)"导引"：在马王堆帛书中，有一幅绘有男、女各种姿势的彩图，计有 44 式，分 4 层排列。每一姿势旁注有文字，如"以杖通阴阳"、"引聋"、"引膝痛"、"熊经"、"鹯"、"坐引八维"等。从这些人物的姿势和注文可以看出，其中有许多是模仿动物的运动姿态，正与《庄子·刻意》所云："道引之士、养形之人"喜好"熊经鸟申(伸)"的记载相一致。另外，在张家山汉简《引书》中，亦明确地谈到导引方法是一种"利身之道"。说明自先秦以来，导引就是一种常用的养生方法。

导引之法一直沿用至今，就其通过躯体四肢运动以达到祛病健身之效的特点看，与体育运动颇为相似，故有"医疗体育"之称。然而若以这一概念定义解释导引，大约当以东汉末年华佗所创"五禽戏"为例才能完全吻合。早期的导引，并非专用于养生，其中包含有大量治疗各种疾患的具体方法，这一点在本章介绍张家山汉简《引书》时已经谈到。而且在运动方式上，不仅含有自主运动，还有由他人操纵的被动运动。最为典型的例证是："失欱口不合，引之，两手奉其頣，以两拇指口中壓，穷耳而力举颐，即已矣"④。任何人一看即都会明白，这是下颌关节复位术的操作手法。在后世医学中，应属骨伤科的范畴，但在汉代却属导引之法。这也就是说，由于在西汉时期"手法整复"尚未形成独立的技术体系，因而在人们的思想中，一切躯体、关节的运动(无论是主动的，还是被动的)都被归属于"导引"的范畴之中。只有当医学不断发展，人们逐渐认识到健身运动与手法整复的不同性质时，导引之法作为一种养生、健身方法的固有定义亦才相应形成。

(5)"接阴"：是指男性可以通过某种特定的性行为方式，达到长寿的目的。在记述各家长寿之策的《十问》中，有 6 家言及此事（表 4-15），足见其在当时的养生学中占有极为重要的地位。在这 6 家中唯有"彭祖"一家是主张以彻底禁欲的方式（"赤子骄悍数起，慎勿出入"）来避免"阴精漏泄"⑤ 而致病损寿。其他几家则着眼于长寿与性行为方式的关系。这种以增寿为目的的性行为要点在于①不泄精，"乐突而无泻"⑥，"必使玉泉毋顷，则百疾弗婴，故

① 《十问》第 4 节，"黄帝问于容成"。
② 《十问》第 10 节，"王期见秦昭王"。
③ 《十问》第 9 节，"文挚见齐威王"。
④ 引自张家山汉简整理组："张家山汉简《引书》释文"，文物，1990，(10)：85。
⑤ 《十问》第 6 节，"王子巧父问于彭祖"。
⑥ 《十问》第 5 节，"尧问于舜"。

能長生”[①]；②在性行為的過程中以“吸入”的方式來達到補益之目的[②]。

表 4-15　《十問》各節中的養生方法

序號	問者	答者	内容						
			接陰法	服食法	食氣法	禁欲法	導引法	卧法	自我按摩法
1	黄帝	天師	▲						
2	黄帝	大成		▲					
3	黄帝	曹熬	▲						
4	黄帝	容成			▲				
5	堯	舜	▲						
6	王子巧父	彭祖				▲			▲
7	磐庚	耇老	▲						
8	禹	癸					▲		
9	齊威王	文摯		▲				▲	
10	秦昭王	王期	▲	▲	▲				

“接阴”之术，是不是古人所云“房中术”呢？这就要看给“房中术”这个概念下什么定义了。如将讲究“房中之事”——与性有关的内容，皆名之曰“房中术”，那么“接阴”当然亦属这个范畴之中。但如果深入一层，则发现有关“房中之事”的讨论有完全不同的两类：一是有关性知识、性艺术的论述，这是后面将要专门介绍的内容；而另一类则是以性行为作为手段，以求达到长寿之目的。从形式上看，两者没有什么区别，但在目的与本质上却极不相同。为区别二者起见，在此将有关性知识、性艺术的论述称之为“房中术”，而将另一类仍依原文称之为“接阴”之道，归在养生方法中。房中术作为文化进步的自然表现而出现，其目的在于寻求两性性行为之和谐，故称之为“戏道”。其中对于女性高潮极为重视，双方处于平等的地位；“接阴”术则完全不同，其中心是男性，女性仅为工具。从以“吸入”的方式而求补益之目的这一点看，女性实被作为如同“服食”法之“食”、“食气”法之“气”一样的一种可资补益的客观物质。从生理学的角度分析，房中术的“七损八益”、“精羸必舍”是符合生理，有益健康的，而接阴术的“玉泉毋顷”则是违背自然，有害而无益的。

养生诸法最直接之目的，在求健康长寿。这可说是此道历数千年而不衰，至今仍倍受青睐的根本原因。当然，在具体方法与手段上已见古今取舍之不同，某些本身即不“健康”的方法已被摒弃不用，而诸如导引、服食、食气等有益之法，经历代之改进发展，已成为后世养生保健方法的主流。

马王堆医书中所反映的养生内容，尚处于以“命”为主体的“养形”阶段，尚未与讲究精神修养的“养性”知识融为一体。其理论核心在于取法于天地自然，“察天之情，阴阳为正，万物失之而不继，得之而赢”[③]；“食苍则苍，食黄则黄”[④]；以及模仿动物姿势而成导引术式等。各种方法多以取外界物质以补益自身为着眼点。

① 《十问》第 3 节，“黄帝问于曹熬”。

② 《十问》第 7 节：“含其五味、饮夫泉英”；第 10 节：“吸其神雾，饮夫天浆，致之五脏”。此处所言皆为隐语，分析其前后文，推知“五味”当指舌而言，“泉英”在此处当指唾液而言，这在后世的“摄生”类著作中仍然可见。

③ 《十问》第 2 节，“黄帝问于大成”。

④ 《十问》第 2 节，“黄帝问于大成”。

三　“房中”之术

“房中”之名，首见于《汉书·艺文志》：“房中者，情性之极，至道之际。”其著作计有8家、186卷，在“方技略”中自成一类。但这些著作均早已亡佚，唯可据日本医家丹波康赖于公元10世纪末编成之《医心方》中所收录的中国古代房中类著作，如《玉房秘诀》、《素女经》、《玄女经》等，对其有一大概之了解。由于马王堆出土竹简《合阴阳》、《天下至道谈》的内容与《医心方·房内篇》多见相同之处，故可知这些竹简应属房中类著作。这也可以说是目前研究战国秦汉时期房中类著作及其思想的唯一史料。

《合阴阳》与《天下至道谈》的基本内容是论述人类性行为，可以概括为以下几个方面：

(1)通过充分的前戏，以激发女性性欲，其方法包括肌肤的爱抚与接触①，及必要的时间②。

(2)通过各种躯体运动及姿势变化，以增加刺激量，诱导女性高潮的出现③。

(3)通过观察体征，使性行为达到和谐④。

由于人类的性行为已不单纯是为了繁衍后代，而是作为文化、精神生活的一部分，构成人际关系的要素之一，所以“房中”类著作的出现，也是人类文明进步的一种标志。其中没有男尊女卑的伦理道德色彩，亦不同于“接阴”之术的“采补”思想。相反，女性被置于极为重要的地位，这一点主要表现在两方面：首先，当性行为被视为是一种精神和文化生活时，女性的意愿与欢愉得到了充分的强调，并认为赖此方能达到两性间，以及家族间人际关系的和洽：“先戏两乐，女欲为之，曰知时”；“弗欲强之，曰绝”；“怒乐之要，务在迟久，苟能进久，女乃大喜，亲之弟兄，爱之父母”⑤。其次，当性行为作为一种生理活动出现时，不仅强调前戏及全过程方式的重要，以使女性高潮得以实现，而且认为男性精液对于女性具有补益作用：“吾精以养女精，筋脉皆动，皮肤气血皆作。故能发闭通塞，中府受输而盈。”⑥

在“房中”类著作中，正确与不正确的性行为分别被概括为“八益”与“七损”，这是最主要的原则。

八益：一曰治气、二曰致沫、三曰知时、四曰畜气、五曰合沫、六曰积气、七曰持盈、八曰定顷。

七损：为之而疾痛，曰内闭；为之出汗，曰外泄；为之不已，曰竭；臻欲之而不能，曰帠；为之喘息中乱，曰烦；弗欲强之，曰绝；为之臻疾，曰费。

---

① 《合阴阳》：“凡将合阴阳之方，握手土、腕阳、循肘房、抵腋旁、上灶纲、抵领乡、揗承匡、复周环、下缺盆、过体津、陵勃海、上常山、入玄门、御交筋。”所用虽多隐语，但可看出皆为人体部位之称。

② 《合阴阳》：“虽欲勿为，作相呴相抱，以恣戏道。”

③ 《合阴阳》：“十修：一曰上之，二曰下之、三曰左之、四曰右之、五曰疾之、六曰徐之、七曰希之、八曰数之、九曰浅之、十曰深之”；“十节：一曰虎游、二曰蝉柎、三曰尺蠖、四曰困桷、五曰蝗磔、六曰猨捕、七曰瞻诸、八曰兔骛、九曰蜻蛉、十曰鱼嘬”。

④ 《天下至道谈》：“接手者，欲腹之傅；伸肘者，欲上之摩且据也；侧构者，旁欲摩也；交股者，刺太过也；直踵者，深不及；上槔者，下不及心也；平甬者，欲浅；振动者，至善也，此谓八观”；“五音：一曰候息、二曰喘息、三曰累哀、四曰疢、五曰齘。审察五音，以知其心，审察八动，以知其所乐所通。”

⑤ 《天下至道谈》。“知时”为“八益”之一；“绝”为“七损”之一。

⑥ 《合阴阳》。关于男性精液的所谓补益作用，现代医学认为是由于精液对副交感神经末梢的刺激，而使女性容光焕发。参见［日］押钟笃：《医师の性科学》，学建书院，1977年，第875—974页。

故善用八益，去七损，耳目聪明、身体轻利、阴气益强、延年益寿、居处乐长①。总之，“房中”类所提倡的是，通过正常的性行为，不仅可以达到两性关系的和谐完美，而且可使双方均达到身心的健康。

房中术不同于前述养生之道中的“接阴”之术，也不能隶属于“性医学”的范围之中。因为这是指导性功能正常之人的“性技巧”。而对于性功能的障碍，在当时尚未见到有通过行为训练以达治疗目的之方法。在《养生方》中记载了大量内服、外用的方剂，其内服药以各种卵为主要原料，显然是源于取类比象的思维方法；外用药则以辛辣刺激物为主，兼见物理刺激法。

由于在中国古代漫长的封建社会中，特别是宋明理学兴起后，对于人类正常的性意识多方加以禁锢，故逐渐发展成讳言耻谈人类之“性”，而将一切有关这方面的文化、知识统统皆称之为“房中术”。诚如元代陶宗仪所说：“今人以邪僻不经之术，如运气、逆流、采战之类，曰房中术。”② 在这层意义上，房中术确包含有极多的纵欲诲淫内容，受到社会与医家的严厉批评：“世有以此，实恣淫欲，为泥水金丹，而秘相授受，卒至丧亡者，深可恶也！深可恶也！”③

第七节 医事制度

秦在统一中国之前，已设有太医令。此后历代医官多设有太医令、丞之职，以主医药，即源于此。西汉之时，有两太医令、丞，其一属于太常，其一属于少府，均主医药。一般认为“太常之太医，是主治百官之病；少府之太医，是主治宫廷之病”④。但亦有人以为“太医令丞，太常已有之，疑此官先属太常，后属少府，班失刊正”⑤。

见于《汉书》的医官职名有：太医监、侍医、女侍医、医工长、医待诏、本草待诏、乳医等⑥。从这些名称中可以看出等级与分工的不同，如侍医等应属正式的员医；而待诏，则恐怕只是候补性质⑦。

太医之职，亦属“加官”之一种：“所加或列侯、将军、卿大夫、将、都尉、尚书、太医、太官令至郎中，亡员，多至数十人”⑧。研究秦汉官制的学者认为“加官”的意义在于招贤纳士，选拔一些有才能的人直接进入宫廷，因此自汉武开始，形成了“中外朝”⑦。从汉人以为医者的性质属“论病以及国，原诊以知政”⑨ 的角度讲，这些因“加官”而位居太医之职的知识分子，亦当参政议事；且其人选也未必是良医与医门子弟。因为在当时的社会中，仕进的机会多属“良家子”，即“非医、巫、商贾、百工也”⑩。如汉哀帝时的伍宏“因医技进”，为

---

① 参见《天下至道谈》。
② 元·陶宗仪，《南村辍耕录》，中华书局，1959年，第174页。
③ 明·韩悉，《韩氏医通》，江苏科技出版社，1985年，第35页。
④ 陈直，汉书新证，天津人民出版社，1979年，第86页。
⑤ 沈钦韩，《汉书疏证》。引自安作璋、熊铁基《秦汉官制史稿》，齐鲁书社，1984年，第184页。
⑥ 详见《汉书》“外戚传”、“艺文志”、“宣帝纪”、“燕刺王传”、“董贤传”、“霍光传”、“郊祀志”。
⑦ 安作璋、熊铁基，秦汉官制史稿，齐鲁书社，1984年，第184，230，345页。
⑧ 《汉书·百官公卿表》卷十九上，中华书局点校本，1962年，第739页。
⑨ 《汉书·艺文志》卷三十，第1780页。
⑩ 见《史记·李将军列传》卷一百九，第2867页注引“如淳云”。中华书局点校本，1982年，第2版。

医待诏，但关键在于他的外戚身份，后与杨闳结谋反逆，“几危社稷”[①]。是知汉代医官的仕进并非全赖医学技艺与学术水平，医家的社会地位仍较低下，这或许就是淳于意不肯为人治病、公乘阳庆不愿子孙知其善医的原因。

① 《汉书·董贤传》卷九十三，第3735页。

第五章 东汉、三国的医学

第一节 医学著作与著名医家

一 《黄帝明堂经》

（一）书名的演变及成书时代的考证

《黄帝明堂经》这一书名始见于《旧唐书·经籍志》与《新唐书·艺文志》。另外，在新、旧两种《唐书》的书志目录中均分别载有四种与本书直接相关的著作，即：

（1）黄帝明堂经　3卷

（2）黄帝明堂　3卷

（3）黄帝明堂经　3卷　杨玄孙撰注（《新唐书》作“杨玄注”）

（4）黄帝内经明堂　13卷

（5）黄帝内经明堂类成　13卷　杨上善撰

根据日本所存杨上善注本《黄帝内经明堂》古抄本残卷（插页图）的原序可知，本书原为三卷，因：“旧制此经分为三卷，诊候交杂，窥察难明”，故“是以十二经脉各为一卷，奇经八脉复为一卷，合为十三卷焉”①。但据上引《唐书》的著录情况看，在杨上善的十三卷注本之外，尚有另一种十三卷本的《黄帝内经明堂》存在，故将三卷本改为按经脉排列而成十三卷本之事，未必始于杨上善。杨氏《原序》所言，或应理解为只是对前人改写原由的解释，即杨氏仅是采用十三卷本加以注释而已。

杨上善在注释《黄帝内经太素》时，引用《黄帝明堂经》虽大多是略称为《明堂经》（或《明堂》），但亦可见称其为《明堂流注》或《流注》之例②，而这一书名可以在《隋书·经籍志》中找到③。由是引出有关《黄帝明堂经》祖本成书时代及书名演变的考证问题。

将杨上善《黄帝内经明堂》注本残卷及其注释《黄帝内经太素》时引用《明堂经》的文字，与西晋皇甫谧编撰的《针灸甲乙经》进行对照，可以证明：构成《针灸甲乙经》的三种文献之一的《明堂孔穴针灸治要》，是《黄帝明堂经》的一种早期传本。这也就是说，由于《针灸甲乙经》是根据《素问》、《灵枢》、《明堂孔穴针灸治要》三书合编而成，因此其中不见于现存《素问》、《灵枢》两书的二万四千余字，除去经考证属后人夹注衍为正文的部分，即

---

① 日本仁和寺藏有杨上善《黄帝内经明堂》卷子两种，均仅存“序文”及卷一部分。其一为永仁四年（1296）丹波长高的写本；一为永德三年（1383）写本，分别称为“永仁本”和“永德本”，已由日本东洋医学研究会影印出版（收于《东洋医学善本丛书》，1981）。近年，北里研究所附属东洋医学总合研究所的小曾户洋等又在“前田育德会尊经阁文库”发现文永元年（1264）和气种成所写该书残卷（插页图），被认为是“最善本”。该研究所已将其与同时发现的《小品方》残卷一起影印出版（见《小品方·黄帝内经明堂　古抄本残卷》，1992）。

② 隋·杨上善撰注，《黄帝内经太素》卷八、卷十，人民卫生出版社，1965年版，第103，163页。

③ 《隋书·经籍志》：“梁有《明堂流注》六卷，亡。”

是《明堂孔穴针灸治要》之文。因此这一部分文字也就成为今人研究《黄帝明堂经》原貌的主要依据。

由于《隋书·经籍志》中既无《明堂孔穴针灸治要》，亦无《黄帝明堂经》，但可见《明堂流注》及《明堂孔穴》之类的书名，故不妨推测《明堂流注》、《明堂孔穴》[①] 乃是从《明堂孔穴针灸治要》向《黄帝明堂经》转变过渡的中间环节。在数百年的历史时期中，出现卷次分合之差异，实为极自然的事情。

关于此书祖本的成书年代，黄龙祥根据《汉书·艺文志》未见著录，书中五行学说的使用情况，采用汉武帝建元三年（前138）始置的武官名称“期门”为肝经募穴名称，不避汉殇帝名讳等线索，判断“《黄帝明堂经》大致成书于西汉末与东汉延平（106）年之间”[②]。作为支持这一成书年代判断的旁证，还可举出诸如《素问》、《灵枢》中基本看不到有关针刺深度的记载，大多是采用在某一腧穴反复浅刺（即刺若干“痏”）的方法来增加刺激量，而在《黄帝明堂经》中不仅每个穴位均标明针刺深度，而且在腹部已可见深刺二寸（关元穴、中极穴）至三寸（气冲穴）的记载，说明其成书年代应与《素问》、《灵枢》有一定距离。另外，《黄帝明堂经》所提到的各经募穴，以及五腧穴的五行配属等问题，亦不见于《素问》、《灵枢》，但在成书于东汉中期的另一部医学著作《难经》中，已将此作为腧穴学理论进行专题讨论[③]，这至少可以说明《黄帝明堂经》中这些新的医学理论是产生于《素问》、《灵枢》到《难经》之间的历史时期。

（二）主要内容与学术特点

“明堂”一词原本不是医学术语[④]，但自《明堂孔穴针灸治要》以降，许多涉及经脉、腧穴的著作常常冠有“明堂”之名，如《隋书·经籍志》中载有《明堂孔穴图》、《黄帝明堂偃人图》、《黄帝十二经脉明堂五藏人图》等等。至《旧唐书·经籍志》中，已然将所有的医学理论著作（包括经脉、脏腑、针灸、脉诊等）统归于“明堂经脉”类。以至“明堂”一词几乎成了“腧穴”著作的同义词，许多医家引用这类著作时常略称其为《明堂》或《明堂经》，极易与《黄帝明堂经》相混淆，所以唐代医家杨玄操将《黄帝明堂经》称作“黄帝正经”[⑤]；孙思邈则称其为“明堂正经”或“明堂本经”[⑥] 以示区别。

《黄帝明堂经》的学术特点及其在中国医学发展史上的地位，在于这是现知最早的腧穴专著。先秦医家扁鹊以针刺之法治疗虢太子“尸厥”时虽然已有使用腧穴的记载，但直到《素问》、《灵枢》成书之时，腧穴在针灸治疗学中的地位仍与《黄帝明堂经》具有较大的差距。例如马王堆出土的经脉著作中未见任何腧穴名称，仅仅是将各种病症归属于不同经脉，并以此

---

① 《隋书·经籍志》：“《明堂孔穴》五卷，梁（有）《明堂孔穴》二卷，《新撰针灸穴》一卷，亡。”

② 黄龙祥，黄帝明堂经辑校，中国医药科技出版社，1987年，第240～241页。

③ 《难经》第67难专论“募穴”、“俞穴”的阴阳属性问题；第62～65，68，73，74等“难”均是就“五腧穴”展开讨论。甚至可以说，《难经》一书中有关腧穴的论述，主要是集中在“五腧穴”的五行配属及运用方法上。

④ “明堂”一词在医学著作中，首先是作为传授医道的场所，如《素问·著至教论》曰：“黄帝坐明堂，召雷公而问之”等等。其后或因明堂十二宫、十二月与人身十二经脉等比附关系，而有《明堂虾蟆图》（《隋书·经籍志》）等医学著作。敦煌残卷《明堂五脏论》则径以躯体释之：“明堂二字，其义不轻。明者命也，堂者躯也。”（见马继兴主编《敦煌古医籍考释》，江西科学技术出版社，1988年，第11页）

⑤ 引自〔日〕丹波康赖《医心方》卷二，人民卫生出版社，1955年影印版，第57页。

⑥ 唐·孙思邈，《备急千金要方》卷二十九，人民卫生出版社，1955年影印版，第508，518页。

作为施治原则；西汉名医淳于意医案中所见刺灸方法，则既有只言经脉名称者，亦有指明具体部位者，但仍然没有具体的腧穴名称。《素问》、《灵枢》在言及刺灸之法时，约有一半是只言经脉，不言腧穴；两书实际举出的穴位不过160个左右[①]，且有些腧穴只有部位而无名称，如三节之旁、喉中、腰尻交、舌下脉、眉头等。而在《黄帝明堂经》中，不仅腧穴数量大幅度增加到349个，而且均有名称和位置的说明。例如《灵枢》所言“三节之旁”，已具体为：“肺俞，在第三椎下两傍各一寸五分。”

其次，在有关腧穴下分别记载了该腧穴的特性，如“三阴交”是“足太阴，厥阴、少阴之会”[②]；“命门”为“督脉气所发”[③]；“孔最”乃“手太阴之郄”[④]；“中府，肺募[⑤]也”。并将各经脉的“井、荥、输、经、合”五个特定穴分别配以五行属性[⑥]，构成了一些新的腧穴学理论。

再次，则是有关每一腧穴针刺深度、留针时间、施灸“壮”数，以及禁针或禁灸的说明。

最后，每一腧穴之下分别记载了主治病症，总计270个，其中包括内科病症185种，外科20种，妇儿科23种，五官科42种[⑦]。

因此，《黄帝明堂经》的出现，可以看做是针灸疗法发展过程中一个重要转折点的标志——从以经脉为核心变为以腧穴为核心。即治疗法则的确定，出现了从“经脉主治”到“腧穴主治”的转变。医家在临床治疗中，更多关心的往往是某一腧穴的特定治疗作用，或某种疾病该选用哪些腧穴进行治疗。而经脉学说则上升成为更高一级的理论，一般来说只是作为辨证施治的指导原则。

二　《黄帝八十一难经》

（一）书名的演变及成书时代

《黄帝八十一难经》一书在不同的时代和其他医家著作中，或名之为《八十一问》，或称之曰《难经》；或冠有“黄帝”之名，或题为秦越人（扁鹊）之作，并不统一。由于有关书名的介绍，不仅仅是了解这部医学经典的入手之处，还将关系到本书历史地位之变化、著者考察等各方面的问题，故先将书名演变之梗概依时间先后列之于下。

在中国医学发展史上，最先提到这部著作的，是东汉医家张仲景所著《伤寒杂病论》。该书原序说：“感往昔之沦丧，伤横夭之莫救，乃勤求古训，博采众方，撰用《素问》、《九卷》、《八十一难》、《阴阳大论》、《胎胪药录》，并平脉辨证，为《伤寒卒病论》合十六卷。”

稍后，生活于三国至西晋初年之著名文学家、史学家兼医学家皇甫谧，在其所著《帝王世纪》中提到“黄帝有熊氏命雷公、岐伯论经脉，傍通问难八十一，为《难经》，教制九针，

---

① 南京中医学院编，针灸学讲义，上海科学技术出版社，1964年，第12页。

② 会：两条以上的经脉在此交会之意。

③ 表明该腧穴从属于本条经脉之意。

④ 郄：是各经脉经气所深集的部位，多位于膝肘以下。

⑤ 募：是脏腑经气汇集于胸腹部的腧穴。

⑥ 《灵枢·九针十二原》仅说：“所出为井，所溜为荥，所注为输，所行为经，所入为合。”无五行配属。每一经脉的这五个“特定穴”均位于膝肘关节以下，依次向心排列。后世称之为“五俞穴”。

⑦ 黄龙祥，黄帝明堂经辑校，中国医药科技出版社，1987年，第265页。

著内外术经十八卷”[①]，则不仅有“经”之称，且与黄帝发生了联系。但隋唐时期的杨上善在撰注《黄帝内经太素》时，引用此书仍称《八十一难》[②]；隋代萧吉《五行大义》引用此书时称为《八十一问》[③]。

在目录学著作中，此书首载于《隋书·经籍志》，称：“《黄帝八十一难》二卷，梁有《黄帝众难经》一卷，吕博望注，亡。”

这里出现了一个必需置疑的问题：《帝王世纪》所说一段话中“为《难经》”三字，极有可能系因后人见“问难八十一”，即误以为是指《八十一难》而随手注人，再经传抄衍为正文的。如此考虑，是因为这段话的人物关系（黄帝、雷公、岐伯），及其与后述著作（内外术经十八卷）间的关系，均极为明显是就今本《黄帝内经》而言。故其中“问难八十一”，亦可理解为是就《素问》、《灵枢》两书均系以黄帝与岐伯、雷公等人问对——设问答疑的方式写成，且各为八十一篇而言。自《旧唐书·经籍志》、《新唐书·艺文志》开始，著录此书皆称为“经”（《黄帝八十一难经》）。此后，“《难经》”才成为该书最简略、最常用的名称。同时，伴随着医家对于理论重视程度的不断增强，《难经》在众多医学著作中的地位亦不断上升，最终达到了与《素问》、《灵枢》并称“经典”的地位。

《难经》一书的著者究为何人，史无定论。大约自唐代的书录开始，多题“秦越人撰”（如《旧唐书·经籍志》、《崇文总目辑释》、《郡斋读书后志》、《宋史·艺文志》等）。究其原委，应从托名和学术传承两方面进行考察。就“托名”而言，可举唐代大才子王勃所写“黄帝八十一难经序”[④]为例：

> 《黄帝八十一难经》是医经之秘录也。昔者岐伯以授黄帝，黄帝历九师以授伊尹，伊尹以授汤，汤历六师以授太公，太公授文王，文王历九师以授医和，医和历六师以授秦越人，秦越人始定立章句，历九师以授华佗，华佗历六师以授黄公，黄公以授曹夫子。曹夫子讳元字真道，自云京兆人也。盖受黄公之术，洞明医道，至能遥望气色，彻视腑脏，洗肠刳胸之术，往往行焉。浮沉人间，莫有知者。

由此文观之，曹夫子颇似道教中人。而有关《难经》这一段源远流长、言之颇详的传承关系，虽未必是出自曹夫子，却极有可能是由其前辈，即确实参与了此书传承的某人编造的。在传世本《难经》的文字中，确也流露出道教文化的影响。例如第8难说两肾之间的“动气”，“一名守邪之神”，此语始出《难经》，但不是传统的医学术语，只有在道教典籍中才可见类似用语。如《黄庭内景经·灵台章第十七》“洞房紫极灵门户”注引《大洞经》云：“两眉间直上，却人三分为守寸”；《心神章第八》说：“心神丹元字守灵”[⑤]等。

另一位唐代医家杨玄操撰《集注难经》时，在序文中直言：“《黄帝八十一难经》者，斯乃勃海秦越人之作也。”[⑥]因而后世研究者多疑署名秦越人之举始自杨玄操。但也有人指出《难经》署秦越人之名，可能早至三国时吴吕广的第一次注释本，原因是在唐代医籍《千金方》、《外台秘要》中均可见引用《难经》文字而称“扁鹊曰”。特别是因《外台秘要》所据文

---

① 引自《太平御览》卷七二一，中华书局，1960年影印版，第3194页。

② 隋·杨上善撰注，《黄帝内经太素》，人民卫生出版社，1965年版，第149页。

③ 隋·萧吉，《五行大义》卷三，商务印书馆。1939年丛书集成初编本，第54、59页。

④ 引自清·董诰等《全唐文》卷一百八十。中华书局，1982年影印版。

⑤ 《黄庭经》，上海古籍出版社，1990年版，第41，31页。

⑥ 引自《难经集注》，人民卫生出版社，1956年影印版。

献乃是隋代谢士泰的《删繁方》，故不可认为《难经》署名秦越人创于杨玄操[①]。概言之，《难经》一书的作者："隋以上则附之于黄帝，唐而降则属之于秦越人。"[②]。

由于秦越人的生活时代在先秦，而《难经》成书在东汉，所以《难经》不可能是秦越人的著作，这是十分明显的。因而有人提出："秦越人著《难经》的古传之说必须而且应该解释为：东汉时期扁鹊学派的医家撰写了《难经》，《难经》继承了西汉之前扁鹊学派的学术思想并使之有了新的发展，秦越人著《难经》的真相是扁鹊学派的医家著《难经》。"此说[③]的论据是《难经》中有数条文字与其他医学古籍中所录扁鹊言论一致。进而通过分析这些材料，认为："已可肯定：《难经》所引的'经言'是扁鹊学派的医经而言。"[④]实际上，正如本书前面业已谈到的今本《黄帝内经》中同样可以见到扁鹊医学旧论的内容，所以仅凭《难经》中可以见到若干扁鹊的医学言论，即断言其属延续先秦医学之某一学派的理论而成书，显然是难以成立的。但这却可作为一条重要的线索，去推敲何以《难经》会被后人署上秦越人之名，这也正是前面所谈还要从学术内容的角度对托名进行考察的原因。

《难经》的成书时代，除坚持认为该书属扁鹊（或秦越人）之作者[⑤]，一般公认是在东汉。这主要是依据《汉书·艺文志》未见著录，而张仲景《伤寒杂病论》序文中业已言及，三国时东吴吕广已为《难经》撰注，从而确定其写作时代的。

就内容考察而论，日人丹波元胤有一段较简明的概述：

> 《八十一难经》较之于《素问》、《灵枢》，其语气稍弱，似出于东都以后之人。而其所记又有与当时之语相类者。若元气之称，始见于董仲舒《春秋繁露》、杨雄《解嘲》，而至后汉，比比皆是。"男生于寅"、"女生于申"，《说文》包字注、高诱《淮南子注》、《离骚章句》，俱载其说。木所以沉，金所以浮，出于《白虎通》。"金生于巳"、"水生于申"，"泻南方火、补北方水"之类，并是五行纬说家之言，而《素》、《灵》中未有道及者，特见于此经。且此经诊脉之法，分为三部，其事约易明，自张仲景、王叔和辈执而用之，乃在医家实为不磨之矜式[⑥]。

（二）主要内容与学术特点

《难经》一书以设"难"（问题）、解答的方式，论述了中国传统医学体系中的一些理论问题。唐代杨玄操注释该书时，将"八十一难"按其内容归为13类：经脉诊候（1～24）、经络大数（25，26）、奇经八脉（27～29）、荣卫三焦（30，31）、脏腑配像（32～37）、脏腑度数（38～47）、虚实邪正（48～52）、脏腑传病（53，54）、脏腑积聚（55，56）、五泄伤寒（57～60）、神圣工巧（61）、脏腑井俞（62～68）、用针补泻（69～81）。后又有名吴澄者，认为这一分篇之法不当，而综之为六类，即论脉（1～22）、论经络（23～29）、论脏腑（30～47）、论

---

① 〔日〕丹波元胤，《中国医籍考》卷七，人民卫生出版社，1983年第2版，第63～64页。

② 〔日〕冈西为人，宋以前医籍考，人民卫生出版社，1958年，第102页。

③ 俞慎初《中国医学简史》（福建科学技术出版社，1983年，第40页）亦持此说，认为秦越人的医疗技术"由他的弟子和后起者的继承而保留下来。到了汉代，有人把他的医学理论和经验，总结整理成《难经》一书。"

④ 以上均见李伯聪《扁鹊和扁鹊学派研究》，陕西科学技术出版社，1990，第221，225页。

⑤ 程鸿儒，漫谈秦越人与《难经》，中华医史杂志，1982，(3)：147。

⑥ 〔日〕丹波元胤，《医籍考》卷七，人民卫生出版社，1983年第2版，第63页。

病（48～61）、论穴道（62～68）、论针法（69～81）[①]。一般认为这种分类之法更为简明合理。

《难经》一书虽然讲诊脉、述病候、论针法，但多不属某一具体疾患的诊断、治疗之策，而是有关这些方面的一些总体认识与理论研究，以下就其要点略加说明。

1. 脉诊方法

《难经》虽然言及自古流传的多种诊脉方法，但其自身所强调的是“寸口”诊脉法，即只取两手桡动脉进行诊察的方法。这在中国传统医学诊脉方法的发展过程中，是一个极为重要的转折点。前此，在《素问》、《灵枢》等医学典籍中，可以见到三部九候、人迎寸口、分经候脉等多种古脉法并行，当然也有取寸口之脉进行诊候的方法存在。然而自《难经》独倡寸口诊脉法，直至今日，中医所采用的诊脉方法基本上均是此法。寸口脉法取代其他各种诊脉方法，在脉诊中雄居主导地位之势的历史，只能上溯到《难经》时代。

当然，诊察寸口脉的方法，并不是创始于《难经》。这种方法在《素问》、《灵枢》中已有记载，但那时尚未见有寸口脉划分尺、寸的迹象。在《素问》中凡言及“尺寸”时，其意均是指“尺肤”——前臂内侧皮肤，与“寸口脉”——桡动脉。《难经》采用寸口分尺、寸的诊脉方法，并结合阴阳学说大加发挥之。在“一难”至“二十一难”中，许多论脉的理论均是围绕着这一基点进行阐述的。脉诊方法的这一转变过程，极有可能是在吸收“人迎、寸口脉法”的某些要素的基础上形成的。因为两种方法均是立足于阴阳对比和上下划分的取脉方式上，其差别不过在于：“人迎、寸口脉法”取阴阳之脉的方法是在人体的上部（颈动脉）和手部（寸口脉）取两处动脉加以比较，上部为阳、手部为阴；而“寸口脉法”则不过是将这种方式进一步简化与浓缩到桡动脉一处，以关骨（桡骨茎突）为界，关前名为“寸脉”，属阳，取代了颈动脉；关后名为“尺脉”，属阴，独揽了原寸口脉的地位。进而又将脉象法中的“真脏脉”，“人迎、寸口脉法”中的“关、格”等术语的概念转化成寸口脉法中尺、寸变化的某种表现（参见“三难”）。值得注意的是，《难经》中虽然具备了寸脉、尺脉之分，并且出现了“关”字，但尚未形成“关脉”。“关”只作为定位之界，而不是一部脉，这是寸口脉法贯穿阴阳理论的必要条件。寸口脉划分为寸、关、尺三部的“定式”，始见于东汉末年张仲景、三国华佗的诊脉方法中，由西晋王叔和《脉经》加以总结完成。

2. 经脉体系

《难经》在经脉体系方面与《素问》、《灵枢》的主要不同，在于提出了一个明确的“奇经八脉”体系。这八条经脉的名称、走行、主病，在《素问》、《灵枢》中虽已言及，但并无“奇经”之称，亦无“八脉”之名。有关走行、主病的描述散见于多篇之中，既零散，又无特殊意义。例如《素问·刺腰痛论》在叙述了足太阳等经脉皆可令人腰痛，且症状各有不同之后，又列举了解脉、同阴之脉、阳维之脉、衡络之脉、会阴之脉、飞阳之脉、昌阳之脉、散脉、肉里之脉等皆能令人腰痛。其中属“奇经八脉”的“阳维之脉”并不具有什么特殊含义。《黄帝明堂经》在记述腧穴的经脉归属上，除十二正经和阳维、阴维、阳跻、阴跻、冲、任、督、带这八条经脉的名称外，已然看不到《素问》、《灵枢》中记载的其他各脉名称，说明经脉体系至此时基本定型。而《难经》则进一步将这八条经脉作为一个特殊的体系加以论述，认为其功能与蓄积江河满溢之水的湖泊一样，能够容纳十二正经有余的气血：“比于圣人图设沟渠，沟渠满溢，流于深湖，故圣人不能拘通也。而人脉隆盛，入于八脉而不环周，故十二经

① 详见〔日〕丹波元胤《中国医籍考》，人民卫生出版社，1983年第2版，第60页。

亦不能拘之。其受邪气，畜则肿热，砭射之也。”（二十八难）建立这种理论性解释的依据，完全是比之于自然。《难经》论述八脉循行，起止清楚、主病明确，为后世所宗法。故唐代杨上善注《黄帝内经太素》中有关内容时，皆引《八十一难》。在后世的经脉学、针灸学中，奇经八脉居于与十二正经同等重要的地位，并没有人深究这些内容在《素问》、《灵枢》中的原貌如何、居于何等地位，而在《黄帝明堂经》和《难经》中又发生了怎样的变化，总以为传统医学的理论莫不是发端于《黄帝内经》。

3. 脏腑学说

在论及人体脏腑时，《难经》一方面继承了《灵枢》、《素问》的脏腑学说内容，诸如有关胃肠道形态、大小、长度的描述，以及五脏与五行的配属等等，而另一方面亦有标新立异之处。例如有关六腑之一“三焦”的新说；以及两肾之中，左为肾，右为“命门”等，都是《难经》一书较为重要的学术思想。

一般认为“三焦无形说”源于《难经》，其实是由于对《难经》文字的误解所致。《难经》中言及三焦，计有6处，其中以“三十一难”言之最详：

> 三焦者，水谷之道路，气之所终始也。上焦者，在心下，下膈，在胃上口，主内而不出，其治在膻中；中焦者，在胃中脘，不上不下，主腐熟水谷，其治在脐旁；下焦者，当膀胱上口，主分别清浊，主出而不内，以传导也，其治在脐下一寸。

较之前述《素问》、《灵枢》有关三焦腑在新陈代谢过程中的功能描述，可谓无原则性区别。第39难论腑何以为“五”而不应该是“六”时，仍承认“三焦亦是一腑”，只不过“不属于五脏”而已。第38难说：“有名而无形，其经属手少阳，此外腑也”，其意仍然是宗《灵枢·本输》所说：“是六腑之所与合者”。有助于正确理解《难经》“三焦无形说”之最好的证据，可举该书第25难所说：“心主与三焦为表里，俱有名而无形”为例。心主即心包，其有形态可循是不言而喻的，只不过因包裹于心脏之外，没有形成一个独立的器官，故谓之无形，而三焦亦同样是包裹于腹腔内其他脏器之外，其性质确与心包一样。杨上善对这一问题就说得比较明白了，他在论“心包”时说：“名手厥阴，有脉别行，无别脏形；三焦有气有脉，亦无别形，故手厥阴与手少阳以为表里。”[①]“无别脏形”与“亦无别形”，均系指没有脱离其他脏器的独立形态而已，故称之为“外腑”。

实际上，真正的“三焦无形说”是以将人体划分成三段为确立条件的。这时，三焦一词的概念发生了根本的转变，例如《脉经》所说：“寸主射上焦，出头及皮毛竟手；关主射中焦，腹及腰；尺主射下焦，少腹至足。”[②] 又如敦煌古医籍中的《明堂五脏论》说：“人心以上至头为上焦，心以下到脐为中焦，脐以下到足是下焦。三焦者，有名无形。”[③] 只有这种建立在将人体划分为上、中、下三段基础上的三焦无形说，才是名副其实的无形说，它已然不可能存在前述那样究竟是“无形”，还是“无独立之形”的混淆；亦不存在三焦到底是“原气”，还是“原气运行场所”的疑虑，当然也就不可能再具有任何功能了。

《难经》之所以要辨述“三焦有名而无形”，目的不过是要将“六腑”改为“五腑”；同时又以“肾有两枚”为由，硬要将“五脏”变成“六脏”，大概只是由于五脏、六腑的数字阴阳

---

① 隋·杨上善撰注，《黄帝内经太素》，人民卫生出版社，1965年排印版，第108页。

② 晋·王叔和，《脉经》卷一，人民卫生出版社，1962年排印版，第4页。

③ 引自马继兴主编《敦煌古医籍考释》，江西科学技术出版社，1988年，第12页。

属性（阳奇阴偶）与脏腑的阳阴属性（脏为阴、腑为阳）不合，故试图通过上述理论性的阐述来进行修改。“五腑、六脏”虽然未被后人接受，但“三焦无形”、“右肾为命门”两点，却对后世医学的发展产生了极大的影响。

4. 病候、腧穴之论

如果说《难经》一书在脉诊方面是以阴阳为总纲，那么在有关病候与腧穴的论说中则是以五行为主体。例如四十九、五十难论五脏间“邪气”的相互干扰，而有虚邪（后来者）、实邪（前来者）、贼邪（所不胜来者）、微邪（所胜来者）、正邪（自病）等五种名义之用；五十三、五十四难论五脏、六腑间疾病的传变（相生或相克）；五十六、五十七、五十八难分别论五积、五泄、五种伤寒等，皆是按照“5”这一数字来规定某种疾病的分类（表5-1）。“五十六难”论述五脏之积时，以胃部为中心，配合五行方位，而有肝（木）之积在左、心（火）之积在上、脾（土）之积在中、肺（金）之积在右、肾（水）之积在下的定位；其病因也是由于病邪依五行相克之规律传变，遇所克之脏当“王”之时，邪气不能继续向下传递而留滞成“积”。

表 5-1　《难经》中疾病分类法举隅

病名	分型	解说				
积聚（五十六难）	“五脏之积”	名曰：“肥气”（肝） 位置：左胁下 患病时间：季夏、戊己日	“伏梁”（心） 肝上至心下 秋、庚辛日	“痞气”（脾） 胃脘 冬、壬癸日	“息贲”（肺） 右胁下 春、甲乙日	“奔豚”（肾） 发于少腹，上至心下 夏、丙丁日
泄（五十七难）	“泄凡有五”	胃泄：饮食不化，色黄	脾泄：腹胀满，泄注，食即呕、吐逆	大肠泄：食已窘迫，大便色白，肠鸣切痛	小肠泄：溲而便脓血，少腹痛	大瘕泄：里急后重，数至圊而不能便，腹中痛
伤寒（五十八难）	“伤寒有五”	中风：（脉）阳浮而滑，阴濡而弱	热病：（脉）阴阳俱浮	湿温：（脉）阳濡而弱，阴小而急	温病：（脉）浮之滑，沉之散	伤寒：（脉）阴阳俱盛而紧涩

在有关腧穴的论述中，《难经》一书实际上主要讨论的是“五俞穴”（井、荥、输、经、合）的五行属性及其运用方法。在《素问》与《灵枢》中虽有6篇提到这种取穴方法，但未见与五行说有什么联系①，只是与“四时”关系极为密切，“四时—五行—五俞”间的配属关系尚未形成。至《黄帝明堂经》和《十变》② 则可见“五俞穴”与五行的配属，并且构成了各经脉五俞穴由“井”至“合”是依五行相生序排列；阳经与阴经之间的同名穴，按相克序排列的特定关系。降至《难经》，不仅五俞与五行、五时（加入长夏）的配属关系完备，而且五俞各穴主病亦是按照五行关系确定的，形成了“井主心下满、荥主身热”等不以经脉为据的取穴理论（表5-2）。清楚地表明了《难经》作者强调五行、强调理论性取穴方法的意图。

① 《灵枢·本输》介绍这些穴位时，有阴经第一穴为“井、木”，阳经第一穴为“井、金”的记载，但核之《黄帝内经太素》“井”字后并无“木”或“金”字，可知为后人羼入。

② 《难经》在言及“五俞穴”的五行属性时，称“《十变》曰”。但其书已佚。

表 5-2　《素问》、《灵枢》、《难经》等有关五俞穴的主要论述

文献	井	荥	输	经	合
《素问·水热穴论》	冬取井，以下阴逆；取荥以实阳气		秋取俞以泻阳邪，———取合以虚阴邪		
《灵枢·顺气一日分为四时》	藏主冬，冬刺井	色主春，春刺荥	时主夏，夏刺俞	音主长夏，长夏刺经	味主秋，秋刺合
《灵枢·本输》	冬取诸井诸俞	春取络脉诸荥	夏取诸俞孙络		秋取诸合
《灵枢·九针十二原》	所出为井	所溜为荥	所注为输	所行为经	所入为合
《黄帝明堂经》 《十变》 《难经·六十四难》	阴经：木 阳经：金	火 水	土 木	金 火	水 土
《难经　七十四难》	春刺井	夏刺荥	季夏刺俞	秋刺经	冬刺合
《难经·六十八难》	主心下满	主身热	主体重节痛	主喘咳寒热	主逆气而泄

三　《神农本草经》

（一）成书年代与作者

《神农本草经》是现知最早的药物学专著。古代学者大多认为其成书当在秦始皇焚书之前。例如最早对此书进行整理的梁代陶弘景认为："旧说皆称《神农本草经》，余以为信然。"当然他也知道其时尚不可能有此书传世，故又说："但轩辕以前，文字未传……至于药性所主，当以识识相因，不尔何由得闻？……此书应与《素问》同类，但后人多更修饰之尔。秦皇所焚，医方、卜术不预，故犹得全录。"至于书中所载药物出产多为东汉地名这一疑点，则认为："所出郡县，乃后汉时制，疑仲景、元化等所记。"[1] 北齐颜之推亦云："秦人灭学，董卓焚书，典籍错乱，非止于此，譬犹本草，神农所述，而有豫章、朱崖、赵国、常山、奉高、真定、临淄、冯翊等郡县名，出诸药物……皆由后人所羼，非本文也。"[2] 而当代的医史研究者则大多认为此书为汉代作品，如马继兴认为："该书总结了战国时期的许多用药经验，经秦汉医家不断地抄录增补而形成全书。"[3] 李涛亦认为其成书大约在公元前 1 世纪前后[4]。梁茂新等以"载药数量的计量分析法"推断《神农本草经》的成书年代"具体为公元前 72 年前后，其 90％的置信区间为公元前 320 年至公元 104 年。"[5]。

但将此书的成书年代定在"《内经》时代以后，《伤寒卒病论》的时代以前"[6]，或称其为"是一本总结西汉末年以前的药学手册"[7] 的看法，则实际上是更加倾向于认为《神农本草经》的成书应为东汉前期。

---

① 梁·陶弘景，《本草集注·序》。引自马继兴主编《敦煌古医籍考释》，江西科学技术出版社，1988 年，第 337 页。

② 北齐·颜之推，《颜氏家训·书证篇第十七》，浙江人民出版社，1984 年版百子全书本，第 6 册。

③ 《中国医学百科全书·医学史卷》，上海科学技术出版社，1987 年，第 172 页。

④ 李涛，秦汉时代的医药成就，中华医史杂志，1953，(2)：86。

⑤ 梁茂新等，《神农本草经》成书年代的计量分析，中华医史杂志，1993，(1)：60。

⑥ 赵璞珊，中国古代医学，中华书局，1983 年，第 30 页。

⑦ 范行准，中国医学史略，中医古籍出版社，1986 年，第 30 页。

在上述这些观点中，由于先秦成书说已不为人所信，故争论的焦点实际上是集中在该书的成书时代究竟是西汉还是东汉。将本书内容的重点归为“总结了战国时期的用药经验”，显然偏早。因为此书载述药物已不像《山海经》那样原始、怪诞；即便是就马王堆医书及西汉前期其他有关的史料看，当时的药物治疗亦尚未达到如此水平。根据“至《七略》成书时，在医学界，乃至整个社会文化层中，尚没有将药物学视为一个独立的医学分枝”；“‘本草’一词的固有定义，及以‘本草’为名的药物学著作，基本形成于公元纪年的第一个10年中，即西汉末期平帝登基后，到王莽称帝前的短短几年中”[①]这一时间座标，及书中“所言郡县，正多合后汉时制。除雍州梁州之称，可远可近，其多名号，尽出阳嘉（顺帝年号，公元132）以前”[②]看，其成书年代的最大可能性，当在东汉前期[③]。

此书托名“神农”，一般认为有两方面的原因：一是由于世间风俗“多尊古而贱今，故为道者必托之于神农、黄帝”[④]的影响；二是由于“神农尝百草”的传说，致使后人将药物专著与神农之名联系在一起。“神农”虽纯属托名，但对于学术研究来说，所不容忽视的问题在于切不可将此书视为集该时代药物学知识之大成，再冠以“神农”之名[⑤]。药物学发展过程中，如同医学其他分枝一样存在着不同的传承体系。从后述《吴普本草》所引8家之说中可以看到，对于药物的认识在不同体系间存在着一定的差异。“神农”仅为一家之言，在药味记载方面，与其他各家间几乎均有半数不同。因而应该考虑到以下两点：

第一，托名神农的本草学著作在当时仅仅是药物学中的一个派别，所以《神农本草经》不能作为西汉以前药物学知识的全面总结性著作；特别是其中比比皆是的“轻身延年”、“神仙不死”之仙经、方术味道，未必能代表以治疗为首务之临床医家的药物知识。

第二，托名神农未必始于《本草经》书成。在《汉书·艺文志》中著录有“《神农黄帝食禁》七卷”，贾公彦疏《周礼·天官冢宰下·医师》中云：“案《汉书·艺文志》云：‘神农黄帝食药七卷’。”不管是“食禁”，还是“食药”，可知医学著作中托名神农之事早已有之。因而应该认为，《神农本草经》是以托名“神农”为鼻祖之医学流派发展到一定阶段时的大成之作。这一学派未见有医经类等医学理论著作，但在药物方面却早有建树，最终成为本草学的代表并取得了主导地位。

（二）内容结构

《神农本草经》原书早佚。现今所见到的是明代以后复从官修本草中辑佚而成者[⑥]。根据《隋书·经籍志》的著录，当时有3种传本，即8卷本、3卷本和雷公集注的4卷本。另外，在“8卷本”下还注有“梁有《神农本草》五卷”等。这些传本的内容异同如何，不可详知。梁

---

① 廖育群，岐黄医道，辽宁教育出版社，1991年，第126，127页。

② 李鼎，“本草经”药物产地表释，医史杂志，1952，(4)：167。

③ 王家葵　《神农本草经成书年代新证》一文据训诂、地理及考古发现资料的考证，以为：“都可以证明《本经》是东汉早期的作品。”（《中华医史杂志》，1991，(1)：56)。

④ 《淮南子·修务训》，浙江人民出版社，1984年版百子全书本，第5册。

⑤ 如俞慎初《中国医学简史》称：“是若干医家总结了汉代以前的本草知识并托名‘神农’而写成的。”（福建科学技术出版社，1983年，第52页）。薛愚主编《中国药学史料》以为本书是“把《本草经》加上了一个头衔称之为《神农本草经》了。”（人民卫生出版社，1984年，第88页）。

⑥ 《神农本草经》的辑本以南宋王炎辑《本草正经》3卷（1188年前后）为最早（今佚），其后有明代卢复、清代孙星衍等辑本。

代陶弘景依“四卷本”为据，编撰成《本草集注》，该书“以神农本经三品，合三百六十五为主。又进名医副品，亦三百六十五，合七百三十种。”① 陶弘景在记述这730种药物时，以朱墨两色分写，赤者为《神农本草经》原文；墨者则属历代名医新增的药物，以及对《神农本草经》原有药物的补充说明性文字。此后唐宋时期的许多重要官修本草均是在这个基础上增补而成，今人对于《神农本草经》的考察与研究亦主要靠这些本草著作中所保存的资料。

根据这些资料，可以了解到《神农本草经》载药365种，按“上、中、下三品”分为三类。“上药”多有久服轻身延命之说；中、下两类治病之功渐增，但不宜多服久服。另外在每一种药的记载中，一般包含有药名、性味、主治、产地、别名几项。

陶弘景《本草集注》的“序录”部分（即陶氏《本草》卷上），引有10段“本说”。《证类本草》将这10段文字刻为“黑底白字”，以示其为《神农本草经》原文。后人大多据此来论说《神农本草经》的用药理论，但却忽视了“说”字本身就是与“经”相对而言，含有“注释”、“解释”的意思。例如第一段“本说”的内容是：“上药一百二十种为君，主养命以应天，无毒，多服久服不伤人。欲轻身益气，不老延年者，本上经。”以及有关“中药、下药”的相应解说。只要注意到这些文字是“说”而不是“经”，恐怕很容易就会想到《太平御览》、《艺文类聚》等书中所引《本草经》（或神农）曰：“凡药上者养命，中药（者）养性，下药（者）养病”，才更像原始经文。如果要问在能看到“经”与“说”的时代，陶氏为何引“说”而不引“经”？则应考虑到“说”的内容较“经”丰富而易懂、具体且有所指，与“经”同样占据着重要的经典地位。例如今本《黄帝内经》中，即可见到许多文字，甚至全篇，均是对另一篇中所保存的原始文献的注释解说，但并不影响其自身的理论价值。

以下再举其文中两例加以说明之。第7段“本说”的内容是：若毒药治病，先起如黍粟，病去即止，不去倍之，不去十之，取去为度。”而在其下陶氏的解说中，始引出与其内容相适应的“经文”：“依如经言：‘一物一毒，服一丸如细麻。二物一毒，服二丸如大麻……’从此至十，皆如梧子，以数为丸。”此可视为“未取经文例。”而下一个例子，则更清楚地展示了“经说”与“经文”的关系：“……岁月亦有早晏，不必都依本文矣。经说阴干者，谓就六甲阴中干之，依遁甲法，甲子阴中在癸酉，以药著酉地也。余谓不必然，正是不露不暴，于阴影处干之耳。”其中“阴干”二字为经文，而“经说”对于“阴干”法的解释，显然是具有数术观念者不切实际的解释，陶氏以为不可信，此可作为“未取经说例。”

第10段“本说”之内容为“大病之主”，列举40余种病名。从总体上看，这些病名基本为两字一名，这已然不大符合早期病名的特征。例如在张仲景以前大多称“水”病（或病水），而不是以“水肿”为统称，至《诸病源候论》才见列为专门（卷二十一有“水肿候”）。又如癖食、留饮、大小便不通等病名，均非古代所有，但均见于《诸病源候论》，足见这段“本说”的形成时间亦不可能很早。

陶弘景《本草集注·序》对当时所见《神农本草经》各种传本的内容差异，及历代医家“附经为说”——不断向其中增加新内容的状况略有描述：“魏、晋以来，吴普、李谄之等，更复损益。或五百九十五，或四百三十一，或三百一十九。或三品混糅，冷热舛错，草石不分，虫兽无辨。且所主治，互有多少。”因此在《神农本草经》的早期传本中，除有关药物的具体记载外，还可能包含一些有关神农的传说，但未被陶氏引用，故成为散见于文学著作中的

---

① 梁·陶弘景，《本草集注·序》。引自马继兴主编《敦煌古医籍考释》，江西科学技术出版社，1988年，第337页。

"《本草经》佚文"。另外，还应该包括一些所谓"经说"的内容，这部分内容记载了某些用药、制药的知识，并具有一定的理论水平。陶氏吸收这部分内容中他认为正确者，发挥而成《序录》(《本草集注》卷上)。

如果将三国时代《吴普本草》所引"神农"之说与《神农本草经》进行比较，亦可发现该书在吴普时代确有可能尚不具备如今所见之规模。有些内容的增减，是在吴普之后进行的。为要说明这一问题，首先需确定吴普所引"神农"之说为《神农本草经》的早期传本。比较之，两者在药物性味记载上的异同情况如下：

药性：{相同 15；不同 4}　　药味：{相同 83；不同 17}

据此观之，两者应为一体。而其不同之处在于：吴普所引"神农"之说中，有 52 处言及"有毒"或"无毒"，但在《证类本草》所保留的《神农本草经》文字中，均无此类内容。吴普引"神农"，有些没有性、味的记载；药味的记载明显多于药性的记载 (108∶22)，而现今所见《神农本草经》中一般均有性、味记载。或许正是基于这些差异，以及"本说"中药物学知识总体水平所达到的高度，使得许多学者认为其成书或可推迟到东汉三国以后。如梁启超称："此书在东汉三国间盖已有之，至宋齐间，则已成立规模矣。著者之姓名虽不能确指，著者之年代，则不出东汉末，迄宋齐之间。"① 近代医史学家陈邦贤认为此说："比较合理。"② 同样，孔健民《中国医学史纲》亦认为："三国以前的各家本草，对于药物性能的记述，是不够全面的，或有气无味，或有味无气，或仅言有毒无毒而气味均缺 (均见《吴普本草》所引)。自《神农本草经》出，才有比较完全的记叙，又吴普所见的《神农本草》，和《神农本草经》记载的气味，也间有不同，这自然是《神农本草经》对以前本草的修改。可以说明《神农本草经》是经过统一论定和整理剪裁的著述。"③

但只要注意到《神农本草经》并非总结性的大成之作，且又经过了魏晋医家的"损益"加工，则不致将其成书时代定得如此之晚。

四　张仲景与《伤寒杂病论》

(一) 生平概略

张仲景，名机④，南阳郡 (治所在今河南南阳市) 人⑤。正史无传，唯据其他史料旁证，约

---

① 梁启超，《古书真伪及其年代》卷三，见《饮冰室合集》专集一百四，中华书局，1989 年，第 12 册，第 113 页。

② 陈邦贤，中国医学史，商务印书馆，1957 年，第 108 页。

③ 孔健民，中国医学史纲，人民卫生出版社，1988 年，第 65 页。

④ 唐以前文献但言"张仲景"，如《太平御览》卷七二二引"何颙别传"云："同郡张仲景"；"王仲宣年十七，尝遇仲景"。西晋皇甫谧《针灸甲乙经·自序》："汉有华佗、张仲景"。《隋书·经籍志》著录书名亦均言张种景。至宋代林亿等人的校书序中引有唐代甘伯宗《名医传》，始云："张仲景，汉书无传。见《名医录》云：'南阳人，名机，仲景乃其字也。举孝廉，官至长沙太守'。"

⑤ 张仲景籍贯各书所载不同。宗《襄阳府志》者称南阳棘阳人；宗《河南通志》者称南阳涅阳人，或南郡涅阳人，南郡辖地在今湖北，涅阳县在今河南，故不可将南阳郡混同于南郡。南阳，汉时为郡，辖境相当于今河南熊耳山以南叶县、内乡县间和湖北大洪山以北应山县、郧县间地，治所在宛县 (今河南南阳市)。涅阳虽确属南阳郡地，但迄今尚未见可靠史料以证张仲景为该县人。

生活于公元 2 世纪中至 3 世纪初[①]。唐甘伯宗《名医传》云其“举孝廉，官至长沙太守”[②]。

据宋人记载，张仲景的医道是受业于同郡张伯祖：“张伯祖南阳人也，志性沉简，笃好方术，诊处精审，疗皆十全，为当时所重。同郡张仲景异而师之，因有大誉。”又说张仲景在作长沙太守后，曾“在京师为名医，于当时为上手，时人以为扁鹊仓公无以加之也。”[③]《何颙别传》[④] 载：

> 同郡张仲景总角造颙，谓曰：“君用思精而韻不高，后将为良医，”卒如其言。……王仲宣年十七，尝遇仲景，仲景曰：“君有病，宜服五石汤。不治且成门，后年三十当眉落。”仲宣以其贳长也，远不治也。后至三十，疾果成，竟眉落。其精如此。仲景之方术，今传于世。

此外，还可见“仲景开胸纳赤饼”（《抱朴子》）等一些传奇性记述，于考证张仲景的生平，无所裨益。

张仲景的医学成就，集中表现在他的著作《伤寒杂病论》中。据该书自序介绍，张氏家族原本人丁兴旺，但“建安纪年以来，犹未十稔，其死亡者，三分有二，伤寒十居其七”，感伤 之余，“乃勤求古训，博采众方”，参考了《素问》、《九卷》、《八十一难》、《阴阳大论》、《胎胪药录》等多种古典医籍，始完成“伤寒杂病论合十六卷”。

曾有学者认为自序中的年号“建安”，应是“建宁”之误[⑤]，如果真是这样，那么张仲景的著书过程就与当时的历史背景紧密联系起来了。据《后汉书》、《三国志》所载，建安元年（196）至二十二年（217）间，基本未见大疫流行，而建宁元年（168）后确实疫病连年流行[⑥]。另据《三国志·魏书·王修传》所言：“王修，……年二十游学南阳，止张奉舍，奉举家得疾病，无相视者，修亲隐恤之，病愈乃去”，可知当时大疫流行，确实涉及南阳张氏之族[⑦]。张仲景所言“感往昔之沦丧，伤横夭之莫救”，或许正是对这段时间家乡疫病流行时所呈现悲惨场面的追忆。

（二）《伤寒杂病论》的传承

张仲景著作的书名、卷数、内容及分合，因后人的传抄整理而屡有变化。据张仲景“自序”所言，原书名为《伤寒杂病论》，计 16 卷；而梁代书志作《张仲景辨伤寒》10 卷、《张仲景评

---

① 张仲景生卒年代不详，仅可据与其有关之何颙、王粲等人生年，及《伤寒论·自序》推测其生活时代为公元 2 世纪中至 3 世纪初期。

② 《伤寒论·自序》后署：“汉长沙守南阳张机著”，显系后人之缀。此语又见于林亿等较书序引唐甘伯宗《名医传》。后世史家因未见长沙太守有名张机者，故对此说持不同看法：一是认为长沙太守有名张羡者，亦南阳人，且“羡”与“仲景”之意颇近，故“张羡者，实则仲景也”（郭象升：“张仲景姓名事绩考”）；二是认为张羡父子相继据长沙，父羡病死，子怿为刘表所并，“仲景始以表命官其地”（章太炎：“张仲景事状考”）；三是否定此事。详见日．岡西为人《宋以前医藉考》，人民卫生出版社，1958 年，第 157～527 页。

③ 宋·张杲，《医说·三皇历代名医》卷一，上海科学技术出版社，1984 年影印版。

④ 《太平御览》卷七二二，中华书局，1960 年影印版，第 3197～3198 页。

⑤ 洪贯之，张仲景郡望生卒之推测，引自《宋以前医籍考》，第 525 页。秦恩甲，建安、建宁辨，中华医史杂志，1987，(2)：封三。

⑥ 《后汉书·灵帝纪》：“建宁四年（171）三月大疫；熹平二年（公元 173）春正月大疫；光和二年（公元 179）春大疫；光和五年（182）二月大疫。”

⑦ 唐·孙思邈《备急千金要方》卷九“雄黄丸”，文中亦记有建宁南阳之疫：“汉建宁二年，太岁在酉，疫气流行，死者极众……东过南阳，从西市门人，见患疫疠者颇多……。”

病要方》1卷；至《隋书·经籍志》变为《张仲景方》15卷、《张仲景疗妇人方》2卷。《旧唐书·经籍志》唯载“《张仲景药方》十五卷　王叔和撰”，而《新唐书·艺文志》除此之外，另有“《伤寒卒病论》十卷。”

至宋代，校正医书局先校定“张仲景《伤寒论》十卷，总二十二篇，证外合三百九十七法，除复重定有一百一十二方”[①]。其后，又校定了与《伤寒论》“同体而别名”的《金匮玉函经》，“凡八卷，依次旧目，总二十九篇，一百一十五方”[②]。这是宋代所见张仲景伤寒著作的两种传本，但其中均只论伤寒，不及杂病。后有翰林学士王洙在馆阁蠹简中发现《金匮玉函要略方》三卷，上卷辨伤寒、中卷论杂病、下卷载方并疗妇人。校正医书局删去论伤寒的部分，并将方剂附于各项杂病之后，成为现今所见的《金匮要略》一书。故流传后世的张仲景著作定型为两种：一是专论伤寒的《伤寒论》；二是广涉杂病的《金匮要略》，至于张氏著作的原貌究竟是什么样子，已经不能确知了。有人认为王洙发现的《金匮玉函要略方》很可能是原来《伤寒杂病论》的形式[③]，亦颇为有理。

最先对张仲景著作进行整理的是西晋太医令王叔和[④]，由此引出对其功过褒贬不一的评价。或认为王叔和此举是“碎剪美锦。缀以败絮，盲瞽后世，……致令岐黄一脉，断绝无遗”[⑤]；或以为若非叔和搜采编纂，则仲景之书早已散佚不见。进而又有关于传世本《伤寒论》中，哪些条文是仲景原著，哪些属叔和窜入之辨等等。

（三）《伤寒杂病论》的主要内容

《伤寒杂病论》包含论述“伤寒”和“杂病”之病因、病理及治疗方药等两大部分内容。在“伤寒”部分，以“太阳病”、“少阳病”、“阳明病”、“少阴病”、“太阴病”、“厥阴病”等名称，将外感病划分为6个由表入里的次第阶段。其临床表现与治疗方法的要点，概之如下：

1. 太阳病

伤寒一二日，脉浮、头项强痛，发热而恶寒。其表虚有汗者，宜“桂枝汤”解肌；表实无汗者，宜“麻黄汤”发汗。麻黄、桂枝用法的区别，要在有汗与无汗。

若热邪随经入腑，则有蓄水、蓄尿、癃闭、蓄血等腑证表现。

病在太阳，主以汗法。凡表证未解时，切忌攻下。若已发汗、或吐、或下、或加温针，其病不解者，是为失治误治所成之“坏证”，观其脉症，知犯何逆，随证治之。

2. 少阳病

伤寒二三日，口苦、咽干、目眩。若热邪随经入腑，则有心烦喜呕、嘿嘿不欲饮食等症。由于少阳为阴阳开合之枢纽，故有阴阳争战之往来寒热，法当调合阴阳，使其不争，主以“小柴胡汤”。以柴胡能入少阳调合阴阳为君；黄芩、半夏一凉一温为臣，热盛者重用黄芩、寒

---

① 宋·高保衡、孙奇、林亿，《伤寒论序》。引自〔日〕冈西为人《宋以前医籍考》人民卫生出版社，1958年，第554页。

② 宋·高保衡、孙奇、林亿，《校正金匮玉函经疏》，引自〔日〕冈西为人《宋以前医籍考》，人民卫生出版社，1958年，第577页。

③ 贾得道，中国医学史略，山西人民出版社1979年，第96页。

④ 晋·皇甫谧《针灸甲乙经·序》：“仲景论广伊尹汤液，为数十卷，用之多验。近代太医令王叔和撰次仲景，选论甚精，指事施用。”

⑤ 清·喻昌，《尚论篇》卷首，商务印书馆，1957年排印版《伤寒论注三种》，下册，第3页。

盛则重用半夏。

少阳病居太阳（表）与阳明（里）之间，故有偏表偏里、寒轻热重或热轻寒重之多种变化，由此派生出“大柴胡汤”、“柴胡桂枝汤”、“柴胡桂枝干姜汤”等所谓“柴胡辈”的各种方剂。

3. 阳明病

伤寒三四日，脉洪大、但热不寒、大汗出、大渴、大便硬结。热而未实者，以“白虎汤”清之；热而已实者，以“承气汤”下之。

阳明有“阳极似阴”之症，症见脉大而细，四肢厥冷，法宜“急下存阴”（承气汤主之）。

阳明有五不可下者，兼有表证、邪未入腑、腑证未实、胃虚不纳、津液内竭等。

阳明发黄（黄疸），属湿热，法宜清热利湿。

4. 太阴病

伤寒四五日，脉沉，腹满而吐，食不下，时腹自痛，自利而不渴（自利不渴属太阴，自利而渴属少阴）。

太阴病与阳明病均以胃肠症状为主要表现，根本区别在于一虚一实。太阴为虚证，故主以“理中辈”（理中丸、附子理中等）温之。

5. 少阴病

伤寒五六日，脉微细，但欲寐，欲吐不吐，心烦，自利而渴，背微恶寒，四肢厥冷等。治以“附子”为主，佐以人参、白术、茯苓、芍药等。这时出现发热症状，若误以为是太阳表证，采取发汗之法则必死无疑。当用“麻黄附子细辛汤”以温经解表。见四逆者，宜“四逆辈”（四逆汤、通脉四逆汤、四逆散等）。

6. 厥阴病

伤寒六七日，脉沉而细，肌肤寒冷，消渴，气上撞心，心中疼热，饥而不欲食，食则吐蚘（蛔），下之利不止。其见四逆者，四逆辈主之，切忌误下误表。吐蚘者，“乌梅丸”主之。

在“杂病”部分，包括以下一些病候的“脉证并治”（依《金匮要略》的分篇）：

> 百合狐惑阴阳毒、痉、中风历节、血痹虚劳、肺痿肺痈咳嗽上气、奔豚气、胸痹心痛短气、腹满寒疝宿食、五脏风寒积聚、惊悸吐衄下血胸满瘀血、痰饮咳嗽、消渴小便利淋、水气、黄疸、呕吐哕下利、疮痈肠痈浸淫、趺蹶手指臂肿转筋阴狐疝蚘虫、妇人妊娠、妇人产后、妇人杂病。

此外还有“杂疗方”、“禽兽鱼虫禁忌”、“果实菜谷禁忌”三项内容。

需要说明的是，无论是《伤寒论》中的“六经”分类，还是《金匮要略》中的“杂病”分篇，均是出自后人之手。西晋王叔和《脉经》基本收录了《伤寒杂病论》的全部条文，但其中有关“伤寒”的条文却是按“可”与“不可”[①] 的方式分类；杂病与论脉的内容更是穿插杂列，看不到如此简捷明瞭的分类体系，另外在隋唐时期的一些文献中还可见到引用并不见于《伤寒论》与《金匮要略》之中的张仲景言论，例如“《养生集要》云：‘张仲景曰人体平和，唯好自将养，勿妄服药，药势偏有所助，则令人藏气不平，易受外患，唯断谷者可恒将药耳’。”[②]

---

① 例如“病不可发汗证第一”、“病可发汗证第二”、“病发汗以后证第三”、“病不可下证第六”、“病可下证第七”等，计24项。虽有人认为这种分类法可能就是张仲景原著的编排方式，但更要考虑到甚至这种分类亦是到王叔和时才出现。

② 〔日〕丹波康赖，《医心方》卷一，人民卫生出版社，1955年影印版，第8页。

随着医学理论水平的不断提高，后世医家对于《伤寒杂病论》中以“六经”对外感病进行分类之理论价值的认识亦不断增强，这大概就是形成传世本《伤寒论》采用“六经”分类的排编方式，而将其他一些论述诊脉方法等的条文单独编成“辨脉”、“平脉”、“伤寒例”三篇的根本原因。

（四）“六经”辨证体系

“六经”辨证是指根据临床症状，将外感病划分为三阳（太阳、少阳、阳明）与三阴（太阴、少阴、厥阴）6 个阶段。由于这 6 个名称与经脉学说十二正经的名称相一致，故名之为“六经”。但外感病的三阴三阳与经脉学说的三阴三阳是什么关系呢？

外感病划分为三阴三阳，始见于《素问·热论》。故后世多认为《伤寒论》是禀承《素问·热论》的六经旨意，而建立起辨证施治的理论体系。但也必需注意到，若将两书加以比较，则可发现其三阳部分或可言大致相同，而三阴部分却相去甚远（表 5-3）。据此可以看出，《素问·热论》的六经病症基本上与当时各经脉病症的记载是一致的（参见《灵枢·经脉》），但《伤寒论》的病症则不拘于经脉学说，而是趋向临床病程的阶段特征。由此可以看出外感病六经辨证方法最初应是起源于经脉理论，但到《伤寒论》成书时，已在一定程度上脱离了经脉理论，成为外感病各阶段、各证型的名称了。

表 5-3　《素问·热论》与《伤寒论》六经病候比较

文献 / 症候 / 六经	《素问·热论》	《伤寒论》
太阳病	头项痛、腰脊强	脉浮、头顶强痛、恶寒、发热等
阳明病	身热、目痛而鼻干、不得卧	大热、大渴、大汗出、脉洪大、大便硬结等
少阳病	胸胁痛、耳聋	口苦、咽干、目眩、往来寒热
太阴病	腹满而嗌干	腹满而吐、食不下、自利、腹痛；若下之，必胸下结鞕
少阴病	口燥、舌干、渴	脉微细、但欲寐，手足厥逆
厥阴病	烦满、囊缩	消渴、气上撞心、心中疼热，饥而不欲食，食则吐蚘；下之利不止

《素问·热论》所确立的六经病证治疗原则是：病在三阳用汗法，病在三阴用下法。而在《伤寒论》中，由于六经病证本身的变化，所以治疗方法亦出现了相应的变化。例如阳明病变为“清”（白虎汤）、“下”（承气汤）两法；少阳病采用“和”法。而三阴病更是由于临床表现由“实热”。（《素问·热论》）到“虚寒”（《伤寒论》）的根本性转变，而切忌妄用下法，改为“温”法为主。从研究“治则”发展的角度言之，《伤寒论》的治则已大见丰富，基本上具备了后世所说中医治则八法——汗、吐、下、和、温、清、补、消（外感病，即六经病候中所使用的主要是前六法）。而从将“六经”辨证作为一种辨证施治纲领、体系看待的角度讲，《素问·热论》的六经病证与汗、下两种治则，是不具备此种功能的。因为《素问·热论》的本质，实际上不过是以经脉循行为依据，对外感病中的某一特定类型——热病（临床症状以实热为主）进行分类而已。而在《伤寒论》中，由于六经病证内涵的变化（如少阳病是以介乎阴阳、表里之间为特征；实则阳明，虚则太阴的转化等），以及各个阶段寒热虚实错综复杂情况下，辨证与治则两方面内容的极大进步（如虚人病表，当建其中——“小建中汤”的方

义；少阴反热时以“麻黄附子细辛汤”温经退虚热等），方使得“六经辨证”真正成为一种足以指导外感病，乃至许多杂病临床治疗的理论体系。

然而“六经辨证”的理论价值是否被张仲景本人所充分认识，却颇值得怀疑。因为没有任何证据可以说明《伤寒杂病论》中有关“伤寒”的条文，原本是依“六经”为序进行排列的。而且直到北宋初期的八个世纪中，这个六经辨证的体系始终不是医家瞩目的重点。一般仅仅是将其视为“方书”而已[①]；唐代王焘所编《外台秘要》于卷一“诸论伤寒八家”中未收仲景言论，而只是在摘录诸家方药时，才见有“张仲景伤寒论”之名而已，足见其地位与当时流传的范汪、深师、小品、录验、张文仲、崔氏、千金、肘后等各种方书的地位是一样的，所以当北宋校正医书局林亿等校订《伤寒论》时（1065）说：“其言精而奥，其法简而详，非浅闻寡见者所能及。自仲景于今八百余年，惟王叔和能学之。其间如葛洪、陶景、胡洽、徐之才、孙思邈辈，非不才也，但各自名家，而不能修明之。”[②] 自宋代开始，《伤寒论》才被医家视为是一种授人以法的著作，并从不同角度进行研究。通过条文的编次、注释，以及对于阴阳、表里、寒热、虚实、三阴三阳等基本概念剥茧抽丝、层层深入地阐发论述，使得六经辨证的体系核心昭然若揭。因而《伤寒论》的地位也逐渐从“方书”走向“经书”。而张仲景则开始有“亚圣”之称，最终被尊为“医圣”。

五 华 佗

（一）生平概略

华佗，字元化，一名旉。沛国谯（今安徽亳县）人。约生活于公元2世纪至3世纪初。[③]

据《三国志·魏书·华佗传》[④] 的记载，华佗曾游学于徐土（今江苏、山东、河南、安徽等省的部分地区），通晓数种儒家经典。为人淡于名利，沛相陈珪举荐他为孝廉，太尉黄琬也想召辟他为官，但均被华佗拒绝。兼明养生之术与医疗方药，为人治病时，配方不过选药数种，且全凭眼手，并不用秤，煮熟便饮，药后即愈。若是采用灸法治疗，所施只选一二处，每

---

① 《晋书·皇甫谧传》（中华书局点校本，1974年，第1414页）云：“华佗存精于独识，仲景垂妙于定方。”《隋书·经籍志》著录之书名为“《张仲景方》”（新、旧《唐志》作“《张仲景药方》”）。唐代孙思邈对此书的看法是：“夫寻方之大意，不过三种：一则桂枝、二则麻黄、三则青龙。此之三方，凡疗伤寒，不出之也。其柴胡等诸方，皆是吐下发汗后不解之事，非正对之法”（《千金翼方》卷九“伤寒上”，人民卫生出版社，1955年影印版，第97页）。

② 引自〔日〕冈西为人《宋以前医籍考》，人民卫生出版社，1958年，第554页。又：〔日〕丹波元简《伤寒论辑义·综概》（皇汉医学丛书本，人民卫生出版社，1955年，第1页）亦说，《伤寒论》“经六期、隋唐，未见表彰者。”

③ 华佗的卒年，可依据建安十三年（208）曹操爱子仓舒病困而死（《三国志·魏书·邓哀王冲传》卷二十，第580页）之时，“太祖叹曰：吾悔杀华佗，令此儿强死也”（《三国志·魏书·华佗传》卷二十九，第803页），判定华佗被杀当在此前数年。关于生年的推测，一种看法是依“华佗本传”中有沛相陈珪（192～197间为沛相）举其为孝廉、“太尉黄琬辟”（189～190间为太尉）之记载，估计当时华佗的年龄应在40岁以上，而断其生年约在顺帝永和时（136～141），或“公元145年左右”（任林圃等，三国时代的伟大医家华佗，中华医史杂志，1953，（4）：195。龚纯，我国伟大的外科学家华佗，中华医史杂志，1955，（1）：24）；另一种看法是据《后汉书·华佗传》（卷八十二，第2736页）所言：“晓养性之术，年且百岁，而犹有壮容，时人以为仙”，认为华佗享年当在百岁左右，故推其生年在公元108年前后（郝学军等，华佗生卒年代略考，中华医史杂志，1982，（4）：159）。

④ 《三国志》卷二十九，中华书局点校本，1959年，第799～806页。以下凡未注出处者，均据此。

处不过七八壮。如果施行针刺之法，则告知病人针感当传至某处，待病者言“已到”，即起针(此与流行于本世纪70年代的“新针疗法”相同，其针感传导明显是因施强刺激手法，或直接针刺在神经走行部位)。此外，如果病结在内，针药不能及，便令病人饮用他配制的“麻沸散”，须臾如酒醉而无所知觉，因而能够刳剖腹肚，断肠湔洗，取疾除病。然后“缝腹膏摩，四五日差，不痛，人亦不自寤，一月之间，即平复矣。”

曹操闻华佗之医名，召至身旁。每当曹操因头风之疾发作而心乱目眩之际，华佗即为其施以针术，皆应手而瘥。然华佗“本作士人，以医见业，意常自悔”，又因“久远家思归”，便告假返里。到家，托辞妻病滞而不返，惹怒了曹操，将其收入许昌监狱。著名谋士荀彧曾为华佗求情：“佗术实工，人命所悬，宜含宥之”，但曹操却狂妄地说：“不忧，天下当无此鼠辈耶?”华佗在狱中，将书一卷交给狱卒，言：“此可以活人”，但狱卒怕受到牵连而不敢接受。华佗亦不勉强，遂索火烧之。

华佗死后，曹操“头风”病发作时，每每自慰说，华佗本来是能够为我根治的，但“小人养吾病，欲以自重”，所以“吾不杀此子，亦终当不为我断此根原也。”直到爱子仓舒病危之时，方懊悔地说：“吾悔杀华佗，令此儿强死也。”

《隋书·经籍志》载有“《华佗方》十卷”，注为“吴普撰”；又有“《华佗观形察色并三部脉经》一卷”及“《华佗枕中灸刺经》一卷”，均佚而不传。华佗弟子中，以吴普、樊阿最为知名。吴普所著《本草》在药物学发展史上具有相当地位；樊阿则以善长针术而闻名：“凡医咸言背及胸脏之间不可妄针，针之不过四分，而阿针背入一二寸，巨阙胸脏针下五六寸，而病辄皆瘳。”这些或与华佗医学学术的传承，均有一定联系。

华佗之名，在中国大地可谓妇孺皆知。常见有人以“华佗再世”赞誉妙手回春的医家。这与罗贯中的小说《三国演义》虚构华佗遍历三国，治癒吴将周泰之伤，又为蜀将关羽“刮骨疗毒”，入魏则欲为曹操开颅治病等有极大关系。在医学史，华佗主要是以创制“麻沸散”(麻醉剂)、能行开腹手术而被尊之为杰出的外科医家。然而作为东汉末年至三国时期的一位杰出医家，其医学成就实际上是多方面的。

(二) 学术思想与医学成就

1. 外科手术与麻醉术

《三国志·魏书·华佗传》所记载的病例中，有一例采用了开腹手术疗法：

> 又有一士大夫不快，佗云：“君病深，当破腹取。然君寿亦不过十年，病不能杀君，忍病十岁，寿俱当尽，不足故自刳裂。”士大夫不耐痛养，必欲除之。佗遂下手，所患寻差，十年竟死。

此外，在裴松之(372～451)注《三国志》(完成于429)时引用的《华佗别传》中还有一例：

> 又有人病腹中半切痛，十余日中，鬓眉堕落。佗曰：“是脾半腐，可刳腹养治也。”使饮药令卧，破腹就视，脾果半腐坏。以刀断之，刮去恶肉，以膏傅疮，饮之以药，百日平复。

在评价这两例腹部手术时，必须注意到材料来源的时间差异：前一例出自陈寿(233～297)，他死的时候，魏的最后一位君主陈留王尚在世；官修的王沈《魏书》、私撰的鱼豢《魏略》是他编撰《魏书》的重要材料，故其可信程度远远高于裴松之所引《华佗别传》(著作年代不详）。粗看两例虽然均言“破腹”，但第一例并未详细介绍疾病性质与定位，因此不能排除所施手术为腹部皮下脂肪瘤、纤维瘤切除术（未进入腹腔）的可能性。第二例明言脾脏腐坏、以刀断之，则肯定是腹腔内手术，但如此更能说明华佗神技的病例却未被陈寿引述，说明《华佗别传》中难免已经包含了想像发挥的成分。复杂的内脏切除手术，不仅仅需要一定的麻醉技术，而且还必须具有相当水平的解剖知识、止血技术、灭菌措施、输血与抗休克保证、手术器械等条件。所有这些，似乎不是由某一个杰出人物在短短的一生中就能够实现的，而是需要在相当长的手术疗法实践中逐步积累才可能达到的。就整个中国古代医学的发展历史及其特点看，这些要素恰恰是最薄弱的部分。在华佗以前的医学史料中，实难找到此类复杂手术的知识积累；其后亦只能看到“金疮（矛箭所伤）肠断”吻合手术的记载，而且明确指出：“肠一头见者，不可连也”；只有“肠两头见者”，才可“连续”，并推入腹腔。[①] 说明没有打开腹腔寻找另一断头的能力。因而许多医史著作所强调的，亦主要是在华佗创制内服麻沸散的麻醉技术与应用手术疗法这一点上。“麻沸散”早已失传，一般认为可能是由麻蕡、莨菪子、乌头等对神经系统具影响作用的药物所组成[②]；又有考证指出：“麻沸”的古音为má bì，若其主药为麻贲（má bì），则确属名实相合[③]。

2. *诊断技术与各科杂病的治疗*

皇甫谧评述历代名医之所长时说：“华佗存精于独识”[④]，或可看作是对其判断疾病、死生之能力的褒誉之言。“华佗传”中对此亦多有描述，可谓料病如神、预知生死（参见表 5-4）。如第 15 例的治疗过程是这样：李将军之妻病甚，请华佗视脉，诊断为妊娠间腹部受伤，胎儿死于腹中不下。其夫言，怀孕受伤不假，但死胎已下，华佗坚持认为：“案脉，胎不去也。”过了一段时间，此妇人病情又见加剧，再次延华佗诊治，因脉症仍旧如前，故断言是双胞胎，由于娩下第一个死胎时出血过多、耗尽气力，故第二个未能娩出。于是为患妇施以针术、兼服药物，并请产婆以手探之，果然又取出一个死胎。

表 5-4　华佗的病例记载

序号	病情		治法	预后	结果
	症状表现	理论分析			
1	娠六月，腹痛不安	胎已死	汤药下之		愈
2	四支烦、口中干、不欲闻人声等	脏气内绝	试以热食	食后不汗则三日死	果如佗言
3	二人同病头痛、身热	一内实、一外实	汗、下两种药物		皆愈
4	无异常			有急病见于面	归家，死
5	病后，无异常	尚虚，未得复		勿劳，御内即死	交接，三日发病，死
6	咳嗽，欲卧不安	前医误刺中肝		食当日减，五日不救	如佗言
7	小儿下利常先啼，羸困	母乳寒，儿得母寒	药物		十日即除

---

① 隋·巢元方撰，《诸病源候论·金疮肠断候》卷三十六，人民卫生出版社，1955 年影印版，第 194 页。

② 郎需才，考证麻沸散和再论华佗的国籍，中华医史杂志，1986，(2)：88。

③ 宋子然，华佗“麻沸散”古读“麻痹散”考，中华医史杂志，1987，(2)：76。

④《晋书·皇甫谧传》卷五十一，中华书局点校本，1974 年，第 1414 页。

续表

序号	病情		治法	预后	结果
	症状表现	理论分析			
8	虫螫手，痛		浸热水中		其旦即愈
9	重病			五日卒	如佗所刻
10	咽塞，食不下		药物	饮之，病当自去	吐蛇一枚，愈
11		怒则差	多受其货而不加治，留书骂之		吐黑血数升而愈
12	不快	病深，当破腹取	手术	寿不过十年	所患寻差，十年竟死
13	胸中烦满，面赤不食	虫积，欲成内疽	药物	后三期当发，	吐虫三升而愈；依期果发动，死。
14	心乱目眩	头风	针刺		随手而差
15	病甚	血虚，死胎不下	针、药		愈
16	咳、昼夜不寤、时吐脓血	肠痈，	药物	十八年当再发	治愈，后死

华佗的医学著作虽佚而不传，但在王叔和《脉经》中保存有“扁鹊华佗察声色要诀”①，从中略可窥知华佗在望色、诊脉方面的一些理论。至关重要的是，据杨上善注《黄帝内经太素》时所说：“依秦越人，寸口为阳，得地九分；尺部为阴，得地一寸，尺寸终始一寸九分，亦无关地”可知直到《难经》时代②，诊寸口脉尚只分尺、寸两部（参见本章中有关《难经》的介绍）。从华佗开始，已然有脉分三部的记载：“华佗云：‘尺寸关三部各有一寸，三部之地合有三寸。’未知此言何所依据。王叔和、皇甫谧等各说不同，并有关地。”③既然前无依据，则正可说明寸口脉划分成三部的定式是从此时才开始出现的。此法流行至今，为历代医家所用。

根据“华佗传”所记载的16则病例（表5-4），华佗的临床实践，实际上是广涉内、外、妇、儿各科。“由于史传上记载了他掌握外科手术治疗，一般多称他是专门外科的医生。这种说法不很全面，但从手术治疗的记载上看，则确实是较早的外科记录。”④ 在这16则病例中，除一例破腹取疾为手术疗法外，其他大多是采用的针灸和药物疗法。因此有人指出：“华佗的治疗方法，可以认为是以药物疗法为主体，并根据病情使用针刺疗法”；“被后世传为外科手术高手的华佗，实际上是驱除寄生虫、人工流产、治疗疮疡及镇痛方面技术卓越的医师。”⑤

3. 疾病预防与养生

华佗强调以体育锻炼等方法增强体质，达到防治疾病、益寿延年之目的。他对弟子吴普说：人应该经常运动，因为适当的运动，能帮助消化，畅通气血，使人不易生病。“户枢不蠹，流水不腐”的常识，被引为养生学的理论。他吸取了先秦以来导引术的内容，模仿虎、鹿、熊、猿、鸟的动作姿态，创制了一套“五禽戏”，“亦以除疾，并利蹄足，以当导引。体中不快，起

① 西晋·王叔和，《脉经》卷五，人民卫生出版社，1962年排印版，第72～77页。

② 杨上善所言“依秦越人”，应是指《难经》诊脉法而言。李伯聪《扁鹊和扁鹊学派研究》（陕西科学技术出版社，1990年，第261页）亦持此说。

③ 隋·杨上善撰注，《黄帝内经太素》，人民卫生出版社，1965年排印版，第33页。

④ 赵璞珊，中国古代医学，中华书局，1983年，第56页。

⑤ 〔日〕山田慶儿，夜鳴之鳥，岩波书店，1990年，第256，267页。

作一禽之戏，沾濡汗出，因上著粉，身体轻便，腹中欲食。”又授樊阿“漆叶青黏散”，久服去三虫，利五脏，轻体，使人头不白。“阿从其言，寿百余岁。”

六　吴普与《吴普本草》

（一）生平概略

吴普为华佗弟子。据《三国志·魏书·华佗传》① 的记载，吴普为广陵（治所在今江苏江都）人，随华佗学医，“依准佗治，多所全济”；又得亲传“五禽之戏”，“普施行之，年九十余，耳目聪明，齿牙完坚”。

吴普的生卒年代不可确考，唯据《后汉书》注引《华佗别传》所言：“吴普从佗学，微得其方。魏明帝（226～239 在位）呼之，使为禽戏，普以年老，手足不能相及，粗以其法语诸医。普今年将九十，耳不聋，目不冥，牙齿完坚，饮食无损”② 推算，其生年约在公元 136～149 年间；若享百岁高龄，则卒于 3 世纪中。

吴普的医学著作，据《隋书·经籍志》之载，有“《华佗方》十卷，吴普撰”；又言：“梁有……华佗弟子吴普本草六卷”。前者当属吴普整理编撰华佗医学学术之作，后者则为吴普个人的药物学专著。《吴普本草》的著作年代虽不能确指，但根据其中引有三国时期另一位医家李谄之药物学著作③ 的内容，估计其成书当在入魏之后的几十年间。

（二）《吴普本草》的内容与特点

《吴普本草》原书已佚，其内容散见于《证类本草》、《太平御览》等书中④，是研究《吴普本草》的主要依据。该书最大的特点是记述了神农、黄帝、岐伯、扁鹊、医和、桐君⑤、雷公、李谄之⑥ 等八家之说。故虽然从成书先后讲，此书是介乎于《神农本草经》与梁陶弘景《本草集注》之间的一部本草学著作，但其内容并不皆出于《神农本草经》之后。

关于《吴普本草》记载药物的数目，陶弘景《本草集注·序》中只谈到：“魏晋以来，吴普、李谄之等更复损益，或五百九十五，或四百三十一（《证类本草·序例》引作“四百四十一”），或三百一十九”⑦，无法判定哪一个是《吴普本草》的载药数目。宋代掌禹锡《嘉祐本草》则明确指出：“普，华佗弟子，修《神农本草》成四百四十一种。”⑧ 但是因为难于确定宋代是否还有《吴普本草》流传⑨，故亦难以判断《嘉祐本草》之说是否确实可信。

---

① 《三国志》卷二十九，中华书局点校本，1959 年，第 804 页。

② 《后汉书·华佗传》卷八十二，中华书局点校本，1965 年，第 2740 页。

③ 李谄之的生卒年代不详，据陶弘景《本草集注·序》所言：“魏晋以来，吴普、李谄之等，更复损益”，可知李谄之亦三国时人。

④ 尚志钧等据此辑成《吴普本草》（人民卫生出版社，1987 年），得药 231 种。

⑤ 《隋书·经籍志》有：“《桐君药录》三卷”。

⑥ 《隋书·经籍志》载：“梁有《李谄之本草经》一卷、《李谄之药录》六卷。”

⑦ 引自马继兴主编《敦煌古医籍考释》，江西科学技术出版社，1988 年，第 337 页。

⑧ 引自《重修政和经史证类备用本草·序例上·补注所引书传·吴氏本草》卷一，人发卫生出版社，1957 年影印版，第 39 页。

⑨ 尚志钧等 辑校，吴普本草·附录，人民卫生出版社，1987 年，第 105 页。

纵观《吴普本草》残存文字，大致可以了解到该书对于药物的记述主要包含以下一些方面的内容：①药名（正名与别名），②药性（有毒、无毒、性、味），③产地，④功用主治，⑤形态（植物生态、药用部分的形态），⑥炮制（采药时节、加工方法），⑦配伍宜忌等。例如有关“人参”的记载是：

一名土精，一名神草，一名黄参，一名血参，一名久（人）微，一名玉精。神农：甘，小寒。桐君、雷公：苦。岐伯、黄帝：甘，无毒。扁鹊：有毒。或生邯郸。三月生，叶小兑，核黑，茎有毛。三月、九月採根。根有头、足、手，面目如人。①

又如“乌头”：

一名莨，一名千秋，一名毒公，一名果负，一名耿子。神农、雷公、桐君、黄帝：甘，有毒。正月始生，叶厚，茎方中空，叶四面相当，与蒿相似。乌喙，神农、雷公、桐君、黄帝：有毒。李氏：小寒。十月採。形如乌头，有两枝相合，如乌之喙，名曰乌喙也。所畏恶使，尽与乌头同。②

从中可以看出《吴普本草》在药性记载方面，大量引用了黄帝、神农、桐君、李氏等八家之说，此可谓该书的“承前”之性。在总结前人用药、制药经验的基础上，本书中出现了《神农本草经》所不具备的有关药物形态、炮制加工、配伍宜忌等方面的内容，以及《神农本草经》所载365种之外的药物，反映出药物学发展的时代特征。至梁代陶弘景修《本草》时，有许多内容是取材于《吴普本草》新增药物（图5-1）及对《神农本草经》原有药物的补充说明（图5-2），此可谓是《吴普本草》的“启后”之功。

七　郭玉、吕广、董奉

东汉三国时期史书中医家传记甚少，故零散史料亦殊为珍贵。郭玉、吕广、董奉等即属此类，略记如下。

（一）郭玉

据《后汉书·郭玉传》记载，郭玉为广汉雒（治所在今四川广汉北）人。其学术传承来自不知姓名的涪水老翁：“初，有老父不知何出，常渔钓于涪水，因号涪翁。乞食人间，见有疾者，时下针石，辄应时而效，乃著《针经》、《诊脉法》传于世。”涪翁之学一传于弟子程高：“弟子程高寻求积年，翁乃授之。高亦隐跡不仕。”郭玉自幼师事程高，学得“方诊六微之技，阴阳隐侧之术。”和帝（89～105）时为太医丞，治病多有效验。据说帝甚奇郭玉之术，乃让嬖臣中手美者与女子杂处于帷中，使郭玉各诊一人之手，问其疾苦。郭玉以“左阳右阴，脉有男女，状若异人，臣疑其故”为对，帝叹息称善。

郭玉生性谦和仁善，虽贫贱者求治，亦必尽其心力，但医治贵人之际则时有不愈。帝乃命贵人换装易处，“一针即差”。追问其故，郭玉对曰：“医之为言意也。腠理至微，随气用巧，针石之间，毫芒即乖。神存于心手之际，可得解而不可得言也。夫贵者处尊高以临臣，臣怀

① 《太平御览》卷九百九十一，中华书局，1960年影印版，第4385页。
② 《太平御览》卷九百九十，第4380～4381页。

怖慑以承之。其为疗也，有四难焉：自用意而不任臣，一难也；将身不谨，二难也；骨节不强，不能使药，三难也；好逸恶劳，四难也。针有分寸，时有破漏，重以恐惧之心，加以裁慎之志，臣意且犹不尽，何有于病哉！此其所为不愈也。”帝善其对。年老卒于官①。

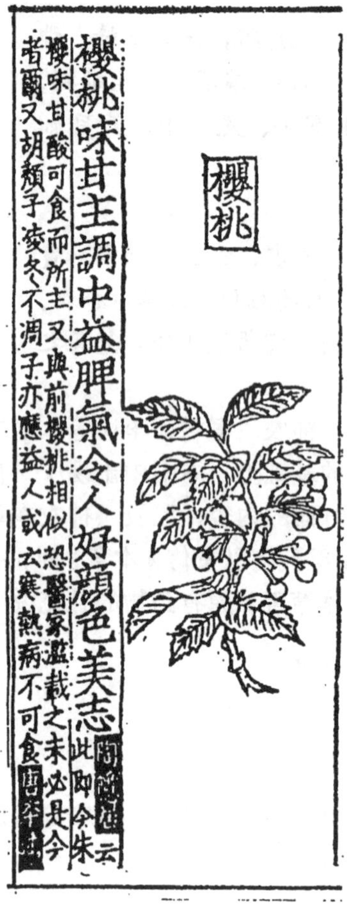

图 5-1　《证类本草》中所存樱桃的早期记载

《吴氏本草》曰：樱桃味甘，主调中益脾气，令人好颜色，美志气。一名朱桃，一名麦英也②。

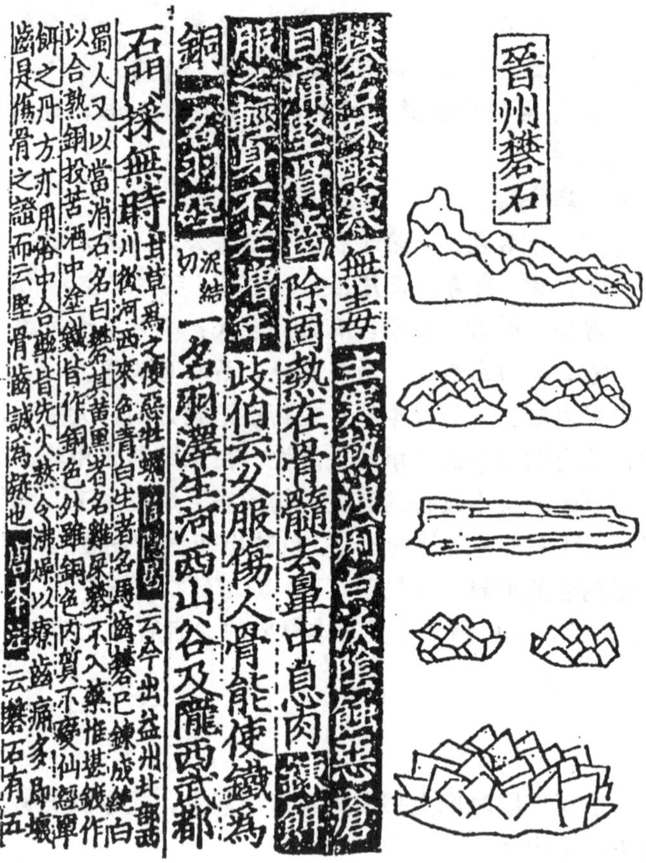

图 5-2　《证类本草》中所存“矾石”的早期记载

《吴氏本草》曰：矾石一名羽砠、一名羽泽，……生河西或陇西，或武都、石门，採无时，岐伯：久服伤人骨③。

值得注意的是涪翁所著《针经》之名，并明言其“传于世”。根据年代估算，郭玉作为涪翁的再传弟子于和帝时为太医丞，则涪翁的著作应成于西汉末年至东汉初年。在《素问》、《灵

① 以上据《后汉书·郭玉传》卷八十二下，中华书局校点本，1965 年，第 2735 页。

② 《太平御览》卷九六九，第 4298 页。

③ 《太平御览》卷九八八，第 4372 页。《证类本草》中的黑底白字为《神农本草经》原文，白底黑字为陶弘景《本草集注》据其他本草著作所增补的内容。

枢》中都一再提到《针经》、《九针》这样一部著作，并涉及到篇数①。因此，如果认为在《素问》和《灵枢》成书时应该另有一部《针经》（或《九针》）当不属无稽。由于没有更多的史料可资考证，则无法弄清涪翁《针经》与传世的《灵枢》（亦以《针经》为名）间有无直接联系。

另外，有人认为"方诊六微之技"大概是指专诊双手寸关尺共"六微"之部②。从《后汉书》的记述看，至少可以肯定郭玉使用的是左右手寸口脉诊法，而不是三部九候、人迎寸口等古脉法，但有三部定位却只能全凭猜测。如果这种猜测成立，则脉诊方法的发展演变就变得更加复杂。因为东汉前期成书的《难经》尚只有尺寸之分，构成了今本《黄帝内经》、涪翁程高师徒、《难经》等多种不同诊脉方法各自独立发展的复杂局面。

（二）吕广

吕广为三国时代吴国太医令，隋代书志因避讳而改称吕博，或吕博望。据《太平御览》引《玉匮针经序》曰："吕博少以医术知名，善诊脉、论疾，多所著述。吴赤乌二年（公元239）为太医令。撰《玉匮针经》及注《八十一难经》，大行于世。"③又晋皇甫谧《针灸甲乙经》云："吕广撰《募腧经》云：太仓在脐上三寸，非也。"《玉匮针经》与《募腧经》均佚，唯《难经》注文赖《难经集注》仍得流传。且被视为是注释医经之滥觞④。

（三）董奉

董奉字君异，三国时吴国侯官（今福建闽侯）人⑤。其事迹唯葛洪《神仙传》有载，称"士燮为交州刺史时，得毒病死，死已三日。奉时在彼，乃往与药三丸，内在口中，以水灌之，使人捧举其头，摇而消之。须臾手足似动，颜色渐还，半日乃能起坐。"由于交州辖境含越南的部分地区，故医史研究者或以此作为古代中越医学交流的例证。

后董奉返还豫章，居庐山下，为人治病不收钱财，"重病愈者，使栽杏五株，轻者一株，如此数年，得十万余株，郁然成林。"后世以"杏林"、"杏林春暖"等赞誉德高技优之医家，即源于此。

---

① 《素问·八正神明论》："法往古者，先知《针经》也。"《灵枢·病传》："余受《九针》于夫子。"《素问·三部九候论》，《灵枢》"行针"、"官能"、"九针论"皆有："余闻《九针》于夫子。"《素问·离合真邪论》："余闻《九针》九篇，夫子乃因而九之，九九八十一篇。"《灵枢·禁服》："通于《九针》六十篇。"

② 李伯聪，扁鹊和扁鹊学派研究，陕西科学技术出版社，1990，第255页。

③ 《太平御览》卷七二四，中华书局，1960年影印版，第3208页。

④ 〔日〕丹波元胤《医籍考》说："盖医经之有注，莫先于此书。"然此语未必准确，盖因其时《神农本草经》亦有注本流传。

⑤ 俞慎初《中国医学简史》（福建科学技术出版社，1983年，第65页）云董奉为"今福建长乐县，董墘村人。"

第二节　药物学与方剂学

一　本草学的发展

当西汉末年“本草”之名成立之后，药物学作为整个医学体系中一个相对独立的分枝，呈

表 5-5　《吴普本草》所引八家之说毒性记载的比较（相同：▲；不同：×）

	神农	黄帝	岐伯	桐君	医和	扁鹊	雷公
黄帝	▲▲▲▲▲ ▲▲▲▲▲ ▲▲▲▲▲ ▲▲▲▲▲ ▲▲▲▲▲ ▲▲▲▲						
岐伯	▲▲▲▲▲ ▲▲▲▲▲ ▲▲▲▲▲ ▲▲▲ ××	▲▲▲▲▲ ▲▲▲▲▲ ▲▲▲▲▲ ▲ ×					
桐君	▲▲▲▲▲ ▲▲▲▲▲ ▲▲▲▲▲ ▲	▲▲▲▲▲ ▲▲▲▲▲ ▲▲▲▲▲ ×	▲▲▲▲▲ ▲▲▲▲▲ ▲▲▲▲▲				
医和	▲ ×	×	▲▲				
扁鹊	▲▲▲▲▲ ▲▲▲▲▲ ▲▲ ×××	▲▲▲▲▲ ▲▲▲▲▲ ▲▲▲▲ ××××	▲▲▲▲▲ ▲▲▲▲▲ ××	▲▲▲▲▲ ▲▲▲▲▲ ▲▲ ××	▲▲		
雷公	▲▲▲▲▲ ▲▲▲▲▲ ▲▲▲▲▲ ▲▲▲▲▲ ▲▲▲▲▲ ▲▲▲▲▲ ▲▲▲ ×	▲▲▲▲▲ ▲▲▲▲▲ ▲▲▲▲▲ ▲▲▲▲▲ ××	▲▲▲▲▲ ▲▲▲▲▲ ▲▲▲▲▲ ▲▲▲▲ ×	▲▲▲▲▲ ▲▲▲▲▲ ▲▲▲▲▲ ▲▲▲ ×	▲ ×	▲▲▲▲▲ ▲▲▲▲▲ ▲▲▲▲ ××	
李氏	▲	▲	▲▲				▲▲

现出自身知识结构系统化并迅速发展的趋势。从本章第一节有关医学著作的介绍中，可以了解

到东汉三国时期出现了《神农本草经》、《桐君药录》①、《李谠之本草经》、《李谠之药录》，以及总括八家之说而成的《吴普本草》等诸多本草专著。其内容均主要是对各种药物的别名、产地、性味、主治、形态与加工方法的记述，由此构成了本草学体系的基本结构框架。根据《神农本草经》、《吴普本草》及其中所保存的八家之说，可以对东汉三国时期本草学的发展进程，获得一些原则性的提示：

（一）有关药性的认识

（1）早期各家论药时，较为统一的是有关药物有毒与无毒的见解（表5-5）。这或许可以看作是古人在认识这些药物时所经历的第一步。因为不论是作为食物还是药物，其味道如何、主治与效果怎样，尚属次要，但有毒与否、可食与否，却是第一件大事。（2）药物的气、味（辛、甘、酸、苦、咸等），如果看作是医家对各种药物之味觉感受的客观记载，本应是较为统一的，但实际情况却并非如此，其中极少见到各家所见皆同者。这说明在药物气味的记载中，客观感受仅是其中的一方面，而另一方面则极有可能是因为某些医家在对药物气味的记载中已然掺杂进了“辛甘发散为阳、酸苦涌泄为阴”②，甚至是五行学说中五气、五味与五脏所苦、所欲这样一种理论性配属的色彩。

另外，气味记载的不统一，明显地表明八家之说的相对独立性。通过比较可以看出，其间没有任何两家的记载能够被认为是较一致的（表5-6）。

（3）药物性质（寒、热、温、凉、平）的认识，应该看作是继有毒与否、气味如何之后，对于药物认识的进一步深化。这种认识实际上已然完全脱离了记述之学的初级阶段，而是一种抽象概念。而且是基于疾病已被确定出寒热虚实的抽象属性之上，才可能成立的。也就是说，药性寒热的记载主要是根据热病用寒药、寒病用热药这样一条基本原则而产生，至少也要依据服用后有哪些热性或寒性的表现来确定。如果没有疾病、症状属性的抽象，也就无从谈论何为热药、何为凉药。

八家之说中，有关药性寒热的史料远不如毒性、气味的记载丰富，这显然不能完全责之于引用者未录，而只能认为是这一较深层次的理论性认识发展得相对迟晚。例如在《吴普本草》的现存史料中，引用神农一家之说时言及药物气味有108处，而言及寒热属性仅有22处。后世本草则每药均有这两方面的记载。

（二）药物分类法

一般认为《神农本草经》所采用的上、中、下“三品”分类法是东汉以前传统的药物分类法则，直到梁代陶弘景修《本草》时才改为按药物的自然来源（或称自然属性）分为玉石、草、木、虫兽、果、菜、米食及“有名无实”诸部。此说不确。正如尚志钧在研究《吴普本草》时所指出的：“可以推断《吴普本草》中已有了这种分类法的雏形，抑或《吴普本草》确立的分类法，即是按药物自然来源分类法之先河。”③

---

① 梁·陶弘景《本草集注·序》称：“《桐君采药录》说其花叶形色。”见马继兴主编《敦煌古医籍考释》，江西科学技术出版社，1988年，第337页。

② 《素问·阴阳应象大论》。

③ 尚志钧等辑校，吴普本草·附录，人民卫生出版社，1987年，第91页。

表 5-6 《吴普本草》所引八家之说药味记载的比较（相同：▲；不同：×）

	神农	黄帝	岐伯	桐君	医和	扁鹊	雷公
黄帝	▲▲▲▲▲▲▲▲▲▲▲▲▲▲▲▲▲▲▲▲▲▲▲▲▲▲▲▲▲▲ ××××××××××××××××						
岐伯	▲▲▲▲▲▲▲▲▲▲▲▲▲▲▲▲▲▲▲▲▲▲▲▲▲▲▲ ××××××××××××××××××××	▲▲▲▲▲▲▲▲▲▲▲▲▲▲▲▲ ×××××××××					
桐君	▲▲▲▲▲▲▲▲▲▲▲▲▲▲▲▲▲▲ ××××××××××××××××	▲▲▲▲▲▲▲▲▲▲▲▲▲▲▲ ×××××	▲▲▲▲▲▲▲▲ ××××××				
医和	▲ ×××	▲ ××	▲ ×	▲▲			
扁鹊	▲▲▲▲▲▲▲▲▲▲▲▲▲▲▲▲ ××××××××××××××××××	▲▲▲▲▲▲▲▲▲▲▲▲▲▲ ××××	▲▲▲▲▲▲▲▲▲▲▲▲ ×××××××××	▲▲▲▲▲▲▲▲▲▲▲▲▲ ×××	▲▲▲ ×		
雷公	▲▲▲ ×××××××××××××××××××××××××	▲▲▲▲▲▲▲▲▲▲▲▲▲▲▲▲▲▲ ××××××××××	▲▲▲▲▲▲▲▲▲▲▲▲▲▲▲▲▲▲▲▲▲▲ ××××××	▲▲▲▲▲▲▲▲▲▲▲▲▲▲▲▲▲ ×××××	××	▲▲▲▲▲▲▲▲▲▲▲▲ ××××××××××××	
李氏	▲ ××	▲	▲ ×	▲			▲ ××

其实可以说自古以来，人们在药物分类上所采取的就是按照自然属性进行分类的方法，辨析如下：

（1）按照自然属性进行分类，是古人最基本、最自然的思维表现与分类方式。这一点只需看看有关汉字的部首及部首的作用就可明白，不必多述。

（2）作为这种思想的体系化表现，可以举出《尔雅》为例，其中“第十三至第十九”分别为“释草、释木、释虫、释鱼、释鸟、释兽、释畜”[①]。而且就连类似杂记的张华《博物

① 《尔雅》卷八～十，中华书局 1980 年影印十三经注疏本，第 2625～2652 页。

志》，也是按照“异兽、异鸟、异虫、异鱼、异草木”[①]的方法来记述的。足见这是一种最基本、普遍的分类方法。(3)在医学领域中，《周礼》始载“五药养其病”，郑玄注：“五药，草、木、虫、石、谷也。”[②]这已是确切无疑的自然属性分类法了。另外《素问》、《灵枢》中有五谷、五果、五畜、五菜之说。虽因五行说的影响，所言数字皆为“5”，但其分类却是一脉相承的。

(4)《神农本草经》固然是一本极为重要的本草著作，但如将其视为全面性总结的大成之作，则忽视了秦汉医学发展中的流派问题，而有摸象之憾。应该看到，《神农本草经》虽然自成体系，但不论是其三品分类法，还是在药物运用方面载有较多“神仙不老”之说的特点，均不足以体现汉代以前药物学发展的全貌。按照药物自然属性进行分类，应该说是当时更为普遍的分类方法。

二 药物剂型的转变

在本书第四章中已然谈到，西汉以前内服药物（非食物类）的剂型以“冶末吞服”法为主。这一特征至东汉前期仍有表现，例如初步推断属东汉早期竹简的《武威汉代医简》[③]即是一例。该简中除残缺不识者外，略有28个方剂，其中27个均属制成散剂、丸剂、膏剂后吞服之法，只有一个方剂（简目第80）属于煎煮服用法。再者，同属出土汉代简牍医方的《居延汉简》[④]亦具备这一特征。虽然该简残缺较严重，但从诸如“腹中不调，一岁饮一丸”等文字看，药用剂型同样不是煎煮服用法。较完整的方剂如：“伤寒。四物：乌喙十分、细辛六分、术十分、桂四分，以温汤饮一刀刲”，则十分完整地表现了冶末吞服法。

成书于汉代的《素问》与《灵枢》计有方剂12首。除《灵枢·痈疽》煮连翘草根饮之一方外，其他药物类方剂亦同样是以吞服法为主。例如《素问·腹中论》：“以四乌鲗骨、一藘茹二物并合之，丸以雀卵，大如豆”；《素问·病能论》：“以泽泻、术各十分、麋衔五分合，以三指撮，后饭”；《素问·缪刺论》：“左角之发方一寸，燔冶，饮以美酒一杯。”这些资料提示《五十二病方》中所见食物、药物采用不同剂型的特点大约一直延续到东汉初期。但是到了张仲景《伤寒杂病论》书成之际，大部分药物方剂已均采用煎煮服用法了，出现了从“吃药”到“喝药”的转变。从此之后，人们对于药物作用的认识，主要是着眼于药物本身，剂型只是作为更好发挥药效的参考因素。一般在病急、病重时多采用煎剂，病程较长时采用丸剂。

对于内服药物剂型的转变，以往的医史研究大多未见注意。但有两位日本学者对于《五十二病方》与《武威汉代医简》的药物构成差异，及从丸、散剂向汤剂转变已见言及：其一是村上嘉实注意到《五十二病方》与《武威汉代医简》中频频出现的“冶”字，“是表明药物剂型有从丸、散剂向汤剂转移的关键。”[⑤]其二是森村谦一注意到《五十二病方》中频繁使用的菽（豆）、葵、黍、米等谷类在《武威汉代医简》中全然不见；而且“米”在《五十二病方》中多用于泌尿系疾病，与后世本草书有关“米”之功效的记述全然不合，因此他认为当

---

① 晋·张华，《博物志》卷二，浙江人民出版社，1984年影印版百子全书本，第7册。

② 《周礼·天官冢宰下·疾医》卷五，中华书局1980年影印十三经注疏本，第667页。

③ 甘肃省博物馆编，武威汉代医简，文物出版社，1975年。

④ 中国社会科学院考古研究所编，居延汉简甲乙编，中华书局，1980年。

⑤ 村上嘉实，汉墓新发现の医书と抱朴子，东方学报，1981年，第53册，第387～421页。

时的药物分为两个体系（A：原本草体系；B：农作物知识体系），《武威汉代医简》只包含A体系；《五十二病方》则包含A，B两个体系的药物知识①。这些研究对于说明以谷物为主制成的“汤液”不等于“汤剂”，以及药物剂型的转变均是极有利的。只不过由于森村氏未能探明《五十二病方》中“汤液”类药物的特定含义，因而产生许多不解。

伴随着药物广泛采用煎煮剂型，“汤液”已不为东汉以后的医家所使用。“滑”不再作为一种“味”（仅有辛甘酸苦咸五味），但“以滑养窍”的思想仍然存在。例如使用滑石利尿，仍旧是着眼于“滑”这样一种自然属性。由于滑石能够提高尿液的渗透压（溶质分子利尿原理），抑制肾小管的二次重吸收，故确有极强的利尿作用。但这并不是古代中医学所能依据的理论，古代药物学理论基础中的一个重要因素，是根据客观物质的自然性质来确定其治疗作用，当这种推论被实践所否定时（例如用谷物汤汁的“滑”来治疗癃病——排尿障碍），被淘汰的仅仅是具体方法，而不是这种思维方式。

三　炼丹术与矿物药

炼丹术发展到东汉时期，出现了被称之为“万古丹经王”的现知第一部理论性著作——

表5-7　《神农本草经》、《吴普本草》中与炼丹术有关的内容

药名＼内容＼文献	《神农本草经》	《吴普本草》
丹砂	能化为汞	能化朱成水银
矾石		岐伯：久服伤人骨
消石	炼之如膏，久服轻身	朴消石：入土千岁不变，炼之
朴消	能化七十二种石，炼饵服之	不成不可服
石胆	能化铁为铜成金银	
空青	能化铜铁铅锡作金	久服有神仙玉女来侍、使人志高
禹馀粮	炼饵服之不饥，轻身延年	
白青		可消为铜
雄黄	炼食之轻身神仙	
石硫黄	能化金银铜铁奇物	流黄：烧令有紫炎者，能化金银铜铁
雌黄	炼之久服轻身增年不老	
水银	杀金银铜锡毒，熔化还复为丹，久服神仙不死	
铅丹	炼化还成九光，久服通神明	
长石		长服不饥
白石英		久服通日月光
扁青		丈夫内绝，令人有子，久服轻身

魏伯阳②的《周易参同契》。此书全长大约六千余字，基本上是用四字一句、五字一句的韵文及少数长短不齐的散文体写成。从化学史的研究角度看，《周易参同契》中对以下一些化学事实有所记载：水银容易蒸发，也容易与硫黄相结合；氧化铅能被炭还原成铅；几种不同的金

① 森村谦一，新出土医药资料にすけろ自然品目の探究，东方学报，1981年，第53册，第341～385页。

② 魏伯阳的生平事迹未见于正史。据葛洪《神仙传》等书之载，知魏伯阳名翱，号云牙子。会稽上虞（今浙江上虞）人，活跃于东汉桓帝年间（公元147～167）。弟子有徐从事、淳于叔通等人。

属可以成合金；采得汞矿石，可以制炼成红色的硫化汞，黄金性质稳定，不易氧化；炼丹过程中，材料的比例很重要等。①

《周易参同契》将《易》学理论、道家哲学和炼丹技术融为一体，把“丹鼎”（炼丹炉）视为一个小宇宙，阴阳变化、万物终始尽现其中。由于文字古奥、隐语颇多，故历代注家对其基本内容的理解存在着分歧，有的认为魏伯阳讲的是炼金丹以求仙药的“外丹”说；有的认为其宗旨乃是借用炼丹的术语，来讲述调合阴阳，修炼精、气、神的内养方法，即后世所谓的“内丹”说；或以为两说兼而有之。

炼丹术的目的之一——制造长生不死的仙药，及其制药的技术手段，与医药学中矿物药的使用与炮制有着一定的联系。例如在《神农本草经》和《吴普本草》有关矿物药的记载中，均能看到一些与炼丹术密切相关的内容（表5-7）。但这绝不等于说所有矿物药的使用均属于、或来源于炼丹术。因为矿物作为药物的重要组成部分，必然被医家在临床治疗中广泛应用，如《五十二病方》中以消石洗“痈”；雄黄、水银敷“加”（痂）②；西汉淳于意以消石治产后余病③等，皆是其证。同时，矿物的修炼，亦属于加工药物的必要技术手段。郑玄（126～200）对当时所见由矿物药组成之外用药的炮制方法记述如下：

> 今医方有五毒之药，作之，合黄堥，置石胆、丹砂、雄黄、礜石、慈石其中，烧之三日三夜，其烟上著，鸡羽扫取以注疮，恶肉破骨则尽出也。④

黄堥，是有盖的瓦合。雄黄、矾石含砷，丹砂（HgS）含汞，石胆（$CuSO_4 \cdot 5H_2O$）和慈石（Fe_3O_4）是氧化剂。在有盖瓦合中加热这五种药物，是用升华法制取氧化砷和氧化汞混合剂的操作。氧化砷是腐蚀剂，氧化汞是杀菌消炎剂，这是配合相当好的治疮毒的外科药。⑤说明当时在制药方面的经验性知识，确已达到相当可观的水平。这一制药过程（包括器具、材料、升华方法等）看起来与炼丹术没有什么区别，但外科疮疡使用“劀杀之齐”早已载之于《周礼》，其主要成分雄黄（砷）、水银（汞）亦早被《五十二病方》使用，因此不能认为这些内容是来源于炼丹术。

概言东汉三国时期炼丹术与医药学发展的关系，其要有三。首先，由于魏伯阳《周易参同契》之类有关“丹鼎”的理论性阐发的影响，使得后世养生学中出现了修炼“内丹”之说。即将人身比附为“丹鼎”，亦是一个小宇宙，阴阳变化寓含其中（表5-8）。其次，从制药技

表5-8 内外丹构思的比较

内外之分	修炼物质		修炼结果
	阴	阳	
外丹	黑铅	硃砂	合得至宝
内丹	肾（水）	心（火）	合得长生

① 袁翰青，中国化学史论文集，三联书店，1956年，第175～176页。

② 《五十二病方》第22，338，345，361，408～409行。见《马王堆汉墓帛书》[肆]，第29，63，64，66，70页。

③ 《史记·仓公传》(卷一百五，中华书局点校本，1982年第2版，第2806页)：“菑川王美人……复诊其脉，而脉躁。躁者有余病，即饮以消石一齐，出血，血如豆比五六枚。”

④ 《周礼·天官冢宰·疡医》卷五，郑注，中华书局1980年影印版十三经注疏本，第668页。

⑤ 王奎克等，砷的历史在中国，自然科学史研究，1982，(2)：115。

术的角度讲，药物炮制（尤其是矿物药的加工）与炼丹操作没有明确的界限可言，故两者间存在着相互影响、借鉴的关系。例如，《神农本草经》中所记载的朴消与消石，据其描述应属含硝酸钾、硫酸钠的天然品，但张仲景《伤寒杂病论》中所使用的芒硝，“显然指的是从原料朴消中制出的纤维状硝酸钾结晶”①。对于医家来说，朴消、消石、芒消，以及隋唐时期出现的“苦消（成分为七水硫酸镁），药理作用均为泻热导滞、润燥软坚（通便），没有严格区分的必要。“在药用上，硝酸钾被硫酸镁代替了，对某种病症来说后者的疗效可能更好”，但是对炼丹术士来说，他们必须“坚持以硝酸钾为消石”②，才能够达到消化诸石的目的。因此像精炼消石而得到芒硝（纤维状硝酸钾结晶）的工作，应该是由炼丹术士进行的。此外如表5-7中所枚举的那些有关各种矿物化学性质的记载，亦显然是医家从炼丹术士那里继承来的，因为像“能化铁为铜成金银”、“作金”等显然不属矿物药炮制的内容。第三，由于炼制长生不老的仙药本是炼丹术两大目的之一，因此这一部分内容及其试图将金和石恒永不变性质转移到人体的思想，就更容易渗入到医药学之中，由此引出了魏晋的服石之风。而且一直延续到唐代。

四 方剂学

将多种药物配合在一起，用以治疗某种疾病的方法，已然见之于西汉时期的医学著作中。但是，有关这些由多种药物组成之“药方”的构制原则，却只能追溯到东汉时期。再者，由于东汉后期张仲景《伤寒杂病论》在记述与运用药方时所表现出的极大灵活性与辨证特点，亦显示出药方的构成并不是简单地将几种功效相同的药物组织在一起，以发挥其相加的治疗效果，而是隐含有复杂的组方理论与方法。为要区别这些由多种药物组成的“药方”所具备的总体性功能与单味药功效不同，已然构成一门相对独立的学问，现代中医学将由两种以上药物组成的药方称为“方剂”。相关内容的理论性探讨则称之为“方剂学”。

（一）《至真要大论》中的方剂理论

今本《黄帝内经·素问》中有以某某“大论”为题的文章七篇，所述内容均为运气学说。一般认为这七篇大论是后人补《素问》缺失之卷时羼入，其著作时代当在东汉。七篇大论中的《至真要大论》文字最长，除运气学说外，对方剂理论有所论述。首先，其中谈到：“君臣佐使”的组方法则：

方制君臣，何谓也？岐伯曰：“主病之谓君，佐君之谓臣，应臣之谓使。

严格地讲，这段话中只给出了君、臣、使三种概念及其定义。但在另一段有关方制“大”、“小”的解释中，确实引用了“佐”的概念：

君一臣二，制之小也；
君一臣三佐五，制之中也；
君一臣三佐九，制之大也。

此外，《至真要大论》在解释“气有多少、病有盛衰”，因而“治有缓急、方有大小”时，还给出了“奇方”、“偶方”之制，“重方”、“反佐”等方制原则与概念：

---

①，② 孟乃昌，汉唐消石名实考辨，自然科学史研究，1983，(2)：97。

> 大要曰：君一臣二，奇之制也；君二臣四，偶之制也；君二臣三，奇之制也；君二臣六，偶之制也。故曰：近者奇之，远者偶之。汗者不以奇，下者不以偶。补上治上，制以缓；补下治下，制以急。……奇之不去则偶之，是谓重方；偶之不去，则反佐以取之，所谓寒热温凉，反从其病也。

后人将其要点归纳为大、小、缓、急、奇、偶、复，谓之“七方”。

应该说，《至真要大论》中的组方原则是在方剂的运用发展到一定水平时，出现的一种纯理论性的解释。尽管后人可以运用“君臣佐使”的原则对古代大量典型方剂进行理论性分析①，但这只能看作是后人的研究方法。至于奇偶之制，就带有更加明显的数术色彩了，因而也就更加脱离客观实际。然而从另一方面讲，一种纯理论性的构思又往往可以对客观实践起到推动、促进的作用。比附朝政，将构成方剂的药物区分出主次与不同职责而形成的君、臣、佐、使之说，在当时的方剂学中，尚只能说是一种方剂组成之“理想状态”的构想。但也许正是由于这种构想的影响，魏晋以后的药物学对于各种药物大多明记以何药为“使”；宋代以后又真正出现了“引经药”的运用（参见本书第十三章有关易水学派的介绍），使得“应臣之谓使”的构想成为事实。后人在综合这些用药经验的基础上，将君、臣、佐、使定义为：“君药是一方的主药，也就是针对主证起主要作用的药物，臣药是指能够协助和加强主药功效的药物。佐药的意义有二，一是能对主药起制约作用；一是能协助主药解除某些次要症状。前者适用于主药有毒，或者性质太偏者；后者适用于兼证较多的病例。使药的意义也有两种，一种是指引经药（例如：羌活是太阳引经药，葛根是阳明引经药）；一种是指方剂中次要的药物。”②

（二）《伤寒杂病论》的方剂特点

张仲景《伤寒杂病论》在传抄中演变为《伤寒论》和《金匮要略》，两种合计载方269首。在《伤寒杂病论》之前的方书中，大多是以“病”为纲，即在每一病名之下排列各种治疗方药（例如《五十二病方》）；或径以“治某某病方”作为该方剂的名称（例如《武威汉代医简》），但在《伤寒杂病论》中却是因证立法，以法统方，随证加减即成新方。以“太阳中风”证（发热、恶风寒、脉浮、有汗为主要症状表现）为例，其治疗法则是“解肌”，主治方剂为“桂枝汤”（如果无汗则属太阳伤寒证，治疗法则为发汗，主治方剂为麻黄汤）。而“桂枝汤”加减变化一二味药物即形成了十几个新的方剂，主治功能各不相同（表5-9）。有些时候，药物组成并未改变，仅仅是其中某一种药物的剂量改变，亦构成一个新的方剂。例如表5-9中的“桂枝加桂汤”和“桂枝加芍药汤”即是其例。这些方剂学的特点在《伤寒杂病论》以前的方书中是看不到的。

---

① 例如南京中医学院编《中医学概论》（第2版，人民卫生出版社，1959年，第276～277页）对《伤寒杂病论》中方剂结构的分析如下：

麻黄汤的组织：
- 君——麻黄（发汗解表）
- 臣——桂枝（助麻黄发汗解表）
- 佐——杏仁（助麻黄平喘）
- 使——甘草（协和诸药）

桔梗汤的组织：
- 桔梗
  - 君——清利咽喉
  - 使——载药上浮
- 甘草
  - 臣——甘润生津
  - 佐——清热解毒

② 南京中医学院编，中医学概论，第2版，人民卫生出版社，1959年，第276页。

表 5-9　“桂枝汤”及其衍生方举隅

序号	方剂名称	药物组成						主治
		“桂枝汤”原有药物					增加药物	
		桂枝	芍药	生姜	大枣	甘草		
1	桂枝汤							太阳中风证（症见发热、恶风寒、脉浮、有汗）
2	桂枝加桂汤	△	△	△	△	△	（桂枝加量）	太阳伤寒，加温针后，气从少腹上冲心
3	桂枝加芍药汤	△	△	△	△	△	（芍药用量加倍）	太阳病误下，因而腹满时痛
4	阳旦汤	△	△	△	△	△	黄芩	产后风续之，数十日不解，头痛、恶风、发热、汗出、干呕、心下闷
5	桂枝加附子汤	△	△	△	△	△	附子	太阳病发汗，遂漏不止，小便难，四肢难以屈伸
6	桂枝加厚朴杏仁汤	△	△	△	△	△	厚朴、杏仁	太阳病下之，微喘
7	桂枝新加汤	△	△	△	△	△	人参（芍药、生姜加量）	发汗后，身疼痛、脉沉迟
8	小建中汤	△	△	△	△	△	胶饴（芍药加倍）	太阳中风证见心中悸而烦；杂病：虚劳里急
9	黄芪建中汤	△	△	△	△	△	胶饴、黄芪	杂病：虚劳里急，诸不足
10	桂枝加大黄汤	△	△	△	△	△	大黄（芍药加倍）	太阳病，误下，因而腹满、实痛之剧者
11	桂枝加葛根汤	△	△	△	△	△	葛根	太阳病，兼见项背强
12	桂枝加黄芪汤	△	△	△	△	△	黄芪	水气病：腰以上汗出、胫冷无汗、体痛、小便不利，如有物在皮中
13	桂枝龙骨牡蛎汤	△	△	△	△	△	龙骨、牡蛎	杂病：男子失精、女子梦交
14	桂枝去芍药汤	△		△	△	△		太阳病下之后，脉促胸满
15	桂枝去芍药加附子汤	△		△	△	△	附子	上证兼见微恶寒
16	桂枝去芍药加麻黄附子细辛汤	△		△	△	△	麻黄、附子、细辛	水气病：心下坚，大如盘，边如旋杯，水饮所作
17	黄芪桂枝五物汤	△	△	△	△		黄芪	杂病：血痹，身体不仁，如风痹状
18	桂枝去桂加茯苓白术汤		△	△	△	△	茯苓、白术	服桂枝汤或下后，余症仍在，兼见心下满、微痛、小便不利

仍以“桂枝汤”及其衍生方剂为例，其中某些加减是因临床的症状特点而改变，如兼见“项背强”的症状则加入葛根，形成了“桂枝加葛根汤”；但某些衍生方是用于治疗杂病，如“桂枝加黄芪汤”治“黄汗”，“桂枝龙骨牡蛎汤”治“男子失精、女子梦交”等等。

这种因证立法，以法统方，加减化裁的特点，显示出以多种药物组成的“方剂”进入到充分体现辨证施治精神的新阶段。后世医家从中学到的不仅仅是“方”，而更为重要的乃是“法”（法则），这也就是《伤寒杂病论》之所以被认为是中国古代医学史上第一部理、法、方、药俱备的经典著作的主要原因之一。该书的方剂被广泛有效地运用于各种病症，并由此推动了许多新方的衍生，因而被后世尊为“众方之祖。”并由此导致了中医学“经方”概念的转变。①

① “经方”一词出《汉书·艺文志》，意指经验方。迄于明清，随着伤寒之学大兴，尊张仲景为医圣，视其著作为“医方之经”，导致《伤寒杂病论》的方剂被称之为“经方”，意谓“经论方”、“经典方”。清末民初的一些医家倡用原方、原量、原服法，而被称之为“经方派。”

第三节　医学发展的时代特征

一　“伤寒”之学的成立

《伤寒杂病论》包含“伤寒”与“杂病”两大部分内容。“杂病”的含义较易理解，而“伤寒”究为何意，却不是一语即可破的的问题。中医学所说的“伤寒”，当然不是现代医学病名中由伤寒杆菌引起的“伤寒”(typhoid)；有些著作将《伤寒论》释为“是专门论述伤寒一类急性传染病的著作”①，或称“伤寒是急性热性型传染病的总称”②，但这种试图用现代医学去规范古代疾病概念的做法是难于成立的。因为古代医家很早就开始辨别“伤寒”与“时行之气”所致“一岁之中，长幼之病多相似者”的不同③。南北朝时陈延之所著《小品方》对于两者的区别亦有专论：“古今相传称伤寒为难疗之病，天行温疫是毒病之气。而论疗者不别伤寒与天行温疫为异气耳，云伤寒是雅士之称，云天行温疫是田舍间号耳，不说病之异同也。考之众经，其实殊矣。所宜不同，方说宜辨。”④ 尽管根据古人有关“伤寒”的症状描述观之，肯定包含有现代医学所说上呼吸道感染、肺炎、黄疸型肝炎等传染病，但这却不是当时的“伤寒”概念，而且在当时已有刻意加以区别的迹象。

另一种解释是依据《素问·热论》所说：“今夫热病者，皆伤寒之类也”；“人之伤于寒也，则为病热”，释《伤寒论》为“专门论述外感热病”；⑤ 或者说：“《内经》认为它的原因是伤寒，张机就把这类疾病直接叫做‘伤寒’。”⑥ 这种说法虽然比较接近“伤寒”的概念，但仍然未能准确地反映出“热病”与“伤寒”的不同。在《素问》的两句话中，既以“热病”为“伤寒之类”，则表明二者在概念上有广狭之分；第二句话则是以“伤寒”为病因（即“伤于寒”之意），以说明热病发生的原因。“热病”的症状特点是以热性指征为主，这一点在本章第一节有关《素问·热论》“六经”旨意与《伤寒杂病论》的区别中已然谈到。而且《素问·热论》在六经病症后，又举出“两感于寒”的问题，即一日太阳与少阴俱病、二日阳明与太阴俱病、三日少阳与厥阴俱病的各种病症表现（表 5-10），基本就是后世“温病学派”所描述

表 5-10　“两感于寒”的症状表现

两感之经	症状
太阳与少阴	头痛、口干而烦满
阳明与太阴	腹满、身热、不欲食、谵语
少阳与厥阴	耳聋、囊缩而厥、水浆不入、不知人

---

① 杜石然等，中国科学技术史稿，上册，科学出版社，1982 年，第 197 页。

② 范行准，中国医学史略，中医古籍出版社，1986 年，第 44 页。

③《伤寒论·伤寒例》引此说时称“《阴阳大论》云”，《外台秘要》、《诸病源候论》等书中亦均载有相同内容。但《阴阳大论》早佚，张仲景《伤寒杂病论·原序》所列引用、参考书目中已有此书名。

④ 引自唐·王焘《外台秘要》卷一，人民卫生出版社，1955 年影印版，第 59 页。

⑤ 赵璞珊，中国古代医学，中华书局，1983 年，第 51 页。

⑥ 贾得道，中国医学史略，山西人民出版社，1979 年，第 93 页。

的温热病的特征。而温病学派所要强调的，也恰恰就在于这类疾病与“伤寒”的不同。因而可知“热病”与“伤寒”从一开始就不是完全相同的疾病名称。

《素问》称“热病”属“伤寒之类”；《武威汉代医简》与《流沙坠简》中也将“伤寒”作为疾病名称使用，但均没有理论性的解释。至《难经》时代，可以看到“伤寒”作为疾病名称的广义与狭义之分。即如《难经·五十八难》所云：“伤寒有五，有中风、有伤寒、有湿温、有热病、有温病。”其中首言之“伤寒”为广义，涵括一切外感疾病；与中风、湿温、热病、温病并列之“伤寒”为狭义，专指外感病中的某一特定类型。广义“伤寒”的概念，是以病因分类理论为基础的，这一点在《伤寒杂病论》中有所描述：“千般疢难，不越三条。一者，经络受邪入脏腑，为内所因也；二者，四肢九窍，血脉相传，壅塞不通，为外皮肤所中也；三者，房室金刃，虫兽所伤。以此详之，病由都尽。”① 后人将这种病因分类概之为“三因说”，即内因、外因、不内外因。其中的外因致病说，即人体为自然界“六淫”之气所伤，客于肌肤，皆属“伤寒”的范畴。这也就是说，广义“伤寒”是“外感”之病的总称。

《难经》将风、寒、湿、热等各种外邪引发的疾病统称之为“伤寒”，标志着根据内、外两大病因对疾病进行分类的思想已然形成。而恰恰是由于这种病因学理论的影响，使得中国传统医学理论体系中出现了相对独立的“伤寒之学”，并影响到后世的医学分科。例如在周代医学分科中，医生被区分为疾医、疡医、食医、兽医四种，前两种医生的划分标准颇为接近现代西方医学内科、外科的分科方法。但在宋代以后，医学分科中“内科”的完整概念却消失了，相应地出现了风科（宋代、元代）、伤寒（明代、清代）的独立分科。在东汉时期虽然尚看不到如此明确的医学分科，但有将“伤寒”与“续骨”作为医学的两大内容相对而言者②，此后的许多医学著作，亦大多是将“伤寒”列为专门，反映出东汉以后人们对于“伤寒”概念的理解，及其在医学构成、疾病分类中的相对独立地位。

作为外感疾患中的一种特定类型，即狭义的“伤寒”，是以细分病因和临床特征为基础的。《难经》中虽言五种伤寒“其所苦（症状）各不同”，但该书仅仅举出五种脉象以为区别，未言及其“所苦”为何，在治疗法则的论述中亦仍旧是就《素问·热论》所言汗、泄两法而辨其阴阳属性。但顾五种伤寒之“名”而思其“义”，可知狭义“伤寒”是指病因为寒邪所致，这也就是狭义伤寒与中风、热病等的区别所在。另外一种将“寒”视为冬季固有之气的解释方法，认为伤寒必因冬时触冒严寒之气所致。为要解释“伤寒”之病未必全都出现在冬季，于是又有“伏邪”之说：

> 中而即病者，名曰伤寒。不即病者，寒毒藏于肌肤，至春变为温病，至夏变为暑病。暑病者，热极重于湿也。是以辛苦之人，春夏多温热病，皆由冬时触寒所致，非时行之气也。凡时行者，春时应暖，而复大寒；夏时应大热，而反大凉；秋时应凉，而反大热；冬时应寒，而反大温。此非其时而有其气，是以一岁之中，长幼之病，多相似者，此则时行之气也。③

这段话出自《阴阳大论》，虽被《伤寒论·伤寒例》引作有关“伤寒”病因的解释，但张仲景

---

① 《金匮要略·脏腑经络先后病脉证第一》。

② 《后汉书·崔瑗传》（卷五十二，中华书局点校本，1965 年，第 1728 页）：“夫熊经鸟伸，虽延寿之术，非伤寒之理；呼吸吐纳，虽度纪之道，非续骨之膏。盖为国之法，有似理身。”

③ 《伤寒论·伤寒例》。据宋·成无己《注解伤寒论》卷二，商务印书馆，1955 年排印版，第 37～38 页。

在具体论述伤风、中风、温病等的区别时，实际上使用的又是另一种根据临床表现分型的方法：

太阳病，发热汗出、恶风、脉缓者，名为中风。

太阳病，或已发热，或未发热，必恶寒、体痛、呕逆、脉阴阳俱紧者，名为伤寒。

太阳病，发热而渴，不恶寒者，为温病。

然而这三条定义实为区别外感病之第一次第（太阳病）的不同类型而设，其后还有紧密关联的阳明、少阳、太阴、少阴、厥阴等五个次第，其临床表现虽已完全不同于太阳病，但均隶属于“伤寒”范畴之中。故欲据此定义“伤寒”，或解释《伤寒杂病论》是怎样性质的一部书，均难以合拍。正是由于古人在使用“伤寒”这一概念时，每每因时、事之异而有不同，构成了广义与狭义间相互出入的复杂关系，因此才导致后人或据狭义伤寒之特点，力辨伤寒与温病之不同；或据其中广泛使用的清热、泻下之法而言伤寒之法亦同样可以治温病等等。

另外，根据《外台秘要》所录华佗有关伤寒治法的少量资料，可以看出《伤寒杂病论》的理论体系与治疗方法并不能代表该时代伤寒之学的全貌。华佗论述伤寒病程及其治法的要点[①] 是：

一日，在皮：摩膏，火灸；

二日，在肤：针、解肌散发汗；

三日，在肌：复发汗，不解则止；

四日，在胸：藜芦丸吐之，不解，小豆瓜蒂散吐之；

五日，在腹；六日，入胃：下之。

从理论结构方面讲，华佗所述伤寒病程虽然也分为六个次第，但没有六经的概念。由皮入胃，逐渐深入的理论构想，更接近于《史记·扁鹊传》中所描述扁鹊诊齐桓侯疾时所言病从腠理逐渐深入骨髓的传变方式。从治疗方法上讲，除汗、下两大法则外，华佗将摩膏火灸作为疾病第一次第的治疗主法，而在《伤寒杂病论》中则只有对于火灸引起不良后果的处理办法[②]，显示出两者的不同。另外，从“单煮柴胡数两，伤寒、时行并可服之”，亦可看出华佗同样是将“伤寒”与“时行”视为两种类型不同的疾病。

总之，东汉时期的医学著作对于“伤寒”病因的理解、概念的广狭、治疗方药等虽然并不统一，但一个相对独立的“伤寒之学”确已成立，并且对后世医学的发展产生了深远的影响。

二　运气学说

运气学说是阴阳五行、天人合一之说运用于医学领域的一种表现形式。在中国传统医学中，运气学说的地位与作用虽远不如脏腑、经络等其他基础理论重要，但毕竟是中医学理论

---

① 唐·王焘，《外台秘要》卷一，人民卫生出版社，1955 年影印版，第 57～58 页。

② 《伤寒杂病论》中有“太阳伤寒者，加温针必惊也”；“太阳病，以火熏之，……名为火邪”；“脉浮，宜以汗解，用火灸之，邪无从出，……名火逆也”；“被火者必谵语”；“伤寒脉浮，医以火逼劫之，亡阳，必惊狂”等许多条文，并指出相应的治疗办法。

体系的组成部分，代表着一定历史时期医学理论发展的时代特征。

（一）运气学说的基本内容

“运气”即“五运六气”之缩略，其内容由“五运”与“六气”两部分构成。

“五运”，是因五行与时间概念相结合而产生，又因所用时间单位及配合方式之不同而有以下区分。

（1）大运（亦称岁运、中运）：中运即主管一年的岁运，是五运中最重要与最主要的核心内容。大运由五行与天干相配而定，但在运气学说中，五行与天干的配置与一般所见传统方式不同。即不是甲乙—木、丙丁—火、戊己—土、庚辛—金、壬癸—水，而是甲己—土、乙庚—金、丙辛—水、丁壬—木、戊癸—火。凡天干按顺序排列为奇数的，该年所配之运呈“太过”（有余）之势；偶数的，所配之运呈“不及”（不足）之势。

（2）主运：五行在一年之中分主“五时”，叫做主运。依木、火、土、金、水之序，各主73日零5刻，年年不变。

五行与四时（四季）的配合产生较早，为解决两者间的配合矛盾，四时逐渐演化为五时（中间插入“长夏”一季，与土相配）。因而在运气学说中被称之为“主运”的这种配合，在运气学说形成之前即已出现，例如《素问·金匮真言论》有“春胜长夏，长夏胜冬，冬胜夏，夏胜秋，秋胜春”之语；《素问·六节脏象论》云：“五运相袭，而皆治之，终期之日，周而复始。”在此基础上，五行从“主时”发展到“主岁”，则脱离了季节气候变化影响人体的客观说理性，形成了运气学说的固有定义。五行主时的排列顺序虽然年年不变，但附加了“太少相生”（阴阳相间）的推算方法。即根据大运的五行属性和太过、不及之不同来确定该年主运中每一运的阴阳属性。例如天干属己的年份，其大运为“土运不及”，故主运中的土亦属阴；依阴阳相间的原则推算可知该年主运的阴阳属性是：木运不及、火运太过、土运不及、金运太过、水运不及。这种推算方法的目的，不外是使五行主时亦具有阴阳的变化。

（3）客运：客运与主运的唯一不同在于每年的初运不确定，而是依大运而定，再依五行相生序依次类推。客运在今本《黄帝内经》所保存的运气资料中并没有明确的说明，据明代医家张介宾说，《天元玉册截法》中有此说，且“行于主运之上，与六气主客之法同。所以“虽本经未有明言，而运气生化之理，在所必至，当以《天元玉册》为准。”①

“六气”一词在先秦即已使用，但解释不一。如《左传·昭公元年》医和诊疾时说：“天有六气”，而以“阴、阳、风、雨、晦、明”释之；《庄子·逍遥游》说：“若夫乘天地之正，而御六气之辩”，注家对此更有多种解释②。运气学说中的“六气”大抵是源于对五行配属的“风寒燥湿暑”（五气）进行改造，将其中的“暑”（热）变成“君火”与“相火”，则成为包括两个“火”的“六气”，以求能够与十二地支、三阴三阳实现配合，解决了五行属性是“二阳三阴”的问题。其具体应用亦有主、客之说。

（1）主气：将一年（365.25日）分为“六步”；每步为60.875日；每步各有一气主之。六气按风、君火、相火、湿、燥、寒的顺序分属六步，年年不变。这种“六气”配属在《素问·六微旨大论》中称之为“地理之应六节气位”，仍旧带有极强的五行色彩。因为只要将君火

---

① 明·张介宾，《类经图翼·五运客运图说》，人民卫生出版社，1965年排印版，第47页。

② 参见清·郭庆藩，《庄子集释》，中华书局，1961年排印版，第20～21页。

与相火看作是一项，则其排列顺序、相互关系仍旧是五行相生序（图 5-3）。

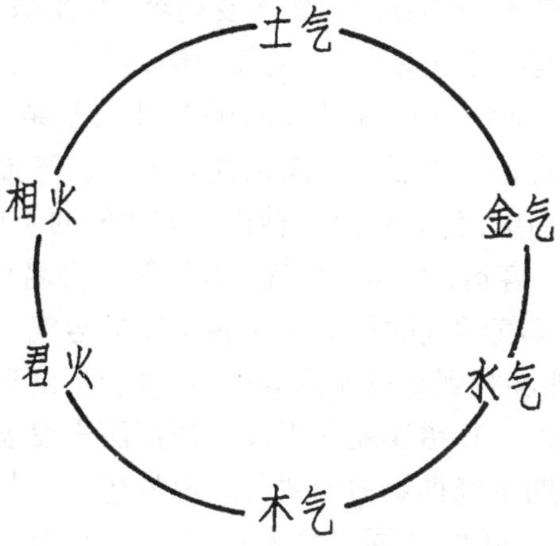

图 5-3　“地理之应六节气位”示意图

图 5-4　“天道六六之节”示意图

（2）客气：客气是根据六气与地支的配合来决定的，用于纪年。其配属关系如表 5-11 所示。

表 5-11　六气与三阴三阳、地支、五行的配置

十二支	子午	寅申	丑未	卯酉	辰戌	巳亥
阴阳	少阴	少阳	太阴	阳明	太阳	厥阴
六气	君火	相火	湿土	燥金	寒水	风木
五行	火		土	金	水	木

当这种配属关系依地支顺序构成六年一度的循环圈时，已然不符合五行相生的关系了。其循环模式是以三阴三阳说为基础的，从图 5-4 中可以看出其规律是：阴阳各居一半，相互平衡；阴、阳各自的顺序是一、二、三；阴、阳之间是一阴与一阳相对，二阴与二阳相对，三阴与三阳相对。在运气学说自身的发展中，这个六气与地支相配的循环圈一开始只不过是用以说明每年各有一气主岁，而后来的用法却越来越复杂，规定了顶端的位置（上）为“司天”之位，因而与之相配属的“气”则名之曰“司天之气”；与之相对应，位于最下端的是“在泉”之位，其气名之为“在泉之气”；其余为左、右“间”，所属之气为“间气”。

在“运”与“气”的交合中（亦可看做是天干与地支、五行与阴阳的交合），运气学说还规定了一些概念：

（1）天符：当某一年的大运（天干）与司天之气（地支）的五行属性相合时，称之为“天符”。

（2）岁会：当某一年的大运与地支的五行属性（但注意此时地支是按传统方式与五行相配，参见图 5-5），且位于“五方”之正位时，称之为“岁会”。

（3）太乙天符：即某一年既是天符，又是岁会。

（4）同天符：当大运“太过”之年与“在泉之气”相合时，称之为“同天符”。

(5) 同岁会：当大运“不及”之年与“在泉之气”相合时，称之为“同岁会”。

图 5-5　“岁会”方位示意图

以上即是运气学说推算过程的主要内容。在此基础上，再根据推算所得运、气的属性，言说某一年、某一时疾病的属性，选择相应的治疗药物。但是这个内容十分复杂、系统化了的运气学说乃是宋以后人对唐以前各种运、气推算方式进行归纳总结而成。为要解决各种推算方式间的矛盾，所以才规定了主运、客运、中运、主气、客气等多种名称。如果以这种体系化运气学说的模式去绳墨唐以前运气学说的资料，尽管大多能够找到足以比附的内容，却看不清运气学说发展形成的脉络。其错误就在于没有依照历史发展的先后顺序去研究早期运气推算的方式与理论构想，将仅适于某一种运气推算方式的名词概念推广到其他推算方式之中，自然就无法避免混乱的产生。

（二）运气学说的形成

在中国传统文化中，将五行与四时（或五时）相配合，构成一年之内“五运循环”的体系，见之于《管子·五行》及今本《黄帝内经》的若干篇节之中。但此处所要讨论的“运气学说”，主要是指依五行配天干、六气配地支以纪年，言说每一年发病规律与特征的学说及其形成时间的问题。

现存记载运气学说的最早文献，是构成今本《黄帝内经》之《素问》中的“七篇大论”：天元纪大论、五运行大论、六微旨大论、气交变大论、五常政大论、六元正纪大论、至真要大论。由于在《素问》中，除这七篇大论之外，基本看不到运气学说的影响，而这七篇大论又是因为唐代王冰在注释《素问》时，因“于先生郭子斋堂，受得先师张公秘本”才显露于世，补齐了当时传世之《素问》因“第七一卷，师氏藏之，今之奉行，惟八卷尔”[1] 的残缺。因而有关这七篇大论是否同于《素问》缺失之卷的内容，以及其成文究在何时等，历来就是医史研究中争论不休的话题。有人认为《素问》原书已有运气思想，且与七篇大论指导思想一致、语言相近，故七篇大论就是《素问》原文[2]。但也有人据其天文学内容推断：3 世纪后方有可能，下限应在 7 世纪的隋唐[3]。较多的学者均因齐梁间人全元起首注《素问》时即为八卷，无七篇大论；隋杨上善所注《黄帝内经太素》中亦无涉七篇大论之内容，而倾向于接受七篇大论与运气学说均非《素问》原有之内容，且成立之年代可能较晚。最甚者以为 10 世纪之前并无运气学说，故隋唐时其他医家不谈运气，七篇大论及王冰注释均为后人所伪造[4]。

如果认定今本《黄帝内经》，即《素问》与《灵枢》的成书年代是在公元 1 世纪以前，则七篇大论不可能是《素问》的固有内容，因为使用干支纪年是从东汉四分历开始的（公元 85）。《素问》中其他篇节在涉及五行与四季相配的问题时，大部分是五行配四季（土不主

① 唐·王冰，《黄帝内经素问·序》。
② 王树芬，运气七篇考辨，中华医史杂志，1987，(4)：229。
③ 郝葆华、王瑾，《内经》“七篇大论”成书年代新论，中华医史杂志，1984，(1)：46。
④ 范行准，五运六气说的来源，医史杂志，1951，(1)：3。

时），且只有“生、长、收、藏”的概念，没有“化”（运气学说中配土）的运用；只有少数几篇引入了“长夏”与土相配；五行配天干只用于纪日。这与成书于1世纪的《白虎通·五行》在解释五行配四季时所说“土尊不任职，君不居部，故时有四也”是基本一致的。

《素问》中只有《脉解篇》提到三阴三阳与十二月的配合，但其对应关系是：

正月　三月　五月　七月　九月　十一月

太阳　厥阴　阳阴　少阴　少阳　太阴

如将其画成循环的圆环，则太阳与少阴相对，厥阴与少阳相对，阳明与太阴相对，符合脏腑、经络学说中三阴三阳的对应关系，而与运气学说中六气的阴阳定位不合。同时，在《素问》中也根本没有火分君、相的思想。

然而在《素问》中，已然出现了将四季改换成五时，以求与五行配合完璧的意识。因此“长夏”这一概念的使用不仅是解决了四季与五行，以及与风、寒、湿、热、燥五气配合的矛盾，而更为重要的是奠定了“五运循环”的思想，只要从五运主时向前跨越一步，即构成了五运纪岁的新说。此外，在《灵枢·岁露论》中“虚实”之论也涉及到了“年”的问题：

三虚：乘年之衰，逢月之空，失时之和；

三实：逢年之盛，遇月之满，得时之和。

另外，在东汉王充所著《论衡》中，亦可见到“岁运”、“运气”、“岁气”之说①，因而在东汉中后期，已然具备了运气学说产生的条件。如果考虑到当时的天文机构中包含有医生②，则不能不考虑运气类的论著最有可能是出自这等以天文与医学之结合作为自己的学问和工作的人。另外，有人根据音韵变化的研究，亦认为七篇大论应成于东汉③。至于这些论著究竟是由王冰补入《素问》，还是其先师秘本既载，显然并不重要。

如果推究唐以前运气学说未见广泛流行的原因，恐怕有两点。首先，如果这类论著真是出自太史待诏中的医官之手，则恐怕从一开始就属金匮石室之秘宝，外人不易得见。而且自晋泰始三年开始禁星气、谶纬之书后，历代朝廷均多有相似禁令，私习天文是要杀头的。第二个原因则应考虑到宋代以前虽然有各种医学经典问世，但在实际中，医家注重的是方药。医学理论受医家重视，乃是在宋代理学兴起之后，格物穷理的思想对医学发展起到了至关重要的作用，《伤寒论》的六经辨证思想才成为临床治疗的指导原则；张仲景被尊之为“医圣”；《伤寒论》成了“医经”，而运气学说也成了受人重视的医学原理。

概观宋以后运气学说的发展，其要有二。一是将七篇大论作为古圣遗言而大加阐发，构成一个完整的体系，使得七篇大论能够相互发明、训解，似乎唐以前亦是按照这种复杂的体系去推算每年的运气。宋代太医院考试时，每卷必有“运气一道”，要求学生答出题中所定年份的“五运六气所在、所宜，处方为对。”④明代所编大型方书《普济方》则按照五运六气，胪列方药，甲子一周六十年的处方都可在此查得。据清代医家记载，医界流行之谚为：“不读五

① 王充《论衡·明雩篇》称：“范蠡计然曰：‘太岁在子，水毁金穰，木饥火旱’，夫如是，水旱饥穰，有岁运也。岁直其运，气当其世”；“夫天之运气，时当自然”；“况岁气有变，水旱不时”；“岁气调和，灾害不生”等等。

② 《后汉书·百官二》（志第二十五，中华书局点校本，1965年，第3572页）刘昭注引《汉官》曰：“太史待诏三十七人，其六人治历，三人龟卜，……医一人。”孙星衍辑《汉官》（见《汉官六种》，中华书局，1990年版，第1页）作“医二人”。

③ 钱超尘，内经语言研究，人民卫生出版社，1990年，第293～294页。

④ 宋·何大任编，《太医局诸科程文格》，台湾商务印书馆景印文渊阁四库全书，第743册，第19页。

运六气，检遍方书何济。所以稍涉医理者，动以司运为务。"① 足见运气学说在医学理论中地位的上升。

另一方面，则是对运气学说的改造。认为"当时圣人不过言天地之气运行旋转如此耳，至于人之得病，则岂能一一与之尽合，一岁之中不许有一人生他病乎？"② 但这也还只能称之为皮里春秋的读法。而金元四大家的刘完素、张从正等，则是彻底地将运气学说改造成了病机学说，即不再遵守干支与六气的配合，仅是将六气的属性作为疾病性质（病机）的抽象概念，去言说疾病的治则。刘完素的代表作《素问玄机原病式》、《素问病机气宜保命集》皆是这种病机化了的运气学说，其中基本没有推算方法存在。

三 阴阳、五行与医学的进一步结合

东汉时期阴阳、五行学说对于医学发展所产生的影响，主要表现在由于阴阳与五行两种学说逐渐融汇，因而促进了医学理论中新内容的产生。

自西汉董仲舒融阴阳、五行之说的哲学思辨性于儒家"五常"之中，阴阳、五行学说在中国传统文化中的地位明显上升。在"禄利之路"③ 强大推动力的影响下，学习儒家经典的风气大盛。东汉建初四年（公元79），汉章帝命众官与儒生会白虎观，"讲议五经同异"，"帝亲称制临决"④，而成《白虎通》。"于是经学便以所谓'国宪'的形式固定化起来"⑤。透过今文经学大师善于以"己意"注释经典，并有大量纬书出现，可以看到东汉时期学术思想的活跃性。其特点在于要融《易》学的太极、两仪、四象、八卦与阴阳、五行等为一体，辅以数字推演来解释天地生成、政治人伦、万物化生、物理之情。反映出当时探索终极真理、构筑宇宙发展变化模式的思维方式与特点。

（一）《黄帝明堂经》与《难经》中的阴阳、五行说

在上述文化背景下，原本没有五行色彩与内容的针灸治疗方法中，出现了"五俞穴"与五行的配属。根据《黄帝明堂经》有关"五俞穴"之五行配属的记载可以看出，其各经脉"五俞穴"自身是按五行相生序排列；阴阳两经间的同等穴（如井与井）是按五行相克（阳胜阴）的关系排列，可以说是注重阴阳与五行结合的一种表现形式。在《难经》中不仅继承了这些内容，并且根据五行属性，确定了"五俞穴"的主治病证（例如"井主心下满"等），而不是依据这些腧穴的经脉归属来言说其治疗功效（参见本章第一节有关《难经》的介绍）。另外，通过以下所举两例更可以看出《难经》的作者是如何灵活地运用五行理论于针灸治疗学中：

> 七十三难曰：诸井者，肌肉浅薄，气少，不足使也。刺之奈何？然：诸井者，木也；荥者，火也，火者木之子。当刺井者，以荥泻之。

这是根据五行相生的理论，泻"子"之气，则"母"之气必然向"子"转移，故刺荥可以代

---

① 清·张倬，《伤寒兼证析义·运气》，台湾商务印书馆景印文渊阁四库全书，第783册，第772～773页。

② 清·徐大椿，《医学源流论·司天运气论》，台湾商务印书馆景印文渊阁四库全书，第785册，第673～674页。

③ 《汉书·儒林传》（卷八十八，第3620页）："自武帝立五经博士，开弟子员，设科射策，劝以官禄，讫于元始，百有余年，传业者寖盛，支叶蕃滋，一经说至百余万言，大师众至千余人，盖禄利之路然也。"

④ 《后汉书·章帝纪》卷三，中华书局点校本，1965年，第138页。

⑤ 侯外庐等，中国思想通史，第二卷，人民出版社，1957年，第314～315页。

替刺井。依此类推，其他腧穴当然也可以代替使用，这就使得“五输穴”不仅脱离了经脉，而且连前述各自的主治功用也变得虚而不实了。

> 七十九难曰：《经》言“迎而夺之，安得无虚；随而济之，安得无实。虚之与实，若得若失；实之与虚，若有若无”，何谓也？然：迎而夺之者，泻其子也；随而济之者，补其母也。假令心病，泻手心主俞，是谓迎而夺之者也；补手心主井，是谓随而济之者也。

所引《经》言，见于《灵枢·九针十二原第一》。因其前面有“往者为逆，来者为顺”等语，故注家均释此为一种针刺手法：按照经脉来的方向斜刺进针为泻；顺其走向进针为补，称之为“迎随补泻”法[①]。而《难经》的作者又是依五行学说将其释为“泻其子”、“补其母”。

《难经》作为东汉时期的重要医学理论著作，基本上看不到像《素问》、《灵枢》那样明确记述某种病应该如何施针取穴的记载。所讨论的均是理论性、原则性问题。这种理性思维的特征在东汉时期的社会文化中表现得十分突出，例如经今古文学两家虽然各执己见、争论不休，但在治学方面均表现出这一特点。古文经学虽以训诂考据见长，但今文经学大师的讨论，却靠古文经学家归纳总结而成《白虎通》；今文经学借《经》以阐发己意的特点，更是与《难经》根据自己的见解诠释经文的作法相似。因此断不可因为《难经》中有几句“经言”，就误以为是承袭某家之言，或为解释《内经》而成书。恰如“郑学”的兼收并蓄一样，《难经》是以前此的各种医学理论为素材，通过“元气、阴阳、五行”这一代表该时代最高水准的哲学思想来构筑自身首尾一贯的理论体系的。其中阴阳与五行相互结合的紧密程度及应用的广泛性、体系化，均是《素问》与《灵枢》所不及的。在《素问》与《灵枢》中，很多情况是就病论病，直言治法、刺法、取穴而已，且阴阳与五行往往各自单行，某些篇节说理或只据阴阳，或单论五行。例如将人划分为金、木、水、火、土五类，或是太阴、太阳、少阴、少阳、阴阳平和五类，可以看成是各自独立的两种理论体系。而在《难经》中，阴阳与五行是一体化的，例如讲“一脉为十变”（十难）的原因是五邪（五行）与刚柔（阴阳）的综合结果：$5\times2=10$。又如将积聚分成阴、阳两种（五十五难），是阴阳的运用；续将积又分为五类（五十六难）则是五行的体现。而这一特征又并非《难经》一书所独具，例如其中多次引用的《十变》，虽不能知其详尽，但大致可以推断其说理方式亦是以阴阳五行之合为纲。

（二）运气学说中阴阳与五行的结合

本节前面谈到东汉时期出现了一种新的理论学说——运气，现在就来看一看其中阴阳、五行两大支柱理论是如何融为一体的。

《素问》七篇大论不是一个完整统一的运气体系，而是出自不同作者之手，因而在如何将阴阳与五行结合在一起的问题上，呈现出多样化。以下仅择其要点稍加介绍。

1. 干支推运气

七篇大论中的《天元纪大论》和《五运行大论》采用的即此种方式。其内容简捷明了，即以五行配天干以定运，依天干的奇偶分太过与不及；地支配六气以定气，每年只有一运与一气。如此即实现了五行与阴阳的配合。由于一年之中只有一运、一气，故不需要界定主运、客运，主气、客气的概念差异，干和支均为纪岁而设。

---

① 南京中医学院主编，针灸学讲义，上海科学技术出版社，1964年，第232页。

五行与天干相配以纪岁，固然是以五行学说为立足点，但奇偶定运之太过与不及的方法，已然就实现了五行与阴阳的结合。然后在“愿闻其与三阴三阳奈何合之?”的命题下，通过将五行所生之“五气”，改造为含有“二火”的“六气”，并与三阴三阳、地支相配，则全面地完成了干（天）、支（地），五行、阴阳间的密切配合。

2. 六步六气

《六微旨大论》采用的即此种方式。首先，六气在一年中各主60.875日；每年地支所纪之气为第三气，其余各步之气依六气循环圈推算即知。而其候太过、不及的方式却是依“移光定位”——根据“平气”常数与实测日影的差异来确定，故有当至而至，未至而至，至而未至的不同。这就是所谓的“天道六六之节”。在与五行说的结合上，是以将六气排列顺序改变成五行相生序——风、君火、相火、湿、燥、寒，各主四个节气，称之为：“地理之应六节气位。”此法实际上是将医学内容附会于天文的候气之法而完成的。这种方法中的“天、地”概念，不是运（天干）、气（地支）间的配合，而是一年之内“天气”与“地气”两种概念的配合，即后世所谓的“客气”（天）与“主气”（地）。

3. 六气分天地

这是最能反映东汉时期“元气”思想和人们对宇宙认识的一种理论构想。六气循环圈的用法在此发生了最重要的改变，说明如下：

（1）由三阴三阳定位组成的六气循环圈，在前述“干支推运法”中，只不过是为了说明六气每六年循环一次，没有其他含义。

（2）在“六步六气”之法中，六气循环圈代表一年之内六气的前后顺序，位置有终、始之分；六气有初、中之名。

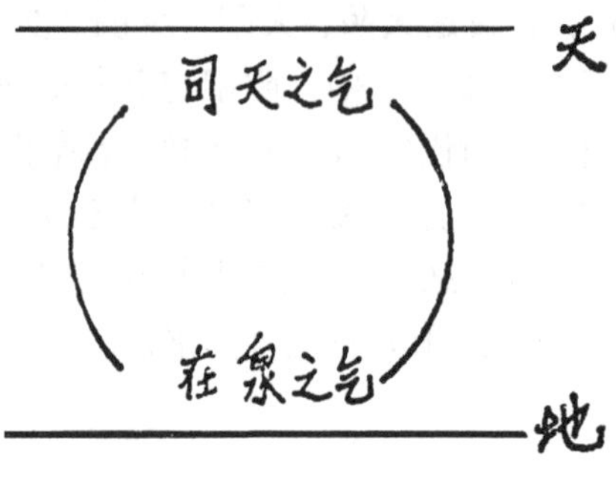

图5-6 司天、在泉示意图

（3）在“六气分天地”的理论构想中，这个六气循环圈被置于天、地之间。因此，顶端之位名之曰“司天之位”，其气即“司天之气”；相对应的是“在泉之位”与“在泉之气”（图5-6），其他四位、四气均不必注意。地支纪年所配之气，即是这一年的“司天之气”。与“干支推运法”相比较，虽然两者均是以地支配六气以纪岁，但前者是以五运与六气作为天、地的对应来构筑理论体系的，此处则舍弃了五行，纯粹以“气”来立论，颇似王充《论衡·谈天》所说：“天地，含气自然。”有意思的是，六气循环圈的六个位置虽然是阴阳对立，但六气却不具备这样的矛盾性。例如“太阳寒水”所对为“太阴湿土”；“少阴君火”所对为“阳明燥金”。故凡地支在丑未之年时，其运气表现即为：“湿气下临，埃冒云雨；地乃藏阴，大寒且至，蛰虫早伏，地裂冰坚，水增。”一派湿、寒景象。

在《六元正纪大论》中，对于司天、在泉二气共主一年的理论体系又有所发挥，将五运置于天地之间，而称之为“中运”。如此又再度实现了阴阳、五行两说的结合。为适应这种新的理论构想，本篇的作者将“天干与地支合”而称之为“天符”的概念，改成“中运与司天之气”合，复又补充了“中运与在泉之气合”称之为“同天符”、“同岁会”的新概念。因此必须分清哪些概念是在运气学说的发展中新出现的，当然也就弄清了这些概念的定义与使用范围。如将“中运”的概念移到“干支推运法”中，就颇难理解了，因为那里虽然也使用六气循环圈，但却没有司天、在泉的概念。

4. 占星定运

《气交变大论》基本是这种体系的作品。其中虽然细述“五运之化，太过如何”和“其不及何如”，但没有天干配五行定五运的思想，而是依“上应五星”而定：

“岁运太过则运星北越，运气相得则各行其道。”

“岁运太过，畏星失色而兼其母；不及则色兼其所不胜。”

这种推算方法基本是星占的体系，只不过由于是用在医学领域，故“天人之应”的具体表现主要是人体疾患的描述。

《素问》七篇大论虽然将这些推算方法汇集到了一起，但并没有进行综合，这才使得以上分析成为可能。

对于运气学说所构筑的这套理论体系应该如何评价呢？当代治中医学者，大多视运气学说为玄中之玄，望而生畏。好在临床治病，并非必需，故束之高阁，仰慕足已。教授此道者，则抓住自然气候变化与发病间有所联系的客观事实，而言“运气是我国古代研究天时气候变化，以及气候变化对人体发病影响的一种学说。它是以自然界的气候变化，以及生物体（包括人体在内）对这些变化所产生的相应反映作为基础，从而把自然气候现象和生物生命现象统一起来，把自然气候变化和人体发病规律统一起来，从宇宙间的节律上来探讨气候变化对人体健康与疾病发生的关系。”① 这是阐明运气学说之科学内涵的代表性意见，但这种解释本身并不科学。因为运气学说所论述的并不是气候变化与人体发病的关系，而是由运、气循环规定了气候必然要如此变化；人作为自然的一部分，也必然要随着运气的循环而变化。在这里，人体疾患和包括气候在内的所有自然变化均是天地间运、气变化的表象而已。因此在气候变化与人体疾患间，并不存在因果关系。尽管运气学说的成立，可以说是“天人合一”观念在医学中的运用，但这个“天”的概念并不是泛指自然界，而是控制着自然界一切变化的运，是更高层次的“天道”。即便是六气，虽貌似言说阴阳之变化，但其运转变化仍旧是由“运”决定的，因而才会必然地按照六气循环圈的方式稳步地、定时地向前推移。由此不难看出，以完全是先验的、机械的封闭体系为指导理论建立起来的运气学说，在其构成中虽然移植了前此医学中能够反映气候变化与人体发病客观联系的内容（五行与四时相配，即主运），但其总体框架恰恰是处于前此之医学“由经验归纳上升成为理论”的对立面上。当运气学说本身开始将六气作为病机的抽象概念，将六气间阴阳相互对立与制约的关系作为治疗原则时，这种运气学说又发生了质的变化，虽然在形式上还保留有运气学说的名词术语，但其指导理论已然被悄悄地置换成阴阳消长、对立统一这个合理的内核了。

运气学说的理论框架，是由阴阳与五行来支撑的，但两说所起的作用不同。相比较而言，五行学说的地位与作用更重要一些。因为在运气学说成立的时代，像宋明理学那种以阴阳统摄五行的思想体系还未形成，五行位尊于阴阳之上，所以在这些运气论著中，不管具体内容究竟讲的是什么，总要先冠上五行的大帽子。如《天元纪大论》开篇即言“天有五行御五位，人有五脏化五气”；“五运相袭而皆治之”；“五运终天，布气真灵，总统坤元”等等。《六元正纪大论》虽然以讲六气为主，但仍不离“五运之化”、“五运宣行”等语。

从推算形式上讲，五运主时产生最早；而后有鬼臾区所据早期文献《太始天元册》将五

① 程士德主编，素问注释汇粹·附二·五运六气学说简介，人民卫生出版社，1982年，下册，第532页。

运主时推衍到主岁，运气学说才逐渐发展起来。而与地支、三阴三阳相配的六气，除时序排列不合五行序外，其本质说到底还是五气，因为不论讲气候等自然变化，还是讲人体疾病，均主要是靠寒暑燥湿风、木火土金水、五脏、五味等五行的概念范畴方能加以表述。阴阳说只是在与五运结合形成各有太过、不及，以及六气有胜有复方面得到了运用。

一般认为东汉时兴的谶纬之学对运气学说的产生有极大影响。日人丹波元简则直言运气学说是“凑合纬、医二书所立，正是一家，未知创于何人”[①]。又有人指出：“五运”与“六气”并称可能起源于易纬，并在纬书与运气论著间找到了许多相同与相似之处[②]。然而如果追问一句，谶纬又源出何处呢？恐怕就不太容易回答了。或又问，运气之书既然与纬书有如是之多的相似、相同之处，是否也可称之为纬书的一种呢？实际上，只要考虑到东汉以后谶纬之学的昌盛，经学大师亦为之撰注，或博采纬书以释经，就不难想见当时的整个社会文化风貌。运气学说正是在这种思维方法的影响下产生的，作为时代文化的产物，绝不可能是一人所倡，一家之学。仅就七篇大论观之，其中尚有候气、观星、推算等许多不同。如果考虑到晋唐之间屡禁谶纬、星气之书，而运气学说确又涉及此类内容，则想必有些是被禁掉了。

四　性、命双修的养生学

以重道尚法为宗旨的“黄老道德之术”，战国时流传于齐国等地。《史记·孟子荀卿列传》称慎到、环渊、接子、田骈等人“皆学黄老道德之术，因发明序其指意……于是齐王嘉之”；《史记·乐毅传》又载：“乐臣公善修黄帝、老子之言，显闻于齐，称贤师”，以及用黄老之术治理齐国的曹参亦获贤相之称。汉初执政者采用黄老清静无为之术，与民休息，对恢复和发展生产起了积极作用。这种社会背景对于老子之“名”及其学说的传播颇有促进作用。如《史记·田叔列传》载文景之时，有“王生者，善为黄老言，处士也，尝召居廷中”；《史记·外戚世家》又言：“窦太后好黄帝、老子言，帝及太子诸窦不得不读黄帝、老子，尊其术”；建元（公元前140～前135）中，“章以修黄老言显于诸公间”[③]等等。然而这时老子之学无疑是作为治国、驭民之术而得势于世的。追求长生之术的方士并不依托老子，而是较多言及黄帝等帝王之名。如“少君言于上曰：‘黄金成以为饮食器则益寿，益寿而海中蓬莱仙者可见，见之以封禅则不死，黄帝是也’”[④]。又如《汉书·艺文志》所载“神仙十家”中，黄帝之名凡四见，另有“宓戏”、“上圣”、“神农”各一。马王堆出土的《十问》的发问者，黄帝居四，尧、王子巧父、磐庚、禹、齐威王、秦昭王各一；回答者依次为天师、大成、曹熬、容成、舜、彭祖、耇老、癸、天挚、王期。

及至汉武帝罢黜百家，独尊儒术，虽然黄老之术因儒家学问自身的改造与兼容而继续以“外儒内道”、一明一暗的形式存在，但毕竟已属失势。这一转变，导致“一批治黄老之学的知识份子分别转向从事学术与方术”[⑤]。道教研究者瞩目于这种转变对于道教形成的作用，以

① 〔日〕丹波元简，《医賸·运气》，人民卫生出版社，1955年排印版，第15页。

② 王士福，五运六气说起源的商讨，医学史与保健组织，1958，（2）：127。

③ 《史记·鼂错传》卷一百一，中华书局点校本，1982年，第2版，第2748页。

④ 《史记·孝武本纪》卷十二，中华书局点校本，1982年，第2版，第456页。

⑤ 朱越利，道经总论，辽宁教育出版社，1991年，第9页。

为黄老学者与方仙道士相结合，形成了道教的雏形——黄老道[①]。然而就《隋书·经籍志·道经部》所言："汉时诸子，道家之流有三十七家，大旨皆去健羡、处冲虚而已，无上天官符箓之事"观之，则不难发现政治地位转变所带来的直接后果是迫使道家虚静无为、顺应自然的主张，在退出政治舞台之后，只能向"治身"方面发展。成书于东汉时的《老子河上公注》即是一个十分明显的代表，兹举两例说明之：

《老子·三章》：虚其心（除嗜欲去烦乱），实其腹（怀道抱一守五神也），弱其志（和柔谦让不处权也），强其骨（爱精重施髓满骨坚也）。

《老子·六章》：谷神不死（谷，养也，人能养神则不死。神谓五藏神也，肝藏魂、肺藏魄、心藏神、脾藏意、肾藏精与志，五藏尽伤，则五神去）[②]

《老子》的思想就是这样被改造成养生学的理论，当然老子本人乃至道家思想也就逐渐被人理解成为养生学之源了。例如王充《论衡·道虚篇》已将各种养生求仙之术归于道家和老子："世或以老子之道，为可以度世"；"道家相夸曰：'真人食气'"；"道家或以导气养性，度世而不死"等等。但也正是由于这种转变，道家"虚无恬淡"的精神境界才得以与"养形"之术相结合，形成性、命双修的养生学。三国时魏人嵇康"好老庄之业，恬静无欲，性好服食，尝採御上药"[③]，著成《养生论》，明确指出："养生"应包含性、命双修两方面，且互为因果的含义：

君子知形恃神以立，神须形以存。故修性以保神，安心以全身。又呼吸吐纳，服食养身，使形神相亲，表里俱济也[④]。

在吸收、改造道家治世理论而成养生之说方面，他又以《庄子·达生》中所讲治世者不可偏执一端的事例——单豹养其内而虎食其外，张毅养其外而病攻其内，来说明欲求长寿必须形神兼顾的道理：

养生有五难……单豹以营内致毙，张毅以趣外失中……此皆不兼之祸也[⑤]。

嵇康之论，代表了当时养生理论的最高水准。而另一方面，带有浓厚神仙方术色彩的求寿法术仍广泛流传。《后汉书·方术列传》在阴阳推步、占卜风角诸方士名家之后，以"汉世异术之士甚众，虽云不经，而亦有不可诬"，为由，枚举了一些这方面的事例：

冷寿光、唐虞、鲁女生三人者，皆与华佗同时。寿光年可百五六十岁，行容成公御妇人法，常屈颈鷮息，须发尽白，而色理如三四十时，死于江陵……。

甘始、东郭延年、封君达三人者，皆方士也。率能行容成御妇人术，或饮小便，或自倒悬，爱啬精气，不极视大言。……凡此数人，皆百余岁及二百岁也。

王真、郝孟节者，皆上党人也。王真年且百岁，视之面有光泽，似未五十者。自云周流登五岳名山，悉能行胎息胎食之方，嗽舌下泉咽之，不绝房室。孟节能含枣核，不食可至五年十年。又能结气不息，身不动摇，状若死人，可至百日半年。亦

① 朱越利，道经总论，辽宁教育出版社，1991年，第9页。
② 河上公章句，《道德真经注》，涵芬楼影印本《道藏》，第363册。
③ 《三国志·魏书·王粲传》卷二十一（中华书局点校本，1959年，第605页）裴松之注引嵇喜《嵇康传》。
④ 魏·嵇康，《养生论》。见《全上古三代秦汉三国六朝文》卷四十八，中华书局影印版，1958年，第1324页。
⑤ 魏·嵇康，《答向子期难养生论》。见《全上古三代秦汉三国六朝文》卷四十八，中华书局影印版，1958年，第1327～1328页。

有室家。①

又魏文帝《典论》论郤俭等事曰：

> 颍川郤俭能辟谷，饵茯苓。甘陵甘始亦善行气，老有少容。庐江左慈知补导之术。并为军吏。初，俭之至，市茯苓价暴数倍。议郎安平李覃学其辟谷，餐茯苓，饮寒水，中泄利，殆至陨命。后始来，众人无不鸱视狼顾，呼吸吐纳。军谋祭酒弘农董芬为之过差，气闭不通，良久乃苏。左慈到，又竞受其补导之术，至寺人严峻，往从问受②。

这些方士所继承的，主要是先秦以来养形之术的衣钵，谈不上什么精神修养。由于这些技艺非常人所能，自然要享仙人之誉，因而也就难免有惑众之嫌疑。故曹植《辩道论》释曹操将这些方士悉召身边的目的，是“诚恐斯人之徒，接奸宄以欺众，行妖慝以惑民，岂复欲观神仙于瀛洲，求安期于海岛，释金辂而履云舆，弃六骥而美飞龙哉？”②

第四节　医事制度

东汉时期，中央政权的医官仍是太医令、太医丞。与西汉的不同在于唯少府属官中有此，而不见于太常属官；太医丞分为药丞、方丞两种：

> 太医令一人，六百石。本注曰：掌诸医。药丞、方丞各一人。本注曰：药丞主药；方丞主药方。③

其人员总额据注引《汉官》曰：“员医二百九十三人，员吏十九人。”④。

太医丞分为药丞、方丞两种，无疑与前述东汉时期本草学、方剂学两大门类的突出进步具有内在的联系。

少府中还有“暴室丞”一人，由宦者担任。“主中妇人疾病者，就此室治；其皇后、贵人有罪，亦就此室”⑤。章和（公元87）以后，中官稍增，又增加了“尝药”（监），六百石，亦由宦者担任⑥。

皇后中宫，有“中宫药长一人，四百石。本注曰：“宦者”。⑦

刘昭注《后汉书·百官志》时引用《汉官》一书，标明许多官府员吏的人数与构成。九卿之属中涉及官医的情况如下：

太常：太史待诏三十七人中“医二人”。

光禄勋：员吏四十四人中：“一人官医”。

卫尉：员吏四十一人中“一人官医”。

太仆：员吏七十人中“一人官医”。

---

① 《后汉书·方术列传》卷八十二下，中华书局点校本，1965年，第2740～2751页。

② 引自《三国志·魏书·华佗传》裴松之注，卷二十九，中华书局点校本，1959年，第805页。

③ 《后汉书·百官三》志第二十六，中华书局点校本，1965年，第3592页。

④ 《后汉书·百官三》中华书局点校本，1965年，第3592页

⑤ 《后汉书·百官三》志第二十六，第3595页。

⑥ 《后汉书·百官三》志第二十六，第3600页。《后汉书·礼仪下》（第3141页）云：帝“不豫，太医令丞将医人，就进所宜药。尝药监、近臣中常侍、小黄门皆先尝药，过量十二。”

⑦ 《后汉书·百官四》志第二十七，第3607页。

廷尉：员吏百四十人中“一人官医”。

大鸿胪：员吏五十五人中“五人官医”。

宗正：员吏四十一人中“一人官医”。

大司农：员吏百六十四人中“一人官医”。

少府：员吏三十四人中“一人官医。”

如何看待这些官医的工作，由于没有其他资料可供参考，故十分困难。陈邦贤《中国医学史》只谈到：“当时百官府都有官医员额，疑其人虽分隶诸司，而考选补用，当也由太医主持。”而没有言及他们的工作性质。如果认为他们仅仅是为各府员吏服务，或不够全面。因太常中的官医即不属于其“员吏八十五人”之中，而且具有“太史待诏”的身分，与治历、龟卜、庐宅、四时、易巫、典禳、嘉法、请雨、解事等并列，故疑其工作为研究天文—疾病之关系，这一点在本章讲“运气学说”时业已谈到。又大鸿胪之员吏不过55人，而有官医5人，亦不合比例，故应考虑到可能与大鸿胪负责接待诸侯及四方归义蛮夷的职官性质有关。

诸王的属官，自然要比而次之，故称为“医工长。本注曰：主医药”。[①] 如第五伦于“建武二十七年（公元51），举孝廉，补淮阳国医工长，随王之国。光武召见，甚异之。”[②]

三国时期吴、蜀两国的医事制度无考，而魏国基本上是承袭汉制。

---

① 《后汉书·百官五》志第二十八，第3629页。

② 《后汉书·第五伦传》卷十一，第1396页。

第六章　两晋医学

第一节　重要的医学人物与著作

一　王叔和与《脉经》

（一）生平概要

王叔和因编撰中国医学史上第一部脉诊专著，以及整理张仲景《伤寒杂病论》而闻名于世，但其生平在正史中未见记载。魏晋时期的著名文学家与医学家皇甫谧在其所著《针灸甲乙经》的序文中提到："近代太医令王叔和撰次仲景，选论甚精，指事施用"；据称为张仲景弟子的卫汎在谈及"食治"时曾引"高平王熙称食不欲杂，杂则或有所犯"[①] 等语；宋代张杲《医说》据张湛《养生方》言："王叔和，高平人也。博好经方，尤精诊处；洞识摄养之道，深晓疗病之源。采摭群论撰成《脉经》十卷；篇次张仲景方论为三十六卷，大行于世。"此外，马端临《文献通考》引唐·甘伯宗《名医传》称："叔和，西晋高平人"；公元982年日人丹波康赖所撰《医心方》中载有"高平王熙叔和"之语。根据这些零散的史料记载，大抵可知：王叔和，名熙，为西晋高平人，曾任太医令。

然近年的医史研究对于王叔和的籍贯属今何地，以及究竟是任魏之太医令还是晋之太医令等问题多有争议，其要点是：以往多释王叔和里贯高平为山西省高平县，但两汉三国时该地均称泫氏县，直至北魏时才改称高平，故旧释或属失考。西晋的高平故城在现今山东省邹县西南，独山湖东北畔，属邹县所辖，这才是王叔和的故里所在[②]。又因魏晋学者皇甫谧的一生，大部分是在三国时期，卫汎亦属三国时期人物，故王叔和应略早于此二人，至少是与卫汎同时。因而余嘉锡《四库提要辨证》等书早已指出，王叔和仕太医令之职，当在三国之魏。此种见解虽极有道理，但并不能完全排除入晋之后王叔和继任太医令之职的可能。[③]

（二）编撰《脉经》

王叔和所撰《脉经》，是我国现存最早的脉诊专著。由于前述有关王叔和生平的争议，故《脉经》的成书年代亦不能十分确定。据王叔和在该书序文中说，所收内容下迄华佗，且卒于西晋初期的皇甫谧称王叔和为"近代太医令"观之，《脉经》的成书当在三国至晋初。

在王叔和之前，中医脉诊之法已积累了相当丰富的实践经验，如《素问》"脉要精微论"、

---

① 唐·孙思邈，《千金要方》卷二十六，人民卫生出版社，1955年影印版，第464页。

② 贾以仁，王叔和籍贯及任晋太医令考，中华医史杂志，1981，(1)：40。又：朱鸿铭、廖子仰，王叔和籍贯考察，中华医史杂志，1985，(4)：205。

③ 孔祥序认为王叔和卒年当在公元255年以前，《脉经》成书于公元220～255年间。见：关于王叔和《脉经》的几点看法，中华医史杂志，1982，(4)：238。

“平人气象论”、“玉机真脏论”、“三部九候论”等篇均以脉诊为核心内容。成书于东汉时期的《难经》不仅记述了许多古代的诊脉方法，而且将阴阳理论与“独取寸口”的诊脉方法相结合，形成了寸口脉分尺、寸两部以候阴、阳的新方法。张仲景《伤寒杂病论》在记述各种病证时，更是将病、脉、证、治有机地结合在一起；传世的《伤寒论》中可见“平脉”、“辨脉”之专篇，使得脉诊的重要性更显突出。然而直到这时，脉诊方法仍未形成固定的模式与统一的理论体系，而且有关脉诊的论述大多是杂存于各种医学著作之中。因此，对于各种脉诊方法及其理论加以整理，构筑脉诊的独立体系便成为必然趋势。王叔和《脉经》在中国医学发展史上的重要地位，首先就在于该书完成了总结前人经验，建立独立脉诊体系的历史使命。大凡魏晋以前的脉诊旧论，在《脉经》中均有所表现，正如该书自序所云：“今撰集岐伯以来，逮于华佗，经论要诀，合为十卷。百病根源，各以类例相从，声色证候，靡不该备，其王、阮、傅、戴、关、葛、吕、张，所传异同。咸悉载录。”许多佚而不传的古代医学知识（如扁鹊脉学的内容），以及未见著录的古医籍（如《脉法赞》、《四时经》）的内容，均因《脉经》而得以窥其端倪。

《脉经》前6卷较为系统地总结了脉诊的方法及其理论体系。以第一卷、第一篇“脉形状指下秘诀第一”为总纲，首次将脉象归纳为浮、芤、洪、滑、数、促、弦、紧、沉、伏、革、实、微、涩、细、软、弱、虚、散、缓、迟、结、代、动等共24种。并对各种脉象加以简明扼要的解释（表6-1）。此后历代脉诊著作在脉象方面或稍有增减，但总体上均是以王叔和《脉经》为基础。同时，该书始于脉象名实的编撰方式，亦标志着寸口脉象诊法在各种诊脉方法中取得了主导地位。

表6-1　王叔和《脉经》中的24种脉象

名　称	脉　　象
浮	举之有余，按之不足
芤	浮大而软，按之中央空，两边实
洪	极大，在指下
滑	往来前却，流利展转，替替然，与数相似
数	去来促急
促	去来数，时一止，复来
弦	举之无有，按之如弓弦状
紧	数如切绳状
沉	举之不足，按之有余
伏	极重指按之，着骨乃得
革	有似沉伏，实大而长微弦
实	大而长微强，按之隐指，愊愊然
微	极细而软，或欲绝，若有若无
涩	细而迟，往来难，且散，或一止复来
细	小大于微，常有，但细耳
软	极软而浮细

续表

名称	脉象
弱	极软而沉细，按之欲绝指下
虚	迟大而软，按之不足，隐指，豁豁然空
散	大而散，散者气实血虚，有表无里
缓	去来亦迟，小驶于迟
迟	呼吸三至，去来极迟
结	往来缓，时一止，复来
代	来数中止，不能自还，因而复动，脉结者生，代者死
动	见于关上，无头尾，大如豆，厥厥然动摇

其次，在“分别三关境界脉候所主第三”中，记述了寸口脉的三部划分法；并在“两手六脉所主五脏六腑阴阳逆顺第七”中，记述了左右手寸、关、尺各脉与脏腑的对应关系。至此，“独取寸口”的诊脉方法，从《素问》、《灵枢》的不分部，经历《难经》时代分为尺、寸二部，最终形成分为寸、关、尺三部，并分候脏腑的定式。这种诊脉方法一直沿用至今，未见改变。

在前6卷中，除“寸口分部”与“脉象”这一主导体系外，还记述了前此各种医籍中有关诊脉方法与理论的主要内容，并对五脏六腑的病证进行了分类。自第七至第九卷，几乎转录了《伤寒杂病论》的全部条文（除方药之外）。第十卷内容存有疑点，宋代高保衡、林亿等在校定本书时说：“世之传授不一，其别有三：有以隋巢元方时行《病源》为第十卷者，考其时而缪自破；有以第五分上下卷，而撮诸篇之文，别增篇目者，推其本文，而义无取。稽是二者，均之未睹厥真，各秘其所藏尔。今则考以《素问》、《九墟》、《灵枢》、《太素》、《难经》、《甲乙》、仲景之书，并《千金方》及《翼》说脉之篇以校之。除去重复，补其脱漏，其篇第亦颇为改易，使以类相从，仍旧为一十卷”①。其主要内容是将寸口脉诊法推广到诊十二经脉、奇经八脉等，称为“手检图”。

《脉经》撰成后，历代辗转传抄，因而形成了多种不同的古传本。至北宋经校正医书局整理，国子监刊行，此即最初的刻本，是后世所有《脉经》刊本的祖本。

（三）整理《伤寒杂病论》

王叔和一生中所做的另一件有影响之事，乃是整理张仲景所著《伤寒杂病论》。除前述晋代皇甫谧《针灸甲乙经·自序》中已经提到“近代太医令王叔和撰次仲景，选论甚精，指事施用”外，《外台秘要》等书载录王叔和论伤寒之语中有：“今搜采仲景旧论，录其证候，诊脉声色，对病真方有神验者，拟防世急也。”② 是知历代书志在著录张仲景著作时，将其与王

① 引自〔日〕冈西为人编《宋以前医籍考》，人民卫生出版社，1958年，第130页。
② 见唐·王焘《外台秘要》卷一，人民卫生出版社，1955年影印版，第57页。

叔和之名联系在一起（例如新、旧《唐书》）是有所依据的，可以说古今公认张仲景的医学著作是经王叔和编次整理而传世的。这就引出了对王叔和此举褒贬不一的评价。例如宋代林亿等人在校正《伤寒论》时说："自仲景于今八百余年，唯王叔和能学之。其间如葛洪、陶（弘）景、胡洽、徐之才、孙思邈辈，非不才也，但各自名家，而不能修明之。"元末明初的医家王履在《医经溯洄集》中称："王叔和搜采仲景之散落者以成书，功莫大矣"，但同时又说："惜其既以自己之说，混于仲景所言之中，又以杂脉杂病纷纭并载于卷首，故使玉石不分，主客相乱。"执两分之论者，又如明代方有执《伤寒论条辨》，以为王叔和编述之举"诚功之首也"；而《伤寒论》中的《伤寒例》一篇应属王叔和所伪，"则叔和者，亦一罪之魁耳"。其后清代喻昌《尚论篇》则全执攻击之论，以为王叔和所为是："碎剪美锦，缀以败絮，盲瞽后世，无由复睹黼黻之华。况于编述大意，私淑原委，自首至尾，不叙一语，明是贾人居奇之术。致令黄岐一脉，断绝无遗"；"仲景之道，人但知得叔和而明，孰知其因叔和而坠也哉。"因而后世一些注释研究《伤寒论》的医家，致力于思考原书的编撰次序，以及辨析其中哪些文字属王叔和所为。

然而如果注意到《隋书·经籍志》著录有"梁有《王叔和论病》六卷"，后世亡而不传，则不能不考虑王叔和医学言论混于仲景之书的原因，或是由于隋唐间医籍的传抄所造成。其最典型的例证就是前述《外台秘要》所引王叔和论伤寒的大段文字均见于《伤寒论·伤寒例》之中。另外，还应看到褒贬王叔和的两种意见，实质上有一个共同的前提，即认为张仲景及其著作是完美的。传其学者，因传承了完美的医学知识而该受到褒誉；改其学者，因破坏了前贤的"完美"而该受到指责。其实，从医学是随着历史的发展而不断进步这一基点出发看问题，张仲景的《伤寒杂病论》乃是因后人的整理、阐述、发挥，才逐渐显得完美起来。一些具体的治病方法，经后人的理论性解释而上升成为普遍原则。好比《易》经本来只是卜筮之书，但却可作为后学发挥的载体，不断地被赋予新的解释。王叔和对于张仲景旧作的整理，及他本人有关伤寒问题的论述，都是"伤寒"之学发展历程中的一个组成部分，是构筑"完美"、促成张仲景走向医圣神坛的重要阶梯。

二 皇甫谧与《针灸甲乙经》

（一）生平概要

皇甫谧，字士安，幼年名静。自号元晏先生。安定朝那人。幼年过继给叔父，徙居新安（今河南渑池）。生于后汉建安二十年（215），卒于西晋太康三年（282），享年68岁。

关于皇甫谧的故乡——安定朝（zhū，音朱）那，原一直释为今甘肃省灵台县朝那镇，但近年先后有两篇文章对此提出质疑。指出：灵台西北之朝那为西魏大统元年（535）置，而西汉所置朝那在今宁夏回族自治州固原县东南，北魏末年废。又根据《史记·封禅书》有"湫渊，祠朝那"作进一步考证：《史记集解》引苏林曰"湫渊在安定朝那县，方四十里"；《甘肃新通志·舆地志·山川》记载固原州境内有"朝那湫二，一在州东南五十里……一在州西南四十里……二水相合，方四十里，水停不留，冬夏不增减，两崖不生草木。……土人谓之东海、西海。”因此认为皇甫谧应为此地人[①]。实地考察，今固原县城东南与西南仍有此水，当地人称“朝那湫”，现修建为两个小水库。西南的称“海子峡水库”，东南的称“东海子水库”。唯因宁夏回族自治州成立于1958年，故在此之前的著作称皇甫谧为甘肃人不误，但此后则当释为今宁夏回族自治州固原地区为妥。

皇甫氏是一个历代官宦，累世富贵的家族。其祖上自皇甫棱始见于史书，显者如皇甫规，因破羌兵有功，屡见升迁，封成亭侯[②]；最著者为谧之曾祖皇甫嵩，以破黄巾功，为征西将军、车骑将军，拜太尉[③]。魏晋时所行九品官人法和所谓“荫亲属”的特权，使得皇甫氏这样的大户人家可以得到政治和经济特权的保障。正因如此，皇甫谧才能“年二十”尚“游荡无度”[④]，过着无忧无虑的生活。许多医史著作根据《晋书·皇甫谧传》所记载的“居贫，躬自稼穑，带经而农”，认为皇甫谧出身农民，家境贫苦，必须自己耕种，乃至边种田边读书，这是不可信的。如果没有基本的生活保障，皇甫谧一生“博综典籍百家之言，以著述为务”，以及患病后基本丧失劳动能力，“躯半不仁，右脚偏小”，仍能“手不释卷”，都是无法想象的。又从皇甫谧屡受朝廷辟召，有多次仕进的机会来看，均说明他所处的社会地位。

皇甫氏至谧时家境已衰，早已不似嵩时得意是肯定的，但仍不失为衣食无忧之家。皇甫谧读书著述之际可能兼管家产农桑之事，但决不会依靠自己劳动维持生活。一切有关“家贫”、“从农”的评述，只应理解为在曹魏与司马氏的政权交替中，皇甫氏失去了官场中的宠势。

皇甫谧幼不好学，年已20尚“目不存教，心不入道”，后因叔母任氏声泪俱下、苦口婆心地屡屡劝说，始拜同乡席坦为师，发奋读书。自此之后，“耽玩典籍”竟至“忘寝与食”之状，被时人称为“书淫”。终成“博综典籍百家之言”的著名学者。

皇甫谧一生多病，这无疑是导致这位文坛才子学医的重要因素之一；疾病对他的心理状况也有许多潜在的影响，致使他“委顿不伦，尝悲恚，叩刃欲自杀”。皇甫谧至迟在34岁时就已是“躯半不仁，右脚偏小”的残疾之人了。这从泰始三年（267）左右，他给晋武帝的奏疏可以得到证明：“臣以尪弊，迷于道趣，……久婴笃疾，躯半不仁，右脚偏小，十有九载。又服寒食散，违错节度，辛苦荼毒，于今七年。”

皇甫谧42岁至45岁间又患了一次大病，主要症状是耳聋。但经以针灸为主的积极治疗，三个多月后恢复了健康：“甘露中，吾病风加苦聋百日。”[⑤]在自己患病、治病的过程中倍感医事之重要，“有八尺之躯而不知医事，此所谓游魂耳”[④]。于折肱之中深有感慨，于是撰写了《针灸甲乙经》。

据《晋书·皇甫谧传》，大致可得其年表（表6-2）。从中可以看出，皇甫谧一生曾有多次仕进机会，但均辞而未就。晚年更加豁达，自谓：“人之所贪者，生也；所恶者，死也。虽贪，不得越期；虽恶，不可逃遁。”临终嘱其子，丧事从简，68岁卒于家。

---

① 贾以仁，皇甫谧“安定朝那人”辨，中华医史杂志，1981，(2)：101。又：姜亚州，皇甫谧故里朝那考，中华医史杂志，1985，(1)：24。

② 《后汉书·皇甫规传》卷六十四，中华书局点校本，1965年，第2129～2137页。

③ 《后汉书·皇甫嵩传》卷七十一，中华书局点校本，1965年，第2299～2307页。

④ 《晋书·皇甫谧传》卷五十一，中华书局点校本，1974年，第1409页。以下未注出处者，均据此。

⑤ 晋·皇甫谧，《针灸甲乙经·序》，商务印书馆，1955年。

表 6-2　皇甫谧年表

公元	年　号	记　事
215	东汉建安二十年	出　生
?		过继叔父，迁居新安
?		年过二十，始发愤读书
248	魏正始九年	34 岁，患病致躯半不仁，右脚偏小
254	魏正元二年	40 岁，还本宗
256～259	魏甘露元年～四年	42～45 岁间患风证，耳聋百日，始撰《针灸甲乙经》
260	魏景元元年	46 岁，召上计掾 相国司马昭辟谧等 37 人，独谧不至。服寒食散
267	晋泰始三年	53 岁，武帝屡诏敦逼不已
268	晋泰始四年	54 岁，举贤良方正不应，自表就帝借书一车
276	晋咸宁二年	62 岁，诏为太子中庶子，辞以笃疾
?		又诏征为议郎；补著作郎；请为功曹
282	晋太康三年	68 岁，卒

（二）医学成就与贡献

皇甫谧一生著述颇多，医学方面的代表著作是《针灸甲乙经》（简称《甲乙经》）。此书体现了皇甫谧在医学方面的主要成就，同时也是他对中国医学最主要的贡献。

《甲乙经》直接取材于今本《黄帝内经》，即《素问》、《灵枢》，以及《明堂孔穴针灸治要》。皇甫谧“撰集三部，使事类相从”①，作了认真细致的整理，使后人便于阅读与记诵。这种归类汇集的整理方法也为后人编撰类书提供了良好的开端与典范。

《针灸甲乙经》全书 12 卷，128 篇。内容包括脏腑生理、经脉循行、腧穴定位、病机变化、诊断要点、治疗方法，以及针灸禁忌等内容。书中论人体生理、病理，基本上是宗今本《黄帝内经》，但根据针灸治疗学的特点，皇甫谧选择了与“用针”有密切关系的经文置于卷首，以醒读者之目。例如在第一卷第一篇中就谈到：“用针者，观察病人之态，以知精神魂魄之存亡得失之意。五者已伤，针不可治也。”在卷一中还谈到根据人的形体胖瘦、气血盛衰之异，用针当有所不同：“肥而不泽者，气有余血不足；瘦而无泽者，血气俱不足；审察其形气有余不足而调之可以知顺逆矣。”突出强调只有根据病人的不同情况，施以恰当的治疗，才能达到除病复康的目的。

皇甫谧共考订了人身孔穴名称 350 个，其中单穴 51 个，双穴 299 个，共计 649 穴。孔穴的位置，凡属记载有误，则予纠正。例如位于腹部正中线上的中脘穴（古又称太仓穴），三国吴太医令吕广所著《募腧经》言在脐上三寸，而经皇甫谧的考查，认为吕说有误，于是改正为脐上四寸。因为中脘下一寸为建里，建里下一寸为下脘，下脘下一寸为水分，水分下一寸为脐，正好是四寸。现今临床所采用的中脘穴定位，就是根据皇甫谧的记载来确定位置的。

书中叙病 880 余症，系根据今本《黄帝内经》等书加以充实而来。对这些病症的治疗方

---

① 晋·皇甫谧，《针灸甲乙经·序》。

法、配穴规律、操作方法等均有较详细的记载。

由于《甲乙经》的内容基本上是取材今于本《黄帝内经》与《明堂孔穴针灸治要》，因而研究者大多是从文献学的角度言说该书的价值。即强调晋以前的针灸学著作均早已散佚，后人甚至根本没有见过，要想研究这一历史阶段针灸学的发展情况，主要须依靠《甲乙经》；另一方面，后人还常常借助此书来校勘今本《黄帝内经》一书由于历代传抄而出现的错误、断简蠹残所致的阙漏。

然而比此更显重要的是：《针灸甲乙经》是现知最早将以经脉学说为主体的针灸学理论与腧穴学紧密结合在一起的专著。在此书的两大取材源泉之一的今本《黄帝内经》——《素问》与《灵枢》中，腧穴学的发展尚处于十分有限的境地，在言及刺灸之法时，约有一半是只言经脉，不言腧穴，这一点在本书前面已有详细介绍；两书实际举出的穴位不过160个左右①，且有些腧穴只有部位尚无名称。而在另一取材源泉——《明堂孔穴针灸治要》中，腧穴学已有了长足的进步，不仅穴位数目增多，而且均有名称与位置的说明，同时在针刺深度、留针时间、施灸壮数、禁忌等方面均有较详记载。皇甫谧的《针灸甲乙经》则将这两方面的知识融合在一起。故在问世之后，受到历代医家的高度重视，自晋至宋的八九百年间，针灸著作都是以此为基础。如唐孙思邈《千金要方》和《千金翼方》中的针灸部分，基本同于《甲乙经》。宋代王惟一所著《铜人腧穴针灸图经》的经穴位置和针灸适应症也同于《甲乙经》，只多了几个穴位。此后，明杨继洲《针灸大成》、清《针灸集成》等亦大多是以此为骨干。因此，从另一个角度看，许多早期针灸著作佚而不传，也正是由于有了足以取代旧作的高水平汇粹之书——《针灸甲乙经》。

此书传至日本，自8世纪初就成为针科学生的必读教材；12世纪成为朝鲜政府规定的针灸教材。《甲乙经》在针灸学领域中的经典地位，可以说至今仍未见改变。

（三）学术思想及评价

对于皇甫谧服用寒食散一事，学者们有不同看法，一些人认为像皇甫谧这样出名的医家肯定是会深知服石之害的，所以说他是“误服”；但也有人认为皇甫谧是染上了魏晋时期服石之风的恶习②。为要弄清这个问题，首先应该明白，任何一个医学家的实践活动都是与当时的社会历史条件、认识水平紧密联系的，并受到社会客观状况的深刻影响。自从秦始皇、汉武帝招致方士，讲求长生不老之术以后，炼丹之风逐渐盛行。魏晋之时崇“道学”，尚“清谈”，把金石药物当作“灵丹”来吃，以求长生。但皇甫谧主要是从医学的角度来看待矿物药与丹药，认为这些药物能够治病，与士大夫阶层服石有所不同。

皇甫谧一生中始终是“沉静寡欲”、“有高尚之志”，并无士大夫阶层放荡、荒淫之恶习。他是从某些病人服药后“历岁之困，皆不终朝而愈”③，或如“近世尚书何晏，耽声好色，始服此药，心加开朗，体力转强”③的角度，去研究寒食散的医疗效用。

另一方面，以为皇甫谧“误服”寒食散的看法，亦是用今人的科学眼光绳墨古人。他曾目睹士大夫们服药后出现的种种不良后果，自己也因服寒食散受到极大的折磨，其痛苦之甚

① 南京中医学院编，针灸学讲义，上海科学技术出版社，1964年，第12页。
② 贾得道，中国医学史略，山西人民出版社，1979年；第109页。
③ 晋·皇甫谧，《解散说》。引自《诸病源候论》卷六，人民卫生出版社，1955年影印版，第33页。

已达"叩刃欲自杀"的程度。但丝毫没有改变他对散药的看法，坚信这是张仲景传下的宝贵药方，之所以产生不良后果，都是因为"今之医官，精方不及华佗，审治莫如仲景，而竞服至难之药，以招甚苦之患"①。他自己的痛苦也是因为服药的方法不对，"违错节度"所造成的。如果服用得法，即可见"周体凉了，心意开朗，所患即瘥，虽羸困著床皆不终日而愈"②。由此可见，他对散药的本质是缺乏深刻认识的。他对治疗服散后的不良反应颇有兴趣，"凡此诸救，皆吾所亲，更也试之，不借问于他人也"②。他让病人：

> 产妇卧不起，头不去巾帽厚衣对火者，服药之后便去衣巾，将冷如法，勿疑也。
>
> 或有气断绝不知人时……当须旁人救之，要以热酒为性命之本，不得下者当断齿以酒灌咽中（《解散说》）。

皇甫谧对寒食散的态度恰恰反映了他对中国医学基本理论理解的程度。他在《解散说》中分析了服寒食散后出现各种症状的原因，如：咽中痛是因温衣近火故；胸胁气逆干呕是因饥而不食故；淋痛不得小便是因骑马鞍热入膀胱；目痛如刺是因坐热，热气冲上奔两眼故。从这些病因解释看，他虽读过《素问》、《灵枢》等理论性著作，但对阴阳寒热的基础理论并无深刻的理解。

皇甫谧46岁亲服寒食散后，每年有八九次"乍寒乍热，不洗便热，洗复寒甚"，每当此时，"三黄汤急饮"②，即可解除痛苦。三黄汤的组成为黄连、黄芩、黄柏，皆属苦寒之药，当属正治。但在他"亲往赴救"的情况下，却不能依此治之，而是采用外洗冷水，内则"强食饮冷"之法处理，"产妇亦用此法勿疑"；令病人饮酒还须"当饮醇酒薰蒸"②，焉有不痈疮发背、脊肉烂溃之理！

正是由于他对传统医学理论的认识不够，所以在编撰《甲乙经》时，不收诸如《素问》中专论阴阳虚实的若干篇节，以为这些与实用治疗技术无关，均被作为"其论遐远，称述多而切事少"的"浮辞"③而扬弃了。这一点不仅在皇甫谧身上有所体现，而且可以称之为该时代医学发展的一个普遍特点。范行准在评价南北朝医学发展特点时，曾对其积极的一面予以肯定："看轻阴阳五行生克的理论，而专重医学上名理的是非，病状的变化而作诚实的叙述，造成封建社会医学上最灿烂的时期"④。但对其不足的一面，亦不容忽视。

三 葛洪与《肘后备急方》

（一）生平概要

葛洪，字稚川，号抱朴子。丹阳句容（今江苏句容）人。《晋书·葛洪传》谓享年81岁，而《太平寰宇记》云终年61岁，但却均无生卒年的明确记载。研究者据散见于史书中的有关记载及其所著《抱朴子·自叙》中若干涉及年龄、史事的线索推论，"葛洪生当吴亡国后一二

---

① 晋·皇甫谧，《解散说》。

② 晋·皇甫谧，《解散说》。

③ 晋·皇甫谧，《针灸甲乙经·自序》。

④ 范行准，中国医学史略，中医古籍出版社，1986年，第58页。

年"；"葛洪的年寿，《太平寰宇记》所载六十一，比《晋书》本传所载八十一较为可信"[①]。而陈国符则"断定洪生于晋武帝太康四年（283），卒于晋康帝建元元年（343），年六十一"[②]，为以后的研究者所宗[③]。

葛氏为江南著名士族，世代有人为官。葛洪的祖父葛系在三国时期，历任吴国之御史中丞、吏部尚书、光禄勋、辅吴将军等要职，封寿县侯。他父亲葛悌亦深得朝廷信任，曾任中书郎、廷尉平、中护军等职，入晋后以故官任郎中，最后迁为邵陵太守。葛洪好学而寡欲，13岁时丧父，"家贫，躬自伐薪以贸纸笔，夜辄写书诵习，遂以儒学知名"；"或寻书问义，不远数千里崎岖冒涉，期于必得"[④]。

太安（302～303）中，石冰作乱，吴兴太守顾祕檄洪为将兵都尉，"斩贼小帅，多获甲首而献捷幕府，于是大都督加洪伏波将军"[⑤]。然冰平之后，"洪不论功赏，径至洛阳，欲搜求异书以广其学"[⑥]。此后，"洪见天下已乱，欲避地南土，乃参广州刺史嵇含军事。及含遇害，遂停南土多年，征镇檄命一无所就。后还乡里，礼辟皆不赴。元帝为丞相，辟为掾。以平贼功，赐爵关内侯。咸和初，司徒导召补州主簿，转司徒掾，迁谘议参军。……选为散骑常侍，领大著作，洪固辞不就。以年老，欲炼丹以祈遐寿，闻交趾出丹，求为句扁令。帝以洪资高，不许。洪曰：'非欲为荣，以有丹耳。'帝从之。……至广州，刺史邓岳留不听去，洪乃止罗浮山炼丹。岳表补东官太守，又辞不就"；"在山积年，优游闲养，著述不辍"[⑥]，直至去世。

《抱朴子》是葛洪的代表著作，书分内篇、外篇两大部分，"其内篇言神仙方药、鬼悸变化、养生延年、禳邪却祸之事，属道家；其外篇言人间得失、世间臧否，属儒家"[⑦]。《抱朴子》"外儒内道"的基本格局，恰是葛洪思想观念最简明的概括。所谓外儒，表现在葛洪对于儒家思想的认同，他自幼学习儒家经典，"以儒学知名"。外篇中设"君道"、"臣节"、"良规"、"贵贤"、"任能"、"用刑"、"审理"、"名实"、"行品"等篇名，讨论儒家关心的修身、治世之道。但葛洪认为："正经为道义之渊海，子书为增深之川流"[⑧]，他曾"广览于众书，乃无不暗诵精持，曾所披涉，自正经诸史百家之言，下至短杂文章近万卷"，著述时尤多引用，因此"竟不成纯儒，不中为传授之师"[⑨] 而儒道相比，他又认为："道者儒之本也，儒者道之末也"[⑩]。因此"内道"才是他的思想核心与提倡的主旨。葛洪以太史公论六家要旨时所说"儒者博而寡要，劳而少功"等语来说明："唯道家之教，使人精神专一，动合无为，包儒墨之善，总名法之要，与时迁移；应物变化，指约而易明，事少而功多。"[⑪] 但实际上葛洪所提倡的并非老庄所倡的道家思想，而是以求仙为主旨的道教。即如其所言："五千文虽出老子，然皆泛

---

① 侯外庐等，中国思想通史，第三卷，人民出版社，1957 年，第 271，283 页。又袁翰青《中国化学史论文集》（三联书店，1956 年，第 181，184 页）亦宗此说。

② 陈国符，道藏源流考，中华书局，1963 年，第 97 页。

③ 见赵匡华、蔡景峰所撰"葛洪"，载杜石然主编《中国古代科学家传记》上集，科学出版社，1992 年，第 192 页。

④《晋书·葛洪传》卷七十二，中华书局点校本，1974 年，第 1911 页。

⑤ 晋·葛洪，《抱朴子·自叙》，浙江人民出版社，1984 年影印百子全书本，第 8 册。

⑥《晋书·葛洪传》卷七十二。

⑦ 晋·葛洪：《抱仆子·自叙》。

⑧ 晋·葛洪，《抱朴子·百家》。

⑨ 晋·葛洪，《抱仆子·自叙》。

⑩ 晋·葛洪，《抱仆子·明本》。

⑪ 晋·葛洪，《抱仆子·明本》。

论校略耳，……但暗诵此经，而不得要道，直为徒劳耳”；“至于文子庄子关令尹喜之徒，其属文华，虽祖述黄老、宪章玄虚，但演其大旨，永无至言。……其去神仙，已千亿里矣”[①]。这一点对于弄清道家与道教的区别，了解追求长生不死、得道成仙并非源出先秦老庄之道家思想体系，以及养生之术的发展源流是十分重要的。

葛洪在十八九岁时，曾去庐江（今安徽庐江）入马迹山，拜师于葛玄（洪之从祖）弟子、方士郑隐（字思远），受得《太清金液神丹经》等许多炼丹术著作，从此转向道教。平石冰之乱后，周旋于徐、豫、荆、襄、交、广数州之间，接俗流俗道士数百人。后又就业于南海太守鲍靓（字太玄）学习神仙方术，并娶其女为妻[②]。这就是葛洪先儒后道、舍儒从道的治学大略，由此决定了他“道本儒末”的思想观念。葛洪是中国古代最著名的炼丹术士之一，国内外研究炼丹史的学者都很注意考证他的生平与著作，及其在化学知识方面的成就。由于8世纪阿拉伯著名炼丹家吉博（Geber）的硫汞理论与葛洪的理论十分相似，因而研究者以为有理由推测，吉博是受过葛洪著作之影响的。[③]。

（二）医学学术

葛洪于炼丹求仙之际，对医术亦有所研究。在《抱朴子·仙药》中，除矿物药外还记述了许多植物药，及其别名、产地、效用、服法等与本草所述相仿。当然，所述以所谓能养生延寿的“仙药”为主。据《晋书》本传之载，葛洪的医学著作有《金匮药方》100卷、《肘后要急方》4卷，流传下来的唯有后者。此书原称《肘后救卒方》[④]，或略之为《肘后方》[⑤]。梁代陶弘景曾对其有所增补，名之曰《肘后百一方》；现今所见，是又经金代杨用道增补，题为《附广肘后方》的版本，但其内容的不同来源，仍然基本上可以区分清楚。自元代刻本起，多以《肘后备急方》为名[⑥]，一直沿用至今。

据葛洪自述其撰著始末与用意是：

> 余既穷览坟索，以著述余暇，兼综术数。省仲景、元化、刘戴秘要、金匮绿秩、黄素方，近将千卷。患其混杂烦重、有求难得，故周流华夏九州之中，收拾奇异，捃拾遗逸，撰而集之，便种类殊、分缓急易简，凡为百卷，名曰《玉函》。然非有力不能尽写，又见周、甘、唐、阮诸家，各作《备急》，既不能穷诸病状，兼多珍贵之药，岂贫家野居所能立办？又使人用针，自非究习医方，素识明堂流注者，则身中荣卫尚不知其所在，安能用针以治之哉？……余今采其要约以为《肘后救卒》三卷，率多易得之药，其不获已须买之者，亦皆贱价草石，所在皆有。兼之以灸，灸但言其分寸，不名孔穴，凡人览之可了其所用。或不出乎垣篱之内，顾眄可具。苟能信之，庶免横祸焉。世俗苦于贵远贱近、是古非今，恐见此方无黄帝仓公和鹊踰跗之目，不能采用，安可强乎？[⑦]

---

① 晋·葛洪，《抱朴子·释滞》。
② 以上参见《晋书·葛洪传》。
③ 详见袁翰青《中国化学史论文集》，三联书店，1956年，第180页。
④ 见于该书原序，及《旧唐书·经籍志》等。
⑤ 见于《隋书·经籍志》等。
⑥ 详见〔日〕冈西为人《宋以前医藉考》，人民卫生出版社，1958年，第730～748页。
⑦ 晋·葛洪，《肘后备急方·序》，人民卫生出版社，1983年新1版，第3页。

从以上解说中可以看出，葛洪对晋代以前的医学经典并非不知，但因刻意于反对世俗“贵远贱近、是古非今”的观念，以及力求治疗方药简易、价廉之原则，故书中看不到前此之医学经典的理论性内容和建立在这些理论基础之上的辨证治疗方药。所收皆系简便易行的治疗方法。对于这些治疗方法，当以两分的态度观之：一方面，其中确有许多行之有效的简捷治疗方药，如常山治疟、麻黄治喘、海藻治瘿病（甲状腺肿），雄黄、朱砂治皮肤病等，都是可由实践加以证实的。在治疗突然腹痛的方法中有这样一段记载：“使病人伏卧，一人跨上，两手抄举其腹，令病人自纵重轻举抄之，令去床三尺许，便放之。如此二七度止。”[①] 这与当代治疗外科急腹症之“肠套叠”时所行“颠簸疗法”基本一样，往往可使套叠的小肠因颠簸运动而恢复正常，免受一刀之苦。在当时或许并无对于肠套叠这一临床常见病症的本质认识，但此法并不失为一种经验性的治疗措施（据说当代采用颠簸之法，是受某些患者在就医途中因交通工具之颠簸而病除的启发）。但另一方面，这些广采于民间的治疗方法中显然也杂有相当一部分不可能确有疗效的方法。例如治疗外感热病，“取猪膏如弹丸者，温服之，日三服，三日九服”[②] 等。

又因葛洪有神论宗教家与注重“气”[③] 之作用的“二重人格”，所以在解释病因时往往以“鬼神”与“气”并行。这在有关卒死、尸厥等疾病的解释中表现得尤为突出：“凡卒死、中恶及尸厥，皆天地及人身自然阴阳之气，忽有乖离否隔，上下不通，偏竭所致。故虽涉死境，犹可治而生，缘气未都竭也。当尔之时，兼有鬼神于其间，故亦可以符术而获济者。”[④] 所以治疗方法以“符”——针对鬼神，各种“吹窍”[⑤] 之法——因病机为“气不通”，两大方面为主。晕车、晕船，亦被列入“尸注鬼注”病之中，云：“女子小儿多注车、注船，心闷乱、头痛、吐”，治疗方法为：“临人船，刻取此船，自烧作屑，以水服之。”[⑥]

从总体上讲，葛洪是一位博识多闻、注重实际的学者。因而在《肘后备急方》中可以看到丰富的疗疾之法。其中有一些前人未记述，或论说不详的传染病、寄生虫病的有关描述，研究者认为属我国医学文献中的首次记录，甚至可以说是世界医学史上的最早记录。这些疾病包括天花、流行性钩端螺旋体病、恙虫病、血吸虫病等。其他如脚气病（维生素B缺乏症）症状表现的描述，以及用大豆、牛乳、松节松叶进行治疗的方法，可谓观察详实、选药正确。特别值得一提的是，书中载“青蒿一握，以水二升渍，绞取汁，尽服之”[⑦] 可治疟，当代医学科学工作者据此对青蒿进行研究，分离出具有显著抗疟疾作用的新化合物——青蒿素。经广泛的临床使用证明，它对恶性疟疾和间日疟疾均有独特的疗效，是一种高效、速效、低毒的新抗疟药。另外，青蒿素是一种不耐热的化学物质，加热后即失去抗疟性能，而在葛洪的书中，恰是采用“绞汁法”，而不是惯用的煎煮法，足见是实践经验的准确记述[⑧]。

---

① 晋·葛洪，《肘后备急方·治卒腹痛方第九》卷一，第21页。

② 晋·葛洪，《肘后备急方·治伤寒时气温病方第十三》卷二，第36页。

③ 详见晋·葛洪，《抱朴子·至理》。

④ 晋·葛洪，《肘后备急方·救卒中恶死方第一》卷一，第4页。

⑤ 吹窍之法包括吹耳、鼻、口，及阴窍之法，理论是“气通则活”。

⑥ 晋·葛洪，《肘后备急方·治尸注鬼注方第七》卷一，第15页。

⑦ 晋·葛洪，《肘后备急方·治寒热诸疟方第十六》卷三，第57页。

⑧ 以上详见赵匡华、蔡景峰所撰《葛洪》，载于杜石然主编《中国古代科学家传记》上集，科学出版社，1992年，第199～204页。

至于说葛洪在炼丹术方面的研究、成就与医药学的关系，研究者或有从促进制药化学发展的角度加以论说的[①]，但由于中国传统的药物构成、运用、理论等与化学的关系并不十分密切，因此不如说葛洪所推进的是炼丹术的发展，而不是制药化学。

第二节　医学发展的时代特征

一　方书盛世的开始

以记述经验之方为主要内容的方书，已见胪列于《汉书·艺文志》中，称之为“经方”类。但就整个两汉时期的医学发展及其所取得的成就而言，重点在于理论方面出现了许多重要的经典著作，从而构筑起传统医学的基础理论体系。从晋代开始，医家注目的焦点似乎出现了从理论转向实用的趋势。大批方书的出现，是这种转变的主要表现形式之一；即便是在理论性较强的医学著作，如《针灸甲乙经》、《脉经》之中，阴阳五行学说的成分亦明显减少。注重实用，可以说是这一时期医学发展的特点之一，而且一直延续到宋代新儒学（理学）昌盛、人们重又对理论研究热心起来之前。从《隋书·经籍志》所载医学书目中，可以大致了解到理论著作与方书两方面的不同状况：

> 《隋书》共录载医书256部4510卷。除养生、炼丹、食经、疗马等以外，真正的医书共计3593卷，其中医方类就达3714卷，占94%弱。而有关基本理论的仅9部51卷，而且除《五脏论》和《巢氏病源》两种以外，都是《内经》、《难经》等过去时代的著作。[②]

此后唐代又出现了《千金方》、《外台秘要》等大型方书，注重载录具体方药而较少纯理论性的叙说。专论病机、病源和病候的隋代巨著《诸病源候论》，在论说中所强调的多是外界有形的“风邪”入侵脏腑、经络而致病，与汉代医学经典注重人体自身的阴阳平衡、五行偏盛等有许多不同。

有人据清代秦荣光《补晋书艺文志》、吴士鉴《补晋书经籍志》等对晋代医学著作进行统计，得医方35部，凡373卷[③]。其中除前面已经提到的葛洪《玉函方》百卷、《肘后备急方》之外，《范东阳方》亦是影响较大、长达百卷以上[④]的方书巨作。

范东阳即范汪，东晋时人，一生官宦，历拜中书侍郎、东阳太守、安北将军、徐兖二州刺使等职。《晋书》本传未见言及通医著书之事[⑤]。次有殷仲堪，官晋陵太守、荆州刺史等职，以父病习医[⑥]，后人撰其方为《殷荆州方》；中书令王珉[⑦]《疗伤寒身验方》等，皆属非专职业

---

① 例如薛愚主编《中国药学史料》（人民卫生出版社，1984年，第180～182页）以“葛洪对制药化学的贡献”为题目，但所述内容不外炼丹术中的一些化学知识 。

② 贾得道，中国医学史略，山西科学技术出版社，1993年修订2版，第117页。

③ 郭霭春，中国医史年表，黑龙江人民出版社，1984年，第24页

④ 《隋书·经籍志》云：“一百五卷”。

⑤ 《晋书·范汪传》卷七十五，中华书局点校本，1974年，第1982～1984页。

⑥ 《晋书·殷仲堪传》卷八十四，第2192～2194页。

⑦ 《晋书·王珉传》卷六十五，第1758页。

医的官宦人物所著。

范行准指出，《隋书·经籍志》及注引梁阮孝绪《七录》所著录的方书，绝大多数作者属“门阀的医家”和“山林的医家”（包括沙门与道士），很少有“草泽医”在内，以为这数百年间“门阀世医”之盛、“亦仕亦医”的现象，为古今中外所罕见①。对此可作以下解释：治疗行为与医药经验的创造，虽然绝大部分属“草泽医”所为，但著书活动则多由好医、通医的文人墨客承担。这一点在任何时代都是基本相同的②。问题在于这些知医的文人对什么样的医学知识感兴趣，则因时代风尚不同而有异。汉代讲究的是阴阳五行、天人合一之说，故今本《黄帝内经》所收出于不同著者之手的162篇医学论文莫不以理论为重。而自魏晋以来，政局的变化频繁使得文人避免臧否人物、议论政事，退而独善其身，故在学术上以探究“三玄”（《老子》、《庄子》、《易经》）的清谈为主，其“有无”之辨的天地玄理显然不如阴阳五行、天人合一之说与人体、疾患、医药的关系密切。所以在医学方面，则自然要以实际的治疗方药为主了。而作为沙门、道士两种人物来说，治疗方药与其宗教教义并无深刻的直接联系，因而在医药知识方面亦自然是以实用方药为主体。于是呈现出方书大兴、实用为主的医学发展时代特征。

二　佛道两教与医学

（一）佛教与医学

佛教初传中国的具体年代尚无定论。但最主要的看法不外两种，一是东汉明帝永平十年（67）传入说；一是此前业已传入说③。

其实，造成两种不同看法的基本原因，不过是由于在研究“佛教传入中国”这一基本问题时着眼点略有不同所致。佛教的宗教形式（包括某些方术）的传播、学习与接受，相对而言较为容易，因而进入中国的时间要比其理论学说早一些；而所谓真正的佛学，因与中国传统文化属不同的思想体系，所以需要一个相当时期的酝酿才能得到传播④。另外，几乎所有研究中国佛教史的学者都注意到并承认，“文化的传播同样需要有一定的‘水土气候’，这个‘水土气候’便是接受外来文化一方的文化传统和民族心理”⑤。每一个民族对于外来文化的吸收，都伴随着改造的过程。对于具有悠久文化传统的汉民族来说，选择、淘汰与改造等方面的表现则尤显突出。因此，佛教虽纯属外来宗教，但真正在中国发展起来的，却只能是经过改造的“中国佛教”。

汉魏以来，佛教的理论学说、法术技艺等通过丝绸之路和海上通路传入中国，王公贵族与一些文化较低的平民所接受的仅仅是其宗教的形式，即期望通过建筑佛寺、开凿石窟、广

---

① 范行准，中国医学史略，中医古籍出版社，1986年，第57～58页

② 这主要是就宋代以前的情况而言。宋代以后，因医学被视为是儒家“格物致知”学问的一部分，因而专事医学的知识分子逐渐增多。此即“儒医”之说的基本含义。

③ 参见方立天《中国佛教与传统文化》，上海人民出版社，1988年，第45页。张曼涛主编《佛教与中国文化》（上海书店，1987年影印版，第5页）认为在纪元前两三百年，已由海、陆两途传人。季羡林《中印文化交流史》（新华出版社，1991年，第30页）认为“必定在永平前已经传入中国”。

④ 参见吕澂《中国佛学源流略讲》，中华书局，1979年，第1页。

⑤ 葛兆光，禅宗与中国文化，上海人民出版社，1986年，第11页。

行善事、诵经礼拜等获得佛陀的保祐；而另外一些具有较高文化修养与思想性的知识分子则更偏重于佛教哲学的理解与吸收，并与当时流行的“玄学”互用、融合，塑造了中国式的佛学理论。两者在东晋、南北朝时期分别代表着南北两方佛教流行趋向的不同特点：南方承三国以来之学风，士大夫仍尊玄谈，佛学与玄学同流是南方的特征；而北方则遥承汉代学术、偏重信仰，以造像、筑塔之事为盛①。李约瑟认为：“必须承认，有某些和佛教有联系的特定学说，或许对中国人的思想有开扩视野的作用，而且也许还预先使他们倾向于近代科学”；另外，“佛教向中国传来了大量高度精妙的有关逻辑和认识论的论述……印度不仅有形式逻辑的、而且也有辩证逻辑的学派，而中国至少是接受了这两种逻辑的若干教义”②。虽然“一般说来，宗教神学与科学对立，但理性神学也曾经是导致近代科学的因素之一”。③ 就佛教而论，宋代之所以能够形成不同于先秦、汉唐以来只重伦理、限于名物的“理学”——具有思辨性的儒学，其中一个重要的因素就是“吸收佛、道的宇宙生成模式论和哲学的思辨”；“对于世界本原的探讨和其哲学的逻辑结构，都已不从属于伦理学说。相反，伦理学说却是其‘理学’哲学逻辑结构的贯彻和展开。使伦理学说哲理化”。④ 视野的开扩、理性思维的进步，对于宋代以后医学理论的发展，自然有着极为深刻的内在联系，但对两晋时期来说，毕竟是后世的事情。当时所能见到的、佛教与医学发展的直接联系，主要表现在域外医学知识的传入及其影响。

佛教医学可以说是以古代印度的医学知识为经，以佛教教义为纬编织而成的一块多彩织物。其在不同历史阶段所达到的水平，因缺乏足够的时间坐标，故很难判别清楚。而且在佛教医学的发展过程中，极有可能吸收了一些本属中国的古代医药文化知识，经过消化、吸收、改造后，转而又随佛经的翻译、僧人的治疗活动反传于中国。例如，在有关密教与中国房中术关系的研究中，李约瑟认为：“乍看起来密教似乎是印度传到中国的舶来品。但是更细致地考查年代，我们就会考虑到，整个事情至少很有可能真正是属于道教的……因此，密教可能是又一个事例，说明外国人把中国人已经十分熟悉的事情又亲切地传授给中国人”。⑤ 日人福永胜美亦说，佛经中的一些医学理论“大部分是据中国医学之说而成，唯四大病相是属于佛教医学的”⑥。

自汉末安世高翻译佛经并介绍印度之医药始，中国医学中又增添了《佛医经》、《佛医方》之类的翻译著作。《隋书·经籍志》中著录有前此的这类医学著作10余种，均早已亡佚，难考其详。晋代较著名的僧人医家有支法存，著《申苏方》五卷；于法开，著《议论备豫方》一卷。

支法存为东晋时人，本系胡人，生长广州，妙善医术。大约在晋永和中期，即350年前后，被广州刺史王淡所害。所著方书，涉及内、妇、儿等科，《千金方》甚赞其在治疗脚气病方面的成就。对于各种寄生虫病、疟疾等热带流行疾患亦多有论述⑦。关于于法开，范行准定

---

① 参见汤用彤《汉魏两晋南北朝佛教史》，中华书局，1955年，第415、487～549页。

② 〔英〕李约瑟，中国科学技术史，中译本，第二卷，科学出版社·上海古籍出版社，1990年，第446、450页。

③ 董光璧，中国近现代科学技术史论纲，湖南教育出版社，1991年，第15页。

④ 张立文，宋明理学研究，中国人民大学出版社，1985年，第23，85页。

⑤ 李约瑟，中国科学技术史，第二卷，第456页。

⑥ 〔日〕福永胜美，佛教医学事典，雄山阁出版，1980年，第183页。

⑦ 参见冯汉镛《支法存生平及其佚方与成就》，中华医史杂志，1981，(4)：213。

其生年在306年，卒于362～365年间，精般若实相之学，善医术①。

佛教徒多习“五明”，而“医方明”即其中之一。故僧人通知医术，是较普通的现象。又佛教徒行医术，本兼有弘教之目的，故与中国传统的神仙方术自然要形成抵触与较量。“灵帝崩后，天下扰乱，独交州差安，北方异人咸来在焉，多为神仙辟谷长生之术，时人多有学者，牟子常以五经难之，道家术士莫敢对焉”。② 而一些僧人撰“解散”方书，一方面可能与佛道两家之争有关，另一方面则间接反映出僧人行医治病的客观状况。

佛教医学的理论渗入中国传统医学，最为典型的例证当属“四大病相”之说。梁代陶弘景补葛洪《肘后备急方》时说：“佛经云：人用四大成身，一大辄有一百一病”；唐代孙思邈《千金要方》亦云：“经说地水火风和合成人，凡人火气不调，举身蒸热；风气不调，全身强直，诸毛孔闭塞；水气不调，身体浮肿，气满喘粗；土气不调，四肢不举，言无音声。火去则身冷，风止则气绝，水竭则无血，土散则身裂。……凡四气合德，四神安和。一气不调，百一病生，四神动作，四百四病，同时俱发。又云一百一病，不治自愈；一百一病，须治而愈；一百一病，虽治难愈；一百一病，真死不治”。另外该书中还有“六根”、“生熟二脏”③ 等不属中国传统医学理论体系，但却见之于佛教医学之中的概念。但从总体上讲，佛教医学的理论性内容终因体系不同而逐渐销声匿迹。影响所及远不如其实用治疗技艺，例如眼科的针拨内障方法等。

（二）道教与医学

道教是产生于中国的宗教，其渊源可以追溯到战国秦汉时期广泛存在于社会之中的方士与各种神仙方术。大约在两汉交替之时，已见方士改称道士之端④。东汉初，楚英王“更喜黄老学，为浮屠斋戒祭祀”⑤；“延熹中，桓帝事黄老道，悉毁诸房祀”⑥；桓帝还多次派人去苦县祀老子，祠黄老于濯龙宫。如此，则原属一种政治、哲学流派的“黄老之学”演变成为具有宗教形式的黄老道。后太平道创立者“张角自称大贤良师，奉事黄老道”⑦。又东汉顺帝（126～144年在位）时，张陵在四川创五斗米道，或称天师道，亦奉老子为教祖，以其所著《五千文》为主要经典。

巴蜀地区的五斗米道和中原地区的太平道等被称之为原始道教。从道教的早期发展中，已隐约可以看到其宗教仪式的形成与“浮屠”——佛教的影响及刺激作用有着一定的潜在联系；其后道教经典的发展，则更是与吸收佛教教义密不可分。这对理解杂冗的神仙方术如何向宗教发展，是极为有益的。吕澂认为魏晋时期的玄学本身就曾受到般若的影响⑧；汤用彤指出道教在求长生方面亦受佛教影响⑨；而朱越利则将道经对佛经教义的吸收，归纳为以下7个方

① 详见范行准《中国医学史略》，中医古籍出版社，1986年，第67页。

② 引自汉·牟融《理惑论》。据梁释僧祐撰《弘明集》卷一，四部丛刊初编缩本，第8页。

③ 分见唐·孙思邈《千金要方》卷一、卷二，人民卫生出版社，1955年影印版，第3，13，16页。

④ 参见傅勤家《道教史概论》，商务印书馆，1933年，第21页。

⑤ 《后汉书·楚英王传》卷四十二，中华书局点校本，1965年，第1428页。

⑥ 《后汉书·王涣传》卷七十六，第2470页。

⑦ 《后汉书·皇甫嵩传》卷七十一，第2299页。

⑧ 参见吕澂《中国佛学源流略讲》，中华书局，1979年，第33～34页。

⑨ 见《汤用彤学术论文集·康复札记四则》，中华书局，1983年，第313页。

面[①]：

（1）宇宙观，

（2）救济思想，

（3）善恶报应说，

（4）吸收佛性说建立道性说，

（5）吸收关于“空”的思想，

（6）戒律，

（7）概念、名词的借用。

总之，可以说道教恰是在三教的对立抗争与相互吸收的过程中逐渐发展起来的。

在研究道教与医学的关系时，最好不要将其作为一种宗教，而是作为一种文化、思想现象来看待。道教是有神论与神仙方术两大方面的总汇。其有神论的主旨，促进了道徒对于神仙方术的追求。但晋代以来的道士不再像秦汉方士那样远求海上，而是转向金丹的修炼，由此形成了道教中的所谓丹鼎派。矿物药的修炼与使用，虽在道教兴起之前早已有之，但道教徒在炼丹方面的大量实践活动，不仅促进了炼丹术自身的发展，亦间接丰富了用于治疗疾病的丹药。“丹”的最初含义是指天然红色硫化汞——丹砂，其后泛指炼制的仙药。到了宋代，仙药之外的治病“丹药”已相当丰富，故在北宋末年成书的《圣济总录》中，其含义亦转变为：“丹者，烹炼而成。有一阳在中之义。丸者，取其以物收摄而已。……今以火炼及色赤者为丹，非炼者为丸。”[②]但万不可推想这种治疗疾病的丹药在六朝炼丹术大发展时即已出现。冈西为人对此有过专门研究，指出唐代以前的主要方书中，唯《千金要方》卷十二载有一“太一神精丹”，另外《千金翼方》卷十三有“小还丹愈疾去风”，但无处方。到了宋代则可看到两类丹方，均含有大量的矿物药，尤其是水银。第一类中虽然也记载着治病的效能，但主要是以补益延年为目的；而第二类则专为治病之方。因此他推论第一类丹方源于炼丹术士；而第二类丹方则是道士在长期行医治病的过程中，逐步将古代仙药丹方加以改变而成[③]。

在以矿物药炼成的丹药中，尤以用于治疗眼疾、皮肤病的外用药最为重要，具有动植物药所无法比拟的显著疗效[④]。另外，明代医家陈司成创用减毒砷剂“配礜石用佐药炼百日而成”，以治梅毒而大获功效[⑤]，亦可说是丹药的一大贡献。

出于修炼之目的，道教人士普遍继承了古来的行气、导引、房中、药饵等各种养生方法，并有所发展。又由于神仙方术与医药方术往往交织在一起，所以医经、医方，莫不收于道经之中，表现出医学与道教关系密切。但这些内容并非源于道教。基于有神论的基本观念，及先秦道家“气”的学说，道教徒在言说人体生理、病理时，强调身体各部皆有神，注重“气”的作用，是道教医学理论的特点。

① 详见朱越利《道经总论》，辽宁教育出版社，1991年，第35～39页。

② 宋·赵佶敕撰，《圣济总录·叙例·汤散》卷第三，人民卫生出版社，1962年，第171页。

③ 〔日〕冈西为人，中国医学之丹方，译文载于《科学史译丛》，1986，(4)：1～10。

④ 参见刘友樑《矿物药与丹药》，上海科学技术出版社，1962年，又：张觉人《中国炼丹术与丹药》，四川人民出版社，1981年。

⑤ 详见赵石麟《明代梅毒学家陈司成及其学术贡献》，中国科技史料，1991，(2)：29。

三　服石之风

晋代服石之风大兴，由此在医学领域中形成了一个以研究服用方法、救治毒副反应为核心的新话题。

所谓服石，是指长期服用一些含有矿物药成分的散剂，以求除疾愈病、健体强身。最常用的方药是由五种矿物组成，名之曰“五石散”；又因服散后自觉烦热，必须寒衣、寒食、寒饮、寒水洗浴，故又称“寒食散”。一般认为“五石”是指白石英、紫石英，石钟乳、赤石脂和石硫黄。但据文献记载与研究者的考证，当时所服散药中是含有礜石（即今之砷黄铁矿，成分为FeAsS），又名毒砂，是一种含砷矿物①。从文献中有关服“五石散”后所出现之症状的描述，及《千金要方》卷二十四《解五石毒第三》所述即包含有礜石看，这一观点是正确的。

五石散的使用很早，《史记·仓公传》中载有“齐王侍医遂病，自练五石服之”；并引先秦医家扁鹊“阴石以治阴病，阳石以治阳病”之论为据，以为“药石者有阴阳水火之齐，故中热，即为阴石柔齐治之；中寒，即为阳石刚齐治之。”淳于意为其解说“石之为药精悍”，不可违背阴阳之理妄用时广引经典：

> 《论》曰：“阳疾处内，阴形应外者，不加悍药及镵石。”夫悍药入中，则邪气辟矣，而宛气愈深。《诊法》曰：“二阴应外，一阳接内者，不可以刚药”。刚药入则动阳，阴病益衰，阳病益箸，邪气流行，为重困于俞，忿发为疽。”

由此可知在西汉前期，甚至是战国后期，业已开始使用五石散。而且在服药后，已见有“发痈”、“为疽”之弊。但从总体上讲，这一时期五石散当主要是作为一种治疗“中寒”之药物来使用的，故淳于意诊遂之病时言：“公病中热，《论》曰：‘中热不溲者，不可服五石。’”这也就是说，如果病属“中寒”之证，则五石散即属适用良药，所谓：“扁鹊虽言若是，然必审诊，起度量，立规矩，称权衡，合色脉表里有余不足顺逆之法，参其人动静与息相应，乃可以论”。②

此后有关东汉名医张仲景的传闻中亦可见应用五石散以疗病的记载：“仲景见侍中王仲宣，时年二十余，谓曰：‘君有病，四十当眉落，眉落半年而死’，令服五石汤可免”云云③。到了晋代，因魏尚书何晏耽声好色、身体虚弱，服此药后“心加开朗，体力转强，京师翕然，传以相授。历岁之困，皆不终朝而愈”，故“服者弥繁，于时不辍”④。可以说在晋士大夫阶层中，形成了一股服五石散的热潮，以至有“晋朝士大夫，无不服饵五石”⑤之说。研究者以为“究其盛行之因，其一出自强身纵欲之需；其二服石与清谈旷达一样，成了当时时髦的象征；其三则确实也有一定的治疗效果，所谓‘令人手足温暖’、‘复耐寒暑’等等”⑥。

服散后通常会出现以下一些反应：“人进食多是一候；气下，颜色和悦是二候；头面身痒

---

① 王奎克，“五石散”新考，收于赵匡华主编《中国古代化学史研究》，北京大学出版社，1985年，第80～78页。

② 以上均见《史记·仓公传》卷一百五，中华书局点校本，1982年第2版，第2810～2811页。

③ 晋·皇甫谧，《针灸甲乙经·序》，商务印书馆，1955年排印版。

④ 晋·皇甫谧，《解散说》，见隋·巢元方《诸病源候论》卷六，人民卫生出版社，1955年影印版，第33～38页。

⑤ 刘伯骥，中国医学史，台湾华冈出版部，1974年第158页。

⑥ 严世芸主编，中医学术史，上海中医学院出版社，1989年，第125页。

瘙是三候；策策[①] 恶风是四候；厌厌欲寐是五候也”。[②] 这“五候”之中，进食多与颜色和悦是初服药时的良性疗效，故能使“魂不守宅，血不华色，精爽烟浮，容若槁木”的何晏[③]“心加开朗，体力转强”。晋代嵇含亦曾记述其切身之验：“余晚有男儿，既生十朔，得吐下积日，羸困危殆，决意与寒食散，未至三旬，几于平复。”[④] 正是由于初服时会产生明显的疗效，才使众人对五石散笃信而不疑。又因对长期服用矿物药可导致慢性、蓄积性中毒尚乏认识，因而当出现皮肤瘙痒、恶风、昏昏欲睡等轻度中毒现象时，仍以为是良性反应。及至中毒现象越来越严重，出现皮肤溃烂、发为痈疽，甚至死亡时，亦不责药之毒性，而是归咎于服用方法不对——违错节度。例如以创“制图六体”而闻名的裴秀，因服寒食散而早卒于48岁，即被认为是因“当饮热酒而饮冷酒”[⑤] 所致。皇甫谧曾枚举“暴发不常，夭害年命”之诸例，如“族弟长互，舌缩入喉；东海王良夫，痈疮陷背；陇西辛长绪，脊肉烂溃；蜀郡赵公烈，中表六丧，悉寒食散之所为也。”[⑥] 以及他自己服药后“辛苦荼毒”受尽痛苦之事，但却将造成这种恶果的原因归之于服药“违错节度”[⑦]。因而刻意于研究如何能服药获益而不生弊害——“大要在能善消息节度，专心候察，不可失意”；“废失节度，慎勿服也”[⑦]。在其所著《解散说》中，对服药剂量、方法，以及服药后出现的种种不适应如何处理等，均详加论述。概言之，一切不适，都是因违错节度所造成。因此必须做到：

> 要当违人理、反常性：重衣更寒，一反也；饥则生寒，二反也；极则自劳，三反也；温则滞利，四反也；饮食欲寒，五反也；痈疮水洗，六反也。当洗勿失时，一急也；当食勿忍饥，二急也；酒必淳清令温，三急也；衣温便脱，四急也；食必极冷，五急也，卧必衣薄，六急也；食不厌多，七急也。冬寒欲火，一不可也；饮食欲热，二不可也；当疹自疑，三不可也；避避风凉，四不可也；极不能行，五不可也；饮食畏多，六不可也；居贪厚席，七不可也；所欲从意，八不可也。务违常理，一无疑也；委心弃本，二无疑也；寝处必寒，三无疑也（《解散说》）。

由于人们对寒食散的崇信，以及认为一切不良后果均是由于服用方法“违错节度”所引起，因而在当时的社会中一方面是出现了上起帝王[⑧]、下至平民[⑨] 普遍服石的社会风潮，另一方面则是相应地出现了一些专讲寒食散和服用“消息节度”的医学著作。这种风气，及由此在医学领域中所形成的反响，大约一直延续到唐代。据《隋书·经籍志》的记载，魏晋以来的此类专著有：

---

① 当作簌，音 sù，象声词。

② 隋·巢元方：《诸病源候论·解散病诸候》卷六。

③ 见《三国志·魏书·管辂传》注引《辂别传》，中华书局点校本，1982年第2版，第821页。

④ 引自清·严可均校辑《全上古三代秦汉三国六朝文》卷六十五，中华书局，1958年影印版，第1830页。

⑤《晋书·裴秀传》卷三十五，中华书局点校本，1974年，第1040页。

⑥ 晋·皇甫谧，《解散说》。

⑦《晋书·皇甫谧传》卷五十一，第1415页。

⑧《晋书·哀帝纪》（卷八，第208～209页）载兴宁二年（公元364年）三月，帝因好黄老，“断谷，饵长生药，服食过多，遂中毒，不识万机”。

⑨《太平广记》载有一则笑话，云“后魏孝文帝时，诸王及贵臣多服石药，皆称石发，乃有热者。非富贵者，亦云服石发热，时人多嫌其诈作富贵体。有一人于市门前卧，宛转称热。因众人竞看，同伴怪之，报曰：‘我石发’，同伴人曰：‘君何时服石，今得石发？’曰：‘我昨在市米中有石，食之乃今发。’众人大笑”。（台湾商务印书馆景印文渊阁四库全书本，第1044册，第594页。）

《寒食散论》二卷 梁有《寒食散汤方》二十卷，《寒食散方》十卷，皇甫谧、曹翕《论寒食散方》二卷，亡。

《寒食散对疗》一卷 释道洪撰。

《解寒食散方》二卷 释智斌撰。梁《解散论》二卷。

《解寒食散论》二卷 梁有《徐叔向寒食散方》六卷，释慧义《寒食解杂论》七卷，亡。

《杂散方》八卷 梁有《解散方》、《解散论》各十三卷，徐叔向《解散消息节度》八卷，《范氏解散方》七卷，《解释慧义解散方》一卷，亡。

除此之外，这一时期论述痈疽、发背的专书显著增多，有研究者认为这一现象亦与服石之风有关①。例如现存南北朝时龚庆宣《刘涓子鬼遗方》，称该书得于晋朝刘涓子后人。其中除第二卷论述金疮之外，其余各卷均专论痈疽，并明确提到服石与所发痈疽的关系：

> 有黑色者，是石留黄毒。有赤色者，是丹砂毒。有青色者，是硇砂毒。有似盐颗者，是钟乳毒。……硇砂发，白雄鸭顶上血一合，已来，取黑铅汤一茶碗，调服之解。钟乳发，雄鸡肘上血一合，将铁粉汤一茶碗调服之解。……丹砂发，取黑铅、黄耆、防风、伏龙肝各半两，水一升，煎半茶碗，去滓服之解。②

隋代巢元方《诸病源候论》亦设专卷讨论服石后引发的各种病候。因而，由服石、讲究消息节度、治疗由此引发的各种疾病，构成了一个相对独立的专门，这是医学史上始于魏晋、延至隋唐的一件要事。

四 灸法的独立发展

尽管针、灸两法常常并称，且于魏晋之时已出现了专论此术的经典之作《针灸甲乙经》，但此间灸法有倍受重视、独立发展之势，乃是这一时期医学演进的特点之一。而且其影响远及以后的南北朝，乃至隋唐。

葛洪《肘后备急方》自序中曾明确提到，前此的一些医学著作“又使人用针，自非究习医方，素识明堂流注者，则身中荣卫尚不知其所在，安能用针以治之哉”。故葛氏不言针道而只录灸法，且内容颇丰。然其来源自当系博采于众家方书，例如在“治卒霍乱诸急方”③项下所录的灸方即包含有以下诸法：

> 初得之便务令暖。炭火布其所卧，下大热减之。又并蒸被絮若衣絮自苞，冷易热者。亦可烧地，令热水沃之，敷薄布，席卧其上，厚覆之。亦可作灼灼尔，热汤著甕中，渍足令至膝；并铜器贮汤，以著腹上，衣藉之，冷复易。亦可以熨斗贮火著腹上。如此而不净者，便急灸之，但明案次第，莫为乱灸，须有其病，乃随病灸之。未有病莫须灸，灸之虽未即愈，要万不复死矣。莫以灸不即（另本作“却”）而止灸。霍乱艾丸，苦不大，壮数亦不多。本方言七壮为可，四五十无不便火下得活。……良灸之法及单行数方，用之有效，不减于贵药。已死未久者，犹可灸。
>
> 卒得霍乱，先腹痛者，灸脐上，十四壮。先洞下者，灸脐边一寸，男左女右，十

---

① 赵璞珊，中国古代医学，中华书局，1983年，第78页。

② 南齐·龚庆宣，《刘涓子鬼遗方》卷一，中医古籍出版社，1986年，第10页。

③ 晋·葛洪，《肘后备急方》卷二，第27～29页。

四壮，甚者至三四十壮。先吐者，灸心下二寸，十四壮，又并治下痢不止，上气灸五十壮。先手足逆冷者，灸两足内踝上一尖骨是也，两足各七壮，不愈加数。转筋者，灸蹶心当拇指大聚筋上，六七壮；又灸足大指下约中，一壮，神验。

又方：灸大指上爪甲际，七壮。转筋入腹痛者，令四人捉手足，灸脐左二寸，十四，灸股中大筋上去阴一寸。若啘者，灸手腕第一约理中，七壮。下利不止者，灸足大指本节内侧寸白肉际，左右各七壮。干呕者，灸手腕后三寸，两筋间是，左右各七壮。吐且下利者，灸两乳连黑外近腹白肉际，各七壮，亦可至二七壮。若吐止而利不止者，灸脐一夫纳中，七壮；又云脐下一寸二，七壮。若烦闷凑满者，灸心厌下三寸，七壮。

又方：以盐内脐中上，灸二七壮。若达脐痛急者，灸脐下三寸，三七壮。

治霍乱神秘起死灸法：以物横度病人人中，屈之从心鸠尾飞度以下灸，先灸中央毕，更横灸左右也；又灸脊上以物围，令正当心厌，又夹脊左右一寸，各七壮，是腹背各灸三处也。

华佗治霍乱已死，上屋唤魂，又以诸治皆至，而犹不差者：捧病人腹卧之，伸臂对以绳度两头肘尖头，依绳下夹背脊大骨穴中，去脊各一寸，灸之百壮。不治者，可灸肘椎，已试数百人。皆灸毕即起坐。

在“治风毒脚弱痹满上气方”① 中又云：

其灸法孔穴亦甚多，恐人不能悉皆知处，今止疏要者……诸穴出《灸经》，不可具载之。

有人认为此处所言《灸经》为三国魏时曹翕所撰②，未知确否，但在葛氏之前已有《灸经》专书，当属无疑。魏晋时期的《灸经》，当然与马王堆出土的《足臂十一脉灸经》、《阴阳十一脉灸经》两种早期只言灸法的经脉著作不可同日而语。因为在马王堆医书的撰写时代，尚无证据表明针法业已成立，而针术在魏晋时期已十分发达。又如葛洪的夫人鲍姑，亦是一位以独擅灸术而闻名的女医③。由此可见魏晋时期在以《针灸甲乙经》为代表的经典针灸学之外，尚有一灸法独自发展的流派存在。

据考证，三国以前的灸法多属烧灼式的直接灸法，自晋代开始始见有隔蒜、隔豆豉饼等“隔物灸”之法的记载④。此外，晋代的范汪，南北朝时期的陈延之、僧深师、师道兴等医家的著作中，对灸法亦多有专论。

据《隋书·经籍志》著录，“梁有《灸经》五卷，《曹氏灸方》七卷”。唐代见有：《灸经》、崔知悌《骨蒸病灸方》⑤，雷氏《灸经》、《岐伯灸经》⑥，《点烙三十六黄经》⑦，及敦煌卷

---

① 晋·葛洪，《肘后备急方》卷三，第79～80页。

② 郭世余，中国针灸史，天津科学技术出版社，1989年，第79页。

③ 详见曾时新《晋代女名医鲍姑》，中华医史杂志，1981，(2)：75。

④ 参见郭世余《中国针灸史》（天津科学技术出版社，1989年，第309页）“历代灸法一览表”。

⑤ 见《旧唐书·经籍志》。

⑥ 见《新唐书·艺文志》。

⑦《郡斋读书后志》、《汲古阁毛氏藏书目录》等均言“不著撰人，唐世书也”。引自〔日〕冈西为人《宋以前医籍考》，人民卫生出版社，1958年，第252页。

子本《新集备急灸经》、《灸法图》[①]等多种灸法专著。正是魏晋以来灸法独立发展的自然结果。同样，唐代大医家王焘亦特别强调灸法的作用："汤药攻其内，以灸攻其外，则病无所逃。知火艾之功，过半于汤药矣"；又说："针法古来以为深奥，今人卒不可解。《经》云：'针能杀生人，不能起死人。'若欲录之，恐伤性命。"所以在编撰方书巨著《外台秘要》时，"今并不录《针经》，唯取灸法"[②]。其主导思想可谓与葛洪一致。

第三节　医事制度

晋代医政沿袭汉魏之旧，仍置太医令丞等职，统领太医[③]："秦西汉有太医令丞主医药，属少府，魏因之，晋铜印墨绶。"[④]

另外，统皇族宗人图谍的"宗正"之官，"又统太医令史"[⑤]，为前朝所未见。对此有两点解释：一是"疑当作令丞，盖传刻有讹"[⑥]；二是缘此进一步释西晋太医令职属宗正[⑦]。但从"宗正"的职责为主管"皇族宗人图谍"观之，统管"太医令史"，似乎是很合理的，未必属"传刻有讹"。汉代医官职制中虽未见有此职，但在《周礼》的医官构成中却是含有"史"之职官的。再者，从《晋书·职官志》紧接其后所言："及渡江，哀帝省并太常，太医以给门下省"观之，所"省并"的乃是"太常"，而不是"宗正"，故太医令在西晋时仍极有可能是隶属于"太常"，而不是"宗正"。东晋始入门下省。

---

① 详见马继兴主编《敦煌古医籍考释》，江西科学技术出版社，1988年，第431～442页。

② 唐·王焘，《外台秘要·明堂序》卷三十九，人民卫生出版社，1955年影印版，第1077页。

③ 《晋书·舆服志》卷二十五（中华书局点校本，1974年，第759页）："次大辇，中道。太官令丞在左，太医令丞在右。"而在言及具体人物时，则只见"太医令"之职。

④ 元·马端临，《文献通考·职官九》卷五十五，第499页。

⑤ 《晋书·职官志》卷二十四，第737页。

⑥ 陈邦贤，中国医学史，商务印书馆，1957年，第3版，第117页。又：俞慎初，中国医学简史，福建科学技术出版社，1983年，第71页。

⑦ 如元代马端临《文献通考·职官九》、陈邦贤《中国医学史》、孔健民《中国医学史纲》（人民卫生出版社，1988年，第75页）等均执此说。

第三篇

南北朝隋唐时期

第七章　南北朝的医学

第一节　医学发展及其特征

从公元420年东晋灭亡到589年隋统一南北的170年间，是我国继东晋十六国之后又一个南北政权对峙的时期，史称南北朝。在这时期，南朝从公元420年刘裕代晋到589年陈亡，经历了宋（420～479）、齐（479～502）、梁（502～557）、陈（557～589）四个朝代；北朝从公元439年北魏统一北方开始，到534年分裂为东魏、西魏，后来北齐代东魏，北周代西魏，北周又灭北齐，581年北周又为隋代。隋又灭陈和后梁，结束南北对峙局面，统一了全中国。

南北朝时期虽然南北对峙、政权频繁交替，但这一时期的医学，并不因战争破坏了社会经济而停滞下来，相反，在历史上却是一个发展迅速的时期，是封建社会医学上最灿烂的时期①。这是因其历史背景、社会环境及思想文化诸多因素综合而形成的，并形成了以下特征。

首先是南北对峙，战争频仍。在此连绵战争、动荡不安的环境中，医家有更多 的机会进行大量医治伤病疾苦的实践，从而使临床医学迅速发展，各科临床经验进一步充实提高，诊断治疗均有所创新。而许多官僚士人面对这种形势，因悲观失望，退而独善其身，隐迹山林。归隐者远离都市，求医市药艰难，迫使他们留心医学，因而有不少山林医家收集的单方验方著作问世。

其次是南北朝统治者仍继续魏晋以来的门阀士族制度，即便是北魏，其统治者鲜卑族拓跋圭在取得政权后提倡汉化，亦仿效南方门阀制度，规定了鲜、汉贵族姓氏门第，提倡鲜卑人按门第与汉人通婚等。此后的北方政权亦延续门阀制度。因此在南北朝时期出现了大量名人家传谱牒一类书籍。这种门第观念影响及医学，在医学教育上便出现世授制度，如同其他百家学术一样，家业世世相传，称为“畴人”。医学世传之家在南北朝特别昌盛，以东海徐氏为最贵盛，北朝则有馆陶李氏、赵郡李氏等，对医学发展的影响相当显著。

再次是当时的统治者为巩固统治，不再独尊儒术，而大力提倡宗教，故佛教、道教并盛于此时。尤其是梁武帝萧衍为协调儒、道、佛三教，创三教同源说。他兴儒家，制礼乐，倡经学，为孔子立庙，设五经馆，置五经博士；又大兴佛教，建佛寺达700所，还三次舍身当和尚，亲自讲演佛经，使佛教在南朝迅速发展；同时又宠信道教徒陶弘景，赐陶黄金、朱砂、曾青、雄黄等药以炼制仙丹，企求长生不死，致道教在南方滨海各地大为得势，形成了南北朝时期儒道佛相互斗争、相互吸收、争立鼎峙、错综复杂的局面。影响及医学的，一是医学中渗入了佛教（印度）医学的内容，一是道教炼丹术为医学提供了新的药物，而儒、道、佛三家养生法亦被溶入医学中。

此外，魏晋以来谈“玄”之风有增无减，为避世研究《易经》《老子》《庄子》（此三书被

---

① 范行准，中国医学史略，中医古籍出版社，1986年，第58页。

称为三玄），而研究者往往溶儒家的名称与道家的自然为一体，加以发挥，被称为玄学。他们自持清高无为，参谈玄理；他们行为放荡不羁，讲求服石炼丹，加入了道家炼丹行列。在炼丹中发现和积累了许多物质变化的规律和经验，因而有炼丹专著传世。服食丹药又导致新的疾病发生，于是又推动了医学的发展。

南北朝时，循名责实的“名学”仍很流行，研究名学者，往往不注重理论而专重名理上的是非。在医学方面，也就不太注重阴阳五行等医学理论，而对病状变化观察细致，叙述切合实际，在对疾病证候的认识上也就能取得实质性的进步。

由于南北朝所处地域之不同，在医学发展上既有共性，亦有不同。南朝地处江南，在南北朝时江南地区相对安定，北方战事不断，北方汉族士人、农民被迫南迁，北方的先进生产工具、技术被带到南方，促进了南方经济的发展。而当时南迁的士人及统治者，专食精米白面，脚气病较为流行，故当时有这方面的疾病专著，如梁·徐叔响《疗脚弱方》8卷、徐方伯《辨脚弱方》一卷等。这是对新发现疾病之经验总结（惜原书已佚），亦反映了南朝医学不同于北方之处。而北方由于是少数民族执政，在民族融合中，医学也有融汇、交流，《杂戎狄方》、《摩诃出胡国方》等当是北方医学家之撰著。又当时佛教兴盛，然南北方流行趋向不同：南方承三国以来之学风，士大夫仍尊玄谈佛，佛学与玄学同流是南方特征；而北方则遥承汉代学术，偏重信佛，以造像、筑塔之事为盛①，在北方出现了如敦煌石窟、洛阳的龙门石窟等壁画、石刻。敦煌壁画中有不少医药内容，龙门石刻更有医方保留至今。

第二节 道教佛教对医学发展的影响

南北朝政权的统治者为了巩固政权，都利用宗教作为工具，因此为表示对宗教之崇信，有梁武帝的三次舍身当和尚，有魏太武帝及北周帝王之受道教符录，造成了南北朝时期继魏晋以来道教和佛教之兴盛。

一 炼丹术和炼丹家

炼丹术是中国古代的一种特殊方术。炼丹最初的含义是炼制丹砂，随着魏晋南北朝炼丹技术的提高和设备的改进，炼丹也就不只是炼制丹砂，而是通过炼制某些自然矿石或金属，得到神丹或人工金银（稀有的金银亦被列为上等长生药），故炼丹术又称金丹术、黄白术、炼金术等。一般认为炼丹始于秦汉，初为方士、继为道家追求长生不老、羽化成仙的手段之一，因此，炼丹术的盛衰与道教的盛衰相一致。何况炼丹之目的与统治者追求长生不老以达王权永固的思想相一致，于是封建帝王、权贵士人也热衷和支持、参加炼丹活动，以致炼丹活动亦从深山迁到大观，甚至帝王宫廷中。如崇奉道教的魏太武帝设仙人博士官，典煮炼百药②；茅山道士陶弘景为梁武帝合炼仙丹③及嵩高道士潘诞为隋炀帝炼金丹④等，都是炼丹术与道术

① 参见汤用彤《汉魏两晋南北朝佛教史》，中华书局，1955年，第487～549页。

② 魏收，《魏书》官氏志第19，中华书局校点本，1974年。

③ 姚思廉，《梁书》卷51，陶弘景传，中华书局校点本，1973年。

④ 司马光《资治通鉴》卷181《隋纪五》：“炀帝大业八年（612）。初，嵩高道士潘诞自言三百岁，为帝合炼金丹。帝为之作嵩阳观，华屋数百间，……云金丹应用石胆、石髓，发石工凿高大石深百尺数十处。凡六年，丹不成。”

结合为统治者利用的反映，从而也就造就了一批炼丹家，陶弘景是此时期炼丹家的杰出代表。炼丹每在深山中进行，故一般炼丹家都精通医学，备有药材，以备急需。他们外出采药，亦常收集丹验方并为人治病，以广宣传，故不少炼丹家均有医药著作，如葛洪、陶弘景等。

陶弘景，字通明，自号华阳隐居，谥贞白先生。丹阳秣陵（今江苏南京市）人。生于刘宋孝建三年（456），卒于梁大同二年（536）。一生经历了南朝宋、齐、梁三个朝代。他的祖父陶隆善骑射，好学读书，兼解药性，常以替人疗病为己务，后因功封为晋安侯。父陶贞宝，曾任南台侍御史、孝昌县令等，亦精通医学。受家学熏陶，弘景自小聪明好学。七岁能读《四书》《五经》。十岁时读葛洪《神仙传》，深受其影响，有养生之志。

青年时期“读书万余卷，一事不知，以为深耻”。且善琴棋、工草隶。19岁时被齐高帝聘为诸王侍读。但他身在朱门，却倾慕隐逸生涯，心崇道术。在永明二年至四年（484～486），曾从孙游岳习道家符图经法。因经法等经多次模写，恐未真切，乃往茅山访问，得杨羲、许谧之真迹。复至会稽大洪山，谒居士娄慧明；余姚太平山，谒居士杜京产；始宁岧山，谒法师钟义山；又到始丰天台山，谒诸僧及道士，访真人遗迹，习炼丹之术。

永明10年（492），陶氏上表辞录，蒙武帝诏许，并获赐丝帛、茯苓、白蜜等以供服食。此后陶氏隐居茅山（今句曲山，位于江苏句容、金坛两县间），一面炼丹修道，一面为人治病并从事著述，也经常出山游历，寻访妙药，收集验方。由于其爱施舍，济贫困，不图名利，深受当地群众欢迎。郡守沈约曾多次奉请出仕，他都未接受。梁武帝夺取南齐政权，陶氏奉表支持，建议国号为梁，武帝听取之。此后，每有吉凶征讨等事，武帝常派人到茅山咨询，故有“山中宰相”之称。

陶弘景一生著述约80余种，内容涉及道教、儒家经典、天文、历算、医药、炼丹术、文史、艺术等等方面。以道书、炼丹、医学、药学等方面影响较大。道书有《真诰》20卷、《真灵位业图》1卷、《登真隐诀》3卷。炼丹术方面有《合丹药诸法节度》1卷、《集金丹黄白方》1卷、《太清诸丹集要》4卷、《炼化杂术》1卷、《服云母诸石消化三十六水法》1卷等，惜均已亡佚。在医药、养生、药学方面有《效验方》5卷、《补阙肘后百一方》3卷、《本草经集注》7卷、《养性延命录》2卷等。

据《南史》记载，陶弘景“既得神符秘诀，以为神丹可成，而苦无药物。帝（指梁武帝萧衍）给黄金、朱砂、曾青、雄黄等。后合飞丹，色如霜雪，服之体轻。及帝服飞丹有验，益敬重之，每得其书，烧香虔受”。在天监四年至普通六年（505～525），陶氏深居山林炼丹，经历了七次以上大规模的炼丹实验，“皆获霜华”（反应器上部的升华结晶物），说明其炼丹都是成功的。但由于炼丹著述均已亡佚，很难对他的炼丹成就进行研究，然从其所撰《本草经集注》中，略可窥探一二。

如陶氏谓：水银“还复为丹，事出仙经，酒和日暴，服之长生。烧时飞着釜上，灰名汞粉，俗呼为水银灰。最能去虱。”[①] 汞是炼丹的主要原料。水银在空气中缓慢加热，生成红色的氧化汞，是为炼丹家们统称之“丹”、“还丹”或“丹砂”。

陶氏记述铅丹谓：“今熬铅所作黄丹也，画用者。俗方亦稀用，惟仙经涂丹釜所需。云化成九光者，当谓九光丹以为釜尔，无别变炼法。”铅亦是炼丹的重要原料。炼丹之釜涂以铅丹，在高温下分解，可放出氧气，以利于氧化汞等丹药之生成。

---

① 引自《重修政和经史证类备用本草》卷4“陶隐居”下，人民卫生出版社，1982年，第107页。

在《本草经集注》中还指出，雄黄“炼服之法皆在仙经中，以铜为金亦出黄白术中”，是以雄黄点铜为砷黄铜的记载；指出空青、曾青、石硫黄、礜石、磁石等在丹方、黄白术中多用之……，凡此，为后世留下了当时炼丹原料之记述。他在硝石下指出“仙经多用此消化诸石，今无正识别此者。……先时有人得一种物，其色理与朴消大同小异，朏朏如握盐雪不冰，强烧之，紫青烟起，仍成灰，不停沸，如朴硝，云是真消石也。”硝石亦称钾硝石、火硝，化学成分为KNO_3，其曰烧之，紫青烟起，是现代化学上钾盐火焰分析法的最早记载。

南北朝时的著名道士如寇谦之、陆修静及其徒孙游岳等，均擅炼丹术。如《北史·崔宏传 第九》载崔宏“欲修服食养性之术，而寇谦之有《神中录图新经》，因师事之”。寇谦之（365～448）为北魏道士，以改革天师道闻名，曾在华山、嵩山修道七年，著有《录图真经》等道书80余卷，主张“专以礼度为首，而加以服食闭练”（《魏书·释老志》），则寇氏自己精于炼丹当无可疑。陆静修（406～477）为南朝刘宋的道士，为三国吴丞相陆凯后裔。青年时即弃家入云梦山修道，并历游名山，搜集道书，又在庐山隐居修道。后为明帝迎请至建康（今南京），改革南朝天师道，仍为整理道教经戒、方药、符图而努力，共整理成书1128卷，分为“三洞”（此为《道藏》分类“三洞”之名始）。而炼丹家陶弘景正是从陆氏之徒孙游岳处获得符图经法，才开始了其道士炼丹生涯，则陆氏擅炼丹术亦在意料之中。

此外，在南北朝医家中亦有精炼丹之士。如北魏医家徐謇，曾为“高祖合金丹致延年之法，乃入居嵩高采营其物”（《魏书》、《北史》徐謇传），终因历年无所成方止。但他自己“常有将饵及吞服道，年垂八十而须发不白，力未多衰”，则其精是术明矣。在《隋书·经籍志》中记载的众多丹书，大都是南北朝时期著作，然仅留下书名，书已佚，著者名亦不存，然丹书之作者当亦是当时之炼丹家。

炼丹术经南北朝、隋唐之后，由于丹药中毒事故屡屡发生，使越来越多的人失去了对炼丹术的信仰，至宋代以后，内丹炼养（将人体视作丹鼎，炼精气神）取代了炼丹（指外丹）术，外丹的炼丹术走向衰落。

炼丹术作为追求长生不老的方法是失败了，但炼丹家们取得的化学成就，使汞、铅、砷、矾的冶炼和冶金技术处于世界领先水平；中国的四大发明之一的火药，也是在炼丹家的炼丹炉中诞生的。中国的炼丹术经阿拉伯传到欧洲，成为近代化学的摇篮。

炼丹求长生虽未成功，但其技术为医学家应用到医学治疗中，为治疗学做出贡献。如《周礼》中记载最早的丹药“五毒方”，可治外科疮疡；魏晋时有“范汪飞黄散”、“广济飞黄散”，用药及冶炼方法同“五毒方”。《刘涓子鬼遗方》虽很少使用炼丹产物，但其后的外科专著及综合性医著中的外科卷篇，均较多地载述丹药及其制备方法，如红升丹、白降丹、太乙小还丹等用于骨髓炎、骨结核、淋巴结核等，在外科治疗中发挥了重要作用。

二 道教及其著作对医学理论的影响

先秦时期的老子、庄子是当时诸子百家的著名人物、道家的代表，《老子》、《庄子》是他们的学术著作。但自从东汉末期道教兴起，老子被尊为道教教主，他的著作也被作了宗教性的阐释。如老子在《道德经》中提出了“道”的概念，认为道是宇宙万物的最高原则，而道教则将之抽象到了至高无上的神的形态；老子宣扬的清静无为、静观、玄览、含德、抱一等追求内心安宁的概念，也被道教发挥成超凡出世的心性炼养的理论。而在中医学最早的理论著作《黄帝内经》中，也融入了道家的一些概念，如精、气、神的概念。道家恬惔虚无的处世态度，真人、圣人、至人的称呼等，在《黄帝内经》中都有记载，如“上古圣人之教下也，皆谓之虚邪贼风，避之有时，恬惔虚无，真气从之，精神内守，病安从来？”又如“黄帝曰：余闻上古有真人者，提挈天地，把握阴阳，呼吸精气，独立守神，肌肉若一，故能寿敝天地”（《素问·上古天真论》）。所以，道教和中医学与道家的关系都很密切，故而道教在某些理论方面与中医学有相通之处，特别在道教发展过程中不断发展的养生理论对中医养生学产生较大的影响。

道教初起，有五斗米道和太平道，前者尊奉《道德经》为主要经典，后者奉《太平经》为主要经典。两者都以符水、咒语治病、祈福、禳灾，有符箓派之称。曾成为农民起义军的组织形式，或为农民起义军利用，故都受到过镇压，太平道因此而消亡，五斗米道经葛洪等上层人士的改造而成为天师道，除保留一些符箓方法外，以炼丹求长生为主要修持方法，故称丹鼎派。后者受到统治者的欣赏和利用，日渐兴旺起来。

正如葛洪所说，“古之初为道者，莫不兼修医术，以救近祸焉”（《抱朴子内篇·杂应》）。在道教的早期经典如《太平经》、《黄庭经》中也都有医药的内容。如《太平经》以天地之气来解释病因，认为头疼是天气不悦，足疾是五行之气相争，四肢病是四时之气不和等，并提出人欲寿者，当爱气、尊神、重精，这与《内经》重视精气神相一致，并有“以乐却灾法”、“草木方诀”、“灸刺诀”、“神祝文诀”、“知盛衰还年寿法”等却灾、治病、延年法等。

《黄庭经》亦为道教经典和名著之一。出自魏晋人之手，可能是由魏晋及唐皆有所增益而成。从《内景·沐浴》结语“传得审受告三官”来看，又与东汉道教张道陵之三官道有关，可能是张道陵的秘本为魏夫人所得，再经魏夫人之手，托名扶桑大帝君所授，乃得以流传。魏夫人是《黄庭经》的托名创始者。《黄庭经》的内容与医学更密切相关，如其《内景》中的上有、呼吸、经历，以及《外景》的出日篇中，都有阴阳升降及整体观的体现，《黄庭经》中列举了人身各部的许多神名，如心神丹元字守灵、肺神皓华字虚成、肝神龙烟字含明、肾神玄冥字育婴、脾神常在字魂停等五脏六腑神，是与医经用十二官来比喻藏府相仿，涵义亦相同，也认为任督二脉在人身有重要地位，“鹿运尾闾，能通督脉；龟纳鼻息，能通任脉，故二物皆长寿。此数说皆丹家河车妙旨也”①。对针灸关系亦甚密切，如首见于《针灸甲乙经》的许多穴名，便与《黄庭经》经文有关，与丹田有关的经文为“丹田之中精气微”，与神门有关的为“玉房之中神门户”，以及璇玑、华盖、耳门等等，可能是《针灸甲乙经》的著者亦深受道教影响，史载皇甫谧，曾服食寒食散，服散炼丹似 与道教的活动有关，而其编著《针灸甲乙经》为腧穴命名采用了不少《黄庭经》内容，亦是其受道教影响的反映，也是道教著作影响及医学的例子。

葛洪是亦道亦医的人物，在道教史、医学史上均有显名。他不仅有医学著作《肘后备急方》，且有神仙家言著作《抱朴子》。《抱朴子》有《外篇》50卷、《内篇》20卷。《外篇》是以隐士身份议政的著作，《内篇》是集古代神仙方术之大成，“确立了长生成仙教旨，综合各类方术并突出金丹大法长生之至要，构造了一个比较完整的道教神学的理论框架”②。在其金丹、黄白、仙药、地真、至理、微旨、释滞和杂应等篇中，阐述内容有东晋以前的外丹、行

① 引自周楣声《黄庭经医疏》，安徽科技出版社，1991年，第28页。

② 胡孚琛，魏晋神仙道教，人民出版社，1989年，第114页。

气、服食、符图印章、守一、房中术等，把“为道者以救人危，使免祸，护人疾病，令不枉死”列为“上功”，因而有《肘后备急方》之作，为我国最早的急诊手册。其中采有一些道教色彩较浓的治法，如治梦魇用书符法、不用药法疗颓必差方等，在医理上也有所发挥，如曰“霍乱者，多起饮食或饮食生冷杂物，以肥腻酒鲙，而当风履湿、薄衣露坐，或夜卧失覆所致”，较符合发病实际。

齐梁时期道士、医药学家陶弘景，在医学方面著有《补阙肘后百一方》、《本草经集注》，两者原书已佚，然赖金·杨用道《附广肘后方》及后世诸本草之保存，尚可窥其原貌，此外有外丹、服食、导引方面著作，均已佚失。其著道教的经典有《真诰》、《登真隐诀》、《养性延命录》及《真灵位业图》，在明代《道藏》中均有收录。《登真隐诀》和《养性延命录》均为采摭前代道书中诸家养生理论与方术的著作，前者见《正统道藏》洞玄部本文类“逊”帙，后者见洞神部方法类“临”帙。

《登真隐诀》现存3卷。上卷论真符、宝章及头中九宫；中卷记朝拜、摄养、施用、起居之道三十七事及诛魔防鬼、服御脱纳等；下卷叙诵《黄庭经》法及入静、章符、清宦等修身养性、延年却老、治病制鬼之法，由于流传不广，对医界影响不大。《养性延命录》2卷后又被收入《道藏医书十四种》中，因此其养生的理论对医学产生一定影响。《养性延命录》上卷载教诫、食诫、杂诫、祈禳；下卷载服气疗病、导引按摩、御女损益及养性延命之理论及方法。书中引用古籍及前人言论达30余种，如嵇康《老子养生篇》、严君平《老子指归》、《道德经河上公注》以及道教经书《大有经》、《小有经》、《黄老经》、《服气经》等等。其中引《仙经》曰：“我命在我，不在于天，但愚人不能知此道为生命之要，所以致百病风邪者，皆由恣意极情不知自惜，故虚损也”。又引张湛《养生集叙》曰“养生大要：一曰啬神，二曰爱气，三曰养形，四曰导引，五曰言语，六曰饮食，七曰房室，八曰反俗，九曰医药，十曰禁忌。”反映了陶弘景修真养性理论的要点和养生方法，不再听天由命，而用更积极的养生方法去延年益寿。他还主张形神双修，故在《养性延命录》中又说：“夫禀气含灵，惟人为贵。人所贵者，盖贵于生。生者神之本，形者神之具。神大用则竭，形大劳则毙。……故人所以生者神也，神之所托者形也。神形离别则死，死者不可复生。”循此便开创道教茅山宗一派“形神双修”之始。

在魏晋南北朝道教养性理论影响下，隋唐以后的医学著作中亦每多采养性、摄生、按摩、导引等理论和方法。如隋代《诸病源候论》即是病因证候专著，不载方药，却采“养生方导引法”于每证之后；唐·孙思邈撰《备急千金要方》专有养性一卷；又撰《千金翼方》，不仅有养性专卷，并有禁经二卷，前者述养性、按摩、调气、服食、房中补益、黄帝杂忌等道教养生诸法，后者亦为道教常用之符箓、禁咒法。

由于服食炼丹造成的惨痛教训和弊害，又需花费大量金钱，而无效验，如《隋书·经籍志》所说：“金丹玉液长生事，历代糜费，不可胜纪，竟无效焉。”故而促使炼丹师们另辟蹊径去追求长生，于是模拟自然，以己身为炉鼎，阐发为内丹之术。隋代苏玄朗为最早的内丹倡导者之一。其内丹理论，《罗浮山志·苏元朗传》有所记述：“其言曰：天地久大，圣人象之。精华在乎日月，进退运乎水火，是故性命双修，内外一道。龙虎宝鼎即身心也，身为炉鼎，心为神室，津为华池。五金之中，惟用天铅，阴中有阳，是为婴儿，即自中坎。八石之中，惟用砂汞，阳中有阴，是为姹女，即身中离也。铅结金体，乃能生汞之白，汞受金炁，然后审砂之方。中央戊己，是为黄婆，即心中意也。火之居木，水之处金，皆本心神。脾土尤黄芽也，修治内外，两弦均平，惟存乎真土之动静而已。……有物之时无为为本，自形中之神入神中之性，此谓归根复命，犹金归性初而称还丹也。”[①]

内丹炼养虽倡于隋代，但在隋唐时期并未成为主流，当然在医学著作方面，也有内丹炼养的反映，如孙思邈的《存神炼气铭》、司马承祯《天隐子养生书》、《服气精义论》等均有述及。内丹炼养，遂发展成后世气功锻炼之理论。

内丹系与外丹相对而言。外丹指用炉鼎烧炼铅、汞等矿石（或掺和草木药）以制成的“长生不死”丹。内丹以自身为炉鼎，以精、气、神为对象，掌握其运行方法，经过一定的炼养步骤，使精、气、神在体内凝聚而成的丹。唐代曾扶道抑佛，然道士炼制的金丹造成唐代六个帝王死于非命以及许多服丹者的惨痛教训，唐末之后，外丹走向衰落，内丹代之而兴。宋代张伯端的《悟真篇》，是内丹理论的代表作，他认为“人人本有长生药”，“何须寻草学烧茅”，“劝君穷取生身处，返本还源是药王”，“取将坎位中心实，点化离宫腹内阴。从此变成乾健体，潜藏飞跃总由心”。[②] 即人体内本有长生之药，只需将坎中之阳气以点化离宫之阴精，乃能运行交会而还复其乾健纯阳之体，人体也就能长生。

宋元及明，内丹理论经王重阳、丘处机等道教徒的发展，形成了一整套的练功方法，如大、小周天、练神还虚等，成为现代气功的指导性理论和方法。不仅他们的著作被汇成《道藏医书十四种》，他们的炼养理论和方法亦为许多医书所采用，如元代李鹏飞编撰《三元延寿参赞书》就引有老子、庄子、彭祖、素女、孙真人及《真诰》、《阴符经》、《琐碎录》等内容作为依据，明代吴正伦《养生类要》、冷谦《修龄要旨》、周履靖《赤凤髓》等亦然。清代以后，道教式微，然它的炼养理论和方法继续为医学著作所倡导，如曹庭栋《老老恒言》之论五味不可偏多、少食以安脾等均从葛洪《抱朴子》之论，沈嘉澍《养病庸言》等亦有道教炼养之论。

三　僧医及佛教医学对传统医学的影响

佛教自两汉之际传入我国，经魏晋时期的继续传播，到南北朝时期在统治者的推崇和提倡下，如梁武帝曾三次舍身当和尚，尽管曾因北魏太武帝太平真君七年（466）和北周武帝建德三年（574）两次灭佛后出现过短暂的衰败，总体上是兴盛的。

随着佛教的兴盛，伴随着佛教而传入的佛教医学也对中国的传统医学产生影响，而佛教医学在传播中又融入了中土医学，故在南北朝时期，在佛教医学中存在着来自印度的医学和本是中土的医学二者并存的情况。而佛教医学的载体，僧人和医书中的医学知识也是两者并存的，传统医学受这些僧医和医书的影响，在医著中开始有印度医学的理论、佛教医学中习用的治疗方法与中医理论和治疗方法并存的现象。

（一）僧徒和医家的译作和医著

南朝梁·阮孝绪撰《七录》，收录图书6288种，为《隋书·经籍志》所据。而隋代为时甚暂，故《隋志》中的经籍大部分是隋以前的。而从医学典籍的作者看，亦如此。婆罗门本

---

① 引自李养正《道教概说》，中华书局，1989年，第103页。

② 引自张伯端等著，石明辑注《悟真篇三家注》，华夏出版社，1989年，第10，13，26页。

是印度古代的僧侣贵族，东汉以后以婆罗门泛指印度，耆婆、龙树为印度名医，前者为摩迦达国国王的御医，后者为公元4世纪时印度的名医，因此，《隋志》中的《龙树菩萨药方》(4卷)、《西域婆罗仙人方》(3卷)、《婆罗门诸仙药方》(20卷)、《婆罗门药方》(5卷)、《婆罗所述仙人命论方》(目1卷、本3卷)当是此期印度医学著作随佛教而进入中国的，然书已佚，在后来唐·孙思邈《千金要方》、《千金翼方》及王焘《外台秘要》中收有耆婆医方丸药等，或即来自这些著作。

另有僧人撰写的医书，如沙门行智撰《诸药异名》(8卷)、释智斌《解寒食散方》(2卷)、释道洪《寒食散对疗》(1卷)、《释道洪方》(1卷)、释慧义《解散方》(1卷)、支法存《申苏方》(5卷)、释僧深《药方》(30卷)、摩诃胡沙门《摩诃出胡国方》(10卷)、释莫满《单复要验方》(2卷)、释昙鸾《疗百病杂丸方》(3卷)、《论气治疗方》(1卷)、释僧匡《针灸经》(1卷)等。这些方书也都已佚失，但在《千金方》、《外台秘要》等唐或唐以后的著作中有引录。书中医学内容大部分为中国传统医学，只是撰著者是僧人而已。这是佛教医学中采用中国传统医学的部分。

(二)医药学家著作中的佛教医学理论

医药学家著作中的佛教医学的影响主要表现在吸收的印度医药方面。

印度医学理论“四大”(地、水、火、风)说，最早应见于安世高译《人身四百四病经》，然此书已佚。现存最早译有“四大”说者为孙吴时天竺僧人竺律炎和支越合译的《佛医经》，其曰：“人身中本有四病，一者地，二者水，三者火，四者风。风增气起，火增热起，水增寒起，土增力盛。本从是四病，起四百四病。”陶弘景在增补《肘后方》时采用了“四大”说，在《华阳隐居补阙肘后百一方》序中说“佛经云：人用四大成身，一大辄有一百一病”，并将《备急肘后方》改名为《补阙肘后百一方》。

另有陈延之《小品方》中收有释道弘(洪)制解散对治方说(《隋书经籍志》为《寒食散对疗》)，该书载述：

“草石相对之和，有的能发动为证，世人逐易，不逆思寻古今方说，至于动散，临急便就服之，既不救疾，便成委祸。大散由来是难将之药，夫以大散难将而未经服者，乃前有慎耳。既心期得益，苟就服之，已服之人，便应研习救解之宜，异日动之，便得自救也。夫身有五石之药，而门内无解救之人，轻信对治新方，逐易服之，从非弃是，不当枉命误药邪?”①

然此制解散对治方说似与佛教医学无关，与中医理论一致。

(三)石窟医药

凿窟造像，是印度各宗教共有的习俗。如婆罗门教、佛教、印度教等。自佛教东渐，此种艺术也随之而来。著名的有甘肃敦煌千佛洞、山西大同云岗、河南洛阳龙门、四川的大足等等。

与医药有关的则为龙门石窟和敦煌石窟。龙门石窟开凿始于北魏，有一药方洞，在西山古阳洞和奉先寺间，开凿年代在北魏正光元年(520)至唐垂拱四年(688)，其中有北齐武平六年(575)“都邑师道兴造像碑”记其始末，云：“都邑师道兴造石像记并治疾方……若不勤栽药树，无以疗兹聋瞽……”，表明了师道兴造像的目的。后来又增刻了佛像，现共计有450

① 引自《诸病源候论》，人民卫生出版社，1955年，卷6，第33页。

余尊。药方刻在石洞壁上，据统计药方有129个，其中药物治疗方110首，针灸治疗方19个[①]。治疗疾病41种，其中内科病26种，外科病15种。使用药物122种。其中有一疗小便不通方，“以葱叶小头去尖，内小行孔中，口吹令通”。这一葱管导尿的论述可能是我国也是世界上最早关于导尿术的记载。龙门药方的特点是多为单方、验方，药味简单，使用一二种药的处方占80%，治疗的疾病也都是常见病和多发病，体现了广济乡民的目的，是佛家慈悲救苦救难的表现。后来尚有陕西华山莲花峰的《固齿方》、广西南宁宣化厅的《疗病方书》、刘仙岩的《养气汤方》、桂州馆驿的《集验方》、陕西耀县药王山的《千金宝要》和《海上方》等，但以龙门药方传世最早。

敦煌石窟是以壁画及莫高窟千佛洞中藏经洞内保藏的大量经卷而闻名的，由此而形成敦煌学。敦煌卷子总数在3万卷以上，1900年发现后，1907年被英、法、日、德、俄等国来人盗购了大部分，仅劫余的8600余卷为清政府运回北京。还有一些流散于民间的。据国内外公私图书馆及个别藏书家收藏卷子的编目，1962年商务印书馆出版了《敦煌遗书总目索引》，据之统计，有敦煌卷子22500卷，其中医学卷子至少在70种以上[②]，包括医经、本草、针灸、医方等。

由于敦煌卷子的抄写年代最早的上限在南北朝及隋代，最晚的下限为五代时期，绝大多数的医书均唐代手写，所以有关医药卷子的论述将放在下一章中。

（四）金针拨障术的传入

南北朝时期两次译入的《大般涅槃经》卷8中记载有盲者求医，“良医即以金鎞决其眼膜……（盲者）乃言少见”。可知当时印度已行金针拨障术，随着佛经的译入而传至中国。

在稍后的史书中，也出现了与僧人有关的以金鎞术治眼盲的记载，如《南史·鄱阳忠烈王恢传第42》云：“有目疾，久废视瞻。有道人慧龙得疗眼术，恢请之。及至空中忽见圣僧，及慧龙下针，豁然开朗”。《北史·张元传第七十二》曰：“及元年十六，其祖丧明三年，元恒忧泣，昼夜读佛经、礼拜，以祈福佑。后读药师经，见盲者得视之言，遂请七僧，燃七灯，七日七夜转药师经行道……如此经七日，其夜梦见一老翁，以金针疗其祖目，于梦中喜跃，遂即惊觉，乃偏告家人，三日祖目果明”。这两则故事虽然怪诞，不过在一定程度上可以反映当时金针拨障术已在我国施行以及与佛教僧人有关的史实。

第三节　著名医家与医籍

一　陈延之与《小品方》

《隋书·经籍志》和《旧唐书·经籍志》、《新唐书·艺文志》均记载有《小品方》12卷，陈延之撰。由于史书无陈氏之传，《小品方》又早已佚失，因此对其人、其书有不同见解，如日本岡西为人定为“晋·陈延之”，《隋书经籍志考证》认为陈系隋人，汤万春以为是六朝后

① 李永谦，我国现存最早的石刻古方——龙门药方，中华医史杂志，1986（4）：222。

② 马继兴，敦煌古医籍考释，江西科学技术出版社，1988年，第2页

期齐梁间人和胡乃长考为晋宋（或宋齐）间人，等等，直至1985年日本学者在尊经阁文库发现了《经方小品》，经与《外台秘要》、《医心方》所引《小品方》的佚文对照确定为即《小品方》，使有关陈延之和《小品方》的研究获得实质性的进展。

（一）书名

本书在流传下来的书目文献中均记录为《小品方》，或于引用此书时简作《小品》，但唐·李善注《文选》中称此书为《经方小品》，而此次发现的古卷子本残卷首行即称“经方小品一部连药性灸法合十二卷”，说明陈延之著作的原名极可能就是《经方小品》。因为此书是在摘录《秘阁四部书目录》所载《华佗方》、《张仲景辨伤寒并方》、《黄素方》、《张仲景杂方》、《葛氏所撰方》、《阮河南所撰方》、《辽东都尉广所撰备急方》、《中古备急》、《杨氏所撰方》、《杂撰方》、《治下汤丸散方》、《治妇人方》、《治少小杂撰方》、《治眼方》、《杂膏方》、《范东阳所撰方》等16部著作，以及当时未载入书目的《羊中散方》、《秦承祖方》共18部书的基础上撰成①，所以带有极强的“经方”色彩②；而“小品”是六朝时较为通行的一种文体，如有《六朝小品》等，而其名始见于公元4世纪时鸠摩罗什对《般若经》的翻译，他将较详的译本（27卷本）称为《大品般若》，较略的译本（10卷本）称作《小品般若》。而在卷子本中称“连药性灸法合十二卷”，也说明原经方仅十卷，符合佛经小品十卷之数，加上药性、针灸合为十二卷。由此可佐证原书名很大可能是《经方小品》。简称《小品方》也就是很自然的事了。

（二）成书的年代

据胡乃长考证，以唐宋间人见到的《肘后百一方》原书为支点来判定成书的上下限，即据宋·高保衡等在《校定备急千金要方后序》中说：“臣尝读唐令，见其制，为医者皆习张仲景《伤寒》、陈延之《小品》。张仲景书今尚存于世，得以迹其为法，莫不有起死之功焉。以类推之，则《小品》亦仲景之比也，尝痛其遗逸无余。及观陶隐居《百一方》、王道（焘）《外台秘要》，乃得反复二书究寻，于《千金方》中，则仲景之法，十居其二三，《小品》十居其五六……”，则成书于公元500年的《肘后百一方》已确实引载《小品方》的内容，且成书于公元499年的《刘涓子鬼遗方》卷5亦引有“小品灭瘢方”，这说明《小品方》至迟在公元499年前已成书。说陈延之是隋人的意见是不正确的。而据日本尊经阁发现的《小品》卷子的序文中称前16种参考文献“皆是秘阁四部书目录所载录者”，后两种“并是元嘉中撰也”。此二者有助于对《小品方》成书年代之考证。元嘉为公元424～453年，既称“元嘉中撰”，必是元嘉之后人之说法，因此，《小品方》的上限不会早于元嘉末年（453），应在454年之后；而据考③，谢灵运所作《四部目录》是在元嘉八年（431），此时撰于元嘉中的《羊中散方》和《秦承祖方》尚未成，故不会载于此《四部目录》中。《羊中散方》的作者羊欣是文帝重臣，于元嘉十九年（442）去世，至王俭修《四部目录》的元徽元年（473）已有30余年岁月，博得“撰方三十卷，为代所重焉”好评的《羊中散方》不可能不收入王俭的目录。陈延之所见的《四部目录》却没有《羊中散方》和《秦承祖方》，则《小品方》成书是在王俭成书的元徽元

① 任旭，《小品方》残卷简介，中华医史杂志，1987，(2)：71～73。
② 廖育群，陈延之与《小品方》研究的新进展，中华医史杂志，1987，(2)：74～75。
③ 小曾户洋，《小品方》序说——现存古卷子本，日本医史学杂志，1986，(1)：32。

年（473）以前。我们认为此考证是有说服力的，《小品方》的成书年代应在公元454～473年之间，即刘宋孝建元年至元徽元年之间。

（三）陈延之

对于《小品方》的作者陈延之，由于史书无传，贯履生平至今不详，仅有一些推测，如胡乃长根据陈延之仅以医名于世，认为“陈延之系一以医为业的民间职业医生”[①]，或是一位有师承、有修养的民间专业医生。[②] 但从《小品方》残卷所反映的情况，及他书引用的《小品方》内容看，陈延之似乎不是一位民间职业医生。

首先是陈延之在其自序中说，他所引用的18种文献中，有16种在《秘阁四部目录》中，秘阁的书目，若非是有一定官阶之人何以能看到？我们知道，唐代的王焘因在弘文馆任职多年，才有机会看到国家藏书，完成他的巨著《外台秘要》。因此，陈延之可能也是有一定地位的官吏或士族。而南北朝时期，门阀士族官宦人士懂医、精医是当时的社会风气，因此他很可能是一位亦精于医的士族或官吏，如徐之才类。

陈延之的医学知识，从《外台秘要》、《医心方》中引用的《小品方》条文看，当是一位受过师尊教导的医生。因为在其一治针折断于腹部肌肉的儿科医案中有“迎师诊之，共察若吞针刺物者”看，他曾随师出诊共同察看病人；在其《小品方》中尚多处记述其师之言的“师曰”，足以证明其学有师承。当然除师长传授外，他又从学习医经和前贤著作及博采古方、民间验方而使他的医学知识、技术得到更高的造诣。

至于陈延之的籍贯，亦因无资料而至今无定论。然从《小品方》记载了一些南方特有的疾病，用药中具有南方特色的药物、用法，似可认为陈延之为江、浙一带之人。

陈延之在《小品方》中记载的脚气病，是当时较为典型的南方疾病。《千金要方》指出“魏周之代，盖无此病，所以姚公《集验》殊不殷勤；徐王撰录未以为意”，“关西河北不识此疾”，说明北方医家因无此病之实践而不注意脚气病，但“自永嘉南度，衣缨之士，多有遭者，岭表江东，有支法存、仰道人等，并留意经方，偏善斯术……”[③]，永嘉南度后，晋元帝在南京建立东晋王朝，而这些南度士人都亦在江浙一带，脚气病亦多发在此一带。而《小品方》中不仅记载了这一疾病，且精于诊治此病，则他应该是生活在这一带并有丰富医疗实践之人。同时在“《小品》疗山瘴疟陵鲤甲汤：南方山岭溪源瘴气毒作……”。瘴、疟实为一病，只是南北方称呼之不同。《外台秘要》谓：“夫瘴与疟分作两名，其实一致。……岭南率称为瘴，江北总号为疟，此由方言不同，非是别有异病，然南方温毒，此病尤甚。”[④]《小品方》称疟为“瘴”，也表明了陈氏是南方人。

又《小品方》中的用药、治法，不少具有南方特点，如其用“陟厘”一药，此药首载于梁·陶弘景《本草经集注》，称其“生江南池泽”，“此即南人用作纸者”。而《唐本草》则引有“《小品方》云水中麄苔也。”[⑤] 又如其用“新伐青淡竹断之，除两头节，留中央一节，……

---

① 胡乃长，《小品方》考，中华医史杂志，1981，(2) 116～119。

② 晋·陈延之原著，高文柱辑校，《小品方辑校》，天津科学技术出版社，1983年，第182页。

③ 引自《千金要方》第138页。

④ 引自《外台秘要》第157页。

⑤ 引自《证类本草》第224陟厘条，商务印书馆四部丛刊本。

烧中央，两头汁出，以器盛之”①之制竹沥法，新伐青竹，只有在南方有之。又有“竹中青蝰蛇螫人”之记载，亦为南方之物、之病。在其记载灸法时，引录了“黄帝曰灸不过三分，是谓从穴”之后，特别说明“江南岭南寒气既少，当二分为准”，②而其用“阿是”穴灸法，亦多行于吴蜀等地。

综合上述，陈延之可能是江、浙一带人，或至少是长期活动于江、浙一带的人。

（四）《小品方》对医学的贡献

《小品方》是南北朝时期的一部重要方书。宋·孙兆等在校正《外台秘要方》序中指出：“古之如张仲景、《集验》、《小品》最为名家。”高保衡等在《校定备急千金要方·后序》中也说“臣尝读唐令，见其制，为医者皆习张仲景《伤寒》、陈延之《小品》……”，可见《小品方》在唐代之受推崇。《小品方》不仅在中国本土有很大影响，而且外传日本等国，对日本医学的影响尤为广泛，该国的《大宝律令》（701）、《养老律令》（718）和《延喜式》（927）中都规定为医者必习《小品方》。在成为医学生教材的同时，《小品方》也广为唐宋医家和日本医家著作所引用，如唐代的《千金要方》、《外台秘要》，宋代的《证类本草》，日本982年编撰的《医心方》等都有《小品方》的内容。据统计，《外台秘要》引用《小品方》达171条，《医心方》达215条。此外如《诸病源候论》、《新修本草》、《铜人腧穴针灸图经》、《本草纲目》，及日本《本草和名》、《医略抄》、朝鲜《医方类聚》等亦都引用《小品方》，此书内容的被广泛引用，也反映其具有较高的学术临床价值。概要而言，其对医学的贡献在于：

1. 总结了南北朝以前对疾病的诊治经验并有所发展

首先是对伤寒和温病等热性传染病的发展。《外台秘要》中引述了晋唐以来在诊治伤寒病方面较有成就的八家学说，《小品方》即为其中之一。其引用《小品方》条文有4条方证，如萎蕤汤疗冬温及春月中风伤寒、茅根桔皮汤疗伤寒衄血、漏芦连翘汤疗伤寒攻目生疮兼赤白翳以及伤寒下痢方、伤寒㿗疮方等，是对伤寒方证之发展。《小品方》又提出了伤寒和天行温疫之不同及治温病清热解毒、养阴生津等治则，为后世温病学说的建立奠定了基础。

其次，对于地方性甲状腺肿——瘿病之记载，对脚气病症状的描述，对瘭疽、代指的鉴别，对附骨疽、附骨急疽、缓疽的论述等，均较前人恰当而详明。

再是对妇产科、小儿科证治之记载，促进了妇产科和小儿科之独立成科。

此外，在急救治疗方面，如“《小品》疗溺，死身尚暖者方……便脱取暖釜覆之，取溺人伏上，腹中水出便活也”；及“《小品》疗人井塚闷冒方：凡五月六月井中及深塚中皆有毒气，入中令人郁闷杀人。如其必入者，……亦可内六畜等置中，若有毒，其物即死。……若觉中有些气郁闷奄奄欲死者，还取其中水洒人面，令饮之。又以灌其头及身体即活。若无水取他水用也。”③这些对溺死和窒息的治疗，都符合急救的原则，其措施在穷乡僻壤也有现实意义。书中载述用动物来试验井塚中有否毒气，亦反映了古医家初具实验医学之思想。

2. 提倡组方用药的因人因地施治

在《医心方》卷1引用的《小品方》佚文中，强调了要根据病人的体质和病情用药，如

---

① 引自《外台秘要》第921，134页。

② 王焘《外台秘要》第921，134页。

③ 同上，第773，774页。

有病剧者、病轻者；久病者、新病者；少壮者、衰老者；人壮病轻者；衰老虚人久病者等不同病情，用药分量、温凉补泻、汤丸散剂的应用均宜有所不同，在残卷中还提出“异乡殊气，质耐不同”，“所居土地温凉有早晚不同”，及“凡用诸方欲随土地所宜者，俱是治一冷病，其方用温药分量多者，宜江西江北；用温药分量少者，宜江东岭南也”，这种因人、因地之异而施治的原则，尽管早在《黄帝内经》中已有提及，但《小品方》之论述更为具体而有现实指导意义，因此是对《黄帝内经》中因人、因地制宜学说的发展。

3. 提倡简便廉验的疗法和处方

提倡简便廉验的疗法是南北朝医学的一个特点。陈延之提倡灸法，就是这一思想的体现，因陈氏认为“夫针须师乃行，其灸则凡人便施，为师解经者，针灸随手而行，非师解文者，但依图详文则可灸，野间无图解文者，但逐病所在便灸之，皆良法，但避其面目四肢显露处，以创瘢为害耳。”确实如此，针灸虽同样可在穴位上施之，亦可在阿是穴上进行，但针刺必须了解施治部位之解剖结构、要掌握刺深度、补泻方法等，故一般须随师学习，或认图解文而施，灸法则只在皮肤上进行，只要避开面目四肢等暴露部位即可，主要恐怕疮疤之留存，因此即便山乡僻壤也可自己进行，自有其简便效验价廉之优点。灸法不但在南北朝，也是自晋代以来提倡之法，晋代有著名的擅长灸术的女医家鲍姑。而《小品方》因灸法之简便廉验再一次重点提倡，对灸术之发展有促进作用。

从《小品方》佚文看，所采录诸方均是几味药的小方，很少有十味药以上的处方，亦体现了《小品方》提倡简便廉验处方之特点，正因如此，陶弘景在《补阙肘后百一方》中收录了不少《小品方》的处方。

4. 提倡备药以应仓卒之需

陈延之编撰《小品方》的目的是“但以备身防急者”、“以备居家野间无师求处，临急便可急用也”及“是以官府有成合见药者，以备仓卒也。凡多口数家，亦宜其然也”。这是适应当时社会动荡、求医寻方不便，或隐居山泽、或家居僻壤人之需要而设，即便人口众多之家，亦同样应预备一些药物，以备仓卒之需，这是其时及其后本书受到推崇的原因之一。

此外，本书中提倡晚嫁、反对早婚，指出“古时妇人病易治者，晚嫁肾气立，少病，不甚有伤故也。今时嫁早，肾根未立，而产伤肾故也。是以今世少妇有病必难治也，早嫁、早经产虽无病亦夭也。”① 这种从妇女生理发育角度来反对早婚的思想在当时有积极意义。而书中也采录了妊娠得病和羸弱妇人欲去胎方，既说明其时已有药物人工流产法，也体现了优生优育思想，这是难能可贵的。

二 刘涓子与《刘涓子鬼遗方》

刘涓子（约370～450），晋末至南北朝刘宋医家。京口（今江苏镇江）人。善医学，尤精外科方术。义熙六年（410）随刘裕北征，有被创者以药涂之即愈。元嘉二十年（443）居秣陵（今江苏南京），时秣陵令为脊背疽病绵困，刘涓子与甘伯济参共为治，遂得愈。约于元嘉十九年（442）撰有《刘涓子鬼遗方》10卷，后于永元元年（499）由龚庆宣编定。此书述刘涓子平生治验、验方及古痈疽论等。

---

① 王焘《外台秘要》第619页。

现存《刘涓子鬼遗方》为宋刻5卷本。全书以论述全身各部位痈疽的证治经验为中心内容，基本反映了我国两晋南北朝时期在外科临床方面的主要成就，亦为我国现存最早的外科专著。书中首次记载了局部辨脓的方法和切开的原则，指出“痈大坚者，未有脓；半坚薄，半有脓。当上薄者，都有脓，便可破之。所破之法，应在下逆上破之，令脓得易出，用铍针。……若外不别有脓，可当其上数按之，内便隐痛者，实殃坚者，未有脓也。按更痛于前者，内脓已熟也。”[①] 很有临床指导意义。书中治疗痈疽强调早期治疗，以及不同阶段用不同的治疗方法，在所叙述的140余首方药中广泛应用清热解毒、活血化瘀的原则，尤偏于托补等，为后世外科消、托、补三大法则的建立奠定了基础；在局部处理方面强调脓熟后早期切开或针烙引流，并收载了多种剂型的外用方药等，反映了当时外科技术已具一定水平。

此外，其治金疮的内容，其治腹部外伤肠脱出之回纳法，亦为当时突出的医学成就，广为后世文献所引录，被誉为中国早期军阵外科著作，对隋唐时期外科有较大影响。其“取病人簟四角，令病人举摇，须臾肠便自入”[②] 法给后世治肠套叠用颠波疗法以启迪。

9世纪，据日本弘仁十一年（820）《日本纪略》记载，《刘涓子鬼遗方》曾列为日本医学生的必修课之一，《日本国见在书目》亦著录有《鬼遗方》，日本古医书《医心方》卷15至18的外科方论部分，也以《鬼遗方》为主要内容。在朝鲜仁宗十四年（1136）所规定的考试科目中也曾包括《鬼遗方》，所以《刘涓子鬼遗方》对国内外古代医学，特别是外科学有较大影响。

另有《刘涓子治痈疽神仙遗论》1卷，专论痈疽证治。该书最早见于南宋《直斋书录解题》中，原题10卷，东蜀刺史李頔（五代人）录，今传世仅一卷。不论从医论或医方分析，均表明其成书时间较晚，故有学者认为其系托名之作；但也有学者从宋·闻人耆年《备急灸法》、明·王肯堂《证治准绳·疡科》、清·顾世澄《疡医大全》等书所载的《鬼遗方》内容均源于此书，故认为其为《刘涓子鬼遗方》较为集中的佚文。

三　褚澄与《褚澄遗书》

褚澄（？～499），南北朝南齐医家。字彦道，河南阳翟（今禹县）人。宋驸马都尉褚湛之之子。尚宋文帝女庐江公主，拜驸马都尉，历官清显。建元（479～480）年间为吴郡太守，后迁侍中，领右军将军。永元元年（499）卒，追赠金紫光禄大夫。澄博好医方，精岐黄术，诊处占候，治多效验。治病不问贵贱，皆先审患者苦乐、荣悴、乡壤、风俗、水土所宜、气血强弱，然后裁方用药。还认为寡妇僧尼，与寻常妇女不同，治疗亦异。豫章王感病，齐高帝召澄为疗，立愈。澄任太守时，百姓李道念因公事到郡，澄见之说：“汝有重疾。”答曰：“旧有冷疾，至今五年，众医不差。”澄为之诊脉，曰：“汝病非冷非热，当是食白瀹鸡子过多所致。”即取苏一升，服之而愈。

澄撰有《杂药方》20卷，今佚。现存有题名褚澄撰《褚氏遗书》1卷，据《四库全书总目提要》载：唐末王巢发冢，得石刻医书，弃之。僧人义湛抄录其文，复经他人刊刻于世，名之为《褚氏遗书》。

---

① 晋·刘涓子撰，南齐·龚庆宣编，于文忠点校，《刘涓子鬼遗方》，人民卫生出版社，1986年，第41，12页。

② 褚澄，《褚氏遗书》，见《寿养丛书》第4册，中医古籍出版社，1990年。

《褚氏遗书》[①] 内容涉及一些中医学理论，如平脉、精血、审证辨微以及人体发育等，分受形、本气、平脉、津润、分体、精血、除疾、审微、辨书、问子十篇。有些内容有其独特见解，如将人体分为窍（指耳目口鼻阴窍）、肢（指臂股指趾）、关（乳和外肾）、余（齿发爪甲）、附（旁趾）五体。又指出养耳力者宜常饱，养目力者应常瞑，养臂指者宜常屈伸，养股趾者宜常步履，以及夏脏宜冷、冬脏宜温、背阴、肢末虽夏宜温等等，对养生有指导意义。其“问子”篇中说“合男女必当其年。男虽十六而精通，必三十而娶；女虽十四而天癸至，必二十而嫁，皆欲阴阳气完实而后交合，则交而孕，孕而育，育而为子，坚壮强寿”，[②] 从优生学的角度提出晚婚的意义，符合科学道理。又指出“合男子多则沥枯虚人，产乳众则血枯杀人”[③]，这种节欲和节制生育的认识，对保护妇女健康有积极意义。《四库全书总目》对《褚氏遗书》评价较高：“其书于《灵枢》、《素问》之理颇有发明，李时珍、王肯堂俱采用之。其论寡妇僧尼必有异乎妻妾之药，发前人所未发，而论吐血便血饮寒凉，百不一生，尤千古之龟鉴。”然《四库全书总目》据书的内容“疑宋时精医理者著，而伪托澄以传”，所以对该书的真伪，尚存在不同意见。

四 姚僧垣与《集验方》

姚僧垣（499～583），南北朝北周医家。字法卫。吴兴武康（今浙江德清）人。父姚菩提，任梁高平令，因患疾多年而留心医药。梁武帝亦性好医药，常召菩提讨论方术，言多会意，故而受到梁武帝的礼遇。僧垣少好文史，不寻章逐句，议论古今，为学者称崇。年二十四，即传家业，仕梁，尝与武帝讨论医学，僧垣对答流利，武帝甚奇之。大通六年（534），解褐临川嗣王国左常侍。大同五年（539），除骠骑庐陵王府田曹参军。九年，还领殿中医师，十一年转领大医正，加文德主帅、直阁将军。梁亡，遂入北周，武成元年（559）授小畿伯下大夫，以医术见宠于北周诸帝，加授车骑大将军、议同三司，宣帝时封为长寿县公。大象二年（580）任太医下大夫。

僧垣诊治精审，治病有显效，故梁武帝称誉其“用意绵密，乃至如此，以此候疾，何疾可逃”。其用药精当，且常因人因病而异，如治梁武帝年老发热病，以大黄为快药，不宜轻用，武帝不听而致危殆。后治梁元帝心腹疾，诊为脉洪而实，力排众议而用大黄，遂愈其疾。其治病又善辨标本先后缓急。如其曾随北周武帝出征，武帝罹疾，口不能言，睑垂盖目，不复瞻视，一足短缩不得行，僧垣诊为诸脏皆病，不可并治，而军中之要，莫先于语，乃首治口不能言，经处方进药，其效如桴鼓，武帝遂能言。其次治目，再次治足，均如其言而愈。其医术精湛皆如此类。子姚最，以药学知名。

姚氏晚年搜采奇异及参校效验者，撰成《集验方》12 卷，已佚，其佚文可见于《外台秘要》、《医心方》等书。1986 年天津科学技术出版社出版了《集验方》之辑校本，从此可窥《集验方》之概貌。

《集验方》原书已佚，其大部分内容散存于唐宋时期的几种医籍中。《外台秘要》存 179 条，日本丹波康赖《医心方》存 127 条，《证类本草》存 30 条。但各条内容有重复者，亦有详略

---

① 褚澄，《褚氏遗书》，见《寿养丛书》第 4 册，中医古籍出版社，1990 年。

②，③ 褚澄，《褚氏遗书》，见《寿养丛书》第 4 册，中医古籍出版社，1990 年。第 480，476 页。

不一者。

据《外台秘要》所引卷第，尚可窥见《集验方》部分篇卷的内容。卷1，卒心痛、卒腹痛、遁尸、疰病等；卷2，天行、伤寒；卷3，中诸毒、自缢等；卷4，心痛、腹痛、癥积、吐逆等；卷5，痰饮、咳逆、腰痛、虚劳等；卷6，疟、淋、消渴、癫狂等；卷7，水肿、赘疣、诸虫；卷8，耳、目、口、齿、舌、喉病；卷9，疖、疮、痈、疽等；卷10，毒箭伤、蛇、蝎、熊、虎伤等；卷11，妇人；卷12，少小。现有辑校本《集验方》[①]，其卷目，虽参考了《外台秘要》，但从临证查阅方便出发，重新作了安排。

《集验方》中疾病分类很有特色，共分五类，如五淋、五痔、五种腰痛、五种膈病等，五淋的名称一直沿用至今。《集验方》之五淋为石淋、气淋、膏淋、劳淋、热淋。后世五淋内容或略有变动，如有气、血、膏、石、劳五淋等，但总以五淋来分类淋证。在《集验方》中很重视相似症状之鉴别。如对于水肿，姚氏提出了“水与肤胀、鼓胀、肠覃、石瘕，何以别之?”的问题，指出：“水之起也，目窠上微肿，如新卧起之状，颈脉动，时咳，阴股间寒，足胫肿，腹乃大，其水已成也。以手按其腹，随手而起，如裹水之状。肤胀者，寒气客于皮肤之间，彭彭然不坚，腹大，身尽肿，皮厚，按其腹，腹陷而不起，腹色不变。鼓胀者，腹身皆肿大，大与肤胀似也，其色苍黄，腹脉起。肠覃者，寒气客于少腹，外与卫气相薄，气不得营，因有所系，瘦而内著，恶气乃起，息肉乃生，始也大如鸡卵，稍以益大，至其成也，若怀子之状，久者离岁月，按之则坚，推之则移，月事时下。石瘕者，生于胞中，寒气客于子门，子门闭塞，气不得通，恶血当写不写，血不留止，日以益大，状如怀子，月事不以时下，皆生于女子，可导而下”。[②] 这里将全身水肿兼有腹水与肤胀、鼓胀、肠覃、石瘕之鉴别要点清楚记述。对石痈和瘰疬的鉴别又指出：“发痈，坚如石，走皮中无根，瘰疬也。……又发痈，至坚而有根者，名为石痈。”把握了类似疾病的辨证要点。

此外，《集验方》提出伤寒、温病瘥后禁忌，指出要防止因饮食不慎引起“下痢”和“结热”，宜“少食，冷饥，慎勿饱”，也不能有“体劳”，“亦不可多言语，用心使意劳”，不能行房事等，都是热病恢复期应注意的护理要点。其创造用“鹿筋”、“薤白”取诸物哽咽喉在古代有实用意义。其具体方法为“取鹿筋渍之濡，索之大如弹丸，持筋端吞之，候至哽处，徐徐引之，哽着筋出”、“小嚼薤白令柔，以绳系中央，持绳一端，吞薤到哽处引，哽多随出。”[③]。其“治痈肿，大按乃痛者病深，小按便痛者病浅，按之处陷不复者无脓，按之即复者有脓……”对判断痈疽有脓无脓及病所深浅亦有指导意义。

五　东海徐氏世家

南北朝时期的世医中以东海徐氏世家最为贵盛，影响南北朝始终。

徐氏学医，自徐熙始。徐熙为晋代人。字仲融，东莞姑幕（治今山东诸城）人。曾任濮阳太守，因好黄老之术，乃隐于秦望山。有过路之道士讨水喝，赠与一瓠芦，内藏《扁鹊镜经》一卷。熙乃精心研习，遂以医名于时。子秋夫继其术。

---

① 北周·姚僧垣撰，高文铸辑校，《集验方》，天津科学技术出版社，1986年。

② 〔日〕丹波康赖《医心方》人民卫生出版社影印，1993年，第225页。

③ 王焘，《外台秘要》第250页。

徐秋夫，东莞姑幕人，后寄籍丹阳（治今江苏镇江）。从父习医，尤长针灸，有“秋夫针鬼腰痛”之传说，反映其针灸术之高明。在刘宋仕至射阳令。子道度、叔响，皆承家学，以医术称于时。

徐道度，东莞姑幕人，后寓居钱塘（今浙江杭州）。秋夫子。传父业，精医术。因有脚疾不能行，宋文帝令乘小舆至殿，为诸皇子疗疾，无不效验。官至兰陵太守。宋文帝云：天下有五绝，即杜道鞠弹棋，范悦诗，褚欣远模书，褚胤围棋，徐道度疗疾。子文伯、成伯亦为名医。

徐叔响，南北朝刘宋医家。祖籍东莞姑幕，寄籍丹阳。徐秋夫之子。承家学，究心医术，曾任宋大将军之职。著述较多，有《针灸要钞》1卷，《疗少小百病杂方》37卷、《杂疗方》20卷、《杂病方》6卷、《疗脚弱杂方》（或作《脚弱方》）8卷、《解寒食散方》6卷、《解散消息节度》8卷、《本草病源合药要钞》5卷、《体疗杂病本草要钞》10卷等，均已佚失。然从书名看，徐叔响为在临床、针灸、药物各方面均有造诣的医生。子嗣伯，继医业。

徐文伯，南北朝宋齐间医家。字德秀。祖籍东莞姑幕，寄籍丹阳。徐道度之子。承家学，亦精医术，且有学行，倜傥不屈意于公卿。不以医为业，仕南齐至东莞、泰山、兰陵三郡太守。据《南史》记载，徐文伯曾处水剂消石汤治愈宋孝武路太后之“石搏小肠”病；用油剂催吐治愈宋明帝宫人腰痛牵心之病；以泻足太阴、补手阳明堕胎等。撰有《徐文伯药方》3卷、《徐文伯疗妇人瘕》1卷，均佚。子徐雄，传其学。

徐嗣伯，南北朝宋齐间医家。字叔绍。祖籍东莞姑幕人，寄籍丹阳。徐叔响之子。有孝行，善清谈。历任正员外郎、诸府佐，为临川王所重。其治病不分贵贱，均有良效。直阁将军房伯玉服五石散患冷病，夏日常复衣。嗣伯诊之为伏热，应在冬月用水发之。至十一月冰雪大盛之日，强使伯玉解衣坐石，取冷水从头浇之尽百斛，病都差。又传嗣伯曾于春日出游，治一病卧床第之老妇，全身疼痛，体肤有黯黑处无数，嗣伯返回后煮汤药送令服之，后从皮肤黯黑处各拔出“长钉”即痛减，敷以膏，三日而愈。其医技治验皆类此。撰有《徐嗣伯落年方》3卷、《药方》5卷、《杂病论》1卷，均已佚失。

徐雄，南北朝南齐医家。祖籍东莞姑幕，寄籍丹阳。徐文伯之子。承家业，尤工诊察，以医术名闻于江左。多为贵游所善，曾任奉朝请、员外散骑侍郎。子之才、之范继其学。

徐謇（约432～512），南北朝北魏医家。祖籍东莞姑幕，寄籍丹阳。父徐道度以医名于时。承家学，亦善医学。因事至青州，为北魏慕容白曜所俘而送京师。以精于脉诊，深得病形，兼知色候，遂见宠于魏帝，累封侍御师、右军将军。曾为高祖合金丹而入居崧高采营药物，历岁无成而罢。太和二十二年（498）高祖幸悬瓠患疾，乃驰驿召謇，至诊而大验，晋升鸿胪卿金乡县开国伯，食邑五百户，赐钱一万贯。然次年，高祖疾发且甚，虽药而无效，謇几乎为此被罪责，幸而获免。高祖崩后，謇随梓宫还洛。謇并精药饵，虽年老而鬓发不白，力未稍衰。正始之年（504）为光禄大夫，加平北将军。卒于延昌（512～515）年间，谥曰靖。子徐践亦以医名。徐謇之入魏，实为南朝医学传入北朝之始。

徐之才（492～572），南北朝北齐医学家。字士茂。祖籍东莞姑幕，寄籍丹阳。祖父徐文伯、父徐雄，均以医术闻名江左。之才幼而隽发，五岁诵《孝经》，八岁通义旨，十三岁入为太学生，博学多闻，于方术尤妙，因而被召征，为豫章王肖综北府主薄，从综镇彭城。综降魏，之才随之入魏。孝昌二年（526）至洛，敕居南馆，礼遇甚优。之才入洛，乃南朝医学第二次传入北朝。因之才药石多效，又博学机辩，深为朝贤称崇。曾治愈武明皇太后之不豫、武成之酒色过度及下海人之腿脚肿痛“蛤精”病等，故虽有外授，不久也就征还。在武定（543～550）年间迭授大将军、金紫光禄大夫等职。武平二年（571）封西阳郡王，故又有徐王之称。年80卒，赠司徒公，录尚书事，谥曰文明。撰有《徐王八代家传效验方》（或作《徐王八代效验方》）10卷、《徐氏家秘方》2卷、《徐王方》5卷，系总结徐氏数代医疗经验之著作。另有《药对》2卷，据《嘉祐补注神农本草》“所引书传”称，其书“以众药名品，君臣佐使，性毒相反，乃所主疾病，分类而记之，凡两卷，旧本乃引以为据，其言治病用药最详”，该书佚文可见于《证类本草》。又撰有《小儿方》3卷，然孙思邈以为“徐氏位望隆重，何暇留心于少小，详其方意，不甚深细，少有可采，未为至秘”。徐氏所撰诸书均已佚失。弟之范亦以医术称。

徐之范，南北朝北齐医家。祖籍东莞姑幕，寄籍丹阳。徐之才弟，亦以医术称。位太常卿特听。大宁二年（562）任北齐尚药典御。继袭之才西阳王爵。后入仕周，授仪同大将军，开皇（581～600）年间卒。

六　馆陶李氏世家

南北朝世医中，次于东海徐氏者为馆陶李氏。馆陶李氏世医从李亮开始。

李亮，南北朝北魏医家。阳平馆陶（今属河北）人。少习医术，未能精究。太武帝（424～451）时去彭城，从沙门僧坦学医，略尽其术，针灸授药，罔不有效。后行医于徐、兖间，多所救恤。患者不远千里而来，就家开辟厅事（厅堂）收容病人，死则置棺殡葬，还亲往吊唁，仁厚之名播于宇内。累迁府参军督护，本郡士门宿官，皆与之交厚。子李修、李元孙皆继其医术。

李元孙，南北朝北魏馆陶人。名医李亮之子。学父业而术不及其父。曾随毕众敬赴平城，以功拜奉朝请。

李修，南北朝北魏医家，馆陶人。父李亮有医名。修字思祖。承父学，亦精医术。晚入代京，历位中散令，以功赐爵下蔡子，迁给事中。太和中（477～499），常在禁内，文明太后时有不豫，修处以汤药、针灸均有效验，赏赐累加，车服第宅，均称华丽。咸阳公高允年且百岁，而气力尚康，孝文帝、文明太后常令修诊视之。一日，修奏言“允脉竭气微，大命无逮，”未几果亡。孝文帝迁都洛阳，授修前军将军，领太医令。后数年卒，追赠威远将军、青州刺史。李修曾集诸学士及工书者百余人，在东宫编撰《药方》百卷，皆行于世。然今已佚。子天授，亦通医术。

李天授，南北朝馆陶人。李修之子，袭父爵任汶阳令。通医术，技不如其父。

其时李氏以医显于北朝者，尚有赵郡李元忠、李密二人。

李元忠，南北朝北齐赵郡柏（今河北隆尧）人。自曾祖以下多为刺史，元忠父显辅为安州刺史，元忠袭爵为光州刺史。少有志操，以孝义知名。历官南郡太守、骠骑大将军兼中书令晋阳县伯。粗览史书，兼及阴阳、术数，好射弹，有巧思。早年因母老多病，乃专心医药，研习积年，遂擅于方技。性仁恕，见有疾者，不问贵贱，皆为救疗。

李密，南北朝北齐平棘（今河北赵县）人。字希邕。李元忠族弟。北齐天宝（550～559）初，封襄州刺史、容城县侯。卒，赠殿中尚书、济州刺史。密性格方直，以孝闻名。因母病积年，迭经名医疗治不愈，乃精习经方，洞究针药，母疾得除，由是以医知名。撰有

《药录》两卷，已佚。

七　高阳许氏世家

许道幼，南北朝梁代医家。高阳（治今河北高阳）人。官至员外散骑侍郎。幼年因母疾而读医书，究习其术，遂精于医。尝诫其子许景曰："为人子者，尝膳视药，不知方术，岂为孝乎？"由是，世相传授。孙许智藏亦精于医。

许智藏（约537～617），南北朝至隋代医家。祖道幼为名医，父景通医，为武陵王咨议参军。智藏少以医术自达，初仕于陈，为散骑常侍。陈灭，隋文帝以为员外散骑侍郎，使诣扬州。因秦王俊有疾，文帝驰召之。智藏为俊诊脉后曰："疾已入心，即当发痫，不可救也。"果如其言。炀帝即位，智藏已致仕，然帝每有所苦，辄令中使就宅询访，或以辇迎入殿，扶登御床。智藏为方治疗，无不效。

许奭，南北朝北周医家。高阳（今河北高阳）人。亦为许氏宗室。奭先仕梁为中军长史，后随柳仲礼入长安，与姚僧垣齐名，拜上仪同三司。子许澄，传父业尤尽其妙。历任尚药典御、谏议大夫，封贺川县伯。

八　清河崔氏世家

崔彧，南北朝北魏医家。清河东武城（今属山东）人。字文若。大司马外兵郎崔勋之之子。彧与兄相如俱自宋入魏，彧以冀州别驾，累迁宁远将军。少时游青州，遇隐者于佛寺，得授《素问》、《甲乙经》，遂精于医术。中山王英之子略患疾，名医王显等不能疗，彧针之，抽针即愈。性仁恕，见疾苦，好与治之。收门生甚多，以能多施救疗。子崔景哲、崔景凤，门人赵约、郝文法，皆以医知名。

崔景哲，南北朝北魏医家。清河东武城人。崔彧之子。继父术，亦以医显名。仕于魏，任太中大夫、司徒长史。子冏，亦以医名。

崔景凤，南北朝东魏医家。清河东武城人。崔彧之子。继父术，以医术闻名。官至尚药典御。

崔冏，南北朝北齐医家。字法峻。清河东武城人。景哲之子。幼好学，泛览经传。多技艺，尤工医，晓相术，仕魏时任司空参军。齐·天保初（约550）曾任尚药典御。

九　释深师等僧医

释深师，南北朝宋齐间医家。僧人。又作僧深、深师。少以医术知名，善疗脚气病，尝师事仰道人。其治脚气祖述支（法存）、仰二家之说。撰有《僧深药方》（或作《释僧深集方》、《深师方》）30卷，已佚。所载脚气病效方百余首，今犹见于《外台秘要》、《医心方》等书中。其方治经验，有较大影响。

释慧义（372～444）南北朝晋宋间人。俗姓梁，北地人。少出家，游学彭宋间。与当时名士范泰之流结交。精解散之方。拾掇皇甫谧、释道弘诸人之书，撰为《寒食解散杂论》7卷，以应世急。已佚。佚文可见于《医心方》等书。

胡道洽（或避讳称胡洽），号胡居士。南北朝宋代医家。广陵（今江苏扬州）人。好音乐，精医术，以拯救为事，以医术名于时。宋末卒于山阳（今江苏淮安）。撰有《胡洽百病方》，或作《胡洽方》，今佚。《外台秘要》、《医心方》等书有引录。

释昙鸾（476～542），南北朝北魏僧人。一作昙峦。雁门（今山西代县）人。幼出家，为净土宗支柱，专重口业，提倡念佛，故亦重咒语。初以研习《大藏经》而感气疾，乃四方求医，至汾州病愈，遂研求本草及长生神仙之学，闻江南陶弘景精方术，于梁·大通（527～528）年间渡江至梁，经武帝介绍与弘景，得授《仙方》十卷，辞返魏境，途经洛阳，为菩提留支所见，受呵斥，乃焚毁《仙方》，反映了佛道二教在医学领域之争。撰有《服气法》、《调气论》、《论气治疗方》1卷、《疗百病杂丸方》3卷，均佚。

慧龙道人，南北朝梁代僧人。善疗目疾。时鄱阳忠烈王萧恢母费太妃患目疾，瞑无所见，慧龙为之下针，豁然开朗。

十　全元起

全元起，南北朝齐梁间医家。或作全元越、金元起。里居未详，仕南齐为太医侍郎。精于医术，缙绅慕之如神，凡患疾争延之，以为“得元起则生，舍之则死”。其学悉祖《内经》。曾注《黄帝素问》8卷（又名《内经训解》、《内经素问注》）。今佚。其书宋代尚存，今据林亿新校正本《素问》，尚可考其卷目次第及部分佚文。其注《素问》时，据《南史》载尝就王僧孺访以砭石。僧孺引证《说文解字》、《山海经》等书，说明古人当以石为针。从此可见其注文搜讨之勤，注释之细。唐代王冰注释《素问》，曾参阅此书。

十一　王显

王显（？～515），南北朝北魏医家。字世荣。阳平乐平（今山东莘县）人。自言本东海郯人，王朗之后。父安道与李亮同师习医，粗究其术而不及亮。显少任本州从事，明敏有决断，以医术自通。文昭太后梦龙而惊悸，遂成“心疾”，显诊脉后言是怀孕生子之象，果如其言；又治愈世宗宿疾，召补侍御师、尚书仪曹郎，又累迁游击将军、廷尉少卿、平北将军、相州刺史。其间曾乞临本州，世宗曾许之，然积年未受。后在东宫任太子詹事，委任甚厚，世宗幸东宫，显常迎侍，出入禁中，侍送奉药，赏赐累加。延昌二年（513）以营疗之功，封卫南伯。四年，世宗崩，朝宰托以侍疗无效，执之禁中，诏削爵位，临执呼冤，直合以刀环撞其腋下，伤中吐血，至右卫府一宿而死。显曾奉世宗诏撰《药方》35卷，颁布天下；又著《王世荣单方》一卷，均佚。

十二　褚该

褚该，南北朝北周医家。字孝通。阳翟（今河南禹县）人。该幼而谨厚，尤善医术，名闻于时。初仕梁为武陵王府参军，随府西上，后归周。武成元年（559）任医正上士。许奭死后益为时人所重，宾客迎候，然亚于姚僧垣。不自矜，倘有请之者，皆为尽其术，时称长者。子则，传其家业。

十三　周　澹

周澹（? ～419），南北朝北魏医家。京兆鄠（今陕西户县）人。为人多方术，尤善医学。为太医令。太宗尝苦风头眩，澹治之得愈，由之受宠信，位至特进，赐爵成德侯。神瑞二年（412），京师饥疫，朝议将迁都于邺，澹谏曰不可，深合太宗之意，赏赐有加。泰常四年（419）卒。谥曰恭。子驴驹，传其术，袭爵，延兴（471～475）中位至散令。

十四　羊　欣

羊欣（370～442），南北朝宋代医家。字敬元。泰山南城（今山东泰安）人。桂阳太守羊不疑之子。少静默，无竞于人。泛览经籍，尤长隶书。年十二岁，即为吴兴太守王献之所知爱。曾仕晋为辅国参军。刘宋时官新安太守、中散大夫等。素好黄老，奉天师道，有病不服药，仅饮符水。兼善医术，撰有《羊中散杂汤丸散酒方》1卷、《羊中散药方》30卷、《疗下汤丸散方》10卷，均佚。

十五　秦　承　祖

秦承祖，南北朝刘宋时期医家。里居不详。曾任太医令。元嘉五年（443），秦承祖奏请置医学以广教授，为我国提倡正规医学教育之始。其精于医学，行医不问贵贱，多获效验，时称上手。撰有《秦承祖药方》40卷、《偃侧杂针灸经》3卷、《脉经》6卷、《偃侧人经》两卷、《秦承祖本草》6卷、《明堂图》3卷、《寒食散论》两卷，均佚。由于唐代甄权奉敕修明堂，是用《针灸甲乙经》校秦承祖《明堂图》而成，使秦承祖之《明堂图》得到了重视，其《明堂图》亦是针灸史上较早的针灸图之一。

十六　王　微

王微（? ～453），南北朝刘宋琅琊临沂（今属山东）人。字景玄。太保弘弟子。父孺为光禄大夫。少好学，无不通览，善属文，能书画，兼解音律、医方、阴阳、术数。年十六，州举秀才。年十二起，常病虚证，平生好服上药。相信摄养有征，故门冬、苍术，随时参进，寒温相补，欲以扶护危赢。春秋时节，常亲自带领两三门生入山采药。颇晓医术，尤信本草。曾任司徒祭酒、太子中舍人，因丁父忧去官。后数年又授以咨议参军、中书侍郎、义兴太守等职，皆固辞不就。撰有《服食方》一书，已佚。

第四节　药物学的发展

南北朝时期药物学的发展以陶弘景的《本草经集注》为代表，标志着我国药物学即本草学发展到又一新阶段，以《神农本草经》为始的本草主流雏型大定；专科本草、本草图谱、药物栽培、炮制等类本草相继涌现，本草学欣欣向荣。

一　《本草经集注》

《本草经集注》为梁·陶弘景编撰。陶弘景是一位通才，他学识渊博，于天文、历算、地理、医药等均有造诣，善琴棋，工草隶，又精炼丹术。晚年向道，隐居茅山，这才有机会完成整理本草之大作——《本草经集注》。

《本草经集注》原书已佚，《隋书·经籍志》始载“梁有……陶弘景《本草经集注》七卷”。其后新、旧《唐书》虽文字小有出入，亦循《隋书》，然与陶氏本人的描述不符。

据出土的敦煌残卷《本草集注·序录》的第一段，即所谓“陶弘景自序”中，明确指出：“并此序录，合为三卷。”在以下的文字中又再次提到“今撰此三卷”（原件第220行），可知原书必是三卷，而非七卷。作为旁证，还可举出陶弘景《补阙肘后百一方》序文中所说：“凡如上诸法，皆已具载在余所撰本草上卷中。”若原书分七卷，则不可能言“上卷”[①]。在《本草集注·序录》中还写有“右三卷，其中、下二卷，药合七百三十种，各别有目录，并朱墨杂书并子注大书分为七卷。”从此段文字可以清楚看出分为七卷，是指陶氏《本草经集注》的中、下二卷。

《本草经集注》的成就，主要有五方面[②]：

（1）按统一体例整编了混乱的早期重要本草。当时他见到的《神农本草经》已经前人多次损益，在药品数目和内容方面均相当混乱。陶氏描述说：“或五百九十五，或四百三十一，或三百一十九。或三品混糅，冷热舛错，草石不分，虫兽无辨。且所主治，互有多少。医家不能备见，则识智有浅深。”因此，他决定整理，从《神农本草经》中选药365种，又进名医副品（《别录》药）365种，各药条文采用整齐划一的书写体例，使之成为一个较为完善的定本。当然，从现有史料来看，陶氏自称“精粗皆取，无复遗落”，实际上仍有遗漏或删削，但对于使用本草来说，取材以功效、主治为主，统一文体无疑是最可取的一种整理方法。

（2）使《神农本草经》原有的理论纲领趋于丰满，并创设了一些新的项目。在序例中，他逐条补充内容并予阐释，使《神农本草经》的理论原则落实到具体用药方面。一般认为由他首创的“诸病通用药”、“七情表”等，都是针对临床实际归纳的专篇，给后世本草以深远的影响。

（3）把药物的自然属性用于分类药物。尽管在《周礼》中提到了药有“草木虫石谷”，但未见作为药书分类纲领，而陶弘景以玉石、草木、虫兽、果、菜、米食、有名未用七类归并药物，这种分类法，是药物分类的一大发明。

（4）陶弘景对药物形态、产地、性味、采集和鉴别等方面的论述，为确定药材品种、保证用药安全有极重要的意义。此后千余年间，药物品种的确定，一直是本草学的重点内容。

（5）采用朱墨分书、小字增注的文献出处标识法，使药学内容源流清晰，是非各有所归。这种出处标注体例虽非陶氏发明，是当时儒家注经的方法，然而是陶氏将这种方法引进了本草学。此外他规定了药物的度量衡，注意到古今度量衡的不同，他注重药物的加工炮炙及配制方法，对提高药物功效亦有重要作用。

---

① 廖育群，陶弘景本草著作中诸问题的考察，中华医史杂志，1992（2）：74～78。

② 参见尚志钧等《历代中药文献精华》，科学技术文献出版社，1989年，第26～27页。

《本草经集注》在本草发展史中是继《神农本草经》后的又一里程碑。此后，隋唐本草著作及宋代《证类本草》，都是沿袭《本草经集注》体系发展的，直至明·李时珍《本草纲目》问世以后，才替代了它，可见其影响之深远。

二　专科类本草

南北朝时不断发展的本草学著作中出现了专科本草，即配合临床各科而集录的本草著作，如有王末抄集的《小儿用药本草》2 卷，甘濬之撰写的《痈疽耳眼本草要钞》9 卷，徐叔响等四家《体疗杂病本草要钞》10 卷，分别为儿科、外科并五官科，及内科杂病的专科本草。

三　图谱类本草

在南北朝以前早已有本草图出现，如《大蒐神芝图》、《芝草图》、《神仙芝草图》等等，以芝草图谱占了大多数，还有一些植物图谱，如《南方草木状》，其中包括有本草药图，这些图可谓开本草图谱之先路。

南北朝时描绘其他药物的图谱出现，以原平仲的《灵秀本草图》6 卷为最早。该图起自赤箭，终于蜻蛉，说明动植物图都有。从著录及药图排列来看，有可能是辅《本草经集注》而绘制的。此外另有《芝草图》1 卷问世。

四　采药和种植类本草

在《隋书·经籍志》中著录了数种采药专书，如《入林采药法》、《太常采药时月》、《太常采药及合目录》等，似均为南北朝时期著作。反映了其时采药的重点在采药的时间。而只在采药时间及时采摘，毕竟供应不了药用之须，因而便有种植药物的著作问世，《隋志》中记载有《种植药法》1 卷和《种神芝》1 卷。证明我国在 1400 年前就能人工栽培药物和菌类植物。

五　炮制类本草

南北朝时期炮制类本草有徐叔响《本草病源合药要抄》和雷敩《雷公炮炙论》，以后者最负盛名。

《雷公炮炙论》为我国第一部炮炙药物专著，一般认为成书于刘宋时期。主要根据南宋赵希弁《郡斋读书后志》载：《雷公炮炙》三卷。古宋雷敩撰，胡洽重定，述百药性味炮煮熬炙之方。其论多本之乾宁晏先生。敩称内究守国安正公，当是官名，未详。

古宋即刘宋。与赵希弁同朝代的晁公武《郡斋读书志》卷 15 也认为是“古宋雷敩撰”；丹波元胤《中国医籍考》云：“胡洽名见于刘敬叔《异苑》，彼加重定，则当为宋人矣。乾宁晏先生《制伏草石论》6 卷，出于《新唐志》。今以其为道家之书，不著录焉。”[1] 胡洽为刘宋时人，原名道洽，避齐太祖萧道成讳，去“道”字。刘敬叔《异苑》云：“胡道洽者，自云广陵人，好音乐、医术之事。”有

① 〔日〕丹波元胤，《中国医籍考》，人民卫生出版社，1983 年，第 130 页。

《百病方》2卷(《隋书·经籍志》)。故《雷公炮炙论》为刘宋时所撰。但在其流传过程中,有可能掺入唐代以后的药物和资料,因此不能凭这些掺入的资料而断定本书最早成书于唐代或五代。此外,敦煌出土的唐以前医书《五脏论》中载有"雷公妙典,咸述炮炙之宜";朝鲜医书《医方类聚》卷4亦转引《五脏论》云:"雷公妙典,略述炮炙之宜;弘景奇方,备说根茎之用。"结合宋代学者的记述,本书最早成书应在刘宋,最晚在隋代。

《雷公炮炙论》,从现存佚文看,各药内容以实际炮制操作为主。所记方法有净选、粉碎、切制、干燥、水、火制和加辅料制等,且在叙述药物炮制之前,常先说明炮制的药品特征及与混淆品的区别。炮制药物首先鉴别真伪,是一种很好的传统,自《雷公炮炙论》肇始,一直为药业人员所重视和继承。而该书对操作的要求,辅料数量、修制时间等均有精确的记载,这些也对后世产生影响。书中若干制药方法和选药要求,至今仍有现实影响。

六 本草音义及其他

南北朝北周医家姚最(535～602)撰有《本草音义》3卷,已佚,可能与注释本草有关,既注音,又注文。开《本草音义》之始。其后,唐代甄立言、苏敬、孔志约、杨玄操、仁谞、殷子严、李含光等各有《本草音义》之作。

在梁《七录》中尚有食物类著作近20种,如《食经》、《黄帝杂饮食忌》、《刘休食方》、《太官食经》、《太官食法》等等,可能与食物疗法有密切关系,惜均已佚失,有少量《食经》佚文存《医心方》中,然亦难肯定是《七录》所载之《食经》内容,故难以进一步考察。

第五节 病因学和诊断学的发展

一 病因学的发展

南北朝医家注重名实之研究,因而在病因学方面也有所发现。

如关于伤寒与天行,《小品方》提出"伤寒与天行温疫为异气耳",则以"气"作为病因。又曰"天行温疫是毒病之气"①,这些论述有别于以往的病因学,每从外感六淫来解释,如"冬伤于寒,春必病温"等。

关于化脓性疾病,陈延之提出了因"虫"而起的病因学说,如其曰:"金创无大小,……已脓,中有虫";"白灰傅之,虫当出"②;"耳中脓血出,作聤耳,治之不愈,是有虫也"③。今天,因细菌感染而发炎已成常识,而在当时,能不囿于"热胜则肉腐,肉腐则成脓"的解释而提出新的病因学说,实属可贵。

在瘿病中,陈延之不仅详述了症状,而且提出"长安及襄阳蛮人,其饮沙水喜瘿,有核瘰瘰耳,无根,浮动在皮中。其地妇人患之,肾气实,沙石性合于肾,则令肾实,故病瘿也。"④ 早在

① 王焘,《外台秘要》,人民卫生出版社,1955年,第59页。

②,③ 〔日〕丹波康赖,《医心方》,人民卫生出版社,1955年,第398,122页。

④ 王焘,《外台秘要》,人民卫生出版社,1955年,第619页。

1500 年前，陈氏就提出了瘿病病因与饮水有关，并进行了病理病机之阐述，反映了南北朝时期病因病理学之发展。

二　诊断技术的发展

南北朝时期诊断技术的发展，以外科方面较为突出。如《刘涓子鬼遗方》中已有诊断痈疽是否成脓，以及胸中结痈和瘭疽的鉴别等。

其诊脓法“痈大坚者，未有脓。半坚薄，半有脓。当上薄者，都有脓，便可破之。”以及乳痈的诊脓法“在乳者，熟之候(指脓熟)，手按之，若随手起，便是熟。”[①] 至今仍为临床所应用。

其诊胸中为结痈和瘭疽法，当“胸中断气(指短气)者，当入阛中，以手按左眼，视右眼，见光者，胸中结痈；若不见光者，瘭疽内发”[②]。此诊断鉴别法，在唐代孙思邈《千金方》、王焘《外台秘要》等均有引用，说明其时应用较广。但在近现代未见有承继者。

此外已有粪便检查之雏型。《梁书》孝子传载庾黔娄于齐永元初(499)因父病，医者云“欲知差剧，但尝粪甜苦”。庾黔娄从医言，辄取粪尝之，发现“味转甜滑，心逾忧苦。”可见当时医家已嘱患者家属用尝粪来作粪便检查确定(糖尿)病之进退。《吴越春秋》中亦曾载过越王勾践为吴王尝粪事，与此同样性质，但属勾践表示忠心之行为。而此处是医者嘱庾黔娄尝粪，则有引入医学作诊断检查之意义。

第六节　针灸学的发展

在魏晋针灸学的基础上，南北朝的针灸学继续发展。其特点是：有针灸世家的出现，灸法的发展和针灸图谱之出现。图谱之出现，或许与当时谱牒图象之学的繁荣相一致。

当时针灸世家中，以南朝徐熙一家六代最为突出，他们父子兄弟，相袭传授，成为针灸世家的典范。徐氏家族中，徐叔响著有《针灸要钞》，但久已失传。现今我们能在《南史》中见到徐秋夫针灸治腰痛、徐文伯针泻足太阴、补手阳明堕胎(为针刺堕胎之始)，以及在《北史》中记载有徐之才为北魏武成帝治疗精神失常，“针药所加，应时必效”等事迹片断。

陈延之在针灸疗法上，偏重于提倡灸法。因为他认为“针术须师乃行，其灸则凡人便施。为师解经者，针灸随手而行，非师所解文者，但依图详文则可灸。野间无图不解文者，但逐病所在便灸之，皆良法。”[③] 此观点既实事求是，又方便百姓，与王焘之曰“针经古来深奥，令人卒不可解”，“针能杀生人，不能起死人”，“不录针经，唯取灸法”[④]的偏见不同。陈延之并不否定针刺，只是认为必须经师学习才能施行，而灸法则无师看图详文也能学会，即便无图而不识字的乡间人士，可以在病所施灸，也能取得良效。这对于在广大穷乡僻壤推广简便有效之灸法有促进作用。当然他也提出了施灸的注意事项，即“避其面目四肢显露处，以创瘢为害耳。”因为暴露部位之创瘢既影响美观，疤痕挛缩等也会影响功能，这一原则的提出也切于实用。

---

① 晋·刘涓子撰、南齐龚庆宣编，《刘涓子鬼遗方》，于文忠校点，人民卫生出版社，1955 年，第 41，9 页。

② 《刘涓子鬼遗方》，人民卫生出版社，1986 年，第 10 页。

③ 〔日〕丹波康赖，《医心方》，人民卫生出版社，1955 年，第 63 页。

④ 王焘，《外台秘要》，人民卫生出版社，1955 年，第 1077 页

南北朝刘宋医家秦承祖编撰了针灸史上最早的针灸图谱——《明堂图》3卷，书已佚。但在唐代还能见到，唐代医家甄权，就是用《针灸甲乙经》和秦承祖《明堂图》来校定他的《新撰明堂图》。甄氏之图普传华夏，这其中也有秦承祖对针灸学的贡献在内。

第七节 临床医学的发展

南北朝时期由于战事连绵、政权频繁交替，社会动荡不安，给临床增加了实践的机会；而民族的交流融合，人口的南北迁移，促进了医学的交流；门阀士族和山林隐逸等人士参与医学实践和收集、整理、撰写医药著作，使这个时期临床医学出现了蓬勃发展的局面。

一 内 科

在传染病临床方面，继《肘后备急方》提出伤寒、温病、时疫三者病因不同，南北朝刘宋医家陈延之在其所撰《小品方》中进一步提出了三者不仅病因异气，而且“所宜不同，方说宜辨”①。

在伤寒治疗方面，陈氏有解表方中减少辛温药而增加苦寒药的倾向，如白薇散，即以白薇、贝母易原麻黄汤之桂枝；葛根汤中也另加入大青、龙胆、黄芩、石膏等清热药。这是与以前多用辛温解表法治伤寒不同之处，颇得后世温病学家之效法。由于本书已佚，辑录本难能反映原书全貌，温病、天行之诊治情况也就难以探究了。

自永嘉南渡，北来的贵族每多患脚气者，成为当时内科学上之常见病，也成为南方不少医者之擅治病之一，孙思邈在《千金要方》中指出“宋齐之间，有释门深师、师道人、支法存等，诸家旧方为三十卷，其脚弱一方，近百余首”②，即是当时南方医家每多擅治脚气（当时称脚弱）病的写照。此外此期并有治脚气的专著问世，据梁《七录》载，有徐叔响《疗脚弱方》8卷、徐方伯《辨脚弱方》1卷，亦已佚失。唯《外台秘要》中尚载有陶弘景《效验方》之金牙酒、深师的茵芋酒、八风汤、犀角丸、四物附子汤等治脚气方。《医心方》录有陶弘景《本草经集注》中大黄膏方和白头公方治脚气。还录有《小品方》有关脚气病之论述，云“风毒中人，多不即觉，或因众病乃觉也。其状或有见食呕吐，憎闻食臭；或有腹内痛兼下；或胸中冲悸，不欲见光明；或精神惛愦，或喜妄语错乱，壮热头痛；或身酷冷悁疼；或喜举体转筋；或两脚微肿；或直痹；或膝至脚不仁，时缓纵不随”③。对脚气病的症状作了详细的描述，是陈氏临床观察细致的反映。

《小品方》对瘿病症状的描述亦较精当，其曰：“瘿病者，始作与瘿核相似。其瘿病，喜当颈下，当中央，不偏两边也。乃不急膇然，则是瘿也。中国人息气结瘿者，但垂膇膇无核也；长安及襄阳蛮人，其饮沙水喜瘿，有核瘰瘰耳，无根，浮动在皮中”④，概括了瘿病的形态体征。前者乃恚气所结，与今日囊状型甲状腺肿相似；后者因饮沙水而发，与今日结节型甲状腺肿相似。这种分型是当时医学中的首创，对后世证型分类有深远影响。在治疗方面，治瘿方剂中或用鹿靥，或用海藻、昆布的处方占大多数。鹿靥为鹿的甲状腺制剂，用于治瘿为宋齐间医家僧深《深师方》

① 引自王焘《外台秘要》，人民卫生出版社，1955年，第59页。

② 唐·孙思邈，《千金要方》，人民卫生出版社，1955年，第138页。

③ 引自《医心方》，人民卫生出版社，1955年，第180页。

④ 引自《外台秘要》，人民卫生出版社，1955，第619页。

之首创，与1914年肯德尔(Kendall)对地方性甲状腺肿开始实施甲状腺剂疗法相比，可谓世界医学史上光辉的一页。而海藻、昆布治瘿则为南北朝以前历代沿用的有效方法，在此时期得到更大的推广。

二 外 科

外科在此期有较为突出的发展。主要是出现了外科名家甘伯齐、甘濬之、刘涓子及他们撰写的外科专著，使刘宋以前历代的外科成就得到了总结和发扬。

甘濬之著有《痈疽部党杂病疾源》3卷、《疗痈疽金创要方》14卷、《疗痈疽毒惋杂病方》3卷，甘伯齐撰有《疗痈疽金创方》15卷，书均已佚，但从书名可知，其时在治疗痈疽方面肯定要比《灵枢》"痈疽篇"有大的发展，当时外科医生兼治骨伤科，故撰著时痈疽和金创归于一起阐述。

晋·刘涓子著有《刘涓子鬼遗方》，该书经南齐龚庆宣编撰方得传世，为现存最早的外科著作。该书对痈疽等化脓性感染类外科疾病有杰出贡献，无论从诊断与鉴别诊断，或全身药物治疗和局部外敷、各种手术治疗适应证与手术时机的选择等，均较前代有明显进步。如对痈疽，十分重视切开引流的时间，故而在诊断脓是否成熟方面予以强调，并提出"都有脓，便可破之。所破之法，应在下逆上破之，令脓得易出，用铍针。脓深难见，上肉厚而生肉，火针。"[①] 可见，该书主张脓熟才可切开引流，而切口应在脓肿的下方，向上挑开，便于脓液的排出；而深部脓肿，采用火针，则可避免出血过多。从书中"治痈疽兑膏方……以膏著绵絮兑头尖作兑兑之。疮虽深，浅兑之，脓就兑尽，即生善肉"。[②]似为油纱布引流之措施。

此外，此时期陈延之的《小品方》、姚僧垣的《集验方》对外科疾患亦有论述。《小品方》对附骨疽(相似于今慢性骨髓炎)、附骨急疽(相似于今急性骨髓炎)和贼风(相似于骨结核)作了鉴别[③]；《集验方》则对肿瘤作了分类，指出有"肉瘤"、"石瘤"和"血瘤"之不同。上述种种，反映了南北朝外科的进步。

其时骨伤科与外科尚未分。《刘涓子鬼遗方》在论述金疮等外伤造成肠脱出的治疗时，不仅叙述了种种纳肠入腹的医疗技术，更强调了"十日之内不可饱食，频食而宜少。勿使病人惊，惊则煞人。"[④] 这些护理原则和要求是合乎科学的。

对骨折，采用整复固定的手法，这时已应用竹帘、夹板等矫正器具。《小品方》载用竹编夹裹[⑤]、刘涓子更用木片为夹板，在上夹板局部均敷有促进愈合的药物如地黄等，外缠绷带扎缚的厚薄宽紧亦均有规定。以竹编(相当于竹帘)作夹板固定，使局部血液流通不受阻，也有利于骨折的愈合。甘濬之、甘伯齐都有金创专著，然均已佚而无法探究其内容。

此外，《刘涓子鬼遗方》"相痈疽知是非可灸法"一节专论，可知当时灸法亦已经用于化脓性感染，此与当时较为推崇灸法相一致。痈疽初起未脓之时，现亦有采用热敷促使消散法，与当时之艾灸有异曲同工之妙。

---

①,② 刘涓子撰、龚庆宣编，《刘涓子鬼遗方》，人民卫生出版社，1986年，第41～42页，第50页。

③ 引自《医心方》卷15。

④ 《刘涓子鬼遗方》第12页。

⑤ 引自《千金要方》第455页。

三 妇 产 科

南北朝时，妇女胎产之病及妇科疾患受到了注意。

胎孕方面，已有徐之才《逐月养胎法》，阐述了胎儿发育和孕期保健的知识。徐氏指出：妊娠一月始胚；二月始膏；三月始胎；四月成血脉；五月四肢成；毛发初生，胎动无常；六月成筋；七月骨、皮毛成；八月九窍成；九月六腑百节皆备；十月五脏俱备，六腑齐通，即产。[①] 其对胚胎发育过程的描述基本与现代认识相近。而其更将胚胎发育的理论应用于产科，以指导孕妇的卫生保健，从而创立了逐月养胎法。此逐月养胎法对孕期中的妇女的情志、饮食、娱乐等都按月作了规定，如孕妇应当摄取足够的营养，但不宜过食肥甘；要注意劳逸适度，经常做一些轻微体力劳动，适当体育活动或户外散步等；衣服要清洁卫生，宽大舒畅，要节制房事，居处要安静，要陶冶性情施行胎教等，至今有实用意义，且对促进优生优育有积极意义。

《小品方》则对产褥期提出新见解，认为应以满百日为宜。理由是“妇人产时，骨分开解，是以子路开张，儿乃得出耳。满百日乃得肉合平复也，妇人不自知，唯满月便云平复，会合阴阳，动伤百脉，则为五劳七伤之疾”。[②] 此一认识对产褥期卫生有指导意义。

在妇产科病方面，《小品方》最早描述了妊娠阻病的症状：心中烦闷，头重眩目，憎闻饭气，四肢委热，不胜自持等，治用半夏茯苓汤[③]。对妊娠子冒、子淋、漏胎、胎动不安等的诊治亦有新的认识和方药。从姚僧垣《集验方》[④] 看，南北朝妇产科的内容很丰富，书中不仅录入了徐之才的《逐月养胎方》，现代妇产科临床所见的常见病在《集验方》中基本齐备。如妊娠胎动及胎不长，妊娠恶阻及子烦，妊娠水肿、腹痛、下痢，妊娠伤寒及疟疾，妊娠漏胞及胎堕下血，难产、横生、逆产，死胎及胞衣不下，产后烦闷及渴，产后咳嗽、中风及心腹痛，产后二便不通及失禁，产后患淋及小便数，产后无乳及阴道不闭，妇人带下、漏下及癥瘕、阴脱、阴痒及阴疮，妬乳疮痛及乳痈，以及妇人伤于丈夫及交接出血等。治疗则以内服汤剂为主，亦有用食疗者，如“治妇人怀妊，数伤胎方”，即用鲤鱼、粳米煎汤食之[⑤]；亦有外敷膏散者，如飞乌膏散、黄连胡粉膏散等；更有阴道栓剂之应用，如“治妇人阴下挺(子宫脱垂)用蜀椒、乌头、白芨捣筛，以方寸匕绵裹内阴中，入三寸……差止。”及治妇人阴中痒，如虫行状方，用矾石、芎劳、真丹砂下筛，“以绵裹，内阴中，虫自死”。[⑥]后者似为阴道滴虫之治疗。

此外，《小品方》和《褚澄遗书》都从男女病理、生理角度提出了合适的结婚年龄，反对早婚早育。如《小品方》指出：“古时妇人，病易治者，晚嫁肾气立，少病，不甚有伤故也。今时嫁早，肾根未立而产，伤肾故也。是以今世少妇有病必难治也。早嫁早经产，虽无病者亦夭也。”[⑦]《褚澄遗书》则曰：“合男女必当其年。男虽十六而精通，必三十而娶；女虽十四而天癸至，必二十而嫁。皆欲阴阳气完实而后交合，则交而孕，孕而育，育而为子坚壮强寿。今未笄之女，天癸始至，已近男色，阴气早泄，未完而伤，未实而动，是以交而不孕，孕而不育，育而子脆不寿。”[⑧] 这种提倡晚

① 引自《千金要方》，人民卫生出版社，1955年，第21～24页。

②，③ 引自《医心方》第517，494页。

④ 北周·姚僧垣撰，高文铸辑校，《集验方》，天津科技出版社，1986年。

⑤，⑥ 同④，第209，234页。

⑦ 参见《外台秘要》第974页。

⑧ 褚澄，《褚氏遗书》。见傅景华重编《寿养丛书》第4册，中医古籍出版社，1990年，第480～481页。

婚和优生优育的观点，反映了南北朝时期妇产科学的进步。

在《小品方》中还提到了“因妊娠得病，事须去胎方”、“治羸人欲去胎方”、“妇人得温病，欲去腹中胎方”，则也是从母亲身体健康出发而用药物人工流产；又提到“治妊身欲去之，并断产方”及“断产方”，则纯粹是为绝育而设，前者有病的母亲难以承担孕育之任，实为避免产出不健康婴儿的优生措施。远在1500年前，妇女社会地位低下的封建社会，能考虑到妇女的健康和儿童的优生保健，在医学史上有进步意义。而为孕妇断产，在当时企求“多子多福”的封建社会，更体现了医家的革新精神。

此期据《隋书·经籍志》记载，有妇产科著作《黄帝素问女胎》1卷、《杂汤丸散酒煎薄贴膏汤妇人少小方》九卷、《范氏疗妇人药方》11卷、《黄帝养胎经》1卷、《疗妇人产后杂方》3卷、《产乳书》2卷、《产经》1卷、《推产妇何时产法》1卷、《推产法》1卷、《杂产书》6卷、《生产符仪》1卷、《产图》2卷，《杂产图》4卷等，从这些书名和卷数，也可以认为南北朝时妇产科学已基本独立成科了。

四 儿 科

南北朝时期，据《隋书·经籍志》载录的儿科专书有11部：《杂汤丸散酒煎薄贴膏汤妇人少小方》9卷、《俞氏疗小儿方》4卷、徐叔响《疗少小百病杂方》37卷、《疗少小杂方》20卷、《范氏疗小儿药方》1卷、王末《疗小儿杂方》17卷、《少小方》1卷、《疗小儿丹法》1卷、《小儿经》1卷、王末钞《小儿用药本草》2卷。这些著作均已佚失。另据《备急千金要方》卷5记载，晋宋时期江左（古人在地理上以东为左，以西为右，故江东又名江左。东晋及南朝宋、齐、梁、陈各代根据地都在江左，故当时江左泛指此五朝统治下的全部地区）有苏家以儿科名世，“传习有验，流于人间”；齐代徐之才撰有《小儿方》3卷。可见当时儿科发展及经验积累都很可观。

从现存资料看，当时儿科学已趋完备。《小品方》已给儿科年龄作了规定，“凡人年六岁已上为小，十六以上为少，三十以上为壮，五十以上为老，其六岁以下经所不载，所以乳下婴儿有病难治者，皆为无所承据也。中古有巫妨者，立小儿《颅囟经》以占夭寿，判疾病死生，世相传授，始有小儿方焉”①。所以，小儿科是16岁以下之儿童，较现在小儿科年龄（上限为14岁）稍高些。

在儿科疾病方面，《小品方》已记载了小儿伤寒、鹅口疮、重舌、宿食不消、咳嗽、身热、渴利、热痢、小便不通、客忤、行迟、夜啼、盗汗、口舌疮、蓐内赤眼、解颅、白秃、丹毒、瘑疮、阴癞、发不长等涉及各科的疾病及治疗。治疗方法除汤药、散剂之外，还有外敷、沐浴、针刺、灸法、扑粉等方法。同时尚有两则医案留下②：一为小儿误吞铁珠，渐病瘦瘠，时有下痢，恶寒发热，服药治疗，反剧不效。后一医诊之云是吞物不消，为处汤药，儿即得瘥。又一例为一六七岁的女孩患腹痛，其母摩按之，觉手下有一物横在肉里，脱衣检查，皮肉完好无有刺处。其母以爪甲重重介之，横物折为两段。请医生诊治，医生认为是“母常带针，裸抱横儿体，针入儿肌肤中”，纵儿觉痛啼哭，与乳卧息便止，因而未发觉。今因腹痛，摩之始

① 引自《千金要方》第73页。

② 引自《外台秘要》第1022页

知。日久针朽易折，故令儿腹痛不安。遂令病儿服温中汤而愈。此例并作了追踪调查，“后长大嫁，因产乳，不闻道针处为患”。这些医案均描述详尽细致，反映了当时医家认真负责的医疗作风，以及对儿科医案记录的重视。

《小品方》中并提及了乳母之选择，认为“今但令不狐臭、瘿瘤、尰瘘、气味、蜗疥、癣瘙、白秃、疬疡、胷唇、耳聋、齆鼻、癫眩，无此等病者，便可饮儿也。”① 这一选择乳母的标准是符合实际的，对婴儿避免从乳母处感染癣疥等皮肤病，以及免受乳母癫眩或其他疾病的伤害或不良气味之刺激，对婴儿健康成长是有利的，从此也反映了儿科医家对哺乳和儿童保健防病亦予以关注。

五　五　官　科

此期五官科与其他各科一样向前发展。

眼科中，已开始用烧针灼烁翳障法治疗“眼肤肉生覆瞳子者方：取烧针令赤，烁著肤上，不过三烁缩也。有令人割之三复生，不如烁之良”②。翼状胬肉单用切除法易复发，用烧针烁缩而获成功。而治疗内障，已有金针拨障法之施行，如《梁书·鄱阳王恢传》载鄱阳王恢“患目疾，久废视瞻，有北渡道人慧龙下针，豁然开朗”，即是成功之一例。《周书·姚僧垣传》载（建德）四年（575）高祖亲戎东讨，至河阴遇疾，口不能言；睑垂覆目，不复瞻视；一足短缩，又不得行”。僧垣先予治口，“处方进药，帝遂得言”，次又治目，“目疾便愈”。此为因中风而睑下垂，为姚僧垣治愈，虽非眼科疾病，亦与目有关。

耳科方面，对耳聋症 作了鉴别，即《小品方》将耳聋分为五种：“风聋者，掣痛；劳聋者，黄汁出；干聋者，耵聍生；虚聋者，萧萧作声；聤聋者，脓汁出。”③ 这种分类鉴别法有助于指导临床辨证用药，而《黄帝内经》时，仅有“少阳之厥则暴聋”，“少阴司天，客胜则……发热、耳聋、目瞑”的记述，《肘后方》仅有耳卒聋之急症，因此《小品方》之耳聋五种则是更切合临床应用之分类法，并成为后世医著中耳聋症状、病因分类的主要内容。

而在耳病的治疗方面，从现存《医心方》卷 5 的有关资料，都以局部治疗为主，如有以药著簪头放入耳中，以药汁灌耳、绵裹塞耳、涂耳孔、掩耳、倾耳枕之等方法，无不体现简便廉验的处理原则。当然这也不一定反映陈延之《小品方》治耳病的全貌。北周·姚僧垣《集验方》的治耳病方④ 亦与《小品方》相仿，为局部用药。

此外，在《集验方》中已出现治面皯、粉刺、面疱诸方，以及使皮肤变白的方剂及手面膏等，反映了南北朝时期在美容方面已予注意，并取得了一定成就，成为后世妇科内容之一。在唐代的《千金要方》、《千金翼方》、《外台秘要》中均收录有大量此类方剂，并出现了专著如宇文士及《妆台方》即是，惜已亡佚。

① 引自《医心方》第 555 页。
② 引自《外台秘要》第 576 页。
③ 引自《医心方》第 120 页。
④ 北周·姚僧垣撰，高文铸辑较，《集验方》，天津科学技术出版社，1986 年，第 251～253 页。

第八节 医事制度

南朝医事制度基本沿用晋制。刘宋设置太医署，有“太医令一人，丞一人，隶侍中”①。据《宋书·礼志》记载，除太医令、丞外，尚有殿中太医司马、太医、御医和行病帅等。对于民间疾疫亦予以重视，如元嘉四年（427）、二十四年、二十八年及大明元年（457）、四年，都下疾疫，每次都派医生巡回治疗，并令郡县和营署部司普加顾恤。

南齐承袭宋制。齐有“太医令一人，丞一人”②；《资治通鉴》记载南齐有御师，即御医之又称。其时有文惠太子与竟陵王等设立之六疾馆以养穷病之人，有一定的作用。

梁有太医令一人，丞二人，属门下省。其中药藏丞为三品，可见这时医药管理已有了分工。此外诸王国官属有典医丞；郡县属吏中亦有医职③。此外有太医正之设，见《北史·姚僧垣传》：“年二十四，即转家业，仕梁为太医正。”当是太医令属官。梁武帝笃信佛教，于天监十六年（517）时曾敕令太医不得以生类（即有生命的动物）为药，并于普通二年（521）诏置独孤园以恤孤幼。

陈代医事制度资料缺乏，《册府元龟》载尚药自梁以降，皆太医兼职。陈如梁制。《通志》载：“齐、梁、陈、隋有奚官令，掌宫人疾病、医药、罪罚、丧葬等事”④。

北朝医官制度，北魏有太医令之职，属太常⑤。门下省设有尚药局，有侍御师⑥。《魏书·官氏志》记有太医博士从六品下、太医助教从八品中、尝药监第五品下、尝药典御、仙人博士（煮炼百药）。

北齐设有太医署，有太医令、丞等职，属太常。太子门下坊设有药藏局，置监、丞各二人，侍医四人。皇子王国各置典医丞二人。中侍中省设有中尚药典御二人、丞二人；门下省置尚药局，设典御二人，丞二人，侍御师四人，尚药监四人⑦。内厩局有马医二人。

北周设有太医下大夫、小医下大夫、小医上士、疡医上士、疡医中士、疡医下士、医正上士、医正中士、医正下士、食医下士、主药下士，均属于天官。兽医上士、兽医中士、兽医下士，属夏官。官阶在高者正四命，低者正三命⑧。据《唐六典》载，北周有主药六人，有医正、医生三百人之多。

从上述可见，医事制度以北周最细，并形成了等级制，这对医绩考核管理和提高业务水平有所裨益。

---

① 沈约，《宋书·百官下》，卷40，中华书局点校本，1974年。
② 肖子显，《南齐书·百官志》，卷16，中华书局，1972年。
③ 唐·杜佑，《通典·职官典》。
④ 南宋·郑樵，《通志》卷54，职官略4。
⑤ 参见《魏书》周澹传、李修传。
⑥ 参见《魏书》徐謇传、王显传。
⑦ 参见《北齐书》徐之才传、《隋书·百官志》、《册府元龟》及《通典·职官志》。
⑧ 参见《通典·职官志》。

第八章　隋唐医学

公元 581 年，杨坚夺取了北周政权，建立隋朝，统一了中国，在经济上、政治上实行了一系列有利于社会经济政治发展的政策，使隋王朝有了 20 多年的政治稳定、经济繁荣的局面。但隋炀帝即位以后，骄奢淫逸、穷兵黩武，不断横征暴敛，大修宫河，巡游无度，又连年征战高丽，于是民怨沸腾，到处爆发农民起义。在各路义军的严重打击下，隋王朝只经历了两个皇帝共 37 年即告覆灭。

公元 618 年，出身于关陇贵族的李渊攻入长安，废除恭帝，建国号唐，年号武德，是为唐太祖。武德九年（626）李渊传位给儿子李世民，即历史上有名的唐太宗。他在位期间进一步调整统治政策，如继续推行均田制和租庸调制，沿袭隋的三省六部制，把权力集于皇帝之手，设进士科，使庶族知识分子能进入仕宦之途；以及纳谏、用人等，这一系列政策措施的推行，使社会比较安定，阶级矛盾相对缓和，社会经济繁荣，国力强盛，出现了贞观之治。其后高宗继位，承袭太宗余绪，曾出现过“永徽之治”。太宗、高宗统治时期，是唐代的全盛时期，奠定了唐代 300 年的基础。唐中期以后，统治集团日趋腐朽，均田制遭到破坏，募兵制代替府兵制，军事上削弱了中央的统治，地方节度使拥兵自重，割据势力膨胀，导致了安史之乱的爆发，唐朝由盛而衰。这种藩镇割据局面一直延续到唐朝灭亡。

隋唐两代的统一时期，国内民族联系增强，交往频繁；对外采取开放政策，以西北陆路和东南海路为主要交通路线，与朝鲜、日本、印度、巴基斯坦、阿富汗、伊朗和阿拉伯许多国家和地区发展了政治、经济上的广泛交流，使节、商贾往来频繁。在对外的交往中，也增进了文化包括医学的交流。

隋唐的统治者在一个相当长的时期里，积极参与了对医学事业的组织和领导工作，采取了一系列促进医学发展的政策和措施，如设置太医署教授学生，根据实际情况，制订医学分科，规定了考试选用医生的方法等。政府还主持编修医书：隋炀帝敕撰《四海类聚方》2600 卷（书已佚失不传），巢元方等撰《诸病源候论》50 卷；唐高宗显庆年间（656～660）命苏敬等 23 人重修本草，撰成《新修本草》54 卷；唐太宗贞观中曾敕甄权等修明堂；当看到五脏都附系于背时，下诏令决罪人不得鞭背；还亲自到医家甄权家中询问药性、饮食及保健；太宗和高宗还多次召谕孙思邈至京师等，这对于当时医学无疑有促进作用。

而在意识形态方面，隋唐时期随着地主阶级内部的统一，儒、佛、道三者的关系成为加强思想统治的一大问题。隋·王通提出了儒、释、道三教归一的纲领，唐·柳宗元亦继续提倡三教调和论。唐统治者如高祖、太宗，都以道、儒、佛为序，武则天掌政后尊佛抑道，改变了道、儒、佛的地位。

基于上述时代背景，形成了隋唐时期的医学发展的基本特征。

第一节　隋唐医学发展的基本特征

一　佛教医学的渗入

隋唐时期中印交往密切，有高僧义净、玄奘去天竺取经，亦有印度僧人不断来华，而统治者又三教并重，亦推崇佛教，如唐太宗亲为高僧玄奘所译的 75 部经论写了《大唐三藏圣教序》，高宗又写了《大唐三藏圣教序记》，武后更是尊佛抑道。随着佛经的译入，佛教医学也随着流传中国，并渗入中国医学中。因此在隋唐时期的医学著作中，大多有佛教医学的反映。如《千金要方·序例》"大医精诚"篇中"先发大慈恻隐之心，誓愿普救含灵之苦"、"杀生求生，去生更远"和"人行阳德，人自报之；人行阴德，鬼神报之。人行阳恶，人自报之；人行阴恶，鬼神害之"，即是佛家的说教。佛教医学理论"四大"说在隋唐时期完成的医著中亦均有述及，如《千金要方》中有"凡四气合德，四神安和。一气不调，百一病生。……"①《外台秘要》则曰："身者，四大所成也。地水风火，阴阳气候，以成人身八尺之体。骨肉肌肤，块然而处，是地大也。血泪膏涕津润之处，是水大也。生气温暖，是火大也。举动行来，屈伸俛仰，喘息视瞑，是风大也。"② 除理论外，医方、医法也有传入。《千金要方》、《千金翼方》中记载有耆婆（印度名医）方十余首及天竺按摩法；《外台秘要》除载有"天竺经论眼"外，还有转引之"近效莲子草膏"③，本是婆罗门方。《千金翼方》中咒禁的内容和隋唐咒禁科的出现，显然也是受到印度佛教医学之影响。

印度佛教医学不仅影响到中国的汉族医学，也传入了与印度接壤的我国西藏地区，唐时称吐蕃，崇尚佛教。在西藏地区产生的藏医学，不仅融入了汉医学，也吸收了印度、尼泊尔医学，而其医学的传入，亦主要是通过佛教徒的往来传播。如藏医学理论的三大要素隆、赤巴、培根，隆在藏语中意为风，赤巴为火，培根为水和土。在《四部医典》中有"土水火风四大尅，配伍吞毒多诒误"④，即是藏医学受印度佛教医学影响之反映。

隋唐期间，尚有印度僧医来华，如中印度僧人那提三藏于永徽六年（655）到达长安，敕令安置于慈恩寺。显庆元年（656）敕往昆仑诸国采取异药，龙朔三年（663）返回。那提三藏为龙树之门人。此外史书记载有从印度来华的方士，方士指方外之士，意为离世修行者，因印度崇信佛教为主，这些方士当为佛教徒。较为著名的有为唐太宗炼制丹药的那罗迩娑婆及总章元年（668）来华的卢伽逸多等，刘禹锡曾遇见的印度眼医及为鉴真和尚治眼的胡医也可能是医僧。

二　大型医书的编撰

隋唐时期特别是唐代，是中国封建社会的鼎盛时期，它敢于开放，通过繁荣的文化交流，

① 孙思邈，《千金要方》，第 3 页。

② 王焘，《外台秘要》，第 562 页。

③ 同②，第 851 页。

④ 宇妥·元丹贡布等撰，李永年译《四部医典》，人民卫生出版社，1983 年，第 9 页。

勇于吸收域外异邦的优秀文化，博大精深的华夏文明也远播海外四方，在如此宽松的文化氛围中，医药文化也绚丽纷呈，医药思维活跃，内外交流频繁。在这一时期中不仅汉晋南北朝以来的医药实践经验得到了继承和发扬，而且能获得来自国内外各方的新的医学信息，以前只以局部地区或个人医学经验从事医疗实践和著述活动的局面已被打破，全面综合整理以前的医学成就，吸取当代医家、人民群众和来自外国和兄弟民族的有效方药经验，为医学理论和实践在更高的层次上继续发展奠定了新的基础。我国第一部病因证候学著作《诸病源候论》、大型方书《四海类聚方》、《备急千金要方》、《千金翼方》、《外台秘要》和第一部国家药典《新修本草》等大型医书的出现，也是这一时期医药文化领域特征的反映。

《诸病源候论》为隋·巢元方等奉敕在大业六年（610）撰成。全书50卷，分为67门，共1739论。本书集第6世纪以前各科病候之大成，不载方药，有养生方101条，导引方279首①。

《四海类聚方》是大业年间隋炀帝敕太医署医家所撰，全书计2600卷。因当时雕版未行，流传困难，后从中撮取单方，名为《四海类聚单方》300卷。到唐代仅剩16卷，现今仅留下一首方剂。

《备急千金要方》、《千金翼方》为唐代名医孙思邈所撰，各30卷，共收方6000余首，内容涉及临床各科疾病及针灸明堂、药物等，故有临床百科全书之称。

《外台秘要》为唐代王焘所编。全书40卷，是一部集公元8世纪以前经方大略之书，许多8世纪以前的医书赖《外台秘要》得以保存。

《新修本草》为唐显庆年间苏敬等23人奉敕编撰而成。共54卷，是世界上最早的一部药典，共收药850种。

三　医学经典的注释

受经学注疏的影响，医经亦向注疏方向发展。隋唐医家多精老庄之学，与南北朝医家较为接近，故其内容，也近南北朝释、道二家义证之书，颇与章句之学不同②。此时著名的注释著作有杨上善的《黄帝内经太素》和王冰的《黄帝内经素问》。

《黄帝内经太素》乃隋唐时期医家杨上善所著。是书取法于皇甫谧《针灸甲乙经》，改编经文，各归其类。其文先载篇幅之长者，而以短章散文附于其后，可以用之校今之《素问》、《灵枢》。且文中阐发经意颇多，补正次注之不足，因而对研读《内经》颇有参考价值。

《黄帝内经素问》为唐名医王冰所撰。乃王冰以师授之《素问》秘本，参考全元起注本，历时12年，重行注释编次，并补入《天元纪大论》等7篇旧藏之卷，合成81篇，24卷。此书对《内经》经义颇多发明，对运气学说亦有研究，故对后世医学发展影响深远，且为后世运气学说之本。

四　注意专病的研究

隋唐医家注重一个个病证的探讨，因而对每一病一证的病因、病理、临床表现提高了认识，治疗的针对性也更强。如《诸病源候论》即论述了诸病病源、证候达1739种，开拓了临

①，②　范行准，中国医学史略，中医古籍出版社，1986年，第99，112页。

床医学领域；又如孙思邈在《千金方》中详载了脚气病等，为祖国医学有关本病的经典论述。

五 兴办医学教育

隋唐时期形成了较完整的医学教育体系，学校式的医学教育培养了医学的后继人才，促进了医学卫生事业的发展。尽管学校式医学教育肇始于刘宋，但设废无恒，亦缺乏制度保证，隋唐两代，均设置太医署以管理教育，规定了每科修业年限，设置科目等，还吸收外国留学生入学，从而较大程度地促进了医学整体水平的提高，为后世学校式医学教育奠定了基础。

第二节 著名医家与著作

一 巢元方与《诸病源候论》

（一）生平概述

巢元方，隋代著名医学家。贯履不详。大业年间（605—616）任太医博士、太医令。据《开河记》记载，隋大业五年（609）八月中，负责运河工程的大总管麻叔谋患风逆证，起坐不得，隋炀帝敕令太医令巢元方前往诊治。巢氏检查后诊断为“风入腠理，病在胸臆”，须用“嫩羊肥者，蒸熟掺药食下则愈”。麻叔谋遵嘱而行，久患不愈的风逆证获得痊愈。从此可见巢氏医术之一斑。

（二）《诸病源候论》的作者问题

《隋书·经籍志》有《诸病源候论》5卷，目1卷，吴景贤撰；《旧唐书·经籍志》有《诸病源候论》50卷，吴景撰。两书均未提及巢元方之书。《宋史·艺文志》有巢元方《巢氏诸病源候论》50卷，然无吴氏之书。惟《新唐书·艺文志》二书并载，为吴景《诸病源候论》50卷和《巢氏诸病源候论》50卷。同一时期，编撰书名相同、卷数相同之书是不太可能的。故《四库全书提要》曰：“……书名卷数并同，不应如是之相复。疑当时本属官书，元方与景一为监修，一为编撰，故或题景名，或题元方名，实止一书。新唐书偶而重出。观晁公武读书志（《郡斋读书志》）称巢元方等撰，足证旧本所列，不止一名。然则隋志吴景作吴景贤，“贤”或“监”字之误。其作五卷，亦当脱一十字。如止五卷，不应目录有一卷矣”。而《新唐书》亦作吴景，与《旧唐书》同，则亦可作《隋书·经籍志》衍一贤字之旁证。宋绶序《巢氏诸病源候总论》亦称“隋大业中太医巢元方等奉诏所作也”，也印证了晁公武《郡斋读书志》称“巢元方等撰”。

（三）《诸病源候论》有论无方说

巢元方主持编撰《诸病源候论》，于大业6年（610）成书，是我国现存第一部不载方药而以论述各科病证病因和证候为主的专著。每一病候都详述病因和症状，还包括诊断和预后，每个疾病之后大多附有“养生方导引法”的具体阐述，这一方面说明巢氏等对导引法的重视，而最主要的是另有与《诸病源候论》配套的方书存在，巢氏在书中也说“其汤熨针石，别有正方；补养宣导，今附于后”①。而从《隋书·经籍志》记载，其时隋炀帝曾主持编撰了《四海类聚方》2600卷，或许即是巢氏所说的“别有正方”，故《诸病源候论》有论无方。

（四）《诸病源候论》的内容

《诸病源候论》全书共50卷，分为67门。包括内、外、妇、儿、五官、口齿、骨伤等多种病证，列述诸病病源、证候计1739论。从全书内容可见巢元方总结了隋以前的医学成就，对临床各科病证进行了搜求、征集、编纂，并予以系统地分类，是继张仲景《伤寒杂病论》后，临床医学理论的又一次开拓，其证候的描述也达到了一个新的、较高的水平。

书中1～30卷以内科病证（外感热病及内科杂病）为主，兼述五官、口齿病证；31～36卷重点论述外科病证（包括疮疡、痈疽、瘿、瘤、瘰疬、多种皮肤病、肛肠病、烧伤、骨伤、内痈等）。37～44卷列述妇产科病证（自妇人杂病至产后病诸候）；45～50卷为小儿杂病诸候（包括小儿易患的内、外、五官等科多种病证）。对于每一门类中的若干病证，均能简要介绍其病因病理和证候，而有些证候描述细致明确，使我们今日读而即能诊断为现称之何种病，因而如宋绶序所评价的“荟粹群说，沈研精理，脉脉治证，罔不该集，……诚术艺之楷模”。

（五）《诸病源候论》对医学的贡献

《诸病源候论》（下简称《病源》）对医学的贡献主要在病因和证候学方面，几乎在各个领域都有新的认识。

关于传染病，巢氏已将热性传染病即温病和时行，从伤寒中区分出来，并突出了温病、时行的传染性。巢氏曰：“天时气病者，此皆因岁时不和，温凉失节，人感其乖戾之气而生病者，多相染易”，还强调了传染病应及早预防的思想，提出“须预服药，及为方法以防之”。其述温病亦谓“此病皆因岁时不和，温凉失节，人感乖戾之气而生病，则病气转相传易，乃至灭门，延及外人。故须预服药及为法术以防之”。② 明确了温病、时行为“乖戾之气”在气候不正常的诱因下导致发生，并有传染性。

此外，巢元方发展了“注”的学说。注者住也，是指病原体侵入并居住人体之意，如该书在尸注、死注、殃注、生注、食注、风注等中所论的内容，不仅涉及了传染病的病源，而且述及传染途径，如在“死注候”中曰“人有病注死者，人至其家，染病与死者相似，遂至于死，复易傍人，故谓之死注”；“生注候”则谓“……人有阴阳不调和，血气虚弱，与患注人同共居处，或看侍扶接，而注气流移染易得注，与病者相似，故名生注”；在述几种注时，有曰“人死三年之外，魂神因作风尘，著人成病，则名风注”等，很明显为接触传染和飞沫、尘埃等呼吸道传染，限于当时的科技水平，未能揭开这“注”的真谛。

关于糖尿病，《病源》中除论述了传统病因外，还着重强调“夫消渴者……由少服五石诸丸散，积经年岁”而发病，或“此肥美之所发。此人必数食甘美而多肥”等，上述因素虽非糖尿病的直接病因，但与糖尿病有密切关系，对于预防和治疗糖尿病有积极意义，即应戒服五石诸丸散，应忌食或少食甜美肥腻之饮食。

对疥病，不仅详述其证候，还肯定了疥病有虫，提出“疥者，有数种……并皆有虫，人

① 巢元方，《诸病源候论》，人民卫生出版社，1955年，第2页。

② 引文均见《诸病源候论》同名证候条下，人民卫生出版社，1955年。

往往以针头挑得，状如水内瘑虫”。这种用针挑出虫以检验疥病在中医学史上是首创。而其治疗强调“虫死病除”，以之作为治愈标准也是十分难得的。

在“寸白虫候”中，《诸病源候论》的描述为虫“长一寸，色白，形小褊”，认为是“以桑枝贯牛肉炙食”和“食生鱼后即饮乳酪”等引起，从描述我们可确认为今称之绦虫病，其描述之白色扁平长一寸的形体，正与绦虫的节片相符，而绦虫的生活史中需中间宿主，牛、羊、猪、鱼等则正是中间宿主，人们食了未经煮熟的含有绦虫囊蚴的生牛肉、生鱼肉后，即会染上绦虫病，即《病源》中称之“寸白虫候”。

在过敏性疾病方面，巢氏出色地描述了漆疮的病因和典型证状：“漆有毒，人有禀性畏漆，但见漆便中其毒。喜面痒，然后胸臂胜腨皆悉瘙痒，面为起肿，绕眼微赤。诸所痒处，以手搔之，随手辇展，起赤瘔瘟。瘔瘟消已，生细粟疮甚微。有中毒轻者，证候如此。其有重者，遍身作疮，小者如麻豆，大者如枣杏，脓焮疼痛，摘破小定或小瘥，随次更生。若火烧漆，其毒气则厉，著人急重。”他也多处强调：“亦有性自耐者，终日烧煮（漆），竟不为害也”；指出“人无问男女大小，有禀性不耐漆者，见漆及新漆器，便着漆毒”。由此可见巢氏等对接触性皮炎的发病，与个体反应性的关系，即个体对某种物质的过敏性，对漆疮的证状等，都已有了较深刻的认识。

对晕动病，巢氏描述了晕车、晕船等证，指出：“无问男子女人，乘车船则心闷乱，头痛吐逆，谓之注车注船。特由质性自然，非关宿挟病也”。所谓质性自然，就是因个体特异性关系，突出了晕动病的个体特性。

对脚气病，《病源》不仅描述了该病早期出现的种种证状：“自膝至脚有不仁，或若痹；或淫淫如虫所缘；或脚指及膝胫洒洒尔；或脚屈弱不能行；……”，还描述了“或微肿”及“径（逆）上冲心”，已涵盖了后世所论脚气病的三种类型：干脚气、湿脚气和脚气冲心。

对于夫妻不能生育，《病源》中不但探索了女子的原因，同时对男子引起的不育也进行了讨论。指出男子“精清如水，冷如冰铁”以及“精不射出，但聚阴头”亦是引起无子的原因，从而否定了无子皆因女子所致之说，对于治疗“无子”也有指导意义。他总结了妇人不孕的原因有风冷入于子脏、月经不利、月经不通、腹腔肿瘤如怀子、子宫脱出等，对临床治疗亦有重要价值。

《病源》在“金疮肠断候”，“妊娠欲去胎候”、“拔齿损候”等证候中，记载了当时施行的大网膜切除术、肠吻合术、人工流产及拔牙等手术及术后护理，反映了隋代各科手术已达相当高的水平，说明《病源》的编著者中有精通各科手术的医家。

《病源》最早将经络学说引入病因病机的阐述中，也是其在病理学方面的贡献。如该书阐明须发秃落候中，即曰“足少阳，胆之经也，其荣在须；足少阴，肾之经也，其华在发；冲任之脉，为十二经之海，谓之血海，其别经上唇口。若血盛则荣于头发，故须发美。若血气衰弱，经脉虚竭，不能荣润，故须发秃落”，即是一例。而这种阐述，使学者更易于理解。

此外，《病源》大部分证候后均附载养生方导引法，反映了巢氏等对养生导引法的重视和精通，这对当前养生和自我保健有指导意义。

《病源》问世后对后世医学的影响很大，唐·王焘《外台秘要》以其作论病源之根据，宋代用以课试医生，为医门七经之一，而且很快流传日本、朝鲜。《病源》的学术观点还被后世医学著作普遍引用，日本、朝鲜的医学著作如《医心方》《医方类聚》等也都有引录，可见此书是深受历代医家重视的一部很有价值的医学著作。

二　孙思邈与《千金方》①

（一）孙思邈生平

孙思邈（约581—682），唐代著名医药家。京兆华原（今陕西耀县）人。从小多病，为筹汤药之资而罄尽家产。但孙氏资质聪颖，7岁开始入学，即能日诵千余言，洛州总管见而叹为“圣童”。10岁时在攻读经史和百家之说同时，对医学典籍产生兴趣。18岁时已精通庄老和百家说，并对佛教经典也有所涉及，而对医学亦颇有悟，其亲朋邻里有疾多请他诊治，自身之疾患亦经调治而愈。为提高医术，常不惜花费百金向有识之士搜寻经方、採药合和等事。30岁左右，隐居太白山，与高僧释道宣交厚，开始研究炼丹术，并成功地炼制成太乙神精丹。此期完成了他一系列的道家著作，如《摄生真录》、《枕中素书》等。

孙思邈在50岁前后，其医学理论和技术已达到很高水平，因而享誉朝野。武德（618～626）中，有德行尼净明患病久，经在朝大医蒋、许、甘、巢等治疗无效，而孙氏处方即愈。贞观元年（627）唐太宗即位，召诣京师，谓曰：“故知有道者诚可尊重，羡门广成岂虚言哉？”将授以爵位，固辞不受。显庆三年（658），唐高宗召见，拜谏议大夫，又固辞不受。咸亨四年（673）授承务郎直长尚药局，奉御掌合和御药及诊候方脉事。上元元年（674）辞疾请归，特赐良马及鄱阳公主邑司以居。当时名士宋令文、孟诜、卢照邻均执师资礼以事之。

经半个世纪的博采群经、访觅经方，乃删裁繁复，并补入自身之经验总结，于70岁时撰成《备急千金要方》30卷。以“人命至重，有贵千金。一方济之，德踰于此”。故书以“千金”为名。然“忧恐岱山临目，必昧秋毫之端；雷霆在耳，或遗玉石之响”，即恐有遗漏，于是复长途跋涉，搜征欲阅而未得之文献和服饵、制配药物之技术，经30年的努力，又撰成《千金翼方》30卷，以与《备急千金要方》成“羽翼之交飞”。

永淳元年（682），孙思邈去世。遗令薄葬，不藏明器，祭祀时不用牲牢。子行，天授（690—691）中为凤阁侍郎。孙溥，后为萧县丞。

孙思邈一生著作很多。据新、旧《唐书》记载，除上述《备急千金要方》、《千金翼方》、《摄生真录》、《枕中素书》外，尚有《老子注》、《庄子注》、《福禄论》、《会三教论》等。《耀州志》记载孙氏著作除上述外，尚有《千金髓方》20卷、《千金月令》3卷、《千金养生论》1卷、《养性延命集》2卷、《养性杂录》1卷、《养生铭退居志》1卷、《禁经》2卷，《神枕方》1卷、《五脏旁通道养图》1卷、《医家要妙》5卷。此外《道藏》等书收录者还有20余种。《银海精微》为托名之著。

关于孙思邈的生卒年，《旧唐书》对其卒年有明确记载，即“永淳元年（682）卒”。而对于生年，则学术界有不同意见，如贾得道认为生于公元560年以前②；黄竹斋认为生于公元511

① 《千金方》指《千金要方》、《千金翼方》。
② 贾得道，中国医学史略，山西人民出版社，1979年，第125页。

年①；以及生于公元541年②、579年③及生于北周末年者④，而以生于公元581年者为大多数学者所认可。

从现存有关孙思邈生平的传记中，以《旧唐书》本传中提到的卢照邻《病梨树赋》序资料最有意义，因为卢照邻师事孙思邈，记其师言必不妄。卢氏于“癸酉之岁”（673）在长安鄱阳公主邑司见到孙氏，孙氏自云“开皇辛酉岁生，至今年九十三矣”。以《隋书》考之，隋代开皇年号凡二十年，止于庚申，辛酉年已改为仁寿，而癸酉年上推93年，为开皇三年辛丑（581），则辛酉为辛丑之笔误。以此为据，孙氏在世为102岁。与《新唐书》本传云“思邈卒于永淳初年，年百余岁”亦相吻合。而且《千金方》中孙思邈叙述自己医疗经验时只提到大业年间而没提到大业前之仁寿（601～604）和开皇（581～600）两个年号，必是那时孙思邈尚在幼学之年，即从公元581年到开皇末年，思邈仅20岁，尚在勤奋学习中，无医疗经验可言，所以未涉及，这也是思邈生于公元581年之佐证。

（二）《千金方》之医学成就

孙思邈的《备急千金要方》和《千金翼方》是对隋以前包括唐初的医学发展所作的一次比较系统而全面的总结整理，他博采群经，对繁杂重复的内容予以删节剪裁，使之简易实用，查询方便。两书各30卷，前书收方4500余首，后者收方2000余首，亦是孙氏积80年经验的总结，其医学学术成就是多方面的，故为我国最早的一部临床实用百科全书。

1. 在药物研究方面的贡献

在《备急千金要方》中有处方、用药、合和、服饵、药藏等专篇论述药物，在食治一节也述及药用食物；在《千金翼方》中则有《药录纂要》和《本草》等4卷专论药物。

孙氏对药物的研究主要在临床药物学方面。他强调临床用药须重视地理、气候及人体体质条件，认为江南炎热多湿，其人肌肤薄脆，腠理开疏，用药宜轻省；北方土地、气候刚燥，其人肌肤坚硬，腠理闭塞，用药宜重复。并强调药针并重，辨证用药和反对滥用贵重药品。

他注重自然药物的自采自种和医生亲自加工。他在书中介绍了233种要求注意采集时节的药物以及必须阴干、曝干、火干等炮炙加工收藏的药物。

他在《千金翼方·药录纂要》中提出了必须使用道地药材的建议，认为诸药所生，皆有境界，其余州土，皆不堪进御。这一观点，已经现代药理研究证实，不同地区所产之同一药物，确因产地不同而所含成分及药理作用也不相同，从而使治疗效果有差异。

孙氏还提倡变野生药物为家种。他对20多种常用药物的栽培、采收、加工、收藏等方法作了详细介绍，这对后世栽培药物、开辟药材资源有指导意义。

在炼制丹药方面，他总结了战国以来用硫黄治病的经验，在其《丹经·内伏硫黄法》中叙述了获得“伏火”硫黄的技术，而在此“伏火”的反应中，构成火药的三种成分：硝、黄、炭都已具备，当这三种东西生成火焰时，已经是火药所起的一种作用⑤。孙氏还成功炼制了太乙神精丹。该丹用丹砂、曾青、雌黄、雄黄、磁石、金牙六种药物炼制而成。雌黄、雄黄中

---

① 黄竹斋，孙真人思邈传，光华医学杂志，1936，9（3）：50。

② 马伯英，孙思邈生年考及年谱简编，中华医史杂志，1981，（4）：201。

③ 关中尧，略论孙思邈和他对自然科学的贡献，西北大学学报，1975，（3）：127。

④ 陕西名胜古迹编辑组，耀县药王山石刻，陕西日报，1962年7月3日。

⑤ 李经纬，孙思邈，载《中国古代科学家》，科学出版社，1959年，第104页。

的硫化砷与氧化剂——磁石起反应后产生的三氧化二砷便是砒霜。为了防止砒霜中毒，他还改用枣泥合药以治疟疾，所采用之药物系按病情渐次递增剂量的方法，这与后人用砒霜溶液治疟疾的道理相同。欧洲直到18世纪下半叶才有英国医生开始使用，比孙氏晚了千余年。而孙氏之成功炼制太乙神精丹，也反映了孙氏炼丹技术之水平。

2. 在内外科病方面的成就

孙思邈在疾病研究方面，采取一个病一个病研究观察和总结，因此对许多内科传染病、杂病和外科病都有正确的描述或论断。

如对古称伤寒而包括现代传染病、流行病的疾病，他在《千金翼方》中作了系统总结，将之归纳为“不过三种，一则桂枝，二则麻黄，三则青龙。此之三方，凡疗伤寒不出之也”。从而对张仲景关于治疗传染病的学说和经验进行了整理。按以上三个方剂所治疗的证候群，分为适应三个汤证的辨证治疗方法，成为三纲论治传染病的学说，对明清医家研究张仲景伤寒学说有很大影响。对传染病，他还提出“觉病须臾，即宜便治”的早期治疗思想。提出了许多有效的预防方法。如用焚烧药物法（辟温气杀鬼烧药方）、饮屠苏酒法和井水消毒法（将屠苏酒渣在十二月晦日放于井中）、佩带药物法（如佩带雄黄散、太一流金散等）以及服药预防法（如服治瘴气方、治温令不相染方）、沐浴法（桃枝煮汤浴等）、粉身法（辟温病粉身散）[①]等。

在内科杂病方面对不少疾病有很高认识水平。如对消渴（糖尿病）并发化脓性感染的严重性已引起注意，指出“消渴之人，愈与未愈，常须思虑有大痈。何者，消渴之人，必于大骨节间发痈疽而卒，所以戒之在大痈也。当预备痈药以防之”[②]。并忠告医生千万不可给消渴病人施行针灸治疗和患者要防止擦伤皮肉以免引起化脓的危险。糖尿病一旦并发化脓性感染，在现代亦属较棘手的问题，在当时几乎是不治之症。孙氏的警告是有现实意义的。又如对霍乱的病因，孙氏明确指出“霍乱之为病也，皆因饮食，非关鬼神。”又如对溪毒（似今血吸虫病）的发病、病因、症状、预后等已有比较全面的描述。

在外科疾病方面，阐明了附骨疽的好发部位，“喜著大节解中。丈夫产妇喜著胜中，小儿亦著脊背”[③]。附骨疽即今之骨关结结核，确实多发于负重的大关节，故孙氏之认识与现代相一致。发现了瘿病（甲状腺肿）不常见的症状如瘿上短气，指因甲状腺肿大压迫气管导致的呼吸困难；瘿气面肿[④]，指甲状腺肿大压迫颈静脉引起的面部浮肿。可见孙氏临床观察之细致。

3. 对妇儿科学的贡献

孙思邈在《备急千金要方》和《千金翼方》中共用10卷，即占两书六分之一的篇幅论述妇儿科疾病，两书中妇人病有7卷之多，小儿病有3卷，且均列于临床病证之首位，反映了孙氏对妇儿科的重视，而且通过孙氏的总结，许多疾病的认识水平明显高于前人，为妇、儿科分别形成专科奠定了学术基础。其贡献为：

对胚胎发育，他引用了徐之才逐月养胎法，叙述了妇女妊娠后胎儿逐月发展之过程及孕妇饮食宜忌、精神调养及生活起居等，对今日之孕妇仍有可取法者，如“妊娠二月……居必静处，男子勿劳”、“妊娠六月……身欲微劳，无得静处，出游于野”[⑤]等，前者指忌房事，后

---

①，②，③　孙思邈，《千金要方》，第175～176，373，407页。

④　孙思邈，《千金要方》，第441～442页。

⑤　孙思邈《千金要方》第21，23页

者指孕妇宜从事轻微劳动、多活动等，符合围产期卫生要求。其阐述妇人之胎、产、经、带诸种疾病及治法，也奠定了妇产科疾病的范围和治法方药。

在儿科方面，孙氏论述了初生儿的护理，如拭去儿口中的“青泥恶血”，以免这些脏物随啼哭而咽入腹内。初生儿应啼哭，若不啼，可以“葱白徐徐鞭之”，然后浴之，并断脐，“不得以刀子割之，须令人隔单衣物咬断”等，在当时应该说是一个进步，可以避免污染的刀、剪引起破伤风、脐带感染等。而孙氏又提出初生儿应穿父母故衣，以免擦伤皮肤，及要多抱之令在日光下嬉戏，数见风日，堪耐风寒等，在现代仍有实用价值。他指出，作为乳母至少应不是狐臭、瘿瘘、咳喘、疮疥、秃疮、麻风、口涎、耳聋、鼻齆、癫痫患者，才可哺乳婴儿，这对婴儿正常发育是十分必要的。其对儿科疾病的描述和诊治法，也奠定了儿科学的基础，特别对惊痫证的诊断和处理，可为后世法则。而惊，正是儿科四大证（麻、痘、惊、疳）之一。

（四）对老年病和营养病的贡献

孙思邈注意养生之道，在其著作中专有养性、辟谷、退居、补益等卷阐述其在养生方面的原则和经验，是我国历史上把延年益寿学说与防治老年病紧密结合起来并使之成为有理论联系实际特色的一门学科的第一人①。

是孙思邈最早对衰老的临床表现作了较细致的描述，指出有“忽忽喜忘，……肤色无润泽，发白枯槁，牙齿不坚，目黄泪出，远视䀮䀮……四肢沉重不欲动作，膝胫苦寒不能远行，上重下轻，久立腰背苦痛难以俛仰，……大便艰涩，时泄下血，身体瘙痒……”② 等证候，认为老年人可通过养生来延年益寿，即“须知服石、将息、节度，极须知调身按摩、摇动肢节、导引行气，……故流水不腐，户枢不蠹，义在斯矣。能知此者，可得一二百年”③。可见孙氏对于生命在于运动之意义已有深刻认识，已把运动作为预防疾病特别是预防老年病的重要方法，用于指导老年养生。孙思邈能活到102岁，与他重视运动，长于养生有着密切的关系。

孙思邈正确阐明了许多营养缺乏病的防治问题，故对营养缺乏病的有效治疗是孙思邈临床贡献之一。如地方性甲状腺肿，是长期饮用缺乏碘的水而引起的，治疗当服用碘剂。孙氏在分析瘿病（即地方性甲状腺肿）的病因时指出“凡遇山水坞中出泉者，不可久居，常食作瘿病”④，其治疗用药多用含有丰富碘的海藻、昆布等海产药物，更多用含有鹿靥和羊靥的处方，如五瘿丸、瘿瘤方⑤等。又如雀目（即夜盲症），现知是因维生素A缺乏而引起的，孙思邈虽未能确知该病病因，但其治疗却是“治眼暮无所见方，用猪肝一具，细切以水一斗煮取熟”⑥ 治之。再如治因缺乏维生素 B_1 引起的脚气病，孙思邈用谷白皮煮水去渣后用以煮米粥常服之。因此，称孙思邈为世界上最早的营养病专家也不为过。

（五）诊疗技术的创新

在诊疗技术方面，孙思邈亦有许多创新和发明者，如在惊痫病中，孙氏用视掌指脉来判断病候之进退，“当审候掌中与三指脉不可令起，而不时下，致于发痫，则难疗矣。……脉在

① 李经纬，孙思邈的养生学思想和贡献，中华医史杂志，1981，4（11）：193。
②，③　孙思邈，《千金翼方》，第166，148页。
④，⑤　孙思邈，《千金要方》，第480，441～442页。
⑥　孙思邈，《千金翼方》，第132页。

掌中尚可早疗，若至指则病增也。”[①] 这是儿科指纹诊法之渊薮。此外尚有视小儿鱼际脉之色泽候痫法“手白肉鱼际脉黑者，是痫候；鱼际脉赤者，热；脉青大者，寒；脉青细为平也”[②]。

孙氏还创用类似今之血清疗法治疗小儿疣目和赤黑疵病。前者为用针或刀决疣四周，令似血出，然后取患疮人疮中之汁、黄脓敷之，使脓溃根动而脱落，后者用针父脚取血贴疵上而消即是例子。

在治疗技术方面，孙氏还创用葱叶除尖，插入阴茎内3寸以导尿，用铁钉或烙铁烧烙止血等，在当时的中国乃至世界都是比较先进的。

此外，对灌肠法也有所改进，已有灌法、射法和吹法，工具为竹筒。即用竹筒将药汁，汤或水灌入或射灌之，或用吹筒将药物吹入之。从“射灌”之看，当时已使用了类似注射器的器具。

（六）在医疗道德方面的建树

孙思邈在他的《备急千金要方》中以“大医习业”和“大医精诚”为题，论述了作为一名有修养的医生必须达到的医疗技术水平和道德修养水平，并认为必须具备这两方面，才能成为“苍生大医”。

就其道德修养而言，可归纳为八个方面，即“大慈恻隐”——有救死扶伤之心；“誓愿普救”——为医学献身的精神；“无欲无求”——不为名利的廉洁品德；“一心赴救”——全心全意的服务态度；“普同一等”——对病人一视同仁的品质；“精勤不倦”——刻苦钻研医疗技术；“尊重同道”——虚心谨慎的高尚作风；“举止端庄”——文明礼貌的仪表行为。在提倡社会主义医德医风的今天，孙思邈提出的八个方面亦可成为每个医务工作者的准则。正因为孙思邈在其一生的医疗生涯中身体力行，因而千余年来，孙思邈一直有“药王”之称，他的著作也在国内外广为流传，并为后世著作不断引用，享有崇高的声誉。

三 王焘与《外台秘要》

（一）生平简介

王焘（约670～755），唐代郿（今陕西郿县）人。曾祖王珪是唐太宗的宰相，祖父崇基及父兄也都是当时的官吏。王焘自幼体弱多病，因此在学习同时，亦常从名医游，遂精医术。后曾任邺郡太守，复任职于尚书省兰台20余年，有机会博览弘文馆图籍方书，采集诸家医方。后因婚姻之故被贬房陵、大宁等地，其处地域僻陋，瘴疠盛行，因赖有经方而得以幸存。遂发奋对所集经方进行整理，即凡经采用者，均一一注明原书的书名、卷第，若一方一论同见于多种医书者，亦详列其异同，有的还注明自己的校勘意见，经十余年的辛勤工作，于天宝十一年（752），完成了其40卷的医学巨著《外台秘要》。

在中国医学史上，他是整理医学文献详注引书卷第的第一人，他不仅为后世提供了丰富的医学资料，保存了不少唐以前著作的佚文，而且创立了整理医学文献的科学方法，故有称其为医学文献整理大师者。

---

①，② 孙思邈，《千金要方》，第78页。

（二）《外台秘要》

《外台秘要》是唐代的医方巨著之一。全书共40卷，分1104门，载医方6800余首。其体例为每门均以巢元方的《诸病源候论》或仲景学说，或其他论述疾病比较正确的理论冠于首，继则列举诸家之医方和方论，改变了当时有些只论病因病证而无方剂之医著，如《诸病源候论》，或虽有方剂却略于理论的不足。王氏对唐以前的医学作了比较全面的整理和总结，为医学的进一步发展作出了贡献。

《外台秘要》是一部综合性医学著作，分门别类论述了临床各科疾病之病因病理、证候和治疗。40卷中，卷1～20记内科病；卷21～22记五官病；卷23～24记瘿瘤、瘰疬、痈疽等外科病；卷25～27记前后阴病证；卷28～30记金疮、中恶、恶疾、大风等病；卷31～32记丸散、酒剂、解毒诸方；卷33～34记妇人病；卷35～36记小儿病；卷37～38记服食乳石及石发诸病；卷39记明堂灸法；卷40记虫兽伤及畜疾。

《外台秘要》对医学的贡献，首先是该书为我们整理保存了大量的古代医学文献资料。据统计该书共引用文献69家、2802条，除《伤寒论》、《诸病源候论》、《刘涓子鬼遗方》、《针灸甲乙经》、《千金方》等现代尚存医籍外，其他如范汪的《范汪方》、陈延之的《小品方》、僧深的《深师方》、崔知悌的《崔氏方》、张文仲的《张文仲方》、许仁则的《许仁则方》、甄立言的《古今录验方》、宋侠的《经心录》、谢士泰的《删繁方》、姚僧垣的《集验方》、唐玄宗的《广济方》、孟诜的《必效方》、刘贶的《刘氏方》、李郎中的《近效方》，以及不详姓氏的《救急方》、《延年秘录》、《备急方》等现代已佚的书籍，赖《外台秘要》的引文而得以保留部分佚文，为今天的辑复工作提供了有利的条件，因此《外台秘要》有很高的文献价值。

其次，该书总结和反映了我国古代医药学多方面的成就，许多古人的发明创造在此书中得以保存和流传下来，如《近效方》和《古今录验方》已记载了根据尿甜诊断消渴（糖尿病），竹片夹缚法治疗骨折早在《肘后方》中已开始应用，而在现存《肘后方》中却已佚失此内容。又是《外台秘要》转引了《必效方》，使我们知道早在唐代医家已用白帛浸泡于小便中，然后按日期先后排列，观察白帛黄染色泽深浅的变化，来判断黄疸的治疗效果和疾病的愈后，这种比色法的应用在当时是最先进的。在治疗技术方面，古代医家的不少成就亦赖《外台秘要》得以反映，如《肘后方》已用套管灼法治悬痈：“《肘后》疗悬痈肿卒长数寸如指，随喉出入不得食方：开口捧头，以箸抑舌，及烧小铁于管中灼之令破，灼火毕，以盐随烙处涂之”①。这在口腔科治疗上是很先进的一种方法；王焘还引用了《养生论》的资料，叙述了口腔科烧灼切开口腔脓肿、齿垢剔除和牙残根钳出术等，反映了唐以前我国口腔科技术的水平。此外还有龋齿之填充技术，刷牙等，不但有填充剂之制备、刷牙粉之配制，还有最原始的刷牙工具制作方法等。一千多年前中国人民已用这些洁齿用具以保持口腔卫生，确是一件了不起的贡献。

此外，《外台秘要》中所阐述的伤寒、天行、温病、疟疾等疾病占了相当大的比例，这与他在被贬期间所看到、体验到的传染病（瘴疠之气）有关，而对这些病的诊断、防治也达到了较高的水平，除应用药物外，还介绍了艾灸疗法、人工急救，以及疾病检查、医疗护理方面的技术经验，如用白帛浸尿逐日对比黄染深浅以诊断黄疸病情进退就是一例。对临床各科

① 王焘，《外台秘要》，第629页。

的证治亦有丰富的记载，包括内、外、妇、儿、五官、精神病、外伤急救与兽医等科。王焘对灸法特别重视，认为“汤药攻其内，以灸攻其外，则病无所逃。知火艾之功，过半于汤药矣”[①]，故对明堂孔穴有详解。王焘对灸法的推崇，无疑对灸法的发展有促进作用。而其曰“针法古来以为深奥，今人卒不可解。经云：针能杀生人，不能起死人。若欲录之，恐伤性命，今并不录针经，唯取灸法”[②]，则反映了王焘对针术的看法，即针术难于很快掌握，且针术掌握不好，有可能造成死亡，因“恐伤性命”故不录针经。多数学者认为王焘只是一位通医的官吏，他的临床实践如何？史书并无记载。所以主要是在医学文献整理方面的贡献，并受古代医经“针能杀生人，不能起死人”的影响，才“不录针经”的。不论针法，也可说是本书的一个缺陷。在针灸学方面的另一贡献是他采取以经统穴的方法，将所有腧穴分列于 12 经脉之中，一一论述其部位取法、主治病证、施灸壮数等。共收录 352 个经穴。[③] 这种把所有腧穴都与相应的经络联系起来，较前人头身分部、四肢分经的方法不尽相同，是对经脉腧穴的又一次整理。

四 昝殷与《产宝》

昝殷，唐代著名妇产科学家。四川成都人。官医学博士、节度随军。大中（847～860）年间剑南西川节度使白敏中守成都，家中妇人多有难产者，乃寻访名医。昝殷受到举荐，被迎往该使府中，询以孕产等事，昝殷予以详说，并将所撰有关产科医书三卷给予白敏中，白氏命之为“产宝”藏于府中。后为周颋所得，于乾宁四年（897）加序并三篇小论，即为现今传世之《经效产宝》。

《经效产宝》为现存最早的产科专著。上卷有妊娠病 12 论、产难 4 论；中卷有产后 16 论；下卷有产后 9 论，共 41 论。续篇为周颋传授《济急方论》、李师圣、郭稽中所撰 19 证方及产后 18 论。妊娠病中包括妊娠呕吐、胎漏胎动不安、数堕胎、妊娠心腹腰痛、妊娠伤寒热病，妊娠小便淋沥、妊娠水肿等常见病；产难包括催产方药、胎死腹中、横产或经数日不产、胎衣不下等；产后包括产后破伤风、产后虚脱、产褥感染、产后腹痛、产后出血不止、产后小便不通或涩痛、缺乳、乳痈、乳疼及产后合并其他疾病等，共收效验方 378 首。

全书围绕妊娠、分娩、产后等病证详论证治，重在产后。编写体例为每类证型下均先列医论，后述方药。在妊娠水肿、妊娠热病、堕胎漏血、产后血晕等证候的诊疗方面有所创见。如对妊娠水肿，提出是由脾气虚弱所致，“脏气本弱，因产重虚，土不尅水，血散入四肢，遂致腹胀，手足面目皆浮肿，小便秘涩”[④]，因而应用健脾利水、调和气血的治法。对热病堕胎漏血，认为是“热毒之气侵损胞胎，遂有堕胎漏血”，故采用栀子、升麻、青黛、石膏、葱白、生地黄、黄芩等解肌发汗、清热解毒的药物防治。现代研究认为高热可引起宫缩，病毒可进入胎血循环，以致引起堕胎漏血等证。对产后血晕证，提出了应辨清实证或虚证，要点在于“血下多少”，对临床有指导意义；以及认为产后乳少是因“气血虚弱、经络不调”所致，因而用猪蹄、通草等作羹治之，亦为后世医家所循用，对后世妇产科学有一定影响。

---

①，② 王焘，《外台秘要》，均见第 1077 页。

③ 魏稼，各家针灸学说，上海科学技术出版社，1987 年，第 42 页。

④ 昝殷，《经效产宝》，光绪十四年重校刊本，第 7 页。以下引文分见第 6，27，28 页。

五 甄权与《明堂人形图》

甄权（541～643），隋唐间著名医学家、针灸学家。许州扶沟（今河南扶沟）人。因母病，与弟甄立言究习方书，遂以医术知名。隋开皇（581～604）初，出任秘书省正字，后称疾免。武德三年（620）在潞州总管李袭兴军中任“随征士”，负责医疗事宜。曾治愈隋鲁州（今山东）刺史库狄嵚苦风患、手不得引弓之症；治愈深州（今河北深县）刺史成君绰颈肿、喉中闭塞之症以及治愈安康公的水胀病等。并于此期完成明堂图的撰绘。贞观年间（627～649）入为少府，并奉敕修定《明堂》，遂与承务郎司马德逸、太医令谢季卿、太常丞甄立言等共同校定经图。贞观十七年（643），权103岁，唐太宗亲至其家，视其饮食，咨以药性，授朝散大夫之职，并赐以几杖、衣服等，此年逝世。著有《针方》、《针经钞》、《脉经》、《脉诀赋》各一卷，绘有《明堂人形图》一卷，均佚。但部分内容可见于《千金要方》、《千金翼方》、《外台秘要》、《圣惠方》、《铜人腧穴针灸图经》等著作中。

甄权的著作中属针灸专著者有《针方》、《针经钞》和《明堂人形图》，惜均已佚失。王焘《外台秘要》中说：“立经以言疾之所由，图形以表孔穴之名处，比来有经而无图，则不能明脉俞之会合，有图而无经，则不能论百疾之要也。由是观之，书之与图不可无也。”[①] 据此推测，甄权之针灸专著即针经和针图，一理论，一图示。《针方》则为临床配穴之处方。然在后世引用的著作中，每云“甄权云”或“甄权《针经》云”，后者为《针经》之内容，前者则很难确定是甄权三种针灸专著中之哪一种。惟孙思邈《千金翼方》明确为“今所述针灸孔穴，一依甄公明堂图”[②] 为定。因此，《千金翼方》针灸篇之内容应与甄权《明堂人形图》最接近。

据孙思邈《千金翼方》卷26载，武德年间（618～626）甄权曾将新撰成的《明堂》交安康公李袭兴，后便倍受缙绅之推崇而竞相传写，流传天下（此《明堂》我们可称之为武德本）。贞观年间，甄权奉敕与甄立言、谢季卿等修定明堂，他们以皇甫谧《针灸甲乙经》，校定秦承祖图，内容包括经、图两部分，纠正了原《明堂》中俞穴与绘图标记中的错误，撰绘成《明堂人形图》（此可简称为贞观本）。

据文献研究者考证[③]，武德本的内容，于《外台秘要》、《圣惠方》、《铜人》等文中分别以“甄权云”、“甄权《针经》云”形式出现，除去重复，现存31穴。穴名以下文字均不同于《甲乙经》和其他《明堂经》本。定位与取穴法亦不同于贞观本。刺灸法被置于各穴主治症之后，与唐代早期各家明堂的记载形式相违。还增设了“宜忌”一项，是为甄权著作之首创。贞观本的内容主要保留于《千金要方》卷29、《千金翼方》卷26中。由于贞观本是以《针灸甲乙经》校秦承祖图而成，《千金要方》、《翼方》又均依甄权《明堂图》而定，所以三书穴位记载基本吻合。除五彩绘人形图亡佚外，甄权《明堂人形图》的基本内容，赖孙思邈的转录得以保存，并成为唐代中期以前医者学习针灸的必读书，为医家所推崇。

---

① 引自《外台秘要》第1077页。

② 引自《千金翼方》第308页。

③ 韩钟等，甄权《针方》和《明堂人形图》考辨，上海针灸杂志，1989，(3)：35。

六　杨上善与《黄帝内经太素》

杨上善（约585～670），为隋唐间著名医学家。贯履不详。仅知于隋大业（605～616）年间任太医侍御，唐时任太子文学、太子司仪郎等职。其医术精湛，享誉当时。曾奉敕编修《黄帝内经》，于是他仿《针灸甲乙经》体例而加注文，将《素问》、《灵枢》重新编次注释，撰成《黄帝内经太素》30卷。另撰有《黄帝内经明堂类成》13卷及一些老庄之类著作，如《道德经集注真言》20卷、《庄子注》10卷、《老子道德指略论》2卷、《六趣篇》、《三教诠衡》等。

（一）《黄帝内经太素》的成书年代

《黄帝内经太素》是研究《黄帝内经》的最早版本之一，在北宋时流行很广，宋代林亿、高保衡等在校勘王冰《补注黄帝内经素问》时，曾以《黄帝内经太素》作校勘本。南宋至金元时期，战争频仍，此书在我国散佚。18世纪末，日本学者在日本仁和寺宫偶然发现了我国唐代传过去的手抄御藏本，此后有福井榕亭、小岛学古等传抄本问世。我国学者杨守敬（1840—1914）于光绪年间访日时影抄以归，萧延平氏于1924年校注刊行，乃得复在中国流传。

《黄帝内经太素》撰注于唐宝应元年（762）王冰撰注《黄帝内经素问》之前是可以肯定的，但它究竟撰注于何时？因杨上善正史无传，所以后世学者各有看法而形成不同的意见。一说是杨上善为隋人，《太素》撰注于隋大业中，持此说者有明代李濂《医史》（1513）、徐春甫《古今医统》（1556）、清代陆心源（1834～1894）《皕宋楼藏书续志》、丁丙（1833～1899）《八千卷楼书目》，以及《中医图书联合目录》等，其来源都自宋代林亿等校正《素问》序中有“及隋杨上善纂而为太素”一语，及王应麟（1223—1296）著《玉海》时有“《黄帝灵枢经》9卷……隋杨上善撰”的记载；另一说认为杨上善为唐代人，《太素》撰于唐显庆（656～660）年以后。此说在国内首先由杨守敬在《日本访书志》提出的①，其论点有：其一，《隋志》无其书，新旧《唐志》始列《黄帝内经太素》30卷、《黄帝内经明堂类成》13卷；其二，《太素》每卷首题“通直郎守太子文学臣杨上善奉敕撰注”，按《唐六典》：魏置太子文学，自晋之后不置，至后周建德三年（574）置太子文学十人，后废，皇朝显庆中置。是隋代并无太子文学之官，则上善为唐显庆以后人；其三，此书残卷中，“丙主左手之阳明”注云：景丁属阳明者，景为五月云云，唐人避太祖讳丙为景，则上善为唐人审矣。1924年萧延平校正刊行兰陵堂本《太素》时，又补充了一点论据：“检本书杨（上善）注，凡引老子之言，均称玄元皇帝，考新旧《唐书》本纪，追号老子为玄元皇帝，在高宗乾封元年（666）二月，则杨为唐人，更无疑义。”② 其四，杜光庭在《道德经广圣义》中说：太子司议郎杨上善，高宗时人。作《道德经集注真言》20卷③。杜光庭（850～933）为唐末五代道士，距高宗之死仅200年左右，早于林亿等人，其言当更可信。何况杨上善有许多老庄类著作，可见与道教关系密切，则杜光庭从宗教传承关系或许对杨上善所生活的时期有更接近事实的了解，杨上善是唐代人当无疑义，《太素》撰于唐代亦无疑义，而且很有可能即在显庆年间或其后，因高宗在显庆四年

---

① 国外由日本涩江全善提出《黄帝内经太素》30卷，唐通直郎守太子文学杨上善奉敕撰注，见《宋以前医籍考》。

② 引自李鸿逵《黄帝内经太素》撰注考略，江苏中医，1963，（8）：30～33。

③ 引自〔日〕丹波元胤《中国医籍考》第49页，人民卫生出版社，1956年。

(659）曾接受苏敬奏言，命李勣等撰《新修本草》，在同一时期前后对中医学理论著作亦敕撰注是完全可能的。高宗是一性好文学的皇帝，在显庆二年曾嘉纳李善所上《文选》注；咸亨四年后又敕修国史、上元二年有《列女传》、仪凤元年有《后汉书》注等，《黄帝内经太素》也就在高宗时期的显庆年间或其后。

（二）《黄帝内经太素》对医学的贡献

《黄帝内经太素》是将《素问》、《灵枢》的162篇拆散，按其内容的不同性质，归纳为摄生、阴阳、人合、脏腑、经脉、腧穴、营卫气、身度、诊候、证候、设方、九针、补养、伤寒、寒热、邪论、风论、气论、杂病19类，每一类之下又分若干小类，这样有纲有目，子目章句秩序井然，加强了原书的系统性，也起到了提要钩玄的作用。这种对《内经》的分类研究，是杨上善之首倡，亦开《内经》分类研究之法门。

杨上善的注释皆以我国传统的训诂学经典著作如《尔雅》、《说文》、《广韵》等为依据，如其注“舌焦唇槁腊”，曰“腊，肉干也”①。这是引用《说文》的解释；注“足阳明，外合于海水，内属于胃”，曰“海，晦也。言其水广博，望之晦阁，不测崖际，故曰海也。”“海，晦也”是引用《释名》的解释。其注释亦有很多精辟处，如在卷16《虚实脉诊候》中对《内经》的“脉实满，手足寒，头热如何？答曰春秋则生，冬夏则死”，注解曰：“下则阳虚阴盛，故手足冷也；上则阴虚阳盛，故头热也。春之时，阳气未大，秋时阴气未盛，各处其和，故病者遇之得生；夏时阳盛阴格，则头热加病也；冬时阴盛阳闭，手足冷热益盛也，故病遇此时即死也”②。即是一例。

《黄帝内经太素》是分类注释、校勘《黄帝内经》的早期著作，而且作者杨上善尤注意不妄加改动经文，以保持经文原貌，如在“五藏痿”篇中“肾热者，色黑而齿熇”，杨上善注曰“熇当为槁，色黑齿枯槁也”③。他明知“熇”是错的，但并不改动，仅以“熇当为槁”来说明；又如在“气府”篇中“上天容四寸名一”句，注曰“足太阳近天容，手太阳脉不至天容，谓天容字错，未详所发。”④此则疑天容有错，然以存疑方式保留。因此，可以认为在现存医书中其《内经》引文是最接近古貌者，并保存了许多古典医籍的佚文，因而可用以校勘今之《素问》、《灵枢》、《甲乙经》等，有较高之文献价值。

七　王冰与《黄帝内经素问》

王冰（约720～805），为唐代著名医学家。号启玄子，一作启元子。里居不详。自幼苦志文儒，且笃好养生，留心经方。曾师事郭斋堂，得受“先师张公秘本”。宝应（762～763）年间任太仆令，故后世皆以“王太仆”称之。王冰对《素问》素有研究，鉴于“世本纰缪，篇目重迭，前后不伦，文义悬隔”，乃精勤博访，以师授之“秘本”，参以全元起注本，历时12年，重行编次注释《素问》，并补入“天元纪大论”等7篇旧藏之卷，合成81篇、24卷，即

---

① 杨上善撰注，《黄帝内经太素·五节刺》，人民卫生出版社，1981年，第364页。

② 中医研究院针灸文献研究室，缺卷复刻《黄帝内经太素》，引自甄志亚主编《中国医学史》，人民卫生出版社，1991年，第132页。

③，④ 杨上善注，《黄帝内经太素》，人民卫生出版社，1981年，第442，194页。

《补注黄帝内经素问》，亦称《次注黄帝内经素问》或《黄帝内经素问》，又《释文》1卷。因是书“辞理秘密，难粗论述者，别撰《玄珠》，以陈其道”，故尚有《玄珠》一书。然后者在宋代已佚。冰年80余以寿终。

（一）关于《玄珠密语》等著作

据《宋史·艺文志》有“王冰《素问六脉玄珠密语》一卷”，《国史经籍志》作《素问六气玄珠密语》17卷、《艺文略》作10卷，《道藏》中所辑亦10卷，今存。其序称为王冰在武则天理政后退仕而专心问道，遇玄珠子，乃师事之，以启问于玄珠子，故自号启玄子。后将玄珠子密而口授之言撰成《玄珠密语》，并说“余于百年间，不逢志求之士，亦不敢隐没圣人之言，遂书五本，藏之五岳深洞中”，是言藏此书时，其年已在百岁之外，实怪诞不可信。故正如林亿等谓“详王氏玄珠，世无传者。今有《玄珠》十卷，《昭明隐旨》三卷，盖后人附托之文也。虽非王氏之书，亦于《素问》第十九卷至二十二卷，颇有发明”，可见宋时已知《玄珠密语》之伪。又吕复在《九灵山房集·沧洲翁传》中说“余尝合《素问》观之，而《密语》所述，乃六气之说，与高氏所指诸卷全不侔”，则吕复所见者，并非林亿等所见，故《四库全书提要》曰：“《玄珠密语》十七卷，旧本题王冰撰。……宋人已知其伪，明洪武间吕复作群经古方论云：《密语》所述，乃六气之说，与高氏所指诸卷全不侔，则吕复所见者，并非高保衡所见。且郑樵《通志略》称《玄珠密语》十卷，吕复又称十卷，而此本乃十七卷，则后人更有所附益，又非明初之本矣。术数家假托古人，往往如是，不足诘也”。则今存《玄珠密语》非王冰所著明矣。

另有《昭明隐旨》3卷、《启玄子天元玉册》30卷，并题为王冰所著。林亿等曰：《昭明隐旨》三卷，与今世所谓《天元玉册》者，正相表里，而与王氏之义多不同。则亦为托名之著。

（二）《黄帝内经素问》的贡献

经过王冰整理编次、注释阐发的《黄帝内经素问》，成为“三皇遗文，烂然可观”，为读者提供了方便。其所做的工作如篇目整理，全元起注本有一篇重出而立两名的情况，如“离合真邪论”在全元起本第一卷中称“经合论”，在第二卷重出为“真邪论”，王冰即将之合并名“离合真邪论”；而全元起又有两论并为一目者，如“气厥论”并入“厥论”、“刺要论”并于“刺齐论”，王冰将之分列，使眉目更为清晰。而在篇目编次上，全元起注本大致以诊法、经络、藏象、治法、病能、养生、阴阳等为序，王冰则将原列在第九卷之“上古天真论”、“四气调神大论”等移至卷首，改以养生、阴阳、藏象、诊法、病能、经络、治法为序，体现了重视“治未病”的预防医学思想，对后世医学发展有重要影响。

王冰以其先师秘论七篇，补充原《内经》亡佚的第七卷，虽然此七篇是否确系《素问》原文，尚有可疑，但其补入的七篇均为五运六气的内容，分别是“天元纪大论”、“五运行大论”、“六微旨大论”、“气交变大论”、“五常政大论”、“六元正纪大论”、“至真要大论”，使运气学说从此成为一门有理论指导的学问，运气学说得以流传下来。

王冰在注释《内经》方面，大体上能深入浅出，对中医学理论有不少发挥。如对阴阳互根理论作了精辟的阐述：“阳气根于阴，阴气根于阳，无阴则阳无以生，无阳则阴无以化，全阴则阳气不极，全阳则阴气不穷”；并更形象地说：“滋苗者必固其根，伐下者必枯其上。”① 又如对“治病必求于本”的注释为“阴阳与万类生杀变化，犹然在于人身，同相参合，故治病之道必先求之”②，明确了治病求本，本于阴阳的见解。从而使《内经》“治病必求于本”的原则在临床辨证论治中更具指导意义。对于“诸寒之而热者取之阴，热者而寒之取之阳，所谓求其属也”，注释为“益火之源以消阴翳，壮水之主以制阳光”③ 之说，开后世治疗真阴竭、元阳虚之法门，后世学者探本命门之圭臬。因此，王冰次注《素问》，总结了前人研究《素问》之精华，也融人了他本人研究《素问》之心得，使许多《内经》的经旨得以进一步阐明，某些理论得到进一步深化，从而为后人探微索隐奠定了基础，至今仍是学习《素问》的主要参考著作。

八 蔺道人与《仙授理伤续断秘方》

（一）生平

蔺道人，长安（今陕西西安）人。约生于公元790～850年间。他本姓蔺，名失考，称其为道人，可知其为出家人。他精于骨伤科。会昌（841～846）年间武宗灭佛，改寺院为馆舍，促令僧道还俗生产。蔺氏即于其间流落至宜春（今属江西）钟村，以耕种自养，与当地村民彭叟交厚，彭叟经常帮助他耕耘。一次，彭叟之子上山伐木误坠于地致颈部和肱骨伤折，彭叟诉于蔺道人，道人乃亲为之制剂配药，服药后不久即定痛，数日即平复。彭叟始知蔺道人知医，传扬开去，求医者日众。道人的清静生活受到了干扰，于是他将方药传授给彭叟，使之自制药以应来求医者，并要求彭叟“毋苟取，毋轻售，毋传非人”，体现了其高尚医德。

蔺道人初居钟村时，每年或春或秋，有一邓先生来访，二人每饮酒高歌。日久，彭叟亦习得歌词而常念唱，而邓先生不复再来。后江西观察使行部至袁州，闻彭叟歌而询问之，得知乃道人之歌，遣人往邀，则蔺道人已云游他方了。蔺道人传授彭叟之方药，即《理伤续断方》，在道人离去后改名为《仙授理伤续断方》。

（二）《理伤续断方》的成就

《理伤续断方》是我国现存最早的骨伤科专著，科学地总结了唐以前在伤科方面的主要成就。

首先是该书倡导和规定了骨折脱臼等损伤的治疗常规：即清洁伤口、检查诊断、牵引整复、复位敷药、夹板固定、复查换药、服药、再洗等。

其次是对一般骨折脱臼和复杂骨折等的诊断、治疗或手法整复固定，或手术整复固定，已形成了后世可以遵循的规律。例如对于固定，强调要用杉木皮作小夹板，“凡夹缚用杉木皮数片，用回紧夹缚，留开皆一缝。夹缚必三度，缚必要紧”④，意思为用杉木皮数片，在伤肢周

① 《黄帝内经素问·四气调神大论》，人民卫生出版社，1956年，第10页。
② 《黄帝内经素问·阴阳应象大论》，人民卫生出版社，1956年，第15页。
③ 《黄帝内经素问·至真要大论》，人民卫生出版社，1956年，第192页。
④ 蔺道人，《仙授理伤续断秘方》“医治整理补接次第口诀”。

围回紧夹缚，留开一条缝，用绳子作上、中、下三部捆扎固定，以防折端移位。这是对一般性骨折固定的要求。对复杂骨折，除上述要求外，更强调“夏三两日，冬五三日解开”换药，“夹缚处用热药水泡洗”以促进伤口愈合，“洗时切不可惊动损处”。对关节的固定，则注意“时时运动，……或屈或伸，时时为之方可”。这些处理原则大大丰富和发展了我国骨关节损伤的治疗原则和技术，提高了治愈率。

再是对复杂骨折整复和手术方面的成就。他明确提出了处理复杂骨折的原则，即对于粉碎性骨折，如果不是开放性的或虽然穿破皮肉，但手法可以复位成功的，就应用手法复位；如果穿破皮肉，用手法不能整复，或可整复，但复位后仍有小部分断端要露出体表者，可以用快刀截除骨尖，使两断端能恢复解剖位置；如骨折严重，手法复位或截除骨尖仍不能复位者，则进行外科手术切开整复。这些处理复杂骨折的原则既是大量经验的总结，也符合科学理论，至今仍有指导意义。而在处理这种开放性骨折时，他提出“不可见风着水，恐成破伤风”也是预防破伤风发生的措施之一。

此外，在关节脱臼的整复方面，蔺道人也发明了不少实用的整复方法。例如肩关节脱臼，他指出“凡肩甲骨出，相度如何整：用椅当圈住胁，仍以软衣被盛箪，使一人捉定，两人拔伸却，坠下手腕，又着曲着手腕，绢片缚之”。即病人侧坐于有椅背的椅子上，患侧上肢与胁肋部夹椅背，在椅背上垫以衣被，一人将患者扶住，两人将患侧上肢外展牵引入臼，然后使上肢下垂，肘关节屈曲，以绢片缚扎使维持在上述牵引后的位置，这与今日肩关节脱臼复位后三角巾悬吊是一致的，至今在边远地区仍有实用价值。又如对股骨脱臼已能分成“跨骨从臀上出（后脱位）”、“从裆内出（前脱位）”，并用“三两人挺定腿拔伸，乃用脚捺入”的方法。治髋骨节后脱位也同样于今都实用，其他如腕关节脱臼的处理方法也有介绍。可见蔺氏对常见的关节脱臼整复达到了一定水平，且至今仍可在医疗条件差或边远地区应用，今天整复技术较千余年前已有很大提高，但基本原理仍是一致的。

蔺氏在《理伤续断方》中共记载有44个用于骨伤科的处方，不少处方仍应用于临床，特别是后世常用的名方“四物汤”，即出于《理伤续断方》中，并在实践中不断扩展该方的使用范围，因此，蔺氏对中医方剂学也有杰出贡献。

九　张　文　仲

张文仲（约620～700），唐洛州洛阳（今河南洛阳）人。武则天在位之初（约685）为侍御医，后又升任尚药奉御。与当时李虔纵、韦慈藏同以医术闻名。

据《旧唐书》本传记载，武则天初年，苏良嗣于上朝跪拜时晕倒，则天命张文仲、韦慈藏随至苏宅诊治。在检查后，他认为病人因忧愤而致邪气横逆，若两胁疼痛则难救。从清晨守候，未及早餐，病人即发两胁绞痛。文仲又曰：若心痛则不可救。须臾病人心痛，至黄昏而卒。其术精如此。

张文仲善疗风疾和气疾。他认为，风有124种，气有80种。治疗风病和气病，医药虽然大抵相同，但人的禀性有异，庸医不明白这些道理，不考虑人的体质、时令气节而导致用药无效或死亡。只有脚气、头风、上气等疾，须经常服药，其余气病、风病，只需发作之时治疗即可。患风病、气病之人，在春末夏初及暮秋时节，需服些通泄性质的药食，病情即不会加剧。因其擅疗风疾，故武则天命张文仲召集当时名医共同编撰风气诸方，并令麟台监王方庆监其修撰。于是撰四时常服及轻重大小诸方 18 首以表奏上。已佚。《外台秘要》中有所引录。另撰有《随身备急方》3 卷和《法象论》1 卷，亦已佚失。

第三节　本草学的发展

本草学发展到隋唐时期，其药物数量和用药经验较两晋南北朝已有更多的积累。但在此之前，由于国家分裂等历史原因所造成的药物品种混乱现象，没能得到统一。陶弘景虽然在这方面做了一些工作，但受到历史环境的束缚，靠他个人的力量亦无法解决这一大问题。国家统一后，由政府组织一批学者编写药学著作，并组织开展全国性的药物调查，就有了可能，在《本草经集注》基础上，更广泛地搜集了前代的药学资料和当时国内外药学交流中吸收的新品种，使原来雏型期的本草的内容得到了充实。

一　官　修　本　草

隋唐时期官修本草的出现是唐代本草学发展的一个标志，这就是《新修本草》。《新修本草》共 54 卷（一说 53 卷），由三部分组成：即正文 20 卷，目录 1 卷；药图 25 卷，目录一卷；《图经》7 卷，或有著录为《本草图经》者。本书是由唐政府组织苏敬等 23 人重新校修《本草经集注》而成。显庆二年（657），苏敬上书倡议修订本草，获得皇帝的同意，乃组织学者共同编撰，故苏敬是编撰的实际负责人。也有书志将孔志约、李勣作为该书的负责者，孔志约为《新修本草》撰序者，李勣则为后期领衔者。

《新修本草》的编写，一方面是广泛征集资料并加以分析讨论，另一方面是动员全国力量调查征求药物，这种集体讨论和广泛调查，使该书在当时有很大权威性，更由政府颁布，故具有世界上第一部药典性质。

《新修本草》共收载药物 844 种，较《本草经集注》新增 114 种，且其中不少是外来药物，丰富了我国药物品种和内容。《新修本草》并对药物品种和其他内容进行了全面订正，不仅纠正了陶弘景注说中的若干错误，也对《本经》、《别录》的某些阙误予以补正。《新修本草》在编纂体例方面，保留了《本草经集注》原来诸药书写体例，用“谨按”表示新加注文，附于陶弘景注说之后，又用“新附”表示模仿《本经》、《别录》药条书写顺序所撰成的新药条文，这一体例为宋代官修本草所采纳。

《新修本草》问世后，不久即成为我国和日本医学生的必修课本，并绵延流传了近 400 年，至《开宝本草》（973～974）修成，才逐渐取而代之。

二　图 谱 的 编 撰

唐代编撰的图谱以《新修本草药图》25 卷最负盛名，并配有《图经》7 卷，“图以载其形色，经以释其同异”。此外尚有《天宝单方药图》，徐仪《药图》、王定《本草训戒图》等，为唐人所绘。另外有一些采药或芝草类图，年代不明，一般以隋以前流传较多。上述图谱均已佚。

三　食疗类本草

隋唐以前食物类著作大多偏重于烹调藏制，而食禁一类则旨在防病和避免饮食不得法而损害人体。直到唐代，以食物用于治病才得到系统总结。孙思邈的《千金要方》中有食治专卷，已涉及到许多食疗经验。其弟子孟诜又撰《补养方》3卷，经张鼎改编增补而成《食疗本草》3卷。该书是唐代著名的食疗专著。较多记载了动物脏器疗法和藻菌类的食疗作用，注意到了食疗法的地区性，提出了妊、产妇饮食宜忌和小儿食品要求等。今存敦煌莫高窟发现之古抄本及近人辑佚本。

此外有唐·昝殷的《食医心鉴》，重在食疗处方，与传统本草以单味药为叙述单元有所不同。已佚或有少量佚文见于著录的尚有隋诸葛颖《淮南王食经》120卷、《淮南王食目》10卷、《淮南王食经音》13卷，《隋志》中《食经》、《太官食经》、《食法》等；留有少量佚文的有《新撰食经》、《马琬食经》、崔禹锡《食经》、《朱思简食经》、严龟《食法》等多种食经，（其中有的撰写年代不明），可见于《医心方》之引录。

四　海外药物专著

隋唐时期陆上的丝绸之路与海上的交通促进了中外医药的交流，传入的药物增多，亦有医药学家对此进行了整理编撰。有郑虔的《胡本草》7卷，是我国最早反映外域及少数民族常用药物的专著，可能偏重于西北和北方地区的外来药。有唐末五代李珣的《海药本草》及佚名氏《南海药谱》，记载了南方及南洋的药品。原著均已佚，后代本草中或有少量佚文引录。

五　《本草拾遗》

唐代四明（今浙江宁波）医家陈藏器拾取《新修本草》之遗漏药物撰成之药学著作，开本草拾遗之先，如清代有《本草纲目拾遗》。

《本草拾遗》10卷，原书早佚，《嘉祐本草》载“（陈藏器）以《神农本草经》虽有陶、苏补集之说，然遗佚尚多，故为序例一卷，拾遗六卷，解纷三卷。总曰《本草拾遗》，共拾卷。”可见该书由三部分内容组成。

现从《证类本草》等文献辑得《本草拾遗》药物692种①。从这些药物佚文可窥原书分类方式，与《新修本草》药物分类一致。新增药品中常用品很少，但也是对各类文献及民间药物的一次大总结。又据《嘉祐本草》序例存有“十剂”的说明及五方之气致病的原因。过去多认为“十剂”为刘宋时徐之才总结的内容，而现经学者凌一揆等考证，存于《嘉祐本草》序例的十剂内容实为陈藏器归纳，此后即作为重要药学理论之一而被收入后世本草，引起了学术界的讨论。

然陈藏器在选择“拾遗”的材料时欠精当，如该书记载人肉疗亲对此后历代忠臣孝子影响甚大，形成割股疗亲的愚昧风气，招致后世诟评。

---

① 尚志钧辑校，《本草拾遗》，皖南医学院科研科油印，1983年。

第四节　医学理论和诊断技术的发展

中医学理论体系在秦汉时期已逐步形成，在以后的历代中不断有所发展。隋唐时期的医家在临床实践中对中医理论也有所充实和提高，特别在病因学说、脏腑辨证和伤寒分类等方面有明显进步。

一　医学理论

（一）病因学说

中医的病因学说，在隋唐以前基本形成了“千般疢难，不越三条”的概念，即三因学说：以六淫为内容的外因学说、以七情为内容的内因学说和以虫兽、房室、刀刃伤为内容的不内外因学说。尽管陈延之等已提出“虫说”，但三因学说仍为中医最常用的病因学说。隋唐时期医家本着“医之作也，求百病之本而善则能全”[①] 的精神，在医疗实践中作了新的探索，在病因学说方面有显著进步。在对病因的研究中，以巢元方《诸病源候论》成就最为突出，孙思邈的两《千金方》和王焘《外台秘要》虽均为方书，但在论述病因方面也有不少发展。

1. 乖戾之气说

《诸病源候论》在对伤寒、时行、温病等的研究中，发现这些病都由于“岁时不和，温凉失节，人感乖戾之气而生病”，且此病“多转相染易”，甚至“灭门”和“延及外人”，故须“预服药及为法术以防之”。这种戾气发病的观点，前代医家虽亦有提出，如葛洪在《肘后备急方》中提到了温病是“其年岁中有疠气兼夹鬼毒相注”而成，但从其曰“兼夹鬼毒”，则尚未脱离鬼神致病的迷信观点，而《病源》中则将伤寒、温病、时行明确归因于患者感受乖戾之气，而气候之温凉失节是一诱因，这一可贵思想，无疑成为清代温病学说之先驱。

2. 虫说

由于“虫”咬螫而致病，原是“三因学说”不内外因之一部分，但隋唐医家提出之致病之“虫”却大多是肉眼不能见之虫，较之陈延之虫说仅应用于化脓性疾患要广泛得多，是在病因学方面的一个显著进步。

巢元方之虫说，广泛应用于尸注、鬼注、麻风等病，从其认识来看，较前人“虫”说有更新更深的意义。

如对尸注、死注、飞尸、鬼疰等病（类似今之肺结核病），《病源》认为是因“人无问小大，腹内皆有尸虫。尸虫为性忌恶，多接迎外邪，共为患害”[②] 而致。作者相信，尸注、鬼疰等病都因有“尸虫”客观存在而致。虫之由来，则为“人有病注死者，人至其家，染病与死者相似，遂至于死，复易旁人，故谓之死注”[③]，很明显这是接触传染；“人死三年之外，魂神因作风尘，著人成病，则名风注”[④]，这是空气飞沫传染，此外尚述及“其余殃不息，流传子孙亲族”，则为密切接触或胎盘传染；“坐席饮啖，外邪恶毒之气随饮食入五脏……谓之食

---

① 巢元方，《诸病源候论》总序。第1页。

②，③，④　巢元方，《诸病源候论》，第258，131，130页。

注”[①] 则为消化道传染。

在“阴痒候”、“齿痛候”、“诸瘘”、“久癣病”、“瘑疮”等证候中也都提出了有“虫”说，此等疾患现代医学证实多由细菌、真菌或其他病源体引起，由于当时历史条件的限制，还不可能知道引发此等疾病的“虫”是什么，但他们对疥虫的逼真描述，对寸白虫、蛲虫阐述，都证明他们观察研究之深入细致，从而可见他们对诸多证候提出的“虫”说不是偶然的，而是一种有预见性的推断。

3. 与饮食有关说

在《病源》诸述及霍乱的证候中，都强调了“饮食不节”[②]，唐代医家孙思邈更提出“霍乱之为病，皆因饮食，非关鬼神”[③] 的观点，这不仅是对鬼神致病唯心观点的否定，而且明确了霍乱是经消化道传病的疾病。对于痢疾，《病源》也强调了“饮食居处、运动劳役”、“新食竟取风”[④] 的病因病机与饮食有关的观点，都为后世对消化道传染病病因的研究所证实。

4. 物理因素致病

除水火烫伤等直接归因于物理因素外，在其他证候中也有考虑为物理因素者，如对于脱肛，《病源》就提出了“……多因久痢后大肠虚冷所为。大肠虚而伤于寒痢，而用气偃，其气下冲，则肛门脱出”[⑤]；“亦有因产用力努偃，气冲其肛，亦会反出也。”因痢而努争，因产而用力，都可使腹压增高而迫使肛门脱出。对于子宫下垂，亦提到了“亦有因产而用力偃气阴下脱者”[⑥]。这些认识与现代医学的观点基本一致。

此外如眼病之原因，孙思邈指出的16件“丧明之本”中，影响视力的不利因素如火、光等刺激及用眼过度也为物理因素。《病源》认为金疮久不愈合是“疮内有破骨断筋、伏血腐肉、缺刃竹刺，久而不出”，因而提出“当破出之”，唐代骨伤科医家蔺道人亦持同样观点，如刀刃竹刺等亦均属物理因素。

5. 体质差异

在《病源》中，对晕车晕船和漆疮都提出了由“质性”、“禀性”所致，认识到了机体的特异性，即体质有差异所出现之特殊情况。

6. 其他

如对乳痈，《病源》认为是因乳汁蓄积，《千金》认为是滞乳，均与现代认识相仿。对女子不孕，隋唐医家已认为不仅仅是女子的问题，而与夫妻都有关，如《病源》指出是因“夫病妇疹”，《千金要方》认为“凡人无子，当为夫妻俱有五劳七伤、虚羸百病所致”，这在病因认识方面无疑是很大的进步。

（二）脏腑辨证

在唐代，孙思邈创脏腑辨证，用五脏六腑来分类除伤寒、诸风、风毒脚气、消渴、淋闭、尿血、水肿以外的内科杂病，每脏每腑下又分寒热虚实予以阐述，提高了对内科杂病的认识和治疗，也使中医理论中的脏腑学说更紧密地与临床相联系，并进而指导临床。

---

① 巢元方，《诸病源候论》，第133页。

② 巢元方，《诸病源候论》，第121页。

③ 孙思邈，《备急千金要方》，第366页。

④ 同①，第96页。

⑤，⑥ 巢元方，《诸病源候论》，第100，216页。

如在肺脏下，包括了肺热、喘息短气、好唾脓血方，肺热气上、咳息奔喘方，肺热喘息鼻衄血方，肺胀气抢胁下热痛灸法等；肺寒损伤气嗽及涕唾鼻塞方、肺虚寒语声嘶塞、气息喘惫咳唾酥蜜膏酒止气嗽通声方，肺实热胸凭仰息泄气除热方等，还包括肺劳、气极、积气、肺痿、肺痈和飞尸鬼疰。据研究，飞尸鬼疰类似今之肺结核病，孙氏将之列入肺脏，似已认识到它病位在肺，这在认识上无疑是明显的进步和具科学性。

脏腑辨证法后被广泛应用于临床实践中，宋代钱乙并将之引入儿科疾病的辨证中。

（三）伤寒的方证同条比类相附

孙思邈对《伤寒论》有很深入的研究，他认为“伤寒热病，自古有之。名医濬哲，多所防御。至于仲景，特有神功”。然“医人未能钻仰，……汤药虽行，百无一效。伤其如此，遂披伤寒大论，鸠集要妙，以为其方。行之以来，未有不验。旧法方证，意义幽隐，乃令近智所迷，览之者造次难悟……”“今以方证同条，比类相附。须有检讨，仓卒易知。夫寻方之大意，不过三种。一则桂枝，二则麻黄，三则青龙。此之三方，凡疗伤寒不出之也。其柴胡等诸方，皆是吐下发汗后不解之事，非是正对之法。”① 根据这一原则，孙思邈对《伤寒论》进行了整理，将《伤寒论》345 证分成 12 论，并附伤寒宜忌 15 章，以及汗、吐、下后的症状，使学者易于检查记忆，也为后世伤寒学派中的“三纲鼎立”派奠定了基础。

二　诊断技术

隋唐时期的诊断沿用自古以来的望、闻、问 、切四诊，在某些技术方面已有向实验医学发展的倾向。

（一）指掌纹诊法

如在儿科中，孙思邈在惊痫诊断中以指掌纹判断病之进退。他说：“凡小儿有癖，其脉大必发痫，此为食痫，下之便愈。当审候掌中与三指脉不可令起，而不时下，致于发痫，则难疗矣。若早下之，此脉终不起也。脉在掌中尚可早疗，若至指则病增也。”② 据刘昉《幼幼新书》，唐代贞观间王超发明小儿察指纹法，即察小儿食指指纹的色泽和指纹到达的指节部位，成为后世小儿诊断法的很实用的技术。与现代观察甲周循环有相似的意义。

此外有观察鱼际纹色泽来诊痫候，与指掌纹诊法意义相同。

（二）尿的检测

尝粪和尝尿，古来就有之。如《越绝书》记载越王勾践为吴王夫差尝恶（粪尿）以示忠于吴而曰“味苦”，认为王病可愈，可反映当时已知尿味甘甜病必难愈。《梁书》亦有孝子庾黔为父尝恶，得甜滑之味，知病不起之事。而医书记载糖尿病尿甜，是见于唐初方书《古今录验方》，该书中指出：“消渴病有三：一渴而饮水多，小便数，无脂似麸片甜者，皆是消渴

---

① 孙思邈，《千金翼方》，人民卫生出版社，1955 年，第 97 页。

② 孙思邈，《备急千金要方》，人民卫生出版社，1955 年，第 78 页。

病也。二吃食多，不甚渴，小便少，似有油而数者，此是消中病也。三渴饮水不能多……”① 从此可见尿诊已应用于临床，但“似有油”可以望见，而“似麸片甜者”，可能还是沿袭古人用口尝的方法，而且成为消渴病的诊断法之一。此外为黄疸病进退的诊断法，在唐代医家孟诜的《必要方》中有：“疗阴黄、眼睛黄、汗染衣、涕唾黄方：好黄蒸二大升，左一味，每诊以水二大升浸……平旦绞取汁半升饮之……每夜小便中浸白帛片，取色退为验”；“又疗阴黄汗染衣涕唾黄者方”后亦有“每夜小便里浸少许帛，各书记日，色渐退白则差”②，则为最早的比色诊断法。

（三）动物实验

在《诸病源候论》中有“入井塚墓毒气候”指出“凡古井塚及深坑穽中，多有毒气，不可辄入，五月、六月间最甚，以其郁气盛故也。若事辄必须入者，先下鸡鸭毛试之。若毛旋转不下，即是有毒，便不可入”及《外台秘要》引《小品》疗入井塚闷冒方有用“亦可内生六畜等置（井）中，若有毒，其物即死”，并曰《千金》、《录验》同，可见隋唐时期已用羽毛或动物实验以鉴定古井塚中有毒与否，而且是比较常用之法，故而在著作中多有记载。又如陈藏器，用糯米喂养小猫和犬，建成了脚气病的动物模型③，证明久食糯米会导致脚气病。前者动物实验用于检验有毒与否，后者则用于验证病因，可见隋唐时期动物实验之发展。

第五节　针灸学的发展

隋唐时期政府对针灸学相当重视，如唐太医署已开始设针科，既主管临床治疗，又培养针科学生；唐太宗在阅明堂图后废除背部鞭刑，贞观中还敕令甄权、甄立言、谢季卿等诸多医家修明堂，校定经图，此后，甄权明堂经图传遍华夏。高宗乾封年后，又敕杨上善撰《黄帝内经太素》、《黄帝内经明堂类成》等。上述这些成为隋唐时期针灸发展的促进因素，而更重要的是隋唐医家积极从事针灸临床实践，善于总结经验，使这个时期的针灸学有较大的发展。

一　针灸图谱

隋唐时代的针灸图谱以隋唐间医家甄权之新撰《明堂图》最为著名。该图于武德（618～626）中撰成。其时深州刺史成君绰忽患颈肿，喉中闭塞水粒不下已三日，经甄权针右手次指之端，经一餐饭的时间，气息即通了，第二天恢复正常。因甄权救治之奇效，尔后缙绅之士多摹写甄权之《明堂图》，因而很快流传 于外。贞观（627～649）中甄权任职少府，奉敕撰修明堂，校定经图。贞观的新《明堂图》是以《针灸甲乙经》校秦承祖图而成。尽管该《明堂图》已佚，但唐代医家孙思邈《千金要方》、《千金翼方》的针灸篇，其“所述针灸孔穴，一

①，②　王焘，《外台秘要》，第310，141～142页。

③　引自唐慎微，《重修政和经史证类备用本草》卷26，陈藏器云：“糯米，……久食之，令人身软，黍米及糯饲小猫、犬，令脚屈不能行，缓人筋故也。”人民卫生出版社，1982年，第495页。

依甄公明堂图为定”[④]，故从两《千金方》的针灸篇可窥甄权《明堂图》的概貌。

据《千金要方》记载，该图按正常人身材的一半作图，“若依明堂正经，人是七尺六寸四分之身。今半之为图，人身长三尺八寸二分。其孔穴相去亦皆半之，以五分为寸。其尺用夏家古尺，司马六尺为步，即江淮吴越所用八寸小尺是也”。是图有三幅，为仰人图、背人图和侧人图。“其十二经脉，五色作之；奇经八脉以绿色为之。三人孔穴共六百五十穴”。“仰人二百八十二穴，背人一百九十四穴，侧人一百七十四穴。穴名共三百四十九。单穴四十八名，双穴三百一名。”[⑤]

根据孙思邈《千金要方》、《千金翼方》可见，甄权《明堂图》穴位排列与《针灸甲乙经》相仿，每穴记有穴名、别名、定位取法等，四肢分经穴间有穴性、禁刺、禁灸等，是对《针灸甲乙经》以来唐以前针灸腧穴的又一次总结，而用图示，更便于读者习学，因而甄权《明堂人形图》很快传遍华夏。

除甄权《明堂人形图》外，隋唐期间存有相当多的针灸图谱，但均已佚失，唯从《隋书·经籍志》和《旧唐书·经籍志》、《新唐书·艺文志》可见书名。

《隋书·经籍志》载有：《黄帝明堂偃人图》12卷、《明堂虾蟆图》1卷、《针灸图要诀》1卷、《针灸图经》11卷、《十二人图》1卷、《扁鹊偃侧针灸图》3卷、《黄帝十二经脉明堂五藏人图》1卷及两种《明堂孔穴图》，各3卷。

旧、新唐书中记载的有：《龙衔素针经并孔穴虾蟆图》3卷、《黄帝十二经脉明堂五藏图》1卷、《黄帝十二经明堂偃侧人图》12卷、秦承祖撰《明堂图》3卷、甄权《明堂人形图》1卷（已去掉重复者）等。

此外，如《黄帝明堂》、《明堂孔穴》以及其他针经、针灸经中也可能含有针灸图，不在统计之内，则隋唐期间针灸图谱达十余种之多，当然这些图谱部分可能是隋唐以前流传下来的，如秦承祖撰绘《明堂图》3卷即是，但官编史书中列人这么多专用于针灸的图谱，反映了隋唐期间对针灸的重视和教学上已用图谱示范，有利于学生学习和医师取穴。

二 针灸专著

除上述针灸图谱外，隋唐时期的针灸专著尚有《针方》1卷（甄权）、《针经抄》3卷（甄权）、《针经》1卷（孙思邈）、《明堂经》1卷（孙思邈）、《黄帝杂注针经》1卷、《中诰孔穴图经》1卷、《经脉流注图经》、《黄帝明堂经》3卷（杨玄操注）、《针经音义》（杨玄操）、《黄帝三部针经音义》1卷（李议忠）、《雷氏灸经》1卷、《针灸服药禁忌》5卷、《岐伯灸经》1卷、《朱（或米）遂明堂论》1卷、《谢氏针经》1卷、殷元《针经》1卷、《要用孔穴》1卷、《九部针经》1卷、《三奇六仪针要经》1卷、《曹氏灸经》1卷、《流注针经》1卷、《针灸经》1卷、《崔知悌灸劳法》1卷[⑥]等。

以上针灸文献亦均佚失。存世者有《唐新集备急灸经》（为我国最早雕印之医书），范子盈等咸通二年（861）抄本，原藏于敦煌石窟，光绪末被伯希和盗往法国。有甲、乙两种本子，

④ 孙思邈，《千金翼方》，第308页。

⑤ 孙思邈，《千金要方》，第508页。

⑥ 参见《隋书·经籍志》、《旧唐书·经籍志》、《新唐书·艺文志》。

除载有15种疾病的灸疗方法外，尚收载了针灸禁忌。据研究，敦煌古医籍中针灸类尚有《灸法图》6卷，存残图18幅和部分残文；《灸明堂图》1卷，述一个月三十日中人身禁灸部位及针灸人神所致危害；《人神流注》，亦述一个月三十日中人神在身体部位；《黄帝明堂经》甲、乙卷，均有部分残损，记有十余个穴位的刺灸法及部位、主治等；还有《亡名氏灸法》、《针灸节抄》① 等。

三 针灸临床

针灸临床的发展，此期间既有如孔穴主对法、阿是穴、同身寸取法等有共性的指导原则运用于临床，也有灸法的广泛应用于临床和专病灸治法的出现。

孔穴主对法为孙思邈所创用，其曰“穴名在上，病状在下，或一病有数十穴，或数病只一穴，皆临时斟酌作法用之”②。这种用法犹如针灸临床手册，甚便于临床医生使用。孙氏还提倡“阿是”穴法，其曰：“有阿是之法，言人有病痛，即令捏其上，若里当其处，不问孔穴，即得便快成痛处，即云阿是，灸刺皆验。”②此法虽已于《小品方》中提及，但经孙氏之提倡和推崇，对后世影响很大，特别对穷僻山乡之人自行灸疗有指导意义。在阿是穴的实践中，有可能发现经外奇穴，孙思邈在其著作中记载了许多经外奇穴，部分奇穴给予了命名，如寅门、当阳、转谷、始素等，共120余个；部分奇穴则仅有部位和取穴法，无名称，如《千金要方》中所谓“小儿暴痫，灸顶上回毛中”等，共有70余处。

孙思邈还创用了“同身寸”法，其曰“取病者男左女右手中指上第一节为一寸，亦有长短不定者，即取手大拇指第一节横度为一寸，以意消息”，及“其言一夫者，以四指为一夫”③，这种同身寸取穴方法，为医者提供了准确取穴的简便测算法，有利于针灸学的发展。

隋唐时期的医家对灸法均予以重视，如巢元方在《诸病源候论》中也涉及针灸法，如提出护养小儿要“灸颊以防噤”，扩大了灸法在防治疾病中的应用范围。孙思邈提倡保健灸，说“凡人吴蜀地游官，体上常须三两处灸之，勿令疮暂差，则瘴疠温疟毒气不能着人也。故吴蜀多行灸法”④，可强壮身体，并预防传染病。王焘在临床上主张用灸而不用针，认为“其针法古来以为深奥，今人卒不可解。经云：针能杀生人，不能起死人，若欲录之，恐伤性命。今并不录针经，唯取灸法”⑤。“针能杀生人”的观点是片面而错误的，但他对灸法的提倡，对灸法的发展有促进作用。针刺医疗事故的发生是某些庸医没有掌握针法所致，而不是针刺本身之害。这也从反面提醒针灸医生，要提高针刺技术。在孙思邈的《备急千金要方》中对此也有说明：“针伤筋膜者，令人愕视失魂；伤血脉者，令人烦乱失神；……此为五乱，因针所生，若更失度者，有死之忧也，所谓针能杀生人，不能起死人，谓愚人妄针必死，不能起生人也。”⑥正因如此，孙氏在其著作中都有针灸专篇，并阐述用针、用灸之注意事项。王焘在《外台秘要》明堂灸法篇中整理综合了古代医家岐伯、皇甫谧，及当代医家甄权、杨玄操等对灸法归纳出的一些原则，如灸风症，灸的壮数宜从少到多；灸寒湿症宜从多到少，以及四肢用灸宜

① 马继兴，敦煌古籍考评，江西科学技术出版社，1988年，第431～459页。
② 孙思邈，《千金要方》，人民卫生出版社，1955年，第523，519页。
③，④ 孙思邈，《千金要方》，人民卫生出版社，1955年，第518，519页。
⑤ 王焘，《外台秘要》，人民卫生出版社，1955年，第1078页。
⑥ 孙思邈，《千金要方》，第518页。

少，腹背宜多等，成为后世用灸之准则。孙氏提出："凡点灸法皆需平直，四体无使倾侧，灸时孔穴不正，无益于事，徒破好肉耳。若坐点则坐灸之，卧点则卧灸之，立点则立灸之。反此亦不得其穴矣"①，是施灸时患者采取体位之原则。

其时专病灸治有孙思邈提出之膏肓穴，原用于"无所不治"②，崔知悌继承和发展为膏肓灸法，专治虚劳骨蒸，为治骨蒸病开拓了新方法。此外尚有苏敬《灸脚气方》、《外台秘要》灸诸瘘法、《千金要方》灸诸癫法、小儿灸法等，反映了唐代灸疗法之蓬勃发展。

而从《千金要方》、《千金翼方》看，隋唐时期针灸疗法广泛应用于临床各科，《千金要方》并已按临床各科分述疾病之针灸治疗，如卷2～4的妇人篇中涉及不孕、胎动不安、漏胞、漏下赤白、崩中带下、妇人遗尿、滑胎、胞落癞（子宫下垂）、阴冷肿痛、妇人无乳、各种难产、胞衣不出、子死腹中等等疾病；其他卷中还涉及小儿惊痫、鼻䘌、舌病、耳病、诸风（尸厥、失音不语、角弓反张、半身不遂）、黄疸、疟病、呕、痢、奔豚上气、飞尸、咳嗽、痰饮、腰痛、转胞、霍乱、消渴、淋病、水病、尿血、痈疽、痔漏、脱肛、瘿、癫、卒死等内外科证候。可见针灸疗法已广为临床应用，并已成为各科的常用疗法之一。

第六节 临床医学的发展

隋唐时期临床医学的发展与中医学整体发展相一致，具有总结和提高的特点。

一 内 科

（一）伤寒、温病和时气

隋唐时期在临床实践中，《诸病源候论》已明确将温病（包括疫疠）、时气（包括热病）与伤寒证候并列，可见已从伤寒中独立出来，《外台秘要》亦以伤寒、天行、温病分为三大类，可见其时张仲景《伤寒论》中概念的"伤寒"在隋唐时期已分隶为伤寒、温病与天行（或称时气）三类，从而奠定了温病学从伤寒学中分类出来的基础。

在病因方面，隋唐医家已不拘泥于四气为病而以伤寒最为酷烈之气的传统观点，而强调了"乖戾之气"致病的新观点。如在《诸病源候论》中指出："伤寒之病但有人自触冒寒毒之气生病者，此则染不着他人。若因岁时不和，温凉关节，人感乖戾之气而发病者，此则多相染易"。突破了历来以冬日伤于寒冷为伤寒病因的传统看法，指出伤寒亦可由"乖戾之气"所致，具有传染性。温病可因伏寒春发、亦可因"其冬复有非节之暖，名为冬温，毒与伤寒大异"所致，或"人感乖戾之气而生病，则病气转相染易，乃至灭门，延及外人"③。时气病则以"乖戾之气"为主要病因，所谓"时气病者，此皆因岁时不和，温凉失节，人感乖戾之气而生病者，多相染易"④。王焘《外台秘要》亦有类似之描述，反映了隋唐医家对伤寒研究之深入和对病因研究的新认识，并对伤寒、温病、时气、疫疠各病的传染性已给予重视，提出

---

① 《千金要方》，第518页。

② 同①，第540页。

③，④ 巢元方，《诸病源候论》，第64，57页。

了未病先防的措施，《千金要方》与《外台秘要》中均有避温专篇，收集有不少避温方药，如雄黄、菖蒲等至今仍在民间应用。

在温病的治疗方面，孙思邈较重视寒凉药的应用，指出“夫热甚非苦酢物不解也。热在身中，既不时治，治之又不用苦酢等物，如此救火不以水也，必不可得脱免也”①，开清热解毒治温病之先河。《外台秘要》的治法亦丰富多彩。汗法有辛温、辛凉之异；吐法有苦寒、温热之别；下法则有寒下、温下、攻补兼施，以及峻下逐水等；补法则有益气、养阴、生津、温阳等等。清法则更为多彩，有辛凉、辛寒解表，表里双解、清热解毒、清热凉血、增液通下以及清肺止咳、清肝退黄、清肠止泻、清心除烦、养阴退热等，上述治法亦为后世温病学家所广泛应用。

此外，孙思邈用“方证同条，比类相附”的方法对伤寒论的整理，以及伤寒之法不过桂枝、麻黄、青龙三类，成为后世伤寒“三纲鼎立”说之基础。

（二）传染病

此期对传染病症状之描述亦较隋唐以前更为详明。如对痢疾，在隋唐时期的著作中都提到了下痢赤白，或如烂血鸡肝，或如脓涕夹血，或白脓带血丝如鱼脑状，并可有发热、腹痛、口渴、下部疼痛滞重等，而不再是包括各种具有腹泻症状的疾病或仅论及下痢脓血者。对慢性痢疾也有一定认识，如《千金要方》有冷痢、久痢、《诸病源候论》和《外台秘要》有休息痢之称。当时医家对痢疾的观察重点在粪便的颜色与性状。如《诸病源候论》曰：“……痢而赤白者，是热乘于血，血渗肠内则赤也。冷气入肠，搏肠间，津液凝滞则白也。冷热相交，故赤白相杂。重者，状如脓涕而血杂之；轻者，白脓上有赤脉薄血，状如脂脑，世谓之鱼脑痢也。”② 张文仲云：“此病有数种，有水痢，有谷痢，有血痢，有脓痢，有脓血相和痢者，有肠澼痢。”③ 可见均从粪便性状、色泽予以分类命名。而在治疗方面，仍以清热解毒为主要治则，在仲景白头翁汤基础上增加了苦参、地榆、牛黄等药。此外如收敛固涩、温阳助运、和血止血、缓急和中、健脾益气及消导等法亦有进一步的发挥，并增加了应用生地、麦冬、阿胶、石斛等养阴生津之品，亦可见当时治痢法之丰富。

对黄疸病症状的认识亦较以前为全面，在《千金要方》“伤寒发黄”篇中提到了黄疸病的临床表现，如一身面目悉黄如橘、小便如浓煮黄柏液或赤少不利，振寒、发热、渴、呕、心中懊侬、大便时闭、好卧不欲动等；发黄已久则“变作桃皮色，心下有坚，呕逆不下饮食，小便极少，四肢逆冷”④，或“体尽黄，额上黑，足下热，因作黑疸，其腹胪胀而满，如欲作水状，大便必黑，时溏泄……⑤等。从上述证状可见，此期黄疸病中包括现代之传染性肝炎、钩端螺旋体病、溶血性黄疸、肝硬化以及肝癌等多种疾病。而《诸病源候论》记载的“急黄候”谓“脾胃有热，谷气郁蒸，因为热毒所加，故卒然发黄，心满气喘，命在顷刻，故云急黄也。”⑥ 得病即身体面目发黄，病程短，病情发展险恶，可能是今称急性黄色肝萎缩之类病。在治疗方面，仍以清热化湿、利胆退黄为主，在张仲景茵陈蒿汤基础上加重清热解毒药，如

---

① 孙思邈，《千金要方》，第 188 页。

② 巢元方，《诸病源候论》，第 97 页。

③ 王焘，《外台秘要》，第 697 页。

④，⑤ 孙思邈，《千金要方》，第 196，198 页。

⑥ 巢元方，《诸病源候论》，第 643 页。

黄柏、黄连、黄芩、石膏、知母、龙胆草等。此外亦有峻下逐水法的应用，在《千金要方》及《外台秘要》治黄疸方中多次出现如甘遂、芫花、大戟、巴豆等药，即是攻下逐水法之反映，这对肝硬化腹水的治疗无疑是有意义的。

又如对霍乱的认识，首先在病因上已提出："霍乱之为病也，皆因食饮，非关鬼神"，能将鬼神排除在这种急性传染病外，是认识上的一大进步，又归结病因为皆因饮食，霍乱是一肠道传染病，是因食饮了为霍乱弧菌污染的食物而引起，在当时历史、科学技术条件下，不可能认识到细菌，然能认识到通过食物传染也是难能可贵的。面对霍乱证候群的认识也说明当时医家认识之提高，因为霍乱之名首见于《内经》，而在《千金要方》中提到的症状有发热头痛、身体疼痛、恶寒而复吐利，吐多者必转筋不渴，即脐上筑；若下多者，霍乱而惊悸、而渴，以及肉冷汗出、喘息垂危、语音不出等。治疗用治中汤、四顺汤、四逆汤等等，均为后世临床所常用。

对于疟疾，病因上仍持"夏日伤暑，秋必病疟"；在证候和分类方面，《诸病源候论》论述颇详，如从经络和脏腑分，有足太阳疟、足少阳疟、足阳明疟、足太阴疟、足少阴疟、足厥阴疟和肺疟、心疟、肝疟、脾疟、肾疟、胃疟 12 种；从证候分有温疟、痎疟、间日疟、风疟、瘴疟、山瘴疟、寒疟、劳疟、久疟等，亦是认识提高之反映。

（三）内科杂病

隋唐时期在内科杂病辨证方面已开始结合脏腑辨证。如《千金要方》即以脏腑为纲类列内科杂病。书中第 11～20 卷，即五脏五腑各 1 卷，每卷中罗列与该脏（腑）相关的疾病，有的因疾病的主要病机为该脏（腑），而列于其中如积聚列于肝脏卷中；胸痹列于心脏卷中；呕吐、呃逆、噎塞列于胃腑卷等。肺痿、肺痈列于肺脏；腰痛列于肾脏等。也有的以疾病与其相表里的腑（脏）有关而列于该卷中，如惊悸列于与心脏相表里的小肠腑卷中；咳嗽痰饮列于与肺脏相表里的大肠腑卷中。这种分类方法，突出了以脏腑为纲，与近代内科疾病以系统分类法颇相一致。

有关内科杂病的描述，也同样较为精详，如对脚气病的记述，《诸病源候论》指出："得此病多不即觉，或先无他疾而忽得之，或因众病后得之。初甚微，饮食嬉戏气力如故，当熟察之。其状自膝至脚有不仁，或若痹，或淫淫如虫所缘，或脚趾及膝胫洒洒尔；或脚屈弱不能行，或微肿，或酷冷，或痛疼，或缓纵不遂，或挛急；或至困能饮食者，或有不能者；或见饮食而呕吐，恶闻食臭；或有物如指，发于腨肠，径上冲心气上者；或举体转筋，或壮热头痛；或胸心冲悸，寝处不欲见明；或腹内苦痛而兼下者；或言语错乱有善忘我者；或眼浊精神昏愦者，此皆病之证也。若治之缓，便上入腹。入腹或肿，或不肿，胸胁满，气上便杀人。"① 这里脚气病症状不仅描述详细，且发现了脚气病的三种表现形式，即肿、或不肿及冲心之证，与后世临床将脚气病分为以周围神经炎症状为主的干型、以水肿及浆液渗出症状为主的湿型和以急性心血管系统病症为主的暴发型相一致，较之《小品方》的描述更为细致和明确。不仅在对脚气病的认识上有深化，而且在病因探讨、预防、治疗方面亦有进展。如陈藏器云"糯米性微寒，妊身与杂肉食之不利子……久食之，令人身软，黍米及糯饲小猫、犬，

① 巢元方，《诸病源候论》，第 79 页。

令脚屈不能行，缓人筋故也”①，指出了脚气病与久食白米有关，并由动物实验证明。治疗方面以猪肝、赤小豆、苡仁、乌豆、大豆等药物为主，预防则以谷白皮煮汤加入粥内常服。现代药理研究证明，这些食品大多含有丰富的维生素B，对脚气病确有疗效。并出现了多种脚气病专著，如青溪子《脚气论》、李暄《岭南脚气论》和苏鉴、徐玉等编集的《脚气论》。

此外，《外台秘要》指出了消渴病人的尿甜，而《千金要方》记载消渴病的治疗采用饮食疗法和饮食禁忌等，反映了对消渴病的治疗水平。《诸病源候论》中对精神病症状的描述以及对精神疾病分类方法的合理，对服石和酒精中毒所导致的精神障碍也有述及，是对我国古代精神病学发展的贡献，亦对后世的发展产生积极的影响②。

二　外　伤　科

隋唐时期的外科和骨伤科有较大发展。其时外科已成为独立专科，在太医署医科之下的“疮肿”科即是外科。而骨伤科则包括在按摩科之内，如《唐六典》所载：“按摩博士掌教按摩生以消息导引之法。……若损伤折跌者，以法正之。”此外，在医科下尚有“角法”，按其内容应属外伤科的外治法。习角法者，除基础医学课程外，主要学习拔火罐、放血等外治法理论和医疗技术。

隋唐时期已有外科专著，如喻义《疗痈疽要诀》1卷、《疮肿论》1卷、沈泰之《痈疽论》2卷等，惜均已佚失，未能知其内容，这对于我们今天研究隋唐时期外科无疑是一遗憾，但现存当时编撰的一些综合性医书中保存了大量外科资料，从中尚能窥视隋唐时期外科学的成就。伤科专著有蔺道人的《理伤续断秘方》，也有保存在隋唐医学书籍中的骨伤科资料，因而亦能了解当时骨伤科之成就。

（一）外科学的成就

当时的外科学以治疗痈疽为重点，从其已有疗痈疽、疮肿之专著，可知在化脓性感染等疾病的论治方面已达到一定水平。而从综合性医著中确也反映了这一点。如隋唐医家普遍重视到消渴病与痈疽的关系，认为该病多发痈疽，尤以唐代医家孙思邈的论述为确切，他强调该病“常须思虑有大痈”和“当预备痈药以防之”③，并指出：“凡消渴病，经百日以上者，不得灸刺。灸刺则于疮上漏脓水不歇，遂致痈疽，羸瘦而死。亦忌有所误伤。但作针许大疮，所饮之水皆于疮中变成脓水而出”③，因而要求医生“慎之慎之”。王焘在《外台秘要》中亦有类似观点，并指出“今初得日，岂得令其灸刺，致此误伤之祸，辄将未顺其理，且取百日以上为能，未悟初灸之说，故不录灸刺”，“灸刺特不相宜”④。从而发展了孙思邈消渴病易患痈疽，不得灸刺之理论和经验。其实，初患消渴病治以灸刺，未必一定会形成痈疽脓出不救，即便百日以后亦然，但提醒医患注意这一严重后果，亦有意义。消渴病类似今之糖尿病，糖尿病后期易患疖痈，已为临床证实，故隋唐医家对此认识在当时处于世界领先水平。

---

① 唐慎微，《重修政和经史证类备用本草》，人民卫生出版社，1982年，第495页。

② 黄健，《诸病源候论》对中国古代精神病学发展的贡献，中华医史杂志，1994，(4)：207～210。

③ 孙思邈，《千金要方》，第373，378页。

④ 王焘，《外台秘要》，第314页。

对乳痈，隋唐时期医家已发现乳痈因乳汁蓄积而引起，如《诸病源候论》即指出：“此由新产后，儿未能饮之，及饮不泄，或断儿乳，捻其乳汁不尽，皆令乳汁蓄积，与血气相搏，即壮热大渴引饮，牢强掣痛，手不得近是也。初觉便以手助捻去其汁，并令傍人助嗍引之，不尔成疮有脓，其热势盛，则成痈。”① 符合临床实践，亦反映了当时医家观察之细致。孙思邈还提出“凡女人多患乳痈。年四十已下，治之多差；年五十已上，慎不治，治之多死。”② 这一观点表明孙思邈已发现了乳癌，妇女50岁以上，已过生育年龄和乳痈好发期，因此50岁以上妇女乳房发现肿块，就必须谨慎对待，若属癌症，在当时属不治，也是当时医疗技术所限制。

此外，在孙思邈的著作中，对类似今之骨关节结核的附骨疽等骨病的好发部位与临床证状作了较前代更正确的描述，他说凡附骨疽，喜着大关节，丈夫产妇喜着胜（髋关节、股骨部位）中，小儿亦着脊背（腰椎、胸椎），对下肢结核，“有久痈余疮，败为深疽者，在腨胫（胫、腓骨）间喜生疮中水恶露，寒冬不差，经年成骨疽，……亦有碎骨出者”③。唐代医家崔知悌则发现了传尸（即结核病）之病无问少长都可传染，而且对“或腹中有块，或脑后近下两边有小结，多者乃至五六，或夜卧盗汗，梦与鬼交通，虽目视分明，而四肢无力，或上气食少，渐就沉羸……”④ 等症状作了描述，即发现了淋巴结核、肠结核与传尸为同一疾病，显示了相当高的诊断水平。

对肿瘤，已能区分瘿瘤、骨瘤、脂瘤、石瘤、肉瘤、脓瘤、血瘤等，而《诸病源候论》对翻花疮的描述：“初起如饭粒，头破则血出，生恶肉，如翻花状”，是我国医学史上对癌肿的最早描述。

在治疗方面，外科在整体观念指导下，加强了消托补法内服药的应用，特别是应用大量清热解毒药促使疮疡内消是对两晋以来用温通药内消为主的方法有所补充。外治法则在承袭前代之热熨、薄贴、溻肿、薰法等基础上，增加了用冷熨法治发背初起，将纸捻引流扩大应用于瘘管的治疗，创用水蛭吸脓法及火罐拔脓法。外科手术亦较广泛应用于临床，如《诸病源候论》金疮肠断候中记载了大网膜脱出的手术，提出先用丝线结扎血管，待一宿后再截除之；也记载了肠吻合术，“肠见两头者，可连续之，先以针缕如法连续断肠，便取鸡血涂其际”⑤，可见当时对腹部手术已有相当经验。《千金要方》还录有对胞屈僻（尿潴留）患者以葱管作导尿器械的记载，是我国医学史上最早的导尿术。

（二）伤科

在伤科诊断方面，除金创外，隋唐以前仅有下颌关节脱位的记载，而在唐代蔺道人的《理伤续断秘方》中已能诊断肩、髋、肘及“手骨出”（指腕关节）等关节脱臼，髋关节脱臼且能分出前后脱位两种类型。此外对肋骨骨折、颅骨骨折也有记载。

在骨伤科疾患的治疗方面，蔺道人在《理伤续断秘方》中提出的“医治整理补接次第口诀”可视为处理骨折脱臼之常规。体现了清创、检查、诊断、复位、夹缚固定和辅以内服药

---

① 巢元方，《诸病源候论》，第217页。
② 孙思邈，《千金要方》，第419～420页。
③ 孙思邈，《千金要方》，第408页。
④ 王焘，《外台秘要》，第352页。
⑤ 巢元方，《诸病源候论》，第194页。

物等治疗步骤，与现代处理方法相仿。并认识到四肢骨折夹缚要注意到关节功能的保护，不予夹缚，并令时时活动，这种动静结合的观点对现代中西医结合治疗骨折的小夹板疗法是有启示作用的。对锁骨、肋骨骨折（非开放性）采用手法复位，绢片包扎，不予夹缚亦与现代处理相仿。

对复杂骨折，如有骨锋叉出者，不能用手法复位，则用快刀割去部分骨片，然后捺入的方法，以及损伤严重还可用手术切开整复，碎骨可以缝连等，反映了当时骨科手术的高水平。

在关节脱臼的治疗方面，对肩关节脱臼创椅档复位法；髋关节脱臼用二三人拔伸，医者用脚促使脱出骨捺入臼；肘关节脱臼则行反牵引并把脱出部位向反方向拨入……这些手法为后世沿用，至今仍有临床意义。

从上述外伤科手术内容看，隋唐时期的麻醉止痛术较前代必有较大进步，从而为外伤科手术提供了条件。在当时的医著中看到的中药麻醉方有：孙思邈用大麻根、叶捣汁饮服止腕折疼痛；蔺道人创整骨药，用“草乌去皮研细末，每服半钱，温酒调下”，以及乳香酒等。据现代药理研究，大麻根、叶，乌头，均有麻醉作用，与酒配合，更能增强麻醉的效果。

此外，在外伤急救方面创用口服液体法以救治损伤疼痛出血或烧伤疼痛失液所致休克，所用液体为豆豉煮汤，或新尿，或蜜水等，也有补充血容量的作用。

在虫兽咬伤急救中，加强了对毒素的清除，有用口吮吸创口或拔火罐吸出毒液法；有用水冲洗法；有类似现代用止血带法：以绳缚扎蛇咬伤口上一寸法等，这些措施，除口吮法有危险外，今天都还有实用价值。

三　妇　产　科

隋唐时期，中国妇产科迅速发展，取得了显著成就，并从内科范围中独立出来，向专科化发展。

隋唐期间出现了许多妇产科专著。据新、旧《唐书》记载，有《妇人方》10卷（又20卷）、《少女方》10卷、《少女杂方》20卷、《杨氏产乳集验方》3卷、《推产妇何时产法》1卷、《产图》1卷、俞宝《小女节疗方》1卷等，可惜均已散佚。到了宣宗大中初年（847），昝殷著《经效产宝》3卷，是我国现存最早的较为全面的产科专书。书中论述了妊娠、难产、产后等产科常见病证，收载治方260余则。且方药大多简易实用，不少处方至今为临床所常用，如在四物汤基础上加减的一些处方，现仍为妇科应用。

另在一些综合性医书中，也收集有丰富的妇产科资料。如《诸病源候论》卷37～44，将妇产科疾病分为妇人杂病、妊娠病、难产病、将产病、产后病5类，包括病证240余种。孙思邈对妇产科尤为重视，认为有设妇产科的必要。在其《千金要方》中指出“妇人之病，比之男子十倍难疗”；又说：“夫妇人之别有方者，以其胎妊生产崩伤之异故也”。故专设“妇人方”3卷，使妇女经带胎产杂病，从内科范围独立出来。书中讨论妇人经带胎产病20余种，收方550余首。《千金翼方》有更进一步的论述，并将80余味妇产科常用药物按病种予以分类，记载约30种妇产科病证的灸法资料。王焘的《外台秘要》也列有“妇人方”两卷，将唐以前历代医籍中有关妇产科的医疗经验进行了总结和整理，收方480余首。从这些综合性医书中，我们也可借以了解这一时期妇产科的进展。

首先是《诸病源候论》中论述的妇产科证候，基本奠定了妇产科疾病的范围。其中论述的妇科病证候有月水不利、月水不断、月水来腹痛、月水不通、崩中漏下、带下，以及阴肿、阴痛、阴疮、阴挺下脱等。书中指出阴挺下脱（子宫下垂）的原因为“胞络伤损，子脏虚冷，气下冲则令阴挺出，谓之下脱；亦有因产用力偃气而阴下脱者。”符合现代医学的观点。提出月经不调的发病原因是冷热不调，“寒则血结，热则血消，故月水乍多乍少”；闭经痛经为因冷使气血闭涩等，至今在临床还有指导意义。对无子的原因，除沿袭隋以前宫寒不孕的说法外，又提出了月水不利无子和月水不通无子，结积无子、因患“八瘕”无子、带下无子等，分别类似结核病、子宫肿瘤、盆腔炎、子宫内膜炎症等引起之不孕，而提出“夫病妇疹，皆使无子”，是医学史上第一次提到了不孕与男子之病有关，从而突破了以往将“无子”总责之妇人的片面观点。在产科方面，记载了妊娠期的恶阻、胎动不安、漏胎、水气子满体肿、胎死腹中、妊娠腹痛，尿血及数堕胎、妊娠疼候等，诸种难产证候及胞衣不下、子死不出、产后血运、恶露不尽、血上抢心痛、产后血瘕痛、产后月经不调及其他杂病，其中提出的逐月养胎的注意事项，包含了丰富的围产期医学知识，书中所述生产体位为坐位或卧位，也是医学文献中的首载。

在《千金要方》中，妇产一门被列于卷首，突出了孙思邈对妇产科的重视。书中广泛论述了赤白带下、崩中漏下、求子种子、养胎禁食、临产注意、产后护理等问题，其中有不少独特见解。如提出产时产妇宜安定情绪：“凡产妇，第一不得匆匆忙怕，傍人极须稳审，皆不得预缓预急及忧悒，忧悒则难产。……儿出讫，一切人及母皆忌问是男是女”[①]；提出产房宜保持安静，只许接生人员守护在旁：“凡欲产时，特忌多人瞻视，惟得二三人在傍。产讫，乃可告语诸人也。若人众看之，无不难产耳。”[②]产妇心情稳定，对减缓分娩疼痛和防止难产有利，而产房安静，及只留接生人员在旁，能防止产房污染，减少产妇和新生儿感染，与现代产房要求相一致。孙氏还提出要求断脐长度适中，以六寸为宜，因“长则伤肌，短则伤脏。”并主张“不得以刀子割之，须令人隔单衣物咬断”[③]，这将会减少脐带感染的机会。对产后提出“凡满百日方可会合。不尔，至死虚羸，百病滋长，慎之”。这对产后产妇身体复原有所裨益。

《外台秘要》载有妇人方2卷，凡85门，论到了子痫、横产、胎衣不出等。所收治方集唐以前之大成。与《千金要方》一起，均有弥补《诸病源候论》有论无方之不足。《外台秘要》还汇集了《小品》、《千金要方》等的坠胎方和断产方，适用于孕妇体弱患病不宜妊娠时用以去胎，实是药物人工流产和绝育的措施。

而在现存我国第一部妇产科专著《产宝》中，上卷论述了产期各种疾病的治疗，讨论了安胎、食忌、恶阻、胎动不安、漏胎下血、身肿腹胀及难产诸疾、胎死不下、胎衣不下等；中、下卷则论述产后各种疾病的治疗，包括中风、烦闷、淋浊、下痢、虚羸、血瘕、尿血、大小便不通、寒热咳嗽、血晕、无乳、乳痈、乳汁自出等病。治疗上重视调理气血，补益脾肾，并对横产、倒产、胎衣不下等作了较详细的讨论。其论妊娠恶阻曰“夫阻病之候，心中愦愦，头旋眼眩，四肢沉重，懈怠，恶闻食气，好吃酸咸果实，多卧少起，三四月多呕逆，肢节不得自举者”，描述切合实际。所附3首处方中，用人参、厚朴、白术、茯苓之类健脾利水，橘皮、生姜、竹茹、芍药化痰止咳，至今为临床所选用。其述胎动不安之因及治疗方法：“因母病以动胎，但疗母疾，其胎自安。又缘胎有不坚，故致动以病母，但疗胎则母瘥”。即因孕妇有病

---

①，②　孙思邈，《千金要方》，第30页。

③　同①，第74页。

而致胎动流产和因胎儿发育不良而引起流产，这与现代的认识是一致的。其安胎方，用续断、艾叶、当归、干地黄、阿胶之类，有补肾、滋阴、安胎的作用，至今仍应用于临床。

四　儿　科

隋唐时期中医儿科有较为迅速之发展。在太医署设“少小”科，即是儿科已独立的标志。隋唐医家亦对儿科诊疗经验进行了整理研究，出现了许多儿科专著或专论。据新、旧《唐书》记载有《少小方》10卷、《少小杂方》20卷、俞宝《少小节疗方》1卷、《俞氏治小儿方》4卷、姚和众《童子秘诀》3卷、《众童延龄至宝方》10卷、孙令《婴孺方》10卷等，可惜均已佚失。现存最早的儿科专著《颅囟经》，一般认为是唐末的作品。此外，在隋唐时期成书的综合性医书中，均有儿科专卷。如《诸病源候论》卷45至50，集中论述了小儿护养和杂病诸候共255论；唐·孙思邈《千金要方》中列有《少小婴孺方》1卷、《千金翼方》有“养小儿第一”、“小儿杂病第二”两专篇；《外台秘要》有“小儿诸疾”两卷，均从不同角度反映了儿科在隋唐时期的发展水平。

（一）小儿生长发育规律的观察

隋唐时期医家对新生儿的生长发育规律作了观察和研究，总结出儿童生长发育规律为：“凡生后六十日，瞳子成，能咳笑，应和人；百日任脉成，能自反覆；百八十日尻骨成，能独坐；二百一十日掌骨成，能匍匐；三百日髌骨成，能独立；三百六十日膝骨成，能行”。并认为如不能依期坐、立、行走，即为有病而必须进行诊治，故曰“此其定法。若不能依期者，必有不平之处”①。

对于王叔和提出的小儿“变蒸”说，隋唐医家均有继承，并对变蒸时的表现有较详记载，提出“变蒸者，以长气血也”②，“小儿所以变蒸者，是荣其血脉，改其五脏”等，总之承认变蒸是小儿生长发育期间的一种生理现象，对后世颇有影响，直至明代才有医家对此持有异议。

此外，《颅囟经》在开篇即说“凡孩子三岁已下，呼为纯阳，元气未散”，这种小孩为“纯阳”之体说经宋代钱乙之发挥，成为指导儿科临床用药的一个重要原则。

（二）小儿护养

隋唐时期对“生民之道，莫不以养小为大。若无于小，卒不成大”之理很重视，因此对小儿的护理与调养亦予以关注，并成为当时儿科专论之一重要内容。

在小儿护养方面，孙思邈有较多贡献。如小儿初生时，孙思邈就提出不得以刀断脐的观点，须隔单衣咬断。在古代对消毒灭菌概念还不清楚时，不用刀断脐，对于预防破伤风感染是一有力措施。出生后又提出要“先以绵裹指，拭儿口中及舌上青泥恶血，……若不急拭，啼声一发，即入腹成百病矣。”③可有效预防新生儿吸入性肺炎。如果新生儿不啼，则用“葱白徐徐鞭”小儿之背，帮助小儿建立自主呼吸。还给新生儿服朱蜜、甘草汤等以去除胎毒；主

① 孙思邈，《千金要方》，第73页。
② 巢元方，《诸病源候论》，第240页。
③ 孙思邈，《千金要方》，第74页。

张用柔软的旧衣裳包裹新生儿，以免新帛损伤新生儿娇嫩的皮肤，以及用猪胆汤、桃根、李根、梅根煎汤浴洗小儿，预防小儿皮肤病，这些原则至今看来还是符合实际需要的。《诸病源候论》在“养小儿候”中提出：“小儿始生，肌肤未成，不可暖衣，暖衣则令筋骨缓弱，宜时见风日。……天和暖无风之时，令母将抱日中嬉戏，数见风日，则血凝气刚，肌肉硬密，堪耐风寒，不致疾病”，并提出小儿当薄衣，“薄衣之法：当从秋习之，不可以春夏卒减其衣，则令中风寒。从秋习之，以渐稍寒，如此则必耐寒”，即从秋天开始少穿衣，使小儿逐渐适应渐凉的气候，对增强小儿体质，避免受寒即病有实用意义。

在小儿喂养方面，提出了择乳母法及乳母有病时不可乳儿的原则，还对哺乳的次数、姿势、宿乳的处理等也有细致的论述，如乳儿的次数应“视儿饥饱节度，知一日中几乳而足以为常”；卧时哺乳，“乳母当以臂枕之，令乳与儿头平，乃乳之，令儿不噎”，及“母欲寐则夺其乳，恐填口鼻”①，以免造成小儿窒息之意外；要挤去宿乳，并不令乳汁奔出以免噎儿等，在今日亦是应遵循的原则。

（三）小儿诊法

隋唐时期开始有小儿掌指纹诊法之问世。小儿因自己不能口述或口述不清，或由父母代言，因此在望问闻切四诊中，望诊便更得到了重视。掌指纹诊便是望诊内容之一。

在孙思邈的“惊痫”篇中即最早应用了掌指纹诊法，曰：“凡小儿有癖，其脉大必发痫，此为食痫，下之便愈。当审候掌中与三指脉不可令起。……脉在掌中尚可早疗，若至则病增也。”另有“候痫法”20则，其中即有视手鱼际部之“脉”，曰“手白肉鱼际脉黑者是痫候。鱼际脉赤者热，脉青大者寒，脉青细为平也”。

另有唐代生活于贞观（627～649）年前后的医家王超著《仙人水镜图诀》1卷，记述有小儿察指纹法。原著已佚。佚文及所绘指纹图可见于《幼幼新书》、《保婴金镜录》、《幼科证治准绳》等书中。

对于小儿脉诊，《颅囟经》已明确指出小儿脉候至数与大人不同，“若有脉候，即须一寸取之，不得同大人分寸”，认为小儿“呼之脉来三至，吸之脉来三至，呼吸定息一至，此为无患”，这对于儿科切诊是一补充。

（四）儿科证候认识之进步

对小儿常见传染病已有较明确的认识，如《诸病源候论》描述的“伤寒登豆疮候”谓“伤寒热毒气盛，多发疱疮。其疮色白或赤，发于皮肤，头作瘭浆。戴白脓者，其毒则轻；有紫黑色作根，隐隐在肌肉里，其毒则重。甚则五内七窍皆有疮。其疮形如登豆，故以名焉”。又曰其“疮痂虽落，其瘢犹魔，或凹凸肉起”。这些描述诊断为天花当不致有误。天花是儿童的常见病。又有“伤寒斑疮候”，其曰：“热毒乘虚出于皮肤，所以发斑隐隐如锦纹；重者，喉口身体皆成疮也”②，类似于猩红热病。而在小儿杂病“尸注”、“注候”中曰“小儿血气衰弱者，精神亦羸，故尸注，因而为病，其状沉默，不的知病处，或寒热淋沥，涉引岁月，遂至

① 孙思邈，《千金要方》，第75页。

② 均见《诸病源候论》第44页。

于死。死又注易傍人”[1]，则为结核类疾病。当然，仅有尸注在小儿卷篇中特予列述，登豆疮、伤寒发斑则尚在伤寒证候中一并阐述，或许因当时成人对天花、猩红热亦无免疫力而同样发病，因此巢氏等未在小儿病中专论。

在小儿杂病中，可见隋唐医家对小儿杂病认识的种类大为增加，达220候。虽其中不少证候与成人重复，但也有儿科所特有的或常见者，如解颅、囟填、囟陷、滞颐、胎疸、惊痫、难乳、大腹丁奚、惊啼、夜啼、三虫、蛲虫、寸白虫、齿不生、四五岁不能语候等等，其描述之“胎疸”：“小儿在胎，其母藏气有热，熏蒸于胎，至下小儿，体皆黄，谓之胎疸也”[2]，这与初生儿生理性黄疸相符，是医学史上之首载。而其描述之蚘虫、寸白虫、蛲虫诸候，亦是儿童常见之寄生虫病。《千金要方》中描述的“小儿风冷入肺，上气气逆，面青喘迫咳嗽，昼夜不息，食则吐不下”[3]，是对小儿肺炎的最早描述。

在儿科病的治疗方面，亦具丰富多彩之特点。主要有内服、外治、针灸三类。内服药剂型与成人相仿，有汤、膏、丹、丸、散等；外治法有浴洗、敷脐、膏摩、滴法、掐（以爪代针）法及小儿特有的涂囟法。后者如治小儿解颅用猪牙颊车髓敷囟上、治小儿囟开不合用防风、柏子仁、白及等末和乳敷囟上等，是为儿科用药途径的特殊性。在针灸法方面，以灸法多用，如孙思邈在《千金要方》“少小婴孺方”中还有“灸法”专篇，提出了“灸颊”以防噤、痉的预防灸法，是为灸法广泛应用于唐代各科的反映。此外在治小儿身上有赤黑疵方中，“针父脚中，取血贴疵上即消”，类似今之血清疗法；治小儿疣目方，“以针及小刀子决目四面，令俟血出，取患疮人疮中汁、黄脓敷之，莫近水三日即脓溃根动自脱落”[4]，类似今接种法，可以认为是后世免疫技术之先声。

五　五官科及口腔科

隋唐时期五官科亦已从内外科中独立出来，太医署设耳目口齿科即为五官科、口腔科独立的标志。有关的专著在新、旧《唐书》仅见有《疗目方》5卷和邵英俊《口齿论》1卷、《排玉集》（又作《口齿方》）2卷。而综合性医书中也有专卷、专篇，如《千金要方》有“七窍病”，首次把耳目鼻咽喉口齿疾病合在一起论述，使五官科病证有了更为紧密的归类形式。

此外，据白居易诗云：“案上漫铺龙树论，盒中空贮决明丸。”则当时尚有《龙树论》传世。《崇文总目》称《龙树眼论》、《医方类聚》谓《龙树菩萨眼论》[5]。龙树为印度医家。唐代尚有《龙树菩萨药方》。故《龙树论》或为托名之作，或为当时传入之著，惜已佚失。《医心方》中引有《眼论》，或即为是书。又有《银海精微》2卷。据《四库全书提要》曰：“《银海精微》二卷。旧本题唐孙思邈撰。唐宋艺文志，皆不著录，思邈本传，亦不言有是书。其曰银海者，盖取目为银海之义。苏轼雪诗，有‘冻合玉楼寒起栗，光摇银海眩生花’句，《瀛奎律髓》引王安石之说，谓道书以肩为玉楼，目为银海。银海为目，仅见于此，然迄今无人能举安石所引，出何道书者，则安石以前，绝无此说，其为宋以后书明矣。前有齐一经序，序

①，②　巢元方，《诸病源候论》，第250，247页。

③　孙思邈，《千金要方》，第88页。

④　孙思邈，《千金要方》，第96页。

⑤　〔日〕丹波元胤，中国医籍考，人民卫生出版社，1983年，第918页。

中称他任河北道时，“得于同僚李氏，亦不著时代年月，莫知何许人也。其辨析诸证，颇为明晰。其法补泻兼施，寒温互用，亦无偏主一格之弊，方技之家，率多依托，但求其术之可用，无庸核其书之必真，本草称神农，素问言黄帝，固不能一一确也。此书疗目之方，较为可取，则亦就书论书而已”。

（一）五官科证候之总结

隋唐时期的综合性医著中，对前代零散的五官科病证进行了总结，所论及的证候达百余种，并基本按目病、鼻病、耳病、牙齿、唇口、咽喉分列，集唐以前五官科病证之大成。不少病证为隋唐时期首载，如针眼、雀目、睢目、鼻衄、鼻生疮、耳疮、聤耳、风冷失声、中冷声嘶等。

在对五官科证候的描述上，以局部症状为详。如《诸病源候论》。对雀盲的描述为“人有昼而睛明，至瞑则不见物，也谓之雀目”，已掌握了雀目视力随白天、夜晚而有规律性变化的特征；对白内障，在《外台秘要》所载“脑流青盲眼”中指出：“……皆苦眼无所因起，忽然膜膜，不痛不痒，渐渐不明，久历年岁，遂致失明。令观容状，眼形不异。唯正当眼中央小珠子里，乃有其障，作青白色。虽不辨物，犹知明暗三光，知昼知夜，如此之者，名作脑流青盲眼。……此宜用金篦决，一针之后，豁若开云而见白日。”[①] 正确阐述了白内障起病缓慢，视力障碍然尚有光感，及眼中央小珠子里有青白色之障（即晶状体混浊），可用金篦拨障法治之。此外，对耳鸣和耳聋、鼻齆、鼻息肉和鼻窒塞气息不通能作出鉴别，指出耳聋是“其候耳内烨烨焞焞也”，耳鸣则“耳鸣嘈嘈，眼时妄见光”，而“耳鸣不止，则变成聋”[②]；鼻齆是鼻气不宣，故不知香臭；鼻息肉则是鼻内有息肉形成；息肉生长堵塞则为鼻窒气息不通。此外，对一些五官科疾病已经分类，如耳聋，分为风聋、劳聋、久聋；鼻衄，分为鼻衄不止、鼻大衄、鼻久衄等不同证型；对视力丧失，分为青盲、黑盲、乌风、绿翳青盲等。也发现了某些五官科疾患的并发症，如耳疼痛候，指出了“凡患耳中策策痛者，不治流入肾，则卒然变脊强背直，成痉也”[③]，为中耳炎并发脑膜炎所致，这也是中国医学文献中的首载。另对于病因也作了探讨，有不少符合科学的见解。如孙思邈在《千金要方》中讨论了“丧明之本”共16件：生食五辛、接热饮食、热飡面食、饮酒不已、房室无节、极目远视、数看日月、夜视星火、夜读细书、月下看书、抄写多年、雕镂细作、博奕不休、久处烟火、泣泪过多、刺头出血过多[④]。大多是用眼过度，或烟火刺激等，多为影响视力的因素。

基于对五官科疾病证候的认识着重在局部症状方面，因而治疗亦以局部用药为主，并偏重于外治法和医疗技术之应用，内服药物相对少一些，在隋唐时期综合性医书中，共收载有五官科方剂约600首，针灸处方40余则，《诸病源候论》中尚有多种五官科疾病的导引法。

在眼科病治疗中，以敷法最为常用，如治目赤及翳，用“白羊髓傅之”[⑤]；其次为薰洗、滴眼、钩割及眼科手术。洗眼时采用仰卧法，并以绵注洗目、盐汤洗目，以棉沾药液滴眼，或以新毛笔将药粉撒入眼内等。在《外台秘要》“脑流青盲眼”（白内障）中提出“此宜用金篦

---

① 王焘，《外台秘要》，第562页。
② 巢元方，《诸病源候论》，第151～154页。
③ 巢元方，《诸病源候论》，第154页。
④ 孙思邈，《千金要方》，第103页。
⑤ 孙思邈，《千金要方》，第106页。

决，一针之后，豁然开云而见白日”[1]，是我国医学文献中关于金针拨障术之最早记载。在唐代学者杜牧（803～852）的《樊川文集》中，记载了两位擅长金针拨障术的眼科医生石公集和周师达，他们对白内障病变的位置、颜色、手术适应证、手术时间、手术并发症等均已有较为丰富的记述。唐代针拨白内障相当流行，在当时多位著名诗人的诗歌中亦有述及，如杜甫有“金篦空刮眼，镜象未离铨”，白居易有病眼诗“人间方药应无益，争得金篦试刮看”，刘禹锡赠眼医婆罗门诗“师有金篦术，如何为发蒙”[2] 等等。此外眼科手术尚有钩割法除翼状胬肉，但亦有用烧灼法者，以及治倒睫用睫毛拔除术等。内治方面，如应用多种动物肝脏治疗雀目（夜盲）症，内服神曲丸（即后世之磁朱丸）治白内障，均有较好的治疗效果。

鼻病治疗以塞鼻为主，如治鼻塞常用清涕出方、治鼻塞窒香膏方、治鼻不利香膏方，均为药成后，或用绵裹内鼻孔中，或直接取药如小豆大内鼻中[3]；也有用吹鼻、灌鼻、外敷等法，内服药也有应用，如治鼻衄不止，用小蓟汁、生地黄汁等，后世也常用。

耳病治疗以塞耳为主，亦有用点耳、吹耳、灌耳之方，并内服磁石、菖蒲、山萸等治疗耳聋。喉病治疗以含咽、含漱法为主，并有热灼、刺手大指出血等法。

（二）口腔科疾患的认识

口腔科在隋唐时期并未从五官科分出，而与耳目在一起，称耳目口齿科。但此期已有口齿科专著问世，如邵英俊《口齿论》和《排玉集》、《中和先生口齿论》3 卷、《广陵正师口齿论》1 卷，以及《释氏（普济）口齿玉池论》1 卷[4] 等，惜均已佚失。但在隋唐综合性医书中也都有专论。《诸病源候论》作了最初的分类：牙齿病诸候和唇口病诸候；《千金要方》进一步分为口、舌、唇、齿、喉五门，为后世医家所沿用。

在《诸病源候论》中述及齿病 21 候，唇口病 28 候。如齿病有临床常见的牙痛、牙虫候（龋齿）、齿龈肿候、齿间出血、齿䘌候（牙龈炎）、齿漏候（牙龈瘘管）、齿动摇候（牙体松动）、牙齿历蠹（牙齿黯黑）、齿黄黑候、齿落不生等，唇口病有口舌疮、口吻疮（口角炎）、兔缺候（兔唇）、失欠颔车蹉候（下颌关节脱臼）、喉痹、狗咽候（急性喉炎）、喉痈、咽喉肿痛等，在《千金要方》中尚有“舌上黑有数孔，大如筯，出血如涌泉”[5] 者，似为现代医学称之为遗传性出血性毛细血管扩张症的舌部表现。《千金要方》采用烧灼止血法治之，为先进的技术。此外，《千金要方》还记载了水银中毒引起之口腔炎，即当用水银等药物制成丸剂内服治疗水肿，开始服药后，可见“咽喉上有历子肿起，颊车肿满，齿龈皆肿，唾碎出血……”[5] 为水银中毒之口腔反应。《外台秘要》描述有齿疳：“其骨脆烂，其齿龈、唇口吻变作白色，或作青紫黑色者，是急疳之状，死不过旬日”[6]，类似现代所称坏疽性口炎，治疗作切开去恶血，及烧铁篦烙之的处理方法亦是比较合理的。

口齿病的治疗除内服药物外，亦有许多外治法和熏法、敷药法、咬法、含漱法、敷洗法、烧烙法、切开法、导引法等等。《新修本草》载有银膏，乃“用白锡和银箔及水银合成之，凝

---

① 王焘，《外台秘要》，第 563 页。
② 见《全唐诗》中杜甫、白居易、刘禹锡诗，上海古籍出版社，1986 年。
③ 孙思邈，《千金要方》，第 110 页。
④ 据《新唐书》和《崇文总目》。
⑤ 孙思邈，《千金要方》，第 118，386 页。
⑥ 王焘，《外台秘要》，第 606 页。

硬如银，堪补牙齿脱落”[①]，可见为一种牙齿充填用的合金，此外还常用松脂、蜡、枣膏等为基质，混合雄黄末、附子、乳香、莨菪子等止痛药物充填龋洞，或用棉裹、蜡封药于龋洞内的方法，既可止痛，又有恢复牙体外形的作用。是现代安抚牙髓、失活牙髓或间接盖髓等之雏型。从《诸病源候论》有拔齿损候，可见当时拔牙术亦是普遍使用之齿科技术。隋唐时期还流行揩齿法以保持口齿清洁。其法有杨枝揩齿法和手指揩齿法两种。如《外台秘要》载有“每朝杨柳枝咬头软，点取药揩齿，香而光洁”[①]，敦煌壁画“劳度叉斗圣图”中一僧人左手执漱口瓶，右手中指作揩齿状，这不仅是揩齿之文献资料，也是最早的口腔保健的绘画。此外还有不少洁牙剂，或为盐，或为药物散剂。《诸病源候论》云“食毕当漱口数过。不尔，使人病龋齿”[①]，亦是保持口齿清洁的良法。

六 按 摩 科

按摩，古称“按跻”或“案扤”，是通过按压、摩搓某一特定部位而达到治病或健身的一种疗法。《黄帝内经·异法方宜论》中提到了按摩，曰“中央者，其地平以湿，天地所以生万物也众。其名食杂而不劳，故其病多痿厥寒热，其治宜导引按跻……”[②]。说明当时按跻已作为中原地区治疗疾病的一种常用方法。两汉时期，医学较前代有发展，特别是后汉张机，建立了六经辨伤寒、脏腑议杂病的医疗思想及辨证论治体系，在其治法中即有按摩法，如治头风病施以头风摩散；对溺死者施用全身按摩、人工呼吸以急救等。两晋南北朝时期，随着佛教的传入与兴起，道教的形成与发展，导引按摩术亦为道家、方士所利用，也被纳入玄学，按摩术被广泛用于健身、养生术中，从而按摩术更得以发展。如道家著作中，都把叩齿、漱咽、摩面、摩目、摩耳等作为自我按摩加以论述。晋代医家、道家葛洪在其《抱朴子》中就有“清晨叩齿三百过者，永不动摇”的记载；在《肘后备急方》中有“爪病人人中”、“捏虎口”等急救措施，也属于按摩术范畴。

隋唐时期，按摩术更受到重视，并被广泛应用到临床各科的治疗中，成为中医学的重要组成部分。隋代设太医署，其中就有专职按摩博士，是国家行政机构设按摩专职人员之始。唐代太医署下设医、针、按摩及咒禁四科，都设有博士、助教教授学生，并有医工、医师辅助教学。《唐六典》中认为按摩可除八疾，即风、寒、暑、湿、饥、饱、苏、逸，并说“凡人肢节脏腑积而疾生，宜导而宣之，使内疾不留，外邪不入。若损伤折跌者，以法正之”。可见按摩术应用之广。隋唐时期的按摩著作虽已佚失，但在《诸病源候论》中收有养生导引方，其中有不少应用按摩术者，在唐代的综合性医书中，也有按摩术的内容，从而可窥隋唐时期按摩术之发展。

除前述之叩齿、漱咽、摩面、摩目、摩耳等常用外，尚有“两手相摩令极热以摩腹，令气下”[③]，以治虚劳里急候、“蹲踞高一尺许，以两手从外屈膝内入，至足趺上，急手握足五指，极力一通，令内曲入，利腰髋治淋”[④]；“反叉两手着背上，推上使当心许，踑坐反到九通”[⑤]愈

---

① 巢元方，《诸病源候论》，第156页。

② 《黄帝内经素问》，人民卫生出版社，1956年，第31页。

③ 巢元方《诸病源候论》，第20页。

④，⑤同③，第83，86，94，143页。

不能大小便；“若腹内有气胀，先须暖足，摩上下并气海，不限遍数，多为佳。”[①] “长伸两脚，以两手捉五指七遍，愈腰折不能低仰。若唾血久疼，血病久行，身则可卷转也。”[①]可见隋代按摩术已用于临床多种病之治疗，但操作以自我按摩为主，并常结合导引一并进行。

唐代孙思邈《千金要方》中应用按摩术于儿科。如其治“少小新生肌肤幼弱，喜为风邪所中，身体壮热；或中大风手足惊掣，五物甘草生摩膏方”，即用甘草、防风、白术、雷丸、桔梗五药，以猪肪一斤煎为膏，去滓，治疗时“取如弹丸大一枚，炙手以摩儿百过”，并说“小儿虽无病，早起常以膏摩囟上及手足心，甚辟寒风”[②]。这一则是用膏摩法治疗儿童为风邪所中引起之寒热或惊掣等症，同时提出每日早起作膏摩囟上及手足心，有预防感冒风寒之功，可见在儿科，按摩不仅可治病，也同样有健身作用。而在儿科用按摩术，则操作者或为医生，或为家长，是为儿科按摩术的特点。此外有以芎劳散摩儿头及脊治小儿夜啼，米粉、盐等分炒变色摩腹治腹胀满等。孙思邈之用按摩术于儿科亦开小儿按摩之门。孙思邈并是将按摩术用于养生学之奠基人。他在《千金要方》中之养性卷收录了天竺国按摩和老子按摩法，并说“但是老人，日别能依此三遍者，一月后百病除，行及奔马，补益延年，能食，眼明，轻健，不复疲乏”[③]。天竺国按摩是婆罗门法，是随佛教而来的印度的按摩术，老子按摩术则为道家的方法，而孙思邈将之兼而收之，可见孙氏之择善而从，也可见他对按摩术在老年养生中效果之肯定，因而在书中作了推荐。

《外台秘要》是一集唐以前医学大成之作，按摩法也同样被编入是书中，且在临床各科中得到更广泛的应用。如用于治天行，可用三物汤先浴之，“然后拭身体令干，以粉摩之……”[④]；又热病后发豌豆疮，赤黑如人大者，“煎羊脂摩傅之”[⑤]等，又如治霍乱转筋及入腹方：“以手拗所患脚大拇指，灸当脚心下急筋上七壮”[⑥]，是按摩与灸法之结合，上述均用于传染病。又用治内科病者，如治中寒干吐呕腹痛，“两手相摩令热以摩腹，令气下”[⑦]，此虽引自《诸病源候论》，也说明王焘是赞同此法治腹痛的。又治脚气引苏恭方，认为“凡脚气内须服药攻击，外须膏摩火灸发泄等，并是脚气之要”[⑧]，故收有冶葛膏、神明膏等五则，反映了膏药与按摩结合治脚气病是当时治脚气疗法中常用方法之一。在疗逆产方中，收有用“盐涂儿足底，又可急搔爪之，并以盐摩产妇腹上”[⑨]之法，是产科用按摩法之最早记载。小儿夜啼用芎劳散摩儿头及脊治，引自《千金要方》。《外台秘要》成书晚于《千金要方》，从此可见《外台秘要》中按摩术的使用范围较之孙思邈时又有所拓展。

《理伤续断秘方》中，按摩术显见获得推广。因为无论在脱臼或骨折的治疗中，首先要使脱出的骨复位入臼，或断折的骨复位到原来的位置，这就需应用按、摩、推、拿、拔、伸、捺正等手法。因此随着骨伤科的发展，按摩术也就在骨伤科中获得发展。

第七节　医事制度

隋文帝建立政权后，除改周之六官外，其制度多依前代之法。唐承隋制，改动不大。隋唐两代的医事制度，主要建有三个系统：一是为帝王服务的尚药局；二是为太子服务的药藏

---

① 巢元方《诸病源候论》，第94，143页。
②，③　孙思邈，《千金要方》，第80，482页。
④～⑨ 王焘，《外台秘要》，第114，120，180页。

局；三是为百官医疗兼教育机构的太医署及地方医疗机构。

一 尚 药 局

隋文帝（589～604）时，尚药局属门下省，设有典御二人（正五品下），侍御医4人（正七品上），直长4人（正七品下），医师40人，主药4人，药童24人，按摩师120人。炀帝时（605～616），尚药局改隶殿内省，加直长为正七品上，并增设司医4人（正八品下）和医佐8人（正九品下）①。食医则属尚食局，8人，正八品下。

唐代尚药局属殿中省。有尚药奉御二人（正五品下，龙朔二年曾改为奉医大夫，咸亨元年复旧），直长4人（正七品上），侍御医4人（从六品上），主药12人，药童30人，司医4人（正八品下），医佐8人（正九品下），按摩师4人，咒禁师4人，合口脂匠二人（指调配胭脂、唇膏者。唐代每有赐臣下口脂以防寒冬口唇冻裂者）②。此外，尚食局设有食医8人，正九品下。

尚药奉御的职责是掌管为帝王合和医药及诊候方脉等事，直长为其助理。合和帝王用药时，尚药奉御和殿中监负责共同监督直至药成，然后由医佐以上人员尝试后封印，写上该药名及组成、制成时间等，监督者亦并签名于上，然后方可上奏。皇上服药时，仍需由尚药奉御先尝，殿中监次尝，再由皇太子尝，然后才能让皇上服用。侍御医的职责为诊候调和，司医协助其分疗众疾；主药、药童掌加工药物；按摩师、咒禁师职同太医。食医掌膳食四时五味配合之宜。在内侍省有奚官局，设令2人（正八品下），丞2人（正九品下）及药童4人等，掌管奚隶、工役、宫官之品命及供应有病宫人之医药。

尚药局进御的药物，每季由太常检查，凡腐朽霉烂者发还。尚药局除为帝王治疗合药外，从《唐会要》载“开元五年（717）十月二日敕尚药局医官，王公已下，不得辄奏请将外治疗”③看，则在王公等官奏请皇帝同意后，尚药局医官也为王公大臣诊疗，以致皇帝下诏书加以限制。

唐贞元十五年（799）已有翰林医官之设，《唐会要》载“贞元十五年四月敕，殿中省、尚药局司医，宜更置一员；医佐加置两员，仍并留授翰林医官，所司不得注拟”④。

二 药藏局

药藏局是东宫太子官属下的机构，属门下坊管理，专为太子服务。隋代有药藏监（正七品下）、丞（正八品上）各2人，侍医4人⑤。唐代龙朔二年（662）改门下坊为左春坊，咸亨元年（670）复称门下，景云2年（711）又改作左春坊，并改药藏监为药藏郎，2人（从六品下），丞2人（正八品上），并有侍医4人，典药9人，药童18人，掌固6人，书令史1人，书吏2人⑥。

① 《唐六典》卷11，殿中省，清光绪间广雅书局刊本；魏征等《隋书》卷28，门下省，中华书局，第774页。

② 唐玄宗，《唐六典》卷11殿中省，清光绪间广雅书局刊本。

③，④ 王溥，《唐会要》卷65，中华书局，1955年，第1127页。

⑤ 魏徵，《隋书》卷28，志23，百官下，中华书局，1973年，第779页。

⑥ 唐玄宗，《唐六典》卷26。

药藏郎掌合和医药，丞为之助理。皇太子有疾，由侍医诊候议方，典药、药童修合医药。药进呈，由宫臣莅尝。此外，太子内官中还有掌医 3 人，从八品，主医药，治疗东宫宫人之疾，另置有典医丞① 管理医事。

三　太　医　署

太医署为国家的医疗机构，也是医学教育机构。

隋代太医署属太常寺。有太医令 2 人（从七品下），丞 2 人（从八品下），主药 2 人，医师 200 人，医生 120 人，药园师 2 人，医博士 2 人，助教 2 人，按摩博士 2 人，咒禁博士 2 人。共三百三十余人。隋炀帝时又增医监 5 人，医正 10 人。太医令掌医疗并该署之行政，丞为其助理。医师、医正、医工主要职责为诊疗疾病，诸博士及助教除医疗外，还兼教授医学生。

唐代太医署继承隋制，设有令 2 人（从七品下）、丞 2 人（从八品下）、医监 4 人（从八品下）、医正 8 人（从九品下），增设府 2 人、史 4 人，似有加强管理之意。在太医署下设医、针、按摩、咒禁 4 科，针科为新设置者。各科均有博士、助教教授学生，并有医工、医师辅助教学。下为唐太医署医学部人员一览表②。

职　别	医			针			按　摩			咒　禁			合　计		
	(1)	(2)	(3)	(1)	(2)	(3)	(1)	(2)	(3)	(1)	(2)	(3)	(1)	(2)	(3)
博士	1	2	1	1	1	1	1	1	1	1	1	1	4	5	4
助教	1	1	1	1	1	1	—	—	—	—	—	—	2	2	2
师	20	20	20	10	10	10	4	4	4	2	2	2	36	36	36
工	100	100	100	20	20	20	16	16	56	8	8	8	144	144	184
生	40	40	40	20	20	20	30	15	30	10	10	10	100	85	100
典学	10	—	—	—	—	—	—	—	—	—	—	—	10	—	—
合计	172	163	162	52	52	52	51	36	91	21	21	21	296	272	326

注：(1)《唐六典》　(2)《旧唐书》　(3)《新唐书》。

唐太医署仍有主药、药童以加工、管理药物，药园师、药园生、掌固栽培收采药物，药园师兼负教授药园生之职。其人员见下表（《唐六典》）

职别	府	史	主药	药童	药园师	药园生	掌固	合计
人数	2	4	8	24	2	8	4	52

从上述可见唐太医署实为有医、针、按摩、咒禁和药园五个系。药园实可视之为药系。又医疗系最大，其下又分五个学科：体疗（22 名）、疮肿（6 名）、少小（6 名）、耳目口齿（4 名）和角法（2 名）。据《唐六典》记载，各科学制分别为体疗 7 年、疮肿和少小各 5 年、耳目口齿 4 年、角法 3 年。其考试登用如国子监之法。在学期间，还有严格的考试制度："博士月一次试，太医令丞季一试，太常丞年终总试。若业术过于见任官者，即听补替。"（《唐六

① 《隋书》卷 27，志 22，百官中，第 755 页。

② 见龚纯《中国历代卫生组织及医学教育》，卫生部科教司第四军医大学，1983 年，第 40 页。

典》)。

四 地方医事机构

隋唐时期地方医事制度也有建树。《隋书》称“郡县吏有书僮、有武吏、有医、有迎新送故等员”[①]，可见隋代郡县官府均有医生。唐代较隋代更为重视地方医事，亦建有一套制度，规定：“京兆、河南、太原等府设医学博士一人、助教一人、学生二十人。大都督府设医学博士一人，助教一人，学生十五人；中都督府医学博士一人，学生十五人；下都督府医学博士一人，助教一人，学生十二人；上州医学博士一人，助教一人，学生十五人；中州医学博士一人，助教一人，学生十二人；下州医学博士一人，学生十人”。[②]

上述这些都督府、州县的医学博士既以“百药救民疾病”[③]，又在助教协助下教授学生。学生并有在州境内巡迴医疗的任务，如开元二十七年（739）在复置医学生时，就明确了“掌州境巡疗”的任务。唐代州县等第是由户口数决定的。以开元盛世言，4 万户以上为上州，2 万 5 千户为中州，不足 2 万户为下州[④]。以每户平均 5 人计，则差不多千人就有一个医学生，这个比例在当时应该说是不低的，从而可见唐代对医学教育的重视。

此外，唐代寺院设有悲田坊收养病人。武则天长安年后由政府置吏专门管理。至开元二十二年，玄宗还下令将京城乞丐也归病坊管理，官府以本钱所收利息供给病坊开支。会昌五年（845）毁佛寺，并勒令僧尼还俗，悲田坊无人主领，李德裕奏请在两京及各州选取录事中年老谨厚为乡里称颂者管理，并改名养病坊。其两京给寺田十顷，大州、镇七顷，其他州五顷，以供养病充粥食之用，并以州镇羡余官钱置本收利以辅助。此类养病坊到宋时也间有设置。又据《通鉴正误》载，“至德二载（757），两京市各置济病坊，嗣后各州普遍之，多设于庙宇”，则属平民医院类。

---

① 《隋书》卷 26，志 21，百官上，第 729 页。

② 《旧唐书》卷 44，志 24，职官三，第 1915 页。

③ 王溥，《唐会要》卷 67，伎术官，第 1183 页。

④ 同③，卷 78，第 1231 页。

第九章 藏医学的形成和发展

藏医学是指在我国青藏高原地区以藏族为主的少数民族所创造的民族医药学。它是我国传统医学的组成部分，亦具有悠久的历史和其自身的特点，有独特的理论和丰富的实践经验，是一个完整的医学体系。

在原始社会，藏族的先民在生活和生产的过程中，积累了一些简单的治疗病痛的医药知识和经验。纪元以后，西藏人民信奉本教。本教是一种原始的多神教，为人们卜卦祈福。其中有一项即为病人乞求神药，息灾送病，判断疑虑。如敦煌出土的藏文写卷就有“人神不悦，引来魔怪、妖精、瘟疫、厉鬼等。国王与尚论生命危险，凶”，以及“属于‘火土’，身无病，生命平安，吉；……病人无须服药能愈”[①] 等记载，可见其时对疾病已有所认识，也知道要用服药的方法来治病，但需通过巫师占卜来决定。公元 4 世纪左右，藏族人民已经会用酥油汁涂抹伤口、结扎脉口以止血，并利用青稞酒糟治疗外伤等。公元 6 世纪时，据《西藏王统记》说，已有汉地传来的医药和历算，无疑对藏医学的产生是一促进。

公元 7 世纪初，松赞干布兼并各部落，统一了西藏高原，建立了吐蕃王朝。吐蕃王朝在松赞干布领导下制定官制、兵制、法律等，并创造了文字，发展经济，逐渐强盛起来。为取得唐王朝对新建的吐蕃王朝的支持，松赞干布向唐王朝请婚获准。唐贞观 15 年（641），唐文成公主出嫁入藏。这不仅是两个政权的政治上的联盟，更是先进的中原文化包括医学的一次大规模的传播。据索南坚赞所编《吐蕃王朝世系明鉴》记载，文成公主带入藏的物品中，有“治四百零四种病的医方一百种，诊断法五种，医疗器械六种，医学论著四种”[②]。这些医学著作由汉医僧大天、藏族译师达玛郭夏译成藏文《医学大全》（藏名《门杰亲莫》），为吐蕃王朝历史上最早的一部藏文医学著作，惜已佚失。

不久，藏王又聘请了内地汉族医生韩文杭德（译音）、印度医生巴热达扎、大食医生嘎林诺进藏。在藏期间，他们将自己带来的医书译成藏文，包括韩文杭德的《汉地大小医疗拾零》、巴热达扎的《新酥油配方》和嘎林诺的《头伤医治简述》等。他们还共同编译了一部新医著《无畏的武器》，献给藏王。藏王大喜，命令全藏医生学习，因此该书在西藏各地传播很广，对藏医学发展有很大影响，但亦已失传。后来，有二人返回原籍，仅嘎林诺在西藏定居下来，又编写了许多医书，如《尸体解剖详明图》、《箭伤医治四章》等。他的三个儿子继其医业，分别在西藏的阿里、玉布等地行医。

公元 710 年（唐景龙四年），唐王朝与吐蕃王朝再次联姻，金城公主入藏，再次带去大批医工及医籍。这些医籍由汉族医僧马哈亚纳（一译大乘）和藏族著名译师毘卢遮纳共同编译成《月王药诊》，是现存最早的一部藏医学古代文献。该书既反映了藏族人民的治病经验，也反映了藏族人民善于吸收其他民族医学的先进经验。

---

① 引自《中国大百科全书·中国传统医学》，中国大百科全书出版社，1992 年，第 598 页。

② 引自俞慎初《中国医学史》，福建科学技术出版社，1983 年，第 102 页。

公元8世纪，藏王赤德祖赞及其后的赤松德赞，曾先后聘请一些邻近国家和地区的名医入藏。如于阗（古西域国名，今新疆和田一带）名医比吉·赞巴希拉汉至藏曾任王室侍医，译有《医学宝鉴》、《尸体图鉴》、《甘露宝鉴》、《伤科精义》等十余种医书，藏王赤德祖赞令人将书集中收藏，名《王室养生保健全书》。后来内地的名医东松岗哇又应邀给赤松德赞治好了病，藏王赏赐其号为塔西·东松岗哇，意为“四方三界中最好的人”，并赐地给他定居下来，又召选藏区优秀青年九名随其学医。后来九名青年都成为藏区名医。其中以宇陀·宁玛元丹贡布最为著名，经20多年的不断实践和多次去邻国、内地游学，于公元8世纪末著成《四部医典》一书，成为藏医学史上最有影响的经典著作，为藏医学体系的形成奠定了基础。此后，藏医学在《四部医典》基础上不断发展。11世纪左右，宇陀·萨玛元丹贡布（宇陀·宁玛元丹贡布之13世孙）对《四部医典》作了修订、整理和补充，编了一套《四部医典》的诠释本，使该书内容更易理解，促进了该书的传播。

15世纪以后，由于自然环境及其他原因的影响，藏医学界出现了不同的学派，其中以北派和南派为主要代表。北方派以强巴·南杰扎桑为代表，撰有《所需所得》。北派主要分布于北方高原地区，临床多风寒性疾病，故治病多用温热药，擅长艾灸、放血、穿刺治疗等技术。南方派地处南方河谷地区，疾病以温热证为多，故治病擅用清热解毒药物。南派出现较北派晚一些，其代表人物是舒卡·年姆尼多吉。两派都根据《四部医典》绘有不同风格的人体解剖测量及医药挂图，为后世绘制成套的《四部医典》系列挂图打下了基础。

17世纪时，五世达赖出于政治上的需要，也为了发展医学，命令摄政王德西·桑吉嘉措负责，对藏医学进行了一系列的整理工作。于1686年完成了巨著《四部医典蓝琉璃》，是对《四部医典》较为通俗的注解和诠释，成为后世学习《四部医典》的重要入门参考书，流传至今。此外，他还主持绘制了一套说明《四部医典》内容的彩色挂图和《月王药诊》中尿诊、火灸等内容以及药物新鲜标本挂图等共79幅，对于学习藏医学有促进作用。18世纪尚有集藏药大成之作《晶珠本草》问世（于1840年出版）。

19世纪以后，藏医学继续发展，除开展医疗活动和整理古代藏医学文献外，医学教育也得到了重视。1916年有学校“门孜康”（意为医学历算部）出现，培养藏医学和天文历算的人才。其中藏医学学生要学6年，课堂以学习《四部医典》为主，有严格的考试制度，要能辨认200种以上藏医用草药，并说出药物产地、性味和医疗作用，但这些学生是专为贵族服务的。

中华人民共和国成立后，藏医学获得更大发展。一方面，专为贵族培养医生的“门孜康”都逐步改造成现代藏医教育和医疗机构，另一方面还新设了一些藏医医院、学校和研究机构，为广大藏胞诊疗，给老藏医配备徒弟，为他们整理医疗经验，重新刊刻藏医学古典著作如《四部医典》、《晶珠本草》等，还出版了一些现代藏医著作如《藏医药选编》、《藏医词典》、《藏药标准》等。随着藏医学的发展，藏医学已走出国门，并成为国际藏学界研究之重要组成部分。

第一节 藏医学的理论

藏医学本身有一套完整的理论，至今有效地指导着临床实践。其内容有：

一　生理学说

藏医学认为人体包括三大要素、七种物质和三种排泄物。

三大要素指隆（亦有译作朗者）、赤巴、培根。三大要素是构成人体的基本要素，各有其生理功能。

隆，意为风（一作“气”），主呼吸、躯体的功能活动、血液的生成、消化、输送食物精微、五官感觉等。根据其所在部位和功能的不同，又可分为五种，即维持生命的隆、上行的隆、主消化的隆、主排泄的隆和普遍存在的隆。

赤巴，意为火，主要功能为产生热能，维持体温，增强胃的功能，增强人的胆识谋略、辨别颜色的能力和使皮肤柔润。根据其所在部位和功能的不同，亦可分为五种，即主消化的赤巴、主变色的赤巴（使血液、胆汁、肌肉、骨骼等各保持自己的颜色）、能作赤巴、能视赤巴和润肤赤巴。

培根，意为水和土，主要功能为保持水分、磨碎食物、司味觉、使人的欲望得到满足和使关节润滑、屈伸自如。按其所在部位和功能可分为五种，即保持水分的培根、磨碎食物的培根、品味的培根、使人满足的培根和润滑关节的培根。

隆、赤巴、培根三者必须互相合作、互相协调才能维持人体的正常机能。如对食物的正常消化、吸收和分清精华、糟粕，就须主消化的隆、主消化的赤巴和能磨碎食物的培根和主排泄的隆来合作完成。

七种物质是指构成人体的七种物质，即饮食精微、血液、肌肉、脂肪、骨骼、骨髓和精液。这七种物质在人体内亦有各自的功能，如饮食精微是人体的营养物；血液维持生命；肌肉、脂肪保护内脏；骨是支持全身的框架；髓可变为精液，精液是生殖繁衍不可缺少的物质。并认为饮食精微很重要，因为其他六种物质皆可由它转化而成。

三种排泄物指粪、尿、汗。

藏医学认为，人体内的三大因素、七种物质和三种排泄物等，在正常情况下都有一定的量，相互之间保持着协调，处于相对平衡状态，人体即保持健康；而一旦这种协调关系受到破坏，出现偏盛或偏衰，人体即出现病态。

二　解剖和胚胎学说

由于民族习惯和民俗关系，藏医学对于人体解剖和胚胎发育有比较深入的了解。

在人体内脏方面，藏医认为内脏有五个：心、肺、脾、肝、肾；并有六个管道器官：胃、胆囊、膀胱、小肠、大肠、性器官。人体有九个窍：鼻窍 2，耳窍 2，目窍 2，口 1，尿窍及肛门各 1。

人体有 360 块骨头。分别为颅骨 4、头背骨 8、颈背骨 2、齿骨 32、齿窝骨 32、锁骨 2、脊柱骨加脊椎 28、胸骨 15、肋骨 24、小肋骨 2、髋骨 2、小脊骨 1、骶骨 2、臂骨（肩、肘、腕各 2）6、手骨 50、指甲及趾骨 60、指甲及趾甲窝骨 20、小腿骨 70。

人体之脉分四种，即定脉、有脉、联系脉、寿数脉。

定脉起于腹中，从肚脐分为三支：一支上行形成大脑；一支留于中部为命脉；一支下行贯注至隐处。

有脉分为四类：职司官能的现象脉；职司记忆的清楚脉；职司成长的发育脉；职司后代的繁衍脉。

联系脉分黑白两类，从身体命脉如树枝般向上分，以联系全身肌肉、内脏、四肢等，治疗用的放血脉属于此脉。

寿命脉亦为三条：一条遍经全身；一条相传呼吸；一条伴随灵魂。

从脉的分类与功能看，似包括了现代医学之神经、血管系统。

对于胚胎学的认识，在世界医学史上也占有一定地位。藏医认为胚胎是由父精与母血相结合，在羯磨的作用下，逐渐发育而成。母体通过脐带向胎儿提供营养，犹如水库通过水渠（脐带）向庄稼（胎儿）灌溉一样。

藏医学认为胎儿的发育期为38周。在1～9周里，生命之脉在胸部到脐部生长，其状如鱼；在9～17周，五脏六腑形成，四肢长出，形状如龟；18～36周，胎儿继续发育，肉和脂肪形成，大小腺体、筋、腱形成，骨骼、骨髓形成并全身表面形成皮肤，之后五官、九窍形成，并开始有感情，胎儿甚至摄食其周围的脏物，称之为猪期。36周以后，胎儿想从母体内跑出来，37周时，胎儿要翻斤斗，38周胎儿翻转向下移动①，然后娩出。

上述胎儿的发育时期以及经历鱼、龟、猪几个时期，其认识基本与现代研究结果相吻合。

三 人体类型学说

藏医学既用隆、赤巴、培根来论述人体之生理功能，又把人体按隆、赤巴、培根分成三种类型。

隆有粗、轻、寒、微、硬、动六种特性，人体类型为身材矮小、干瘦背曲，面色青灰，爱说好动，不耐寒冷，睡眠不踏实，嗜酸甜辛辣味食物和具有老鹰、乌鸦、狐狸般性格。

赤巴有腻、锐、热、轻、臭、泻、湿七种特性，其人体型较高，多汗，身有臭味，易饥渴，毛发、肤色偏黄，聪明而骄傲，嗜甜苦涩味饮食，具有猴子、老虎般的性格。

培根有腻、凉、重、钝、稳、柔、粘等七种特性，其人体型较肥胖，肌肉丰满，肤色偏白，身体端正，耐饥渴烦恼，嗜睡，嗜酸辣涩粗的食物，性情善良，有狮子般性格。

亦有混合型的人体类型。如隆和赤巴混合型者身体较小；培根、隆混合型者身体中等；培根、赤巴混合型者身体高大，其性格、行为、嗜好则两者兼有之。

藏医学认为，人体类型的不同，可导致发病类型的不同，诊断、治疗也就不同，因此，判定人体类型，与用药治病有密切关系。

四 病因学说

藏医认为疾病的原因可分为两类②。一类是内因，又作长远病因，由发怒（瞋）、欲望（贪）或脑力暗晦（痴）引起，即佛教认为的思想上的三毒，此三者可导致人体内三要素和七

① 日琼仁颇且·甲拜衮桑编著，蔡景峰译，西藏医学，西藏人民出版社，1982年，第55～57页。

② 同①，第71～72页。

种物质的平衡失调而发生各种疾病。另一类是外因，又称作近因，则是由于时间和气候情况变化所致，如夏天的气温或高于正常，或低于正常；冬季气候过冷或该冷时反暖，该暖时反而冷，都可引起不同疾病的发生。

此外，五官的过度活动也可产生疾病，如在暗淡的光线中看书或过多看书会发生眼病。又居住环境过于潮湿寒冷或过热，过食与体质类型不适应的食物，以及偏食嗜味、暴饮暴食、误食毒物、酗酒等亦均可导致疾病。藏医认为强忍二便、久卧久坐、房事过度、失血过多，以及外伤、虫豸螯伤等均属致病的原因。

五　藏医学的诊断治疗方法

（一）诊断法

主要包括望诊、问诊和触诊。

望诊内容比较广泛，如观察病人的神情、气色、动作、喘息等，重点在舌诊和尿诊。舌诊亦观察舌质和舌苔，如“望舌朗（隆）症红干粗，赤巴灰黄厚苔迹。培根舌白苔微薄，舌面无津软湿腴”。尿诊观察尿量、尿色、尿的沉淀物、气味、泡沫的有无与性质、尿中漂浮物、蒸气逸出的情况等，是藏医特色的诊断方法，如《四部医典》中有尿诊记载：“验尿朗症水沫大，赤巴红黄片大臭；培根尿象是白清，其味淡而冒汽子”。

问诊与一般医学体系的问诊基本一致，包括现病证的起因经过，发病缓急，病程变化，环境及气候因素，饮食起居，用药及治疗情况，即往史，家庭病史等。

藏医的脉诊与汉族医学的脉诊相似。切脉的部位在腕关节上一寸的地方（腕部桡动脉），应用食指、中指、无名指进行检查（食指处为“寸”，中指处为“甘”，无名指处为“恰”），分别诊候心和小肠、脾和胃、肾和“三木休”（左手），肺和大肠、肝和胆、肾和膀胱（右手）等脏器的状态。

藏医认为在进行脉诊之前，对医生与病人都有一定的要求：检查前一夜，病人不要吃太丰盛的饮食，如肉类、饮酒等，也不能过度劳累或坐在阳光下直晒。应很好地休息，吃清淡的饮食，以免扰动体内要素的正常状态。医生也应该很好准备，放松精神，以便得到好的检查效果。而如果是突发病人，医生作紧急检查，则医生和病人在检查脉象前均须将精神放松。

藏医认为医生一呼一吸间病人脉搏搏动5次为正常。而每次诊脉，必须达到100次，才能判断节律的均匀、快慢。并认为，正常人在特定时间内脉搏跳动可能是四次或六次，这与病人居住的地区及当地气候有关。

藏医能区别20多种脉象，其中12种脉象在临床辨证中，特别是对于鉴别寒热证关系重大。如数、洪、大、弦、滑、硬脉多为热证；沉、迟、弱、细、浮、虚多为寒证。

（二）治疗方法

藏医临床治疗方法亦很多，如饮食疗法、药物疗法、放血疗法、艾灸疗法、拔罐疗法、器械外治和其他外治疗法，以饮食疗法和药物疗法最常用。

饮食疗法：藏医对患者饮食宜忌有严格要求，而季节不同又有不同的饮食规定。如患赤巴病，可食野牛肉、鱼、羊肉、蜂蜜等；春季宜食苦辛涩三种味的食物，如陈青稞、干燥地区的畜肉、蜂蜜、开水、姜汤等食物。隆病，宜食大葱、大蒜、羊肉、马肉、驴肉、红糖、陈酥油、黑芝麻油、热糌粑、白酒、牦牛奶等。此外认为人们必须戒食某些食物和对身体有害的食物；过食和不规则的饮食也对人体有害等。

药物疗法：分内服和外用两种。药物有六味、八性、十七效的区别。六味为甘、辛、苦、酸、咸、涩；八性为轻、重、寒、热、锐、钝、润、燥；十七效为寒、热、温、凉、稳、动、轻、重、润、干、燥、稀、钝、锐、细、腻、软。治病需辨清疾病的性质，采用药效相对的药物。如隆病的特性为粗、轻、硬、动，治疗宜用细、重、软、稳等药效的药物。药物的剂型有丸剂、散剂、膏剂、汤剂等，但因自然条件的限制，藏医较少应用汤剂，而以丸剂多用。丸剂除水丸、蜜丸外，尚有酥油丸。在临床方面，藏医常用一些组合药，如三果（诃子、毛诃子、余甘子）、三凉（石膏、红花、丁香）、三热（肉豆蔻、益智仁、草果）等。

第二节　月王药诊

《月王药诊》梵文名《索玛拉扎》，藏文名《门杰代维给布》，是我国现存最早的藏医学古典名著。

据《吐蕃王统世系明鉴》记载，公元710年唐朝金城公主下嫁藏王时，带入藏各种工伎书籍，其中的医药书籍由汉族僧医马哈亚纳、藏族译师毘卢遮纳、藏族医生琼布孜孜、琼布通朱等人译为藏文。《月王药诊》即是译本之一。亦有说是汉族僧医马哈亚纳从内地带至吐蕃，另一说为从内地五台山带来等。无论哪一种说法，《月王药诊》来源于内地中医药书籍是无疑的。

一般认为，是书于公元8世纪上叶编成。现存有三种译本，有120章、115章、113章之异。以德格木刻版流传最广，该书为113章，其内容为第1～5章，讲述生命来源、人体构造及机能；第6～14章，讲述疾病病因、诊断及疾病与气候之关系；第15～24章，讲述脉诊；第25～52章，讲述疾病的分类、各种疾病的症状以及病因；第53～54章和79～112章，讲述药物的性味、功能、炮制和各种剂型、各种疗法，亦述及脉象等；第55至78章，讲述临床各种疾病的治疗；第113章述《月王药诊》之由来。

《月王药诊》全面论述了人体生命的形成；在人体生理构造方面，对脑髓的构造、形状、及大小等有较详的论述；对骨骼、四肢、脊椎、肌肉和五脏六腑亦有详细介绍；在人体生理机能方面，介绍了隆、赤巴、培根三大要素的功能及其协调关系；兼述气血对生命活动的意义等；书中提出疾病的内因是三大要素的失调，外因是生活起居不当或邪魔作祟。该书并详述雪盲、天花、炭疽、心脏震颤等病证。雪盲是我国医书中之首载。书中所述疾病分为热性病和寒性病两类。治疗上分内外两种治法，还记载了导尿、灌肠、放腹水、针拨白内障及骨折夹板固定等治疗技术；列举了三百余味药物，大部分为西藏高原之特产，如船形乌头、喜玛拉雅茉莉、乌奴龙胆、囊距翠雀[①] 等，详述药物的性味、功效与五行（地、火、水、风、空）的关系。书中亦将药物归纳为寒性药和热性药两类，用以治疗热性病和寒性病。并介绍了散剂、膏剂、汤剂、泻下剂、催吐剂、舒脉剂和酥油药等十余种剂型。此外，对食物的营养疗法予以评述，对食物和药物的中毒和预防也作了记载。书中还阐述脉诊的应用，切脉的

① 赵璞珊，中国古代医学，中华书局，1983年，第294页。

方法和部位，大体上与汉族医学相同，如中医切脉在腕部桡动脉处，分寸、关、尺三部，藏医诊脉部位稍后，分寸、甘、恰三部，不仅部位略同，其部位名称读音也近似。

《月王药论》对人体生理构造阐述之详，是对我国解剖学的杰出贡献，其病理分析、诊断、证候之认识及治疗和药物学，也是对祖国医学宝库的充实。它是藏医学的奠基性著作，《月王药诊》的理论内容，几乎被全部吸收入了《四部医典》中，因此对藏医学的发展有深远影响，对研究藏医学的起源、早期历史，藏医学与中医药学、古印度医学的关系，均有重要的参考价值。

第三节　宇陀·宁玛元丹贡布与《四部医典》

一　生平简述

宇陀·宁玛元丹贡布，公元708年出生于拉萨西郊堆龙德庆地区的一个医学世家。他的曾祖父是藏王松赞干布的御医，祖父是藏王贡日贡赞和芒松芒赞的御医。相传宇陀三岁时即随父亲琼布多杰学习藏文写读，五岁时随父受佛教密宗之“日露化学”和“药师佛修习法”。

在家庭教育和医药世家的熏陶下，更兼他勤奋好学，在青少年时期就打下了深厚的医学基础，被选为当时王室太医、大唐医家东松嘎瓦的九大弟子之一，并为该九大弟子中最有成就者。东松嘎瓦曾赠以《医治痫症·生命轮》、《医治狂犬症·匕首轮》、《医治痉症·相轮》三部医书，使其医术不断精进。青年时期，他曾两次去天竺求学，医学知识益趋丰富。返回吐蕃后，他一边行医，一边向门徒传授医术。

尽管宇陀医术高明，受到百姓崇敬、王室器重，但在佛教和本教的斗争中，他也遭到本教的迫害，曾被投入监狱，后又流放洛阳。在流放期间他行医传佛，声名远扬，于藏王赤松德赞时被请回宫廷，任御医之职。

由于宇陀行医授徒成绩卓著，赞普赐予他塔、工、琼三处封地，他在工布曼隆沟修建寺院，培养医生，加工药材，制备成药，行医治病，搜集民间药方。在38岁时曾去天竺各地游学，广投名医。又曾去尼泊尔、克什米尔为该国国王治病并向当地名医学习，又带领门徒赴内地五台山朝佛，向僧医阿尔雅恳求医道，得授《内科疏义》等医书。

宇陀于45岁时，以早期吐蕃医学为基础，吸收内地汉医学、天竺和其他各地医学，经20余年努力，撰成流传千古之医学巨著《四部医典》，为藏医学发展成为一门有理论、有实践、有民族特色的科学奠定了基础，使藏医学有了较为完整的医学体系。

晚年，他主要在打箭炉等地为汉、藏人民治病和教授学生，在工布曼隆沟寺院中培养了数以千计的藏医人才。据传，宇陀·宁玛元丹贡布享年125岁。宇陀·宁玛元丹贡布精湛的医术、崇高的医德，对藏医学的杰出贡献，受到藏族人民的崇敬，有“医圣”和“药王”之崇称。

二　《四部医典》

《四部医典》又称《医方四续》，藏名简称《据悉》。全书由四部分组成，分别为：

“根本医典”（藏名“朵据”），为全书总论部分。共6章，为缘起、全书概述、病理生理、诊断、治则、譬喻名教。

“论说医典”（藏名“协据”），共31章，讲述人体生理解剖、病因病理、发病途径、饮食宜忌、诊断法与误诊、治疗原则、治疗方法和外科医疗器械等。

“秘诀医典”（藏名“门阿据”），论述临床各科疾病和治疗，共92章。

“后续医典”（藏名“亲妈居”），共27章，论述脉诊、尿诊等诊断知识、汤、丸、膏、药酥、灰剂、药酒等药物剂型，催泻、催吐、鼻药、灌肠、艾灸、放血、外敷等治疗方法和技术。

全书从生理到病理，均贯串着三大要素、七种物质、五脏六腑、寒热气血等理论体系，具有藏族的民族特色。其中关于胚胎学的认识，认为是由父精母血的结合逐渐发展起来，经过鱼、龟、猪几个时期而形成胎儿，符合现代生物进化论的规律，在生物学史上处于当时领先地位。

《四部医典》阐述了内、外、妇、儿、五官、骨伤等各科数百种常见病，不少疾病是高原所特有的，有些病名难以和汉族传统医学或西医学病名相对照。但书中几乎对每一种疾病都以病因、分类、症状以及治疗等项加以论述，示人以规范，受到后世学者的欢迎。其创伤外科之成就，尤为世人所瞩目。如将创伤类型归纳为八种：擦皮、划裂、断裂、悬垂、完全脱、跌落、刺伤、穿漏伤等。对于有创口之损伤如破裂、划裂等，采用粘合或缝合并敷药的方法予以治疗；对伴有骨折的创伤，如悬垂断和完全断离的肢体伤，都是先予复位、肌肉对位，然后包扎固定，也使用了小夹板固定术；对无创口损伤，如局部肿胀、发热等，用针刺、放血、火灸、水浸或敷药等法治疗，除药物配伍与内地医生不同外，其他疗法均相仿，由此亦可见汉藏医学间的交流。在诊断颅脑外伤时，藏医提出可用触诊法检查，若属颅骨骨折，则触之觉凹凸不平、按之疼痛难忍、揉挤有咔咔声。后者明显是骨擦音之描述，是我国医学史上以骨擦音来确诊骨折的最早记载。在诊断肺、胸膜穿通伤及并发脓肿与否，已能作出鉴别诊断①，说明藏医学在当时已有较高的诊断水平。

《四部医典》收载方剂有443方，单药1002种，根据药物来源、质地、生境、入药部位的不同，分为贵重类药、宝石类、土类、木类、精华类、平地产类、草类、动物类等八大类，并对药物的性味、炮制作了记载。认为药物生长与五行（土、水、火、风、空）有密切关系：土为药物生长之本源；水为药物生长之必须；火为药物生长之热能；风为药物生长之动力；空为药物生长之空间，五者不可或缺，否则都将影响药物的生长。同时认为药物的性味亦与五行有关：土水偏盛，药物味甘；火土偏盛，药物味酸；水土偏盛，药物味辛；土气偏盛，药物味涩。在临床上，将药物归类为寒性、热性两大类，以分别治疗热性、寒性两类疾病。

《四部医典》是宇陀总结本民族医学经验，并吸收和借鉴了汉族医学、古印度和大食医学的部分理论和医药成果而撰成的。成书后，经其后历代藏医学家的修订、补充、注释、整理而益趋详细完善，至公元12世纪，经宇陀的13世孙宇陀·萨玛元丹贡布的全面修订，成为后世的通行本。

《四部医典》成书千余年来，已有上百种注释本，对我国西藏、青海、内蒙古等地的医学影响很大。18世纪时，《四部医典》被全部译成蒙文，对蒙医学的发展产生了极为深远的影响。

---

① 李经纬等，《四部医典》之创伤外科成就，中华医史杂志，1986，(2)：119～121。

其后在国外曾被部分或片断地译成俄、日、英、德等多种文字。1957 年有汉文摘译本，1983 年、1987 年先后由人民卫生出版社和上海科技出版社出版汉译本。

《四部医典》是一部对藏医发展有深远影响之作，是藏医必修的教科书。但该书原文是以两位仙人问答形式写成的韵文，有浓厚的佛学色彩，也含有一些封建迷信糟粕，在继承这一宝贵遗产时，需作进一步研究和扬弃。

第四篇
宋金元时期

第十章　国家与医学

第一节　历史背景与医学发展总脉络

一　宋金元时期的历史背景

宋金元时期是指公元960年至1368年间的一段历史时期。在这段时间内，有多个政权在我国不同的区域交叉存在。宋（960～1279）、金（1115～1234）、元（含蒙古政权则可从1206至1368年）是取这段时间最主要的三个朝代而言，实际上与宋、金、元交叉的还有辽（947～1125）、西夏（1038～1227）、大理（937～1253）等政权。

在这一时期之前，是战乱纷繁的五代十国。宋太祖赵匡胤在公元960年建立了高度中央集权的宋王朝，并很快统一了大部分中国，基本上结束了五代十国的混乱局面。

为了巩固封建统治，宋王朝从太祖开始，就采取了一系列集中政权、兵权、财权的措施，并实行文治主义。国家的统一，提供了商业交通的便利，随之也促进了手工业的发展和都市的繁荣。王安石变法，改革了科举制度，进一步采取了促进文化教育发展的措施（如设立武学、律学和医学等）。因此，在宋代（尤其是北宋时期）科技文化有了前所未有的发展。这段时期的科技成就在中国历史上写下了光辉的一页。英国科技史家李约瑟曾指出："每当人们在中国的文献中查考任何一种具体的科技史料时，往往会发现它的主焦点就在宋代。不管在应用科学方面或在纯粹科学方面都是如此。"①

宋王朝虽然在科技文化上取得了辉煌的成就，但在"武功"方面却无可称道。宋朝对外的军事行动连连失利，终于在1005年与北方的辽国签定了"澶渊之盟"，开创了中国历史上汉族王朝向异邦纳贡的先例，其结果是换取到了近百年的相对和平。12世纪初叶，女真族崛起于白山黑水之间，建立金国，并很快消灭了辽国。此后，金兵不断南侵，终于在1126年迫使宋室南迁，结束了史称"北宋"的167年的统治。金兵占据了北宋时文化科学高度繁荣的中原地区，并与南宋政权连年战争，给人民带来了深重的苦难。13世纪初，代金而兴的蒙古族的铁骑席卷中原。继灭了金国之后，蒙古又于1279年消灭了南宋，建立了一统的元朝。在南宋偏安一隅，先后与金、元对峙的百余年间，中国在相当长一段时间内处于南北分裂的状态。这种分裂状态对南北的科技交流带来了巨大的影响。

二　宋金元医学发展的总脉络

前已述及，宋金元时期，在中国的西北、北部和西南地区，曾存在着多个少数民族政权。

---

① Joseph Needham，Science and Civilization in China，vol. I，p. 134.

在这些地区，有着丰富的民族医学。但由于史料的缺乏，我们还很难清晰地描述这些地区民族医学发展的轨迹。现知宋金元时期医学的发展，主要还是发生在以汉族居民为主的地区。

北宋时期的医学发展，主要集中在以首都开封为中心的中原地区。在中国医学发展史上，要说对医学关注最多的王朝，当数北宋时期。北宋的好几位帝王，对医学都有着浓厚的兴趣。北宋王朝很早就注意对医书的收集与整理。除了以政府的力量组织编纂多部大型的医方书（如《太平圣惠方》、《圣济总录》等）之外，国家还成立了专门的医书出版机构——校正医书局。校正医书局完成了对中国古代几乎所有主要的医学经典著作的校勘整理工作，并利用当时发达的印刷术将这些医书印刷出版。这些医书的出版刊行扩大了医书流传的范围，同时也为当时兴盛的医学校提供了教本。官办医学教育在北宋时期颇为活跃，并取得了一定的成绩。医书的刊行和医学教育也相应地促进了医学理论探讨之风。《黄帝内经·素问》在此时已经被确立为中医的经典基础理论著作，《伤寒论》的学术地位也日渐提高。北宋末年，由朝廷出面颁布的“运历”进一步助长了对《素问》五运六气理论的重视。综观这一时期医学发展的方方面面，可以说它为后世医学的较快发展，创造了有利的条件。

宋室南迁之后，在中国的南北两方，医学发展形成了差异很大的两种风格。原先以官方整理集成、校勘出版医籍为主要业绩的北宋医学，随着北宋的灭亡而告终。

此后的金、南宋，乃至元蒙朝廷，都很少像北宋时期那样关注医学的发展。北宋以后，医学发展的重心转向临床。中原地区曾是北宋时期的科技文化中心，因此，虽然北宋灭亡了，但其科技文化发展的雄厚基础并没有因此而摧毁。在被疫疾和战争困扰的北方，一批有着丰富的医学理论知识的临床医生起而探讨与临床相关的各种治疗问题，并由此引发了医学争鸣。这就是所谓的“医之门户分于金元”。河间学派和易水学派是当时最有影响的两大医学流派，刘完素、张元素、李东垣、张从正是金元之际卓然成家的代表人物。他们的学术成就为中医治疗开拓了一条又一条新的道路。

与此同时的南宋地区，医学的发展很少有波澜。追求简约是这一时期医学发展的大气候。《和剂局方》的流行是当时社会上喜好香燥之药的反映。陈（承）、裴（宗元）之学，即“局方医学”，成为南宋地区医学的主流。此后，另一本颇为流行的医书是王硕的《易简方》，该书只收载30余首方剂，却希图以此应付千变万化的临床治疗。就是这样一本小册子，却盛行到诸方书皆废的程度，被当时的医界奉为“近世名医之薮”。南宋除了治疗求简之外，在病因学、诊断学等方面的求简之风亦颇盛行。陈言《三因方》中提出了一系列的医学简约主张，如病因则为内因、外因、不内外因；本草则约以名、德、性、用；脉学则简以浮、沉、迟、数，等等。以浮、沉、迟、数四脉为纲，是南宋时西原脉派的学术宗旨。尽管南宋之时也出现了《幼幼新书》、《妇人良方大全》之类的临床集成之作，但从其整体医学发展的态势来说，缺乏对医学理论有突破性意义的发展。

元蒙统一中国之后，北方堪称先进的医学逐渐向南方扩展。南北医学交融的过程中，产生了一代名医朱震亨（丹溪）。他结合南方的医学实际，提出了“阳常有余，阴常不足”的学术主张，成为后世“滋阴派”的宗师。这一时期外域或北方民族的医学也渐次传入内地，并与汉族医学互相交融。

第二节 北宋时医书的搜集整理与校勘出版

一 政府对医籍的搜求与整理

经过数百年的战乱，到北宋统一大半个中国时，已面临百废待兴的局面。医学的状况也是如此。宋以前的医药书籍虽然相当丰富，但一则因这些书籍都是依靠手抄笔录，故鲁鱼豕亥之处定然很多；再则经战乱之后，书籍的散失十分严重。很多书籍流落民间，若不及时加以收集整理，这些宝贵的医药资料就将永远消失。

所幸的是，北宋从开国皇帝赵匡胤算起，好几代帝王对医药都表现出奇特的兴趣。赵匡胤能用艾灸为人治病，《宋史》有他为宋太宗赵光义治病的记载："太宗尝病亟，帝往视之，亲为灼艾，太宗觉痛。帝亦取艾自灸"。他们喜好医药，尤其注重对医药文献的收集与整理。在一些对医药同样感兴趣的大臣们的辅佐下，政府采取了许多办法在全国调查医药情况，并下诏向各地征集医药书籍。这些明智的举措为保存、整理、出版、研究中医古籍打下了良好的基础。

北宋开宝年间编成的《开宝本草》中，已经记载了赵匡胤在征伐南汉时对医药的关注。该书"金屑"条载曰："据皇朝收复岭表，询其事于人，殊无蛇屎事。"又"景天"条云："皇朝收复岭表，得广州医官，问其事，曾无慎火成树者，盖陶（弘景）之误尔"。而"丁香"条中"按广州送丁香图，树高丈余"的记载表明，早在北宋建国之初，就已经注意收集药图之类的资料了。

北宋的第二个皇帝宋太宗赵光义，对医药的兴趣更为浓烈。据他自己声称："朕昔自潜邸，求集名方、异术、玄针，皆得其要，兼收得妙方千余首。"（《太平圣惠方·御制序》）在赵光义即位之后，他立即采取了一系列的措施，向全国各地、各阶层收集医药书籍。太平兴国六年（981），宋太宗向全国颁布了"访求医书诏"。诏令中采用了多种奖掖办法，鼓励人们献书。例如诏令上规定：

"宜令诸路转运使，遍指挥所辖州府，应士庶家有前代医书，并许诣阙进纳。凡二百卷已上者，无出身与出身，已任职官者亦予迁转。不及二百卷，优给缗钱偿之。有诣阙进医书者，并许乘传，仍县次续食。"①

也就是说，凡是藏有前代医书者，不问出身，都可以直接到宫廷献书。贡献医书200卷以上者，平民可以授予官职，有官职的可以升迁。献书不足200卷者，则给予优厚的报酬。对亲自上京献书的人，沿途各地的地方政府必须提供交通工具和膳食。但是，这种访书不是官府强行征集，因为诏令还规定："如不愿纳官者，借本缮写。"可见对不愿将书献给国家的并不勉强。类似这样的访书诏令在北宋时还下达了好几次。例如政和四年（1140），宋徽宗为编《圣济经》而颁布"求方书药法御笔"，其中载"令天下应有奇方善术，许申纳本州，逐州缴进以闻"。不过，从宋徽宗这次求方术的措施来看（"逐州缴进"，而非"许诣阙进纳"）已远远比不上宋太宗时的诚心了。

---

① 《宋大诏令集》，卷219，842页，中华书局，1962年。

政府的“访求医书诏”中所开列的奖掖措施并非虚语。据记载，徐州平民张成象就是因为向国家提供医书而被授以翰林医官一职。自太平兴国年间征书之后，政府共征集到多少医药书籍，史书并无记载。但只要将征书前编纂的《开宝本草》和此后编纂的《嘉祐本草》、《本草图经》相比，就可以发现其间的差距。《开宝本草》引录的前代典籍仅 8 种，其中属于本草著作的只有《本草拾遗》和《别本注》等寥寥数种。但在嘉祐年间编纂的两部官修本草中，引录的医药文献达 200 余种。仅《嘉祐本草》中就引了宋以前的本草著作 14 种，其中有三国时的《吴氏本草》，南北朝的《药总诀》、《药对》，唐代的《药性论》、《食疗本草》、《本草拾遗》、《四声本草》、《删繁本草》、《本草性事类》，五代的《南海药谱》、《食性本草》、《日华子本草》等。《本草图经》中引用的医药书籍更多。有些书籍可以肯定是通过政府征集医药书籍时得到的。例如苏颂在撰写《本草图经》时曾参考过一本很有特色的图文并茂的本草书《天宝单方药图》。该书撰成于唐代天宝年间，自成书以后，从不见于史志记载或它书引录。《开宝本草》的编者显然也不知世上还有此书。到北宋中期，该书被国家收藏。苏颂介绍说：“《天宝单方》，但存一卷。类例粗见，本末可寻。”因此，苏颂在编《本草图经》时，汲取了该书图文结合，辨药、用药并重的优点。对此，苏颂明确地表示，“宜乎圣君哲辅，留意于搜辑也”。这是朝廷征集医药图书，促进医药发展的一个最明显的例证。

北宋政府不仅注重搜求医书，更注意利用国家的力量整理出版一些重要的医药书籍。除多次纂修颁布医方书而外（详见下节“官修医方书的编辑与颁行”），北宋政府在百余年间大规模校修医书就有 5 次，这是任何一个封建王朝所不可比拟的。北宋时的 5 次医书校修情况如下：

（1）开宝年间：诏令马志、刘翰等校修《开宝新详定本草》（973）、《开宝重定本草》（974）；

（2）天圣四年（1026）：令晁宗悫、王举正等校正《黄帝内经素问》、《难经》、《巢氏病源候论》；

（3）景祐二年（1035）：令丁度等校修《素问》；

（4）嘉祐至熙宁年间：校正医书局共编辑、校正医书 10 种：

《嘉祐补注神农本草》（1061）及《本草图经》（1062）；《伤寒论》（1065）、《金匮玉函经》（1066）、《千金要方》（1066）、《外台秘要》（1069）、《脉经》（1068）、《甲乙经》（1069），另《素问》、《金匮要略》和《千金翼方》大约校勘于治平至熙宁年间；

（5）政和六年（1116）：校正《大观本草》而成《政和新修经史证类备用本草》。

这些重要的中医古籍在宋代刊为定本，对中医的发展起了很大的促进作用。在这 5 次校修医药书籍中，又以校正医书局所做的工作最为有意义，本章以下设专节介绍校正医书局的丰功伟绩。

二　官修医方书的编辑与颁行

经验方，向来是医家治疗疾病时的重要手段，同时也是一般民众用以进行自疗的简捷途径。因此自古以来，辑录验方（或称传信方）之风始终不衰。北宋时期，统治者认为“救恤之术，莫先方书”（《和剂局方》陈师文等表），因此朝廷在编修和颁布医方书方面下了很大的功夫。

北宋朝廷致力编修医方书始自太平兴国年间。其起因是，酷好医术的宋太宗自己多年来收集到医方千余首。为了让这些医方发挥“贵在救民，去除疾苦”的作用，宋太宗于太平兴国三年（978），一说为太平兴国七年（982），下诏翰林医官院，让医官们各献经手家传应效方药，得方万余首。于是宋太宗令尚药奉御、翰林医官使王怀隐、副使王祐、郑奇、医官陈昭遇等共同编辑这些收集来的医方。淳化三年（992），王怀隐等编成《太平圣惠方》100卷。该书分成1670门，计收方16834首。宋太宗亲自为该书作序，并下令“雕板印刷，遍施华夷”。该书虽名方书，实际上是一部综合性的医书，其内容包括诊法、用药、脏腑证治、各科疾病、服食丹药、食治补益及针灸等。

几乎与编写《太平圣惠方》的同时，一部更大规模的医方书也开始着手编写。据记载，太平兴国六年（981）十月，翰林学士贾黄中等，奉诏在崇文院编录医书。至雍熙三年（986）十月，编成《神医普救方》1000卷，目录10卷，宋太宗亦为之撰序。该书的部头空前的庞大，但未见有该书被雕版颁行的记载，很可能早已佚失。

《太平圣惠方》卷帙浩大，在北宋初只有官方才有能力刻板印行。像这样的官刻医书在当时并非商品，它通过政府颁发到各州，由专门设置的医学博士来掌管。淳化三年（992），朝廷发布“行《圣惠方》诏”，诏令云：

“《圣惠方》并目录共一百一卷，应道州府各赐二本，仍本州选医术优长、治疾有效者一人，给牒补充医博士，令专掌之。吏民愿传写者并听。”

从统治者的愿望来说，希望这部方书能遍布全国，吏民有疾，可以到官府查索该书，按图索骥，据症用方。但实际上这一初衷并未能实现。据蔡襄为《圣惠选方》所写后序，朝廷颁发到各州郡的《太平圣惠方》，“州郡承之，大率严管钥谨曝凉而已，吏民莫得其利焉。”①。《太平圣惠方》被作为朝廷的赏赐，严加保管，很难给民众提供运用的机会。因此，某些有识之士就想办法让该书发挥实际作用。蔡襄在福建作地方官时，发现《圣惠方》很难为民所用的情况之后，就打算再次抄写旧赐的《圣惠方》，以广其传。其郡人何希彭，通方伎之学，于是从《太平圣惠方》中删去怪诞难致之物，选方6096首，编为《圣惠选方》（1064）。为了让更多的人们可以看到此书，蔡襄“因取其本，誊载于版，列牙门之左右”，供人观阅。现从书目可知，宋代还有《太平圣惠单方》、《圣惠经要方》等书，大概都是从《圣惠方》中节选内容而成的。北宋绍圣三年（1096），国子监将《太平圣惠方》刻作小字本，广行印造，允许民间购买，其目的也是为了扩大该书的传播。

嘉祐年间，朝廷的某些有识之士也发现了官方颁发医书的弊病，如掌禹锡“补注本草奏敕”云：“朝廷累颁方书，委诸郡收掌，以备军民医疾。访闻贫下之家，难于检用，亦不能修合，未副矜存之意。”故在宋仁宗时，于嘉祐二年成立了校正局，完成了对中医十余部重要古籍的校正整理工作（详见下一节“校正医书局的业绩”）。

此外，这一时期通过下诏颁布的医书有《庆历善救方》、《简要济众方》。《庆历善救方》并非鸿篇巨著，它只有区区一卷。宋代的边远地区，缺医少药，甚至巫术盛行。庆历年间，“诏以福州奏，狱医林士元药下蛊毒，人以获全。录其方，令国医类集附益”，而成《庆历善救方》，于庆历八年（1048）颁行。当时的名臣王安石为该书作后序时要求地方“谨以刻石，树之县门外左，令观赴者自得，而不求有司”（《临川文集》）。皇祐三年（1058）五月，宋仁宗

① 转引自《医籍考》卷45，565页。

又“颁《简要济众方》，命州县长吏，按方剂救民疾”（《宋史·仁宗纪》）。医官使周应负责编写该书。他从《太平圣惠方》中节选部分内容，并增益了一些名方，厘为五卷。该书仍按旧例，“镂版模印，以赐郡县。俾人得传录，用广拯疗。”但在某些郡县，朝廷所赐方书仍逃不脱被作为收藏品的命运。苏轼就提到他曾见《简要济众方》“已而县与律令同藏，殆愈一纪。穷达之民，莫或闻知。圣泽壅而不宣，吏之罪也。”于是苏轼采取了将该书“书以方版，揭之通会”的办法来加速流传。

此后，宋神宗又于元丰年间（1078～1085）“诏天下高手医，各以得效秘方进。下太医局验试，依方制药鬻之。仍模本传于世。”（赵希弁《郡斋读书后志》）此即十卷本《太医局方》。一般认为该书就是在大观年间由陈师文等校定而成的《太平惠民和剂局方》。

北宋的最后一个皇帝宋徽宗，治理国家无能为力，但对书画医药却颇感兴趣。他尊信道教，因而极为推崇为唐代启玄子王冰辑入《素问》的运气学说，甚至不惜利用政府的命令，强力推行“运历”。他在位期间，出版了好几部较有影响的医药书籍。例如，大观中（1107～1110）命医药官员陈承、裴宗元、陈师文等，编成《太平惠民和剂局方》，颁行天下；政和六年（1116）诏令医官曹孝忠校成《政和新修经史证类备用本草》；政和八年（1118），以宋徽宗的名义撰《圣济经》，致力于医学理论的讨论，并将此书颁发到全国各地的医学校，以为教本；其后又在“诏天下以方术来上，并御府所藏”的基础上，由朝廷医官编成《圣济总录》200卷，收方达20 000余首。《圣济总录》是北宋最后的一部官修医书，它不仅部头超过了《太平圣惠方》，在内容上也不限于搜罗民间验方。该书受宋徽宗好道术的影响，在其书的前两卷设“运气”，书末又用六卷的篇幅载录“符禁”、“神仙服饵”等道家内容。但其主体内容仍是各科证治，资料极为丰富。《圣济总录》镂版之后，适逢靖康之变，其版片为金兵掳去，在北方的金国流传，南宋医家多不知此书。

以上列举的由朝廷组织编写并颁行的医方书，在历朝中以北宋为最多。这种由帝王出头向全国颁布医方书的做法，其根本目的当然是旨在宣传仁政，但客观地说，这些举措也的确促进了医学的发展和传播。受此影响，宋代的许多文人学士和医家也都热衷于收集和整理医方，出版医药著作，为后世留下丰富的医药资料，例如著名的科学家沈括著有《良方》15卷（后世增入苏轼之方，而称《苏沈良方》）和《灵苑方》；张锐编《鸡峰备急方》（1133）一卷、许叔微编《普济本事方》（12世纪中期）10卷、杨倓编《杨氏家藏方》（1178）20卷、朱端章编《卫生家宝方》（1184）6卷、郭坦编《十便良方》（1196）40卷、王璆编《是斋百一方》30卷、刘信甫编《活人事证方》（1216）前后集各20卷、魏岘编《家藏方》（1227）10卷、朱佐编《类编集验医方》（1266）10卷等。

三　校正医书局的业绩

北宋时对医籍的整理，以校正医书局所取得的成就最大。在手抄医书转为版刻的历史关头，北宋政府利用国家的力量，将许多重要的中医典籍刊为定本，这在中医发展史上是具有里程碑意义的。

嘉祐年间，韩琦上言，称医书如《灵枢》、《太素》、《甲乙经》、《广济方》、《外台秘要》等书，底本多讹，《神农本草》亦年久失修，建议予以校修。嘉祐二年（1057）八月三日，朝廷下诏，差太常少卿直集贤院掌禹锡、职方员外郎秘阁校理林亿、殿中丞秘阁校理张洞、殿中丞馆阁校勘苏颂，组成校正医书局。后殿中丞检光禄寺丞高保衡亦为主要成员。同年十月，考虑到校正医书局全是儒臣，又委派太医局医官秦宗古、朱有章与儒臣共同校正。

校正医书局最初的计划是要校正八本古医籍，这一计划可见于《本草图经·序》："先是诏命儒臣重校《神农本草》等八书。"据《嘉祐本草·补注本草奏敕》："有《神农本草》、《灵枢》、《太素》、《甲乙经》、《素问》之类，及《广济》、《千金》、《外台秘要》等方，仍差……共同校正"。可见，校正医书局最早是计划校正以下八本书：《神农本草》（即《开宝重定本草》）、《灵枢经》、《太素》、《针灸甲乙经》、《素问》、《广济方》、《千金要方》、《外台秘要》。但在具体的校正过程中，这一计划有所变更。

从现知的校正医书局所校医书种类来看，共计11种。这些书与原定的八书略有出入。嘉祐二年初置局时，立即将本草书的校正放在第一位。由掌禹锡为首，林亿、张洞、苏颂、秦宗古、朱有章等共同校正《嘉祐补注神农本草》。次年，掌禹锡等又奏请在向全国调查药物的基础上，编写《本草图经》。《本草图经》的编写由一向对此感兴趣的苏颂一人执笔总其成。掌禹锡、苏颂在编写完本草之外未见参与其他书籍的校正。

校正医书局的另一个校正班子由高保衡、孙奇、林亿组成。这个班子共校正重要医书8种：

宋英宗治平二年（1065）二月四日，高保衡、孙奇、林亿将校完的《伤寒论》进呈付梓；

治平三年（1066）一月十八日，高保衡、孙奇、林亿又呈上所校之《金匮玉函经》；

仅在进呈《金匮玉函经》后的数天（一月二十五日），高保衡、孙奇、林亿又呈上校好的《千金要方》。四月二十六日，奉圣旨镂版刊行；

宋神宗熙宁元年（1068）七月十六日，高保衡、孙奇、林亿将所校《脉经》进呈，由国子监刊行；

熙宁二年（1069）四月二十三日，高保衡、孙奇、林亿又进呈《甲乙经》，仍由国子监刊行；

此外，署名由高保衡、孙奇、林亿合校的还有《金匮要略》、《千金翼方》、《素问》三书。这三本书的校正年代据冈西为人考证，均在治平三年（1066）至熙宁二年（1069）之间（《中国医书本草考》p195）。由此可以推知，由高保衡、孙奇、林亿三人组成的这个班子实际上校书8种。这8种书的进呈在1065～1069年间，但他们进呈的第一本书距校正医书局成立之年（1057）也有8年。这说明他们在校正医书局成立以后的十几年中，几乎同时开展了多部医书的校勘工作。这八部医书的部头大小不一，靠他们三人的力量是很难在十几年内校勘完毕的。但由于资料的缺乏，我们很难知道为校正这些重要的医药典籍政府投入了多少人力和财力。

除高保衡、孙奇、林亿三人组成的校正班子之外，另有孙兆于治平二年（1065）至四年（1067）完成的《外台秘要方》校正本。此书在熙宁二年（1069）五月由高保衡奉旨刊行。

以上就是校正医书局在十二年内所完成的巨大工程。我们难以在此书中逐一详列他们所校各书的成就，仅择其要介绍几本主要书籍的校正所得：

关于本草著作的校正，本书已有专节予以介绍（见第十二章中的"《嘉祐本草》与《本草图经》的功绩"一节）。必须指出的是，校正医书局所编《本草图经》，实际是一本重起炉灶的新书，不象《嘉祐本草》那样是在校正《开宝本草》的基础上再加增补。

《素问》是中医最古老的基础理论经典著作之一。虽然在北宋嘉祐年间以前，《素问》曾由官方两次校修，但其本均不见流传。校正医书局以林亿为首的《素问》校正工作是卓有成效的。马继兴先生指出："这次校注曾参考了多种《素问》传本和古代文献，并逐篇标明了全氏注本的原来篇目，校勘的内容也相当深入细致，在整理当时纷乱多绪的《素问》原文方面起到统一定型化的作用。在此后，各种《素问》刊本文字均以此本为根据，没有再作更大的改动。"①

张仲景《伤寒杂病论》是中国医学史上一部划时代的重要著作。但在流传过程中，有许多传本。为了最大限度保存仲景医书的内容，校正医书局根据当时他们所掌握的资料，将《伤寒杂病论》一书校编而成《伤寒论》、《金匮要略》、《金匮玉函经》三书。其中《金匮玉函经》"与《伤寒论》同体而别名，欲相互检阅而为表里，以防后世之亡佚"（林亿等序），故林亿等仍然将《伤寒论》、《金匮玉函经》分别校勘出版，由此也可见林亿等人对仲景医书的重视。自北宋校正医书局完成仲景医书的校定工作之后，后世遂以《伤寒论》和《金匮要略》作为研究仲景医学的主体。

校正医书局校刊的医书，均由国子监镂版刊行，其刊本的版式甚为精美大方，印刷质量为印刷史上的精品。但像这样珍贵的刻板医书，其价格自然也不便宜，能买得起这些医书的人也绝非一般医生。为了让更多的普通医生能购买校正医书局校刊的医书，政府又采用刻小字本以降低纸墨成本、低利润以降低价格等办法来扩大这些医书的流传。例如《伤寒论》卷首进呈牒文云：

"下项医书，册数重大，纸墨价高，民间难以买置……令国子监别作小字雕印……广行印造。只收官纸工墨本价，许民间请买。仍送诸路出卖"。"每部只收息壹分。"② 在《脉经》附刻的牒文中，记述了绍圣元年（1094）曾刊行了5种小字本医药书籍，其中包括《嘉祐补注本草》与《本草图经》。这些举措为扩大医学经典著作的流传发挥了重大的作用。

北宋时期对医籍的收集、校勘、整理和刊行，给医学的发展带来了巨大的影响。这一时期对前代医书的整理，本身就是对以往医学成就的一次总结。在唐代，张仲景的医书尚且流传不广，这是因为当时"江南诸师秘仲景之书不传"的原故。至宋代，主要的医学典籍因被刊为定本而得以广泛流传。通过官方的力量，组织饱学的儒臣医官共同校正的医书，在内容质量上得到了保证。这些医书成为北宋医学校的教材，更进一步促进了对这些书籍的研究。一般的医生都能家置重要医书，使他们在临床实践中有所依凭。金元医家的争鸣主要发生在民间医生之中，这本身就是医书广泛刊行的影响所在。因此，北宋时期校勘整理医籍，在医学发展史上应予高度评价。

第三节　医事制度与医学教育

一　医事制度与官方医药机构

宋代的医事制度有些地方沿袭唐制，但也有所变易。宋金元时期，以宋代的医疗机构名目最多，其中与医学发展紧密相关的中央医事机构主要有太医局和翰林医官院。

太医局：北宋初年，朝廷还保留了唐代太医署的机构，如宋太宗雍熙四年（987）五月，

① 《中医文献学》，74页，上海科学技术出版社，1990年。

② 《影印伤寒论》，商务印书馆影印明赵开美刻本，1923年。

曾下诏征各地良医至太医署。至淳化三年（992），太医署已改为太医局。和唐代太医署不同的是，宋代的太医局专司医学教育，而不像唐代的太医署那样，集卫生行政管理、医学教育和上层阶级的医疗机构于一体。北宋时太医局内设提举1人，判局2人，教授9人及局生300人（有关宋代太医局的业绩，下文“医学校与医学教育”将予详述）。金代则在宣徽院之下设太医院，这一建制后来在元、明、清时期成为中央最高的医政管理和医学教育机构。

翰林医官院：翰林医官一职的设置在五代时的后唐、后周即已有之。宋代至迟在淳化三年已成立翰林医官院，下设院使、副使、直院、尚药奉御、医官、医学及祗候等约一百余人。元丰五年（1082），翰林医官院一度改作翰林医官局。但不管名称如何变化，其职责都是掌供奉医药及承诏视疗众疾，也兼管医书校勘整理或参与医学教育。因此，宋代的翰林医官院相当于当时的卫生行政管理机构。由于宋代帝王中多人对医药颇为关注，因此，在宋代，翰林医官院的官员们在贯彻帝王意旨、发展医药方面出力甚多。

除此而外，和历代王朝一样，这一时期也有专为宫廷服务的尚药局和御药院。它们的职责是直接为宫廷保健提供服务，并接受各地乡贡或各国进献的药材。这些机构对全国的医学发展所起的作用是微不足道的。

宋金元时期，作为国家组织的医事组织中，还有一些涉及医书出版、药材交易、社会抚恤等方面的专门机构。他们在各个时代对促进医学进步发挥了很好的作用。以下择要简述之：

校正医书局：这是我国古代历史上仅有的医药书籍编辑出版官方机构。该局建成于北宋嘉祐二年（1057），为整理出版重要医书建立了殊勋。有关该局的业绩，本章在第三节中已有专门介绍，不赘。

官药局：这是北宋时始创的官方药业组织。它的服务对象是一般平民或军队，和御药院专为帝王服务有根本的不同。正因为如此，药局在首都和各地都有设置，它们以收购民间药材、制作并出卖熟药（经炮制的药材或成药）为职责，是具有商业性质的官方药业机构。遇有紧急灾情，官药局也参与赈济医药的活动，从这个意义上来说，它又具有福利事业的性质。

药局产生于北宋时期，是顺应当时的医药发展及特定的政治经济形势的需要。在药局成立之前，北宋政府为解决军民治病保健所需，曾采取委官赐钱、逐年散药等措施，但这些工作都是临时性的，没有常设机构处理这些问题。因此，创立具有“惠民”作用的医药机构就在酝酿之中。熙宁九年（1076），汴梁在太医局之下成立了熟药所。其时正值宋王朝国用不足之际，王安石变法，设市易法，以图政府在商业竞争中获利。熟药所在此时成立，名义上是为了体现政府对民众医药保健的关心，实际上也是政府理财的措施之一。崇宁二年（1103），汴梁熟药所扩增为7个药局，由原隶属太医局改为隶属太府寺，从而确立了药局的性质是以商业为主。这也是我国官方医药机构分立门户的起始。汴梁的七个药局中，有两个是修合药所（制药工场），五个是出卖药所（药店）。政和年间，为了表现政府并不把这些药局作为纯粹的药业机构，就把修合药所改作“医药和剂局”，出卖药所改名为“惠民局”。南宋绍兴年间又把熟药所改称“太平惠民局”。除首都而外，各地也相继成立了属于地方官办的药局。

官药局诞生的初期，有一套颇为完善的组织机构和严格的管理制度，内部分工也很明确。以京城药局为例，和剂局的职责是“制药以给太平惠民局，与暑、腊药之备宜赐者”。和剂局下设“杂买务药材所”，其中置“辨验药材”一职，负责“革（药材）伪滥之弊”，这是我国最早的药检机构。据宋代遗民周密追忆，“和剂惠民药局，当时制药有官，监造有官，监门有官……出售则又各有监官”。虽说官员不免流于冗滥，但从组织来说，堪称严密。除此而外，药局在资金周转、营业时间、治安保卫、药品质量等方面都有规章制度和奖惩条例。客观地说，药局创立之初，曾发挥过一些惠民的作用。据有关史料，宋代在疫病流行的时候，药局与太医局医生配合，在民间进行巡迴医疗，给散汤药。政府下达的某些任务，如每年为预防暑病而制作的暑药，为西南地区的军民配制的瘴药等，均由药局承担。只有官方的药局才有如此雄厚的财力和物力去完成这些任务。

宋代的官药局既然具有官商性质，在腐败的封建社会中，它就不可避免地出现一些弊病。药局的本钱是官方支付的，所得盈利也上缴国库。因此，上自皇帝，下至小吏，无不利用官药局谋取私利。皇帝为了显示恩德，每年要准备暑药、腊药（包括口脂、面脂），赐予臣下。一些官员巧立名目，用公钱制药私分，甚至私下瓜分贵重药材（牛黄、龙脑等），层层从中取利。由于管理混乱、经费亏缺等原因，导致药局到后来漏洞百出，声誉丧尽。南宋·俞文豹《吹剑录》中揭露说：

"惠民局以药材贵而药价廉，名虽存而实则泯。职其事者，太府丞也。非惟药材不能通晓，而骤迁倏易，亦不暇究心职业。所谓四局官，止于受成、坐肆而已。惟吏辈处其间。出入变化，皆在其手。药材既苦其恶，药料又减亏。稍贵细药，则留应权贵之需。四局所卖者，惟汎常粗药。缺者多，而赎者亦罕。一局输费，为数不赀。民受其名，吏享其实。故都人谓惠民局为惠官局，和剂局为和吏局。"

造成药局衰败的根本原因当然不在药局这一机构的本身，而在于社会腐败风气的侵袭。金代在礼部设惠民局，掌修合发卖汤药，但据载经营不善，人不敷出。元、明两代，药局这一商业性的药业机构仍然被保留下来，通称惠民药局，却再也没有宋代初创时的兴旺。元代设广惠司为京城的军民治病，另还设有广济提举司、上都惠民司、大都惠民局及地方惠民局，为平民看病并出售药物。但最后很多药局都陷失官本，以停办告终。

广惠司和回回药物院：这是以阿拉伯医学为主的官方医疗机构，产生于元代。元朝初期，在太医院下设广惠司，聘用阿拉伯医生配制回回药物，除为宫廷服务外，还治疗各宿的卫士和在京的平民。至元二十九年（1292），又在大都（今北京）和上都（今多伦）设回回药物院，专管回回药物。元代灭亡之后，这一医事组织也就随之消亡了。惟今存的《回回药方》中还保留了部分阿拉伯医学的医学知识（参下文第360页）。

二　医学人才的选拔

宋代医事机构众多，需要一大批医学人才。宋代帝王对医学的重视，提高了医学人员的社会地位。北宋范仲淹有"不为良相，便为良医"之说，反映了当时社会上知识分子中器重医学的一种心态。因此，以医术作为进身之阶在宋代较为多见。国家对选拔医学人才，也很重视，用多种办法来网罗人才。

宋太祖认为："求治事皆核实，故方技之士必精炼。"① 宋太祖时，于乾德初（963）令太常寺考校翰林医官艺术，淘汰了术业不精的医官26人（《宋史·太祖纪》）。开宝四年（971），朝廷又发布"访医术优长者诏"：

"《周礼》有疾医，掌万民之病；又汉置本草待诏，以方药侍医。朕每于行事，必法前王。

---

① 《宋史·刘翰传》卷461，13505页，中华书局，1977年。

思得巫咸之术，以实太医之署。其令郡国，求访医术优长者，咸籍其名。仍量赐装钱，所在厨传给食，速遣诣阙。”①

在朝廷的征召之下，宋初好几位饱学之士经严格的考试而入掌翰林医官院。其中冯文智就是一例。冯氏世以方技为业。太平兴国初，“诣都自陈，召试补医学。”后于咸平六年(1003)“直翰林医官院”，为医官副使。曾在后周任翰林医官的刘翰，在宋初整顿医官院的考试中，名列第一，后来成为翰林医官使，为《开宝本草》的主要编者之一。当时朝廷只要发现有真才实学的医学人才，就可以委以重任。如《太平圣惠方》的主编王怀隐，初为道士，后奉诏还俗，“命为尚药奉御，三迁至翰林医官使”。王氏主持编写的《太平圣惠方》，显示了他深厚的医学功底。

在帝王眼中，“太医之职，以十全而为能”。故选拔翰林院医官时，要经过全面的考试，据成绩的优劣来决定任职的高低。如“八通补翰林医学，六通补祗侯”。而且规定翰林医官一般年龄要在40岁以上。大多数医官是从医学校中选拔出来的，但有时也有例外。如南宋绍兴初年，曾“命太医局试补并募草泽医人”。可见一般的民间医生也是有机会应考的。如有独特医疗技术，经验试后可以破格提升（有关医学校考试选拔医官的内容见下文）。

元代朝廷选拔医学人才主要注意实绩。在元世祖忽必烈统一中国的过程中，出于军事上的需要，一批汉族卓有才能的医学家被应征到元蒙的医事机构或军队，从事医疗保健工作，同时也发挥他们的政治才能。这些名医中有窦默(1196～1280)，他通晓性理之学，而且医技高明，尤其在针灸方面得名家传授。在金元战乱中，他本想隐居不出，但元世祖亲自登门访问，使窦默感恩不已。后窦默曾应召为翰林学士，加昭文馆大学士。卒后追赠太师，封魏国公。窦默留下了多种针灸著作，但他对元蒙朝廷的贡献似乎主要是在“治世之道”方面，而非医学。许国祯是元世祖器重的另一位医家。元世祖在潜邸时，许国祯就以医被征用，留守掌医药，在宫廷医疗中充分显示了他的医学才能。忽必烈征云南时，他随军而行，并参与军事策划。1259年，元军攻克鄂州，捕获汉人准备活埋，是许国祯极力劝阻，才挽救了这些俘虏的性命。许氏的怀柔主张为元军招降南宋军民发挥了很大的作用。世祖即位后，他被授予荣禄大夫，提点太医院事。许国祯后来累次高迁，官荣禄大夫、翰林集贤大学士。他曾主持撰修《至元增修本草》，该书今佚。存世的许氏之作有《御药院方》。金元四家之一李杲的高徒罗天益，在元蒙铁骑南下征战中，被征至军队担任太医，为元军的医疗保健立下了汗马功劳。元代另一名医尚从善，由于刻苦钻研医学经典，且得名师指点，医名大振，遂被元代朝廷征为太医，服务于宫廷。后出任上都惠民局提点，又任江浙医学提举。尚氏撰有《本草元命苞》等书。

虽然元朝官府能重用某些汉族的名医，但这并不表明当时重视发展医学。元朝的统治阶级是从统治全中国的需要，来选取医学人才。因此，不论是汉族还是其他民族、甚至国外的医学人才，元朝政府都能量才施用。

宋金元时期人才选拔的主要途径是通过医学教育来实现的，有关这部分内容见下文。

三　医学校与医学教育

宋代的医学教育在继承唐代传统的基础上又有了新的发展。北宋庆历四年(1044)，宋仁

① 《宋大诏令集》，卷219，842页，中华书局，1962年。

宗应范仲淹的奏请，“于太常寺始建太医局”。与唐代的太医署不同的是，宋代的太医局专司医学教育，培养医学高级人才。按规定，学生必须学习《素问》、《难经》等医学理论课程，“凡医师未经太医局师学，不得入翰林院”。可见这时的学生，并非是普通的初入门的学医者，而是具有一定医疗水平的医师。学生们的出路也不是一般性的私人开业，而是作为进身翰林院的阶梯。《宋史》记载，“太医局，熙宁九年置。以知制诰熊本提举，大理寺单骧管干。后诏勿隶太常寺，置提举一、判局二。判局选知医事者为之。”由此可知，宋神宗熙宁九年（1076），太医局由太常寺分立出来，置提举1名、判局2名，并规定判局必须是懂得医学的人。

太医局的医学分科较唐代更为精细，共9科：大方脉科（内科）、小方脉科（儿科）、风科、眼耳科、疮肿兼折疡科（外科与骨伤）、产科、口齿兼咽喉科、针灸、金镞（战伤外科）兼书禁科。这些分科充分反映了当时医疗发展的状况。与唐代相比，新设了风科，说明当时对以“风”为病因的疾病十分重视；眼科也是新设的，这反映了眼科已有了长足的发展。产科实际上包括了妇科，从宋代诸多妇产科专著可以知道当时的妇产科的确形成了专门的学科。医学的分科，进一步推动了中医学各科的深入发展。各科的教师是这样选定的：“科置教授一，选翰林医官以下与上等学生及在外良医为之。”（《宋史》）可见太医局教师必须具有很高的理论水平。

出于提高医学教育水平、培养高级医师的目的，熙宁年间朝廷在医学校中引进了竞争机制。在王安石变法的影响下，医学校从熙宁四年（1071）起实行三舍（外舍、内舍、上舍）法教学。初入学的医师为外舍，以后根据学习时间和学习成绩逐步升到内舍或上舍。用现代眼光来看，三舍制类似初级班、中级班、高级班。当时三舍学生的数量是：外舍生200人，内舍生60人，上舍生40人，共300名。他们学习的课程最初是依据专科分大小经（大、小经可能类似现在的主修课、副修课）。“凡方脉以《素问》、《难经》、《脉经》为大经，以《巢氏病源》、《龙树论》、《千金翼方》为小经。针、疡科则去《脉经》而增三部针灸经。”（《宋史》）为了使学员有更好的实习条件，北宋时曾将熟药库（相当于经过修制的药材仓库）、合药所（相当于制药厂）归属太医局，作为学生了解药物的实习基地。

为了了解学生的实际医术水平，北宋时的医学实行考核与考试相结合的办法。其考核办法据《宋史》载述：“学生常以春试，取合格者三百人为额。太学、律学、武学生，诸营将士疾病，轮往治之。各给印张，书其状，岁终稽其功，绪为三等第补之：上等月给钱十五千，毋过二十人；中等十千，毋过三十人；下等五千，毋过五十人。失多者罚黜之。受兵校钱物者，论如监临强乞取法。”① 也就是说，按规定，医学的学生要为太学、律学、武学的学生，以及为京城诸营将士提供医疗服务。在医疗过程中，建立医疗档案，将治疗效果记录在案，作为年终考核依据。成绩及医风优良者给予经济奖励（有一定的名额限制），劣差者罚黜。从政府的角度，医学校的学员为国家所属的各类高级学校的学员和驻京部队将士治病，是一举三得的事情，既向各学校和部队提供了医疗服务，同时又为医学校的学员提供了实习处所和对象，并解决学员生活上的部分经济来源问题（颇类似于勤工俭学）。

此外，宋代的医学教育非常注重理论与实践相结合的书面考试。《宋史》记载：“其考试：第一场问三经大义五道；次场方脉试脉证、运气大义各二道；针、疡试小经大义三道、运气

① 元·脱脱等，《宋史》卷164，中华书局，1977年。

大义二道；三场假令治病法三道。”宋·赵升《朝野类要》卷二载：“试补医学则赴礼部贡院，三场选试，于《难经》、《素问》、《脉经》、《本草》、《仲景伤寒论》、《圣惠方》、《病源》此七经内出题。第一场则墨义三道，脉义二道；第二场大义三道，假令方义一道；第三场假令法二道，运气一道。比之士人，止不赴殿式，其举业亦为科场。”这些考试的具体内容可见于现存的《太医局诸科呈文》一书。所谓大义，即指理论，而假令法，就是假设的临床案例。这种考试在方式上与儒学科举考试有相似之处，但内容则不太相同。医学考试中，经常要求解释疾病的机理、组方的原理、单味药的药理。这种考试方法客观上也推动了对医学理论的探求。

宋代政府兴办的医学教育，主要是培养政府所需的高级医学人才。据《宋史》记载，学员出路主要是担任医官：“中格高等，为尚药局医师以下职，余各以等外官，为本学博士正录及外州医学教授。”即按学生的等级决定分配的部门。高等的学员是留在尚药局供职，其余的学员大多分配在医学校（包括其母校或外州县的医学校）担任教学工作。这种分配，在当时又叫作“出官”。所谓“医学出官，则补医职，注受京寺修合官、辨验官，及诸州军驻泊医官。”（《朝野类要》卷二）可见医学校的毕业生除出任医疗机构的官员之外，同时也可在政府药材生产、销售部门中任职。北宋后期，医学校扩展到全国。1083 年，宋神宗“准诸县设医学，不及万户者补医学一人，万户以上者二人，每及万户者可增一人，至五人止。”各州县的医学校，无论是课程设置还是管理办法、官员配备，都仿照太医局的制度。

南宋时，医学教育不如北宋兴盛，时断时续。“绍兴中，复置医学，以医师主之。翰林局医生并奏试人，并试经义一十二道，取六道为合格。乾道三年，罢局而存御医诸科。后更不置局而存留医学科，令每举附省闱别试，所解发太常寺掌行其事。淳熙十五年，命内外白身医士，经礼部先附铨闱，试脉义一场三道，取其通者赴次年省试；经义三场一十二道，以五通为合格，五取其一补医生，俟再赴省试升补；八通翰林医学，六通祗侯，其特补、荐补并停。绍熙二年，复置太医局，铨试依旧格。其省试三场，以第一场定去留。墨义、大义等题仿此。”（《宋史》）可见南宋的医学校考试基本上同北宋，但可以在地方先通过考试，再根据考试成绩决定录取后授予的官阶。这种考试医官的方法已和科举相似了。

元朝一统中华之后，以“医学久废，后学无所师授”，故元世祖于中统三年（1262）在诸路设立医学。“每月试以疑难，视其所对优劣，量加劝惩。后又定医学之制，设诸路提举纲维之。”这就为中央和地方政府提供了医学人才。当时“凡随朝太医及医官子弟，及路、府、州、县学官，并须试验其各种名医所述医经文学，悉从考校。其诸药所产，性味真伪，悉从辨验。其随路学校，每岁出降十三科疑难题目，具呈太医院，发下诸路，令生员依式习课医义，年终置薄，解纳送本司以定其优劣焉。”（清·蒋廷锡等《古今图书集成·官常典·太医院部》）从这些记载中，可以了解到元代的医学教育为各地优秀的医学人才提供了在政府医疗机构中服务的良机。在元代的医学考试中，药物的产地、性味和真伪鉴别也是重要内容之一。可见当时培养的医学人才是医药兼通的。

在宋代医学教育中值得一提的是针灸铜人的制作。针灸铜人是一种配合针灸教学的教具，它铸成于天圣五年（1027）。主持修铸铜人的医官是当时任尚药奉御的王惟一。王惟一奉诏考订经络腧穴，撰成《铜人腧穴针灸图经》三卷。铜人是直观反映人体经络腧穴的模型。据南宋·周密《齐东野语》记载：铜人“以精铜为之，脏腑无一不具。其外腧穴则错金书穴名于旁，凡背面二器相合，则混然全身。盖旧都用之以试医者。其法外涂黄蜡，中实以汞，俾医工以分析寸，按穴试针，中穴则针入而汞出，稍差则针不可入矣，亦奇巧之器也。”铜人的制作是在我国传统的针灸图谱的基础上，进一步将平面图形立体化的尝试。据近年来出土发现，早在汉代就已有针灸经络木人的出现。但对后世影响最大的还是针灸铜人。宋代利用针灸铜人来提供学生学习体表经络腧穴和内脏解剖，并用它来考试医生，评定其实际操作能力。针灸铜人的制作，是我国医学史上的一个创举，在其影响下，我国历史上曾多次重修针灸铜人。

在我国古代医学史上，宋代的医学教育是最成功的。在这一时期内，培养了大批的医学管理和教育人才。通过医学考试的导向，医学理论探讨之风日益兴盛，为此后金元时期的医学争鸣打下了伏笔。

第四节　司法检验

一　检验的源流与特点

服务于司法、刑侦的检验工作，在我国历史上可以追溯到先秦时代。当时的治狱之官根据“瞻伤、察创、视折、审断”的结果判案，以期达到“决狱讼必端平”[①] 之目的。稍后，在以重“刑法”著称的秦王朝，已能看到有关现场勘验、验尸的记载；曾指令医生对被告进行检验，以确定其是否属于应被送往隔离区的麻风病患者；又有对于殴斗流产者所持胎儿的检验，及原告阴部出血是否为流产所致的判定等等[②]。随着时间的推移，检验制度不断地严格化，有了损伤的定义与分类，制定了专用的验尸格目，明确了验尸者的职责。同时，注重司法官的选拔，自唐代开始大都由科举出身，故每岁贡举有“明法”一科。唐太宗还特置律学博士1人、学生50人，以培养司法官吏[③]。以唐律为基础，两宋朝廷对于检验人员、检验实施、验尸文件等均有所规定，并不断修改补充，使宋代的检验制度日臻完善。宋法明确规定，除病故等一些死因明确者可在有关人员保明无他故、官司审察明白的前提下免除尸检外，均要经历初检、复检的程序。又因唐宋时期对于检验失误有极严格的处罚规定，所以使得检验的水平亦不断提高。“唐宋的检验制度是中世纪世界上最先进、最完备的检验制度，当时的欧洲还处在宗教统治的黑暗时代，没有一个国家能够像我国那样建立系统严密的检验制度”[④]。这种制度的本质要求是为法律的实施提供可靠的证据，客观上则提高了检验质量，促进了检验技术的进步。以历代断案的经验积累为基础，南宋的高级司法官吏宋慈结合个人治狱心得，完成了《洗冤集录》这样一部代表着中国古代司法检验体系最高水准的著作，成为宋以后司法检验的圭臬；并流传海外，影响到朝、日等国检验制度的建立。

若将宋代的《洗冤集录》与此前的断狱之作加以比较，则可发现其最主要的区别在于检验技术的内容多寡悬殊。在宋以前的司法著作中，“检验”实际上仅占极小的篇幅，大部分是记述断案的逻辑推理过程，以资来者。例如五代和凝所著《疑狱集》中载有著名的“张举辨烧猪”案，即将死、活两猪同置烟火之中，以证明死于烟火者鼻中有灰；死后置烟火中者鼻

① 《礼记·月令》，中华书局影印本《十三经注疏》，1980年，第1版，第1373页。
② 《睡虎地秦墓竹简·封诊式》，文物出版社，1978年，第1版，第263，275页。
③ 杨廷福，唐律初探，天津人民出版社，1982年，第1版，第113页。
④ 贾静涛，中国古代法医学史，群众出版社，1984年，第1版，第64页。

中无灰。但该书所载案例 79 则中，涉及“检验”内容者不过数例。而且不少案例是为示人灵活调整“情”、“理”关系①，甚至于毫无刑侦、检验情节，只不过颂扬循吏德行而已。② 然而《洗冤集录》的内容与编写形式，均相当明确地是以“检验”为主旨。换言之，《洗冤集录》与其他案例汇编类著作的根本区别即在于此。可以说，《洗冤集录》的成立，标志着中国古代司法检验体系达到了成熟的水准。这个司法检验体验具备以下一些基本特点：

（1）虽然在《睡虎地秦墓竹简》中可以见到令医者鉴定病人的记载，但从总体上讲，中国古代的司法检验（尤其是验尸）基本上没有医者的参与。这些检验工作是由官吏与专职验尸人员——仵作，来完成的。所以尽管从现代法科学（forensic science）的角度出发，只能将这一知识体系——检验，归入法医学的范畴，但就中国古代的实际情况看，无论是在司法人员的主观意识上，还是客观上，都没有与医学（medicine）发生较为直接、明确的联系。一些涉及人体生理、尸体变化的知识，均是在“检验”这一体系中独立发展、逐渐积累而成。继研究者将《洗冤集录》誉为世界上第一部法医学著作以来，所有的古代断案之作、案例汇编类著作均被视为“法医典籍”③，实有牵强之嫌。

（2）中国古代检验体系是以外表检验为主。虽然极重视骨骼检验，但这是在尸体腐烂之后，故相对而言，仍未超出“表象”的范围。一般以为这是受封建礼教的束缚所致，但既然已开棺验尸、洗煮骨骼，还有何“礼教”可言？再者，“礼教”的准确含义也不是“服饰掩体”如此浅薄所能表达的，从检验到司法的实施，也就是“礼教”的实施。因此，外表检验的延续不绝，主要是由中国古代自然科学发展水平与认识水平所决定的。

（3）这个检验体系的发展，隐含着对于司法断案中，“有罪推定”的修正倾向。所谓“有罪推定”，即断案人员的主观意识从一开始就认定被告有罪，故审谳过程无非是想尽办法让被告承认犯了罪，即便“屈打成招”亦被认为是极其合理的，是审案的圆满结束。西方资产阶级革命初期，针对封建法官、宗教法庭的武断专横，提出了“无罪推定”，即最终确立罪名前，视被告为无罪的原则。从《疑狱集》以降，诸如《内恕录》、《洗冤录》、《平冤录》、《无冤录》等，这些断狱之作的书名均极为明显地是与“有罪推定”相对立的，表明了作者要求警诲办案者应该通过细致的检验、确凿的证据，达到惩处犯罪元凶、洗清不白之冤的意图。这也就是说，中国古代司法对于“屈打成招”、有罪推定的修正，不像西方社会那样是来源于外部革命的压力，而是通过司法检验的提高水准、自身改进来实现的。

二　宋慈与《洗冤集录》

宋慈，字惠父，福建建阳人。生于南宋淳熙十年（1183），卒于淳祐九年（1249）④。宋慈

---

① 明代张景《补疑狱集》载：“苏寀为大理寺详断官时，有父卒而母嫁，后闻母死已葬，乃盗其柩而祔于父。法当死，寀独曰：子盗母柩纳于父墓，岂可与发冢取材者比？上请得减死。”

② 宋代郑克《折狱龟鉴》载：“唐柳浑相德宗，玉工为帝作带误毁一銙，工不敢闻，私市他玉足之。及献，帝识不类，摘之工人，服罪。帝怒其欺，诏京兆府论死。浑曰：陛下遽杀之则已，若委有司须详谳乃可。于法：误伤乘舆器服，罪当杖，请论如律。由是工不死。”

③ 较为典型的论述如宋大仁《中国法医典籍版本考》，载《医学史与保健组织》，1957，1（4）：278。

④ 其友人刘克庄所撰《墓志铭》（见《后村先生大全集》卷一五九《墓志铭·宋经略》，四部丛刊初编本）云宋慈卒于淳祐六年（1246），享年六十四岁。然其所著《洗冤集录》的“自序”却署其时为“淳祐丁未”（1247）。又吴廷燮《南宋制抚年表》载宋慈“淳祐八年（1248）知广州”；次年“除广东提刑……致仕卒”。故现代史书多将其生卒年定为1186～1249。

生于官宦之家，幼从朱熹弟子吴雉学，与名流多有交接。入太学后复又师事名儒真德秀。由此奠定了宋慈一生尊儒、重德、守礼、求是的基本人生观。嘉定十年（1217）宋慈中进士后，开始了自己的官宦生涯。历任赣州信丰主簿、长汀知县、邵武军通判等职。以其文才武略，屡建治乱之功，故得以步进高阶，先后担任湖南、广东的提点刑狱等司法要职。在湖南任职期间，总结前人有关刑侦断案的成就，结合自己多年实践所获之经验，著成《洗冤集录》。他希望此书能够对自己的同仁有所裨益，起到“参验互考”的作用，则功不异于医家据经典古法以起死回生。近人评传宋慈多从“伟大的法医学家”立脚，故对其“武绩军功”多略而不谈，或指摘为参与了镇压农民起义。这无疑是据今人之善恶标准而绳墨古人，脱离了宋慈所处的历史时代。在历史上，宋慈是被作为奉职守法的“循吏”来记述的，他的一切行为，包括审慎治狱、雪冤禁暴，都是沿着“循吏”的基本道德观而行。在实现自己人生宗旨的过程中，宋慈能够较前人更为深刻地认识到尸体检验、物证搜集、现场勘察等在治狱断案中的重要意义，注意总结这些方面的经验，从而著成较为系统、富含较多现代司法检验中称之为“法医学”内容的专著，是其成就所在，亦为历史上的不灭之功。

《洗冤集录》一书基本上包括了现代法医学在尸体外表检验方面的大部分内容。故有人评价：《洗冤集录》的本质，就是“指导尸体外表检验的法医学”。[①] 其主要成就表现在以下一些方面：

（一）尸体现象

尸体现象是指人死亡后，由于客观物质仍在不停地运动、变化，因而呈现出种种与死亡之时不同的现象。据此，可以对死亡原因、死亡时间等作出推断。例如，当时已经基本上认识到了“尸斑”的发生机制与分布特点：“凡死人项后、背上、两肋、后腰、腿内、两臂上、两腿后、两曲脉、两腿肚子上下有微赤色，验是本人身死后，一向仰卧停泊，血脉坠下致有此微赤色，即不是别致他故身死”。[②] 又如自缢身死者：“腿上有血荫，如火灸班痕。及肚下至小腹，并坠下青黑色”[③] 等等。一般在死亡后 1～3 小时，由于血液循环停止，血液逐渐因物理作用自然下沉，毛细血管扩张，血液积聚而在尸体低下部位形成色斑。尸斑的出现，是现代临床医学判定不可逆转死亡的指征之一；其颜色亦可因化学毒物的作用而改变。在《洗冤集录》中，有关尸斑的阐述尚仅限于说明这是一种自然现象，不是殴打等原因所致痕迹。

关于尸体腐败现象的描述，该书指出季节、体质、地域等因素可影响腐败的速度，并有定量的描述，表明当时已有可能依据尸体的腐败程度推测死亡时间。

此外，在有关检验妇人尸体的论述中，宋慈描述了“棺内分娩”的现象：“有孕妇人被杀或因产子不下身死，尸经埋地窖，至检时却有死孩儿。推详其故，盖尸埋顿地窖，因地水火风吹，死人尸首胀漏、骨节缝开，故逐出腹内胎孕孩子。亦有脐带之类，皆在尸脚下；产门有血水恶物流出”[④]。这段文字，被称之为世界法医学史上对棺内分娩现象的最早记载。

---

① 贾静涛，中国古代法医学史，第 70 页。

② 宋慈，《洗冤集录》卷五，第四十七：“死后仰卧停泊有微赤色”。商务印书馆，丛书集成初编据《岱南阁丛书》本排印本，1937 年版。

③ 宋慈，《洗冤集录》卷三，第十九：“自缢”。

④ 宋慈，《洗冤集录》卷二，第九：“妇人”。

（二）机械性窒息

现代法医学指出，在窒息性死亡中，以机械性窒息所占比例最大。《洗冤集录》对于造成机械性窒息的各种原因基本均有论述，这就是自缢、勒死、溺死、外物压塞口鼻死及扼死。

由于缢死始终在自杀中占首位①，因而是检验中极为常见的现象，而检验的要点是自缢（自杀）与勒死（他杀）的鉴定问题。宋慈对自缢身亡者的特点有详细的描述，而最要点是根据颈后绳索的痕迹来辨别自缢与勒死。

（三）机械性损伤

在验伤方面，《洗冤集录》基本是遵循唐代以来划分为手足、他物、兵刃三类损伤的法典之规。这类检验，主要是为适应量刑的需要，即对于不同原因的损伤，要处以不同的刑罚。因此，根据伤痕的形态区别致伤原因，是这类检验的关键所在。同时还涉及到生前死后伤、自伤与他伤等等的鉴别问题。

（四）验骨

日久尸腐、唯存骸骨的情况下，要行验骨。在《洗冤集录》中，既能看到通过实际观察所获有关人体骨骼的正确认识，又能看到一些难于实证的描述，颇令人费解。如：男子骨白，妇人骨黑”；“左右肋骨，男子各十二条，妇人各十四条”等等。在验骨过程中，先要将骨骼进行蒸或煮的处理。对此有不同评价，或以为是污骨的洗涤，或批评其不科学。然后，用“红油伞遮尸骨”进行检视，“若骨上有被打处，即有红色路微荫；骨断处，其接续两头各有血晕色；再以有痕骨照日看，红活乃是生前被打”②。对此，贾静涛仅评价说：“提出了今日仍有研究价值的骨荫的概念”③；蔡景峰则认为：“雨伞能吸收阳光中的某些光波，因而透过雨伞的光波就具有选择性，对于检查尸骨的伤残情况有较大的作用”④。此外，书中还介绍了用油、墨、棉等检验骨骼是否有损伤的办法；分别叙述了溺死、火死、汤泼死、服毒死、病死、针灸死、受杖死、跌死、塌死、踏死、车轮拶死、雷震死、虎咬死、蛇虫伤死、酒食醉饱死、男子作过死、冻死等近 20 种死亡情况的特征及验尸要点。

总之，《洗冤集录》在尸体检验及某些活体检验中，确实是充分考虑到了某一现象形成的多种可能性，所以力戒轻下断语，而是要求检验者尽可能地全面勘察现场、访问知情者，再结合检验所见，综合分析，以期得出正确的判断。只有阅读全书，才会对这一点产生切身的深刻认识。

---

① 仲许，机械性窒息，群众出版社，1980 年，第 1 版，第 40 页。

② 宋慈，《洗冤集录》卷三，第十八：“论沿身骨脉及要害去处”。

③ 贾静涛，中国古代法医学史，第 75 页。

④ 蔡景峰，中国医学史上的世界记录，湖南科学技术出版社，1983 年，第 1 版，第 38 页。

第十一章　理论研究与临床诊治技术的发展

第一节　《伤寒论》研究与运气学说的兴起

宋代的医学在北宋后期，即十一二世纪交替之际形成了一个小高潮。在这段时间内，最引人注目的是《伤寒论》的研究开始兴起，五运六气学说成为当时医学中的一个时髦内容，兴盛一时。

导致这一小高潮出现的直接原因，主要是11世纪中期官方校正医书局的丰功伟绩和政府兴办医学教育的结果。校正医书局校正出版的11部古医籍是当时对中医发展影响最大的一批医药书籍。这批医药书籍的整理、出版及发行，结束了民间将某些重要著作秘而不传的时代。同时，校正医书局校正的多部医著，成为医学校学生必须研读的教本。医学校的科目和考试内容，某种意义上也成为引导医学研究方向的指挥棒。在当时的基本课程中，张仲景的著作就占了3部（即《伤寒论》、《金匮要略》和《金匮玉函经》）。6种考试科目中，“运气”即居其一。因此，宋代校正医书局完成重要医药典籍出版工作之后，促进医学发展出现了一个小高潮，《伤寒论》和运气学说成为其中的主要内容。

此外，北宋后期医学发展的惯性，在金元原属于北宋文化中心的中原地带掀起了医学探讨和争鸣的浪潮（参348页“金元之际北方医学的门户之争”）。

张仲景《伤寒杂病论》成书后，晋代王叔和对此书再加编次，是为第一次对仲景医书的整理。《伤寒杂病论》虽然是中医临证医学划时代的一部著作，被后世奉为“群方之祖”，但这一地位的获得，并不在该书问世之时，而是在其成书数百年之后。马继兴先生指出，《伤寒杂病论》在南北朝、隋、唐时期虽已产生多种传抄本，但因限于师徒传授，故流传较少。六朝、隋、唐之间一些有影响的医学著作如《小品方》、《范汪方》、《诸病源候论》等书中也极少引录。唐代孙思邈编写《千金方》时还未能见到仲景医书的全本，他认为这是因“江南诸师秘仲景要方不传”的缘故。又过了30年，孙思邈在编《千金翼方》时，才收集到比较完整的张仲景伤寒病方面的传本，并加以初步地整理和编次。从此以后的三百余年间，仲景之书流传不广的局面并没有得到改观。直到宋代，仲景之书才广为流传，而且越来越受到医家们的尊崇。

一　张仲景医书的校定

北宋建国之初，政府收藏了由高继冲编录的仲景《伤寒论》，但却未能刊行。这一史实见于孙奇等校正《伤寒论》序：“开宝中，节度使高继冲曾编录进上。其文理舛错，未尝考正。历代虽藏之书府，亦阙于雠校。是使治病之流，举天下无或知者。”北宋太平兴国年间政府编修的《太平圣惠方》（987）中，事实上已收录了《伤寒论》的内容，但却未说明出处。可知从宋朝开国到校正医书局首次校正《伤寒论》(1065) 的100余年间，仲景医书仍然处于与一般医生绝缘的状态。

校正医书局成立以后，“以为百病之急，无急于伤寒”，故先由高保衡、孙奇、林亿共同校正《伤寒论》。此后又陆续校正《金匮玉函经》、《金匮要略》。从此张仲景的医书才广为人知，并真正发挥指导中医临床的作用。

二 北宋时《伤寒论》的早期研究者

古代的伤寒病实际上包含着多种急性热病，因此，仲景医书一经校刊行世，其《伤寒论》立即成为研究的重点。据现有资料，最早研究《伤寒论》的一批学者为医学素养甚高的著名医家、医官或儒臣。朱肱在大观元年(1107) 提到：“近世士人，如高若讷、林亿、孙奇、庞安常，皆惓惓于此。”(《伤寒百问·自序》) 张蒇于大观五年 (1112) 更明确地列述了宋代最早对《伤寒论》有所研究的人名和他们的著作：“昔枢密使高若讷作《伤寒纂类》，翰林学士沈括作《别次伤寒》，直密阁胡勉作《伤寒类例》，殿中丞孙兆作《伤寒脉诀》，蕲水道人庞安常作《伤寒总病论》”(《南阳活人书》张蒇序)。

在这些宋代最早研究《伤寒论》的人士中，林亿、孙奇是校正《伤寒论》的领衔者，并没有留下专门的研究著作。高若讷 (字敏之)，进士出身，皇祐五年 (1053) 为观文殿学士。据《宋史》记载，他“因母病，遂兼通医学，虽国医皆屈伏。张仲景伤寒论诀、孙思邈方及《外台秘要》久不传，悉考校讹谬行之，世始知有是书。”看来他也曾参与校正医书。高氏后徙家于卫州 (今河南汲县)，在当地传授医学，太医丞申受就是他的弟子。据说当时卫州多名医，皆本高氏之学。高氏的《伤寒纂类》(《宋志》作《伤寒类要》) 今已不存。北宋伟大的科学家沈括所作《别次伤寒》，胡勉作《伤寒类例》，孙兆作《伤寒脉诀》(《通志艺文略》另著录有《伤寒方》一书)，亦皆不传。从他们的书名来看，这些著作还只是将《伤寒论》节要编次，算不上深入地研究。

这些早期《伤寒论》研究著作中影响较大的是北宋传奇式的医学家庞安时所撰《伤寒总病论》(1100)。庞氏字安常，蕲水 (今湖北浠水) 人。他的为人和医术在北宋之时就已褒贬不一。其家世为医，饶有田产。庞氏年轻时斗鸡走狗，击球博弈，豪侈奢糜。至中年乃屏绝戏弄，闭门读书，对各种医学名著，无不精研。并与当时的名士苏轼、黄庭坚等相友善。黄庭坚为他所撰《伤寒总病论》作序时称赞他极富医德，且医术高超。所撰《伤寒总病论》虽以“伤寒”名书，但并不专为阐发《伤寒论》而作。书中发明仲景医论和庞氏自家临床经验之处各半。其所论病也不限于伤寒，还包括多种内、妇、儿科疾病。他把风温、湿温、重暍、温毒4种原属伤寒的疾病称之为“温病”，并进而提出伤寒与温病应该分治，若以伤寒汗下之法施治，则病人必死无疑。庞氏治病，不仅注意辨证，而且注意用药的不同地理环境、季节气候、病人的家境、素质和心理因素等。如他指出：“桂枝汤自西北二方居人，四时行之，无不应验。自江淮间地偏暖处，唯冬及春可行之。自春末及夏至以前，桂枝、麻黄、青龙内宜黄芩也；自夏至以后，桂枝内又须随证增知母、大青、石膏、升麻辈取汗也……”。

庞安时招致后世垢评之处是他把苏东坡所赠的“圣散子方”附入了《伤寒总病论》之中。圣散子方由附子、麻黄、高良姜、吴茱萸等许多热药组成，可用来治疗寒疫。蜀人巢谷，为人任侠好奇，自称从一异人之处得到此方，并认为此方可治疗任何证候的伤寒，无有不愈。苏东坡信以为真，为此方作序，大加吹捧。庞安常与苏东坡为至交，也许是碍于面子，竟将此方及苏序不加任何评论，附入其书。叶梦得《避暑录话》载："宣和后，此药（圣散子方）盛行于京师。太学诸生，信之尤笃，杀人无数。今医者悟，始废不用……子瞻以（巢）谷奇侠而取其方，天下以子瞻文章而信其方。事本不相因而趋名者，又至于忘性命而试其药。"南宋陈言也记载了圣散子的危害："此药以治寒疫。因东坡作序，天下通行。辛未年，永嘉瘟疫，被害者不可胜数。"这就是历史上著名的圣散子药害事件。以庞安常的医术和辨证论治主张，他决不会同意将圣散子作为一切伤寒的通治方。但他把此方附入自己的书中，无疑提高了此方的地位。故汪琥讥曰："即如苏子瞻所传圣散子方，一例载入，殊为骇观。"尽管如此，庞氏在伤寒病的治疗和理论上的贡献仍受到后世一致的好评。他结合临床阐释《伤寒论》的做法为宋代许多医家所仿效。

庞氏弟子王寔，"谓百病之急，无逾伤寒，故略举病名法，及世名医之言，为十三篇。总方百四十六首。"编成《伤寒证治》三卷（《郡斋读书志》)。此书因其简明，对后世有一定的影响，今佚。

在北宋早期研究伤寒的诸家中，还有刘元宾、韩祗和等人。刘元宾，字子仪，号通真子。庐陵（今江西吉安）人。刘氏并不是专职医生，他先后任郡阳主簿、潭州司理，只是因母病积年，才研究医学。他的著作很多，在伤寒方面，主要著作为《伤寒括要》(1076)。这是一部歌括体的伤寒普及之作。书中将仲景伤寒之论，裁为诗括。又加注解，有所发明。其后朱肱的《南阳活人书》，多引其语。韩祗和是北宋名医，撰《伤寒微旨论》(1086)，在宋元之时颇有影响。《四库全书提要》云："书凡十五篇，间附方论。大抵皆推阐张机之旨，而能变通其间。"例如他把阳黄归之汗温太过，阴黄归之过下亡津，"则于金匮发阳发阴之论，研析精微。不特伤寒之黄，切中窍要；即杂病之黄，亦可以例推矣。"但他"以温暑作伤寒立论"，则遭到元代医家王履的批评。

三　宋金元《伤寒论》研究大家述要

在前述北宋《伤寒论》早期研究中，研究者们多着重伤寒病的诊治。至朱肱把仲景之书比作儒家的六经，并于大观元年（1107）撰《伤寒百问》(后改名为《南阳活人书》)，客观上推动了对《伤寒论》一书的专门研究。

朱肱，字翼中，自号无求子，乌程（今浙江吴兴）人。元祐三年（1088）进士。后官至奉议郎直秘阁，人称朱奉议。因遭贬隐居杭州大隐坊，又称"大隐先生"。隐居时著书酿酒。因精于医道，被起用为医学博士。朱氏所处的时代，《伤寒论》虽已刊行，但一般医生并不是都能读懂。民间用药，多根据各人经验爱好。朱肱介绍当时的情况是："世人知读此书者亦鲜。纵欲读之，又不晓其义。况又有好用凉药者，如附子、硫黄，则笑而不喜用。虽隆冬使人饮冷，服三黄圆之类；有好用热药者，如大黄、芒硝，则畏而不敢用。虽盛暑劝人灸焫，服金液丹之类。非不知罪福，偏见曲说，所趣者然也。"（《伤寒百问》自序）朱肱所载北宋时医家好用热药和寒药两个极端，也见于其他书籍所载。如宋·方勺《泊宅编》云："蜀人石藏用，以医术游都城，其名甚著。余杭人陈承亦以医显。然石好用暖药，陈好用凉药……俗语云：藏用檐头三斗火，陈承箧里一盘冰。"

朱肱认为嗜寒嗜热都属于偏见曲说，于是费时近20年，撰成《伤寒百问》三卷。该书类聚《伤寒论》条文，设问答百题，予以解说。其意在使“士大夫易晓而喜读，渐浸积习，人人尊生”。该书问世后，深受医家喜好。有张蒇者，是此书的崇拜者。他认为该书活人无数，“惜其书论证多，而说脉少；治男子详，而妇人略。”且语言不很通俗，故引以为憾。大观五年（1112），张蒇在西湖邂逅朱肱，朱氏出示增订本二十卷，张蒇名其书为《南阳活人书》。该书以阐释仲景《伤寒论》为主，“其门多，其方众，其言直，其类辨，使后学者易为寻检施行，故今之用者多矣。”（刘完素《原病论》序）

《南阳活人书》的影响很大，后世评此书者，褒多于贬。元代王履评曰：“于仲景《伤寒论》多有发明。其伤寒即入阴经为寒证者，诸家不识，而奉议识之。但惜其亦不知仲景专为即病者立法，故其书中，每以伤寒、温暑，混杂议论，竟无所别……”在充分肯定其价值的基础上又指出了一些具体问题上的失误。清代名医徐大椿给予此书很高的评价：“宋人之书，能发明《伤寒论》，使人有所执持而易晓，大有功于仲景者，《活人书》为第一……此书以经络、病因、传变、疑似，条分缕析，而后附以诸方治法，使人一览了然，岂非后学之津梁乎？其书独出机杼，又能全本经文，无一字混入己意，岂非好学深思，述而不作，足以继往开来者乎？”南宋李知先认为“无求子真一世之雄，长沙公乃百川之宗”。于是他在朱肱《活人书》基础上撮要为歌，而成《活人书括》（1166）三卷。其他宋代的伤寒类书籍，也经常引用朱氏的著作。

宋室南迁之后，研究伤寒的风气在南北两地继续发展。南宋伤寒研究的模式大致与北宋相同，而金元则有其独特的风格。

南宋伤寒研究大家主要有许叔微、常器之、郭雍。

许叔微（1079～约1154），字知可，真州白沙（今江苏仪征）人。绍兴二年（1132）进士，官至集贤院学士，故人称“许学士”。许氏的医学著作甚多，其中有关伤寒者就有《伤寒百证歌》、《伤寒发微论》、《伤寒九十论》、《仲景三十六种脉法图》等多种。许氏对《伤寒论》的推崇与朱肱一脉相承。他认为论伤寒不读仲景书，有如习儒不知有孔子六经，因而于伤寒致力尤多。《伤寒百证歌》五卷，前二卷为伤寒辨证总纲，后三卷以七言歌的形式将《伤寒论》的主要内容编为歌诀100首，以便后学记诵。汪琥评曰：“其中间或有仲景无方者，辄取《千金》等方以编入。其第三十证，则以食积、虚烦、寒痰、脚气似伤寒者，采朱肱、孙尚之说以补入。又第五十一证发斑歌云：温毒热病两者皆至发斑，其注中复采《巢氏病源论》以补入，此皆有裨于仲景者也。”

又许氏《伤寒发微论》载其研究《伤寒论》的心得22篇，分作2卷。该书篇幅虽不大，但对伤寒辨证及用药多出新见。如他认为桂枝汤用赤白芍作用不同，桂枝、肉桂作用不一，伤寒慎用丸药，伤寒以真气为主等，皆能发仲景微奥之旨。《伤寒九十论》（又名《伤寒治验九十论》）是许氏临床治疗案例90则，每则各系以论，是研究伤寒治疗的重要参考资料。该书也是现存最早的医案专著。许氏的《仲景三十六种脉法图》，反映了许氏“伤寒与杂病脉法异”的观点，并在中国医学史上第一次用图像的方式来表现脉图。原以为该书早已佚失，近据张同君考证，此书仍存于明抄本《脉诀秘旨》中（题为《脉法微旨》）。综上所述，许叔微从多角度研究伤寒，取得了许多开拓性的成就。清代徐彬对许叔微推崇备至，为许氏《伤寒百证歌》作注，并称“古来伤寒之圣，唯张仲景。其能推尊仲景而发明者，唯许叔微为最。”

与许叔微同时的伤寒大家常器之（字颖士），在北宋时即有医名。南渡以后曾于绍兴年间任国医。他对《伤寒论》造诣甚深，但无专著存世。现知在郭雍的《伤寒补亡论》中，对仲景原书有论无方者，则补以庞安时、常器之两家之说。可知常氏原有著作可补仲景之未备。清代《经籍访古志》谓："宋代医流王寔、朱肱、韩祇和、许叔微之辈，皆莫非推广仲景者，而常器之、庞安时、郭雍三家，最称精核。"这一观点的提出，恐怕主要是依据郭雍的《伤寒补亡论》。

郭雍（约1106～1187），字子和，号白云先生。其先洛阳（今属河南）人，后隐居峡州（今湖北宜昌）。乾道（1165～1173）中赐号冲晦处士。精于理学，兼通医学。今存其《伤寒补亡论》（1181）20卷。书名"补亡"，旨在补充仲景阙略。其书以仲景《伤寒论》为本，重新加以分类。所以当时医家评曰："此奇书也。盖其说虽若一出古经，而无所益损。然古经之深浅浩博难寻，而此书分别部居易见也。"（转引《医籍考》朱子郭冲晦医书跋后）该书补充的内容主要有庞安时、常器之的方论，以及《素问》、《难经》、《千金》、《外台》、《活人书》等书中的方或论。

南宋伤寒著作还有多种，但都不及以上许叔微和郭雍所撰影响大。它们共同的特点是深入浅出地诠释仲景《伤寒论》，撮其要，补其阙，阐其微旨，但并不拘泥于保持《伤寒论》原貌。

金代医家研究伤寒，实际上也是沿袭了北宋的余绪。金代伤寒大家成无己（约1066～1156），原本生活在北宋时的聊摄（今山东聊城）。金兵灭北宋之后，始为金国人。他对伤寒研究最突出的贡献是第一次为张仲景《伤寒论》全书作注解（1142）。有人把成氏注《伤寒论》和王冰注《黄帝内经素问》相提并论。他采用了以经析论，以论证经的方法，用《素问》、《灵枢》、《难经》等古典医著的内容来阐释《伤寒论》之方证，使《伤寒论》在理论上得到进一步的提高。同时他还注意引用《伤寒论》前后条文互证，对充分理解原书的理法方药大有裨益。该书是《伤寒论》的全注本，没有打乱原书的次序。作为第一次全文注释，该书也有随文衍义的地方。对此，历代医家都有比较公允的评价。明代王肯堂《伤寒准绳》云："解释仲景书者，惟成无己最为详明。虽随文顺释，自相矛盾者，时或有之，亦白璧微瑕，固无损于连城也。"自成无己开注解《伤寒论》之先河以后，历代注释家纷至沓来，推动了对《伤寒论》原书条文的研究。

成无己另有《伤寒明理论》三卷（1144）。该书选取伤寒常见的50个症状，逐一阐释其发生机理、表现形式与辨证要点，在《伤寒论》的症状鉴别诊断方面做了系统的、开创性的工作。严器之评价说："聊摄成公家世儒医，性识明敏，记问该博。撰述伤寒义，皆前人未经道者。指在定体，分形析证，若同而异者明之，似是而非者辩之。释战慄有内外之诊，论烦躁有阴阳之别。谵语郑声，令虚实之灼知；四逆与厥，使浅深之类明……真得长沙公之旨趣也。"与《伤寒明理论》合刊的还有成氏《伤寒论方》（或名《药方论》）一卷。该书从《伤寒论》中选常用方20首，引《内经》有关药性阴阳性味，君臣佐使，治法原则来论述诸方，是最为明晰的方论。成氏从《伤寒论》注释、伤寒症状辨析及论方等多方面开创了伤寒研究新局面，在伤寒研究史上占有重要的地位。

金代另一位对伤寒研究别开生面的大家是河间学派的创始人刘完素。关于刘完素的医学见解和贡献，下文350页还要详细介绍。这里只提一下他对伤寒研究的某些见解。题为刘氏所撰的伤寒方面的医书有好几种。刘氏《黄帝素问宣明论方》中的伤寒二卷，已阐发了他的某些观点。又《伤寒直格》三卷，其中上卷为医学通论，与伤寒无涉。中卷论伤寒六经表里主疗之法，下卷录方34首。刘氏为火热论的倡导者，用药多主寒凉。他认为"人情喜温而恶寒”，将伤寒作为寒病来治，是错误的。他说：“经曰：人之伤于寒也，则为病热。古今亦通谓之伤寒。热病前三日，太阳、阳明、少阳受之。热壮于表，汗之则愈；后三日太阴、少阴、厥阴受之。热传于里，下之则痊。六经传受，自浅至深，皆是热证，非有阴寒之病。”因此，他在所选34方中，除仲景麻黄、桂枝等汤方外，还载入了他自制的益元散、凉膈散、双解散、桂苓甘露饮等方。清代汪琥一针见血地指出：“推其意，以仲景寒热二证不分，其方又过于辛热。是书之作，实为大变仲景之法也。”因此，刘完素实际上从伤寒病的寒热属性与用药大法上提出了与前人完全不同的新见解，堪称此后温病学派之先驱。

刘氏弟子甚多，他们在老师“伤寒为热病”的思想指导下，各自又著书立说再予阐发。如马宗素《伤寒医鉴》一卷、镏洪《伤寒心要》一卷、常德《伤寒心镜》一卷（或名《张子和心镜别集》）等书，均以热病为伤寒，用药则以双解散等为主，与刘完素的学术见解一脉相承。这一学派虽然还是以研究伤寒为名，但实际上已是大变仲景之法，导致了以后温病学说的发展。

金元医家以“伤寒”为名的医书还有多种，由于他们的学术主张各不相同，因此对伤寒病因的理解和治疗方药也各不相同。为避免重复，这些内容将在下文论及。

第二节 运气学说的兴盛

宋金元时期医学的一个很重要的特点就是运气学说的盛行。运气学说在这一时期是一种时髦，并且受到政府的倡行。但在元代以后，运气学说就逐渐失去了光彩。可以说，运气学说在中国医学史上只是在宋金元时期显耀一时。

一 运气学说的源起

宋金元是运气的兴盛时期，这一点是学术界公认的事实。但运气说出现的年代，至今众说不一。

有的学者认为汉晋时期是运气的起源之时，唐代是运气的开倡时期。持这种观点的学者在分别考证六气、五运以及运气相合的产生和发展之后，推测完整反映运气学说的《素问》七篇大论产生的时代可能在西汉末至东汉初。①

现知存于《素问》中的七篇以“大论”为篇名（如“天元纪大论”、“至真要大论”等）的文章中集中反映了古代运气学说的全貌。这七篇大论一般认为是唐代中叶王冰注释《黄帝内经素问）时根据其“先师秘本”补入的。这七篇大论是不是《素问》原文？是不是真出自王冰先师之手？甚至是不是出自王冰所补，都是仍有争议的问题。有人认为运气七篇可作为《素问》晚期作品看待，但多数学者还是认为七大论并非《素问》原文，乃唐代王冰所补。著名医史学家范行准先生独持一说，即运气七篇不仅不是《素问》原文，甚至不是王冰所造，而是“公元第十世纪左右才出现的”。他认为在唐末五代，国家分裂疫疠横行，那些不得志的知识分子以玩《易》为消遣。时有道士许寂（856～936）则伪托王冰之名，作《元和纪用经》，将运气说用于医学。范氏推测七大论当亦在这一前后时期出现。

---

① 王琦等，运气学说的研究与考察，知识出版社，1989年。

要之，运气学说就其内容和作用来看，主要用于预测天气变化和气候对疾病的影响。我国古代很早就知道自然界的某些气候变化对疾病的影响，但把天气变化和用干支推算的运气说相联系，并用来预测疾病的发生，这只是在运气说形成之后才盛行的。一般说来，唐代中叶以后，这种系统的运气说已经问世，唐末五代有所发展。直到北宋中期以后，随着《素问》王冰注本的刊行，五运六气才作为预测疾病的手段广泛流传。

二　北宋后期运气的倡行

尽管运气说在唐末五代已经出现，但并没有引起医学界的重视。北宋初由政府组织编写的《太平圣惠方》(982）中，洋洋百卷的篇幅，竟然没有运气的内容。运气说真正被作为医学的一个内容，约在北宋中期。其时著名的科学家沈括（1031～1095）在《梦溪笔谈》卷七中提到："医家有五运六气之术，大则候天地之变，寒暑风雨，水旱螟蝗，率皆有法。小则人之众疾亦随气运盛衰。今人不知所用，而胶于定法，故其术多不验。"按沈括的说法，运气被作为医家之术当早于北宋中期，但当时的医家却不能很好地加以运用。

至校正医书局校刊《素问》(约1066～1069）时，林亿等"窃疑此七篇，乃《阴阳大论》之文"，遂将七大论一并校正。这就使运气学说以经典著作组成部分的面貌出现。在医学校里，《素问》是所有各科学生的必修课。七大论占整个《素问》三分之一的篇幅，自然也就成为学生们必须下功夫研读的内容。据《太医局诸科程文》记载，当时的六门考试科目中，运气就占了其中的一门，其内容是"试验一岁之阴阳及人身感应之理"。可见课程的设置已经使得运气成为医学生必须掌握的基本功。

宋元符己卯（1099)，朝散郎太医学司业刘温舒撰《素问入式运气论奥》三卷，这是一运气入门书，也许就是他教授学生的心得所在。该书把散见于七大论的运气基本概念和主要内容逐一条列介绍，并绘制运气图，对普及运气知识有一定的作用。真正把运气推向顶尖的是北宋末的徽宗皇帝赵佶。他笃信道术，推崇运气。他在位时做了几件大事来推行运气。首先是颁布运历，即在前一年发布第二年的运气年历，通过第二年的气、运情况，预测天气和疾病变化，并下令依运气"司岁备物"，准备相应的药物。其次是通过政府组织编写的医书中，把运气放在重要的位置。署为宋徽宗所撰的《圣济经》，是一部医学理论著作。其中的第五篇"五纪"为运气专篇。书中对运气推崇备至，并云不明运气，"不可与语造化之全功"，"不可与议道之太常"。该书于政和八年（1118）颁行天下医学校以为教本。由宋徽宗下令编撰的《圣济总论》，共200卷，其中运气被列为首篇。凡60年一甲子的运气盛衰、客主加临等情况，均用圆图表示，并加文字说明。经皇帝的鼓动和倡行，运气说在北宋末成为"显学"，以至于当时有"不读五运六气，遍检方书何济?"的民谚。侈谈运气成为时尚。

然而就是在运气盛行的北宋，也不乏对运气说不屑一顾的医家。如名医杨介认为："视岁气而为药石，虽仲景犹病诸也。"从现存的北宋医家所著的书中，也可以发现一些医家并不引用运气立说。运气学说的核心是预测气候变化及由此引起的疾病，所以必须"先立其年，以明其气。金木水火土运行之数，寒暑燥湿风火临御之化"。七大论中实际上已经列举了以60年为一个周期的气候变化及其相应疾病。但是，这种预测到底有多少准确性，又有多少人能掌握其预测法？从沈括《梦溪笔谈》有关记载，可知这种机械的预测就是在运气盛行之时，也很少应验："今人不知所用，而胶于定法，故其术皆不验。"为什么皆不验？"假令厥阴用事，其气多风，民皆病湿泄，岂溥天之下皆多风？溥天之民皆病湿泄邪？至于一邑之间，而阳雨有不同者，此气运安在？欲无不谬，不可得也。”沈氏认为正确的做法是“皆视当时、当处之候，虽数里之间，但气候不同，而所应全异，岂可胶于一证？”沈括为了表明他善知运气，讲述了他准确推测某天当雨的例子，这种推算法就是在七大论中也从未见有提及。如果运气学说无定法（一定的规律性）可寻，必须靠当时、当地的气候来确定，那么它的实用性就很令人怀疑了。

事实上，尽管北宋末乃至金元时期，运气学说看似时髦高深，被某些尊崇者吹得神乎其神，但在一般医生眼中，并不视为实用之学。从金代刘完素一段描述中我们可以窥知当时运气书籍的状况和一般医生的心态：

“观夫世传运气之书多矣，盖举大纲，乃学之门户，皆歌颂、钤图而已，终未备其体用，及互有得失，而惑人志者也。况非其人，百未得于经之一二，而妄撰运气之书，传于世者，是以矜己惑人，而莫能彰验。致使学人不知其美，俾圣经妙典，日远日疏，而习之者鲜矣。悲乎！

世俗或以谓运气无征，而为惑人之说者；或但言运气为大道玄机，若非生而知之者则莫能学之者。由是学者寡而知者鲜。”（《素问病机原病式》序）

刘完素一再慨叹当时学习运气的人非常少，并介绍了一般医生（即所谓“世俗”）拒绝学习运气的两种理由：一是说运气不能应验（“无征”），是骗人的东西；另一种理由更巧妙，推说运气是“大道玄机”，要“生而知之”的人才能学到。可是世上哪有生而知之的人呢？这是运气学说缺乏实用性，过于虚玄的真实反应。刘完素把造成这种局面的原因归结于当时运气书籍的泛滥和低级，不能结合实际运用（“未备其体用”）。但从现存的刘氏谈运气之书来看，所谓“体用”，实际上也不过是借运气为由，阐发他的病机理论而已。

运气学说真正发挥其推动医学发展的作用，并不在其预测疾病发生，而是为金元医家变革旧的学术框框提供了新的武器。换言之，金元医家只是利用运气学说的某些方面（唯独不涉及其预测疾病发生这一根本问题）作为创立新说的借口而已。

三 《素问》运气七篇对金元医学的影响

《素问》运气七篇的内容十分广泛，除了运气之外，还有很多关于病机、治法等方面的内容。这些内容有些与运气并无直接的联系，实用性很强。金元时期医学争鸣之风兴起，不同的医学学派，都拿运气七篇的某一部分作为其理论依据之一，又都用自己的临床经验加以阐释，但他们的学术观点却有时又大相迳庭。关于他们的学派之争，下文还要述及，这里仅简述金元医家是怎样将《素问》运气七篇加以发挥、改造，为自己的新说服务的。

刘完素对五运六气推崇备至。他在《素问玄机原病式》中，较为集中地阐发了他的学术主张，即六气皆从火化。他的理论依据是《素问·至真要大论》中的病机十九条中，属于火热病机的占多数，甚至有些寒热属性不明的条文，他也能牵强附会地与火热联系起来。如他解释“诸气膹郁，皆属于肺”时说：“结滞壅塞而气不通畅，所谓热甚则腠理闭密而郁结也……热郁则闭塞而不通畅也。然寒水主于闭藏，而今反属热者，谓火热亢极，则反兼水化制之故也。”病机十九条与每年的运气并无关系，所谓六气皆从火化的“六气”，实际上指的是六淫，并非运气中的司天、在泉、左间、右间之六气。所以刘氏火热论的立足点，并非是运气学说，不过是七篇中的病机内容而已，同样，刘完素的“亢害承制”论，也只是借用运气学说中的“亢则害，承乃制”之说，来阐释人体内的某些病理变化。如他说：“亢则害，承乃制也。故病湿过极则为痉，反兼风化制之也；风病过极则反燥，筋脉劲急，反兼金化制之也；病燥过极则烦渴，反兼火化制之也；病热过极而反出五液，或战栗恶寒，反兼水化制之也。”这种“亢害承制”，与运气学说的一气过盛，另一承接之气就会克制它的“亢则害，承乃制”，根本上是两码事。刘完素不过借运气学说的某些名词或个别现象来阐发自己的新见解，这些见解与运气的预测气候与疾病主要目的毫无关系。

与刘完素齐名的金代名医张元素，被尊为易水学派的创始人。他有一句名言见载于《金史》：“运气不齐，古今异轨。古方新病不相能也。”这句话多被引用作为他主张变革的思想依据。看起来他是从运气学说出发，引出“古方新病不相能”的主张。但是，什么是“运气不齐”？按运气学说，气候变化是60年一个大周期，古今一理。运气学说中把气候变化引起的疾病规定得很死，如按运气学说，则断不会有什么“新病”出现。但在那种把运气学说捧得很高的时代，要变革旧法，不按《伤寒论》的旧套用药，也只有借用时髦的运气之说，以售其学了。

张元素的传人李东垣、罗天益、王好古等，也都多少不一地引用过某些运气术语或观点。如这一学派常把药物分成风升生、热浮长、湿化成、燥降收、寒沉藏5类，就是从运气学说中借用某些词汇。事实上这种分类并没有什么临床意义，也反映不了药物的属性，后世很少有哪位本草学家去赏识这种分类法。

至于元代医家朱丹溪津津乐道的“君火、相火”，本来只是运气学说中用以协调五运、六气而用的一种特殊术语。运气学说中，五运为木、火、土、金、水，六气则用三阴三阳（太阳、阳明、少阳、太阴、少阴、厥阴）来标志。但六气的三阴三阳也可与五行相配，不过多出一气，于是古人将“火”一分为二，六气变成厥阴风木、少阴君火、少阳相火、太阴湿土、阳明燥金、太阳寒水。可是在朱丹溪的学说中，君火即心火，而藏于肝、肾、胆、膀胱、心包、三焦之中还有一种相火。此处的君火、相火已完全与运气无关，成为中医生理名词了。至于运气格局和推演，朱氏并不热衷。

运气学说在预测疾病发生方面并没有多少应验，但记载运气的七篇大论中许多内容却被古代的医家们加以化裁，变生新说。这些新说大多已脱离了运气说的初衷。明清之时，医家多采运气七篇中的六淫用药法，《本草纲目》用“五运六淫用药式”来归纳这部分内容。如“厥阴司天，风淫所胜，平以辛凉，佐以苦甘，以甘缓之，以酸泻之……”在实际运用中，医家们多数只注意“六淫”那一淫为病，很少有人去顾及司天在泉之气是什么。运气七篇的许多治则，如“用寒远寒，用热远热”等等，也都为金元以后的医学界所取用。应该承认，宋金元时期的运气热，对中国医学的发展有很大的影响。运气七篇的许多内容丰富了中医病因、治则、组方用药等方面的理论内容。借助或化裁运气说，导致了一些脱离运气说窠臼的新说出现。但对运气说“视岁气而为药石”的作用，历代始终存在争议。后世某些医家对运气有过严厉的批评。如明代缪希雍是反对运气说最激烈者。他说：“今之学者，学无原本，不知所自，侈口而谈，莫不动云五运六气。将以施之治病，譬之指算法之精微，谓事物之实有，岂不误哉！”从宋代开始至近现代，运气学说一直是中医学术体系中存在争议的问题。但因元代以后，运气热已渐次降温，不是医学中的热点，故本书在此后不再涉及这一问题。

第三节 诊 断 学

宋金元时期诊断学的发展，主要体现在脉诊和舌诊方面。尤其是脉诊，经历了一个由博返约的过程。

北宋嘉祐年间成立的校正医书局，于熙宁元年（1068）将晋代王叔和的《脉经》校正而成定本，结束了该书“世之传授不一”的局面。据林亿《脉经》序，当时宋臣“各殚所学，博求众本，据经为断，去取是非”，并参考了很多宋以前的文献，使《脉经》有了第一个印本。从宋至元，《脉经》至少刊印了7次。但从对脉学发展的影响来看，《脉经》远远比不上当时颇为流行的托名王叔和的《脉诀》。

一 《脉诀》的流行与批判

《王叔和脉诀》（以下简称《脉诀》）出现在六朝，这一点可从敦煌卷子所录的《脉诀》内容得到证明。该书用歌诀体裁将脉学内容通俗化，并用“七表、八里、九道”来归类24种脉象。与《脉经》相比，《脉诀》约而易守，且托名晋太医令王叔和所撰，因此，该书在其问世以后广泛流传。

至宋金元时期，《脉诀》的影响越来越大。北宋初的《太平圣惠方》、治平年间（1064～1067）萧世基的《脉粹》等许多著作中，都汲取了《脉诀》的“七表八里”脉象归纳法。在宋金元时期，《脉诀》风行一时，出现了众多的注释本，以至于造成了“《脉诀》出而《脉经》隐”的局面。直到南宋陈无择第一次指出《脉诀》是六朝高阳生伪作之后，《脉诀》的地位才逐渐下降。至元代，戴同父出版了直接攻讦《脉诀》的《脉诀刊误》，此后《脉诀》才益发声誉日降。在明代终于被李时珍《濒湖脉学》取代。

宋金元时期，在《脉诀》的基础上予以注释阐发的脉学著作很多，还有一些脉学著作是受《脉诀》的影响而产生的。在中国医学史上，一本自成体系的通俗入门读物影响如此深远，实属罕见。通过对《脉诀》的注释阐发、取长弃短，甚至是抨击，脉学研究的水平得到了不断地发展。

（一）《脉诀》的流行与注释

宋金元时期至少有5家注释《脉诀》的著作。第一位注释《脉诀》的是北宋人刘元宾。刘氏 字子仪，号通真子，庐陵（今江西吉安）人。他对《脉诀》并不是十分欣赏，认为该书“数处词语鄙俚，文理不通，疑非叔和之作，而后人增之”（《脉要新括》刘氏自序）。但他只是怀疑某些文句是后人所增，还没有怀疑整个《脉诀》是伪托之书。因见其时“医者多所诵习，然问之旨趣，则十有十，百有百，未有以知之元者”，因此他引用《难经》及《素问》等书，注解《脉诀》，撰成《通真子补注王叔和脉诀》三卷（约成书于1076年以前）。此书问世，在脉学方面开以难注易、以经典注入门书的先河。

刘元宾的注解固然有很多随文衍义的地方，但也提出了一些他自己的见解。例如他首次对《脉诀》中把24种脉象分成“七表八里九道”进行了解释。他认为“七表、八里”分别是“阴、阳正脉”，而“九道”是作为相通而见的九种脉象。尽管刘氏的这些见解并不能让人明了“七表八里九道”的真正含义，但作为第一位《脉诀》注家，他的见解当然引人注目，并由此带动了后世《脉诀》注本的兴起。在这种学风影响下，《脉经》当然就更加无人问津了。对此，南宋医学家陈无择是深恶痛绝的。他指责刘氏注解《脉诀》之举：“遂使雪曲应稀，巴歌和寡，经文溺于覆没。”（《三因方》卷一）

《脉诀》注释的另一大家是池荣。池荣，字大明，他生活的准确年代不明，从其著作被引用的情况来看，估计他是南宋初期的医家。他的《脉诀注解》，多本《素问》等早期医学理论著作，注重用五脏气血生成、五行生克来阐释各种脉象的形成和各脉主病的机理，有他自己的一些见解。但池氏的注文也有一些随文附会之处，因而受到后世医家的批评。池氏的著作没有能完整地流传下来，其佚文127条可见于元代的《纂图方论脉诀集成》。

从北宋后期开始，《脉诀》在医学界里越来越普及，因此，医家们对《脉诀》的注释研究（也包括批评）也越来越多。南宋咸淳二年（1266），李駉第一次总结了当时《脉诀》的研究进展，撰成了《脉诀集解》。李駉，字子野，号晞范子，临川（今江西抚州）人。李氏“业儒未效，唯祖医是习”。他见当时《脉诀》虽然风行一时，但一般医生们并不很懂《脉诀》，因此他就将与《脉诀》研究有关的资料集录成书。其书除引用《素问》、《难经》和《脉经》内容之外，更多地是集录宋代医家研究《脉诀》的心得见解。在他的书中，不仅包容了刘元宾、池大明、黎民寿等人对《脉诀》的注解，还摘引了朱肱、陈无择、余纲、成无己等医家对《脉诀》的评论。“引证周洽”[①] 是《脉诀集解》的突出特点。此外，李氏在集解的同时，也间或表达自己的某些脉学见解，抉剔前人《脉诀》注解中的纰谬。该书的可贵之处，在于它首次总结了《脉诀》研究成果，保留了一些珍贵的脉学资料。

李子野《脉诀集解》问世以后，在南宋未再见到专门的《脉诀》注释著作问世。此时更多的脉书是汲取《脉诀》的长处，从不同角度对脉学进行研究（有关这方面的发展，详见下文）。但在金元统治的北方，《脉诀》注释之作仍可见到。著名医学家张元素父子的《洁古老人注王叔和脉诀》是其中流传较广者。

《洁古老人注王叔和脉诀》共十卷，刊于至元壬午年（1287）。该书由金元易水学派的创始人张元素（字洁古）和他的儿子张璧（号云岐子）分别注解而成的。全书逐句注解《脉诀》，以张元素的解说为多。属于张璧的解说则注明为“云岐子曰”。张氏父子的《脉诀》注解风格不同于南宋诸家，他们在探讨脉学理论问题的同时，讲求“随脉辨证，随证注药”。也就是说他们根据《脉诀》中提到的脉象，去推求该脉象在临床上应该出现的证候，然后在这些证候之下，列举治疗所用的方药。正因为如此，《洁古老人注王叔和脉诀》一书又常被后人简称为《药注脉诀》。今存于元·杜思敬《济生拔粹》中的《云岐子七表八里九道脉诀并治法》（一名《云岐子脉诀》），据考证即《洁古老人注王叔和脉诀》一书的节选本。

在张元素父子眼中，《脉诀》被作为王叔和的真作。他们并不认为《脉诀》是伪作，因此，尽管《脉诀》中所论的脉、证本身就有一些牵强附会之处，但张氏父子仍然热衷于为该书圆说。他们引用《素问》、《难经》之论来阐释《脉诀》中的某些理论问题，多用五行制化、左右升降等学说来解释脉理。书中以浮沉论脉之阴阳，以太过、不及来解释七表八里。如谓“过则生七表，不及则生八里，皆从血气内外以察乎虚实邪正之理”，等等。

张氏父子的脉学理论并没有对后世产生很大的影响，但他们“因脉用药”的做法，却由

① 清·朱彝尊《曝书亭集》卷55，跋14，430页，《四部丛刊》初编本。

于紧密联系临床而受到后人的仿效。例如元代李仲南《永类钤方》(1331) 就是以脉为经，以证为纬，证下列方药，与张氏父子的做法一脉相承。明代张世贤《图注王叔和脉诀》中也列有附方，其源皆出于张元素父子之作。这种“以脉定方”作法的实用价值是令人怀疑的。《四库全书总目提要》认为：“脉止七表八里九道，而病则变现无方，非二十四格所能尽。限以某脉某方，亦非圆通之谓也。”① 这可以视为对以脉定方注释《脉诀》做法的一种批评。元代除张元素父子之外，未再见有他人专门注释《脉诀》，但这一时期却出现了一部《脉诀》注解的集成之作：《纂图方论脉诀集成》。该书由朝鲜许浚，刊行于元至元九年 (1349)。至元年间，中国已经结束南北对峙几十年，因此《纂图方论脉诀集成》得以将南宋和金元有关脉学研究的资料集于一书。该书把《脉诀》分成378个节段，逐段地引录诸家注说。仔细分析该书的组成，可知该书实际上是以三部书的资料为主。这三部书即刘元宾的《通真子补注王叔和脉诀》，李子野的《脉诀集解》，张元素、张璧的《洁古老人注王叔和脉诀》。通过这三部《脉诀》主要注本，该书把元代以前的《脉诀》注释工作加以总结。此外，该书还引用了其他一些有关的书籍，如《素问》、《灵枢》、《脉经》、《脉赋》、《玉函经》等。该书的问世，把宋金元时期以注解《脉诀》的形式来阐述脉学研究心得的这部分工作推向了一个高峰。但与此同时，宋金元时期还出现了若干脉学歌诀，它们虽然不以《脉诀》为依托，但却深受其影响。

这类书籍中以《玉函经》的流传较为广泛。《玉函经》托名为五代时“广成先生杜光庭”所撰，但据《四库全书总目》考证，“光庭所著，多神怪之谈，不闻以医显。此书殆出伪托，其词亦不类唐末五代人”。又该书“多引《王叔和脉诀》，而不知叔和有《脉经》，则北宋以后人矣”。

《玉函经》也是歌赋体的脉学书籍，共有七言歌诀200句。该书把生死脉、鬼贼脉、四时真脏脉、九怪脉、诸脉主病、伤寒脉、妇人小儿脉等内容编次成歌。从歌中可以明确看出该书引用了《王叔和脉诀》的某些内容，如谓“大抵七表八里脉，相连九道作程途”。七表八里九道脉象分类法始见于《脉诀》，故可知《玉函经》的撰写是受到《脉诀》的影响的。《玉函经》并非是高水平的脉学著作，但在宋代，已有人为该书作注，其中以黎民寿的注本影响较大。据考证，清代题为崔嘉彦注的《玉函经》即是黎民寿注本的托名者。

北宋刘元宾虽然第一次为《脉诀》作注，但他对此书的评价并不高。刘氏认为《脉诀》“词语鄙俗，文理不通”，于是他自吟脉学歌括百篇，撰成《脉要秘括》二卷。从刘氏自诩其书可与《叔和脉诀》“埙篪迭和，互相发明”来看，该书不过是在文理上再加修饰而成的另一种脉学歌括而已，很难说在脉学研究方面有什么新的突破。

宋金元时期的医学界虽然深受《脉诀》的影响，但这并不意味着当时的脉学已达到了较高的水平。相反，这一时期脉学真正的发展，是通过对《脉诀》的大破大立来实现的。所谓“大破”，是指元代从学术上对《脉诀》的批判，其代表作有戴同父《脉诀刊误》和滑寿的《诊家枢要》；所谓“大立”，是指南宋至元代在庐山一带兴起的以“四脉为纲”的西原脉派。

（二）《脉诀》的批判

在讨论元代对《脉诀》的批判之前，有必要先回顾一下《脉诀》的有关问题。

《脉诀》是在《脉经》基础上编括而成的歌诀体脉书，但该书在某些具体的学术问题上也

① 清·纪昀：《四库全书总目》，卷105，882页，中华书局，1983年。

有它自己的特点。例如它删去了《脉经》24 脉中的数脉和散脉，另增长、短二脉，又以牢脉取代革脉。虽然《脉诀》所谈也是 24 脉，但内涵却不尽相同。《脉诀》延续了《脉经》的寸关尺三部分属脏腑的作法，但却以右尺属命门，与《脉经》将右寸属肾之说不同。《脉诀》影响最大的一点是创用七表（浮、芤、滑、实、弦、紧、洪）、八里（微、沉、缓、涩、迟、伏、濡、弱）、九道（长、短、虚、促、结、代、牢、动、细）来归类 24 脉。该书采用歌诀体裁，将许多脉学问题用浅显的方式予以介绍，这是该书不胫而走的重要原因。此书托称晋太医令王叔和撰，无疑又加强了它的影响作用。这就是《脉诀》为什么得以在宋金元风行一时的主要原因。

在《脉诀》流行的过程中，随着脉学研究的不断深入，人们对该书的不满情绪越来越强烈，最终导致了元代医学家对《脉诀》的全面批判。《脉诀》地位的动摇，首先是从追究该书的真正作者开始的。由于《脉诀》的文理欠佳，北宋时刘元宾曾表露过他的“疑非叔和之作”的情绪，但他并没有更可靠的依据。南宋著名医学家陈言在《三因方》（1174）中，首次明确指出：“六朝有高阳生者，剽窃（王叔和《脉诀》）作歌诀”。陈言并没有更详细地出示《脉诀》为六朝高阳生所撰的证据，但《脉诀》本身的不足和该书与《脉经》的某些出入，使得陈言之说很容易地为世人接受。庆元（1195～1200）初，著名理学家朱熹在给郭长阳医书撰写跋语时的一段话，反映了《脉诀》被指为伪书之后声誉迅速下降的史实：“俗间所传《脉诀》五七言韵语者，词最鄙俚，非叔和本书明甚……世之高医，以其赝也，遂委弃而羞言之。”[①]可见在南宋中期，一些有一定水平的医生已经把《脉诀》作为赝品而弃之不顾了。然而一般的医生认识到《脉诀》的不足，却是在元代戴同父的《脉诀刊误》问世之后。

戴同父（名起宗）是建业（今江苏南京）人，十四世纪初任龙兴路（今江西南昌）儒学教授。他有感于当时的人们把高阳生《脉诀》作为《王叔和脉诀》互相传授，“既不能正其名，又不能辨其非。讹承惑固，是以罔觉”，故撰《脉诀刊误》，从学术上对《脉诀》进行全面地批判。

首先，他在《脉诀》书名之前，一反旧俗，不加“王叔和”之名，“先正其名也”。其次，他沿用当时《脉诀》注释之书的旧例，保留《脉诀》的全文，并在此基础上进行刊误。这种做法可谓是因势利导，以毒攻毒。为此，戴氏有一段专门的解说：“不删而述其旧文，何也？曰：此朱文公作《孝经刊误》、程子输《大学亲民》之例也。用墨圈者，当删者也；辩其下者，使之皆知其非，不复为旧文所惑，不删之删也。”由此可见，戴同父确实是发挥了他儒学教授的特长，运用儒家注书的办法来清除《脉诀》中的谬误。

《脉诀刊误》对《脉诀》从学术上进行了认真的批判，并非仅因其是伪作而随意加以诋毁。该书虽采用了类似注解《脉诀》的外在形式，但其内容却是“集长辩短”，即尽可能广泛地收集资料来廓清《脉诀》中的错误。该书几乎引用了元以前所有重要的脉学著作或与脉学相关的资料，逐句对《脉诀》的内容进行校勘、考证或辨误，显示了学术探讨的严肃性。戴氏第一次将《脉经》和《脉诀》进行全面的互校，最后得出了《脉诀》对《脉经》是“或遵或违”的客观结论。同时，戴氏又采用内校法，即把《脉诀》前后的内容互相对校，发现该书“频移其说”（经常改变其说法），因此经常出现自我矛盾之处。经过这些细致的比较校勘，戴氏令人信服地指出了《脉诀》的许多失误。例如芤脉，《脉经》的描述是“两边似有，中间全

---

① 宋·朱熹，《朱文公文集》卷 83，1506～1507 页，《四部丛刊》初编，上海商务印书馆。

无”；《脉诀》的描述是：“两头即有，中间全无。”对此，戴同父评曰：“误矣！夫尺脉上不至关，为阴绝；寸口下不至关，为阳绝。若两头似有，中间全无，则是阴阳绝脉也，安得为芤脉乎？”显然戴氏的批评是有充分理由的。

戴同父在用其儒学之长刊正《脉诀》文字之误的同时，也充分显示了他对医学的功底，对许多脉学问题正本清源。他抓住《脉诀》对后世影响最大的七表八里九道之说，进行入木三分的剖析。他认为：“脉不可以表里定名，惟浮沉二脉可以表里论……自六朝以来，以七表八里九道为世大惑，未有言其非者！”从来的《脉诀》注家，没有一家能解释清楚七表八里九道的实际含义，可是他们还是不敢对此提出异议。戴同父则一针见血地把七表八里九道归类脉象的方法斥为谬论。他说：“脉之变化，固从阴阳生，然安可以名数拘之哉？从来之论脉……皆以阴阳对举而互见也，未尝云七表八里九道也。七表八里九道，果可以尽脉之数乎？”他主张用阴阳脉两两对举的办法来察其形，反对用“（七）表（八）里”来定某一类脉象之名。对后世为《脉诀》七表八里九道粉饰圆说的种种牵强之说，戴氏也一并予以抨击。

在大破《脉诀》之误的同时，戴同父提出了自己的脉象分类见解。他主张“以阳脉从阳类，阴脉从阴类”，彻底摆脱七表八里九道的旧套。在如何认识脉象的问题上，他提出了从“分、合、偶、比、类”五方面入手的新见解。具体说来就是：

分：指有些脉象可用单一标准去判定。如“举有按无为浮，按有举无为沉之类”；

合：指有些脉象乃“合众脉之形为一脉者。谓如似沉、似伏，实、大、长、弦之合为牢；极软、浮细之合为濡之类”；

偶：即把某些在性质上两两对立的“偶对”脉加以比较。所谓偶对脉，就是指浮沉、迟数、虚实、长短、滑涩、洪微、紧缓、动伏、结促之类。不过戴氏虽将“偶”作为认识脉象的方法之一，却反对一味追求偶对的做法。陈言《三因方》为了将所有脉象都配对，以至于将弦弱、芤微、濡革、散代也附会成偶脉，这种做法遭到了戴同父的批评；

比：就是通过细微的比较，来认识某些相似脉象；

类：即用一定的标准来归纳众多的脉象。他主张以阴、阳来归纳众脉，并赞同以“四脉为纲”，认为“此诚初学入门，然必博学反约，然后能知脉之妙。”

戴同父通过《脉诀刊误》，对元代以前的脉学主要内容进行了一次深入的评述。《四库全书总目提要》对戴氏的著作给予了很高的评价：“启宗是书，乃考证旧文，句句为辨。原书伪妄，殆抉摘无遗，于脉学殊为有裨。”此书对后世脉学的发展影响很大，明代李时珍《濒湖脉学》就深受该书的启迪。

元代另一位著名医学家滑寿，撰有《诊家枢要》（1359～1364）一书。该书指出：“高阳生《脉诀》之七表八里九道，盖凿凿也。求脉之明，为脉之晦”。因此，他提出“脉学统会”的主张。所谓“脉象统会”，就是归纳脉象的纲领和原则。滑氏认为“天下之事，统之有宗，会之有元”。脉象也是一样。各种脉象“以对待而为名象焉，有名象而有统会焉”。他注意寻找在某一性质上相互对立的脉象，然后以这一性质作为确定这些脉象的“统会”基点。如《诊家枢要》中举出了六组因某一性质上相互“对待”而为“名象”的例子：

“浮沉（以举按轻重言。浮甚为散，沉甚为伏。）

迟数（以息至多少言。数甚为疾，数止为促。）

虚实、洪微（以亏盈言。虚以统芤、濡，实以该牢革。）

弦缓、滑涩（以体性言。弦甚为紧，缓止为结，结甚为代；滑以统动。）

长短（以部位之过、不及言。）

大小（以形状言。）

其中的举按（诊脉力度大小）、息至（脉搏的频率）、亏盈（脉搏的充盈程度）等，就是统会脉象的宗元。在破除《脉诀》“七表八里九道”归类脉象法之后，滑寿提出了他的六脉为纲说。他认为“察脉须识上、下、来、去、至、止六字”，与之对应的是浮、沉、迟、数、滑、涩六脉，滑氏就是以这六脉为纲以统众脉，并以此来取代“七表八里九道”旧法。

戴起宗、滑寿从不同的角度对《脉诀》进行了学术上的批判，这极大地影响到《脉诀》在医学史上的地位。在此之前，崛起于庐山的西原脉派树立了“四脉为纲”的新脉学体系，为最终取代《脉诀》准备了条件。滑寿的六脉为纲说，实际上也是在西原脉派四脉为纲基础上发展起来的。西原脉派的出现，对宋代脉学发展有非常重要的促进作用。

二 西原脉派的形成及其影响

南宋时期是中国脉学发展史上的枢纽阶段。在这一时期，出现了一个新的脉学学派：西原学派。这一学派对明清脉学产生了巨大的影响。但因该学派的主要文献在著录和流传过程中出现了一些混乱现象，致使其形成发展的轨迹模糊不清。近年来张同君在这方面的一些考证成果使我们得以了解西原脉派的源起和主要内容。本节主要根据她的研究成果，介绍西原脉派的形成及其影响。

南宋新的脉学流派是受当时著名医学家陈言的启迪而形成的。陈言（字无择）的主要医学著作是《三因极一病证方论》，简称为《三因方》。在《三因方》中，陈言不仅表述了他的病因学方面的某些见解，而且对药学、脉学等许多方面都有新的归纳和总结。

陈言认为：“医事之要，无出三因；辨因之初，无逾脉息”。因此，《三因方》卷一设了脉学专论。在其脉论中，有两处论说对后世脉学发展产生了很大的影响。其一是首次指出了《脉诀》为六朝高阳生伪托，使当时流行的所谓《王叔和脉诀》一下子沦为伪书，威信大降。其二是在《脉经》的 24 脉中，突出了浮、沉、迟、数四脉，主张以此为纲纪，这对此后西原脉派的形成有直接的影响。陈言说：“动静之辞，有博有约。博则二十四字，不滥丝毫；约则浮沉迟数，总括纲纪。故知浮为风为虚，沉为湿为实，迟为寒为冷，数为热为燥”。这就是陈言的四脉为纲论。但陈言并没有更进一步地建立四脉为纲的体系，这一任务是由西原脉派的宗师崔嘉彦和他的传人来完成的。

崔嘉彦，字子虚，据考证为成纪（今甘肃天水）人。约生活于北宋政和元年（1111）到南宋绍熙元年（1190）。朱熹在庐山时曾为崔嘉彦作过一篇序，序中提到了崔氏的生平简况：“少慷慨有奇志，壮岁避地巴东三峡之间，修神农老子术。东下吴越，以耕战之策干故相赵忠简公。赵公是之。会去相，不果行，君自是绝迹此山”。[①] 崔嘉彦在庐山得西原庵故址，筑室而居，耕田种药，仅足以自给。崔氏隐居西原庵，于躬耕之余，行歧黄术，并传授弟子。现知崔氏的医学成就主要在脉学方面，有著作《脉诀秘旨》存世。

崔氏的脉学主张是：“但以浮、沉、迟、数为宗，风、气、冷、热主病。”后世以“四脉为纲”来概括其脉学思想。这一思想的学术渊源是因为《难经》的六难专言浮沉，九难专言

---

① 宋·朱熹，《朱文公集》卷 79，1441 页，《四部丛刊》本，上海商务印书馆。

迟数；此后又因陈无择倡导“博则二十四字，不滥丝毫；约则浮沉迟数，总括纲纪”，故崔氏受其启发，建立了四脉为纲的学术体系。

这个“四脉为纲”的体系，首先表现在它以浮沉迟数来统其他十二脉。具体为“浮脉统芤、洪、实三脉；沉脉统微、伏、弱三脉；迟脉统缓、涩、濡三脉；数脉统紧、弦、滑三脉。”四总脉和它们所统的诸脉在形状上有某些相似之处，故形成统属关系。例如浮脉的特点是按之不足、举之有余，轻手乃得。浮脉所统的三种脉象中，芤脉是浮而无力，洪脉是浮而有力，实脉是浮而长大。因此，这浮、芤、洪、实四种脉中，以浮脉为纲来统其余三脉。

四脉为纲的第二个表现是以四脉有力、无力决定主病：即浮而有力主风，无力主虚；沉而有力主积，无力主气；迟而有力主痛，无力主冷；数而有力主热，无力主疮。然后再将四总脉与寸关尺（对应于上中下三焦）、五脏分部相联系，以决定主病。

这一四脉为纲的学说，看似简单，但比《脉诀》的七表八里九道的旧脉象分类法相比，显然高明得多。因为它不仅可以揭示脉象之间所具有的某种共同性质，而且可以用来统括风气冷热、虚积痛疮等常见病因和三焦五脏主病。

崔嘉彦《脉诀秘旨》建立的四脉为纲体系，经过他弟子们的发展和传播，形成了独特的脉学流派。

庐山人刘开（字立之，号复真），是崔嘉彦的弟子。据载他得崔氏四脉真传，长于脉诊。刘氏诊脉时单用一食指，依次候病人寸、关、尺三部脉，故人称“刘三点”。淳祐中（1241～1251）由草泽医召入禁廷，治疾奏功，“名播江右，目为神医”（元代佚名氏《方脉举要·序》，明嘉靖三十三年黄鲁曾刻本）。刘氏留下来的著作有《刘三点脉诀》（一名《脉诀理玄秘要》）。在此书中，他进一步叙述了四脉互见（浮数、浮迟、沉数、沉迟）时所主的疾病，比他的老师仅列举单一脉象的主病更切合临床实际。同时，他突出地讨论了“太过、不及脉”，认为各种脉象，无非太过、不及，如果能使太过、不及经调和而达到中正不偏，就能使疾病痊愈。

刘开的弟子有二，即严子礼（字用和，江西庐山人）、朱永明（字宗阳）。严用和以撰《济生方》闻名，但他的脉学成就少为人知。据南宋周密《齐东野语》记载：“近世江西有善医号三点者，以三点指间知六脉之受病，世以为奇，以此得名。”这里严三点即严用和，他继承了其师刘三点的诊脉法，并撰写了脉书《脉法捷要》。该书开篇就申明了四脉为纲的大旨，并运用形象而又生动的比喻，来描述各种脉象的特点。例如：“浮为水上之沤，出乎水而离乎水”；“涩如病蚕之欲死，按之节节然”；“迟如无力之行路，一步赶不上一步”，等等。

刘开的另一个弟子是朱永明（字宗阳）。他虽然没有脉学著作存世，但却把脉学知识传给了弟子张道中。张道中号玄白子，淮南（今安徽寿县）人。元大德辛丑（1301），张道中从朱宗阳处得到崔（嘉彦）、刘（开）脉学真传，经30年实践，将师传的四脉为纲说加以扩充，撰成“脉象纲纪图”及四言脉诀686句，合为《玄白子西原正派脉诀》（简称《西原脉诀》）。其书以“西原”为名，表示其脉学渊源来自崔嘉彦（居住庐山西原庵）。

《西原脉诀》中的“脉象纲纪图”，将崔嘉彦的四脉统十二脉的内容用图示的方法加以表述。其四言脉诀部分则把脉学的基本理论和临床应用以四言歌诀的形式予以介绍。歌诀中开宗明义指出：“脉理浩繁，总括于四。六难七（九）难，专衍其义”；“浮沉迟数，有内外因。外因于天，内缘于人”。表明其脉学思想源于崔氏四脉为纲说。歌诀的重心放在与临床相关的脉症与治法上，深入浅出，切合临床实际需要。这是一种不同于当时流行的所谓《王叔和脉诀》的新型脉歌。它问世之后，不胫而走。明代初年，该书被改名为《崔真人脉诀》，托称崔嘉彦撰，收入《东垣十书》，从而加速了该书的流传。崔嘉彦的四脉为纲的思想不是依靠他自己的著作《脉诀秘旨》传世，而是借助于他的三传弟子张道中的《西原脉诀》扬名于世。

《西原脉诀》改名《崔真人脉诀》之后，在明代开始风行海内。明代李言闻将《崔真人脉诀》略加删改，易名为《四言举要》。该书附刊于李言闻之子李时珍的《本草纲目》之后，流传更为广泛，对此后的脉学发展产生了很大的影响。

张道中除撰有《西原脉诀》之外，还有《诊脉八段锦》和《相类脉诀》，从不同角度发展了脉学。如《诊脉八段锦》中提出伤寒脉诊的大纲是“浮则在表，沉则为里；数则在府，迟则在脏”。这就弥补了四脉定风气冷热之不足。又《相类脉诀》选24组相类脉，各撰七言诗一首，比较它们之间的不同，这是最早的辨析相类脉的专著。

综上所述，可知在南宋至元代之间，活跃在江西庐山一带的西原脉派创立了四脉为纲的脉学体系，丰富了脉学的内容，对后世脉学发展产生了深远的影响。

三　舌诊的首次总结

在中医诊断发展史上，望诊很早就作为重要的诊断方法之一。《史记·扁鹊仓公列传》中记载，在扁鹊所处的时代，“切脉、望色、听声、写形，言病之所在”，是一般医生常用的诊断方法。先秦时期，望诊主要用于观察病人的面部气色。千余年来，望诊的这一状况始终没有大的改变。直到元代，望诊才有了飞跃式的发展。其主要标志是舌诊第一次得到了总结。这一总结，反映了在元代杜本的《敖氏伤寒金镜录》中。

元代医学家杜本（1276～1350），字伯原（一作原父），号清碧先生，清江（今属江西）人。杜氏博学善文，兼通医学。至正元年（1341），杜氏在《敖氏金镜录》十二舌图的基础上，又作了24幅舌图，编为《敖氏伤寒金镜录》一书。敖氏生平失考，其书仅见于杜本所传。这是中医史上第一部舌诊专著。全书36个舌图中，有24幅专论舌苔，4图专论舌质，8图兼论舌苔和舌质。在舌图之下，加以文字说明，结合脉象、证候，辨别寒热虚实；阐述外感热病的病因、病机、证治方药，并指出疾病的预后转归。这些脉图中，所载的舌色有淡红、红、青等，论舌面的变化已有红刺、红星、裂纹等；苔色则有白、黄、灰、黑四种；苔质则有干、滑、涩、刺、偏、全、隔瓣等描述。

更可贵的是，杜本在其书序言中，首次把舌诊的基本规律作了一个大致的介绍。他认为“伤寒热病传经之邪，比杂病不同，必辨其脉、证、舌”。其中舌本，为心之窍，属火，主热杜本在伤寒病中诊舌的规律是：

得病初在表，则舌自红，无白胎等色。表邪入里，停于半表半里之间，这时其舌色变为白胎，并见滑象。如果邪得以入里，则舌必见黄胎，这表示邪已入胃，急宜下之。下后黄胎自去，疾病得以痊愈。若医生不能按此次序进行治疗，失于迟下，舌胎就会变黑，变证蜂起，疾病就变得难治。

杜本对伤寒危证的辨舌法，表明他有着极为丰富的临床诊治经验：“若见舌胎如漆黑之有光者，十无一生。此心火自炎，与邪热二火相乘，热极则有兼化水象，故色从黑，而应水化也。若乃藏府皆受邪毒，日深为证，必作热证。虽宜下之，乃去胃中之热。否则其热散入络脏之中，鲜有不死者。譬如火之自炎，初则红，过则薪为黑色炭矣。”

杜本揭示的这些舌诊基本规律虽然还比较简单，但却为此后的舌诊发展打下了坚实的基础。明清以后，舌诊得到了飞速的发展，成为中医诊断学中一门专门的学问。

第四节　临床医学的主要进展

宋代医学的辉煌时期在北宋，而北宋主要的医学业绩在医书的整理和校刊。在临床方面，宋代的成就不如金、元，但在某些分科上也有一些重要进展。北宋末、南宋初，伤寒病的研究已然兴起，并取得了初步的成绩（参第十一章有关《伤寒论》的研究部分）。此外，儿科、妇科以及外科和骨伤科也有若干新的进展。

一　儿科与《小儿药证直诀》

北宋初中期的儿科少有成就可言，几乎没有儿科著作流传下来。宋初的大型医方书《太平圣惠方》中，有儿科的专卷，其中对某些疾病的分类对后世有所影响。例如小儿因高热或其他一些原因引起的神经系统疾病，在宋以前常用“痫”、“瘈疭等病名来概括。至《圣惠方》，则以“惊风”一名来统称之。该书还进一步将惊风分为急惊风和慢惊风。指出急惊风系“气血不和，夙有实热”，其证为“遍身壮热，痰涎壅滞，四肢拘急，筋脉抽掣，项背强直，牙关紧急”；而慢惊风为“乳哺不调，脏腑壅滞”，症见“乍静乍发，心神不发，呕吐痰涎，身体壮热，筋脉不利，睡卧多惊，进退不定，荏苒经时。”这一区分急慢惊风的原则为后世许多医家所采纳。

儿科在宋代的医学分科中，属于九科之一，名为“小方脉”。整个有宋一代，儿科学成就最大的当推北宋时期的钱乙（字仲阳，山东郓城人）。钱氏医学得家传，擅治儿科疾病，最初以“颅囟方”闻名于山东。为方不偏执一家，不拘泥古法，时出新意，又常与古法相合。元丰（1078～1085）中至京师治愈长公主之女疾，授翰林医学。又以黄土汤治愈皇太子（瘈疭，擢为太医丞。他有过多种医著，今存者唯《小儿药证直诀》三卷（约1114），系其弟子阎孝忠整理其临症心得而成。

钱氏对小儿科的贡献是多方面的。他突出的新思想是正确地认识到小儿的生理、病理特点，并由此决定了治疗小儿的根本原则。例如他指出小儿“脏腑柔弱，易虚易实，易寒易热”，因而在治疗上力戒妄攻误下，用药当平和柔润，补泻并施。这些见解，对儿科学及整个中医的辨证论治基础理论的发展均有很大的影响。

在儿科疾病的诊治过程中，钱氏采用的是五脏辨证法。《小儿药证直诀》中有“五脏所主”、“五脏病”等篇，其内容即钱氏创立的小儿五脏辨证论治纲领。此纲领以五脏为基础，以证候为依据，以虚实寒热为论治的准则。钱氏用“风、惊、困、喘、虚”来归纳肝、心、脾、肺、肾五脏的主要证候特点，又用五行来阐释五脏之间及与时令之间的相互关系，从而确立五脏补泻诸方。《小儿药证直诀》中的泻心汤、导赤散、泻青丸、泻黄散、泻白散等方，都是按五脏辨证用方设立的。钱氏脏腑辨证论治一整套理论和治方不仅对儿科，也对临床各科产生了十分深远的影响。金代易水学派的创始人张元素，其五脏辨证就深受钱乙的启发。

钱乙在《小儿药证直诀》中，建立了比较完善的儿科诊治理论体系。在诊断方面，除依据证、脉辨别疾病的寒热虚实之外，钱氏更重视小儿望诊，尤其是“面上证”、“目内诊”两种望诊法（可根据审视小儿面部和眼内色泽来判断疾病），为钱氏所喜用。钱氏对小儿病的诊断极为审慎细致，在他的书中，经常依据小儿的全身状况、皮肤、指甲、大小便、尤其是头面部的气色变化来做出诊断。书中对小儿多种常见病（如麻、痘、惊、疳等）作了详细而又生动的描述，并能从皮疹的特征上区别天花、麻疹、水痘等几种发疹性的传染病。这些诊治知识极大地丰富了我国古代小儿科的内容。

除了较为完善的理论体系之外，用药精到也是《小儿药证直诀》的一大特点，钱氏根据小儿的生理病理特点，时时以“痛击”、“大下”、“蛮补”为禁约，一反宋代好用香燥之药的俗弊，精心创制或化裁出了许多行之有效的方剂。如他在儿科补剂中，根据“小儿纯阳，无烦益火”的理论，将张仲景《金匮要略》中的肾气丸，去热性的附子、肉桂，化裁而成平补肾阴的六味地黄丸。此方后来在内科杂病的治疗上也广为运用。又异功散也是在六君子汤中去半夏而成，可以收到补而不滞、温而不燥的功效。钱氏创制的泻白散，有泻实顾虚、泻肺顾脾的作用。因此明代的李时珍称此方为“泻肺诸方之准绳”。该书使用的导赤散、白术散、益黄散、钩藤饮等，都是后世沿用不替的良方。

钱乙的《小儿药证直诀》一书是宋代最杰出的儿科专著。该书理、法、方、药俱全，切于实用，深受此后历代医学的推崇。明代熊宗立称此书为“活幼之筌蹄，全婴之轨范”；《四库全书总目提要》称赞该书云：“小儿经方，千古罕见。自钱乙始别为专门，而其书亦为幼科之鼻祖。后人得其绪论，往往有回生之功”。

在宋金元时期，小儿痘疹成为儿科治疗的一个重要问题。因为痘疹传入中国的历史并不太久，医家们对这些疾病的认识还比较模糊。在治疗方法上，还处于摸索状态。有些医家沿用治疗伤寒的方法去治疗痘疹，也有些方书中对痘、疹的辨别还不十分清楚。经过一段时间的实践，此时出现了一些儿科痘疹方面的专著，其中比较著名的有北宋董汲的《小儿斑疹备急方论》(1093) 和金代陈文中的《小儿痘诊方论》。

董汲的《小儿斑疹备急方论》是根据作者的治疗经验编写而成的。元祐七年（1092），东平（今属山东）天花流行，当地名医董汲用白虎汤治疗取得了疗效，因撰此书。作者在总论中首先阐明斑疹（包括天花、麻疹及其他有斑疹出现的热病）常见的症候与鉴别。在当时，医家常套用治疗伤寒的方药治疗斑疹，因而经常出现误治。董汲指出：“小儿斑疹壹候，不惟脉理难辨，而治疗最比它病尤重。”因为在当时，“斑疹未出，往往疑为伤风，即以麻黄等药重发其汗，遂使表虚里实”。其时“世俗医者，斑疹欲出多以热药发之，遂使胃中热……（斑疹）变黑色而倒陷”。为了纠正当时的错误用药，董氏列举了升麻散、白虎汤、紫草散、牛黄散、护目膏、珍珠散等十七方，主张在热病初起证候未明时用升麻散，如已能确知为斑疹，则用大黄、青黛等凉药攻下泄热消斑。这些方治不仅对后世治疗小儿斑疹有指导意义，而且对治疗温病也产生了一定的影响。宋代儿科名医钱乙对董汲的《小儿斑疹备急方论》比较欣赏，他说：“是予平昔之所究心者，而子乃不言传而得之。”此书因附刊于《小儿药证直诀》之后而得以广泛流传。

陈文中《小儿痘疹方论》所说的痘疹，是包括天花在内的发疹性热病在内的。陈氏也认为小儿疮疹“初起，疑似难辨”。他尤其注重分别表里虚实，认为除了浑身壮热、大便黄稠为表里俱实外，其余凡属痘疮已出未愈之间，不光泽，不起发，不红活，或腹胀，或泻渴，统谓之表里俱虚，治疗时主张用温药托里以疏通营卫为法。陈氏这种治痘疹用桂、附、丁香等燥热药的主张，后来招致了一些滋阴派或温病学家的垢评。

宋金时代除上述儿科著作外，著名的儿科书还有《小儿卫生总微论方》和《幼幼新书》。它们从不同的角度进一步发展了这一时期的儿科学。

《小儿卫生总微论方》二十卷。著者不详，南宋绍兴二十六年（1156）由太医局刊行。该书论方俱备，内容丰富，颇具特色。书中突出了防病、治病并重的思想。例如“乳母论”中主要论述婴儿的哺乳方法；“慎护论”则介绍如何增强婴幼儿体质的方法，使小儿从小“慎风寒、节饮食”，以防止疾病的产生。在该书的“五气论”、“诸色泽候”、“五脏主病论”、“变蒸论”、“脉理论”等篇中，作者综前人之论，扼要地阐明了小儿的生理、病理特点及其诊治方法。在论述各病的诊治中，将辨病与辨证相结合，纲目清晰。如小儿“身热”一症，该书根据发热的特点和兼症的不同，辨析了潮热、壮热、温热、风热、惊热、寒热、食热、血热、虚热、实热等不同情况，治疗亦各不相同。更可贵的是，该书认定小儿脐风与成人破伤风是同一种疾病，小儿脐风是由断脐不洁引起的，并主张用烙脐饼子烧灼脐带来预防脐风。该书还介绍了骈指切除、兔唇修补等先天畸形矫治手术。

南宋时期最大一部儿科专著即刘昉的《幼幼新书》(1150)。该书共40卷，约百万字，收载了《颅囟经》以后、宋以前的140余种医籍中有关儿科的资料。其总论3卷，主要介绍小儿调养、体质特点、修合用药、脏腑生理病理，及望诊、切诊等诊断有关知识。各论中介绍小儿疾病300余种，内容极为丰富。由于该书的作者都不是临床医生，因此，他们更关心的是资料的广博。该书所引文献有明确的出处和严格的体例，因此，对保存古代儿科医籍方面具有很高的文献价值。据查该书至少保存了古代儿科81家的医论。作为宋代儿科的集成之作，该书仍然受到后世的赞誉。

二　妇产科与《妇人大全良方》

据《史记·扁鹊仓公列传》记载，我国民间从战国时起就有“带下医”，这是当时对妇科专业医生的称呼。西汉初，宫廷有“乳医”或“女医”，也是专职的妇产科医生。但直到宋代，妇科才第一次在医学教育分科中占了一席之地。

宋代太医局分医学为九科，共有学生300名，其中产科学生10人。各科均有教授负责教学，产科也不例外。现知南宋时齐仲甫曾在宁宗时（1195～1224）为翰林医官、步军司医官兼太医局教授，分管女科，且有《女科百问》等著作。

产科（即妇产科）在医学教育中独立成科，这又进一步促进了妇产科的发展。因此，宋代的有关著作不断增多，以女科著称的医家也不乏其人。例如宋室南迁时，许多北方的妇科医生在江南落户，成为当地的著名妇科专家，并世代相传下去。这些医生中有迁居永丰的汤执中、金吉甫，也有迁居浙江的冯氏（以擅长治疗妇科而被封为安国夫人）及其子孙。据载宋代著名的钱塘妇科医生陈沂，曾因治好了康王妃的危疾，获得赐御前罗扇的殊荣。凡宫中有疾，可听其持扇入禁中，官至翰林金紫良医。他的子孙们世继其业，为了表示他们的妇科医术渊源有自，就各自刻木为扇以为招牌。杭州人称他们为“木扇陈”（或陈木扇）。像这样见诸记载、声名显耀的妇科医生在宋代还有好几位，可见当时妇科在民间已经相当有地位。据孟元老《东京梦华录》卷三记载，在马行街北诸医铺中有“大鞋任家产科”；另吴自牧《梦粱录》卷16记载官巷前各种药铺中，有郭医产药铺，这是产科药的专卖店。

这一时期妇产科在学术上的发展主要体现在今存的几部妇科著作以及与妇科相关的医籍

中。妇人的疾病有其特殊性，这一点在唐代孙思邈的《千金要方》中就已提及。孙思邈认为：“妇人之别有方者，以其胎妊、生产、崩伤之异故也。”但在妇科治疗理论上，妇人与男子有何不同，在宋以前没有很明确的区分。

宋代妇科学发展的一个重要标志是理论上的充实和提高。《圣济总录》中提到妇人“以血为本，以气为用”，这反映了当时对妇人生理特点的认识水平。此后，陈自明《妇人大全良方》中明确地指出：“大率治病，先论其所主。男子调其气，女子调其血”。这就明确了妇女疾病的治疗大法。经此后医家的不断补充完善，妇科治法更加丰富多彩。

在这一时期出现的众多妇科书中，成就最大的当推陈自明的《妇人大全良方》(1237)。陈自明（约1190～1270），字良甫，临川（今江西抚州）人。世医出身，曾任建康府明道书院医学教授。他认为“医之术难，医妇人尤难；医产中数证则又险而难”，故“采摭诸家之善，附以家传经验方”，集成《妇人大全良方》（简称《妇人良方》）。

《妇人良方》24卷，分成调经、众疾、求嗣、胎教、妊娠、坐月、产难、产后8门，266论，1118方，48例医案。这是一部有理论、有实践，有继承、有发挥的综合性很强的妇科集大成著作。资料丰富，编排得体。其体例是分门列病，以病著论，论下设方，或辅以医案。书中提出了许多对后世很有影响的观点，如他总结妇人治疗大法是“大抵产前先安胎，产后先补益”；“凡医妇人，先须调经”，“经脉不调，众疾生焉”等等。又孕妇患病，尤宜“避其毒药饵”。孕妇应注意“切不可多睡，须时时步行；不宜食粘硬难化之物，不可多饮酒，不可乱服汤药，亦不可妄行针灸。须宽神，减思虑；不得负重和登高涉险”。这些教戒对孕妇的保健是十分实用而又科学的。《妇人良方》代表着宋代妇产科发展的水平，对后世影响很大。《四库全书总目》云：“唐昝殷《产宝》，其后有李师圣之《产育宝庆集》、陆子正之《胎产经验方》，大抵卷帙简略，流传亦鲜。（陈）自明采摭诸家，提纲挈领，于妇科证治，详悉无遗。”可见对此书有很高的评价。

除《妇人良方》而外，宋代还有数种较有名的妇产科专著。如《产育宝庆集方》一书，最初是北宋末李师圣收得产论21篇，但有说无方。与其同时代的良医郭稽中，擅长于产科，遂将他家藏方逐条附于产论之后，于大观三年（1109）纂成此书。该书论难产及产后诸症的内容较详，所选方药也比较实用，是宋代有代表性的产科专著。

宋末杨子建因见其时“世之收生者，少有精良妙手，多致倾命”，故撰《十产论》。这十产包括正常的生产（正产）和早产（伤产）、分娩环境不适（冻产、热产）以及胎位不正或难产等（如横产、倒产、偏产、碍产、坐产、盘肠产）。书中详述胎位转正手法，显示了作者丰富的产科经验。

另南宋妇科专家朱端章，于淳熙十一年（1184）编成《卫生家宝产科备要》8卷。该书汇集了宋以前产科方书中关于胎产诸疾的诊治经验与保婴内容。朱氏指出难产的原因是“或先因漏胎，血去脏燥……或坐卧未安，身体斜曲不正，转动忽遽，暴冲击”等等。逆产、横产则多因“产时未至，惊动太早”。这些论述对妇人难产的预防和救治都有一定的参考意义。此外，该书还首载产科中的“借地、禁草、禁水”三法，有利于减少产褥期的并发症。

宋代出现的若干妇产科著作，表明这一时期妇产科蓬勃发展的势头，金元时期的妇科著作虽然不多，但其时医学争鸣的局面也丰富了妇科的内容。如刘完素对提出湿热也可导致赤白带下的说法，补充了过去概以带下属寒的不足。他在《素问病机气宜保命集·妇人胎产论》中还提出妇女治疗大法，青年女子宜重在肾，中年妇女宜重肝经，老年妇女则重在脾经。

其他金元大家对妇产科的治疗也都各有见解。

三　外科与骨伤科

（一）外科理论和内治的发展

宋金元时期出现的中医外科著作约40余种，其中主要著作有宋·东轩居士的《卫济宝书》、陈自明的《外科精要》，元·窦汉卿的《疡医经验全书》、齐德之的《外科精义）等。从整体的水平来看，这一时期外科的进展主要体现在某些外科疾病的诊断、内治法的进一步丰富方面。在手术疗法方面，这一时期不仅没有重大进展，而且呈现衰退的趋势。这是宋金元时期外科发展的特征之一。

东轩居士《卫济宝书》一卷，刊于12世纪初。该书今存本系辑自《永乐大典》，共22篇，分作两卷。上卷论痈疽有五：癌、瘭、疽、痼、痈；下卷列述方药。书中对痈疽的辨证相当严谨，体现了辨证论治的思想。该书在胸部脓肿是否透膜引致脓胸的诊断方法上，有非常精密的观察。书中在唐代孙思邈“验透膈法”的基础上，进一步描述了透膜的判断方法：“如背上自肝腧以上，试以厚纸作捻直入探之，及一寸三分者为将通，十全三四，过此不治。虽过数而精神强者，须以竹膜一片覆疮口，密者先择一净明室中，以水湿疮上四旁，然后覆竹膜，再静看其动。似气之拽，拽则已通矣。非风非扇，而与呼吸相应，十死不治。无此者可疗。”东轩居士用这样的办法来判断脓胸是否已成，在当时是相当高明的办法。此外，该书对乳痈的治疗法也有独到之处。

《卫济宝书》在一般化脓感染的治疗上，强调的是早期的消导：“乘其未脓而攻之得宜，以不溃而愈，此上工也。”要使痈疽在未溃之时消除之，必然要用到内消法、托里法等治法。这在麻醉术不发达，止血、防感染技术不高的古代，无疑是积极的治疗手段。

宋元时期，一般的外科医家很少有懂得深奥理论者。南宋陈自明在谈到当时外科治疗时说：“凡痈疽之疾，比他病最酷。圣人推为杂病之先。自古虽有疡医一科，及《鬼遗》等论，后人不能深究，于是此方沦没，转乖迷途。今乡井多是下甲人，专攻此科……盖医者少有精妙能究方论者。间读其书，又不能探赜索隐。及至临病之际，仓卒之间，无非对病阅方，遍试诸药，况能疗痈疽，持补割，理折伤，攻牙疗痔，多是庸俗不通文理之人，一见文繁，即便厌弃。病家又执方论以诘难之，遂使医者鼯鼠技穷，中心惶惶，当下不下。悠悠弗决，迁延日久，遂令轻者重，重者死。”在这样的情况下，提高外科医生的诊治理论水平，的确是很必要的。元代齐德之谈到当时的外科状况时也提到：“夫大方脉、妇人、小儿、风科，必先诊脉，后对证处药。独疮科之流，多有不诊其脉候，专攻治外。或有证候疑难，别招方脉诊察。于疮科之辈，甘当浅陋之名。”不懂脉候的疮科医生，遇到疑难，就是请内科会诊，因此，这样的疮科医生在当时被视为浅陋之人。为了改变这种状况，外科书较多地讨论诊治的理论，运用内科的方药来进行外科疾病的治疗也逐渐变得很普遍。这方面的代表书籍有陈自明的《外科精要》、齐德之的《外科精义》。

《外科精要》三卷，南宋陈自明（字良父）约刊于1263年。该书在论述痈疽病因、病机、诊断、预后等内容的同时，强调辨证选方，反对拘泥于热毒内攻而专用寒凉之剂。陈氏对疡科用药作了恰如其分的归纳整理，对外科学术的发展起到了积极的作用。明代薛己为此书作序时称赞说："虽以疡科名其书，而其治法，固多合外内之道。如作溻泄泻灸法等论，诚有以发《内经》之微旨，殆亘古今所未尝道及者，可传之万世。"

元代齐德之，为医学博士充御药院外科太医，具有较高的外科理论水平。他的《外科精义》刊于1335年。该书二卷，上卷载痈疽辨证法则，下卷收录外科方剂145首。齐氏十分重视疮疡病的脉象，故书中开篇即把26种脉象变化及所主的外科疾病逐一介绍。继而阐述疡科辨虚实、辨深浅、辨脓、辨善恶、辨症候等问题，并把肺痿、肺疽列入外科病。在治疗方面，该书列举了灸法、砭镰法、针烙法、追蚀法、内消法、托里法、止痛法等等，内、外治法皆有，内容之全面，为前代所罕见。故《四库全书总目》云："是编先论后方，于疮肿诊候、浅深虚实，最为详尽……务审病之所以然，而量其阴阳强弱以施疗。故于疡科之中，最为善本。"

宋金元时期还有一些外科书，分别在某些外科病的治疗方法或所用药物上有新的积累。但要论对后世外科发展影响最大的，还是上述两书，它们把宋代的外科治疗提高到一个新的境界。

（二）骨伤科的进展

元蒙时期，南北征战不断，金创、跌扑、骨折等疾病自然是常见的。因此，在官方的医学分科中，正骨兼金疮科于此时从外科中分离出来，成为一个正式的医学分科。但与之不相称的是，此时还没有一部专门的骨伤科著作问世。医史学者们经常以元代危亦林的《世医得效方》来说明元代的骨伤科发展水平。

危亦林（1277～1347），字达斋。南丰（今属江西）人。世医出身。官本州医学教授。天历初（约1328），按当时医学十三科名目，依按古方，参以家传，编成《世医得效方》十九卷。该书经江西医学提举司送太医院审阅，于至正五年（1345）刊行。该书第18～19卷为正骨兼金镞科、疮肿科，其中的内容充分反映了元代骨伤科的发展水平。

该书记载的整骨技术已经施行麻醉和手术。如治疗损伤骨节，要用到草乌散，使人"麻倒不识痛。或用刀割开，或用剪剪去骨锋者，以手整顿骨节复原……或用凿凿开取出，后用盐汤或盐水与服，立醒。"在使用麻药时，危氏还提到："服后麻不倒，可加曼陀罗花……若其人如酒醉，即不可加药。"由此可知，元代的正骨手术中使用麻药已经有比较丰富的经验。

在骨折的诊断技术和闭合复位的手法上，危亦林比前人前进了一大步。他描述的"手臂出臼"，即肱骨踝上骨折，他所记录的整复方法和伸直单侧夹板固定，既有利于骨折愈合，又可纠正尺偏桡偏，并可防止"曲直不得"的后遗症。在关节脱臼的复位方面，危亦林的经验十分丰富。他创造性地提出悬吊复位法，可以使肌肉肥厚难于用手法复位的髋关节脱臼得以复位。危氏创造的脊椎骨折悬吊复位法，符合科学原理，其方法之系统先进，在世界骨伤科史上也是罕见的。其法为："用软绳从脚吊起，坠下身直，其骨使自归窠，未直未归窠，须要坠下，待其骨直归窠。"复位后莫令弯曲，用杉木皮固定于过伸位。这一方法至今对治疗压缩性脊柱骨折还有其实际意义。

此外，该书还记载了治"肠肚伤治法"，是金创伤腹的有效治法。此法"只肠断难医。伤破而不断者，皆可治疗"。其法："用花蕊石散傅线上，轻用手从上缝之，莫待粪出；用清油捻活，放入肚内。肚皮裂开者，用麻缕为线，或捶桑白皮为线，亦用花蕊石散傅线上，须用从里缝肚皮，不可缝外重皮，留外皮开，用药掺，待生肉。"这些记载表明当时我国的腹部外伤治疗已具有较高的缝合治疗技术。

危亦林五世行医，在他这本书中，反映的是他家传的各科治疗经验。此书刊行之前，还经过了太医院的审查，可知其中绝大多数记载是相当可靠的。该书为反映元代的骨伤科成就提供了不可多得的宝贵资料。

第十二章　本草学的总结与发展

本草学在北宋时期的发展最为引人注目。北宋的百余年间，中央政府就已经三次组织力量编修本草，从而把官修本草的发展推到了一个顶峰。纵观北宋时期本草的发展，大体可分成前、中、后3个阶段。这三个阶段各自的代表作分别为《开宝本草》、《嘉祐本草》与《本草图经》、《证类本草》。

第一节　《开宝本草》的出版及其意义

北宋初，距唐代《新修本草》成书已经有300余年。由于反复地传抄，以致“朱字墨字，无本得同；旧注新注，其文互阙”。在已有印刷条件的北宋初年，如何将手抄时代的本草经典刊为定本，就成为当时本草发展的当务之急。

开宝六年（973），朝廷下诏由尚药奉御刘翰、道士马志及其他翰林医官等9人，详校唐《新修本草》，“尽考传误，刊为定本”。然后又在此基础上，参照唐代陈藏器《本草拾遗》等书，增益药品，并由马志为该书作注解。书成之后，翰林学士扈蒙、卢多逊等人又为之刊正，名为《开宝新详定本草》（20卷）。宋太祖亲自为此书作序，镂板于国子监。这是本草史上第一部版刻的官修本草。但也许是因时间过于仓促，“所释药类，或有未允”，因此在开宝七年（974）又再次由刘翰、马志等奉诏重定本草，并由翰林学士李昉、王祐、扈蒙等参与刊正。这次编成的是《开宝重定本草》。以上二书的原书今已无存，只有若干注文可见于《证类本草》中，故后世多将这开宝年间的两部本草统以《开宝本草》称之。

《开宝本草》在校正《新修本草》、继承《新修本草》传统的修撰方法的基础上，又进一步增益药品（计134种）、附加新注、变更某些药品的分类位置。但这些工作并不是该书出版的主要意义。值得赞扬的是，《开宝本草》的编写人员在本草典籍由传写变为版刻的转折性历史时期，明智地选择了完整保存古本草内容的编纂方法，并想出了适合雕版印刷的新的文献标识法。《新修本草》原先是用朱、墨两色抄成的，而《开宝本草》则用白字（阴文）来替代朱色、黑字（阳文）替代墨色，这就是所谓的“白字为神农之说，黑字为名医所传”。此外，《开宝本草》为标明书中的引文出处，拟定一系列的标识法。如对《新修本草》的新增药品注以“唐附”，而《开宝本草》续添药则标作“今附”；《开宝本草》自身的注文又分“今按”、“今注”两种，凡“详其解释，审其形性，争谬误而辨之者，署为今注；考文记而述之者，又为今按”。此后北宋各大型官修本草均受《开宝本草》编纂方式的影响，注重文献出处的标识，从而大大地提高了这一时期本草著作的文献价值，为保存古本草的风貌作出了贡献。

《开宝本草》共载药984种，其中134种为新增品。所谓“新增”，并不是说这些药品在宋代才出现，只是首见于《开宝本草》而已。《开宝本草》新增药品中，有98种是从《新修本草》之后、北宋之前的其他医药书中筛选而来的。这些药品中有后世常用的丁香、乌药、蛤蚧、天麻、延胡索、没药、五灵脂、马兜铃等。但因《开宝本草》编成于北宋初年，故真正属于宋代新出之药仅36味（如使君子、白豆蔻、山豆根等）。虽然在编写《开宝本草》时，政府也曾进行过某些调查研究，但大规模的药物调查直到北宋中期的嘉祐年间才得以开展。

第二节 《嘉祐本草》与《本草图经》的功绩

北宋中期，科学文化又有一个长足的发展，出现了像沈括、苏颂、掌禹锡等著名的科学家。这些科学家在政府任官员，他们为发展科技向朝廷提出了许多良策。嘉祐二年（1057），在儒臣的建议下，国家成立了校正医书局。该局成立后的第一项工程，就是编修本草，总结北宋建国百余年来的实际用药经验，整理其时收集到的丰富的本草文献。

这次本草整理工作分成两个部分进行。其一是在《开宝本草》的基础上进一步整理前人的本草文献，拾遗补阙，编成《嘉祐本草》；其二是仿唐代《新修本草》编写《图经》的方式，在全国开展药物大普查，订伪求实，编纂《本草图经》。这两部本草姐妹篇将宋代的本草学发展推向了一个高峰。

负责校修《嘉祐本草》的主要人物有儒臣掌禹锡、林亿、张洞、苏颂等，以及医官秦宗古、朱有章。陈检、高保衡也相继参与了校定。经过三年（1057～1060）的努力，掌禹锡等编成《嘉祐补注神农本草》（简称《嘉祐本草》）20卷。又经年余，该书才被缮写成版样，镂版刊行。《嘉祐本草》的编纂宗旨是补前代本草的漏略，收集遗散的药物知识。为此，掌禹锡等在《开宝本草》的基础上，“立例无所刊削”，最大限度地保存古本草的原貌。凡属于《嘉祐本草》添加的内容，均列于“臣禹锡等谨按”（其下为引用文献）或“今据”（注解）之下。全书义例严谨，引文广博，为本草主流文献增添了大量的新内容。

据统计，《嘉祐本草》引用的文献达50余种，其中选录的本草文献就有16种。许多今已佚散的本草书籍赖《嘉祐本草》的转载得以保存其部分内容。这些本草文献中，比较重要的有《蜀本草》、《吴氏本草》、《药对》、《药性论》、《食疗本草》、《日华子本草》、《南海药谱》等书。通过《嘉祐本草》的引录，许多有关药性、配伍、食疗及民间用药经验得以进入主流本草。此外，该书丰富的引文也为后世研究本草发展保存了大量的珍贵史料。例如该书序例所引“陈藏器本草拾遗序例”中，就保存了陈藏器的“诸药有宣通补泻轻重涩滑燥湿，此十种者，是药之大体”等重要论说，这就是后世所谓“十剂”理论，为按药性分类开一大法门。又如该书的“补注所引书传”，实际上是该书所引本草要籍的简要解题，它为我们了解这些古代本草提供了不可多得的史料。由《嘉祐本草》开创的为所引书籍解题的作法为后世许多书籍仿效，如南宋的《宝庆本草折衷》、明代的《本草纲目》等书都附有该书引用书目的解题。

《嘉祐本草》实际载药1083种（原书称载药1082种），较《开宝本草》多出99种新增品。这些新增品中，属于“新补”之品82种，“新定”之品17种。所谓“新补”之品，指其药物辑自前代本草文献；“新定”之品则系“今世（北宋）已尝用，而诸书未见，无从辩正者，如葫芦巴、海带之类”。后者实际上才真正是宋代新出之药。当然，宋代实际的新出之药远不只该书所载的17种，在嘉祐年间编成的另一本草著作《本草图经》还收载了大量的民间药物。

《本草图经》的编写始于嘉祐三年（1058），比《嘉祐本草》的编写晚一年。该书编成于嘉祐六年（1061），次年镂版颁行。主持编写该书的是著名的天文学家苏颂（字子容）。苏颂是一位博古通今、学识渊博的学者，故当时有“古事莫语子容”的说法。他充分汲取前人编写本草的经验，在编修《本草图经》时采用了不同于编《嘉祐本草》的方法。概言之，即

"广泛调查、一人执笔"。

所谓"广泛调查"，是说编纂该书时"本用永徽故事"（即唐代纂修《新修本草·图经》时采用的方法），由政府下诏全国，征集药图、药物标本及有关解说，为《本草图经》的编纂准备资料。其具体做法是："下诸路州县应系产药去处，并令识别人仔细辨认根茎苗叶花实，形色大小，并虫鱼鸟兽、玉石等堪入药用者，逐件画图，并一一开说著花结实、收采时月、所用功效。其番夷所产药，即令询问榷场市舶客商，亦依此供析，并取逐味各一、二两，或一、二枚封角，因入京人差赍，送当所投纳，以凭照证，画成本草图，并别撰《图经》。"（《证类本草》引"补注本草奏敕"）。这是中国药学史上继唐《新修本草》之后进行的规模最大、也是最后一次由政府组织的全国药物大普查，实为世界药学史上的一次壮举。这次普查不仅搜求到了国内各地的药物材料，而且也尽可能地吸收了某些外国的药物知识。据现存的《本草图经》药图名称上所显示的地名来看，贡献药图的地区至少包括 150 个州郡。当时各地所上"绘事千名"，又附有相应的解说，因而得以包容丰富的民间辨药、用药经验。从这个意义上来说，《本草图经》堪称是集体智慧的结晶。

由于各地进献的药物解说详略不一、风格各异，内容也甚或互相矛盾，因此，要把这些资料编写成一部书，是一件极为繁难的事。该书的编写不同于《嘉祐本草》，它不是整理已有的本草文献，而是要把调查所得撰写成一部论著。校正医书局的儒臣们充分认识到"考正群书，资众见则其功易就；论著文字，出异手则其体不一"，因此，由刻意于此书编写的苏颂一人执笔。苏颂在下笔之前，并无唐《新修本草·药图》或《图经》可资参考。但他借鉴了"天宝之例"，即唐天宝年间编写《天宝单方药图》的经验，把辨药（药图及有关药物辨认的解说）和用药（包括出示处方）揉和于一书，令"叙物真滥，使人易知；原诊处方，有所依据。"

《本草图经》系独立成书，计 20 卷，另目录 1 卷。该书共载药物 780 种，在 635 种药物名下附有 933 幅药图。这些药物中，含有据民间经验增补的 103 种草药。编写《本草图经》所进行的全国药物普查，看起来好像是重复了唐代的工作，但这种重复对本草发展有非常重要的意义。因为唐代的药物普查所得资料到宋代就已丧失殆尽，因此，药物的再次调查是十分必要的。《本草图经》的出版借助了当时的印刷术，将药物图谱（其中有不少原是彩色的）改为墨线图上版刻印，这就为这些药图的实际运用提供了方便。尽管苏颂在撰写该书时也引用了大量的旧有文献资料（尤其是收录了许多方剂），但其书最有价值的还是从民间收集得来的众多辨药、用药经验。这些新资料不仅对后世研究宋代的药学发展实际状况极有价值，更重要的是该书在此后的药物品种考订和提供用药经验方面发挥了巨大的作用。著名的日本科技史家薮内清指出："《本草图经》已经远远超越了它作为《嘉祐补注本草》的补充附图的意义，而是（一部）全新的科学的本草书"。[①] 该书所取得的卓越成就，已达到了当时世界药物学的领先水平。

北宋中期，政府利用全国的力量编成的《嘉祐本草》与《本草图经》，是当时官修医药书中最有水平和实际运用价值者。这两部本草书把我国本草学推向了一个高峰。

---

① 〔日〕薮内清，宋元時代における科学技術の展開，9 頁，載《宋元時代の科学技術史》，中村印刷株式会社，1967 年。

第三节 《证类本草》的编纂及其影响

北宋后期的本草学也有值得称道的进展。但是，这些进展不是由政府组织儒臣医官取得的，而应归功于一些医药学家个人的努力。这些医药学家中的佼佼者当数四川民间医生唐慎微，他编成了举世闻名的《经史证类备急本草》（简称《证类本草》)。

《证类本草》的核心内容还是北宋中期官修的《嘉祐本草》与《本草图经》。《嘉祐本草》与《本草图经》是分别独立成书的。也就是说，这很容易导致“学者不兼有”的现象。《证类本草》的第一项工作就是将此二书合二为一。当然，这项工作还无法说对本草学发展有什么贡献。而且在唐慎微之前，名医陈承就已经于元祐七年（1092）首先将《嘉祐本草》与《本草图经》合而为一，编为《重广补注神农本草并图经》一书，完成了将药物正文、药图、图经三位一体的工作。此外，陈承也在此书中补充了一些自家的药学见解。这些新见解在后来的《大观本草》引用时被冠以“别说云”，故李时珍又简称陈承的《重广补注神农本草》为《本草别说》。但是，陈承的这些工作与唐慎微相比，则相差甚远。

唐慎微《证类本草》的丰功伟绩在于他完成了宋以前本草资料的集大成工作。宋代以前，医药书籍基本上是手抄口传，大量的医药书籍散落民间。北宋以来，经过《开宝本草》、《嘉祐本草》与《本草图经》两次筛选，宋以前许多重要的本草资料已然被收入了主流本草书中。尽管如此，仍然还有不少本草资料未能收集到，或者因不为官修本草所重视而遭遗弃。唐慎微则不然，他以竭泽而渔的精神尽可能全面地收集本草资料。他利用他高超的医术，“为士人疗病，不取一钱，但以名方秘录为请。以此士人尤喜之。每于经史诸书得一药名，一方论，必录以告”。这种奇特的发动群众广为收集资料的办法使唐慎微得以编成《证类本草》。

据本草史界比较通行的看法，唐慎微此书的初稿约在元丰五年（1082）前后完成，后经陆续增补，约于1098～1108年定稿。该书31卷，目录1卷，其内容较嘉祐年间官修二本草要庞大得多。这是因为该书从医药、经史、佛书道藏等各类书中增补了大量的资料。据统计，该书实际引书243种，超过此前任何一种本草著作所引用的书籍。这些资料中，有许多是今已佚失、仅存于《证类本草》中者；还有一些甚至不见于官府所藏少见的珍本秘书，赖唐慎微引录才得以转世。例如《雷公炮炙论》，以唐慎微所引最多。药物炮制内容一向为历代主流本草中的薄弱环节，经唐慎微增补入《雷公炮炙论》的资料后，这一局面开始得到改观。此外，经唐氏引录的重要本草还有《食疗本草》、《本草拾遗》、《海药本草》、《食医心镜》等书。从这些前人之书中，唐慎微将《嘉祐本草》与《本草图经》的编者未曾见过的、或被他们筛选时遗弃的药品562种增入《证类本草》，从而使《证类本草》所载药品达到了1748种。这些续添入本草的药物大多是拾掇北宋两次官修本草的遗逸之品，故其中的常用药极少。从临床实用的角度来衡量，这些新增药的价值并不高，反而使得全书芜杂不堪。但是，从史料角度来看，这些资料足以反映其原书的药品种类，甚有助于了解此前的本草发展脉络。在唐慎微之后，很少还有人再能补充宋以前的本草资料了。《证类本草》实际上已成为宋以前本草文献的渊薮。对此，明代伟大的药物学家李时珍赞扬说：“使诸家本草及各药单方，垂之千古，不致沦没，皆其功也。”李时珍《本草纲目》的编纂不仅以《证类本草》为资料主体，而且在编纂方式上也深受唐慎微的影响。

由于药品的急剧增多，唐慎微在药物的分类上也稍加细分，如将《新修本草》的“禽兽”部（后世《开宝本草》、《嘉祐本草》均仿此）分成“人”、“兽”、“禽”三部，但这并无多大的新意。唐慎微完成的只是资料汇集工作，因此他的书中几乎没有作者自己的见解。对此，南宋《绍兴本草》的主持人王继先批评说：“慎微《证类》，又不过备录诸家异同，亦不能断其是非”（《绍兴本草·序》）。

唐慎微凭个人之力，完成宋以前本草集大成的重任，已属不易。其书因卷帙浩繁，以私人之财力，是无法出版的。直到大观二年（1108），该书的传本才由集贤孙公委命杭州地方官艾晟校定增订，镂版刊行。此即后世所称的《大观经史证类备急本草》（简称《大观本草》）。艾晟在校订之余，又增入陈承在《重广补注神农本草》中的个人解说，以及他自己的若干条注说和单方。

《大观本草》刊行之后，唐慎微之书才开始广泛流传。宋徽宗“谓此书实可垂济”，乃诏医官曹孝忠等校正润色，于政和六年（1116）校成《政和新修经史证类备用本草》（简称《政和本草》）。这是北宋最后的一次官修本草，从其工作来看，主要是校勘补遗。该书补充了《大观本草》所无的 5 味《本草图经》之品，这说明校勘者可能参照了嘉祐年间两部官修本草。《政和本草》原有政和监本，但因靖康之变，其版片被金人掳去，此书遂在北方流行，南宋人无法看到此书。南宋地区流传的只有《大观本草》。从此，《证类本草》就分别以《大观本草》和《政和本草》两种刊本传世，成为《本草纲目》问世前最有影响的本草著作。

《大观本草》在南宋多次刊行。南宋时期的诸家本草，大多是以《大观本草》为依托，进行改编、增补或节要。其中比较重要的后续性著作有《绍兴本草》和《宝庆本草折衷》。

《绍兴本草》全称为《绍兴校定经史证类备急本草》。这是《大观本草》的一个校正增补本。奉诏领衔校定《证类本草》的是医官王继先，书成于绍兴二十九年（1159）。该书的校定工作据说曾“考名方五百余首，证舛错八千余字”。此外，王继先等还在主要的药物之下，加上按语（冠以“绍兴校定”）。这些按语旨在对“物性寒热补泻、有毒无毒、或理之倒置、义之相关者，辨其指归，务从至当”。从现知的残存条文中，可以看出校定者们确实是根据当时的用药实际情况，探讨相关药物的性质和实际疗效。虽然其语言不是很雅致优美，但本草史上像该书这样直率全面地评论诸药功效甚为罕见。由于王继先是一名醉心权术的佞臣，他在《绍兴本草》书成之后不久就遭到弹劾。也许是因政治上的原因，《绍兴本草》不像其他北宋官修本草那样受人重视，流传极少，几乎没有对中国古代的本草发展产生过积极作用。至今该书也未见全本，只有数十种日本残抄本存世。

《宝庆本草折衷》也是《证类本草》南宋时一部重要的后续性著作。作者陈衍，是一名富有临床经验的民间医生。他在宝庆丁亥（1227）年完成该书初稿，又经多年增补，于 1248 年最后定稿。该书的资料主体也是取材于《大观本草》，但无论药品种类还是有关内容，都是根据临床实际严加选择。其书 20 卷，共载药 789 味。除节选前人论说之外，陈衍还新增了少数药品，并在若干药物之下表达了他自己的一些新见解。该书虽取材于《证类本草》，但在编纂方法上却有许多新的改进。例如，该书废除了《证类本草》按时代先后堆积序例的做法，改为按药学专题归类药学总论内容。在行文上，也不受《证类本草》的束缚，而是不分白字、黑字，一律按统一的体例选用有关条文。

《政和本草》在北方流传的过程中，很少见有增补、改编的后续性著作。只是山西平阳张存惠在再刻《政和本草》时，将北宋政和间的另一部重要本草著作《本草衍义》的药物内容逐条散入《政和本草》中。此后的《政和本草》，就都成为《政和本草》和《本草衍义》的合编本了。

《本草衍义》是北宋政和年间一部重要的本草专著。作者寇宗奭，原为澧州司户曹事。在其“从宦南北”之时，留意于药物调查。经十几年的努力，编成《本草衍义》20卷。政和六年（1116），此书上报朝廷，得到赏识，寇氏因此转官为收买药材所辨验药材官。《本草衍义》是在《嘉祐本草》的基础上再加考订而成，类似读书笔记，补充了前代本草未备之言。书中内容涉及药物产地、形态、采收、鉴别、炮制、制剂、性味功治、禁忌等，有许多新的见解。在药学理论上，寇氏改传统的“四气”（寒、热、温、凉）为“四性”，而把气作为“香臭之气”。他的论药方法对金元医家有很大的影响。清人杨守敬评价说：“寇氏辨正药品……发明良多。盖翻性味之说，而立气味之论。东垣、丹溪之徒，多尊信之。本草之学，自此一变。”朱丹溪后来作“本草衍义补遗”，即受此书的影响。

第十三章 学风的变迁与学派的建立

第一节 南宋时的医学“易简”之风与局方医学

一 南宋医学“易简”之风面面观

地处吴头楚尾以南的南宋地区，先后与金元所辖的北方地区对峙。南北方长期的隔绝，使得各自在科技文化方面难以交流。与北方金元地区轰轰烈烈的医学争鸣相比，南宋的医学在理论上可以说是很少建树。

南宋朝廷偏安一隅，不思进取。医学发展也没有北宋那股势头。在北宋时，南方的闽、赣、岭南都是属于医学相当落后的地区。但当宋室南迁之后，南方的经济文化、科学技术也渐次发展，一些原来比较落后的地方医疗水平有所提高。从现存医书和史料所示情况看，南宋的医学发展集中在今江苏、浙江、江西以及福建一带。南宋医学的水平整体说来是不高的，这与当时的医学风气崇尚“易简”有很大的关系。这种“易简”之风主要表现在本草、医方及脉学方面。

（一）本草

整个南宋本草赖以发展的基础是《大观经史证类备急本草》（以下简称《大观本草》）和《本草衍义》。当然，这两本书中《大观本草》又是最重要的。

宋室南迁之后，大规模地编修本草的趋势顿时减弱。南宋初年，还有一次规模不大的官方主持编修本草的举动，其结果是编成了《绍兴校定经史证类备急本草》（以下简称《绍兴本草》）。这是南宋唯一的一部在《大观本草》基础上增补而成的药书。该书不像北宋官修本草那样旁征博引，补充大量的前代本草资料。编修者除了校勘之外，主要是在许多药物之后加上用通俗的语言写成的按语（冠以“绍兴校定”）。这些按语十分简短，其内容主要是不受任何约束地评论各药的实际疗效，如讨论其性味，指出这些药物在当时是常用还是不常用，临床效果如何，使用的是什么种类的药物，产于何处，等等。这些内容可以令临床医生很容易地把握各药的用药要点。这是当时医药尚简的一个表现。正因如此，《绍兴本草》被陈振孙讥为“每药为数语辨说，浅俚无高论”（《直斋书录解题》)。也许是由于政治方面的原因，《绍兴本草》在当时就很少流传，它几乎没有对南宋本草及以后的本草发展产生任何实际的促进作用。

《大观本草》中药学内容之丰富，在宋代来说是前所未有的。但由于该书卷帙浩繁，良莠毕集，给临床医生使用该书带来了相当多的麻烦，因此，将《大观本草》加以删节改编，精简存要，成为南宋本草著作编写中普遍采用的方法。不过这些本草著作又可分成删繁式和撮要式两大类型。

所谓“删繁式”，即保留《大观本草》的主体内容、不改变其原书风格，只是删去一些繁杂的资料。谈不上对本草的发展有什么实质性的裨益。诸如郑樵的《本草成书》和《新编类要图注本草》就是属于这一类型。

所谓“撮要式”，就是从《大观本草》中精选出少数最有实用价值的药物和相关的内容，按新的结构进行编写。毫无疑问，这类本草著作是最受临床医家欢迎的。现知南宋此类本草有“缙云”《纂类本草》（约1173）、陈日行《本草经注节文》（约1189）、张松《本草节要》（约1208）、艾元甫《本草集议》（约1224）、王梦龙《本草备要》（约1225）、佚名氏《本草辨疑》（约1227）以及陈衍《宝庆本草折衷》（1248）。其中《纂类本草》、《本草集议》和《宝庆本草》为此类本草中的佼佼者。

《纂类本草》撰成于乾道中（1165～1173），不著撰人。因该书前有鹤溪道人陈言（字无择）的序，故《宝庆本草》的作者陈衍将陈无择居住的地方“缙云”作为此书作者的代称。作者在《证类本草》的基础上削冗举要，并把正文和注释混合在一起。为了易于掌握各药的主要内容，作者在各药条下用“名、体、性、用”四字予以概括。以“桂”这个药为例，桂就是“名”，“体”字下则介绍该药的出处、形状和颜色，“性”字下出示药物的性味，“用”字下列举药物的功能。这种分项述药的方式便于简约地归纳药学内容。此外，该书在卷首设立专题，讨论了药物的名实异同、炮制、畏恶等内容，相当于整个药物书的总论。陈衍称赞该书“约而易守，炳而易见，真得论述之法”。

艾原甫《本草集议》也从《证类本草》、《本草衍义》中选取药物资料，但与众不同的是，他经常表达自己的见解，介绍用药经验。艾氏不仅在书前专门讨论药性、药物的异名、制药方法等，还在各论中把古本草所载某些同类药物加以归并，如把磁石和玄石、附子和天雄合为一条等等。

陈衍《宝庆本草折衷》是现知南宋出现最晚的、但却是最好的一部节要本草书。该书20卷（今仅残存14卷）。前两卷为序例，分11个专题辑录临床用药有关资料。卷三主要为“名医传赞”，收集了11位医家的历史资料。卷4～20为药物各论，共载药789味（今存523味）。每个药条前均编有序号。各论以《证类本草》为基础，从中选取常用药物和临床实用的资料。在某些药条之后缀有作者个人的“续说”，其中简要介绍了南宋时的许多用药和辨药经验，并从用药实际出发对药物的性味功效进行考订。

此外，南宋时期还有一类比较特殊、且更为简约的本草著作，我们姑且称之为“方书附见本草要略”。它们的特点是与某一方书同时刊行，所选药物均取自该方书。其目的是专一为该方书服务，使人们在使用该方书时不会因对其中的药物不熟悉而引起某些困难。由于这些药物资料是作为方书的附加注解部分，因此它们往往没有专门的书名，一般也不单独刊行。此类简约本草主要有：

许叔微《普济本事方》（1132）卷末附有《修治制度总例》，其内容主要是记载药物的炮制内容。

张锐《鸡峰普济方》（1133）卷一之后，附有165种药物的简要炮制法。

刘昉《幼幼新书》（1150）卷40为“论药叙方”。该卷列举158种药物，另还附有本草书中所没有的药物27种。

孙绍远《大衍方》（1190～1194）首附本草要略。该书仅取药物49条，凡同类之药，各附于本条之后，外有姜、枣、蜜、蜡所至皆有之药，又不在49之数。

郭坦《十便良方》(1196)是在孙绍远《大衍方》基础上扩充而成的。其卷首所附本草要略的形式与《大衍方》相似，只是收药扩充到64种，并附载可供食用的动植物若干种。

王硕的《咀生药料三十品性治》(约1195～1200)，它附见于《易简方》的卷首，仅介绍《易简方》中使用的30味药物的炮制方法和性味功效。

僧了明《眼科龙木论》(1208～1224)第九、十两卷为本草要略。这两卷选择书中诸方所用的药物，分为十部，分别介绍它们的功效主治。

许洪的《指南总论》(1208)置于某些版本的《和剂局方》之前，专门解说《和剂局方》涉及到的185种药物的炮制法，简明实用。

刘信甫《活人事证方》(1216)之首，设有药物专篇。篇中的药物均系《活人事证方》所用，其解说的内容限于各药的功效主治。

这些"方书附见本草要略"的资料多从其他本草书中摘取而来，极为简单，论学术价值并不太高。但因其所取资料与方书紧密结合，所以很受临床医生的欢迎。

总括南宋时期的本草学，简约之风盛行。由此在本草著作的编纂方式上有所改进(如分专题归纳序例、各药条下分项说药等)，但在内容上却简而又简，亦无理论上的创新。

(二) 医方

南宋时的医学书籍主要是医方书。流传至今并为后人所称道的此类书籍主要有王衮《博济方》、苏轼、沈括《苏沈良方》、王贶《全生指迷方》、许叔微《本事方》、陈言《三因方》、杨倓《杨氏家藏方》、刘信甫《活人事证方》、严用和《济生方》、杨士瀛《仁斋直指方》等。但是，在南宋时风靡一时的却是一类以"易简"为宗旨的医方书，其中影响最大的是王硕的《易简方》。

王硕，字德肤，永嘉(今浙江温州)人，庆元中(1195～1200)监临安府富阳县酒税。他编成的《易简方》仅区区一卷。主要内容为常用方剂三十首，此外，该书卷首取方中所用的药物30味，注明其主要功效主治；又列举市售常用的成药丸子十种，以备仓促之用。

王硕《易简方·序》中谈他为什么写此书时说：

"倘脉之不察，证之莫辨，投伤寒以桂枝，投伤风以麻黄，用药一误，祸不旋踵。又况六淫外感，七情内贼，停寒蕴热，痰饮积气，交互为患。证候多端：亦有证同而病异，证异而病同者，尤难概举。若欲分析门类，明别是非，的用何药，谁不愿此？奈何素不知脉，况自古方论，已不可胜纪，宁能不惑于治法之众？将必至于尝试而后已，用药颠错，诸证蜂起，殆有甚于桂枝、麻黄之误。

古语有之：'看方三年，无病可治；治病三年，无药可疗'。正谓是也。故莫若从事于简要。今取常用之方，凡一剂，而可以外候兼用者，详其义于篇，庶几一见而治。纵病有相类，而证或不同，亦可以治疗……。"

从其序中可以知道，王硕本人并不是反对辨证论治，相反他非常清楚疾病证候的复杂性。但他认为，一般人是很难了解脉象的，面对治疗某一证候的众多方剂，必然会糊涂，甚至以病试药。在这种情况下，他认为不如"从事于简要"，故选30首常用通治方，"对方施治"，只要外部证状相符者就可以使用其中某一方。这样轻病可望治愈，就是不能全好，也可以争取时间去招请高明的医生来治疗。像这样一册其本意是供给一般民众使用的备急方书，内容平平，本来不至于引起医家们的重视。但事实是恰恰相反，这部书竟被崇尚"易简"的南宋医生们奉为至宝，风行一时。

南宋陈振孙《直斋书录解题》中就已指出“其书盛行于世”。刘辰翁的一段描述更让人惊奇《易简方》的“走红”程度：

“自《易简方》行，而四大方废，下至《三因》、《百一》诸方亦废，至《局方》亦废。亦犹《中庸》、《大学》显，而诸传义废，至《诗》、《书》、《易》、《春秋》俱废。故《易简方》者，近世名医之薮也；四书者，吾儒之《易简方》也。（《须溪记钞·济庵记》）

被捧得这样高的《易简方》，自然就成了褒贬的焦点。有的人在《易简方》基础上再加增补，还有的人却以此为的，进行攻击。据现知史料，以《易简方》为增损的书就有多种。如吴澄说：“德肤以来，增补其书者凡三：曰孙，曰施，曰卢。豫章徐若虚昔以进士贡儒，而工于医，又取四《易简》而五之，名曰《易简归一》。”（《文集》）

所谓“孙”，指孙志宁《增品易简方》。孙氏“尝于《易简方》之首，新增药物拾条，其间附益证论颇多。”（《宝庆本章折衷》卷 20）

所谓“施”，指施发《续易简方论》（1243）六卷。施氏认为《易简方》“今世士夫，孰不爱重？皆以治病捷要，无逾此书。”“士大夫往往以便于观览，故多用之。然其于虚实冷热之证，无所区别。谓之为‘简’，无乃太简乎？此予续论之作，所以不能自已也。”

所谓“卢”，指卢祖常《续易简方论》五卷（丹波元胤考其书名当为《易简纠谬》）。该书反对“习《易简》简要为师”，极力攻击王硕、孙志宁之书。

徐若虚《易简归一》，据吴澄介绍：“名曰《易简归一》。其论益微密，其方益该备。施、卢且当避席，而况王若孙乎？”可知此书已经失去了“易简”的初衷了。他们不过借《易简方》之名阐发已见而已。杨士瀛早已看出了这一点，他说：“《易简方论》，前后活人，不知其几。近世之士，类以春秋之法绳之。曰《易简绳衍》，曰《增广易简》、曰《续易简》——借古人之盛名，以自伸其臆说。”

一本小小的医方册子，居然成了当时的“名医之薮”，被奉为与儒家四书同样的地位。这样的结局，即便是王硕本人，恐怕也是始料不及的。吴澄对此曾有过中肯的评述：“《易简》三十方，盖特为穷乡僻原、医药不便之地，一时救急而设，非可通于久远，而语于能医者流也。”但谁曾料到“今之为医者，所习多《易简》？”[①] 这样一来，就使得医界的水平普遍下降。僧继洪曾描述当时的医生滥用《易简方》的情况：“凡见中（风）者，不辨其冷热，投三生饮。三生未效，易以三建汤，三建复然，其技止于重丹而已。欲侥幸万一之中，而有时足以害人——皆王氏启之矣。”但《易简方》为什么能得以盛行，这不能不归于当时医风的时尚。

南宋之时，随着儒学的发展由向简转化，医学的简化之风也日趋扩展。王硕撰《易简方》，追根溯源，是受其师陈言的影响。陈言，字无择，号鹤溪道人，青田（今属浙江）人。他是南宋时在医学理论方面有所建树的少数医学家之一。在他的《三因极一病证方论》[②] 中，提出了一系列的医学要领。其中最重要的是对张仲景《金匮要略》的三因论说的发挥。所谓三因，即外因（六淫）、内因（七情）和不内外因。陈言认为：“医事之要，无出三因。辨因之初，无逾脉息……以人迎候外因，气口候内因，其不应人迎、气口，皆不内外因。”此外，他还倡用“名、体、性、用”四字“读脉经，看病源，推方证，节本草”。他对医方的认识是：

---

① 南宋·僧继洪《澹寮方》。

② 简称《三因方》，成书于 1174 年。

"现行医方山积……殊不知晋汉所集，不识时宜；或诠次溷淆，或附会杂糅；古文简脱，章旨不明。俗书无经，性理乖牾。庸辈妄用，无验有伤。不削繁芜，罔知枢要？"就是在这种思想的影响下，他的学生王硕才从《三因方》选取要方，附以他方，撰成《易简方》。

陈言的医学思想在南宋地区的影响非常广泛。南宋时兴起于江西庐山的西原脉派，用"浮、沉、迟、数"四脉为纲，即是在《三因方》的直接启示下建立其脉学体系的。[①] 西原脉派的传人严用和，其所撰《济生方》在医学理论上也多取陈言之说。此外，佚名氏《纂类本草》"取本草药物，削冗举要，混合经注，各条以名、体、性、用四字而类之"[②]，这些做法和陈言在《三因方》中的主张是一模一样的。由此看来，陈言足可称得上是南宋医风尚"简"的推波助澜者。

南宋医风尚简的另一个表现是喜好用成药。《和剂局方》在南宋地区广泛流传，经久不衰，是当时好用成药的明证。

二　《和剂局方》与局方医学

《和剂局方》（全称《太平惠民和剂局方》）是宋代太医局编撰的成药处方集，对南宋医学产生了巨大的影响，以至于有人把南宋地区的医学称之为"陈、裴之学"（陈师文、陈承、裴宗元为《和剂局方》的校正者），或"局方学"。该书传至东瀛，亦曾在彼邦风靡一时。医史学家范行准先生认为它"是世界最早的'药局方'，较之西欧，我国要早一千年了。"[③]

《和剂局方》成书于北宋末年。"和剂局"是当时官药局下属的制药工场。药局的前身是熙宁九年（1076）在汴梁成立的熟药所，该所隶属于太医局。元丰中（1078～1085），朝廷下诏天下高医，各以得效秘方进呈，然后下太医局验试。依有效方剂制成成药出售。所征得的秘方，编成《太医局方》，模板印行。

崇宁二年（1103）熟药所扩为 7 个药局，分为"和剂"（制药工场）和"惠民"（售药商店）局。然考虑到"自创局以来，所有之方，或取于鬻药之家，或得于陈献之士。未经参订，不无舛讹。虽尝镂板颁行，未免传疑承误。故有药味脱漏，铢两过差。制作多不依经，祖袭间有伪妄。至于贴榜，谬戾尤多，殆不可以一二举也。"在此时刻，三位医官（将仕郎措置药局检阅方书陈承、奉议郎守太医令兼措置药局检阅方书裴宗元、朝奉郎守尚书库部郎中提辖措置药局陈师文）"顷因条具，上达朝廷。继而被命，遴选通医，俾之刊正。于是请书监之秘文，采名贤之别录。公私众本，搜猎靡遗。事阙所从，无不研核。"[④] 经过一番整理，于大观初在《太医局方》的基础上完成了《校正太平惠民和剂局方》一书。全书分 21 门，收录方剂 297 首。该书撰成之后，立即颁行海内，成为各地药局的制药处方范本。

《和剂局方》编成不久，北宋即告灭亡。宋室南迁之后，于绍兴初年恢复药局。绍兴二十一年（1151），朝廷以监本《和剂局方》颁行诸路。据考证，绍兴监本《和剂局方》又续添了诸局的经验方若干首。下此以往，在南宋期间，《和剂局方》经过多次的增补与修订。

---

① 参第十一章"西原脉派的形成及其影响"一节。

② 陈衍，《宝庆本草折衷》。

③ 《中国医学史略》，122 页，中医古籍出版社，1986 年。

④ 《和剂局方》陈师文等进表。

绍兴间直阁吴珽，又进行了一次增广，补入了诸家名方若干首，名为《增广校正和剂局方》；

嘉定元年（1208），太医助教检察惠民局医官许洪，对《和剂局方》进行了一次比较大的校正增注。据其书自序，许洪做了下列工作："洪于供职暇日，谨证以监本，精加校定。尚虑或者以为出己义之私，于是按诸家本草所载，具注药注于逐品之下……又编次《和剂指南总论》，以冠帙首。"

在许洪之后，有两种《和剂局方》之前增刻了本草节要。据陈衍《宝庆本草折衷》所述，"其一编系桃溪居士刘明之、字信甫所述。先纂本草常用药物，别为小帙，冠于卷前"；"又一编系宝庆中监建宁府合同场提督黄伯沈，永嘉人所述。亦先纂本草常用药物，以冠卷前。一如刘明之之式，更少数药耳。仍许洪总论，辅以杂方。考其编述笺注规度，悉蹈刘明之轨辙也。"这里所谓的冠于卷前的本草常用药物小帙，可能就是后世所见题为《图经本草药性总论》之类的节要本草。

此后的《和剂局方》还有数次增补。《四库全书提要》云："其中又有宝庆、淳祐续添诸方，更在绍兴之后。"据马继兴先生《中医文献学》所载，在许洪之后，《和剂局方》还有三次增补校定。由此可以想见，《和剂局方》一书在南宋时是何等地受到医药学家的重视。

《和剂局方》中的方剂绝大多数是当时医家的经验有效方，又经太医局试验精选，因此，在其被颁发到各地药局制成成药后，很受民间欢迎。后世常用成药如香薷散、至宝丹、紫雪丹、苏合香丸、牛黄清心丸、黑锡丹、半硫丸、四君子汤、参苓白术散，妇科名方四物汤、逍遥散、失笑散，儿科常用的五福化毒丹、肥儿圆等，都是出自《和剂局方》。南宋名医许洪评价说："就其径而神效者，惟《太平惠民和剂局方》为之最。"[①]

该书还有一大好处是，它所载的处方均可制成成药出售，非常方便。所以元代名医朱震亨云："《和剂局方》之为书也，可以据证检方，即方用药。不必求医，不必修制。寻赎见成丸散，病痛便可安痊。仁民之意，可谓至矣。"（《局方发挥》），但是，必须看到的是，《和剂局方》毕竟只是一部制药配方书，它所载的方剂不仅数量有限，而且对各种临床疾病类型的覆盖面也是极为有限的。受宋代时代风尚的影响，《和剂局方》的许多方剂所用多为香燥之药。因为北宋之时，外国的香药大量倾销于我国。香料不仅被用于住宅的焚香和美容之用，也被广泛地用于食品、副食品和药物中。《和剂局方》作为一本制药配方书，它选择的药物中偏重于香药、暖药，这本身无可厚非。但当它被人们推崇为唯一的治病用书时，就会出现某些弊病。

《和剂局方》在宋、元时期（主要在中国的南方）非常盛行。朱震亨曾形容该书被推崇的程度："官府守之以为法，医门传之以为业，病者恃之以立命，世人习之以成俗。"但临床疾病千变万化，医生应该辨证论治，随机应变，不能拘泥于固定的少数方剂。故朱震亨指出："今乃集前人有效之方，应今人无限之病，何异于刻舟求剑、按图索骥。冀其偶然中，难矣！"（《局方发挥》）

元代的戴良在《九灵山房集》中的"丹溪翁传"曾经描写过《和剂局方》对江南医师的深刻影响。朱震亨（丹溪）在学医之初，学习的也是当时盛行的陈师文、裴宗元所定《和剂局方》。在经过刻苦的钻研之后，朱丹溪领悟到"操古方以治今病，其势不能以尽合"。于是

① 《和剂局方》许洪序。

他四方求医，最后得到北方名医罗知悌的传授。当朱氏开始用新的理论方药治病时，曾受到周围“泥陈、裴之学者”的讥笑和排挤。朱氏有感于《和剂局方》在南方过于滥用，写下了著名的《局方发挥》以矫枉过正。

《和剂局方》和《易简方》在南宋的流行和它们被捧到了不适当的位置，说明南宋地区的医学缺乏理论探讨和争鸣的激情，满足于经验方药。其时医风追求简约易行，固然对某些医学理论的归纳整理有所帮助（如脉学、本草学等），但在临症上，却无法适应治疗多变的疾病的需要，因而也就很难找到新的治疗理论和方法。与当时北方激烈医学争鸣相比，南宋医学可以说是死气沉沉。

第二节　金元之际北方医学的门户之争

从北宋嘉祐年间校正医书局校刊医书之时到宋室南迁的70年间，医学发展有一个小高潮。但好景不长，北方原属文化中心的中原地区沦陷于金人的铁蹄之下。然而统治政权的更迭，并没有隔断文化传统的影响。在北方，文化发展的惯性依然带动着人文和自然科学向前进。金代和金元之际的医学，在北宋后期医理探讨之风渐盛的基础上，进入到一个崭新的阶段，即出现了医学学派的争鸣，这和偏安一隅的南宋医学有很大的不同。

一　医学争鸣的社会背景

在金元以前的医学发展过程中，医家们有不同的学术见解和不同的用药习惯也是司空见惯的。但明显的学派之争，却只在金元时期才出现。金元医学学派的特点是在同一时期、同一地域的医生们，都以《内经》作为学术渊源之所在，但对疾病的产生和治疗上却有着迥然不同的观点。各学派的医家以某一学术观点为中心，形成了各自的医学理论体系和与此相适应的一整套治疗方法。各学派又都有自己的追随者，并出现直接对垒争鸣的局面。

金元时期形成医学争鸣的新局面，和当时的社会环境有着密切的关系。医史学者从多方面去探讨其历史原因。近代学者谢观认为，中国的医学与儒学发展有极为密切的关系，但医学的发展总是比儒学慢半拍。儒学上的新潮流在其稍后一段时间必须会影响到医学领域。《四库全书总目提要》所云：“儒之门户分于宋，医之门户分于金元”，指的就是这一现象。北宋理学“即物而穷理”，同样影响到医学。北宋时许多儒医对医理的探讨，医学考试时注重理论阐述，成为金元医学门户纷争的前奏。

医史学家范行准认为金元学派的产生并非骤然而至的。引起门户分立的原因既有内在因素，又有外来因素。所谓内在因素，是指医学本身发展的历史积累和学派创始人的阶级地位。在金元以前，医家们就有惯用寒药、热药、表药、下药者。魏晋名医如阮炳，治伤寒善用汗法，治天行又推奖苦醋；崔文行、崔知悌治天行好用温药等等。在北宋，最有名的善用热药者是石藏用，善用凉药者是陈承。其时用药寒热各有爱好的现象普遍存在，但却没有从理论高度进行总结。正因为有丰富的历史积累，因此在金元时期才得以发展出学派。范行准先生所说的另一内在原因是各学派带头人的社会地位有所不同，导致在医学上的看法不同。“如刘完素、张从正之主攻伐，是因为他们平民出身，平日所接触的又多是广大劳苦人民。而张元素、李杲诸人，多是士大夫阶级或贵族出身，他们服务对象也是贵族或有钱的地主富翁。他们生病，只有温补之药才容易接受，医家也自然不敢投以病家认为虎狼之药的硝黄之剂。因为这班医生是靠他们生活的”（《中国医学史略》）。

范先生所说的外来因素，是指当时“新病”的猖狂及“运气说”的盛行。据范先生考证，“新病”是早已传入中国的“鼠疫”。这种病在金代多次流行，危害极大，据说“互相传染，多至死亡，有不保其家者”。金元之际的壬辰年（1232），汴京受围，城内大疫，死者达百万之众。当人们用传统的伤寒理论和治疗方法进行处理时，却发现不能奏效。因此，张元素喊出了“古方新病不相能也”的口号。人们根据各自的临床体会，创立不同于古方（主要指伤寒方）的新方新法，并从经典著作中去寻求理论依据。北宋末兴盛的运气说自然就被作为树立新说的重要武器。

疾病谱的变化的确是促进当时医家创立新说的重要原因之一，但并非仅因“新病”鼠疫出现才引起金元之际医学学派的形成。实际上历代疾病谱都在变化着，都会给医家们提出新的课题。北宋末期的伤寒家们已经发现当时的许多外感病用伤寒方并不很适宜，但他们仍然希望把这些疾病纳入伤寒的系统中去，还没有从根本的病因提出新的见解。金元之际的医家们在许多疾病发生的根本原因方面各叙已见，并制定了与其理论相应的治疗方案。这些治法在一定的范围又都能获得某些效果。因此，持某种观点的医家们在获得一定疗效之后，都以为自己的认识才是正确的，于是在不同观点的派别之间，就出现了纷争。

金元之际的医学学派产生在一般的临床医生之间，这些临床医生并非各承家技，只靠着祖传的经验医方。他们立论的基础都是通行的医学经典，都是在中医理论指导下从事医学实践，并根据各自的医疗实践总结新的学说。因此，这些学派的出现为此后医学的发展开了争鸣的风气。相比之下，北宋主要的医学成就是依靠儒臣医官整理医学文献、开展医学教育取得的，而金元的医学成就的取得完全是依靠临床医生在理论指导下从事医疗实践。金元时期医学学派的出现得益于北宋的医书整理刊行和医学教育，同时又有他们自己的探索所得。在这一时期中，主要的学派是后世所称的河间学派和易水学派。这两派之中的杰出代表又各在某一方面自成体系，后世也有将他们列入学派者。

二　河间学派与易水学派

河间学派是由河间（今属河北）人刘完素创立的。这一流派的主要学术主张是认为外感病的主要病因是“火热”，相应的治疗方法是采用苦寒药。这和北宋时伤寒学家将外感病以伤寒来统括，采用温热药进行治疗有根本的不同。刘完素的弟子主要有马宗素、镏洪、穆子昭、荆山浮图、董系、刘荣甫等，再传弟子有刘吉甫、潘阳坡、罗知悌等。私淑弟子更加众多。形成了历史上的河间学派。刘完素的私淑者张从正，在继承刘氏之学的同时，进而旗帜鲜明地提出治病必须先攻其邪，他攻邪主要是依靠汗、吐、下三法。他在治法上的成就，使之成为金元时期的大家之一。元朝一统之后，江南的朱震亨得刘完素再传弟子罗知悌之传，并结合他个人的研究心得，变刘氏的苦寒之法为滋阴降火之说，成为金元时期的大家之一。可见河间学派在学术上取得突出成就者甚多。

易水学派的带头人是易州（今河北易县）人张元素。他的医学成就主要在于治疗杂病。他十分崇尚张仲景用药法，声言“仲景药为万世法，号群方之祖，治杂病若神”。这一派的学术成就在于对脏腑病机学说有新的阐发，主张以脏腑的寒热虚实来分析疾病的发生和演变。在具体治法上，张氏注重“养正”，正气强而邪自除。他的弟子李杲进一步发挥了张氏之学，以《素问》“土者生万物”立论，创立了补中益气汤、升阳益胃汤等一系列的温补脾胃方剂，成为“补土”大家，自成一派。李杲的弟子罗天益，继承了重视脏腑辨证的传统，又对三焦辨治续有发挥。李杲的另一传人王好古，在全面继承李氏的学术成果的同时，对“阴证”又有进一步的研究，主张用温养脾肾的方法进行治疗。以张元素、李杲为核心人物的易水派注重内伤证的脏腑调治，他们和重视外感病清热泻火的河间学派在分析病因的角度和处方用药大法上有较大的差异。因此，两派传人在当时互相抨击，引起了学术上的争论。

（一）河间学派的主要人物与学术见解

刘完素（约1120～1200），字守真，自号通玄处士。河间（河北河间）人，故人称其为“刘河间”。刘氏生活于宋、金战乱的时代，年轻的时候饱受颠沛流离之苦。后因母病失治而立志学医。他在《素问病机气宜保命集》中介绍说：“余二十有五，志在《内经》，日夜不辍。”经三十余年的苦心钻研理论和潜心临床实践，终于学有所成。据记载“（金）章宗皇帝三聘不起”，赐号“高尚先生”。题为刘完素所撰的医书甚多，但有些可能是后人辑撰。主要代表作有《素问玄机原病式》一卷（1182）、《黄帝素问宣明论方》三卷、《素问病机气宜保命集》（1186）等书。

刘河间在创立新说之时，是以《素问》运气七大论中的某些内容作为依据的，这一点在上一章中已有简要介绍。刘氏的主要观点是病因的“火热论”。他得出这样的结论的主要依据是五运六气之中，火与热居首要位置。他认为五运之中，四运各一，独火分为两种，即君火和相火，六气之中，四气各依其性，独暑与火合而为一。他根据《素问·至真要大论》中的病机十九条，属火与热者占了九条。按他的学术见解，六气皆从火化。风、湿、燥、寒诸气都能化火生热，而火热又往往是产生风、湿、燥的原因。此外，刘氏还认为五志过极皆为热病。他说：“若五志过度则劳，劳则伤本脏，凡五志所伤皆热也。”

在以上“火热论”学术思想指导下，刘完素用药偏于苦寒。不仅外感病如此，就是内伤病，他也反对用香燥温热药治疗。他说：“此一时，彼一时，本五运六气有所更，世态居民有所变。天以常为火，人以常为动……故不可用辛温大热之剂。”在外感病方面，刘完素与北宋朱肱在很多方面有严重分歧。朱肱将伤寒中的阴证、阳证理解为寒证、热证，即病在三阳经属热，病在三阴经属寒。刘完素则认为伤寒所说的阴阳不是指寒热，而是指表里，因此不承认伤寒有阴证。在朱肱看来的阴证，刘完素认为是病邪深入，热深厥亦深、火极似水的表现。基于这种认识，刘完素在治疗方法上独辟蹊径，本着“热者寒之”的原则，对热病在表，用辛凉以发汗。所用方剂如益元散、凉膈散、甘露饮等辛凉解肌之品。病邪在里，则仍用仲景大小承气，苦寒通泄。尤其是当病邪在半表半里之时，刘完素创制了双解的治法，合防风通圣散和天水散而为双解散，以除半表半里之邪。刘氏治疗热病的许多方法，有些虽是从张仲景方脱胎而来，但刘完素着眼的是风热怫郁，或风热郁滞、燥热郁结，而非寒邪为患，这就已经大变了仲景之法，开启了此后温病学的一大法门。

河间学派的另一大家是张从正（约1156～1228）。张氏字子和，睢州考城（今河南兰考）人。考城本古代的戴国，故自号戴人。张子和是一位很有个性的医学家。据元代刘歧《归隐志》记载：“张子和为人放诞，无威仪，颇读书，作诗，嗜酒……后召入太医院，旋告去。”张子和为什么很快从太医院出来，这是因为他“常见官医迎送长吏，马前唱诺，真可羞也。”故不欲与官医为伍，遂隐居行医于民间，为普通百姓服务。张子和为人孤傲，在学术上也有独立的见解，不随波逐流。他说："设于富贵之家，病者数医同治，戴人必不能从众工，众工亦不能从戴人，以此常孤。惟书生高士，推者复来，日不离门。"可见张子和的学术见解与当时一般医生格格不入，只有文化水平较高的一些士人才能理解他的学术主张。

张子和治学注重实际。他对古代的名医虽然尊敬，但不盲从。就是对张仲景、巢元方，他也敢于批评。他说："非好与昔人辨以要誉也，盖昔人有一误，流为千百世之祸者，苟不证其非，虽曰谦让，其如人命何？"在学术观点上，他从刘完素之说：即"天下多故之时，荧惑失常，师旅数兴，饥馑相继，赋役既多，火化大扰，属阳，内火又侵。医者不达时变，犹用辛温，兹不近人情也。止可用河间辛凉之剂，三日以里之证，十痊八九。"他认为外邪伤正，以热证、实证居多，"邪气加诸身，速攻之可也"。因此他强调祛邪以扶正，邪去则正自安。他的诊治要领可归纳为"六门三法"。所谓六门是把疾病分为风、寒、暑、湿、燥、火六大类，三法是汗、吐、下三种攻邪之法。这三法看似源于张仲景，但其内容已不是简单的发汗、涌吐、泄下。他说："引涎、漉涎、嚏气、追泪，凡上行者皆吐法也；灸、蒸、熏、渫、洗、熨、烙、针刺、砭射、导引、按摩，凡解表者皆汗法也；催生、下乳、磨积、逐水、破经、泄气，凡下行者皆下法也。"由此可见，张子和虽以三法来总结其治法，但实际上他几乎将当时所有能用于治病祛邪的方法都用上了。他说："古人医法未备，故立此三法。后世医法皆备，自成其说，岂可废后世之法而从远古？譬犹上古结绳，今日可废书契而从结绳乎？"他的临床见解和治疗经验，今都保存在《儒门事亲》一书中。正因为他治病强调攻邪为先，故后世称他为"攻下派"的创始人。张子和的弟子有常仲明、麻九畴、栾企、张仲杰、游君宝等人。但明代以后，攻下派的响应者渐稀，几成绝响。

河间学派的另一大家朱丹溪，虽然在学术见解上承袭了刘完素的火热论，但已经加以化裁。朱丹溪所处的时代距河间、易水学派纷争的时代已远，故有关朱丹溪的介绍见下一节。

（二）易水学派的主要人物与学术见解

张元素，字洁古，他生活的时代和地区都与刘完素很接近，张元素从小习儒，但27岁时在举业考试时受到挫折，乃去而学医。据《金史》记载，张元素还曾与刘完素有过一次接触："河间刘完素病伤寒八日，头痛脉紧，呕逆不食，不知所为。元素往候，完素面壁不顾，元素曰：何见待之卑如此哉！既为诊脉，谓之曰：脉病某某。曰：然。初服某药用某味乎？曰：然。元素曰：子误矣！某味性寒下降，走太阴，阳亡汗不能出。今脉如此，当服某药则效矣。完素大服，如其言而愈。元素自此显名。"这则故事是否真实姑且不论，但由此可知张元素的生活年代与刘大致相同，其学习医学及成名的时间也晚于刘氏。

现代一般的医史书中，称"金元四大家"时，并不把张元素算作一家，仅将其弟子李东垣列于其中。这大概是因为张元素的学术观点不甚鲜明，易于依从的缘故。但张氏在元明时的影响是很深远的。他不仅得到其弟子李东垣、王好古等人的崇奉，而且得到明代著名医药学家李时珍的赞誉。李时诊说："深阐轩岐秘奥，参悟天人幽微。言古方新病不相能，自成家法。辨药性之气味、阴阳、厚薄、升降、浮沉、补泻，六气，十二经，及随证用药之法，立为主治、秘诀、心法、要旨，谓之珍珠囊。大扬医理，灵素之下，一人而已。"

张元素的学术观点见诸《金史》有："元素治病，不用古方。其说曰：运气不齐，古今异轨。古方新病，不相能也。自为家法云。"由于金元时期诸医家的著作有些著录上的混乱，因此题为张氏的某些著作也存在着一些问题。如《医学启源》，一般认为是张氏之作，但也有持异议者。今无甚争议的张氏之作有《珍珠囊》、《洁古注叔和脉诀》、《脏腑标本药式》等书。从这些著作中可以了解张氏的某些学术观点。

重视脏腑辨证是张氏学术特点之一。他汲取了前人关于脏腑辨证的经验，进一步把脏腑辨证和用药紧密联系起来。他说："夫人有五脏六腑，虚实寒热，生死逆顺，皆见形证脉气。若非诊切，无由识也。虚则补之，实则泻之，寒则温之，热而凉之，不虚不实，以经调之，此乃良医之大法也。"在这一思想指导下，他制订了脏腑标本寒热虚实用药式，把药物与脏腑经络相联系。他根据《素问·至真要大论》等篇所论，用药时区分气味阴阳厚薄、升降浮沉、归经引经等。这一用药思想深深地影响到他的传人以及后世医家。此后易水学派的传人无不采用这种用药法。在脏腑辨证施治中，张氏尤其重视"养正"，这和张子和的"祛邪"为主的思想正好相反。张元素认为："养正积自除，犹之满坐皆君子，纵有一小人，自无容地而出。今真气实，胃气强，积自消矣。"后人有评价张元素的思想云："论者谓元素医家之王道，王道以养民为本；元素之法，厚脾土为要，此知本之务也。"（杨士奇《玉机微义·序》）他的这些学术思想对其弟子李东垣产生了深刻的影响。

李东垣（1180～1251），名杲，字明之，真定（今河北正定）人。真定汉初为东垣国，故自号东垣老人。据《元史》记载，东垣是富家子弟，"时易人张元素以医名燕赵间。杲捐千金从之学，不数年尽传其业。"因他家很富有，故他虽然精于医学，却不以医术作为专门的职业。但在金泰和二年（1202），大头天行（据考为鼠疫）流行，李氏创普济消毒饮，治之多验。此后在一次京师被围的经历中，他亲眼目睹上百万人死亡。他说："此百万人，岂俱感风寒外伤者耶？大抵人在围城中，饮食不节，乃劳役所伤，不待言而知。由其朝饥暮饱，起居不时，寒温失所，动经三两月，胃气亏乏久矣。一旦饱食太过，感而伤人，而又调治失宜，其死也无疑矣。"在这种经历的基础上，他对内伤疾病有了更深切的认识，撰成了《内外伤辨惑论》、《脾胃论》、《兰室秘藏》等书，阐发了他的脾胃学说。

李东垣的脾胃学说源于《内经》和《难经》。《难经》49难有"饮食劳倦则伤脾"之论。又《内经》有"人以胃气为本"、"饮食自倍，肠胃乃伤"等说法。此外，李氏从这些经典著作中有关四时皆以养胃气为本，土为万物之母、生化之源等说法，悟出"内伤脾胃，百病由生"的道理。据此，李氏在治疗内伤疾病时，重在调理脾胃，补中益气，以滋化源。

根据《内经》"劳者温之，损者益之"的治则，李东垣以补土升阳为重点，制订了一系列的方剂，其代表方如补中益气汤、调中益气汤等等。"甘温除大热"是李东垣始创之法，专为治疗饮食劳倦虚人外感发热。为了解决"升阳"与"泻火"的关系，李东垣提出了"火与元气不两立"的论断。借升脾阳以助元气，阳气升而阴火自降。因此李氏创制的方剂"多以升阳补气名之"。李东垣的补脾胃方法给后世以深刻的影响，故后人多以"补土派"来称呼他这个学派。

李东垣的学术成就和新见解还有很多，兹不赘述。其传人中，以罗天益、王好古最为有名。罗天益撰《卫生宝鉴》，继承了其师的许多学术成就，并对河间学派的观点进行攻击。王好古先后师事张元素、李东垣二人，留下了许多著作，集中反映了易水学派的许多学术见解。

以上简述了河间学派和易水学派的主要代表及其学术见解。这两派之间的争论，主要表现在刘完素、张元素的传人之间的互相攻击。从医史角度来看，易水学派虽然也有他成功的一面，但其处方用药仍未脱离《和剂局方》用药偏于辛温香燥的窠臼。相比之下，河间学派的学术观点无论是病因认识还是用药大法，都有创新突破性的进展。明清之间温病学说的兴起，很大程度上得益于河间学派“火热论”打开的道路。因此，河间学派开拓了一大片医学新领域，其学术成就当在易水学派之上。然而河间、易水两派虽有争论，却无输赢。因为他们实际上从不同角度丰富了中国医学的内容，并为此后的医学发展打下了良好的基础。

第三节　元代医理探讨之风的扩展

南宋（1127～1279）偏安的150余年间，先是与金朝，继而与元蒙处于战争状态。在南北对峙的这段时间内，文化交流几乎全被隔绝。因此，在医学方面，南北的风气完全不同。直到元蒙消灭了南宋，统一了中国，北方的医学才逐渐南下，并在南方某些医家中引起了共鸣。

一　宋、金元对峙时南北医学的隔绝

本章第一节中，已介绍了南宋时期的医学易简之风和局方医学的盛行。继而在第二节中，又介绍了金元时期的医学争鸣和理论探讨之风。那么，在南北对峙的150多年中，宋、金元的医学有没有互相交流过呢？从某些史料可知，当时南北的医学基本上处于隔绝状态。日本·丹波元胤《医籍考》中对此有所考证：

> 洪迈《容斋随笔》云：宣和殿、大清楼、龙图阁所储书籍，靖康荡析之余，尽归于燕。考之《宋史》则云：靖康二年，少帝在青城，金人尽索国子监书版。三馆秘阁四部书，大尝礼物，大成乐舞，明堂大内图，以至乘舆服御珍玩之物，辇致军前。意者如此书（指《圣济总录》），镂版才成，未及颁布，亦在其中。尔后南北殊域，彼此不通，故南宋之士，不得观之，遂至并其目而无知者……是书成于北宋。晦于南宋。

丹波的考证是符合史实的。在北宋末期镂板，尚未及颁布的政府编修的医书中，除《圣济总录》而外，还包括《政和本草》。北宋末期，政府组织医官校正《大观本草》而成《政和新修经史证类备用本草》（简称《政和本草》），并付国子监镂版刊行。版成逢“靖康之变”，流落在北方。诚如丹波所言，南宋之士，不仅无缘见到其书，连其书目也无知者。在南宋流传的是《大观本草》，而从未见有人提到《政和本草》。《大观本草》中的艾晟序中，声称不知唐慎微何许人，因此，在南宋盛行的《大观本草》中，对唐慎微的生平没有任何补充说明。但在北方流传的《政和本草》则不同，该书附有宇文虚中的跋，对唐慎微有比较详悉的介绍。宇文虚中是成都华阳人，和唐慎微是同乡。大观三年的进士。建炎二年（1128）应诏为祈请使，使金不归，在金国做官，被金人号为国师。他在金国才见到《政和本草》，并为该书写了跋语。此跋的内容也不见于南宋人引用。身为南宋医官的王继先，在他编写《绍兴本草》时，只字不提有《政和本草》。嘉定间的内官王介，在他的《履巉岩本草》中，提到“大观、绍兴”年间所修本草，独不知政和年间有官修本草事。所以，宋金元时期南北的隔绝导致的对医学交流的阻碍，可从这些名著的流传窥其一斑。当然，在北方金元医家的著作中，也绝对见不到引用南方医学名著的情况。

这种隔绝状态直到南宋灭亡之后才逐渐解除。但在信息不很发达的古代，南北医学的沟通颇费了些时日。而且由于南北医学界形成了各自的风格，交融起来也非常困难。可以说，由

于政治原因造成的国家分裂，使我国医学的发展速度相对趋于滞缓。

二　中原医学南渐的进程

在宋、金元南北隔绝的时期内，北方医学通过医学争鸣有了较大的发展。相比之下，南宋医学显得死气沉沉。因此，当元代一统之后，北方医学，尤其是河间学派的学说，很明显地对南方造成了诱惑或冲击。在整个元代，甚至延续到明初，南北医学交流的主要表现是北方医南下。

南宋遗民周密在他的笔记《志雅堂杂抄》中首次提到北方医的一些传闻。这些传闻有些带有传奇性（如押不芦）。在谈到北方医治疗“鼻泓”用凉药时，他显得十分惊奇新鲜：“范长元云：北方医书有《宣明论》，内有鼻泓一方用凉药者。亲见赵清及孙××者用之效。盖鼻渊有寒热两证，即脑溜也。凡脑溜臭者即热证。”由此可知，当时在南方某些医生心目中，《宣明论》是一部新颖而具有实效的医书。

北医南下在元蒙统一中国以后就已开始，其传播路线，从现有资料来看主要有两条：

第一条路线是通过葛应雷父子。据《苏州府志》记载，葛应雷世医出身，“宋亡，遂以家藏方书，研精覃思。其处方制剂，率与他医异。时浙西提刑李判官，中州名医也，尝因父疾自诊之，复咨于应雷。闻其言论，父子相顾骇愕曰：南方亦有此人耶？尽出所藏刘守真、张洁古诸书，与之讨论，无不吻合，而刘张之学行于江南者自此始。”根据这一记载，大约在宋末元初（13、14世纪之间），李判官第一次将北方刘完素、张洁古的医书传到南方。虽然《苏州府志》认为葛应雷的学术见解与刘元素、张洁古之书无不吻合，但其意在说明葛氏经“研精覃思”之后的心得与刘、张之学不谋而合，并非是说当时南方与北方医学已有交流。相反，从李氏父子惊讶“南方亦有此人耶?!”可知在当时人的心目中，南方人是不知道北方刘、张之学的。经李判官出示刘、张医书之后，葛应雷接受了北方医学的某些思想。葛应雷官平江医学教授，升江浙医官提举，他的学术思想自然很容易通过教学加以传播，因此地方志认为北医南传由此开始。

据《吴县志》记载，葛应雷“著《医学会同》二十卷，推五运六气之标本，察阴阳升降之左右，以定五脏六腑之虚实，合经络气血之注，而知疾病之候，死生之期。其处方、制剂、砭焫，率与他医异。”《医学会同》原书已佚，但从地方志的粗略记载，可知他的确是深受北方医学的影响。他的儿子葛乾孙（1305～1353），字可久。据《明外史》记载，葛可久“传父业，然不肯为人治疾。或施之，辄著奇效，名与金华朱丹溪埒。”葛可久有部分病案传世，其《十药神书》内容虽极为简单，但所载的10个医方却颇为实用有效。

北医南传的第二条路线是通过元代名医朱丹溪。

朱丹溪（生平见下节）是元代最有名的医家。元代戴良有《丹溪翁传》，详细地介绍了朱氏的生平，从中可以得知，即便是中国一统之后数十年，南北医学的交流仍然是相当滞缓。丹溪原习儒，精于理学。当他改学医之后，由于地处南方，故所学皆为南方盛行的一些方书。据记载：“时方盛行陈师文、裴宗元所定大观二百九十七方。（丹溪）翁昼夜是习。既而悟曰：操古方以治今病，其势不能尽合。苟将起度量、立规矩，称权衡，必也《素》、《难》诸经乎？然吾乡诸医，鲜克知之者，遂治装出游，求他师而叩之。”由此可知，在盛行局方医学的南方，没有人知道北方医学的发展。朱丹溪和葛应雷一样，他们都是对当时南方医学现状的不满者，都有变革局方医学的需求，因此他们很容易接受或认同主要源于《内经》的北方医学。

朱丹溪求医的经历是可歌可泣的。据戴良记载，当他决定访求名师之后，他“渡浙江，走吴中，出宛陵，抵南徐，达建业，皆无所遇。及还武林，忽有以其郡罗氏告者。罗名知悌，字子敬，世称太无先生。宋理宗朝寺人。学精于医，得金刘完素之真传，而旁通张从正、李杲二家之说。然性褊甚，恃能厌事，难得意。翁往谒焉，凡数往返，不与接。已而求见愈笃。罗乃进之曰：子非朱彦修乎？时翁已有医名，罗故知之。翁既得见，遂北面再拜以谒，受其所教。罗遇翁亦甚欢，即授以刘、张、李诸书，为之敷扬三家之旨，而一断于经。且曰：‘尽去而旧学，非是也!’翁闻其言，涣焉无少凝滞于胸臆。居无何，尽得其学以归。”宋濂对朱丹溪求师的描写更为细致：“复回武林，有以罗司徒知悌为告者。知悌字子敬，宋宝祐中寺人，精于医，得金士刘完素之学而旁参于李杲、张从正二家，然性倨甚。(丹溪)先生谒焉，十往返不能通。先生志益坚，日拱立于其门，大风雨不易。或告罗曰：‘此朱彦修也。君居江南而失此士，人将议君后矣。’罗遽修容见之，一见如故交。”这些记叙虽然是为了烘托朱丹溪求医的艰辛，但同时也反映在当时掌握了北方医学知识居然可以作为恃才傲物的资本。朱丹溪受业于罗知悌的时间在元泰定二年(1325)，距南宋灭亡已有40余年。宋亡40余年，南方尚很少有人知道北方刘完素、李东垣等人之书，可见一个国家长时期分裂之后造成的文化隔阂，要消除起来也并非易事。

罗知悌在宋理宗宝祐(1253～1258)时为太监。据范行准先生引述明代袆(1322～1373)之言，罗氏之学的传承关系是这样的：“李明之弟子多在中州，独刘守真之学，传之荆山浮图师。师至江南，传之宋中人罗知悌，而南方之医皆宗之矣。”但“南方之医皆宗之”有一个艰难的过程，并非一帆风顺。朱丹溪向罗知悌学习了刘(完素)、张(从正)、李(杲)之学以后，返回乡里。在他宣扬自已所学北方医学的时候，一开始遇到了很大的阻力。“乡之诸医，泥陈、裴之学者，闻翁言，即大惊而笑且排。独(许)文懿喜曰：‘吾疾其遂瘳矣乎?’文懿得末疾，医不能疗者十余年。翁以其法治之，良验。于是诸医之笑且排者，始皆心服口誉。数年之间，声闻顿著。翁不自满足，益以三家之说推广之。”从此以后，南方医者纷纷向朱丹溪学习医学，北方医学遂开始广为人知。

同为北方医学传人的葛可久，与朱丹溪同时，并相互有过交往。据载当时的名医项昕，就曾先后向朱丹溪、葛可久学习刘、张、李之学。北医南下也可能有许多途径，但以上两条路线是十分明确的，并的确对南北医学交流产生了实际的影响。他们学习的共同医书，都是来源于金元之际的北方医学。经过元代百年的南北医学缓慢交融，北方医学逐渐在全国范围内传播开来。但南北医学交流的势头。一直延续到明代初期。

元代相对来说处于先进地位的北方医学，经过南方的医家接受消化之后，也有新的发展。更重要的，北方医学争鸣开了风气之先，带动了南方医学界的理论探讨之风。由于元代以后经济文化中心的南移，人文比较发达的南方(尤其是长江下游诸省份)医学界医理探讨也就愈来愈深入。元代朱丹溪在进行医理探索方面的成就在中国医学发展史上具有重要的地位。

三 朱丹溪滋阴论及其影响

朱丹溪(1282～1358)名震亨，字彦修。世居义乌(今属浙江)丹溪，故后人尊称为朱丹溪。他并不是世医出身，自小习学举子业。后来听说许谦得朱子四传之学，讲道八华山，复拜为师，因而对道德性命之学有精深的研究。丹溪学医的动机，据戴良《丹溪翁传》介绍："一日，文懿公（即许谦）谓曰：吾卧病久，非精于医者，不能以起之。子聪明异常人，其肯游艺于医乎？翁以母病脾，于医亦粗习。及闻文懿之言，即慨然曰：士苟精一艺，以推及物之仁，虽不仕于时，犹仕也。乃悉焚弃向所习举子业，一于医致力焉。"由此可知，朱丹溪学医，是为了母病和师病。当他努力学习了南宋盛行的局方医学之后，深感不足，于是整装游历江浙一带，访求名师。在朱丹溪43岁的时候，他终于被罗知悌接纳为门下，在他的医学生涯中这是一个重要的转折点。

罗知悌虽然是刘完素的直系传人，但他同时旁通张从正、李东垣之学。他的学术见解对朱丹溪有深刻的影响。朱丹溪学成之后，经过自己的临床实践。创立了滋阴说，成为后世滋阴学派的鼻祖。朱丹溪滋阴说的理论核心是"相火"和"阳常有余，阴常不足"。这一理论的创立既得益罗知悌所传，同时也与他精研理学不无关系。他认为刘完素、张子和的贡献在于阐述六气之中，以湿热相火三气致病为多，并创用推陈致新、泻火疗法。于此同时，他也肯定了李东垣用补中益气之剂治疗饮食劳倦内伤脾胃、气陷中焦是"前人所无"的新法。但是，他又指出刘、张、李之学的不足之处，"以三家之论，去其短而用其长。又复参之以太极之理，《易》、《礼记》、《通书》、《正蒙》诸书之义，贯穿《内经》之言，以寻其指归。"

朱丹溪的相火论依据是综合前人有关论述而成。相火本是五运六气学说的一个术语，与人的生理病理并无联系。宋元时期，相火逐渐被医家们引入脏腑学说中，并赋予完全不同于它在运气学说中的含义。朱丹溪认为五行之中，唯火有君火、相火。"火内阴而外阳，主乎动者也，故凡动皆属火。"在人体中，这两种火均存在。"主闭藏者肾也，司疏泄者肝也，二脏皆有相火，而其系上属于心。心，君火也，为物所感则易于动，心动则相火翕然而随。"因此，收心养心就成为养生的关键。此外，按朱氏的观点，五藏又各有火，五志激之，其火随气。"五志之动，各有火起"，故曰"一水（肾水）不能胜五火"，凡治病当顾及滋养肾水。

关于"阳有余而阴不足"，朱丹溪的理论依据是"天大也，为阳，而运于地之外；地居天之中为阴，而天之大气举之。日，实也，属阳而运于月之外；月，缺也，属阴而禀日之光以为明者也，则是地之阴已不胜夫天之阳，月之阴亦不敌于日之阳，天地日月尚然，而况于人乎。"这是从宇宙现象推测阳多于阴。此外，他又从人体的生长发育，"成乎人而为人之父母，古人必近三十、二十而后嫁娶者"，推断人体"阴气之难于成"。北宋钱乙的"肾有补而无泻"，在朱氏看来也是阴常不足的依据之一。

朱丹溪的滋阴说观点十分明确，在治疗方面，他也有一整套与之相适应的方药。治阴精虚而火动者，以大补阴丸为代表方，"降阴火，补肾水"。对阴血虚而火动者，则以四物汤加黄柏为治。在滋阴泻火用药方面，他除了吸收李东垣《内外伤辨惑论》的某些用药思想（如以黄柏泻阴中伏火、生地滋肾中真水）之外，善用动物药也是其特长之一。他在大补丸中用龟版、猪脊髓，就是把阴不足者补之以味落实到用药上。龟甲在元代以前并没有人将它用来滋阴，朱丹溪不仅以此作为滋肾水的主药，而且在《本草衍义补遗》中首次注明龟版"补阴，主阴血不足"为主要功效，同时指出鳖甲也有补阴之功。这些用药法对后世产生了极为深刻的影响。

作为一位临床家，朱丹溪在治疗上还有很多建树。他萃取历代医家治疗杂病之长，熔于一炉，故明代医学家王纶有"杂病宗丹溪"之说。《医学心悟》评曰："杂症主治四字者，气、血、痰、郁也。丹溪治法，气用四君子汤，血用四物汤，痰用二陈汤，郁用越鞠丸，参差互用，各尽其妙。”丹溪对其中郁证的阐发尤多卓见。如丹溪谓：“气血冲和，万病不生。一有怫郁，诸病生焉。故人生诸病，多生于郁。”他把郁证分为六：气郁、湿郁、热郁、痰郁、血郁、食郁。又指出“久郁则蒸热，热久必生火。”其治郁证，总以顺气为主，多用香附、苍术、抚芎等药，制成了越鞠丸，六郁汤等方。

针对南宋局方医学盛行，丹溪撰成《局方发挥》一书，力纠时弊，而提倡辨证论治。此外，他还撰有《格致余论》、《伤寒辨疑》、《本草衍义补遗》、《外科精要新论》（一作《外科精要发挥》）等书。朱丹溪的弟子众多，据记载“一时学者，咸声随影附”。学生中比较有名的是赵良仁、戴原礼、刘叔渊、王履等人，他们从不同角度继续发挥丹溪学说，形成了历史上队伍庞大的丹溪学派，并直接影响到明清医学的发展，朱丹溪在后世甚至被人尊为“医之圣者”（刘桂《医论》）。丹溪之学东传日本，在彼邦出现了“丹溪学社”等组织，被尊崇者奉为“医中之圣”。

元代医学以丹溪学说的成就为最著。他的许多论说不仅限于杂病证治，在伤寒方面也有独特的见解。据《丹溪翁传》记载：“罗成之自金陵来见，自以为精仲景学。翁曰：仲景之书，收拾于残篇断简之余。然其间或文有不备，或意有未尽，或编次之脱落，或义例之乖舛。吾每观之，不能以无疑，因略摘疑义数条以示。罗尚未晤及，遇治一疾。翁以阴虚发热，而用益阴补血之剂疗之，不三日而愈，罗乃叹曰：以某之所见，未免作伤寒治，今翁治此，犹以芎、归之性辛温，而非阴虚者所宜服，又况汗下之误乎！”这里提到的仲景书编次脱落，义例乖舛，实启迪了后世研究伤寒的一条思路。

第十四章　民族医学的发展与交流

宋金元时期很长一段时间内，北方的少数民族为主的地区和中原以南汉族为主的地区处于对峙状态。随着时代的变迁，民族之间也在互相交融。这段时间里，金国一度占领了北方中原广大地区，元代蒙古族统治中华百余年，因此，汉民族和当时的各民族交流有了更多的机会，医学方面也不例外。那么，中国在少数民族的统治下，民族医学本身的发展情况如何呢？由于史料的缺乏，本节只能予以简要介绍。

第一节　辽金元时期民族医学发展简况

五代末，日益强大的契丹族以蒙古草原为依托，建立了辽国。据《辽史》记载，辽太祖时的契丹医家有迭里特，“神于医，视人疾，若隔纱睹物，莫不悉见。”辽太祖的长子耶律倍，也精医药、砭焫之术。吐古浑人直鲁古，其生父世代善医，“虽马上视疾，亦知标本”。直鲁古长于针灸，后“以太医给侍，尝撰《脉诀》、《针灸书》行于世”。辽代中期，名医耶律敌鲁“精于医，察形色即知病原，虽不诊候，有十全功”。这些契丹医家的有关记载表明，契丹医学具有较高的治疗水平。辽太宗以后，宋朝的燕云十六州被占领，许多汉族医家（如韩匡嗣、韩德冲、邓延贞等）被朝廷录用，因而在契丹统治下的辽国境内，有了两种医学，即汉医和契丹医。辽道宗时期（1055～1100）有国医和秦医之说，所谓国医指契丹医，秦医即汉医、中原医。[①] 辽国的医事机构对两种医学是一视同仁的。辽兴宗时（1031～1054），著名契丹医家耶律庶成奉诏翻译汉族医书。《辽史·耶律庶成传》载：“契丹医人鲜知切脉、审药，上命庶成译《方脉书》行之。自是人皆通习，虽诸部族亦知医事。”这说明契丹医很注意汲取汉医之所长。

继契丹族而起的是女真族，他们建立了金朝，并很快消灭了辽国。此后他们又进犯宋王朝，迫使宋室南迁，占领了北方大片领土。在金代，活跃在北方绝大部分是汉族医家，有关女真本民族医家的记载极少。

蒙古族于12、13世纪在北方兴起，继灭金之后，又于1279年灭亡南宋，统一中国。元朝疆域广大，各民族、各国之间的交往十分频繁。这一时期医学发展除在汉医之间兴起医学争鸣之外，另一特点是阿拉伯医学大量传入中国，各民族的医学均在社会中发挥应有的作用。

在元大都，朝廷仿汉制设太医院、御药院。元世祖至元七年（1270）又在太医院下设广惠司，聘用阿拉伯医生配制回回药物，掌管配制皇帝御用的回回药物，并治疗卫士和在京的平民。至元二十九年（1292），大都（今北京）和上都（今多伦）设有回回药物院。据现有资料，当时的拂林（东罗马）人爱薛，被元世祖委任掌管广惠司。当时有名的民族医生还有多人，其中耶律楚材（1190～1244）为契丹族医家，他具有多方面的科学知识。据载他在1225

---

① 伊光瑞等，内蒙古医学史略，中医古籍出版社，1993年，第7页。

年，当元兵攻下灵武时，诸将都去争夺女子金帛，只有耶律楚材去搜集书籍和大黄药材。后在军中传染病流行时，这些药材治愈了很多人的疾病。另有安藏（?～1293），字国宝，畏兀儿人。他曾奉旨翻译《难经》、《本草》等书。答里麻，高昌（今新疆吐鲁番）人。大德十一年（1307）授御药院达鲁花赤，迁回回药物院。聂只儿，也里可温（当时称基督教）人。曾任广惠司卿。

蒙古族的医家则有：忽公泰，他是当时的翰林医学士，精通医学，尤长于针灸。撰有《金兰循经取穴图解》一书。该书列经络十四，并有图及解说；铁失（?～1327），曾担任过太医院使，兼领广惠司事。沙图穆苏（又译作萨里弥实），字谦斋。元泰定间（1324～1328）出任建昌（今江西南城）太守。他撰有《瑞竹堂经验方》十五卷（1326）。该书虽出自真正的蒙古族医家之手，但其内容却很难看到蒙族医学的踪迹，完全是汉族医学的体系。至今还没有发现这一时期最能反映蒙古族医学的专著。惯于马上征战的蒙古族，一般认为他们在治疗战伤、骨折方面有独到之处。据《元史·布智儿传》记载，当布智儿在战斗中身中数箭，生命垂危的时候。"太祖亲视之，令拔其矢，血流满体，闷仆几绝。太祖命取一牛，剖其腹，纳布智儿于牛腹，浸热血中，移时遂甦。"这是典型的蒙古族治疗战伤失血的方法，它在有关元代历史的书籍中多次出现。

元代现存最能反映当时民族医学内容的著作只有《回回药方》和忽思慧的《饮膳正要》（见下文单独介绍）。除这两部书中收录的某些民族药之外，在当时比较有名的回回药物有番木鳖、押不卢等。番木鳖首见于元代陶宗仪《辍耕录》，名为"火失剌把都"。陶氏云其产于回回地面，并介绍了该药的多种功效。番木鳖后来成为一味比较常用的中药。

押不卢首见于南宋遗民周密的《志雅堂杂抄》。周密根据传闻记录了此药：

> 回回国之西数千里，地产一物，极毒。全似人形，如人参之状。其名押不卢。生于地中，深数丈。或伤其皮，则灴粮毒之气，著人即死。取之之法，先开大坑，令四旁可容人，然后轻手以皮条结络之。其皮条之前，则系于大犬之足，既而用杖打犬，犬奔逸，则此物拔起。犬感此气即毙，然后别埋他土中。经岁后，取出暴干，别用药以制之。其性以少许磨酒饮人，即通身麻痹而死，虽刀斧加之不知也。然三日，别以药投之，即活。

押不卢是西方很早就开始使用的麻醉药，在元代时传入中国。近代有些学者认为该药即曼陀罗花，然而曼陀罗在宋代野外到处都有生长，并不是产于回回的剧毒药。据考该药为曼陀茄属（毒参茄属，*Mandragora*）的植物"欧伤牛草"之类的药，主要产于地中海地区。此属植物有粗厚的块根，具有麻醉作用。押不卢是阿拉伯语 yabruh 的译音。曼陀罗与押不卢虽是同科，但不同属（曼陀罗，*Datura* 属）。

元代外来的药物还有多种（下文在介绍《饮膳正要》时还要提及），这些药物大大地丰富了中国药学的内容。

第二节 《饮膳正要》

这是一部食疗方面的专著，撰成于天历三年（1330）。其主要作者为忽思慧。忽思慧当时在朝廷为饮膳太医，据其自序称："臣思慧自延祐年间选充饮膳之职……日有余闲，与赵国公臣普兰奚，将累朝亲侍进用奇珍异馔、汤膏煎造及诸家本草、名医方术，并日所必用谷肉果菜，取其性味补益者，集成一书，名曰《饮膳正要》。”可知该书记录了当时宫廷的一些保健饮膳和日常食疗品。参加该书编撰者还有常普兰奚、太医院使耿允谦、中政院使张金界奴、大都留守拜住等。德国学者文树德（Paul U. Unschuld）教授从这些作者的名字推测、忽思慧很像是西方穆斯林的名字，耿允谦可能是中国汉族人，常普兰奚或许是西方来的外国人，拜住也许是蒙古人，而张金界奴有可能是女真人。如果这一推测不错的话，那么《饮膳正要》真可谓是多国、多民族合作的一部饮食保健专著了。

从实际内容来看，该书的确融合了元代多民族的保健饮食。全书共三卷，卷一相当于概论，计有三皇圣纪，养生避忌，妊娠食忌，乳母食忌，饮酒避忌，聚珍异馔6篇。所谓食忌主要讲述饮食注意事项，这些内容有很多是取材于汉族食疗著作。另“聚珍异馔”一节收录各式饮食94种。卷二罗列各种饮膳方，内有诸般汤煎、诸水、神仙服饵、食疗诸病等项，共介绍饮膳方238种，是为该书最富特色的内容，带有浓郁的北方民族（以蒙古族为主）饮膳特色。卷三以单味药为条目，介绍了230种饮食物（附图168幅）的性味、良毒、功效主治、宜忌等。在该卷所载的200多种饮食物中，绝大多数是北方所产，其中有一些是当时从外域或西北少数民族传入中原的物品（如回回豆子、八担仁、必思答等）。“酒”条中记有“用好酒蒸熬取露成阿剌吉”，是为烧酒（蒸馏酒）作为食品第一次在本草书中单立条目。

诚如文树德先生所说：“对于我们来说，《饮膳正要》的历史文化价值要比它的医学价值更重要。该书膳食的组成、制备和调料都反映出一种东西文化的交流。”从书中所用肉类以羊肉为多，猪肉极少，加之忽思慧这个名字很像是位穆斯林，因此该书可能是反映了穆斯林为主的饮膳。书中许多饮膳和配料名都不是汉语，其中植物、动物的某些名称均为蒙古语，调料、饮料及蔬菜的名称多为阿拉伯-波斯语。文树德先生列举这方面的例子有：阿剌吉，即阿拉伯语araqi，意思是烈性酒；必思答源于波斯语和土耳其语pista，即现在俗称的“开心果”；葫芦巴源于阿拉伯语hulba，乳香在《饮膳正要》中名为马思答吉，它的阿拉伯-波斯原文为mastaki；另该书中的舍儿别，即糖浆，这显然源于阿拉伯语sarbat，它相当于英文中的sherbet。舍儿别在元代朱丹溪《局方发挥》中称之为“舍利别”，元代《居家必用事类全集》中称之为“摄里白”。文树德先生引述了H. Franke的一个观点：“面条和有关面条的膳食名称均源于土耳其，而面食的制作或许是在元代引进中国的。这也包括今天在中国深受人们喜爱、且广为人知的饺子之类的食品。”这一观点虽未经确考，但面食为北方民族喜爱的主食看来是由来以久。

《饮膳正要》的多数膳食是为宫廷生活服务的。它在后世并没有成为平民的食疗膳食谱。但是，该书所载的许多新的民族药物，却在此后的岁月被摘入了汉族的主要本草，融入了中国的药物学之中。

第三节　《回回药方》

此书是我国仅能见到的回回医药专著，目前只有残卷存世。现存《回回药方》残卷系明抄红丝栏本，仅有四卷。这四卷是目录卷之下、卷十二、卷三十、卷三十四。因卷首不存，故不明其作者。一般认为该书成书于元代，很可能是回回药物院所用药方的汇集。

从现存该书的部分目录及残卷来看，该书是一部综合性医方书，内容涉及内、外、妇、儿、五官、骨伤等科。如卷十二为诸风，卷三十为杂证，卷三十四为金疮、伤损等。

全书虽用汉文写成，但从其内容和所用词语、药名等来看，又带有浓烈的阿拉伯医学和我国西部少数民族医学的色彩。据赵璞珊先生介绍，该书论述伤科的内容极为丰富。该书卷三十四所论金疮、折伤门中，分类较细。如折伤门又细分为伤损类、接骨类、骨脱出类等。对伤损的描写和分类尤为详尽。其中观察伤损动静分为十等，以伤损的直裂纹为第一等，圆裂纹为第二等，伤损周回的汊纹是第三等……书中根据伤损的局部症状，来判断疾病的不同类型。此外，书中记载了大量的接骨手法，如对下颌骨、项圈骨、肩骨、肘骨、手腕、手指骨节、脊梁骨、腰下、大腿、膝骨、足踝骨等处的骨损折或脱臼均有较详细的论述。①

书中混杂了大量的阿拉伯文或其汉文译音，许多药名均是外来语。如目录卷十九“咳嗽类”：“诸咳嗽：润肺丸、马准古飞、马准古肥、阿里公丸、葫芦巴膏子”。在某些外来药名之下，经常注出其中文药名。如阿而马尼（五倍子）、咱法兰（番栀子花蕊）、哈里哈达（枯红矾）、木黑里（安息香）、撒答卜子（薄荷子）、法体剌撒里荣（当归）、土鲁必（柴胡）等。由此可知《回回药方》的确是反映回回药物的专著。但由于该书在中国出版，因此其中不可避免地夹杂着汉医的某些内容和汉文的解释。药物的用量及某些剂型等也都沿用汉医的习惯。从这个角度来说，《回回药方》又可视为回回医药与中医药结合的产物。

① 赵璞珊，中国古代医学，中华书局，1983年，第174～175页。

第五篇
明 清 时 期

第十五章　医学发展的时代特征

第一节　历史背景与医学发展总脉络

一　历史背景

明代（1368～1644）、清代（1644～1911）是中国封建社会的后期。从整个社会发展史的角度来看，明清时期已经不可避免地走向封建社会的衰亡末日。但这两个朝代各自的发展历程，又各有兴衰起伏。

明代初期，百废待兴，朝廷采取了一系列发展社会生产力的措施，促进了农产品和家庭手工业的商品化。明代中期以后，随着生产水平的提高、国内外市场的开拓，商品经济有了很大的发展，出现了资本主义的萌芽。在江南水陆交通发达的大都市，某些行业兴起了原始的资本主义手工工场。当时有的城镇就因工商业的繁盛而享有盛名。在江南一带的大都市中，不仅商品经济比较发达，而且人文荟萃。明代许多科学技术和文化方面取得的成就，大多出现在明万历年间及其以后，这和当时的社会经济发展是分不开的。

在西方的欧洲，相当于中国明代的这段时期，正是文艺复兴如火如荼的时期，自然科学方面有了飞跃式的发展。16 世纪以后，欧洲的一些国家先后进入了资本主义社会。随着西方的传教士进入中国，一些西方的科学文化也被介绍到中国。明末著名的传教士利玛窦、汤若望、邓玉函、龙华民、罗雅谷等，把当时西方的一些天文、地理、数学、物理、医学等方面的自然科学知识带进了中国。清代末叶，传教士在中国的活动更加活跃。他们带来的西方文化，特别是自然科学方面的知识对当时中国的知识界是一个震动和冲击。

明末在自然科学方面取得的成就十分突出。李时珍（1518～1593）的《本草纲目》、徐光启（1562～1633）的《农政全书》、徐霞客（1587～1641）的《徐霞客游记》、方以智（1611～1671）的《物理小识》、宋应星（1587～约 1665）的《天工开物》等古代科技名著，都出现在明代后期或明清之交。徐光启、方以智等科学家还都不同程度受到当时西方科技知识的影响。

明末腐朽的封建统治导致了朱明王朝的灭亡，满清政权入主中华。经过一段时间的休养生息，在清代康熙、乾隆年间，社会出现了繁荣景象，这就是史称的“康乾盛世”。这一时期江南一带的经济发展更加迅速，都市人口集中，也给卫生防疫带来了新问题。在思想文化方面，满清统治者仍然提倡汉族帝王统治时期一直奉行的儒学，并开科取士，笼络汉族知识分子。与此同时，满清政府又大兴文字狱，借以威慑汉族知识分子，防止反清情绪滋生。文字狱的恐怖，使许多学者噤若寒蝉，不敢妄言政事。许多汉族的知识分子转而将他们渊博的知识和过剩的精力投入到古典文献的考据上去。医史学家范行准先生说：“汉人知识分子不敢说治国平天下的经济之学，而走到纸上注疏考据所谓汉学的道路上去，这对名实的考核是有用的，但他们多脱离实际，无补于生民之憔悴，以致穷神尽气，徒垂空文以殁世而已。”① 史家所称的“乾嘉学派”就出现在这一时期。乾嘉学派的影响，也自然波及到与儒学发展息息相关的中医界。本草学中清代尊经复古思潮的兴盛，《内经》、《伤寒论》研究的新局面，和当时乾嘉学派的影响都不无关系。

清代后期，封建主义已是日薄西山。1840年鸦片战争之后，中国逐渐沦为半封建半殖民地社会。此后十余年，太平天国革命又起，清政府内忧外患，终无宁日。战乱频仍，民不聊生，疫病四起，使气数将尽的清王朝满目疮痍。在18世纪后期，中国的人口已经增至3亿左右。人口的剧增，对医务人员的需求也就越来越大。传统的师授徒、父传子的教育方式已经很难适应新的医疗形势的需要，从而导致社会医疗的整体水平下降。19世纪末，西洋医学进入中国的速度加快，从此中国有了不同体系的两种医学。宣统三年（1911），辛亥革命爆发，推翻了满清王朝，也结束了2000多年的封建君主制度，中国医学的发展也从此掀开了新的一页。

二　医学发展的总脉络

对明清医学发展的评价，现代医史学家们见仁见智，褒贬不一，其中范行准《中国医学史略》把明清称之为“医学的孱守时期”。指出此时医学发展存在着两面：孱守和飞跃。所谓孱守，是“从这时期的整个医学思想来说，这不过是金元医学的引申和继续，很少有独立的见解，所以我国医学历史也如当时经济停滞一样，处于孱守时期”。所谓飞跃，是说在本草、解剖、病理、预防及治疗学等方面，都有“一种飞跃的发展”，但没有对医学发展起主导作用。其他一些医史书中，对明清医学的评说各有千秋，难以尽述。

（一）明清医学为补偏救弊而展开的争议

金元与南宋长达百余年的对峙，隔绝了当时南、北医学的交流，故在明代初期，我国的医学发展实际上还处于南北交融的阶段。元代朱丹溪之学在浙江一带崛起，并在元末明初迅速风行海内。北方李东垣等诸家的学术著作在元明一统之后也向南方加速传播。金元医学中的争鸣之余波，在明代仍未停息。此时社会上某些不善学丹溪的医家滥用苦寒，引起了一些流弊。为补偏救弊，明代中晚期，一些医学家转而倡导温补，形成了医学史称的“温补学派”。他们的学术见解丰富了中医理论的内容，促进了某些新的治疗方法的产生。但由于温补学派实际上也是东垣学派的绪余，故此时的滋阴和温补的争议，仍被看成是金元门户之争的继续。

无论是东垣学派还是丹溪学派，他们虽然在创立新说时均很注重从《内经》等早期经典著作中寻找理论依据，但他们的处方用药则多属自创。与古方相比，这些新方的药物数量一般比较多，配伍法度也不及仲景方严谨。因此，从明末开始，尤其是清代乾（隆）、嘉（庆）之后，医学界兴起了一股强烈的尊经复古之风。这股风气的推波助澜者，均鄙视金元以来的东垣、丹溪等诸家之说，而注重研究古代经典医著（如《内经》、《难经》、《伤寒论》、《金匮

① 引自《中国医学史略》，中医古籍出版社，1986年，第197页。

要略》、《神农本草经》等）。他们将《内经》进行各种分类节纂工作，并加以校订疏证。《伤寒论》的研究在这一时期有了长足的发展，出现了围绕该书编次而展开的某些争议。有的医家提出了“错简”说；另一些医家却坚持《伤寒论》的旧本“至当不移”；更多的医家是不拘编次，注重结合临床，将《伤寒论》的辨证施治提高到一个新的高度。

在我国医学发展的早期，许多急性传染病经常被归入伤寒病的内容。因此，许多属于温病范围的疾病在治疗上也多采用伤寒的治法。经过历代医家（尤其是元明医家）的不懈努力，伤寒和温病逐渐被分离开来，形成各自独立而又互相联系的两类疾病。明末吴又可在温疫方面的特殊贡献，为此后温病学说的发展立下了汗马功劳，清代中叶，疫病流行，在与疫病作斗争的过程中，经过叶天士、薛雪、吴瑭、王世雄等医家的实践和归纳，建立了比较系统的温病学术体系，为当时防治传染病发挥了很大的作用。温病学说体系的形成，是明清医学史上的重大进展。

（二）明末清初医学的小复兴

从医学发展的实际情况来看，在明代前中期，虽有《普济方》、《本草品汇精要》等大部头的医药书出现，但从学术思想的发展来看，并无多少可称道之处。清代乾、嘉以后，国运每况愈下，医学的发展也随之渐次衰败。除温病学说在清代后期尚有某些发展之外，还很少有值得大书特书之处。但综观明末清初百余年的医学发展却是蓬蓬勃勃，名家辈出，呈现一派小复兴的景象。

前已述及，明末江南一带的都市，人文荟萃。这一时期医学各科都有较大的发展。本草学方面，李时珍的《本草纲目》、缪希雍的《本草经疏》、李中立的《本草原始》、倪朱谟的《本草汇言》等，各具特色；吴又可在《温疫论》中提出的“戾气”致病说，是对传统的六气致病说的一个突破；王肯堂的《证治准绳》、张景岳的《景岳全书》、李中梓的《士材三书》、杨继州的《针灸大成》等书，对后世医学均产生了很大的影响。

明亡以后，医学发展的势头并没有停止。在朝代更替之际，汉族知识分子不满于异族统治的情绪，使大批士人遁迹医林。清初名医张璐曾这样分析了明清交替前后的医学界风气之变：“余生万历丁巳（1617），于时风俗虽漓，古道未泯。业是道者，各擅专科，未尝混厕而治也。甲申（1644）世变，黎庶奔忙，流离困苦中，病不择医，医随应请，道之一变，自此而始……壬寅（1662），儒林上达，每多降志于医，医林好尚之士，日渐声气交通，便得名噪一时，于是医风大振，比户皆是，此道之再变也。”他认为明末之时，医生们各有专科。但在战乱之时，医生们见什么病看什么病，已难分专科。到康熙初年，因为许多儒林的饱学之士，不愿为清廷服务，遂降志为医。这些儒医注意互相交流，从而大大提高了医疗水平，使医风大振。

这些儒医中比较著名的有喻昌（嘉言）。他在明崇祯间以副榜贡生入都。清兵入关以后，遂隐于禅学，后又由禅攻医，成为清初的名医之一。另一著名的医家傅山（青主），幼习儒，年14补博士弟子员。明崇祯九年（1636）为提学袁继咸被诬下狱事，伏阙讼冤，声闻天下。明亡之后，居土穴中，养母尽孝，坚不仕清。他的医术高妙，有多种医书传世。《本草述》的作者刘若金，是天启五年（1625）进士，官司寇等职。明亡之后，隐居不出，撰述医书。清初著名医家张遂辰（约1589～1668），字卿子，万历末以国子生游金陵，才名鹊起。明亡后隐名乡里，以医名世。另李延昰（1628～1697），在明亡之后，曾参加复明抗清的斗争。失败后避居嘉兴，以医自给。类似的例子甚多，兹不赘举。这些儒林上达参加到医学队伍中来，为清初的医学发展起到了推波助澜的作用。于是明末清初的医学就形成了一个小复兴的局面。

（三）明清西洋医学传入及其对中医的影响

西洋医学进入我国，是从明末起始，而在清末形成了高潮。明末传教士带来了部分西医知识，但因当时条件限制，西医并没有在中国形成气候。清代末叶，西医随着牛痘返传中国而再次在东南沿海登陆。西方列强为了传教和使经济势力进入中国，利用西洋医药作为取信于民的重要手段。鸦片战争以后，中国沦为半封建半殖民地的社会。随着西方传教士广布全国，西医的影响逐渐扩大。西洋医学书籍的译述和西医教育的开展，使得中国人开始掌握西医知识，并逐步形成了中国自己的西医队伍。从此，中国出现了两种医学并存的局面。

第二节　学派的传承、论争与影响

金元以后，医学争鸣之风顿开。金元之际以刘（河间）、李（东垣）为代表的北方医学南下，打破了南方沉闷的学术空气。元代朱丹溪在学术上独树一帜、首创“滋阴”学说，开内伤治疗一大法门。朱丹溪的学术成就，使之在明代被尊为四大家之一，其学说在明代初期十分流行。

一　丹溪之学的盛行与滥用苦寒之风

明代所谓的“四大家”是指张仲景、刘完素、李东垣、朱丹溪。明末著名医家李中梓认为四大家之所以受到尊崇，是因为“其所立言，医林最重。名曰四大家，以其各自成一家言。总之阐《内经》之要旨，发前人之未备，不相摭拾，适相发明也”。（《医宗必读》卷一，“四大家论”）

这四大家中，张仲景、刘河间偏于外感热病，李东垣、朱丹溪重在内伤。李中梓认为：“伤寒虽繁剧之症，仲景倡论于前，守真补遗于后，无漏义矣……内伤虽深危之症，东垣倡论于前，丹溪补遗于后，无余蕴矣。”但是，明代某些医家在尊崇这四大家时，经常各自走向极端。“不善学者，师仲景而过，则偏于峻重；师守真而过，则偏于苦寒；师东垣而过，则偏于升补；师丹溪而过，则偏于清降……至有谓丹溪殿四家之末后，集诸氏之大成，独师其说，以为极至，不复考张、刘、李氏之法”。也就是说，在明代，有人把朱丹溪作为集大成的医家，只尊崇丹溪之学，而不去参考其他几家的治疗方法，这就不可避免地走向了一个极端。

当时的医家，由于师学传承的关系，各有尊崇对象。元末明初，有人“以能持东垣者，谓之王；能持张、刘者，谓之伯”。刘桂《医论》中则谓“丹溪，医之圣者也”。可见在明初，朱丹溪的影响已相当广泛。不善师丹溪者，则动辄知母、黄柏，喜用寒凉，而畏惧温热。这种风气在整个明代绵延不绝。李中梓在解释其时世风好用寒凉时说：

“今天下喜用寒凉，畏投温热，其故有二：一者守丹溪阳常有余之说，河间有热无寒之论耳。致《求正录》云：‘刘、朱之言不息，则轩、岐之泽不彰，诚斯道之大魔，亦生民之厄运也。’其言未免过激，然补偏救弊，为后学顶门下针，良有深心也。一者以寒凉之剂，即有误差，人多未觉。如阴柔小人，在朝廷之上。国祚已移，犹善弥缝。温热之剂，稍有不当，其非易见。如阳明君子，苟有过，则人皆见之。致近代有激之言曰：‘吾为俗医计，与其用寒凉而误，彼此不知，杀人必多，不如用温热而误，彼此具见，尚可改图。’此言虽近谩骂，实则照妖之明鉴也。”（《医宗必读》卷一，“药性合四时论”）

由此可知，明代喜用寒凉的风气主要有两方面的原因：其一是因刘河间、朱丹溪的学说虽各有偏颇之处，但其影响却非常之大；其二是医家们为了加大医疗的保险系数计，趋向于多用清润寒凉之药。清润寒冷之药即便误用，其副作用不容易很快显露，温热药则不然，“稍有不当，其非易见”。在这两方面因素作用下，元代朱丹溪之后的医疗风气，从宋代的局方医学好用香燥之药，一变而为喜用苦寒清润。这一风气在明代波及面非常广泛。为了补偏救弊，明代一些医家从不同的角度立论，倡导温补，反对滥用苦寒，形成了近现代史家所称的“温补学派”。

二 明代温补学派的兴起与影响

温补派的学术渊源与李东垣一脉相承，故后世也有人把温补学派视为东垣学派的绪余。但明代的学派在其发展过程中，经常兼收并蓄，故有时很难以追随某人作为划分标准，只能以其主要的学术见解，尤其是用药特点来归类其门户。以下介绍这一派主要医家的学术观点及演变，借以展示温补法对明代医学发展的影响。

（一）汪机

汪机（1463～1539），字省之，安徽祁门人。居祁门石山，“乡人本其所出，尊之曰‘石山居士’……早岁习春秋经，补邑庠弟子员，屡试不第”，后遂放弃科举浮文，肆力于医学。他从事临床40余年，具有极为丰富的临床治疗经验。据说“活人至数万”。（《石山医案·石山居士传》）《明史·方技传》中把当时的邑县张颐、祁门汪机、杞县李可大、常熟缪希雍四人相提并论，认为他们“皆精通医术，治病多奇中”，可见他的医疗技术在明代是相当有名的。汪氏的著作很多，主要代表作有《石山医案》（1519）、《医学原理》（1519）、《读素问钞》（1519）、《运气易览》（1519）、《外科理例》（1531）、《针灸问对》（1532）等书。

汪机在学术理论上十分推崇朱丹溪，这一点可以从他在丹溪弟子戴原礼所撰《推求师意》一书的序言中得到反映：“予于歙之名家，获睹是编（《推求师意》）。观其中之所语，皆本丹溪之意，门人弟子，推求其意，而发其所未发者……予深喜之，遂录以归。”但汪机推崇戴原礼之书，是因为此书已经将丹溪之学进行了某些修正。戴原礼是得丹溪亲炙的弟子之一。《四库全书提要》评价戴原礼《推求师意》曰：“俗医不善学震亨者，往往矫枉过直，反致以寒凉杀人。此书独能委曲圆融，俾学者得其意而不滋流弊，亦可谓有功震亨者矣。”从“委曲圆融”之评语，可以推知戴原礼并不是完全搬用丹溪的学说，已经加以磨砺改进。医史学家范行准先生则认为，戴原礼后来任太医院使，“因这一阶层中人，惟温补最受欢迎，故原礼中途叛去，转化为东垣学派中人。凡读原礼之《金匮钩元》和《证治要诀》及《类方》，即觉其中寒暑截然两途。”① 这一独到的见解揭示了戴原礼真正的学术倾向。汪机尊崇戴原礼，并进

① 引自《中国医学史略》，中医古籍出版社，1986年，第199页。

一步加以发挥。所谓“广丹溪之志者元礼也，广元礼之志者惟石山”。他虽然经常宣扬丹溪之学，但从他的用药注重人参、黄耆来看，汪机实际上早已不拘于滋阴，而转向温补之说了。

汪机经常摘取丹溪之论，来证明丹溪并不专主滋阴。他认为丹溪“遇有病，气虚则补气，血虚则补血，未尝专主阴虚而论治”。“何世人昧此，多以阴常不足之说横于胸中，凡百诸病，一切主于阴虚，而于甘温助阳之药，一毫不敢轻用，岂利也哉？”（《石山医案》）为了给他喜用的人参、黄耆寻找理论依据，他对朱丹溪的著名论点“阳常有余，阴常不足”赋予他自己的发挥。他首先把阳气扩大为“营卫”之气，“阳有余者指卫气也，卫气固无待于补；而营之气亦谓之阳，此气或虚或盈，虚而不补则气愈虚怯矣”。他对“营”的解释曲折迂回，但落脚点是把实质上的补气，说成也是与滋阴同出一源。他说：“古人于营字下加一气字，可见卫固阳也，营亦阳也，故曰血之与气，异名而同类。补阳者，补营之阳；补阴者，补营之阴。”由此又进而演绎参、芪补阴兼补阳之理：

“人参、黄芪补气亦补营之气，补营之气即补营也，补营即补阴也。可见人身之虚，皆阴虚也。经曰‘阴不足者补之以味’。参、芪味甘，甘能生血，非补阴而何？又曰‘阳不足者温之以气’。参、芪气温，又能补阳。故仲景曰‘气虚血弱以人参补之’。可见参、芪不惟补阳，而亦补阴……世谓参芪补阳不补阴，特未之考耳。”（《石山医案·营卫论》）

在当时医学界丹溪之学盛行的时候，正面对丹溪滋阴提出批评是难以为时医所容的。汪机打着解释丹溪之学真谛的旗号，实质上在宣传他自己的补气之说。从他所持的学术主张和所用药物来看，他实际上是东垣学派的忠实支持者。

汪机对参芪的酷好是前无古人的。他不仅把人参、黄芪说成是阴阳皆补之药，而且专门撰文论述参、芪“虽劳嗽吐红，亦有所不避也”。从这一点来说，后人把他归于温补派是有一定的道理的。造成他这种看似偏颇之见，也是事出有因的。他的学生介绍说：“予幸受业于石山汪先生，见其所治之病多用参芪。盖以其病已尝遍试诸医，历尝诸药，非发散之过，则降泄之多；非伤于刚燥，则损于柔润，胃气之存也几希矣，而先生后至，不得不用参、芪以救其胃气，实出于不得已也，非性偏也。其调元固本之机，节宣监佐之妙，又非庸辈可以测识。”这些话也许有为其师粉饰的动机，但平心而论，汪机好用参芪，恐怕确实是事出有因的。

综上所述，汪机虽处处表白他对丹溪之说的尊崇，但实际上他是兼采丹溪、东垣两家之长。他的用药特色是以人参、黄芪补养营卫，这对后世影响很大。在明代，有人认为汪机之说是“集古今名家之所长，而为一大成”。他的治疗方法，甚至被某些崇信他的人称之为“医之王道”。（《石山医案》程曾序）

汪氏的再传弟子孙一奎，亦为明代著名医家。孙氏字文垣，号东宿，别号生生子，安徽休宁人，生活于明嘉靖、万历年间（1522～1619）。他继承了汪机兼采众家之长的传统，认为“医者能因古人之法而审其用法之时，斯得古人立法之心矣”。在他看来，“仲景不徒以伤寒擅长，守真不独以治火要誉；戴人不当以攻击蒙讥，东垣不专以内伤树绩。阳有余阴不足之谭不可以疵丹溪，撄宁生之长技亦将与诸公并称不朽”。（《医旨绪余》）这种兼收并蓄，融会通变古人之说的治学方法深得后人称许。

孙氏的著作主要有《赤水玄珠》30卷、《医旨绪余》2卷、《孙文垣医案》5卷，其中《赤水玄珠》是一部医学全书，按病证分70门。该书专于明证，辨八纲及古今病名相混，甚为明晰。但其书第十卷所附“方外还丹”，论采炼之法，以“红铅”之类荒诞不经之物来“以人补人”，为全书之大疵。明代士大夫之间好用温热药及秋石、红铅之类的药物来壮阳，孙氏在此书中也未能脱俗。孙氏的《医旨绪余》，集中反映了他的学术见解。该书大旨在于发明太极、阴阳、五行之理，分别脏腑形质，阐发证候之秘，补遗阙漏之方，其中有关气血、三焦、命门之说，时有卓见。评价先世名医，立论持平。《孙文垣医案》（又名《生生子医案》、《赤水玄珠医案》）是孙一奎的儿子们编辑的。该书按行医地点分成《三吴治验》、《新都治验》、《宜兴治验》，反映了他的治学思想和用药特点。

（二）薛己

薛己（1488～1558），字新甫，号立斋，吴县（今属江苏）人。薛己的医学经历是比较特殊的，他一直是作为一名官医活跃在医学界。他的父亲薛铠，弘治间就被征入太医院，但据说是“抱艺不售，殁于京师”。薛己自幼继承家学，通晓临床各科。正德三年（1508）时薛己应征为太医院士，3 年后升为太医院吏目，又过了 4 年擢为太医院御医。正德十一年（1516），他已就任南京太医院院判，嘉靖间又出任太医院院使，转掌院事。此时他才刚过而立之年。他的主要医疗活动对象是达官豪贵，因此，这就不可避免地影响到他的治疗方法和学术思想。

他在离职归里之后，潜心于著述，留下了很多的著作，其中有《内科摘要》、《外科发挥》、《外科枢要》、《外科心法》、《外科经验方》、《疠疡机要》、《女科撮要》、《口齿类要》、《正体类要》、《过秦新录》（《保婴金镜录》）等著作。从这些著作名可知他的临床治疗范围十分广泛，尤其是在外科方面，著作尤多。此外，他还校注了一些著名的医书，如宋代陈自明的《妇人大全良方》、《外科精要》，钱乙的《小儿药证直诀》，陈文中的《小儿痘疹方论》，元末明初倪维德的《原机启微》，明代王纶的《明医杂著》等书。在校正这些书籍时，他经常将自己的临床治疗案例附载于各书之中。现存《薛氏医案》中的 24 种医书，除他自己所撰之外，大多是属于校注或刊正的前人医书。

薛己早年以疡医为专长，后又以内科得名。他对疮疡的五善、七恶有细致的论述，提出“虚中见恶证者难治，实证无恶候者易治”的见解。他认为恶证“不可因其恶而不治”，应该用“纯补胃气”的方法加以救治。所以他采用八珍汤、十全大补汤、补中益气汤、六君子汤、六味地黄丸等温补之方，补养气血，以固其本。他对疮疡的治疗尤其注重辨识其本末虚实，提出“病急而元气实者，先治其标；病缓而元气虚者，先治其本；或病急而元气又虚者，必先于治本，而兼以治标。”他认为“疮疡之作，缘阴阳亏损。其脓既泄，气血愈虚，岂有不宜补者哉？故丹溪先生云：但见肿痛，参之脉证虚弱，便于滋补。气血无亏，可保终吉。”（《外科枢要》卷一）从他列举的治疗方法来看，他用于治标的仅有仙方活命饮一方，而大量的方剂用于治本。常用的方剂还是八珍汤、四君子汤、六君子汤、十全大补汤、四物汤、补中益气汤、六味丸、八味丸等等。常用药有当归、黄芪、干姜、肉桂、人参、白术、附子等热药。在疮疡一科中，像他这样敢于用温补法者是比较少见的。薛己最后死于疮疡，《四库全书提要》曰：“垢之者，以为补益之弊，终于自戕。”即有人认为薛氏是死于自己倡导的温补法治疗疮疡。

在内伤杂病的治疗方面，薛己全面接受李东垣的脾胃学说，并加以发挥。他赞成李东垣以补中益气法升阳益胃，反对当时盛行的用知母、黄柏清有余之火的治法。他说：“阳虚发热者用补中益气以升补阳气，阴虚发热者用六味地黄丸，以培补阴血。总论二症虽有阴阳气血之分，实皆因脾胃阳气不足所致。其发热属形病俱虚，余故禁服黄柏、知母，恐复伤阳耳。”

"若因劳力辛苦，入房不节精血，虚火妄动而发热者，宜用六味丸，以补其阴，不可认作有余之火而用黄柏、知母之类。"这些论述，对纠正元末以来滥用知、柏苦寒之药的流弊有一定的作用。

在重视补脾胃的基础上，薛己对肾、命门的认识和治疗方面又有新的发展。对命门的位置，薛己宗《难经》左肾、右命门之说。在肾、命的治疗上，他主张真阴不足，用六味丸；命门相火不足，用八味丸。用八味丸急补命门之火，借以补火生土，是薛己的一大发展。故汪绮石评论诸家学术特长时说："李东垣专主脾胃，朱丹溪最重滋阴，薛立斋首明补火，三先生者，皆振古之高人，能挽一时之时尚。"薛己对肾命理论的探讨使之成为温补派的代表人物。他的学术见解对其后的赵献可、张介宾、李中梓等产生了很大的影响。由于薛己的倡导，温补学派在明清有很大的发展，某些医家甚至又从苦寒清热走向热药温补的另一个极端。

作为温补学派的代表人物，薛己承受着后世对温补引起流弊的各种批评。清代徐大椿对薛己的抨击尤其激烈："其尤偏驳者，李东垣为甚，惟以温燥脾胃为主，其方亦毫无法度。因当时无真实之学，盗窃虚名，故其教至今不绝。至明之薛立斋，尤浮泛荒谬。"（《医学源流论·医学渊源论》）清代陈修园也批评说："夫薛氏书通共二十四种，吾不能一一摘其弊，而观其案中所陈病原，俱系臆说，罕能阐《灵》、《素》不言之秘。所用方法，不出二十余方，加减杂沓，未能会《本经》性味之微。时医徐灵胎目为庸医之首，实不得已而为此愤激之言也。"（《医学从众录》）对薛己评价比较公允的是《四库全书提要》。四库馆臣肯定了薛氏的可取之处："然己治病务求本原，用八味丸、六味丸，直补真阴真阳，以滋化源，实自己发之。其治病多用古方，而出入加减，具有至理，多在一两味间，见神妙变化之巧。"这种评价不同于陈修园所说的"加减杂沓"。四库馆臣认为："厥后赵献可作《医贯》，执其成法，遂以八味、六味通治各病，甚至以六味丸治伤寒之渴。胶柱鼓瑟，流弊遂多。徐大椿因并集失于薛氏，其实非己本旨，不得以李斯之故，归罪荀卿也。"可见他们认为罪不在薛氏，而在后来执薛己成法，不知变通的那些医家。

薛己接触的病人多为达官贵人，而当时明代的士大夫之间，好用温补成风。薛己的温补主张，不能说和当时的世风无关。薛氏医书中还倡用红铅之类的壮阳之药，可知其温补主张的确有媚俗之嫌。红铅等壮阳药完全是为了迎合当时封建官僚糜烂的生活而采用的，从这方面来看，温补学派形成并风靡一时也是有它的社会基础的。

（三）赵献可及其追随者

赵献可，字养葵，号医巫闾子，浙江鄞县（今宁波）人，约生活于万历、崇祯年间（1573～1644）。赵氏是明代末年浙东著名医家。他和与他同时代的张景岳均为浙东人，且都精医、通易，学术观点也非常接近，但却未曾谋面。他曾游历秦、晋、幽州一带，著有医书多种，存世者唯《医贯》和《邯郸遗稿》，其中《医贯》是其代表作。

赵氏的学术思想遥从东垣，直承薛己，"以命门真火真水为主，以八味丸、六味丸二方，通治百病"，是为其最主要的学术主张。

赵氏反对丹溪"阳常有余，阴常不足"之说，认为"丹溪之书不息，岐黄之道不著"。他力主补阳，为此而阐发"命门"之说，在赵氏的命门之说中，命门被抬高到超越人身所有脏腑的地位。

《素问》中在论述脏腑作用时提到"主不明则十二官危"，其中的"主"一般认为是指

“心”。但赵献可却惊世骇俗，谓“人身别有一主，非心也”，此主即“命门”，这才是人身的“真君真主”。他说：“人生男女交媾之时，先有火会，而后有精聚，故曰火在水之先，人生先生 命门火”。“后天百骸俱备，若无一点先天火气，尽属死灰矣”。为此，他打了一个比喻：“譬之元宵之鳌山走马灯。拜者、舞者、飞者、走者，无一不具。其中间惟是一火耳。火旺则动速，火微则动缓，火熄则寂然。”为了使其命门学说更为完善，他又认定“命门即在两肾各一寸五分之间，当一身之中。《易》所谓‘一阳陷于二阴之中’，《内经》曰‘七节之旁中有小心’是也。”他持的是命门在两肾之间，是“肾间动气”，这和薛己的左肾、右命门的观点有所不同。从这一立论出发，他推导出命门和肾的关系是“肾中非独水也，命门之火并焉”。这就把传统的肾主水的理论扩而为肾与命门乃水、火共存的关系。他的这一思想，基本上为后世医家所承认。

赵氏确立命门的地位，是为他反对寒凉、倡导补先天水、火的疗法服务的。他指责当时滥用知母、黄檗的世风说：“自丹溪先生出，而立阴虚火动之论，亦发前人所未发。可惜大补阴丸、补阴丸二丸中，俱以黄柏、知母为君，而寒凉之弊又盛行矣。”他认为治病的根本是温养命门之火：“何世之养身者，不知保养节欲，而日夜戕贼此火。既病矣，治病者不知温养此火，而日用寒凉，以直灭此火，焉望有生气耶？”因此，他主张用六味地黄丸来补肾之真水，而用八味丸（金匮肾气丸）来补命门之真火。在这一点上，他是继承了薛己的治疗主张，并更加偏执。他认为“医家不悟先天太极之真体，不穷无形水火之妙用，而不能用六味、八味之神剂者，其于医理，尚欠大半”。在临床上，赵献可广泛运用六味、八味丸治疗各种内伤杂症，形成了他自己的治疗特色。

后世在评价赵献可的学说时，一般都肯定他对命门之火的发挥，但对他立言过当，则加以批评。清代名医徐大椿专门写了一部书《医贯砭》，来抨击赵献可之说。徐氏对赵献可不满的地方有二：一是反对他在谈医理时，拉扯许多儒学、易学等与医沾不上边的东西；二是反对他不分内伤、外感，一概用六味、八味，以致于补邪、留邪，导致“误治而迁延以死者，不可胜计”的恶果。

宗赵氏之学者，清代有高斗魁、吕留良等人。高斗魁（1623～1670），字旦中，号鼓峰。四明（今浙江宁波）人。高氏遥承薛己、赵献可之学，尤重视养肾。他治病以五藏生克关系入手，各藏主以五方，竟以 25 方概治五藏诸病。其中肾病的五方为六味饮、疏肝益肾汤、八味丸、右归饮、左归饮等，都是在发明六味丸、八味丸的功用，可见对薛己、赵献可的学说竭尽其推崇之意。其后有吕留良（1629～1683），得高氏之传。吕氏字用晦，号晚村，又号东庄，浙江崇德（今桐乡）人，是明末清初的思想家，宗程、朱理学，有文名。他 32 岁时始结识高鼓峰，相与论医、尽得其传，著有《东庄医案》。又曾评注赵献可的《医贯》，对赵献可、张介宾的温补学说颇有研究。因为吕氏的名气比较大，因此对宣扬温补学说有一定的影响。徐大椿在《医贯砭》中分析说：

“吕（留良）氏之学，实得之高鼓峰，高鼓峰则首宗赵（献可）氏之人也。吕氏因信高而信赵，天下之人又因信吕氏选时文、讲性理之故，并信其医。且记两方（六味、八味）可治尽天下之病，愚夫又甚乐从，贻害遂至于此极。所以罪魁祸首，高（鼓峰）不能辞之；而承流扬波，吕（留良）之造孽更无穷。”

吕留良因清初的文字狱，死后竟被“剖棺戮尸”，著述也被销毁殆尽。赵献可的学说虽曾在明末清初流行一时，但在清中期以后，其专用六味、八味之说已渐次式微。惟其阐发命门之论，仍对后世有一定的影响。

（四）张介宾

张介宾（1563～1640），字会（一作惠）卿，号景岳，别号通一子。山阴会稽（今浙江绍兴）人。祖籍四川绵竹，明初其祖先因军功世袭“绍兴卫指挥”，遂移居浙江。张介宾的一生富有传奇色彩。据载其“生颖异，读书不屑章句，韬钤、轩岐之学尤所淹贯。壮岁游燕、冀间，从戎幕府，出榆关、履碣石，经凤城，渡鸭绿。居数年，无所就。亲益老，家益贫，翻然而归。功名壮志，消磨殆尽。尽弃所学而肆力于轩岐，探隐研神，医日进，名日彰，时人比之仲景、东垣云。”（《景岳全书·全书纪略》）

张介宾是明末著名的医家，其主要的医学著作有《类经》(附《类经图翼》、《类经附翼》)、《景岳全书》、《质疑录》等。影响最大的是《景岳全书》，该书内容囊括了医学理论和临床各科，集中反映了他的学术主张，流传甚广。张介宾精于论理，尤其善于将《易经》中某些富有哲理的思想用于论医，对阴阳学说续有阐发。

在医学理论上，张氏最有名的学术观点是“阳非有余，真阴不足”。这一观点直接与朱丹溪的“阳有余、阴不足”相对立。为了阐明“阳非有余”的道理，张氏极力从不同的角度阐发阳气的重要性。他根据《素问·生气通天论》中的“阳气者，若天与日，失其所，则折寿而不彰，故天运当以日光明”一语，进一步将“阳气”加以发挥：

“可见天之大宝，只此一丸红日；人之大宝，只此一息真阳。凡阳气不充，则生意不广。故阳惟畏其衰，阴惟畏其盛，非阴能自盛也，阳衰则阴盛矣。凡万物之生由乎阳，万物之死亦由乎阳。非阳能死万物，阳来则生，阳去则死矣。”（《类经附翼·大宝论》）

张景岳反复强调阳气对人生的重要性，他认为“凡精血之生皆为阳气，得阳则生，失阳则死，此实性命之化源，阴阳之大纲也”。根据这一理论，他创制了扶阳的代表方剂右归丸、右归饮，治肾阳衰虚、命门之阳衰阴盛。

虽然张景岳强调阳气的重要，但他并没有忽视真阴。他认为所谓阴胜于下，并非阴盛，而是命门之火衰，阴阳失去平衡之后呈现阴盛，真正的阴精并无有余的可能性，只有可能不足。和赵献可不同的是，他认为命门之中，包含着水火：“凡水火之功，缺一不可。命门之火，谓之元气；命门之水，谓之元精。五液充，则形体赖而强壮；五气治，则营卫赖以和调。此命门之水火，即十二脏之化源。故心赖之，则君主以明；肺赖之，则治节以行；脾胃赖之，济仓廪之富；肝胆赖之，资谋虑之本；膀胱赖之，则三焦气化；大小肠赖之，则传导自分。此虽云肾脏之伎巧，而实皆真阴之用。”（《类经附翼·真阴论》）所以，张景岳在临床上注重的是顾护人身的真阴、真阳。正因为他对真阴如此看重，所以他连薛己、赵献可所推崇的补阴主方六味地黄丸也觉得不妥。他认为“真阴既虚，则不宜再泄，二方俱用茯苓、泽泻，渗利太过，即仲景《金匮》，亦为利水而设。虽曰于大补之中，加此何害，然未免减去补力，而奏功为难矣”。为此，他创制了培左肾之元阴的左归丸、壮命门之真水的左归饮，这两个方子中，去掉了六味丸中的泽泻、丹皮，保留了其中的补阴药，又增加了若干滋水填精药。

综观张景岳的学术思想，并不是一味地主张用热药。他对用药有自己的见解，并把人参、附子、熟地、大黄四味药比喻成药中的“四维”，可见他用药并无偏颇。张氏尤善用熟地，故世人称之为“张熟地”，于此可见其善用滋阴药之一斑。为了力纠当时滥用寒凉药之时弊，张氏不免立论过当，致使他被后人视为温补派的代表人物，甚至把温补称之为“薛（已）、张

（景岳）之学”。这是有失偏颇的。后世有人评价张氏之学云：“窃观富贵之家，投寒凉则忌，进温补则合，医之喜用温补者，遂有‘景岳派’之名，殊不思景岳亦温凉补泻并收之书也。观其论症，先述古而补以己见；分剂，先古方而补以新方。作者以‘全书’名之，读者以全书贯之，舍其短而录其长，则上而溯诸河间（刘完素）、易水（张元素）、金华（朱震亨）诸家，无不合也。更上而溯诸南阳医圣（张仲景），亦无不合也。而得景岳之益者，岂特在左归、右归而已哉！”（《吴医汇讲·徐叶壎论读景岳书不可专得其温补之益》）著名医史学家范行准把张景岳归入“折衷学派”，认为他们“窃丹溪之地黄，取东垣之附、桂，成为滋阴温补之说，大受士大夫欢迎”。

张景岳的医学成就是多方面的，其《景岳全书》中有许多精辟的论说，包含着极为丰富的临床经验。例如在辨证论治方面，他主张用“二纲”、“六变”作为辨证论治的纲领。所谓“二纲”即将阴阳作为“医道之纲领”；“六变”即表、里、虚、实、寒、热六种病变的性质，这实际已经包含了后世所说的“八纲”辨证纲领。在诊断方面，张氏均的“十问篇”最为后世称道。其歌诀曰：

“一问寒热二问汗，三问头身四问便。五问饮食六问胸，七聋八渴俱当辨。九因脉色察阴阳，十从气味章神见……”

张氏半生戎马生涯，故在《景岳全书》中的新方八阵、古方八阵，充分地体现了他的军事思想。他曾对他的徒弟说：“医之用药犹用兵也，治病如治寇，攘知寇所在，精兵攻之，兵不血刃矣。”所谓八阵，即补、和、攻、散、寒、热、固、因八种治疗大法。每一阵之前，张氏均有长篇的论说，精辟地分析了各种治法的实际运用。如攻阵中的“攻略”云：

“……大都治宜用攻，必其邪之甚者也。其若实邪果甚，自与攻药相宜，不必杂以补剂。盖实不嫌攻，若但略加甘滞，便相牵制；虚不嫌补，若但略加消耗，偏觉相妨。所以寒实者最不喜清，热实者最不喜暖。然实而误补，不过增病，病增者可解；虚而误攻，必先脱元，元脱者无治矣，是皆攻法之要也。其或虚中有实、实中有虚，此又当酌其权宜，不在急宜攻、急宜补之例。虽然，凡用攻之法，所以除凶剪暴也，亦犹乱世之兵，必不可无，然惟必不得已乃可用之。若或有疑，宁加详慎。盖攻虽去邪，无弗伤气；受益者四，受损者六。故攻之一法，实自古仁人所深忌者，正恐其成之难、败之易耳。”（《景岳全书》）

从以上论说，虽然也可以看出张氏对补法的偏好，对攻法的畏惧，但从其说理来看，的确是经验之谈。张氏是有明一代杰出的医学家，他论医精当，对当时医风庸劣深恶痛绝。虽然他在补法上着笔尤多，但正如他自述所云：“虚而不补，且复攻之，不可胜纪。故力辨之，以救时弊，非好补也”。后世不善学者，执张氏之学的皮毛，趋世媚俗，滥用温补，攻击者则归咎于张景岳。近代医家谢观在《医学源流论》中对张氏也有批评：“继东垣而起者为景岳。景岳之学，既攻河间、丹溪，亦攻东垣。东垣曰‘相火为元气之贼’，景岳则云‘相火为元气之本’，一以补阳为主。后来医家不分内伤外感，动云补正，补正则所以祛邪，实景岳有以开之。又时引易理以言医，较之但言运气者尤为诞谩。然所著《景岳全书》，网罗诸科，僭称谟典，几有包括一切之概。医家崇奉其说者亦颇多。”谢氏的批评大部分是比较中肯的，但把滥用补正法之风源归咎于景岳，则未免过激。

（五）李中梓

李中梓（1588～1655），字士材，号念莪，南汇（今属上海市）人。其先人有与倭寇交战而亡者，立有武功，故代为士族。初习儒，为诸生，有文名。后因多病，自学医术。究心医学近50年，临证每获奇效，求治者甚众。与当时名医王肯堂、施笠泽、秦昌遇、喻嘉言等过从甚密。其治学虽无独特发明，但以平正见长。著书甚众，流传较广者有《内经知要》二卷（1642）、《医宗必读》十卷（1637）、《药性解》二卷（1622）、《伤寒括要》三卷（1649）、《颐生微旨》四卷（1642）。另有《士材三书》（含《诊家正眼》、《病机沙篆》、《本草通玄》）。其门人弟子甚众，如董宏度、郭佩兰、李延昰等，均得其传授。另外，其徒沈朗仲，又将其学再传马元仪、三传尤在泾，形成了后世所称的“李士材学派”。其实从学术观点来说，将李氏传人单独划分为一个学派并不很合适，因为李中梓的治学特点就是兼收并蓄，平正不倚的。

李氏所处的时代，正是学派纷争、寒温对立的明末清初。李氏没有偏执一家之见，而是各取所长。他有一篇著名的“四大家论”，精辟地分析了张仲景、刘完素、李东垣、朱丹溪四家理论产生的时代背景和学术渊源。同时，又指出不善学四家之学者所造成的流弊。该论中指出：

“……内伤虽深危之症，东垣倡论于前，丹溪补遗于后，无余蕴矣。嗟乎！四先生在当时，于诸病者苦，莫不应手取效，捷如桴鼓。读其遗言，考其方法，若有不一者，所谓但补前人之未备，以成一家言。不相摭拾，却相发明，岂有偏见之弊哉！不善学者，师仲景而过，则偏于峻重；师守真而过，则偏于苦寒；师东垣而过，则偏于升补；师丹溪而过，则偏于清降。譬之侏儒观场，为识者笑。至有谓丹溪殿四家之末后，集诸氏之大成，独师其说，以为极至，不复考张、刘、李氏之法。不知丹溪但补东垣之未备，非全书也。此非丹溪之过，不善学者，误丹溪也。”（《医宗必读·四大家论》）

他客观地指出历史上各家的见解，都是为了补前人之未备，不能偏执一言，更不能因为丹溪是四大家中最后一位，就把他作为集大成的医家加以推崇。四大家的治法，是用于治疗不同的疾病，不能偏执一家之言以治百病。他认为：“使仲景而当春夏，谅不胶于辛热；守真而值隆冬，决不滞于苦寒；东垣而疗火逆，断不执于升提；丹溪而知脾虚，当不泥于凉润。故知天时者，许造张、刘之室；达病本者，可登李、朱之堂。庶几不以辞害志，而免尽信书之失乎。”这种看法是符合历史事实的，为此后的学医者指点了门径。

李中梓治学的另一个特点是非常重视《内经》的研究，且既能深入，又能浅出。他将义理深奥的《内经》原文加以抉择分类（分道生、阴阳、色诊、脉诊、藏象、经络、治则、病能八类），集中阐述医学的一些基本理论，而成《内经知要》一书。该书问世以后，为医家所重。近代秦伯未等医家为之注释，广为流传。现代的《中医基础理论》之类的书籍，在划分知识单元时多受此书的影响。

在李中梓以前，就有“补肾不如补脾”或“补脾不如补肾”的争议，李氏则将这两者统一在他的“先天、后天根本论”中。他的所谓先天就是肾，后天就是脾。这两者就是李中梓所说的人身之根本。抓住了根本，临床治疗就会驾轻就熟，逢凶化吉。为什么说脾、肾是人身的根本呢？李氏解释说：

“肾何以为先天之本？盖未有此身，先有两肾，故肾为脏腑之本，十二脉之根，呼吸之本，三焦之源，而人资之以为始者也，故曰先天之本在肾。脾何以为后天之本？盖一日不食则饥，七日不食则胃肠涸绝而死。《经》云‘安谷者昌，绝谷者亡’，胃气一散，百药难施。一有此身，必资谷气。谷入于胃，洒陈于六府而气至，和调于五脏而血生，而人资之以为生者也，故

曰后天之本在脾。”（《医宗必读·肾为先天本脾为后天本》）

李中梓的先后天根本说成为中医基本理论的重要组成部分。他没有把脾和肾对立起来，强调其中某一脏器的绝对地位，而是指出这两者都各有其重要性，互为根本，不可或缺。他学术思想的渊源既取法张元素、李东垣的脾胃论，又参照赵献可、张景岳的肾命论，但又不执其偏。

对于阴阳、水火的解释，李氏也是倾向于调和。他不去追究到底是阳有余还是阳不足，也不去纠缠肾、命门的水火关系，他把水火和阴阳用最简单的方式加以解释：“人身之水火，即阴阳也，即气血也。无阳则阴无以生，无阴则阳无以化”。也就是说，气血就是阴阳、水火的体现，两者互相依存，缺一不可。但在治疗中，李氏并非主张气血并补，而是有所侧重：“譬如春夏生而秋冬杀，向日之草木易荣，潜阳之花卉善萎也。故气血俱要，而补气在补血之先；阴阳并需，而养阳在滋阴之上。是非昂火而抑水，不如是不得其平也。”这是从自然变化推导引喻出来的一个医学道理，施之于临床，的确有其实用有效的一面。著名的当归补血汤，其中的补气药黄芪在用量上就五倍于补血的当归，这就是在“气血俱要”的关头所体现出来的阳生阴长的道理。也正因为在“阴阳并需”的时候，李氏更偏重于阳，所以，后世有人把他归到温补派的行列，其实这并不很恰当。

李中梓论医理药理，大多比较平实易懂，不侈谈易学、理学。他经常从日常生活中最浅显的道理去引申医药之理。例如他对药性的解释：“药性之温者，于时为春，所以生万物者也；药性之热者，于时为夏，所以长万物者也；药性之凉者，于时为秋，所以肃万物者也；药性之寒者，于时为冬，所以杀万物者也。故凡温热之剂，均为补虚；寒凉之剂，均为泻实。”这种比喻当然显得比较粗糙，但因其浅显易懂，故而容易为一般医家所接受。

近代医家谢观《中国医学源流论》中专门列有“李士材学派”，认为“明末诸家中虽无特见，而大体平正不颇者，当推李士材。”这是因为李士材是一位临床家，他把更多精力集中在临床辨治疾病和处方用药。他在《医宗必读·辨治大法》中指出：“病不辨则无以治，治不辨则无以痊。辨治之法，阴阳、寒热、脏腑、气血、表里、标本先后、虚实缓急，七者而已”。此外，还要讲求辨患者的富贵贫贱。如他认为：“大抵富贵之人多劳心，贫贱之人多劳力；富贵者膏粱自奉，贫贱者藜藿苟充。富贵者曲房广厦，贫贱者陋庵茅次。劳心则中虚而筋柔骨脆，劳力者则骨劲筋强。膏粱自奉者脏腑恒娇，藜藿者脏腑恒固。曲房广厦者玄府疏而六淫易客，茅次陋巷者腠理密而外邪难干。”正因为如此，在治疗上就有所不同：“富贵之疾，宜于补正；贫贱之疾，利于攻邪”。但“贫贱之家，亦有宜补，但攻多补少；富贵之家，亦有宜伐，但攻少而补多。”这些论说均体现了李氏作为一个临床家在辨证论治方面的细致功夫。

此外，李中梓在用药方面也有许多的经验，这些经验集中反映在他撰写的三本本草书中。这三书即《药性解》、《本草征要》和《本草通玄》。李氏论药和他论医一样，叙说简明，不尚浮辞。对前人本草书的一些谬误之处或世俗用药偏见，均一一指出订正。如他年轻时也曾相信豨莶有补益之功，但经多年试验，“久用无功，始知方书未可尽评也”。又如王纶认为“参能助火，虚劳禁服”，李氏认为此说“印定医家眼目，遂使畏参如螫”。于是他根据自己的临床体会，仔细地分析了人参的正确用法。他还指出世俗以知母为“滋阴上剂，痨瘵神丹”的危害等等。

以上列举了五位医家的主要学术观点及其演进的过程。虽然后世有人把他们全都归为温补学派，但从上述内容来看，其中有的医家并非一味地主张温补。要说他们的共同点，那就是他们都是为了纠正当时滥用寒凉的弊病和陋俗，而从另一个角度发挥温补的道理。这些学术见解丰富了中医理论的内容，同时也促进了新的治疗方法的产生。但因某些学习者的不善求其精髓，在明末以后又使医学界出现了滥用温补的弊病，从而引发了又一场旨在补偏救弊的学术探讨。

三　温病学的兴盛与发展

明末清初兴盛了一阵的有关《伤寒论》研究的争议，到清代后期渐渐冷落下来。有清一代，医学史上最为突出的成就是温病学方面的巨大进展。“温病”是对应于伤寒而言的一大类外感急性热病，其发病机理和治疗方法等都与伤寒截然不同。许多急性的传染病都属于中医的温病范畴。随着中外交流的日益频繁，清代有许多传染病相继传入我国。其时江南（尤其是江浙一带）地区水网纵横，人口稠密，使某些传染病能得以迅速传播。传染病的横行，为清代医家提出了许多医学前沿问题。医史学家范行准先生认为：“清代三百年来医家的聪明才智，几乎都尽于此。所以清代医学最重视传染病，也是中国医学历史上最突出的一个现象。”（《中国医学史略》）

温病学虽然在清代有了一个飞跃式的发展，但其发展的基础却是千余年的有关温病学的经验积累。因此，在展示清代温病学成就之前，有必要简要回顾一下温病在清代以前的发展情况。

（一）明代及其以前温病的发展简况

急性热病的存在历史是非常久远的，但“温病”或“热病”名称的明确记载则可推溯到《内经》。《素问·热论》曰：“今夫热病者，皆伤寒之类也。”《难经·五十八难》也提到：“伤寒有五，有中风，有伤寒，有湿温，有热病，有温病。”当时许多急性发热性传染病虽然名称不同，但却常常被笼统地归入“伤寒”。如晋代陈延之《小品方》中还把“伤寒”作为雅士之辞，把“天行”、“温疫”作为田舍间的俗称。真正的温病在唐代以前时常被覆盖在伤寒学的内容之中。如汉代张仲景《伤寒论》中就有“太阳病发热而渴不恶寒者，为温病”的说法。梁代陶弘景的《肘后百一方》中亦有“伤寒、时气、瘟疫三名，同一种耳……其年岁中有疠气兼挟鬼毒相注，名为温病”的说法。说明当时已有人把“温病”断为疠气引起的传染病。唐代孙思邈《千金翼方》“伤寒杂治”中，兼收有时行病毒、伤寒热毒、豌豆疮等后世归于温病的内容。在治疗原则和用药倾向方面，晋唐医籍如《肘后方》、《小品方》、《深师方》、《千金方》等论治温病，已经有用寒凉药（如栀子、黄芩、知母、玄参、石膏等）的经验。但在这一段时间内，温病仍然是附属于伤寒的一个内容，在诊治理论上并没有大的突破。

宋金元时期，一方面被奉为“医圣”的张仲景声誉越来越高，研究《伤寒论》的学者越来越多；另一方面，多种“新病”（范行准先生考证为包括鼠疫在内的多种急性传染病）肆虐，又在加速“温病”挣脱伤寒羁绊的进程。因此，许多有关温病的研究经常与伤寒研究相联系。

宋代医家庞安时（约1043～1100）撰有《伤寒总病论》。这是一部研究《伤寒论》较早的专著，其中卷五基本上是讨论温病的。在此书中，他明确地提出伤寒和温病当分治。他认为温病是“感异气”而变成的。在庞氏书中，“异气”、“乖气”、“疫气”意义相同。都是指可以引起流行急性传染性热病的病原。感受这种“异气”，再遇上风热，则变成风温；遇上其热，变成温毒；遇上湿气，变成湿温；重感于寒，变成温疟。这就是庞氏所说的四种温病。在该书的“上苏子瞻端明辨伤寒论书”中，庞安时指出：

“四种温病，败坏之候。自王叔和后，鲜有炯然详辨者，故医家一例作伤寒行下……温病若作伤寒行汗、下必死。伤寒汗、下尚或错谬，又况昧于温病乎？天下枉死者过半，信不虚矣！”（《伤寒总病论·天行温病论》）

同时，他又说：“其暑病、湿温、风温，死生不同，形状各异，治别有法”。这是首次将寒、温分立分治，是温病学走向独立的重要一步。但由于他仍然没有摆脱伤寒治法的旧套，因而在处方用药方面，显得庞杂混乱，将大寒、大热、发汗、攻下、滋阴药混于一方。不管怎样，庞氏敢于提出寒、温分立，对后世温病研究起了很大的作用。此后北宋的朱肱、南宋的郭雍等医家，都是在庞氏基础上再加以发挥，使温病的内容进一步丰富起来。

金元时期是温病学说渐次成形的重要阶段。刘河间及其传人在发展温病治法方面卓有贡献。刘氏根据《素问·热论》“伤于寒则为病热”，倡“热病只能作热治，不能从寒医”，并创制了许多治热病的寒凉方。其徒马宗素、镏洪、常德等承其说，并进一步加以发挥。如马宗素说：“六经传受，由浅至深，皆是热证，非有阴寒之证”。（《伤寒医鉴·论六经传受》）镏洪又进一步提出治热病惟表、里两途。倡用双解散解表，用三一承气汤和解毒汤清里，用小柴胡汤合凉膈散和解半表半里之邪。刘河间及其传人用寒凉药治疗热病，是当时最富挑战力的一个学派。因此，临床医生有“外感宗仲景，热病用河间”之说，可见后世已经把他的热病治法和古代奉为神明的张仲景治伤寒相提并论了。

元末明初的王履（1332～?），曾从朱丹溪学医，撰有医书多种，存世者有《医经溯洄集》。在这部书中，他明确地指出了伤寒、温病是不同的病。温病是“感天地恶毒异气”而生，与伤寒“自是两途，岂可同治?”（《医经溯洄集·伤寒温病热病说》）又说：“温暑及时行寒疫、温疟、风温、温毒、温疫等，决不可以伤寒六经诸病为通治。”温热病“非辛凉或苦寒或酸苦之剂不足解之”。明代的汪机在《石山医案》中又提出了“新感温病”的概念，与此前的“伏气温病”相对应。明末的缪希雍则在《先醒斋广医学笔记》中指出温疫邪气侵犯人体“必从口鼻”而入。这些论说指出了温病学和伤寒学不论在病候和治疗上都有不同的特点，为温病学的建立奠定了基础。从此以后，学术界所论的伤寒，其覆盖的内容渐次缩小，而温病的内容则越来越扩大。

明代末年，温热病大肆流行，诸医用伤寒治法不效，医学前沿的问题促使医家们对温病进行深入的探索，因而得以在理论和实践方面都取得了某些新的突破。这个时期的医家发现，当时的温病占发病的绝大多数，而真正的伤寒却非常之少。明末清初医家吴有性在瘟疫方面的突出成就，大大地推进了温病学的发展。

吴有性，字又可，江苏吴县人。崇桢十四年（1641），江苏、浙江、河北、山东等地温疫大行，有时“一巷百余家，无一家仅免；一门数十口，无一口仅存者”（《吴江县志》）。当时的医家套用治伤寒旧法无效。吴又可目睹了这场温疫所造成的惨况，深有感触；“守古法不合今病，以今病检古书，原无明论，是以投剂不效。医者彷徨无措，病者日近危笃。病愈急，投药愈乱。不死于病，乃死于医；不死于医，乃死于圣经之遗亡也”（《温疫论·原序》）经过大胆的探索，吴氏终于摸索出了一套治疗温疫的有效方法，并进而在理论上进行新的阐述，其代表作为《温疫论》。

首先，吴又可在病原方面提出了新的见解：温疫为病，非风非寒，非暑非温，乃天地间别有一种异气（戾气）所感。这种戾气从口鼻侵人人体，其传有九。戾气又有多种，各有其“特适”性和“偏中”性，即不同的戾气具有各侵犯某一特定脏器之特异性。人或动物对一定的戾气具有不同感受性，并举戾气可使人病而鸡、鸭不病以为例，其发病与否，有赖机体的强弱而定，即所谓“本气充实，邪不能入”。但是，“若其年气来厉，不论强弱，正气稍衰者触之即病”。这就将传染病的特点描述得非常准确。戾气的传染途径又分两种：一是“自天受”（即空气传染）和“传染受”（即接触传染）。至于温疫侵犯人体的部位，也完全不同于伤寒：“邪自口鼻而人，则其所客，内不在脏腑，外不在经络，舍于夹脊之内，去表不远，附近于胃，乃表里之分界，是为半表半里，即《针经》所谓‘横连膜原’是也”。基于这一见解，吴氏提出治疗温疫应该用“达原”（用达原饮疏利膜原）、“三消”（用三消饮分消疫毒）诸法。还提出温病下不厌早，汗不厌迟，总宜顾存津液为原则。这些主张均对后世温病学家有所启示。吴氏的《温疫论》详细地鉴别了伤寒和温疫，建立了系统的温疫学说。后来的实践证明，吴氏创立的温疫学说具有相当高的学术价值和实用价值。清代医家郑重光评价说：“姑苏又可吴君《温疫》一书……使时疫一证，源流悉出，前后施治，较然不紊，可谓卓哉不朽之盛业矣。”（《温疫论·郑重光序》）《四库全书总目提要》也称赞说：“推究病源，参稽医案，著为此书，亦可谓有功于世矣。”

自明末以后，温病学的研究进入到一个新的历史阶段。医家们认识到，过去的伤寒从发病率来说已是非常少，只有温病才是医学首要的问题。范行准先生总结伤寒、温病两者的历史消长时说：“至清季由于许多传染病如鼠疫、真性霍乱、猩红热、白喉等的流行，都异常地凶恶，故道（光）、咸（丰）时吴县薛福更干脆地说：‘今之伤寒，皆温病也。’至此，把过去泱泱大国的伤寒，连一寸土也不留给它了。”只剩下少数经方家“以注疏仲景书自娱，或抱六经残垒”（《中国医学史略》）。温病学到清代已经成为当时最有生气的一门学问了。

（二）清代温病学的飞跃发展

清代温病学家人才辈出。由于温病在古代的经典著作中没有系统论述，是一门新兴的学问，因此，诸家自明末之后，各逞已能，众说蜂起。清初的戴天章，以吴又可有关论述为基础，详言温疫病状，以分辨气、色、舌、神、脉等方面来区别温疫与伤寒，其治法有汗、下、清、和、补五法，在辨治温疫方面又迈进了一步。

清初医学名家喻嘉言，虽以伤寒研究著称，但他在温病学方面也有不少新的发明。据缪遵义《温热朗照》记载，喻嘉言还有《尚论后篇》一书四卷，专论温病。喻嘉言仿他的伤寒三纲鼎立说，给温病也来一个三纲，即本《素问》，设温病有“冬伤于寒”、“冬不藏精”、“既伤于寒，又不藏精”三纲。又以三焦为温病发病的主要部位。此外，他还将《素问》中的“秋伤于湿”更正为“秋伤于燥”，创秋燥说。以上这些主要论点为温病学增添了许多新的内容。范行准先生认定喻嘉言在“温病学历史上是一位早期人物，也是苏派温病学上的先驱。宗其学者，有吴人缪遵义（1710～1793）等，而叶桂、杨璇、吴瑭等更受其影响”。（《中国医学史略》）

乾隆间瘟疫又复流行，据载“时久无雨，暑气盛行，人多病疫，病则必死。”（《疫疹一得·吴贻咏序》）其时医家余霖（生活于18世纪），字师愚，因其父染疫疾，为时医所误，乃肆力于疫病的研究。著有《疫疹一得》（1794）。余师愚认为瘟疫乃运气之淫热，内入于胃，敷布于十二经所致。因此，他创制清瘟败毒饮，重用石膏，泻诸经表里之火，对斑疹的辨析亦颇详明。在清代中叶以前，研究温病的学者日益增多，学者们对温热病的病因、症状已有一定的认识，但在病机理论上则未能统一，形成一个比较公认的学术体系。

清代乾隆以后，温病学的发展达到鼎盛时期。这段时间涌现出来的温病学中的核心人物有叶天士、薛雪、吴鞠通、王孟英等，他们建立了温病学比较完整的理论体系。

（1）叶天士（1667～1746），名桂，号香岩，江苏吴县人。其祖父、父亲均精医。博览群书，临床经验十分丰富，又虚怀若谷，据说尝于十年间先后从师17人。长于内科诊治，尤擅长温病。他是一位临床医生，毕生忙于诊务，无暇著书。今存世的《温热论治》（《温热论》），是其有关温病的惟一专著。该书据说是叶天士游洞庭山时，其门人顾景文随之舟中，以叶天士当时所语，信笔录记。故此书不像某些儒医所著书那样洋洋大观，仅菲薄一册而已。但是在该书中，却系统反映了叶氏的学术思想。

叶天士《温热论》开宗明义地点明了温病的侵犯途径和传变顺序："温邪上受，首先犯肺，逆传心包。肺主气属卫，心主血属营。辨卫气营血，虽与伤寒同，若论治法，则与伤寒大异也。"其具体治法是"大凡看法，卫之后方言气，营之后方言血。在卫汗之可也，到气才可清气。入营犹可透热转气，如犀角、元参、羚羊角等物；入血则恐耗血动血，直须凉血散血，如生地、丹皮、阿胶、赤芍等物是也。若不循缓急之法，虑其动手便错耳。"在这口语化的简短论述中，叶天士建立了卫气营血辨证法，把温病分成由浅入深的四个阶段。

在叶天士所建立的温病体系中，与伤寒完全不同。他教人辨别伤寒与温病的区别时说："伤寒多有变证，温病虽久，总在一经，以此为别。"这就明确了温病不能套用伤寒六经的辨证法。在诊察手段上，与伤寒辨脉析证不同的是，叶天士诊断温病主要通过察舌、验齿、辨斑疹白痦。这是因为温病主要表现是在肺、胃，因而舌诊显得特别重要。叶天士的《温热论》中，有关舌诊的内容占了很大的篇幅。这些宝贵的诊察经验成为后世医家诊察温病的重要依据。

（2）薛雪（1681～1770），字生白，号一瓢，江苏吴县人。薛雪是清代中期与叶天士齐名的一位医家。撰有《医经原旨》六卷（1754）等书。另有题为薛雪撰的《湿热条辨》，其中《湿热条辨》所论述的湿热为病，是"不独与伤寒不同，且与温病大异"的一种疾病。薛雪认为："夫热为天之气，湿为地之气。热得湿而愈炽，湿得热而愈横。湿热两分，其病轻而缓；湿热两合，其病重而速"。范行准先生认为薛雪的湿热病即今之肠伤寒，湿热病是阳明、太阴同病，而一般的温病是少阴、太阳同病。薛雪详细论述了湿热病的病因、病机、病证及治法，使之成为有别于伤寒、温病，理法方药具备的独立体系。

（3）吴瑭（1758～1836），字鞠通。江苏淮阴人。少习儒，后因父及侄相继病故，乃专事医学。游京师，参与抄写检校《四库全书》，得览吴又可《瘟疫论》，深受启发。其学近则师承叶天士，远则追踪张仲景，又研读晋、唐以来诸名家之论，从事临证治疗数十年，于温病诊治颇具心得。他认为王履虽"始能脱却伤寒，辨证温病，惜其论之未详，立法未备"；吴又可单论温疫，"议论宏阔，实发前人所未发"。然从说理立法而言，惟叶天士"持论平和，立法精细"。鉴于叶天士的论说过简，叶氏的临床治疗温病的经验多散见在他的医案中，人们多忽视这些记载，故吴鞠通采择叶氏医案之论、方及诸家精论，结合自己的临床心得，著成《温病条辨》七卷（1798）。该书仿照《伤寒论》行文方法，自己给条文加注释。吴氏上承叶天士，下启王孟英，对温病发展贡献卓著，成为温病学的代表人物之一。

吴鞠通建立了比较系统而又具体的温热学说体系。该体系中采用三焦辨证，以别于伤寒六经分证。《温病条辨》一书以三焦为纲：第一卷为上焦，叙温病初期的病状疗法；卷二为中焦，叙邪入胃府之诊治；卷三为下焦，叙温病后期及误治、失治等变证。又把各种温病依其症候分系于各卷之中。其三焦病机说虽沿用《内经》三焦之名，然只取三焦分部以区分温病传变途径和趋势。上焦病指肺与心包络，中焦病指脾胃，下焦病指肝肾。其具体论述为：

"温病自口鼻而入，鼻气通于肺，口气通于胃，肺病逆传，则为心包，上焦病不治，则传中焦胃与脾也。上焦病不治，即传下焦肝与肾也。始上焦，终下焦。"（《温病条辨》卷二）

三焦辨证系统与叶天士的卫气营血辨证理论相得益彰，但与伤寒六经辨证大相径庭。吴氏在《温病条辨》凡例中揭示伤寒、温病的辨证体系与疾病之间的关系时说："伤寒论六经，由表入里，由浅及深，须横看；本论论三焦，由上及下，亦由浅入深，须竖看。"

吴氏谓"伤寒伤人身之阳，故喜辛温、甘温、苦热，以救其阳；温病伤人身之阴，故喜辛凉、甘寒、甘咸，以救其阴。"以阳邪伤阴，温热最易耗液，便大力倡导养阴保液之法，有别于伤寒之重在扶阳保阳。在温病治法上，提出清络、清营、育阴三大法。以辛凉芳香之清络饮治暑温余邪，用咸寒苦甘之清营汤清热养阴。又制一甲、二甲、三甲复脉汤：当下后阴虚而防滑脱者，则用一甲养而涩之；当阴虚而阳不潜者，则用二甲养而镇之；当阴虚而不能上济于心者，则用三甲养而济之。在临床实践的基础上，以银翘散为辛凉平剂，桑菊饮为辛凉轻剂、白虎汤为辛凉重剂，使温病治法层次清晰。不少方剂是从叶天士临床用药中总结出来的。叶氏临证用药，得心应手，而不名方。但经吴鞠通潜心揣摩其用药规律，却组成了许多著名的方剂（如桑菊饮、清宫汤、连梅汤等）。因此，吴氏之学虽本于叶天士，但在温热病的病机、辨证、论治、方药等各个方面，都在叶天士的基础上有了显著的提高，使温病学发展到了一个高峰阶段。

（4）王士雄（1808～1868），字孟英，自号随息居士，堂号潜斋。盐官（今浙江海宁）人。曾祖、祖父及父亲均为医家，但其父亲早卒，故在其母的督促下，自幼攻读医书。起初他喜好《景岳全书》，多用温补。其母俞氏斥其信道不笃，见异思迁，戒之曰："无论外感，不可妄投温补；即内伤证，必求其所伤何病，而先治其伤，则病去而元自复。古人不言内虚而言内伤，顾名思义，则纯虚之证，殊罕见也。汝何懵乎！"王孟英受母亲的启迪，遂改弦易张，习清滋之法。

王氏生活于清代晚期，温疫流行。王氏在长期的临床实践基础上，折衷前人之说，著成《温热经纬》（1852）一书。该书以轩岐、仲景之文为经，以叶天士、薛雪诸家之辩为纬，采集各家之长（如陈平伯、余师愚之论等）。书中以"新感"、"伏邪"为两大辨证纲领。对六气中的"暑"，他力排所谓"阳邪为热，阴邪为暑"之说，认为暑乃天之热气，纯阳无阴。清末他在上海行医，当时霍乱流行，王氏救治病人之余，将其经验著成《霍乱论》，对当时影响甚大。王氏对当时传入的西医也有许多评论，参见下文。

综上所述，清代的温病学经众多医家不断地探索，终于在清代中叶达到了一个高潮，建立了比较完善的温病学体系。这是我国医学史上学科发展的重大成就，为治疗传染病发挥了巨大的作用。

第三节　经典医籍的研究和阐发

一　尊经复古之风的兴起

自元代张元素提出古方今病不相能的口号之后，医学界自成门户、自创新方蔚然成风，各种学说拔地而起。这些新的学说虽然大都非常注意从古代的经典著作中寻求理论依据，但其处方用药却一般不遵古方，或虽用古方，已然使之服从于新的学说。对金元以后诸家纷争、新说蜂起的局面，明中期的王纶曾评价说："东垣、丹溪之书，大行于世。今之医者，见其不同古方，率皆效颦，辄用繁方治病。药性不明，处方无法，卤莽乱投，反致变证多端，致难识治。"在这种情况下，从明末开始，尤以清代乾、嘉时为甚，在医学界兴起了一股强烈的尊经复古思潮。这股思潮的具体表现是对金元以来的学说取排斥态度，而借助对古代经典医著（如《内经》、《难经》、《伤寒论》、《金匮要略》、《神农本草经》）的研究来阐发他们自己的某些见解。清代尊经复古的医家中，以徐大椿、黄元御、陈修园为代表，其中黄元御的观点最为偏激。

黄元御（1705～1758），字坤载，号研农，别号玉楸子，山东昌邑人。因庸医误治而损左目，遂发奋攻医。黄氏将黄帝、岐伯（《内经》）、秦越人（《难经》）、张仲景（《伤寒论》、《金匮要略》）四人称之为四圣，肆力于阐释四圣之书，撰有《四圣心源》、《四圣悬枢》、《素灵微蕴》、《伤寒悬解》、《金匮悬解》、《伤寒说意》、《长沙药解》等书。黄氏对金元以来诸家的批评十分峻厉，他把刘河间、朱丹溪二人称之为"二悍"，把明代薛己、张景岳之辈称做"群凶"，说当时的医风是"二悍作俑，群凶助虐"。受他影响的医家有张琦、欧阳兆熊等，他们共同的特点就是鄙薄金元以来诸家学说。如张琦的《四圣心源》后序云：

"医学盛于上古，而衰于后世。自黄、岐立法，定经脉，和药石，以治民疾。天下遵守，莫之或贰。于是有和、缓、扁鹊、文挚、阳庆、仓公之徒相继而起，各传其术，以博施当世，而方药至张仲景而立极。厥后皇甫谧、王叔和、孙思邈祖述而发扬之……黄、岐之道于斯为盛。自唐以降，其道日衰，渐变古制，以矜新创。至于金元，刘完素为泻火之说，朱彦修作补阴之法。海内沿染，竞相传习。蔑视古经，倾议前哲；攻击同异，辨说是非。于是为河间之学者，与易水之学争；为丹溪之学者，与局方之学争。门户既分，歧途错出，纷纭扰乱，以至于今，而古法荡然矣……宋元以来，数百年间，人异其说，家自为法。按之往籍，则判若水火；综其会通，则背若秦越。夫岂民有异疾，药有异治哉？或俗学废古，恶旧喜新，务为变动，以结名誉。凡在学者，莫不皆然，而医其一也。故脉诀出而诊要亡，本草盛而物性异，长沙之书乱而伤寒莫治，刘、朱之说行而杂病不起。天下之民不死于病而死于医，以生人之道，为杀人之具，岂不哀哉！故凡艺或可殊途，唯医必归一致。古经具在，良验难诬。有识之士，不能不是古而非今矣。"

医学界的"是古非今"之所以在清代盛行，与乾、嘉学派"皓首穷经"的影响不无关系。信奉黄元御的欧阳兆熊把医学书籍和儒学经典相比拟，认为"《素问》、《灵枢》，医之六经也；《伤寒》、《金匮》，医之四子书也。"他把医家黄元御比作是儒家的朱子（朱熹），认为"宗黄氏即以宗仲景，不宗仲景，黄、岐之法不立；不宗黄氏，仲景之法不明。"这种论调，与当时社会上尊经复古之风相呼应，对那些以儒医自居的人不免会产生某些影响。

另一位对金元以来诸家持异议、尊经复古的医家是徐大椿。徐大椿（1693～1771），名灵胎，号洄溪，江苏吴江人。少业儒，为诸生。好读道家书，通晓天文、地理、音律、技击等。后因家人有误于医者，始习医学。徐氏治学非常严谨，不仅有着丰富的临床经验，而且在理论上有许多独到的见解。他的《医学源流论》已由德国医史学家文树德（Paul U. Unschuld）翻译成英文，并被西方学者称之为中国古代的医学思想家。

徐氏的医学思想体现在多方面，但他对金元以来医家的评价与黄元御是相接近的，只不过没有黄氏那么偏激。他认为自“张仲景先生出，而杂病、伤寒专以方药为治，遂为千古用方之祖”。“至元之刘河间、张洁古等出，未尝不重《内经》之学。凡论病必先叙经文，而后采取诸家之说，继乃附以治法，似为得旨。然其人皆非通儒，不能深通经义，而于仲景制方之义，又不能深考其源。故其说非影响即支杂，各任其偏，而不归于中道。其尤偏驳者，李东垣为甚。惟以温燥脾胃为主。其方亦毫无法度 。因当时无真实之学，盗窃虚名，故其教至今不绝。至明之薛立斋，尤浮泛荒谬，犹圣贤之学变而为腐烂时文。”可见徐大椿还是肯定了金元诸家之学是来自《内经》，但所不满者，是他们不能深通仲景制方之义。他极力推崇张仲景的医书，认为“其《伤寒论》、《金匮要略》，集千圣之大成，以承先而启后，万世不能出其范围。”但“唐时诸公，用药虽博，已乏化机。至于宋人，并不知药，其方亦板实肤浅。元时号称极盛，各立门庭，徒骋私见。迨乎有明，蹈袭元人绪余而已……嗟乎！古之方何其严，今之方何其易。”其慕古非今之情跃然纸上。

徐大椿敢于力纠正时弊，尤其反对当时流行的热药温补。他分析当时医家的陋习为：“医者先以虚脱吓人，而后以补药媚人。浙江则六味、八味汤加人参、麦冬等药；江南则理中汤加附、桂、熟地、鹿茸等药。”他们“袭几句阴阳虚实，五行生克笼统套语，以为温补之地”。医家如此，病家也是乐补不疲。徐大椿认为愚人喜服补热，虽死不悔。“愚人之心，皆以价贵为良药，价贱为劣药。而常人之情，无不好补而恶攻。故服参而死，即使明知其误，然以为服人参而死，则医者之力已竭，而人子之心尽，此命数使然。”还有的病人“不怕病死，只怕虚死。所以服补而死，犹恨补之不早，补之不重。”而徐大椿认为：“大凡人非老死，即病死。其无病而虚死者，千不得一。”所以他极力反对无病进补，尤其是温补。他说：“大寒之药，亦能杀人，其势必缓，犹为可救，不若大热之药，断断不可救也。”所以他对倡用温补的赵献可深恶痛绝，专门写了一本《医贯砭》来攻击其说。

徐大椿因医术高明，两次被朝廷召去治病，在江南名声鹊起，因此他的书也广泛流行，尤其是在“儒医”中更受欢迎。徐大椿、陈修园等医家不断提倡学习古代经典医著，提高辨证论治的理论水平，对扭转当时滥用温补的世风起到了一定的作用。

二　《内经》等经典的注释与研究

我国历代医学发展，绝大多数是本《内经》、《难经》中的有关论说，或从中寻求理论依据。金元医家的各种学说，也毫不例外地摘取《内经》中的有关论说加以敷演。就《内经》等古代经典著作本身进行的研究，虽然代不乏人，但主要还是在明清时期。

（一）《内经》的分类节纂

由于《内经》（含《素问》、《灵枢》）文辞古奥，且内容分散，故很早就有医家致力于将《内经》中的论说分门别类加以归纳。如隋代的杨上善就曾撰有《太素》。但此书在宋代以后就已残缺不全，此后已经很少有医家知其全貌。元代的滑寿虽然并没有见过《太素》，但他却做了一件与《太素》相类似的工作，即将《素问》中的原文以类相从，删繁撮要，分成藏象、经度、脉候、病能、摄生、论治、色脉、针刺、阴阳、标本、运气、汇萃等12类。滑氏的这一工作对明清医家以很大的启发。明末以后，有好些医家着手将《内经》进行分类节纂工作。其中影响最大的有如下几家：

张介宾的《类经》：张介宾是一位博学多能的医学家。受滑氏的影响，他认为《内经》“经文奥衍，研阅诚难……唯有尽易其制，颠倒一番，从类分门，然后附意阐发”。为此，他费时近40年，撰成《类经》一书。该书将《素问》、《灵枢》的内容精要分成12大类，共390篇。这12大类是：摄生、阴阳、藏象、脉色、经络、标本、气味、论治、疾病、针刺、运气、会通。《类经》的流传比较广泛，这对医家们学习《内经》有所裨益。

李中梓的《内经知要》：该书节取《内经》的原文，分成八类：道生、阴阳、色诊、脉诊、藏象、经络、治则、病能，其特点是所选原文不多，但却是反复精选得来。其篇幅不大，虽仅区区两卷，却比其同类书流传更广。

以上两书是《内经》分类节纂最为流行之书。此外，清代汪昂有《素问灵枢类纂约注》（分成九类）、薛雪有《医经原旨》（亦分作九类），但所选经文皆不如李中梓《内经知要》精审。另沈又彭《医经读》，分类虽简（仅分平、病、诊、治四类），但所选经文却很难概括《内经》的精华。经过众多医家将《内经》分类节要，《内经》的内容更广泛地为广大医家所掌握。

（二）《内经》的校订疏证

《内经》的校订疏证工作在唐以前最有名的是王冰注《素问》。下此以往，一直到明末，才有医家继续进行这一工作（包括注《灵枢》）。其中影响最大的是吴昆、马莳和张志聪三家。

吴昆（1552～约1620），字山甫，号鹤皋山人。安徽歙县人。他是从习儒转向习医的，对《素问》下了很大的功夫，撰成《吴注黄帝内经素问》24卷（1594）。吴氏注《素问》，结合其临床经验，所注多贴合实际，故汪昂评曰：“《素问吴注》，间有阐发，补前注所未备。”

马莳（16世纪），字仲化，号玄台（一作元台），会稽（今浙江绍兴）人。马氏精于《内经》之学，撰有《黄帝内经素问注证发微》九卷（1586）和《黄帝内经灵枢注证发微》九卷（1580）。马氏所注《素问》，少有建树，不为后世称道。但他所注《灵枢》，却是历史上注解《灵枢》的第一家。马氏以其丰富的临床经验，比较精确地注释了《灵枢》中的经脉腧穴。故清代的汪昂对其《灵枢注证发微》给予了较高的评价：“至明始有马玄台之注（灵枢），其疏经络穴道，颇为详明，可谓有功于后学。虽其中间有出入，然以从来畏难之书，而能力开坛坫，以视《素问》注，则过之远矣。”

张志聪（约1619～1674），字隐庵。钱塘（今浙江杭州）人。他生活在名医辈出的杭州，得以师事名医张卿子。明末时杭州的卢复、卢之颐父子曾讲学著书以传医道。张氏继之而起，建侣山堂，招同道及弟子讲学其中。这是我国比较早的医学研究群体。这一群体的整体学术特点就是注重对中医经典著作的研究，在《内经》、《伤寒论》、《神农本草经》等著作的研究方面颇多建树。张志聪的《黄帝内经素问集注》和《黄帝内经灵枢集注》就是当时侣山堂集体研究的成果结晶。这一点可从《素问集注·序》得到证实："以昼夜之悟思，印岐黄之精义。前人咳唾，概所勿袭；古论糟粕，悉所勿存。惟与同学高良，共深参究之秘；及门诸弟，时任校正之严。"书中甚至直接引用其学生与自己不同的观点，使之与自己的见解并存。这种民主的学风也是古所罕见的。

张氏的《素问集注》和《灵枢集注》的特色所在，就是不因袭前人之说，而是根据他们的学识和临证经验，对《内经》进行串讲。该书"注中惟求经义通明，不尚训诂详切"、"惟以参解经义，不工词藻，然就经解经，罔敢杜撰一语，贻笑大方"。由此可见，张氏及其同仁对《内经》的注解，有他自己的朴实、切于实用的特色。虽然清代汪昂认为此书"尽屏旧文，多创臆见，恐亦以私意测度圣人者也"，但较之人云亦云又强许多。此外，张志聪在伤寒、本草方面也有许多自家见解（见下文）。

三　《伤寒论》的注释与研究

在明清尊经复古风气熏染下，《伤寒论》的研究得到了前所未有的发展。《伤寒论》的研究在明代以前已不乏其人，但研究诸家皆各自阐发自己的研究心得，并没有对研究中的一些共性的问题展开针锋相对的论争。然而到了明清时期，医学争鸣也被引入了《伤寒论》的研究，甚至形成了后世所称的一些小派别。这些派别的出现，将《伤寒论》的研究推向了一个新的高度。

（一）《伤寒论》错简说

在明代以前的《伤寒论》研究中，大家致力于研究其中的学术问题，很少有人对《伤寒论》一书文字的本身提出问题。然而到了明代后期，方有执把研究的重点转向当时传存的《伤寒论》编排形式，提出了该书"简编错乱"的问题。

方有执（1523～?），字中行，安徽歙县人。因家人多病亡，乃愤而学医。长于伤寒研究，寝馈其中20余年，编成《伤寒论条辨》一书（1589）。他介绍自己的研究思路和结果时说：

"愚自受读以来，沈潜涵泳，反复细绎。窃怪简编条册，颠倒错乱殊甚。盖编始虽由于叔和，而源流已远。中间时异世殊，不无蠹残人弊，今非古是，物固然也。而注家则置弗理会，但徒依文顺释，譬如童蒙受教于师，惟解随声传诵。一毫意义，懵不关心。至历扞格聱牙，则又掇拾假借以牵合，即其负前修以误后进，则其祸斯时与害往日者，不待言也……于是不惮险遥，多方博访，广益见闻，虑积久长，晚忽豁悟，乃出所旧得，重考修辑。属草于万历壬午，成于去岁己丑……凡若干万言。移整若干条，考订若干字。曰'伤寒论'者，仲景之遗书也；'条辨'者，正叔和故方位，而条还之之谓也。"

他认定《伤寒论》原书卷一的《辨脉篇》、《平脉篇》、《伤寒例》，以及卷七到卷十的"汗吐下可不可"诸篇，都是王叔和"述仲景之言，附己意以为赞经之词，譬则翼焉传类也"。因此，他根据自己的意思，将《伤寒论》一书的某些篇章加以削除、调整位置。例如"太阳篇"中，他分条文为"卫中风"、"营伤寒"、"营卫俱中伤风寒"三篇。经他这样整理，订原书为11篇，397法，113方，自谓可还《伤寒论》原貌。方有执打着尊古的旗号（所谓"仲景圣当时而祖百代"），干的是疑古的工作（怀疑古来"蠹残人弊"），借整理错简来表现自己重新订正整理《伤寒论》的思路。在当时把张仲景尊为医圣的情况下，这不失为一个冠冕堂皇的改订《伤寒论》原文的好理由。因此，方氏之说一出，心领神会者起而应之，从新的角度来进行《伤寒论》研究，从而开创了伤寒研究争鸣的新局面。

应该说方氏注意到的错简问题是完全可能存在的，他所指责的现象（"依文顺释"）也是明以前普遍存在的。因此，后世对《伤寒论》条文进行某些重组，为阐发某些新见解服务，也是无可非议的。但方氏借"错简"说，把责任主观地归结为叔和编次，同时又自诩可以正方位而条还原貌，则未免难以服人。故闵芝庆讥之曰："设使人各一见以自高，何时复出仲景而始定？"（《伤寒阐要编》）

方有执"错简"说的积极支持者是明末清初名医喻昌。喻昌（1585～约1664），字嘉言，新建（今江西南昌）人。著《尚论篇》、《医门法律》、《寓意草》三书。在伤寒研究方面，他独服膺方有执："万历间方有执著《伤寒论条辨》，始先即削去叔和《序例》，大得尊经之旨。然未免失之过激。不若'爱礼存羊'，取而驳之。是非既定，功罪自明也。其于太阳三篇，改叔和之旧，以风寒之伤营卫者分属，卓识超越前人"。因为方有执认为《伤寒论》"有纲有目，经为纲，变为目，六经皆然"，所以喻昌亦大倡纲目说。他认为四时外感，"以冬月伤寒为大纲。伤寒六经中，又以太阳一经为大纲。而太阳经中，又以风伤卫、寒伤营、风寒两伤营卫为大纲"。后者就是他的"三纲鼎立"说。喻昌还论及与此三纲鼎立相适应的治法方剂为："风则伤卫，寒则伤营，风寒兼受，则营卫两伤。三者之病，各分疆界。仲景立桂枝汤、麻黄汤、大青龙汤，鼎足大纲三法，分治三证。"他把这三法作为统领伤寒诸病治法的大纲，使方氏之说更为明晰。此外，喻氏还对伤寒中的许多问题提出了自己的某些独到的见解。

《伤寒论》错简经方有执、喻昌两人倡导之后，重新整理仲景医书之风大起。赞同此说并续加发挥的有清代医家张璐、黄元御、吴仪洛、周扬俊、程应旄、章楠等。其中黄元御不仅对《伤寒论》持错简说，他对《素问》、《灵枢》、《难经》等也持错简说。关于《伤寒论》的篇章次第，黄元御论曰：

"《伤寒》次第，乱于叔和；《伤寒》之亡，亡于次第紊乱，而下士不解也。使次第非乱，则《伤寒》虽玄，读之不过二三年，无不解矣。

仆于破裂纷乱之中，条分缕晰，复其次第之旧。纵与仲景篇次未必尽合，然而源委明白，脉络清楚，《伤寒》之理著，仲景之法传矣。"（《伤寒悬解》）

黄元御对考证错简确实是下了功夫，故《四库全书总目提要》云："考《伤寒论》旧本，经王叔和之编次，已乱其原次。元御以为错简，较为有据。与所改《素问》、《灵枢》、《难经》，出自独断者不同"。

《伤寒论》错简说的支持者们在各自企图复原其书原貌的工作中，充分阐发了他们对伤寒学的某些观点。这些观点有些是紧密与临床治疗相关的。例如黄元御在《伤寒悬解》一书的卷首"仲景微旨"篇中，首先就提到"寒温异气"（即伤寒温病，各不同气）。这是一个十分重要的学术问题。但在《伤寒论·叙例》中，伤寒、温病是相提并论的。黄氏不敢直指此错是出自仲景，于是就把这个问题解释为王叔和编次混乱引起的："叔和混热病于伤寒，遂启后来传经为热之讹。注伤寒者数十百家，无不背仲景而遵叔和。一论之误，遗祸千古。此虽叔和之谬，而实后人之愚。仲景《伤寒》，昭如日星，后人一字不解，无怪其狐惑于邪说也。"错简成为明清某些医家阐发伤寒治法新见的一个良好理由，只可惜比张仲景仅晚数十年的王叔和经常被错简派人士无端作为替罪羔羊。

（二）仲景旧本“至当不移”说

《伤寒论》错简说虽然有不少响应者，但持反对意见者也不乏其人。明末清初杭州一带的几位张姓医家就极力反对错简说，张遂辰就是其中的为首者。

张遂辰（约1589～1668），字卿子，号相期，又号西农老人，原籍安徽歙县，后迁居杭州。少时羸弱，医治未效，遂自检方书，调理获愈。他人有病延请张氏为之治，亦常获效，故有医名。兼工诗词。万历末以国子生游金陵，著《湖上白下集》，才名鹊起。明亡隐名乡里，以医自给。今杭州称其旧悬壶处为“张卿子巷”。

张氏治学一宗仲景，有《伤寒论》注。在当时《伤寒论》错简说兴起之时，他独不以为然。他认为问题不在篇简是否错乱，而是学仲景书者不善读仲景书而已：

“仲景之书，精入无伦。非善读，未免滞于语下。诸家论述，各有发明，而聊摄成氏（无己）引经析义，尤称详洽。虽抵牾附会，间或时有，然诸家莫能胜之，初学不能舍此索途也。悉依旧本，不敢去取。”

因此，张氏所注《伤寒论》，仍依成无己所用之原本，只是再增选宋、元、明诸家之注释，参以己见。张氏精于临床，他结合治疗心得来解释《伤寒论》，并不拘于以经解经式的注释，故而自觉语下无滞。

张遂辰的弟子张志聪，依从师说，也持“悉依旧本”的态度。张志聪不仅认为旧本无误，而且矫枉过正，把旧本说成编次得法，不可移易：“本经章句，向循条则，自为节目。细玩章法，联贯井然，实有次第。信非断简残篇、叔和之所编次也。”（《伤寒论宗印》）他认定《伤寒论》之所以被人误以为是断简残篇的原因，主要是因为读者没有把握住该书的纲领：“成氏而后，注释本论，皆散叙平铺，失其纲领旨趣，至今不得其门，视为断简残篇，辄敢条裂节割。然就原本而汇节分章，理明义尽，至当不移。非神游仲景之堂，不易得也。”

为了证实《伤寒论》确实是编次有法，连贯井然，他进行了一番“汇节分章”的工作，即按旧本次序，将条文按其旨趣分成100个章节，其用意在于：“拈其总纲，明其大旨，所以分章也。章义既明，然后节解句释，阐幽发微，并无晦滞不明之弊”。尽管张志聪认为《伤寒论》原本“至当不移”，但对他认为不是仲景的文字（如他认为《伤寒例》是叔和所作）却也无情删削。从惟仲景是尊这一点来看，他的态度和错简派并无二致，只不过在哪些是真正的仲景原文方面有分歧而已。

此外，对伤寒注家多无异议的“风伤卫，寒伤营”一说，张志聪独不以为然。他引《内经》“风寒客于人，起毫毛而发腠理”为据，认为“非必风伤卫寒伤营也”。判断伤风、伤寒的所谓“伤寒恶寒、伤风恶风”说，张志聪也持反对态度：“风邪始入，毛窍未开，虽中风而亦恶寒；寒邪入于肌，邪伤腠理，虽伤寒而亦恶风。”从这一点来说，他是矛头直指“风伤卫，寒伤营，风寒两伤营卫”的三纲鼎立说。

张志聪的以上见解，反映在他所著的《伤寒论宗印》（1663）、《伤寒论纲目》（1673）以及其身后由弟子续纂而成的《伤寒论集注》（1683）中。受张志聪影响，钱塘医家张锡驹（字令韶）著《伤寒论直解》（1712）。该书序称“依隐庵《集注》之分章节”，把《伤寒论》原本说成是“章节井井，前后照应；血脉贯通，无有遗漏，是医中诸书之《语》、《孟》也”。不仅如此，他认为《伤寒论》之旨趣，“非特论伤寒也，风寒暑湿燥火六淫之邪，无不悉具。”“书虽论伤寒，而藏腑经络，荣卫血气，阴阳水火，寒热虚实之理，靡不毕备。神而明之，千般灾难，如指诸掌。故古人云：能医伤寒，即能医杂证，信非诬也”（《伤寒论直解·凡例》）。这就把研究伤寒的意义提高到相当高的高度。

钱塘诸张“悉依旧本”的主张得到陈修园的支持，陈氏笃守张志聪将《伤寒论》原文所划分的章节。他对王叔和称赞有加，但更重视保留仲景原文的纯洁。他说：

“叔和编次《伤寒论》，有功千古。增入诸篇，不书其名，王安道惜之。然自《辨太阳病脉证篇》至《劳复》止，皆仲景原文，其章节起止照应，王肯堂谓如神龙出没，首尾相应，鳞甲森然。兹刻不敢增减一字，移换一节”（《伤寒论浅注·凡例》）。

陈氏对他认为是叔和增入的数篇（《辨脉》、《平脉》、《伤寒例》等），照样从《伤寒论》中剔除，但他却不去责怪叔和，反而为叔和辩护说：“增之欲补其详，非有意变乱”，其至说“仲景即儒门之孔子。为叔和者，亦游夏不能赞一耳！”由此可见在明清之时，有些医家崇拜张仲景到了何等的地步。

（三）不拘编次、惟重辨证说

对清初以来围绕《伤寒论》是否错简的争论，也有持壁上观、另有主见者。他们不满于纠缠仲景原文编次，而是注重从不同的角度，归纳整理《伤寒论》条文，以期更好地掌握《伤寒论》旨趣，为临床服务。

清初医家柯琴，字韵伯，浙江慈溪人。他弃儒从医，但在当时并无多大医名，只是因所撰医书在身后广为流传而扬名。他在伤寒方面撰有《伤寒论注》（1669）、《伤寒论翼》（1674）、《伤寒附翼》三书，合而为《伤寒来苏集》。他对前代伤寒注家逐一加以评说，认为伤寒 397 法，不足取信，尤其对当时广为流传的三纲鼎立说，攻击无余：

“又谓之伤风见寒，因以麻黄汤主寒伤营，治营病而卫不病；桂枝汤主风伤卫，治卫病而营不病；大青龙汤主风寒两伤营卫，治营卫俱病：三方割据，瓜分太阳之主寒多风少，风多寒少。种种蛇足，羽翼青龙，曲成三纲鼎立之说。巧言簧簧，洋洋盈耳，此郑声所为乱雅乐也。”（《伤寒论注·自序》）

柯琴的主张是不必拘泥于考订仲景旧本的编次，关键是弄清《伤寒论》的辨证心法。因此，他以方剂为纲，归类脉证，这样对临床治疗无疑是比较实用的。

此后的徐大椿对《伤寒论》的研究，有自己独到的见解。在以方类证方面，他与柯琴有相似之处，但在如何看待《伤寒论》及后世注家方面，又见仁见智：

“王叔和《伤寒例》云，‘今搜采仲景旧论，录其证候，诊脉声色，对病真方，拟防世急’。则知《伤寒论》当时已无成书，乃叔和之所搜集者。虽分定六经，而语无诠次。阳经中多阴经治法，阴经中多阳经治法。参错不一。后人各生议论，每成一书，必前后更易数条，互相訾议，各是其说。愈更愈乱，终无定论。不知此书非仲景依经立方之书。乃救误之书也。其自序云：‘伤夭横之莫救’，所以‘寻求古训，博采众方’。盖因误治之后，变证错杂，必无循经现证之理。当时著书，亦不过随证立方，本无一定之次序也。余始亦疑其有错简，乃探求三十年，而后悟其所以然之故。于是不类经而类方。盖方之治病有定，而病之变迁无定。知其一定之治，随其病之千变万化，而应用不爽。此从流溯源之法，病无遁形矣。”（《伤寒类方·自序》）

本此认识，徐大椿撰《伤寒类方》，将 113 方分作 13 类（桂枝汤、麻黄汤、葛根汤、柴胡汤、栀子汤、承气汤、泻心汤、白虎汤、五苓散、四逆汤、理中汤、杂方)，主方之下列述有关的证治条文。现代医家任应秋《中医各家学说》(三版）分析说："徐大椿与柯琴都是以方类证的，他们的不同点是：柯琴从经分，以方名证；大椿则据方分证，方不分经。这两种方法，对于临证来说，都较有实际意义。"

除以法类证整理《伤寒论》之外，还有的医家用按法类证、分经审证等来探讨《伤寒论》，其中钱潢、尤怡（在泾）持的是按法类证，如尤在泾撰有《伤寒贯珠集》八卷（1810年刊)，以正治法、权变法、斡旋法、救逆法、类病法、明辨法、杂治法等来归类伤寒证治。分经审证者则首推陈修园，他把伤寒六经之病，分成经证、府证、变证三类。例如太阳病经证为头痛、项强、发热、恶寒；府证为表邪入里（循经入膀胱)，又有蓄水、蓄血之不同；变证多由汗下失宜而来，见证亦异。这种分经审证法是在临床治疗经验基础上总结出来的，较之以方类证，又更深一层。

综观明末清初，《伤寒论》的研究是诸子蜂起，掀起了一个小高潮。他们从不同的角度去研究该书，并将伤寒的一些治法原则用于治杂病，这些成就是值得称道的，对理解和运用仲景心法发挥了巨大的作用。

第四节　医药文献的编纂

明清时期的某些医药文献在形式和风格上和此前的时代均有所不同。造成这些变化的原因是多种多样的。有的是由于社会经济和技术条件发展，有的是由于中医本身学术发展的需求形成的。综合起来看，明清的医药文献在以下三方面有其自己的特点。

一　类书、全书与丛书的编纂

在元蒙铁蹄践踏和残酷统治下的中国，仍然取得了多方面杰出的科学技术成就。对此，史学界有多种不同的解释。宋代文化科技发展的惯性是其中的原因之一。从整体说来，某些汉族文化的传统在元代仍处于低落、衰败和中断状态。明代推翻了元蒙异族统治之后，汉族文化的传统再次得到提倡、复兴和延续。例如明代恢复了元代中断的科举取士制度，由政府在经济形势许可的情况下编纂整理各类书籍（所谓"盛世修书"）的传统也得以延续。明代以后城市工商业和手工业的发展，使得书籍的印刷更为普遍。明永乐年间由政府诏修的《永乐大典》，达222 877卷，召四方文墨之士，累十余年而成。此书虽然有明成祖朱棣"耗磨逊国诸儒不平之气"的用意，但从客观需要来说，中国古籍自北宋灭亡之后的散乱状态确有整理编纂的必要。清代政府诏修的《古今图书集成》，在分类编排上又较《永乐大典》更为精细实用。

明代官修类书之风并非始于《永乐大典》。在医学界，永乐四年（1406）就由藩王朱橚主持编纂了《普济方》。此举可以说接续了北宋《圣济总录》的官修方书的传统。清代政府诏修的《古今图书集成》，其中的《医部全录》多达520卷，是现存规模最大、体例也比较完善的古代医学类书。清代政府御纂的《医宗金鉴》是我国第一部带有教材性质的普及性医学丛书。

此外，民间的各种医学全书和丛书的编纂在明清时代也有了蓬蓬勃勃的发展。医学全书比较有成就的是明代徐春甫的《古今医统大全》、张景岳的《景岳全书》、王肯堂的《证治准绳》、清代张璐的《张氏医通》等。医学丛书的编纂自明代以后十分兴盛，其中个人编纂的医学丛书中比较有名的有明代王肯堂、吴勉学的《古今医脉正脉全书》、汪机的《汪石山医书》、薛己的《薛氏医按》，清代徐大椿的《徐灵胎医书八种》、沈金鳌《沈氏尊生书》、陈修园的《南雅堂医书全集》等。这些书籍的编纂是为适应当时的医学发展需要而产生。医学全书和丛书在分类上有时比较难以界定，有些古医书带有全书的名称，实际上是丛书性质（如《古今医脉正脉全书》等）。医学全书是在统一编纂思想指导下编成的、内容形成系统的完整的书籍，并统一编排卷次。虽然全书的某些卷次可以抽出单行作为一独立的书（如《景岳全书》中的《本草正》、《妇人规》等），但它并非由原先散在的单独著作集合而成的。全书和类书不同的是类书具有资料汇编性质，而全书却经常表现作者的学术思想或风格。丛书是将各种单独的著作编印成书，冠以总名。这些单独著作之间并不一定需要有特别的联系，其内容可以部分重复，主题可以相同，著者可以是同一人（个人丛书），也可以是不同的人。某些医学类书、全书和丛书可以集中反映当时的学术水平，因此，这类的书籍在医学史上具有重要意义。以下介绍几种重要的此类医书。

（一）《普济方》

明·朱橚主持编写，由滕硕等人汇编，成书于1406年。该书虽以汇编明初以前的方剂为宗旨，但其分类及各类方剂前的论说，使之兼具医学类书和全书的性质。全书收方61 739首，分别隶属于七大类100余门之下。这七类是总论、身形、诸疾、诸疮肿、妇人、婴孩和针灸。各类之下的分门为：总论部分：方脉总论、运气、脏腑；身形部分：头、面、耳、鼻、口、舌、咽喉、牙齿、眼目；诸疾部分：分诸风、伤寒、时气、热病、杂治等39门；诸疮肿部分：疮肿、痈疽、瘰疬、瘿瘤、痔漏、折伤、膏药等；妇人部分：分妇人诸疾、妊娠诸疾、产后诸疾、产难；婴孩部分：依次为儿科诊断法、新生儿护理法和新生儿常见疾病，各种儿科病候；针灸部分：分总论、经络腧穴、各种病候针灸疗法。此外，还附有本草药性畏恶和异名等内容。该书记录了明以前许多宝贵的方药资料，是我国古代现存最大的医方书。

（二）《证治准绳》

44卷。明·王肯堂编撰。初刊于万历三十年（1602）。这是明代大型的临床医学丛书。王肯堂（1549～1613），字宇泰，号损庵，又号念西居士，金坛（今属江苏）人。世业医，而王本人亦为官吏。万历十七年（1589）进士，授翰林院检讨。少时曾涉猎医书。1592年引疾归里后，穷究医学，撰成《证治准绳》。因其中包括《杂病证治准绳》、《类方证治准绳》、《伤寒证治准绳》、《幼科证治准绳》、《女科证治准绳》、《疡医证治准绳》，故又称之为《六科证治准绳》。这部丛书系王氏个人所撰，因而整套书籍自成系统。全书以脉、因、病、症、治为纲领，随证论治，充分反映了明以前各科的主要成就。《四库全书总目提要》称赞该书“博而不杂，详而有要。于寒温攻补，无所偏主”。该书与《景岳全书》、《本草纲目》被后人称之为明代三大杰出医学著作。

另王肯堂还辑有《古今医统正脉全书》（1601），共收集明以前主要医书44种，内容涉及医学理论、伤寒学、本草、外科等多方面。

（三）《景岳全书》

64卷。明·张介宾（景岳）编撰于天启四年（1624）。该书前6卷为医学总论内容，分别为《传忠录》3卷、《脉神章》3卷，主要论述中医基础理论和诊疗原则，如阴阳、六变、十问、论治、脉神等。7卷和8卷为《伤寒典》，列述伤寒、温病证治；9～37卷为《杂证谟》，重点为内科杂病论治，分71门，介绍各病。每病首列经义，介绍《内经》、《难经》有关的记载；次为论证，讨论该病的虚实、寒热及所犯脏腑；末为治法。甚或附有医案。38～47卷依次为《妇人规》、《小儿则》、《麻疹诠》、《外科钤》，分别论述妇科、儿科、麻痘、外科各科的病证治法。48卷和49卷为《本草正》，介绍常用药300味的性味功能及主治。50～64卷分别录有新方八阵、古方八阵、外科方等2624首。该书是明代影响甚大的一部综合性医学全书。

（四）《古今图书集成·医部全录》

520卷。简称《医部全录》。该书为清代《古今图书集成·博物汇编·艺术典》之下的《医部汇考》。后人因该部实用性强，故抽出单行，而以《医部全录》为名。原书由陈梦雷、蒋廷锡等编纂，成书于雍正四年（1726）。在《医部全录》中，共分类记录了自《内经》至清初的120余种医学文献（尚不包括各种经史、地方志等书籍）。其内容包括医学理论、各科病证、方剂药物、医史传记等。书中所引用的材料一一注明出处，门类也非常清晰，是古代中医类书之冠。

（五）《医宗金鉴》

90卷。清代太医院判吴谦任总修官，奉旨编写该书，成书于乾隆七年（1742）。这是属于所谓“御纂”的书，因此在编修之前，也曾下令征集全国新旧医书、世传经验良方等，集中于太医院。参与编修的人员要求是精通医学及兼通文理者。从这些准备工作来看，此书与宋代校正医书局的工作程序和要求很相似。但不同的是，《医宗金鉴》并非如清以前某些官修医药书那样属于资料汇编。该书要求广采历代医药书籍，“分门别类，删其驳杂，采其精粹，发其余蕴，补其未备”。其书以反映医药体系、贴近临床、方便初学为特点。全书叙说简明，立论平正不偏，内容充实完备，故书成之后，很受临床医家欢迎。该书共包括以下15种书籍：

《订正仲景全书伤寒论注》　《订正金匮要略注》

《删补名医方论》　《四诊心法要诀》

《运气要诀》　《伤寒心法要诀》

《杂病心法要诀》　《妇科心法要诀》

《幼科心法要诀》　《痘疹心法要诀》

《种痘心法要诀》　《外科心法要诀》

《眼科心法要诀》　《刺灸心法要诀》

《正骨心法要诀》

从该丛书的编排，可以反映当时官医们也非常重视将仲景医书加以注释流传，故有两种书籍分别注释《伤寒论》和《金匮要略》。另痘疹书也有两种，可知清代天花已成为危害人们（尤其是小儿）健康的大敌。临床各科的“心法要诀”是该丛书的精华，非寻常汇编摘要可比。《郑堂读书记》介绍其编写体例为：“每门又各分子目，皆有说有图，有方有论，并各有歌诀，以便记诵。凡论一证，须于阴阳、表里、寒热、虚实八者反复详辨，故谓之心法。大都理求精当，不尚奇异。”可见该书是以临床实用为宗旨的普及性医学书。在15本书中，也有些是编者匠心独具加以编纂的。如《正骨心法要诀》一书，是历史上少有的正骨专书。该书据《内经》等书的有关骨度、经络理论，结合骨伤科的临床实际，先论正骨手法及经义，总结出骨折整复摸按、端提、按摩、推拿八字手法，并介绍内治杂证法，并附竹帘、夹板等器械图解。是书一反历代官修医书重文献资料、轻实用的倾向，面向一般读者，是其特点所在。

明清时期的类书、全书和丛书还有许多，仅举上述数种，以窥一斑。

二　普及性书籍的流布

明清时期中国的人口急剧增多，尤其是清代中期以后，人口的增加更加迅速。人口猛增，疫病的流行，也就相应地增加了对医生的需求量。但在古代，虽然也有官办的医学校，但其学生毕业后大多是成为为官府服务的官医，并非面向社会。社会上的医生接受主要教育的途径：一是家传或师授（师带徒）；二是自学。鉴于古代中医又无类似现代医学的解剖、试验等课程，故医学校在古代并不盛行。古代医生也不需要经过考试才能取得行医资格，因此，自学成为医生的不在少数。

清代医学家徐大椿曾在《医学源流论》中专门撰有“考试医学论”，分析当时的医生队伍形成及考试医学的情况。他说：

“医为人命所关，故《周礼》医师之属，掌于冢宰。岁必稽其事而制其实。至宋神宗时，设内外医学，置教授及诸生，皆分科考察升补。元亦仿而行之。其考试之文，皆有程式，未知当时得人何如？然其慎重医道之意，未尝异也。故当时立方治病，犹有法度。

后世医者，大概皆读书不就，商贾无资，不得已而为衣食之计。或偶涉猎肆中剿袭医书，或托名近地时医门下。始则欲以欺人，久亦自以为医术不过如此，其误相仍，其害无尽……”

徐大椿主张实行医学考试制度，考试合格者才许挂牌行医。但是徐大椿的这种主张就是在近现代实行起来也很不容易，其根本原因就是中医的知识结构是和长期的封建社会相适应的。千百年来，有一定文化程度的人通过书本学习，再加之临床实践，就可以掌握中医最基本的内容。文化水平较高的儒生学习医学更无任何困难，甚至可以成为在理论上能有所发挥的儒医，所以社会上才有“秀才学医，笼中捉鸡”的俗语。为迎合大量科举不第、经商无资的人们求衣食之业的需求，在明清时期，大量的通俗医药入门书应运而生，其中最多见的是歌诀体的中药、方剂、脉学以及临床诊治入门读物。这些书籍的内容大多非常浅显易懂，至于其文献价值（其中有些书是托名的，如托名李东垣、崔嘉彦等），则无可称道。以下择要简述常见的几种普及性医药书籍。

（一）药性歌诀类

流行最广的是《药性赋》。该赋分寒、热、温、平四性，采用歌赋体裁，共述药248种。每药用一两句话介绍其主要功用。该书原有明初《医要集览》本，与《珍珠囊》（原题为张洁古或李东垣撰）合刊。明中期以后，此两书合刻，并加入“主治指掌”、“用药法象”等简要用药理论之类的内容，改书名为《雷公药性赋》或《珍珠囊指掌补遗药性赋》等。清代以后，此书又与李中梓《药性解》（或名《雷公炮制药性解》）合刊。除该书外，还有多种药性歌诀类书籍在明清时流行。

（二）方剂歌诀类

最流行的是清代汪昂编写的《汤头歌诀》（1694）。汪氏将常用的方剂（即“汤头”）编成歌诀200首，又将这些方剂粗分门类（按功效分成20门，类似《医方集解》），便于检索，其特点是“歌不限方，方不限句，药味药引，俱令周明，病证治法，略为兼括。或一方而连汇多方，方多而歌省，并示古人用药触类旁通之妙，便人取裁”。此书是古代流传最广的方剂歌诀，清代及近现代的许多同类歌诀都是在它的基础上增补或改编的。

方剂入门书中还有《医方集解》、《成方切用》等书，也是清代临床医家常用必备之书。《医方集解》亦为汪昂所编，成书于康熙二十一年（1682）。汪氏鉴于古方书只注明某方治某病，而不解释受病之因及病位；只注明某方用某药，而不解释药性功效。于是他采择常用方378首（附方417首），先详受病之因，次解用药之意，博采方解，故名书为《医方集解》。其书按功效分成补养、发表、涌吐、攻里、和解、理气、理血、去风、去寒、清暑利湿、润燥、泻火、除痰、清导、收涩、杀虫、明目、痈疡、经产诸门。此书的方剂分类模式直到现代的中药方剂教科书中仍大体袭用。该书各方名之下，首先简注功效及方剂出处，次列主治、方组、服法、方剂阐释等项内容，并要言不繁地介绍各方所治病证的病原、脉候、脏腑、经络及治法、类方等，甚有益于初学及临证取用。

《成方切用》为清代吴仪洛辑，刊于乾隆二十六年（1761）。该书在《医方考》和《医方集解》的基础上选录古今方1180余首，其分类解说与《医方集解》近似，尤其在使用注意要点方面，颇尤多经验之谈。书中选方大多切合临床实用，且便于查考，故也深得临床医家所喜爱。

（三）脉学入门书

脉学歌诀类的书出现最早，大约在六朝时就有高阳生撰（托名晋·王叔和撰）的《（王叔和）脉诀》。此书以通俗的七言歌诀形式讲述脉学理论和与临床使用相关的问题。其脉象分类特点是将24脉分成七表、八里、九道三类。该书问世后，王叔和的《脉经》就少为人知了，故世人有“《脉诀》出而《脉经》亡”的说法。此书盛行于宋代，至元代末而渐渐被后兴起的所谓《崔真人脉诀》取代。在宋、元、明之间，《（王叔和）脉诀》有多种注释本，其中以通真子刘元宾、张洁古及张璧父子、熊宗立等注释本最为有名。自南宋陈无择在《三因方》中考得该《脉诀》为托名之作后，其声誉日渐下降，以至于元戴起宗撰《脉诀刊误》来批评该书（参本书“宋金元之部”的相关章节）。

代《（王叔和）脉诀》而起的是所谓《崔真人脉诀》。该书经考证为元代张道中（乃南宋崔嘉彦的三传弟子）所撰的《西原脉诀》，其特点是采用四言歌诀形式，表述的是四脉为纲的思想。明代李言闻补充修订了此书，改名《四言举要》，仍题为崔嘉彦撰。以此为基础，明清两代有多种大同小异的《四言脉诀》，流传甚广。但更为流行的是明代李时珍所撰的《濒湖脉学》（1564）。李时珍在其父李言闻《四诊发明》的基础上，采诸家脉学精华，编为一书。此书将27种脉象的体状编成七言歌诀，并讲明同类脉的鉴别点和各脉主病。书后附有其父改编的《四言举要》。该书论脉简要，易学易用，故书成之后，“《脉诀》遂废”，成为明末以后最为风行的脉学入门读物。

（四）其他医学入门著作

明清时期的医学理论和各科诊治等方面的通俗读物很多，难以尽述。在众多通俗入门读物的作者中，以陈修园最为杰出。因为许多医学入门著作的产生，或因授徒所需，或为书商谋利之作，而陈修园则是为了怕医学初学者被庸俗的入门书引错路而特意编写的系列医学普及读物。对此，陈修园在他所写的《医学三字经》小引和凡例中有所说明：

“学医之始，未定先授何书，如大海茫茫，错认半字罗经，便入牛鬼蛇神之域。余所以有《三字经》之刻也”。“学医始基，在于入门。入门正，则始终皆正；入门错，则始终皆错。”

陈氏认为古代的医学经典著作，每证也只有寥寥数语，无所不包，可见“立言贵得其要”，所以，尽管陈修园对医学的造诣很深，但并不以撰写普及性医书为耻。陈氏《医学三字经》，四卷。前二卷用三字诀的形式归纳医学知识，且作者认为此书系“采集经文，还之先圣”，故以“经”为书名。卷一首述医学源流，高度概括了中医学术源流，评论历代医家亦颇为中肯。卷二论列 33 症，涉及内、妇、儿科等各种病证。每一联之下，又有小字注文，阐其三字经文未尽之意。各症论证议治，以时法列于前，仲景之法于后，由浅入深。卷三、四为药方，方后每附论说，或采前人之言，或录陈氏自家见解。该书浅而不俗，简而不疏，故书成之后，立即风行海内，成为初学入门基本读物。此外，陈氏还撰有《医学实在易》、《医学从众录》、《时方妙用》、《长沙方歌括》、《金匮方歌括》等许多医学普及著作，这此著作中较多地反映了陈氏的学术见解，同时为纠正当时社会流行的一些庸俗入门医书的流弊发挥了作用。

除陈氏的一些医学普及读物之外，明清时期还涌现了许多较好的同类书籍。如明代李梴的《医学入门》8 卷（1575）、李中梓的《医宗必读》10 卷（1637）、清代程钟龄的《医学心悟》5 卷（1732）等等。其中《医学心悟》在归纳四诊、八纲、八法及临床各科证治方面，颇有新意，又非寻常入门书可比。但在明清时期，由于普及性医学书籍的需求量很大，上述这些好的入门读物对于某些初级文化水平的人来说也是不易理解的，故尔社会上仍然有许多庸俗粗滥的入门歌诀流行。某些人为了求得一门生活的技艺，就靠几本入门书挂牌行医，一生所用药物及方剂极为有限。因此，清代后期医生整体的水平（尤其是理论水平）呈现下降的趋势。

三 医案的兴盛与杂志的滥觞

明清时期比较兴盛的一类医学文献是医案。此外，医学杂志也出现在清代后期，是为中医文献中的一种新的类型。

（一）明清的医案

医案是中医诊治疾病过程的记录，后来发展成了中医著作的一种类型。西汉医家淳于意（仓公）的“诊籍”是现知最早的医案。《史记》中记载了仓公诊籍的 25 个案例，记述了这些患者的姓名、里籍、职业、病证、诊断、处方用药和疾病的转归。此后在唐代孙思邈《千金方》等医书中经常夹有治疗案例。医案便于总结临床经验，启迪思路，所以清代《古今医案按》的作者俞震说：“医之有案，如弈之有谱，可按而复也”。例如本书前面在谈到吴鞠通的温病学成就时，就提到他从叶天士的医案中总结出了许多新的方剂和治法。因此，将医案汇集成书，就成了中医文献中颇有特色的一类著作。

医案类的著作出现的年代，范行准先生认为："史家凡为名家立传者，大多把他的医案拉杂入于传中，并效《史记扁鹊仓公传》体也。而医家凡有撰述，亦多入验案以为例子，故很少看到有专书行世。但如北齐徐之才后人所辑的《徐王八代医方》可能亦为'医案'专书的滥觞，而书佚不传。一直到了十四世纪后，才有人为朱震亨作《丹溪医案》，可说是个人医案专书之嚆矢，今其书不传，惟《永乐大典》曾载台州团浦陈氏妇一案。"《丹溪医案》近年发现有抄本传世（见《全国中医图书联合目录》）。范氏认为明正德五年（1510）女医谈允贤的《女医杂言》为现存较早的个人医案专书。但现在一般认为宋代许叔微《伤寒九十论》是现知最早的医案著作。不过宋以后到明初，确很少见到医案著作存世。女医谈允贤的《女医杂言》称之为明代较早的医案是当之无愧的。

关于女医谈允贤（1461～1556）的情况，《女医杂言·自序》中，已有详细介绍。结合地方志及有关的资料，我们可以对谈氏的身世有初步的了解。谈氏曾祖父（佚名）"赘同里世医黄遇仙所"，故此后其祖父"兼以医鸣"，这是谈氏先人业医之始。谈允贤的祖父谈复，"字采芝，以医药济人，衣食常不给，而所得悉施贫者。子经、纲皆贵。复亦高寿。"（《无锡县志》）其伯父谈经，于天顺四年（1460）中进士，后官至户部主事。其父谈纲，字宪章，成化五年（1469）进士，授南京刑部主事。谈纲在刑部任职时，把父母接到任上奉养，此时谈允贤还不到十岁。谈复因为两个儿子都当官了，"医用弗传"，又见孙女谈允贤甚聪慧，才决定让谈允贤弃女红，习医学。谈允贤从十来岁开始"昼夜不辍"地攻读各种医学典籍，其中包括《难经》、《脉诀》等。在谈氏学医过程中，真正起引导作用的是她的祖母茹氏。据《女医杂言》茹銮序："奉政君（即谈复——笔者注）暨配太宜人皆善医。宜人传于其孙杨孺人（即谈允贤，夫家姓杨——笔者注）。"谈允贤自序中也明确提到是其祖母给她讲解医书大义。在此后谈允贤由书本知识到临床实践的过程中，祖母茹氏起了关键的作用。

谈氏真正为人看病是在她祖母亡故之后。到谈氏50岁时，谨以平日见授于祖母及所自得者，以介绍30例医案的形式撰成一书，名曰《女医杂言》，约首刊于正德六年（1511）。谈氏是我国古代接受过系统教育的一名女医。她在当地是有一定的名气的，尤其是深受当地妇女的欢迎。她的《女医杂言》一书，别无论说，只有如实反映治疗情况的30例医案，其中保存了许多治疗妇女疾病的实际经验。

谈氏以后，医案著作日益繁多。明代医案中，较有名的有汪机门人所辑的《石山医案》三卷（1519）、周之干的《周慎斋医案稿》三卷（1573）、孙一奎的《孙文垣医案》五卷（1573）。这些都是独家医案，以反映个人的治疗经验为主。嘉靖间薛己《医案》，将前人或自己的医案散入古人方书各门类之下。在此之前，江瓘编辑了《名医类案》十二卷（1549），开集录古人医案精华于一书的先河。

清代的医案著作尤为繁伙。清初喻嘉言的《寓意草》，采用回顾性的手法介绍其治案。此类医案非原始记录，可夹叙夹议，兼有医话（医学随笔）的性质。其优点是可以了解作者治疗的思路和经验所在。但原始的医案记录编为书籍也有它的优势，就是不加修饰，可以真实反映当时的治疗过程。这类的医案很多，而以叶天士的《临证指南医案》十卷（约1746）最为有名。其案例每寥寥数语，却能画龙点睛式的突出辨证要点，故在清代此书翻印数十次而无停歇。其时类集前人医案之作已成风气。魏之琇的《续名医类案》三十六卷（1770）、俞震的《古今医案按》(1778)、柳宝诒的《柳选四家医案》(1990) 等，均系集录前人医案精粹而成。清代有很多临床家，都会留下医案著作，这些著作可以与他们的理论著作互相辉映。例如清代名医吴楚有《吴氏医案录》(1683)、李用粹有《旧德堂医案》(1687)、尤怡有《静香楼医案》(1729)、徐大椿有《洄溪医案》(1759)、薛雪有《扫叶山庄医案》(1764)、陈修园有《南雅堂医案》(1800) 等等，不下百余种。这些医案有按时代集录的，有按专科集录的，也有为医案作注或发挥的。医案这种著作形式，对推动清代临床医学的发展起到了一定的积极作用。

（二）医学杂志

18 世纪末，苏州医家唐大烈编辑《吴医汇讲》，这是我国最早的具有医学刊物性质的文献。唐大烈，字立三，号笠三，庠生。选授苏州府医学正科，曾任典狱官。他从康熙间医家过孟起辑《吴中医案》得到启示，将苏州、无锡、常熟、太仓等地医家的文章汇集发表。从乾隆五十六年 (1792) 至嘉庆六年 (1801) 11 年间，共出版《吴医汇讲》11 卷，后经汇集成一专书。共登载了 41 位作者的 94 篇文章。唐氏编辑该刊，其宗旨是“奥词显义，统为求教。长篇短节，并曰无拘”。要求文章“发前人所未发”，不作人云亦云之说，故陈修园评曰：“以独开生面，不袭老生常谈为高。”对有创见的文章医著，不拘科别，不分门类、不限卷数，并“不以年齿次先后，亦不以先后寓轩轾”，表现出在学术面前人人平等的气度。对不同的学术见解，只要“能通一理”，则“两说并采”。这些编辑思想在当时无疑是先进的，有益于中医学术探讨。《吴医汇讲》中发表的大多是理论性的文章，此外还有专题讨论、验方交流、医学常识、考据、随笔等多种形式的文章，内容相当丰富。书中所谈论的温热病、烂喉丹痧、天花、麻疹等都是当时流行的传染病。有若干重要的医学文献也是首次在该刊发表。如叶天士的《温证论治》、薛雪的《日讲杂记》等，都是通过整理者首次发表在此刊。只要有好的文稿，“随到随镌”，然后一年汇为一卷。这虽然不像现代的定期刊物那样准时，但确实发挥了医学刊物的作用。

在清代灭亡以前，受西学的影响，中医也开始注意兴办刊物。现知辛亥革命前后的医学期刊有上海医学公报社蔡小香等所编的《医学报》(创刊于 1904 年 4 月)、神州医药学会绍兴分会何廉臣所编的《绍兴医药学报》(1908)、广州梁慎余等编的《医学卫生报》(1908) 等。清代覆亡之后，中医学的发展进入到新的阶段，医学刊物更其众多。

第十六章　本草学

第一节　明代本草书的主要类型与成就

现知明代的本草著作约有130余部（其中普及性本草约有70余部），这些著作大部分产生于明代后期。明代前中期，本草发展的主要特点是南北不同风格的本草相互交融。明代后期出现了诸多各具特色的本草著作，其中最负盛名的是李时珍的《本草纲目》。本节主要参考尚志均等《历代中药文献精华》的有关资料，介绍这一时期的本草发展情况。

一　明代前中期的主要本草著作

在金元与南宋对峙的时候，南北本草学的风格是明显不同的。北方的本草贯穿着一套药性理论，即用气味阴阳厚薄、升降浮沉、归经引经诸说来解释药效，归类药物。而南宋的本草大多还是在《大观本草》的基础上进行改编节要，大体不脱《证类本草》的窠臼。元蒙政权统一中国之后，南北医学缓慢地交融渗透，但因元朝时间很短，故明代前中期，南北本草交融的趋势仍在继续。现略举几部较为重要的此类本草著作。

《本草集要》：明弘治九年（1496）礼部郎中王纶撰。该书八卷，分成上中下三部：上部一卷为总论，既收录了《证类本草》中的《本经》序例、陶弘景等论汤药丸散分两修制等内容，同时又辑人金元药理学说（如药性气味法象、天地阴阳、配合人体脏腑等），这就把南北本草的总论内容揉合起来。这一做法对此后的本草影响很大；中、下部均为各论，其区别在于两卷的分类方法不同。一书之中，用两种分类法归类药物，尚属首见。中部五卷，按“草、木、菜、果、谷、石、兽、禽、虫鱼、人”归类545种药物。王氏以“无知之物”排在前、有知之物列于后。因“人为万物之灵”，故将人部列于最后。此后李时珍《本草纲目》的“从微至巨、从贱至贵”的分类思想与此一脉相承。下卷“药性分类”二卷，分“气、寒、血、热、痰、湿、风、燥、疮、毒、妇人、小儿”十二门，各门又细分类。这种类似临床用药手册式的分类法对其后的《本草纲目·百病主治药》、《本草真诠》等书都产生了直接的影响。该书的新见解并不多，故李时珍说它“别无增益，斤斤泥古者也”。但它融金元、南宋本草于一炉，创立新分类法的编写体例在本草史上还是有其地位的。

《本草会编》：汪机（1463～1539）编。汪氏认为王纶《本草集要》不收药物基原形态，且“词简不赅”，于是在《本草集要》的基础上又增添药物形态的内容，并扩充其书为20卷。此书没有留存下来，但它对此后的本草发展有其一定的影响。《本草蒙筌》的作者陈嘉谟评曰：“喜其详略相因，工极精密矣。惜又杂采诸家，而讫无的取之论。”可见该书的特点是编排得体，繁简得当。但其不足是局限于摘取前人之论，没有个人的正确评价。李时珍从该书的药物排列次序、引用前人之论的方式等方面批评了该书，但同时也肯定了它“撮约似乎简便”的优点。该书的编写体例对陈嘉谟撰《本草蒙筌》有直接的影响。

《本草蒙筌》：陈嘉谟撰于嘉靖四十四年(1565)。陈氏在汲取前人本草编写经验的基础上，编写此书，意在“觉悟童蒙”、“譬渔者之筌”，故以“蒙筌”名书。全书十二卷，药物分类仿《本草集要》中部，药图主要取自《证类》，卷前的总论也摘取了许多金元药理论说，但这些都谈不上特色。该书最大的特点是注重保持药物知识的完整性，即不仅注意到临床用药的有关内容，而且对药物的采收、储藏、鉴别、炮炙均予以介绍。陈嘉谟引用了当时的一句民谚：“卖药者两只眼，用药者一只眼，服药者全无眼。”这表明他是主张医药兼通的，不仅要懂得药物的作用，而且要了解药物本身的内容（相当于现在的药材学的内容）。为此，他在其书总论中设有“出产择土地、收采按时月、藏留防耗坏、贸易辨真假、咀片分根梢、制造资水火”等专题，各论中经常列举药品作伪的例子，强调药物真伪鉴别的重要性。在559幅药图中，有药材图30余幅。全书采用“对语”的形式撰写，目的是方便记诵。由于该书的实用性强，又卓有见地，故深得李时珍的好评：“（《本草蒙筌》）依王氏《集要》部次集成。每品具气味、产采、治疗、方法、创成对语，以便记诵。间附己意于后，颇有发明。便于初学，名曰蒙筌，诚称其实。”李时珍《本草纲目》中大量收录该书的有关论述。

以上所述是几部较明显地融会南北本草风格的药物著作。到《本草纲目》产生时，南北本草已完全融合在一起。

在介绍明代前中期的主要本草时，有一部由朝廷组织编撰的大型本草著作必须提及，这就是《本草品汇精要》。该书撰成于弘治十八年（1505），共42卷，有彩图1358幅。领衔的编撰者是医官刘文泰。现代有些医药史学者给予此书很高的评价，但从其流传的历史来看，该书一直深藏宫中，束之高阁，并没有对中国古代的本草学产生过任何实际影响。该书的编写目的、编写方法以及某些内容，并没有注意顾及面向社会上广大的医药人员。与宋代诸多官修本草所起的历史作用相比，《本草品汇精要》的影响实在是微乎其微。

弘治年间，朝廷有修本草之议。按宋代修本草的传统，应该是由儒臣、医官密切合作，共同编写。但该书则不然，当时宫廷中词臣（文官）和医官矛盾深重，互不服气，因此儒臣们坚决退出了编写班子，由太医院医官单独主持编写该书。太医院院判刘文泰是历史上有名的奸佞之臣，他对儒臣的退出不以为然，并声称“大抵方技之书，何须义理渊微；治病之由，贵乎功能易晓”。这一指导思想首先就决定了该书在药物理论方面无所作为，而仅仅重在介绍药物的具体功能。该书的主要资料来源是《证类本草》，新增加的内容极少（实际新增品仅22种），而且大部分取自《饮膳正要》。在前代本草的基础上，该书在药物的解说形式及分类上作出了某些改进。

在《证类本草》中，各单味药的内容是按其所在的书籍先后排列的。而《本草品汇精要》各药的正文则按内容分解成24项，并不计较这些资料原始出处的先后。这24则内容的名目是“名、苗、地、时、收、用、质、色、味、性、气、臭、主、行、助、反、制、治、合治、禁、代、忌、解、赝”，包括了药物的形态、产地、采集时节、药材外形、药性功能、加工炮炙、代用、禁忌、鉴定等许多方面的内容。通过分项解说，该书把传统药物的内容作了一次全面的分解、系统的合成。虽说分项说药并不是该书的创造，但将药物诸项内容分得这样细致，在本草史上还只有《本草品汇精要》一书。这种分类法当然有利于资料的寻找。

《本草品汇精要》一书的药物分类也有它的特点，它采用了二级，甚至三级分类法。该书的一级分类与《证类本草》大体相同，即按玉石、草、木、人、兽、禽、虫鱼、果、米谷、菜分成十部。各部又再分类，如草部分草、木、飞、走四类，禽兽虫鱼分羽、毛、鳞、甲、羸五类，各类药物之下又注明胎、卵、湿、化四种出生形式。这种分类法并不是在用药或辨药实践中总结出来的，而是套用《皇极经世》的模式。因此，其分类法看似细致，但并无多大的实用价值。

该书最为人称道的大概要数它的药图了。全书共有彩色药图1 358幅，其中366幅系新增的药图。大部分药图是以《证类本草》中的墨线图为基础敷色重绘，但不少属于日常习见的物品（如鱼类、介类等），绘图者们依据实物又重加写生绘制（如鲎、文蛤、拥剑、蚱蝉等）①。该书的药图为工笔重彩，极为精细，为彩绘本草之珍品。该书新增药图中，还有少量药物加工制作图，如修治玄明粉、截浸鹿角图等。由于这些药图均为宫廷画师所绘，故某些药图精美有余，而科学性则不足。有些药图是画师们根据文字记载想象绘制的，如把猕猴桃绘成红桃形、及己绘成田字草形等。在药物薏苡之下，绘有两幅图：一幅是薏苡；另一幅虽名为“薏苡草”，但实际上是刚从美洲传入中国不久的玉米图。在彩绘印刷尚不发达的明代，本草书采用手绘彩图的形式，这就决定它难在社会上广泛流传。清代康熙年间，太医王道纯等复制了一份《本草品汇精要》的彩绘，并以《本草纲目》资料为主编写了《本草品汇精要续集》十卷。但由于此续集仍然保持了文字朱墨分书、彩绘药图的形式，故其命运和明代的《本草品汇精要》一样，被藏在深宫，不见天日。

《本草品汇精要》的出现，反映了当时宫廷医务人员的药学水平。编者们在书籍的外在形式上着力甚多，对其内容则少有增补，加之该书在古代几乎没有传播，因此，该书的历史价值大大减弱。真正反映明代药学学术成就的本草著作大多出现在明万历年间至明末。

二　《本草纲目》及明代后期本草著作

中国古代最伟大的本草著作是出现在明代后期的《本草纲目》，其作者是蕲州（今湖北蕲春）人李时珍（约1518～1593）。李时珍字东璧，号濒湖，出生于世医家庭。自幼习儒，14岁中秀才，但此后三次应试均失败，遂放弃科举，专力于医药。由于医术高明，被楚王府聘为奉祠，掌良医所事。在治愈楚王世子暴厥之后，又被荐举到京城太医院，据说曾“授太医院判”。但李时珍在北京只呆了一年就返回故里。从嘉靖壬子（1552）到万历戊寅（1578），李时珍共费时26年，稿凡三易，撰成《本草纲目》52卷。又经十多年的修润谋梓，约于万历二十一年（1593），由金陵胡承龙刻版，出版了《本草纲目》的第一版。

《本草纲目》的主体资料来源也是《证类本草》，但与《本草品汇精要》不同的是，李时珍除引述《证类》之外，还补充了大量的药物新资料，使该书成为资料最丰富的古本草。李时珍在撰写该书时，“渔猎群书，搜罗百氏，凡子史经传，声韵农圃，医卜星相，乐府诸家，稍有所得，辄著数言”，其资料号称“书考八百余家”。除此以外，李时珍还通过亲自采访和历验，获得了许多药物新知。该书共收载药物1892种，其中1479种为将《证类》药物剪繁去复之后所得。另有374种药物系李时珍新增。李时珍编撰该书的宗旨，是搜罗药物“不厌详悉”。他认为现在不常用的药物，也可能在以后的日子里时兴起来。由于该书的内容极为广泛，故后世认为《本草纲目》实际上已成为古代的博物学专著。

---

① 尚志钧等，历代中药文献精华，科学技术文献出版社，1989年，第275页。

李时珍《本草纲目》的另一重大功绩是确立了“纲目”分类体系。在分析前人本草的得失之后，李时珍制定了“不分三品，惟逐各部；物以类聚，目随纲举”的构架总则。所谓“物以类聚”，即按各药物的自然属性分部类，而不取《本经》的上中下三品分类法。全书的药物分类以16部为纲，60类为目。这16部是：水、火、土、金石、草、谷、菜、果、木、服器、虫、鳞、介、禽、兽、人。各部之下又根据实际情况分成若干类，如木部分成香木、乔木、灌木、寓木、苞木、杂木；虫部分成卵生、化生、湿生等。各部的排列原则是“从微至巨”、“从贱至贵”，以人为万物之灵，放在最后，从而体现了可贵的进化发展思想。通过划分部类，振纲张目，建立了在当时堪称先进的药物分类体系。这一分类法在其以后产生了巨大的影响。

“纲目”体系的另一个体现是确定以物种作为设置药物条目单元的原则，借以统一过去混乱的计药方法。如粱米，过去是青粱米、黄粱米、赤粱米各作一味药物，而李时珍则统一用“粱”作为总纲，其下将各种粱米作为目。用这种方法，李时珍归并了《证类本草》中的许多药物。还有一个体现“纲目”体例的地方就是在每一单味药下，以药名作为纲，把不同的内容作为目（所谓“标名为纲，列事为目”），即一种药物设如下标题来归纲其内容：释名、集解、辨疑、正误、修治、气味、主治、发明、附方。通过这些项目依次介绍药物的别名及名称含义、产地形态采收、加工炮炙、性味功能主治、方剂以及对某些记载的辨析和阐明某些新观点。该书所列各事，比《本草品汇精要》的24项更为简练实用。此后的许多本草沿袭了李时珍的药物解说法。

《本草纲目》除了上述的资料丰富、构架体例严密的优点之外，在药物学、医学以及其他自然科学方面都有许多杰出的贡献。在药物学方面，李时珍最大的贡献是“剪繁去复，绳谬补遗，析族区类，振纲分目”，即通过文献考证和实际考察两大途径，对药物的运用和鉴别“深加体审”。中国传统药物中由于种种历史原因，存在着严重的名实混淆，影响到临床用药的安全和有效。李时珍深入实际，亲自调查，解决了很多药物的品种混乱问题。李时珍本人是一位临床医生，因此，他在书中经常阐发临床用药经验，并进而推导药物生效的机理。李时珍个人的用药经验和他所附入《本草纲目》的验方，经后世医家的实践证明，具有很高的实用价值。李时珍通过论药，经常表达他的某些医学见解。他对一些疾病的认识已达到了相当精确的程序，如一氧化碳中毒、寄生虫病患者的癖嗜等。对某些医学上有争议的问题。如脾、三焦、命门、脑等，李时珍也都表达了他个人独特的见解。他认为脾就是胰脏，又提出了肾间命门说，认为命门和三焦是一体一用的关系。李时珍指出的“脑为元神之府”，表明中医对脑与思维关系的认识有了新的进展。

在自然科学方面，李时珍通过药物的形态、生态环境以及各种相关的描述，记录了大量的博物学知识。例如在《本草纲目》中，可以发现许多生物界极有意义的现象。其中包括环境对生物的影响、遗传与相关变异现象等等。矿物、动物、植物、天文、地理、物候、化学等多方面的研究者，都能从《本草纲目》中发现某些很有价值的记载。据考证。英国生物学家达尔文在进行人工选择原理的研究中，就引用了该书有关金鱼家化、乌骨鸡变异等记载。达尔文称此书为“古代中国的百科全书”。中国科学家竺可桢等所撰的《物候学》中，高度评价了《本草纲目》中的物候学的知识。英国著名科技史家李约瑟（J. Needem）在进行《中国科学技术史》研究的过程中，充分地利用了《本草纲目》中的有关资料，并称赞该书为“中国博物学中的无冕之王”。

李时珍的《本草纲目》对此后的本草学产生了极为深远的影响（见下文“《本草纲目》的后续性著作”）。该书在其问世的400余年中，共翻印了70多次。它流传至日本后，对彼邦的药物、植物学产生了很大的影响。近代日本国组织专家，将该书全部翻译成日文。西方各国对该书也很重视，现知已有英、法、俄等文种的节译本。

除《本草纲目》之外，明代后期还出现了好几本重要的本草著作。其中《本草原始》是有关药材学的重要著作。

在中国药物学独立成一门专门的学科之后，有关药材的专门知识的积累越来越丰富。到明代，一般医家、药家鉴定药物，更多的是通过形成商品的药材，而不是药物基原的形态。《本草原始》的产生正是顺应了这一潮流，其作者李中立，字正宇，雍邱（今河南杞县）人，是一位博学多才的年轻人。他见当时某些医家“谬执臆见，误投药饵，本始之不原而懵懵”，遂“核其名实，考其性味，辨其形容，定其施治”，撰成《本草原始》12卷（1612）。该书收药452种，附有他亲自绘制的药图379幅。该书的临床药学内容大多是取自《本草纲目》，其特色集中于药图（包括图中的注解）和书中有关药材学的内容。

《本草原始》中的药图基本上反映的是当时市场上的商品药材。在药图的旁边附有针对性的文字说明。这些文字说明内容不一，有的指出其来源，如在刘寄奴、石龙子、蛤蚧、狗脊等图的图注中，说明这些药材都是市售干品；更多的文字说明涉及药材的真伪、优劣鉴别。如肉豆蔻图：“外有皱纹，内有斑缬，纹如槟榔。纹肉油色者佳。”该书药图并不限于绘制全药材，有时甚至只绘制一个断面，借以显示维管束的形状。有的药物可以有数图，以表现不同品种、不同产地的药材形状，甚至从图名也能反映药物的鉴别特征，如蚕头当归、马尾当归、凤眼降香、云头术等等。书中正文经常揭露某些药品作伪的拙劣手法和鉴别要点，介绍某些伪劣品不能充当正品用的理由。如谓贝母伪品土贝母止“堪医马而已”、天麻伪品羊角天麻“不堪用”，当归的一个品种蚕头当归“止宜人发散药”等等。此外，该书还介绍了许多药物的炮炙方法。

明末另一重要本草是著名医药学家缪希雍所撰的《本草经疏》。缪希雍（1546～1627），字仲淳（一作仲醇），号慕台，东吴海虞（今江苏常熟）人。侨居长兴，终老金坛。他的经历和李时珍等古代儒生出身的医家不同。他少多病，“长嗜方伎，僻耽药妙”（《本草经疏·自序》），长期从事临床治疗，以医名世40余年，因此具有丰富的临床经验。天启年间，“王绍微作《点将录》，以东林诸人，分配《水浒传》一百八人姓名，称希雍为神医安道全，以精于医理故也”。（《四库全书总目提要》）他平时“不事王侯”，但却和“淄流细客，樵叟村竖”过往甚密，因此收集到很多的民间治疗方法。他对宋金元以来盛行的运气学说深恶痛绝，斥责运气为“杂学混滥”。缪氏为人豪爽，据钱谦益介绍：“仲淳电目戟髯，如世所图羽人剑客者。谭古今国事盛败、兵家胜负，风发泉涌，大声殷然，欲坏墙屋。”（《本草单方》钱谦益序）

在医药学术上，他也是观点明确，议论纵横。他认为“古三坟之书，未经秦火者，独此耳”，即只有《神农本草经》是仅存的三坟之书。“观其尝药别味，对病主治，施之百世，无可逾越。”因此，他在天启年间，撰成《神农本草经疏》30卷。该书虽以《本草经疏》为名，但并不是《本经》的辑注本，而是常用药物的临床用药及理论阐发之书。全书收药490种，绝大多数是《证类本草》中的常用药，尤以《本经》、《别录》的药物居多。

在《本草经疏》的总论中，谬氏一反旧本草辑录前人序例的做法，自撰“续序例”二卷。序例中共有论说33篇，如“药性差别论”、“论治吐血三要”、“论痰饮药宜分治”、“论五运六气之谬”等等。缪氏在这些论文中，总结了许多用药理论。如谓“气之毒者必热，味之毒者必辛”；“吐血三要：宜降气不宜降火，宜行血不宜止血，宜补肝不宜伐肝”等等。这些用药理论多出自经验之谈，素为后世称道。

本草学的发展在宋代及其以前，多为药性功效的积累。金元时期，医家们多根据《内经》中的气味厚薄阴阳，以及当时盛行的升降浮沉、归经引经学说来解释药效，很少对《本经》、《别录》的功效主治进行阐发。这种状况从明末开始，引起了医药学家的不满。缪仲淳认为《本经》才是真正的三坟遗书，因此，汲汲于阐发本草发展早期的药物功能主治。在《本草经疏》各论的单味药中，他分三个部分论药：首为“疏”，即疏解药性、主治。他认为“三坟之书，言大道也。言其然，而不言其所以然”，所以他要进行疏解；其次是“主治参互”，列述药物的配伍及其所治病证，引录诸家单验方；最后为“简误”，备注药物品种、适应证之容易混误者。这就是谬氏所说的“据经以疏义，缘义以致用，参互以尽其长，简误以防其失。而复详列病忌、药忌，以别其微。条析诸药；应病分门，以究其用。”

缪氏对当时的医家学无原本是深为不满的。他说：“予见今之医师，学无原本，不明所自，侈口而谈，莫不动云五运六气。将以施之治病，譬之指算法之精微，谓实物之实有，岂不误哉！”他对宋金元以来的运气之说和药理体系是不以为然的，尊经思想比较严重。他解释药理，注重结合脏腑理论以阐发药物主治之所以然，有他的独到之处。他雄辩的药学论说、丰富的用药经验，使他赢得了后世的尊崇。以《本草经疏》肇始，在本草学上掀起了一股尊经之风，即注重对《本经》等早期药学经典著作的理论阐释。近代学者谢观在《医学源流论》中评价说：“明清人论本草之书，可分为二派：一宗宋以来洁古、海藏、东垣、丹溪诸家，在当时可称旧派……以复古为主，唾弃宋以后诸家之论，在当时可称新派。”谢观认为《本草经疏》最为精博，影响到此后出现了一批以阐释《本经》为主旨的本草著作。明末在临床药学方面，该书占有很重要的地位，仅次于《本草纲目》。

缪希雍的本草著作重在反映他个人的学术见解，与此同时的倪朱谟《本草汇言》则集中反映了明末一大批医家的药学成就。倪朱谟，字纯宇，钱塘（今浙江杭州）人。他著书的方式与众不同，前所未见。为了广泛地反映当时医药学家的经验，他“周游省直，于都邑市廛、幽岩隐谷之间，遍访耆宿，登堂请益。采昔所未详，今所屡验者，一一核载”（《本草汇言》凡例），故其书名为《本草汇言》。据该书卷首所列的采访耆宿姓氏，共有 148 人。其中“师资姓氏”12 人，均为当时的名医；“同社姓氏”136 人，则系作者的同辈人。由此可知该书收集资料的广泛。

该书记录的诸家用药经验和药论丰富了临床用药的内容。如倪氏从王明源抄的松花用作食品的记载为：“土人及时拂取，和白米、芡实、白糖调匀，印为糕饼，作茶馔食之，大能养胃清郁热。越东风俗，以此款宾 。（万）历、（天）启间所时尚也。”此外，书中还有大量的有关药物鉴别、栽培方面的知识、倪氏记载了明代浙江温州、处州山区人工种植茯苓的详细情况，并亲自到山西、四川山谷考访龙骨产区。该书添增的明末诸家药物资料，使之成为当时新内容较多的本草之一。倪元璐认为该书“与李濒湖之《纲目》、陈月朋之《蒙筌》、缪仲淳之《经疏》，角立并峙。于以羽翼前人，启迪来者，厥功懋焉。”（《本草汇言》序）

明末众多的本草中，药理探索方面的本草占有重要地位。除前述《本草经疏》之外，《药品化义》是其中的一部奇书。作者贾所学（字九如），别出蹊径，将他从其他学科的中得到的启示，用来归纳药性理论。他说：“书有字母，诗有等韵，乐有音律”。为了使中药理论规范化（所谓“订为规范”），防止主观臆断（所谓“议药者皆悬断遥拟”），他提出了一个崭新的概念：“药母”。药母说的具体内容是把药理相关内容归纳为八个字：体、色、气、味、形、性、能、力。各药母又有其特定内容：

体：燥、润、轻、重、滑、腻、干；

色：青、红、黄、白、黑、紫、苍；

气：膻、臊、香、腥、臭、雄、和；

味：酸、苦、甘、辛、咸、淡、涩。

以上属于“天地产物生成之法象”，意思是这些要素是天然生成的药物表象和固有的性质。

形：阴、阳、木、火、土、金、水；

性：寒、热、温、凉、清、浊、平；

能：升、降、浮、沉、定、走、破；

力：宣、通、补、泻、渗、敛、散。

这四者是“医人格物推测之义理”。也就是说是医家们主观意识推导出来的药理。这一学说究其根源，于金元药理一脉相承，但层次更为清晰、简要、该书所有的药物论说都是围绕着这八字药母，较少虚玄处。遗憾的是，该书在古代流传不广，到清末才有刊本问世。

以上是明末各具特色的几部本草书。与此同时，还有多种本草著作在社会上广泛流行，它们大多是与临床实用相关的简要本草。影响较大的有李中梓的《药性解》、《本草征要》、《本草通玄》、张介宾的《本草正》。

李中梓的《药性解》，除简述药物的性味、归经、主治之外，又自加按语，注出用药要点；《本草征要》的套路也相仿佛，主要讲述常用药物的主治要义。《本草通玄》是李氏晚年之作，至清初（约1655）才完成。李氏认为他的前两种本草“未遑整阐其幽，悉简其误，用是复奋编纂，重严考订，扼要删繁，洞筋擢髓，成本草二卷，命曰《通玄》。”该书论药切合实际，不尚浮词，介绍了作者许多用药经验，是李氏三本草中的佼佼者。

张介宾（号景岳）是明末著名医药学家。《本草正》是张氏《景岳全书》的卷48和49。该书仅论药300味，内容虽简，但却处处反映了作者丰富的临床用药经验和深厚的理论根底。张氏以善用熟地著称，故有“张熟地”之雅号。他在该书中大谈熟地用法，使人深切地了解到张氏对熟地运用自如，是有其临床和理论基础的。他将人参、熟地、附子、大黄作为药中四维，其中寒药仅有大黄一味。这是因为当时在南方一带，朱丹溪的滋阴学说占了主要地位，张氏所设药中四维，正是为纠正当时“履芒硝、大黄为坦途，视参、附、熟地为蛇蝎”的喜凉忌温偏向。此书立论持平，要言不烦，讲究辨证用药，对后世临床药学产生了较大的影响。

明末是本草著作比较繁盛的时期，除上述本草之外，还有皇甫嵩的《本草发明》、方谷（龙潭）的《本草纂要至宝》、方有执（中行）的《伤寒论条辨·本草抄》、杨崇魁（调鼎）的《本草真诠》、卢复的《芷园臆草·题药》、卢之颐（子繇）的《本草乘雅半偈》、顾逢伯（君升）的《分部本草妙用》、萧京（万舆）《药性微蕴》等书。这些本草的涌现反映了当时本草学的发展已经形成了一个小高潮，而《本草纲目》是此高潮的顶峰，它对此后本草发展起了很大的促进作用。

第二节 《本草纲目》的后续性本草著作

明朝灭亡之后，其本草蓬勃发展的势头在清初仍然保持了一段时期。清代本草中的一个重要类型就是《本草纲目》的后续性著作。在中国本草史上，任何一部总结性的本草著作问世后，在一段时间内总会有其后续性的著作出现。这些著作或补遗、或节要、或改编、旨在从不同角度进一步发挥该总结性本草的历史作用。《本草纲目》也不例外，在它问世才十几年，就有引用其资料的本草书的出现。明末以后，还很少有不引用该书的药学书籍。进入清代，随着《本草纲目》不断地刊行，其影响越来越大，许多后续性本草更是应运而生。

一 节纂改编类

《本草纲目》卷帙浩繁，不便于临床使用，因此，相当多的该书后续性本草把重点放在节纂改编方面。这些本草往往以《本草纲目》为其资料主体，兼参他书，然后改变某些编纂体例，形成新的著作。清初顾元交的《本草汇笺》(1660) 10卷，就是在删《本草纲目》之繁复，取《本草经疏》之精要的基础上编纂成书的。其书收药400味，重在临床药性功治，以迎合广大医生所需。此书虽加节纂，但却没有什么特色，故后世很少翻印。此后沈穆（石匏）纂《本草洞诠》(1661) 20卷。沈氏是个文人，尝游历于公卿之门。晚年归里，尝“读蕲阳李氏《纲目》一书，精核该博，叹其美备，从而采英撷粹，兼罗历代名贤所著，益以经史裨官，微义相关，并资采掇，勒成一编。”该书收药号称800种，实则只有640种。各药不分项目，统为述之，文字简练流畅，条理清晰。但终属文人所纂本草，故在临床用药方面并不能切中肯綮。其书刊行之后，很少有人再将其重刊。

清初的《本草纲目》后续性本草看来很少有成功的例子。康熙三年（1664），刘若金（云密）又纂《本草述》32卷。刘氏本是明朝的高级官员，官居大司寇之职，明末隐居著书。费时30年，十易其稿，方成此书。该书收药501种，体例均同《纲目》。除节取李时珍之药论外，该书还采录了不少明末本草学家的论说（如缪希雍、卢之颐、卢复、王绍隆、李中梓、张三锡、罗周彦等）。作者亦非医家出身，虽经常侈谈药物的五行六化，但每每不得要领。他推崇红铅（室女初次月经），足见其医药见识有限。邹澍评价此书说：“其旨以药物生成之时，度五气五味五色，以明阴阳之升降，实欲贯串四家，联成一线。惜文辞蔓衍，读者几莫测其所归。”然而也有人偏好此书，道光六年（1826）杨时泰取《本草述》再加节要，“为之去繁就简，汰其冗者十之四，达其理者十之六”，名书为《本草述钩元》。此书篇幅大大压缩，故成书之后，多次刊行。另有《药义明辨》、《本草述录》也是《本草述》的节录本。

此后的郭佩兰《本草汇》(1666) 18卷，用了8卷的篇幅作为药性总论，这在本草著作中实属少见。郭氏解释说：“是编专明药性，而首采杂论，继以用药式及病机与主治为八卷者，此亦略本《纲目》之例。惟病机则从楼全善《医学》增入焉。盖病机不辨，将药性安施？”这8卷的内容，主要也是取自《纲目》，其各论载药485种，分类与《纲目》相同，但次序则有变动。除节取《纲目》资料而外，兼采缪希雍、李中梓诸家论说。王翃的《握灵本草》(1682) 10卷，则全是节取《本草纲目》的内容。书中虽无多少新的发挥，但简明浅近，可作为本草入门书。另王逊的《药性纂要》(1686) 主要也是纂《纲目》之要，但该书略增数药，且补充了若干家传经验方。

汪昂的《本草备要》(1694)在《纲目》后续性本草中是最成功的。该书从《本草纲目》等书中选取常用药400余味，述其要旨。汪氏也是习儒出身，因此在编纂此书时，注意文字的锤炼。该书“文无一定，药小者语简，药大者词繁，然皆各为杼轴，锻炼成章，使人可以诵读。”由于选材精审，内容全面实用，文辞简洁，因此书成之后，风行海内，数百年不衰，成为初学中医药的入门读物。在《本草备要》的基础上，吴仪洛又编成《本草从新》(1757)。该书增补了部分药物和较多的用药经验。吴氏本人是一位医生，因此在论药时能结合临床实际。此书在清代也很流行。

改编《本草纲目》的本草书以龙柏的《脉药联珠药性考》(1795)为最突出。该书和它的姊妹编《食物考》，号称收药4254种，但实际上除新增的291味药之外，其余各药均系录自《本草纲目》，只不过是计算药物的方法不同而已。龙氏的书是把一药不同药用部位均分别作为药物种类计算，故其总数看起来很多。其凡例云：“宗李濒湖《本草纲目》正条，删繁辑要，去误存实”，“但明其性味功用”。在体裁上采用四言歌诀的形式，便于记诵。全书结构是以浮迟沉数四脉为大纲，以草木金石为部类，借以达到“脉药联珠”的目的。但这种改编从实际效果来看，实在是吃力不讨好。

节取《本草纲目》某一方面的内容，再加增补成书的例子也不少。明代末年就有人将《本草纲目》中的食物资料集中起来，再增加某些内容，编为专门的《食物本草》22卷。现知其纂辑者之一是明末的姚可成。清代沈李龙的《食物本草会纂》，其主要资料取自《本草纲目》(或考沈氏书乃抄袭明末施永图《山公医旨·食物类》)前述龙柏的《食物考》，资料多取自《纲目》。清末章穆的《调疾病饮食辩》，其中的相当大一部分资料取自《纲目》。此外，清代张浚的《修事指南》(1704年刊)，其内容绝大多数辑录自《本草纲目》，并无多少新意。

以《本草纲目》中的资料为主体的书籍还有吴其浚的《植物名实图考》。该书是植物专著，所收植物比《纲目》中的植物还多519种，其分类也多参考《本草纲目》中的部类。该书并非药物专著，故不为一般医生知晓。但其中有关药用植物的记载和图绘，一直受到近现代药物学者们的重视。

《本草纲目》丰富的资料成为其后多种本草书的源泉。现知清代鲁永斌的《法古录》(1780)、林玉友的《本草辑要》(1790)、吴钢的《类经证治本草》(1827)、何本立的《务中药性》(1844)、黄彝尊的《药性粗评全注》(1892)等等，无一不是在《纲目》基础上节纂而成。

更有一类本草书籍，只是单纯地将《本草纲目》加以摘要缩减，很少参考他书，或补充新的资料。这类著作有蒋居祉的《本草择要纲目》(1679年刊)、何镇的《本草纲目类纂必读》(1672年刊)、莫熺的《本草纲目摘要》(1681)、徐用笙的《读本草纲目摘录》(约19世纪末)、戴葆元的《本草纲目易知录》(1885)等等。这类著作别无新意，节录时又未必能恰到好处，故大多是过眼烟云，转瞬即逝，对本草的发展谈不上有多大的促进作用。

二　拾遗补缺类

唐代的《新修本草》问世后，有陈藏器为之撰《本草拾遗》。无独有偶，《本草纲目》问世后，清代赵学敏的《本草纲目拾遗》也为之拾遗补缺。赵学敏是乾、嘉年间的一名大学者。

自幼习儒，但却酷爱医药。从现存的有关记载来看，赵氏并不是一位临床医生，但其医药素养却甚高。他博览医药群书，又多方采访医药人士，故收集的医药资料极为丰富。他和他的弟弟赵学楷著有医药著作《利济十二种》，大多是医药资料的汇集。

《本草纲目拾遗》10卷是《利济十二种》之一，约成书于1765～1803年。赵氏认为《纲目》体例过繁，每有名实不相应之处，故其书"一切繁例从芟"，仅在各药名之下，罗列收集到的各种文献。该书引用的文献极为丰富，约有600余种。举凡医药书籍、地方志、笔记小说中涉及药物者，均于采摘。其中所引的有些书籍今已逸散，赖此书保存其只鳞片爪。如泰西石振铎《本草补》，是当时一本外国的药物书。原书很少流传，但若干条文可见于《本草纲目拾遗》中。他如赵学楷的《百草镜》、王安的《采药方》、《李氏草秘》等清代本草，亦仅见于该书引录。除引用诸书外，赵学敏还注意采访和实地考察。从《本草纲目拾遗》所载，可知赵氏采访的人不下200余名。书中记载的药物多为现在所说的草药。共有正品716种，附品205种，从增加的新药种类数量来说，该书已大大超过了《本草纲目》。这些药物的分布以浙江为主，但也有的分布在广东、广西、云南、贵州、台湾、西藏、新疆、蒙古等地，其中包括许多民族药，甚至外来药（如金鸡勒、日精油等）。

在药物分类方面，赵氏基本上沿袭《纲目》旧例，略有变易。如把《纲目》的金石部细分为金部、石部；删除人部，认为本草设人部，"非云济世，实以启奸"；又因"木本为藤，草本为蔓"，故增"藤部"；另增有花部药。这些分类倒没有什么新颖之处。赵氏在书前"正误"项下纠正李时珍的错误34条，表明赵氏具有相当高的辨药能力。

从药学成就来看，《本草纲目拾遗》所载的极为丰富的药物资料，使之在本草史上占有很重要的地位。但由于该书所收多为草药，又无理论论说，对社会上的一般医生来说，用处似乎不大，故其书在清末的流传和影响并不是很广泛。

与赵学敏同时代有一位叫汪君怀的人，仿照《本草纲目》，编写了一部《草药纲目》。据记载，该书的规模几乎可以和《本草纲目》相比，足见其内容之丰富。可惜该书并未流传至今。

以上是《本草纲目》清代后续性本草的一般情况。这些本草中，有少数是很出色的（如《本草备要》、《本草纲目拾遗》等），但多数水平不高，很难长久流传下去。这些著作数量很多，所取得的药学成就却不是很大。整个有清一代，最富有新意的是一类立足临床用药实际、借尊经复古为名阐发药性理论的本草著作。

第三节　清代临床药学中的尊经思潮

清代药学的发展，主要在临床药学方面。探讨药物基原形态、品种鉴别的著作很少。这是因为社会上医和药已分成两大行业，专门的药业人员主要从事药材商业活动，文化素质一般不高，故很少有人热衷于著书。而医务人员则不然，在封建社会里，习儒求仕进的读书人在仕途无望之后，学医是一条比较体面而又简捷的出路。受儒学教育的经历使这一类的医家更多地把儒理研究方法用来探讨医理。因此，一批文化素养较高的医家在其临床实践中，常常进行理论归纳或探索。

在宋明理学"格物致知"思想的影响下，药学理论的探讨有了长足的进步。金元药理的格套是从《内经》中引来气味厚薄阴阳、五藏补泻等内容，与药物的功效主治挂钩。但是金元药学中的功能主治的确定，主要是根据他们自己的临床实践予以归纳出来的。金元药书中，某病用某药，甚至某经、某脏之病用某药的记载比比皆是，有时显得十分机械。这种论药的方式在明末以后有了一个很大的改变。

前已述及，明末缪希雍《本草经疏》注重对《神农本草经》等早期药学经典的研究。他认为《本经》是未经秦火的唯一的三坟之书。因此，他对《本经》的药效记载推崇备至，认为这些记载“对病主治，施之百世，无可逾越”。缪氏的《神农本草经疏》开研究药学经典的风气之先。清代此风愈演愈烈，甚至有形成一个派别的趋势。他们共同的特点是视《本经》为药学的本原，把《本经》中的药性功效的记载奉作“经文”，只能去阐发经义，不能有所逾越或更改。这样一来，势必要摈弃金元药学书籍中的某些药性功能的记载，并更改金元医家及其追随者的某些论药方法。

清初尊经派的先行者是杭州名医张志聪（隐庵）。他曾在杭州胥山构筑侣山堂，讲论医学。张氏毕生致力于医学经典的注解阐发，他在药学方面的学术观点则集中在《本草崇原》一书中。该书由张氏初创，其弟子高士宗续成（约成书于康熙中期）。全书收《本经》药 233 种，附品 56 种。各药正文取自《纲目》所载《本经》原文，然后附以小字注文和“阐释”。小字注文为药物的别名、产地、形态、优劣的说明。“阐释”则属于药性理论探讨。该书论药，用的是“以经解经”的方法，将《本经》的药性主治逐项解释。其释药的方法多从药物的性味、生成、阴阳五行之属性、形色等方面入手，而置气味厚薄、引经报使于不顾。此书探讨药性本原的方法对此后徐大椿、陈修园以深刻的影响。

《本经逢原》（1695）的作者张璐（1617～1699），字路玉，号石顽，长洲（今江苏苏州）人，清初名医。他年轻的时候习儒，明亡后改业医，有医书《张氏医通》传世。张氏对缪希雍“开凿经义”的做法十分赞赏，认为《本经》的主治才是药学的本原。他批评李时珍在《本草纲目》中没有给予《本经》足够的重视，仅仅是把《本经》的主治放在各药之首，并没有加以阐发。因而张氏在《本经逢原》中以《神农本草经》为主，加以发明。但张氏厚古不薄今，故其书所载药物，“并采诸家治法”，而不局限于《本经》，使后之学者“左右逢原”。全书载药 784 种，论药简捷明晰，是清代很有影响的一部临床药学专著。

无锡人姚球（？～1735），字颐真，精通《易》理，故其堂号为学易草庐。姚氏因易而悟医，撰《本草经解要》四卷。该书收药 174 味，《本经》药就占了 116 味，《别录》药 30 味，其余为宋以前的本草所载药。明代本草仅收了《本草纲目》的一味药，由此可知该书对早期药学经典的偏好。书中对各药的功效主治逐项解释，指出其取效的原委。其论药注重联系脏腑功能及病因病机，自成一格。该书问世后，因销路不佳，书商就把姚球的名字从书上剜去，托名当时吴中名医叶天士的名字，遂使吴中纸贵。

乾隆间的名医徐大椿，博览群书，学富五车，著述甚众。在药学方面，他的代表作是《神农本草经百种录》（1736）。徐大椿对《本经》推崇备至：“本草之始，仿于神农。药止三百六十品。此乃开天之圣人与天地为一体，实能操造化之精，穷万物之理。字字精确，非若后人推测而知之者。”对后世、尤其是金元药学则不屑一顾，贬斥有加：“至张洁古、李东垣辈，以某药专派入某经，则更穿凿矣。”（《医学源流论·本草古今论》）他认为只有张仲景用药与《本经》相合，此后一代不如一代。“至于宋人，并不知药，其方亦板实肤浅，元时号称极盛，各立门庭，徒骋私见。殆乎有明，蹈袭元人绪余而已。”，他的这些观点表现在《神家本草经百种录》中。徐氏自称限于“耳目所及无多”，“若必尽全经，不免昧心诬圣”，故只选了常用药百种进行阐发。徐氏将《本经》百种药的功治逐一注释，《四库全书提要》认为其书“凡所笺释，多有精意。较李时珍《本草纲目》所载‘发明’诸条，颇为简要。”但徐氏对《本经》尊崇太过，甚至连《本经》中的某些方士之说也一一为之粉饰，又招致了四库馆臣的垢评：“如所称‘久服轻身延年’之类，率皆方士之说，不足尽信。大椿尊崇太过，亦一一究其所以然，殊为附会。”徐氏在论药时，经常介绍自己的用药经验，评击时医误用诸药之害。其书在清代相当流行。

乾隆间另一名尊经派干将黄元御（参第十五章第三节），其药学著作有二：《长沙药解》、《玉楸药解》。在这两本书中，充分地体现了黄氏的尊经复古思想。他主张“理必《内经》，法必仲景，药必《本经》”。可是当时的学风使他深为不满，于是“恒有辨章百草之志”。乾隆十八年（1753），他“远考农经，旁概百世”，将“人理”与“物性”相参，撰成《长沙药解》四卷。该书虽以“药解”为名，但因重在结合仲景用方来议药，故实际上类似于论方。书中仅收仲景书所用药161种，涉及汤方242首。《玉楸药解》8卷，收仲景书所无的药物293味。该书论药简捷明了，且经常针砭时弊。黄氏认为：“后世本草数百，千载狂生下士，昧昧用之，以毒兆民。农、黄已往，仲景云徂。后之作者，谁复知医解药？诸家本草，率皆孟浪之谈！”对著名的医药学家李时珍，他也指责其“博引庸工讹谬之论”、“荒唐无稽，背驰圣明作述之义几千里矣。”这些言论虽不免偏激，但因其议药确有许多独到之处，故该书刊行之后，“几于家置一编”①。其书并没有专议《本经》之药，可是尊经的思想却和徐大椿如出一辙。

把清代本草尊经之风推向一个高峰的是陈修园（1753～1823）。陈氏名念祖，号慎修，福建长乐人。他近40岁时中举，曾任直隶威县知县之职。他的医学根底很深，既承家学，又得名医指点，故在任职期间，也经常给百姓治病。他撰有很多医学著作，能深入浅出地介绍医学理论。1803年，即陈氏卸任之后的次年，他撰写了《本草经读》四卷。该书选药165种，其中《本经》药118种。陈氏对《本经》以外的药“多置而弗论”，只把何首乌等后世所出的常用药47味作为附录。

在论药时，陈修园自称“俱遵（《本经》）原文，逐字疏发。经中不遗一字，经外不溢一辞”（《本草经读·凡例》）。陈氏经常结合仲景用药来解释《本经》，这对理解《本经》药物的条文是很有益处的。陈氏虽对阐释《本经》用药厥功甚伟，而对后世一些医家药论却攻击无余。明代医家张景岳、李士材等，是他攻击的对象。他对李时珍《本草纲目》的批评尤其严厉：“杂收众说，经旨反为其所淹，尚可云本草耶?!”“学者必于此等书焚去，方可与言医道”。陈氏这些言论的确过于苛刻，但他在该书中所介绍的许多个人用药经验，以及他指出的一些用药时弊，使得该书深受医家的欢迎。书成之后，不胫而走。

同样是对《本经》药物进行阐解，但却不偏不倚的另一本草是邹澍（1790～1844）的《本经疏证》。邹氏字润安（晚号润庵），江苏武进人。他从1832年到1840年间，从事本草著述，编成《本经疏证》（内含《本经疏证》、《本经续疏》、《本经序疏要》三书）。在此书中，他取《本经》、《别录》为经，《伤寒论》、《金匮要略》、《千金方》为纬，交互参证，“疏其文而证其解”。书中采用笺疏之例，辩论之体，重在讨论药性及其在古方中的运用。邹氏论药立论比较持平，他认为“凡论药之用，有求之本处可通，他处不可通者；有求之伤寒可通，杂病不可通者”，并不主张牵强附会地解释药性。他对仲景用药的研究十分细致，文风朴实，故其

① 见恽思赞《本草便读》序。

书也深得行家的好评。近人谢观认为本草书中，以“此书与缪氏（希雍）书最为精博”。（《中国医学源流论》）

清末郭汝聪将张志聪、叶天士（实即姚球）、陈修园三家的本草书合为一集，编为《神农本草经三家合注》，又附刻徐大椿《神农本草经百种录》，可以说是集清代本草尊经派的大成。清代本草尊经派的著作虽然经常有一些愤世嫉俗之论，但它们大多能结合临床用药实际，阐发《本经》中的早期用药经验，不像金元药论那样空泛机械，因此，这一类著作在清代最富有生气。

清代江西宜黄医家黄宫琇，他对过于尊崇《本经》的做法颇有微词。他认为《本经》年代久远，历经诸家损益，“其真愈失，而其讹愈讹”，如果一味为《本经》圆说，就会有失本草之真。为此，黄氏撰《本草求真》（1769）一书。该书也是以说理为主，但其说理的方法“总以药之气味形质四字推勘而出”，“惟求理与病符，药与病对”，并不管前人怎么说。黄氏声明其书“断不随声附和，语作影响，以致眩人耳目”，故其论药简明扼要，见解独立超群。该书自刊行以来，翻印20余次，足见其影响之深广。

以上是清代学术价值较高的一些本草著作。清代人口剧增，对医生的需求量也很大。除了大批科场失意的儒生参加到医生队伍中来之外，通过家传或师徒传授方式，也能培养出一些医家。为了自学或授徒的需要，一大批普及性的本草著作流传于世。这些著作为医药入门者而撰，并不要求有多少新意，故一般来说，学术价值不高。

第十七章　临床医学

在前面的章节中，已经讨论过的温病学实际上是临床医学的主要部分，而学派之争实际上主要是围绕内科疾病治疗方法而展开的。本章将要涉及的是其他一些学科在明清的发展。明清时期中医各学科基本上已经分化成熟。除了传统的一些医学分科之外，明清时期的新学科大概只有痘科了。这是因为天花在这一时期已成为危害甚大的一种疾病。医学史上许多事例证明，当一种疾病猖獗到让医学界群起而攻之的时候，找到解决这种疾病的有效治疗方法的日子也就不远了。天花也是如此。明清时期，我国医学上的一个重大的发明，就是找到了预防该病的有效途径。以下简要概述明清某些临床医学的主要进展。

第一节　内科名称的确立及有关的医家

中医以“内科”命名的著作直到明代才出现，这就是薛己的《内科摘要》(1545)。该书是一部医论与医案结合的著作，与现代的内科学专著的形式和内容并不完全相同。薛己在《内科摘要》中将其属于内科杂病的200余医案按疾病分类，并加以评议，推论病情。因此，严格地说，这并不是一部现代意义的内科专著。但此书毕竟首次提出了内科的概念，开此后内科专科的先河。

中医内科实际早已存在，其范围相当广泛，古代常以“疾医”、“大方脉”等名词来概括其学术内容。古代所论的杂病，也大多属于内科的范围。从这一意义上来说，金元以来的医学门户分立，以及承其余绪的明清医学学派的争鸣。实际上主要体现于内科学的发展。薛己、孙一奎、张景岳、李中梓、王肯堂等，都是这一时期的内科学大家。除以上各大家之外，明清时期还涌现了其他许多对内科发展作出了贡献的医学家。

虞抟(1438～约1517)，字天民，浙江义乌人。世业医，其曾叔祖曾受学于同邑名医朱丹溪。虞抟承家学，兼采众家之长，于正德乙亥(1515)撰《医学正传》八卷。其书“将使后学知所适从，而不蹈偏门以杀人，盖亦端本求源之意耳”，故以“正传”名书。在学术上虞抟比较中允，他自称书中治法“伤寒一宗张仲景，内伤一宗李东垣，小儿科多本钱仲阳，其余诸病悉以丹溪要语及所著诸方冠于其首，次以刘、张、李三家之方，选其精粹者继之于后，外有诸家名医有理妙方，又采附于其末，以备参考”。《医学正传》中所列病证以内科病为主，各病依次列有“论”、“脉法”、“方法”、“医案”四项内容，颇有利于临床检用。该书中还另撰“医学或问”一节，集中反映了他的学术见解，他对医学的左道旁门的抨击不遗余力。如当时有人以病者所生年月日时，合得病之日期，推算五运六气，谓某日当得某经，某经当用某药，“不须问证察脉，但推算病在此经，即用此经之药”。虞抟认为这是“马宗素无稽之术，而以世之生灵为戏玩耳!”对当时社会上的迷信活动，他也深恶痛绝。他说“古有龙树咒法之书行于世，今流而为师巫，为降童，为师婆，而为扇惑人民、哄吓取财之术，噫！邪术惟邪人用之，知理者勿用之也。”以此看来，其书名“正传”，可谓名符其实。

龚廷贤，字子才，号云林。江西金溪县人。世业医，其父龚信，曾任职太医院。龚廷贤承父业，后亦为御医院任太医，有“医林状元”之称，其著述甚富，与内科相关的主要有《万病回春》八卷（1587）、《寿世保元》十卷（1615）。这两部书论述了许多病证及治法。如对“中风”一证，不仅分析各种病因及类似证的鉴别法，而且还提出了预防中风的先兆：“凡人初觉大指、次指麻木不仁，或手足少力，肌肉微掣，三年内有中风之疾。宜先服愈风汤、天麻丸各一料，此治未病之先也”。龚氏医书东传日本，对彼邦的医学也产生了一定的影响。

胡慎柔（1572～1636），明末僧人，法名释住想，江苏常州人。因他自己患痨（相当今之肺结核），经查了吾治愈，遂随查氏习医十余年。后查氏又推荐他随名医周慎斋习医。晚年著《慎柔五书》（1636），对虚损、痨瘵的诊治颇有见地，其中涉及到老人、虚人的调养，颇有精语。

秦昌遇，字景明。上海人。精于内科及儿科。他认为朱丹溪的《脉因症治》固然是一本好书，但“仍有难于宗行者。盖执脉寻因寻症，一时殊费揣摩，不若以症为首，然后寻因之所起，脉之何象，治之何宜，则病无遁情，而药亦不至于误用也。”于是撰《症因脉治》，按症候、病因、脉法、治法为序介绍各证。虽看似只有排列顺序之差，但秦氏之书较之前人更为适合临床所需。

除以上诸家之外，明清两代的内科医家还有很多，如明代王纶（著《明医杂著》）、周慎斋（著《慎斋遗书》）、缪希雍（著《先醒斋广笔记》）、汪绮石（著《理虚元鉴》）等；清代李用粹（著《证治汇补》）、林佩琴（著《类证治裁》）等，不赘。

第二节　外科的治疗技术与理论

外科治法在宋元时期就有重视内治和外治的分歧。东轩居士《卫济宝书》中认为外科疾患“乘其未脓而攻之得宜，以不溃而愈，此上工也”。强调早期的治疗。在古代，从事外科的医生多数文化水平不高，故有“疮科之流，多有不诊其脉候，专攻治外”的现象（齐德之《外科精义》）。因此，一些理论水平比较高的医生提倡外科应该注意内治，在当时是有一定积极意义的。

汪机在《外科理例》（1519）中，进一步阐释了外科内治的思想。他认为“外科必本于内，知乎内以求乎外……治外遗内，所谓不揣其本而齐其末”。从而明确了外科整体治疗的观念。薛己医学著述甚富，其中外科著作就有《外科心法》七卷、《外科发挥》八卷、《外科枢要》四卷、《疠疡机要》三卷。他在外科病证之后，经常精选前人或自己的医案，用以帮助读者理解各证的治疗过程与效果。对宋以来痈疽惯用的托里内消法，薛己认为必须辨证使用。他说：“夫痈疽疮疖，皆由气血壅滞而生也。当推其虚实表里而早治之，可以内消，此即托里之意也。若毒气已结，勿泥此内消之法，当辨脓之有无深浅。”（《外科心法》卷三）他的外科著作对后世有较大的影响。

王肯堂《六科证治准绳》中有《疡医证治准绳》，此书记载了许多外科疾病的诊治方法。书中记载了许多外科手术，其中有的是中医外科史上较早的记载。李经纬等（《中国古代医学史略》）认为：“他是我国首先记述男性乳腺癌的医学家。在外科手术和医疗技术方面，他所记述的肿瘤摘除术、甲状腺切除术、肛门闭锁成型术、耳外伤脱落之缝合再植术、骨伤科整复手法与手术等等，以及这些手术与技术之消毒清洁和护理，内容十分丰富，实属不可多得。”《外科证治准绳》中记载公元1587年，一妇人出售羊毛于市，引起了紫泡疔（炭疽病）流行，死亡甚众。王氏进而总结了该病的传染途径、发病局部体征及全身症状，以及其预后。这些都是外科史上的宝贵史料。对于瘿瘤，王氏认为“按之推移得动者，可用取法去之。如推之不动不可取也”。这表明王氏已认识到某些癌肿在当时是不能依靠手术治愈的。

明末外科专家申拱辰，字子极、号斗垣。长洲（今江苏苏州）人。精于外科。他对华佗刮骨剖腹手术失传至为惋惜，立志要启外科不尽之玄妙以造福于民，故撰《外科启玄》十二卷（1604）。该书有120余论，各种外科病证230余，列方千首，且附有图示。申氏强调外科疾病应尽早治疗，并提醒医者注意手术的适应证，其书中还记载了外科器械使用前的消毒措施，即用沸水煮针刀。对古代用口吮脓一法，申氏改进为用“一端留节、削去青皮之薄竹筒，药煮十数沸，乘热安疮上，脓满自落法吸脓，如此至脓尽，膏药贴之”。这一方法对患者、医者都是安全的。

明末另一位著名的外科学家陈实功（约1555～1636），字毓仁，号若虚。江苏南通人。陈氏在其所撰《外科正宗·序》介绍自己的学医经历时说：“余少日，即研精此业。内生以活人心，而外悉诸刀圭之法，历四十年。心习方，眼习症，或常或异，则应手而愈。”其同乡范凤翼为其书作序时说：“吾里若虚陈君……医辄精，即奇疡怪证，一睹辄晢。投以半匕，无不立痂而愈。虽有厚毒攻中，陷胸洞胁，万无生理者，亦必计日以瘥。”由此可见，陈氏是一位学验俱富的临床家。万历丁巳（1617），陈氏撰《外科正宗》四卷，较全面系统地记载了外科原委、诊法、治则及150余种病证的临床经验。该书的特点是尤其注重外治法，认为外敷药、刀针、手术等是治疗外科疾病所不可缺少的重要措施。陈氏创用了多种外科手术方法与器械，如鼻息肉切除术，至今为临床所袭用。还记载了气管缝合术、下颌骨脱臼整复术、咽喉和食道异物摘除术等。对脱疽病的治疗，首次提出要从关节面处实行离断手术的原则。虽然陈氏精于外科手术，但他并不忽视外科病的内治法，主张外科手术与药物治疗相结合。针对社会上重内科轻外科的倾向，他力主“治外较难于治内。何者？内之症，或不及其外；外之症，则必根于其内也。”这对提高外科的学术地位是有利的。陈氏书问世以后，给此后的外科以很大的影响。

除以上介绍的几位外科家的学术成就而外，明代还有很多学术价值较高的外科著作或论述。在外科手术的麻醉方面，明代已经较为多用药物全身麻醉。如李时珍在《本草纲目》中记载了用曼陀罗、火麻仁花（大麻花）作为麻醉药，“用以割疮灸火，宜先服此，则不觉苦也”。张景岳曾记载能用于“浑身麻痹”的蒙汗药。王肯堂在介绍唇裂修补术时，也提到“以麻药抹缺处，以剪刀薄剪去些皮”的手术法。麻醉法的进展是这时期外科手术得以发展的必要条件。

另外，现代属于皮肤病科的一些内容，古代也常包括在外科之中。明代以后，梅毒、麻风等皮肤科的专书相继出现，其中明代陈司成的《霉疮秘录》，对梅毒的成因、症状都有详细论述，从中可反映当时对梅毒各期的特点，特别是胎传梅毒都有仔细的观察和认识。书中附有29个典型病例的治验，提出用“生生乳”（砷剂）进行治疗。此书是我国第一部叙述完整的梅毒专著。麻风专书则有明·薛己《疠疡机要》、沈之问的《解围元薮》（1550）、清·萧晓亭《疯门全书》（1796）等，其中沈之问的成就最大。他肯定了麻风是“传染所袭”，对该病的传染途径及流行规律有比较深刻的认识。他最早提出给接触者和幼童预防服药，并确定了六经辨证，以“祛风、泄火、杀虫、排毒为先”的治法。根据沈氏三代治疗经验和他本人30

余年的治疗心得，他推荐了249首治疗麻风的处方，并介绍了大风子治疗麻风的经验，否定了大风子会导致“瞽目”（失明）的说法。

第三节　骨伤科

明代太医院的医学分科沿袭元代的13科，其中元代的“正骨兼金镞”科被分为“金镞”（相当于战伤外科）和“接骨”（骨伤科）两科。清代医学分科缩分11科，其中金镞科被取消，接骨仍改名为“正骨”。明清时期的骨伤科虽无突破性的进展，但仍积累了丰富的诊疗经验。

在明代的骨伤科文献中，首先要提到《普济方》。该书虽是一部医学全书，但其中有“折伤门”四卷，实际上记载了非常丰富的骨伤科知识。在“接骨手法”等节中，列举了数十项骨折脱位的复位固定方法。较元代危亦林《世医得效方》所记载的内容更为丰富。此外，在许多外科书中也都或多或少地记载了部分骨伤科的内容（如明·王肯堂《疡医准绳》等）。清代吴谦《医宗金鉴·正骨心法要旨》仿《疡医准绳·损伤门》，增加了“手法总论”、“释义”和“器具总论”，载骨折复位及固定器材图10幅，记载各种骨折脱位40个部位，较《疡医准绳》增加了三倍，复位技术也有所发展。

明代最有代表性的骨伤科医书是薛己的《正体类要》二卷（1529）。该书介绍了骨伤科主治大法、扑伤治验、坠伤金伤治验等内容，其中涉及跌打损伤的辨证论治，但却不谈骨折脱位的复位和固定技术。和薛氏其他医书一样，该书各有关病证之后均附有医案（共计65则）。薛氏于骨伤科治疗用药原则，极力主张以补气血、补肝肾为主，辅以行气活血。《正体类要》之所以重药治、轻手法，是有其指导思想的。《正体类要·陆师道序》称：

“世恒言医有十三科，科自专门……而正体科独无其书。岂非接复之功，妙在手法，而按揣之劳，卒鄙为粗工，而莫之讲与？且肢体损于外，则气血伤于内，营卫有所不贯，脏腑由之不和，岂可纯任手法，而不求之脉理，审其虚实，以施补泻哉！”

经薛氏倡导，骨伤科治法讲求八纲辨证、平补用药者不乏其人（如明末陈文治、沈金鳌、胡廷光、钱秀昌等）。但骨伤科毕竟不能单纯依靠药物，手法也是非常重要的。因此，在明清时期，另一些医家则注重手法治疗。韦以宗（《中国骨科技术史》）把这类的医家归于伤科上的少林寺派。韦氏认为“正骨、伤科少林寺学派的形成，见之文字记载者是到了明朝以后”。“自异远真人的《跌损妙方》（1523）公诸于世，才看到少林寺派治伤的‘秘宝’……其以经络学说为依据，按穴治伤，按穴位加减用药的治疗方法以及方药，是与异远真人一脉相承而独具一家、自成派系。而且，掌握这种按穴治伤技术的伤科医生，多是拳术技击家，即武术少林寺派。”伤科少林寺派是明清骨伤科的一个重要的发展。

第四节　《理瀹骈文》与外治法

广义的外治法是指除口服药物以外，经其他给药途径或施以非药物措施（包括施行手术），以达到防治疾病目的的多种疗法。现一般不把针灸、按摩及有关手法算在外治法内。明清以前的外治法内容散见于各科治法之中，尤其是外科书中的有关记载更多。例如在治疗痔瘘方面，明·赵宜真《秘传外科方》采用了脱管法与枯痔法；陈实功《外科正宗》则有唤痔、护痔、洗痔、枯痔、熏痔、脱管、结扎、挂线等一整套外治法。

外治法广泛应用于外科、妇科、儿科等许多学科。由于外治法简便易行，因此经常为走方医所喜用。清代赵学敏《串雅外编》中涉及外治法的有28门593条之多，其中有熏法门、贴法门、蒸法门、洗法门、熨法门、吸法门等等。

清代最为有名的外治专书是吴尚先的《理瀹骈文》。吴尚先（1806～1886），字师机，浙江杭州人。道光十四年（1834）中举人，后弃儒学医。咸丰三年（1853），太平天国战争期间，药物奇缺。吴氏见因缺药或误用药物致死者甚多，就考虑运用外治法。他认为外治“治得其道，而所包者广，术取其显，而所失者轻”。于是他设存济堂药店于扬州，多用膏药治病。他不但用外治法治疗外部的疾病，而且用之治内科疾病。在多年经验的基础上，吴氏于同治二年（1864）撰《理瀹骈文》一书。该书以内科理法方药为理论依据，而以外治法为主要内容，其序称：“外治之理，即内治之理；外治之药，亦即内治之药。所异者，法耳。”又云：“外治必先知内，先求其本。本者何？明阴阳、识脏腑也。”可见该书并非是寻常外治法的集录，而是有理论有实践的高度总结。原文以骈文形式出现，故以名书。书中除大量记载膏药的用法之外，还载有敷贴法、熨法、洗法、熏法、照法、拭法、溻法、吸入法、取嚏法、灌导法、火罐法、割治法等，充分地显示了外治法的多样性。这些方法中又可以分出多种具体方法，已经包括了许多现代的物理疗法在其中。吴氏因此也被后人称之为“外治法的宗师”。

继《理瀹骈文》之后，又有邹存淦（俪笙）编写的《外治寿世方初编》四卷（1877）。邹氏认为有些外治法不仅可以治一般的疾病，还可以作为急救之用，其效果甚至可超过内服药。该书广为收集民间外治经验方2300余首，是继《理瀹骈文》之后又一本很有影响的外治法专著。

第五节　儿科与人痘接种

儿科古代又名“小方脉”，一直是医学分科中的主要科目，但到清代，一度在儿科之外又设“痘疹科”（后又与小儿科合并）。由此可知痘疹在清代已是医学主攻的一个重点内容。

一　儿科的发展简况

明清的儿科发展的重要表现之一是儿科专著不断增多。这段时间内，儿科名著就有寇平《全幼心鉴》、薛铠《保婴撮要》八卷、鲁伯嗣《婴童百问》十卷、万全《幼科发挥》二卷、《育婴秘诀》四卷、《痘疹心法》23卷、《广嗣纪要》16卷、王肯堂《幼科准绳》九卷等；清代则有吴谦《医宗金鉴·幼科心法》、夏鼎《幼科铁镜》二卷、陈复正《幼幼集成》、沈金鳌《幼科释谜》等多种。

这一时期，儿科在诊断方法上的进展是指纹诊法开始广泛运用。治法方面，小儿推拿被广泛运用于临床。产生了明代周于蕃（岳甫）的《小儿推拿秘诀》（1612）、龚廷贤的《小儿推拿秘旨》、清代熊应雄的《小儿推拿广意》（1676），总结了小儿推拿的治疗经验。在明清其他儿科书中，推拿疗法也经常被作为有效治法加以介绍。夏鼎（禹铸）在《幼科铁镜》中介绍说：

“寒、热、温、平，药之四性；推、拿、揉、掐，性与药同。用推即是用药。推上三关，代却麻黄、肉桂；退下六腑，替来滑石、羚羊……一推一揉，右转参、术无差；旋推止嗽，效争五味、冬花……”

推拿法在小儿科相当于以指代针，被认为是安全有效而又快捷的治法，因而风行海内。这是明清儿科治法的一大进展。

二　人痘接种术的发展

明清小儿科在疾病方面，主要是围绕麻（疹）、痘（疹）、惊（风）、疳（积）四大证，其中痘疹又是这一时期的主要疾病。人工接种种痘法是我国医学史上的重大发明。

（1）天花出现在中国的时代：我国关于天花的记载始于晋代葛洪的《肘后方》，当时呼为“虏疮”，据说是“建武中于南阳击虏所得”。马伯英考为建武十七年（公元42）马援征交趾时天花从越南传入中国（《中国医学文化史》）。此后天花在我国肆虐近2000年，危害甚大。历代医家为防治天花花费了无数的精力，也积累了一些治疗痘疮的临床经验。但最有意义的事件是种痘法的发明，因为这是预防天花最有效的方法。

（2）发明种痘术的年代：中国何时开始有种痘术，至今学术界还在探讨。一种说法是在唐开元间已开始种痘：“考上世无种痘，诸经唐开元间，江南赵氏，始传鼻苗种痘之法。”（董玉山《牛痘新书》，1884年刊）但和许多古代的发明传说一样，越是晚近的资料，越有可能貌似精细地推溯到久远的年代。比董氏还早的朱纯嘏《痘疹定论》（1713年刊）也只把痘疹发明的年代推到宋代：

“宋仁宗时丞相王旦，生子俱苦于痘。后生子素，召集诸医，探问方药。时有四川人请见，陈说：‘峨嵋山有神医能种痘，百不失一……凡峨嵋山之东西南北，无不求其种痘。若神明保护，人皆称为神医。所种之痘称为神痘。若丞相必欲为公郎种痘，某当往峨嵋山敦请，亦不难矣。’不逾月，神医到京。见王素，摩其顶曰：‘此子可种。’即于次日种痘。至七日发热，后十二日，正痘已结痂矣。由是王旦喜极而厚谢焉。”

朱纯嘏的这一说法也被清代御纂的《医宗金鉴》所采用。现代有一些医史学者也赞同11世纪前后四川民间有种痘术的施行这种说法。但比较肯定的史料是，人痘接种法至少在明代隆庆年间（1567～1572）已盛行于世。俞茂鲲（天池）《痘科金镜赋集解》（1727）载：

“又闻种痘法起于明朝隆庆年间宁国府太平县。姓氏失考，得之异人丹家之传，由此蔓延天下。至今种花者，宁国人居多。近日溧阳人窃而为之者亦不少。当日异传之家，至今尚留苗种，必须三金，方得一枝丹苗。买苗后医家因以获利。时当冬夏种痘者，即以亲生族党姻戚之子传种，留种谓之养苗……”

这段记载虽也不免有传闻色彩，但其去古未远，可信性比较强。

（3）康熙皇帝推进种痘术的史实：由于种痘可以有效预防天花，所以在种痘术发明之初，民间视为专利，秘不外传。直到清代康熙帝发现种痘术，招引医生进宫，种痘术才得以提倡并逐步推广。《痘疹定论》的作者朱纯嘏，就是康熙二十年（1681）被皇宫选中的种痘医：

“康熙二十年，圣祖命内务府广储司郎中徐定弼至江西求痘医时，督粮道参政李月桂以纯嘏应诏。命试种痘术，有效，遂入大内，为皇子孙种痘皆愈。又至蒙古科尔沁，治八德马亲王痘；至鄂尔多斯治根都世希牙布贝子痘。于是闻见益广，术业益精，而《定论》成焉。”（《痘疹定论·王鸣盛序》）

满族从白山黑水入主中华，痘疹是他们的大敌。清代顺治皇帝死于天花，故康熙皇帝痛切肺腑，决心要寻找制服天花的办法。他在《庭训格言》中说：

“国初人多畏出痘。至朕得种痘方，诸子女及尔等子女，皆以种痘得无恙。今边外四十九旗以喀尔喀诸藩，俱命种痘。凡所种皆得善愈。尝记初种时，年老人尚以为怪。朕坚意为之，遂全此千万人之生者，岂偶然耶？”

康熙亲自倡导种痘，无疑对推动种痘术的传播起了巨大的作用。此后《医宗金鉴·幼科种痘心法要旨》一书刊行，更使种痘术广为流行。

（4）人痘法的原理和实效：种痘法取效于减毒活疫苗在人体内产生主动免疫抗体（即“人痘”）。古代选择种苗方面有很多学问。经过长期的使用，种痘家们发现“时苗”（自然天花之痂）不如“种苗”（即种痘用鼻苗发出的痘痂研粉）。“种苗”屡经接种精选（所谓“养苗”、“选炼”）可成“熟苗”。用这样的痘苗吹鼻，安全有效。据文献记载，好的种痘师成功率可达95%以上，甚至100%。

（5）人痘术的外传：人痘接种术是我国医学史上的伟大发明。正当我国早已普遍种痘的时候，西方还正在为天花的猖獗而犯难。关于中国的人痘术外传的途径，医史学家们至今还在寻找更多的更细致的依据。但中国的人痘接种法确实传至外国，这已有很多史料可以作为确证（文多不录）。范行准先生概括说：

“我国的人痘接种法，在18世纪时，因西洋天花盛行，闻中国有此免疫法，即派人前来我国学习。首先由俄国派学生前来学习，后来中国的‘人痘法’又由俄国传至土耳其，而当时英国驻土耳其公使夫人首传其法于英伦，后又传至北非以至印度；而朝鲜、日本的人痘接种法亦经由中国传入。”（《中国医学史略》）

英国医生琴纳（Edward Jenner，1749～1823）在英国风行种人痘的时候，他也是种人痘的医生之一。经过他的研究和试验，他用牛天花疱浆代替人痘，改造成了种牛痘的新技术，在人体身上应用，获得了成功。1798年，琴纳在书中发表了他观察到的牛痘预防天花的事实。牛痘很快成为世界各国预防天花的有力武器。

（6）牛痘返传中国：琴纳改造人痘而发明了牛痘，这是更为安全有效的预防天花的方法。很快，这一新发明又返回到人痘的故乡中国。我国医学界和人民很快地接受了这一技术，牛痘在中国迅速地传播开来。

1805年，葡萄牙医生哈威脱（Hawit）利用接种牛痘的婴儿带上活牛痘苗的方法，将之从马尼拉带到了澳门，东印度公司的船医皮尔逊（Pearson）进而又将之带到广州。中国从此就开始种牛痘。经过中外热心于种牛痘的医生们的不懈努力，牛痘在中国广泛传播。在这些医生中，第一批学习种牛痘的医生有梁辉、张尧、谭国、邱熹等人，其中邱熹（1774～1850），字浩川，最为出色。邱熹撰写了著名的《引痘略》（1817年刊），他巧妙地把牛痘接种的原理与中医理论相揉合：

“御纂《医宗金鉴》云：正痘感于得病之后，而种痘则施于未病之先。正痘治于成病之时，而种痘则调于无病之日……然则牛痘之理，原包于种痘诸法之中。虽种之法有不同，而其为善方引导于外则一也。

牛之患痘必轻，以之传人必然无害。于是按古针刺法，取牛痘之浆种人两臂消烁、清冷渊二穴。旬日果于所刺之处随出数颗，按日灌浆，按日结痂、落靥，无一损伤，无一复出。盖牛，土畜也；人之脾属土，以土引土，同气相感，同类相生，故能取效。”

晚清牛痘施种局遍设大江南北，人痘与牛痘遂呈此消彼长之势。经过数百年中外医家的共同努力，天花不仅得到了控制，而且在 1980 年 5 月 8 日，参加第 33 次世界卫生大会的 155 个会员国代表，同意全球消灭天花证实委员会的报告，正式宣布：全世界已经消灭了天花。中国医学为这一天的到来做出了巨大的贡献。

第六节　妇　产　科

明清时期，就留存下来妇产科文献来说，数量是很多的。但从质量来看，高水平的妇产科书籍却非常之少。有明一代，内容最丰富的妇科书当推王肯堂的《女科证治准绳》五卷（1617）。但据王氏自序，可知此书是在明·薛己《校注妇人良方大全》的基础上增删而成。王氏说：

“近代薛己新甫，始取《良方》，增注其方论，酌寒热之中，大抵依于养脾胃、补气血，不以去病为事，可谓救时之良医也。第薛氏所葺，多上古专科禁方，具有源流本末，不可昧也。而薛氏一切以己意芟除变乱，使古方自此湮没。余重惜之，故于是编，务存陈氏（自明）之旧，而删其偏驳者。然亦存什之六七而已。至薛氏之说，则尽收之，取其以养正为主，且简而易守，虽子女学习无难也。”

此后清代武之望撰《济阴纲目》十四卷，则属抄袭《女科证治准绳》之作。“是书所分门目，与《证治准绳》之《女科》同，文亦全相因袭，非别有所发明。盖即王肯堂书，加以评释圈点，以便检阅耳。”（《四库全书总目提要》）

比较有见地的妇科著作是张景岳《景岳全书·妇人规》二卷，其书将妇人疾病归为九证（即九大类疾病）进行论述。像明代诸多妇科书一样，该书在调经种子方面也有论说。如其书“宜麟策”中介绍了治疗不孕症的经验，主张从天时、地利、人事、药食、疾病五方面寻找不孕的原因，然后进行调治。此外，明代赵献可的《邯郸遗稿》四卷、万全的《广嗣纪要》十五卷、《万氏妇人科》三卷等，也时有新见。明末清初则以傅山的《傅青主女科》较为有名（或考该书为清初陈士铎《辨证录》，托名傅山之作）。书中说理无足称道，但所用方药比较实用。清代御纂的《医宗金鉴·女科心法要诀》（1742 年刊）是当时比较通行的妇科书。该书分调经门、崩漏门、经闭门、带下门、症瘕积痞痃癖疝诸门、嗣育门、胎前诸证门、生育门、产后门、乳证门，前阴诸证门、杂证门等。分门齐全，选方用药平稳，不录奇谈怪论。

此外，清代产科书中较为常用的是署名亟斋居士撰的《达生编》（1715 年刊）。书仅薄薄一册，而中心是提倡临产六字诀：“睡、忍痛、慢临盆”。因其通俗易懂，故为一般民众所熟知。

明清时期妇科在学术上的突破不多，但在妇女的生理、病理的论说方面仍有某些进步。例如古代有受孕是男精女血相合之说，而张景岳在《类经·藏象类》指出：“盖男女相合，两精和畅，本无血至之事。唯是结胎之后，男以精肇其元，女以血而成其体，此以男精女血而谓之构，自是正理。若以交会之际，而言精裹血、血裹精者，诚然谬矣。”虽然中医古来一直没有可能认识到受孕是精子和卵子的结合，但张氏此说毕竟批判了“精裹血、血裹精”的谬说。张景岳还在《妇人规》中指出：安胎一法的运用是要看情况的，“证本非一，治亦不同”。“若去血未多，血无所积，胎未至伤而不止者，宜凉则凉，宜补则补，唯以安之固之为主治。若血已离位，蓄积胞宫，为胀为痛而余血未出者，欲与留之，有不可得，欲去其血而不伤营气，则唯四物汤大加当归为最宜也。若察其胎气已动，势有难留，则五物煎、决津煎皆切要之药。”

意即能保则保，保不住就应该堕胎处理难以避免的流产。这是妇科认识上的一大进步。此外，万全在《广嗣纪要·择配篇》提出女子有“五不女”的说法，此即是指出女子某些先天性的生殖器畸形引起的生理性缺陷。他认为“此五种无花之器，不能配合太阳，焉能结仙胎哉?”其中有不少是符合实际的。

明清的妇产科学，成就不大，但当时妇女的境遇却是历代最为困难的。宋明理学的盛行，给妇女带上了沉重的桎梏。从明代开始，正史中大量收录贞节烈义之妇女的名字和事迹。他们不仅在丈夫死后要经受终生的苦难，而且为死去的丈夫守节的种种规矩使得她们中的某些人连病也不能让男医生看。明代有一位胡节妇，“晚染疾，家人将迎医。告其父曰：‘寡妇之手岂可令他人视?’不药而卒。”在明代，男性医生为女子看病，尤其是诊脉，有时清规节律很多。例如汪机说：“世俗讳言试医，医复讳情妄臆。而豪贵妇女，往往不得望、闻，岂不大错?”（《名医类案》引）张景岳也说：“今富贵之家，居奥室之中，处帷幔之内，复有以绵帕蒙其手者。既不能行望色之神，又不能尽切脉之巧……妇人之所以不易也。”（《景岳全书·妇人规》）当时的医生为某些受封建礼教毒害深重的妇女看病要受到种种限制：“或证重而就隔帐诊之，或证轻而就门隔帷诊之，亦必以薄纱罩手。贫家不便，医者自袖薄纱。寡妇室女，愈加敬谨，此非小节!”（《医学入门》）给妇女看病不仅在诊察手段上受到限制，而且由于古代的妇女受三从四德的约束，有许多心理问题无法解决。明代正德间的女医谈允贤所撰的《女医杂言》中，记载了30例病例，有很多就是因为妇女心理上所受的许多难以为男医道的压抑而引起的疾病。这些妇女都愿意找女医看病。但在古代，女医足不能出户，又兼受教育不如男医生那么容易，因而事实上明清时期有一定水平的女医并不多见。

男女授受不亲不仅表现在一般的看病方面，最为严重的是在产科方面。产科到明清时几乎已无男性医生插足的余地了。于是妇女生产只有仰仗那些稳婆（接生婆)。多数的稳婆是无文化、未经过医学训练、单凭经验行事的一般妇女。在这种情况下，妇女生产的死亡率是很高的。因庸俗的稳婆误治而导致母子俱亡的事例每多见载于古代多种文献中。

明清之时，妇女缠足之风愈演愈烈。尽管有些国外的汉学家在猜测女子缠足是否具有某种性刺激感觉，也有些中国的古书在描写三寸金莲时显示出近乎变态的心理，但从医学角度来说，缠足是一种摧残女性的陋习。清末名医王孟英直接指出缠足“非饰美丽也……未嫁则父母拘之，既嫁则丈夫拘之。谨其闺门，严其出入，养其羞恶，课其女红”，限制她们外出的自由。(《四科简效方》)因为裹足而导致死亡的事例甚多。清代统治者目睹汉族妇女所受的罪孽，因而不许满族妇女缠足。可以说，明清的妇女在接受医疗保健方面是最困难的。封建礼教严重地影响到妇产科的发展。

第七节 针 灸 科

针灸学在明代的发展较之宋金元有更大的发展，针灸名家辈出。概而言之，明代有三大针灸名著，为这一时期的针灸发展作出了巨大贡献。

明代前期的针灸家徐凤于公元1439年撰写了《针灸大全》六卷。该书所载的内容适合一般临床医生使用。书中的针灸经穴、经脉宜忌及治疗等均编为歌赋，尤其是该书在灵龟八法的取穴及治法上有较多的记载，是考察我国针灸按时取穴的重要文献。

高武所撰的《针灸聚英发挥》(又简作《针灸聚英》四卷，1529年刊)，是明代又一部重要的针灸专著。该书在收载明以前针灸成就的基础上，分门别类地介绍了有关针灸疗法及针灸器械等方面的知识。作者又多采用按语的形式来表达自己的独到的见解，体现了该书的学术与临床价值。

明末著名针灸家杨继洲（约1522～1620），名济时。浙江衢县人。世业医，祖父曾任职太医院。杨氏自幼习儒，后改业医，历任世宗待医、太医院医官等。博览群书，通各家之说。行医40余年，临床经验极为丰富，尤精于针灸。万历二十九年（1601），杨氏将其早年撰写的《卫生针灸玄机秘要》加以扩充，广泛参考了明以前的针灸文献，并加上他自己的临床诊疗经验，编为《针灸大成》十卷。该书图文并茂，涉及的内容十分广泛，其中也有许多内容是用诗歌形式加以表达的。杨氏自家的经验散入全书。因为该书学验俱富，故成书以后风靡海内，甚至传到国外，有多种文字的译本，属于明代集大成式的针灸书。

明代对针灸是比较重视的。为了配合教学需要，公元1443年，明政府仿照宋代的优良传统，诏令仿造宋代的铜人式样。这些复制的针灸铜人，后来有的流传到了国外。明代名医高武，独具匠心，制作了男、女、儿童不同的针灸铜人三座，今均不存于中国。

清代前中期，针灸有一定的发展，出现了许多针灸书籍。其中御纂的《医宗金鉴·针灸心法要诀》代表了当时的针灸水平。但到了道光二年（1822），朝廷发布诏令，称“针刺火灸，究非奉君之所宜。太医院针灸一科，着永远停止”。针灸疗法虽然从官医手中被掠去了。但民间使用针灸治病仍然相当广泛。不过，由于清代政府的限制，的确阻滞了我国针灸在清代的发展。

第八节　眼科、喉及口齿科

明清时期的眼科在手术方面并无大的突破，但眼科的药物治疗却有较大的进展。这一时期的眼科著作比较丰富，主要发挥作用的有以下几种：

元末明初倪维德撰写了《原机启微》，记述了多种眼科疾病，并附有方药，其特点是重视眼病与全身状况的关系，体现了中医的整体观。此后王肯堂的《证治准绳》中也记述了眼科疾病171症，汇集了此前眼科的一些知识。但王氏书并非眼科专门书籍，一般不为眼科医生所熟知。对明代眼科影响较大的是《银海精微》。这本托名唐·孙思邈的著作实际上直到明代才见诸世传。该书不见于唐、宋史志著录。现存最早的嘉靖本中不著撰人。万历年间齐一经从友人李冲涵处得到此书，当时齐氏也不知此书是何人所撰。但自此以后，始有托名孙思邈的刊本行世。《四库全书总目提要》考得“银海”为道家语（目为银海），故苏轼“雪诗”中有“光摇银海眩生花”之句，判断此书为宋以后之书。据现代医史学者的有关考证，此书采用了金元以后才盛行的药物归经说，且书中有的内容与明方贤《奇效良方》某些篇章相同，结合它出现的时代，推断该书实际上是明初的托名之作。该书用图解的方式讲述目症83种，对病因病位、病机病状的辨析甚详，书末附有眼科所用的方药。该书对某些眼病的观察人微，如天行赤眼的流行情况及症状、对瞳人疾患的描述等，均十分精细准确。除一般的内服外治方法之外，该书还介绍了针、烙等手法以及“金针拨障术”。书中提出的眼病诊察顺序是：“凡看眼法，先审瞳人神光，次看风轮，再察白仁，四辨胞睑二眦，此四者眼科之大要。”并详细介绍了这四个望诊的步骤。该书对此后的眼科诊疗有较大的影响，至今仍是中医眼科重要的参考书之一。

此外，明代比较有名的眼科著作有《审视瑶函》六卷（明·傅仁宇，字允科撰，明末刊行）及《一草亭目科全书》（明·邓苑撰），其中以《审视瑶函》的影响更大。该书又名《眼科大全》、《傅氏眼科审视瑶函》，其内容主要录自《龙木论》、《原机启微》、《证治准绳》等书，又参以作者家传眼科30余年的经验。书中介绍了19类、108种眼科疾病的诊疗，其内容既有药物疗法，又有手术疗法，并绘图说明多种外科器械，详细介绍煮针法、术前洗眼法等。书后附有“眼科针灸要穴图像”，定针灸适应症为13症，介绍常用穴位30穴，又附各种眼药的配制法等。明清时期此书大量翻印，成为当时眼科医家常用的著作之一。

清代则以《目经大成》三卷的内容最为丰富。此书为黄庭镜（1703～?）撰于公元1774年。这是中医眼科的一部总结性的著作。全书编排得体，井然有序。书中依次介绍了眼科常见的病因和病证和方剂，又总结了多种手术的疗法。如书中将内障针拨术总结为拨眼八法（审机、点睛、射复、探骊、扰海、卷帘、圆镜、完璧），形象地将全部针拨内障的手术过程加以归纳。又如古人所说的内障一症中包括了青光眼和眼底病，但未能加以区分。黄庭镜则明确地将它们区分开来。

在古代医学分科中，元、明、清三代将原先合在一起的口齿兼咽喉科分成咽喉科和口齿科两个独立的科目。口齿科虽然在唐以后就成为专科，但一直没有专门的书籍。至明代嘉靖八年（1529）才由著名医家薛己撰写了我国第一部专门的口齿科著作《口齿类要》。该书述病从外到里，先从口唇部的唇茧开始，再谈各类口疮、诸般齿痛，然后记载舌部及喉部疾患。薛己的书籍都附有医案，此书亦如此，如唇茧的治疗案例共11例，其中3例死亡。对该病薛己强调“若患者忽略，治者不察，妄用清热清毒药，或用药线结去，反为翻花败症矣。”这是对唇癌治疗的有关描述。由于薛己的学术思想所限制，该书以内服药物疗法为主，强调整体观，对局部的疗法则几乎未涉及。除此以外，口齿疾病大多附述于大型的综合性医书中。如《普济方》中就列有口齿方面的许多病证。

喉科疾病在清代最突出的问题是白喉开始传入中国，成为医家一个严峻的课题。关于白喉传入我国的历史，清代郑梅涧认为：“喉间起白如腐一症，其害甚速。乾隆四十年前无是症，即有亦少。自二十年来，患此症者甚多，惟小儿尤甚，且多传染。一经误治，遂致不救……按白腐一症，即所谓白缠喉是也。”（《重楼玉钥》）范行准先生考证；“从较为正确的文献来看，白喉之传入中国，似较猩红热稍晚。盖在18世纪至19世纪的初期……所以寄湘渔父说：‘自道光中盛延于江、浙，渐及荆、湘、黔、滇、燕、鲁’。光绪初已蔓延到‘秦陇塞外，所在皆有’了。但这个时期有道光间（1821～1850）浏阳陈雨春的《白喉咙证论》，可算是白喉的第一部书。安濂谓：‘今楚南皆呼为白喉咙，即喉症中之时疫紧慢喉风。然把鼠疫混入。’至张绍修本雨春书作《时疫白喉捷要》，倡十难之说。同治十一年历城姬茂畅作《走马喉疳论》一卷，状此病死亡的迅速。咸同（1851～1874）以来，各省并有专书行世”。（《中国医学史略》）

在对付新传入的白喉病的过程中，最出色的医家是安徽歙县的郑氏。郑氏业喉科，始自乾隆（1736～1795）间。郑氏世业医，但喉科之传，是闽人黄明生将喉科善本传给郑于丰、郑于蕃两兄弟。于丰居郑村南园、于蕃居郑村西园，两兄弟的子孙皆以喉科为业，遂有“南园喉科”和“西园喉科”的美名，郑氏喉科众医家中，成就最大的是于丰之子郑宏纲（约1727～1787）。宏纲字纪元，号梅涧。自幼得家传，随父行医，医技日精，求治者盈门。后集多年的临证经验，经同里友人方成培整理而成《重楼玉钥》（1768）一书。郑氏《重楼五钥》阐论多种喉病（也包括喉部周围组织的一些病症），为古代喉科中影响卓著、风行最广的名著。书中所论“喉间发白”（即白喉），指出此病发于肺肾本质不足者，遇燥气流行，或多服辛烈之物而触发，故治法首重养阴清肺，创喉科名方“养阴清肺汤”。此外，梅涧对针灸治疗喉科疾病也有专门论述。其子承瀚，字若溪，一字枢扶。他在其父的基础上，确立喉科治法当“金从水养”，对白腐证按虚燥论治。嘉庆九年（1804），他和方成培增订而成《重楼玉钥续编》二卷，详论喉科之虚症。他自己撰有《喉白阐微》一卷（1797 年，此书或误题为郑梅涧所撰），多述其临床经验，阐述白喉养阴清肺之微义。郑氏家族还有多人有喉科著作，但其治法都一脉相承。

清代末期，喉科著作更多。这是因为在清代中期以后，两种严重的疾病（白喉、猩红热）在中国横行，因此，有关白喉和烂喉痧（包括今之猩红热）的书籍得以应运而生。这些书中均采用内服药物和外吹喉科用药进行治疗，此外还配合洗喉药和针灸等法。

第十八章　西洋医学传入及其影响

与此前各朝代不同的是，明清时期西洋医学东渐，对中国传统医学产生了前所未有的冲击。外来医学的传入虽然早在隋唐就已经开始了，但明清时期，经过欧洲文艺复兴洗礼的西洋医学以不同于以往西洋传统医学的体系涌入中国。在不同的文化背景下形成的完全不同的东、西方医学学术体系，不可避免地要带来一些交融、摩擦、甚至牴牾。关于明清时期西洋医学的传入，医史学家范行准在他的《明季西洋传入之医学》中已有详细的论述，当代的医史学者又续有考证。本章承前辈已有的研究之惠，将有关的研究成果加以揉合。陈述如下。

第一节　明末清初的西洋医学传入

明季西洋传教士是将西洋医学带入中国的最早的使者。在十五六世纪间来到中国的传教士很多，举其有名者就有意大利传教士利玛窦（Matteo Ricci，1552～1610）、熊三拔（Sabbatino de Ursis，1557～1620）、艾儒略（Julio Aleni，1582～1649）、罗雅谷（Diego Rho，1593～1638）、日耳曼人邓玉函（Johann Terrentius，1576～1630）、汤若望（Johann Adam Schall von Bell，1591～1666）等。这些传教士来华的主要贡献是在天文历算、地理水利等方面，医学并非其专长。尽管如此，他们还是带来了反映当时水平的西洋医学。

利玛窦于1590年进入澳门，次年到北京，与当时名士徐光启、李之藻、王肯堂等过从甚密。他所著的《西国记法·原本篇》载曰："记含之所在脑囊，盖颅囟后枕骨下，为记含之室。""人脑后有患，则多遗忘"。这是关于西医脑主记忆在中国的传播。此外，邓玉函有《人身说概》、罗雅谷等有《人身图说》，均涉及当时西医的解剖、生理等方面的知识。此二书在清代医家中产生了较大的影响。但是这时传入的西医知识，有很大一部分还是欧洲文艺复兴以前的医学知识，还不足以反映当时欧洲最新的医学成就。在药物学方面，明季输入的有石振铎的《本草补》。这从赵学敏《本草纲目拾遗》中可以见其若干条文。明季制药方面则以西洋药露广为流行。此外，有关西洋的医学教育、卫生行政（如医院制度等）也开始向我国介绍。但明季在中国内地尚无西洋医生开办学校或设立医院的记载。

明末清初西洋医学传入之时，首先影响的是高层次的人士。当时进入我国的外国传教士就总体来说数量并不多，又非专职医生，故对中医影响甚微。范行准先生在谈到明季西洋医学为何不能造成很大影响时说："此期传入之西洋医学，其影响我国诚无咸（丰）、同（治）间之大。其因有二：一为传译医书数量之微，一为适丁明社荡覆之会。外此则顺（治）、康（熙）诸朝无继起者。中阅教案，耶会瓦解。华牙未秀，骤遭风雨，遂入夷伤黄落之运。"（《明季西洋传入之医学》）

尽管如此，西洋医学仍通过中国的某些饱学之士在学术界造成了某些影响。例如万历间进士毕拱辰，曾在崇祯七年（1634）与汤若望会于北京，得见西洋人身解剖图一帙，叹其精详。后又为邓玉函遗稿《人身说概》（译稿）润色付梓。明末进士方以智，曾阅读当时传入之西学书籍，所以在他的《物理小识》等书中，有多处涉及西洋医药知识。王宏翰是另一位深受西医影响的医生。据载王氏博通儒学，明达医理，本为天主教徒，常与教士研讨医学，故为医兼采西学。他“力斥旧说之妄诞，尤疾苏医之庸陋”，被称为中国第一个接受西说之医家（《明季西洋传入之医学》）。王氏有医药书多种，今存世者有康熙二十七年（1688）撰《医学原始》四卷、《古今医史》八卷、《性原广嗣》六卷、《四诊脉鉴大全》九卷，及《古今医籍考》（今存世者题为《经籍考》）。其中《医学原始》中最能反映王氏所受西医影响后的思想轨迹。

此外，清初人顾若思，自称得“至人师”，传授西法蒸制药露之法。清代康熙皇帝也受过西洋药物之惠。1693年，康熙皇帝患疟疾，太医经治无效，传教士于是进献当时刚从南美传入欧洲的金鸡纳。经在他人身上试验有效之后，康熙服之而疟疾愈。这次用西药（实际上也是国外传统药）的治验案提高了西洋药物的声誉。金鸡纳后来被收入赵学敏的《本草纲目拾遗》中。

第二节 清末传教士的医疗活动

明季传入的西洋医学在清代中期有脱节的现象。但到了清代末叶，西洋医学又再次涌入中国。而这次西医东渐，就在中国永远扎下了根。

清嘉庆十年（1805），牛痘术经由澳门返传中国，这是近代西医传入我们的嚆矢。牛痘接种迅速传播到我国各地，而且为一般百姓所接受。这对促进西洋医学在中国民众中的传播起了很大的作用。和明季西洋医学传入不同的是，清末西医传入途径是先从民间开始。

19世纪初，新教传教士马礼逊（R. Morrison）、东印度公司的医生李文斯敦（J. Livingstone）、郭雷枢（TR. Colledge）等在中国沿海城市创办医院（主要是眼科），以医术作为传教的手段，以争取百姓的信任。

1834年，美国公理会派遣伯驾（P. Parker）等传教医生进入广州，并于1835年创立了广州眼科医局（即广州博济医局的前身）。他们免费为中国人民看病，并招收中国的助手。传教士利用医学扩大传教的活动在此后更加活跃。1838年外国传教士在广州成立“中华医学传教会”，其宣言声称：利用医学来“赢得中国人的信任和尊重，它有助于把我们同中国的贸易及其一切往来置于更想望得到的地位。”从大鸦片商颠地、查顿为该会的终身董事一事可知，西方医药在帮助传教和西方经济势力进入中国方面发挥了重要的先驱作用。

鸦片战争以后，中国沦为半殖民地半封建社会，一系列不平等的条约强加在中国人民的头上。这些条约为传教士涌入中国大开绿灯。各国的传教士在中国建立的教堂、学校、医院以及孤儿院等慈善机构越来越多。医术是传教士取信于民，尤其是平民的重要手段。当时西医外科刚刚发明的乙醚麻醉术和外科消毒法大大地提高了手术成功率。1846年，伯驾引进乙醚麻醉法，使西洋手术对中国人更加具有吸引力，提高了西洋外科手术的声誉。连中国的医生（如朱沛文）也承认西医外科是值得学习的。伯驾利用医疗技术为传教打开了道路，因此，博济医院的院长嘉惠称赞伯驾说：“在西洋大炮无能为力的时候，他的医刀劈开了中国的大门。”与此同时，西医治疗的范围也由眼科病扩大到内外科、骨科、皮科和牙科等临床各科。但在此时，西医的优势主要体现在眼科和外科手术方面，药物治疗内科和传染性疾病，西医还未能和当时的中医相比。

鸦片战争以后，闭关自守的中国终于向西方列强敞开了自己的大门，各国传教士于是逐渐向中国内地渗透，中国不仅在大城市，而且在西南内地，也有了传教士的踪迹。到1900年，英国、美国、法国等国在上海、汉口、汕头、宜昌、杭州、天津、武昌、福州、成都、广州、宁波、苏州、通州、南京、九江、南昌、青岛等地建立了教会医院。清代末期，部分中国老百姓的心中，西医才开始有了一定的地位。此时在中国掌握西医的主要还是外国传教士，虽然他们也有中国的助手，但中国的西医生还远远不能成为当时西医的主要力量。

第三节　西洋医书的译述

作为一种学术，西医在中国站稳脚跟并逐渐扩大影响，是从19世纪中叶大量系统地翻译西医书籍开始的。在此以前，西医书籍虽早有译述（如明季的《人身说概》等），但有些西医书流传不广，而有的西医书内容并非能真正全面反映当时的西医面貌。如1905年英国医生皮尔逊（Pearson）所撰的《英吉利国新出种痘奇书》，仅仅是谈种痘术，不能说明整个西医体系。

翻译真正近代意义的西医学术著作是一件十分困难的事情。两种不同体系的医学，其名词术语的翻译需要很高的医学和语言学水平。在早期的这种工作中，一般由外国人充当译者，其中影响较大的是英国人合信（Hobson）。道光二十四年（1843），合信在香港医院教授医学，同时他与嘉约翰（John Kerr）开始有系统地将西医书籍译成汉文。从1850年合信氏出版《全体新论》开始，到1874年，合信共出了《合信医书五种》（另外四种是《西医说略》、《内科新说》、《博物新编》、《妇婴新说》）。这些书籍系统介绍了西医的解剖生理、外科临床经验、内科临床与药物、看护法与小儿病、医学语汇等内容。其后，嘉约翰在广州又译成医书20余种，如《西医说略》（1859）等。1888年以前，英国人德贞（Dudgeon）译书很多，有《全体通考》、《西医举隅》等多种。

在西学大量涌进我国之时，清末我国在“改良主义运动”和“洋务运动”的影响下，也开始兴办医院和医学校，并由国人参与，翻译西洋和东洋的各种西医书籍，其中影响最大的是上海江南制造局组织出版的一系列译作。1887～1901年间，新阳人赵元益，字静涵，他与英国人傅兰雅（Fryer）合作，傅氏口述，赵氏笔译，共翻译了《儒门医学》、《内科理法》、《西药大成》、《化学卫生论》、《中西名目表》等医书18种。这段时间国人参与译述西洋医学书籍的越来越多，对西洋医书的加速翻译并传播发挥了巨大的作用。1905年，中华医学会的前身中国博医学会成立编译委员会，从事翻译工作。

鉴于西医在东渐的过程中，先期传入日本。日本已有许多译成日文的西医的书籍。在将西医书译成日文时，彼邦学者又充分借用了中医的术语并加以改造。因此，清末在译述西医书籍的时候，有的学者注意把日文的西医书转译成中文，这样更容易为国人接受，而不必为音译难懂而苦恼。在此过程中，中文译本借用了很多日本学者已译好的术语（如麻醉、系统、科学、性……）。丁福保（1874～1952）在翻译日文西医书籍方面厥功甚伟。他于1901年考入上海东文学堂学习日文和医学。此后，他致力于介绍西方的解剖学、生理学等知识。1909年丁氏赴日本考察，见日本明治维新后，医学发展迅速，故谓改进中国医学，假道日本较欧美更便捷。经他译述的日文医书多达68种，加上自撰医书共80余种，合刊为《丁氏医学丛书》。

经过东、西两途翻译引进的西医书籍终于使西医知识在中国广为传播。西医学由传教士身体力行地为中国人行医，一变而为通过医学教育和医籍翻译，使西医学的知识为中国人掌握，从而为形成中国人为主的西医队伍打下了基础。

第四节　清末的西医教育与早期西医人才

清末传教士在鸦片战争之后，深入中国各地创办医院。传教医生在办医院的同时，也开始招收中国人作助手，并兴办学校，进行医学教育。与此同时，中国也开始向国外派出留学生，其中包括医学留学生。近代西医的教育为培养中国自己的西医生掀开了新的一页。

1835 年，美国传教士伯驾在广州开设的博济医院中，训练了一些中国的助手。1897 年，在华的外国教会医院已达 60 所，其中有 39 所医院兼教学徒。这些举措不仅培养了一批中国的西医，同时也把西洋医学教育模式带进了中国。清代政府于 1865 年聘请德贞 (Dudgeon) 为教授，在北京同文馆特设的科学系中讲授医学，是为我国正规西医教育的开始。1866 年，美国医药传道会在广州博济医局内创办了博济医学校。1881 年清政府在天津北洋施医局的基础上开设医学馆，招收中国的学生。以上的医学教育主要是在附属于医院的医学校进行的。1903 年又在北京京师大学堂增设医学馆，这成为我国最早的西医院校。

1900 年，在中国兴起了义和团运动，开展反对外国教会侵略势力的英勇斗争。义和团运动失败以后，清政府被迫签订了屈辱的“辛丑条约”(1901)。外国传教士在目睹单纯传教和开办医院仍然不能改变中国人之后，又试着通过开办教育来传播西方的思想。有鉴于此，在教会医院基础上兴办的医学教育更加蓬勃地兴起。到 1920 年为止，单美、英两国在中国各地成立的医学校就有 20 所。耶鲁大学毕业的胡美 (E. H. Hume) 创建了湘雅医学院（湖南长沙)。1915 年美国洛克菲勒基金会医药部接管并扩充北京协和医学院，成为最大的教会医学院。与此同时，其他帝国主义国家也纷纷在中国设立医学校，其中德国人于 1908 年在上海设立同济医学堂。1911 年日本人在沈阳设立南满医学堂。由此也在早期培养的西医中形成了英美和德日两大派系。

随着外国人在中国创办医学教育的发展，中国人自己也在辛亥革命以后开始了西医的教育，从而逐步培养起了我国早期的西医力量。在中国人创办的医学教育中，早期的留学生是其中的教学骨干。

我国最早的留学生是广东香山人黄宽 (1829～1878)。黄氏于 1841 年到澳门就读于马礼逊教会学校。1847 年赴美留学。1850 年取英国爱丁堡大学医科学医，获得医学博士学位。1857 年黄宽回国，开始从事医学教育和医疗活动。他接办合信氏在金利阜创设的惠爱医馆，又兼职于博济医院。此后，他曾在广州自设诊所，并担任医学教职。

我国最早的女医学留学生是金韵梅 (1864～1934)，浙江宁波人。她于 1881 年到美国纽约妇女学院学习。1885 年获得医学博士学位。1988 年回国在厦门行医。1907 年曾被政府任命为北洋女医院院长，并在天津开设一护士学校。

1907 年，清政府和日本千叶医专订立接受中国留学生办法。此后中国向日、美、英、法、德等国派出留学生。这些留学生学成回国以后，均成为国内医学教学和医疗的骨干。例如，在近代医学史上的风云人物丁福保、颜福庆、赵燏黄、於达望、余云岫等，都曾到国外留学。清政府灭亡之后，中国的西医教育逐渐由中国医生成为主体。随着医学教育的发展，中国的西医医生逐渐成为在中国施行西医的主力。他们创办刊物、组织学术团体、进行学术研究。在近代中国二三十年代的中、西医学之争，实际上是在中国的接受西医教育的医生和中医生之间展开的，其中也有一些西医后来成为用现代方法研究中医药的先驱，如赵燏黄、刘绍光等。

第五节　西洋医学传入对国人的影响

前已述及，明季西医传入对少数中国士人曾有过一些影响，但对整个的中医学界则并无震动作用。真正对中医学术引起冲击，主要是在清末。范行准先生《明季西洋传入之医学》在谈到外来医学影响时说："以历史而言，每次外来学术之传入，必有反响。此反响可分正、反及折衷三面。""明清以来，其直接间接言及西方医学者，就予今日所知，仅有金声、方以智、汪昂、王宏翰、刘继庄、纳兰容若、赵学敏、王学权与子孙曾辈及胡琨、郑光祖、俞理初、郑复光、王请任等数人。"从明末以来，不同时期的西洋医学对国人产生的影响也有所不同。

在明季西医传入的早期，了解西医部分情况的中国医家往往是以猎奇的态度摘引某些西医的言论或知识。既非全盘接受、深入了解，因而也就谈不上有所阐发。这个时候接触过西医的医生，他谋生的主要手段仍然是用中医。如王宏翰虽然在《医学原始》中已经较多地引用过西医某些内容，并用儒家性理之学予以诠释，但其所持的学术主体还是中医。此时受过西医影响的医家虽然偶尔也会对中、西医进行局部比较，但完全贬斥中医的人还是非常之少。我国真正的中、西医学术之争，直到近代中国本身的西医力量壮大之后才开始。在明清时期，接触西洋医学的人士数量很少，因此，也就很难对整个中医学形成影响。

明季清初西医学说中对国人影响最大的也许是"脑主记忆"说。如明末方以智《物理小识别》中有"人之智愚，系脑之清浊"等语。此后还有多人的书中涉及脑主记忆。清代《本草备要》的作者汪昂曾记载：

"吾乡金正希先生尝语余曰：人之记性皆在脑中。小儿善忘者，脑未满也。老人健忘者，脑渐空也。凡人外见一物，必有一形影留于脑中。昂思今人每记忆往事，必闭目上瞪而思索之，此即凝神于脑之意也。不经先生道破，人皆习焉而不察矣。"（《本草备要·辛夷》）

这一记载对此后王清任论脑之功能有间接的影响。引用西医之说较多的是方以智《物理小识》，其中涉及部分西医的生理解剖知识。但方氏并不是系统介绍西医，他那时所能见到的西医书非常之少，因此，只能采摘一些异于中医之处的知识而已。明末以后方氏之书流行，成为早期西医知识传播的重要来源。

西医对中国士人或医家另一具有较大影响的学术内容是解剖学和视觉方面的知识。这是因为《泰西人身图说》等书在中国梓行所造成的影响。此外，药露和西医某些器械（如显微镜、体温表等）也在中国传播。

对西医学传入持抵拒态度的人士也不是没有。例如清代经学家俞正燮（1775～1840，字理初，安徽黟县人），在他的《癸巳类稿》（1833）中有"书《人身图说》后"一首，即根据中国的《素问》、《灵枢》所载的理论去纠弹西说之谬。俞氏甚至把中外解剖上的认识不一解释为中外人脏腑各异。如谓"今求其指归，则中土人肺六叶，彼土四叶；中土人肝七叶，彼土三叶；中土人心七窍，彼土四窍；中土人睾丸二，彼土睾丸四；中土人肠二，彼土肠六；中土人肝生左，肺生右，肝系在心系左；彼土心系在肝左；中土人心带五系，彼土心有大耳二、小耳十一。则所谓四窍者，又有二大孔，十一小孔。"这一臆测之见在当时社会上确有一定的市场。

在清代对西医持抵拒态度的人士中，有的是因为反西洋异教而捎带着反对西医。与其说是他们反对西医，不如说他们是抵制外来文化的侵入。清代反对外来传教的各种说法（包括一些谣传，如谓传教士取信教者尸体的眼睛来炼药等），在社会上广为流传，因而也就影响到一般人对西医采取怀疑或抵拒的态度。有关这方面的记载，在范行准先生的《明季西洋传入之医学》卷九引述甚多，不赘。

清代后期受西医影响较大的有王清任、王孟英、朱沛文、唐容川等人。

（1）王清任：王清任（1768～1831），字勋臣，河北玉田人，武庠生。20 岁左右习医，后于北京行医，开知一堂药铺。王氏精岐黄术，名噪京师。尝阅古人脏腑论说及所绘之脏腑图，屡见其自相矛盾："其言仿佛是真，其实脏腑未见。以无凭之谈作欺人之事，利已不过虚名，损人却属实祸。"谓"著书不明脏腑，岂不是痴人说梦？治病不明脏腑，何异于盲子夜行！"于是立志更正脏腑旧论。嘉庆二年（1797），于滦州稻地镇义冢观看其中露脏儿尸 30 余具，此后又在辽阳、北京等地观察邢余犯人的内脏器官。在此基础上，王氏撰《医林改错》（1830）两卷，以纠正中医古书中的脏腑谬误。他根据观察所得，否定了大量的中医经典著作中有关脏腑的记载，诸如脾、肺的功能，肾、命门、肝等脏器的部位等。梁启超对王清任的工作给予了高度的评价，认为他"诚中国医界极大胆之革命论者"。王孟英等医家对其解剖所得也是很推崇的。

王清任对脑功能的认识与西医是一致的，认为灵机记性不在心而在脑，耳、目、鼻、舌的功能都与脑有关。他的这一认识，是参考了李时珍、金正希、汪昂等人的记述，因此，应该说他是间接地受了西医的影响。但因他并没有见到西洋人写的解剖书，所以他的许多研究在中医历史上仍应该占有重要的地位。王氏凭个人之力，在解剖学方面做出了惊人的成就，但当时还缺少一套与之相适应的生理、病理学说，因此，王氏的发现对当时的中医临床治疗学并没有产生太大的影响。由于他当时所见的尸体，在膈上有多量的瘀血存在，因此他误认那是血府。此外，从西医的解剖学角度来看，王氏书中也还有很多错误，故有人讥之为"医林改错，越改越错"。但在清代，真正从学术上辨正王氏之学的人极少，却有些人从封建伦理道德方面来攻击王清任。如陆懋修认为王氏"是教人于胔骼堆中、杀人场上学医道矣。"（《世补斋医书》前集·卷十）

王氏除了在解剖方面卓有成就外，在临床治疗上也有许多独到的见解。他在治疗上强调"治病之要诀，在明白气血"。他认为"元气既虚，必不能达于血管。血管无气，必停留而瘀"。从气有虚实、血有亏瘀的理论出发，他总结出 60 种气虚症，50 种血瘀症。创制了许多补气、逐瘀的新方（如血府逐瘀汤、补阳还五汤等）。他的这些理论和方剂，不仅为当时医家所崇信，也对现代活血化瘀法的广泛运用产生了巨大的影响。

（2）王孟英：清末在温病学方面卓有贡献的王士雄（孟英），同时也是西医传入中国的历史上重要人物之一。其曾祖王学权（1728～1810），字秉衡，曾得见西医某些书籍。他撰有《医学随笔》（1808，后改名《重庆堂随笔》）两卷，从中可反映他对西医的某些见解。他对西医总的态度是"信其可信，阙其可疑"，且断言胰主运化食物。他对西人邓玉函的医书《人身说概》、罗雅谷《人身图说》有过评论：

"愚谓人与动物皆气以成形。《经》云：出入废则神机化灭，如革囊盛水而不漏。其活时之元府，已无可验，故有形之死质可睹，无形之功用不可睹也。纵精思研究，断不能如《西游记》所说，钻入人腹，周行脏腑经络，尽悉其所以然，而后出以著书，不过批隙导窾，推测其所当然而已。故其所著《人身说概》、《人身图说》等书，虽有发明，足补华人所未逮，然不免穿凿之弊。信其可信，阙其可疑，是皮里春秋读法也。”（《重庆堂随笔》卷下）

王学权的评论中既肯定了西医解剖“足补华人所未逮”，又从中医“气以成形”、“无形之功用不可睹”出发，指责西医之穿凿。这一观点被认为是近代中西医之争中的汇通思想之先河。

王学权之孙、王孟英之父王升，在分析了中因古代解剖学难以发展的历史原因之后，概叹“若非泰西之书入于中国，则脏腑真形，虽饮上池水者，亦未曾洞见也。”（《重庆堂随笔》卷下）其对西医解剖之钦羡溢于言表。

王孟英受家学影响，对西医并不排斥。他有时引西医解剖之说，而用中医经典著作之言予以印证和解释，因而被后人目为中西医汇通派人士。王孟英对俞正燮所说的中外人体脏腑不同持反对态度，他认为王清任《医林改错》所载脏腑诸形和西医的《人身图说》略同，可知中外人体并无二致。为此，他力辟俞氏的错误观点：

“俞理初熟于《内经》，因未见《改错》，过信古书，遂谓中外禀质不同，生源亦异。噫！此何异俗吏做案以合例哉！且云因脏腑不同，故立教不同。夫泰西之教，虽不同于中国，而彰善瘅恶，未尝不同。盖立教不同者，何必脏腑不同耶？孔、孟、杨、墨，并生中国，而立教不同者，非有形之脏腑不同，乃无形之性道不同也。推之舜、象、惠、跖、生于一本，而圣狂迥别者，岂脏腑之不同乎？世斥谬妄者，曰此人别有肺肠，非言其肺肠之形不同，亦言无形之心术不端，以致气质偏戾，而志向乖僻也。想俞氏之误解此言，故有此论。”（《重庆堂随笔》卷下）

王孟英在对待西医的问题上没有偏见。但从现有资料来看，王氏所了解的西医知识是有限的，不比他的曾祖王学权所知更多。因而他的医学书籍中，有关中西医汇通的内容远不如唐容川的医书中那么丰富。

（3）朱沛文：前面所说王清任、王孟英，均未系统接受过西洋医学，朱沛文则不然。朱氏字少廉，广东南海人。世业医，其父在当地有医名。朱沛文自幼随父亲学医。道光七年（1827）就通过了文童经古医学考试，录取为生员。在此之前他接受的是传统的中医教育。其父亡故后，他独立行医。因时值西医传入，他兼读西医书，并到西医院观察诊治情况。经20余年的努力，他对西医有了较系统的认识，具备了中西两套医学的知识。他对西医有比较正确的认识，提出外科要求诸海外。这是因为“泰西医士授受既无私秘，器械又极精良”的缘故。在当时西医内科药物治疗尚无法与中医抗衡的时候，朱氏鉴于中医外科各秘家技、器械又落后的局面，提出首先学习西医外科的建议，是有一定道理的。朱氏对两种医学的评论是：中医“精于穷理而拙于格物”，西医“长于格物而短于穷理”。因此，他力图沟通中西医学。他汇集中西医对脏腑形态、构造、功能的认识，并参以个人的临床经验，撰成了《华洋脏象约纂》（1892）。更为可贵的是他提出中西医汇通要以临床验证为准，且“通其可通，而存其互异”，这种观点就是在现代，也仍有积极的意义。朱沛文作为我国早期试图汇通中西医的代表人物之一，为沟通中西医作出了应有的贡献。

（4）唐宗海：在清末高举中西汇通大旗的是四川彭县人唐宗海（1847～1897）。唐氏字容川，本系习儒出身，为光绪十五年（1889）进士，授礼部主事。他是因为父亲多病而学习医学的。因宦游京、沪、粤等地，见多识广，因而得以了解当时传入的西洋医学。唐氏在治学上提倡“好古而不迷信古人，博学而能取长舍短”。当西医日益在中国变得强大起来的时候，中医想把西医包容到自己的体系中去是不可能的了。因此，在中医界出现了一种“汇通”的思想。唐容川是这一思想的倡导者。他说：“西医亦有所长，中医岂无所短？盖西医初出，未尽周详；中医沿讹，率多差谬。”为此，他撰写了《中西汇通医经精义》两卷（1892），又名《中西医判》、《中西医解》、《中西医学入门》。此书摘引《素问》、《灵枢》诸经要义，分篇详注，以经解经，间采西医的一些见解来佐证。书中的解剖图则系从西医书中转绘而来，并与《医林改错》互相印证。他认为“西洋剖视，只知层析，而不知经脉；只知形迹，而不知气化，与中国近医互有优劣。”主张“损益乎古今”、“参酌乎中外”。他的这些汇通主张在近代响应者甚众。此外，他还撰有医书多种，其中《本草问答》二卷（1893）中也有关于中西药物比较的论说。

（5）刘廷桢：清末在南方，有一位医家做了与王清任相同的工作，这就是浙江慈溪人刘延桢。刘氏在研究《素问》、《灵枢》、《甲乙经》等书时，见所载骨数既不系统，又且错误百出，于是他就趁人掩埋尸体的机会，从旁检视暴露的骨骼，并加以详细描图。在此基础上，他又进而和西医书中所载的图说相印证，考形稽数。经研究有年，他认为中医骨骼之误，误在牢守古训，不事检点，以致承伪失真。为此，他参合中西医论说，纂《中西骨骼辨证》一卷1897），论骨之原质、体质、连网、成长、形式、名数等。这是我国医生自己撰写的较早的中西解剖比较书籍。

以上略举清末西医传入之时，几位对西学各有已见的重要医家。下此以往，随着西医的影响越来越大，国人系统掌握西医的人数越来越多，我国终于形成了中西两种医学并存的局面。

鸦片战争（1840）以后，中国沦为半殖民地半封建社会。1911 年，清政府的覆亡，结束了中国 2000 多年的封建统治的历史。中国医学发展到此时，传统中医已经无法独占中国。中国第一次出现了中西两种医学并存的局面，而且呈现出中西医此（中医）消彼（西医）长的趋势。到本世纪上半叶，各种新发明的西药和西医诊疗技术继续不断地迅速地传入中国。随之而来的是西医的内科诊治水平也有了长足的进步，中医的医疗市场和学术阵地在不断地缩小。近代以来，中西医之间在互相认识的过程中，既相互学习和促进，又开始出现摩擦与碰撞。具有数千年历史的传统中医在本土与西医的交流和碰撞中不断地改变自己，提高自己，完善自己。封建社会中一盘散沙、良莠不齐的中医队伍，在近代被凝聚、被锤炼。经过近百年的颠簸和锻炼，中医终于在 1949 年看见了新的地平线，迎来又一个崭新的发展时期，掀开了再创辉煌的新篇章。

第六篇
中外医学交流

第十九章　中朝医学交流

中朝两国，唇齿相依，自古以来友好交往十分密切。早在公元前11世纪，“周封箕子之国，以商人五千从之。其医巫卜筮、百工技艺、礼乐诗书皆从中国。衣冠随中国各朝制度，用中国正朔，王子入中国太学读书。”① 这是中国医学首次随中国文化传入朝鲜半岛。

春秋战国至秦末，中国国内战事频繁，燕、齐、赵地有大量流民逃往朝鲜，有卫满者并在朝鲜建都自立为王，历三代，至公元前108年，卫氏朝鲜为汉武帝翦灭，自此朝鲜在汉王朝的护翼之下。其后朝鲜进入“三国时代”，高句丽、百济和新罗等国相继接受了汉族文化，使用汉文字。随着相互间的文化交流，医药交流也日趋活跃。

372年，高句丽仿照中国设立“太学”，教授儒家经典著作②，汉文佛经、儒家著作因之传入朝鲜，可能有方士、僧医同时前往，将汉医学传播开来。

中国南北朝期间，中朝医学交流明显增加。梁武帝大同七年（541）时，应朝鲜百济圣王之请，梁王曾派遣博士、工匠、画师等赴百济传播经义、阴阳五行理论以及药物知识等③。陈文帝天嘉二年（561），中国人知聪携内外典、本草经、脉经、明堂经等164卷医书赴日路经高句丽，在该地传授汉医学一年余④。朝鲜由于接受了汉医学，因而在他们的医书如《百济新集方》中就收载了中国《肘后方》的方剂如治肺痈方和治丁肿方等。《周书》也记载：“百济知阴阳五行……能医药卜巫占术”。在医事制度方面，百济也仿照中国南北朝时期医药分工设立太医丞和药藏丞作法，设置了医博士和采药师⑤。

朝鲜医药也传入中国，如陶弘景所著《本草经集注》中就记载有人参、金屑、五味子、白附子、昆布、芜荑等11种高句丽、百济所产药物。

隋唐时期的中朝交往更为频繁。当时已有高句丽、百济、新罗学生来我国留学。如《唐会要》记载，“贞观五年以后，……高丽、百济、新罗、高昌、吐蕃诸国酋长，亦遣子弟入国学。于是国学之内，八千余人，国学之盛，近古未有”⑥。《唐语林》亦载“太学诸生三千员，新罗、日本诸国皆遣子弟入朝受业”。⑦ 新罗后来在唐朝的帮助下统一了朝鲜。由于不断派遣子弟来中国求学，因此，其医事制度亦仿唐朝。如公元693年，新罗置医学博士二人，以中国医书《本草经》、《甲乙经》、《素问》、《针经》、《脉经》、《明堂经》、《难经》等科目教授学生⑧。后又增《新修本草》。于开元五年（717）再置医学博士一人。

---

① 元·周致中，《异域志》，中华书局，1981年，第2页。

② 张文宣，古代中朝医学交流简史，中华医史杂志，1991，(2)：107。

③《太平御览》卷781，四夷部·百济。

④ 坂本太朗等校注《日本古典文学大系》分卷《日本书记》卷19，岩波书店，1965年，第126页。

⑤ 金斗钟，韩国医学史，探求堂，1966年，第48页。

⑥ 王溥，《唐会要》卷35，中华书局，1955年，第633页。

⑦ 王谠，《唐语林》卷5，丛书集成初编体，中华书局，1983年，第2756页。

⑧ 刘广洲，中朝医学史上的友好关系，东北卫生，1952，(10)：669。

796年，唐政府曾颁行《广利方》，令各州县抄写流传，以普及医药知识，朝鲜政府得知，即派使节向唐政府请求该书。《刘梦得文集》载有刘禹锡于贞元19年9月17日代淮南相公论新罗贺正使朴如言请《广利方》而写的奏本①。当时仅距《广利方》颁行7年，就有朝鲜使节来华专程请求并获准带回了。在传入方书影响下，朝鲜有《百济新集方》传于世。

隋唐时期传入中国的朝鲜医学，在隋唐医书中亦有反映。如《外台秘要》的脚气病治方内有“若毒气攻心，手足脉绝，此亦难济，不得已作此汤，十愈七八方。……苏恭云：服得活甚易，但钻击（一作急）少时热闷耳。此方是为起死，是高丽老师方”。苏恭即苏敬（599～674），故高丽老师方当在7世纪中期已传入中国。《证类本草·威灵仙》下记有：“唐贞元中，高阳子周君巢作威灵仙传云：先时商州有人重病足不履地者数十年，良医殚技莫能疗，所亲置之道旁，以求救者。遇一新罗僧见之告曰：此疾一药可活，但不知此有否：因为之人山求索，果得，乃威灵仙也。使服之，数日能步履。其后山人邓思齐知之遂传此事”。《唐会要》亦载此事。可见朝鲜僧人在8世纪已来中国进行佛事活动兼及医疗，以朝鲜药物丰富了中国本草的品种。唐开元十三年（723）颁行《广济方》，其中提到应用高丽昆布治疗膀胱结气者②。

除医方外，隋唐时期输入之朝鲜药物更多。除民间交往贸易外，尚有通过使节互访、进献药物者。据《唐会要》记载，公元714～749年的30余年间，中朝使节甚至有“一岁再至”者。朝鲜珍贵药材如人参、牛黄等不断作为礼物输入中国，如开元十二年（724）献牛黄、人参、头发；天宝七载（748）献牛黄、头发、人参③；天宝八年（749）献牛黄、鱼牙油等④。大历八年献牛黄、后唐明宗天成四年献方物人参、香药、松子等⑤。这些传入的药物，在唐代的本草学著作中也多有反映。如《新修本草》较前代本草增入朝鲜药石茸、延胡索等；《本草拾遗》增土瓜、海石榴、海红花、蓝藤根、大叶藻等。

两宋时期在中朝医学交流史上是一高潮，不仅有使节之往来，医书之赠送，还有诸多宋朝太医、民间医生赴朝治病、教学，从而促进了朝医学的发展。而朝鲜亦开始刊行中国医书以广传播，并使中国已经散佚的医籍通过中朝医学交流重新回国。

往来之使节和医生：宋初建隆三年（962），高丽国王就遣使来宋献方物，开始了中朝医学之交流。太平兴国七年（982）高丽国遣使赠送包括香药在内的许多珍贵器物。嘉祐四年（1059），泉州商人黄文景、萧宗和医生江朝东入高丽，被挽留于彼从医；宋仁宗（1023～1063）年间，开封人慎修及子慎安之去高丽从医，并传授汉医学。宋神宗熙宁四年（1071），高丽遣使金悌等人使宋，赠送礼品中有人参和松子，均达千斤以上。翌年，神宗遣医官王愉等赴高丽访问。熙宁七年（1074），高丽复遣太仆卿金良鉴回访，并请求医药书籍和雕塑工匠，于是扬州助教马世安等8人被遣使赴高丽。宋神宗元丰元年（1078），高丽文宗帝患风痹症请求宋帝派医，翌年，翰林医官邢慥、朱道能、沈绅、邵化及等88人被派遣赴高丽，同时带去100种批量药材，并另有牛黄、龙脑、朱砂、麝香、杏仁煮法酒等药。元丰三年（1080）高丽遣户部尚书柳洪人宋答谢，并赠送方物。同年，高世安又再被派赴高丽，获赐予神宗帝的

① 刘禹锡，《刘梦得文集》卷22，四部丛刊缩编本，上海商务印书馆，1930年。
② 李时珍，《本草纲目》卷19，人民卫生出版社，1987年，第1376页。
③ 王溥，《唐会要》卷95·新罗。
④ 刘昫等，《旧唐书》卷199上，中华书局，1975年，第5337页。
⑤ 引自张文宣《古代中朝医药交流简史》，中华医史杂志，1991，（2）：108。

"礼币"。宋哲宗元祐八年（1093）6月，宋医弁介、吕哂、陈尔猷、范之才等赴高丽教授医学，至次年12月方归。宋徽宗政和八年（1118），宋朝廷又允高丽太子请求，派遣翰林医官、太医局教授杨宗立，翰林医谕、太医局教授杜舜举，翰林医侯、太医局教学成湘、迪功郎试太医学陈宗仁，太医学兰茁等七人至高丽教授医学并行医。宋徽宗宣和五年（1122），宋廷又应高丽仁宗帝之请，遣翰林医学杨寅、医官李安仁和郝洙等三人去高丽从医，两年后才返回。

医药书籍的交流：宋代，中朝两国医药书籍交流也极兴旺。而且随着印刷术传入朝鲜，朝鲜不仅从中国传入医书并收藏之，还进行翻刻，使医学得 到更广泛的传播和提高。

如宋真宗大中祥符九年（1016）和天嘉五年（1021），真宗分别赠送高丽使者郭元、韩祚各 一部《太平圣惠方》；宋徽宗建中靖国元年（1101），徽宗将《太平御览》和《神医普救方》赠予即将回国的高丽使者任懿和白可臣。《图经本草》和《和剂局方》也在徽宗时传入朝鲜。而朝鲜自1058年始，翻刻了不少中国医书，如《黄帝八十一难经》、《川玉集》、《伤寒论》、《本草括要》、《小儿巢氏病源》、《张仲景五脏论》、《肘后方》及《疑狱集》等。其时，朝鲜保存有我国大量久已亡佚的古医书。宋元祐六年（1091），宋哲宗曾开列一批书目，请高丽使者李资义回国查询。元祐七年即有高丽使者黄宗慤入宋献《黄帝针经》[①]。次年，宋廷即开版雕印，颁行天下，使中国医界又重见《针经》之面目并流传至今，这也是医药书籍自朝鲜回输的一例。

药材之交流：宋代，中朝之间药材交流不仅品种多，且数量大。如宋神宗元丰二年由邢慥等带往朝鲜批量药材100种，以及其他名贵药物如前述；宋孝宗时，又向高丽毅宗帝赠盛满沉香的金、银器各二付；宋真宗、仁宗时，有商人去朝鲜献香药、犀角、象牙等；而朝鲜，也以回赠和献方物等输入宋朝药物，如1030年，高丽遣元显等293人赴宋献药学医；1070年和1072年高丽遣金悌、柳洪等赴宋献方物，其中各有人参千余斤。南宋虽偏安江南，仍有商贸药物往来，如宋绍定四年（1231），宋商人献水牛四，朝鲜还赐人参50斤，广布300匹等。

在医事制度方面，宋初，高丽朝廷听从后周人双翼的建议，仿照唐制设置机构，授予职衔，实施医学教育和医业科举制度，设置大医监、监、小监、丞、博士、医正、御医、直长等职，三京十道设医学博士教授医学，采用医业科举制度，以《素问》、《甲乙经》、《明堂经》、《脉经》、《针经》、《刘涓子鬼遗方》、《痈疽论》、《本草经》等中国医书为考试科目，后又增加《和剂局方》。宋政府成立惠民局后，朝鲜也仿照实施，在地方设立《惠民局》，为庶民救疗。

宋朝医生不断入朝从医并教学，高丽政府亦曾遣使入宋献药学医，以及广泛刊刻中国医书以广流传等，促进了朝医学的进步和经验积累，使朝医学达到较高水平，优于邻近之辽金女贞及元蒙各族。因此，发生高丽太医监金得宏到契丹（1020），竟被留作人质，使传授医药[②]；元蒙初立，世祖有病（1285），曾往高丽诏求良医[③] 等。在此期，亦有朝医家开始编撰书籍以总结经验，如有金永锡的《济众立效方》、崔宗峻的《御医撮要方》及不知名的《乡药济众方》等问世。

---

① 元·脱脱，《宋史》卷478·外国三，中华书局，第14048页。

② 郑麟趾，《高丽史》卷1，汉城亚细亚文化社，1972年。引自张文宣《古代中朝医学交流简史》，中华医史杂志，1991，（2）：108。

③ 元·脱脱等，《金史》卷155·高丽，中华书局。

金元期间，中朝医学继续交流，医生互有往来。如《金史·高丽传》载："有医者善治疾，本高丽人……"以及女真"最初医者是高丽人"，显示了高丽当时医学高于女贞及对女贞医学事业之贡献。1103 年，当女贞完颜部酋长盈歌戚患病时，还曾遣使去高丽请医治病。元代，元世祖于至元十二年、十六年、十九年、三十年等曾多次派遣医生去高丽宫廷诊病，除官派医生外尚有河间人李敏道去高丽留居，高丽授予他医典正。朝鲜也曾应元世祖之请，派尚药侍医薛景成到元朝宫廷为元帝治病。在医事制度方面，高丽也沿用元制，在司医署里配备"提点"职衔，给银印。高丽也仍经常遣使向元朝廷献方物如人参等，而中国的烧酒蒸馏法也于元代传入朝鲜，并赠高丽王葡萄酒和香药等。

明代，由于中外交通发达，中朝医学交流又一次出现高峰。而且由于李氏朝鲜第四代世宗帝对医学的重视及促进朝医学"乡药化"，两国医药交流更为活跃，并曾进行中朝医药讨论会以解决疑议，成为中朝医学史上的一件大事。

如以往历代相仿，中国明代时的朝鲜政权李朝亦常聘请明朝医生去朝鲜治病，或派医生来华学医或请教疑议等。如洪武年间，中国闵中道士杨宗真去朝鲜行医，被朝鲜政府任命为典医。明洪熙元年及宣德年间，多次有明使节随员医生张本立、王贤、毛琰及辽东医人河让等入当时朝鲜宫廷诊治疾病及教授医学。张本立并曾两次入朝鲜；万历二十六年又有明医官潘纵、严期周等应朝鲜宣祖帝之请入朝鲜从医教授。明代著名医家张介宾壮年从军时，亦曾渡过鸭绿江，到过朝鲜。而朝鲜医家来明朝者也不乏人。如永乐五年（1407）就有朝鲜判典医监事杨弘达等人随朝鲜王子来中国；1417 年，有朝鲜庚顺道来华习医；淳保五年（1380）有朝鲜医家尹知微和中国医家王应遴的《朝鲜医学问答》刊本。1617 年，朝鲜使者随医崔顺立等来中国求教医学疑问，明朝廷派太医院御医傅懋光任正教，朱尚约、杨嘉祚、赵宗智、钱国祚等任副教，为之解析疑义。后傅氏将此次问答内容撰写成《医学疑问》一书，可谓中朝医学交流学术会议之纪实。而朝鲜亦有杨礼寿撰写的《医林撮要》中也记述了此事。

明代，继续有大量中国医书传入朝鲜。明政府曾多次应朝鲜政府之请而赠书给朝鲜，如永乐十三年（1415）明太医院将《针灸铜人仰俯彩画》二轴赠予他们；永乐十五年、十六年亦有医方、医书和药材赠给朝鲜；成化十一年（1475）赠《新修本草》、弘治十五年（1502）赠《青囊杂纂》、天启六年（1626）亦有医书相赠。据《李朝实录》记载当时朝鲜珍藏中国医书达 213 种。1488 年《东垣十书》由朝鲜成建带回，将中国李朱学说传入朝鲜并广为流行。

朝鲜在广收珍藏中医典籍同时，还广为翻刻普及医学书籍。据朝鲜李朝宣祖年间出版的《考事撮要》记载，自 1430 年至 1585 年，翻刻刊行的医书有《黄帝内经素问》、《灵枢》、《八十一难经》、《直指方》、《圣惠方》、《得效方》、《伤寒类书》、《医学正传》、《脉经》、《衍义本草》等 70 余种。

随着医学的发展，更因李氏朝鲜第四代世宗帝对医学的重视，朝鲜开始推行医学"乡药化"和对中国医学书籍的整理研究。首先是对朝鲜所产药材进行鉴别，以明确与中国药材的异同。故于明永乐年间派遣黄子厚来中国，广求朝鲜不产之药物。永乐二十一年（1423）和宣德五年（1430），朝鲜两次派芦重礼等医家来中国，通过明政府请得太医院医士周永中、高文中等人教授他们药材鉴别法。通过对朝鲜 28 种药物的鉴定，判定赤石脂、厚朴、百部、香薷、独活、前胡等 20 种为真品，而丹参、防已、紫菀、独活等与中国产不同。他们回国后，与集贤殿直提学俞考通撰成《乡药采取月令》一书，介绍数百种朝鲜产药材的药名、药物性味、采药季节及阴阳干燥法等。从此，不少中药即可应用朝鲜本地产之乡药，扩大了药源。

在14世纪高丽朝末，朝鲜已撰写《乡药惠民经验方》、《三和子乡药方》、《乡药简易方》等①。15世纪后，通过对中国传入医书的整理和研究，并结合朝鲜医学经验，在此期间撰写成了《乡药集成方》、《医方类聚》、《东医宝鉴》和《寿养丛书类聚》等四大医著。1433年完成的《乡药集成方》是由朝鲜集贤殿直提学俞孝通、典医监正芦重礼和典医监副正朴允德等人，以李希善的《分药济生集成方》为基础，以中国医书为经，以朝鲜传统医书为纬整理而成，收载病证959条、医方10 706个、针灸方1476则和药物694种。引中国书籍212种、朝鲜本土医书10种②。《医方类聚》由朝鲜集贤殿副校里金礼蒙等人于1445年撰写成，整理和引用了中国医籍152部（其中40余种为已佚之中医古籍）、朝鲜医书1部，全书共266卷，收中朝医方5万多个。《东医宝鉴》是由李朝太医许浚奉宣祖帝之命，整理中国医书83种和朝鲜医书3种而成，分25卷，从内景、外形、杂病、汤液、针灸等诸方面，对中朝医学理论、病证医方、药物针灸等进行全面综合整理，1613年刊行。《寿养丛书类聚》由朝鲜李昌廷整理中国12部养生著作如《三元延寿书》、《寿亲养老书》、《食疗本草》、《食忌》、《食鉴》、《养生月览》等书整理而成，刊于1620年。无疑，中朝医学交流促进了朝鲜医学之乡药化和医学的发展。《乡药集成方》和《东医宝鉴》之撰即是标志。

即便在朝鲜推行乡药化的进程中，朝鲜政府似鼓励输入中国药材，朝鲜世宗王曾说过：药材等物，须赖中国而备之，贸易不可断绝。所以明代期间，中朝两国药材交流非常频繁。据《李朝实录》记载，永乐四年（1406），明使节曾将牛黄、芍药等40多种药物赠朝鲜；同年又赠朝鲜片脑、沉香等18种药；朝鲜王李旦病，明帝赐予龙脑、沉香、苏合香油等；弘治八年（1495），明朝赠雄黄解毒散、善应膏给朝鲜王燕山君治面疮；朝鲜还曾多次遣使来中国求取药物如人参、松子、五味子、虎骨等；正统和弘治年间，中国还应朝鲜之请将麻黄、甘草、蝎虫等种子赠给朝鲜，使之能引种栽培。

在医事制度方面，天顺8年，朝鲜将《素问》、《张子和方》、《小儿药证直诀》、《疮疹集》、《伤寒类书》、《外科精要》、《妇人大全良方》、《铜人经》等中国医书作为医学取才课目。把中国的《无冤录》作为吏科、律科的取才课目。还曾将《无冤录》加注成《新注无冤录》及《疑狱集》、《棠阴比事》等颁行全国，作为法医验证之参考书，为朝鲜法医制度的建立奠定了基础。

清代，中朝两国医学交流虽不如明代时频繁，但医家之往来、医书之交流翻刻、药材之贸易仍未间断，中国的人痘术于此期传入朝鲜，朝鲜创立的四象医学亦于该期传入中国，在医学交流中互有促进。

朝鲜李朝景宗王自幼体弱多病，承继王位后病情更为加剧。清康熙六十一年（1722），康熙帝亲自派遣太医多人去朝鲜为景宗治病，但未能见效③。同年10月，朝鲜译官黄夏成返国。购得《赤水玄珠》一帙献内医院。明代的一些名著如《医学入门》、《万病回春》、《本草纲目》、《仁斋直指方论》等也都在明末清初传入朝鲜，在朝鲜有较大影响。1678年，朝鲜重刊《新刊仁斋直指方论医脉直经》，1750年和1820年分别翻刊《万病回春》和《医学入门》。后两书受到朝鲜医家推崇，甚至在朝鲜医学界一度形成“回春派”、“入门派”，与朝鲜医自身的

①，④ 〔日〕三木荣，朝鲜医事年表，思文阁出版，1985年。

② 崔秀汉，《乡药集成方》及其引书考，中华医史杂志，1987，（4）：234。

③ 《李朝实录》卷3景宗实录，探求堂，1979年。

“东鉴派”并存，颇类金元时期中国之学派争鸣。《本草纲目》在朝鲜17世纪中叶成书的医著《本草精华》中有引用，在1722年成书的《老稼斋燕行录》一书“所买书册”项下也记有《本草纲目》，可见在《本草纲目》成书后几十年间也就传入朝鲜了。1799年，朝鲜医家康命吉著《济众新编》书中亦引用了《本草纲目》、《医学正传》、《医学入门》、《赤水玄珠》、《景岳全书》、《济阴纲目》、《保婴撮要》等多种中国医书①，是为继《乡药集成方》、《东医宝鉴》后又一部重要医著，并称为李朝三大医书。不到20年即传入中国，1817年在北京经国堂刻成中文版发行。

人痘接种法是中国人民的创造发明，在预防天花流行中作出贡献。1790年，朝鲜朴齐家在北京获种痘书带回朝鲜，于1800年在其所居永平县种人痘成功。后传于医人李钟仁，遂得推广。1807年崔玉华《痘科汇编》、1808年朱纯嘏《痘疹定论》先后在朝鲜翻刻，使人痘接种术更为广传。1817年李钟仁著《时种通编》则是朝鲜医家结合自身经验撰著人痘接种法之始②。

此期在法医学方面，继1440年朝鲜崔致云著《新注无冤录》后，又有1744年具宅奎撰《增修无冤录》和1792年徐有邻撰《增修无冤录谚解》，说明《无冤录》在朝鲜法医检验中的作用及影响。

1894年，朝鲜李济马著《东医寿世保元》4卷，及其另两部著作《四象草本卷》、《四象金柜秘方》，奠定了朝鲜四象医学理论基础。他指出：“人禀脏理有四不同，肺大而肝小者名曰太阳人；肝大而肺小者名曰太阴人；脾大而肾小者名曰少阳人；肾大而脾小者名曰少阴人”。他所说之“脏腑性理”即温热凉寒四气；胃腔、胃、小肠、大肠四腑；肺、脾、肝、肾四脏；津、膏、油、液四大营卫物；神、气、血、精四大气血物以及肺脾肝肾之间关系的四党与的理论，即四象医学理论的基本点，并以此理论为指导对中国张仲景之《伤寒论》六经病证进行了研究，如将少阴证归为少阳人病证；少阳病证即少阴人病证；太阳病证及阳明病证则少阳人、少阴人、太阴人病证均有等等，构思出辨象论治、同病异象异治、异病同象同治等原则。在李济马及其门徒们的深入研究下，四象医学逐步得到完善，并在朝鲜广泛传播。并随着19世纪末朝鲜族因动乱而大批迁入中国，四象医学也传入中国，在延边、延吉、龙吉等地的朝鲜族医药人员中不断发展，造就了金九翊等一批著名的朝鲜族名医。

不论是东医学、四象医学，都是在中国医学不断输入中，朝鲜人民结合本民族乡土医药经验总结、创造而成，是朝鲜医学文化和中国医学交流融合而成的硕果。

① 康命吉，《济众新编》引用诸方，中医古籍出版社，1983年。

② 〔日〕三木荣，朝鲜医事年表，思文阁版。

第二十章　中越医学交流

中越两国，山水相连，中越人民自古以来友好交往，中越的医学交流也在人们友好交往中同时进行，并互相吸收，互相促进。

越南向来有本国的医学文化。据越南史书记载，早在公元前257年时，就有一位名崔伟的医生治过当时两位大官（雍玄和任休）的虚弱病，并著有《公余集记》。中国汉武帝时期，在中国传入越南的文化中，以医学药物和治疗技术内容最为丰富。受中国医学影响的医家与越南固有文化的医家间竞争很剧烈，从而分为中国派和越南派两派医学。学派之争，无疑有利于学术之发展。

三国时期，我国的名医董奉曾到过越南，治愈了当时交州刺史杜燮的重病。南齐时，有名为阴铿者，其妻在越南感受当地卑湿之气而患下腹膨胀之症，适遇苍梧道士林胜在越南采药，给予服"温白丸"而愈，此方遂传入越南。当时在今越南中部有林邑国（又称占婆国），产玳瑁、贝齿、沉香、木香等。刘宋孝武帝大明二年（公元458），林邑王范神成曾遣长史范流来朝通友好，赠送香药等礼物。

隋唐年间，随着中外医药交流之发展，中越医药交流也更频繁。其时有许多中国名士如沈佺期、刘禹锡、高骈、樊绰等人都去过越南，从而有更多医学传入越南。据载有中国人申光逊曾以胡椒、干姜等辛辣药物治愈了越南人孙仲敖的头痛病。同时，越南产的药物也随之输入中国。越南药材如薏苡仁早在东汉时由马援从交趾带归，此后药材输入增多，《梁书·扶南传》称越南产沉香、郁金；陶弘景的《名医别录》增收了越南产水苏和石硫黄。《唐本草》和《本草拾遗》记载来自越南的药物有百花藤、庵摩勒、毗梨勒、丁香、詹糖香、诃黎勒、苏方木、白茅香、槲木等，以苏方木输入的量为最多。药材亦以国家使节贡方物的形式输入，如其时的林邑国就曾多次派使节来中国：开元中其王建多达摩献驯象、沉香、琥珀等；天宝八年，其王卢陀罗使献真珠一百余、沉香三十斤；贞元九年，环王国因遣使贡犀角[①]。《唐六典》载安南贡龟壳、槟榔、鲛鱼皮、蚺蛇胆等[②]。此外，越南医家所制之成品药亦有输入中国者，如《太平广记》卷405引《宣室志》称："安南有玉龙膏，能化银液，唐韩约携以入中国"。

两宋时期，中越之间医药交往仍以使节往来和商贸为主要途径。药品仍是使节贡献礼品中的重要部分。据《宋史》、《宋会要辑稿》等记载，占城国自建隆二年（961）起，至公元992年先后遣使十余次献犀角、象牙、龙脑、乳香及香药等；至道元年（995）"特遣专使李波珠、副使诃散、判官李磨勿等进奉犀角十株、象牙三十株、玳瑁十斤、龙脑二斤、沉香百斤、夹笺黄熟香九十斤、檀香百六十斤、山得鸡二万四千三百双、胡椒二百斤"[③]。交趾国自开宝八

---

① 王溥，《唐会要》卷58，中华书局，1955年，第1751页。

② 唐玄宗，《唐六典》卷3。

③ 脱脱等，《宋史·外国五》，中华书局，1977年，第14081页。

年（975）至11世纪，亦曾十余次遣使献方物如犀角、象牙、珍珠、玳瑁、乳香等。安南国自1130年开始献方物，至景定四年（1263）起，每隔三年即有赠献。所赠药物有苏合香、光香、朱砂、沉香、檀香、犀角、玳瑁、珍珠、象牙等，并有越南治痢方传入。如宋人《史载之方》中记有用舶上硫黄和薏苡两药治痢，舶上硫黄即产于越南之石硫磺，由海舶运来，故名舶上硫黄；薏苡也是越南土产。用此二药治痢明显与我国传统用苦寒燥湿一类药治痢不同，当是越南传入之医方。越南药物之传入，丰富了我国本草学及临床医学内容。如《开宝本草》、《图经本草》所载新药来自越南者就有使君子、麒麟竭、蒳香等。使君子为儿科治蛔之要药。又周去非《岭外代答》称光香，宋时从越南传来中国，朱辅《溪蛮丛笑》则白降真香从越南流入，也是越南药物在宋代传入之纪实。在越南药物传入宋朝同时，中国的医药也传入越南。如安南国曾选送医生来华学习，安南国多产药草，然不会加工，每送至中国制而复送回安南，则从中国引进了制药技术。中国也有医生远赴越南者，如南宋绍兴六年（1136）长安僧医明空以精神疗法治愈越南国王李神宗的“心神恍惚”证，被封为国师。越南来中国的官吏，也在我国大量购买药材带归，如陆以湉《冷庐医活》卷5引《钱塘县志》，称南宋时越南人在临安（今杭州）大量购买土茯苓，造成土茯苓价格上涨。两宋时期海外贸易昌盛。著名的泉州港是出口东南亚的重要港口，越南是出口的目的地之一。在该港出口的货物中有药物川芎、白芷、大黄、黄连、干姜、白矾等。广西的邕州（治所在宣化，今南宁市南）和钦州（今钦县）是对安南、六诏诸蛮的门户。据周去非《岭外代答》卷5记载，当时在邕州永平寨交易的有交趾人携来之名香、犀、象、金、银等，我国出口的为绫、绵、罗、布；在钦州交易的货物为交趾人携来之沉香、光香、熟香、生香、真珠、象齿、犀角及金银等，我国出口者为纸、笔、米、布。可见香药是中越交易中的重要部分。

元朝未统一中国前，安南就曾遣使与蒙古国通好。据阙名《荒徼通考》说：“元世祖中统元年（1260），（陈光昺）遣其族诣阙上书，乞三年一贡。从之，遂封光昺为安南国王。降诏曰：卿既委质为臣，其自中统四年为始，每三年一贡，可选儒士、医人及通阴阳、卜筮诸色人匠各三人，及苏合香、光香、金、银、朱砂、沉香、檀香、犀角……等物同至。”① 可见当时不仅有药物输入，并有医家来华交流。实际上进贡并不限于三年一次，而是大大增加。据统计，在忽必烈在位的34年中，安南来元朝进贡达26次②。1279年，元朝统一中国，曾再次诏谕安南国王选派方技士进献。而南宋灭亡，有一些中国士人和医生移居安南，并进行一些医药活动。如宋人邹孙，本有医名，以医从军抗元被擒。其子邹庚亦精医，远去安南行医。曾以针灸术治愈因溺水而“死”之越南皇子（即后来的裕宗皇帝），故有邹神医之称。裕宗即位，于1341年封邹庚为御医。后邹庚又以针灸术治愈皇子的半身不遂症、裕宗皇帝的阳痿症等，倍受皇帝之信任，赐赠极多，官至安南宣徽院大使兼太医史。元世祖亦曾于1263年、1267年等多次赠送药物给安南国王。此外，当时的占城国亦于1285年来贡药材。占城国地处海滨，“中国商舟泛海往来外藩者，皆聚于此，以积薪水，为南方第一码头。”③《新元史》记载，占城国输入中国的药物有犀角、龙脑、沉香、乳香、豆蔻等。

明初，为睦邻友好、宣扬国威，永乐年间曾七次派遣郑和出使西洋，因此，海上贸易更

① 引自冯汉镛《中越两国医药文化的交流》，中医杂志，1958，（8）：573。

② 廖果，元代中外医药交流初探，中国医史文献研究所85级硕士论文。

③《安南志略》卷1。引自廖果《元代中外医药交流初探》，中国医史文献研究所85年硕士论文。

为发展，文化交流也更发达。在医学方面，已有医书传入越南，如李梴的《医学入门》、张介宾的《景岳全书》、冯兆张的《锦囊秘录》等，丰富了越南医学的内容，促进了他们医学的发展。特别是在明宣德6年（1431）中国和平交还越南主权后，越南在固有医药基础上，结合了中国传入的医药学说，编成医书，广泛付印流传，既是越南医学发展之事实，也是中外医学交流之硕果。如越南无名氏所著《新方八阵国语》一书，就是采材于《景岳全书》写成；越南人藩孚仙撰《本草植物纂要》中，大部分是中国出产的药物，也列举了不少越南药物。明代也有越南医学传入中国。明洪武年间（1368～1398），王福任交趾布政司，访求越南的医师和药师，送到南京任职，其结果或多或少输入了越南医药学。又明永乐三年（1406）时，中国曾对越南用兵，战争结束，越南人陈元陶著《菊堂遗草》、阮之新著《药草新编》等，随明军的回国传入中国。

清代，中国医学对越南医学的影响更大。在当时成书的越南医书中，大多有丰富的中国医学内容。如清康熙五十六年（1717）慧静所编《清义觉斯医书》二卷，共记载630余种中国药品，13种越南药品，37种古方。他还著有《南药神方》。因其医术精湛，曾被中国召往治一公主的病，未曾返回越南。清乾隆37年（1772）越南最著名的医家黎有卓（一名海上懒翁）著《海上医宗心领》66卷，内有珠玉格言、心得神方、医中关键、医家冠冕、百家秘藏、觉痘已卷、行简珍需等篇，内容丰富，开启后学进入堂奥，成为越南第一部完全医书，被誉为越南的医林宗师。在该书中，医学理论均采用《内经》，用药则为中国、越南各占一半①。清代，从越南又传入了一些新药，据赵学敏《本草纲目拾遗》所载，当时从越南传入的新药有丁香油、水安息、伽南香、气结、胖大海、栌子、白缘子等。这些药物传入不久便被我国医家临床所用，如周氏《家宝》载有用水安息、枯矾、龙骨等药来“种子”的处方、祝穆试验方中载有丁香油治瘰疬结核之方。

中国医药学之传入越南，受到越南人民和医界之爱戴，中国的著名医家亦受到越南人的贡奉。阮朝嗣德三年（1850年），越南设立先医庙，其正殿祀伏羲、神农、太昊。左厢祀岐伯、倉公、皇甫谧、刘完素等，右厢祀俞跗、扁鹊、张机、葛洪、孙思邈等。其位置次序与元、明中国所建先医庙一样。越南当时亦有太医院等建制，说明越南医事制度亦模仿我国而成立，从而可见我国医学对越南医学的影响，而影响之产生则有赖于中越间的医学交流。

1907年，越南阮朝维新元年，其时越南已沦为法国属地。即便该时，法国属地尚书还命南朝研究中越医药，朝廷降旨由御医潘文泰协同精于医术者数人，编撰《中越药性合编》，中越的医药交流仍继续不断，民众治病仍以草药、针灸为主，法国总督虽限制、禁止中医，提倡西医，但中医和针灸仍在民间流传。

---

① 陈存仁，中国医学传入越南史事和越南医学著作，医学史与保健组织，1957，（3）：193～194。

第二十一章　中国和东南亚各国的医药交流

东南亚为亚洲东南部地区，包括越南、老挝、柬埔寨、缅甸、泰国、新加坡、马来西亚、印度尼西亚、菲律宾、文莱、东帝汶等国家。中国与越南之医药交流已在上章阐述，本章则为与除越南以外东南亚国家之医药交流。

第一节　唐代及以前

公元2世纪时，印度尼西亚地区的国家已开始派使臣访问中国。当时该地古国干陁利（在今印尼苏门答腊岛）为海上交通要地。东晋时，取经僧法显从狮子国（今斯里兰卡）搭船回国，在海上飘流90天，到达耶婆提国（为干陁利国之又译），居住达五个月之久方得回国。为沟通两国的往来做出贡献。干陁利国王在我国南朝宋孝武帝孝建二年（455）、梁武帝天监元年（502）、十七年（518）、普通元年（520）、陈文帝天嘉四年（563）分别遣使到建康（今南京）访问，贡献香药等方物，南朝皇帝也回赠了许多礼品。该国的《干陁利治鬼方》、《新录干陁利治鬼方》亦于此时期传入中国，为《隋书·经籍志》载录。婆利国（又作婆黎国），在今印尼的巴厘岛，亦于宋后废帝元徽元年（473）、梁武帝天监十六年（517）、普通三年（522）等多次遣使来建康（今南京）贡献杂香药等数十种礼物。诃陵国，即阇婆国，在今印尼之爪哇岛。“元和八年（813）遣使献……频加鸟并异香”；“十三年十一月，献……玳瑁盏、生犀等。”① 除药物外，并传方药于我国。据苏颂《图经本草》破故纸条下记载云：“破故纸，今人多以胡桃合服，此法出于郑相国。自叙云：予为南海节度年七十有五，越地卑湿，伤于内外，众疾俱作，阳气衰绝，服乳石补药，百端不应。元和七年（812），有诃陵国舶主李摩诃，知予病床，遂传此方并药。”② 讫今此方应用于临床。堕婆登国（在诃陵国西，亦在爪哇、苏门答腊一带），贞观二十一年（647）“其王遣使献古具、象牙、白檀等。”③

公元5～7世纪，中国与马来半岛的丹丹、盘盘、赤土、狼牙修等古国往来也频繁。丹丹国在马来半岛南部，在此期间输入有火齐珠、香药等方物；盘盘国在今马来西亚的加里曼丹北部沙劳越或沙巴和文莱境内，宋文帝、武帝年间，曾多次遣使来中国访问，馈赠沉香、檀香、詹糖香等数十种香药。隋炀帝时，曾遣常骏、王君政前往赤土国④。

据《南史》记载，扶南（今柬埔寨）国王曾遣使送来郁金、苏合香等药物。

唐以前尚有与昆仑交流之记载。昆仑泛指今中印半岛南部及南洋诸岛。同时，我国古代又称黑肤人为昆仑。因此，唐代与昆仑的交流资料，或包括有与非洲的交流。据记载，有

---

① 王溥，《唐会要》卷100，中华书局，1955年，第1182页。

② 李时珍，《本草纲目》卷14，人民卫生出版社，1987年，第878页。

③ 刘昫等，《旧唐书》卷197，中华书局1955年，第5273页。

④ 李松，马来西亚中医药的发展（1405～1986），新加坡中医药学报，1986，7（3）：60。

“显庆元年（656）敕往昆仑诸国采取异药”以及唐武后（690～705在位）时有在广州与昆仑交易等①。唐人记载来自昆仑的药物有木香、益智子、肉豆蔻、骨路支、槟榔、丁香、檀香、阿魏、苏方木、白檀香等②。

华族侨居马来半岛最早见于唐朝③。当时有少数僧侣和商人侨居马来半岛。那么，在东南亚其他地区有华族侨居应该也在同一时期，而中医同去以谋生计，当也是意料中事。这是中医学传至东南亚的又一途径。

第二节 宋元时期

宋金元时期，中国与东南亚诸国的海上贸易十分发达。如位于今加里曼丹、爪哇岛、苏门答腊岛、马来西亚半岛等地的勃泥国于太平兴国二年（977）曾遣使贡“大片龙脑一家底、第二等八家底、第三等十一家底、米龙脑二十家底、苍龙脑二十家底，凡一家底并二十两；龙脑版五、玳瑁壳一百、檀香三橛、象牙六株④。又如阇婆国于淳化三年（992）于二月，其王遣使来朝贡，国王贡有象牙、真珠、檀香等，其使又别贡玳瑁、龙脑、丁香等⑤。三佛齐国从宋初（960）即开始献方物。开宝四年（974）后多次赠送过象牙、犀角、薰陆香、龙脑、乳香、胡椒和蔷薇水。太平兴国五年（980），三佛齐蕃商李甫海乘舶船载香药、犀角、象牙等至海口，遇风，船飘至潮州，后至广州贸易⑥。据《宋会要辑稿》、《诸蕃志》、《真腊风土记》等记载，仅在福建泉州港进口的药物就达300种之多，其中尤以香药为多，数量也很大。如淳化三年（992）从阇婆一次运入檀香2200余公斤，绍兴二十六年（1156）从三佛齐输入胡椒1万余斤。1974年泉州湾出土宋代海船一艘，船舱中有降真香、檀香、沉香等大量香料木，未经脱水重达2000多公斤，还有胡椒、槟榔、乳香、龙涎香、玳瑁等，这些药物大多来自东南亚诸国，输入量大也是当时贸易的一大特征。据《四明志·市舶》记载，在宝庆年间（1225～1227）输入药物有麝香、沉香、龙涎香、胡椒、槟榔、荜澄茄、荜拨、良姜、缩砂、蓬莪术、海桐皮、桂皮、大腹皮、丁香皮、姜黄、木鳖子、茱萸、相思子、大风油、苏木等。其输入量从王应麟《玉海》中说“海舶岁入，象、犀、珠宝、香药之类。皇祐（1049～1053）中五十三万有余；治平（1064～1068）中增十万；中兴岁入二百万缗。”也可见其输入量之大。清梁廷枏《粤海关志》卷3引北宋《中书备对》，统计在北宋神宗熙宁十年（1077）对外贸易，“谨案《备对》所言，三州市舶司（所收）乳香三十五万四千四百四十九斤。其内明州（今宁波）所收惟四千七百三十九斤，在杭州所收惟六百三十七斤，而广州所收者则有三十四万八千六百七十三斤”⑦亦可证当时香药入口量之大和贸易之繁盛。真腊国（今柬埔寨）于政和六年（1116）开始来朝贡。据元代曾随使访问真腊的周达观著《真腊风土记》记载，真腊出产并传入中国的有犀角、降香、豆蔻、紫梗、大枫子油等药材，中国传入真腊的药物有川芎、白芷、麝香等。丹眉流国（今泰国）咸平四年（1001）遣使打吉马等人贡木香千斤、胡黄连17.5

① 杜佑，《通典》。引自张星烺《中西交通史料汇编》第2册，辅仁大学丛书本，第198页。

② 均引自《本草纲目》同名条下。

③ 李松，马来西亚中医药的发展（1405～1986），新加坡中医药学报，1986，7（3）：60。

④，⑤ 元·脱脱，《宋史·外国五》卷489，中华书局，1977年，第14094页。

⑥ 元·脱脱，《宋史》卷489、外国王，中华书局，1977年第14089页。

⑦ 范天磬，外药输入史的观察（续二），医药导报，1935年。

公斤、紫草百斤、苏木万斤、象牙61株[⑧]。罗斛国（今缅甸），曾于1291年遣使入贡犀角、龙脑等。

当时中国亦以贸易方式将药物输入东南亚国家。如《诸蕃志·阇婆国》条载，该国商人以犀角、珍珠、龙脑、玳瑁、檀香、丁香、草豆蔻、荜澄茄、降真香、胡椒、槟榔、硫黄等，交换我国的川芎、白芷、朱砂、绿矾、白矾、硼砂、砒霜等。当时从泉州港出口大宗川芎，运往盛产胡椒的东南亚国家，对防治采椒人的头痛病有良效。如《诸蕃志》载，苏吉丹（今爪哇中部）地区“采椒 工人为辛气薰迫多患头痛，饵川芎可愈。”

第三节　明　　代

明代，由于中外交通的发展，中外人员往来增加，特别是东南亚地区地处海运的交通要道，因而与东南亚的交往更为频繁。公元1405～1433年，郑和统率船队七次下西洋，访问过东南亚地区的许多国家。而每次远航，随行医官医士有180余名，平均每艘船有医生2～3名，并有医官主一舶之疾病，还有善辨药材的药工，以鉴定各国贸易的药材。他们带去的中药有人参、麝香等，带回的则有犀角、羚羊角、阿魏、没药、丁香、木香、芦荟、乳香、木鳖子、苏合油、安息香、龙涎香、降真香、紫檀香等药材，以及药食并用之糖、胡椒、香盐等食品[⑨]，有史籍可考的第一个访问马来半岛满剌加（马六甲）的医生是随郑和下西洋的江苏常熟医生匡愚，他先后参加了郑和前三次之远航，不仅出色地完成了诊治出洋人员疾病的任务，而且把南洋一带出产的许多珍贵药材从马六甲输入中国。据《明史》记载，满剌加的贡物中有玛瑙、珍珠、玳瑁、珊瑚、犀角、象牙、片脑、蔷薇露、苏合油、栀子花、沉香、速香、金银香、阿魏等药物[⑩]。

除满剌加以外，当时马来半岛的古国彭亨也有药物输入，如犀角、燕窝、片脑、乳香、速香、檀香、胡椒、黄熟香、花锡、降香、苏木、槟榔等[⑪]。柔佛国献赠的药物有犀角、片脑、血竭、海菜、槟榔、胡椒、吉柿、燕窝、没药等[⑫]。阇婆罗、渤泥等国也仍继续遣使献方物。

与印度尼西亚地区医药的交流，洪武年间（1368～1378）三佛齐国国王先后六次遣使来华，献赠肉豆蔻、丁香、米脑和诸香药。永乐七年（1409）苏门答腊老王镇丹难阿必镇率使来华，在华三年后回国。其后，两国关系更密切，该国不断遣使来明朝，带来贡物中有犀牛、龙涎香、沉香、速香、木香、丁香、降真香、锡、胡椒、苏木、硫黄[⑬] 等药物。爪哇朝贡次数较多，洪武十六年后，朝贡使臣大率每岁一至。输入中国的药物为犀角、肉豆蔻、白豆蔻等数十种。洪武、永乐年间，尚有苏禄、览邦以及淡巴、合猫里、美洛居、婆罗（文莱）等国来贡珍珠、玳瑁、檀香、降香、胡椒、苏木等。

中医药约在13世纪中期传入暹罗（今泰国），在侨居泰国的华人中有通晓医药者。明代，在暹罗都市中已有华侨出售药材。而暹罗国在明代亦有多次入贡，礼物中有犀角、片脑、米

---

⑧ 元·脱脱，《宋史》卷489、外国王，中华书局，1977年，第14099页。

⑨ 孙约翰，郑和下西洋医药卫生史料拾零，中华医史杂志，1986，(2)：127。

⑩ 清·张廷玉等，《明史》卷325外国六，中华书局，1974年，第8419页。

⑪ 明·黄省曾，《西洋朝贡典录》卷上彭亨传。

⑫ 《东西洋列国考·柔佛》卷四。

⑬ 《明史》卷325外国六，中华书局，1974年，第8422页。

脑、糖脑、脑油、脑紫、蔷薇等数十种。洪武二十三年（1390）仅苏木、胡椒、降香即达17万斤①。李时珍《本草纲目·烧酒》条下记载“暹罗酒以烧酒复烧二次，入珍宝异香……有积病，饮一二杯即愈，且杀蛊”，可能是暹罗传来之方，所以李时珍特别指出暹罗酒。

第四节　清代至20世纪中期

随着明清时期华侨在东南亚的增多，并有华侨医生在当地行医，建立医院、药材店等，中医药在东南亚发展迅速。

华侨为马来西亚中医药事业的发展建立了不朽的功绩。1796年有广东梅县华侨古石泉在槟城椰脚街创办第一家马来西亚中药店——仁爱堂。1881年有华侨甲必丹、叶观盛在吉隆坡建“培善堂”，聘两名中医师从事医疗，后扩建为“同善医院”，为一所中西合璧的医院。1884年有闽粤两省华侨在槟城建南华医院，并不断扩大。本世纪20年代还建立麻坡中医研究所、雪兰莪杏林别墅、吡叻药材行、槟城中医联合会、马来西亚华人医药总会，创办中医刊物《医药之声》、《医铎》等，为发扬中医学术、促进马来西亚中医的发展做出贡献。1950年以前，马来西亚的中医师大部分是从中国去的，此后才自办教育，培养马来西亚的新一代中医，其中以马华医药院最负盛名。

乾隆三十七年（1772）有吕宋（今菲律宾）商人郎安敦、牛黎美亚等率领载有苏木、胡椒、槟榔等药材的商船至厦门贸易，带回中国的药材如土茯苓等。据《清史稿·暹罗传》记载，暹罗在清代亦多次来华贡献方物。贡物中有药物沉香、冰片、犀角、通大海、龙涎香等十余种，清廷回赠物中有中药人参等。近代以来，菲律宾华侨达20多万，亦多习惯用中药治疗，中药店在全国各大城市均有开设。1922年还成立了旅菲“中华医学会”，于1944年改名为“菲律宾中医师公会”，1929年还成立有“中华药商会”，1961年有“马尼剌中国医药研究社”成立，开始举办中医研究班等。

新加坡中医药的发展与新中贸易交流有关，更与华人移居新加坡有直接关系。据统计，在1860年新加坡有华人5万多，闽粤华侨何道生、梁炯堂在新加坡建“同济医社”，现已发展成规模宏大的同济医院，继续为新加坡人士服务。1901年创刊的《新加坡医学报》（周刊）是新加坡最早的中医药刊物，在传播中医药方面做出贡献。针灸在新加坡亦发展很快，1936年由方展纶、陈志群合创的“辉华针灸医社”是新加坡第一所针灸学院兼针灸医院。1937年，何敬慈创立针灸治疗院，1938年萧憬我创办中国针灸总院，同年，有刘致中著《最新针灸经穴图考》，是新加坡第一部针灸专著。1938年，福建名中医吴瑞甫（1871～1951）避居新加坡时，不仅行医，还发起组织“新加坡中医药学会”（后更名为“新加坡中医师公会”）、国医研究所，撰写了《诊断学讲义》、《四时感症》、《伤寒纲要》等多种著作。中华人民共和国成立后，仍有友好往来，交流中医学术经验等。

随着中泰两国的友好交往，华侨在泰人数的增多，中医药学在泰国发展也很快。1927年成立华侨商人组成的“泰京联华药业公会”，1929年，泰国中医界成立“暹罗中医药联合分会”，响应国内中医界抗议南京政府取缔中医的活动。至50年代，泰国持有开业执照的中医达2000人，并设有中医院，以泰京天华医院影响较大。泰国并翻译出版了《中医历史》、《中

① 清·张廷玉等，《明史》卷324外国六，中华书局，1974年，第8397页。

医基础学》、《实用草药》等书，泰国联合药业公会 45 周年、50 周年的纪念刊中还收录了大量的中医文章和中国中医专家的论文。

印度尼西亚的中医大部分亦由中国前往，1960 年前中医药交流频繁，苏加诺总统访问中国，亦接受过中医治疗，其后亦曾邀请中国著名中医前往雅加达大医院指导印尼学生学习针灸。同时，厦门大学函授部通过由雅加达华侨总会招考中医内科和针灸函授学员，以提高中医人员素质。

随着华人移居缅甸和在缅甸的发展，中医药也在缅甸传播和发展，如闻名于世的万金油大王胡文虎的父亲即是早年在仰光华人区悬壶济世的中医，并开设有永安堂中药店。胡文虎及其弟继承父业，在仰光创制虎标万金油及其他良药，远销南洋及亚洲和世界各地。1968 年，缅甸政府还准许中医师成立中医协会，用中医中药行医，中医药更得以顺利发展①。

---

① 李经纬等，中国与东南亚医药交流史略，中医杂志，1991，52～54。

第二十二章　中日医学交流

日本是位于中国大陆东方的列岛之国，“根据近来非常发达的考古学方面的研究，有关海流的调查和日本神话传说等，可以设想，早在远古时代，日本同朝鲜之间，不但显然有了航路，往来相当频繁，而且中国的文化也远远经由这些航路传到了日本”①。两国间的密切关系，正如常常可以听到的四个字所形容的那样：一衣带水。

第一节　中国医学传日

据说在很早的时候，就不断有大陆之民因各种原因移住彼邦。例如秦始皇时，为求仙药，曾派徐市携童男童女东渡，却而不返，日本土地上至今仍保留着徐市（fú，现写为福）之墓。日本先民由采集、渔猎为主的“绳文文化”飞跃发展到以农耕为主的农业生产时代，其原因是由于接受了来自中国大陆先进文化的影响——中国移民。此后，“遣隋使”的主要成员乃中国人的后裔；遣唐使团中亦重用中国人；大和朝廷中统治阶级主要是臣、连、公、直、造、首、史、村主等八族，这八族都是中国人血统②。在日本医学发展史上最为知名的丹波世家，亦是汉人后裔。汉文化东传日本，在不同历史时期各有特点，严绍璗先生将其概括为：

（1）以人种交流为自然通道的传播形式（飞鸟奈良时代，6～8世纪）；

（2）以贵族知识分子为主体的传播形式（平安时代，8世纪末～12世纪）；

（3）以禅宗僧侣为主体的传播形式（五山时代，13～16世纪）；

（4）以商业为主要通道的传播形式（江户时代，17～19世纪）③。

就医学知识的传播而言，据文献记载，早期主要是经朝鲜半岛间接传播。公元五世纪前后，日本皇室有病，多向当时朝鲜半岛的新罗、百济等国求医，如公元414年，新罗的金波镇汉纪武被请到日本为允恭天皇治病；此后又有百济的德来、王有稜陀、潘量丰、丁有陀等人先后到日本行医④。这实际上是中国医学经朝鲜半岛诸国间接地传到日本，也是日本信仰汉医之始。

钦明天皇二十三年（562），吴人知聪携中国古代医方、本草和针灸书160卷赴日。日本医学史著作多以此为外国书，特别是针灸典籍传入日本之嚆失。实际上，早在钦明天皇十三年（552），梁文帝就曾赠给日本天皇一套《针经》，此书后来赐给纪河边多兔麿⑤。在日本原始的治疗方法中，见有“破身治病”的放血疗法，针灸著作传入日本之后，受到日本朝廷的

---

① 〔日〕木宫泰彦，日中文化交流史，中译本，商务印书馆，1980年，第1页。

② 颜锡雄，从若干史实看中、朝、日交流的深远影响，载王勇、王宝平主编《日本文化的历史踪迹》，杭州大学出版社，1991年，第1～12页。

③ 严绍璗，汉籍在日本的流布研究，江苏古籍出版社，1992年。

④ 〔日〕富士川游，日本医学史，日新書院，1941年，第17页。

⑤ 〔日〕藤井尚久，医学文化年表，日新書院，1942年第2版，第14页。

欣赏与重视，故派遣纪河氏到新罗专门学习针术，于皇极天皇元年（642）学成归国，成为日本最早的“针博士”①。

公元593～701年，是日本国的飞鸟时代，此时中国建立了统一的隋王朝，7世纪初唐取代隋，建立起更为强盛的王国。这对亚洲其他国家是有深刻影响的，对于当时尚处落后的日本国来说，更是触目心醉，力求效法。于是日本官人、僧侣不避辛苦，甘冒生命之险渡海来学政治国策与先进的科技文化。公元608年，日人小野妹子使隋，随行有药师惠日和倭汉直福因。惠日在我国学医15年始返回日本，倭汉直福因在唐学医的时间更是长达31年②。此后，惠日于公元630年和654年又曾两次来华，将中国医籍和治疗技术带回日本。

此时日本仿照唐制，建立起自己的医官职制，设置了“典医寮”，是当时医疗、医学教育的最高中央医事行政机构，有最大的医事职权。典医寮选择学生，首先招收世代为医者入学，人员不足时方录用13～16岁的优秀青年补充。所用教科书，皆是中国医学著作，如《针灸甲乙经》、《脉经》、《新修本草》、《小品方》、《集验方》等。如针科学生入学后要“先读本草、脉诀、明堂。读本草者，即令识药形、药性；读明堂者，即令验图识其孔穴；读脉诀者，令遽相诊候，使知四时浮涩滑之状。次读《素问》、《黄帝针经》、《甲乙经》、《脉经》，皆使精熟。其兼习之业，各令通利。”学习期间设有各种考试：每月一次，由博士出题；每季一次，由典医寮出题；每年一次，由宫内卿出题。不及格者要受体罚。学年考试出八题，解六以上者为优，四以上者为良，三题以下者不及格。成绩差者令其退学，而优秀者则可取代现任技术不良的医生③。这些制度与中国唐代医学教育十分相近。

日本国进入平安朝时代正是中国的盛唐之世。自舒明天皇二年（630），第一次任命犬上御田锹为遣唐使，至宇多天皇的宽平六年（894）因财政困难而废止遣唐使的264年间，共计任命遣唐使19次，其中确实到达中国的有12次④。在这二百五十余年间，大批医师及其他工匠随使节来往于中日之间，学到了唐朝的先进科学文化知识，并将大量的医学珍籍带到日本。公元891年完成的《日本国见在书目录》中记载医书166部，共1309卷，基本上都是中国隋唐以前的医学著作⑤。

公元984年，日人丹波康赖据所见中国医籍编成《医心方》30卷。书中除丹波氏附加的按语外，基本都是摘引中国古代医籍的内容，包括医学理论、针灸、医方、药物，以及养生、房中术等，是日本医学发展史上一部颇具影响的著作。书中所引内容，有些在中国早已失传，故无论是对研究日本古代医学，还是考证中国医学文献，都有不容忽视的价值。

伴随着佛教的传播，中日两国间僧人的往来对医学知识的传播亦有极大的促进作用。除众所周知的鉴真大师外，还有许多唐、宋僧人是以医术见长而闻名于彼邦的。日本僧人中也有致力医道者，如智玄、荣西等都是专为学医而到中国，并将宋朝医籍带回日本。

进入江户时代，由于日本出现了文化从宫廷、贵族向庶民转移的格局，能够读书的文化人大量增加；同时，以商贸为主的传播方式亦成主导，因而使得汉籍东传出现了许多前所不具的特点。例如在以僧侣为主要传播媒介的时代，携归日本的汉籍毕竟以佛经为主。非佛经

---

① 〔日〕藤井尚久，医学文化年表，日新書院，1942年第2版，第17页。

② 吴粤昌等，中日医学交流史略，福建中医药，1982，(1)：44。

③ 〔日〕山田重正，典医の暦史，思文閣，1980年，第8～14页。

④ 日本学士院编，日本医学史·第五卷，日本学术振兴会，1956年，第494页。

⑤ 〔日〕山田重正，典医の暦史，思文閣，1980年，第53页。

的“外书”（或称“外典”、“杂书”）实只占较小比例，且以训诂、字帖、诗文等为主①。而在江户商贸中，大量关系民生的实用著作始迅速地传入日本。其中，儒学与医学两类著作所占比重极大，这对江户时期日本政治文化、科技发展实具不容忽视的重大影响。当时日本限定长崎一港为与中国的通商口岸，出于商贸业务自身需要，及严禁天主教书籍传入，故到港船只需将持来书籍详列目录呈上，由此形成了种种可以称之为第一手原始文献的书籍目录，称之为《齎来书目》。现举一例示其大概，“享保四年（1719）第二十九番南京船”所载医学书籍有以下一些：

本草汇言	5部	证治大还	3部
本草备要	3部	本草增备要	12部
景岳全书	6部	张氏医通	1部
伤寒直解	2部	金匮要略	5部
素问灵枢	2部	医宗必读	10部
锦囊秘录	3部	本草纲目	5部
本草会纂	5部	千金方	1部
石室秘录	5部	薛氏医案	1部
医方集解	10部	素问灵枢类纂约	2部

真柳诚与友部和弘据这些原始资料整理成“中国医籍渡来年代总目录（江户期）”一文②，所列书名达九百八十余种，并指出：“江户时期，来自中国的知识以各种书籍为媒介而传入，影响到日本文化的各方面。现称汉方·针灸及东洋医学的日本传统医学，乃至本草·博物学概莫能外。其在江户时期的发展与深化，中国书实有不可等闲视之的作用”。

第二节　日本的汉方医学

自中国医学东传，至近代西洋医学传入之前，是日本历史上吸收中国医学知识、加以改造，建立起称之为日本“汉方医学体系”的历史阶段。而这一时期又可分为两段，前期以单纯学习中国医学为主，并无明显的改造与创新；后期由于医学脱离了典医寮官方医学的束缚，大批文化人致力于研究，故始见具有自身特点的“汉方医学”体系，日本学者将其称之为“近世医学”，约当中国的明清时期。因于日本近世医学是以田代三喜入明、带回李朱（李东垣、朱丹溪）医学及其他明代医学著作为起始点，故与中国医学循序渐进的发展轨迹有所不同。最主要的区别在于日本是先有“明代医学”的流行，后有“汉代医学”的兴起。田代三喜及其弟子曲直濑道三等人习用李东垣、朱丹溪及明代医家的著作与治疗方法，声名大振、弟子众多，但从总体上讲，与当时中国境内流行的医学没有什么太大的区别。其后有名古屋玄医、後藤艮山、吉益东洞等一批医家以为阴阳五行、脏腑经络皆属不实之虚论，转向研究《伤寒论》。他们在理论上提出各种疾病的原因可以归之于“一气留滞”（後藤艮山）、“万病一

① 参见《大正新修大藏经》第五十五卷“目录部”，其中见有《常晓和尚请来目录》、《惠运律师书目录》、《福州温州台州求得经律论疏记外书等目录》、《新书写请来法门等目录》等。但其中所见与科技有关的书籍极少，仅可见《五脏六腑图》、《七曜历》、《祕录药方》等数种。

② 载于国際日本文化研究センター编《日本研究》第七辑，1992年，第151～183页。

毒”（吉益东洞）；在治疗上专取《伤寒论》的方药，并以病症为选药的唯一依据，故被后人称之为“古方派”。而将田代三喜、曲直濑道三等人传播的李朱、明代医学称之为“后世派”。此后又有一些医家以为两派各有短长，取兼收并蓄之态度，故被 人称之为“折衷派”。这三派构成了近世医学的基本格局。就所谓“汉方医学”的特点而言，最突出的特点在于将中国医学庞杂的学说、方药进行简约化，以便于学习与应用。这一点无论是在古方派，还是后世派，其实都是一样的，只不过简化的具体方法、依托的主体有所不同而已。古方派尊崇《伤寒论》，又与当时日本社会复古思潮风行相一致。在儒学方面，当朱子学流行一段时间后，同样出现了批朱尊孔的思想。而无论是医学还是儒学的这种复古思潮，在当时的中国亦同样存在。

汉方医学的一大特点是创立了“腹诊”，即捨弃四诊，独于腹部诊断全身疾病的方法。被日本学者称之为汉方医学的独立发明，是最可夸耀之事①，认为这种不同于中国传统医学诊断方法的创立，是由针灸医生、按摩师等手技娴熟却不谙理论之人首倡②。然而如果认真研究一下17世纪出现的多种早期腹诊著作，则不难看出这种说法并不正确。因为这些著作大多只讲药物疗法，而极少言及针灸、按摩；作者对阴阳学说知之甚详。简单地说，早期的腹诊著作，实际上是要将令他们感到难于落实到“脉诊”上的阴阳·元气变化，具体化于人的腹部。这种诊断方法确实不是从中国直接传入，但与当时盛行的太极·元气·阴阳之说关系极为密切。近年来中国学者有力主腹诊为“中国发明、日本发展”者，③ 实因对日本腹诊建立的过程没有充分的了解。

第三节 日本医学对中国的影响

由于日本的汉方医学是以中国古代医学为基础而建立起来的，因而在相当长的一个历史时期中，可以说只是由中国向日本的单向传播。然而到了19世纪后期，中国的科学技术明显落后于西方的发展，于是不仅出现了西学传入、学习西方之事，而且许多知识分子亦开始注目于较早接受西方近代科技文化的东邻日本。通过留学人员、驻日使节、医家学者之手，一些流传日本却失之国内的古籍复传国内，同时他们还介绍了日本汉方医学的研究成果。由此在中国亦引出了一些类似日本折衷派的医学著作。注意：此时的折衷派已不是早期兼收古方派与后世派的“折衷”，而是指兼收东西方医学，或以现代医学研究古代医学的折衷派。

在所谓单向东传的历史时期，似乎从未有人对汉方医学加以重视，1890年黄遵宪著《日本国志》始见涉及。黄遵宪（1848～1905）为广东嘉应人，清末外交家、史学家、革新家。光绪三年（1877）随何如璋使日为参赞，驻日四年，广为结交，历时九载著成《日本国志》40卷。他详细介绍了日本医学发展的历史，涉及汉方医学的源流、学派、人物、著作、特色技术以及未来趋势，论说明治时期废止汉方医学之事等等。另一特别值得注意的人物为杨守敬（1839～1915），他在日本搜集我国古籍，就地辑刻《古逸丛书》百部，版片及书运回国内，广为流传。光绪十年（1884）归国，得书三万余卷，医籍四百余种④。

① 见《日本漢方腹診叢書》（オリエント出版社，1994年）第一卷所载松本一男氏的“解说”。

② 大塚敬節“腹診考”首创此说，后人多宗之。参见《大塚敬節著作集》第八卷，春陽堂書店，1981年。

③ 王琦，中国腹诊，学苑出版社，1994年。该书立足于腹诊“发明权”之争，似无必要。

④ 详见靳士英《近代中日两国的中医学交流》，中华医史杂志，1992，（2）：106。

杨守敬除搜集、复刻中国医药古籍珍本之外，回国后还将日人多纪元简等人所著医书13种名之曰《聿修堂医学丛书》加以刊刻。此书在民国时期及中华人民共和国成立后均有重印，影响极大①。又据真柳诚氏之调查，中国现存日本汉方医学典籍还有《学医规则等六种》、《杂病广要》、《栎蔭先生遗说》、《兰溪平言、聿修堂架藏记》、《诸病源候论解题》、《神农本草经解故》、《本草序例纂考》，小岛宝素、尚真朱墨批校《针灸甲乙经》，《芷园臆草》等，均是清末传入中国②。在中国印行的日本医学著作，始于1857年的《观聚方要补》，此书之版木传至中国后，共印行5次，作者为多纪元简。其后有1859年的《伤科要略》，1884年的《聿修堂医学丛书》，1885年的《古方通览》、《眼科锦囊》，1888年的《花柳辨证要论》、《诊病奇侅》，1894年的《肺病问答》，1899年的《脚气类方》，1901年的《中医八书合刻》，1903年的《医事嘉言钞》，1910年的《删定伤寒论》、《化学实验新本草》，1911年的《医界之铁椎》等。至民国末年，计有167种（含复刻本）；至1982年，共有205种②。其中影响最大的，当属1936年刊刻的《皇汉医学丛书》，收书71种，另有论文集一本。

汉方医学传入，在一定程度上影响了国人研究中医的方法。例如民国时期的医家陆渊雷著《伤寒论今释》、《金匮要略今释》，各引汉方医学之说600余处，共40家。尤其是在中药的化学成分研究方面，更是深受日本之影响。当然，这些变化均主要是出现在民国之后。

日本在医学方面对中国产生之影响的另一方面，是中国在19世纪末至本世纪初，曾以日本为媒介，间接地学习西方近代医学知识。其代表人物之一，为丁福保（1874～1952）。丁氏于1909年奉命调查日本医学，通过调查，他认为“国医最大的缺点，在于无解剖学、生理学、组织学、胎生学、细菌学、病理学等基础医学之智识，又无传染病及内科学等世界新智识”。因而致力于日本医书的编译，先后完成了《中外医通》、《医界之铁椎》、《汉法医典》、《国医补习科讲义》等书，汇集成《丁氏医学丛书》，计68种。目的在于“荟萃中外各科书籍，不分门户之见、不存骑墙之说，擘精覃思，冀有以得其会通焉”③。实际上，目前中国使用的许多医学名词、术语，均是来源于日语。只不过由于两国所使用的均是相同的汉字，而使人忽略了其外来语的性质。

谭汝谦按年代对中日间互译医书的数量有所统计，从中亦足以看出近代以来，中␣在医学方面逐渐开始利用日文著作以了解近代西方医学（表22-1）④。

表22-1　中日互译医书的比较

年代 / 数量 / 关系	1660～1867	1668～1895	1896～1911	1912～1937	1938～1945	1946～1978	
中译日	1	0	46	119	13	308	（计）487
日译中	0	0	0	1	2	37	（计）40

① 〔日〕真柳誠，清國末期における日本漢方医学書籍の伝入とその変遷について，載《矢數道明先生喜寿記念文集》温知会，1983年，第643頁。

② 〔日〕真柳誠，中國に於て出版された日本の漢方關係書籍の年代別目録，漢方の臨床，1983，(9)：47～51。

③ 详见高毓秋、真柳誠《丁福保与中日传统医学交流》，中华医史杂志，1992，(3)：175。

④ 谭汝谦，中日之间译书事业的过去、现在与未来，载谭汝谦主编《中国译日本书综合目录》，香港：中文大学出版社，1980年，第37～117页。

第二十三章　中印医学交流

中印两国同为古代文明的发源地，两种文化各具特点。就印度而言，虽然在历史记事（尤其是相关时间的记述）方面远不及中国，但在想像力与逻辑思维方面却极为发达。这种特点对于哲学、论理学，及依托于自然哲学之古代科学的建立，无疑具有重要的促进作用。随着文化交流史研究的步步深入，人们越来越认识到这两大古代文明之间存在着千丝万缕的联系，但其中还有很多空白点有待于补充；特别是在科技交流方面，许多问题尚未涉及，乃至专致于此的专家学者亦感叹自己"在这些方面的知识何等浅陋"①。

属于"生命科学"范畴的知识体系，在古代印度称之为"阿输吠陀"（āyur veda）。这一词来源于表示"生命"之义的 āyus 与表示"知识"之义的 veda（汉译识、明、术）的复合。在某些医史论著中误将其与印度早期的四种《吠陀》并列，以为是继这四种著作之后形成的一本具体医学著作，不确。

如同任何一种传统医学一样，阿输吠陀亦是逐渐发展而形成自身完整体系的。传世的早期著作为《阇罗迦集》（Caraka-saṃhitā）与《妙闻集》（Suśruta-samhirā）。对于这两部经典形成于何时的问题，有种种不同看法，早可至纪元前数千年，晚则为纪元后数百年。其中，以加腻色加王（Kaṇiṣka）之御医阇罗迦（Caraka）为名的《阇罗迦集》的成书过程大致是：公元 100 年前后，阇罗迦修订了前人如火氏（Agnivesa）的医学旧论，成为该书 120 章的前 79 章；而自第 6 卷第 14 章之后的 41 章，乃是由公元五六世纪间的特里达巴罗（Drdhabala）修订的。因此其基本内容的成立时代被上溯到纪元前 5～6 世纪。《妙闻集》的情况亦是同样，成书年代或以为在纪元前，或以为在纪元后 4 世纪。该书前 5 篇 120 章一般认为出自苏斯鲁塔（Suśruta）之手，而第 6 篇（补遗篇）则可能是成于苏斯鲁塔的传人之手。总之，这两部经典的情况与中国古代医学经典《素问》、《灵枢》因所含内容有早晚不同而很难确定具体成书年代、孰先孰后等等均十分相似。但值得注意的是，这两部著作的成立，标志着古代印度生命科学知识体系的成熟；完成了从以《阿闼婆吠陀》（Atharva-veda）为代表、以咒术治疗为重点的历史阶段，到以合理的医学治疗为核心的根本性转变。

一般认为，这两部著作的主要区别在于前者是内科学的"完整体系"——以药物疗法为主；后者属外科学的"完整体系"——以手术疗法为特点。大约在公元 7 世纪末，又出现了一部综合两书内外科知识而成的《八心集》（Aṣṭāṅgahṛdava Saṃhitā），这三部著作被喻之为阿输吠陀文献系中的"三位长老"②。根据现有资料看，这三部著作都未曾完整地传入中国，但以僧徒、方士为媒体传入了一些属于阿输吠陀——即古代印度医学的理论学说、治疗方法、药物知识，并对中国医学的发展起到了一定的促进作用。需要说明的一点是：中印文化交流固然是以佛教的传播为主体，但却不可将佛经的翻译作为印度古代医学知识传入的唯一途径。因

① 参见《饶宗頤史学论著选》季羡林序，上海古籍出版社，1993 年，第 19 页。

② 〔日〕佐藤任，古代インドの科学思想，东京書籍株式会社，1988 年，第 64 页。

为佛教作为一种宗教，具有其特有的教义，故在吸收阿输吠陀知识时是有选择的，并有据佛教教义进行改造的过程。由此造成了所谓“佛教医学”出入于阿输吠陀、或同或异的复杂状况。而中国人所接受的古代印度医学知识既有来源于佛经者，亦有不见于佛经记载者。可以想见，在历史上，僧徒与方士，这两种身份之人无疑都是知识传播的媒体。而他们口传身授的医学知识与治疗技艺，又无疑包含有“佛教医学”与“阿输吠陀”两种多少有些区别的“印度医学知识”。

第一节　印医理论对中医的影响

阿输吠陀认为人体与万物一样，皆成于“五大”（空、风、火、水、地）；人体中的三大要素——风（vāta）、胆汁素（pitta，或称“火”）、粘液素（kapha，或称“痰”），既是正常生命运动的要素，也是造成种种疾病的原因（当各要素出现有余或不足，均衡失调时）。而佛教多从“四大”（地、水、火、风）立说，云一大不调即有一百零一种疾病产生。东汉末年安世高翻译的佛经有《人身四百四病经》（《出三藏记集》卷13；《开元释教录》卷1）[①]；三国时译入的《佛说佛医经》云：“人身中本有四病，一者地，二者水，三者火，四者风。风增气起，火增热起，水增寒起，土增力盛。本从是四病，起四百四病。”四大说传入中国后，很快在中国医家的著作中有所反映，如南北朝梁代医家陶弘景在增补《肘后方》中即采用此说，其序云：“人用四大成身，一大辄有一百一病”，并改《肘后方》之名为《补阙肘后百一方》。唐代孙思邈《千金要方》、王焘《外台秘要》皆可见“四大”说的引述；隋代巢元方还试图将四大说与五行说结合起来。后世医书虽亦可见引用四大说者，但两种学说毕竟各有各的体系，未能融成一体。孙思邈等人生活于佛学盛行的隋唐时期，论著中自然多有佛教医学的潜在影响，如以“六根不具足”、“受入性”等言说人身疾病，又有“生熟二藏”[②]的提法，均系取之于佛经。例如“生藏”、“熟藏”乃是《杂阿含经》的说法，实即指胃与肠而言[③]。“生藏”是梵文“āmāśaya”（未消化之物的存处）的直译[④]，在其他一些佛经中义译为胃。这样一个小小的例子使我们看到研究外来文化之影响时的困难所在——只有当某个概念、名称保存了音译、直译时，才较容易窥察到其源于外来文化的本质；而对于众多义译，甚至是根据汉文化进行了改造的概念、名词，则很难判断其究竟是外来，还是固有文化在某一时期出现的新事物。

从总体上说，中国医家在理论方面以引用佛经为主，似乎看不到直接接触或吸收阿输吠陀医学理论的例子。从中可以看出中印文化交流传播确实是以佛教为主体，即翻译工作者所热衷的是介绍佛教的理论学说。但在这种“时代主流”中亦多少有些纯粹的“医学理论”传入了中国。例如孙思邈《千金翼方》在论说药物时说：“有天竺大医耆婆云，天下物类皆是灵药；万物之中，无一物而非药者”[⑤]，这显然正是《阇罗迦集》中所说“如果知道世间任何一种品物都具有一定的‘理’（ynkti）与‘用’（artha），则可以说没有不是药物的东西”；“任何一物没有不是药物者”的流传。有学者指出。李时珍编著《本草纲目》时不厌详尽，虽冷僻

① 王树英编，中印文化交流与比较，中国华侨出版社，1994年，第130～131页。

② 分见唐孙思邈《千金要方》（人民卫生出版社，1955年版）第13，140，427，16页。

③ 参见〔日〕福永仏勝美《仏教医学事典》，雄山閣，1990年，第15页。

④ 〔日〕荻原雲来编，漢訳对照梵和大辞典，講談社，1986年，第201页。

⑤ 唐、孙思邈，《千金翼方》卷一，人民卫生出版社，1955年影印版，第2页。

亦不能遗漏的指导思想亦是源出于此[①]。

特别值得注意的是，中医眼科最重要的理论是将眼划分为五部分，配合五行、五脏来言说疾病的性质与治疗方法，称之为“五轮说”。一般认为这是“中医眼科在唐末至宋代理论上的新总结，并非舶自印度眼医”[②]；是由五行说衍化而来[③]；甚或以此作为考证眼科著作内容源流的依据，即凡见此说却又冠以“龙木（即龙树）”之名者，即可定其为中印“合璧”、“非印著”[④]。由于五轮说与五行说关系密切，且总是与“八廓”（依八卦对眼进行区分的学说）并论，确实容易使人以为这是五行说在眼科理论中的表现，但对此有两点需要注意：首先，眼分五轮是印度眼科的基本理论，见之于《妙闻集》补遗篇专论眼科的19章中。而中医眼科虽以“五轮”为最重要的理论，但成立甚晚，且可见逐步改造完善的明显迹象。如传世的《葆光道人眼科龙木集》中说：“又曰目中有五轮，夫五轮者，有风轮、有血轮、有气轮、有水轮、有肉轮。”但又说风轮是“虽有其名，而形状难晓”；血轮亦未定义为两眦，只是说属心、属血，赤黑色是也。附录此书的明刊《龙木集》亦说：“肝主风轮在内无形；眼中白翳有小赤脉是血轮主属心”[⑤]。与五行、五脏配合完璧的五轮说始见于托名孙思邈的《银海精微》及明清时期的各种眼科著作中。但《银海精微》中见有金代医家刘完素所创制的著名方剂“双解散”，又可见“予曰：孙真人云如何如何”[⑥]。显然成书甚晚。要之，中医眼科构建与五行、脏腑相配的五轮说是在宋元间流传的多种不著撰者之“龙木眼论”之后，或亦可说是据此加以改造而成。其二，五轮之“轮”——“maṇḍla”乃极具印度传统文化特色之词，其本义为圆、球，汉译为“轮”；其哲学性含义为物体的集合、世界图像（汉译“杂色”、“曼荼罗”），这显然也与“眼根”——视觉有直接关系。因而从印度眼科早已采用五轮之说，及中医采用甚晚且先出《龙木集》后始改造成五行化的五轮说等观之，此说源自印度眼科当无大问题。

在中印医学交流史上，藏医学可称是中印医学交流的结晶。西藏地处中印交流的通道，西藏人民在本身创造的医学实践基础上，吸收了中医学的理论和实践，也吸收了印度医学的内容，融合成三位一体的藏医学[⑦]。其特点在于更多地吸收了印度阿输吠陀的医学理论，例如藏医所言“朗、赤、培根”，汉译为“风类病、黄类病、痰类病”或“风、胆、痰”。这三个概念均具身体功能与疾病名称两方面的含义，如“朗”作身体功能解，与汉医所说的“气”类同；作疾病名称解，与汉医所说广义的“风”类同。由于其特定的含义，汉文意译无适当词语可用。但如对印度医学有所了解，则不难看出，这三个重要的概念实与印度医学所言风、胆、痰的含义别无二致。藏医学的经典——《四部医典》中有些章节与阿输吠陀系医学著作间存在着“除个别字句外，基本相同”的现象，因而有些国外学者认为该书是翻译之作，国内学者对此持批判态度[⑧]。蔡景峰最近撰写了有关《四部医典》来源之考证的专著（尚未出版），基

① 蔡景峰，李时珍，见杜石然主编《中国古代科学家传记》下集，科学出版社，1993年，第820页。

② 马伯英等，中外医学文化交流史，文汇出版社，1993年，第153页。

③ 祁宝玉，五轮八廓，见《中国大百科全书·中国传统医学》，中国大百科全书出版社，1992年，第509页。

④ 马伯英，中国医学文化史，上海人民出版社，1994年，第377页。

⑤ 人民卫生出版社1958年排印版《秘传眼科龙木论》，前为有王问万历乙亥（1575）序的《龙木集》，后附《葆光道人眼科龙木集》。

⑥ 见台湾影印文渊阁四库全书本《银海精微》第966，1034页。

⑦ 参见傅芳“中国与印度的医学交流”。载廖育群主编《中国古代科学技术史纲·医学卷》，辽宁教育出版社，1996年，第342页。

⑧ 详见人民卫生出版社1983年版汉译《四部医典》蔡景峰序。

本观点仍是认为此书既有吸收阿输吠陀医学知识的一面，亦有创作研究的成果。随着藏传佛教向蒙古族地区传播，《四部医典》又对蒙古医学的发展起到了极大的影响①。从总体上讲，印度医学的理论对西北地区少数民族医学的影响要大于对汉族医学的影响。

第二节　印医方药在中国的传播

1890年，鲍尔（Bower）在新疆库车佛塔中发现梵文著作7部。其中有3部为医书，第一种论大蒜之用途；第二种名为“Navanitaka”，即“精髓”之义，乃集当时印度医学著作之精华，载有《布哈拉集》、《阇罗迦集》、《妙闻集》等书的药物处方；第三种为油剂、酊剂、丸药、涂药等的处方。抄写时代约在公元4世纪后期②。另外在敦煌卷子中亦可见到一些印度医方③。《隋书·经籍志》中载汉译胡方10余种，如《龙树菩萨药方》、《婆罗门诸仙药方》、《西域婆罗门仙人方》等等，但这些方书均佚而不存，唯可在《千金要方》、《外台秘要》等隋唐时期的方书中见到一些印度医方的踪迹。然而值得注意的是，除了明确指出源自耆婆的一些方剂（如“耆婆万病丸”、“耆婆汤”等）外，是否还会有些方剂源自印度医学？《千金方》中有不少方剂使用酥、蜜、乳，这似乎亦是考察印度医学影响的线索之一。《医心方》录《最胜王经》云：“沙糖酥蜜乳，此能疗众病，自余诸药物，随病可增加”。在《阇罗迦集》中，酥被视为油脂类药物中的极品；乳具有营养，给人以精力、智力、体力、意志力，延寿、去疲劳、止咳、愈外伤等治疗作用；有关糖的论述更为详尽，大抵从咬得的蔗汁，到糖蜜、凝固之糖、结晶之糖等分为10个等级，适用于不同病症。这些特点显然不是中国传统医学固有的内容。再者，中国汉代的方剂用药一般不过数种，与印度医学用药数量较多不同（例如“耆婆万病丸”由31种药物组成），因而对于隋唐方书中一些用药较多之方剂的来源，亦值得深入研究，虽无由知其确切来源，但亦至少要考虑到用药习惯、组方形式上可能受到外来医学的影响。

关于用药剂型的转变，亦有两点需加注意。本书第五章中谈到东汉时期出现了内服药剂型的重要转变——从吃药变为喝药。如果仅从中国传统医学内部寻找原因，多少总觉得有些困难，但看看古代印度的药用剂型，则多少可以拓展些思路。《阇罗迦集》云内服药有五种剂型：①榨出药（Jvarasa）——压榨药物所得液体；②拌合药（kalka）——液体加粉末制成丸形；③煎剂（sṛta）——以火煎煮；④渗出液（śita）——浸药于热水中，放置一夜；⑤汤药（phāṇita）——将散剂置热水中浸泡。其中，第2种剂型是马王堆出土医书、武威汉简中最常见的剂型；而第3种剂型在那时尚多用于食物类药物，至东汉后期才见广泛应用，取代了传统的冶末吞服法。第5种剂型类似中国的煮散，在东汉后期亦见使用。中国的内服药剂型在东汉出现较明显的变化，其间是否存在外来文化的影响是值得考虑的。

另外一点是第4种剂型。本世纪70年代初，中国医学工作者据葛洪《肘后方》“青蒿一

① 详见索伦古特·巴·吉格木德《蒙古医学史》，内蒙古科学技术出版社，1985年。

② 参见程之范《印度古代医学简介》，中华医史杂志，1953，(1)：31；〔日〕矢野道雄，《インド医学概论》的“解说”，朝日出版社，1988年。

③ 参见马继兴《敦煌古医籍考释》（江西科学技术出版社，1988年），这些方书均无书名，不著撰人，马继兴据内容将其名之曰“佛医方”。

握，以水二升渍，绞取汁，尽服之”以治疗疟疾的记载，成功地提取了抗疟新药“青蒿素”。蔡景峰指出：“青蒿中所含的这种有效成分，是一种不耐热的化学物质，在加热后即失去其抗疟性能。而葛洪在书中摒弃了中药最常用的熬汤的剂型，改用绞取汁的方法，这不能不令人叹服其认真观察和深入实践的科学精神”①。然而认真思考一下葛洪所处历史时期，尚没有加热可破坏有效成分这样的认识作为实践活动的理论性指导，实证性的实验研究亦相当薄弱，因而要设想他曾通过不同的制药方式来比较其效用如何是十分困难的。在这样的时代背景下，葛洪似乎不太容易主动地、直接摒弃传统的用药剂型。因而其深入实践、认真观察的具体表现很可能是沿着这样一个过程：直接采用生药则有效，但煎煮之后则无效，故对剂型格外注意，录于书中。至于说青蒿治疟的经验、浸泡的剂型来源何处则无从深考，或许取自民间流传；或许有外来文化之影响。冯汉庸“葛洪曾去印支考”② 对思考葛洪何以会“摒弃了中药最常用剂型”，采用一种见之于印度医学的用药剂型，是有启迪作用的。

在药物分类方面，梁代陶弘景身为道教名人却改变尊为神农《本经》、神仙味道浓厚的“上、中、下”三品分类法，“创立”了被后世医史学家反复称颂的自然属性分类法，亦是不容忽视之事。陶弘景虽是道教中人，但其思想本质实属苞综佛道，“曾梦佛授其菩提记，名为胜力菩萨。乃诣鄮县阿育王塔自誓，受五大戒”③；遗命死后“通以大袈裟覆蒙首足……道人左，道士右”④ 云云，乃是他融合兼收两教的证明。实际上，陶弘景的药物分类法并非纯粹按自然属性划分，而是两种分类法的结合。即在自然属性分类之下，再依“上、中、下”三品进行划分。从印度医学文献中虽然可以了解到其药物分类基本是按自然属性划分，但陶弘景采用综合两种分类体系的做法是否就可以换言成外来与传统、佛与道、印度与中国的结合，则只能说“可能”。如果能够认识到道教这种所谓土生土长的中国宗教在其形成过程中，本身就具有受外来佛教刺激而成的因素，甚至于连道教的法器宝物“镜”⑤、“符”⑥ 等都可能与外来文化之影响有关；印度沙门、方士传播彼邦医药知识在当时已十分普遍，而陶氏本人又在思想上欲融汇两教，则药物分类法的合璧现象亦不无可能是受到印度医学的影响。另外，陶氏所撰《本草经集注》中增加了所谓“诸病通用药”一项，子目计有80余种。此与《阇罗迦集》中将药物按治疗效用分成50类、枚举常用药物500种的做法亦具可比性。这些特点提示我们，中国传统医学在自身发展过程中，虽未见得原封不动地吸收了外来文化的内容，但却可以在比照彼有己无的基础上进行创新。史学家将这种过程称之为“激发性传播”（stimulsu diffusion）。

在外治法方面，中国自唐代始见有以蛭吸恶血的记载，陈藏器云：“水蛭本功外，人患赤白游瘮及痈肿、毒肿，取十余枚令啗病处，取皮皱肉白无不差也。”⑦ 据考证，“水蛭吸脓法是前此方书所未见者，宋代发展成蜞针法，一直到明代均有应用”⑧。又如以各种药物制成湿布，

---

① 蔡景峰，葛洪，见杜石然主编《中国古代科学家传记》上册，科学出版社，1992年，第203页。
② 《文史》第39辑，中华书局，1994年，第59页。
③ 《梁书·陶弘景传》，中华书局点校本，1973年，第743页。
④ 《南史·陶弘景传》，中华书局点校本，1975年，第1900页。
⑤ 《西京杂记》载汉宣帝佩“身毒国宝镜一枚”，“旧传此镜见妖魅”云云。
⑥ 参见马伯英等《中外医学文化交流史》，文汇出版社，1993年，第146页。
⑦ 《重修政和经史证类备用本草》，卷二十二，人民卫生出版社影印本，1957年，第448页。
⑧ 朱仁康，中医外科学，人民卫生出版社，1987年，第8页。

不仅用于治疗皮肤病，还可用于驱风、逐寒，治疗痛风、头痛、体臭等，中国古代医学称此为“溻”，研究者以为首见于晋代《肘后方》①。这两种疗法在印度医学中均属最常用的治疗方法。《妙闻集》中有专章论“蛭吸法”；《阇罗迦集》在论医疗中的“最优”事物时说：“附属性外科用具中，以蛭（为最优）”。从采用这些疗法的时间先后顺序，以及应用程度、论说详略等方面考虑，均为治疗方法之传播的研究，留下了种种话题。

在医学传入中，一些印度及西域特产的药物，特别是香料，以医学传播（知识性传播）和商贸两种途径方式进入中国，起到了丰富药物与治疗方法的作用。例如诃子、阿魏、安息香等等药物的使用，均与交流有着密切的关系。然用药知识的传播，绝不可以这些特产药物为限，因为诸多药物毕竟是各地均产。中国医家如仅用汉名记述这些药物及使用方法，则后人无从窥知其传播的经过。在此仅举敦煌卷子中一个标有梵文名称的药方为例②，即可略知这种转变过程：

菖蒲（跃者）　牛黄（瞿嘘折娜）　苜蓿香（塞毕力迦）　麝香（莫诃婆伽）　雄黄（末擦眵罗）　合昏树（尸利洒）　白芨（因达啰喝悉哆）　芎䓖（阇莫迦）　枸（苟）杞根（苫弭）　松脂（室利薜瑟得迦）　桂皮（咄者）　香附子（目口哆）　沉香（恶揭鲁）　旃檀（旃檀娜）　零陵香（多揭罗）　丁子（索瞿者）　郁金（茶矩么）　波律膏（曷罗婆）　萎香（擦剌哆）　竹黄（鹓噜战娜）　细豆蔻（苏泣迷罗）　甘松（苫弭哆）　藿香（钵坦罗）茅根香（湿尸啰）　叱脂（萨洛计）　艾纳（世黎也）　安息香（窭具罗）　芥子（萨利教跛）　马芹（叶婆你）　龙花鬚（那咖口）　白胶（萨折罗婆）　青木（短瑟佗）

从药名的翻译中可以看出，纯粹的僧人（无论是印度僧人还是中国僧人）或只通一国医药知识的僧人，是无力完成医药知识传播的。必须是对药物本身能够识别者，才能完成这种药名的对译。就这些人而言，无论其是否具有僧籍，毋宁将其视为医药专家更为恰当。

第三节　眼科的传播

眼科在印度医学中，属较为发达的专科之一；其说传入中国后，对中医眼科之发展起到了极大的促进作用，这些早已是众所周知之事。但一般有关印医眼科传播中国的论述，多集中于唐代诗词中可见婆罗门僧以金针拨障术为人治疗内障一事。在本章第一节中，已然谈到中医最重要的眼科理论“五轮”说是在印医眼科的影响下，改造发展而成。此外，则是在以手术疗法治疗眼疾方面深受印度医学之影响。印度眼科在视觉疾患方面主要是从晶状体等“四膜”（包括角膜、虹膜等）健康与否来考虑，其结果自然是长于外治（包括拨内障法的产生），但在其他原因（如眼底疾患等）造成的视觉障碍方面却一筹莫展，只能归之于超自然的病因（因视神仙、鬼怪等造成）。与之相较，中医在视觉疾患方面多从脏腑功能着眼，故同样是在对视觉生理、病理不具全面之科学认识的时代，前者（印度）转向超自然的解释而归于“不治”③；后者则建立起基于脏腑功能解释的治疗方法。此乃两种眼科知识体系的短长、特点所在。当印度眼科传入之后，中医除接受了针拨内障术之外，还在钩割刺烙等手术疗法方面

① 朱仁康，中医外科学，人民出版社，1987年，第98页。
② 引自马继兴《敦煌古医籍考释》，江西科学技术出版社，1988年，第493页。
③ 《妙闻集》中述眼病76种，凡外部不见病理改变的视力减弱或失明，皆归于“不治”。

大受影响。各书所见钩割之法基本上与印度相同，特别是有关火烙用途的解释，与《妙闻集》中所言“以火烧之，病不会复发”完全一致。[①] 可以说经过在手术疗法上取长补短，中医眼科始见较明显的发展，形成了药物（包括内服与外用）与手术并重的格局。

从流传的眼科著作中，虽能看到印度眼科种种直接与间接的影响，但均系经过改造后的吸收。冠有龙木之名的眼科著作，皆非译作。可以看出医学知识的传播与佛教译经不同，或许主要是以口传身授为主。再者，愿将某种知识说成是本民族所固有的心态在当时也是存在的。例如《目经大成》论“钩割针烙”时说：“原夫钩、割、针、烙之术，仿黄帝九针所作，闻自汉·华元化先生得来，一云龙树山人，未知孰是”；《审视瑶函》在详述拨障方法后明记：“右龙木论金针开内障大法”，却又说：“钩割针烙之法，肇自华佗”，“针非砭针之针，乃针拨瞳神之针”。此外还有一类根本不接受手术疗法的眼科著作，如《一草亭目科全书》、《异授眼科》、《银海指南》皆属此类。民国时期曹炳章（1877～1956）在编辑《中国医学大成》时，于眼科唯收此三书以示民族文化精粹。亦可证外来的东西需经改造，且最好是不露痕迹才好流传。但在历史上，印度眼科知识融入中医应该说还是以积极因素，即消化吸收、改造重建为主要倾向。

第四节 佛教文化的种种潜在影响

自魏晋南北朝始，翻译佛经之人渐增，且有人不辞辛劳赴印取经，使得印度文化、佛教思想通过多种渠道介入中国人的思想与日常生活。就汉译佛经而言，蔡景峰从清末印行的频伽精舍校刊《大藏经》中，检出佛医经 21 种[②]，即：

《佛说婆罗门避死经》、《佛说奈女耆域因缘经》、《佛说奈女耆婆经》、《佛说温室洗浴众僧经》（以上安世高译），《佛说佛医经》（吴·竺律炎等译），《佛说胞胎经》（晋·法护译，《佛说佛治身经》、《佛说活意经》（以上译人不详），《佛说咒时气病经》、《佛说咒齿经》、《佛说咒目经》、《佛说小儿经》（以上东晋·昙无兰译），《禅秘要法经》、《众禅三昧法门经》、《禅要诃欲经》（以上译人不详），《治禅病秘要经》（刘宋·沮渠京声译），《迦叶仙人说医女人经》、《啰嚩拏说救疗小儿疾病经》（以上刘宋·法贤译），《佛经说医喻经》（刘宋·施护译），《五门禅经要用法》（刘宋·昙摩密多译）。这些著作都是后来辑人《大藏经》的，在译出之后流传范围如何，产生了哪些影响均不太清楚。就中国传统医学的理论学说、治疗方面而言，似乎看不出这些“佛医经”有何具体影响。然种种潜在的、间接的影响却也不容忽视，就此试做以下探讨：

(1) 前述佛医经中有“医女人经”，范行准指出：“唐长安寺庙中有赐子之‘竹林寺’，腾于妇人之口；宋季南京凤井寺僧慧明传胎产科于萧山竹林寺僧静暹；明清后其书满天下。”[③]萧山竹林寺女科方书传本甚多，据说当年求诊者络绎不绝，然所用方药并非印度医学，不过多是一些活血理气之常用中药方剂。佛教僧徒何以重视妇科？明代钱塘僧人月湖曾著妇科专书，名曰《大德济阴方》，由此可以看出其指导思想或基于一“德”字，即以生育为天地之“大

---

① 如《银海精微》、《审视瑶函》、《目经大成》皆有相同之说。

② 蔡景峰，唐以前的中印医学交流，中国科技史料，1986，(6)：16。

③ 范行准，中国医学史略，中医古籍出版社，1986 年，第 67 页。

德”。

（2）佛教的伦理道德观念，对执政者、医家有潜在影响。自南北朝以来，有六疾馆、诸病坊的设立。《南齐书·文惠太子传》云：“太子与竟陵王子良俱好释氏，立六疾馆以养穷民”，是知与佛教的精神影响、功德之说有关。

（3）佛教讲究沐浴洁身，对卫生习俗不无影响。《隋书·真腊传》云：“每旦澡洗，以杨枝净齿、读诵经咒。又澡洒乃食，食罢还用杨枝净齿，又读经咒”；《南海寄归内法传》云：“俗嚼齿木，自是恒事……口嚼齿木，疏牙刮舌，务令清洁。”有人认为这是《外台秘要》卷二十二“升麻揩齿方”的前身，但因不识何为“杨枝”、“齿木”，以为印度只是“嚼”，而中国“将杨柳枝头‘咬软’，具毛刷样作用，是植毛牙刷出现的前奏，为中国人发明无疑”①。其实，印度的齿木原本并非仅仅是嚼，嚼的目的正是为了将其前端变成刷状。《阇罗迦集》第5章总述养生之法，其中对揩齿之法的记载是：“一日两次，用弄碎前端的、有涩、辛、苦味的杨枝，不要弄疼齿颈地揩齿，佳。能除口臭、恢复味觉，除去舌、齿、口中污物，增加食欲，洁净牙齿。”杨枝一词，在日语中是牙签、牙刷之意，保存了该词的本义，而现代汉语已无此语，故今人不识杨枝为何。《阇罗迦集》中亦可见刮舌的记载：“刮舌之具，以前端钝形、弯曲的金、银、铜、锡、黄铜制成。因舌根所积污物妨碍呼吸、产生异臭，故必须刮除。”生活于本世纪中期的中国人仍保持着刮舌的习惯，市面上亦可见刮舌用具出售，但现今唯见净齿流行。

（4）佛教坐禅、瑜伽功法对中国养生术有所影响。当然，注重禅法与瑜伽的形式与养生的关系，只是医学从自身立场出发看待印度文化的表现。就禅学所追求的目标而言，乃是一种“具有与世界观相契合的解脱方式和认识方法的宗教流派”，佛教坐禅有“五大法门”，首先就是“调息”，但无论是“五大法门”，还是“四禅定”，都是以抑制欲念、无喜无忧为追求目标②。同样，“瑜伽的原则，是将我们人类生存的某种能力或一切能力，化为达到神圣‘存在’的一种手段”，身体是工具，“体式”（asana）、“制气术”（pra ṇayama）是手段，精神净化才是目的③。但中国人看重的恰恰是形式、手段、工具，将这些统统作为养生保健的具体方法。

（5）道教有炼丹术，且分外丹与内丹。外丹固然与求长生不老密切相关，但也与炼金术、制药（用于治疗之药）密切相关；而内丹则纯粹是以追求长生不老为目的，一般认为最具道教文化之特色，或者说乃是道教之“专利”。然而有意思的是，最先提出“内丹”概念的却是佛教徒。东汉魏伯阳撰《周易参同契》，对于该书所言是内丹还是外丹，历来就有仁智不同之见，但有一点是可以肯定的，即该书中或那个时代并无“内丹”的概念与名称。内丹与外丹的命名，最早见于南朝梁陈间。佛教天台宗三祖慧思（515～577）所作《南岳思大禅师立誓愿文》④ 云：

我今入山修习苦行……为护法故求长寿命，不愿升天及余趣。愿诸贤圣佐助我，得好芝草及神丹，疗治众病及饥渴，常得经行修诸禅。愿得深山寂静处，足神丹药

① 马伯英等，中外医学文化交流史，文汇出版社，1993年，第164～166页。
② 详见葛兆光《禅宗与中国文化》，上海人民出版社，1986年，第4～121页。
③ 详见〔印〕室利·阿罗频多著、徐梵澄译《瑜伽论》，商务印书馆，1987年，第1，120页。
④ 引自郝勤《龙虎丹道——道教内丹术》，四川人民出版社，1994年，第68页。

修此愿。藉外丹力修内丹，欲安众生先自安。

关于内丹是什么，固然有种种不同解释，但其中较为重要的“一粒黍米”说，即内丹炼成后，“结成一粒，大如黍米”这样一种解释却与“舍利子”关系密切。“一些丹师认为，炼内丹实际也是炼成‘舍利子’一类的物质性的‘丹’。因此，晚期很多禅道合一的内丹家干脆不说金丹，而直称内丹为‘舍利子’。”①

站在内丹为中国道教特产，代表了道教养生术的最大特点这样一种立场上的内丹研究者，对于何以在佛教徒的言论中首先出现了内外丹的提法，只能归结于“估计在当时，慧思所接触的道教徒或道教典籍中，已有内丹、外丹的提法，故为慧思所引用”。① 但这种解释显得过于简单，佛道两家学问、思想间援彼入此，相互借鉴与改造的复杂过程皆化为乌有。要之，慧思如果生活在印度，恐怕永远只能有“舍利子”的思想；道教徒如果不接触佛教，大概也只会以精、气、神为说，而当两种文化融合在一起时，自然就要孕育出一些新思想、新概念。

第五节　对印度医学的影响

在有关中印文化交流的论著中，常常可以见到中国絲、造纸术等传入印度的考证，但极少有人谈到医学问题。据日本学者中村元介绍，梵文中称中国为“支那”(cīna)。在现代印地语和孟加拉语中，书写成 cīn，发音为“秦”。支那一词最初出现于《摩诃婆罗多》、《摩奴法典》等古文献中。在佛经里，最初出现在《弥兰陀王问经》中。特别是在据传是迦腻色迦王统治时编纂的《大毗婆娑论》中，当列举外国人时，首先提到的是中国（支那）人。即在说法时的会座中，确有中国人。“一音者谓梵音，若至那（支那）人来在会坐，谓佛为说至那音义”。这还说明这样一个事实：当时的印度人已经能够听懂中国话。② 蔡景峰据张楠有关“蜀身毒道”中印药物交换之考证，强调“印度的药物，由此道输入我国，而我国的药物也从这条道路输往印度。例如义净，就在他的著作中谈到印度把我国输入的人参、茯苓、当归、远志、乌头、附子、麻黄、细辛等药，称为神州上药”。另外，中国→吐蕃→印度的交通道也十分重要，“根据法国的东方学者瓦尔德（P. Huard）的意见，中医的某些典籍就是经由吐蕃传入印度的”，中医的诊脉方法由此传入印度③。诊脉这种原本不见于印度古典医籍的诊断方法，于 12～13 世纪时开始见著于医籍之中，至今仍是印度的阿输吠陀医学重要的诊断方法之一，而其基本方法与中国医学相同④。

早期印度医学使用矿物药，主要是配制皮肤疾患的外用涂药。这一点在《阇罗迦集》与《妙闻集》中表现得很明显，但在其后的时代里，矿物药逐渐被广泛应用于内服药中，与炼丹术、不老长生术产生了联系。特别是水银被称为“液体中的因陀罗”(rasendra)，一般认为这与中国古代医学的影响具有极为密切的关系。从这些地方大致可以看出中国医学对印度医学的发展存在着一定的影响。交流，无疑是双向的。

① 郝勤，龙虎丹道——道教内丹术，四川人民出版社，1994 年，第 9～11 页，68 页。

② 〔日〕中村元，论中国文化在亚洲的意义，南亚研究，1981，(2)：86。

③ 蔡景峰，唐以前的中印医学交流，中国科技史料，1986，(6)：16。

④ 参见矢野道雄《インド医学概论》的“概说”及第 25 页，朝日出版社，1988 年版。

第二十四章　中国与阿拉伯国家之医学交流

阿拉伯国家，一般指以阿拉伯民族为主的国家，包括埃及、叙利亚、黎巴嫩、伊拉克、约旦、沙特阿拉伯、阿拉伯也门共和国、苏丹、利比亚、突尼斯、摩洛哥、阿尔及利亚、科威特、巴林、阿曼、阿拉伯联合酋长国、卡塔尔、也门民主人民共和国、毛里塔尼亚等亚非国家。但在中国史书上所记载的阿拉伯国家，包括伊朗、叙利亚及美速不达米亚一部分、红海西岸、波斯湾东岸，以及非洲北部等有阿拉伯人的地区①。这些地区，地处我国赴西域的丝绸之路上，或本身已属我国古代所称的西域范围（西域，为汉以后对于玉门关以西地区的总称。包括我国的甘肃、新疆以及亚洲中西部、印度半岛、欧洲东部和非洲北部）。有学者认为，公元前964年周穆王的西游，开始了丝绸之路的第一曲，《吕氏春秋·本味》（约前239年成书）中所载“大夏之盐，宰揭之露，其色如玉”一句中的大夏即当时位于阿富汗北路，阿姆河上游之大夏，《吕氏春秋》成书之时，正是大夏国兴盛之时，故“有盐从彼国来，写入书中应无疑问。”② 然一般认为，汉武帝（前140～前87）时期，朝廷曾两次派遣张骞出使西域，开辟了丝绸之路，促进了内地与边疆、汉朝与中亚、西亚等国的经济文化交流，包括医学交流。东汉明帝（58～75）、安帝（107～125）时，相继派遣班超及其子班勇等人出使西域，继续保持丝绸之路的通畅，从而更加强了西域与内地的联系。一般认为，张骞从西域带回的植物中，不少可以入药，如苜蓿、胡麻、胡桃、安石榴、菠薐等，但方豪先生认为，“世传张骞携入之植物，多冠以胡字，如胡豆、胡瓜、胡荽、胡桃、胡麻、胡葱，其为外国产物，毫无疑义，其为汉代已传入中国，似亦可信。但谓系张骞传入，则不可能。”③ 但亦有学者考证，属于张骞带回之药用植物有葡萄、苜蓿、红蓝花、胡麻、胡桃、胡荽、胡瓜、安石榴、大蒜、酒杯藤、青田核等11种④。除中国使节带回药用植物外，亦有西域使节来贡者，如《后汉书·西域传》载，“桓帝延熹九年（公元66）大秦（罗马帝国和东罗马帝国）王安敦遣使自日南徼外献象牙、犀角、玳瑁。”公元148年，有安息国（亚洲西部古国，本为波斯帝国一行省，地处伊朗高原东北部，公元前249～247年独立，公元226年为萨桑波斯所取代）僧人安世高来华，其译出之《棕女祇域因缘经》中有开颅、剖腹、神膏等医事记载。

汉代以后，中国与阿拉伯地区国家的医学交流增多。使节往来不断。如西晋武帝太康年间（280～289）大秦又遣使来通好。西晋时月支国（部分在今阿富汗）僧人竺法护译《胞胎经》，译述了胎儿发育周期等，将国外医药介绍进中国。虽其本人属阿拉伯地区人，由于崇信佛教，译述的是佛经，其中医药内容主要是介绍印度医的，但也不排除有阿拉伯民间医药的

① 范行准，中国与亚拉伯医学交流史实，医史杂志，1952，(2)：83。
② 马伯英，《中外医学文化交流史》，文汇出版社；1993年，第187页。
③ 方豪，中西交通史·上册，岳麓书社，1987年，第42页。
④ 赵璞珊，张骞出使西域带回的药用植物，1990年中国少数民族科技史学会学术会议论文。

可能。波斯国（今伊朗）是在公元6世纪上叶与中国初建外交关系者。据《魏书·西域传》记载，梁武帝天监十七年（518），“波斯始通中国。其国产药材甚多，如薰陆、郁金、苏木、青木等香、胡椒、荜拨、石蜜、千年枣、香附子、诃黎勒、无食子、雌黄等。”《梁书》亦记载：“中天竺国（印度）……其西与大秦、安息交市海中”，“大秦人采苏合，先榨其汁以为香膏，乃卖其滓与诸国贾人，是以辗转来达中国，不大香也。”说明阿拉伯地区之货物通过天竺等商人转辗而至中国的途径。

公元7世纪时，阿拉伯帝国在阿拉伯半岛崛起，我国史书称之为大食。在8世纪中期，大食征服了今属叙利亚、巴勒斯坦、埃及等地区、阿富汗、印度北部等，其势力范围的东部已与中国西部边疆接壤，由之而与中国关系更为密切。他们也十分欣赏中国的文化，如在伊斯兰教祖穆罕默德口传言释《哈狄特》中就说“要寻求学问，即使它远在中国。”[①] 而中国也认为应该与阿拉伯加强友好关系和交流，如唐宰相李泌就提出过：“大食在西域为最强，自葱岭尽西海，地几半天下……故知其可结。”因此，双方的友好愿望，促进了双方的相互交流。

大食帝国于唐永徽二年（651）开始正式遣使来唐，在首都长安受到唐朝廷之礼遇。据统计，自651年至789年期间，大食正式遣使来唐者有37次，平均几近4年即派员来访一次。而来华商人亦不少。《通鉴》载“天宝（742～756）以来，胡客留长安者四千人，”可见来华人数之众。其时，伊斯兰教亦随之进入中国。唐朝廷并遣使天方国（指麦加），请该国遣使派员来降妖。来使与唐王多次谈其宗教、医药等，因而有唐王“敕封清真教门”等事。大食使节携来之方物中包括有药物，如724年，大食来献龙脑香[②]；791年，“黑衣大食遣使来朝”。《宋史·大食传》也记曰：“唐朝永徽以后屡次入朝而献方物。”根据《本草纲目》记载，来自大食的药物有玛瑙、无名异、阿芙蓉、薰陆香、麒麟竭、苏合香、无食子、诃黎勒、丁香等。大食是唐代对阿拉伯帝国的称呼，公元1055年后，塞尔柱突厥人占领巴格达，东阿拉伯帝国遂亡。不久，西方各哈里发国家也先后覆灭，阿拉伯帝国就不存在了。故宋、明史书记载的大食国产药物，当多系隋唐时传入的。

古代波斯即今之伊朗。其使节从公元647年开始来中国，至公元762年间，波斯使节来中国有28次之多[④]。不少使节携有香料、药物等。如公元730年波斯王子继忽婆来朝献香药、犀牛等；中国本草学著作中，还记载有密陀僧、绿盐、阿月浑子、无石子、阿魏等从波斯传入的药物。

在整个唐代，都有阿拉伯商人流寓中国的，除当时京师长安（今西安）外，广州、泉州、杭州、明州、扬州、洪州等处都很多。据阿布赛德（Abu Zaid）记录：在公元878年有12万回教徒、犹太人、基督教徒、火袄教徒因黄巢起义军攻陷广州而牺牲[⑤]。在扬州的阿拉伯商人和回教徒，唐末田神功焚掠扬州时，也被杀了数千人（见旧、新《唐书》田神功传及邓景山传）。他们多数是贩卖香药和珠宝为生的。[⑥] 这些阿拉伯人的姓名，至今几乎都不可考，仅据《旧唐书》李汉传记载，有献沈香亭子的李苏沙，是贩卖香药后来归化我国的波斯人。到五代王蜀时期，有波斯李珣、李玹兄弟，仍以卖香药为业。李珣著有《海药本草》，以介绍海外传

---

① 引自李约瑟《中国科学技术史》第一卷，科学出版社，1975年，第480页。

②，③ 王钦若等，《册府元龟》卷971，中华书局，1960年，第11412，11413页。

④ 朱杰勤，中国与伊朗历史上的友好关系，历史研究，1978，(7)：74。

⑤ 参见张星烺《中西交通史料汇编》第3册，商务印书馆，第130～132页。

⑥ 范行准，中国与亚拉伯医学的交流史实，医史杂志，1952，(2)：83～110。

入的药物，其中多半是波斯药物[⑦]。此外尚有开设药铺的波斯人，如《太平广记》卷28神仙·郗鉴条引唐·牛肃《纪闻》："段子天宝五载（746），行过魏都，舍于逆旅。逆旅有客焉，自驾一驴，市药数十斤，皆养生辟谷之物也。而其药有难求未备者，日日于市邸谒胡商觅之。……"牛肃是唐代人，记长安有胡商鬻药为业当是真的。

阿拉伯药商不仅在我国销售药物，他们也带来了一些医方。如唐初已有传入的治痢方悖散汤，又名乳煎荜拨煎、牛乳补虚破气方。据记载于唐贞观年间（627～649），唐太宗曾患气痢，迭经太医治疗均无效果，乃诏告天下征求医方。有栎阳（今陕西临潼）人张宝藏者，进呈此方，太宗病得愈。因而赐予张宝藏三品官鸿胪卿职。据《千金要方》指出，牛乳补虚破气之方即悖散汤，乃从波斯、大秦传入中国。唐陈藏器《本草拾遗》谓"荜拨生波斯国，故人将来"，也是此方传自波斯的一个旁证。也有中国医家研究国外传入药物者，如前述李珣之《海药本草》外，尚有郑虔的《胡本草》，胡泛指西域，当是研究西域传入的药物学著作。

唐代，还有许多中国人去阿拉伯地区国家。如杜佑《通典》引杜环《经行记》谓杜环在大食见到了京兆人樊淑、刘泚、河东人乐隮、吕礼等；也有中国使节出使宣诏或回访，因此，中国也有许多药物、治法外传。当时传入阿拉伯地区的药物有肉桂、芦荟、樟脑、生姜等[⑧]。依宾库达特拔之《省道记》载中国"出口货有戈莱伯、吉纳胶、芦荟、樟脑……肉桂、生姜等"[⑨]。还有中国的炼丹术和许多治疗方法亦传入阿拉伯地区，如美国的拉瓦尔（Lawall）在《药学四千年》(Four thousand Years of pharmacy）一书中认为，阿拉伯的吸入麻醉法可能是由中国传入的。被誉为医学之父的伊本·西拿，西欧人称为阿维森纳（Aviceuna，980～1037)，其生活年代在宋代初期，但他的著作《医典》可以说是隋唐时期中阿医学交流的总结。因为其中的内容当是在他成书之前传入的。据范行准研究，认为《医典》是摄取东西各国医学精萃而成。该书中提到的糖尿病人之尿必甜，当是从中国传过去的，因为中国知糖尿病人的粪尿有甜味是很早的事（后汉·范晔《吴越春秋》已有尝粪尿之记载)，7世纪初已为医家著录，《医典》成书于11世纪之初，当受中国医著之影响。此外，《医典》有循衣摸床、相思脉之记载，与中国医书《伤寒论》之循衣摸床、《史记·仓公列传》诊相思脉案一致。《医典》记述的脉法有48种，35种采自王叔和《脉经》，在治疗方面，用烧灼法治疯狗咬伤，以及刺络放血法、吸角法、竹筒灌肠法等描述，均很像中国所习用者，从而可见与中国医学之关系。

而中国除自阿拉伯输入药物、医方外，也曾吸取了一些理论，如五代杜光庭的《玉函经》中采用了巴比仑人所发明的十二宫（兽带）说，是以前中国文献中所没有的。《玉函经》曰："络有十五经十二，上应周天下临地，水漏百刻运流行，与周天度为纲纪。手足阳明江海水，天蝎金牛并豫翼，太阳手足合清淮，天称白羊充淮里，阴阳人马对寅申，燕益渭漯水气深。太阴巨蟹并磨蝎，丑未湖河水难竭，宝瓶狮子对周齐，汝水三河合应之。巳上楚宫属双女，亥上双鱼时掉尾。"（生死歌诀中）此文是杜光庭糅合《灵枢·经水篇》、《淮南子·天文训》和《大集日藏经》等书而成，故宋代黎民寿作注时对十二宫无一字提及，盖由阿拉伯传

⑦ 范行准，中国与亚拉伯医学的交流史实，医史杂志，1952，(2)：83～110。

⑧ 参见张星烺《中西交通史料汇编》第4册。中华书局，1977年，第196页。

⑨ 参见张星烺《中西交通史科汇编》，第2册，中华书局，1977年，第218页。

人的天文学，非医家所素习，故无从注释也①。

宋代，中国与阿拉伯人的交往更趋隆盛。据《宋史·大食传》记载，“开宝元年（968），遣使来朝贡。四年，又贡方物……”其后，六年、七年、九年亦均遣使以方物来贡。太平兴国二年（公元977）、四年复来朝。据不完全统计，自开宝元年（968）至绍兴元年（1131）前后入贡23次，献上的方物有白龙脑、白砂糖、蔷薇水、香药、宾铁等，不仅直接或间接对中国药物学产生影响，也是医学史上可研究的好资料。据赵汝适的《诸蕃志》，阿拉伯国家与中国贸易的药品为犀角、乳香、龙涎香、木香、丁香、安息香、没药、硼砂、蔷薇水等。这些药品均为中国本草所收载，如《证类本草》、《本草衍义》、《汤液本草》、《日用本草》、《救荒本草》、《食用本草》等均有阿拉伯传入药物之收录。

宋代，除药物外，一些阿拉伯地区的方剂也在我国流传。如《太平圣惠方》的眼科方中有“大食国胡商灌顶油法”，方用“生油二斤，故铧铁五两（打碎捣洗），寒水石一两，马牙硝半两，曾青一两，”上述药物“以绵裹，入油中浸一七日后，”可治“脑中热毒风，除眼中障翳，镇心明目②。蔷薇水，亦为阿拉伯传入之药物，即蔷薇露，是用蒸馏之法，把花的液体蒸馏出来。在阿维森纳《医典》中有记载，史学界一般认为此药露制法，创于波斯人。在宋以前，中国文献中尚未见记载，惟北宋乐史《太平寰宇记》卷179说占城国在显德五年（958）“其王释利因得曼，遣其臣蒲诃散等来贡方物，中有洒衣蔷薇水一十五玻璃瓶。言出西域。”蔡絛《铁围山丛谈》卷五说“故大食国蔷薇水虽贮玻璃缶中，蜡密封其外，然香犹透彻闻数十步，洒着人衣袂，经数十日不歇也。”并说北宋时五羊（广州）有人仿外国造香水，因无蔷薇花而代之以素馨、茉莉，香味远不及大食真货好。则蔷薇水实出大食，与史界一般所说相符。蔷薇水的传入中国，丰富了中国药学的内容，也增添了一种新制剂。此外，尚有阿维森纳发明的丸衣法传入中国。西欧鲁《世界药学史》说“他（指阿维森纳）又为金银包裹丸剂之创始人。此种丸剂，不仅在外观上有一种美化之感，且亦能增高医治上的效果”。金银包裹丸剂，即用金银箔包裹丸剂。我国医书记载用金银箔 做丸衣者，似首见成书于11世纪的《和剂局方》，后来并推而广之，用朱砂、青黛等为衣。丸衣法不仅增加了丸剂的美观，对防止药性挥发，或增加药效均有裨益。当时还有人因此而发财者，如《苏沈良方》之“褐丸”条下载有“苏州有人卖一朱砂丸，食药无所不治，其效如神，如此致巨富。服其药者遍天下，人无有得其真方者。后有亲人窃得，乃与此（褐丸）一同，但加朱砂为衣耳”，即为一例。

除大食国外，宋时尚有麻罗拔、施曷（均在阿拉伯半岛南部）、奴发（阿拉伯半岛东南岸的佐尔法）等阿拉伯国家，也向中国输出大批香料药物。大食商人啰辛在绍兴年间（1131～1162），仅在福建泉州贩卖乳香就价值30万缗。曾经入仕元朝的意大利人马可·波罗在其游记中也记述了中国药材外运的史实：在马拉巴看到大批中国船只，装载着大宗中国出产的药材，同其他货物一起，被阿拉伯人运往亚丁港，再转运到亚历山大里亚等地。据《宋会要辑稿》记载，宋代经市舶司由大食商人外运的中国药材如人参、茯苓、川芎、附子、肉桂、朱砂、雄黄等，有近60种，目的地为欧洲和阿拉伯地区。波斯人阿布·曼苏尔·穆瓦法克（Abu Mansur Muwaffaq）约于公元975年所著《医药概要》一书中也记述了肉桂、土茯苓、黄连、大黄、生姜等中国药物。一般认为，中国的炼丹术也于此时期经阿拉伯传到欧洲，对世界制

① 范行准，中国与亚拉伯医学的交流史实，医史杂志，1952，(2)：102。

② 王怀隐等，《太平圣惠方》卷32，新文丰出版公司影印本，台北，1981年。

药化学起有积极影响。

总之，香药的大量输入，开始是专供统治者享用的焚香、薰香等奢侈品，但因其有药用价值而被推广。如《诸蕃志》卷下记载："苏合香油，出大食国，番人多用以涂身。闽人患大风者亦敷之。可合软食及入医用。"宋真宗时，丞相王旦患病，真宗赐其药酒一瓶并苏合香丸一两同煮饮服，取得良效，于是此法广为流传，苏合香丸盛行一时。因此，临证中也对香药多数采用，本草专著和方书中如《嘉祐本草》、《本草图经》、《证类本草》、《太平圣惠方》、《和剂局方》、《鸡峰普济方》等，均有不少香药及其运用的内容，造成了宋代偏好应用香药的风气，从而又促进了香药的贸易。

元代是中国历史上由少数民族主政的一个朝代，在政治、经济、文化、对外关系方面均有其特殊性，在中外医药交流方面也不同于前代，即于此期传入了更多的阿拉伯医药，形成了回回（元时把西域东来的各族人统称为"回回"）医药与汉医药并重的局面。

在蒙古族入主中原以前的蒙古国时期，已开始了与回回医药的交往。在蒙古太祖成吉思汗、太宗窝阔台、定宗贵由等蒙古最高统治者周围集聚了不少中外各族医生，如信奉景教的回回医生有撒麻耳干（今撒马尔罕）名医撒必，波斯医生麦术督丁等，汉族医生有刘仲录、郑景贤、许国桢等人。中外医生共同服务于蒙古统治者，相互之间有直接接触，有所交流是自然的，惜乎缺少这方面的记载。在当时往来的使节中，也有本身是医生或留意于医药者。如鲁木国（今土耳其）的使者叔札乌丁就是一名医生，同时期的中国使节常德西行觐见宪宗之弟旭烈兀（1252～1259年，旭烈兀西征波斯，攻陷极达城，灭黑衣大食，进兵叙利亚），其事由刘郁撰成《西使记》，其中有关于回回医药的见闻，为国人增加了对回回医药的认识，书中所载阿只儿、阿息儿、奴哥撒儿三种回回药，后被《本草纲目》收录①。在西征过程中，有大量回回青年被征入军队，也包括回回医生，这些人中有不少人随蒙古军东来。1279年，忽必烈灭南京，统一全国以后，设有"西域侍卫亲军"，即由回回人组成的侍卫部队。为了满足回回军队士兵医疗的需要，以及处理回回药物输入等事宜，设立了西域医药司、京师医药院、广惠司、大都与上都回回药物院及回回药物局等回回药物专门机构，这些机构的创始人为拂菻（东罗马帝国，在今叙利亚西部）人爱薛。他"通西域诸部语，工星历、医药"②，在中统年间建议设立西域星历、医药专署，1263年忽必烈任命他主掌西域星历、医药二司事。1287年，爱薛任秘书监卿，在秘书监还藏有忒毕医经十三部（忒毕是阿拉伯语 Tibb 的音译，意为医学），其妻曾经主持过京师医药院，其第五子鲁哈继爱薛提举广惠司事。所以在传播回回医药中，爱薛及其家人起了重要作用。

广惠司为元代主要的回回医药机构，其成立时间史书未予明确。《元史》卷88百官志载"广惠司……至元七年（1270），始置提举二员。"只说明广惠司设提举的时间为1270年。又据元人程钜夫《雪楼集》卷5载"公（指爱薛）起家为定宗近侍，中统间掌西域星历、医药二司事，至元戊辰（1268）兼广惠司，丁亥（1287）拜秘书监……"则在1268年已有广惠司之设，所以广惠司成立时间最迟不会晚于1268年。广惠司为正三品，其职责为修制御用回回药物，配制药剂，负责诸宿卫士之医疗，也收治京城中老弱病残贫病的平民。广惠司不仅仅由伊斯兰教徒和阿拉伯人任职，如广惠司卿聂只儿为也里可温人。而在太医院中，也有野里

① 廖果，元代中外医药交流初探，中华医史杂志，1988，(4)：211。

② 明·宋濂，《元史》卷134，中华书局点校本，1976年。

牙（爱薛长子）、铁柯、曲枢等多名回回人任职。说明回回人民在元代医政机构中有较高地位和影响，在太医院中有汉医家和回回医家并存，本身也是一种医药交流合作的体现。

回回医生不仅在医政机构中任职，由于元代有大量回回人入迁定居，因而也有许多民间回回医生为他们服务。元代王沂《伊滨集》中“老胡卖药歌”就记载了一名回回老医生“西域贾胡年八十，一生技能人不及。……川船南通有新药，海上奇方效如昨。眼中万事不足论，流寓无如贾胡乐。”

此期的阿拉伯药物仍通过使节和贸易输入中国。当时的伊利汗国与元朝皇帝同是拖雷的后裔，关系尤为密切，进贡活动频繁。不赛因汗时期（1317～1335）有时一年达5次之多。其贡品中，回回药物占很大比重。如1332年10日，不赛因“遣使贡塔里牙八十八斤”（《元史》卷37）。而使者返回时，元朝皇帝均酬其所贡药物价值。如1320年7月回回进药打里牙（即塔里牙），一次酬值达15万贯之巨，因此，名为进贡，实际上有贸易之性质。据元人汪大渊《岛夷志略》记载，当时中国商船与波斯湾地区的贸易中，运回的药材有甘埋里（今伊朗哲朗岛）的丁香、豆蔻、苏木、麝香；挞吉那（今伊朗塔黑里一带）的水银、硫黄；加里那（今伊朗西南沿岸）的水银、苏木；波斯离（今伊朗拉克巴士拉）的大风子、肉桂等。由于输入外来药物之多，引起了统治者的注意，因而有1285年忽必烈“今本草中土物，且遗阙多，又略无四方之药，宜遍征天下医师夙学多闻者，议板增人”①之诏下，由撒里蛮、许国桢等主其事，修成《至元增修本草》，惜已佚无考。

除药物外，也有阿拉伯医方输入。如《饮膳正要》、《瑞竹堂经验方》、《回回药方》等医著中都收录有回回方剂。如《饮膳正要》的舍利别，即糖浆剂，是当时统治者所感兴趣的剂型，甚至令在闽浙、云南等地专门制造进贡；阿剌吉酒，也是《饮膳正要》首载，是从黄酒蒸馏而得的烧酒，此二者均从阿拉伯传来。又如回回豆子、回回葱、八担仁、必思答、回回青等，顾名思义即是阿拉伯药物。《回回药方》（今存残卷）为元时东来的回回华籍医生编撰的一部古代医药著作，反映了回回医药在临证中的成就。书中述及了一些著名的中世纪阿拉伯医药家，如该书卷30载有雅黑·牙宾·马锁牙和虎迺尼·宾·亦西哈黑，前者为阿拉伯医学兴盛初期时东哈里发王朝的著名医家兼译著家马萨华（Yuhananibn Mâsawayh，今译尤汉纳·伊本·马萨华，780～857），后者即其学生、著名医学家兼哲学家胡内恩（Abu Zayd Hunayn b·Ishaq，今译阿布·扎伊德·胡内恩·勃·伊萨克，809～873）②。胡内恩还精通希腊文，他和他的助手们在不到50年的时间内，把重要的希腊医书都译成了阿拉伯文。所以《回回药方》不仅是一部反映元朝与阿拉伯医药交流的著作，也是东西方医药交流与融合的结晶。《瑞竹堂经验方》为回族医家沙图穆苏（字谦斋）所撰，其方喜用香药和阿拉伯之品，其治疥疮热毒的一浴散，很有与穆斯林沐浴结合用药之意。

在回回医学传入中国的同时，中国医学也在当时阿拉伯国家传播，尤其是在伊利汗国广为传播。伊利汗国是蒙古宪宗之弟旭烈兀西征，占领了自中亚阿姆河以西到叙利亚的广大地区后建立的。他西征时征调了汉人上千人，包括许多医生随征，从而带去了中国医药。伊利汗国十分注意吸收中国的科学、医学、艺术等，成为中国文化西传的媒介。1295年继位的合赞，幼年受过中国文化的熏陶，患病时常让中国医生治疗，如1304年“合赞得眼疾，中国医

① 元·姚燧，《牧庵集》卷29，《四部丛刊》缩编本。

② 廖果，元代中外医药交流初探，中华医史杂志，1988，(4)：211。

师在其身两处放血以疗之。”[①] 在他命令纂辑《被赞赏的合赞史》时，曾招致中国学者李大迟和倪克孙二人协助工作。伊利汗国著名政治家、医生兼学者拉施德（Rashid al-Din al-Hamdani，1247～1318）在13世纪末至14世纪初主持编译了一部波斯文的中国医学丛书《伊利汗的中国科学宝藏》。此书包括四部中国医著的译本。第一部是《王叔和脉诀》的全译本，后三部分别介绍经络针灸、本草、疾病病因、病理、防治与养生等内容，[②] 对中医药在波斯及西南亚伊斯兰地区的传播起了推动作用。

中国药材在蒙元时期也输入阿拉伯国家和地区。著名的阿拉伯药学家拜塔尔（1197～1248）所著《药用植物大全》中，首次收载了大黄、姜、新疆源柏等中药。中国人民的饮茶习惯也在13世纪左右传入亚洲西部。中国的商船经常前往波斯湾贸易，药材是运载的货物之一。

明清时期，中阿医药交流仍有继续。明三保太监郑和曾于永乐年间七下西洋，到过忽鲁漠斯（位于今伊朗东南部的波斯湾旁）、天方（麦加）等多个阿拉伯国家和地区。郑和曾三次至忽鲁漠斯，该地国王亦遣使来贡方物。其“医卜、技艺皆类中华”，[③] 则与元代以后中阿交流频繁，中国文化在该地广泛传播有关。赵汝适《诸蕃志》记载阿拉伯和中国贸易的药品为犀角、乳香、龙涎香、丁香、木香、安息香、没药、硼砂、蔷薇水等。阿拉伯传入的药物，也散见于明清本草药著作中，如《本草纲目》记载的阿拉伯药物有阿儿只、阿息儿、奴哥撒儿、酒杯藤、鹏、狮等，其他如《本草集要》、《本草蒙荃》、《本草经疏》、《本草乘雅》等亦有述及。

明代尚有学者记述回回医生行开脑术。明·陶宗仪《辍耕录》卷22西域奇术中云：“任子昭云：向寓都下，时邻家儿患头痛，疼不可忍，有回回医官，用刀割开额上，取一小蟹，坚硬如石，尚能活动，顷焉方死，疼亦遄止。当求得蟹，至今藏之。”又回回亦有兽医行医中国，故陶宗仪又云：“夏雪篑云：尝于平江阊门，见过客马腹膨胀倒地，店中偶有老回回见之，于左腿内割取小块出，不知何物，其马随即骑去。信者，西域多奇术哉。”

人痘接种术是中国人民的创造，在17世纪传入中亚西亚、土耳其一带，使阿拉伯人民受惠。法国大百科全书家伏尔泰记述了高加索锡尔戛西地方发生天花流行的情况：“锡尔戛人都很贫苦，他们的女孩子又都长得俊秀，所以她们身上父母最能赚钱。他们向大领主、波斯王和那些有钱购买并且经营这种珍贵商品的人的藏娇金屋供应美女……但是，……天花在他们家里蔓延起来：一个女儿出天花死了，另一个又瞎了一只眼，第三个病愈后带着个大鼻子，可怜的父母从此破产再也没有指望了。甚至常有这种情况：天花流行，贸易中断好几年，弄得波斯和土耳其宫阙十室九空。”后来是种人痘的方法挽救了这些姑娘。但伏尔泰并不知道何国发明人痘，又从何处传来此技术，他仅耳闻“我听说一百年来中国人一直就有这种习惯。这是被认为全世界最聪明、最讲礼貌的一个民族的伟大先例和榜样。中国人种痘的方法的确是不大相同的，他们并不割破皮肤，他们从鼻孔把痘苗吸进去，就好像闻鼻烟一样，这种方式比较好受，但是结果一样。这一点也可证实：倘若我们在法国曾经实行种痘，或许会挽救千千万万人的生命。”而李约瑟博士是第一个把中国人发明人痘的方法及传播历史查证清楚的

---

① 〔瑞典〕多桑著，冯承钧译，多桑蒙古史，中华书局，1962年，第326页。

② 岳家明，中国医药在伊朗，中华医史杂志，1994，(1)：28～30。

③ 张廷玉，《明史》卷326，中华书局，1974年，第8453页。

人。据李约瑟研究，“在这段时间里，如我们所知的情况那样，人痘接种刚好传给了土耳其人，又经他们之手传给了欧洲人。古老的丝绸之路是可以设想的向西方传播的必经之路”，并说“人们很容易地设想：大篷车商人们听到了这个方法，试验了它，然后作为一种民间活动传播开来，传到了欧亚大陆和非洲那些以长途贸易为主要方式的大篷车交通路线。”① 往来于丝绸之路的阿拉伯大篷车商人正是人痘术的试验者，传播者。人痘术不仅使他们自身增强了对天花的抵抗力，也使人痘术沿着他们的足迹继续西传，为人类健康做出贡献。人痘术之传播，也是中阿医学交流的实例之一。

① 引自马伯英《中外医学交化交流史》文汇出版社，1993 年，第 199 页。

第二十五章　中国与欧美国家和地区的医学交流

古代中国与欧洲国家和地区的交往大多是间接的。公元前 6 到 5 世纪，中国和希腊之间确已有了来往。塞人部落通过他们的游牧方式，在中国和遥远的希腊城邦之间充当了最古老的丝绸贸易商，他们驰骋的吉尔吉斯草原和罗斯草原成了丝绸之路最早通过的地方①。而我国史书上开始有关欧洲国家的记载，是在大秦、拂菻（拂懔、拂临、拂林）和黎轩（犁轩、犁犍、犁靬）等名称下，大抵是指古希腊、古罗马等欧洲国家，特别是东罗马拜占廷帝国。据方豪先生考证②，黎轩所指一为地中海东部，希腊殖民地之所在地；一指中亚及西亚，因亚历山大远征而曾为希腊人足迹所到之地；另亦指罗马帝国，因其曾有古希腊人。大秦则有广义狭义之分。狭义之大秦，所指不一，当按每一文献分别考证；广义之大秦，则为“西方”即“海西”之通称，犹今日之所言“西洋”，所指极广。他同意张星烺先生的意见，即《后汉书》的大秦，似指罗马帝国全部而言，《魏书》之大秦，似专指叙利亚。所以黎轩和大秦实分指希腊和罗马。拂菻是隋唐以后对大秦的称呼，指东罗马帝国及其所属西亚地中海沿岸一带。因此，史书上所载与大秦、拂菻、黎轩等国的交往，似可认为是与欧洲国家和地区的交流。

美国是一个后起的资本主义国家。在 1776 年 7 月 4 日建国以前，其与中国的往来是通过荷兰西印度公司和英国东印度公司间接少量进行的③，而且美国其时还是英国的殖民地，本身的医学体系也没形成，与中国间的医药交流只是作为商品的一些药材。从美国输入中国的药物有人参、胡椒、丁香、豆蔻、贝母、燕窝等，从中国输入美国的药物有桂皮、大黄等④。所以在近代以前，中国与西方医学的交流基本是与欧洲国家的交流，而入近代（1840 年后），美国才加入了资本主义列强中，而且在医学方面，他们也全部接受了欧洲传去的医学，发展很快，形成了美国自己的体系。与欧洲列强一样，美国在用炮舰打开中国大门以后，也派出了传教士医生，中美的医药交流也就频繁起来。

第一节　元代以前中欧医学交流

欧洲的古代文明是由古希腊人创造的，其中包括古希腊的医学。古希腊医学吸取了美索不达米亚和古埃及的医学，经希波克拉底（Hippocratis，前 460～前 377）及其学派的发展而奠基，核心理论为四元素——四体液学说，亦主张整体论、自然治愈和提倡医学道德，在临床上提供了许多诊疗方法和药物，形成了一个完整的医学体系，所以希波克拉底有“医学之

① 沈福伟，中西文化交流史，上海人民出版社，1985 年，第 19～20 页。
② 方豪，中西交通史・上册，岳麓书社，1987 年，第 149～158 页。
③ ，④ 张维华，明清之际中西关系简史，齐鲁书社，1987 年，第 105，106 页。

父”称。其后，又经盖仑（C. Galen，约130～200）的继承和发展，在解剖、生理、病理方面有很大发展，在脉学、药物、药剂学方面亦多贡献，并能实施钻颅术、截肢术等，影响西方医学达1500年。希氏和盖氏的医学著作曾在阿拉伯国家和地区大量翻译和传播，因此，在阿拉伯人传到中国的医学内容中，自然也包括了欧洲古希腊医学的内容。只是因西方医学没有系统传入中国，特别是四元素说与印度四大说又相一致，四大说最初由佛经译入而传播中国，佛教来自印度，但译经僧人中，有印度僧人，也有如安息国安世高者，安息在波斯地，公元7世纪后曾为阿拉伯人占有，所以在历史上亦属阿拉伯国家，则该国学者译述有医学内容的佛经，亦有可能传自欧洲古希腊医学，即四大说或许即四元素说的传入。

古代欧洲的方药和治疗技术亦有传入中国者，如《后汉书·西域传》载：“桓帝延熹九年（166），大秦王安敦遣使自日南徼外献象牙、犀角、玳瑁，始乃一通焉。”又《梁书》记载：“中天竺国（今印度）……其西与大秦、安息交市海中，多大秦珍物：珊瑚、琥珀、……郁金、苏合”，“又云大秦人采苏合，先榨其汁以为香膏，乃卖其滓与诸国贾人，是以辗转来达中国，不大香也。”又如悖散汤，在与阿拉伯医学交流中已述及。该方传自波斯、大秦，大秦即指罗马帝国。此外有学者认为“质汗药亦由西方传来。”[①] 所据为《政和本草》：“质汗味甘温无毒，主金疮伤折，瘀血内损，补筋肉，消恶血，下血气，妇人产后诸血结腹痛，内冷不下食，并酒消服之。亦傅病处。出西蕃。蕃人煎甘草、松泪、柽乳、地黄并热血成之。”又说，宋人以益母（夏枯草）成煎，称之谓“土质汗。”《千金》疗恶毒肿，用茴香草捣取一升，日三四次。其滓以贴肿。自元嘉以来用之，此亦西域之神方也。

此外，有底也迦之传人。《旧唐书》载：“（拂菻国）乾封二年（667）遣使献底也迦。”则一般均认为属欧洲传来无疑，并早已为唐代《新修本草》所收录：“底也迦，出自西戎。彼人云：用猪胆作之。状如久坏丸药。胡人时将至此，甚珍重之。试用有效，主治百病中恶，客忤邪气，心腹积聚。”后《千金翼方》亦有记载，亦云出西戎。所以西蕃、西戎，为泛指西方，即当时的欧洲。底也迦是复方丸剂，其组成，日人片仓元周的《青囊琐探》和李约瑟在《中国科学技术史》中都有述及，但出入较大，唯其为解毒剂则一致。李约瑟并对底也迦在西方古代的应用史作过研究，指出底也迦原先是尼肯特所用的解毒药，而旁杜斯国王米特里达提将各种效用不明的药料都加了进去，异想天开想做成一种万能的解毒药。盖仑曾著《论底也迦》，故此丸尚有“盖仑丸”之称。此药虽在唐时即已传入，且有西方国家的多次进贡，但都被束之高阁而未流行。唐时尚有罂粟的传人，被收载入陈藏器的《本草拾遗》中，称罂子粟，是鸦片的原植物。

又西方有钻颅术，即史书上所谓之“开脑出蛊”术。这在杜环《经行记》及《新唐书》中都曾提到，大秦人善医，能开脑出蛊。而据《玉堂闲话》，有高骈镇守维扬时，有一术士以利刀开颅取虫治愈大风（麻风）事：“高骈镇维扬之岁（879～887），有术士之家，延火烧数千户。主者录之，即付于法。临刃谓监刑者曰：‘某之愆尤，一死何以塞责？然某有薄技，可以传授一人，俾其救济后人，死无所恨矣。’时骈延待方术之士，恒如饥渴。监刑者即缓之，驰白于骈。骈召入，亲问之。曰：‘某无他术，惟善医大风。’骈曰：‘何以覈之’？对曰：‘但于福田院选一最剧者可以试之。’遂如言，乃置患者于隙室中，饮以乳香酒数升，则懵然无知。以利刀开其脑缝，挑出虫可盈掬，长仅二寸。然后以膏药封其疮，别与药服之，而更节其饮

① 刘伯骥，中国医学史，台北华冈出版部，1974年，第247页。

食动息之候。旬余病尽愈，才一月眉发已生，肌肉光净，如不患者。骈遂礼术士为上客。”大风即麻风，麻风患者病源并不在脑，亦无虫可挑，故病名或为叙述假借，其所用乳香酒显系麻醉药，亦有阿拉伯医药之特点，而其手术法正与《唐书》“开脑出蛊”相合。《回回药方》中金疮门记载治颅脑外伤，用钻颅术式锯头骨开窗法及明代《辍耕录》西域奇术中载之开割额上，取出一小蟹病愈都属一类手术，当属西方钻颅术借回回医家之手传入中国。

据李约瑟博士《中国科学技术史》（第1卷）称唐末五代至宋初，曾有一位中国学者到过巴格达，在阿拉伯名医拉齐处学习了盖仑的医学著作，在阿拉伯书商阿布尔·法拉吉·穆罕默德·本·伊斯哈克于公元988年著的《书目》中也提到了这一学者学习盖仑著作并速记下来的事，则为中国学者直接学习西方医学之始。然中国史书上却未有该学者之事、之名。或许因此学者死于旅途而未能归国之故，不过，总之是在10世纪时曾有过一位中国学者学习过西方医学，并曾将盖仑医著抄写以便带回中国。

此外，唐时传入的景教（基督教）亦为西方医学传入的途径之一。景教于唐时传入，唐德宗时立《大秦景教流行中国碑》述大秦阿罗本到长安受到唐太宗礼遇，有司并为之建大秦寺等事。后来唐高宗时又曾下诏将波斯寺均改为大秦寺，天下诸府郡置者亦准都改为大秦寺，可见当时景教在华发展较快。而景教教主也与唐朝廷有良好关系，德宗时主教僧伊斯任正三品金紫光禄大夫、同朔方节度副史，并赐殿中监紫锡袈裟等。从景教碑看，“馁者来而饭之，寒者来而衣之，病者疗而起之，死者葬而安之。”景教寺院尚有疗病之职能，无疑有医疗活动。到会昌年间，唐武宗下令灭佛，殃及诸教，景教亦未能例外。此后景教几湮没，景教徒也流散到民间，以他们的一技之长为群众服务。故有学者认为如扬州能开脑治“大风”之术士、著《仙授理伤续断方》之蔺道人都为被遣散的景教徒[①]流落乡间者。据阿拉伯作家阿布赛德（Abu Zaid）所著《东游记》称，唐僖宗乾符五年（878）黄巢起义军围攻广州时，有12万回教徒、犹太人、火袄教徒和信奉基督教的人被害，[②] 可见隐居者还不少。

到元蒙时，景教有复兴，其时称也里可温。如13世纪与爱薛同时任职于广惠司的聂只儿，是也里可温人，即景教徒。所以，自唐以后至元代期间，在传播欧洲医学中，基督教徒与回回一起做出了贡献。

而意大利人马可·波罗（Marco Polo，1254～1324）对于传播中国文明于西方，起了直接的作用。他于1271年随父、叔来华，仕元17年。1292年初离华，1298年在威尼斯与热那亚战争中被俘入狱。在狱中口述东方见闻，狱友为之记录成书，即《马可波罗游记》。书中对中国医药的记载甚少，对中国药材外运出口盛况有所述及：在马拉巴，他看到了大量中国船只载有该地所无的药材，并同其他货物一起被商人运往亚丁港，再转运到亚历山大里亚等地。书中介绍了姜、茶、胡椒、大黄、麝香、肉桂等中国药材。他也介绍了中国当时的一些卫生习俗，如皇帝陛下周围伺候和办理饮食的人带有美丽的面纱或绸巾遮住口鼻（类今之口罩），勤于沐浴，有职位的人都随身携带一个可供吐痰用的小器皿等等；也述及了他在杭州见到的一些收容残病患者的“慈善医院”，当是安济坊、安乐病坊一类。而法国传教士卢白鲁克曾受法王圣路易之命出使鞑靼诸王朝廷，在其所著《经行书》中说“东方之人……精于各种工艺，医

① 马伯英，中外医学文化交流史，文汇出版社，1993年，第261页。

② K. S. latourette, A history of christian Missionsin China, P. 54.

士深知本草性质。余亲见治病以按脉诊断，妙不可言。从不检验病人之尿，亦绝不知有其事。”①

总之，中国与欧洲的医药交流，元代及其以前，主要通过阿拉伯和中亚商人、医家的间接交流，当然也不乏直接交流的实例。但到元亡以后，基督教在中国匿迹，中国与欧洲的医药交流也随着几乎中断。元代以前尽管有欧洲医学的传入，但对中国医学未见有多大影响，主要是因西方医学理论体系未能成套传入，四元素说和四大说一样，在指导医学实践中不如中医固有的理论，而西方一些药物和治疗技术的传入，仅仅是丰富了中国本草药的内容和增加了临床治疗手段而已，因此，西医学也就未能在中国产生大的影响，更别说立足和发展了。

第二节 明末至清代中期 西洋医学在中国立足

明初，虽有三保太监郑和七下西洋等举动，加强了明朝与南洋和非洲国家之间的联系，促进了中外科学文化，包括医药学的交流，但郑和所到之西洋，是指今南海以西（约自东经110°以西）的海洋及沿海各地，远至印度和非洲东部，而非我们今天所称之西洋。今天所称之西洋是明末清初以后，对大西洋两岸即欧、美各国之通称。在明代及清初，欧洲各国经过了文艺复兴时期，科学技术发展很快，特别是16世纪以后，欧洲一些国家中资本主义已代替了封建主义，他们需要获取更多的资本，于是不断向外扩张。当时新兴的耶稣会，热衷于扩张天主教的信仰。而15世纪地理的新发现，使欧洲人寻求到了通往东方的航道，为资本主义扩张市场、为耶稣会传经布道，提供了更多的地域。耶稣会就在扩张天主教信仰的旗帜下，派出了一批批传教士到东方及世界各地，并将基督教以及西方科学知识传到了东方，也把欧洲的医学带到了东方。其时，美国尚未独立，因此当时的西洋医学也只是欧洲医学而已。

从医学来说，此时期的欧洲对解剖学较为重视，因此在对人体结构和生理功能的认识上较中医有所长，而其理论，基本承袭希波克拉底和盖仑的学说，属西洋古典医学范畴，而明清时期来华的传教士中，很少医学专门人才，大多忙于教务，因此并没有主动传播西洋医学入中国的愿望，只是在传经布道中介绍或涉及，但对中国医界，毕竟是吹入了一股清新之风，使对人体之结构和生理功能有新的认识。至19世纪初，有传教士医生在华开办诊所、医院、播种牛痘等，西洋医学自此在中国立足并发展，并得到中国医界部分人士之认可，特别是牛痘法的迅速传播，更加速了西洋医学在中国的发展。而中国医学，亦通过来华的传教士、学者介绍到欧洲去。

一 明代来华传教士及其介绍的医药知识

明代来华的传教士中，较早且最著名的是意大利天主教士利玛窦（Matteo Ricci，1552～1610，字西泰）。他于1582年应范礼安（Alexandro Valignani）神父之召，于8月抵澳门，次年赴肇庆，以天算舆地医学等结人心，颇得华人所重。1601年他抵北京，与监察御史冯应京、太仆寺卿李之藻、相国徐光启、京兆尹杨廷筠等交厚。他在华20余年，著述甚多，都为天文

① 张星烺，中西交通史料汇编·第1册，中华书局，1977年，第187～188页。

舆算之书，但其《西国记法》中之“原本篇”述神经之学，是西洋神经学传入之嚆矢①。其云：“记含有所在脑囊，盖颅囟后，枕骨下为记含之室。故人追忆所记之事骤不可得，其手不觉搔脑后，若索物会之出者，虽儿童亦如是。或人脑后有患则多遗忘。”② 此说对习惯于“心主神明”、“心藏神”说之中国医界，无疑影响很大，并有不少接受者，如方以智《物理小识》、赵彦辉《存存斋医话藁》、汪昂《本草备要》、李时珍《本草纲目》、王清任《医林改错》等都有引述。

意大利传教士高一志（Alphonso Vagnoni，1566～1640，原名王丰肃）于1605年来华传教。曾在绛州饥疫中进行拯济工作，并设育婴堂以收遗孤。其著作《空际格致》中涉及希腊四元素说及一些解剖生理知识；在《修身西学》中述及血液生理：“血气备成于心体而从心流于百肢也。二司既皆主血气以行，业尽职，故不得不同位而居。”

意大利传教士熊三拔（Sabbatino de Vrsis，1575～1620，字有纲），于1606年入华至京。在北京专修历书，研究水法，著有《泰西水法》，为口授徐光启所译者。该书也述及医学内容。如医学理论上遵奉希波克拉底四元素说：“有始有之物为元行。元行四：一曰土，二曰木，三曰气，四曰火。……不依四行不能自存，不赖四行不能自养。”也述及了消化生理，谓：“凡人饮食盖有三化：一曰火化，烹煮熟烂；二曰口化，细嚼缓咽；三曰胃化，蒸变传送。二化得力，不劳于胃，故食生冷、大嚼急咽则胃受伤也。胃化既毕，乃传于脾，传脾之物悉成乳糜；次乃分散达于周身。其上妙者化气归筋，其次妙者化血归脉，用能滋益精髓，长养肌体，调和营卫。所云妙者，饮食之精华也。”《泰西水法》专有一节论《西洋炼制药露法》，并附有“药露诸器图”，其曰：“凡诸药系草木果蓏谷菜诸部，具有水性者，皆用新鲜物料依法蒸馏得水名之为露。今所用蔷薇露则以蔷薇花作之，其他药所作皆类此也。……其制法：先造铜锅，……次造锡兜牟，……次造灶，……欲作诸露，以物料治净，长大者剉碎之，花则去蒂与心，置铜锅中，不须按实，按实气不上行也。置铜锅入灶窝内，兜牟盖之，文火烧之，砖热则底热，热气升于兜牟，即化为水，沿兜牟而下，入于沟，出于管，以器承之。兜牟之上以布盖之，恒用冷水湿之，气升遇冷即化水。……所得之水，以银石器贮之，日晒之，令减其半，则水气尽，能久不坏。”此较之宋代从阿拉伯人传来的露剂法为详尽和具体，从而使药露剂作为一种剂型在临床得到更多的推广。

意大利传教士艾儒略（Julio Aleni，1582～1649），于1610年抵澳门，1613年入内地。著有《职方外纪》、《性学觕述》以及《西方问答》等，亦多处涉及医学内容。如对消化，亦持三化说，《性学觕述》中曰：“……一口化，一胃化，一肝化也。口化不惟在齿牙之咀嚼，亦在津液调和以助饮食之化而输之于胃，至胃第二化。胃之左边有胆，胆有细脉以通热气于胃，如火上之加薪；右边有肝有脾，是为血府，自有余热到胃，胃所化，既为百骸所需，百骸各以其大输焉。胃化饮食乃成白色如乳汁之凝，引入大肠，肠有多脉，吸之至肝，肝因以所翕之精华化为四液，即肝之第三化也。”此三化均在人体内进行，而不同于熊三拔有食物在体外“火化”之说。其肝化说并进而将精华化为四液，还分析了四体液与疾病的关系，介绍了消化器官的构造，甚至已能将食管壁分出三层结构，与后世外层纤维、内层粘膜、中层结缔组织相合。对循环系统、呼吸系统器官及功能也有较详细的阐述。所以《性学觕述》是述及生理

① 方豪，中西交通史·下册，岳麓书社，1987年，第799页。

② 传教士著作未注明者均引自范行准《明季西洋传入之医学》四册，中华医史学会丛书。

学、病理学内容最多者。

此期来华的还有意大利传教士卫匡国（P. Martinus Matini，1614～1661），著有《真主灵性理证》，论及人体骨骼数目及人体生理功能。德国传教士汤若望（P. J. Adam Schall von Bell，1591～1666，字道未），于1619年抵澳门，1622年入京，1627年被派往西安，至邓玉函去世才被召回京参加历局的制历工作。其著述甚多，但大多为历法之书，惟《主制群征》二卷论及人体结构和生理功能。葡萄牙来华的传教士傅汎际（P. Franciscus Eurtado，1587～1653），在其所著《寰有诠》和《名理探》中述及心脏和视觉功能，论及人与四体液的关系，大脑的作用等。波兰传教士穆尼阁（Nicolas Smogulacki，1611～1656），于1643年来华，传教于江南。曾口授薛凤祚《天步真原》三卷，书中提及星辰变迁能决定人体疾病部位、性质、吉凶及人体生命等。

上述传教士均非医生，而瑞士传教士邓玉函（Johann Terrentius，1576～1630，字涵璞），是明末来华传教士中最为博学者，以医学、哲学、数学名闻于时，是伽里略和布鲁诺的好友。由于其精湛的医术，他赢得欧洲皇宫贵族的赏识，有平民医师之称。1610年加入耶稣会，次年即赴海外传教。1618年与金尼阁神父在里斯本登舟东航，同行有罗雅谷，经苏门答腊、安南等地，于1621年抵澳门，并在当地行医。他曾解剖日本神父的尸体，是西方医师在华的第一次解剖。1629年被明朝廷征召进京，帮助修撰历法，从此放弃了医学。但他是欧洲的名医，有将西方解剖学介绍进中国的愿望，因此他除编有历法、天文等著作，还翻译了瑞士巴塞而（Basel）大学包因（Gaspard Bauin，1560～1624）教授的《解剖学论》（更名为《泰西人身说概》），校阅了《人身图说》。

《泰西人身说概》为邓玉函到华次年在杭州执行教务，寓于李之藻家时口译、由书吏记录而成，然未付梓而藏于汤若望处。邓玉函逝世四年后毕拱辰从汤氏处索得，将记录文字作了修润贯通而付梓，然流传并不广。该书分上下两卷。上卷目录为骨部、脆骨部、肎筋部、肉块筋部、皮部、亚特诺斯部、膏油部、肉细筋部、络部、脉部、细筋部、外复皮部、肉部、肉块部、血部；下卷目录为总觉司、附录利西泰（即利玛窦）记法五则、目司、耳司、鼻司、舌司、四体觉司、行动、语言。这些内容基本相当于运动系统、肌肉系统、循环系统、神经系统、感觉系统，但没有泌尿、消化等系统。该书以希波克拉底和盖仑的医学理论为根据，在解剖学方面论述较多，但尚未见引述维萨里、哈维学说者。然就其学术本身，其对人体构造之描述较中医学要详明得多。如其对神经之描述，将神经称之为"细筋"，认为"其体合三者而成，乃皮与骨髓、肉筋也"，"细筋中无空处，止有气而无血，故身体不能觉不能动者，因无气则无力矣"，将神经传导归之于气。而且还介绍了七对脑神经、记载了脊神经，对脑的构造、功能亦有较详描述，如"脑分二所（指两半球），脑本软体"、"脑有两大空处"（当指脑室），"脑之机能，人生具五官也，以能容受外来万物之所施，即送至脑中，与总知觉司，如置邮传命者。然夫总觉之司者，脑也"。即可见一斑。

《人身图说》据《明季西洋传入之医学》书影，署为"远西耶稣会士罗雅谷译述，同会龙华民、邓玉函"，而方豪先生所见之抄本又不同，其谓"《人身说概》……与《人身图说》合装，亦抄本，署罗雅谷译述，龙华民、邓玉函校阅。"① 则于罗雅谷译述为一致，龙华民和邓玉函是同译或校阅则有待进一步资料而定，似以校阅的可能性较大。原书不分卷，但包括两

① 方豪，中西交通史・下册，岳麓书社，1987年，第807页。

部分内容：一为《图说》，有说无图；二为《人身图五脏躯壳图形》，有图有说，文字解释图形，图形又可对照前面的《图说》。《人身图说》可谓第一部详细介绍西洋早期解剖学的译述之作。因为在第一部分中，此书较《人身说概》增加了消化系统、排泄系统、生殖系统的内容。对心脏构造的描述是《人身说概》所缺如的；对血液运行描述也更多，如心血、肝血、及肝血与血液循环的关系等，脉管则已包括下腔静脉、大动脉、总静脉、门静脉、肝静脉、上腔静脉及分支等；神经系统方面指出了迷走神经、喉返神经（回归神经）的分布、交感神经随动静脉分布周身等。当然其时无“迷走”、“交感”的概念，而只是筋。肠已分为六类。还增加了《人身说概》所未有的胎生学和生殖系统的内容，尤其是对睾丸、卵巢的专论，更引起中国人注意。

《泰西人身说概》和《人身图说》将欧洲的解剖学、生理学知识介绍到我国，填补了中医解剖、生理方面的一些空白，给中国医学界以一定的影响，如王肯堂也主张正骨科医生需了解人体骨骼方面的知识。

据《明季西洋传入之医学》载，来华传教士尚有泰西石振铎，著有《本草补》，应为第一部传入中国的西洋药物学专著。惜该书已佚，清代赵学敏《本草纲目拾遗》引录有《本草补》药辟惊石、奇功石、日精油、蒌油、香草、臭草、椴树皮、加穵弄、保心石、吸毒石等西方药物。

除上述传教士介绍有西洋医学知识外，尚有欧洲来华的传教士开设医院诊所进行医疗活动者。

1557 年，澳门为葡萄牙殖民者占领后，西方的传教士、医生、商人纷纷来到澳门设置机构、创建医院诊所等，澳门成为传教士医生在华立足之最早场所和进入内地的跳板。如邓玉函自海外来，初即在澳门停留行医，后才入京。传教士在华最早建立的医院亦在澳门，即 1569 年澳门区主教卡内罗（Belchior Carneiro）在澳门设立的两所医院：一为圣拉斐尔医院（St. Raphael Hospital）；一为麻风病院。圣拉斐尔医院为外人在华创办的第一所教会医院。主要为欧洲商人服务。1640 年和 1667 年重修，1747 年更大事扩充，有病床 40 张，并分男女两部，非教徒也可在此医院就诊。① 但在内地，传教士医生开展医疗活动，大概于 17 世纪末才开始。

二　清代中期（1840）以前来华的传教医生及其医疗活动

清代初期，传教士活动仍有继续，主要是由于康熙帝患疟疾，得法国传教士张诚（P. Tean Franciscus Cerbillon，1654～1707）和葡萄牙传教士徐日升（P. Thomas Pereyra，1645～1708）的治疗减轻了症状，复得法国传教士洪若翰（P. Toames Fontaney. 1643～1710）和葡萄牙传教士刘应（Mgr Claudus de Visdelou，1656～1737）敬献的金鸡纳一磅而愈，因而获得原就欣赏西学的康熙帝的宠爱，获赐西安门广厦一所（即西什库的北堂，又称救世堂）。即便康熙于晚年禁教，但在清廷供职的传教士仍得以留住北京，并继续有传教士从欧洲来到中国，使中西文化得以继续交流。

康熙时在华的传教士尚有白晋和巴多明。白晋（P. Joach Boavet，1656～1730），字明远）为法国传教士，1685 年来华，擅长天文历算，常被召入宫中为康熙讲解西学知识；巴多

① 张慰丰，早期西洋医学传入史略，中华医史杂志，1981，（1）：1～5。

明（P. Dominicus Parreniu 1665～1741，字克安）亦为法国人，曾随侍康熙帝20余年。雍正时任御前传译。康熙二十六年（1687）前后，他俩奉康熙命进宫讲解人体解剖学。他们便引用17世纪法国著名解剖学家韦尔内（Guichard Joseph du Verney）、戴尼斯（Dienis）的解剖著作，以及丹麦解剖学家、哥本哈根大学教授托马斯·巴托林（Thomas Bartholin）的《新的普遍观察》等书，编译成满文。书中还配备大量插图，作为给康熙讲解人体结构和生理功能的讲义。康熙要他们将讲义和插图整理缮写，并装订成册。全书共有九卷。内容涉及解剖学、血液循环、化学、毒物学和药物学。康熙定名为《钦定格体全录》，因其形象逼真的脏腑图等，康熙认为"乃特异之书，故不可与普通文籍等量观之，亦不可任一般无学无术之辈滥读此书"、"不可示诣青年"等，这部代表欧洲解剖学17世纪发展新成就之作，当时虽被分抄三部，都被束之高阁（一部藏北京文渊阁，一部藏畅春园，一部藏避暑山庄），没有获得出版，也没能使中国知识界受益。

清代禁教前后来华的传教士和医生仍不少。如南怀仁为法国传教士。曾于1685年对明清间来华传教士所携西书作过汇录，计百数十种。其中有医书四种：福斯特《医案》和《医案与治疗》、索伦那得著《医疗顾问》、巴依尼撰《解剖演习》等。他还委托欧洲教友搜购书籍，在他逝世后由来京吊唁的教士携来。

罗德光（Bernard Rhodes，1645～1715，字慎斋），为法国传教士。于1699年到中国。擅长外科，精通脉理，并善配药。初在厦门行医，后进京设药房。曾奉诏进宫为康熙治心悸症和唇疮，因有效而获康熙信任，得任内廷御医之职，多次随侍康熙巡游。

法国传教医生罗怀忠（Brother Jean da Costa，1679～1747，字子敬），擅长制药和外科。1705年来华，在北京开一诊所，每天免费为病人诊治，主治外科疾患。常亲临病家，乐意为贫苦人治疗，亦曾多次奉诏入宫，受到当地官员和百姓的敬重。在世时他也为中国人传教和施洗礼。

安泰（Etienne Rousset，1689～1758，字治德），1719年到中国。曾任康熙御医，官至广储司员外部。他每天上下午都到门诊室为中国人治疗，病人踵接，有"慈善医生"之称。

樊继训（1664～1703）为法国修士。擅外科。1700年入华。曾为康熙病危之孙施洗礼。

罗启明（Emmanuel de Mattos，1725～1764，字曜东），1751年到北京，为外科医生。他宁愿作神父而不当祭师，以使自己能多一些时间去看顾贫穷的病人。因染肺结核而逝世。

巴新（Louis Bazin，1712～1774，字懋修），曾任波斯王托马斯可汗首席御医。后至印度传教。1765年抵广州，然未获准去北京而去毛里求斯岛，次年返回，被荐为乾隆王太子治病而进京。后在内宫任职，7年后殁 。

马礼逊（Robert Marrison，1782～1834），是英国伦敦会牧师，于1807年抵澳门，进东印度公司工作。他协助1808年抵华的李文斯敦（？～1825）医生建立了一门诊诊所，配备有药房，药房中尚有中药。他们聘请了一名李姓中医和一名草药专家来帮助应诊和认药，从而有机会观察中药治疗疾病的效果，是欧洲医生中较早从事临床研究中医者。

英国传教士郭雷枢（Thomas Richardson Colledge，1796～1879），他曾于雷塞斯顿医院（Leicester Infirmany）和圣托马斯（St. Thomas）医院学医。1879年受聘顶东印度公司一船医之缺而来到东方，1826年参加东印度公司任该公司驻中国站的外科助理医生。1827年他在澳门开设一所眼科医院，五年后当该院关闭时，共有6000人受惠，治愈约4000人的各种疾病。1832年郭雷枢迁广州，又设广州诊所。治疗眼病、脚病及其他各种症候，但广州诊所的成就并不大。1836年，他出版了《关于任用医生作为对华传教士的建议》(Suggestions with regard to employing medical practitioners as missionaries to China)，在书中提出：在向中国派遣传教士的同时，也应该派医生来，在他们的医疗实践中，还要渗入宗教、哲学、医学、化学等。他的呼吁在引导英美教会界雇用传教医生来华具有相当大的影响。大批传教医生的来华，促进了近代西医在中国的传播和推广。

此期来华的还有英国医生加尔文（Thomas Garwin)、贝尔（John Bell)、韩国医生英们督(Pierre Cibot，1727～1780)、瑞典医生兰格（De large）等，19世纪初来华的奥塔黑特(Otaheite)医生沃纳(Wanner)，曾与马礼逊一起工作了一季度，荷兰布道会医师郭实腊(Rev. K. F. A. Guetzlaff）为马礼逊的继承者。

三 牛痘术的传华及迅速传播

前述来华传教士的医疗活动大多在其停留之地产生影响，而英国东印度公司外科医生皮尔逊的传播牛痘的功绩，则是医学史上值得记载的医事活动。

皮尔逊（Alexander Pearson，1780～1874）1805年于澳门获得葡萄牙国王特命专员保管的，由澳商葡人许威（Hewit）氏从马尼剌带来的活牛痘苗，他即协同澳门医生，依法栽种华夷童稚，种痘费用和事务都由皮尔逊承担，受到中国人民的欢迎。1806年，广东地区暴发天花，并很快流行，要求种痘之人剧增，纷纷涌到皮尔逊诊所。据载，一年中他曾给数千人施种。由于种痘繁忙，皮尔逊雇佣梁辉、张尧、谭国和邱謞等人作助手（一说洋行商人郑崇谦译刊《种痘奇书》一卷，募人习之。同时习者数人，有梁辉、邱熺、张尧、谭国[①]），尤以邱熺更为出色。邱熺曾述及他自己种痘经过："予时操业在澳，闻其事不劳而效甚大也。适予未出天花，身试果验。洎行之家人戚友，亦无不验者。于是洋行好善诸公以予悉此，属于会馆专司其事，历十数寒暑，凡问途接踵而至者累百盈千，无有损失。"[②]

种痘之事亦得到广州"十三洋行"的支持，1815年广州十三行还在广州行街的行商公所开设诊所，播种牛痘。夏天每8天，其他三季每9天为一期，由一个中国痘师给15～40名儿童种痘，皮尔逊在旁监督。由洋行诸公筹金生息，以充作荣金给取浆之人。由此，种痘工作由城市推广到农村。

皮尔逊还作有一本宣传接种牛痘的小册子，口授斯当东译成汉文。此书现存英伦博物院。书名为《暎咭唎国新出种痘奇书》。全书七页，每半页七行，每行18字。斯当东的译本不久便传到朝鲜和日本。而在中国传播牛痘法的主要书籍是邱熺所写的《引痘略》，初刊于1817年。邱氏将上臂种痘部位定为手少阳三焦经的消烁、清冷渊二穴，并以经络脏腑理论作诠解，扩大了中国医界和人民对种牛痘的信任度。后来邱熺接管了皮尔逊的种痘诊所，接种牛痘达数万人。他亦常被请至各地种痘，其子邱昶继其术。两广总督阮元在其裔孙种痘之后有诗赠邱熺，云"阿芙蓉毒流中国，力禁犹愁禁未全；若把此丹传各省，稍将儿寿补人年。"

此后，种牛痘术约在50余年间即传播全国各地。据考，1822年李翘楚传痘湖南嘉禾；1823年衡阳、清江"点种通行"；1828年前由曾望颜传种至京师；廖凤池于1827年传牛痘至湖南

① 彭泽益，广州洋货十三行行商倡导对外洋牛痘法及荷兰豆的引进与传播，九州学刊，1991，4（1）：73～84。

② 引自范行准《中国预防医学思想史》，人民卫生出版社，1954年，第148页。

宜章；1836 年包祥麟传牛痘至扬州、芜湖；刘子堃 1840 年在江西种痘；1828～1829 年吴珍儒在湘潭桐城施种；1830～1834 年王新吾传痘于湖南、湖北；1847 年赵兰亭种痘于天台，次年至杭州；1851 年传入四川……50 余年间，牛痘术就广传中国，从此中国人民有了较人痘接种术更方便的牛痘术以预防天花。牛痘术是欧洲近代医学进入中国的先声和获得迅速推广的技术，它不仅逐渐取代了人痘术，也使中国人民从牛痘术看到了西方医疗技术的一个方面，进而对西方医学产生了好感，愿意对西方医学进行探索和实践，从而为西方医学在中国的立足和发展奠定了基础。

四　早期西洋医学机构的介绍和建立

在传教士译著中，偶可见零星的关于西方医事制度的介绍。在艾儒略的《西学凡·医学》中说，医学是西方大学六学科之一。学制为六年。“大约六年之内，博习医经，然后随师日观所诊之脉，所定之方，所试之效，而始令其得与考选也。考非精熟，领主司之命者，不得擅医人。”

《职方外纪》介绍学生习理科后可进大学，大学分四科，医学为其中之一。《西方问答》也说到“医者既进文科，复读医书，(听) 名医讲解，必经考选，乃敢行医。”则当时医学院学生都是在先习理科或文科后，方准再习医学，说明对医学教育之慎重态度。

在明万历二十二年 (1594) 设立的澳门圣保罗医院中，附设有实习班。教授神学、哲学、拉丁文学，有图书馆、观象台及药房等，惜于 1762 年和 1835 年的两场大火中烧毁了所有资料和校舍。

《西方问答》在卷上中还介绍了欧洲慈善机关的情况，说共分五等：一为普通医院，一为传染病院，一为残废病院，一为育婴堂，一为收容无依旅客者，称“旅舍之院。”《职外方纪》卷 2“欧罗巴总说”介绍了大城市的医院情况，云大城市医院多至数十所，且有等级之分，中下院接待中下人，大人院收贵人，并有名医好药。

关于药商管理，《泰西水法》述及：国主及郡邑长吏岁时遣官巡视诸肆，令取过之药，是水料者倾弃之，是干料者，即杂烧之。”

五　中医学文献中反映的西方医学知识

与传教士有过接触的中国学者及能读到西洋著述之医家，部分地接受了西医学知识，虽然并不多，但在他们的著作中还是有所反映的，当然只是作为中医学的补充或仅仅是引述而已。

(一) 脑说

明季已有徐光启、李之藻等学者及医家王肯堂等与传教士交往，但他们的著作中却无涉及西医学知识。明末清初方以智曾问学于 1609 年来华的意大利传教士毕方济，其后又与汤若望交厚，因此，在其所编《天学初函》中收有传教士译 著 20 余种。在其所撰《物理小识》中亦多引西士之说，如卷 3“人身类”中，引有汤若望、龙华民改订的《主制群征》“脑说”，此脑说曾为赵彦辉《存存斋医话稿》所引用，“脑散动觉之气，厥用在筋。第脑距身远，不及引筋以达百肢。复得颈节膂髓，连脑为一，因偏及也。脑之皮分内外层……无可注曰：此论以肝心脑筋立言，是灵素所未发。”无可即方以智。可见其对医界之影响。

明末学者金声（1598～1645），字正希，为天主教徒，精西学。他曾传西士“脑说”给同乡汪昂（1615～?）。汪昂在明亡后弃举业，潜心医学及医药书籍之整理，著有《本草备要》、《医方集解》、《汤头歌诀》等，于医学普及甚多贡献。在其《本草备要》辛荑条下云：“吾乡金正希先生尝语余曰：‘人之记性，皆在脑中。小儿善忘者，脑未满也；老人健忘者，脑渐空也。凡人外见一物，必有一形影留于脑中。’昂思今人每记忆往事，必闭目上瞪而思索之，此即凝神于脑之意也。不经先生道破，人皆习焉而不察矣。李时珍曰：“脑为元神之府。其于此义殆暗符欤！”汪昂的《本草备要》流传极广，其合西方“脑主记忆”和时珍“脑为元神之府”说于一炉，亦随之流传广泛。

此外，清医家王学权（1728～1810）在《重庆堂随笔》（1808）论“虚终”中曰：“健忘，虚劳之萌也……然《泰西人身说概》谓人之记性含藏在脑，凡人追忆往事骤不可得，其手不觉搔脑后，若索物令之出者，虽儿童亦如是，此其明证也。愚按：天台齐次风先生，学问淹博，记性过人。后官礼部侍郎时，坠马破脑。蒙古医人刳生牛腹，卧公其中，并取生牛脑，乘热纳公颡。愈后尽忘所记，不能握笔。则西士之言，已有征验。”其说是直接引自《人身说概》，并以齐次风之病例作证，可见其对西说之认同。

又清代医家王清任（1768～1831）对解剖学颇多贡献。在其所著《医林改错》的“脑髓说”中云：“灵机记性在脑者，因饮食生气血，长肌肉；精汁之清者，化而为髓，由脊骨上行入脑，名曰脑髓。……两耳通脑，所听之事归于脑；……两目即脑汁所生，两目系如线，长于脑，所见之物归于脑；……鼻通于脑，所闻香臭归于脑。……所以小儿无记性者，脑髓未满；高年无记性者，脑髓渐空。李时珍曰：‘脑为元神之府。’金正希曰：‘人之记性皆在脑中。”汪讱庵曰：‘今人每记忆往事，必闭目上瞪而思索之。”脑髓中一时无气，不但无灵机，必死一时；一刻无气，必死一刻。”王清任是清代一位著名的解剖革新医家。他将观察尸体解剖所见著成《医林改错》，修正了许多前人对人体解剖认识之错误，并创造了活血化瘀的理论和方药。其脑髓说综合了李时珍、金正希、汪昂之脑说，很明显，是间接受到了西学的影响。他阐明了眼、耳、鼻与脑的关系，用脑髓说解释癫痫病机，还认为脑主宰生命，“一时无气，必死一时”，是对当时流行“脑说”的引申和发挥。“脑说”是早期西方 医学传入时影响最大，也是最早为中医界接受的内容之一。

此外，清医家王宏翰（? ～1700）所著《医学原始》中引述了《空际格致》、《性学觕述》、《性学书》、《主制群征》等书，介绍了西医学的四体液说、肝血心说、供养说等，但影响不大。

（二）制药技术及其他

在治疗技术方面，除手术外，欧洲医学不见得较中医高明，因此传入的治疗方法、技术不多，但在制药方面，炼制药露法传播却较广。赵学敏的《本草纲目拾遗》（1765）中就记载了药露法：“各种药露……其法始于大西洋。传入中国，大则用甑，小则用壶，皆可蒸取其露”，临床应用较多。又介绍了强水制法：“西人造强水之法，药止七味，入罐中熬炼，如今之取露法，旁合以玻璃瓶而封其隙，下以文武火叠次交炼，见有黑气入玻璃瓶中，水亦随气滴入，黑气尽，药乃成矣。”强水有用于蚀恶肉、治痈疽、拔疔等。在日精油条下，谓泰西所制，也介绍了《本草补》用日精油治伤的方法："先视伤口大小若何，其长阔而皮绽，先以酒洗拭净，随用线缝，大约一寸三缝合，不可太密。伤口小者，无用缝矣。既缝，以酒又洗拭净，将洁净瓷器，盛油烧热，以男人穿旧绵布，取经纬长短，以伤口为度，逐缕蘸油贴满疮口……数日即愈。"此处不仅述说了日精油的用法，也介绍了西方疮口缝合术，当时也只是以酒作消毒剂、用线缝合，与中国当时治疗水平相仿。

第三节　近代西洋医学的大量传入与在中国的发展

19世纪以后，欧美资本主义国家迅速发展，为寻求市场，他们的炮舰游弋在诸大洋，而其时，中国正当封建社会进入衰落时期，弱肉强食，地大物博、人口众多而又落后的中国便成为帝国主义侵略的目标。1840年，中英鸦片战争以中国败北告终，于是被迫签订了中国近代史上第一个丧权辱国的中英《南京条约》，为帝国主义侵略中国打开了大门。此后各国侵略者接踵而至，先后签订了中美《望厦条约》，中法《黄埔条约》，以及第二次鸦片战争后的《天津条约》、《北京条约》、《中法新约》、《马关条约》等。

这些不平等条约，迫使中国开放通商口岸，并允许外国传教士在口岸建造教堂、医院和学校，于是教会医院逐渐在我国增多。郭雷枢"关于任用医生作为对华传教士的建议"在此时产生了更大的影响。据粗略统计，鸦片战争以后，1920年以前来我国行医的传教士有563人①；到1935年散布于我国各地的教会医院达330所。②

为了解决教会医院对大量医生的需要，靠国外派遣医生已远远不能满足，于是由教会出资选派留学生和兴办医学校相继出现。中国政府，特别是政府官员中部分开明人士同样也认识到了"欲悉各国情形，必先谙其语言文字，方不受欺蒙"，开始派出使团、引进西学、出资选派留学生、办洋学堂，包括学医的留学生、医学堂等。而西医教育事业的发展，对西医医书之需要，又促进了汉译西医书籍工作的发展。于是在近代中国，西医学得到了更广泛的传播和发展，成为一支与中医并驾齐驱的力量。

一　欧美传教士医生医疗活动的广泛开展

随着通商口岸的开放，传教行医活动亦由广东向沿海、内地渗透，如厦门、福州、上海、宁波、武昌、北京、衡阳……均有传教士的足迹，也有教会医院诊所的开设。美国的传教士医生也于此期介入了医药交流和传播的行列。

最早来华的美国传教士医生为伯驾（Peter Parker，1804～1888）。他于1834年获耶鲁大学医学博士学位，同年10月到达广州，后去新加坡学习中文并行医。1835年回到广州，设立眼科医局，由于其精湛的手术而取得病人的信任，医院业务蒸蒸日上，第二年便在丰泰行7号扩建成医院（为博济医院的前身）。1840年，在英军包围广州后关闭，他于该年7月返美，宣传他在华的工作，募集资金等。于1842年11月，他重返广州，重新开启眼科医院的大门，此

① 《医药杂志》第1卷第3号，1920年3月教会医事消息：中国西教士施医统计。

② 《上海医事周刊》第1卷第3号，1935年4月29日教会医事消息：今日之中国教会事业。

后，眼科医院继续扩展，成为一所综合性的医院，称广州医院。50年代中，他转向政坛。1855年他出任美国驻华公使后，中止了医疗活动。

接任伯驾广州医院工作的是美国传教医师嘉约翰（John Glasgow，1824～1901）。他于1854年来华，初在美国传教士哈珀（A. P. Happer）医师的惠济诊所和另一法国教堂诊所工作，后接任广州医院，经修缮开张，名博济医院。在中国青年黄宽、关韬帮助下，医院名声大震。该院早期以外科手术闻名，在嘉约翰主持下，到1874年共做了368例结石术，也做过卵巢截除术、肿瘤切除术等，且成功率很高。1860年，博济医院再次扩大，并在佛山、肇庆设立诊所，1866年附设南华医校，招收男生；1897年开始招收女生。1914年还设立护士学校。由于博济医院具有的多种功能以及取得的成就，它成为中国近代史上教会医院的代表。而主持该医院长达半个世纪的嘉约翰医生，也与该院一起在中国近代史上留下了光辉的一页。据统计，他在华的门诊病人达74万人次，住院病人4万人次，为4万余人动过手术，译西医书籍34部，如《绷带术概要》、《皮肤病手册》、《症候学》、《梅毒论》等，他还培训了150名西医人才。晚年，他致力于精神病学研究，1891年还在广州开设了中国第一家精神病医院，为推动西医事业在中国的发展，倾注了毕生的精力。

在广州从事医疗活动的还有美国公理会国外布道会总部的医学博士戴尔·鲍尔、浸礼会传教医师德万、长老会医学博士斯皮尔、哈珀等。

在上海开创医学传播活动的是英国传教医师洛克哈特（又名雒魏林，Dr. william lockhart，1811～1896）。他于1839年来华。初在澳门医院任职，后在舟山自设医院。1844年1月，从舟山到达上海，在南市开设了一个诊所，经多次搬迁扩建成医院，名为“中国医院”。其中一度曾迁至山东路，故曾用“山东路医院”之名。最后定名为“仁济医院”，是为上海最早的西医医院。该院是洛克哈特利用侨资建成，有门诊和病房，到第二年6月，就已有万余人就诊。1849年，洛克哈特开始应用哥罗仿进行手术麻醉，他还 进行戒烟治疗。小刀会占领上海期间，医院抢救和治疗交战双方的伤员，成为他行医传教中的光辉历程之一。

1861年，洛克哈特以英国公使高级医生身份至北京公使馆工作。在公使馆，他继续行医。初在公使馆内接待一些就诊的病人。后来他租借了一栋房子兼作住所和诊所。第一年，他诊治的病人就达2万余人次。1864年，洛克哈特回国，他的医务工作由英国爱丁堡大学毕业的医学博士德贞（John Dutgeon，1837～1901）接任。

德贞医生开始时的医务并不发达，在他治愈了总理衙门大臣的公子和内阁大学士贾桢后，他在官府和上层人士中有了声誉，他的工作才渐渐顺利起来。1865年，他在哈德门大街近米市处购得了一块地，建起了一座医院。医院有男女病房，有上层人士的候诊室，也有收容乞丐和贫病患者的小房间，配有药房、厨房，也有教堂等。该医院被称为京都施医院。因门前有两旗杆，故又名双旗杆医院。

除上述由欧美传教士创建的著名医院外，在20世纪前后，在厦门有英国传教士希斯洛普、赫希伯尔格等的诊所；台湾高雄有英国长老会马克斯威尔的打狗医院；在汉口、汉阳、汕头、天津、香港、泉州、漳州、重庆等地也都有英国传教士的诊所和医院。在福州，有美国公理会奥斯古德的福保山医院、邵武有惠特尼的医院；江西九江有美国天主教会贾丁的医院；在上海有美国圣公会布恩的卢克斯医院；此外，汕头、南京、宁波、苏州、通州、保定等地也均有美国传教士创建的医院。在江西九江、南昌则有法国天主教会的法国医院；在湖北汉口、安徽芜湖有罗马天主教会的医院；在广州石龙镇、东莞县、新安县有德国礼贤会创办的医院。

在1860年至1900年的40年间，共建教会医院约100所。以英、美两国的教会医院为多，共占总数的半数以上①。据统计，19世纪末，教会医院涉及我国13个省市、80多个地区，并由沿海城市向内陆地区辐射。但是，除一些著名的医院外，大多数教会医院是教堂、诊所、住所三位一体的医院。由于战争，或由于传教士个人的原因，常导致医院的不稳定，流动性也很大，随着传教士的迁移而转移。尽管如此，这些医院还是在为民众治疗疾病和传播西医知识方面起了一定作用。②

20世纪以后，教会所办的医疗事业有较大发展，除了对原有医院改建扩大规模外，在各地还有新的医院和诊所的建立，据1935～1936年《中华年鉴》统计，全国已有20个省建立了教会医院426所，共有床位27 553张，与19世纪相比，医院数增加了四倍。据1934年《中华医学会特别报告》第一辑载，曾对19个省的214所医院进行了调查，其中43%医院有良好的卫生设备，83%的医院有标准病床，96%医院有临床实验室，91%医院有消毒器，50%的医院有放射线设备，73%医院有工作服，94.5%医院对饮食进行管理。1944年，在抗战后方有教会医院141处，诊所98处，巡回医疗队177个，学校诊所25处，麻风医院30处。②

教会医院经费来源主要由国外富商、基金会、中国政府和国内显贵及信徒们捐资创建和维持。早期一般均实行免费诊治给药，但从19世纪70年代起，教会医院施行收费制度，以补经费之不足和医疗设备更新之需。20世纪以后，教会医院收费日益昂贵，特别是原来就著名的医院，更成为高消费的场所，如北京的协和医院、苏州的博习医院、南京的鼓楼医院等，成为专门服务于在华外国侨民和高等华人的医院。而正是这些富裕的，又设备齐全、名医众多的医院，开始肩负起医学科学和教学树人的任务，并做出了贡献。英籍医生曼松在厦门医院里获得的成功就是一例。

曼松（Patrick Manson，1844～1922）于1866年应中国海关税务司赫德之聘，任台湾打狗海关医务官。1871年调往厦门任职，他在厦门建立了社区医院。在医疗中，他以厦门地区的传染病为研究目标，后来他在临床中发现了三个特殊形状的阴囊肿大病例，是文献中所未涉及的，他分析“可能是非典型的象皮病”。于是他开始关注象皮病和非典型象皮病。1874年他回英国，在图书馆查阅资料，发现象皮肿的病原是显微镜下才能见到的血丝虫，为此他写了“阴囊淋巴肿、象皮肿及乳糜尿纪要”，提出阴囊象皮肿是一种寄生虫病。回中国后，他继续研究，于1879年撰成《关于人血丝虫和厦门丝虫病的进一步考察》，得到热带病学界人士的认可。经过7年的努力，他发现了库蚊（clex）是传染象皮病的媒介。1894年，他发表“疟疾病人血中新月形体及抽鞭毛体的性质及其意义”一文，提出了“蚊-疟学说”。这一学说，在他的指导下由驻印度青年军医罗斯（Ronald Ross）研究完成。1897年，曼松在英国出版了名著《热带病》，他被医界尊称为“热带病学之父。”③ 厦门医院是他开始科研的基地，他也为中国西医的传染病学、流行病学研究奠定了基础。

也有学者对中国的猩红热史进行了研究，如芝罘海关医官英国人卡迈克尔（Carmichael）和迈尔斯（Myers）于1873年描述了在中国发现的第一例猩红热病例，后由在上海的美国医

---

① ,② 甄志亚主编，中国医学史，人民卫生出版社，1991年，第409～412，413页。

② 金宝善《中华民国史料丛稿. 中华民国医药卫生资料》，引自薛愚《中国药学史料》，人民卫生出版社，1984年，第322页。

③ Wang & Wu，History of Chinese medicine，Southern Materials Center INC，1977，PP. 410～419.

生布恩加以确证[①]。另有中国海关官员罗奇尔（Rocher）以及布伯（E. C. Buber）、格罗夫纳斯（Grosvenors Mission）等对鼠疫在中国云南、广东等地的流行史作了阐述；而麦克劳德（Macleod）和米莱斯在上海对霍乱病进行的研究，于1885年证实了亚细亚型霍乱在上海的存在。

传教士医生除进行医疗、科研外，他们也关注社会疾患，设立戒烟诊所，为治疗鸦片烟瘾者做出了贡献。19世纪60年代以前，传教医师开设的诊所和医院都收受鸦片烟瘾患者，应用不同的方法进行治疗，有些传教士医生在设立治疗所的同时，发放、出售抗烟药丸给患者。另有如德贞医生等，在寻求治疗烟瘾患者的同时，还开始宣传吸烟的害处，如19世纪80年代，传教医生曾掀起一场“鸦片烟之罪”的讨论，一方面，英藉医生和教士向政府提出中止鸦片贸易的建议；另一方面，从生理、病理和药物学角度分析鸦片对人体的危害及吸烟导致伦理道德堕落的社会问题，介绍戒烟疗法和成就。而德贞医生还写了“鸦片问题”，“论使用鸦片的危害”等论文，这些事实说明，传教士医生中不少人是反对鸦片倾销中国的，他们在华治疗吸毒患者，呼吁中止鸦片贸易，对社会公共保健有促进作用。

此外，欧洲的卫生管理也引入中国海关兼负的防疫和公共卫生责任中，这就是于1863年建立的海关医务所。他们除负责海关职员的医疗保健外，还负责港口进出船只的检疫，甚至患病船员的治疗。在第一批17个港口充任医务官的人士中仅有一名留学归来的中国医生。以后中国医生的比例才逐渐增加，至1931年，在77名港口医务官中有44人是中国人。[②]他们还创办《海关医报》，报道全国范围的流行病和传染病，以及采用的防治手段，既反映了近代中国流行病的情况，亦为西医学传播的媒介。他们还协助传教士开展戒烟活动，推进中国公共卫生事业的建设，如1873年，海关上海道台与各国领事共同签署制定的上海港条例，含海港卫生条例，即是中国第一个海港检疫规则。以上述为始，一系列关系公共卫生福利的规则和机构相继出现，如提倡妇女放足、设置卫生医官、公共租界成立卫生处，1893年上海成立巴斯德研究所，1904年上海成立“万国红十字会”等一系列都与传教士、医生有千丝万缕的关系，也是西方医学在华发展的一个组成部分。

二　西医教育的建立和发展

西洋医学传入的早期，以开办医院诊所为主要活动，医院招用一些中国青年，教以简单的护理和治疗，以辅助医生工作，西医教育也就开始。19世纪以前，也有不少医院附设医校，但从招生规模看，只是师带徒教育向现代医学院校的过渡机构。20世纪以后，教会和中外人士创办的医学院校迅速发展，留学生教育随着发展，西医教育体系才真正在中国确立起来。

（一）医学院校的迅速发展

皮尔逊1806年在种痘诊所招收邱熺、张尧等人学种牛痘，邱熺等人是为第一批学习西医技术者。1837年伯驾在广州设眼科医局，招收关韬等三名中国学生，关韬等是第一批学习西医者。此外，1843年合信在香港的教会医院中，也作过类似的培养；麦高文在宁波眼科诊所中曾教中医学习解剖学；1879年文理恒（H. W. Boone）在上海同仁医院、1883年巴克（W.

① ，②Wang & Wu，History of Chinese medicine，Southern Materials Center INC，1977，p427～428，395.

H. Park）在苏州博习医院、1884 年司督阁（Dngola Christie）在奉天盛京施医院等均招收过中国助手或学生，进行辅助医务的培训或讲些基础的理论等。也有医院正式附设学校教育的，如 1866 年博济医院附设的博济医校，是第一所正式的以学校命名的西医教育机构，它于 1868 年收有 12 名学生，到 1870 年又增收了几名，每周二和周六由教师给医学班上两次课。1879 年开始招收女生，是中国第一所招收女生的学校。1886 年，孙中山进入该校（其时已改名南华医学校）学医。到 1912 年停办，共毕业学生 150 名。又如香港爱丽思纪念医院 1887 年开设的香港西医书院（是香港大学医学院的前身），第一届毕业生仅两名，孙中山是其中之一。从此可见当时医学院校生员不足，师资薄弱，只是近代医学院校的雏形。据 1897 年尼尔（James Boyd Neal）的调查，当时 60 所教会医院中有 39 所兼收生徒，其中仅有 5 所招生超过 10 人，其余为 2～6 名，已毕业学生约 300 名，肄业生约 250～300 名①。这种学徒式的训练方法，成效不高，毕业人数又少，远不能满足当时医疗上的需要。于是，各教会医院加强了对教育的重视，兴办医学院校列入了议事日程。

进入 20 世纪以后，教会医学院校在我国迅速发展起来。如有 1901 年在广州成立的夏葛女子医学校，1903 年上海成立的大同医学校，1904 年上海成立的震旦学院于 1909 年招收医学生，1904 年济南成立共和道医学堂，1906 年英美教会在北京联合创办协和医学堂，1908 年汉口成立大同医学堂、协和医学校，北京成立协和女子医学校，广州成立光华医学专门学校，南京成立金陵大学医科，1909 年广州成立赫盖脱女子医学专门学校、广东公医专门学校，1910 年南京成立华东协和医学校，1911 年青岛成立德国医学校，福州成立协和医学堂，成都成立华西协和大学并于 1914 年开设医科，1914 年美国教会在长沙成立湘雅医学专门学校等。据统计，1900～1915 年期间在我国先后建立了 323 所教会医学院校。此外如岭南大学、圣约翰大学等也都设立有医学院。

医学院校的迅速发展，使中国的西医教育很快提高到正规化和系统化的层次。在这些医学院校中，以圣约翰大学医学院、协和医学院、湘雅医学院和华西协和医学院更为著名和具有影响②。

圣约翰大学原名约翰书院，由美国圣公会施若瑟主教于 1877 年在上海筹建，1879 年正式开学。1890 年开设大学课程，1896 年设医学专科，学制四年，文恒理为校长。学制的前两年学习解剖、生理、化学、物理、药理学、药物学、物理诊断、显微镜检查、组织学和病理学等基础课；后两年在同仁医院学习临床，攻读内科、外科、产科及其他临床科目。1901 年第一班学生毕业。1905 年改名圣约翰大学，在美国注册立案。1906 年分设文、理、医及神学四个学院。医学院与美国宾夕法尼亚医学院建立联系，毕业可获宾夕法尼亚医学院证书。学制延长到 5 年，毕业后可获博士学位。除前述课程外，增设卫生学、法医学、热带病学、眼科学、泌尿生殖病学、应用解剖学、小儿外科绷带包扎学、皮肤科学。至 1937 年共毕业学生 200 余人。它培养了一批优秀的医学生，如颜福庆、刁德信、俞凤宾、胡兰生、谢元甫、陈宗贤、牛惠生、胡宣明等临床或基础医学专家，为西医学事业做出了开拓性的贡献。从 20 世纪 20 年代起，学校逐渐由中国学者管理，其教学体系则属英美派。该医学院，后与震旦大学医学院（1909 年设立，属法国学派）、同仁医校于 1952 年合并为上海第二医学院。

① Chinese Medical Missionary Journal，1897，p. 89。

② 参阅马伯英等《中外医学文化交流史》，上海文汇出版社，1993 年，第 415～425 页。

协和医学院是由各教派联合会——华北教育学会计划筹建的，具体则委托伦敦会的科克伦（Thomas Cochrane）承办。科克伦于1901年来华，因曾为慈禧、李莲英等治病而闻名。他通过李莲英向慈禧建议在北京建立一所由清政府支持的医院和附属医校，得到了慈禧和清廷官员的资助，1904年用各方捐款建成包括主楼和学生楼的协和医学院。1905年在清政府学部注册，1906年开学，是第一所中国政府确认的教会医学院。学制五年。前两年学习基础课和实验室工作，其余日子在医院学习内、外科及专科。1908年，该院增设女子医学院，培训护士。1911年开始增设一年预科。1915年美国洛克菲勒财团购买了协和的产业，并资助该校发展，在1919年医学院又增建了解剖、生理和化学三座新楼。北京协和医学院由许多外籍和中国籍医生任教，培养出一大批优秀的医生，如妇产科的林巧稚、胸外科的吴英恺、组织学家马文昭等。各地还有一些以协和为名的医学院相继成立，如汉口、福州、南京、成都等地的各协和医学院，但都以北京协和为中心。

湘雅医学院是一所内地教会医学院。它的前身是1914年湖南育群学会和美国雅礼会合办的湘雅医学专科学校。1914年招收预科，学制二年。1916年开始招收本科，学制5年。学习课程依据美国医学院联合会所订课程。20年代后，中国的学生运动风起云涌，湘雅学生也冲出了校园。1927年美国人教务长胡美离开长沙，湘雅医学院由中国人全权管理。该校1924年曾名湘雅医科大学。1935年改名湘雅医学院。1951年由中华人民共和国政府接管。

华西协和医学院亦属内地教会医学院。1910年创办于四川成都，由加拿大卫理会的医疗队主要负责，是我国第一所医科和牙科结合的学校。医学院课程亦袭用美国医学会联合会制定、美国和加拿大A级学校采用的课程。医科和牙科的学制均为7年。

除教会办学外，还有非教会人士的外国人来华办学，如1907年德国人宝隆（E. H. Paulum）在上海创建同济医院附设同济德文医学堂，1911年日本人在奉天设南满医学堂等。

而在洋务派的推动下，中国政府和个人也办起了西医院校，开展西医教育。最早的中国自设的西医教育为1871年北京同文馆科学系中的医学科学讲座。80年代才有系统正规的医学教育。1903年同文馆被分为医学实业馆和译学馆，并入京师大学堂。京师大学堂筹划于1898年。第一所由中国政府出资兴办的独立医学堂为设在天津的北洋医学堂，是1881年由李鸿章统筹规划，附设在其总督医院之下，聘请伦敦会传教医师马根济（J. K. Mackenzie，1870～1888）和英美驻天津的海军外科医师共同担任教学。学制为3年。1902年又有袁世凯在天津办北洋军医学堂，聘请日本二等军医平贺精次郎为总教习。1906年在广州设立随营医院和随军医学堂等。这些均为培养军医之学校。非军医的医学校此期在各地也纷纷建立，如1908年张之洞在湖广设立的湖北医学堂、1909年广东光华医学专门学校，以及浙江、直隶、江苏等地的公立或私立学校。1912年南京临时政府教育部颁布“大学令”，确立医学教育的学制和课程设置，我国医学教育亦纳入正规教育系统。1929年，南京政府还组成医学教育委员会和助产、护士等专业委员会，负责医学、助产、护士学校的课程，医学教育更为系统化、正规化。国人自办的医学院校也迅速增多。上海医学院（今上海医科大学前身）是最有代表性的国人自己创办的医学院。它由颜福庆会同乐文照、高镜朗、赵运文等筹划，由中国政府出资建立于1927年。初附属于第四中山大学，1932年脱离大学部，改名国立上海医学院。校址初在吴淞，后毁于战火，1937年于枫林桥重建校舍。此后，相继有国立、省立、私立医学院校建立，中国医学教育走上独立自主的道路。

（二）留学生教育的发展

早在1841年美国传教士伯驾便已提出对有才能和有希望的中国青年进行医学教育的建议，得到英国“皇家外科医生学院”和“纽约医学教会协会”的支持，他们认为“关于训练一队能干的科学内科医生和外科医生的目标——可以作为对整个帝国进行弥散的酵母——是已经决定了的宗旨”，并认为最好的方式是在中国有一个适当的医学院，把经过训练的“具有卓越才能及事业心”的人，接着“在美国、英国或法国医院学习一或二年，这与西方的学习一样。这样教育和培养的人，将回到他们本国成为领导人物，不论是在建立的机构中进行教学或医疗。”①

我国最早去西方学医者为黄宽（1829～1878），字绰卿，号杰臣。广东香山县人。1841年进澳门马礼逊学校学习。1847年，他与容闳、黄胜一起随校长布朗夫妇抵美，进麻省曼松学校，得文学士学位。1850年赴英国，入爱丁堡大学医科，获医学士学位。1857年回国，初在香港开诊所，同年7月至广州惠爱医馆（后改名金利埠医院）任职，同时在广东传教会博济医局工作。他擅长外科，1860年他曾施行一例碎胎术，被认为是我国作此种手术的第一例。1862年曾被李鸿章聘为医官，任职仅半年便辞职返粤，在广州自设诊所。1863年受聘为中国海关医务处医官，是当时17处海关医官中唯一的一名中国人。1866年博济医局附设医校，他被聘为教员，次年便被委任为代理主管博济医院。在此期间，他除努力治理医院外，还作了多例高难手术，治病热情感人，深受中外患者信任。因患颈疽而殁，年仅50岁。除医院工作报告和海关医务年刊外，无其他著作留下。

金韵梅（1864～1934）是我国第一位留学美国的女学生。父母双亡，为麦克特（Mecartee）医师收为养女。1881年随养父赴美。1885年毕业于纽约女子医学校。1888年随荷兰复兴会妇女部回厦门行医，次年赴日本，在神户南美以美会、南监理会工作。1905年回国，1907年在成都任北洋女医院院长，并创建护士学校，为我国医护事业做出贡献。在金韵梅之后尚有胡金英、石美玉、甘介侯等女青年出国留学。第一个出国接受护士训练的中国人为钟茂丰，1909年毕业于伦敦葛氏医院。以上为教会选送出国者。

20世纪初，除自费出国留学者外，已有政府派遣出国习医的公费留学生。据清代《光绪政要》载，光绪三十二年（1906）赐留学毕业归国的谢天保、徐景文等医科进士，曹志沂、李应泌、傅汝勤等医科医士。1905年，中国废除科举制，有大量公费或自费学生留日。1907年日本和清政府订立接受中国留学生办法，由各省公费派遣去日留学，赴日留学者人数激增。秋瑾、鲁迅、郭沫若等人都曾在日本留学。秋瑾于1907年曾在《中国女报》译有“看护学教程”，介绍一般护理学常识，为我国重视并倡导护理学最早的学者之一。鲁迅、郭沫若在日本留学，最初选择的都是医学。因为日本自明治维新以后，西方医学在日本发展极快，日本医学的成就吸引着中国青年，故郭沫若、鲁迅都选择医学。郭沫若说：“当时的青少年，凡是稍有志向的人，都是大学的预备生。在当时是分为三部，第一部已有了一种厌恶的心理，不屑学；文哲觉得无补于实际，不愿学；理工科是最切实际了，然而因为数学成了畏途，又不敢学；于是乎便选择了医科，应考第三部。这时的应考医科，却和在国内投考军医学校的心理是完全两样了。我在初，认真是想学一点医，来作为对于国家社会的切实贡献，然而终究没

① Wang & Wu, History of Chinese medicine, Southern Materials Center. INC, 1977, p. 329.

有学成，这确是一件遗憾的事。”[①] 鲁迅赴日学医则目的更为明确：“我已决定要学医了，原因之一是因为我确知道了新的医学对于日本维新有很大的助力，我于是进了仙台医学专门学校。”[②] 但他们俩后来都弃医从文了。此外，此时期尚有伍连德、颜福庆、俞凤宾、牛惠生、刘瑞恒、吴绍青、沈克非、谷镜汧、赵燏黄等人先后留学英、美、德、日等国，成为近代医学史上著名的医学家，对西方医学在我国的传播和发展起了重要作用。

日本明治维新以后，国力迅速增强，跻身于帝国主义列强之间。甲午战争，中国败北；日俄战争，东瀛获胜。向日本学习，仿照日本模式改革，是当时很多开明人士和知识分子认为可以摆脱积弱困境、变法图强的捷经，因为日本较之欧美路近省费，可多遣人去，亦易考察；且东文与中文较接近，易于通晓；西学经日本删节酌改，更切实用，所以同样是去国留学，去西洋不如去日本。因此，20 世纪 30 年代以后，中国赴日留学人数日渐增多。据不完全统计，自 1905 年至 1939 年的 34 年间，仅从日本 23 所高等医学校毕业的中国留学生即达 414 人，约占同期留日毕业生的 3.5%。此数尚不包括在综合性大学医药科学习的留学生，以及中途转学、辍学等学生，所以留日学生的实际数字当远远超过此数。

而美国，以庚子赔款的半数作为清政府派遣留美学生之费用，以竞争获得更多的中国留学生。美国洛克菲勒基金会接管协和医学院后亦每年选派中国留学生去美国学习，留美医学生也就显著增加。

总之，近代从教会医学院校的建立到中国自办医学教育体系的发展，从外国教会选派留学生到中国政府公派、个人自费留学，都直接或间接受到外国的控制或影响，教学体制也是基本抄袭外国的模式，但这些医学院校培养出来的大多数医务人员和归国的留学生，为中国的医疗教学和科研做出了贡献。因此，在中外医学交流中，西方医学院校的建立，为中国传入了西方医学教育体系，加速了西洋医学在中国的发展，也为中医学教育提供了一种新的模式。

三　编译西医学著作，加速西医学传播

西方传教士医生在开办医院、建立医学校的同时，也开始翻译西方医学著作，西医学知识随着书籍这一载体更广泛地在中国传播。

1847 年，英人戴汶（T. T. Devan）编著了一本中英文对照的《初学者入门》，介绍解剖学名词和疾病、药物名表、医学用语等。19 世纪 50 年代以后，英国人合信和美国人嘉约翰开始有系统地将西医书籍译为汉文。

合信（Benjamin Hobson，1816～1873）于 1839 年来华，初在澳门协助洛克哈特的工作，后单独主持澳门医院，并带有中国助手。在诊治、教学过程中，他对中国的疾病进行了调查，也研究了中医理论和治疗方法，认为“中土医书所载骨肉脏腑经络都不知其体用”，[③] 而他想到自己学习是由人体解剖学开始的，因此，他开始翻译介绍西医基础理论和临床症治经验之书籍，计有《全体新论》、《博物新编》、《西医略论》、《妇婴新说》、《内科新说》，后被集成一

---

① 郭沫若，学生时代，人民出版社，1979 年，第 10 页。

② 鲁迅自传，《鲁迅全集》第 20 卷，1973 年。

③ 合信，《全体新论·序》，江苏上海墨海书馆藏版，咸丰元年新镌。

函，名《西医五种》。[①]《全体新论》是一部解剖生理学著作。书中最早介绍了哈维的血循环理论，并对肺的呼吸作用、血红细胞的带氧功能和在肺部的二氧化碳交换过程作了解释，提到了九对脑神经等，为中国医界所未知。书中亦介绍了各种动物的骨骼比较，对肌肉、韧带、脏腑器官等作了描述，并配有图谱和说明，使读者易于理解。因此，本书受到中国医界和知识界的欢迎，曾再版多次。鉴于《全体新论》没有介绍西医的方药治法，因此他又翻译了临证书籍《西医略论》（外科临床经验）、《内科新说》（内科临床与药物）、《妇婴新说》（看护法与小儿病）等。《博物新编》则是介绍近代自然科学的。如此一套五书，将西医基础理论和临床经验作了较系统的概括的介绍，兼及自然科学知识，可为西医启蒙之教科书。书中沿用传统的中医名词，但赋予了明确的定义，又结合了西医解剖学的特点，使不与中医术语相混淆，成为当时译述的范本。1858 年，合信还编了《医学新语》一书，将中西医专用术语，互为对照解释，为中西医的相互了解提供了方便，实属英汉医学词典性质之书，也可以说，合信是外籍人中最早进行中西比较研究者。合信所翻译和编辑的其他书籍也成为中国的标准课本，甚至流传日本。[②]

嘉约翰在华期间共译医书 34 种[③]，重点在于临床技术，是作为教科书由博济医院出版的。影响较大的有《化学初级》、《西药略释》、《裹扎新篇》、《皮肤新篇》、《内科阐微》、《花柳指迷》、《眼科撮要》等，这与博济医院培养医师的目标相一致，因为广东地区以流行病、眼科、皮肤病等多发。

英国人德贞也编译了较多西方医学著作。他曾被委任为北京同文馆医学教习，1873 年开始用中文撰写介绍西医知识的文章，发表于《中西见闻录》上，如“牛痘考”、“论心”、“论脉”、“哈维及其发现”、“论金鸡纳”等。这些文章于 1875 年被合编成册，题为《西医举隅》在北京出版。1881 年至 1882 年间，他又撰《续西医学举隅》、《西医汇抄》、《医理杂说》等，在《万国公报》上发表。1875 年他出版了《解剖图谱》，1886 年，同文馆出版了他编译的《全体通考》18 卷，其中收图 356 幅。此外他还编译有《全体功用》、《医学词汇》、《药物及治疗学》、《眼及其杂病》、《格雷氏解剖学》等十余种中文译本。

英国人傅兰雅（John Fryer）曾主持当时出版西学书刊的“江南制造局”，也任过北京同文馆教习。他和中国学者赵元益一起，一般由傅兰雅口译，由赵元益笔述，编译出版了不少科技书，其中有《儒门医学》、《西药大成》、《西药大成药品中西名目表》、《西药大成补编》、《内科理法前后编》、《身体须知》、《济急法》、《保全生命论》等十几种医学著作。因此，不仅是傅兰雅，赵元益也对西方近代医药知识较系统地传入我国，做出了杰出的贡献。[④]

这一时期较著名的编译西医书籍的尚有美国人柯为良的《全体阐微》、英国梅藤译《西医外科理法》、惠特尼（whitney）译《西医产科新法》等。

1905 年中国博医会内亦曾成立编译委员会，以英国人库斯兰（Cousland）为主，至 1932 年共译出医书 60 余种，为当时医学院校所采用。商务印书馆亦有英、美、德、日文医学译著出版，如汤尔和译的《解剖学提纲》、《近世妇人科学》等；梁仲谋译《生理学大纲》、赵师震

① 赵璞珊，合信《西医五种》及其在华影响，近代史研究，1990，（2）。

② 曾钜生译，中国教会大学史（1850～1950），浙江教育出版社，1987 年，第 13 页。

③ 马伯英等，中外医学文化交流史，文汇出版社，1993 年，第 381 页。

④ 赵璞珊，赵元益和他的笔述医书，中国科技史料，1991，（1）。

译《人体正常解剖学》、黄家驷译《军队外科学》等。

日本归国留学生，参与了转译日文西方医学书籍，除医学院校教材外，据顾燮光《译书经眼录》统计，1901年至1904年间有26种；1945年日本实藤惠秀《中译日文书目录》载1896～1937年间翻译的西医书籍单行本有193种。而以丁福保为代表的译介日本之西医书籍活动，在国内传播西医学方面更产生了巨大影响。

丁福保曾于1909年奉委派赴日本考察医院和养育院，考察之余，他搜购医籍古佚书及日人编著西医书籍达七八百种之多。他亦认为改进中国医学，以假道日本较欧美便捷。[①]回国后，邀集有志于医学的同人，于1910年在上海成立中西医学研究会，致力中西会通，并创办医学书局，发行中西医学报，办函授教育等。他先后译出日文医书68种，又自撰医书多种，汇总为《丁氏医学丛书》。其中除中医著作约占十分之一外，其余均为日本西医学著作，包括解剖、生理、卫生学、病理学、诊断学及免疫学等西医基础理论知识，如《新撰解剖学讲义》、《丁译生理卫生教科书》、《诊断学大成》、《临床病理学》等；也涉及临床学科，如《内科学纲要》、《创伤疗法》、《近世妇人科全书》、《产科学初纂》、《新纂儿科书》、《皮肤病学》、《司氏眼科学》、《克氏耳科学》等等，亦有药物及处方学，如《药物学纲要》、《新万国药方》等，这些西医书籍内容较之以前译入的西医书籍在知识广度和系统性方面均前进了一大步，而且对西医新成就之介绍亦很及时，如《免疫一夕谈》中就论及了血清免疫，《梅毒六〇六法》介绍了1907年德国医家发明的治梅毒新药“606”，使中国医家在认识上能较快跟上世界医学的发展。

上述这些编译西医书籍对当时介绍西方医学起了很大作用，使西医学知识在中国更广泛和迅速地得到传播和理解，也使中国的西医学能基本和世界医学发展保持同步，西医学在中国得以发展和自成体系。

① 陈邦贤，中国医学史，商务印书馆，1935年，第195页。

第二十六章　中国传统医学外传欧美

医学的交流是双向的。在西洋医学传入中国的同时，中国传统医学从理论、脉学、针灸到药物、文献等，也都传入了欧美国家①。

药材，作为商品贸易的主要内容以及中外王室间的礼物进行交流，上一章已有涉及。而中国传统医药之针灸、中医药理论和临床等其他各方面则通过来华传教士、传教医生和使馆医生等的介绍传入欧美。

明代来华的利玛窦，在他晚年撰写的笔记（经金尼阁整理译述成拉丁文于 1615 年出版。中译本名《利玛窦中国札记》）中曾向西方介绍了中国医学："中国的医疗技术的方法与我们所习惯的大为不同。他们按脉的方法和我们的一样，治病也相当成功。一般说来，他们的药物非常简单，例如草药或根茎等诸如此类的东西。事实上，中国的全部医术就都包含在我们自己使用草药所遵循的规则里面。这里没有教授医学的公立学校。每个想要学医的人都由一个精通此道的人来传授。在两京（南京和北京）都可通过考试取得医学学位（指通过太医院的考试）。"② 介绍虽然简单，但已涉及用药、切脉和医学教育诸方面，是最早向西方介绍中国医学教育者。

瑞士传教士邓玉函于 1618 年起程，至 1621 年抵达澳门，在来华沿途及到中国后，采集了印度、苏门答腊、越南和中国的动植物、矿物标本，并绘其图，研究该物产地、气候等，故在其所著《帝京景物略》中记及"每尝中国草根，测知叶形花色、茎实香味，将遍尝而露取之，以验成书。未成也。"据《明季西洋传入的医学》说"玉函格究中国本草 80 余种。"本草的意义之一是指中药，或许在其两册书中介绍了 80 余种中药。

明末，1643 年波兰传教士卜弥格（Michel Pierre Boym，1612～1659）到中国。在华期间，他留意中国医学，选译了部分中医理论、脉学与药物学知识编撰成书，在欧洲陆续出版，如 1656 年出版《中国植物志》，是目前所知西方介绍我国本草的最早文献。关于中医脉学的文稿，由法国人哈尔文用法文于 1671 年出版，名《中医秘典》。他的有关中医脉学、舌诊、经络、脏腑和中药的论文被荷兰医生克莱尔（Andrea cleyer）攘为己有，编成《中国医法举例》出版于 1682 年，附有经络和脏腑图 68 幅。其拉丁文稿《医钥和中国脉理》于 1680 年在德国法兰克福出版。

17 世纪末，英国医生弗洛伊尔（John Floyer）将卜弥格关于中国脉学的译述转译成英文，连同他自己的著述合成《医生诊脉表》，于 1707 年在伦敦出版。弗洛伊尔是脉搏计数器的发明者，在《医生诊脉表》中，弗洛伊尔谈到了中国脉学对他发明脉搏计数器的启示作用。可见卜弥格脉学著作在欧洲的影响。

针灸学之传欧，最早始于荷兰人布绍夫（H. Busschof）著之《痛风论集》和德人吉尔弗

---

① 本章主要参引马堪温《欧美研究中医药史及近年情况简介》，《医史与文献资料研究》4，中医研究院医史所，1978 年；以及马堪温《针灸西传史略》，中华医史杂志，1983，(2)：93～99。

② 利玛窦、金尼阁著，何高济等译，利玛窦中国札记，中华书局，1983 年，第 34 页。

西斯（R. W. Geilfusius）的《灸术》，均出版于1676年。1683年，又有德人哥荷马（J. A. Gehema）出版了《用中国灸术治疗痛风》一书，认为灸法是治疗痛风最迅速、最安全的疗法。同年荷兰东印度公司船医瑞尼（william Ten Rhyne）用拉丁文写过一本《论针刺术》在伦敦出版。1684年，荷兰人布兰卡特（S. Blankant）著《痛风专论》，书中引用了瑞尼的资料。瑞尼的针灸术学自日本，但他在著作中提到了中国针灸铜人，列举了针灸治疗的有效疾病，建议西方医生注意研究针灸术等，是对针灸疗法的肯定。

从18世纪到鸦片战争（1700～1840）期间，据统计西方研究和出版关于中医药的书籍增多，约有60余种。其中针灸达47种，脉学5种，临床2种，药学1种，余为医史和其他。可见18世纪以后，西方人研究和介绍中医学的重点在针灸方面。仅法国，在1808至1821年间，就出版论述针灸书籍8种，并把灸术从痛风等扩展到应用于内、外、骨、皮肤、眼等科，以及一些其他慢性病的治疗中，英国、俄国的医生则仍应用针刺术于某些疼痛性疾病，如风湿病、腰痛、坐骨神经痛等。中医药则有法国哈尔文从中文翻译的高阳生《脉诀》，被编入1735年法国传教士哈尔德《中国史地年事录》中。有1801年皮里（Sue Pierre）撰《中国外科概况》、1813年雷姆赛特（J. P. A. Remusat）的《中医舌诊》及《关于中国医学史的研究》和1781年布考兹（Buchor）《中国药用植物标本》。中国的药学巨著《本草纲目》至迟在18世纪传入了欧洲。①

18世纪尚有中国的人痘接种术西传欧美。1718年美国驻土耳其公使夫人蒙塔古（Montague）因当地流行天花，遂按当地流行的中国人痘法接种其子，效果良好。1721年返回英国，将此法带回国内并传播，成为后来琴纳发明牛痘法之渊薮。此后人痘法又由英国传之欧洲其他国家。俄国于康熙时派人到中国学习人痘接种术，然后由俄国传突尼斯，又至非洲。非洲黑人沦为黑奴，在黑奴贸易中美国人学到了人痘接种术。据牧师马瑟（Cotton Mather）统计证明，1721年波士顿流行天花时，人痘接种者患天花极少。说明在1721年前，人痘接种术已在美国施行。

鸦片战争以后的百余年间（1840～1949），随着来华传教士、传教士医生及使馆医生等人员的增多，不少人对中医学进一步注意，也就有更多的介绍中医学的文章和专著在欧美国家问世。据统计有书籍120种，其中针灸9种、药学34种、临床7种、脉学2种、卫生9种，余为其他。可见此期间，欧美国家对中医药注意的重点转到了中药方面，但各国的偏重点仍有区别。如法、意两国仍偏重针灸，美、英、德、俄则偏重中药。

法国驻中国领事达布理（P. Dabry）于1863年撰《中国医学大全》向西方介绍中国医药知识，包括针灸，成为当时法国学生针灸之必备手册，此书并译述了杨继洲《针灸大成》的部分材料，因偏重理论，缺乏实际操作，且有错误介绍的情况，所以没有起到多少正面影响。直到1929年苏理自中国学会针灸回国，才改善了法国针灸界之情况。苏理（Soulie de Morant，1878～1955）曾在华20年，目睹中国针灸以60%的治愈效果拯救了庚子年间北京流行的霍乱病人，他开始学习针灸，并向广东、昆明、上海等地的针灸师学习。回国后出任法国外交部亚洲司司长，仍对针灸保持兴趣。因用针灸治愈一哮喘病人而显名。他著有《中国针刺术与近代反射疗法》、《中国的针术和灸术》、《真正的中国针刺术》等，对针灸在法国的传播起了推动作用。此外，法国针灸界的另一名有影响的人士是夫耶（Dela Fuye），原是顺势疗法专家，

① 潘吉星，中外科学之交流，中文大学出版社，1933年，第199页。

1913年到过日本，在日本学习针灸，回法后又从苏理学习。不久，他将顺势疗法与针灸学说结合起来，用顺势疗法的药物注射到针灸穴位上，从而自成一派。此后，他组织了法国针灸学会，建立了法国针灸研究所，多次举办国际性针灸学术会议，著有《针刺术专论》。介绍中药方面的有1847年苏伯利恩和达布里合编的《中国药物》和1849年朱利恩出版的《公元三世纪中国所采用的造成暂时麻痹的麻醉药物》，对中药作了介绍。

意大利在1848至1851年间有都灵大学的里伯利（Alexandro Riberi）在临床用针灸止痛，及威尼斯医生卡米（Da Camin）用针刺治疗颜面神经痛并著有《针术操作法》。此后几十年，意大利很少有人注意针灸。直到1932年后才又有人专门研究，如伯塔瑞利（E. Bertarelli）、加比（Gabbi）和文纳（A. Vinaj）等，后者并编写了第一部意大利的针灸教科书。1945年后，意大利的罗马、都灵等城市中有较多医生从事针灸临床，罗马的涅格罗（Negro）创办了意大利第一所针灸研究所；都灵的郭里亚森塔（Quaglia-Senta）在玛利亚·维多利亚医院开设针灸治疗，针灸术进入了意大利医院治疗体系。

英国在19世纪40年代有利兹医院采用针刺治疗慢性风湿病而闻名；有医生将针术应用于外科治疗绞窄性肠疝、动脉瘤、水肿、腱鞘囊肿等，并结合电流治疗肿疡，这对近代肌电图测定、微电极植入等研究有启迪作用。19世纪末有洛克哈特、20世纪初有高尔登（E. A. Goulden）等在杂志上发表文章介绍针灸治疗风湿病、坐骨神经痛，但也有如德尔·包尔（G. Dyer Ball）者说针和灸常并用作为驱魔的一种手段，有时针断在病人体内、等待西医技术把针取出等，在欧美造成不良的影响。而在中药方面，此期发表文章和专著较多，如英国学者本桑（M. G. Bentham）和汉伯雷（D. Hambury）分别撰有《香港植物》和《中国药物注解》；伊博恩（B. H. Read）在1920年后不仅写出了中药治疗肠寄生虫病、妇科疾病等二三十篇文章，还研究译述了《本草纲目》、《救荒本草》，与刘汝强合编了《本草新注》等，向西方介绍了较多中药知识和文献。此外有英国传教士马克斯威尔在中国一学者帮助下，选译了《达生篇》和《产育宝庆集》；德贞著文介绍了中国清代医家王清任，节译了《医林改错》和《遵生八笺》。

德国在19世纪末受法国影响，针灸术在德国亦趋蓬勃发展，但在此阶段未见有专著之出版。在中医药研究方面却有较多的兴趣，这是因在18世纪时，有荷兰人罗姆（George Eberhard Rumpt）把一部金陵版的《本草纲目》带到了德国，藏于柏林国立图书馆，从而引起公众对中医学的兴趣，1899年德国怡默克药厂用中国的当归制成流浸膏或片剂，治妇科病有良效；许宝德（F. Hiibotter）曾于1927年来华，在湖南益阳信义医院当过医生和在青岛开业行过医，于40年代末返德。他译述了许多中医药文献，如《中国药物学》、《西藏、蒙古药物学论文集》、《脉诀》、《濒湖脉学》等。此外德人道理茨（Dalitzsch）和罗斯（Ross）对《本草纲目》作了节译，俾斯麦尔（A. Pfizmaier）译述了《张机脉学》等。

美国在19世纪初约有600人至巴黎学医，见到了欧洲医生应用针灸术治病，从而认识了针灸，其后美国虽有杂志选载有关针刺的论文，并译有《针刺术研究报告》一书，但美国医界并未予以特别注意。19世纪中叶以后，既有德里特（R. Dritt）1853年《近代外科学原理和实施》、1886年比德尔（J. B. Biddle）《药物学和治疗学》二书述及针刺对某些神经痛有效及可治疗水肿、腱鞘囊肿等；也有如布瑞德绍（Bradshaw. H. V.）之认为针灸的理论根据是“内脏紊乱”及杰弗里（W. H. Jefferys）和马克斯威尔在《华人病症篇》中谈到针灸，谓针刺是医疗职业上的折磨等误解。直到20世纪50年代才有改观，如有费尔兹（A. Fields）在加州医药刊物上把针灸作为外科的一支加以介绍；有美国康纳尔医学院教授特拉维尔和布勃提出的报告，认为针灸疗法确可治疗扭伤和减轻疼痛等。而19世纪中叶移民到旧金山采矿的华裔移民及医师更对中药和针灸信赖并施行之。对于中药，美国不少传教士医生给以重视。如威廉士（S. M. Williams）写有《中州帝国》和《中国商务指南》，列述有关海关出口的中国主要经济作物，包括不少药材；马高汪作为海关人员，在报告中也特别注意药材，曾记述中医用海藻类植物治疗虚劳病；传教士医生史密斯(F. P. Smith)在华行医期间，经常与中医生一起看病，写有《中国药料品物汇释》(1871)，在当时很有影响，促使西方对中药更予重视。后传教士医生司徒尔特(G. A. Stuart)曾于1900年开始对此书修订和增补，但不久后病逝，只于1911年出版了第一部分，即植物药部分，名《中国药物·草木部》，主要增补了《本草纲目》第12～37卷的内容。此后尚有《中国植物集》、《中国的主要商品药材》等出版，并有美国人洛克、梅耶等人分别受美国地理学会、农业部派遣，深入中国搜集中草药，所以其时研究中药的目的，尚有经济和政治因素。当然也有介绍中医药者，如马高汪曾译《卫生要旨》为《中国的运动疗法》(1885)；传教士胡美（E. H. Hume）于1940年出版《中医之道》、1946年出版《东医和西医》。他于1905年来华，参与创办湘雅医学院。在与中医接触中，发现了中医的确切疗效：他曾诊断一女病人为难免流产，但经中医治疗，病象全消，后产下一健康男婴。因而对中医更为注意，发现了中医许多诊治疾病的宝贵经验，并在他的著作中向西方介绍。但也有如杰弗里、马克斯威尔者，将中国病人当试验品和诬蔑针刺术之针是“致命的针”等，在欧美国家内对中医药的传播产生了不利的影响。

俄国此期也有医家研究针灸和中医药。1828年，外科学教授查尔考夫斯基(Charkovsky)曾撰文介绍针灸疗法及其本人针治经验；1845年，长期居住我国的俄国中医学专家塔塔里诺夫（A. A. Tatarinov）也曾著文介绍针灸。苏联生理学家弗尔伯尔特（Фопьрт）和波德希伯亚基（Подшиякии，A. K.）从1946年起结合针灸穴位注射对皮肤活动点进行了研究。在中药研究方面，塔塔里诺夫于1853年写有“关于中国医学现状”的文章，重点在中药，1856年又撰《中药目录》，包括500种中药；俄国使馆医官伯列士奈德（Э. в. Бретшнейдер）前后30年在中国勘查药物，撰有《关于中药书籍的研究和价值》、《中国植物集志》，后者选用了《本草纲目》的大部分材料及清代文献等，是19世纪欧洲人研究中药收集资料最丰富者。此外尚有研究单味药者，如杰姆列（A. B. Земмепб,）有专著论大黄、朱拉耶夫（Чураев）专论人参等。

除针灸、中药、临床外，欧美各国对中国的法医学也有涉及。如宋代宋慈的《洗冤录》在此阶段先后被译述为荷、英、法、德等国文字。对中国炼丹术的历史和文献也有学者重视，如英国爱德金(J. Edkins)著《中国宗教》向西方介绍了葛洪及其《抱扑子》中的炼丹术；英人维里(A. Wylie)和美国丁韪良(W. A. P. Martin)著作中都提到了中国炼丹术及其传人阿拉伯，成为近代化学的根源等；美国传教士约翰生(O. S. Johnson)撰《中国炼丹术考》、美国戴维斯(T. L. Davis)将多种中文炼丹文献译成英文，更促进了中国炼丹术的西传。此外也有学者著文介绍中国医学史者，如法国皮特里奎因（Petreguin）的《电针史》、俄国柯尔尼耶夫斯基(П. A. Корниевский)《中国医学史料》、英国伊博思(B. E. Read)的《中国古代医学》等。

1949年新中国成立以后，由于我国国际地位的提高，中国传统医学取得的成就，特别是针刺麻醉的成功，使欧美等国对中国传统医学，特别是针灸增加了兴趣，研究者增多。据统计，60年代初，欧洲有2000名正统医生从事针灸工作；在英国、丹麦、挪威、瑞典等国，针灸享有合法地位。[①]出版的研究和介绍中医药的书籍也有所增加，据不完全统计，截止到1973年就有200余部，论文数就更多，且陆续有更多的欧美医家、医学团体，或在国际学术会议中与中国进行医学交流，或来华访问，在访问中了解中医药成就，中医热在欧美国家中升起。

法国在这一阶段中，仍是研究推广针灸最多的西方国家，出版针灸书籍亦居欧洲首位。从1949年巴黎成立“金针工作者学会”起到70年代，已成立5个针灸学会、出版两份针灸杂志，并有夫耶（De la Fuye）、夏姆福洛（A. Chamfrault）、阮文义（Nguyen Van Nghi）、尼伯耶（J. E. H. Niboyet）等一批活跃人士，经常出席欧美地区和国际针灸学术会议。夫耶曾任1953年在德国召开的第七届国际针灸会议大会主席。他对欧洲的和谋法和针刺疗法进行结合研究，著有《现代实用针灸》；夏姆福洛著有《中国医学大纲》，分四卷分别介绍针灸和经络学说、《内经》和脉学、本草和中药，是国际针灸学会的发起人之一。阮文义是越南人，他将不少针灸文献译成法文，经常参加中医和针灸学术会议，作针刺、针麻示范表演，曾撰文介绍法国针麻50例，并与人合撰《中国古典针术导论》、《国际针刺论丛》等，对中国针灸史、针刺术的理论、操作、经穴及证治都有论述；尼伯耶著有《中国针术实施论述》、《针刺法大成》，并测定中医穴位的电阻等。此外如夫耶、莫萨特（M. Mussat）、伯萨洛里（J. Borsarello）等都进行了对穴位的研究，还有坎托尼（G. Cantoni）、利未（V. Liviu）等对针刺作用的研究等，而里昂医学院教授诺济（P. M. Nogier）从1952年起应用耳针疗法，在1956年马赛的针灸会议和1969年第二届国际针灸学会上均作了报告和表演，耳针疗法迅即流传欧洲和世界各地。对于中医学的其他方面亦有研究，霍尔德（P. Huard）从1953年起开始发表中医学著述，如《中医的组成》、《中医学书目》等，与黄光明（Wong，M.）合编了《中医学》，先后被译成英文和日文；还有夏姆福洛的《中国医专论》、布里奇曼（R. F. Bridgman）的《中国古代医学》等。

意大利在50年代后也从不同角度对针刺机制进行研究，罗马的关·桂勒琦（Kwan Kwilechi）提出针刺疗法不仅和神经系统调节有关，也和内分泌的作用有关；都灵大学的罗西亚（Luciano Roccia）从1968年开始研究针麻，效果不稳定，1971年访华参观针麻，回意大利后继续试验，至1973年在针麻下完成200多例拔牙手术和50例其他手术。在针麻中，他使用了中国制的电刺激器。1972年还有兰扎（Lanza Ulderico）和法国阮文义一起做了25例针麻下的外科手术，有效率为75%。郭里亚·森塔（Quaglia-Senta）在1949年后还写了一部用神经生理学为基础解释针刺治疗的著作。在都灵还组织了“针刺法和耳针疗法研究会”；兰扎则担任了“意大利针刺学会”的主席，该会主办了《意大利针灸杂志》。

英国此期研究针灸的仍不多。有沃斯利（Jack R. Worsley）者创办了一所“中医针灸学院”，并在奥伯拉特学院办了一个中医针灸讲座，出版了《针灸对你适用吗?》之书。1965年有塔尔伯特（Richard F. D. Talbt）和普鲁斯（Francis de Prus）参加了第一届国际针灸学会；1964年有摩斯（L. Moss）著《针刺术和你》，这些人士和著述影响均不大。而英国研究针灸的代表人物为菲利克曼（Felix Mann），他因见女友患阑尾炎在15分钟内经针刺足三里而愈，决心研究针灸。他先后在奥地利、法国等地学习针灸，1963年又来我国学习和考察针灸，回国后在英国医院中用针灸治病，并撰有《针刺术——古老的中国治疗技术》等三本著作和几种关于针灸经络、穴位的图解，他还组织了“英国针灸学会”，担任会长。此期研究中医学

① 蔡捷恩，传统医学在欧洲，中华医史杂志，1991（4）：236～242。

者尚有英国著名科学史家李约瑟（J. Needham），曾在我国居住，通晓中文，中华人民共和国成立后亦曾几度访华，著有《中国科学技术史》，其中第6卷为生物学、农学和医学，他与鲁桂珍博士合作撰有《中国针灸史》、《中国古代疾病的记述》等。此外，华尔（J. R. Ware）于1966年翻译了葛洪《抱朴子·内篇》；洪（J. S. Horn）写了《疾疫全除——一名英国外科医生在人民中国》，介绍了他于1954年至1969年在中国的所见所闻、当时中国的医学情况、中西医结合在骨科方面的成就等。

德国针灸界继续受法国和日本的影响。在德勒夫的建议下，德国针灸界知名人士巴赫曼（G. Bachmann）和施密特（L. E. Schmidt）于1951年发起组成"德国针刺学会"，并自1952年起出版《德国针灸杂志》。1953年在慕尼黑由德勒夫任大会主席、巴赫曼任执行主席，举行了第七届世界针灸学会会议。巴赫曼还著有《针刺治疗法则》一书。从神经学的观点研究针刺的作用是不少德国学者的倾向，如史特华（E. W. Stiefvater）、兰格（W. Lang）、夏逸德（W. Scheidt）、格龙（Groon）等，他们均有著作问世。此外，施密特认为针灸穴位是起了变态反应的皮肤敏感点，希克（Schick）对针灸和体质的关系进行了研究。还有将针刺术应用于妇科临床治子宫出血、月经过多、失调、痛经、白带等症及用按摩和针灸结合治胆石痛、便秘、坐骨神经痛、失眠症，也有将针灸应用于临床急症和昏厥虚脱、心脏病发作、支气管哮喘发作等等。对于针刺麻醉，格里塞（E. Gresser）等亦持积极态度，但对其机制尚需研究。在介绍中医方面，有沃诺佛（H. Wallnofer）等1959出版的《中国民间医学》，后被译成英文，1965年在美国出版，并列入美国国会图书馆书目中，此书将中医学作为民间医学来介绍，以与中国的西医学区别；认为中国古代医学著作中确有许多善于观察的真理；施拉姆（G. Schramn）与莫西格（A. Mosig）一起写有《中药和"本草纲目"的意义》一书，介绍了300余种中药；博恩姆（F. Boneheim）写有《从黄帝到哈威》在美国医史杂志《医学史与有关科学》上发表，认为中国《内经》和《甲乙经》中有血液循环的概念；此外还有巴罗斯的《中医治疗技术》，是一部介绍中医学的通俗读物。

奥地利受法国影响，也开展了针灸研究。奥地利研究针灸的著名人士为彼什阔（J. Bischko）从1951年开始接触针灸，原是外科医生，在巴黎学的针灸。1954年参与和发起成立"奥地利针灸学会"，1972年创办"奥地利针灸研究所"，同年曾访华。奥地利的针灸学的发展从开始便得到医学院校的合作和支持，许多实验研究是在维也纳大学的临床医院和研究机构中进行，因此已取得一定成绩。如彼什阔关于组织末梢反应和针刺效果的研究、福什特（Fenche）和科尔纳（Kellner）关于针刺极微损伤引起的组织学改变等。彼什阔通过针刺穴位的研究，认为穴位与非穴位之间的组织结构不同；针刺通过神经系统、体液、网状内皮系统综合而发生作用。他也将针麻用于扁桃体截除术、剖腹术、拔牙术等，使针灸界空前兴旺，到奥地利针灸研究所看病的人络绎不绝，甚至出现登记治病需待几个季度的情况。

罗马尼亚、捷克和波兰，针灸界亦比较活跃，但重点在将针灸用于临床，治疗神经痛、关节痛、消化功能紊乱、过敏性鼻炎等。捷克尚建有布拉格针灸学会，波兰在华沙有波兰针刺学会等，并都有针灸家参加国际针灸界会议。

1956年苏联保健部派出针灸考察团来华考察和学习后，针灸在苏联大规模地被研究和推广。1957年，莫斯科医学科学院和列宁格勒别赫杰列夫精神神经病学研究所相继成立了针灸疗法作用机制研究室，经苏联保健部医学委员会和苏联医学科学院主席团共同研究决定，成立了全苏中国医学研究委员会，1959年颁布"应用针灸疗法指令"，规定了针灸疗法的适应性和禁忌症。到1960年，在苏联36个城市的49个医学科学机构中均有从事针灸疗法临床和理论的工作者。1955～1957年在我国工作的著名神经病学者鲁塞茨基（И. И. Русешкий）还在喀山“国立医师进修学院”的“针灸训练班”讲授针灸疗法。出版的著作有1959年毕格拉利克（В. Г. Вогралик）的《针灸疗法》、鲁塞茨基的《中国针灸疗法》，科切尔金（И. Г. Кочергии）译朱琏的《新针灸学》以及华格拉利克1961年著《中国针灸疗法基础》、别赫杰列夫（Бехтеред）《针刺疗法的临床应用》等。中医学方面有华格拉利克的《谈中国医学》和他与别人合作之《中医学简述》、菲德洛夫（И. И. Федоров）《中国民族医学简介》、柏列霍曼（И. И. Брехман）的《人参》、伊布拉基诺夫（Ф. И. Ибрагинов）的《中医的基本药物》以及有关我国古代健身法的著作。1957年奥德萨和斯大林诺的两位医生到中国访问后，带回了一些痔疮中药剂，获得良效，还有医生对中医治疗百日咳、麻疹、白喉等方剂进行研究。

50年代美国对针灸的了解仍很少。1958年我国针麻成功的消息震惊了世界，一些美国人在访华后曾撰文谈到中国针灸的成就，如斯诺及其夫人等。① 1965年和1969年的第一、二届国际针灸会议上，有美国人安珀（R. B. Amber）和贝贝-布鲁克（Anna M. Babey-Broke）及另一位学者参加。但他们的研究资料主要从日本和法国得到，或从我国对外刊物如《中国建设》、《北京周报》上获得。而在中医学方面，美国人过去搜集的中医书保存于一些大图书馆中，因此为研究者提供了文献资料，如维茨（I. Veith）女士在霍普金斯医史研究所攻读医史博士时，把我国《内经》的前34篇译成了英文，还发表了如《医学在西藏》、《中医及其对欧洲医学的影响》等30余篇论文；宾夕法尼亚大学的席文（N. Sivin）教授自1967年发表了一篇关于淳于意的文章后，写了不少研究中国古代炼丹术的著述，如《论中国炼丹术之重建》、《中国炼丹术初步研究》、《论抱朴子“内篇”和葛洪的生平》等；1966年有华尔翻译葛洪《抱朴子·内篇》的英译本。此外也有研究中医脉学的著作，如《古典中医的物理诊断史和方法》、《东西方脉学：其在印度、中国、伊朗和西方的哲学和实践》。为了解和研究中国的医药和卫生，美国的一些基金会组织和学术团体还设有奖学金，如华盛顿大学医学校生物学系受马西（Josiah Macy）基金社之托，在1969年延长提供3年的奖学金，其重点研究内容之一即中国医学。但较之欧洲国家，美国在针灸、中医学研究方面并不活跃，直到1972年中美建交，美国医学代表团访华，亲眼目睹针刺麻醉的效果，中医热才在美国急剧升温起来。

---

① 傅　芳，中国传统医学在美国，中医杂志，1990（11）：53～55。

参 考 文 献

北京中医学院主编. 1978. 中国医学史. 上海：上海科学技术出版社
蔡景峰. 1992. 西藏传统医学概述，北京：中国藏学出版社
陈邦贤. 1957. 中国医学史. 北京：商务印书馆
范行准. 1986. 中国医学史略. 北京：中医古籍出版社
郭霭春. 1984. 中国医史年表. 哈尔滨：黑龙江人民出版社
郭世余. 1989. 中国针灸史. 天津：天津科学技术出版社
贾得道. 1993. 中国医学史略. 太原：山西科学技术出版社
孔健民. 1988. 中国医学史纲. 北京：人民卫生出版社
李伯聪. 1990. 扁鹊和扁鹊学派研究. 西安：陕西科学技术出版社
龙伯坚. 1980. 黄帝内经概论. 上海：上海科学技术出版社
马伯英等. 1993. 中外医学文化交流史. 上海：文汇出版社
马伯英. 1994. 中国医学文化史. 上海：上海人民出版社
马继兴. 1988. 敦煌古医籍考释. 南昌：江西科学技术出版社
史世勤. 1991. 中医传日史略. 武昌：华中师范大学出版社
薛愚. 1984. 中国药学史料. 北京：人民卫生出版社
俞慎初. 1983. 中国医学简史. 福州：福建科学技术出版社
赵璞珊. 1983. 中国古代医学. 北京：中华书局

索　　引

（按拼音字母顺序排列）

A

阿闼婆吠陀　452

安期生　132，183

艾晟　340

安世高　199，216，453，458

敖氏伤寒金镜录　328

B

八十一难　140，141，144，150，161

八十一问　140，141

八心集　452

八正神明论　120

白虎通　142，176，178，179

白氏内经　92，100

白氏外经　92，100

班固　94，136

葆光道人眼科龙木集　454

鲍尔　455

鲍姑　205，213

鲍靓　195

抱朴子　150，193，194，195，213

包因　476

宝庆本草折衷　340，343

备急千金要方　247

本草备要　406，449，481

本草补　407

本草乘雅半偈　404

本草崇原　408

本草从新　406

本草词诠　405

本草纲目　20，400，449，453

本草纲目拾遗　406，481

本草汇编　398

本草汇　405

本草汇笺　405

本草汇言　449

本草会纂　449

本草要集　398

本草集注　148，214，230

本草经　147，148，149

本草经集注　21，456

本草经读　409

本草经疏　402，408

本草经解要　408

本草蒙筌　399

本草品汇精要　399

本草述　405

本草通玄　404

本草图经　301，337

本草求真　410

本草序例纂考　451

本草衍义　340

本草衍义补遗　356

本草音义　232

本草原始　402

本草增备要　449

本草正　404

本草征要　404

本经逢原　408

本经疏证　409

辩道论　183

砭道人　43

砭经　43，44

扁鹊　40，52，54，57，65，74，75，76～80，82，90，95，97，99，106，118，122，123，131，139～142，150，158，159，162，163，173，187，195，202

扁鹊仓公列传　40，76～78，80，82

扁鹊内经　54，77，78，92，99，100

扁鹊外经　54，77，78，92，99，100

濒湖脉学　394

伯高　44，97，98，100

伯高恩　6

伯阳父　61

博物志　164

补晋书经籍志　197
补晋书艺文志　197
补阙肘后百一方　214，453
布哈拉集　455
C
蔡恒侯　77
蔡景峰　454，455，458，460
蔡墨　67
仓公　54，57，89，90，150，195
仓舒　155
曹熬　134，182
曹炳章　458
曹参　182
曹操　155，183
曹氏灸方　205
曹翕　204，205
曹孝忠　340
曹元　141
曹植　183
禅秘要法经　458
禅要诃欲经　458
产育宝庆集方　332
常器之　315
巢氏病源　188，197，244
巢元方　188，204，244，453
长桑君　53，76，78
陈邦贤　149，184
陈藏器　456
陈承　339
陈国符　194
陈珪 154
陈嘉谟　399
陈梦家　67
陈梦雷　392
陈念祖　409
陈农　92
陈实功　413
陈寿　155
陈司成　201，413
陈文中　330
陈修园　395，389，409
陈言　109，326，345
陈衍　340，343
陈延之　170，205，217
陈直　52
陈自明　332，333
陈钟龄　395
程高　94，160，161
蚩尤　27
重楼玉钥　421
重广补注神农本草并图经
崇文总目辑释　141
褚澄　222
褚该　228
褚氏遗书　222
迟荣　322
春秋繁露　17，24，142
春秋传　32
淳于意　54，57，78，81，89，90，99，116，118，129，131，137，140，166，202
崔嘉彦　326
崔知悌　205
崔真人脉诀　328
村上嘉实　165
D
大般涅槃经　217
大成　134，182
大德济阴方　458
大洞经　141
大毗婆娑论　460
大藏经　32，458
达尔文　3，5
达·芬奇　105
达生篇　418
戴原礼　369
丹波康赖　61，135，186，458
丹波元简　64，181，451
丹波元胤　142
导引图　85，86，88
德来　447
邓玉函　432，476
邓岳　194
第五伦　185
帝王世纪　140，141
点烙三十六黄经　205
典论　183

丁福保　451
丁氏医学丛书　451
丁有陀　447
董安于　77
董芬　183
董奉　160，161
董汲　330
董仲舒　17，142，178
董卓　146
东郭延年　183
东轩居士　333
洞玄子　63
窦默　305
杜信　90
杜光庭　323
杜本　328
多纪元简　（见丹波元简）

E

尔雅　28，30，52，94，130，164

F

法布里修　105
法护　458
法贤　458
樊阿　155，157
范东阳　62
范东阳方　197
范氏解散方　204
范汪　62，154，197，205
范献子　33
范行准　39，45，193，198，200，458
范晔　95
方有执　189，386
方以智　423，427
肺病问答　451
吠陀　452
封君达　183
封人　70
封诊式　14
冯汉庸　456
冯信　90
佛说医喻经　458
佛说佛医经　453，458
佛说佛治身经　458
佛说活意经　458
佛说奈女耆婆经　458
佛说奈女耆域因缘经　458
佛说胞胎经　458
佛说婆罗门避死经　458
佛说温室洗浴众僧经　458
佛说小儿经　458
佛说咒齿经　458
佛说咒目经　458
佛说咒时气病经　458
弗拉德　105
弗雷泽　10
妇人大全良方　332
附广肘后方　195
涪翁　94，95，96，160，161
傅暮　74
傅青主女科　418
傅仁宇　421
傅山　418
傅氏眼科审视瑶函　421
伏羲　123，124
宓戏　182

G

盖伦　104
甘伯宗　150，186
甘始　183
甘肃新通志　189
冈西为人　201
高保衡　188，301
高期　90
高若讷　313
高斗魁　373
高武　419
高阳生　321
高阳氏　27
高一志　475
高诱　82，111，142
葛洪　14，17，154，161，189，193，197，200，204，206，455，456
葛悌　194
葛系　194
葛玄　195
葛应雷　354

葛可久　354
公乘阳庆　54，57，89，90，99，131，137
公孙敖　32
公孙光　90
龚庆宣　204
龚廷贤　412
耇老　93，134，182
古方通览　451
古今图书集成·医部全录　391
古今伪书考　93
古逸丛书　450
顾祕　194
顾元交　405
骨蒸病灸方　205
观聚方要补　451
关羽　155
管子　7，24，57，68，72，73，176
广韵　52
癸　134，182
鬼臾区　97，181
归藏　28
国医补习科讲义　451
国语　61
郭沫若　66，72
郭璞　47，52
郭佩兰　405
郭雍　316
郭玉　94，95，160

H

哈维　105
韩非子　69，74，77
韩诗外传　77，78
寒食散对疗　204，216
寒食散论　204，229
寒食散汤方　204
寒食解散杂论　204，227
汉成帝　54，91，130，132
汉法医典　451
汉哀帝　130
汉官　183
汉平帝　130，147
汉殇帝　139
汉书　32，41，54，56，59，61，78，92～94，99，100，126～131，135，139，142，147，182，197
汉文帝　90
汉武帝　27，132，139，192
郝孟节　183
和凝　308
和剂局方　346
何如璋　450
何晏　192，202
合信　425
合阴阳　85，135
鶡冠子　74
黑格尔　110
洪范　67，68
洪范疏证　67
后汉书　9，24，53，63，94，95，150，158，160，161，183，184
後藤艮山　449
侯外庐　73
胡厚宣　30，32
胡克　105
胡洽　154，189，227
胡慎柔　412
忽思慧　359
花柳辨证要论　451
滑寿　325
华佗　75，79，81，133，141，146，154，158，172，173，183，186，187，193，195，458
华佗方　155，158
华佗观形察色并三部脉经　155
华佗别传　155，156，158
华佗枕中灸刺经　155
华洋脏象约纂　429
化学实验新本草　451
淮南万毕术　89
淮南子　28，109，111，124
淮南子注　142
环渊　182
黄宽　426
黄帝　27，44，54，57，78，79，81，90，93，97～100，124，131，132，134，140～142，147，158～160，162，163，182，195，458
黄帝八十一难（见难经）
黄帝八十一难经（见难经）

黄帝灵枢经　93
黄帝明堂　138
黄帝明堂经　138，143～146，178
黄帝明堂偃人图　139
黄帝内经　28，40，42，45，48，49，54，55～58，60，62，65，68，79，80，91～102，104，105，109～114，116～119，125，126，128，131，141，142，144，148，161，168，171，174，176，191，192，197，198
黄帝内经灵枢经　92
黄帝内经明堂　138
黄帝内经明堂类成　138，254
黄帝内经素问　92，93，256
黄帝内经太素　43，44，141，144，157，176，188，254
黄帝十二经脉明堂五藏人图　139
黄帝素问　93，94
黄帝外经　54，92，99，100
黄帝针经　62，93，448
黄帝众难经（见难经）
黄宫绣　410
黄龙祥　139
黄素方　195
黄庭经　213
黄庭镜　421
黄庭内景经　141
黄琬　154
黄宪　53
黄元御　383，409
黄遵宪　450
皇甫规　190
皇甫梭　190
皇甫谧　92，93，97，128，138，140，156，157，161，186，188，189，203，204
皇甫嵩　190
皇汉医学丛书　453
回回药方　359
惠日　448
慧思　459，460

J

吉博　195
吉益东洞　449，450
嵇含　194，203
嵇康　182，183
纪河边多兔麻吕　447
集验方　223，448
集注难经　141
汲冢周书　28，51
箕子　67
济北王　90
赍来书目　449
贾黄中　294
贾公彦　147
贾九如　403
贾兰坡　22
甲骨续存　31
甲乙经　302
加腻色加王　452，460
迦叶仙人说医女人经　458
嘉祐补注神农本草　158，301，337
鉴真　448
肩吾　70
简要济众方　300
校注妇人良方　418
脚气类方　453
接阴阳禁书　90
洁古老人注王叔和脉诀　332
解嘲　142
解寒食散方　204，216
解寒食散论　204
解散方　204
解散论　204
解散说　193，203
解散消息节度　204
解释慧义解散方　204
接舆　70
接子　182
金匮绿秩　195
金匮药方　195
金匮要略　151，152，169，449
金匮要略今释　451
金匮玉函经　151，302
金匮玉函要略方　151
金波镇汉纪武　447
锦囊秘录　449
晋平公　62

晋书　190，193～195，197，206
灸法图　206
灸经　205
旧唐书　93
经史证类备急本草　339
经史证类大观本草　340
经效产宝　253
景岳全书　374，391，418，449
靳邵　62
九卷　92，93，95，140，150
九墟　188
九针　94，95，160，161
沮渠京声　458
居延汉简　165
句读　90
郡斋读书后志　141

K

开宝重定本草　336
开宝新详定本草　336
柯伦波　105
柯琴　389
柯韵伯　389
孔健民　74，149
孔颖达　67
孔子　7，40，55，63，74，92
库方二氏藏甲骨卜辞　33
口齿类要　421
揆度阴阳外变　90

L

拉瓦锡　105
兰溪平言·聿修堂架藏记　451
老子　70，73，74，92，182，194，198，200
老子河上公注　182
雷公　97～99，131，140，141，147，158～160，162，163
雷公炮炙论　231
雷斅　231
类经　64，374，385
类经附翼　64
冷寿光　183
离骚章句　142
黎民寿　323
李当之　148，158，160，162，163
李当之本草经　161
李当之药录　161
李东垣　（见李杲）
李杲　352，449
李亮　226
李覃　183
李涛　146
李学勤　67
李约瑟　51，70
李密　226
李士材　375
李时珍　18，20，394，400，453
李天授　226
李驷　322
李醯　77
李修　22
李言文　328，394
李元孙　226
李元忠　226
李志超　17
李中梓　375，385，404
李中立　402
李柱国　54，92
礼记　10，40，60
栎荫先生遗说　451
利玛窦　423，474
理伤续断方　258
理瀹骈文　414
梁茂新　146
梁启超　67，149
疗脚弱杂方　225
疗伤寒身验方　198
疗少小百病杂方　225
列子　28，82
蔺道人　258
林亿　154，188，189，301，313，318
灵枢　12，14，20，42，44，45，48，49，54，56，62，65，79～81，85，91～126，128～130，138～146，160，161，164，165，176，178，179，188，191～193，449，452
刘安　132
刘开　327
刘戴　195

刘昉　331
刘河间　379
刘翰　336
刘节　67
刘三点脉诀　327
刘涓子　204，221
刘涓子鬼遗方　204，221
刘涓子治痈疽神仙遗论　222
刘若金　405
刘完素　177，316，319，349，350，379，456
刘廷桢　430
刘向　54，74，78，86，92，131
刘歆　51，54，86，92，94，120，130，131
刘元宾　321
刘昭　184
流注　（见明堂流注）
流沙坠简　171
六节藏象论　58
六科证治准绳　412
龙柏　406
龙木集　454
龙树　454，458
龙树菩萨药方　455
楼护　130
鲁女生　183
卢生　131
陆贾　124
陆渊雷　451
吕博望　（见吕广）
吕广　109，141，142，160，161，191
吕后　87，89，90
吕留良　373
吕氏春秋　57，61，73，74，82，115，128
吕澂　200
论寒食散方　204
论衡　109，177，180，182
论语　9，94，130
罗缚拏说救疗小儿疾病经　458
罗贯中　155
罗天益　305
罗知悌　355
洛厄　105

M

马端临　186
马林诺夫斯基　8
马继兴　43，146
马莳　385
马王堆医书　11～13，15，16，20，46，49，54，56，63，65，72，81，85，86，93，96，97，103，125，132，134，139，146，455
马约　105
马志　336
脉法　41，47，85，87，90
脉法赞　187
脉经　57，65，79～81，93，111，122，123，143，144，152，157，186，197，302，448
脉诀集解　322
脉诀刊误　324
脉诀秘括　323
脉诀秘旨　326
脉诀注解　322
脉书　57，78，87，90，101，122
脉药联珠药性考·食物考　406
脉诀理玄秘要　327
毛良　72
弥兰陀王问经　460
苗父　74
妙闻集　452，454，455，457，460
孟子　49，92，124，130
缪希雍　402，408
名古屋玄医　449
名医传　150，186
明堂　（见明堂经）
明堂孔穴　139
明堂经　96，125，126，138，139
明堂孔穴图　139
明堂孔穴针灸治要　138，139，191，192
明堂流注　62，138，139
明堂人形图　253
明堂五脏论　144
摩诃婆罗多　460
摩奴法典　460
墨子　33，129
目经大成　421，458
募腧经　161，191

N

南伯子葵　70

南海寄归内法传　459

南齐书　459

南岳思禅师立誓愿文　459

难经　57，65，79，80，95，101，102，109，113，119，121～123，125，130，139，140，157，161，171，172，178，179，187，188，197

难经集注　161

内经　9，93，119，146，179

内经灵枢经　93

内经时代　9，64

倪维德　420

倪朱谟　403

女偊　70

女科证治准绳　418

女医杂言　396

P

磐庚　93，134，182

潘量丰　447

庞安时　313，378

庞煖　74

庞朴　67

旁篇　92

庖丁　69

裴松之　155

裴秀　203

裴骃　90

裴宗元　346

彭祖　70，71，74，88，133，134，182

骈拇　58

婆罗门诸仙药方　455

普济方　177，391

Q

岐伯　40，54，64，79，81，97，98，100，107，118，131，140，141，158，159，162，163，166，168，187

岐伯灸经　205

齐德之　334

齐桓侯　40，76，77，118，173

齐湣王　82

齐王　90

齐文王　82

齐威王　82，182

奇咳术　90

七录　198

七略　54，86，91，92，94，95，99，130，131，146

耆婆　453，455

千金方　141，154，197，199，247，449，455

千金要方　62，188，192，200～202，247，302，453，455

千金翼方　188，192，201，302，453

钱乙　329

切萨宾诺　105

秦承祖　229

秦承祖本草　229

秦和　54

秦荣光　197

秦始皇　54，131，132，146，192，447

秦武王　77

秦越人　53，57，76，78，79，140～142，157

秦昭王　134，182

庆立善救方　299

邱熹　417

竘　75

曲直濑道三　449，450

全元起　47，176，228

犬上御田锹　448

却谷食气　85，86，132

R

日本国见在书目录　93，448

日本国志　450

容成　134，182，183

荣西　448

如火氏　452

阮河南　62

阮孝绪　198

人身四百四病经　453

人身图说　476

瑞竹堂经验方　359

S

塞尔维特　105

三部九候论　120

三国演义　155

三国志　150，155，158

三因极一病证方论　326，345

三元延寿参赞书　215
森村谦一　165
山海经　4，7，19，28，34，38，39，89，92，126，129，147
删定伤寒论　451
删繁方　142
单豹　69，183
山田庆儿　11，66，96
尚志钧　164
伤寒百问　314
伤寒百证歌　315
伤寒卒病论　（见伤寒杂病论）
伤寒九十论　315
伤寒论　62，95，109，151～154，169，170～172，177，187，189，301，302，312，386，449，450
伤寒论今释　451
伤寒论条辨　189
伤寒明理论　316
伤寒微旨论　314
伤寒杂病论　64，92～94，106，123，129，140，142，146，149，165，167～173，186～189
伤寒直格　316
伤寒直解　449
伤寒总病论　313
伤科要略　451
尚论篇　189
尚书　34
尚真　451
上下经　90
绍兴本草　340，342
少君　182
少师　97，98，100
少俞　97，98，100
阇罗迦 452
阇罗迦集　452，453，455～457，459，460
神农　4，27，98，124，131，146～149，158～160，162～164，182
沈穆　405
神农本草经　20，89，95，128，146，158，160～162，164，166，167，456
神农本草经百种录　408
神农本草经解故　451
神农本草经疏　402
神农黄帝食禁　61，129，147
神农黄帝食药　147
神农氏　27
神仙传　161
神医普救方　299
审视瑶函　421，460
慎到　182
申拱辰　413
申苏方　199
圣济经　300，318
圣济总录　18，201，300
诗　30，34
十变　145，146，179
十产论　332
十二纪　67
十问　85，86，93，109，133，134，182
石冰　194，195
石神　90
石室秘录　449
施护　458
世医得效方　334
史记　40，53，57，74～78，89，90，98，106，118，129，132，173，182，189，202
史记集解　90，189
史记正义　53
师道兴　205
实沈　75
释道洪　204
释慧义　204，227
释昙鸾　228
释智斌　204
释深师　154，205，227
僧慧明　458
僧静暹　458
寿世保元　412
舜　27，69，93，134，182
说卦　64
说文解字　29，32，41，47，52，111，129，142
说苑　74，78
四部医典　291，454，455
四海类聚方　243
四库提要辨证　186
四时经　79，122，187

四言举要　394
司马迁　18，74，76～78，80
宋慈　308，309
宋徽宗　18，297，300，318
宋太宗　299
宋史　93，141
宋钘　72，73
宋邑　90
索平斯基　56
苏林　189
苏斯鲁塔　452
苏颂　298，301，337
素女经　135
素问　28，40～42，45～47，49，54，58～62，64，65，79～81，91～100，106，107，109～116，118～120，122～126，128，130，138～146，160，161，164，165，176，178，179，188，191～193，302，319，449，452
素问病机气宜保命集　177
素问灵枢类纂约　449
素问入式运气论奥　318
素问玄机原病式　177，319
睡虎地秦梦竹简　309
燧人氏　27
隋书　32，93，138，139，141，147，150，155，158，182，189，197～199，203，205，455，459
孙一奎　370
孙思邈　18，46，62，139，154，189，192，200，453

T

胎产书　12，54，85，86
太仓公　89
太平寰宇记　193，194
太平惠民和剂局主　300
太平圣惠方　299
太平御览　148，158，161
太清金液神丹经　195
太始天元册　181
泰始黄帝扁鹊俞拊方　78
泰西人身说概　476
胎胪药录　140，150
台骀　75
谈允贤　396
谭汝谦　451
昙摩密多　458
昙无兰　458
唐安　90
唐大烈　397
唐容川　429
唐慎微　339
唐虞　183
唐宗海　429
汤　141
汤头歌诀　394
汤盘庚阴道　93
汤若望　476
汤液经法　128，129
汤用彤　200
陶弘景　20，146，148，149，154，160，164，189，195，200，211，453，456
陶宗仪　136
特里达巴罗　452
缇萦　90
田骈　182
田代三喜　449，450
天宝单方要图　298
天师　134，182
天下至道谈　85，86，135
天隐子养生书　215
天元玉册　174
铁云藏龟拾遗　32
调经论　120
桐君　131，158～160，162，163
桐君药录　161
铜人腧穴针灸图经　192
通真子补注王叔和脉诀　321
通志　93

W

瓦尔德　460
瓦伦丁　56
外科发挥　412
外科精要　333
外科理例　412
外科启玄　413
外科精义　334
外科枢要　412
外科正宗　413

外台秘要　141，154，172，188，189，197，206，302，455，457，461，251
万物　88，89
汪昂　394，406，481
汪机　369，398，412
王冰　92～94，97，176，177，256
王勃　141
王充　14，177，180，182
王淡　199
王宏翰　424，427，481
王怀隐　299，305
王继先　340
王肯堂　391，412，418
王纶　398
王�　32
王良夫　203
王履　189，379
王莽　94，96，110，120，130，132，147
王孟英　382，428
王珉　198
王期　134，182
王清任　109，111～113，428，481
王僧孺　47
王沈　155
王升　109
王世雄　382，428
王叔和　57，62，65，79，122，123，142，143，151，152，154，157，186，321
王叔和论病　189
王叔和脉诀　321
王硕　344
王焘　154，206，251，453
王微　229
王惟一　192，307
王显　228
王学权　109，481
王有棱陀　447
王禹　90
王熙　（见王叔和）
王修　150
王真　183
王生　182
王仲宣　150，202
王洙　151
王子巧父　134，182
卫济宝书　333
卫匡国　476
卫汛　186
危亦林　334
魏伯阳　165～167，459
魏略　155
魏书　155
魏文帝　183
维萨留斯　105
瘟病条辨　382
瘟疫论　379
文惠君　69
文献通考　186
文挚　82，134，182
倭汉直福因　448
五经　94
五门禅经要用法　458
五千言　92，200
五十二病方　15，16，46，49，85，86，114，126，127，129，165～167，169
五色诊病　78，90，118
五行大义　141
五行传　67
五藏六府痹十二病方　93
五藏六府瘅十二病方　93
五藏六府疝十二病方　93
五脏论　197
吴澄　142
吴崑　42
吴昆　385
吴其浚　406
吴普　131，148，149，155，157，158
吴普本草　147，149，155，158，162
吴谦　392
吴尚先　415
吴士鉴　197
吴塘　381
吴医汇讲　397
吴仪洛　406
吴有性　379
吴又可　379

武丁　27
武威汉代医简　126，165，169，171，455
武之望　418
伍宏　137，64，166
巫肦　7
巫抵　7，28
巫凡　7，28
巫即　7
巫礼　7
巫罗　7
巫履　7，28
巫彭　7，28
巫咸　7
巫相　7，28
巫谢　7
巫阳　7，28
巫真　7

X

西域婆罗门仙人方　455
西原脉诀　327
席坦　190
洗冤集录　106，308，309
夏侯婴　95
夏侯灶　89
夏渌　42
夏禹铸　415
萧吉　141
小岛宝素　451
小品方　154，170，217，448
小儿药证直诀　329
小儿斑疹备急方论　330
小儿痘疹方论　330
小儿卫生总微论方　331
小屯南地甲骨　45
小屯·殷墟文字乙编　31，32，42
小野妹子　448
孝经　94，130
谢士泰　142
辛长绪　203
心血运动论　105
新集备急灸经　206，266
新唐书　93，138，141，150，189
新修本草　20，260，448
新语　124
行气玉佩铭　133
性学牖述　475
熊三拔　475
徐大椿　384，389，408
徐道度　225
徐市　447
徐凤　419
徐广　90
徐秋夫　224
徐叔响　204，210，225
徐叔向寒食散方　204
徐嗣伯　225
徐文伯　225
徐熙　224
徐旭生　27
徐偃王　27
徐之才　154，189，225
许道幼　227
许国祯　305
许慎　47
许奭　227
许叔微　315
许智藏　227
玄宫图　67，68
玄女经　135
学医规则等六种　451
薛氏医案　449
薛雪　381
薛愚　34
薛已　371，414，421
学习古文字随笔　42
荀寅　33
荀域　155
荀子　69，73，74

Y

炎帝　27
严峻　183
严用和　327
严绍璗　447
眼科锦囊　451
颜师古　130
颜之推　146

养生方　85，86，127，128，136，186
养生论　183
杨闳　137
杨继洲　192，420
杨上善　43，44，138，144，157，176，254
杨守敬　450，451
杨雄　142
杨宣操　139，141，142
杨玄孙　138
杨用道　195
杨则民　109
杨 朱　70，73，74
杨子建　332
疡医证治准绳　412
药对　226
药录　226
药论　90，131
药品化义　403
药性赋　393
药性解　404
姚际恒　93
姚球　408
姚振宗　100
姚僧垣　223
姚最　223
尧　27，70，74，93，134，182
尧舜阴道　93
一草亭目科全书　458
医方集解　394，449
医贯　372
医和　33，54，62，75，77，81，131，141，158，162，163，174，195
医缓　49，75，77，81
医界之铁椎　451
医经溯洄集　189
医林改错　427，481
医賸　64
医说　186
医事嘉言钞　451
医心方　61，63，135，186，448，455
医学三字经　395
医学正传　411
医学原始　481
医宗必读　449
医宗金鉴　391
医宗金鉴正骨心法要旨　414
易　32，62～64，113，166，178，189，198
易简方　344
羿　28
异授眼科　458
疑狱集　308
义净　460
议论备豫方　199
艺文类聚　148
伊尹　128，129，141
伊尹汤液　128
叶桂　381
引痘略　19，417
引书　87，88，133
银海精微　420，454
银海指南　458
饮膳正要　359
阴阳大论　140，150，172
阴阳脉死候　81，85～88
阴阳十一脉灸经　20，85，87，98，101～104，122，124，205
阴阳五行探源　67
殷敬顺　82
殷荆州方　198
殷仲堪　197
尹文　72，73
痈疽耳眼本草要钞　231
幼科铁镜　415
友部和弘　449
有巢氏　27
禹　27，134，182
余嘉锡　186
余霖　380
余师愚　380
于法开　199，200
宇陀宁玛·元丹贡布　291
鱼豢　155
喻昌　189，380，387
喻嘉言　380，387
虞抟　411
玉房秘诀　135

玉匮针经　161
玉函方　197
玉函经　323
俞拊　40，54，74，75
聿修堂医学丛书　451
月王药诊　290
原机启微　420
乐毅　182
月湖　458
Z
杂阿含经　453
杂病广要　451
杂方　88
杂禁方　85
杂疗方　12，16，85，86，225
杂散方　204
昝殷　253
战国策　77，106
张璧　322
张伯祖　150
张从正　177，350
张道中　327
张奉　150
张杲　186
张华　164
张角　200
张介宾　（见张景岳）
张洁古　351
张景岳　62，64，174，374，385，391，404，418
张良　132
张陵　200
张璐　408
张路玉　408
张苗　62
张楠　462
张氏医通　449
张逐辰　388
张文仲　154，259
张锡驹　388
张毅　69，183
张隐庵　408
张元素　349，351，322，320
张湛　186
张志聪　385，408
张仲景　62，71，79，92，94，123，126，128～140，142，143，146，148，149，165，167～169，171，172，177，186～189，193，195，202
张仲景辨伤寒　150
张仲景方　150
张仲景疗妇人方　150
张仲景评病要方　150
张仲景药方　150
张子之　75
掌禹锡　158，301，337
赵悼襄王　74
赵公烈　203
赵光义　297
赵洪钧　9，64
赵简子　76～78
赵匡胤　297
赵破奴　32
赵献可　372
赵学敏　406，481
诊病奇侅　451
诊法　90，202
诊家枢要　325
诊脉法　94，95，160
诊籍　395
针经　79，92～95，96，160，161，206，447
针灸大成　192，420
针灸大全　419
针灸集成　192
针灸甲乙经　62，92，93，111，161，186，188，189，197，204，205，448，451
针灸聚英　419
甄立言　253
甄权　253
真柳诚　449，451
珍珠囊　393
珍珠囊指掌补遗药性赋　393
政和本草　340
证类本草　20，148，149，158，339
正体类要　414
证治大还　449
证治准绳　391
郑梅涧　421

郑玄　32，40，164，166，179
郑隐　195
治禅病秘要经　458
支法存　199
知聪　447
智玄　448
芷圆臆草　451
植物名实图考　406
众禅三昧法门经　458
中村元　460
中国药学史料　34
中国医学大成　458
中国医学史　184
中国医学史纲　149
中庶子　74，76
中外医通　451
中西汇通医经精义　430
中医八书合刻　451
肘后百一方　195
肘后备急方　12，193，195，197，200，204，214
肘后方　154，195，453，455，457
肘后救卒方　195
周礼　9，32，40，41，51，52，57，58，60，68，128，129，147，164，167
周世荣　43
周泰　155
周易参同契　165～167，459
诸病源候论　148，197，204，244
诸病源候论解题　451
诸病源候总论　244
诸药异名　216
朱丹溪　320
朱肱　314
朱沛文　429
朱襄氏　61
朱橚　391
朱越利　201
朱震亨　320，354，355，449
主制群征　476
竺律炎　216，458
颛顼　27
庄子　21，53，58，63，69～71，73，74，133，174，182，183，194，195，198
在宥　58
淄川王　90
子豹　53，76
子华子　69
子阳　53，76
子仪　131
子州支伯　69
邹澍　409
足臂十一脉灸经　20，46，54，85，101，102，104，124，205
最胜王经　455
左慈　183
左传　47，49，62，67，75，174

后　记

在接受《中国科学技术史·医药学卷》的编撰任务时，心中即筹划要请傅芳、郑金生二位学兄鼎力相助。因为他们不仅早我开始从事医学史研究，笔耕不辍，论著颇丰；而且身居中国最重要的医史研究机构，广得前辈亲炙，并对国内外当代医史研究动态有较全面的了解。幸蒙二位学兄欣然惠允，使得本卷不仅能够如期脱稿，而且在内容上融入了他们多年研究的成果与心得。

傅芳研究员在先后担任中国医史文献研究所副所长、中医药出版社副社长期间，挤出时间承担了“南北朝隋唐之部”与“中外交流之部”（除中日、中印医学交流两章外）的全部撰写工作；郑金生研究员在肩负中国医史文献研究所所长重担的情况下，秉烛夜战，完成了宋金元（除第九章第四节“司法检验”外）、明清两大部分的撰写任务；其余部分由我承担。对于他们二位的辛苦劳动，谨致以最真诚的感谢。

中国医史文献研究所前任所长、研究员余瀛鳌先生担任了本卷的主审，不仅在学术观点、论说方式等方面提出了许多宝贵的意见，而且逐字细读，对笔误、别字、征引文献中的可疑之处，亦一一加以改正。对此不仅深表敬意与谢意，还当引为榜样，努力学习之。

本书在编写过程中注意吸收前辈的成果，以及我们近二十年研究的各自心得。但学无止境，研究亦无止境，不知、不懂的东西还有许许多多；作为一种文化现象的“史学著作”，与真实的“历史本貌”之间也永远会有差距。努力学习、深入研究，是尽可能缩小这种差距的最好方法，也是今后的任务。

本卷“索引”系由自然科学史研究所图书馆李小娟女士编成，专此致谢。

廖育群

1997 年 6 月 15 日

总　　跋

凡是听到编著《中国科学技术史》计划的人士，都称道这是一个宏大的学术工程和文化工程。确实，要完成一部30卷本、2000余万字的学术专著，不论是在科学史界，还是在科学界都是一件大事。经过同仁们10年的艰辛努力，现在这一宏大的工程终于完成，本书得以与大家见面了。此时时刻，我们在兴奋、激动之余，脑海中思绪万千，感到有很多话要说，又不知从何说起。

可以说，这一宏大的工程凝聚着几代人的关切和期望，经历过曲折的历程。早在1956年，中国自然科学史研究委员会曾专门召开会议，讨论有关的编写问题，但由于三年困难、“四清”、“文革”，这个计划尚未实施就夭折了。1975年，邓小平同志主持国务院工作时，中国自然科学史研究室演变为自然科学史研究所，并恢复工作，这个打算又被提到议事日程，专门为此开会讨论。而年底的“反右倾翻案风”，又使设想落空。打倒“四人帮”后，自然科学史研究所再次提出编著《中国科学技术史丛书》的计划，被列入中国科学院哲学社会科学部的重点项目，作了一些安排和分工，也编写和出版了几部著作，如《中国科学技术史稿》、《中国天文学史》、《中国古代地理学史》、《中国古代生物学史》、《中国古代建筑技术史》、《中国古桥技术史》、《中国纺织科学技术史（古代部分）》等，但因没有统一的组织协调，《丛书》计划半途而废。1978年，中国社会科学院成立，自然科学史研究所划归中国科学院，仍一如既往为实现这一工程而努力。80年代初期，在《中国科学技术史稿》完成之后，自然科学史研究所科学技术通史研究室就曾制订编著断代体多卷本《中国科学技术史》的计划，并被列入中国科学院重点课题，但由于种种原因而未能实施。1987年，科学技术通史研究室又一次提出了编著系列性《中国科学技术史丛书》（现定名《中国科学技术史》）的设想和计划。经广泛征询，反复论证，多方协商，周详筹备，1991年终于在中国科学院、院基础局、院计划局、院出版委领导的支持下，列为中国科学院重点项目，落实了经费，使这一工程得以全面实施。我们的老院长、副委员长卢嘉锡慨然出任本书总主编，自始至终关心这一工程的实施。

我们不会忘记，这一工程在筹备和实施过程中，一直得到科学界和科学史界前辈们的鼓励和支持。他们在百忙之中，或致书，或出席论证会，或出任顾问，提出了许多宝贵的意见和建议。特别是他们关心科学事业，热爱科学事业的精神，更是一种无形的力量，激励着我们克服重重困难，为完成肩负的重任而奋斗。

我们不会忘记，作为这一工程的发起和组织单位的自然科学史研究所，历届领导都予以高度重视和大力支持。他们把这一工程作为研究所的第一大事，在人力、物力、时间等方面都给予必要的保证，对实施过程进行督促，帮助解决所遇到的问题。所图书馆、办公室、科研处、行政处以及全所的同仁，也都给予热情的支持和帮助。

这样一个宏大的工程，单靠一个单位的力量是不可能完成的。在实施过程中，我们得到了北京大学、中国人民解放军军事科学院、中国科学院上海硅酸盐研究所、中国水利水电科学研究院、铁道部大桥管理局、北京科技大学、复旦大学、东南大学、大连海事大学、武汉交通科技大学、中国社会科学院考古研究所、温州大学等单位的大力支持，他们为本单位参加编撰人员提供了种种方便，保证了编著任务的完成。

为了保证这一宏大工程得以顺利进行，中国科学院基础局还指派了李满园，刘佩华二位同志，与自然科学史研究所领导（陈美东、王渝生先后参加）及科研处负责人（周嘉华参加）组成协调小组，负责协调、监督工作。他们花了大量心血，提出了很多建议和意见，协助解决了不少困难，为本工程的完成做出重要贡献。

在本工程进行的关键时刻，我们遇到经费方面的严重困难。对此，国家自然科学基金委员会给予了大力资助，促成了本工程的顺利完成。

要完成这样一个宏大的工程，离不开出版社的通力合作。科学出版社在克服经费困难的同时，组织精干的专门编辑班子，以最好的纸张，最好的质量出版本书。编辑们不辞辛劳，对书稿进行认真地编辑加工，并提出了很多很好的修改意见。因此，本书能够以高水平的编辑，高质量的印刷，精美的装帧，奉献给读者。

我们还要提到的是，这一宏大工程，从设想的提出，意见的征询，可行性的论证，规划的制订，组织分工，到规划的实施，中国科学院自然科学史研究所科技通史研究室的全体同仁，特别是杜石然先生，做了大量的工作，作出了巨大的贡献。参加本书编撰和组织工作的全体人员，在长达10年的时间内，同心协力，兢兢业业，无私奉献，付出了大量的心血和精力。他们的敬业精神和道德学风，是值得赞扬和敬佩的。

在此，我们谨对关心、支持、参与本书编撰的人士表示衷心的感谢，对已离我们而去的顾问和编写人员表达我们深切的哀思。

要将本书编写成一部高水平的学术著作，是参与编撰人员的共识，为此还形成了共同的质量要求：

1. 学术性。要求有史有论，史论结合，同时把本学科的内史和外史结合起来。通过史论结合，内外史结合，尽可能地总结中国科学技术发展的经验和教训，尽可能把中国有关的科技成就和科技事件，放在世界范围内进行考察，通过中外对比，阐明中国历史上科学技术在世界上的地位和作用。整部著作都要求言之有据，言之成理，经得起时间的考验。

2. 可读性。要求尽量地做到深入浅出，力争文字生动流畅。

3. 总结性。要求容纳古今中外的研究成果，特别是吸收国内外最新的研究成果，以及最新的考古文物发现，使本书充分地反映国内外现有的研究水平，对近百年来有关中国科学技术史的研究作一次总结。

4. 准确性。要求所征引的史料和史实准确有据，所得的结论真实可信。

5. 系统性。要求每卷既有自己的系统，整部著作又形成一个统一的系统。

在编写过程中，大家都是朝着这一方向努力的。当然，要圆满地完成这些要求，难度很大，在目前的条件下也难以完全做到。至于做得如何，那只有请广大读者来评定了。编写这样一部大型著作，缺陷和错讹在所难免，我们殷切地期待着各界人士能够给予批评指正，并提出宝贵意见。

《中国科学技术史》编委会

1997年7月